国家电网有限公司
STATE GRID
CORPORATION OF CHINA

国家电网有限公司
技能人员专业培训教材

继电保护及自控装置运维
（220kV 及以下）上册

国家电网有限公司 组编

中国电力出版社
CHINA ELECTRIC POWER PRESS

图书在版编目（CIP）数据

继电保护及自控装置运维：220kV 及以下：全 2 册 / 国家电网有限公司组编. —北京：中国电力出版社，2020.6（2025.11重印）
国家电网有限公司技能人员专业培训教材
ISBN 978-7-5198-3604-7

Ⅰ. ①继… Ⅱ. ①国… Ⅲ. ①继电保护–电力系统运行–技术培训–教材 Ⅳ. ①TM77

中国版本图书馆 CIP 数据核字（2019）第 182544 号

出版发行：中国电力出版社
地　　址：北京市东城区北京站西街 19 号（邮政编码 100005）
网　　址：http://www.cepp.sgcc.com.cn
责任编辑：罗翠兰（010-63412428）
责任校对：黄　蓓　常燕昆　王海南
装帧设计：郝晓燕　赵姗姗
责任印制：石　雷

印　　刷：北京天泽润科贸有限公司
版　　次：2020 年 6 月第一版
印　　次：2025 年11月北京第七次印刷
开　　本：710 毫米×980 毫米　16 开本
印　　张：73.75
字　　数：1433 千字
印　　数：4501—5000 册
定　　价：222.00 元（上、下册）

本书编委会

前　言

为贯彻落实国家终身职业技能培训要求，全面加强国家电网有限公司新时代高技能人才队伍建设工作，有效提升技能人员岗位能力培训工作的针对性、有效性和规范性，加快建设一支纪律严明、素质优良、技艺精湛的高技能人才队伍，为建设具有中国特色国际领先的能源互联网企业提供强有力人才支撑，国家电网有限公司人力资源部组织公司系统技术技能专家，在《国家电网公司生产技能人员职业能力培训专用教材》（2010 年版）基础上，结合新理论、新技术、新方法、新设备，采用模块化结构，修编完成覆盖输电、变电、配电、营销、调度等 50 余个专业的培训教材。

本套专业培训教材是以各岗位小类的岗位能力培训规范为指导，以国家、行业及公司发布的法律法规、规章制度、规程规范、技术标准等为依据，以岗位能力提升、贴近工作实际为目的，以模块化教材为特点，语言简练、通俗易懂，专业术语完整准确，适用于培训教学、员工自学、资源开发等，也可作为相关大专院校教学参考书。

本书为《继电保护及自控装置运维（220kV 及以下）》分册，共分上下两册，由陆敏、胡晓丽、马生坤、袁宇波、马晓芸、王焕金、朱冀、曹爱民、战杰、吴琦、陈楷编写。在出版过程中，参与编写和审定的专家们以高度的责任感和严谨的作风，几易其稿，多次修订才最终定稿。在本套培训教材即将出版之际，谨向所有参与和支持本书籍出版的专家表示衷心的感谢！

由于编写人员水平有限，书中难免有错误和不足之处，敬请广大读者批评指正。

目　录

上　册

第一部分　二　次　回　路

第二部分　保护、安全自动装置的安装、调试及维护

第三部分　厂站自动化设备的安装、调试及维护

下　　册

第四部分　变电站直流设备的安装、调试及维护

第五部分　智能变电站二次系统调试

第六部分　规程、规范及标准

第一部分

二　次　回　路

第一章

二次回路的设计

模块1　二次回路的设计（Z12E1001Ⅲ）

【模块描述】本模块包含二次回路设计的相关内容。通过要点归纳、典型图例示意，掌握二次回路设计的基本要求、二次回路设计的设备选择及典型的二次回路的设计。

【模块内容】二次回路的设计包含二次回路设计的基本要求、二次回路中局部回路的设计、二次回路设备的选择等方面。

一、二次回路设计的基本要求

对于二次回路的设计，必须满足二次回路设计总的要求，及应按照国网公司典型设计进行。

《火力发电厂、变电站二次接线设计技术规程》（DL/T 5136—2012）中对二次回路设计的主要要求明确如下：

1. 常规控制系统设计要求

（1）发电厂和变电站宜采用强电一对一控制接线。强电控制时，直流电源额定电压，可选用110V或220V。

（2）断路器的控制回路应满足下列要求：

1）应有电源监视，并宜监视跳、合闸绕组回路的完整性。

2）应能指示断路器合闸与跳闸的位置状态，自动合闸或跳闸时应有明显信号。

3）合闸或跳闸完成后应使命令脉冲自动解除。

4）有防止断路器“跳跃”的电气闭锁装置。

5）接线应简单可靠，使用电缆芯最少。

（3）断路器宜采用双灯制接线的灯光监视回路。断路器在合闸位置时红灯亮，跳闸位置时绿灯亮。330～500kV变电站断路器也可采用音响监视的单灯制接线。

（4）在配电装置就地操作的断路器，可只装设监视跳闸回路的位置继电器，用红、绿灯做位置指示灯，正常时暗灯运行，事故时绿灯闪光，并向控制室发出声、光信号。

（5）当发电厂与变电站装设有两组蓄电池时，对具有两组独立跳闸系统的断路器，应由两组蓄电池的直流电源分别供电。当只有一组蓄电池时，两独立跳闸系统宜由两段直流母线分别供电。保护的两组出口继电器，也应分别接至两组跳闸绕组。断路器的两组跳闸回路都应设有断线监视。

（6）当分相操动机构的断路器设有综合重合闸或单相重合闸装置时，应满足事故时单相和三相跳、合闸的功能。其他情况下均应采用三相操作控制。

（7）主接线为一台半断路器接线时，为使二次接线运行、调试方便，每串的二次接线宜分成五个安装单位。当为线线串时，每条出线作为一个安装单位，每台断路器各为一个安装单位，当为线路变压器串时，变压器、出线、每台断路器各为一个安装单位。当线路接有并联电抗器时，并联电抗器可单独作为一个安装单位，也可与线路合设一个安装单位。

（8）220～500kV 倒闸操作用的隔离开关宜远方及就地操作，检修用的隔离开关、接地开关和母线接地器宜就地操作。额定电压为 110kV 及以下的隔离开关、接地开关和母线接地器宜就地控制。

（9）液压或空气操动机构的断路器，当压力降低至规定值时，应闭锁重合闸、合闸及跳闸回路。对液压操动机构的断路器，不宜采用压力降低至规定值后自动跳闸的接线。弹簧操动机构的断路器应有弹簧拉紧与否的闭锁及信号。

（10）对具有电流或电压自保持的继电器，如防跳继电器等，在接线中应标明极性。

2. 常规信号系统设计要求

（1）在控制室应设中央信号装置，中央信号装置由事故信号和预告信号组成。发电厂应装设能重复动作并延时自动解除音响的事故信号和预告信号装置。有人值班的变电站应装设能重复动作、延时自动或手动解除音响的事故和预告信号装置。无人值班的变电站只装设简单的音响信号装置，该信号装置仅在变电站就地控制时才投入。

（2）中央信号接线应简单、可靠，对其电源熔断器应有监视。中央信号装置应具备下列功能：

1）对音响监视接线能实现亮屏或暗屏运行。

2）断路器事故跳闸时，能瞬时发出音响信号及相应的灯光信号。

3）发生故障时，能瞬时发出预告音响，并以光字牌显示故障性质。

4）能进行事故和预告信号及光字牌完好性的试验。

5）能手动或自动复归音响，而保留光字牌信号。

6）试验遥信事故信号时，不应发出遥信信号。

7）事故音响动作时，应停事故电钟；但在事故音响信号试验时，不应停钟。

（3）强电控制时也可采用弱电信号。对屏台分开的控制方式，应在屏上设置断路器的位置信号，由断路器的位置继电器触点控制。

（4）当设备发生事故或异常运行时，宜用一对一的光字牌信号。

（5）为避免有些预告信号（如电压回路断线、断路器三相位置不一致等）可能瞬间误发信号，可将预告信号带 0.3～0.5s 短延时动作。元件过负荷信号应经其单独的时间元件后，接入预告信号。

（6）直流系统的事故、预告信号应重复动作。

（7）在配电装置就地控制的元件，应按各母线段分别发送总的事故和预告音响和光字牌信号。

（8）倒闸操作用的隔离开关宜在控制室装设位置指示器。检修用的就地操作隔离开关，在控制室内可不装设位置指示器。

（9）继电保护及自动装置就地布置时，主要的保护和自动装置的动作信号应能传送到主控制室。为使继电保护及自动装置动作后能及时将信号继电器予以复归，宜设事故分析光字牌或“掉牌未复归”小母线，并发送光字牌信号。

3. 交流电流、电压回路

（1）电流互感器的选择应符合以下要求：

1）应满足一次回路的额定电压、最大负荷电流及短路时的动、热稳定电流的要求。

2）应满足二次回路测量仪表、继电保护和自动装置的要求。

3）500kV 保护用电流互感器的暂态特性应满足继电保护的要求。

（2）电流互感器的配置应符合以下要求：

1）电流互感器二次绕组的数量与准确等级应满足继电保护自动装置的要求。

2）用于保护装置时，应减少主保护的不保护区。保护接入电流互感器二次绕组的分配，应注意避免当一套线路保护停用而线路继续运行时，出现电流互感器内部故障时的保护死区。

3）对中性点直接接地系统，可按三相配置；对中性点非直接接地系统，依具体要求可按两相或三相配置。

4）当采用一台半断路器接线时，对独立式电流互感器每串宜配置三组。

（3）用于变压器差动保护的各侧电流互感器铁芯，宜具有相同的铁芯形式。

（4）用于同一母线差动保护的电流互感器铁芯，宜具有相同的铁芯形式。

（5）当测量仪表与保护装置共用一组电流互感器时，宜分别接于不同的二次绕组。

（6）电流互感器的二次回路不宜进行切换，当需要时，应采取防止开路的措施。

（7）电流互感器的二次回路应有且只能有一个接地点，宜在配电装置处经端子接地。由几组电流互感器绕组组合且有电路直接联系的保护回路，如差动保护、电流互感器二次回路的接地点宜在控制室。

（8）电压互感器的选择应能符合以下要求：

1）应满足一次回路额定电压的要求。

2）容量和准确等级（包括电压互感器剩余绕组）应满足测量仪表、保护装置和自动装置的要求。

3）对中性点非直接接地系统，需要检查和监视一次回路单相接地时，应选用三相五柱或三个单相式电压互感器，其剩余绕组额定电压应为100V/3。中性点直接接地系统，电压互感器剩余绕组额定电压应为100V。

4）500kV 电压互感器应具有三个二次绕组，其暂态特性和铁磁谐振特性应满足继电保护的要求。

（9）当主接线为一台半断路器接线时，线路和变压器回路宜装设三相电压互感器，母线宜装设一相电压互感器。

（10）应保证电压互感器负载端仪表、保护和自动装置工作时所要求的电压准确等级。电压互感器二次负载三相宜平衡配置。

（11）电压互感器的一次侧隔离开关断开后，其二次回路应有防止电压反馈的措施。

（12）电压互感器二次绕组的接地。

对中性点直接接地系统，电压互感器星形接线的二次绕组应采用中性点一点接地方式（中性线接地）。中性点接地线（中性线）中不应串接有可能断开的设备。

对中性点非直接接地系统，电压互感器星形接线的二次绕组宜采用B相一点接地方式，也可采用中性点一点接地方式（中性线接地）。当采用 B 相接地方式时，二次绕组中性点应经击穿保险接地。B 相接地线和 B 相熔断器或自动开关之间不应再串接有可能断开的设备。

对 V/V 接线的电压互感器，宜采用 B 相一点接地，B 相接地线上不应串接有可能断开的设备。

电压互感器开口三角绕组的引出端之一应一点接地，接地引线上不应串接有可能断开的设备。

几组电压互感器二次绕组之间有电路联系或者地电流会产生零序电压使保护误动作时，接地点应集中在控制室或继电器室内一点接地。无电路联系时，可分别在不同的控制室或配电装置内接地。

由电压互感器二次绕组向交流操作继电器保护或自动装置操作回路供电时，电压互感器二次绕组之一或中性点应经击穿保险或氧化锌避雷器接地。

（13）在电压互感器二次回路中，除接成开口三角形的剩余二次绕组和另有规定者（例如自动调整励磁装置）外，应装设熔断器或自动开关。

（14）电压互感器二次侧互为备用的切换，应由在电压互感器控制屏上的切换开关控制。在切换后，在控制屏上应有信号显示。中性点非直接接地系统的母线电压互感器，应设有绝缘监察信号装置及抗铁磁谐振措施。

4. 计算机监控

（1）计算机监控系统应具有以下功能：

1）数据采集和处理。

2）事故顺序记录。

3）远方集中和就地控制操作。

4）“四遥”（即遥控、遥调、遥测、遥信）调度和通信。

5）电压和无功功率调节和控制。

6）防误操作闭锁。

7）同步鉴定。

8）人机对话。

（2）计算机监控范围应包括：

1）主变压器和联络变压器。

2）输电线、母线设备及330～500kV并联电抗器。

3）所用电系统。

4）消防水泵的启动命令。

（3）220kV及以上的变电站和发电厂网络部分的计算机监控系统应采用开放式、分层分布式结构，就地监控单元宜采用智能型设备。

（4）计算机监控系统应采集以下数据：

1）开关量：监控、监测所涉及的全部开关量。

2）模拟量：监控、监测所涉及的全部电气模拟量，应符合《电测量及电能计量装置设计技术规程》（DL/T 5137—2001）的有关规定，还应包括变压器、电抗器的温度模拟量。

3）脉冲量。

4）事件顺序记录（SOE）：监控范围内的断路器事故跳闸或继电保护动作的开关量。

二、二次回路中局部回路的设计

（一）电压二次回路的接线设计

电压互感器的二次接线主要有：单相接线、单线电压接线、V/V接线、星形接线、三角形接线、中性点接有消弧电压互感器的星形接线。各接线的连接方式见图Z12E1001Ⅲ-1。

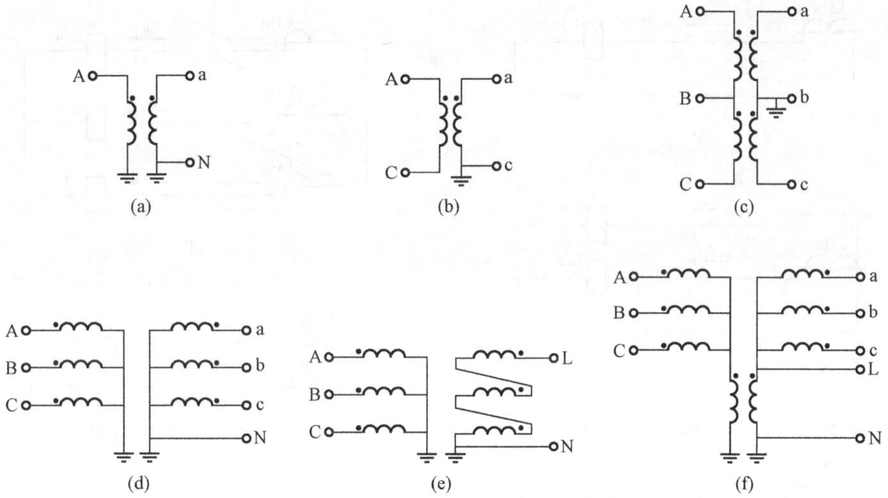

图 Z12E1001Ⅲ-1　常用电压互感器二次接线方式

(a) 单相接线；(b) 单线电压接线；(c) V/V 接线；(d) 星形接线；(e) 三角形接线；
(f) 中性点接消弧电压互感器的星形接线

(1) 单相接线，见图 Z12E1001Ⅲ-1 (a)，常用于大接地电流系统判线路无压或同期，其变比一般为 $U_\phi/100/\sqrt{3}$，需要时也可以选 $U_\phi/100$。

(2) 单线电压接线，见图 Z12E1001Ⅲ-1 (b)，主要用于小接地电流系统判线路无压或同期，其变比一般为 $U_{\phi\phi}/100$。

(3) V/V 接线，见图 Z12E1001Ⅲ-1 (c)，主要用于小接地电流系统的母线电压测量，其变比一般为 $U_{\phi\phi}/100$。

(4) 星形接线，见图 Z12E1001Ⅲ-1 (d)，常用于母线测量三相电压，变比一般为 $U_\phi/100/\sqrt{3}$。

(5) 三角形接线，见图 Z12E1001Ⅲ-1 (e)，常用于零序电压，在大接地电流系统中变比一般为 $U_\phi/100$，在小接地电流系统变比中为 $U_\phi/100/3$。

(6) 图 Z12E1001Ⅲ-1 (f) 所示为中性点安装有消弧电压互感器的星形接线。

对电压电互感器的接线方式有一定的了解，能够有助于对电压互感器二次进行接线，判断接线的正确与否。

(二) 电流互感器二次回路的接线设计

电流互感器的二次接线主要有：单相接线、两相星形（或不完全星形）接线、三相星形（或全星形）接线、三角形接线和电流接线等，各接线的连接方式如图 Z12E1001Ⅲ-2 所示。

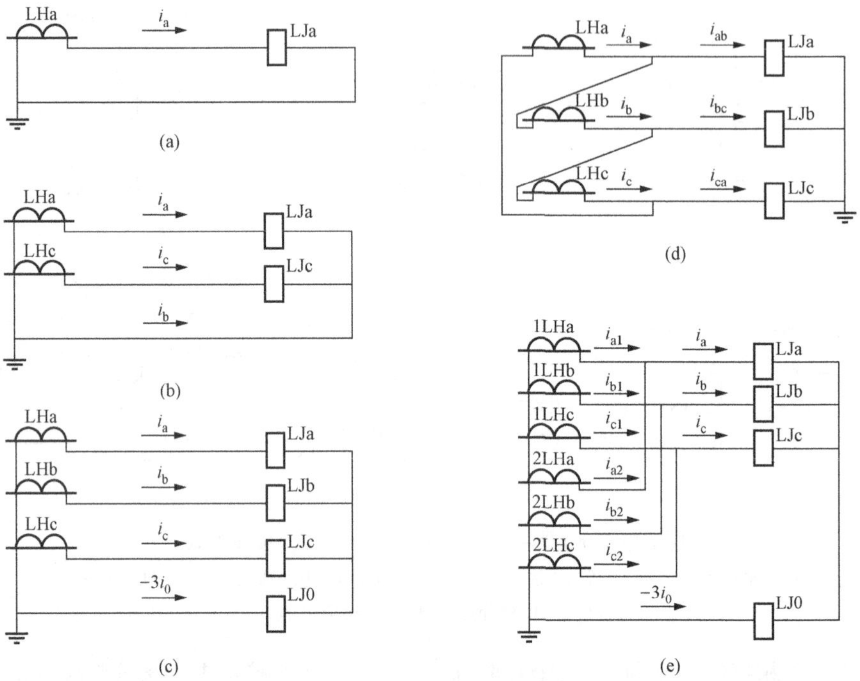

图 Z12E1001Ⅲ-2　常用电流互感器二次接线方式图

（a）单相接线；（b）两相星形接线；（c）三相星形接线；（d）三角形接线；（e）和电流接线

（1）单相接线，见图 Z12E1001Ⅲ-2（a）。它可以用于小电流接地系统零序电流的测量，也可以用于三相对称电流中电流的测量或过负荷保护等。

（2）两相星形接线，见图 Z12E1001Ⅲ-2（b）。这种接线又叫不完全星形接线。它一般用于小电流接地系统的测量和保护回路，能反应各类相间故障，但不能完全反应接地故障。

（3）三相星形接线又叫全星形接线，见图 Z12E1001Ⅲ-2（c）。三相星形接线一般应用于大接地电流系统的测量和保护回路接线，它能反应任何一相、任何形式的电流变化。

（4）三角形接线，见图 Z12E1001Ⅲ-2（d）。这种接线将三相电流互感器二次线圈按极性头尾相接，像三角形，极性一定不能搞错。这种接线主要用于保护二次回路的转角或滤除短路电流中的零序分量。

（5）和电流接线，见图 Z12E1001Ⅲ-2（e）。这种接线是将两组星形接线并接，一般用于 3/2 断路器接线、角形接线、桥形接线的测量和保护回路，用以反映两只开关的电流之和。

(三)二次回路的回路标号

为了便于安装施工和在投运后进行维护检修，在二次回路的展开接线图中应进行回路标号，标号一般采用数字或数字与文字的组合。

回路的标号应做到：① 根据标号能了解该回路的性质和用途；② 根据标号能进行正确的连接。

1. 回路标号的基本原则

凡是各设备间要用控制电缆经端子排进行联系的，都要按回路原则进行标号。此外，某些装在屏顶上的设备与屏内设备的连接，也需要经过端子排，此时，屏顶设备就可以看作是屏外的设备，而在其连接线上同样按回路编号原则给以相应的标号。

为了明确起见，对直流回路和交流回路采用不同的标号方法，而在交、直流回路中，对各种不同的回路又赋予不同的数字符号，因此，通过标号，就能知道这一回路的性质。

2. 二次回路标号的基本方法

常见的二次回路标号由三位或三位以下的数字组成，需要标明回路的相别或某些主要特征时，可以在数字标号的前面（或后面）增注文字符号；按“等电位”的原则标注，即在电器回路中，连于同一点上的所有导线（包括接触连接的可折线段）需标以相同的回路标号；电气设备的触点、线圈、电阻、电容等元件所间隔的线段，即视为不同的线段，一般给予不同的标号，对于在接线图中不经过端子而在屏内直接连接的回路，可以不进行标号。

对于不同用途的交流回路，使用不同的数字组，见表 Z12E1001Ⅲ-1。

表 Z12E1001Ⅲ-1　　二次回路编号分组

回路类别	控制、保护、信号回路	电流回路	电压回路
标号范围	1～399	400～599	600～799

3. 直流回路的标号细则

不同用途的直流回路，使用不同的数字范围。控制和保护回路用 001～099 及 100～599，励磁回路用 601～699；控制和保护回路使用的数字标号，按熔断器所属的回路进行分组，每一百个数分为一组，如 101～199、201～299、301～399 等，其中每段里面先按正极性回路（编为奇数）由小到大，再编负极性回路（编为偶数）由大到小，如 100、101、103、133、142、140 等；信号回路的数字编号，按事故、位置、预告、指挥信号进行分组，按数字大小进行排列；开关设备、控制回路的数字标号组，应按开关设备的数字序号进行选区取，例如有三个控制开关 1KK、2KK、3KK，则 1KK 对应的控制回路的数字标号选101～199，2KK对应的控制回路数字标号选201～299，3KK对应的控制回路数字标号选301～399；正极回路的线段按奇数标号，负极回路的线段按偶数标号，每经过回路的主要压降元（部）件（如线圈、电阻、绕组等）后，即行改变其极性，其奇偶顺序即随之改变，对不能标明极性或其极性在工作中改变极性的线段，可任选奇数或偶数。

对于某些特定的主要回路给予专用的标号组，例如：正电源为101、201，负电源为102、202，合闸回路中的绿灯回路为105、205、305、405，分闸回路中的红灯回路标号为135、235、335、435。这些特殊的标号在规程中都有相应的规定。

根据主变保护直流配置N+1原则，要有四组直流。其中，第一组直流为主保护的直流，直流回路编号为01和02；第二组为高压侧直流，回路编号为101、102，分闸回路的回路编号为133、137，合闸回路编号为103、107，红、绿灯回路编号为135、105；第三组直流为中压侧直流，回路编号为201、202，分闸回路的回路编号为233、237，合闸回路编号为203、207，红、绿灯回路编号为235、205；第四组直流为低压侧侧直流，回路编号为301、302，分闸回路的回路编号为333、337，合闸回路编号为303、307，红、绿灯回路编号为335、305，在每一组直流回路中其有关的回路编号都是一一对应的。

对于主变压器高压侧的双跳闸回路，第二组跳闸回路编号为101、137、102。

4. 交流回路的标号细则

交流回路按相别顺序标号，它除三位数字标号外，还加有文字标号以示区别，例如A411、B411、C411。

电流回路的数字标号，一般以三位数字为一组，如A401～A409、B401～B409、C401～C409，若不够亦可以20个数字为一组，供一套电流互感器使用，几组相互并联的电流互感器的并联回路，应先取数字组中最小的一组数字标号，不同相的电流互感器并联时，并联回路应选任何一相电流互感器的数字组进行标号，电压回路的数字标号，应以三位数字为一组，如A601～A609、B601～B609、C601～C609等以供一个单独的电压互感器回路标号使用；电流互感器和电压互感器的回路，均须在分配给它们的数字标号范围内，自互感器引出端开始，按顺序编号，例如TA的回路编号用411～419、TV的回路标号用621～629等；某些特定的交流回路（如母线电流差动保护公共回路310、320、绝缘监察电压表的公共回路等）给予专用的标号组。

在电压回路中，回路的编号在设计规程中也有具体的规定，第一组或奇数母线段的电压回路编号为A630、B630、C630、L630、S630，第二组或偶数母线段的电压回路编号为A640、B640、C640、L640、S640，旁路母线电压切换的回路编号为C712。经隔离开关辅助触点或继电器切换后的电压回路编号见表Z12E1001Ⅲ-2。

表 Z12E1001Ⅲ-2　　　　切换后的电压回路编号

用途（kV）	回路编号	用途（kV）	回路编号
6～10	A（C、N）760～769、B600	220	A（B、C、I、SC）720～729、N600
35	A（C、N）730～739、B600	330（500）	A（B、C、I、SC）730～739、N600
110	A（B、C、I、SC）710～719、N600		

掌握回路编号的有关知识，对于熟悉图纸、理解二次回路以及提高解决缺陷的能力能够起到很大的作用。

三、二次回路设备的选择

《火力发电厂、变电站二次接线设计技术规程》（DL/T 5136—2012）中对二次回路设备的选择的主要要求明确如下。

（一）控制电缆的选择

1. 控制电缆型式及芯数的选择

控制电缆应选用铜芯和绝缘导线，宜选用聚乙烯或聚氯乙烯绝缘、护套铜芯控制电缆（KYV、KVV 型），也可选用橡皮绝缘聚氯乙烯护套或聚丁护套铜芯电缆（KXV、KXF 型）。

控制电缆应留有适当的备用芯线作为设计改进或芯线折断时用。电缆芯数及备用芯线选择时应考虑以下四方面：

（1）控制电缆宜选用多芯电缆，应尽可能减少电缆的根数。当芯线截面积分别为 $1.5mm^2$、$2.5mm^2$、$4～6mm^2$ 时，电缆芯数分别不宜超过 37 芯、24 芯、10 芯。弱电控制电缆不宜超过 50 芯。

（2）对双重化保护的电流回路、电压回路、直流电源回路、双套跳闸绕组的控制回路等，两套系统不应合用一根多芯电缆。

（3）7 芯及以上芯线截面积小于 $4mm^2$ 的较长控制电缆应有必要的备用芯。

（4）在一根电缆内不宜有两个及以上安装单位的电缆芯。

2. 控制电缆铜芯截面的选择

电缆芯线截面的选择应满足二次回路对导线截面积的要求，同时还应符合下列要求：

（1）电流回路：应使电流互感器的工作准确等级符合继电保护和安全自动装置的要求。无可靠依据时，可按断路器的断流容量确定最大短路电流。

（2）电压回路：当全部继电保护和安全自动装置动作时（考虑到电网发展，电压互感器的负荷最大时），电压互感器到继电保护和安全自动装置屏的电缆压降不应超过额定电压的 3%。

（3）操作回路：在最大负荷下，电源引出端到断路器分、合闸线圈的电压降，不应超过额定电压的10%。

（二）二次回路保护设备的选择

1. 二次回路保护设备的配置

二次回路的保护设备用于切除二次回路短路故障，并作为回路检修、调试时断开交、直流电源之用。保护设备可采用熔断器或自动开关。

（1）控制、保护和自动装置供电回路的熔断器或自动开关配置应符合以下规定：

1）对具有双重化快速主保护和断路器具有双跳闸线圈的安装单位，其控制回路和继电保护、自动装置回路应分设独立的熔断器或自动开关，并由双电源分别向双重化主保护供电。两电源间不应有电路上的联系。

2）凡两个及以上安装单位公用的保护或自动装置的供电回路，应装设专用的熔断器或自动开关。

3）当本安装单位仅含一台断路器时，控制、保护和自动装置可共用一组熔断器或自动开关。

4）当一个安装单位有几台断路器时，应设总熔断器或自动开关，并按断路器设分熔断器或自动开关，分熔断器或自动开关应经总熔断器或自动开关供电；公用保护和公用自动装置应接于总熔断器或自动开关之下。对其他保护或自动控制装置按保证正确工作的条件，可接于分熔断器或自动开关或总熔断器或自动开关之下。

5）本安装单位含几台断路器而又无单独运行的可能或断路器之间有程序控制要求时，保护和各断路器控制回路可共用一组熔断器或自动开关。

6）控制、保护和自动装置供电回路的熔断器或自动开关应加以监视，可用断路器控制回路的监视装置进行监视。如保护或自动装置单独装设熔断器或自动开关时，宜采用继电器进行监视，其信号应接至另外的电源。

（2）信号回路熔断器或自动开关的配置：

1）每个安装单位的信号回路（包括隔离开关的位置信号、事故和预告信号、指挥信号等），宜用一组熔断器或自动开关。

2）公用的信号回路（如中央信号等），应装设单独的熔断器或自动开关。

3）厂用电源及母线设备信号回路，应分别装设公用的熔断器或自动开关。

4）闪光小母线的分支上，不宜装设熔断器或自动开关。

5）信号回路用的熔断器或自动开关均应加以监视，可使用隔离开关位置指示器，也可用继电器或信号灯来监视。当采用继电器进行监视时，信号应接至另外的电源。

（3）电压互感器回路的保护设备配置：

1）电压互感器回路中，除接成开口三角的剩余绕组和另有专门规定者外，应在其出口装设熔断器或自动开关。当二次回路发生故障可能使保护和自动装置不正确动作时，宜装设自动开关。

2）电压互感器二次侧中性点引出线上，不应安装保护设备；当采用 B 相接地方式时，B 相熔断器或自动开关应装在绕组引出端与接地点之间。

3）电压互感器开口三角的剩余绕组的试验芯出线端，应装设熔断器或自动开关。

2. 保护设备动作电流的选择

（1）熔断器额定电流应按回路最大负荷电流选择，并应满足选择性的要求。干线上的熔断器熔件的额定电流应较支线上的大 2～3 级。

（2）选择电压互感器二次侧熔断器时，其最大负荷电流应考虑到双母线仅一组母线运行时，两组电压互感器的全部负荷由一组电压互感器供给的情况。

3. 自动开关额定电流的选择

（1）自动开关额定电流应按回路的最大负荷电流选择，并满足选择性的要求。干线上的自动开关脱扣器的额定电流应较支线上的大 2～3 级。

（2）电压互感器二次侧自动开关的选择：

1）自动开关瞬时脱扣器的动作电流，应按大于电压互感器二次回路的最大负荷电流来整定。

2）当电压互感器运行电压为 90%额定电压时，二次电压回路末端经过渡电阻短路，加于继电器线圈上的电压低于 70%额定电压时，自动开关应瞬时动作。

3）瞬时脱扣器断开短路电流的时间应不大于 0.02s。

4）自动开关应附有用于闭锁有关保护误动的动合辅助触点和自动开关跳闸时发报警信号的动断辅助触点。

（三）控制和信号设备的选择

1. 控制开关的选择

控制开关的选择应符合二次回路额定电压、额定电流、分断电流、操作的频繁程度、电寿命和控制接线等要求。

2. 跳、合闸位置继电器的选择

（1）母线电压为 1.1 倍额定值时，通过跳、合闸绕组或合闸接触器绕组的电流应不大于其最小动作电流和长期热稳定电流。

（2）母线电压为 85%额定值时，加于位置继电器线圈的电压不小于其额定值的 70%。

3. 跳、合闸继电器，防跳继电器以及重合闸出口中间继电器和其串联信号继电器的选择

（1）电压线圈的额定电压可等于供电母线额定电压；如用较低电压的继电器串联

电阻降压时，继电器线圈上的压降应等于继电器电压线圈的额定电压；串联电阻的一端应接负电源。

（2）额定电压工况下，电流线圈的额定电流的选择，应与合闸绕组或合闸接触器绕组的额定电流相配合，继电器电流自保持线圈的额定电流宜不大于跳、合闸线圈额定电流的50%，并保证串接信号继电器电流灵敏度不低于1.4。

（3）跳、合闸中间继电器电流自保持线圈的电压降应不大于额定电压的5%，电流启动电压保持“防跳”继电器的电流启动线圈的电压降应不大于额定电压的10%。

（4）具有电流和电压线圈的中间继电器，其电流和电压线圈应采用正极性接线。电流与电压线圈间的耐压水平不应低于1000V、1min的试验标准。

4. 串联信号继电器与跳闸出口中间继电器并联电阻的选择

（1）额定电压时信号继电器的电流灵敏系数宜不小于1.4。

（2）1.4倍额定电压时信号继电器线圈的电压降应不大于额定电压的10%。

（3）选择中间继电器的并联电阻时，应使保护继电器触点的断开容量不大于其允许值，应不超过信号继电器串联线圈的热稳定电流。

5. 重瓦斯保护回路并联信号继电器或附加电阻的选择

（1）并联信号继电器的额定电压等于供电母线额定电压。

（2）当用附加电阻代替并联信号继电器时，附加电阻的选择应符合“4. 串联信号继电器与跳闸出口中间继电器并联电阻选择”的（1）、（3）条的要求。

（四）端子排的选择

（1）端子排应由阻燃材料制成。端子的导电部分应为铜质。安装在潮湿地区的端子排应当防潮。

（2）安装在屏上每侧的端子距地不宜低于350mm。

（3）端子排配置应满足运行、检修、调试的要求，并适当与屏上设备的位置相对应。

每个安装单位应有其独立的端子排。同一屏上有几个安装单位时，各安装单位端子排的排列应与屏面布置相配合。

（4）每个安装单位的端子排，宜按下列回路分组，并由上而下（或由左至右）按下列顺序排列：

1）交流电流回路（自动调整励磁装置回路除外）按每组电流互感器分组，同一保护方式的电流回路宜排在一起。

2）交流电压回路（自动调整励磁装置回路除外）按每组电压互感器分组。

3）信号回路按预告、位置、事故及指挥信号分组；当光字牌布置在屏的上部时，可将信号回路端子排排在上列，其余顺序同上。

4）控制回路按熔断器或自动开关配置的原则分组。

5）其他回路按励磁保护、自动调整励磁装置的电流和电压回路、远方调整及联锁回路等分组。

6）转接端子排顺序为：本安装单位端子、其他安装单位的转接端子，最后排小母线兜接用的转接端子。

（5）当一个安装单位的端子过多或一个屏上仅有一个安装单位时，可将端子排成组地布置在屏的两侧。

（6）屏上二次回路经过端子排连接的原则如下：

1）屏内与屏外二次回路的连接、同一屏上各安装单位之间的连接以及转接回路等，均应经过端子排。

2）屏内设备与直接接在小母线上的设备（如熔断器、电阻、开关等）的连接宜经过端子排。

3）各安装单位主要保护的正电源应经过端子排。保护的负电源应在屏内设备之间接成环形，环的两端应分别接至端子排，其他回路均可在屏内连接。

4）电流回路应经过试验端子，预告及事故信号回路和其他需断开的回路（试验时断开的仪表、至闪光小母线的端子等），宜经过特殊端子或试验端子。

（7）每一安装单位的端子排应编有顺序号，并宜在最后留 2～5 个端子作为备用。当条件许可时，各组端子排之间也宜留 1～2 个备用端子。在端子排两端应有终端端子。正、负电源之间及经常带电的正电源与合闸或跳闸回路之间的端子排，宜以一个空端子隔开。

（8）一个端子的每一端宜接一根导线，导线截面积宜不超过 $6mm^2$。

（9）屋内、外端子箱内端子的排列，亦应按交流电流回路、交流电压回路和直流回路等成组排列。

（10）每组电流互感器的二次侧，宜在配电装置端子箱内经过端子连接成星形或三角形等接线方式。

（11）强电与弱电回路的端子排宜分开布置，如有困难时，强、弱电端子之间应有明显的标志，宜设空端子隔开。如弱电端子排上要接强电缆芯数时，端子间应设加强绝缘的隔板。

（12）强电设备与强电端子的连接和端子与电缆芯的连接应用插接或螺栓连接，弱电设备与弱电端子间的连接可采用焊接。屏内弱电端子与电缆芯的连接宜采用插接或螺栓连接。

（五）《继电保护设备标准化设计规范》（DL/T 317—2010）中保护屏（柜）背面端子排设计原则

（1）左侧端子排，自上而下依次排列如下：

1）直流电源段（ZD）；

2）强电开入段（QD）；

3）对时段（OD）；

4）弱电开入段（RD）；

5）出口正段（CD）；

6）出口负段（KD）；

7）与保护配合段（PD）；

8）集中备用段（1BD）。

注：5）项出口正段末端应安装一定数量的备用端子。

（2）右侧端子排，自上而下依次排列如下：

1）交流电压段（UD）；

2）交流电流段（ID）；

3）信号段（XD）；

4）遥信段（YD）；

5）录波段（LD）；

6）网络通信段（TD）；

7）交流电源段（JD）；

8）集中备用段（2BD）。

注：如端子分段布置确有困难，PD、XD、YD、LD和TD可在左右两侧灵活布置。

【思考与练习】

1. 断路器的控制回路应满足哪些要求？
2. 如何定义主变控制回路的二次编号？
3. 控制、保护和自动装置供电回路的熔断器或自动开关配置应符合哪些规定？
4. 常用电压互感器二次接线方式有哪些？变比如何选择？

第二章

二次回路的施工

模块1　二次回路的施工（Z12E2001Ⅰ）

【模块描述】本模块包含二次回路施工的相关内容。通过要点归纳总结、图例示意，掌握二次回路施工程序、工艺要求、质量标准、施工材料准备内容及基本识图和施工方法。

【模块内容】二次回路的施工包括安装接线图，二次回路安装施工。

一、安装接线图

安装接线图包括屏面布置图、屏背面接线图和端子排接线图几个组成部分。

（一）屏面布置图

屏面布置图是决定屏上各个设备的排列位置以及相互间距离尺寸的图纸，要求按照一定的比例尺绘制。通过屏面布置图，对保护屏上的设备进行标注，包括有微机母线保护、母线模拟屏、打印机、复归按钮、隔离开关位置确认按钮、切换开关及压板，并标明这些设备的布置情况。

（二）屏背面接线图

屏背面接线图是在屏上配线所必需的图纸，其中应标明屏上各个设备在屏背面的引出端子之间的连接情况，以及屏上设备与端子排的连接情况。

在安装接线图中各种仪表、电器、继电器以及连接导线等，都是按照实际图形、位置和连接关系绘制的，同时为了便于施工和运行中检查，所有设备的端子和导线都应加上走向标志。

（三）端子排接线图

端子排接线图是表示屏上需要装设的端子数目、类型、排列次序以及它与屏上设备及屏外设备连接情况的图纸。通常在屏背面接线图中亦包括端子排在内。端子排接线图是施工接线、查线的依据，通过对端子排接线图的熟悉，知道端子排每一端子上所接回路及作用，端子排内侧接线的走向以及端子排外侧电缆的走向。

（四）相对编号法

另外，在安装接线图中，还有一种"相对编号法"的概念，在实际的现场中应用比较广泛。所谓"相对编号法"就是在本端的端子处标记远端所连接的端子的号，例如甲、乙两个端子用导线连接，在甲端子旁标上乙端子上的号，在乙端子上标上甲端子上的号。

二、二次回路安装施工

（一）施工前的准备工作

（1）了解工程概况。施工前，施工人员应了解工程概况、施工内容、工程量的大小、计划工期等有关情况，具体的人员分工情况，以便能够做到心中有数。

（2）相关规程、规范、图纸的熟悉、掌握。施工前，施工人员必须掌握于施工内容有关的规程、技术规范、反措要求，以便能够在施工时保证施工质量，达到相应的技术要求；对施工图纸进行熟悉，在熟悉图纸的同时也是对图纸进行校对的过程，检查施工图是否有错误存在，以免在施工时才发现错误影响施工进度；对组织措施、技术措施、安全措施及施工方案进行学习，使施工人员在施工时根据相关的要求进行施工。

（3）对施工现场情况进行熟悉。在熟悉现场的同时注意检查施工现场有没有妨碍施工的地方，有没有不安全因素的存在等，以便根据现场的实际情况做出相应的方案和措施。

（4）工器具的准备。施工前要准备好所需的工器具，准备的工器具要齐全，否则就有可能影响工程的进度；准备的工器具要合格，符合相关的技术要求，否则就有可能影响施工的质量或对施工人员的安全造成威胁。

（二）二次回路施工材料

控制电缆、大剪、电缆刀、电烙铁、松香、焊锡、多股软铜线（4mm^2）、塑料带、电缆头、尼龙扎扣、电缆挂牌及电缆挂牌打印机、电缆芯号牌机及标号管，剥线钳、改锥、尖嘴钳，斜口钳、扳手、成套螺栓等。

（三）屏、柜内元器件安装及校线

1. 屏、柜内元器件安装

屏、柜上的电器安装应符合要求：电器元件质量良好，型号、规格应符合设计要求，外观应完好，且附件齐全，排列整齐，固定牢固，密封良好；各电器应能单独拆装更换而不应影响其他电器及导线束的固定；发热元件宜安装在散热良好的地方；两个发热元件之间的连线应采用耐热导线或裸铜线套瓷管；熔断器的熔体规格、自动开关的整定值应符合设计要求；切换压板应接触良好，相邻压板间应有足够安全距离，切换时不应碰及相邻的压板；对于一端带电的切换压板，应使在压板断开情况下，活动端不带电；信号回路的信号灯、光字牌、电铃、电笛、事故电钟等应显示准确，工作可靠；屏上装有装置性设备或其他有接地要求的电器，其外壳应可靠接地；带有照明的封闭式屏、柜应保证照明完好。

端子排的安装应符合：端子排应无损坏，固定牢固，绝缘良好；端子应有序号，端子排应便于更换且接线方便；离地高度宜大于350mm；回路电压超过400V者，端子板应有足够的绝缘；强、弱电端子宜分开布置；当有困难时，应有明显标志并设空端子隔开或设加强绝缘的隔板；正、负电源之间以及经常带电的正电源与合闸或跳闸回路之间，宜以一个空端子隔开；电流回路应经过试验端子，其他需断开的回路宜经特殊端子或试验端子；试验端子应接触良好；潮湿环境宜采用防潮端子；接线端子应与导线截面匹配，不应使用小端子配大截面导线。

屏、柜内两导体间，导电体与裸露的不带电的导体间，应符合表Z12E2001Ⅰ-1的要求。

表Z12E2001Ⅰ-1　　允许最小电气间隙及爬电距离　　mm

额定电压（V）	电气间隙		爬电距离	
	额定工作电流		额定工作电流	
	≤63A	>63A	≤63A	>63A
≤60	3.0	5.0	3.0	5.0
60<U≤300	5.0	6.0	6.0	8.0
300<U≤500	8.0	10.0	10.0	12.0

屏顶上小母线不同相或不同极的裸露载流部分之间，裸露载流部分与未经绝缘的金属体之间，电气间隙不得小于12mm，爬电距离不得小于20mm。

2. 屏内配线的校线

按照原理展开图及安装接线图对厂家屏内配线进行检验，看是否符合设计要求。

可使用万用表逐一对二次配线检查，检查时应将有关端子、压板打开，对经低阻值元件的二次线应特别注意，必须打开一端。检查完毕及时恢复。

对简单、明显错误可立即改正，对较大错误应与设计、厂家沟通后再变更。

如需另配线应保持与原接线颜色尽量一致，并注意芯线截面积应符合要求。配线要防止出现一个端子压接两根导线情况。

（四）控制电缆的敷设

1. 控制电缆敷设程序

敷设电缆必须做好充分的准备工作，保证人员数量，要由有经验的人员统一指挥，避免造成人员伤害、敷设的电缆损伤、运行电缆损坏引起保护误动。

（1）电缆敷设前，要将电缆通道检查一遍，检查有没有影响电缆敷设的地方，对需重新开沟敷设的直埋电缆提前勘察走径并准备施工工器具。

（2）核实图纸设计是否正确，电缆清册是否与其他安装接线图相符。

（3）核实电缆清册所开列电缆的型号是否正确，数量是否符合实际走径；实际所需电缆总长度、型号是否与材料准备相符。

（4）检查所准备电缆是否符合设计要求，包括电缆型号、电气性能是否符合规范。

（5）根据电缆清册开列电缆敷设清单，确定电缆敷设顺序。电缆一般应按区域集中敷设，先长后短。

（6）在掀电缆沟盖板时应两人或多人协同配合，避免砸手、脚或其他人员伤害，并尽量减少盖板的损坏。

（7）电缆盖板打开一段时间后方可进入，防止浊气侵害身体。

（8）电缆敷设时对每根电缆应做临时标记，以便确认电缆走向和编号。

（9）敷设电缆时应多人配合，电缆敷设路径、弯曲半径要符合设计及有关要求；采取防火、隔热措施；布置排列整齐，固定牢固；同方向电缆必须利用一层支架充分调整，层次分明，电缆拐弯一致，电缆拐弯和确需交叉处分层整排敷设，严禁少量电缆来回交叉。电缆支架横撑外端留有 1～2cm 余度防止电缆脱落。保护室考虑下部留有足量网线敷设位置。

（10）电缆敷设完毕后两端应临时固定，留有适量的余量，待某个单元全部电缆敷设完毕后进行整理，按设计位置排列整齐，并固定。

（11）悬挂电缆标识牌。电缆标识应标明电缆规格、编号、起止点。

（12）在开关场的变压器、断路器、隔离开关和电流、电压互感器等设备的二次电缆应经金属管从一次设备的接线盒（箱）引至就地端子箱，金属管分段连接处应使用镀锌扁钢可靠焊接，并将金属管的上端与上述设备的底座和金属外壳良好焊接，下端就近与主接地网良好焊接。金属管末端使用蛇皮管的部分，须将金属管末端与接地镀锌扁钢可靠焊接，蛇皮管与金属管的连接部分用火泥封好。地下浅层电缆必须加护管，并做防腐防水处理；地下直埋电缆深度不应小于 0.7m。

2. 使用电缆敷管时的注意事项

当电缆敷设过程中，需使用电缆敷管时，应注意以下六个方面：

（1）电缆管口切断必须垂直、平滑无毛刺，镀锌层破坏处刷环氧富锌漆。

（2）电缆管口必须直接对准设备出线口，保证电缆不外露，条件确不允许时增加槽盒或金属软管。

（3）电缆管尽可能整体贯通埋设，如确有困难，由电缆沟至机构处电缆管接口宜放在硬化地面以外并用不易腐烂物（如塑料布）在地下接口处封堵。

（4）由设备出口至地下部分电缆管必须利用就近接地网等加以固定并接地，上部自构件支撑部位焊接牢固，严禁下沉、歪斜。隔离开关机构、断路器机构薄板底部用角铁与钢管焊接后用螺栓与机构底部连接。必须保证不能因钢管下沉引起底板变形。

（5）电缆管重新喷漆与设备颜色保持一致。

（6）波导管集中放在进入保护室处，即220kV、110kV、35kV（10kV）电缆均通过波导管进入保护室，波导管数量留有扩建余量，上层放置适量大直径管以满足动力电缆需要。切断处刷环氧富锌漆，固定牢固、整齐。

3. 控制电缆敷设时的注意事项

（1）注意人身和运行设备的安全，在高压开关场地和电缆层，施工人员穿戴要符合要求，不要有违章行为，特别是在高压开关场地不能将电缆上举，施放时注意脚下安全，不要走错间隔，注意运行设备，不要误碰，敷设电缆时严禁站在其他电缆线上，电缆不能有小绕，更不能有打结，施放过程中发现电缆有破损时要进行更换。

（2）要严格按照设计要求进行相关电缆的敷设，起始位置与终止位置要正确，以防把电缆放错。

（3）电缆的走向布置要合理，要符合相关规程的要求，强电电缆与弱电电缆不要敷设在同一层，包括电缆在端子箱和保护屏上的排布，电缆转弯时要注意有弧度，并满足规程要求。

（4）电缆的预留长度要适当，太长会造成浪费，太短则导致接线有可能不够长。

（5）电缆的标识牌的标识要正确、悬挂要牢固、位置要合理。户外电缆的标牌，字迹应清晰并满足防水、防晒、不脱色的要求。

（6）交流回路与直流回路不能共用一根电缆；强弱电回路不能共用一根电缆；交流电流回路和交流电压回路不能共用一根电缆。

（7）缆沟内动力电缆在上层，接地铜排（缆）在上层的外侧。

4. 二次电缆敷设完毕后需要做的工作

（1）检查每一根电缆是否都按照设计的要求敷设，有没有放错的，其起始位置到终止位置是否正确。

（2）检查有没有漏放、多放电缆。

（3）检查被拆除的防火墙、有关封堵是否恢复。检查电缆封堵是否严密、可靠。注意：同屏（箱）两排电缆之间的也不能留有缝隙。

（五）控制电缆头制作

控制电缆头的制作包括终端头和中间接头两种，实际工作中应尽量避免使用中间接头，这里只介绍终端头的制作。

（1）按照实际需要量出剥切尺寸，将填充物、钢铠、铜屏蔽整齐切断，电缆头做好后不外露以上物体。

（2）地线焊接时烙铁头必须在带锡情况下使用，短时间内将地线良好焊接，严禁烫坏绝缘和焊接不良。

（3）电缆地线固定时，沿横撑、钢排等构件平行走线，在铜排上方向下煨弯。横平竖直，拐直角弯，排线均匀，不交叉，严禁斜拉。地线鼻子压接紧固，严禁用扁口钳断线部位压鼻子，地线芯必须露出压接部位前稍许。地线固定用 6mm×20mm 螺栓，螺栓不宜太长，每个螺栓固定地线数量不得超过五根，盘内装置接地宜单独固定在一个螺栓上。盘门等地线必须全部恢复。

（4）电缆头处排列绑扎应统一高度、统一方式、电缆头排列整齐。

（六）对芯及接线

1. 对芯

控制电缆的对芯方法有很多，一般采用干电池校线灯或万用表对地的方法。当对好一根线芯后随即套好芯线号牌。号牌可采用异型塑料管打印，号牌信息应符合要求，并做到字迹清晰、工整且不宜褪色。对芯时的注意事项如下：

（1）要保证对芯的正确性，对芯也是检验电缆芯是否完好的过程，不允许采用看电缆芯的编号方法来确定。

（2）当电缆芯号牌套好后要进行复核，以防止把号牌套错。

2. 接线

对芯完毕后即可进行接线工作。

（1）每根电缆因单独打把，可使用塑料扎扣或其他工艺，电缆应排列整齐，避免交叉，并应固定牢固，不得使所接的端子排受到机械应力。

（2）端子排垂直排列时，引至端子排的每根横向单根线应从纵束后侧抽出并与纵束垂直正对所要接的端子，水平均匀排列，弯一个半圆弧作为备用长度。所有圆弧应大小一致，美观大方。

（3）每根备用芯可在螺钉旋具把上绕成螺旋形圆圈，放置于较隐蔽的一侧。

（4）剥电缆芯绝缘层时要小心，长度要适当，不要太短，也不要太长，太短时就有可能将螺帽压到绝缘层，使接触不良或接触不了，太长时，很容易误碰造成事故；且不要损伤电缆铜芯。

（5）做线圈时不要伤线，固定线圈时要注意线圈的旋转方向是否与螺栓旋转方向一致。

（6）每个接线端子的每侧接线宜为一根，不得超过两根。对于插接式端子，不同截面积的两根导线不得接在同一端子上；对于螺栓连接端子，当接两根导线时，中间应加平垫片。

（7）二次接线端子接线应压接良好，振动场所的二次接线螺栓应有防松动措施。

3. 现场接线时的注意事项

（1）要以施工图为依据，不能凭记忆或习惯，要保证接线的绝对正确。

（2）要采取隔离措施，防止对运行设备误碰。

（七）正确标识

（1）将保护屏、控制屏、端子箱内二次电缆标示再次进行检查、核对。

（2）屏上各种设备、压板标识应名称统一规范，含义准确、字迹清晰、牢固、持久。

（3）涂去装置上闲置连片的原有标志或加标“备用”字样，该闲置连片端子上的连线应与图纸相符合，图上没有的应拆掉。

（八）二次回路接线的检查

二次接线全部完成后应进行一次全面的二次接线正确性、可靠性的检查。

1. 二次接线正确性检查

进行全回路按图查线工作，检查二次接线的正确性，杜绝错线、缺线、多线、接触不良、标识错误，二次回路应符合设计和运行要求。

接线端子、电缆芯和导线的标号及设备压板标识应清晰、正确。检查电缆终端的电缆标牌是否正确完整，并应与设计相符。

在检验工作中，应加强对保护本身不易检测到的二次回路的检验检查，如压力闭锁、通信接口、变压器风冷全停等非电量保护及与其他保护连接的二次回路等，以提高继电保护及相关二次回路的整体可靠性、安全性。

2. 二次接线连接可靠性检查

应对所有二次接线端子进行可靠性检查，二次接线端子是指保护屏、端子箱及相关二次装置的接线端子。

（九）二次回路检验

二次回路检验是二次回路接线的最后一关，无论是施工单位还是验收单位都应引起高度的重视，具体相关内容在模块 Z12E3001Ⅱ详细介绍。

【思考与练习】

1. 二次设备安装的步骤有哪些？
2. 二次回路施工前，应准备哪些资料和材料？
3. 敷设二次电缆时有哪些注意事项？

第三章

二次回路的检查及验收

模块 1　二次回路的检查及验收（Z12E3001Ⅱ）

【模块描述】本模块包含二次回路检查及验收的相关内容。通过知识要点的归纳总结，掌握二次回路检查及验收的准备、步骤、检查与验收的内容及质量关键点。

【模块内容】二次回路的检查及验收包括二次回路准确性检验、现场检验、二次回路检验的注意事项等。

一、二次回路正确性的检验

（一）检验的准备

（1）二次回路检验相关规程的准备及熟悉、掌握。

（2）相关图纸、资料的准备和熟悉。

（3）作业指导书的编制、执行。

（4）仪器、仪表的准备。

（5）新安装装置验收检验的准备工作。

（6）在运行设备上进行检验的注意事项。

（7）在被保护设备上进行检验的注意事项。

（二）现场检验

（1）对于检验中的屏、柜检查。

（2）电流、电压互感器及其二次回路的检验。

（3）二次回路绝缘检查。

（4）新安装直流回路二次回路的验收检验。

（5）断路器、隔离开关、变压器有载调压开关及二次回路的检验。

（6）交流电流、电压等模拟量采集回路的正确性检验。

（7）开关量输入回路检验。

（8）整组试验传动。

（9）交流回路的直流电阻测试。

（10）投入运行前的准备工作。

（11）对新安装或设备回路经较大变动的装置的检验。

（12）正确填写试验项目报告及独立判断检验结果。

（三）二次回路检验的注意事项

二次回路检验应特别注意以下问题：

（1）有明显的断开点（打开了连接片或接线端子片等才能确认），也只能确认在断开点以前的保护停用了。

（2）不允许在未停用的保护装置上进行试验和其他测试工作；也不允许在保护未停用的情况下，用装置的试验按钮（除闭锁式纵联保护的启动发信按钮外）做试验。

（3）分部试验应采用和保护同一直流电源，试验用直流电源应由专用熔断器供电。

（4）只能用整组试验的方法，即除由电流及电压端子通入与故障情况相符的模拟故障量外，保护装置处于与投入运行完全相同的状态下，检查保护回路及整定值的正确性。

（5）对运行中的保护装置及自动装置的外部接线进行改动，即便是改动一根连线的最简单情况，也必须履行如下程序：

1）先在原图上做好修改，经主管继电保护部门批准。

2）按图施工，不准凭记忆工作；拆动二次回路时必须逐一做好记录，恢复时严格核对。

3）改完后，做相应的逻辑回路整组试验，确认回路、极性及整定值完全正确，然后交由值班运行人员验收后再申请投入运行。

4）施工单位应立即通知现场与主管继电保护部门修改图纸，工作负责人应在现场修改图上签字，没有修改的原图应要标志作废。

（6）新投入或改动了二次回路的变压器差动保护，在变压器由第一侧投入系统时必须投入跳闸，变压器充电良好后停用；然后变压器带上部分负荷，测六角图，同时测量差动回路的不平衡电流或电压，证实二次接线及极性正确无误后，才再将保护投入跳闸。在上述各种情况下，变压器的重瓦斯保护均应投入跳闸。

（7）所有差动保护（母线、变压器的纵差与横差等）在投入运行前，除测定相回路及差回路电流外，必须测各中性线的不平衡电流，以保证回路完整、正确。

（8）所有试验仪表、测试仪器等，均必须按使用说明书的要求做好相应的接地（在被测保护屏的接地点）后，才能接通电源；注意与引入被测电流、电压的接地关系，避免将输入的被测电流或电压短路；只有当所有电源断开后，才能将接地点断开。

（9）对于由 $3U_0$ 构成的保护的测试：

1）不能以检查 $3U_0$ 回路是否有不平衡电压的方法来确认 $3U_0$ 回路是否良好。

2）不能单独依靠"六角图"测试方法确证 $3U_0$ 构成的方向保护的极性关系正确。

3）可以包括电流及电压互感器及其二次回路连接与方向元件等综合组成的整体进行试验，以确证整组方向保护的极性正确。

4）最根本的办法是查清电压及电流互感器极性，所有由互感器端子到继电保护盘的连线和盘上零序方向继电器的极性，做出综合的正确判断。

（10）变压器零序差动保护，应以包括两组电流互感器及其二次回路和继电器元件等综合组成的整体进行整组试验，以保证回路接线及极性正确。

（11）多套保护回路共用一组电流互感器，停用其中一套保护进行试验时，或者与其他保护有关联的某一套进行试验时，必须特别注意做好其他保护的安全措施，例如将相关的电流回路短接，将接到外部的触点全部断开等。

（12）在可靠停用相关运行保护的前提下，对新安装设备进行各种插拔直流熔断器的试验，以保证没有寄生回路存在。

（四）二次回路检验的关键点

（1）回路正确性的检验。

（2）回路绝缘的检验。

（3）检验过程中要认真、仔细，不得马虎。

二、二次回路的验收

（一）二次回路验收的准备

（1）二次回路验收相关规程的准备以及熟悉、掌握。

（2）相关图纸、资料的准备和熟悉。

（二）现场验收

（1）电缆排放、接线工艺的验收。

（2）二次回路的验收。

（3）反措执行情况的验收。

（4）图纸资料、试验报告的验收。

【思考与练习】

1. 二次回路检查和验收前应进行哪些准备工作？
2. 电流、电压互感器及其二次回路的检验包括哪些内容？
3. 二次回路检验的关键点有哪些？

第四章

二次回路的改进

模块1　二次回路的改进（Z12E4001Ⅲ）

【模块描述】本模块包含变电站二次回路图常见错误的查找及改正。通过要点归纳、图例示意、典型案例分析，掌握正确查找图纸错误的方法及改进二次回路的要点。

【模块内容】二次回路的改进包括变电站二次回路图纸的熟悉、二次回路图纸常见错误及改正、二次回路图较复杂错误的查找。

一、变电站二次回路图纸的熟悉

（一）二次回路原理图熟悉

根据保护原理的不同，保护分为好多种，有电流保护、距离保护、高频保护、光纤差动保护等，通过对保护原理图的认识和熟悉，能够对保护的一些基本原理有更深入的理解，同时，随着对保护基本原理理解的加深，对熟悉二次回路展开图也有很大的帮助。可以说对二次回路原理图的熟悉，是熟悉二次回路展开图的一个基础。

（二）二次回路展开图熟悉

对二次回路展开图的认识和熟悉，是建立在对保护原理的基础之上的，只有对原理有比较深的了解，才能对展开图有更好的认识。同时，在对展开图进行熟悉时，还应注意要有一定的顺序，紧紧以各个回路为中心，从一次到二次，再从交流回路到直流回路，从而熟悉各回路之间的相互关系。

只有对二次回路展开图有较好的熟悉和认识，才能为二次回路接线图的校对及正确接线、回路缺陷的分析打下牢固的基础。

二、二次回路图纸常见错误及改正

在二次回路图中，由于设计人员的疏忽或其他原因，就有可能存在错误或回路设计不合理的地方，这就需要在对图纸进行熟悉的时候，能够发现这些错误或不合理的地方，并及时进行改正，以免在施工结束或对回路进行检验时才发现，增加不必要的麻烦。在实际的现场中，较常见的有以下错误：

（1）二次回路图的设计不合理。

（2）回路的编号不规范或不正确。

（3）回路设计时没有严格执行有关技术规程或反事故措施要求。

（4）安装接线图与原理图不相符合。

三、二次回路图较复杂错误的查找

（1）回路参数配置不当。

（2）特定情况下的寄生回路。

四、案例分析

（一）案例一 寄生回路导致的事故

1. 事故经过

1999 年 7 月 21 日 11 时 25 分，220kV 某变电站 1 号变压器高压侧 B 相，2 号变压器高压侧 A 相同时跳闸，非全相保护延时 5s 出口，两台主变均三侧跳闸。其一次接线见图 Z12E4001Ⅲ–1。事故发生时，该站有继电保护人员正在进行 220kV 甲、乙两条线路保护的保护定校。

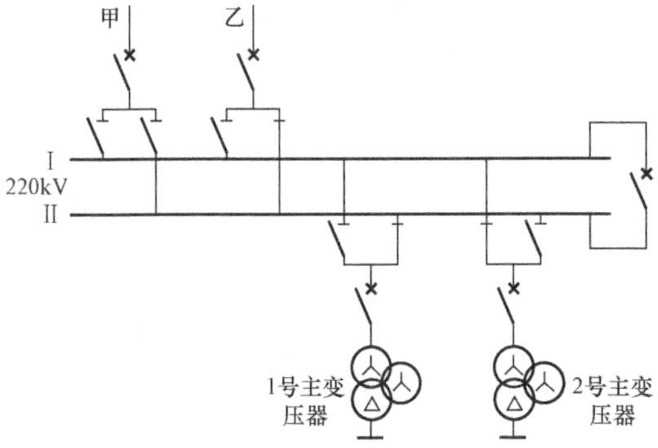

图 Z12E4001Ⅲ–1 某变电站一次接线示意图

2. 事故分析

某变电站采用两组操作电源分别接于两组独立的 110V 蓄电池组，而Ⅰ段、Ⅱ段母线隔离开关的电压切换回路，都接在第二组操作电源上，见图 Z12E4001Ⅲ–2。

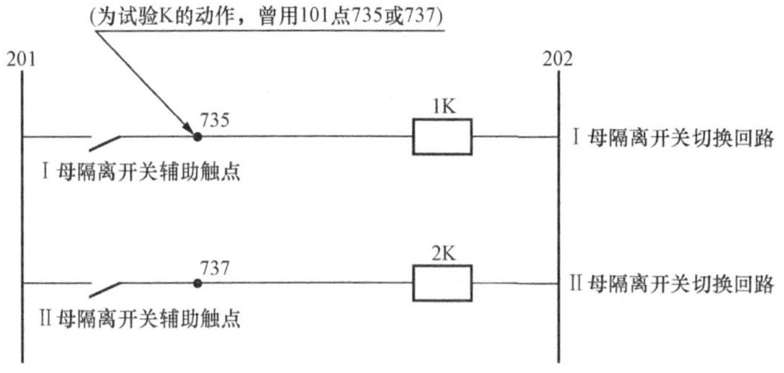

图 Z12E4001Ⅲ–2 母线隔离断路器切换继电器示意图

事故后，通过模拟试验，证实用 101 正电源碰 735（或 737），必然造成 1 号主变压器高压侧断路器，B 相保护出口，经过检查发现，主变压器高压侧断路器的两组操作回路之间存在寄生回路，见图 Z12E4001Ⅲ-3。

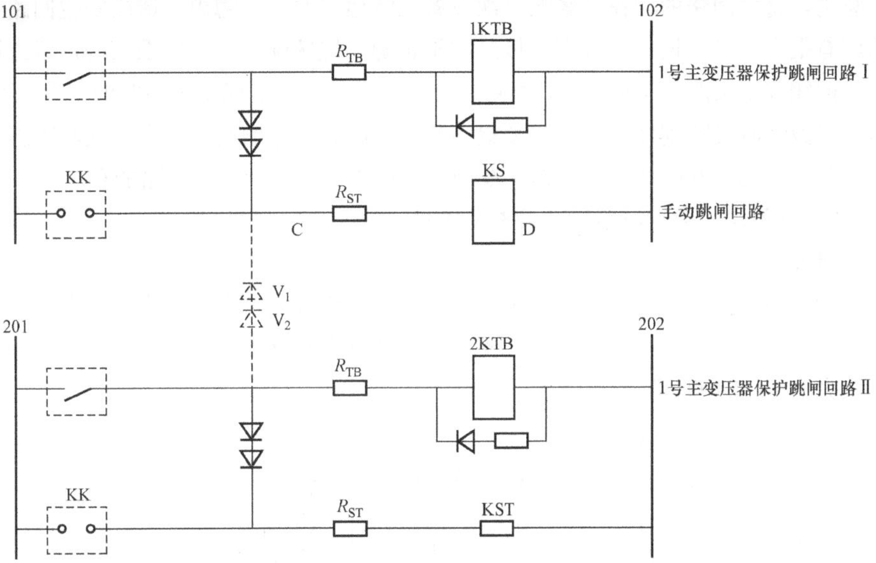

图 Z12E4001Ⅲ-3　两组操作回路之间的寄生回路

由于 V_1、V_2 桥路的存在，当 101 正电源触到 735 或 737 时，电流就通过 1K–202–2KTB–V_1、V_2–KS，直至 102 负电源，等效展开见图 Z12E4001Ⅲ-4。

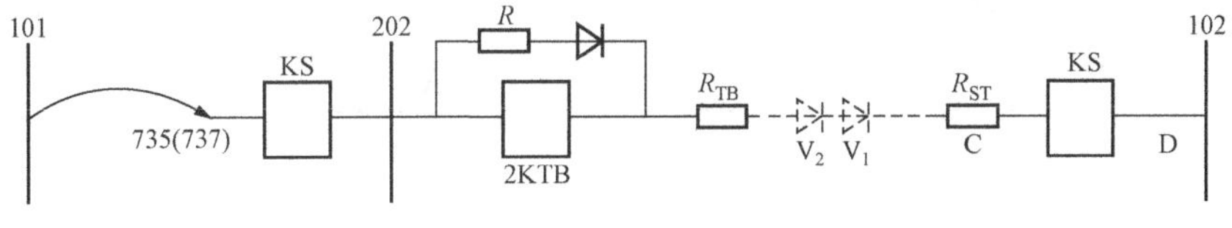

图 Z12E4001Ⅲ-4　等效展开图

模拟试验测出 CD 两点电压为 55V，而在验收记录中两台主变压器高压侧短路器六个 KS 的动作值中，最低的是 1 号主变压器 B 相，为 55V，与 2 号主变压器 A 相相同，因此，造成 1 号主变压器及 2 号主变压器的误动。

3. 事故对策

在高压侧操作箱插件上拆除 V_1、V_2 二极管，见图 Z12E4001Ⅲ-4，断开保护跳闸回路Ⅱ启动 KS 回路，消除两组操作回路之间的寄生。严格防止两组控制回路电源以任何方式发生电气连接，特别是在两段直流母线分别由两组独立蓄电池组供电的变电站。

4. 事故教训

在二次回路上工作时应先查清图纸，而在有两组独立蓄电池供电的变电站，在二次回路设计时应避免电器交叉连接，以防止类似的情况再次发生。

总之，寄生回路的存在是影响二次设备正常运行的重大隐患，造成寄生回路存在的原因有很多，包括设计不合理、接线图不正确、现场施工不按要求接线，或改造时该拆除的线或多余的线不拆除等，而对回路改造是最容易造成寄生回路的存在。所以，在对回路改造时要特别仔细，回路要搞清楚，不能有丝毫的马虎，在二次回路施工前要对施工图有比较好的熟悉和掌握，在施工的过程中要杜绝寄生回路的存在。

（二）案例二　寄生回路误启动失灵保护

1. 事故经过

某500kV变电站用12断路器对2号主变压器进行充电合闸过程中，误启动失灵保护而误跳相邻的11断路器，2号主变压器各侧断路器及远方跳L4线路对侧断路器。主接线见图Z12E4001Ⅲ-5。

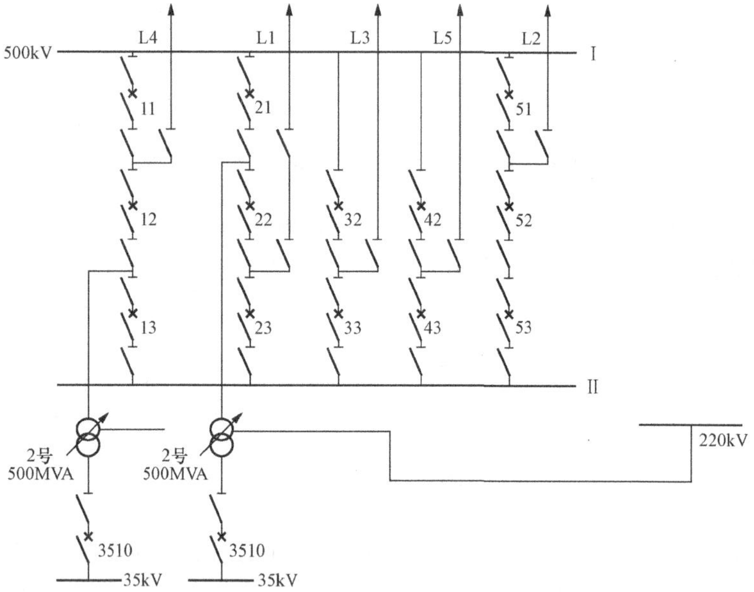

图Z12E4001Ⅲ-5　变电站500kV一次主接线图

2. 事故分析

导致事故的原因是寄生回路的存在。寄生回路见图Z12E4001Ⅲ-6，2号主变压器保护的C相跳闸回路和2号主变压器启动失灵保护回路设计成合用一个隔离插把U27.101.101，继电保护用直流电源R6+与断路器操作电源201+混接在一起，当12断路器在合闸的过程中，短路器动合辅助触点和动断辅助触点在转换过程中，有一个两者都断开的瞬间，此时通过跳闸监视断路器与失灵保护启动中间构成分压回路，失灵保护启动中间继电器动作且通过跳闸监视继电器自保持直到跳闸，合闸时 2 号主变压器有励磁涌流，主变压器保护动作，失灵保护电流会动作，经过 187ms12 断路器失灵保护动作跳开相邻 11 断路器、2 号主变压器总出口、远方条线路 L4 对侧断路器。

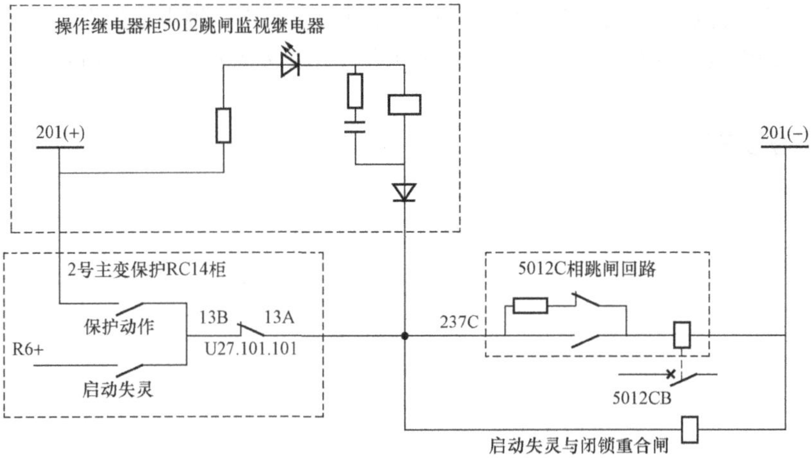

图 Z12E4001Ⅲ-6　寄生回路

此次失灵保护误跳闸主要是 2 号主变压器非电量保护和失灵保护共用一个断开点，在 12 断路器合闸时出现寄生回路，造成失灵保护误动作跳闸。

3. 事故处理对策

将 2 号主变压器非电量保护和失灵保护的出口断开点分开，同时将启动失灵保护用直流电源 R6+同断路器操作电源 201+分开，见图 Z12E4001Ⅲ-7。

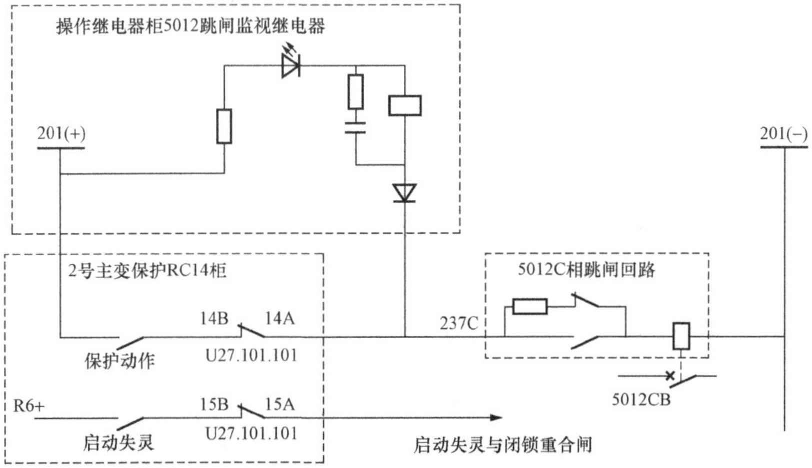

图 Z12E4001Ⅲ-7　改进的保护接线图

4. 事故教训

这条失灵保护误跳闸的寄生回路，如果不是对 2 号主变压器冲击合闸没有励磁涌流，也就发现不了了。但是，把启动失灵保护和 2 号主变压器非电量保护跳闸触点共用一个隔离断开点，相当于多套保护合用一个连接片，造成继电保护直流电源同断路器操作电源混接，虽然设计、基建、运行单位都明白这是不允许的，但是在实际的工作中没有引起重视。

【思考与练习】

1. 常见的二次回路图中的错误有哪些？
2. 避免二次回路中寄生的存在应从哪些方面考虑？
3. 本章第四部分案例一中的错误违反了哪些反措要求？

第五章

二次回路的异常及故障处理

模块1　直流电源回路故障分析处理（Z12E5001Ⅲ）

【模块描述】本模块包含了变电站直流电源回路常见故障的查找和处理，通过典型回路和案例分析，正确查找直流电源回路的故障并进行处理。

【模块内容】直流电源回路故障分析处理包括直流系统的构成及对其的要求、直流系统的绝缘检测。

一、直流系统的构成及对其的要求。

目前，发电厂及中、大型变电站的控制回路，继电保护装置及其出口回路、信号回路，皆采用直流电源供电。重要发电厂及变电站的照明也采用直流供电方式。另外，为确保发电机等主设备的安全，某些动力设备（例如电动油泵等）也由直流电源供电。完成对上述回路、装置及动力设备供电的系统称为直流系统。

直流系统是发电厂和变电站的重要系统。在发电厂及大、中型变电站，由于被操作和被保护的主设备众多，直流系统分布面广，遍布厂或站的各个角落。因此，为确保发电厂和变电站的安全、经济运行，有完善而可靠的直流系统是非常必要的。

1. 直流系统的构成

发电厂和变电站的直流系统，主要由直流电源、直流母线及直流馈线等组成。直流电源包括蓄电池及充电设备，直流馈线由主干线及支馈线构成。

（1） 蓄电池。发电厂及变电站常用的蓄电池，主要有酸性的和碱性的两大类。常用的酸性蓄电池是铅蓄电池，而常用的碱性蓄电池是镉–镍蓄电池。

（2） 充电设备。为补偿蓄电池运行中的功率损耗，维持电源电压及增大短路容量，需对蓄电池经常进行充电。

（3） 直流母线及输出馈线。蓄电池组的输出与充电设备的输出并接在直流母线上。直流母线汇集直流电源输出的电能，并通过各直流馈线输送到各直流回路及其他直流负载（例如事故照明、直流电动机等）。

（4） 直流监控装置。为测量、监视及调整直流系统运行状况并及时发出异常报警信号，对直流系统应设置监控装置。

2. 对直流系统的基本要求

为确保发电厂及变电站的安全、经济运行，其直流系统应满足以下要求：

（1）正常运行时直流母线电压的变化应保持在10%额定电压的范围内。若电压过高，容易使长期带电的二次设备（例如继电保护装置及指示灯等）过热而损坏；若电压过低，可能使断路器、保护装置等设备不能正常动作。

（2）电池的容量应足够大，以保证在浮充设备因故停运而其单独运行时，能维持继电保护及控制回路的正常运行；此外，还应保证事故发生后能可靠切除断路器及维持直流动力设备（例如直流油泵等）的正常运行。

（3）充电设备稳定可靠，能满足各种充电方式的要求，并有一定的冗余度。

（4）直流系统的接线应力求简单可靠，便于运行及维护，并能满足继电保护装置及控制回路供电可靠性要求。

（5）具有完善的异常、事故报警系统及分级保护系统。当直流系统发生异常或运行参数越限时，能发出告警信号；当直流系统发生短路故障时，能快速而有选择性地切除故障馈线，而不影响其他回路的正常运行。

二、直流系统的绝缘检测

1. 直流系统接地的危害

运行实践表明，直流系统一点接地，容易致使运行中的断路器偷跳。此外，当直流系统中发生一点接地之后，若再发生另外一处接地，将可能造成直流系统短路，致使直流电源中断供电，或造成运行中的断路器误跳或拒跳的事故发生。

（1）断路器的偷跳。

（2）断路器的误跳及拒跳。

（3）直流回路短路。

2. 直流绝缘检测装置

详见第二十三章模块1。

3. 对直流绝缘监测装置的要求

直流系统是不接地系统，直流系统的两极(正极和负极）对地应没有电压，大地也应没有直流电位。但是，由于绝缘检测装置的电压表及信号继电器的一端是接地的，就使得直流系统通过该仪表及信号继电器与大地连接。实际上，发电厂及变电站的直流系统是经高阻接地的接地系统。在正常工况下，地的直流电位应等于直流系统电压的$\frac{1}{2}$。对于直流电压为220V的直流系统，其所在大地的地电位应为110V左右。

对直流绝缘监测装置的要求，除了动作可靠之外，还要求其内测量电压表计的内阻要足够大，否则将可能造成继电保护出口继电器误动、拒动及断路器的拒跳和误跳。这是因为，如果绝缘检测装置中测量电压表的内阻过小（极限情况下为零），使直流系统在正常工况下已有一点接地，当再发生另一点接地时，就像两点接地一样，使断路器拒跳或误跳。

三、直流系统接地位置的检查

直流系统分布范围广，外露部分多，电缆多且较长。所以，很容易受尘土、潮气的腐蚀，使某些绝缘薄弱元件绝缘降低，甚至绝缘破坏造成直流接地。直流接地故障中，危害较大的是两点接地，可能造成严重后果，不仅对设备不利，而且对整个电力系统的安全构成威胁。因此，规程上规定有直流接地情况时，应停止直流网络上的一切工作，并有选择性地查找接地点。

1. 直流接地故障的原因

直流接地故障发生的原因很多，也比较复杂。这里概括性地归纳为以下几点：

（1）设计方面原因。由于设计人员掌握专业知识的局限性、与相关专业的协调不够细致、对设备性能了解不深，以及对控制、保护装置内部原理吃不透，而造成交、直流回路串接。在系统送电调试时或者保护装置动作时，造成交、直流回路串电而引发的直流系统接地故障。

（2）设备自身原因。设备生产厂家在设备制造过程中，由于工作失误、选材不合格、设计缺陷以及制作粗糙等原因造成设备本身回路绝缘低和直流带电设备直接与设备外壳相接或相碰，从而在送电调试过程中，发生直流系统绝缘低或接地现象，如充电设备、蓄电池本身接线柱、不停电电源装置、直流供电部分与设备外壳及各直流用电设备的接地柱和内部回路以及电缆损坏、不合格等。

（3）施工过程造成的原因。这是引起直流系统接地故障发生的最常见的原因。由于施工过程中，施工人员业务技术素质不同、环境的好坏及诸多外部因素的影响等，均会发生接地故障或造成隐患。如：

1）电缆接线过程中，施工人员将芯线绝缘外皮损坏。

2）电缆敷设过程中由于施工不慎将电缆小绕、挤压、损伤。

3）电缆头制作过程中，不按规范施工造成绝缘不良。

4）电缆保护管处理不当，使电缆外皮损伤而造成绝缘不良。

5）接线过程中由于技术人员工作失误或施工人员粗心造成接线错误，而发生与其他回路或外壳接到一起。

6）直流母线在连接过程中，因绝缘板绝缘不合格，使直流电源系统对地绝缘太低。

7）直流小母线压接过程中，绝缘端子损坏与外壳接触。

8）两个直流系统连接错误。

9）事故照明回路中灯座因安装不合格与地接触。

10）由于施工工期或设计原因、控制电缆一端已施工完毕而另一端未施工，造成控制电缆芯线接地或因潮湿造成绝缘降低。

11）信号光字牌接线柱与底座设计安装不合理，线柱与外壳相碰。

12）交流回路和直流回路合用同一根电缆等。

（4）运行、检修维护的原因。由于运行、检修维护人员受业务技术水平限制，运行检修维护不到位，或在回路检查和消除故障的过程中，错误地将直流系统接地，以及在检修、测量和检查过程中，由于误操作而造成的直流系统接地故障。还有以下的原因：

1）由于气候恶劣、潮湿，加热装置未开或者坏了，开关端子箱的门没有关好，造成户外开关端子箱内电缆或端子对地绝缘降低或爬电。

2）由于气候恶劣、潮湿，加热装置未开或者坏了，开关控子箱的门没有关好，造成户外开关控制箱内二次回路辅助接点对地绝缘降低或爬电。

3）由于气候恶劣、潮湿或漏雨，造成户外闸刀接线箱内电缆或端子对地绝缘降低或爬电。

4）由于蓄电池维护不好造成对地绝缘降低或爬电。

5）由于运行检修维护不到位，端子或接线柱结灰对地绝缘降低。

6）由于检修工作不到位，保护内部对地绝缘降低或爬电。

7）由于气候原因，老式变电站内绝缘水平整体下降造成的直流系统接地等。

还有其他原因造成的直流系统接地故障。

2. 怎样查找、排除直流系统接地故障

直流系统发生一点接地之后，绝缘监测装置发出报警信号。运行及维护人员应尽快检测出接地点的具体位置，并予以消除。排除直流接地故障,首先要找到接地的位置，这就是我们常说的接地故障定位。直流接地大多数情况不是一个点，可能是多个点，或者是一个片，真正通过一个金属点去接地的情况是比较少见的。更多的会由于空气潮湿、尘土粘贴、电缆破损，或设备某部分的绝缘降低，或外界其他不明因素所造成。大量的接地故障并不稳定，随着环境变化而变化。因此在现场查找直流接地是一个较为复杂的问题。在查找接地点及处理时，应注意以下事项：① 应有两人同时进行；② 应使用带绝缘的工具，以防造成直流短路或出现另一点接地；③ 需进行测量时，应使用高内阻电压表或数字万用表，表计的内阻应不低于2000Ω/V，严禁使用电池灯（通灯）进行检查；④ 需开二种工作票，做好安全措施，严防查找过程中造成断路器跳闸等事故。

（1）拉回路法。

这是电力系统查直流接地故障一直沿用的一个简单办法。当出现一点接地故障之后，运行人员要首先缩小接地点可能所在的范围，即确定哪一条馈线回路发生了接地故障。

所谓拉路法是指：以次、分别、短时切断直流系统中各直流馈线来确定接地点所在馈线回路的方法。例如，发现直流系统接地之后，先断开某一直流馈线，观察接地现象是否消失。如果接地现象未消失，立即恢复对该馈线的供电。再断开另一条馈线进行检查。重复上述过程，直至确定出接地点的所在馈线。

用上述方法确定接地点所在馈线回路时，应注意以下几点：

1）应根据运行方式、天气状况及操作情况，判断接地点可能所在的范围，以便在尽量少的拉路情况下能迅速确定接地点位置。

2）拉路顺序的原则是先拉信号回路及照明回路，最后拉操作回路；先拉室外馈线回路，后拉室内馈线回路。

3）断开每一馈线的时间不应超过 3s，不论接地是否在被拉馈线上，应尽快恢复供电。

4）当被拉回路中接有继电保护装置时，在拉路之前应将直流消失后容易误动的保护（例如发电机的误上电保护、启停机保护等）退出运行。

5）当被拉回路中接有输电线路的纵联保护装置时（例如高频保护等），在进行拉路之前，首先要退出线路两侧的纵联保护。

当用拉路法找不出接地点所在馈线回路时，可能原因如下：① 接地位置发生在充电设备回路中，或发生在蓄电池组内部，或发生在直流母线上；② 直流系统采用环路供电方式，而在拉路之前没断开环路时；③ 全直流系统对地绝缘不良；④ 各直流回路互相串电或有寄生回路。

（2）直流接地选线装置监测法。

这是一种在线监测直流系统对地绝缘情况的装置。该装置的优点是能在线监测，随时告直流系统接地故障，并显示出接地回路编号。缺点是该装置只能监测直流回路接地的具体接地回路或支路，但对具体的接地点无法定位。技术上它受监测点安装数量的限制，很难将接地故障缩小到一个小的范围。而且该装置必须进行施工安装，对旧系统的改造很不便。此类装置还普遍存在检测精度不高、抗分布电容干扰差、误报较多的问题。如果能有一种在监测点上不受限制、检测精度较高、选线准确的直流接地选线装置，应是一种较好的选择。

（3）便携式直流接地故障定位装置故障定位法。

该装置是近几年开始在电力系统较为广泛应用的产品。该装置的特点是无须断开直流回路电源，可带电查找直流接地故障完全可以避免再用“拉回路”的方法，极大地提高了查找直流接地故障的安全性，而且该装置可将接地故障定位到具体的点，便于操作。目前生产此类产品的厂家也较多，但真正好用的产品很少，绝大部分产品都存在检测精度不高、抗分布电容干扰差、误报较多的问题。

3. 怎样正确选择直流接地故障查找地装置

按现场的运行经验，从上面分布电容产生的对地容抗经验数据分析，选择直流接地故障查找地装置，一定要严格掌握两个重要指标：其一是装置抗分布电容干扰（目前绝大多数生产厂家的设备都未列出该指标），要求其抗分布电容干扰，对地分布电容系统总值应大于或等于 80mF，回路的对地分布电容系统值应大于或等于 8mF；其二是检测接地故障的对地阻抗值应大于或等于 40kΩ。达不到上述两个指标的直流接地故障查找地装置，在现场应用中，对大部分的直流系统接地故障往往检测不出，更不用说用作定期巡检装置。

四、案例分析

（一）直流一点接地跳闸的案例

1. 事故经过

1990 年 5 月 8 日 16 时 57 分，某 220kV 变电站 2 号主变压器 220kV 断路器旁路代运行，做电流互感器带负荷电流相位试验，试验结束后，拆除试验接线过程中，在断开零相试验小线时，接在 TA 零相回路小线的一端尚未断开（接地端），而试验小线的另一端不小心瞬间掉到 3LP 连接片上端，通过直流监测装置和抗干扰电容形成通路，1KBC 跳闸中间继电器动作，KX 有掉牌信号，2 号主变压器无故障跳闸。直流接地选线保护误动示意图见图 Z12E5001Ⅲ-1。

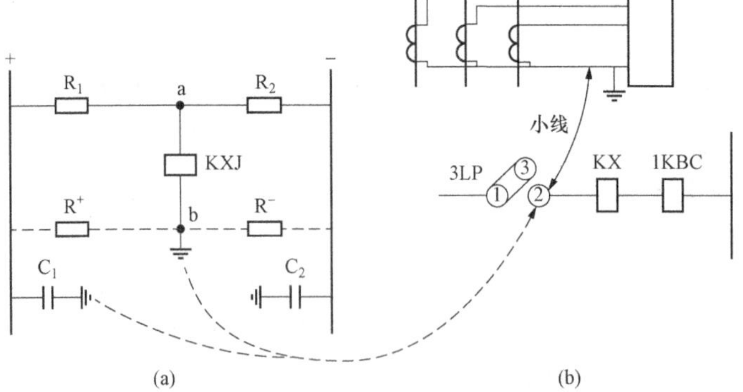

图 Z12E5001Ⅲ-1　直流接地选线保护误动示意图

（a）直流监测装置；（b）接地跳闸

图 Z12E5001Ⅲ-1 中，R_1、R_2、KXJ（电流灵敏继电器）组成了直流电源监测装置。R^+、R^-分别为直流系统正极和负极对地绝缘电阻。C_1、C_2分别为直流系统正极和负极静态继电保护装置等值抗干扰电容及电线线对地电容量之和。

2. 事故分析

R_1、R_2、R^+、R^-组成一个电桥，在 a、b 两点间接入继电器 KXJ，正常运行时电桥处于平衡状态，KXJ 不动作。

当任一极绝缘降低时，电桥失去平衡，KXJ 动作，发出直流接地信号。

C_1、C_2主要是直流系统所接电缆正、负极对地电容及各套静态型继电保护装置的抗干扰对地电容之和，对大型发电厂、变电站直流系统而言，这个抗干扰电容量不可忽视。

3. 事故对策

（1）各套保护装置出口继电器及断路器的跳闸线圈的动作电压不得小于 $55\%U_H$，就是为了尽量避免直流正极接地时的误起动跳闸。

（2）保证直流一点接地时直流接地监测继电器 KXJ 有动作灵敏度的基础上尽量加大 R_1、R_2 电阻值。

（3）改进工作方法，培养认真细致的工作作风。

4. 事故教训

传统有效的安全措施不可丢，运行设备和试验设备之间要设有明显的区别标贴，将一碰就有跳闸危险的连接片、跳闸中间继电器等应用绝缘材料遮盖，就不会发生本次误跳闸事故。

（二）220kV 断路器无故障自动分闸的案例

1. 事故经过

1990 年 9～11 月期间，某 220kV 变电站 LW-220SF_6断路器连续三次均在下雨、系统无故障情况下发生偷跳，见图 Z12E5001Ⅲ-2、图 Z12E5001Ⅲ-3。

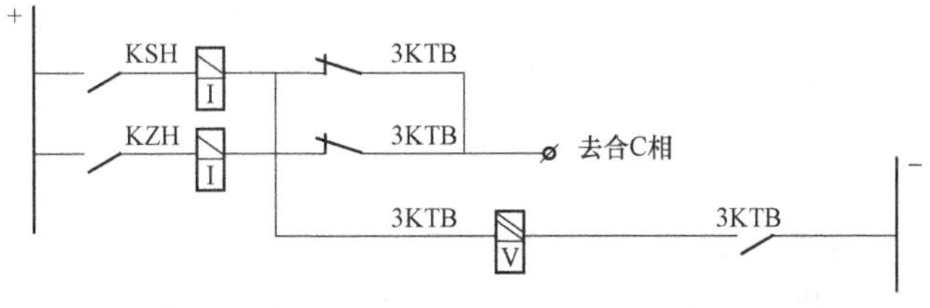

图 Z12E5001Ⅲ-2　断路器合闸回路

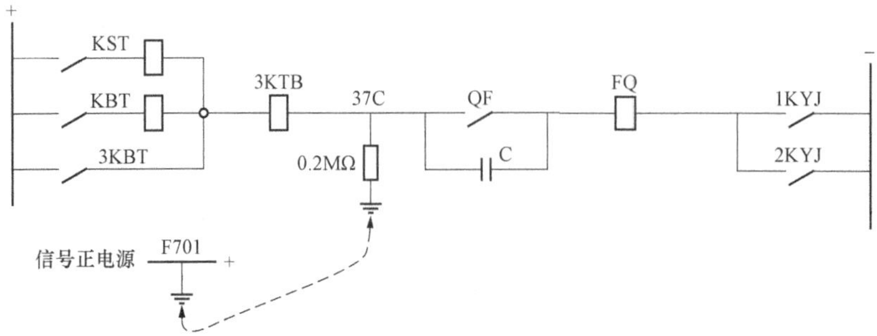

图 Z12E5001Ⅲ–3 断路器跳闸回路

第一次：9 月 2 日 15 时 55 分，C 相断路器无故障自动分闸，断路器位置不对应起动重合闸，C 相断路器重合，由于 37C 接地点在防跳跃继电器 3KTB 线圈后面，防止跳跃继电器 3KTB 没进入此不正常跳闸回路，失去断路器防跳跃功能，断路器多次跳合，使合闸线圈烧坏。

第二次：11 月 8 日 14 时 54 分，发生与 9 月 2 日同样的 C 相偷跳，由于这次值班人员立即取下直流熔丝，合闸线圈没有烧坏。

第三次：11 月 19 日 6 时 26 分，申请该断路器停役检查，早晨值班人员在准备用旁路断路器代路操作前，又发生 C 相断路器第三次偷跳，合闸线圈烧坏。

2. 事故分析

（1）事后检查发现 C 相断路器操动机构箱内信号正电源 F701 接地，有放电痕迹，C 相断路器跳闸回路 37C 端子对地电阻 0.2MΩ（用万用表的测量值），停电检查，加电压时基本击穿，由于 37C 接地点在防跳继电器 3KTB 电流起动线圈后面，在此不正常跳闸回路中 3KTB 继电器没有防跳跃功能，断路器跳闸后，不对应回路起动重合闸，KZH 动作发合闸脉冲，37C 接地点未消失，断路器又跳闸，断路器发生多次跳合闸，直到合闸线圈烧坏为止。断路器多次跳合闸，气压下降，压力触点拉弧而烧坏粘住。

（2）断路器操动机构箱密封性能差，下雨天进水，端子排受潮严重，绝缘下降造成 C 相断路器无故障多次偷跳闸。

3. 事故对策

（1）更换断路器操动机构箱密封条，更换合闸线圈。

（2）更换端子排，提高绝缘水平。

4. 事故教训

（1）同一只断路器、同一相别不到 3 个月时间内连续 3 次因同样原因引起断路器无故障偷跳闸，虽然没有造成严重后果，但足以说明对消除设备缺陷重视不够，没有认识查找原因，因而连续发生 3 次。

（2）断路器无故障偷跳 3 次都发生在下雨天，应该判别多数是绝缘不良，检查回路绝缘应用 1000V 绝缘电阻表测量才能及时发现问题，万用表在绝缘没有完全击穿时是检查不出来的，因为万用表电压很低，这是前两次偷跳没有查出问题的原因。

（3）国产断路器机构箱、户外端子箱等的密封性能很差，阴雨天气潮气能进去，晴天潮气不易出来，端子排、辅助触点等的胶木绝缘件的耐潮、耐电压质量差，有待制造厂改进。

（三）万用表使用不当造成误跳闸的案例

1. 事故经过

1997 年 8 月 25 日，某 220kV 变电站在运行中对继电保护二次回路进行特别巡检工作，用 MF–35 万用表测量电流互感器回路不平衡电流及 TV–3U。不平衡电压、信号及中间继电器线圈是否断线。当测到某一条 220kV 线路零序方向Ⅱ段信号继电器时，发生零序方向Ⅱ段跳闸中间继电器 KTQ 起动跳闸，重合成功（三相重合闸方式）。

2. 事故分析

事后发现万用表应放在直流电压挡，误切到 250mA，万用表电阻小，通过直流绝缘监测装置和抗干扰的对地电容 C 构成回路，见图 Z12E5001Ⅲ–4，该变电站 220kV、35kV 线路保护均选用静态型保护，抗干扰对地容量很大，跳闸回路直流正电源一点接地很容易误起动出口中间继电器跳闸。

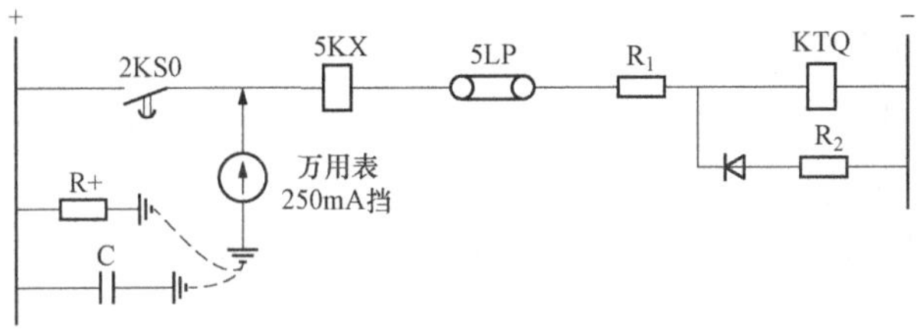

图 Z12E5001Ⅲ–4　万用表使用不当接线示意

3. 事故对策

（1）上图中的 R_1 电阻，是为了提高跳闸中间继电器 KTQ 工作电压而设，R_1 中位置放置不妥，不能解决 KTQ 线圈绝缘降低的问题而误起动跳闸。

图 Z12E5001Ⅲ–5 的接线方式是正确的，对防止 KTQ 线圈正端接地动作有利。但经万用表 250mA 挡对地测量 时仍旧会误动作跳闸。

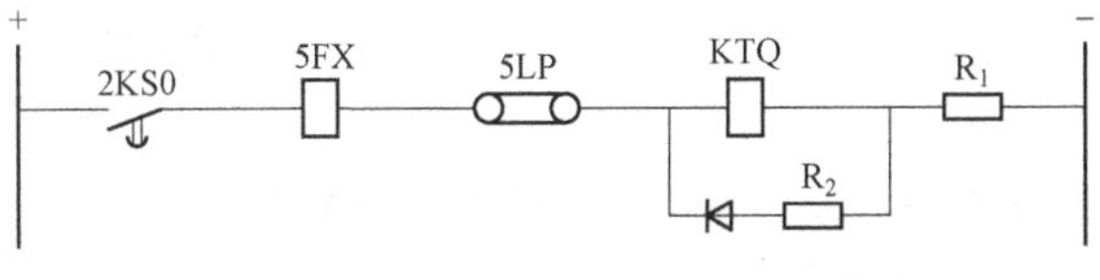

图 Z12E5001Ⅲ–5　提高出口中间动作电压

（2）改进工作方法，加强监护工作。

4. 事故教训

（1）用万用表在运行设备上进行测量工作，最好在不同回路上进行同一种工作内容，一种工作内容完成后，再换挡进行另一种工作内容，万用表换挡频繁，很易发生上述差错。

（2）在运行设备上工作，要加强监护工作，操作人员要讲述每次操作任务，得到监护人员认可后方可操作，就可避免万用表使用位置同工作任务不相符而发生的差错。

（四）保护装置元件绝缘老化、脏污，造成直流接地线路跳闸的案例

1. 事故经过

1990年2月10日，营口电业局盘山一次变电所1号所用变压器屏弧光短路，引起直流正极接地，致使220kV阜盘线C相继电器动作，断路器跳闸重合成功。

2. 事故分析

盘山一次变电所控制室内与1号所用变压器交流屏并排按放的直流屏，在弧光作用下发生直流系统正极弧光接地，是发生事故的直接原因。

继电人员对所维护的保护装置未能按《继自装置运管规程》4.2.4条“设备专责岗位责任：掌握装置缺陷情况，及时消除并贯彻和执行本专责设备反事故措施计划，搞好设备升级、定级工作”的规定执行，其中接地综合重合闸屏选相元件C相插件绝缘老化、脏污，未能及时发现和消除，在当时特定的潮湿空气中，使插件座上18端子与地之间绝缘电阻急剧变小，从而使继电器动作跳闸。经试验，K点绝缘电阻在较干燥的天气下可达2MΩ，而当时只有0.6MΩ，这是发生220kV阜盘线C相跳闸的主要原因。

事故暴露出：① 直流屏与交流屏之间未加隔板，所以造成相互影响；② 盘山地区盐碱大，空气较潮湿，门窗密封不好，造成设备脏污。

3. 事故对策

（1）交、直流屏间应立即加上绝缘隔板，以减少其相互间影响。

（2）要把控制室门窗密封完好，防止尘土过多积存在屏内各端子上，特别要注意和防止室内装置受潮。

（3）继电专责岗位责任制要加强，一定要严格执行《继自装置运管规程》的各项规定，维护好设备，加强设备的巡视、检查，及时消除设备的隐患，防止保护装置误动作。

（五）直流供电方式不满足反措造成事故跳闸的案例

1. 事故经过

2014年6月18日16时，某地出现强对流、雷暴雨天气，局部出现龙卷风。16时

19 分，同杆架设的 110kV 某线（53～54 号）、某线（28～29 号）杆导线上搭挂彩钢板，造成三相短路。当日 15 时 53 分，330kV 某变 110kV 设备直流电源总开关故障，110kV 保护、控制直流电源失电，在 110kV 某线、1100 母联断路器失去保护的情况下，330kV 1～3 号主变中压侧后备保护动作，中压侧断路器跳闸，110kV Ⅰ、Ⅱ母线失压。330kV 某变电站所带 15 座 110kV 变电站、5 座铁路牵引变，29 座 35kV 变电站、3 座光伏汇集站（19 个光伏站）、1 座风电场失压。事件损失负荷共计 9.2 万 kW，停电用户共计 17.227 万户，占地区停电用户比例的 28.7%。

2. 事件分析

保护动作情况：某变 110kV 某某线首先发生 AB 相间故障，1.9s 后转换为 AB 相间接地故障，2.1s 后 C 相也出现接地故障；此前 26min，该变电站内 110kV 保护和控制电源失电，110kV 某某线路失去保护，故障发生 2.5s 后，1～3 号主变中压侧阻抗保护动作跳 110kV 母联 1100 断路器，由于母联控制电源失电未跳开；故障发生 2.8s 后 3 台主变中压侧阻抗保护动作跳开主变中压侧 3 台断路器，110kV 双母线失压；110kV 某某线对侧线路相间距离一段保护动作断路器跳闸。故障期间各继电保护装置动作行为均正确。

直流接线分析：某变于 1995 年投入运行，期间经历 8 次改造，2003 年将全站直流系统由原单电单充方式改为两电三充方式供电，但 110kV 直流系统始终没有进行改造，仅更换了直流总空开，保持原有的单段运行方式，所有 110kV 直流回路均由同一个总电源空开供电，且未将控制和保护直流负荷分开。本次事件中，由于总电源空开故障，造成 110kV 直流保护、控制电源全部失去。

空开故障分析：110kV 直流系统总空开为西门子公司生产（型号：5SX5C25），2003 年 7 月出厂，自 2003 年投入运行以来空开长期运行。通过对故障空开通断试验和解体检查，发现空开的正极接点烧损，负极接点正常，初步分析空开故障原因为在长期运行情况下，因接触点接触不良，在运行过程中出现拉弧，最终导致正极接点烧损。

3. 事件教训

事件暴露出如下问题：

（1）直流系统存在严重隐患。一是直流供电方式不满足反措要求，该变采用直流小母线供电，其中 330kV 两段分裂供电，110kV 单段供电，110kV 保护、控制采用同一直流小母线，违反《国家电网公司十八项电网重大反事故措施》5.1.1.10、5.1.1.11 和 5.1.1.12 条规定（5.1.1.10 变电站直流系统的馈出网络应采用辐射状供电方式，严禁采用环状供电方式。5.1.1.11 直流系统对负载供电，应按电压等级设置分电屏供电方式，不应采用直流小母线供电方式。5.1.1.12 直流母线采用单母线供电方式时，应采用不同位置的直流开关，分别带控制用负荷和保护用负荷）。二是隐患排查不彻底，没有深刻吸取公司系统直流中断造成变电站全停事故的教训，该变电站虽然经过 8 次改造，但均未对全站直流回路进行认真梳理和问题整改，遗留了严重隐患，且 110kV 直流回路中串接带熔断器的闸刀，在已退运的中央信号继电器屏内存在直流运行回路，增加了直流系统故障风险。三是现场图实不符，通过对设计图和现场核查，嘉峪关变电站 110kV 直流系统实际接线与设计图纸不符，给变电站运维及事故快速处置造成了困难。

（2） 110kV 电网供电可靠性低。110kV 供电方式为串供结构，供电距离长。110kV 变电站之间未形成有效的互供和转带，在 330kV 变电站主变、110kV 母线 *N*–2 故障和检修方式下情况下，极易造成多座 110kV 变电站全停，供电可靠性低。5 座电铁牵引站均由同一电源供电，重要用户供电可靠性低。

（3） 输电通道存在安全隐患。本次事件中，彩钢板房距离线路超过 80m，虽然不在线路保护区内，但线路走廊附近发现多处个体企业工棚、厂房采用彩钢板房，抵御大风等灾害天气能力差，在强对流等灾害天气下，可能造成线路故障跳闸。

4. 事故处理对策

（1） 立即开展直流系统专项隐患排查。深刻吸取该变电站直流系统故障导致事故扩大、造成 110kV 变电站停电的教训，在全系统开展一次变电站直流系统隐患排查工作，严格落实《国家电网公司十八项电网重大反事故措施》要求，全面排查各电压等级变电站直流系统接线方式，重点解决直流系统小母线供电、环状供电、保护控制电源合用、寄生回路、图实不符等隐患，杜绝直流系统故障导致故障扩大、变电站全停等事件。要抓紧治理该变电站直流系统安全隐患，将 110kV 母联控制、保护电源接入主变电源回路，110kV 保护、控制电源分离，形成各自独立的回路；拆除 110kV 直流回路中串接带熔断器的闸刀，将 110kV 保护、控制电源由单段改为分段运行方式；将直流系统改造纳入技改项目，按照辐射状供电方式要求进行改造。

（2） 切实加强二次设备运行维护管理。高度重视变电站二次系统设备运行安全。一是举一反三，立即组织对变电站保护、安控装置、站用电系统、直流系统、控制保护回路、通信装置电源、主变风冷装置等进行一次全面细致的检查，认真落实反事故措施要求，防止二次系统设备故障、不正确动作导致事故扩大。二是加强二次设备运行维护，加强蓄电池、直流系统等定期巡视检查，特别要认真开展低压空开和接线端子红外测温，提前发现处理过热缺陷。三是加强无人值班变电站信息监控，完善变电站二次装置和回路、直流电源等辅助系统告警信息，及时消缺，保证重要信息上传到监控中心。四是严把设备扩建、改造验收关，确保一、二次设备图实相符，及时拆除变电站内改造遗留的功能退运的老旧盘柜和设备，对暂时不能安排拆除的退运设备要规范退运标示。

（3） 全面排查输电通道安全隐患。吸取近期彩钢板造成短路故障的教训，开展电力设施防外破和输电通道清障行动，组织对输电线路走廊附近的彩钢板建筑物等外破隐患进行全面排查，加大电力设施保护力度，加强与政府部门的汇报沟通，督促采取加固措施，确保电力设施运行安全。

（4）提高故障恢复和应急处置能力。加快落实电网规划项目，提高地区电网供电可靠性。结合区域电网及设备运行特点，完善事故应急预案和处置方案，加强电网应急处置调控运行、运维检修等各环节工作衔接，有针对性地开展演练，提高应急处置、故障恢复能力，缩短故障状况下供电恢复时间。

【思考与练习】

1. 写出直流系统的基本要求。
2. 写出直流系统接地的几种危害。
3. 写出控制回路等对直流馈线的要求。

模块 2　保护间二次回路故障分析处理（Z12E5002Ⅲ）

【模块描述】本模块包含了变电站保护间回路常见故障的查找和处理，通过典型回路和案例分析，正确查找保护间回路的故障并进行处理。

【模块内容】保护间二次回路故障分析处理包括二次回路的概述，二次回路的运行检查和故障处理。

一、二次回路概述

1. 电气二次设备及二次回路

所谓电气的二次设备，是对电力系统及电力设备进行工况监视、运行方式的控制、调节及保护等所需的低压设备的总称。

将二次设备相互连接，构成对一次设备能进行监视、控制、调节及保护的回路，称之为二次回路。

2. 二次回路的类别

若按二次回路的作用、特点及性质进行分类，二次回路可分为交流回路及直流回路。交流回路通常可分为交流电流回路、交流电压回路；而直流回路又可分为控制回路（也叫操作回路）、信号回路及逻辑回路等，实际上，出口的逻辑回路包含在控制回路中。

3. 二次回路连接导线截面的选择

二次回路中各连接导线的机械强度及电气性能应满足安全经济运行的要求，而导线的机械强度及电气性能与其材料及截面有关。

4. 互感器的概述

测量、监视、控制电力系统的潮流及运行工况，需由测量仪表及自动装置来完成；为快速切除故障及确保系统的安全，需由继电保护来完成。测量仪表、自动装置及继电保护装置均系低电压二次设备。二次设备不能直接接入一次系统的高电压及大电流。

为此，需要一种特殊的变换器，将电力系统的一次电流及一次电压变换成与其成正比的小电流及低电压，以供给测量仪表、继电保护及自动装置，并起到一、二次的隔离作用。该变换器称为互感器。将电力系统的一次大电流变换成二次小电流的互感器叫电流互感器，而将一次高电压变换成二次低电压的互感器叫电压互感器。

电磁型电流互感器与电压互感器的构成原理同电力变压器，同属电–磁耦合变换传递元件。

目前，广泛采用的电流互感器的输出是交流电流，而继电保护及自动装置的计算逻辑回路通常是直流。为确保继电保护及自动装置运行的可靠性及安全性，需将电流互感器的二次回路与继电保护及自动装置的逻辑回路进行隔离。在保护装置中，将电流互感器的二次电流变换成与电流成正比的电压，并进行交、直流回路隔离的变换器，通常采用两种变换器之一，即采用辅助变流器或电抗互感器。

5. 对互感器的要求

为确保安全而精确地测量及变换，应按照以下要求选用互感器：

（1）电流互感器及电压互感器的一次额定电压，应与所用在电网的额定电压等级相同；其绝缘水平应能承受长期运行及可能出现的短时过电压（运行过电压、雷击过电压及谐振或操作过电压等）。

（2）变换精度高，应能满足测量精度，确保继电保护动作可靠。

（3）变比适当，其变比应能保证系统在额定工况下测量仪表、继电保护及自动装置的测量要求及工作在线性区。

（4）容量足够大，应满足正常及电力系统短路故障时，继电保护及自动装置的测量精度要求；保证互感器不过热。

（5）满足热稳定及动稳定的要求，饱和倍数足够大。

二、二次回路的运行检查和故障处理

电气设备二次回路是电气系统中的一个组成部分。二次回路如发生故障，将直接影响电气设备和电力系统的安全运行：因此，二次回路一旦发生故障，应迅速准确地做出判断，排除故障。

1. 二次回路的运行检查

（1）正常巡视检查。

1）检查直流系统的绝缘是否良好，各装置的工作电源是否正常。

2）检查各断路器控制开关手柄位置与开关位置及灯光信号是否相对应。

3）检查事故信号、预告信号的音响及光字牌显示是否正常。

4）各保护及自动装置连片的投退与调度命令是否相符，各熔丝、隔离开关、转换电器的工作状态是否与实际相符、有无异常响声。

5）检查表计指示是否正常、有无过负荷。

6）检查信号继电器掉牌是否在恢复位置。

（2）特殊巡视及检查。

1）高温季节应加强巡视。

2）当断路器事故跳闸后，应对保护及自动装置进行重点巡视检查，并详细记录各保护及自动装置的动作情况。

3）高峰负荷以及恶劣天气应加强对二次设备的巡视。

4）对某些二次设备进行定点，定期巡视检查。

2. 二次回路故障的检查

电气设备的二次回路可分为测量仪表、监察装置、信号回路、控制回路、保护回路等。在上述回路发生异常时，可以采用以下方法检查：

（1）直观检查法。

（2）拉路检查法。

（3）电压电位检查法。

（4）导通检查法。

（5）整组试验检查法。

3. 互感器回路故障的检查

怎样发现电流互感器二次开路故障呢？一般可从以下现象进行检查判断：

（1）回路仪表指示异常，一般是降低或为零。用于测量表计的电流回路开路，会使三相电流表指示不一致、功率表指示降低、计量表计转速缓慢或不转。如表计指示时有时无，则可能处于半开路状态（接触不良）。

（2）电流互感器本体有无噪声、振动不均匀、严重发热、冒烟等现象，当然这些现象在负荷小时表现并不明显。

（3）电流互感器二次回路端子、元件线头有放电、打火现象。

（4）继电保护发生误动或拒动，这种情况可在误跳闸或越级跳闸时发现并处理。

（5）电能表、继电器等冒烟烧坏。而有无功功率表及电能表、远动装置的变送器、保护装置的继电器烧坏，不仅会使电流互感器二次开路，还会使电压互感器二次短路。

4. 控制回路故障的检查

（1）控制回路中红、绿灯不亮。原因有：

1）灯泡灯丝断。

2）控制保险熔断，松动或接触不良。

3）灯光监视回路（包括灯座、附加电阻、断路器辅助接点、位置继电器）接触不良或断线。

4）控制开关触点接触不良。

5）防跳继电器电流线圈烧断。

6）跳闸或合闸线圈接触不良或断线。

7）断路器跳、合闸回路闭锁或闭锁的触点黏连。

8）其他二次回路断线等。

（2）断路器不能合闸。原因有：

1）合闸保险烧断或松动。

2）合闸电源电压过低。

3）控制开关有关触点接触不良。

4）合闸时设备或线路故障，保护发出跳闸脉冲。

5）防跳继电器接点接触不良。

6）合闸二次回路中有松动或接触不良。

7）断路器合闸闭锁或机械故障等。

（3）断路器不能跳闸。

断路器不能跳闸时应采取措施将断路器退出运行，即将此断路器以旁路断路器代替，若无旁路可通知用户准备停电，断路器退出运行以后，若能手动分闸，则属电气回路故障。原因有：

1）控制电源接触不良或松动。

2）分闸电源电压过低。

3）控制开关有关触点或开关辅助接点接触不良。

4）信号继电器或防跳继电器线圈压降太大。

5）分闸线圈动作电压过大。

6）分闸二次回路中有松动或接触不良。

7）断路器分闸闭锁或机械故障等。

（4）防跳回路不起作用。原因有：

1）防跳继电器电流线圈启动电流太大和电压线圈保持电压太高。

2）防跳继电器电压线圈烧断或松动。

3）防跳继电器电压线圈，电流线圈极性接反。

4）防跳继电器有关触点接触不良。

5）防跳继电器自保持接点位置接错。

6）保护与断路器中防跳回路共用。

7）二次回路中有松动或接触不良等。

（5）断路器跳闸后，喇叭不响。

当断路器事故跳闸后，喇叭不响时，首先按事故信号试验按钮，喇叭不响，则说明事故信号装置故障，这时，应检查冲击继电器及喇叭是否断线或接触不良，电源保险是否烧断或接触不良；若按试验按钮喇叭响时，则应检查控制开关把手和断路器的不对应起动回路，包括断路器辅助接点（或位置继电器接点）、控制开关把手接点及辅助电阻、其他二次回路接触不良或断线等，还有其他二次回路故障，在这里不再一一列举。

【思考与练习】

1. 写出本单位二次回路的故障原因。
2. 写出本单位检查和处理二次回路故障的方法有哪几种及相应案例说明。
3. 写出互感器的注意事项。

模块3 控制回路故障分析处理（Z12E5003Ⅲ）

【模块描述】本模块包含了变电站控制回路常见故障的查找和处理，通过典型回路和案例分析，正确查找控制回路故障的方法并进行处理。

【模块内容】通过典型回路案例分析，掌握正确查找控制回路故障的方法并进行处理。

一、防跳回路异常造成的事故

1. 事故简述

1997年2月2日，某电厂220kV出线由于外单位铲车误撞线路铁塔，造成A相故障，线路两侧保护装置正确动作，但在重合时两侧断路器均产生“跳跃”现象。其中，该电厂侧的断路器连续开断后液压急剧下降，断路器停留在合位后拒分。由于故障点未切除，该厂220kV断路器失灵保护动作将母联断路器及一条母线上的所有元件切除，一条母线停电。

2. 事故分析

事故检查发现：故障线路的该电厂侧分相操作箱中防跳继电器电压保持线圈极性接反，防跳回路未能起到作用，致使断路器产生“跳跃”现象，该分相操作箱中的防跳继电器在运行中曾经烧损，继电保护人员在更换继电器时没认真核对电压保持线圈的接法，将线圈接反；对端则由于其防跳继电器中的电流线圈短路而导致防跳回路未能起到作用，继电保护人员由于没有很好掌握分相操作箱中防跳回路的原理及传动方法，年度校验工作中将此回路疏漏。

3. 事故处理对策

制订下发断路器防跳回路的传动试验方法，要求全网对所有未进行检验的断路器防跳回路逐相进行传动，传动方法如下：

（1）检查重合闸触点及手合继电器触点是否正确接入。

（2）断开断路器失灵保护、重合闸的断路器位置不对应起动回路。

（3）用手合方式合上断路器，并在整个传动过程中使断路器的控制把手保持在“合闸”位置。

（4）用短接线逐相短接跳闸回路的方法跳开断路器，如防跳回路完好，则断路器应只跳开一次且不再合入，否则应对防跳回路进行更进一步的检查。

4. 事故教训

（1）二次回路的正确与否对继电保护装置的正确动作有非常重要的作用，二次回路的异常同样会造成严重的系统事故。因此，必须加以足够的重视，必须坚决消除“重装置，轻回路”“重视主保护，轻视辅助保护”的错误思想，确保整套保护回路的正确性。

（2）继电保护人员不能只满足于知道如何按照校验规程对保护装置进行校验，同样应对保护装置、二次回路的原理有比较深入的了解，从而可根据其原理接线进行正确的试验工作。

（3）在加强对现场继电保护人员技术培训的同时，也要重视对设计人员的技术培训工作，加强对原理图、安装接线图的设计审核工作，防止由于回路的设计不当而造成二次设备的工作不正常。

二、改造工程中漏改线，造成保护误动

1. 事故经过

1999年2月2日11时47分，某变电站进行500kV2号母线母差及失灵保护校验时，误跳一中间断路器，造成该站一条500kV线路停电。该站的主接线形式为3/2接线，事故发生前，该站的500kV2号母线处于在检修状态，该母线上各断路器均处于断开位置，误跳闸的500kV线路在该站通过5032断路器与系统相连。当继电保护人员校验、传动2号母线的母差保护时，5032断路器的失灵保护被误启动（误跳闸的500kV线路正常运行，电流启动条件具备），5032断路器跳开，造成该线路停电。

2. 事故分析

经查：1994年该站对500kV母线的第三串进行改造，增加5033断路器，由不完整串恢复完整串时，未将母差保护启动5032断路器失灵回路改为启动5033断路器失灵，此次2号母线母差保护校验时，因误跳线路的负荷电流已达到了失灵保护的启动值，导致了5032断路器误跳，一条500kV线路停电。事故检查发现：该站另一串也存在同样问题，此次仅因失灵保护电流未达到启动值，而侥幸未动。

3. 事故对策

此次事故引起了各级领导和继电保护专业人员的高度重视，在认真总结事故经验教训的同时，充分认识到保证设计、施工质量，保证验收质量以及图纸与实际相符的重要性，加强了继电保护的全过程管理和技术监督工作。对已运行的设备利用停电、校验等机会重新进行了核查，同时对设计、施工、调试及验收等工作进一步细化了工作程序和质量标准，使新设备投入改造工程中的各项工作有章可循，在保证质量方面做到了制度化和规范化，避免了同类事故的重复发生。

4. 事故经验

（1）基建验收工作是保证继电保护装置在运行中正确动作的重要环节，而做好验收工作的关键在于提前做好生产准备工作，参加验收的人员在验收时对设备及其相关回路做到心中有数，才能真正保证验收乃至整个工程的质量，保证电力系统的安全稳定运行。

（2）合理的工期安排也是保证施工质量的重要因素之一。工期安排得过长，不利于资金的合理使用，势必也要影响到资金投入的回报。但是如果只是一味地盲目压缩工期，甚至压缩必要的验收工期，则很可能使施工质量受到严重影响，在造成事故时，由其所带来的经济损失及政治影响可能无法弥补。本次事故的外因之一便是工期紧、任务重，验收人员没能为验收工作做好充分的准备，从而留下了事故隐患。

（3）基建工程的设计、审核应充分考虑对运行设备进行改造时的困难，尽量安排阶段性规模的整体投入。为本次事故留下隐患的改造工程就是由于1991年变电站投产时，该站500kV第三串的第二条出线当年不能完成，为节约当年的投资计划、缩短建设周期而决定少上一组断路器，1994年第二条线路具备投产条件时方对该串设备进行改造完善。由于设计图纸的不完整，给改造施工带来较多的困难，加上部分改线工作需要在带电设备上进行，客观上为遗留隐患提供了条件。

三、压力降低闭锁跳闸回路继电器失效

1. 事故经过

1993年2月5日，某变电站一条220kV线路使用ZFZ-31/E型分箱操作箱，由于反映液压降低对跳闸回路进行闭锁的1KMA继电器的保护电流较小，在压力降低到闭锁压力时继电器常开触点1KMA不返回。

2. 事故分析

经过现场调查，1KMA串6R在内的动作电压为120V（电源电压为220V），返回

电压为22V。每相串联的合闸位置继电器KCC为DZ–32E/312型，工作电压110V，内阻为2420Ω。通过1KMA电流保持线圈的三相总电流为0.136A，见图Z12E5003Ⅲ–1。而1KMA的保持线圈返回电流小于0.136A，因此，当1KMA的电压线圈被“压力降低闭锁接点”短接时仍不失磁返回。此闭锁回路的作用，是当线路无故障的情况下，压力降低时应闭锁跳闸回路。如果此时不进行闭锁，一旦线路发生故障，由于断路器压力已降低，主触头已无消弧能力，可能引起断路器爆炸，其后果不堪设想。但是当线路发生故障，压力降低时，虽然此时1KMA的电压线圈被“压力降低触点”短接，但因三相跳闸电流远大于保持线圈的返回电流，所以不会闭锁跳闸回路。

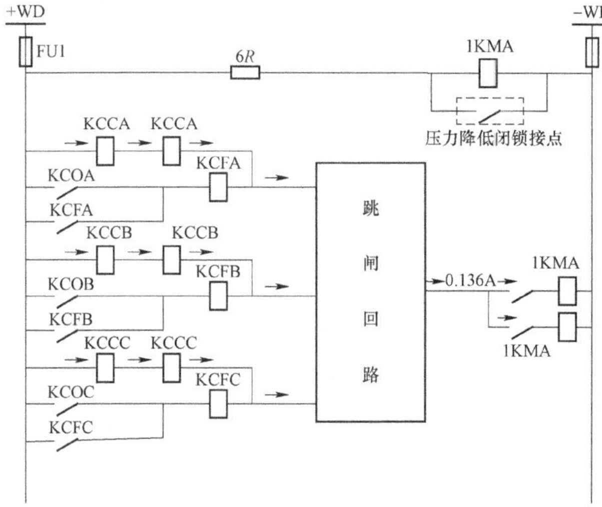

图Z12E5003Ⅲ–1 压力降低闭锁跳闸回路失效接线图

3. 事故对策

（1）调整1KMA的保持电流为0.35A，它大于0.136A的2.5倍，这样即可消除此缺陷。

（2）如果调整有困难，则更换1KMA，选择保持电流大于0.35A的继电器。

4. 事故经验

（1）在检验1KMA保持线圈的返回电流小于0.136A时，没有引起足够的重视。但是，如果根本就没有对它进行检验，那就另当别论了。此缺陷是在压力降低有信号表示但闭锁跳闸回路的信号没有表示而被发现的。

（2）模拟“压力降低闭锁触点”动作（闭合）1KMA的电压线圈被短接，此时，闭锁跳闸回的信号应有表示，如果没有表示，经查找也可发现此缺陷。所以还是那句老话，“检验项目和整组试验不齐全”。

【思考与练习】

写出本单位检查和处理控制回路故障的方法有哪几种并有案例说明。

模块 4　自动装置二次回路故障分析处理（Z12E5004Ⅲ）

【模块描述】本模块包含了变电站自动装置二次回路常见故障的查找和处理，通过典型回路和案例分析，正确查找自动装置二次回路的故障并进行处理。

【模块内容】自动装置二次回路故障分析处理包括电压互感器二次回路的切换、电压互感器的其他问题。

1. 电压互感器二次回路的切换

对于主接线为双母线的发电厂或变电站，每条母线上接有一组电压互感器。正常运行时，两组电压互感器同时运行，分别为所在母线各出线单元的保护装置、测量仪表及自动装置提供电压信号输入。

当一台电压互感器退出运行时，该电压互感器所在母线各出线单元保护装置、测量仪表及自动装置的所需电压信号，需由另一台电压互感器供给。因此，需要电压互感器的二次回路进行切换。

另外，当出线单由一条母线切换到另一条母线上运行时，其继电保护及自动装置的接入电压，也随之进行切换。

（1） 切换回路。目前，对于电压互感器二次回路的切换，通常采用按单元随隔离开关位置变化而改变输入电压回路的切换方式，见图 Z12E5004Ⅲ-1。

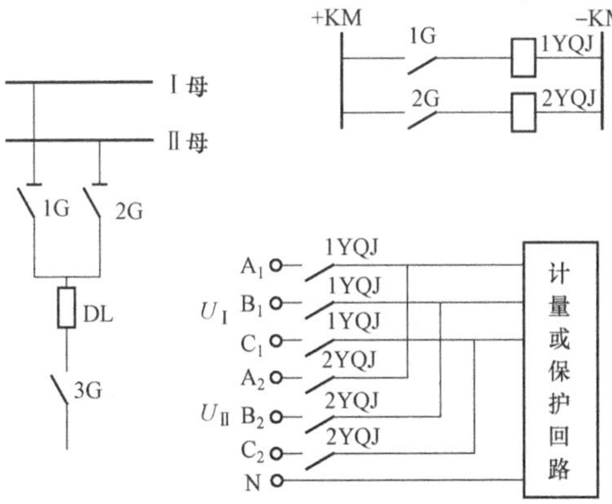

图 Z12E5004Ⅲ-1　电压感器二次切换回路

1G、2G—分别为接不同母线的隔离开关辅助触点；1YQJ、2YQJ—切换继电器；+KM、-KM—直流电源的正、负母线；$U_Ⅰ$—Ⅰ母电压互感器二次三相电压；A_1、B_1、C_1—Ⅰ母电压互感器二次三相输出端子；A_2、B_2、C_2—Ⅱ母电压互感器二次三相输出端子；$U_Ⅱ$—Ⅱ母电压互感器二次三相电压图 Z12E5004Ⅲ-1 表示运行方式变化时电压互感器二次电压自动切换的回路。当出线单元运行至Ⅰ母时，隔离开关辅助触点 1G 导通，1YQJ 动作，其动合触点闭合。接入测量仪表或保护装置的输入电压为Ⅰ母电压互感器二次电压。而当运行方式改接到Ⅱ母上时，则计量仪表或自动装置的接入电压便改为Ⅱ母电压互感器二次电压。

（2）对二次回路电压切换的要求。用隔离隔离开关辅助触点控制切换继电器时，该继电器应有一对动合触点，用于信号监视，不得在运行中维护隔离开关辅助触点。此外，对切换提出如下要求：

1）应确保切换过程中不会出现由电压互感器二次向一次反充电。

2）在切换之前，应退出在切换过程中可能误动的保护，或在切换的同时断开可能误动保护的正电源。

3）进行手动切换时，应根据专用的运行规程，由运行人员进行切换。

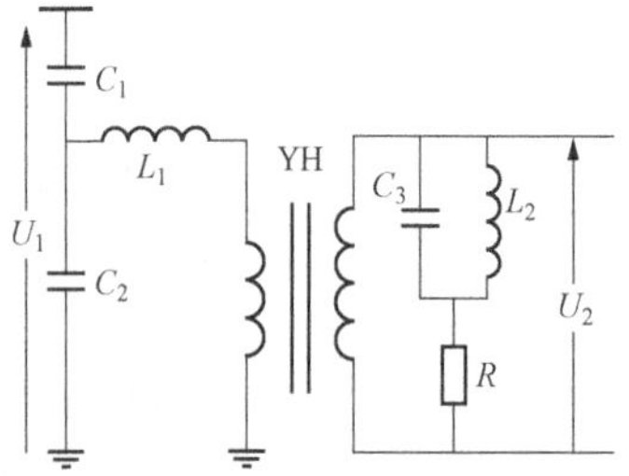

图 Z12E5004Ⅲ-2 电容式电压互感器原理接线图

C_1、C_2—电压电容组；L_1—调谐电感；YH—中间电压互感器；电容 C_3、电感 L_2 与电阻 R—构成串联阻尼器

4）当将双母线或单母线分段的一组电压互感器退出运行切换为由另一组电压互感器供电时，需先将要退出的电压互感器输出拉开，再合上另一组电压互感器的输出。

2. 电容式电压互感器

电容式电压互感器，又称电容式电压抽取装置，其构成原理接线见图 Z12E5004Ⅲ-2。

电容器组 C_1、C_2 串联构成电容电压抽取装置，电容器 C_2 上的电压 U_{C_2} 为抽取电压，其值

$$U_{C_2}=\frac{C_1+C_2}{C_2}U_1 \qquad \text{（Z12E5004Ⅲ-1）}$$

式中 U_1——电力系统一次对地电压（相电压）。

设中间电压互感 YH 的变比为 n，则电容式电压互感器二次电压为

$$U_2=\frac{C_1+C_2}{nC_2}U_1 \qquad \text{（Z12E5004Ⅲ-2）}$$

采用电容式电压互感器的好处是价廉，其缺点是频率变化时使测量误差增大。另外，当一次系统发生短路故障时，由于电容器为储能元件，其上的电压不能跃变，故电压互感器的输出电压不会立即降下来。

图 Z12E5004Ⅲ-3 表示动模及数模一次电压下降到零时，电容式电压互感器二次电压的变化状况。

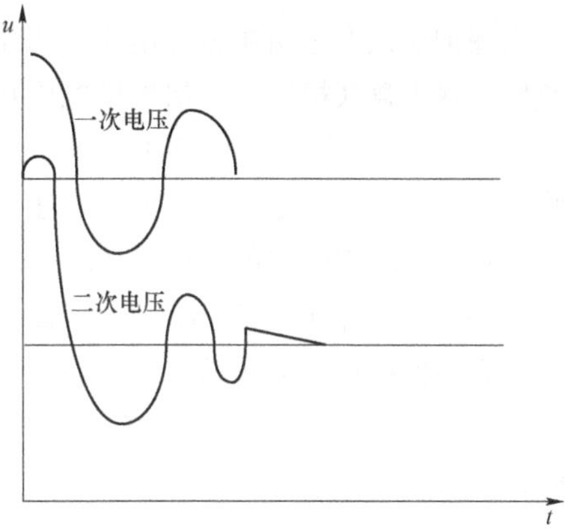

图 Z12E5004Ⅲ-3　一次系统接地短路时电容式电压互感器电压变化曲线

在图 Z12E5004Ⅲ-3 中，一次电压是指图 Z12E5004Ⅲ-2 中的U_{C_2}，而二次电压是互感器的输出电压。

在稳态工况下，电容式电压互感器的工作特性与电磁式电压互感器基本相同，但在系统发生短路故障而使电压突变时，电容式电压互感器的暂态过程比电磁式电压互感器的暂态过程要长得多，这对动作时间小于 40ms 的快速保护是不利的。

改善电容式电压互感器暂态响应的途径是取消内部的调谐回路，或增设快速反应回路，或设置快速进行储能释放的回路。

3. 电压互感器的其他问题

（1） 二次回路接地问题。电压互感器二次及三次回路必须各有一个接地点，其目的是保证安全。若没有接地点，当电压互感器一次对二次或三次之间的绝缘损坏时，一次的高电压将串至二次或三次回路中，危及人身及二次设备的安全。

目前，在电力系统中应用的三相式电压互感器，其二次回路中的接地方式有两种，即中性点接地及 B 相接地。在过去设计的发电厂中，为了同期并车的需要，电压互感器二次多采用 B 相接地方式。

除了使发电机并网回路简单之外，在小电流系统中采用 B 相接地的优点是便于采用两个单相电压互感器构成 V/V 接线取到三相电压，可省一个单相互感器的投资。采用 B 相接地的缺点是：① 无法方便地测量相电压；② 当接于中性点的击穿保险被击穿时，容易产生二次绕组的短路并损坏电压互感器。

三相电压互感器二次中性点的接地方式，能方便地获得相电压和相间电压，且有利于继电保护的安全运行。

电压互感器二次回路只允许有一个接地点。若有二个或多个接地点，当电力系统发生接地故障时，各个接地点之间的地电位相差很大，该电位差将叠加在电压互感器二次或三次回路上，从而使电压互感器二次或三次电压的大小及相位发生变化，进而造成阻抗保护或方向保护误动或拒动。

经控制室零线小母线（N600）联通的几组电压互感器二次回路，只应在控制室内将 N600 一点接地。否则，由于各组电压互感器二次回路均有接地点，将不可避免地出现多点接地现象，从而造成地电位加在二次回路中，使保护不正确动作。

当保护引入发电机中性点电压互感器二次电压时，该电压互感器二次回路中的接地点应在保护盘（柜）上。保护用电压互感器三次回路的接地点也宜在保护盘上。

（2） 二次回路与三次回路的分开。对于二次中性点接地的三相电压互感器，当需要将二次三相电压及三次开口三角电压同时引至控制室或保护装置时，不能将由互感器端子箱引出二次回路的四根线（即A、B、C、N四根线）中的N线与三次回路的零线N′合用一根线使用。否则，三次回路中的电流将在公用N线上产生压降，致使自产式零序方向保护拒动或误动。

（3） 在电压互感器二次回路工作时注意事项。在带电的电压互感器二次回路上工作时，应注意以下事项：

1） 严防电压互感器二次接地或相间短路，为此，应使用绝缘工具，戴手套。

2） 防止继电保护不正确动作，必要时，先退出容易不正确动作的有关保护。

3） 需接临时负载时，必须设置专用隔离开关及熔断器。

当在不带电压互感器二次回路中进行通电试验时，应严防由二次向一次反充电。为此，应首先做好以下措施：使试验电源与电压互感器二次绕组隔离，在互感器端子箱内将至电压互感器的连线断开；取下电压互感器的一次保险，或拉开隔离开关。另外，外加电源应采取隔离措施，以防短路。

【思考与练习】

1. 画出电压切换回路图。
2. 对电压切换回路的要求。
3. 二次回路接地点的原则。

模块5 信号回路故障分析处理（Z12E5005Ⅲ）

【模块描述】本模块包含了变电站信号回路常见故障的查找和处理，通过典型回路和案例分析，正确查找信号回路的故障并进行处理。

【模块内容】信号回路故障分析处理，包括信号回路、微机监控系统中信号功能的实现。

一、信号回路

1. 信号的种类及对其要求

若按信号的性质及用途进行分类，发电厂及变电站的电气信号可分为事故信号、预告信号、位置及状态指示信号及其他信号。

（1） 事故信号。事故信号是紧急告警信号，只有当电力系统或厂内、站内主设备故障、或系统异常而危及主设备安全而造成断路器自动跳闸时发出。

另外，继电保护误动作或控制回路异常引起的断路器跳闸，以及自动装置动作跳闸，也发出事故告警信号。

（2）预告信号。预告信号装置也包含在中央信号装置之中。

当发电厂或变电站电气设备的运行状态发生有不安全趋势的变化或主设备运行参数越限时发出告警信号。告警信号包含声（警铃）、光两种信号。

（3）位置及状态指示信号。发电厂及变电站电气设备位置的指示信号，主要有断路器的位置信号及隔离隔离开关位置的指示信号。状态指示信号，主要是指继电保护和自动装置的动作信号等。

2. 信号系统的电源

由于信号系统回路复杂，涉及面广，如果信号系统与控制系统及保护装置共用电源，则当信号系统出现问题时，将影响控制系统及保护装置的正常运行。为此，信号系统应设置相对独立的信号电源小母线。

另外，信号回路与控制回路及保护回路的电源不能相互交叉使用，以免引起误操作致使断路器的跳闸和保护不正确动作的事件发生。

二、微机监控系统中信号功能的实现

目前，在大型发电厂及重要变电站，微机监控系统得到了广泛应用。

在微机监控系统中，采集了全厂或全站主设备、母线及线路的电流、电压、温度、压力及断路器、隔离开关位置信号、保护动作等信息，可以随时发出及传输各种事故、异常告警信号及状态指示信号。

在监控系统中，可以将断路器、隔离开关、有载调压开关等设备的辅助接点实时采集，并在显示器（CRT）中显示一次接线图的实际运行状态，便于对系统进行监视。对现场采集辅助接点有困难的，可以采取人工置数的方法对运行状态进行调整。当电网或设备发生故障引起开关跳闸时，一方面发出语言告警，同时事故告警系统自动将故障跳闸后变电所的主接线图推出，跳闸断路器的符号在闪烁，便于运行人员对事故迅速判断处理。

监控系统有强大的历史数据库，对历史信息可以保存与查询，这样就方便了对运行情况的分析。

【思考与练习】

1. 写出信号回路的基本要求。
2. 写出信号回路的种类及其要求。
3. 写出微机信号系统的优点。

第二部分

保护、安全自动装置的安装、调试及维护

第六章

保护屏柜的安装

模块 1　保护屏柜的安装要求（Z12F1001Ⅰ）

【模块描述】本模块包含了保护屏柜安装的规范及要求，要求掌握保护屏柜的正确安装方法，并且符合规范规定的各项要求。

【模块内容】保护屏柜的安装包括屏体固定、屏体安装、屏体接地、屏体接线的检查、屏体验收检查。

一、屏体固定

与屏体安装工程有关的建筑工程的施工，应符合下列要求：

（1）与屏体有关的建筑物、构筑物的建筑工程质量，应符合国家现行的建筑工程施工及验收规范中的有关规定。当设备或设计有特殊要求时，尚应满足其要求。

（2）设备安装前建筑工程应具备下列条件：

1）屋顶、楼板施工完毕，不得渗漏。

2）结束室内地面工作，室内沟道无积水、杂物。

3）预埋件及预留孔符合设计要求，预埋件应牢固。

4）门窗安装完毕。

5）进行机房或设备场所装饰工作时有可能损坏已安装设备的，或者设备安装后不能再进行施工的装饰工作全部结束。

（3）对有特殊要求的设备，安装调试前建筑工程应具备下列条件：

1）所有装饰工作完毕，清扫干净。

2）装有空调或通风装置等特殊设施的，应安装完毕，投入运行。

（4）基础型钢的安装应符合下列要求：

1）允许偏差应符合表 Z12F1001Ⅰ–1 的规定。

表 Z12F1001Ⅰ-1　　基础型钢安装的允许偏差

项　目	允许偏差	
	mm/m	mm/全长
不直度	<1	<5
水平度	<1	<5
位置误差及不平行度		<5

2）基础型钢安装后，其顶部宜高出抹平地面10mm。基础型钢应有明显的可靠接地。

二、屏体安装

（1）若屏柜安装在震动场所，应按设计要求采取防震措施。

（2）屏柜内设备与各构件间连接应牢固。

（3）屏柜单独或成列安装时，其垂直度、水平偏差及盘、柜面偏差和盘、柜间接缝的允许偏差应符合表 Z12F1001Ⅰ-2 的规定。

表 Z12F1001Ⅰ-2　　屏柜安装的允许偏差

项　目		允许偏差（mm）
垂直度(每米)		<1.5
水平偏差	相邻两盘顶部	<2
	成列盘顶部	<5
盘间偏差	相邻两盘边	<1
	成列盘面	<5
盘间接缝		<2

（4）端子箱安装应牢固，封闭良好，并应能防潮、防尘。安装的位置应便于检查；成列安装时，应排列整齐。

（5）端子排的安装应符合下列要求：

1）端子排应无损坏，固定牢固，绝缘良好。

2）端子应有序号，端子排应便于更换且接线方便；离地高度宜大于350mm。

3）回路电压超过400V者，端子板应有足够的绝缘并涂以红色标志。

4）强、弱电端子宜分开布置：当有困难时，应有明显标志并设空端子隔开或设加强绝缘的隔板。

（6）正、负电源之间，宜以一个空端子隔开。

（7）电流回路应经过试验端子，其他需断开的回路宜经特殊端子或试验端子。试验端子应接触良好。

（8）潮湿环境宜采用防潮端子。

（9）接线端子应与导线截面匹配，不应使用小端子配大截面导线。

三、屏体接地

（1）屏体的接地应牢固良好。装有电器的可开启的门，应以裸铜软线与接地的金属构架可靠地连接。

（2）屏柜的漆层应完整、无损伤。固定器件的支架等应刷漆。安装于同一室内且经常监视的屏柜，其盘面颜色宜和谐一致。

（3）装置性设备外壳应接地，以防干扰，并保证弱电元件正常工作。

四、屏体接线的检查

（1）屏体回路接线应符合下列要求：

1）按图施工，接线正确。

2）导线与电气元件间采用螺栓连接、插接、焊接或压接等，均应牢固可靠。

3）盘、柜内的导线不应有接头，导线芯线应无损伤。

4）电缆芯线和所配导线的端部均应标明其回路编号，编号应正确，字迹清晰且不易褪色。

5）配线应整齐、清晰、美观，导线绝缘应良好、无损伤。

6）每个接线端子的每侧接线宜为一根，不得超过两根。对于插接式端子，不同截面的两根导线不得接在同一端子上；对于螺栓连接端子，当接两根导线时，中间应加平垫片。

7）回路接地应设专用螺栓。

（2）用于连接门上的电器、控制台板等可动部位的导线尚应符合下列要求：

1）应采用多股软导线，敷设长度应有适当裕度。

2）线束应有外套塑料管等加强绝缘层。

3）与电器连接时端部应绞紧，并应加终端附件或搪锡，不得松散、断股。

4）在可动部位两端应用卡子固定。

（3）引入屏柜内的电缆及其芯线应符合下列要求：

1）引入盘、柜的电缆应排列整齐，编号清晰，避免交叉，并应固定牢固，不得使所接的端子排受到机械应力。

2）铠装电缆在进入盘、柜后，应将钢带切断，切断处的端部应扎紧，并应将钢带接地。

3）使用于静态保护、控制等逻辑回路的控制电缆，应采用屏蔽电缆，其屏蔽层应按设计要求的接地方式接地。

4）盘、柜内的电缆芯线，应按垂直或水平有规律地配置，不得任意歪斜交叉连接。备用芯长度应留有适当余量。

5）为保证导线无损伤，配线时宜使用与导线规格相对应的剥线钳剥掉导线的绝缘，螺钉连接时，弯线方向应与螺钉前进的方向一致。

6）为保证导线不松散，多股导线不仅应端部绞紧，还应加终端附件或搪锡。采用压接式终端附件是较好的一种方式。

五、屏体验收检查

在验收时，应按下列要求进行检查：

（1）盘、柜的固定及接地应可靠，盘、柜漆层应完好、清洁整齐。

（2）盘、柜内所装电器元件应齐全完好，安装位置正确，固定牢固。

（3）所有二次回路接线应准确，连接可靠，标志齐全清晰，绝缘符合要求。

（4）柜内一次设备的安装质量验收要求应符合国家现行有关标准规范的规定。

（5）用于热带地区的盘、柜应具有防潮、抗霉和耐热性能，按国家现行标准《热带电工产品通用技术》（JB/T 4159—1999）的要求验收。

（6）盘、柜及电缆管道安装完后，应做好封堵。可能结冰的地区还应有防止管内积水结冰的措施。

【思考与练习】

1. 屏体端子排安装应符合哪些要求？

2. 在屏体安装完成后应进行哪些检查?

第七章

线路保护装置的调试与检修

模块 1　110kV 及以下线路微机保护装置原理（Z12F2001 Ⅰ）

【模块描述】本模块包含了 110kV 及以下线路保护的配置及原理。通过原理讲解、图解示意、要点归纳，掌握 110kV 及以下线路保护装置的组屏及配置原则，熟悉距离保护、零序电流保护、重合闸、低频减载、低压减载等的工作原理。

【模块内容】110kV 及以下线路微机保护装置原理包括 110kV 及以下线路微机保护配置基本要求、110kV 线路保护装置的工作原理。

一、110kV 及以下线路微机保护配置基本要求

1.《继电保护和安全自动装置技术规程》（GB/T 14285—2006）相关规定

3～110kV 电网继电保护一般采用远后备原则，即在临近故障点的断路器装设继电保护或该断路器本身拒动时，能由电源上一级断路器处的继电保护动作切除故障。110kV 及以下电网均采用三相重合闸。

对于 110kV 单侧电源线路，可装设阶段式相电流和零序电流保护，作为相间和接地故障的保护，如不能满足要求，则装设阶段式相间和接地距离保护，并辅之用于切除经电阻接地故障的一段零序电流保护。110kV 双侧电源线路，可装设阶段式相间和接地距离保护，并辅之用于切除经电阻接地故障的一段零序电流保护。

3～10kV 中性点非有效接地电力网的线路，对相间短路：单侧电源线路可装设两段过电流保护。双侧电源线路：① 可装设带方向或不带方向的电流速断保护和过电流保护；② 双侧电源短线路、电缆线路、并联连接的电缆线路宜采用光纤电流差动保护作为主保护，带方向或不带方向的电流保护作为后备保护；③ 并列运行的平行线路，尽可能不并列运行，当必须并列运行时，应配以光纤电流差动保护，带方向或不带方向的电流保护作后备保护；④ 发电厂厂用电源线（包括带电抗器的电源线），宜装设纵联差动保护和过电流保护。

3～10kV 中性点非有效接地电力网的线路，对单相接地短路：① 在发电厂和变电站母线上，应装设单相接地监视装置。监视装置反应零序电压，动作于信号。② 有条

件安装零序电流互感器的线路，如电缆线路或经电缆引出的架空线路，当单相接地电流能满足保护的选择性和灵敏性要求时，应装设动作于信号的单相接地保护。③ 如不能安装零序电流互感器，而单相接地保护能够躲过电流回路中的不平衡电流的影响，例如单相接地电流较大，或保护反应接地电流的暂态值等，也可将保护装置接于三相电流互感器构成的零序回路中。在出线回路数不多，或难以装设选择性单相接地保护时，可用依次断开线路的方法，寻找故障线路。④ 根据人身和设备安全的要求，必要时，应装设动作于跳闸的单相接地保护。⑤ 可能时常出现过负荷的电缆线路，应装设过负荷保护。

2. 110kV 线路保护配置及组屏

110kV 系统属于大电流接地系统，根据 GB/T 14285—2006 的相关规定，110kV 线路保护一般配置为：阶段式距离保护、TV 断线后过流保护、阶段式零序过流保护、过负荷保护、重合闸，可以选配纵联保护。

相间短路和接地短路由阶段式距离保护反应，距离保护范围不随系统运行方式改变；TV 断线时距离保护被闭锁，此时发生短路可由 TV 断线后两段过流保护反应；四段零序电流保护反应接地故障；系统负荷过大时由过负荷保护动作于信号或跳闸；110kV 及以下系统开关采用三相一致断路器，若为架空线路或架空电缆混合线路，其重合闸方式采用三相一次重合闸；线路发生转换性故障或永久性故障时，重合闸与保护的配合宜采用电流后加速保护动作。

110kV 线路保护一般配置单面保护屏，保护装置包括完整的三段相间和接地距离保护、四段零序方向过流保护、低频保护；装置配有三相一次重合闸功能、过负荷告警功能；装置还带有跳合闸操作回路以及交流电压切换回路。

3. 110kV 以下线路保护配置及组屏

110kV 以下电压等级系统为非直接接地系统或小电阻接地系统，目前很多厂家的产品是保护、测量、控制、信号四合一装置，可在开关柜就地安装。保护功能配置一般为：① 三段定时限过流保护，其中第三段可整定为反时限段；② 三段零序过流保护/小电流接地选线；③ 三相一次重合闸（检无压或不检）；④ 过负荷保护；⑤ 过流/零序合闸后加速保护（前加速或后加速）；⑥ 低频减载、低压减载保护；⑦ 独立的操作回路及故障录波；⑧ 选配纵联保护。

非直接接地系统或小电阻接地系统发生相间故障时，由反应相间短路的三段过流保护动作，为了提高保护灵敏度，可选带方向电压闭锁，使电流定值下降，反时限过流保护能提高Ⅰ段Ⅱ段电流保护拒动时保护的速动性，其特点是短路电流越大，保护动作时限越短。在经小电阻接地系统中，接地零序电流相对较大，故采用直接跳闸方法，装置中设置三段零序过流保护（其中零序过流Ⅲ段可整定为报警或跳闸）。若为不接地系统，发生单相接地故障时，系统可以非全相运行 2h，依靠小电流接地选线发现故障线路，手动或自动跳闸。110kV 及以下系统开关采用三相一致开关，若为架空线路或架空电缆混合线路，其重合闸方式采用三相一次重合闸。线路发生永久性故障，过流保护可选择前加速或后加速保护动作，使用广泛的为后加速方式。当电力系统发生严重故障，如联络线跳闸、大机组切除等，有功和无功严重缺额时，超出小系统的正常调节能力，采用低压减载、低频减载功能可以防止电力系统频率或电压崩溃。对于加装以上保护仍不能满足要求的双侧电源短线路、电缆线路、并联连接的电缆线路、并列运行的平行线路、发电厂厂用电源线（包括带电抗器的电源线），宜装设纵联差动保护。

目前很多厂家 110kV 及以下电压等级线路的成套保护采用相同型号，保护装置可通过软件和插件配置，分别实现不同电压等级的保护功能。

二、110kV 线路保护装置的工作原理

（一）距离保护

大电流接地系统距离保护包括三段式相间距离保护和三段式接地距离保护，有些保护装置还配置四段四边形相间、接地距离继电器作为远后备保护。小电流接地系统距离保护包括三段式相间距离，一般只在过电流保护灵敏度不够时使用。距离保护各段的投退均受距离压板控制。

阻抗继电器的动作方程从原理上分两大类：一类是幅值比较动作方程，另一类是相位比较动作方程。不同的动作方程在阻抗复数平面上都对应不同的动作特性，因此，在实际应用中，不同厂家的产品其阻抗继电器的动作方程可能是一个或一组方程构成的平面特性，目前使用比较多的有方向圆特性阻抗继电器、多边形（包含四边形）特性阻抗继电器。有些产品结合了圆和四边形特性，例如 RCS–941 保护装置系列前三段阻抗继电器为方向圆特性，四段采用圆加四边形阻抗继电器以提高躲过渡电阻的能力，而 CSC–160 保护装置系列使用是多边形特性阻抗继电器，多边形本质是由多个直线特性方程组合形成阻抗继电器的动作边界，微机保护很容易实现。

1. 距离元件

距离元件由方向元件、测量元件、选相元件构成。对距离元件的要求是：① 具有明显的方向性，死区故障不拒动；② 经过渡电阻短路应有足够的灵敏度，重负荷时防止超越；③ 区分系统震荡与短路，系统震荡后再故障保护能开放；④ 具有很好的选相能力。

（1） 距离方向元件。

1） 出口短路或三相短路。为了防止阻抗继电器死区拒动，距离保护都采用记忆电压判方向。

某圆特性阻抗继电器采用的是当正序电压下降至 10%U_n 以下时，进入三相低压程序，由正序电压记忆量极化，Ⅰ、Ⅱ段距离继电器在动作前设置正的门槛值，保证母线三相故障时继电器不可能失去方向性；继电器动作后则改为反门槛值，保证正方向三相故障继电器动作后一直保持到故障切除；Ⅲ段距离继电器始终采用反门槛，因而三相短路Ⅲ段稳态特性包含原点，不存在电压死区。

某多边形特性阻抗继电器采用的是故障前电压前移两周波后，同故障后电流比相。不同相位比较动作方程的阻抗继电器，其实质是采用了不同的极化电压。

2）对于不对称故障。采用正序电压极化圆特性阻抗有较大的测量故障过渡电阻的能力；当用于短线路时，为了进一步扩大测量过渡电阻的能力，还可将Ⅰ、Ⅱ段阻抗特性向第一象限偏移（见图 Z12F2001Ⅰ-1）。接地距离继电器设有零序电抗特性，可防止接地故障时继电器超越。θ_1 可整定，显然 θ_1 越大，阻抗分量中的电阻分量越大，躲过渡电阻能力越强。方向阻抗与零序电抗继电器相结合，增强了在短线上不对称故障时允许过渡电阻的能力。

多边形特性阻抗继电器则采用负序方向元件提高其灵敏度。负序方向元件见图 Z12F2001Ⅰ-2，具有明显的方向性。

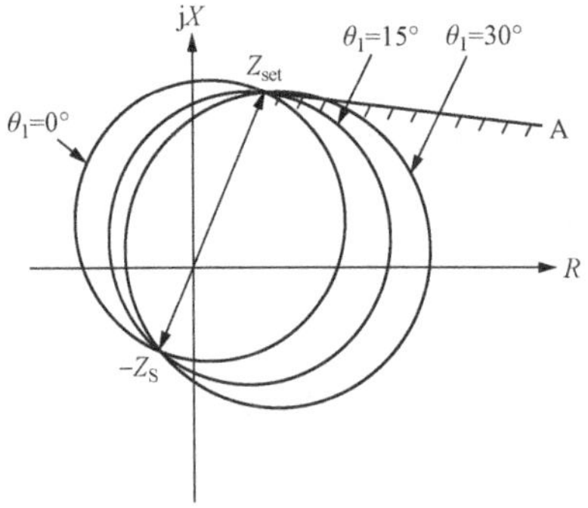

图 Z12F2001Ⅰ-1 偏移圆特性阻抗继电器

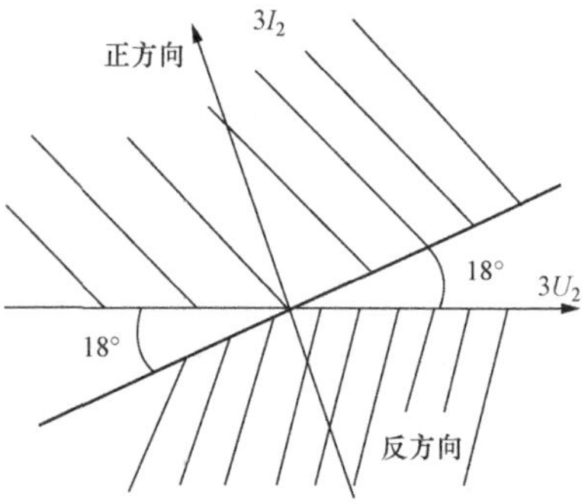

图 Z12F2001Ⅰ-2 负序方向元件

负序方向元件正向区为

$$18° \leqslant \arg\left(3\dot{I}_2 / 3\dot{U}_2\right) \leqslant 180° \qquad (Z12F2001Ⅰ-1)$$

负序方向元件反向区为

$$-168° \leqslant \arg\left(3\dot{I}_2 / 3\dot{U}_2\right) \leqslant 0° \qquad (Z12F2001Ⅰ-2)$$

（2）距离测量元件。圆特性测量元件见基础部分。

以多边形阻抗继电器为例。距离测量元件以实时电压，实时电流计算对应回路阻抗值。阻抗计算采用解微分方程法与傅氏滤波相结合的方法同时计算 Z_A、Z_B、Z_C、Z_{AB}、

Z_{BC}、Z_{CA}六种阻抗。

计算相间阻抗的算法为

$$\dot{U}_{\phi\phi}=L_{\phi\phi}\frac{d\dot{I}_{\phi\phi}}{dt}+R\dot{I}_{\phi\phi} \qquad (Z12F2001 Ⅰ-3)$$

式中　$\phi\phi$ = AB、BC、CA。

计算接地阻抗的算法为

$$\dot{U}_{\phi}=L_{\phi}\frac{d\dot{I}_{\phi}+K_X 3\dot{I}_0}{dt}+R\dot{I}_{\phi}\left(\dot{I}_{\phi}+K_r 3\dot{I}_0\right) \qquad (Z12F2001 Ⅰ-4)$$

式中　ϕ = A、B、C。

$\dot{K}_X=\left[(\dot{X}_0-\dot{X}_1)/3\dot{X}_1\right]$，$K_r=(R_0-R_1)/3R_1$，故障电抗 $X=2\pi fL$。

（3）选相元件。阻抗继电器的选相元件主要使用突变量选相和稳态的阻抗选相元件。

1）突变量选相元件。

$$\Delta\dot{U}_{OP\phi\phi}=\Delta\dot{U}_{\phi\phi}-\Delta\dot{I}_{\phi\phi}Z_{set} \qquad (Z12F2001 Ⅰ-5)$$

式中　$\phi\phi$ = AB、BC、CA。

$$\Delta\dot{U}_{OP\phi}=\Delta\dot{U}+\Delta\dot{I}_{\phi}\left(\dot{I}_{\phi}+K_r 3\dot{I}_0\right)Z_{set} \qquad (Z12F2001 Ⅰ-6)$$

式中　ϕ = A、B、C。

六个补偿元件在单相接地时，故障相相关的相补偿元件和两个相间补偿元件的突变量最大；在两相短路时，两个故障相组合的相间补偿元件的突变量最大，非故障相的补偿电压突变量为零；两相接地短路时，两个故障相组合的相间补偿元件的突变量最大，非故障相的补偿电压突变量为零；三相短路，三个相和相间补偿电压突变量幅值分别相等，后者是前者的$\sqrt{3}$倍。因此，在故障初期具有很好的选相特性，且不受负荷电流影响，受过渡电阻影响小，但稳态时不能使用，转换故障时有偏差。

2）阻抗选相元件。阻抗继电器采用Z_A、Z_B、Z_C、Z_{AB}、Z_{BC}、Z_{CA}六种阻抗，具有优越的选相能力。在同杆并驾双回线上发生跨线短路时，利用相继动作原理选相，对于出口跨线故障，两相或三相电压为零，则需方向元件配合选相。

（4）距离保护的动作特性。

1）多边形特性阻抗见图 Z12F2001Ⅰ-3，多边形内为动作区，外部为制动区。其中 R

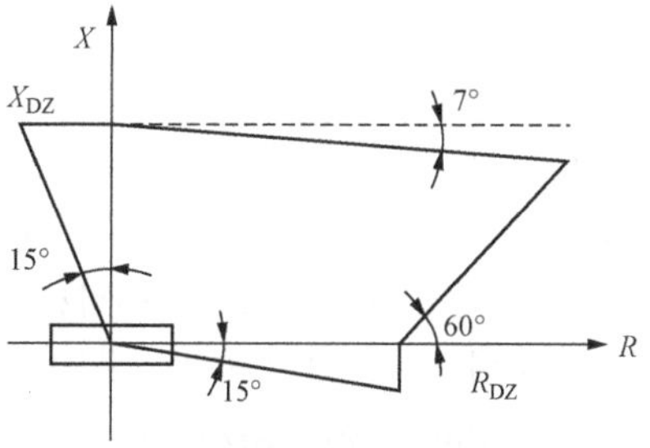

图 Z12F2001Ⅰ-3　多边形特性阻抗继电器

独立整定可满足长、短线路的不同要求，以灵活调整对短线路允许过渡电阻的能力，及对长线路避越负荷阻抗的能力，多边形上边下倾角的适当选择可提高躲区外故障超越能力。设置小矩形动作区是为了保证出口故障时距离保护动作的可靠性。

小矩形动作区的 X、R 取值见式（Z12F2001Ⅰ–7）。

$$\begin{cases} X=\dfrac{X_{set}}{2}\left(X_{set}\leqslant\dfrac{5}{I_n}\right) \\ X=\dfrac{2.5}{I_n}\left(X_{set}>\dfrac{5}{I_n}\right) \end{cases} \quad \text{（Z12F2001Ⅰ–7）}$$

式中 I_n=1A、5A。

R 为 8 倍上述 X 取值与 $R_{set}/4$ 两者中较小者。

2）采用正序电压作为极化电压的圆特性阻抗继电器圆内为动作区，圆外为制动区。正方向故障时动作特性见图 Z12F2001Ⅰ–4，反方向故障时的动作特性见图 Z12F2001Ⅰ–5。

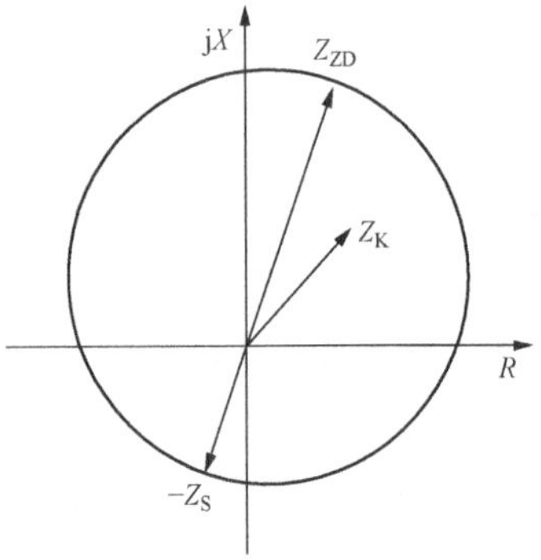

图 Z12F2001Ⅰ–4 正方向故障时的动作特性

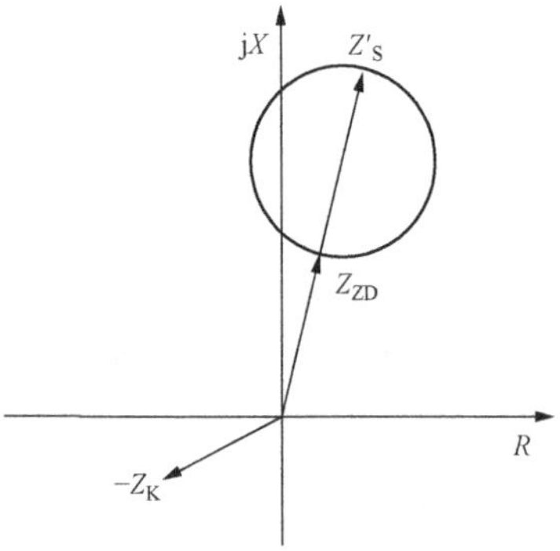

图 Z12F2001Ⅰ–5 反方向故障时的动作特性

（5）距离保护的出口选择。根据系统的需求情况，可以选择“相间故障永跳”和“Ⅲ段及以上故障永跳”，此时若发生相间故障、Ⅲ段范围内故障，距离保护出口永跳，避免扩大故障影响范围。

2. 系统振荡

对于对称故障和不对称故障，距离保护Ⅰ、Ⅱ段可以由控制字选择经或不经振荡闭锁。CSC–160 系列是选择“经振荡闭锁”时，Ⅰ、Ⅱ段仅在启动元件启动后的 150ms 内开放（Ⅱ段固定），以后由不对称、对称故障检测元件开放距离Ⅰ、Ⅱ段。RCS–941 系列是在启动元件开放瞬间，若按躲过最大负荷整定的正序过流元件不动作或动作时间尚不到 10ms，则将振荡闭锁开放 160ms。

（1）不对称故障开放元件。

$$|I_0|+|I_2|>m|I_1| \quad \text{（Z12F2001Ⅰ–8）}$$

该方法能有效地防止振荡下发生区外故障时距离保护的误动，而对于区内的不对称故障能够开放。为了防止振荡系统切除时零序和负序电流不平衡输出引起保护的误动，保护延时 50ms 动作。

1）系统振荡或振荡又区外故障时不开放。系统振荡时，I_0、I_2 接近于零，式（Z12F2001 Ⅰ–8）不开放是容易实现的。振荡同时区外故障时，相间和接地阻抗继电器都会动作，这时上式也不应开放，这种情况考虑的前提是系统振荡中心位于装置的保护范围内。对短线路，必须在系统角为 180° 时继电器才可能动作，这时线路附近电压很低，短路时的故障分量很小，因此，容易取 m 值以满足上式不开放。对长线路，区外故障时，故障点故障前电压较高，有较大的故障分量，因此，上式的不利条件是长线路在电源附近故障时，不过这时线路上零序电流分配系数较低，短路电流小于振荡电流，因此，仍很容易以最不利的系统方式验算 m 的取值。m 的取值是根据最不利的系统条件下，振荡又区外故障时振荡闭锁不开放为条件验算，并留有相当裕度的。

2）区内不对称故障时振荡闭锁开放。当系统正常发生区内不对称相间或接地故障时，将有较大的零序或负序分量，这时式（Z12F2001 Ⅰ–8）成立，振荡闭锁开放。当系统振荡伴随区内故障时，如果短路时刻发生在系统电势角未摆开时，振荡闭锁将立即开放。如果短路时刻发生在系统电势角摆开状态，则振荡闭锁将在系统角逐步减小时开放，也可能由一侧瞬时开放跳闸后另一侧相继速跳。因此，采用对称分量元件开放振荡闭锁保证了在任何情况下，甚至系统已经发生振荡的情况下，发生区内故障时瞬时开放振荡闭锁以切除故障，振荡或振荡又区外故障时则可靠闭锁保护。

（2）对称故障开放元件。四边形阻抗继电器系列采用阻抗变化率（dR/dt）检测元件。保护利用三相故障发生、发展过程中所显现出来的一系列特征，如故障以后阻抗基本不变、而振荡时阻抗总在渐变等，快速识别振荡闭锁中的三相对称故障，保护的三相故障动作时间与振荡特征的明显程度成反时限特性。

圆阻抗继电器在启动元件开放 160ms 以后或系统振荡过程中，如发生三相故障，装置中另设置了专门的振荡判别元件，即测量振荡中心电压

$$U_{OS}=U\cos\varphi \qquad (Z12F2001\ Ⅰ-9)$$

式中　U——正序电压；

φ——正序电压和电流之间的夹角。在系统正常运行或系统振荡时，$U\cos\varphi$ 反应振荡中心的正序电压；在三相短路时，$U\cos\varphi$ 为弧光电阻上的压降，三相短路时过渡电阻是弧光电阻，弧光电阻上压降小于 $5\%U_N$。本装置采用的动作判据分为两部分：

1）$-0.03U_N < U_{OS} < 0.08U_N$，延时 150ms 开放。在实际系统中，三相短路时故障

电阻仅为弧光电阻，弧光电阻上压降的幅值不大于 5%U_N，因此，三相短路时，该幅值判据满足，为了保证振荡时不误开放，其延时应保证躲过振荡中心电压在该范围内的最长时间；振荡中心电压为 0.08U_N 时，系统角为 171°；振荡中心电压为 0.03U_N 时，系统角为 183.5°，按最大振荡周期 3s 计，振荡中心在该区间停留时间为 104ms，装置中取延时 150ms 已有足够的裕度。

2） $-0.1U_N < U_{OS} < 0.25U_N$，延时 500ms 开放。该判据作为第一部分的后备，以保证任何三相故障情况下保护不可能拒动。振荡中心电压为 0.25U_N 时，系统角为 151°；为 0.1U_N 时，系统角为 191.5°；按最大振荡周期 3s 计，振荡中心在该区间停留时间为 337ms，装置中取 500ms 已有足够的裕度。

3. 转换性故障

针对转换性故障，保护采用单相故障记忆功能，保证由Ⅱ段延时切除故障。

4. 双回线相继速动功能（仅在启动后 300ms 内投入）

（1）双侧电源的双回线相继速动功能。利用相邻线路距离Ⅲ段的动作行为实现，见图 Z12F2001Ⅰ-6。

故障开始 QF3 的 $Z_{Ⅲ}$ 动作，当 QF2 由其速动段保护跳开后，QF3 的 $Z_{Ⅲ}$ 马上返回，同时向 QF1 的 $Z_{Ⅱ}$ 输送一个“加速信号”。QF1 的 $Z_{Ⅱ}$ 在收到“加速信号”而且满足相继速动的条件为：① 双回线相继速动压板投入。② 本线距离Ⅱ段 $Z_{Ⅱ}$ 动作。③ 故障开始时没有收到加速信号，其后又收到同一侧另一回线来的加速信号。④ 本线 $Z_{Ⅱ}$ 在满足② 中条件后经一个短延时（20ms）仍不返回。加速 $Z_{Ⅱ}$ 动作出口，跳开 QF1。

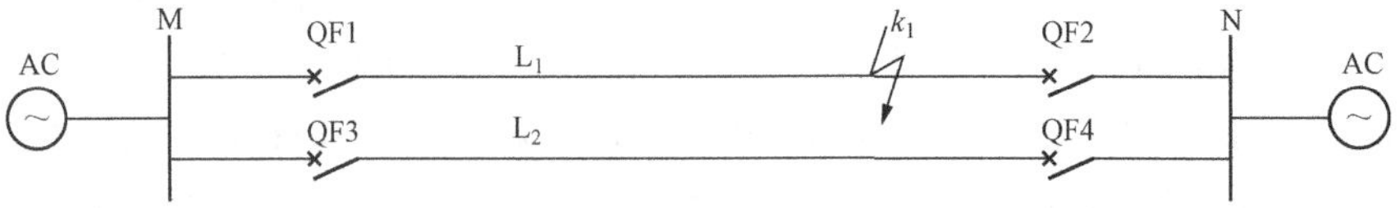

图 Z12F2001Ⅰ-6　双侧电源的双回线相继速动

（2）单侧电源双回线路的负荷端保护的相继速动功能。当 M 侧无电源，即为负荷端时，因为在 k_1 点故障时，QF3 的 $Z_{Ⅲ}$ 不可能动作，故上述相继速动的条件不能满足，而可以利用负荷端保护在对侧 QF2 跳闸前和跳闸后感受的电流变化来实现加速功能。故障开始，QF3 的电流方向从线路流向母线，故 QF3 的 $Z_{Ⅲ}$ 不可能动作；当 QF2 跳开后，QF1 和 QF3 的保护感受的电流相对故障初期会突然增大，根据以下判据：① 双回线相继速动压板投入；同时控制字“双回线负荷端”投入。② 本侧（QF1）$Z_{Ⅱ}$ 动作。③ 收不到同侧另一回线（QF3）来的加速信号。④300ms 内 QF1 的相电流相对故障开始时增大 4 倍以上。⑤ 同侧另一回线（QF3）有电流（门槛 0.1I_n）。⑥ 本侧 $Z_{Ⅱ}$ 在满足上述条件后经小延时（40ms）不返回。此时本侧的距离Ⅱ段加速出口，跳开 QF1。

5. 不对称故障相继速动功能

利用近故障侧三相跳闸后非故障相电流的消失，可以实现不对称故障相继速动。

在图 Z12F2001Ⅰ-7 中，当线路末端 k_2 点不对称故障时，非故障相仍有负荷电流 I_h，在 N 侧速动保护跳开 QF2 后，由于 QF2 为三相跳闸，非故障相电流 I_h 同时被切除。因此 M 侧保护可以利用本侧非故障相电流消失而确认为对侧断路器已跳闸，来加速本侧距离Ⅱ段动作出口，跳开 QF1。

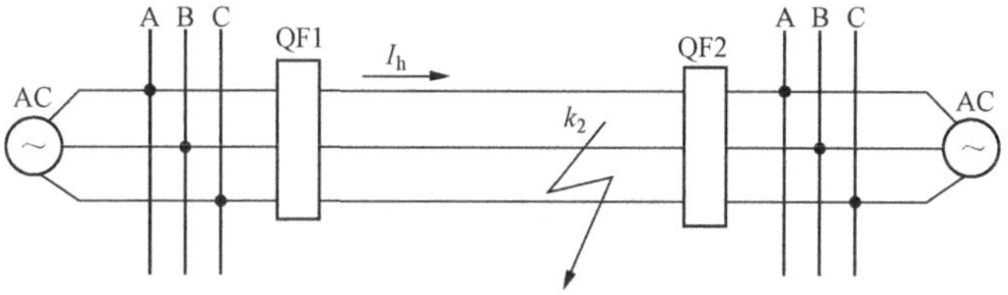

图 Z12F2001Ⅰ-7 不对称故障相继速动

不对称故障相继速动的条件是：① 定值中“不对称相继速动”功能投入。② 本侧距离Ⅱ段动作。③ 有一相电流由故障时有电流（大于 $0.16I_n$）突然变为无电流（小于 $0.08I_n$）。④ 本侧距离Ⅱ段在满足条件② 后经短延时（40ms）不返回。此时，本侧距离Ⅱ段加速出口，跳开 QF1。

6. 距离保护逻辑

某装置的距离保护逻辑框图见图 Z12F2001Ⅰ-8。

（1） 距离Ⅰ、Ⅱ、Ⅲ段的投退均受距离压板控制。

（2） 若选择“相间故障永跳”，相间距离出口时永跳，闭锁重合闸。若选择“Ⅲ段及以上故障永跳”，距离Ⅲ段出口时永跳，闭锁重合闸。

（3） 重合后加速：可以投入不经振荡闭锁的“重合后瞬时加速距离Ⅱ段”“电抗相近加速”[重合后原故障相的测量电抗值和跳闸前的相差不大（变化率 12%以内），且故障范围在距离Ⅱ段内，保护瞬时加速出口]。

（4） 重合后加速：可以投入“重合后 1.5s 加速距离Ⅲ段”功能。

（5） 手合于距离Ⅲ段区内时，为了防止合闸于空载变压器时励磁涌流引起阻抗进入距离Ⅲ段而导致的误加速出口，若二次谐波值大于基波的 20%，距离Ⅲ段带 200ms 延时，否则瞬时加速出口。

（6） 若手合时阻抗落于距离Ⅰ、Ⅱ段内，瞬时加速出口。

（7） 若投入“重合后加速距离Ⅲ段”，则同说明（5）。

（8） 距离压板投入时，若 TV 断线，闭锁距离保护，自动投入 TV 断线后两段过流。TV 恢复正常时，自动恢复投入距离保护。

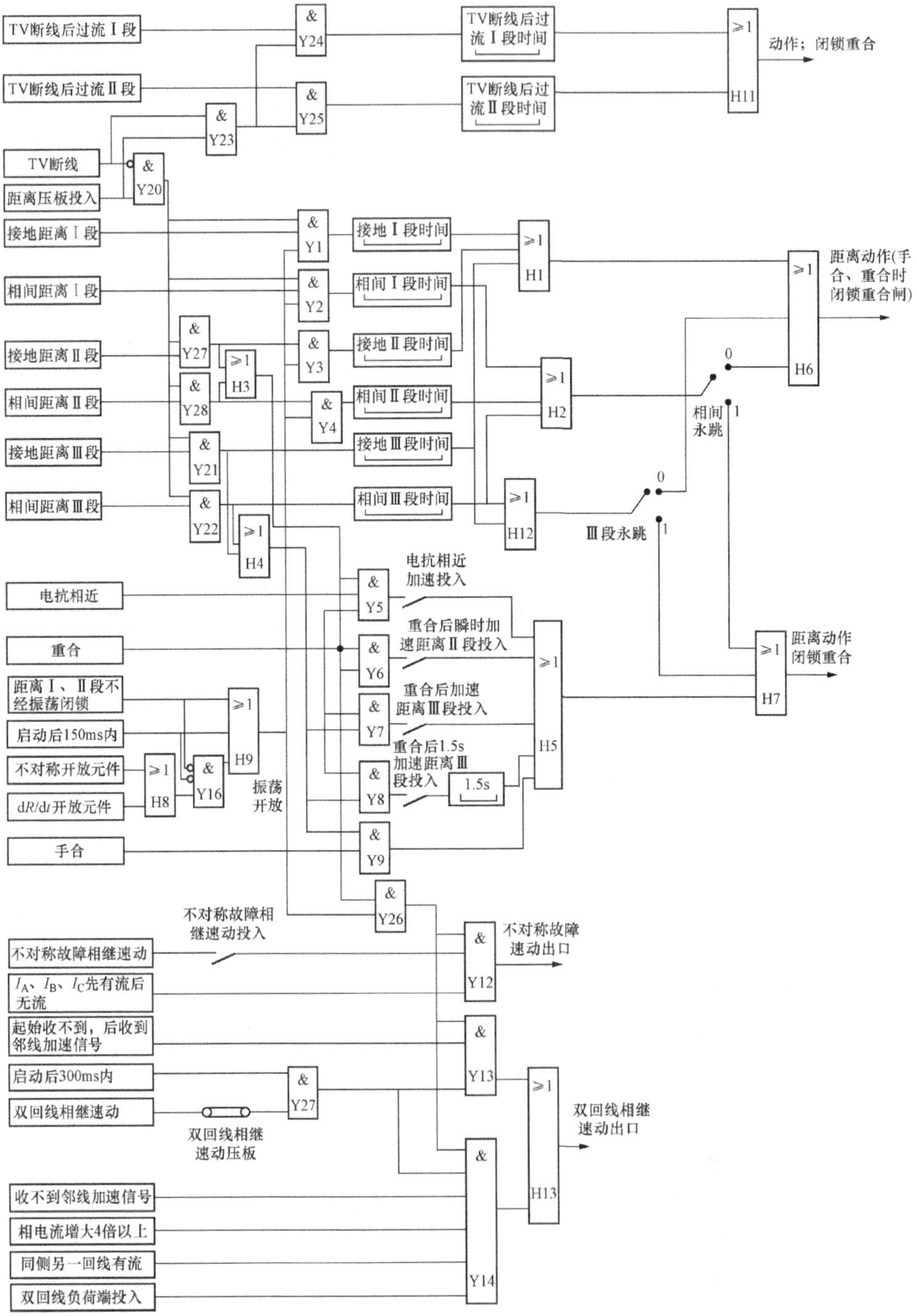

图 Z12F2001Ⅰ-8　距离保护逻辑框图

（二）零序过流

在大接地系统或经电阻接地的小电流接地系统中，可配置零序电流保护以切除接地故障。特别是距离保护拒动时，零序后备段可以不带方向，以提高系统稳定性。

（1）零序保护配置。零序电流保护包括四段零序电流保护，部分装置可选配一段零序加速段，各段零序可由用户选择经或不经方向元件控制，各段零序电流保护的投退受零序压板控制。在 TV 断线时，零序Ⅰ段可由用户选择是否退出，零序Ⅳ段过流保护均不经方向元件控制。

零序保护动作条件：

1）方式一：零序过电流启动元件启动（当外接和自产零序电流均大于整定值，且无交流电流断线时，零序启动元件动作并展宽 7s，去开放出口继电器正电源）并达到相应段定值时，零序保护出口。因此，需要外接零序分量。

2）方式二：采用零序正方向元件的动作判据为 18°≤arg（$3I_0/3U_0$）≤180°，且 $3I_0$>零序Ⅰ、Ⅱ、Ⅲ、Ⅳ段定值。

其中零序方向元件的方向判别采用自产 $3I_0$（由三个相电流相加）和自产 $3U_0$（三个相电压相加），自产 $3U_0$ 小于 1.5V 时，闭锁零序方向元件。动作门槛值则取自产 $3I_0$、外接 $3I_0$ 最小值与定值比较，因此，也需要外接零序分量，见图 Z12F2001Ⅰ-9。

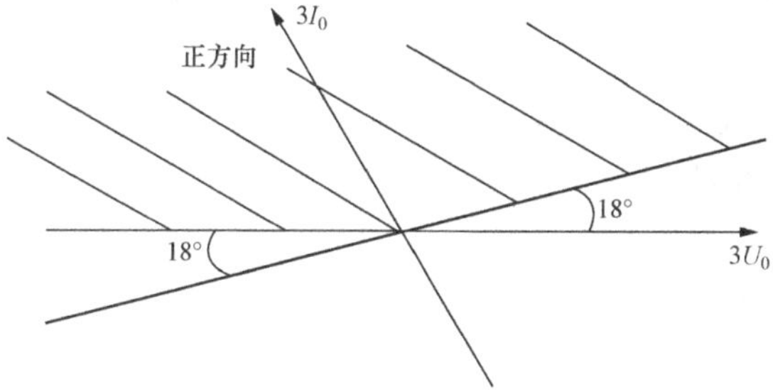

图 Z12F2001Ⅰ-9 零序方向元件

根据系统的需求情况，可以选择“Ⅲ段及以上故障永跳”。此时，零序Ⅲ、Ⅳ段出口时闭锁重合闸。

（2）零序保护逻辑。某装置的零序保护逻辑框图见图 Z12F2001Ⅰ-10。

1）Ⅰ、Ⅱ、Ⅲ、Ⅳ段零序方向保护投退受零序压板控制。

2）正常运行时，TV 完好时零序保护的动作逻辑见图 Z12F2001Ⅰ-10。

3）若选择“Ⅲ段及以上故障永跳”，零序Ⅲ段、Ⅳ段出口时永跳，闭锁重合闸。

4）重合、手合于故障时，若零序Ⅰ段 100ms 延时投入，零序Ⅰ段延时 100ms 出口。若零序Ⅱ、Ⅲ、Ⅳ段加速投入，零序Ⅱ、Ⅲ、Ⅳ段延时 100ms 加速出口。重合、手合于故障时，零序保护出口闭锁重合闸。

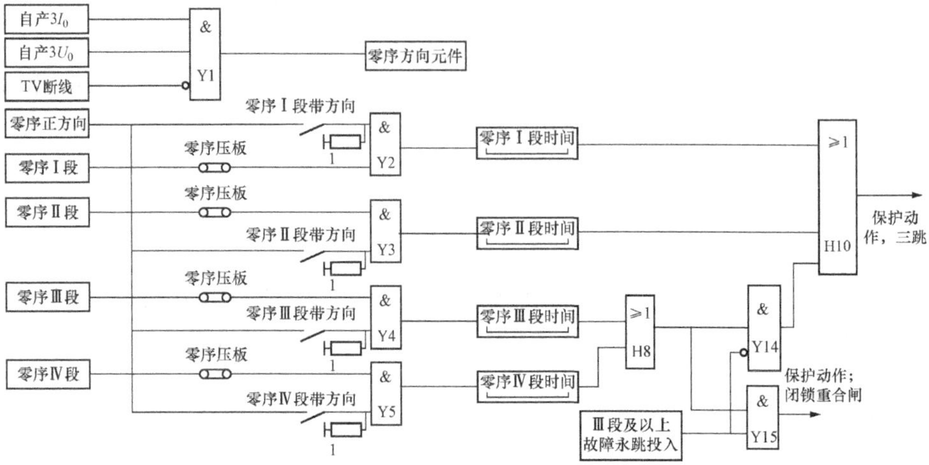

图 Z12F2001Ⅰ-10 零序保护逻辑框图

5）零序各段不带方向时，零序保护的动作行为不受 TV 断线的影响。

6）TV 断线时，带方向零序段可选择“退出零序 X 段方向元件”或“退出带方向零序 X 段”（由控制字投退，X 段表示Ⅰ段或Ⅱ、Ⅲ、Ⅳ段）。若选择“TV 断线退出零序 X 段方向元件”，TV 断线时，零序 X 段转为零序过流，零序Ⅰ段出口的延时为 max（零序Ⅰ段时间定值，200ms），零序Ⅱ、Ⅲ、Ⅳ段延时为相应的时间定值，此时零序 X 段动作后永跳闭锁重合闸。

（三）TV 断线过流

TV 断线后距离保护退出，在大电流接地系统的装置，配有两段 TV 断线后过流保护，该保护不带方向和电压闭锁，TV 断线后零序过流元件退出方向判别。TV 断线过流保护逻辑与距离保护逻辑在一起，则 TV 断线后过流保护随距离压板的投入而自动投入。有些还设有两段 TV 断线零序过流，由零序保护压板出口。

（四）过电流保护、过负荷保护

过电流保护适合于 110kV 以下线路配置。

（1）过电流保护配置。过流保护包括三段过流保护和一段过流加速段（可选配）。三段过流保护的投退受过流压板控制。根据系统的需求情况，可以选择“Ⅲ段及以上故障永跳”。此时，过流Ⅲ段出口时闭锁重合闸。

1）过流保护动作条件。

a. 过流元件正方向（控制字投退是否带方向）。

b. 过流元件电压条件满足（控制字投退是否带电压闭锁）。

c. 过流元件定值满足。

d. 过流元件延时满足。

2）过流方向元件。过电流方向元件为90°接线方式，按相启动，各相电流保护受表Z12F2001Ⅰ–1所示相应方向元件的控制。动作区范围为[90°，30°]（电流滞后电压角度为正）。

正向区为–90°≤arg（U/I）≤30°，见图Z12F2001Ⅰ–11。

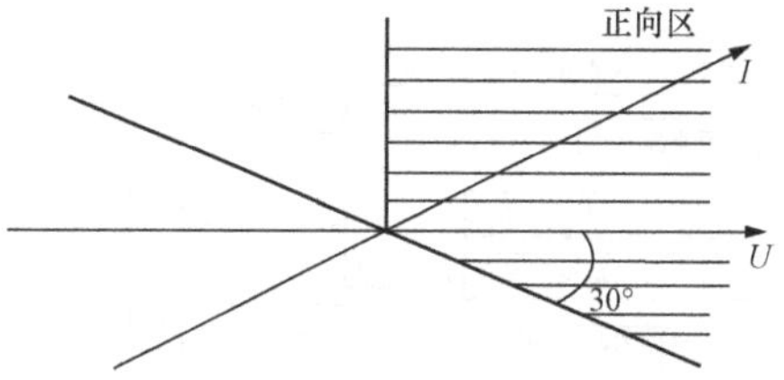

图Z12F2001Ⅰ–11　过流保护的方向元件

表Z12F2001Ⅰ–1　　过流方向元件

方向元件	I	U
A	I_A	U_{BC}
B	I_B	U_{CA}
C	I_C	U_{AB}

U_{AB}、U_{BC}、U_{CA}任意一个$U_{\phi\phi}$小于过流电压闭锁定值时，开放被闭锁的电流保护段，可以保证在电机反充电等非故障情况下不出现误动作。

（2）过负荷配置。过负荷保护是否投入、过负荷跳闸是否投入由控制字投退。

若不投过负荷跳闸，过负荷后，按照整定的“过负荷时间”告警。若投入过负荷跳闸，若发生过负荷，固定30s过负荷告警，按照整定的“过负荷时间”延时出口跳闸，过负荷出口永跳闭锁重合闸。

（3）过流、过负荷保护逻辑框图。某装置的过流、过负荷保护逻辑框图见图Z12F2001Ⅰ–12。

1）过流Ⅰ、Ⅱ、Ⅲ段保护投退受过流压板控制。过流Ⅰ、Ⅱ、Ⅲ段的逻辑类似。

2）若选择“Ⅲ段及以上故障永跳”，过流Ⅲ段出口时永跳，闭锁重合闸。

3）若选择“过流Ⅲ段加速投入”，则手合、重合时为了防止合闸于空载变压器时励磁涌流引起电流达到过流Ⅲ段定值而导致的误加速出口，若相应相电流的二次谐波值大于基波的20%，过流Ⅲ段带200ms延时，否则瞬时加速出口。

4）过流Ⅰ、Ⅱ、Ⅲ段不带方向和电压闭锁时，其动作行为不受TV断线的影响。

TV断线时，带方向、电压闭锁过流保护段，可选择转为“退出方向和电压”或“退出带方向、电压闭锁段”（由控制字投退）。若过流带方向段选择“退出方向和电压”，此时过流保护动作后永跳闭锁重合闸。

5）过负荷保护是否投入、过负荷跳闸是否投入由控制字投退。

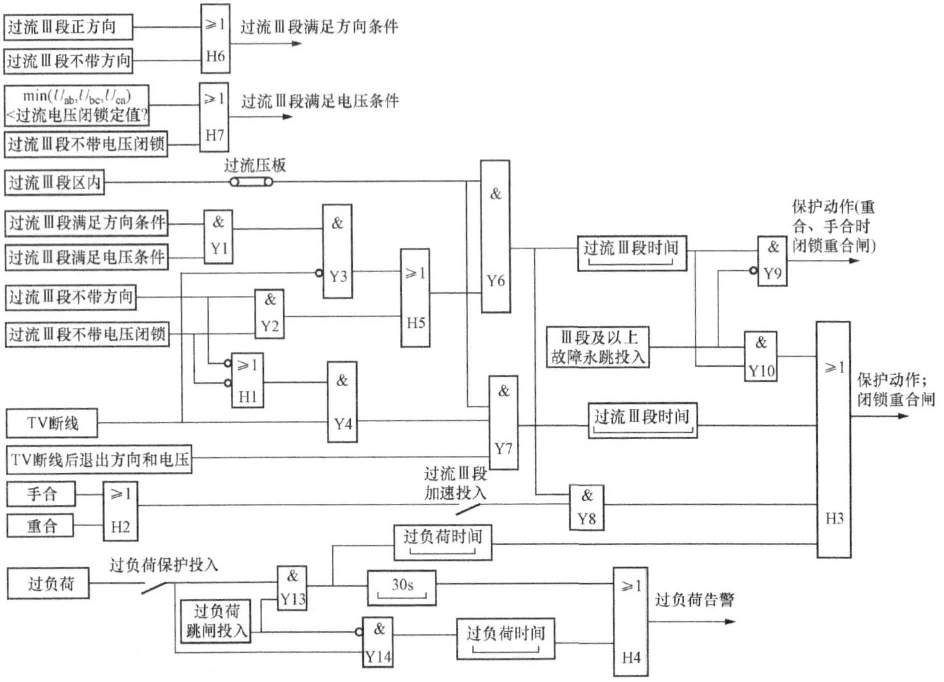

图 Z12F2001 Ⅰ-12 过流、过负荷保护逻辑框图

（五）重合闸

（1）重合闸配置。110kV 及以下架空线路或架空电缆混合线路中电缆比例比较小的线路采用三相一次重合闸。

三相一次重合闸功能的投退受重合闸压板控制。重合闸的启动可以通过保护启动重合及断路器位置不对应启动重合。重合闸的重合功能必须在“充电”完成后才能投入，以避免多次重合闸。

重合闸方式由控制字决定。可以选择“非同期”“检线路无压母线有压”“检母线无压线路有压”“检线路母线均无压”“检同期”“检相邻线有流”方式。

1）方式一：检同期重合时，则两侧电压须均大于 0.7 倍相应电压额定值，两侧电压角度相差在“重合闸同期角度”范围内。检无压重合时，“检线路无压母线有压”“检母线无压线路有压”“检线路母线均无压”可组合使用。组合使用时是“或”的关系。无压门槛为 0.3 倍的额定值，有压门槛为 0.7 倍的额定值，如果线路母线均有压，则自动转为检同期。检同期或检无压重合时，装置必须接入线路抽取 U_x，线路电压 U_x 的大小和相别由保护自动识别，不需用户整定。检相邻线有流重合：当并架线路侧未装设线路抽取装置，无法获取 U_x 时，装置可接入相邻线路一相电流 I_x，检相邻线有流作为重合的判别条件。

2）方式二：检线路无压母线有压时，检查线路电压小于 30V 且无线路电压断线，同时三相母线电压均大于 40V 时，检线路无压母线有压条件满足，而不管线路电压用的是相电压还是相间电压；检母线无压线路有压时，检查三相母线电压均小于 30V 且无母线 TV 断线，同时线路电压大于 40V 时，检母线无压线路有压条件满足；检线路无压母线无压时，检查三相母线电压均小于 30V 且无母线 TV 断线，同时线路电压小于 30V 且无线路电压断线时，检线路无压母线无压条件满足；检同期时，检查线路电压和三相母线电压均大于 40V 且线路电压和母线电压间的相位在整定范围内时，检同期条件满足。正常运行时测量 U_x 与 U_A 之间的相位差，与定值中的固定角度差定值比较，若两者的角度差大于 10°，则经 500ms 报“角差整定异常”告警。

（2）重合闸逻辑框图。某装置的重合闸逻辑框图见图 Z12F2001 Ⅰ–13。

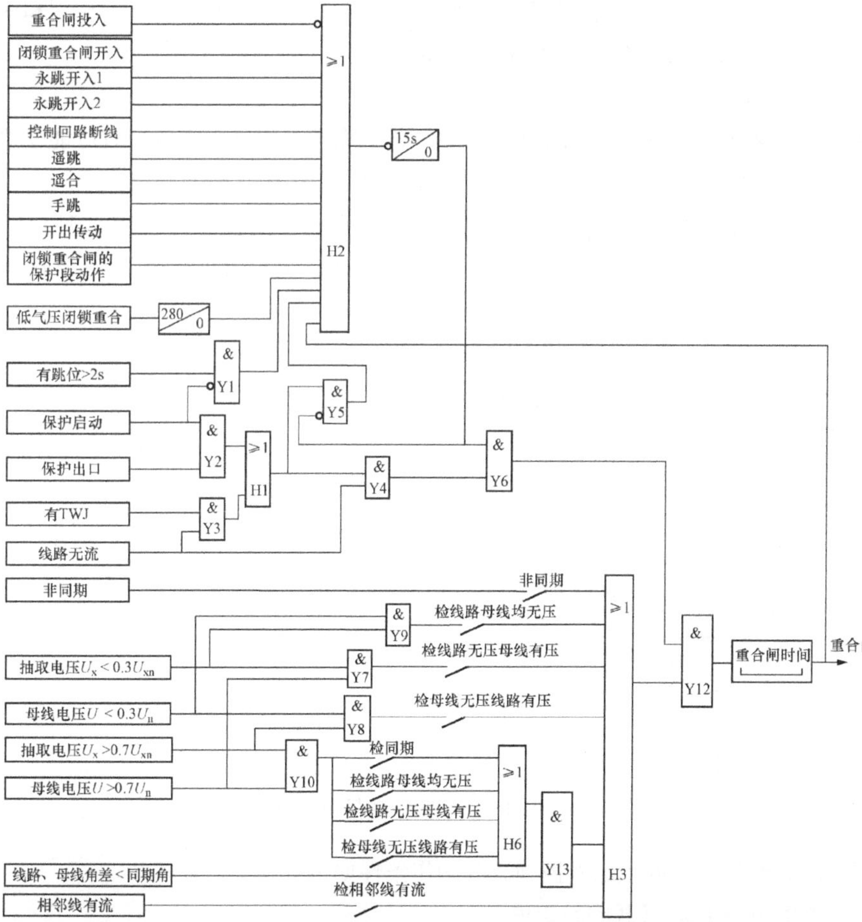

图 Z12F2001 Ⅰ–13　重合闸逻辑框图

1）重合闸功能投退受重合闸压板控制。

2）重合闸为三相一次重合闸，合闸方式由控制字来决定，可以选择“非同期”“检线路无压母线有压”“检母线无压线路有压”“检线路母线均无压”“检同期”“检相邻线有流”。

3）以上六个控制位均置0时，装置默认为非同期重合方式。

4）“检线路无压母线有压”“检母线无压线路有压”“检线路母线均无压”方式可以组合使用，组合使用时，是逻辑…或…的关系。比如“检母线无压线路有压”“检线路母线均无压”均置1，则“母线无压线路有压”或“线路母线均无压”条件满足时均可以重合。

5）检同期或检无压重合方式时，装置必须接入线路抽取U_x，线路电压U_x的大小和相别由保护自动识别，不需用户整定。如果运行时，线路抽取U_x大小、相别和保护识别的U_x相差较大，装置会报“线路U_x异常”。

（六）低频减载

当电网出现有功缺额时，电网频率下降，若下降频率超过一定值，有可能使系统解列，因此，需利用保护把一部分不重要的负荷切除，保证电网的稳定。

当三相均有流，系统频率低于整定值，且无低电压闭锁和滑差闭锁时，经整定延时，低频保护动作，低电压以相间电压为判据。某装置的低频减载逻辑框图见图Z12F2001Ⅰ–14。

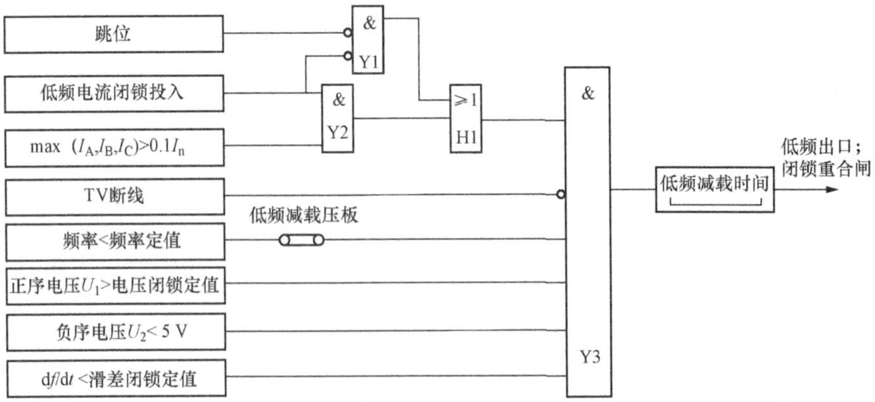

图Z12F2001Ⅰ–14 低频减载逻辑框图

低频减载的投退受低频压板控制。其动作条件如下：

（1）频率小于低频减载频率定值。

（2） 正序电压 U_1＞低频减载电压闭锁定值且负序电压 U_2＜5V。

（3） d*f*/d*t*＜低频减载滑差闭锁定值［以区分故障情况、电机反充电和真正的有功缺额，一旦闭锁需频率恢复（f＞49.5Hz）才重新开放低频减载］。

（4） 断路器合位（取 TWJ 判取）或有电流（任一相电流大于 0.1I_n，可用控制字进行投退）。

（5） 时间大于低频减载时间定值。

以上条件均满足后低周动作，动作后永跳闭锁重合闸。TV 断线闭锁该元件，直至电压恢复。

（七）低压减载

当电网出现无功缺额时，电网电压下降，若下降超过一定值，有可能使系统解列，因此，需利用保护把一部分不重要的负荷切除，保证电网的稳定。某装置的低压减载逻辑框图见图 Z12F2001Ⅰ–15。

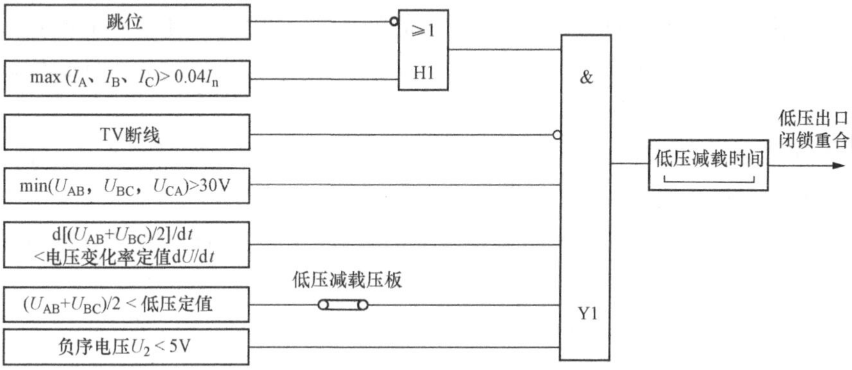

图 Z12F2001Ⅰ–15 低压减载逻辑框图

当三相均有流，三相相间电压均低于整定值，三相电压平衡，且无低电压闭锁和滑压（d*U*/d*t*）闭锁时，经整定延时，低压保护动作，低电压以相间电压为判据。

图 Z12F2001Ⅰ–15 中需要说明的是：

（1） 低压减载投退受低压减载压板控制。

（2） 低压减载的电压定值为线电压，低压减载滑压闭锁 d*U*/d*t* 为线电压变化率。

【思考与练习】

1. 110kV 线路保护的配置有哪些？
2. 以图 Z12F2001Ⅰ–3 为例，简单分析多边形阻抗继电器的特点。
3. 以图 Z12F2001Ⅰ–15 为例，请分析低压减载的逻辑关系。

模块2 110kV及以下线路微机保护装置调试的安全和技术措施（Z12F2002Ⅰ）

【模块描述】本模块包含110kV及以下线路微机保护装置调试的工作前准备和安全技术措施。通过要点介绍、图表举例，掌握110kV及以下线路保护现场调试时的危险点预控及安全技术措施。

【模块内容】110kV及以下线路微机保护装置调试的安全和技术措施包括110kV及以下线路保护装置调试工作前的准备，安全技术措施。

一、110kV及以下线路保护装置调试工作前的准备

（1）检修作业前5天做好检修准备工作，并在检修作业前3天提交相关停役申请。准备工作包括检查设备状况、反事故措施计划的执行情况及设备的缺陷统计等。

（2）开工前3天，向有关部门上报本次工作的材料计划。

（3）根据本次校验的项目，组织作业人员学习作业指导书，使全体作业人员熟悉作业内容、进度要求、作业标准、安全注意事项。要求所有工作人员都明确本次校验工作的内容、进度要求、作业标准及安全注意事项。

（4）开工前一天，准备好作业所需仪器仪表、相关材料、工器具。要求仪器仪表、工器具应试验合格，满足本次作业的要求，材料应齐全。

仪器仪表主要包括：1000V、500V绝缘电阻表各1只，微机型继电保护测试仪2套，钳形相位表1只，数字万用表1只。

工器具主要包括：个人工具箱、计算器、电烙铁、试验线1套、芯片起拔器1只、计算器1只、模拟断路器箱2只。

相关材料主要包括：绝缘胶布、自粘胶带、电缆盘（带漏电保安器，规格为220V/10A）1只、导线、小毛巾、焊锡丝、松香、中性笔、口罩、手套、毛刷、逆变电源板等。

备品备件：电源插件1块、管理板1块、通信板1块。

（5）准备最新整定单、相关图纸、上一次试验报告、本次需要改进的项目及相关技术资料。要求图纸及资料应与现场实际情况一致。

主要的技术资料包括：线路保护图纸、线路成套保护装置技术说明书、线路成套保护装置使用说明书、线路成套保护装置校验规程。

（6）根据现场工作时间和工作内容填写工作票（第一种工作票应在开工前一天交值班员）。要求工作票填写正确，并按《国家电网公司电力安全工作规程（变电部分）》执行。

二、安全技术措施

以下分析 110kV 及以下线路微机保护装置调试现场工作危险点及控制。

（一）人身触电

1. 误入带电间隔

控制措施：工作前应熟悉工作地点、带电部位，相邻运行设备做运行标志。检查现场安全围栏、安全警示牌和接地线等安全措施。

2. 试验仪器电源使用

控制措施：必须使用装有漏电保护器的电源盘。螺钉旋具等工具金属裸露部分除刀口外包上绝缘。接（拆）电源时至少有两人执行，一人操作，一人监护。必须在电源开关拉开的情况下进行。临时电源必须使用专用电源，禁止从运行设备上取得电源。

3. 保护调试及整组试验

控制措施：工作人员之间应相互配合，确保一、二次回路上无人工作。传动试验必须得到值班员许可并配合。

（二）机械伤害（主要指坠落物打击）

控制措施：工作人员进入工作现场必须戴安全帽。

（三）高空坠落（主要指在线路上工作）

控制措施：正确使用安全带，工作鞋应防滑。在线路上工作必须系安全带，并由专人监护。

（四）防“三误”事故的安全技术措施

（1）现场工作前必须作好充分准备，内容包括：

1）了解工作地点一、二次设备运行情况，本工作与运行设备有无直接联系（如备自投、联切装置等）。

2）工作人员明确分工并熟悉图纸与检验规程等有关资料。

3）应具备与实际状况一致的图纸、上次检验记录、最新整定通知单、检验规程、合格的仪器仪表、备品备件、工具和连接导线。

4）工作前认真填写安全措施票，特别是针对复杂保护装置或有联跳回路的保护装置，如母线保护、变压器保护、断路器失灵保护等的现场校验工作，应由工作负责人认真填写，并经技术负责人严格审批。

5）工作开工后先执行安全措施票，由工作负责人负责做的每一项措施要在“执行”栏做标记；校验工作结束后，要持此票恢复所做的安全措施，以保证完全恢复。

6）不允许在未停用的保护装置上进行试验和其他测试工作；也不允许在保护未停用的情况下，用装置的试验按钮（除闭锁式纵联保护的启动发信按钮外）做试验。

7）只能用整组试验的方法，即由电流及电压端子通入与故障情况相符的模拟故障量，检查保护回路及整定值的正确性。不允许用卡继电器触点、短路触点等人为手段做保护装置的整组试验。

8）在校验继电保护及二次回路时，凡与其他运行设备二次回路相连的连接片和接线应有明显标记，并按安全措施票仔细地将有关回路断开或短路，做好记录。

9）在清扫运行中设备和二次回路时，应认真仔细，并使用绝缘工具（毛刷、吹风机等），特别注意防止振动，防止误碰。

10）严格执行风险分析卡和继电保护作业指导书。

（2）现场工作应按图纸进行，严禁以记忆作为工作的依据。如发现图纸与实际接线不符时，应查线核对。需要改动时，必须履行以下程序：

1）先在原图上做好修改，经主管继电保护部门批准。

2）拆动接线前先要与原图核对，接线修改后要与新图核对，并及时修改底图，修改运行人员及有关各级继电保护人员的图纸。

3）改动回路后，严防寄生回路存在，没用的线应拆除。

4）在变动二次回路后，应进行相应的逻辑回路整组试验，确认回路极性及整定值完全正确。

（3）保护装置调试的定值，必须根据最新整定值通知单规定，先核对通知单与实际设备是否相符（包括保护装置型号、被保护设备名称、变比等）。定值整定完毕要认真核对，确保正确。

（五）其他危险点分析及控制

其他危险点分析及控制见表 Z12F2002 Ⅰ–1。

表 Z12F2002 Ⅰ–1　　其他危险点分析及控制

序号	危险点	安全控制措施	安全控制措施的原因
1	直流回路工作	工作中使用带绝缘手柄的工具。试验线严禁裸露，防止误碰金属导体部分	直流回路接地造成中间继电器误出口，直流回路短路造成保护拒动
2	装置试验电流接入	短接交流电流外侧电缆，打开交流电流连接片。 在端子箱将相应端子用绝缘胶布实施封闭	防止运行 TA 回路开路运行，防止测试仪的交流电流倒送 TA。 二次通电时，电流可能通入母差保护，可能误跳运行断路器
3	装置试验电压接入	断开交流二次电压引入回路。并用绝缘胶布对所拆线头实施绝缘包扎	防止交流电压短路，误跳运行设备、试验电压反送电。保护屏顶电压小母线带电，易发生电压反送事故或引起人员触电

续表

序号	危险点	安全控制措施	安全控制措施的原因
4	带电插拔插件，易造成集成块损坏；频繁插拔插件，易造成插件插头松动	防止频繁插拔插件	易造成集成块损坏；频繁插拔插件，易造成插件插头松动
5	人员、物体越过围栏，易发生人员触电事故	现场设专人监护	易发生人员触电事故
6	室外端子箱母差电流回路、隔离开关开入回路运行	室外端子箱母差电流、隔离开关开入端子做明显标志	防止线路保护误接间隔
7	试验中误发信号	断开中央信号正电源；断开远动信号正电源；断开故障录波信号正电源；记录各切换把手位置	造成监控后台频繁形成 SOE 报文
8	保护室内使用无线通信设备	不在保护室内使用无线通信设备，尤其是对讲机	易造成其他正在运行的保护设备不正确动作
9	安全措施执行与恢复	工作开工后先执行安全措施票，由工作负责人负责做的每一项措施要在“执行”栏做标记；校验工作结束后，要持此票恢复所做的安全措施，以保证完全恢复	防止遗漏安全措施；防止保护设备状态完全恢复

以 CSC–161A 线路保护为例，安全工作票见表 Z12F2002 Ⅰ–2。

表 Z12F2002 Ⅰ–2　　　　现场工作安全工作票

被试设备及保护名称		220kV××变电站 110kV 清铺 1818 线路 CSC–161A 保护			
工作负责人	××	工作时间	××年××月××日	签发人	×××
工作内容	CSC–161A 保护全部校验（根据 PRC01–22 屏图，仅供参考）				
工作条件	1.一次设备运行情况 110kV 清铺 1818 线路检修。 2. 被试保护作用的断路器 110kV 清铺 1818 线断路器。 3. 被试保护屏上的运行设备 无 。 4. 被试保护屏、端子箱与其他保护连接线 主要为 110kV 母差跳 110kV 清铺 1818 线。				

安全技术措施：包括应打开及恢复压板、直流线、交流线、信号线、联锁线和联锁开关等，按下列顺序做安全措施。已执行，在执行栏打“√”按相反的顺序恢复安全措施，以恢复的，在恢复栏打“√”。

序号	执行	安全措施内容	安全措施的原因	恢复
1	√	检查本屏所有保护屏上压板在退出位置，并做好记录	防止保护误出口	√
2	√	检查本屏所有把手及开关位置，并做好记录	防止保护误出口	√

续表

序号	执行	安全措施内容	安全措施的原因	恢复
3	√	电流回路：断开 A 411； 对应端子排端子号［D 8］	防止电流回路开路，防止人员触电，防止测试仪的交流电流倒送 TA	√
4	√	电流回路：断开 B 411； 对应端子排端子号［D 9］		√
5	√	电流回路：断开 C 411； 对应端子排端子号［D 10］		√
6	√	电流回路：断开 N 411； 对应端子排端子号［D 11］		√
7	√	电压回路：断开 A 732； 对应端子排端子号［D 1］	防止电压回路短路、接地及反送电，防止人员触电，防止测试仪的交流电压倒送 TV	√
8	√	电压回路：断开 B 732； 对应端子排端子号［D 2］		√
9	√	电压回路：断开 C 732； 对应端子排端子号［D 3］		√
10	√	电压回路：断开 N 600； 对应端子排端子号［D 4、D 5］		√
11	√	电压回路：断开 A 602； 对应端子排端子号［D 6］	防止电压回路短路、接地及反送电，防止人员触电，防止测试仪的交流电压倒送 TV	√
12	√	故录公共端：断开 录波公共端； 对应的端子号［D 99］并用绝缘胶布包好	防止试验动作报告误传送到故障录波器	√
13	√	通信接口：断开至监控的通信口，如果有检修压板投检修压板	防止保护试验信息误送到后台，频繁形成 SOE 报文	√
14	√	通信接口：断开至保护信息管理系统的通信口，如果有检修压板投检修压板		√
15		补充措施：		

填票人		操作人		监护人		审核人	

注 本工作票中去掉了模板中“11 断开信号正电源和 13 断开本保护用 TA 接地点”两项，增加断开线路电压回路的安全措施。

【思考与练习】

1. 请试编制本单位典型 110kV 线路保护二次安全措施票。
2. 传动和整组试验应实施哪些安全措施？

模块3　110kV及以下典型线路微机保护装置的调试（Z12F2003Ⅰ）

【模块描述】本模块包含110kV及以下线路微机保护装置调试的主要内容。通过要点归纳、图表举例、分析说明，掌握110kV及以下线路微机保护装置调试的作业程序、调试项目、各项目调试方法及调试报告编写等内容。

【模块内容】110kV及以下典型线路微机保护装置的调试包括作业流程，110kV线路保护的校验项目、技术要求及校验报告。

一、作业流程

线路微机保护装置的调试作业流程见图Z12F2003Ⅰ-1。

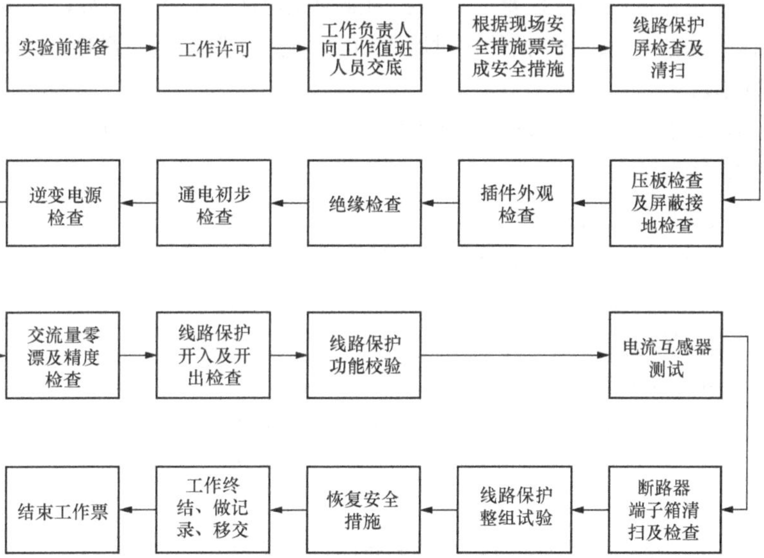

图Z12F2003Ⅰ-1　线路微机保护装置的调试作业流程图

二、110kV线路保护的校验项目、技术要求及校验报告

（1）对保护装置端子连接、插件焊接、插件与插座固定、切换开关、按钮等机械部分检查并清扫。要求连接可靠，接触良好，回路清洁。

1）保护屏后接线、插件外观检查。包括保护屏检查、屏内接线检查、保护屏内装置检查。

2）保护硬件跳线检查。检查CPU、DSP是否有跳线。

3）保护屏上压板检查。检查压板端子接线是否符合反措要求、压板端子接线压接是否良好、压板外观检查情况。

4）屏蔽接地检查。检查保护引入、引出电缆是否为屏蔽电缆、检查全部屏蔽电缆的屏蔽层是否两端接地、检查保护屏底部的下面是否构造一个专用的接地铜网格，保护屏的专用接地端子是否经大于 $6mm^2$ 的铜线连接到此铜网格上，并检查各接地端子的连接处连接是否可靠。

（2）回路绝缘检查。

1）直流回路绝缘检查。确认直流电源断开后，将CPU插件、MON Ⅰ插件、开入插件拔出，对地用1000V绝缘电阻表全回路测试绝缘。要求绝缘大于10MΩ。

2）交流电压回路绝缘检查。将交流电压断开后，在端子排内部将电压回路短接，拔出A/D插件，对地用500V绝缘电阻表全回路测试绝缘。要求绝缘大于20MΩ。

3）交流电流回路绝缘检查。确认各间隔交流电流已短接退出后，在端子排内部将电流回路短接，拔出A/D插件，对地用500V绝缘电阻表全回路测试绝缘。要求绝缘大于20MΩ。

（3）通入试验电源，检查保护基本信息（版本及校验码）并打印。版本满足省公司统一版本要求。

（4）装置直流电源检查。

1）快速拉合保护装置直流电源，装置启动正常。

2）缓慢外加直流电源至80%额定电压，要求装置启动正常。

3）逆变稳压电源检测。

（5）装置通电初步检查。

1）保护装置通电后，先进行全面自检。自检通过后，装置运行灯亮。除可能发“TV断线”信号外，应无其他异常信息。此时，液晶显示屏出现短时的全亮状态，表明液晶显示屏完好。

2）保护装置时钟及GPS对时，保护复归重起检查。

① 检查保护装置时钟及GPS对时，要求装置时间与GPS时间一致。

② 改变装置秒数，检查装置硬对时功能正常。要求对时功能正常。

③ 检查保护复归重启。要求功能检查正常。

3）检验键盘正常。

4）检查打印机与保护联调正常。进行本项试验之前，打印机应进行通电自检。将打印机与微机保护装置的通信电缆连接好。将打印机的打印纸装上，并合上打印机电源。保护装置在运行状态下，按保护柜（屏）上的“打印”按钮，打印机便自动打印出保护装置的动作报告、定值报告和自检报告，表明打印机与微机保护装置联机成功。

（6）交流回路校验。

1）在端子排内短接电流回路及电压回路并与外回路断开后，检查保护装置零漂。

2）在电压输入回路输入三相正序电压，每相 50V，检查保护装置内电压精度。误差要求小于 3%。

3）输入三相正序电流，每相 5A，检查保护装置内电流精度、相角，误差要求小于 3%。

（7）开入量检查。

1）投退功能压板。开入均正确。

2）检查其他开入量状态。开入均正确。

（8）开出量检查。

1）拉开装置直流电源，装置告直流断线，要求告警正确，输出接点正确。

2）模拟 TV 断线、TA 断线，装置告警，要求告警正确，输出接点正确。

（9）定值及定值区切换功能检查。

1）核对保护装置定值。现场定值与定值单一致。

2）检查保护装置定值区切换，功能切换正常。

3）检查各侧 TA 变比系数，要求与现场 TA 变比相符。

4）检查定值单上的变压器联结组别、额定容量及各侧电压参数。要求于实际的变压器联结组别、额定容量及各侧电压参数一致。

（10）保护功能校验。

1）距离保护校验。要求保护功能正确，定值正确。

仅投入距离保护投运连接片，做以下试验：

a. 距离Ⅰ段保护检验。分别模拟 A、B、C 相单相接地瞬时故障，AB、BC、CA 相间瞬时故障。故障电流 I 固定（一般 $I=I_N$），相角为灵敏角，模拟故障时间为 100～150ms。故障电压为：

模拟单相接地故障

$$A=mIZ_{set1}(1+k)$$

模拟两相相间故障时

$$A=2mIZ_{set1}$$

式中　m——系数，其值分别为 0.95、1.05 及 0.7；

Z_{set1}——距离Ⅰ段定值。

距离Ⅰ段保护在 0.95 倍定值（m=0.95）时，应可靠动作；在 1.05 倍定值时，应可靠不动作；在0.7倍定值时，测量距离保护Ⅰ段的动作时间。

b. 距离Ⅱ段保护检验。检验距离Ⅱ段保护时，分别模拟单相接地和相间短路故障；故障电流I固定（一般$I=I_N$），相角为灵敏角，故障电压为：

模拟单相接地故障时

$$A=mIZ_{setp2}(1+k)$$

模拟相间短路故障时

$$A=2mIZ_{setpp2}$$

式中 m——系数，其值分别为0.95、1.05及0.7；

Z_{setp2}——接地距离Ⅱ段保护定值；

Z_{setpp2}——相间距离Ⅱ段保护定值。

距离Ⅱ段保护在0.95倍定值时（m=0.95）应可靠动作；在1.05倍定值时，应可靠不动作；在0.7倍定值时，测量距离Ⅱ段保护动作时间。

c. 距离Ⅲ段保护检验。检验距离Ⅲ段保护时，分别模拟单相接地和相间短路故障；故障电流I固定（一般$I=I_N$），相角为灵敏角，故障电压为：

模拟单相接地故障时

$$A=mIZ_{setp3}(1+k)$$

模拟相间短路故障时

$$A=2mIZ_{setpp3}$$

式中 m——系数，其值分别为0.95、1.05及0.7；

Z_{setp3}——接地距离Ⅲ段保护定值；

Z_{setpp3}——相间距离Ⅲ段保护定值。

距离Ⅲ段保护在0.95倍定值时（m=0.95）应可靠动作；在1.05倍定值时，应可靠不动作；在0.7倍定值时，测量距离Ⅲ段保护动作时间。

2）零序过流保护检验。仅投入零序保护投运压板，做如下试验，要求保护功能正确，定值正确。

分别模拟A、B、C相单相接地瞬时故障，模拟故障电压A=30V，模拟故障时间应大于零序过流Ⅱ段（或Ⅲ段）保护的动作时间定值，相角为灵敏角，模拟故障电流为

$$I=mI_{0setn}$$

式中 m——系数，其值分别为0.95、1.05及1.2；

I_{0setn}——零序过流n段定值，n=1、2、3、4。

零序过流n段和保护在0.95倍定值（m=0.95）时，应可靠不动作；在1.05倍定值

时，应可靠动作；在1.2倍定值时，测量零序过流 n 段保护的动作时间。

将定值中所有零序段的方向方式字均投入，给定故障电压 A=30V；加故障电流 $I=1.2I_{0set1}$，做A相反方向接地故障。零序保护应不动作。

3）TV断线时相电流保护定值校验。零序保护和距离保护投运压板均投入。要求保护功能正确，定值正确。

模拟故障电压量不加（等于零），模拟故障时间应大于交流电压回路断线时过电流延时定值。故障电流为：

模拟相间（或三相）短路故障时

$$I=mITV_{set}$$

模拟单相接地故障时

$$I=mI_0TV_{set}$$

式中 m——系数，其值分别为0.95、1.05及1.2；

ITV_{set}——交流电压回路断线时过电流定值；

I_0TV_{set}——交流电压回路断线时零序过电流定值。

在交流电压回路断线后，加模拟故障电流，过流保护和零序过流保护在1.05倍定值时应可靠动作，在0.95倍定值时可靠不动作，并在1.2倍定值下测量保护动作时间。

4）合闸于故障线零序电流保护检验。投入零序保护和距离保护投运压板。要求保护功能正确，定值正确。

模拟手合单相接地故障，模拟故障前，给上“跳闸位置”开关量。模拟故障时间为300ms，模拟故障电压 A=50V，相角为灵敏角，模拟故障电流为

$$I=mI_{0setck}$$

式中 I_{0setck}——合闸于故障线零序电流保护定值；

m——系数，其值分别为0.95、1.05、1.2。

合闸于故障线零序电流保护在1.05倍定值时可靠动作，0.95倍定值时可靠不动作，并测量1.2倍定值时的保护动作时间。

5）保护反方向出口故障性能校验。保护反向出口故障性能检验：零序保护和距离保护投运压板均投入，要求保护功能正确，定值正确。

分别模拟反向B相接地、CA相间和ABC三相瞬时故障。模拟故障电压为零，相角 $\phi=180+\phi_{LM}$，模拟故障时间应小于距离Ⅲ段和零序过流Ⅳ段的时间定值。

（11）整组动作时间测试。本试验是测量从模拟故障至断路器跳闸回路动作的保护整组动作时间及从模拟故障切除至断路器合闸回路动作的重合闸整组动作时间，由于110kV线路保护一般不用于分相操动机构，因此不进行分相回路的测量。

时间测试的合格判据为：① 整定值在 0.1～1s 时，测量误差不小于 15ms；② 整定值在 1～10s 时，测量误差不小于整定值的 1.5%。

1） 保护整组动作时间测试。

a. 仅投入距离保护投运压板。模拟 AB 相间故障，其故障电流一般取 $I=I_N$，相角为灵敏角，模拟故障时间为 100ms，模拟故障。

电压：$U=0.7\times 2IZ_{set1}=1.4IZ_{set1}$（$Z_{set1}$ 为距离Ⅰ段定值）。

上述试验要求检查保护显示或打印出距离Ⅰ段的动作时间，其动作时间值应不大于 30ms。

以此类推，模拟距离Ⅱ、Ⅲ范围内的故障，故障注入时间略大于距离Ⅱ、Ⅲ动作时间。

b. 仅投入零序方向电流保护投运压板。分别模拟零序电流Ⅰ、Ⅱ、Ⅲ范围的 A、B、C 单相接地故障，其故障电压一般取 $U=0.7U_N$，相角为灵敏角，故障电流取：$I=1.2I_{set}$。故障注入时间略大于整定时间，近段故障注入时间为 100ms。

2） 重合闸整组动作时间测量。过负荷，分别校验过负荷电流定值及时间，要求定值及时间应与整定值相符。

（12）户外设备检查。检查断路器端子箱、断路器操动机构箱、TA 接线箱等接线箱内部应清洁、无尘，各端子接线螺丝压接应紧固，户外端子箱防雨、防潮措施应可靠。工作中应防止跑错间隔。

（13）整组试验及验收传动。

1） 新投产和全部校验时应用 80%保护直流电源和开关控制电源进行开关传动试验。

2） 保护装置投运压板、跳闸及合闸压板应投上。

3） 进行传动断路器试验之前，控制室和开关站均应有专人监视，并应具备良好的通信联络设备，以便观察断路器和保护装置动作相别是否一致，监视中央信号装置的动作及声、光信号指示是否正确。如果发生异常情况，应立即停止试验，在查明原因并改正后再继续进行。

传动断路器试验应在确保检验质量的前提下，尽可能减少断路器的动作次数。根据此原则一般进行以下试验项目：

1） 传动断路器试验和动作信号检查。

a. 整定的重合闸方式下，模拟 A 相Ⅰ段范围瞬时性接地故障。

b. 整定的重合闸方式下，模拟 B 相永久性接地故障。

c. 整定的重合闸方式下，模拟 BC 相间瞬时性故障。

d. 重合闸停用方式下，模拟 C 相Ⅰ段范围瞬时性接地故障。

分别用远方操作和就地操作开关，检查操作开关过程中测控信号是否正确及是否有异常现象发生。

2）开关量输入的整组试验。在进行定期部分检验时，与母差保护装置的开关量整组试验免做。保护装置进入“保护状态”菜单后，选择开入显示子菜单，校验开关量输入变化情况。

a. 闭锁重合闸：合上断路器，使保护充电。投闭锁重合闸压板，检查合闸充电由“1”变为“0”。

b. 断路器跳闸位置：断路器分别处于合闸状态和分闸状态时，校验断路器跳闸位置开关量状态。

c. 压力闭锁重合闸：模拟断路器液（气）压压力低闭锁重合闸触点动作，校验压力闭锁重合闸开关量状态。

d. 断路器合闸后位置：进行断路器手动合闸操作，对断路器合闸后位置开关量状态进行校验。

3）重合闸检验。重合闸压板投入，距离、零序保护压板投入。

（14）回路绝缘检查。直流回路绝缘检查。确认直流电源断开，将直流正负极性短接后，对地用 1000V 绝缘电阻表全回路测试绝缘。要求绝缘大于 10MΩ。

（15）TA 校验。

1）TA 伏安特性，每相加入 0.5A 至拐点以上，约取 6 点电流进行试验，记录相对应的电压值，做成伏安特性曲线。要求测出的电流、电压曲线符合要求。

2）用双臂电桥测量每相 TA 的电阻和回路电阻。根据回路情况，要求各相 TA 的电阻和回路电阻值基本平衡。

3）用 1000V 绝缘电阻表测每相 TA 及回路绝缘。要求绝缘大于 20MΩ。

（16）保护装置二次通电。

（17）保护校验存在的问题。对本次保护校验存在的问题做好记录。

（18）投运前定值与开入量状态的核查。进入“定值”菜单，打印出按定值整定通知单整定的保护定值，定值报告应与定值整定通知单一致。

在正常运行压板显示状态，查看保护投入压板与实际运行状态一致。

（19）保护校验结论：保护可以（或不可以）投入运行。

保护校验人员：________________________

使用仪表、仪器：________________________

【思考与练习】

1. 编写本单位常用 110kV 线路保护装置的调试大纲。

2. 以距离保护和零序保护为例，比较欠量保护调试与过量保护调试的区别。

3. 实验中如何搜索零序保护动作的边界？

模块 4 220kV 线路微机保护装置原理（Z12F2004Ⅱ）

【模块描述】本模块包含了 220kV 线路保护的配置及原理。通过要点归纳、原理讲解、图解示意、典型案例分析，掌握 220kV 线路保护装置组屏及配置原则，各类纵联保护工作原理，重合闸等工作原理。

【模块内容】220kV 线路微机保护装置原理包括 220kV 线路微机保护配置基本要求，220kV 线路保护原理，220kV 线路保护的动作行为分析。

一、220kV 线路微机保护配置基本要求

1.《继电保护和安全自动装置技术规程》（GB/T 14285—2006）的相关规定

电力系统中的电力设备和线路，应装设短路故障和异常运行的保护装置。电力设备和线路短路故障的保护应有主保护和后备保护，必要时可增设辅助保护。主保护是满足系统稳定和设备安全要求，能以最快速度有选择地切除被保护设备和线路故障的保护。后备保护是主保护或断路器拒动时，用以切除故障的保护。继电保护装置应满足可靠性、选择性、灵敏性和速动性的要求。

根据规定，目前，220kV 线路保护装置配置了纵联保护作为主保护，它对本线路首端、中间、末端的金属性短路故障都能快速动作切除故障，当主保护拒动时，距离保护Ⅰ段和零序保护Ⅰ段对线路首端故障也能无延时快速动作，而对于线路中间和末端的故障，采用距离保护和零序保护的延时段来保证选择性和灵敏性，在无法兼顾选择性和灵敏性要求的情况下，优先保证灵敏性，即可使保护无选择动作，但必须采取补救措施，例如采用自动重合闸来补救。

220kV 线路保护一般采用近后备保护方式。即当故障线路的一套继电保护拒动时，由相互独立的另一套继电保护装置动作切除故障。而断路器拒动时，启动断路器失灵保护，断开与故障元件相连的所有其他连接电源的断路器，需要时，可采用远后备保护方式，即故障元件的继电保护或断路器拒动时，由电源侧最近故障元件的上一级继电保护装置动作切除故障。

2. 220kV 线路保护的组屏和配置原则

根据《线路保护及辅助装置标准化设计规范》（Q/GDW 161—2007）的相关规定，220kV 线路保护装置应双重化，即配置两套完全独立的全线速断的数字式保护，宜由不同的保护动作原理、不同厂家的硬件结构构成。220kV 线路两侧对应的保护装置应采用同型号（系列）、同原理的保护。每套保护除了全线速断的纵联保护外，还应具有完整阶段式相间距离、接地距离保护及必需的方向零序后备保护。每套完整、独立的

保护装置应能处理可能发生的所有类型的故障；两套保护之间不应有任何电气的联系，当一套保护退出时不应影响另一套保护的运行；两套保护装置的跳闸回路应分别作用于断路器的两个跳闸线圈；两套保护装置与其他保护、设备配合的回路应遵循相互独立的原则；应配置两套独立的通信设备（含复用光纤通道、独立光纤芯、微波、载波等通道及加工设备等），并分别由两套独立的通信电源供电，两套通信设备和通信电源在物理上应完全隔离（两套电源人工切换，正常不并列运行）。第一套主保护应采用第一跳闸回路，第二套主保护采用第二跳闸回路，其他继电保护装置宜采用第一跳闸回路。与线路断路器控制单元（重合闸、失灵电流判别元件等）组屏在一起的保护为第一套线路保护，与保护操作箱组屏在一起的保护为第二套线路保护。

220kV 线路重合闸按断路器独立配置，应具有单重、三重、综重功能；宜采用单相重合闸；对单侧电源终端线路：电源侧采用任何故障三跳，仅单相故障三合的特殊重合闸，采用检无压方式；无电源或小电源侧保护和重合闸停用；当终端负荷变电站线路保护采用带有弱馈功能的线路保护或线路两侧为分相电流差动保护时，线路重合闸可采用单相重合闸；对同杆双回线不采用多相重合闸方式；正常单线送三台变压器运行时，线路重合闸停用；220kV 电缆线路重合闸正常应停用。电缆架空混合线路重合闸宜正常停用，在运行单位提出要求时也可投入重合闸。

根据 Q/GDW 161—2007，其组屏和配置原则如下：

（1） 220kV 线路按双重化原则配置两套全线速断的数字式保护，按两面屏（柜）方案配置。

1） 线路保护 1 屏（柜）：线路保护 1（含重合闸）+ 分相操作箱 1（含电压切换箱）+（信号传输装置）。

2） 线路保护 2 屏（柜）：线路保护 2（含重合闸）+ 分相操作箱 2（含电压切换箱）+（信号传输装置）。

（2） 220kV 线路两侧对应的保护装置应采用同一原理、同一型号、同一软件版本的保护。

（3） 线路保护屏（柜）上设备居中布置，自上至下依次为分相操作箱、线路保护装置、信号传输装置、打印机、压板。

（4） 两套线路保护应完全按双重化原则配置，并满足以下要求：

1） 由不同的保护动作原理、不同厂家的硬件结构构成。

2） 两套保护装置的直流电源应取自不同蓄电池组供电的直流母线段。

3） 两套保护一一对应地作用于断路器的两个跳闸线圈。

4） 线路保护独立完成合闸（包括手合、重合）后加速跳闸功能。

5） 保护所用的断路器和隔离开关辅助触点、切换回路以及与其他保护配合的相关回路亦应遵循相互独立的原则按双重化配置。

6）合理分配保护所接电流互感器二次绕组，对确无办法解决的保护动作死区，可采取启动失灵及远方跳闸等措施加以解决。

（5）两套线路保护的外部输入回路、输出回路、压板设置、端子排排列应完全相同。

（6）线路保护装置应具有 GPS 对时功能，具有硬对时和软对时接口，一般采用 RS-485 串行数据通信接口接收 GPS 发出 IRIG-B（DC）时码作为对时信号源，对时误差＜1ms。保护采用以太网口与计算机监控系统和故障信息管理子站通信，规约采用 IEC 60870-5-103 或 IEC 61850。

二、220kV 线路保护原理

1. 典型 220kV 线路微机保护装置原理

目前 220kV 线路微机保护装置一般配置的主保护为能实现全线速动的纵联保护，后备保护为阶段式相间距离和接地距离保护、阶段式零序保护（方向可投退），还有重合闸保护。根据原理分类，纵联保护主要是分相差动、纵联方向和纵联距离，按纵联通道分类有光纤通道和高频通道。纵联方向和纵联距离保护又可使用闭锁式或允许式逻辑。分相差动保护的光纤通道传送的报文用来取代交流二次回路，纵联方向或纵联距离保护无论使用的是光纤通道还是高频通道，传送的都是逻辑接点命令。

例如，目前典型使用的产品中，光纤分相差动保护的典型产品为 RCS-931、PSL-603、CSC-103 等。高频保护的典型产品为 RCS-901、CSC-101、PSL-602 等，若采用高频通道，投闭锁式，若采用光纤通道，投允许式。

2. 典型 220kV 线路微机保护装置保护原理比较

（1）RCS-901A/B。RCS-901 包括以纵联变化量方向和零序方向元件为主体的快速主保护，由工频变化量距离元件构成的快速Ⅰ段保护，由三段式相间和接地距离及多个延时段或反时限零序方向过流构成全套后备保护（RCS-901A 为二个延时段零序方向过流保护，RCS-901B 四个延时段零序方向过流）。RCS-901A/B 保护有分相出口，配有自动重合闸功能，对单或双母线接线的断路器实现单相重合、三相重合和综合重合闸。

（2）RCS-931。RCS-931 系列保护包括以分相电流差动和零序电流差动为主体的快速主保护，由工频变化量距离元件构成的快速Ⅰ段保护，由三段式相间和接地距离及多个零序方向过流构成的全套后备保护，RCS-931 系列保护有分相出口，配有自动重合闸功能，对单或双母线接线的断路器实现单相重合、三相重合和综合重合闸。

（3）CSC-101。CSC-101 由纵联距离保护、纵联零序方向保护和纵联突变量方向保护构成全线速动的纵联保护，由三段相间和接地距四段零序方向过流保护构成完整的后备保护。保护具有分相出口。

（4） PSL–602。PSL–602 系列由纵联距离、零序保护、快速距离保护构成主保护，三段式相间距离保护、三段式接地距离保护、四段式零序电流保护构成后备保护，配有重合闸。保护具有分相出口。

距离和零序保护在模块 Z12F2001 Ⅰ 中已经介绍，不再赘述。

3. 纵联保护

本模块重点介绍纵联零序方向、突变量方向、距离保护、纵联光纤保护。

纵联方向保护包括启动元件、方向元件、测量元件、跳闸元件，方向元件与测量元件可以组合。方向元件主要有：零序功率方向元件、负序功率方向元件、补偿电压方向元件、突变量方向元件、暂态能量积分方向元件。不同方向元件有不同的优缺点，可以构成不同纵联方向保护。

（1） 纵联零序方向保护。纵联零序方向保护在线路的两侧配置纵联零序方向元件，零序功率方向定义由线路到母线为反方向，由母线到线路为正方向。

1） 零序功率方向继电器的工作原理。以某保护装置为例。纵联零序方向保护由零序正反方向元件（F_{0+}、F_{0-}）的零序功率 P_0 决定，P_0 由 $3U_0$ 和 $3I_0Z_D$ 的乘积获得，$3U_0$、$3I_0$ 为自产零序电压电流，Z_D 是幅值为 1、相角为 78° 的相量，$P_0>0$ 时 F_{0-} 动作；$P_0<-1$VA（I_N=5A）或 $P_0<-0.2$VA（I_N=1A）时 F_{0+} 动作。纵联零序保护的正方向元件由零序方向比较过流元件和 F_{0+} 的与门输出，而纵联零序保护的反方向元件由零序启动过流元件和 F_{0-} 的与门输出。

显然，纵联零序方向保护的动作值门槛值是固定的，在程序中固化，因此，保护装置的定值单中不需要给出其定值。

2） 零序方向元件其特点。不受系统振荡的影响。只能反应接地故障，特别是高阻接地的发展过程中，零序电流缓慢增大，突变量方向元件不能反应，而零序方向元件能够反应，不反应两相短路。非全相运行可能会误动，因此 TV 断线时，零序功率方向元件必须退出。在有串补电容的线路上有可能误动，同杆并架的两条线路上由于线路之间互感较大，如果两条线路之间电气联系又较弱，在一条线路上发生接地短路时，可造成非故障线路的纵联零序方向保护误动。

220kV 线路采用分相断路器，出现某相断路器失灵将出现零序分量，而没有突变量，采用零序方向启动断路器失灵更加可靠。

（2） 纵联突变量方向保护。突变量方向元件是利用故障时电压电流中故障分量中的工频正序和负序分量判断故障方向的一种方向元件。由于这种分量不只是在故障时产生，在系统操作或其他状态突变时也会产生，因此称为工频变化量。

1） 突变量方向保护原理。以工频变化量方向元件为例。它是利用变化量方向继电器测量保护线路的电压和电流的故障分量，计算出电压故障分量$\Delta\dot{U}_{12}$（$-\Delta\dot{U}_{12}$）和电流故障分量$\Delta\dot{I}_{12}$的夹角$\varphi^{+}(\varphi^{-})$，当正方向故障时，$\varphi^{+}=180°$，$\varphi^{-}=0°$；反方向故障时，$\varphi^{+}=0°$，$\varphi^{-}=180°$。φ^{+}和φ^{-}定值固定，可在程序中固化，因此在保护定值中没有该保护的整定值。

电力故障状态由负荷分量和故障分量两部分组成，见图 Z12F2004Ⅱ-1～图Z12F2004Ⅱ-3。

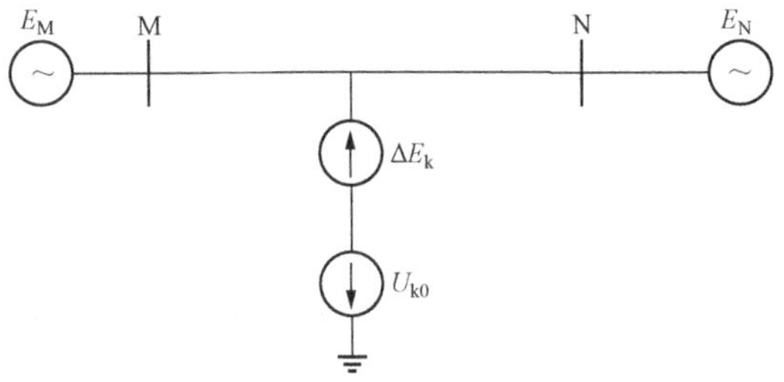

图 Z12F2004Ⅱ-1　系统故障时状态

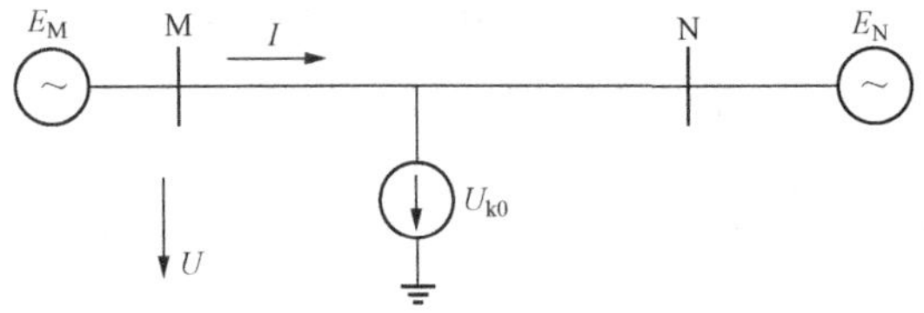

图 Z12F2004Ⅱ-2　负荷分量

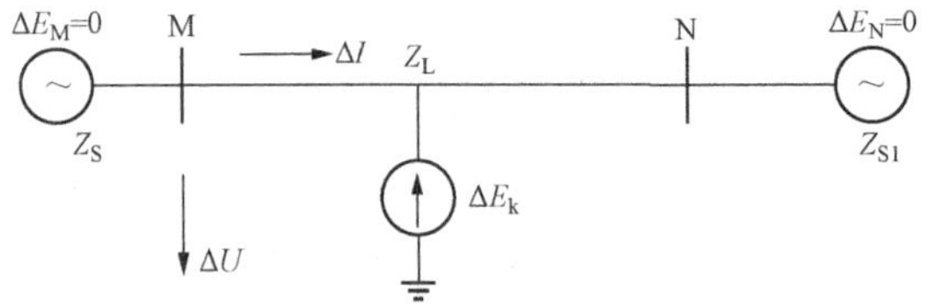

图 Z12F2004Ⅱ-3　故障分量

从图中得出，故障分量ΔU和ΔI存在下述关系：

正向故障时

$$\Delta U/\Delta I=-Z_S \quad \text{(Z12F2004Ⅱ-1)}$$

反向故障时

$$\Delta U/\Delta I=Z_L+Z_{S1} \quad \text{(Z12F2004Ⅱ-2)}$$

式中　Z_S——保护安装处到M侧电源的系统阻抗；

Z_{S1}——N侧电源的系统阻抗；

Z_L ——线路阻抗。

即为正方向故障时，ΔU 和 ΔI 的极性相反；反方向故障，其极性相同。可见该保护具有明确的方向性。

正方向元件的测量相角为

$$\varphi_+ = \arg\frac{\Delta U_{12} - \Delta I_{12}Z_{com}}{\Delta I_{12}Z_D} \quad (Z12F2004 Ⅱ-3)$$

反方向元件的测量相角为

$$\varphi_- = \arg\frac{-\Delta U_{12}}{\Delta I_{12}Z_D} \quad (Z12F2004 Ⅱ-4)$$

当测量相角为不同极性时动作。

在正方向故障时，实际上是背后的系统阻抗和模拟阻抗的相角相比较。在反方向故障时，实际上是前面的系统阻抗和模拟阻抗的相角相比较。Z_{com} 为补偿阻抗的，其作用是用于长线路重负荷时，保护背后运行方式很大，长线路末端短路，保证方向元件能够可靠动作。因此，其测量的相角不受故障点的状态和测量阻抗的影响，在任何复杂故障的全过程中，始终为 0、180 关系。

2）突变量方向元件的优缺点。负序功率方向元件能很好地反应不对称短路，而三相短路开始瞬间也有一个不对称过程，采用记忆回路或程序把故障过程固定下来，则负序方向元件也可反应三相短路，消除电压死区。同时反应负序的功率方向元件，则不受振荡的影响，但非全相运行可能会误动。

突变量的持续时间在 10ms 以下，不能作为稳态保护，需要零序方向元件作为后备。

振荡中再故障时突变量方向元件可能拒动，零序方向元件在功角 δ 减小时总可以动作。

应当注意，假如使用母线 TV，在断路器合闸或跳闸时如果有电流突变量，工频变化量方向继电器会误认为正方向短路而动作。因此无论是手动合闸后还是自动重合闸后的保护中都不能使用工频变化量方向继电器构成的纵联方向保护，否则会造成断路器始终合不上。

（3）闭锁式纵联保护逻辑。闭锁式纵联保护动作出口的条件：① 保护启动元件动作；② 正方向元件动作（纵联变换量方向或纵联零序方向）；③ 曾连续收到 8ms 高频闭锁信号，即启动元件动作 8ms 以后，才允许正方向元件投入工作（通道检测作用）；④ 反方向元件不动作；⑤ 收信机收不到信号，再经过 8ms（这个 8ms 是用来防止线路区外故障时，若远故障点判为内部故障立即停信，将收不到对侧近故障点经过通道传输延时后到达的闭锁信号而误动），发跳闸命令。

闭锁式纵联保护逻辑框图见图 Z12F2004Ⅱ-4。

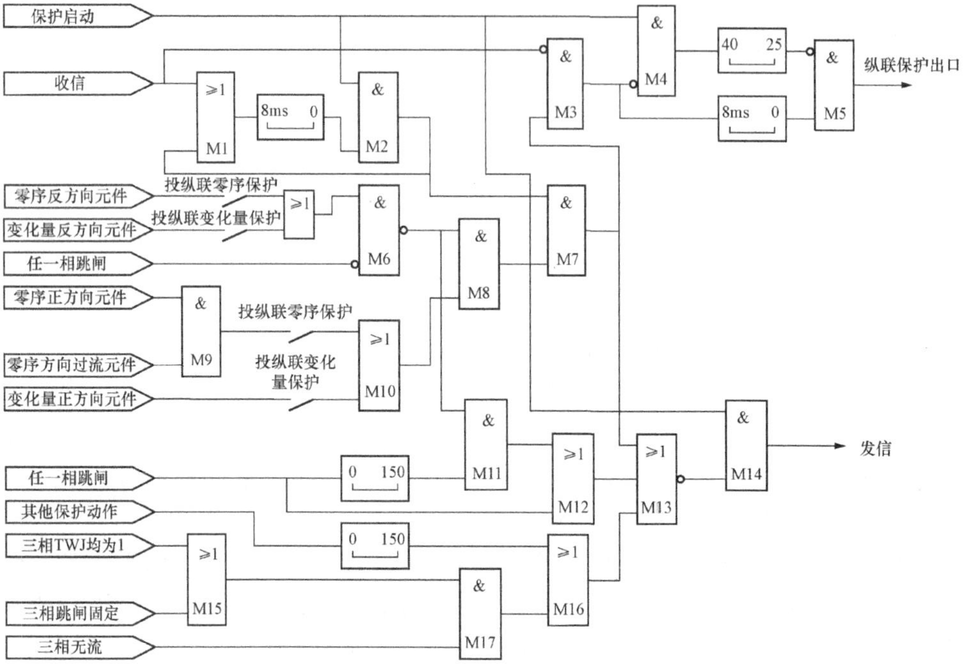

图 Z12F2004Ⅱ-4 闭锁式纵联保护逻辑框图

为了防止功率倒向时纵联保护误动，当纵联保护启动后 40ms 内不动作，这 40ms 包括同杆并架的故障线路保护动作时间 10ms 和断路器机构动作时间 30ms，若此时本线路转而判为内部故障，纵联保护再要动作需延时 25ms。

当本装置其他保护（如工频变化量阻抗、零序延时段、距离保护）动作，或外部保护（如母线差动保护）动作跳闸时，立即停止发信，并在跳闸信号返回后，停信展宽 150ms。但在展宽期间若反方向元件动作，立即返回，继续发信。本装置保护停信，这主要是防止保护出口故障时，工频变化量保护或距离Ⅰ段保护先动作而没有返回，本侧高频信号一直发信，使对侧快速保护不能动作。外保护停信对于 220kV 线路主要是指母差停信，当发生死区故障时，母差动作，故障仍在，母差保护使本侧纵联保护停信 150ms，为了使线路对侧纵联保护立刻动作。

三相跳闸固定回路动作或三相跳闸位置继电器均动作且无流时，始终停止发信。这主要是防止充电线路发生故障时，对侧纵联保护动作。

在弱馈运行方式时，采用超范围变化量阻抗继电器，该继电器动作判为正方向故障。

（4）允许式纵联保护逻辑框图见图 Z12F2004Ⅱ–5。故障测量程序中允许式纵联保护逻辑为：

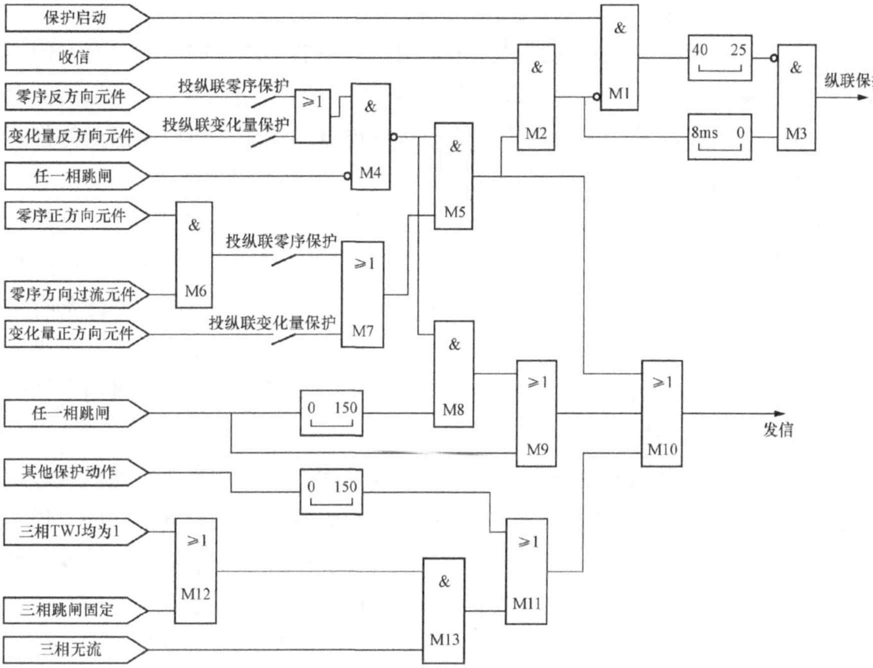

图 Z12F2004Ⅱ–5 允许式纵联保护逻辑框图

1）正方向元件动作且反方向元件不动即发允许信号，同时收到对侧允许信号达 8ms 后纵联保护动作。

2）如在启动 40ms 内不满足纵联保护动作的条件，则其后纵联保护动作需经 25ms 延时，防止故障功率倒向时保护误动。

3）当本装置其他保护（如工频变化量阻抗、零序延时段、距离保护）动作跳闸，或外部保护（如母线差动保护）动作跳闸时，立即发允许信号，并在跳闸信号返回后，发信展宽 150ms，但在展宽期间若反方向元件动作，则立即返回，停止发信。

4）三相跳闸固定回路动作或三相跳闸位置继电器均动作且无流时，始终发信。当收到对侧信号后，如 TWJ 动作，则给对侧发 100ms 允许信号；当用于弱电侧，判断任一相电压或相间电压低于 30V 时，在收到对侧信号后给对侧发 100ms 允许信号，保证在线路轻负荷启动元件不动作的情况下，可由对侧保护快速切除故障。

（5）纵联距离保护。由具有方向性的阻抗继电器来代替纵联方向保护中的方向元件构成纵联保护。

线路发生外部故障时，两侧中至少有一侧（近故障点侧）的阻抗测量元件不动作，综合比较两侧阻抗测量元件的动作行为可以区别故障线路与非故障线路，故而把这种纵联保护称作纵联距离保护。

当用闭锁信号实现纵联距离保护时，可让阻抗继电器不动作的一侧一直发闭锁信号。这样在非故障线路 MN 上至少近故障点的 N 侧可一直发闭锁信号，所以两侧保护被闭锁不会误动。而在故障线路上由于两侧阻抗继电器均动作，所以最后两侧都不发闭锁信号，故而两侧都能跳闸。

对纵联距离保护的阻抗测量元件应提出如下要求：① 该阻抗继电器应有良好的方向性，从本质上讲该保护的原理就是利用它的方向性来实现的。② 为了确保故障线路两侧的阻抗继电器都能可靠动作，该阻抗继电器应在本线路全长范围内故障都有足够的灵敏度（灵敏系数大于 1.3）。所以该阻抗继电器的定值应该用距离保护Ⅱ、Ⅲ段的整定值，目前用得比较多的是用Ⅲ段整定值。凡是满足上述要求的阻抗继电器原则上都可用来构成纵联距离保护。

为了避免系统振荡时纵联距离保护误动，曾经采用过的做法是在短路后纵联距离保护只短时投入一段时间，例如 150ms，以保证可靠切除本线路内部的短路，过了这一时间后把纵联距离保护退出。这实际上就是距离保护中振荡闭锁短时开放保护的思路，即发生振荡以后阻抗继电器的误动发生在短路后的 200ms 以后。但是这种短时投入纵联距离保护的做法将使得在启动元件启动后的 150ms 以后直到整组复归前的这一段时间内发生本线路的故障时丧失纵联距离保护。其实最好的办法是让纵联距离保护也受距离保护的振荡闭锁控制。目前距离保护中的振荡闭锁装置设计得是很完善的，用它控制纵联距离保护既能保证系统振荡时（无论是静稳定破坏还是暂态稳定破坏造成的振荡）纵联距离保护不误动，又能在区外短路后紧接着发生本线路故障、非全相运行中产生本线路故障，或振荡中产生本线路故障时纵联距离保护还能发挥作用。现在纵联保护与距离保护都在一套装置内，所以振荡闭锁控制纵联距离保护很容易实现，并不增加软件的开销。

（6）工频变化量距离保护。工频变化量距离元件充分体现了微机保护的优越性，它利用算法，把当前工频量的采样值与前几个周期的工频量的采样值比较，获取变化量，根据变化量的大小来决定动作，从而构成快速保护。显然，稳态时，该变化量几乎没有，因此该保护是快速保护，但不能作为稳态保护。金属性短路时的短路附加状态如图 Z12F2004Ⅱ–6 所示。

工频变化量距离继电器测量工作电压的工频变化量的幅值，其动作方程为

$$|\Delta U_{OP}| > U_Z \qquad (Z12F2004Ⅱ–5)$$

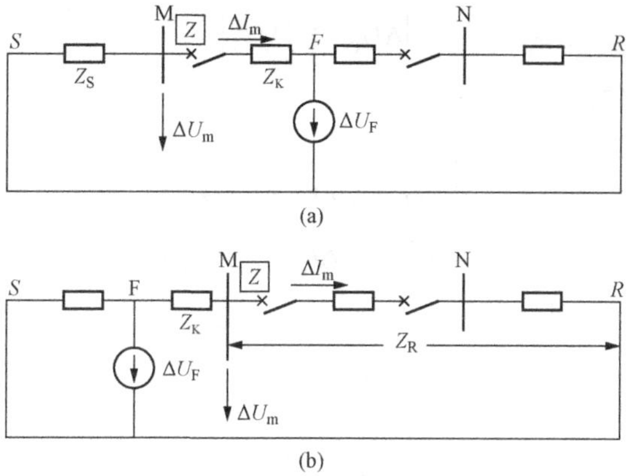

图 Z12F2004Ⅱ–6 金属性短路时的短路附加状态

（a）正方向短路；（b）反方向短路

$\Delta\dot{U}_{OP}=\Delta(\dot{U}_m-\dot{I}_m\dot{Z}_{set})$，为阻抗继电器工作电压或补偿电压；$\dot{U}_m$、$\dot{I}_m$ 是由阻抗继电器接线方式决定的电压、电流；$\dot{Z}_{set}$ 为工频变化量阻抗继电器的整定阻抗。U_Z 为动作门槛，取故障前工作电压的记忆量。显然，对于相间阻抗继电器

$\Delta\dot{U}_{OP\phi\phi}=\Delta\left(\dot{U}_{\phi\phi}-\dot{I}_{\phi\phi}Z_{set}\right)$，对于接地阻抗继电器

$$\Delta\dot{U}_{OP\phi}=\Delta\left[\dot{U}_{\phi}-\left(\dot{I}_{\phi}+K3\dot{I}_0\right)Z_{set}\right]$$

对相间故障

$$U_{OP\phi\phi}=U_{\phi\phi}-I_{\phi\phi}Z_{set}$$

式中 $\phi\phi=$ AB、BC、CA。

对接地故障

$$U_{OP\phi}=U_{\phi}-(I_{\phi}+K3I_0)\ Z_{set}$$

式中 $\phi=$ A、B、C；

Z_{set}——整定阻抗，一般取 0.8～0.85 倍线路阻抗。

1）正方向短路时

$$\begin{cases}\Delta\dot{U}_m=-\Delta\dot{I}_m\dot{Z}_S\\ \Delta\dot{U}_{OP}=\Delta\dot{I}_m(\dot{Z}_S+\dot{Z}_{set})\,Z_{set}>Z_K\\ \Delta\dot{U}_F=-\Delta\dot{I}_m(\dot{Z}_S+\dot{Z}_K)\end{cases}$$

显然，在内部故障时

$$\left|\dot{Z}_{set}\right|>\left|\dot{Z}_K\right|$$

所以

$$\left|\Delta\dot{U}_{\mathrm{Ot}}\right| > \left|\Delta\dot{U}_{\mathrm{F}}\right|$$

2）反方向短路时

$$\begin{cases}\Delta\dot{U}_{\mathrm{m}} = \Delta\dot{I}_{\mathrm{m}}\dot{Z}_{\mathrm{R}} \\ \Delta\dot{U}_{\mathrm{OP}} = \Delta\dot{I}_{\mathrm{m}}(\dot{Z}_{\mathrm{R}} - \dot{Z}_{\mathrm{set}}) \\ \Delta\dot{U}_{\mathrm{F}} = -\Delta\dot{I}_{\mathrm{m}}(\dot{Z}_{\mathrm{R}} + \dot{Z}_{\mathrm{K}})\end{cases}$$

显然，在内部故障时

$$\left|\dot{Z}_{\mathrm{set}}\right| < \left|\dot{Z}_{\mathrm{K}}\right|$$

所以

$$\left|\Delta\dot{U}_{\mathrm{Ot}}\right| < \left|\Delta\dot{U}_{\mathrm{F}}\right|$$

正、反方向故障时，工频变化量距离继电器动作特性见图 Z12F2004Ⅱ–7、图 Z12F2004Ⅱ–8。

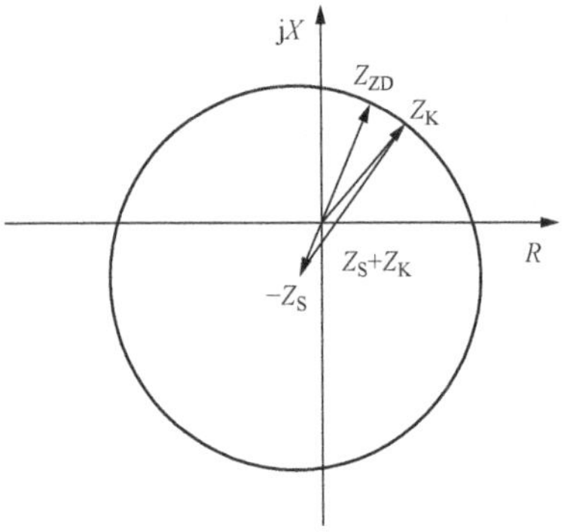

图 Z12F2004Ⅱ–7 正方向短路动作特性

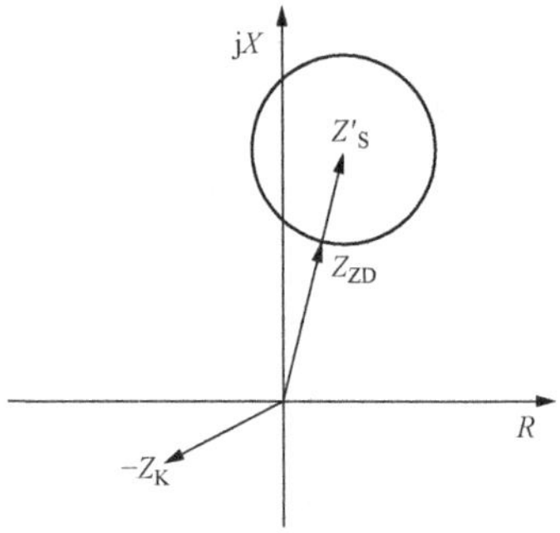

图 Z12F2004Ⅱ–8 反方向短路动作特性

正方向故障时，测量阻抗 $-Z_{\mathrm{K}}$ 在阻抗复数平面上的动作特性是以相量 $-Z_{\mathrm{S}}$ 为圆心，以 $\left|Z_{\mathrm{S}}+Z_{\mathrm{set}}\right|$ 为半径的圆，见图 Z12F2004Ⅱ–7，当 Z_{K} 相量末端落于圆内时动作。可见，这种阻抗继电器有大的允许过渡电阻能力。当过渡电阻受对侧电源助增时，由于 ΔI_{N} 一般与 ΔI 是同相位，过渡电阻上的压降始终与 ΔI 同相位，过渡电阻始终呈电阻性，与 R 轴平行，因此，不存在由于对侧电流助增所引起的超越问题。

对反方向短路，测量阻抗 $-Z_{\mathrm{K}}$ 在阻抗复数平面上的动作特性是以相量 Z_{S}' 为圆心，以 $\left|Z_{\mathrm{S}}'-Z_{\mathrm{set}}\right|$ 为半径的圆，见图 Z12F2004Ⅱ–8，动作圆在第一象限，而因为 $-Z_{\mathrm{K}}$ 总是在第三象限，因此，阻抗元件有明确的方向性。

工频变化量阻抗继电器的特点：有很强的保护过渡电阻的能力，而且该能力有很强的自适应功能；区外短路不会超越；正方向出口短路没有死区，近处故障不会拒动；正向出口短路时动作速度很快；不受系统振荡影响；也适合于单侧电源线路上作为受电侧的保护；可应用于串联补偿电容的线路上，在电容器后面短路不会拒动；由于工频变化量只存在于短路初始一段时间内，所以它只能用于构成快速保护，因而还需要与反应稳态量的保护配合使用。

（7）距离保护中的负荷限制继电器的作用。负荷限制继电器的作用是防止长线路的整定阻抗太大，不能躲过负荷阻抗。为了防止后备保护发生误动，可采取的有效手段是缩小负荷，限制阻抗的整定范围。

（8）选相元件。选相元件分为变化量选相元件和稳态量选相元件，所有反应变化量的保护（如变化量方向、工频变化量阻抗）用变化量选相元件，所有反应稳态量的保护（如阶段式距离保护）用稳态量选相元件。稳态和突变量选相在 Z12F2001Ⅰ模块中已经介绍，不再赘述。

1）相电流差变化量选相元件。采用相电流差变化量选相元件，不同相别、不同短路故障类型时相电流差变化量元件的动作情况见表 Z12F2004Ⅱ-1。

表 Z12F2004Ⅱ-1　　相电流差变化量元件的动作情况

选相元件 / 故障类型	ΔI_{AB}	ΔI_{BC}	ΔI_{CA}	选相
AO	+	–	+	选 A 跳
BO	+	+	–	选 B 跳
CO	–	+	+	选 C 跳
ABO，BCO，CAO，AB，BC，CA，ABC	+	+	+	选三跳

注　+ 表示动作，–表示不动作。

2）I_0 与 I_{2A} 比相的选相元件。选相程序首先根据 I_0 与 I_{2A} 之间的相位关系，确定三个选相区之一，见图 Z12F2004Ⅱ-9。

当 $-60° < \arg\dfrac{I_0}{I_{2A}} < 60°$ 时选 A 区，$60° < \arg\dfrac{I_0}{I_{2A}} < 180°$ 时选 B 区，$180° < \arg\dfrac{I_0}{I_{2A}} < 300°$ 时选 C 区。

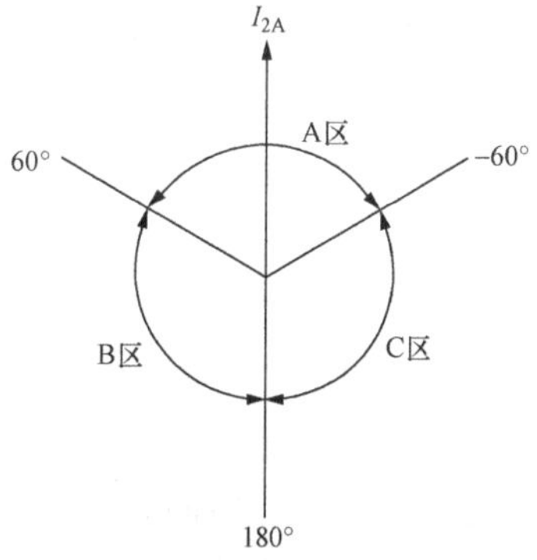

图 Z12F2004Ⅱ-9　零序电流和 A 相负序电流比选相区

（9）重合闸。220kV 线路对于双电源系统采用单相重合闸方式，对于单电源系统采用特殊重合闸。特殊重合闸即单相故障跳三相，重合三相；多相故障跳三相，不重合，适合于选相困难线路，例如弱馈回路。重合闸逻辑框图见图 Z12F2004Ⅱ-10。

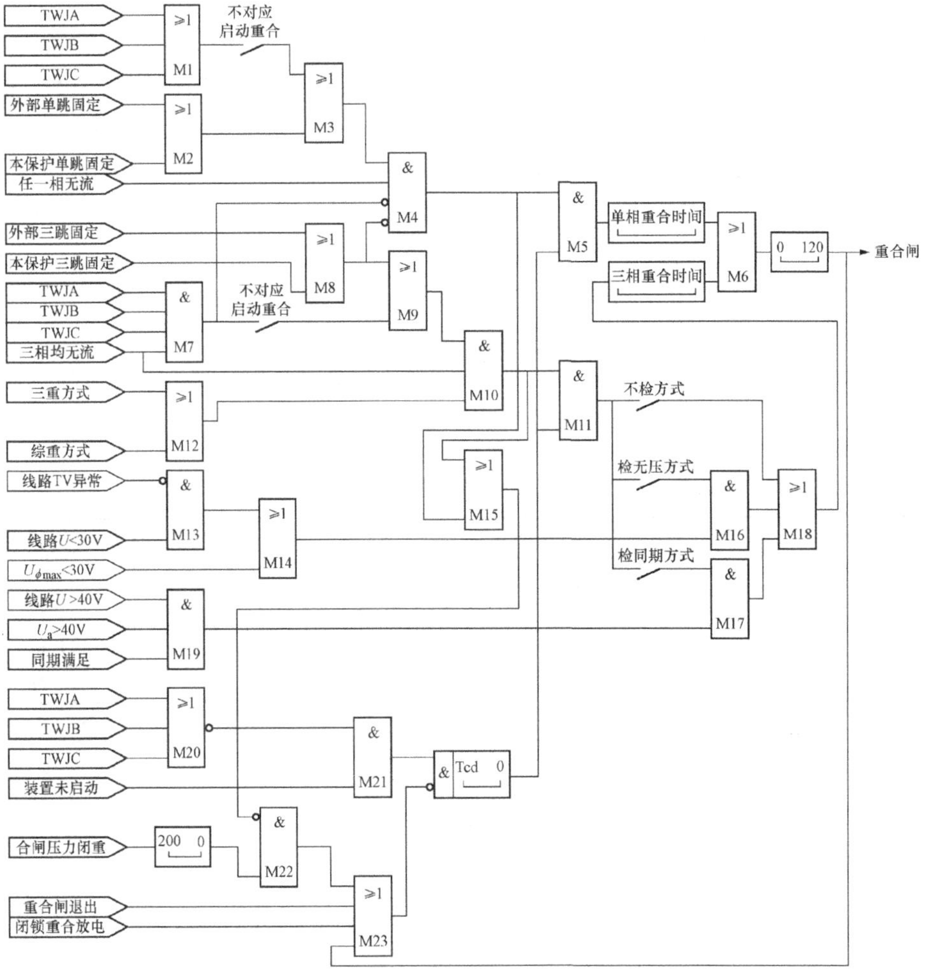

图 Z12F2004Ⅱ-10 重合闸逻辑框图

1）TWJA、TWJB、TWJC 分别为 A、B、C 三相的跳闸位置继电器的触点输入。

2）保护单跳固定、保护三跳固定为本保护动作跳闸形成的跳闸固定，单相故障、故障无电流时该相跳闸固定动作，三相跳闸、三相电流全部消失时三相跳闸固定动作。

3）外部单跳固定、外部三跳固定分别为其他保护来的单跳启动重合、三跳启动重合输入，由本保护经无流判别形成的跳闸固定。

4）重合闸退出指重合闸方式把手置于停用位置，或定值中重合闸投入控制字置“0”，则重合闸退出。本装置重合闸退出并不代表线路重合闸退出，保护仍是选相跳闸的要实现线路重合闸停用，需将沟通三闭重压板投上。当重合闸方式把手置于运行位置（单重、三重或综重）且定值中重合闸投入控制字置“1”时，本装置重合闸投入。

5）TV断线时重合放电。

6）重合闸充电在正常运行时进行，重合闸投入、无TWJ、无压力低压闭锁重输入、无TV断线和其他闭重输入经15s后充电完成。

7）本装置重合闸为一次重合闸方式，用于单开关的线路，一般不用于3/2开关方式，可实现单相重合闸、三相重合闸和综合重合闸。

8）重合闸的启动方式有本保护跳闸启动、其他保护跳闸启动和经用户选择的不对应启动。

9）若断路器三跳动作、其他保护三跳启动重合闸或三相TWJ动作，则不启动单重。

10）三相重合时，可选用检线路无压重合闸、检同期重合闸，也可选用不检而直接重合闸方式。检无压时，检查线路电压或母线电压小于30V时，检无压条件满足，而不管线路电压用的是相电压还是相间电压；检同期时，检查线路电压和母线电压大于40V且线路电压和母线电压间的相位在整定范围内时，检同期条件满足。正常运行时，保护检测线路电压与母线A相电压的相角差，设为ϕ，检同期时，检测线路电压与母线A相电压的相角差是否在（ϕ定值）至（ϕ+定值）范围内，因此不管线路电压用的是哪一相电压还是哪一相间电压，保护能够自动适应。

（10）光纤差动保护。光纤差动保护由三部分组成：变化量相差动保护、稳态相差动保护和零序差动保护。两侧保护实时采样并向对侧发送采样值，两侧保护根据本侧和收到的对侧系统的实时采样值计算差动电流，本侧电流差动保护元件动作后，还需要收到对侧的保护动作信号才能出口跳闸。

1）变化量相差动保护。采用相电流变化量构成，典型动作方程见式（Z12F2004Ⅱ–6）。

$$\begin{cases}\Delta I_{CD\phi} > 0.75\Delta I_{R\phi} \\ \Delta I_{CD\phi} > I_H\end{cases} \qquad \text{(Z12F2004Ⅱ–6)}$$

式中　$\Delta I_{CD\phi}$——工频变化量差动电流，即两侧电流变化量相量和的幅值；

$\Delta I_{R\phi}$——工频变化量制动电流，即两侧电流变化量的标量和；

I_H——差动保护整定值。

2）稳态相差动继电器。采用稳态相电流构成，典型动作方程见式（Z12F2004Ⅱ–7）。

$$\begin{cases}I_{CD\phi} > 0.75 I_{R\phi} \\ I_{CD\phi} > 0.75 I_H\end{cases} \qquad \text{(Z12F2004Ⅱ–7)}$$

式中　$I_{CD\phi}$——差动电流，即为两侧电流相量和的幅值；

$I_{R\phi}$——制动电流，即为两侧电流的标量和；

I_H——差动保护整定值，ϕ取 A、B、C。

可以设置多个定值段，设置低定值段可以提高保护的灵敏度，但是为防止线路充电误动，该段需经短延时动作。

3）零序差动继电器。零序保护对经高过渡电阻接地故障具有较高的灵敏度，典型零序差动继电器其动作方程见式（Z12F2004Ⅱ-8）。

$$\begin{cases} I_{CD0} > 0.75 I_{R0} \\ I_{CDBC\phi} > I_{QD0} \end{cases} \qquad (Z12F2004Ⅱ-8)$$

式中 I_{CD0}——零序差动电流，即为两侧零序电流相量和的幅值；

I_{R0}——零序制动电流，即为两侧零序电流的标量和；

I_{QD0}——零序启动电流定值，ϕ取 A、B、C。

光纤差动保护的典型逻辑框图见图 Z12F2004Ⅱ-11，以 RCS-931A 为例，下同。

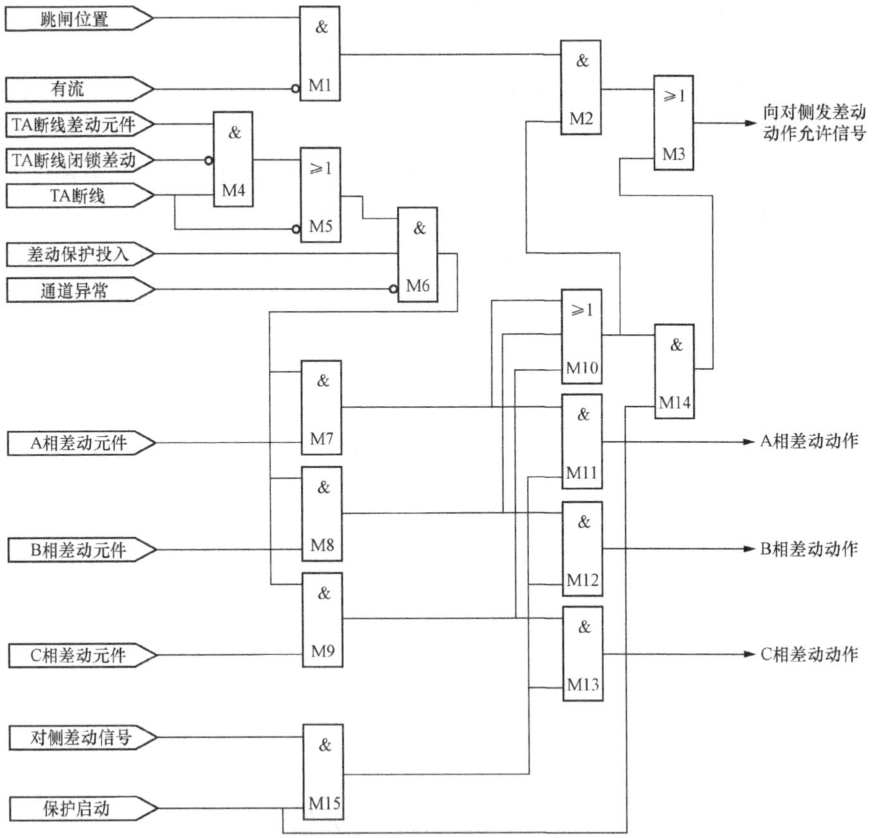

图 Z12F2004Ⅱ-11 光纤差动保护动作逻辑框图

4）电容电流补偿。对于长线路，线路的电容电流较大，在正常运行时就可能有一定的差流，保护整定时必须提高动作值以躲过该电容电流，但是在经大过渡电阻故障时保护的灵敏度可能不足。因此在线路较长时可进行电容电流补偿，减少电容电流对差动电流计算的影响。电容电流补偿由下式计算而得

$$I_{C\phi}=\left(\frac{U_{M\phi}-U_{M0}}{2X_{C1}}+\frac{U_{M0}}{2X_{C0}}\right)+\left(\frac{U_{N\phi}-U_{N0}}{2X_{C1}}+\frac{U_{N0}}{2X_{C0}}\right) \qquad (Z12F2004Ⅱ-9)$$

式中　$U_{M\phi}$、$U_{N\phi}$、U_{M0}、U_{N0}——本侧、对侧的相、零序电压；

X_{C1}、X_{C0}——线路全长的正序和零序容抗。

5）TA断线。由于光纤差动保护主要依据两侧电流进行差动计算，而且不经过电压闭锁，TA断线会对保护的正常运行造成严重影响。TA断线时断线侧的启动元件和差动继电器可能动作，但是对侧的启动元件不会动作，不会向本侧发差动保护动作信号，从而保证纵联差动不会误动。若TA断线时发生故障或系统扰动导致启动元件动作，可能造成差动保护误动，可以根据系统运行要求选择TA断线是否闭锁差动。一旦发生TA断线，应尽快退出差动保护，在查明原因并消除后方可重新投入运行。

6）TA饱和。当发生区外故障时，TA可能会暂态饱和而出现较大差流，从而导致保护误动，必须在保护逻辑中采取适当措施如通过采用较高的制动系数或采用自适应浮动制动门槛等辅助判据，保证在严重饱和情况下保护不会误动。

7）采样同步。由于保护综合本侧电流和对侧发送的电流数据进行差动电流计算，两个电流必须保证采样同步，差动计算才有意义。两侧装置一侧作为参考端，另一侧作为同步端，以同步方式交换两侧信息，参考端采样间隔固定，并在每一采样间隔中固定向对侧发送一帧信息。同步端随时调整采样间隔，如果满足同步条件，就向对侧传输三相电流采样值；否则，启动同步过程，直到满足同步条件为止。

两侧装置采样同步的前提条件为：

a. 通道单向最大传输时延≤15ms。

b. 通道的收发路由一致（即两个方向的传输延时相等）。

三、220kV线路保护的动作行为分析

以RCS–901保护装置为例进行分析。

1. 双电源系统

220kV 线路发生区间内金属性短路系统见图 Z12F2004Ⅱ–12，L_1 故障发生时，RCS–901保护装置的动作过程如下：

（1）启动元件。电流变化量启动元件、零序过流启动元件启动。启动元件启动后，微机保护装置进入故障程序。

（2）选相元件。相电流差变化量选相元件、I_0 与 I_{2A} 比相的选相元件动作。

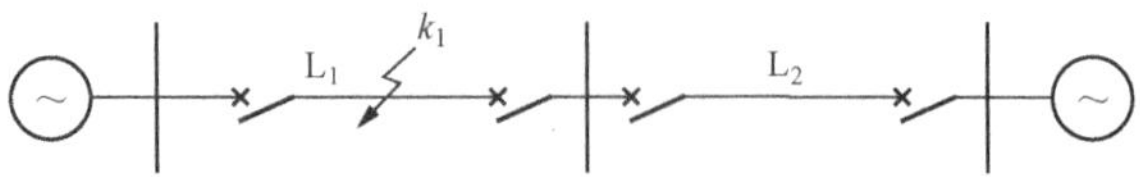

图 Z12F2004Ⅱ-12 220kV 线路双电源系统

（3） 测量元件。故障初期，工频变化量距离继电器、工频变化量方向继电器、接地距离阻抗继电器、零序方向继电器动作；持续故障时，接地距离阻抗继电器、零序方向继电器动作。

（4） 保护出口。

1） 纵联保护。

a. 闭锁式。启动元件启动，收发信机发信，收信 8ms 后，纵联变化量方向或纵联零序方向元件的正方向元件动作，停止收发信机发信，纵联通道无闭锁信号，8ms 后，闭锁保护出口。

b. 允许式。正方向元件动作且反方向元件不动，发允许信号，同时收到对侧的允许信号，8ms 后，允许保护出口。

2） 工频变化量距离保护。工频变化量距离保护出口。

3） 距离保护。故障位置位于线路的首端、中间、末端，分别由接地距离Ⅰ、Ⅱ、Ⅲ段动作。

4） 零序保护。接地故障时，零序保护出口。RCS-901A 零序无Ⅰ段，Ⅱ段带方向，Ⅲ段的方向由控制字投退决定。

工频变化量距离、纵联保护、距离Ⅰ段，距离Ⅱ段，零序Ⅱ段元件动作时经选相跳闸，如果选相失败而动作元件不返回，则经过 200ms 发选相无效三跳命令。零序Ⅲ段、相间距离Ⅲ段、接地距离Ⅲ段直接三跳。

第一套保护经第一组跳闸回路出口，第二套保护经第二跳闸回路出口，其他继电保护装置宜采用第一跳闸回路。

（5） 重合闸。操作箱的跳闸位置继电器的触点接入重合闸回路，220kV 线路对于双电源系统采用单相重合闸方式，保护单相跳闸，重合闸动作，重合成功，线路为瞬时故障。

若为永久性故障，重合闸重合于故障，经振荡闭锁的距离Ⅱ段加速为 120ms 动作，零序Ⅲ段加速为 100ms，不经选相动作跳三相。

2. 单电源系统

220kV 线路发生区间内金属性短路，系统见图 Z12F2004Ⅱ-13，当输电线路两侧有一侧的背后没有电源或是只有一个小电源时，把这一侧称作弱电侧。RCS-901 保护用弱电侧时，定值中“弱电源侧”控制字置“1”，即纵联保护的投入弱电回馈功能。

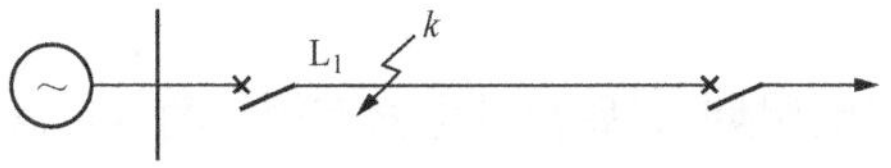

图 Z12F2004Ⅱ-13 220kV 单电源系统

在 L_1 故障发生时，其动作过程如下：

（1）启动元件。如果在空载情况下该线路上发生短路，受电侧电流在短路前后都为零。所以两相电流差突变量启动元件不启动。由于受电侧没有中性点接地的变压器，所以零序电流启动元件也不启动。

如果在有负载的情况下线路上发生短路，受电侧电流在短路前是负荷电流，短路后电流是零，所以电流突变量启动元件可以启动。

（2）选相元件。相电流差变化量选相元件不动作，稳态的 I_0 与 I_{2A} 比相的选相元件可能动作。

（3）保护出口。

1）纵联保护。如果启动元件没有启动，当检查到任意一个相电压或相间电压低于 0.6 倍额定电压时，将远方起信推迟 100～120ms。因为在线路上发生短路时，如果三相电流全是零，保护安装处的电压就是短路点的电压。接地短路时故障相的电压是很低的；相间短路时，两个故障相的相间电压也是很低的。这时将远方起信推迟一段时间，对侧的纵联方向保护就可在这段时间里可靠跳闸。

如果启动元件启动了，当保护检测到：① 所有的正、反方向的继电器均不动作。② 检查到任意一个相电压或相间电压低于 0.6 倍额定电压。③ 整定为弱电源侧时新增加的一个保护范围超过本线路全长的超范围的工频变化量阻抗继电器 ΔZ 元件动作（有的厂家应用）。④ 收到闭锁信号 5～8ms。满足上面几个条件则立即停信，对侧的纵联方向保护就可以动作跳闸了，而弱电侧本身只要再检查到有一段时间收不到信号也可跳闸。

2）工频变化量距离。负荷情况下，工频变化量距离保护可能动作。

3）距离保护。负荷情况下，距离保护动作。

4）零序保护。负荷情况下，相间接地短路，零序保护可能动作。

保护动作，单相故障跳三相，启动重合闸；相间故障跳三相，不启动重合。

（4）重合闸。启用特殊重合闸方式，单相故障，跳三相重合三相，其他故障跳三相，不重合。

3. 功率倒向

RCS-901A 采用功率方向倒向时，纵联方向保护延时 25ms 动作的方式躲过。

4. 其他故障

线路末端经过渡电阻接地时，距离继电器有很好的躲过渡电阻的能力；线路重负荷时，距离继电器设有负荷限制继电器，防止距离继电器误动；非全相运行时，纵联零序退出，退出与断开相相关的相、相间变化量方向、变化量距离继电器，零序Ⅱ段退出，Ⅲ段不经方向元件控制，此时线路其他相故障，距离加速，零序加速动作跳三相。

【思考与练习】

1. 列举几种典型的纵联方向保护的方向元件，并说明其优缺点。

2. 什么是功率倒向？以RCS–901A为例，说明它是如何防止功率倒向误动的。

3. 分析允许式纵联保护启动后的方框图。

模块5 220kV线路微机保护装置调试的安全和技术措施（Z12F2005Ⅱ）

【模块描述】本模块包含220kV线路保护装置调试的工作前准备和安全技术措施。通过要点介绍、图表举例，掌握220kV线路保护现场调试时的危险点预控及安全技术措施。

【模块内容】220kV线路微机保护装置调试的安全和技术措施，包括220kV线路保护装置调试工作前的准备、安全技术措施。

一、220kV线路保护装置调试工作前的准备

（1）检修作业前5天做好检修摸底工作，并在检修作业前3天提交相关停役申请。准备工作包括检查设备状况、反措计划的执行情况及设备的缺陷统计等。

（2）开工前3天，向有关部门上报本次工作的材料计划。

（3）根据本次校验的项目，组织作业人员学习作业指导书，使全体作业人员熟悉作业内容、进度要求、作业标准、安全注意事项。要求所有工作人员都明确本次校验工作的内容、进度要求、作业标准及安全注意事项。

（4）开工前一天，准备好作业所需仪器仪表、相关材料、工器具。要求仪器仪表、工器具应试验合格，满足本次作业的要求，材料应齐全。

仪器、仪表及工器具：组合工具1套，电缆盘（带漏电保安器，规格为220V/10A）1只，计算器1只，1000V、500V绝缘电阻表各1只，微机型继电保护测试仪2套，钳形相位表1只，电烙铁1只，试验线1套，芯片起拔器1只，数字万用表1只，模拟断路器箱2只，选频电平表1只，高频信号振荡仪1只，高频衰耗仪1只。

备品备件：电源插件1块、管理板1块、通信板1块。

材料：绝缘胶布1卷，自粘胶带1卷，小毛巾1块，焊锡丝1卷，松香1盒，中

性笔1支，口罩3只，手套3双，毛刷2把，防静电环1个，砂条1条，酒精1瓶，电子仪器清洁剂1瓶，1.5mm、2.5mm单股塑铜线各1卷，微型吸尘器1台。

（5）图纸资料。技术说明书、相关图纸、定值清单、上次检验报告、调试规程等资料。

（6）最新整定单、相关图纸、上一次试验报告、本次需要改进的项目及相关技术资料。要求图纸及资料应与现场实际情况一致。

主要的技术资料有：线路保护图纸、线路成套保护装置技术说明书、线路成套保护装置使用说明书、线路成套保护装置校验规程。

（7）根据现场工作时间和工作内容填写工作票（第一种工作票应在开工前一天交值班员）。要求工作票填写正确，并按《国家电网公司电力安全工作规程（变电部分）》执行。

二、安全技术措施

以下分析220kV线路微机保护装置调试现场工作危险点及控制。

（一）人身触电

1. 误入带电间隔

控制措施：工作前应熟悉工作地点、带电部位。检查现场安全围栏、安全警示牌和接地线等安全措施。

2. 接（拆）低压电源

控制措施：必须使用装有漏电保护器的电源盘。螺丝刀等工具金属裸露部分除刀口外包上绝缘。接（拆）电源时至少有两人执行，一人操作，一人监护。必须在电源开关拉开的情况下进行。临时电源必须使用专用电源，禁止从运行设备上取得电源。

3. 保护调试及整组试验

控制措施：工作人员之间应相互配合，确保一、二次回路上无人工作。传动试验必须得到值班员许可并配合。

（二）机械伤害

主要指坠落物打击。控制措施：工作人员进入工作现场必须戴安全帽。

（三）高空坠落

主要指在线路上工作。控制措施：正确使用安全带，工作鞋应防滑。在线路上工作必须系安全带并由专人监护。

（四）防“三误”事故的安全技术措施

（1）现场工作前必须作好充分准备，内容包括：

1）了解工作地点一、二次设备运行情况，本工作与运行设备有无直接联系（如备自投、联切装置等）。

2）工作人员明确分工并熟悉图纸与检验规程等有关资料。

3）应具备与实际状况一致的图纸、上次检验记录、最新整定通知单、检验规程、合格的仪器仪表、备品备件、工具和连接导线。

4）工作前认真填写安全措施票，特别是针对复杂保护装置或有联跳回路的保护装置，如母线保护、变压器保护、断路器失灵保护等的现场校验工作，应由工作负责人认真填写，并经技术负责人严格审批。

5）工作开工后先执行安全措施票，由工作负责人负责做的每一项措施要在“执行”栏做标记；校验工作结束后，要持此票恢复所做的安全措施，以保证完全恢复。

6）不允许在未停用的保护装置上进行试验和其他测试工作；也不允许在保护未停用的情况下，用装置的试验按钮（除闭锁式纵联保护的启动发信按钮外）做试验。

7）只能用整组试验的方法，即由电流及电压端子通入与故障情况相符的模拟故障量，检查保护回路及整定值的正确性。不允许用卡继电器触点、短路触点等人为手段作保护装置的整组试验。

8）在校验继电保护及二次回路时，凡与其他运行设备二次回路相连的连接片和接线应有明显标记，并按安全措施票仔细地将有关回路断开或短路，做好记录。

9）在清扫运行中设备和二次回路时，应认真仔细，并使用绝缘工具（毛刷、吹风机等），特别注意防止振动，防止误碰。

10）严格执行风险分析卡和继电保护作业指导书。

（2）现场工作应按图纸进行，严禁凭记忆作为工作的依据。如发现图纸与实际接线不符时，应查线核对。需要改动时，必须履行如下程序：

1）先在原图上作好修改，经主管继电保护部门批准。

2）拆动接线前先要与原图核对，接线修改后要与新图核对，并及时修改底图，修改运行人员及有关各级继电保护人员的图纸。

3）改动回路后，严防寄生回路存在，没用的线应拆除。

4）在变动二次回路后，应进行相应的逻辑回路整组试验，确认回路极性及整定值完全正确。

（3）保护装置调试的定值，必须根据最新整定值通知单规定，先核对通知单与实际设备是否相符（包括保护装置型号、被保护设备名称、变比等）。定值整定完毕要认真核对，确保正确。

（五）其他危险点分析及控制

危险点分析及控制见表Z12F2005Ⅱ-1。

表 Z12F2005Ⅱ-1 危险点分析及控制

序号	危险点	安全控制措施	安全控制措施的原因
1	直流回路工作	工作中使用带绝缘手柄的工具。试验线严禁裸露，防止误碰金属导体部分	直流回路接地造成中间继电器误出口，直流回路短路造成保护拒动
2	装置试验电压接入	断开交流二次电压引入回路，并用绝缘胶布对所拆线头实施绝缘包扎	防止交流电压短路，误跳运行设备、试验电压反送电。保护屏顶电压小母线带电，易发生电压反送事故或引起人员触电
3	装置试验电流接入	短接交流电流外侧电缆，打开交流电流连接片；在端子箱将相应端子用绝缘胶布实施封闭	防止运行 TA 回路开路运行，防止测试仪的交流电流倒送 TA。 二次通电时，电流可能通入母差保护，可能误跳运行断路器
4	拆动二次线，易发生遗漏及误恢复事故	拆动二次线时要做好记录，并用绝缘胶布对拆头实施绝缘包扎	拆动二次线时要做好记录是为防止施工图纸与设计图纸不一致时，二次接线误接或漏接线。对拆头实施绝缘包扎是防止二次回路误碰
5	带电插拔插件	防止频繁插拔插件	易造成集成块损坏；频繁插拔插件，易造成插件插头松动
6	人员、物体越过围栏	现场设专人监护	易发生人员触电事故
7	保护传动配合不当，易造成人员伤害及设备事故	传动时设专人通知和监护	保护传动配合不当，易造成人员伤害及设备事故
8	失灵启动压板未断开	检查失灵启动压板须断开并拆开失灵启动回路线头，用绝缘胶布对拆头实施绝缘包扎。检查220kV 母差保护本间隔失灵启动压板应在退出位置，查清失灵回路及至旁路保护的电缆接线，并在端子排处用绝缘胶布将其包好封住，以防误碰；如线路处于旁代方式中，将保护屏背面通道装置的电源开关用红布遮住，将保护屏前面的切本线或旁路的切换把手用红布遮住，以防误碰	线路保护可能误启动失灵
9	母线保护端子严格标示	在端子箱将相应端子用绝缘胶布实施封闭	电流回路二次导通试验，电流可能误进入母线保护回路
10	纵联差动保护单侧试验	高频通道把通道置于本机负载位置，光纤通道置于自环状态	引起对侧误动
11	试验中误发信号	断开中央信号正电源；断开远动信号正电源；断开故障录波信号正电源；记录各切换把手位置	造成监控后台频繁报 SOE
12	按措执行与恢复	工作开工后先执行安全措施票，由工作负责人负责做的每一项措施要在“执行”栏做标记；校验工作结束后，要持此票恢复所做的安全措施，以保证完全恢复	防止遗漏安全措施；防止保护设备状态完全恢复

现场工作安全技术措施票见表 Z12F2005Ⅱ–2。

表 Z12F2005Ⅱ–2　　现场工作安全技术措施票

<table>
<tr><td colspan="3">被试设备及保护名称</td><td colspan="4">220kV××变电站 220kV 清霞 2Q58 线路 RCS–901A 保护</td></tr>
<tr><td>工作负责人</td><td>××</td><td>工作时间</td><td colspan="2">××年××月××日</td><td>签发人</td><td>×××</td></tr>
<tr><td>工作内容</td><td colspan="6">RCS–901 保护全部校验（根据 PRC01–22 屏图，仅供参考）</td></tr>
<tr><td>工作条件</td><td colspan="6">1.一次设备运行情况 220kV 清霞 2Q58 线检修。
2. 被试保护作用的断路器 220kV 清霞 2Q58 线断路器。
3. 被试保护屏上的运行设备 无 。
4. 被试保护屏、端子箱与其他保护连接线 主要为 220kV 母差跳 1 段 220kV 清霞 2Q58 线/失灵启动 220kV 母差回路/至 220kV 故障录波断开。即检查失灵启动压板须断开并拆开失灵启动回路线头，用绝缘胶布对拆头实施绝缘包扎。检查 220kV 母差保护本间隔失灵启动压板应在退出位置，查清失灵回路及至旁路保护的电缆接线，并在端子排处用绝缘胶布将其包好封住，以防误碰；如线路处于旁代方式中，将保护瓶背面通道装置的电源开关用红布遮住，将保护屏前面的切本线或旁路的切换把手用红布遮住，以防误碰</td></tr>
</table>

安全技术措施：包括应打开及恢复压板、直流线、交流线、信号线、联锁线和联锁开关等，按下列顺序做安全措施。已执行，在执行栏打“√”按相反的顺序恢复安全措施，以恢复的，在恢复栏打“√”

<table>
<tr><td>序号</td><td>执行</td><td colspan="3">安全措施内容</td><td colspan="2">安全措施原因</td><td>恢复</td></tr>
<tr><td>1</td><td>√</td><td colspan="3">检查本屏所有保护屏上压板位置，并做好记录</td><td colspan="2">防止保护试验时误动</td><td>√</td></tr>
<tr><td>2</td><td>√</td><td colspan="3">检查本屏所有把手及开关位置，并做好记录</td><td colspan="2">保护试验时能恢复到原状态</td><td>√</td></tr>
<tr><td>3</td><td>√</td><td colspan="3">电流回路：断开 A 421 ；对应端子排端子号［ D1 ］</td><td colspan="2" rowspan="4">防止电流回路开路，防止人员触电，防止试验仪电流倒送回 TA</td><td>√</td></tr>
<tr><td>4</td><td>√</td><td colspan="3">电流回路：断开 B 421 ；对应端子排端子号［ D3 ］</td><td>√</td></tr>
<tr><td>5</td><td>√</td><td colspan="3">电流回路：断开 C 421 ；对应端子排端子号［ D5 ］</td><td>√</td></tr>
<tr><td>6</td><td>√</td><td colspan="3">电流回路：断开 N 421 ；对应端子排端子号［ D7 ］，并短接 D2、D4、D6、D8</td><td>√</td></tr>
<tr><td>7</td><td>√</td><td colspan="3">电压回路：断开 A 711 ；对应端子排端子号［ D9 ］</td><td colspan="2" rowspan="5">防止电压回路短路，防止人员触电，防止试验仪电流倒送回 TV</td><td>√</td></tr>
<tr><td>8</td><td>√</td><td colspan="3">电压回路：断开 B 711 ；对应端子排端子号［ D10 ］</td><td>√</td></tr>
<tr><td>9</td><td>√</td><td colspan="3">电压回路：断开 C 711 ；对应端子排端子号［ D11 ］</td><td>√</td></tr>
<tr><td>10</td><td>√</td><td colspan="3">电压回路：断开 N 600 ；对应端子排端子号［ D12、D13 ］</td><td>√</td></tr>
<tr><td>11</td><td>√</td><td colspan="3">电压回路：断开 A 602 ；对应端子排端子号［ D14 ］</td><td>√</td></tr>
<tr><td>12</td><td>√</td><td colspan="3">故录公共端：断开 录波公共端 ；对应的端子号［ D 82 ］，并用绝缘胶布包好</td><td colspan="2">防止保护试验动作记录进入故障录波器</td><td>√</td></tr>
<tr><td>13</td><td>√</td><td colspan="3">通信接口：断开至监控的通信口。如果有检修压板投检修压板</td><td colspan="2" rowspan="2">防止保护试验动作记录频繁启动监控系统的 SOE</td><td>√</td></tr>
<tr><td>14</td><td>√</td><td colspan="3">通信接口：断开至保护信息管理系统的通信口。如果有检修压板投检修压板</td><td>√</td></tr>
<tr><td>15</td><td>√</td><td colspan="3">补充措施：</td><td colspan="2"></td><td></td></tr>
<tr><td colspan="2">填票人</td><td></td><td>操作人</td><td></td><td>监护人</td><td></td><td>审核人</td></tr>
</table>

【思考与练习】

1. 请试编制本单位典型 220kV 线路保护二次安全措施票。
2. 简要说明本保护与相关保护连接线的安全措施。

◢ 模块 6 220kV 线路微机保护装置的调试（Z12F2006Ⅱ）

【模块描述】本模块包含 220kV 线路保护装置调试的主要内容。通过要点归纳、图表举例、分析说明，掌握 220kV 线路微机保护装置调试的作业程序、调试项目、各项目调试方法等内容。

【模块内容】220kV 线路微机保护装置的调试包括作业流程，220kV 线路保护的校验项目、技术要求及校验报告。

一、作业流程

线路微机保护装置的调试作业流程见图 Z12F2006Ⅱ-1。

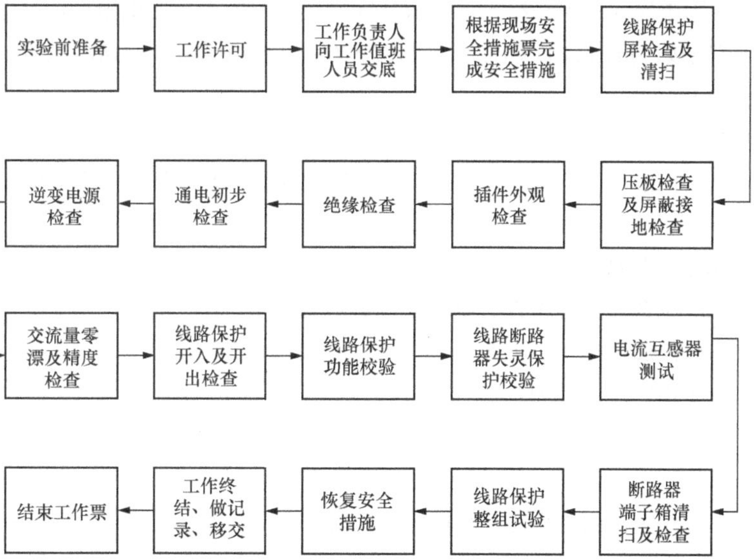

图 Z12F2006Ⅱ-1 线路微机保护装置的调试作业流程图

二、220kV 线路保护的校验项目、技术要求及校验报告

1. 检查与清扫

对保护装置端子连接、插件焊接、插件与插座固定、切换开关、按钮等机械部分检查并清扫。要求连接可靠、接触良好、回路清洁。

（1）保护屏后接线、插件外观检查。

（2）保护硬件跳线检查。

（3）保护屏上压板检查。检查压板端子接线是否符合反措要求、压板端子接线压接是否良好、压板外观检查情况。

（4）屏蔽接地检查。检查保护引入、引出电缆是否为屏蔽电缆，检查全部屏蔽电缆的屏蔽层是否两端接地，检查保护屏底部的下面是否构造一个专用的接地铜网格，保护屏的专用接地端子是否经大于 $6mm^2$ 的铜线连接到此铜网格上，检查各接地端子的连接处连接是否可靠。

2. 回路绝缘检查

（1）直流回路绝缘检查。确认直流电源断开后，将 CPU 插件、MON Ⅰ插件、开入插件拔出，对地用 1000V 绝缘电阻表全回路测试绝缘。要求绝缘大于 10MΩ。

（2）交流电压回路绝缘检查。将交流电压断开后，在端子排内部将电压回路短接，拔出 A/D 插件，对地用 500V 绝缘电阻表全回路测试绝缘。要求绝缘大于 20MΩ。

（3）交流电流回路绝缘检查。确认各间隔交流电流已短接退出后，在端子排内部将电流回路短接，拔出 A/D 插件，对地用 500V 绝缘电阻表全回路测试绝缘。要求绝缘大于 20MΩ。

3. 检查基本信息

通入试验电源，检查保护基本信息（版本及校验码）并打印。版本满足网省公司统一版本要求。

4. 装置直流电源检查

（1）快速拉合保护装置直流电源，装置启动正常。

（2）缓慢外加直流电源至 80%额定电压，要求装置启动正常。

（3）逆变稳压电源检测。

5. 装置通电初步检查

（1）保护装置通电后，先进行全面自检。自检通过后，装置运行灯亮。除可能发“TV 断线”信号外，应无其他异常信息。此时，液晶显示屏出现短时的全亮状态，表明液晶显示屏完好。

（2）保护装置时钟及 GPS 对时，保护复归重启检查。

1）检查保护装置时钟及 GPS 对时，要求装置时间与 GPS 时间一致。

2）改变装置秒数，检查装置硬对时功能正常。要求对时功能正常。

3）检查保护复归重启。要求功能检查正常。

（3）检验键盘正常。

（4）检查打印机与保护联调正常。进行本项试验之前，打印机应进行通电自检。

将打印机与微机保护装置的通信电缆连接好。将打印机的打印纸装上，并合上打印机电源。保护装置在运行状态下，按保护柜（屏）上的“打印”按钮，打印机便自动打印出保护装置的动作报告、定值报告和自检报告，表明打印机与微机保护装置联机成功。出厂设置为：打印机的串行通信速率为4800bit/s，数据长度为8位，无奇偶校验，一个停止位。

6. 交流回路校验

（1）在端子排内短接电流回路及电压回路并与外回路断开后，检查保护装置零漂。

（2）在电压输入回路输入三相正序电压，每相50V，检查保护装置内电压精度。误差要求小于3%。

（3）输入三相正序电流，每相5A，检查保护装置内电流精度、相角误差要求小于3%。

7. 开入量检查

（1）投退功能压板。开入均正确。

（2）检查其他开入量状态。开入均正确。

8. 开出量检查

投入主保护、距离、零序压板，定值中“投多相故障闭重”、“投三相故障闭重”置0，压板定值中“投主保护压板”“投距离保护压板”“投零序保护压板”置1，“投三跳闭重压板”置0。每次试验在充电灯亮后再加入故障量。

（1）在A、B、C相瞬时接地故障，单重方式时，检查信号灯及屏上的输出接点。

（2）在相间永久故障，单重方式时，检查信号灯及屏上的输出接点。

（3）交流电压回路断线，加两相电压，检查信号灯及屏上的输出接点。

（4）断开直流逆变电源开关，检查屏上的输出接点。

9. 定值及定值区切换功能检查

（1）核对保护装置定值。现场定值与定值单一致。

（2）检查保护装置定值区切换，功能切换正常。

（3）检查各侧TA变比系数，要求与现场TA变比相符。

（4）检查定值单上的变压器联结组别、额定容量及各侧电压参数。要求于实际的变压器联结组别、额定容量及各侧电压参数一致。

10. 保护功能校验

定值控制字“内重合把手有效”控制字置0。压板定值中“投主保护压板”、“投距离保护压板”、“投零序保护压板”置1，“投三跳闭重压板”置0。重合方式置单重位置，合上断路器，TWJA、TWJB、TWJC都为0，从保护屏电流、电压试验端子施加模拟故障电压和电流。为确保故障选相及测距的有效性，试验时请确保试验仪在收到保护跳闸命令 20ms 后再切除故障电流。

（1）纵联闭锁式保护。使用高频通道的，则将收发信机整定在“负荷”位置，或将本装置的发信输出接至收信输入构成自发自收；使用光纤通道，则将光纤传输装置的尾纤自环。

仅投主保护投运压板，重合把手切在“单重方式”；整定保护定值控制字中“投纵联变化量方向”置 1、“允许式通道”置 0、“投重合闸”置 1、“投重合闸不检”置 1；保护充电，直至“充电”灯亮。

1）纵联变化量方向保护校验。

a. 正方向校验：加故障电流 I=5A，故障电压 U=30V，ϕ为正序灵敏角下进行。分别模拟单相接地、两相、三相正方向瞬时故障；装置面板上相应跳闸灯亮，液晶上显示“纵联变化量方向”，动作时间为 15～30ms。

b. 反方向校验：模拟上述反方向故障，纵联保护不动作。

2）纵联零序方向保护检验。投入主保护和零序保护投运压板。整定保护定值控制字中“投纵联变化量方向”置 0，“投纵联零序方向”置 1。

a. 正方向校验：分别模拟 A 相、B 相、C 相单相接地瞬时故障，一般情况下模拟故障电压取 U=50V，当模拟故障电流较小时可适当降低模拟故障电压数值。模拟故障时间为 100～150ms，相角为灵敏角，模拟故障电流为

$$I = mI_{0\text{settk}}$$

式中 $I_{0\text{settk}}$——零序方向比较过流定值；

m——系数，其值分别为 0.95、1.05 及 1.2。

高频零序方向保护在 0.95 倍定值（m=0.95）时，应可靠不动作；在 1.05 倍定值时应可靠动作；在 1.2 倍定值时，测量高频零序方向保护的动作时间。

b. 反方向校验：分别模拟反向 B 相接地、CA 相间和 ABC 三相瞬时故障。模拟故障前电压为额定电压，模拟故障电压为零，相角ϕ=180+ϕ_{sen}，模拟故障时间应小于距离Ⅲ段和零序过流Ⅲ段的时间定值，保护装置应可靠不动作。

模拟故障电流

$$I = \min\left[6I_{\text{N}}, 100/(1+k)I_{\text{D}}Z_{\text{set}}\right]$$

式中 I_{D}——模拟故障的短路电流；

Z_{set}——工频变化量阻抗定值，其中电流量取两者较小值。

3）纵联距离保护检验。投入主保护和零序保护投运压板。整定保护定值控制字中“投纵联距离”置 1，“投纵联零序方向”置 0。

a. 正方向校验：模拟故障前电压为额定电压，固定故障电流为 I（通常为 5A，若故

障相间电压大于 100V、接地电压大于 57V，应将 I 适当降低），计算故障后电压。分别模拟单相接地、两相、三相正方向瞬时故障；模拟故障时间为 100～150ms，相角为 90°，故障电压为：

模拟单相接地故障时

$$U=m(1+K_X)I_DX_{DZ}$$

模拟两相相间故障时

$$U=2mI_DX_{DZ}$$

式中 m——系数，其值分别为 0.95、1.05、0.7；

I_D——模拟故障的短路电流；

X_{DZ}——高频距离电抗分量定值；

K_X——零序补偿系数电抗分量。

高频距离保护在 0.95 倍定值（m=0.95）时，保护可靠动作，液晶屏幕显示和打印输出跳闸报告均应一致、正确。高频收发信机信号正确。在 1.05 倍定值时，应可靠不动作。

在 0.7 倍定值时，测量高频距离保护动作时间，其动作时间值应不大于 40ms。

b. 保护反方向出口故障性能校验。同 2）b.。

（2） 工频变化量距离保护检验（例如 RCS–901）。投入距离保护投运压板。距离保护其他段的控制字置“0”。

分别模拟 A 相、B 相、C 相单相接地瞬时故障和 AB、BC、CA 相间瞬时故障。模拟故障电流固定（其数值应使模拟故障电压在 0～U_N 范围内），模拟故障前电压为额定电压，模拟故障时间为 100～150ms，故障电压为：

模拟单相接地故障时

$$U=(1+k)I_DZ_{set}+(1-1.05m)U_N$$

模拟相间短路故障时

$$U=2I_DZ_{set}+(1-1.05m)\times\sqrt{3}U_N$$

式中 m——系数，其值分别为 0.9、1.1 及 1.2；

I_D——模拟故障的短路电流；

Z_{set}——工频变化量距离保护定值。

工频变化量距离保护在 m=1.1 时，应可靠动作；在 m=0.9 时，应可靠不动作；在 m=1.2 时，测量工频变化量距离保护动作时间。

（3） 距离保护检验。仅投入距离保护投运压板。

1） 距离 I 段保护检验。仅投入距离 I 段投入压板。分别模拟 A 相、B 相、C 相单相接地瞬时故障，AB、BC、CA 相间瞬时故障。故障电流 I 固定（一般 $I=I_N$），相角为 90°，模拟故障时间为 100～150ms，故障电压为：

模拟单相接地故障时

$$U=m(1+K_X)I_DX_{D1}$$

模拟两相相间故障时

$$U=2mI_DX_{X1}$$

式中 m——系数，其值分别为 0.95、1.05 及 0.7；

I_D——模拟故障的短路电流；

X_{D1}——距离Ⅰ段接地电抗分量定值；

X_{X1}——距离Ⅰ段相间电抗分量定值；

K_X——零序补偿系数电抗分量。

距离Ⅰ段保护在 0.95 倍定值（m=0.95）时，应可靠动作；在 1.05 倍定值时，应可靠不动作；在 0.7 倍定值时，测量距离保护Ⅰ段的动作时间。

2）距离Ⅱ段和Ⅲ段保护检验。投入距离Ⅱ、Ⅲ段投入压板。检验距离Ⅱ段保护时，分别模拟 A 相接地和 BC 相间短路故障，检验距离Ⅲ段保护时，分别模拟 B 相接地和 CA 相间短路故障。故障电流 I 固定（一般 $I=I_N$），相角为 90°，故障电压为：

模拟单相接地故障时

$$U=m(1+K_X)I_DX_{Dn}$$

模拟相间短路故障时

$$U=2mI_DX_{Xn}$$

式中 m——系数，其值分别为 0.95、1.05 及 0.7；

n——其值分别为 2 和 3；

I_D——模拟故障的短路电流；

X_{D2}——接地距离Ⅱ段保护电抗分量定值；

X_{D3}——接地距离Ⅲ段保护电抗分量定值；

X_{X2}——相间距离Ⅱ段保护电抗分量定值；

X_{X3}——相间距离Ⅲ段保护电抗分量定值；

K_X——零序补偿系数电抗分量。

距离Ⅱ段和Ⅲ段保护在 0.95 倍定值时（m=0.95）应可靠动作；在 1.05 倍定值时，应可靠不动作；在 0.7 倍定值时，测量距离Ⅱ段和Ⅲ段保护动作时间。

（4）零序过流保护检验。仅投入零序保护投运压板。分别模拟 A 相、B 相、C 相单相接地瞬时故障，模拟故障电压 U=50V，模拟故障时间应大于零序过流Ⅱ段（或Ⅲ

段）保护的动作时间定值，相角为灵敏角，模拟故障电流为

$$I=mI_{0set2}$$

$$I=mI_{0set3}$$

式中　m——系数，其值分别为 0.95、1.05 及 1.2；

I_{0set2}——零序过流Ⅱ段定值；

I_{0set3}——零序过流Ⅲ段定值。

零序过流Ⅱ段和Ⅲ段保护在 0.95 倍定值（m=0.95）时，应可靠不动作；在 1.05 倍定值时，应可靠动作；在 1.2 倍定值时，测量零序过流Ⅱ段和Ⅲ段保护的动作时间。

（5）TV 断线时保护检验。主保护、零序保护和距离保护投运压板均投入。模拟故障电压量不加（等于零），模拟故障时间应大于交流电压回路断线时过电流延时定值。故障电流为：

模拟相间（或三相）短路故障时

$$I=mI_{TVset}$$

模拟单相接地故障时

$$I=mI_{0TVset}$$

式中　m——系数，其值分别为 0.95、1.05 及 1.2；

I_{TVset}——交流电压回路断线时过电流定值；

I_{0TVset}——交流电压回路断线时零序过电流定值。

在交流电压回路断线后，加模拟故障电流，过流保护和零序过流保护在 1.05 倍定值时应可靠动作，在 0.95 倍定值时可靠不动作，并在 1.2 倍定值下测量保护动作时间。

TV 断线功能检查：① 闭锁距离保护；② 闭锁零序电流二段；③ 零序三段电流不带方向；④ 告警信号检查（单相、三相断线）。

TV 逻辑功能在全部校验时进行，部分校验只做告警功能。

（6）合闸于故障线零序电流保护检验。投入零序保护和距离保护投运压板。

模拟手合单相接地故障，模拟故障前，给上“跳闸位置”开关量。模拟故障时间为 300ms，模拟故障电压 U=50V，相角为灵敏角，模拟故障电流为

$$I=mI_{0setck}$$

式中　I_{0setck}——合闸于故障线零序电流保护定值；

m——系数，其值分别为 0.95、1.05 及 1.2。

合闸于故障线零序电流保护在 1.05 倍定值时可靠动作，0.95 倍定值时可靠不动作，并测量 1.2 倍定值时的保护动作时间。

（7）TA 断线功能检查：① 告警功能检测（单相、两相断线）；② 零序过流二段

不带方向；③ 零序过流三段退出。

闭锁逻辑功能在全部校验时进行，部分校验只做告警功能。

11. 整组试验

整组试验时，统一加模拟故障电压和电流，本线路断路器处于合闸位置。退出保护装置跳闸、合闸、启动失灵等压板。

（1）装置整组动作时间测量。本试验测量从模拟故障至断路器跳闸回路动作的保护整组动作时间，以及从模拟故障切除至断路器合闸回路动作的重合闸整组动作时间（A 相、B 相和 C 相分别测量）。

1）相间距离 I 段保护的整组动作时间测量，仅投入距离保护投运压板。模拟 AB 相间故障，其故障电流一般取 $I=I_N$，相角为灵敏角，模拟故障时间为 100ms，模拟故障电压取

$$U=0.7\times 2I\,Z_{set1}=1.4IZ_{set1}$$

式中 Z_{set1}——距离 I 段定值。

上述试验要求检查保护显示或打印出距离 I 段的动作时间，其动作时间值应不大于 30ms，并且与本项目所测保护整组动作时间的差值不大于 6ms。

2）重合闸整组动作时间测量。仅投入距离保护投运压板，重合闸方式开关置整定的重合闸方式位置。

模拟 C 相接地故障，模拟故障电流一般取 $I=I_N$，相角为灵敏角，模拟故障时间为 100ms，模拟故障电压为

$$U=0.7I\,Z_{set1}(1+k)$$

式中 Z_{set1}——距离 I 段定值。

测量的重合闸整组动作时间与整定的重合闸时间误差不大于 50ms（不包含试验装置断流时间）。

方法：用保护动作触点启表，重合闸出口触点停表。

上述试验应同时核查保护显示和报告情况。

（2）与本线路其他保护装置配合联动试验。模拟试验应包括本线路的全部保护装置，以检验本线路所有保护装置的相互配合及动作正确性。重合闸方式开关分别置整定的重合闸方式以及重合闸停用方式，进行下列试验：

1）模拟接地距离 I 段范围内单相瞬时和永久性接地故障。

2）模拟相间距离 I 段范围内相间、相间接地、三相瞬时性和永久性故障。

3）模拟距离Ⅱ段范围内 A 相瞬时接地和 BC 相间瞬时故障（停用主保护）。

4）模拟距离Ⅲ段范围内 B 相瞬时接地和 CA 相间瞬时故障（停用主保护和零序保护）。

5）模拟零序方向过流Ⅱ段动作范围内 C 相瞬时和永久性接地故障（停用主保护和距离保护）。

6）模拟零序方向过流Ⅲ段动作范围内 A 相瞬时和永久性接地故障（停用主保护和距离保护）。

7）模拟手合于全阻抗继电器和零序过流继电器动作范围内的A相瞬时接地和BC相间瞬时故障。

8）模拟反向出口 A 相接地、BC 相间和 ABC 三相瞬时故障。

（3） 重合闸试验。

1）单重方式。当整定的重合闸方式为单重方式时，则重合闸方式开关置“单重”位置，模拟上述各种类型故障。

2）三重方式。当整定的重合闸方式为三重方式时，则重合闸方式开关置“三重”位置，模拟上述各种类型故障。

3）重合闸停用方式。又分为方式 1 及方式 2 两种。

a. 重合闸停用方式 1。当整定的重合闸方式为重合闸停用方式时，则重合闸方式开关置“停用”位置，且“闭锁重合闸”开关量有输入，模拟上述各种类型故障。

b. 重合闸停用方式 2。当整定的重合闸方式为重合闸禁止方式时，则重合闸方式开关置“停用”位置，且“闭锁重合闸”开关量无输入，模拟上述各种类型故障。

4）特殊重合闸方式。当整定的重合闸方式为特殊重合闸方式时，则重合闸方式开关置“三重”位置，且保护装置整定值中的控制字 BCS=1，BCPP=1，模拟上述各种类型故障。与断路器失灵保护配合联动试验。

（4） 断路器失灵保护性能试验。模拟各种故障，检验启动断路器失灵保护回路性能，应进行下列试验：

1）模拟 A 相、B 相和 C 相单相接地故障。

2）模拟 AC 相间故障。

做上述试验时，所加故障电流应大于失灵保护电流整定值，而模拟故障时间应与失灵保护动作时间配合。检查到本保护屏的接线端子上。

（5）与中央信号、远动装置的配合联动试验。根据微机保护与中央信号、远动装置信息传送数量和方式的具体情况确定试验项目和方法，但要求至少应进行模拟保护装置异常、保护装置报警、保护装置动作跳闸、重合闸动作的试验。

（6）开关量输入的整组试验。保护装置进入“保护状态”菜单“开入显示”，校验开关量输入变化情况。

1）闭锁重合闸。分别进行手动分闸和手动合闸操作、重合闸停用闭锁重合闸、母差保护动作闭锁重合闸等闭锁重合闸整组试验。

2）断路器跳闸位置。断路器分别处于合闸状态和分闸状态时，校验断路器分相跳闸位置开关量状态。

3）压力闭锁重合闸。模拟断路器液（气）压压力低闭锁重合闸触点动作，校验压力闭锁重合闸开关量状态。

4）外部保护停信。在与母差保护装置配合试验时，对外部保护停信开关量输入状态进行校验。

在进行定期部分检验时，与母差保护装置的开关量整组试验免做。

12. 传动断路器试验

重合闸方式分别置整定的重合闸方式和重合闸停用方式，保护装置投运压板、跳闸及合闸压板投上。

进行传动断路器试验之前，控制室和开关站均应有专人监视，并应具备良好的通信联络设备，以便观察断路器和保护装置动作相别是否一致，监视中央信号装置的动作及声、光信号指示是否正确。如果发生异常情况时，应立即停止试验，在查明原因并改正后再继续进行。

传动断路器试验应在确保检验质量的前提下，尽可能减少断路器的动作次数。根据此原则，应在整定的重合闸方式下做以下传动断路器试验：

（1）分别模拟A相、B相、C相瞬时性接地故障。

（2）模拟C相永久性接地故障。

（3）模拟AB相间瞬时性故障。

此外，在重合闸停用方式下模拟一次单相瞬时性接地故障。

传动断路器试验要求在80%额定直流电压下进行。

13. 带通道联调试验

（1）通道检查试验。线路两侧收发信机均置通道位置，两侧收发信机和微机保护装置电源开关均合上。两侧的“运行”灯应亮，通道检查“通道异常”灯不亮。两侧分别进行通道检查试验（按保护屏上的通道检查试验按钮）。两侧收发信电平均正常。

（2）保护装置带通道试验。投入主保护投运压板、零序保护，退出距离保护投运压板。

模拟故障前电压为额定电压，故障时间为100～150ms。

模拟单相接地故障时

$$U=1.2m(1+k)IZ_{setp2},\ I=I_N$$

式中 Z_{setp2}——接地距离Ⅱ段定值。

模拟相间故障时

$$U=2.4mIZ_{setpp2},\ I=I_N$$

式中　Z_{setpp2}——相间距离Ⅱ段定值，m 取 0.5。

1）闭锁式保护。

a. 合上一侧收发信机和保护装置的直流电源开关，另一侧收发信机关机。模拟区内故障，高频保护均应可靠动作。

b. 线路两侧收发信机和保护装置均投入正常工作，单侧（两侧分别进行）模拟区内故障，相角为灵敏角。要求模拟不少于 5 次故障，高频保护均不动作。

2）允许式保护（光纤距离保护）。线路两侧光纤接口装置和保护装置均投入工作。

a. 对侧光纤接口装置自环，另一侧模拟区内故障，高频保护均动作。

b. 对侧光纤接口装置自环，一侧模拟区外故障，不少于 5 次故障，高频保护均不动作。

上述试验结束后，恢复所有接线。

14. 带负荷试验

在新安装检验时，如果负荷电流的二次电流值小于保护装置的精确工作电流（$0.5I_N$）时，应采用外接电流和相位表进行带负荷试验。

（1）交流电压的相名核对。用万用表交流电压挡测量保护屏端子排上的交流相电压和相间电压，并校核本保护屏上的三相电压与已确认正确的 TV 小母线三相电压的相别。

（2）交流电压和电流的数值检验。保护装置在运行状态下，选择“保护状态”菜单（DSP 采样值、CPU 采样值）。以实际负荷为基准，检验电压、电流互感器变比是否正确。

（3）检验交流电压和电流的相位。保护装置在主菜单中选择“保护状态”菜单“相角显示”，进行相位检验。在进行相位检验时，应分别检验三相电压的相位关系，并根据实际负荷情况，核对交流电压和交流电流之间的相位关系。

15. 保护校验存在的问题

对本次保护校验存在的问题做好记录，进行投运前定值与开入量状态的核查。

进入“定值”菜单，打印出按定值整定通知单整定的保护定值，定值报告应与定值整定通知单一致。

在正常运行压板显示状态，查看保护投入压板与实际运行状态一致。

16. 保护校验结论：保护可以、不可以投入运行

记录保护校验人员：

记录使用仪表、仪器：

【思考与练习】

1. 请试编制本单位典型 220kV 线路保护调试大纲。

2. 简要说明让后加速保护动作的试验方法。

模块7 保护通道原理（Z12F2007Ⅱ）

【模块描述】本模块包含了线路快速保护用的高频通道、光纤通道。通过原理介绍、要点归纳、图解示意，掌握高频通道、专用光纤通道、2M复用光纤通道的构成，各类通道加工设备的工作原理、通道主要调试设备的工作原理。

【模块内容】保护通道原理包括保护通道介绍，光纤通道、高频通道、高频通道调试设备工作原理介绍。

一、保护通道介绍

线路保护的通道有光纤通道、高频通道、短引线通道、微波通道等，目前主要使用的是光纤通道和高频通道，而微波通道的备份作用在2008年南方抗击冰灾的过程中扮演了重要的角色。在继电保护的应急通道中微波通道的可行性也值得探讨，其作用不容忽视。光纤通道具有天然的抗电磁干扰能力，传输质量优良，同时，由于光缆价格的大幅度下降以及工艺水平的不断提高，光纤通道的应用越来越广泛，特别是经济发达地区的220kV变电站和500kV变电站之间已经分别形成OPGW环网，也为线路保护提供了富裕的光纤通道资源。

光纤通道分为专用光纤通道和复用光纤通道，高频通道分为专用高频通道和复用高频通道。从保护装置实际使用来看，纵联差动保护使用的是光纤通道；纵联方向、纵联距离等可使用高频通道，也可使用光纤通道，若使用高频通道，一般投闭锁式逻辑；使用光纤通道，一般投允许式逻辑。

二、光纤通道

1. 点对点通道

专用光纤通道又称为点对点通道，通道提供给继电保护使用的是专用纤芯，本质上相当于两变电站之间的保护设备由两根专用的光纤连接在一起，一根发送，一根接收，数据流全是继电保护报文。由于保护设备普遍采用半导体光源，其发光功率一般只有−5dBm，通信不能实现长距离，若要长距离通信，需加装光放大器或转接到通信大功率光端机。

目前电力常用光缆为OPGW（复合光缆架空地线）和ADSS（全介质自承式光缆）。继电保护光纤一般采用单模光纤，光纤结构不论是采用非金属加强芯或金属加强芯，进入变电站或电厂的控制楼前必须采用非金属加强芯光纤。以OPGW光缆为例，OPGW光缆进入变电站或电厂的控制楼后，在避雷针的转接盒经过光纤分配接线盒，分开分别进入继保小室和通信机房，其中给保护专用的纤芯经过铠装光缆后直接进入保护小室，而其余光纤经过铠装光缆进入通信机房到光配线架 ODF。若无光纤分配接线盒，则 OPGW 光缆进入通信机房后，再接入光纤分线盒（或光配架 ODF），从光纤分线盒（或 ODF）到继电保护装置间应采用光纤尾纤。尾纤的终端必须标明纤芯的编号，并与对端编号相对应。光纤的接续必须符合有关技术要求，一般接续损耗应在 0.2dB 以下，光纤的活接头一般在 1dB 以下。见图 Z12F2007Ⅱ-1。

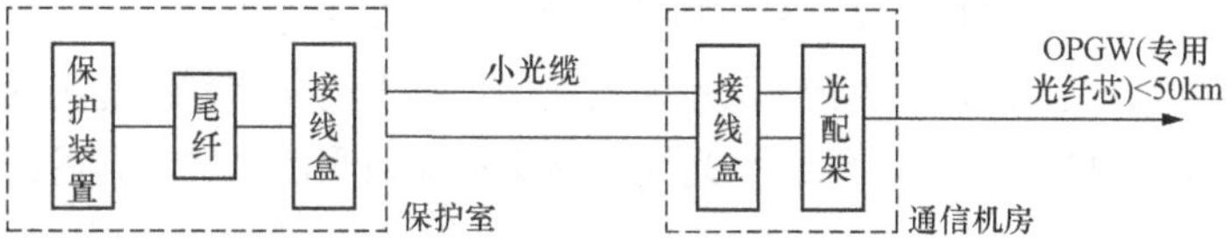

图 Z12F2007Ⅱ-1　点对点通道

点对点通道的实际连接是从保护的光板出来的两个尾纤通过尾纤接线盒与铠装光缆连接，铠装光缆穿越保护室到开关场，通过接线盒再与 OPGW 连接。一条线路保护要求使用 6 根纤芯、2 个工作通道、1 个备份通道，要求两个工作通道应使用不同的 OPGW，若变电站只有 1 根 OPGW，那么要求使用 OPGW 中不同的光单元。

2. 复用通道

点对点通道使用的是保护装置自带光发送和光接收板，适用于不太长的输电线路。例如：南瑞的 RCS-931 的光发送功率可达-5dBm，接收灵敏度为-45dBm，传输距离小于 100km。而当输电线路距离太长，仅仅利用保护设备本身的光功率不能保证对端设备的接收灵敏度，必须另外加装光放大器或利用电力通信专用设备的光端机来保证光功率。目前普遍采用的是复用电力通信中的 SDH 光端机来保证保护信号的通信距离。

保护设备信号接入 SDH 必须解决两个问题，一是规约的统一，二是速率的匹配。国内大部分微机保护设备采用的是私有规约，目前光纤分相差动保护设备出口几乎都是光口，速率有 64kbit/s、256kbit/s、2Mbit/s 等速率。而纵联距离/方向保护的出口为电口，速率大部分为 64kbit/s。

PCM 设备为脉冲编码调制器（Pulse Code Modem），数字接口符合 G.703 标准，其最早是为语音信号数字化传输而研发的，有 PCM30/32 和 PCM24 两种体系，我国使用前者，PCM30/32 传输码型为含有定时关系的 HDB3 码，一帧为 125μs，分为 32 个时隙，每个时隙传输 8bit/s 数据，每个时隙速率为 64kbit/s，一帧速率为 2.048Mbit/s，简称为 2M 口，通过 75Ω同轴电缆或 120Ω双绞线进行非对称或对称传输。继电保护码流是通过同向数据接口接入 PCM 的某个时隙。

同步数字系列（Synchronous Digital Hierarchy，SDH），是通信传输网的一种帧格

式，采用同步传输模块STM放置信息，可以用光设备传输，也可用微波设备传输，SDH若用光设备传输则为SDH光端机，其目前典型的速率有155Mbit/s、622Mbit/s、2.5Gbit/s、10Gbit/s四种。数字接口符合ITU–T、G.703、G.732、G.707标准。SDH依靠OPGW构成光纤自愈环网是目前电力通信传输网的主干网。

（1）复用PCM方式。由于电力通信的光端机SDH设备支持的报文格式为G.703、G.707，而微机保护报文的格式为私有协议，且SDH的最低接入速率为1.5Mbit/s，若保护出口速率为64kbit/s，则位于继保室的光差保护输出的光信号经过尾纤接入尾纤接线盒后再转接入铠装小光缆，铠装小光缆从继保室铺到通信机房，到通信机房通过尾纤接线盒转接成尾纤，尾纤进入放在通信机房尾纤接线盒，接入保护专用的光电接口，该接口将保护送来的光信号转换成电信号，将保护私有规约转换成G.703的64kbit/s规约，速率为64kbit/s，经64kbit/s电缆、VDF（音频配线架）跳线，接入PCM的同向数据接口，与PCM中其他数码流一起合路形成G.703的2Mbit/s出口速率，经2M电缆，PCM的2M速率的报文通过分插复用器ADM（Add–Drop–Multiplexer）或终端复用器TM（Terminal Multiplexer）接入SDH，与SDH中接入的通信、自动化等数据合路成155Mbit/s或更高速率的一路信号，通过一对光纤与线路对端SDH相连，实现收发，见图Z12F2007Ⅱ–2。

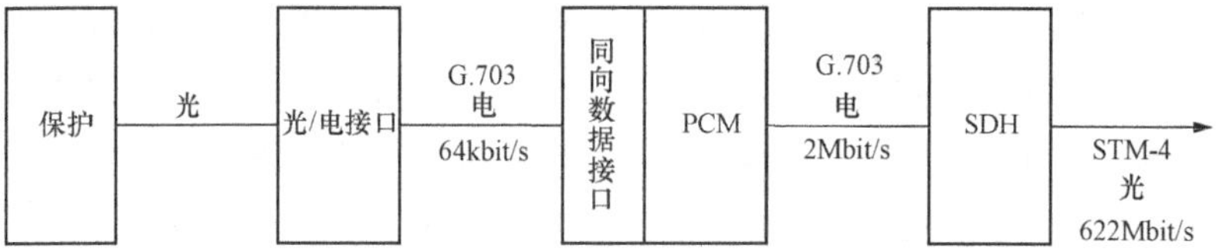

图Z12F2007Ⅱ–2 复用PCM方式

保护通道复用PCM终端时，每一套保护分别接用不同PCM的同向接口。即如果线路出线2回，每回线配置2套完全独立的主保护，采用光纤通道，分别安排在2台PCM上，每台PCM为继电保护提供2路64kbit/s通道，且分别接入两台SDH光端机。保护装置与光/电转换设备之间采用光缆连接，光/电转换装置的数字信号接口元件设置在通信室，一条线接口元件装设在一个柜上。光电转换接口装置的电源为直流 48V，为通信直流电源。

（2）复用SDH方式。由于PCM设备的加入，降低了保护动作的可靠性，很多厂家把纵差保护设备的接口直接做成了2Mbit/s的光口，这样，保护设备可通过光电转换设备转换成2Mbit/s的G.703信号后与SDH设备直接接口，节省了PCM设备的投资。

带2M出口的保护设备在保护室内通过专用光纤接入位于通信机房的光电接口完成2M光信号到2M电信号格式的转换，然后通过2M电接口接入SDH设备，与自动化、通信、调度等信号合路成高速率的信号，通过复用光纤传输到对端，对端接收到信号后再进行分路，提取保护数据流。见图 Z12F2007Ⅱ–3。

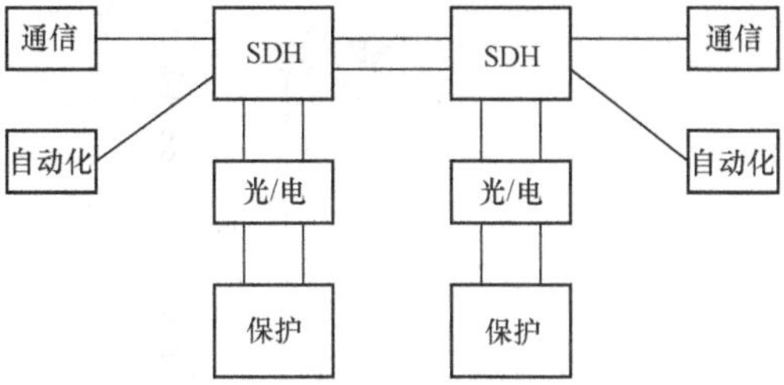

图 Z12F2007Ⅱ–3　直接复用 SDH 方式

无论是保护信号复用PCM方式还是复用 SDH 方式，最终，保护信号将与其他通信信息流一起在通信干线的两根光纤上传输，不是专用光纤，所以称为复用通道。

三、高频通道

高频通道的原理是利用输送强电工频的输电线路传送高频的弱电信号，目前220kV 线路高频保护一般采用专用的高频收发信机和相地耦合的高频通道，500kV 线路高频保护一般采用载波机复用高频保护，或用相相耦合的高频保护。

1. 专用高频通道

专用高频保护普遍使用 A 相—地为第一套保护，B 相—地为第二套保护，使用专用收发信机，保护投闭锁式。见图 Z12F2007Ⅱ–4。

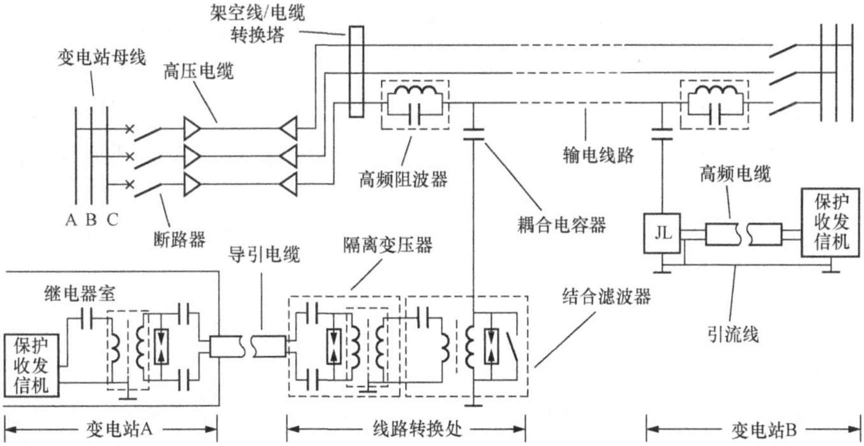

图 Z12F2007Ⅱ–4　相—地通道（C–N）

2. 复用高频通道

复用高频保护一般使用相—相通道，普遍使用 A—B 相相耦合，与载波机配合，保护投允许式，见图 Z12F2007Ⅱ–5。

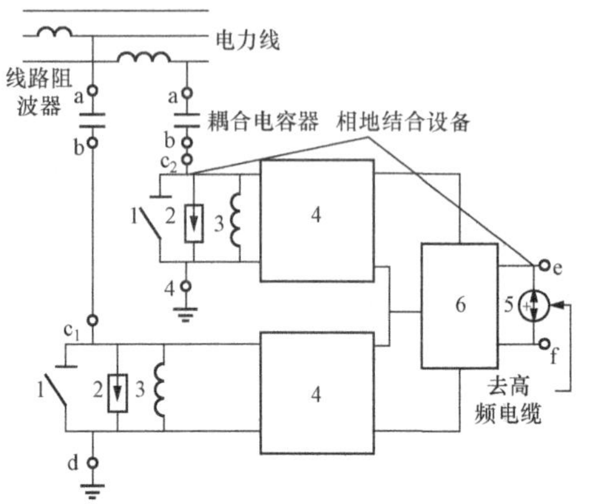

图 Z12F2007Ⅱ–5 用两个相—地结合滤波器构成的相—相通道

1—接地刀闸；2—主避雷器；3—排流线圈；4—调谐元件(包括匹配变量器)；5—副避雷器；6—平衡变量器；a—耦合电容器高压端子；b—耦合电容器低压端子；c_1、c_2—结合设备一次侧端子；d—结合设备接地端子；e、f—结合设备二次侧端子

3. 输电线路

高频信号在高频通道中呈现波粒二性，高频信号通过电磁耦合形式，以输电线路为介质，将高频信号从线路一端传送至另一端。电力架空线的特性阻抗为400Ω或300Ω（双分裂导线）。目前使用的高频通道耦合方式有相地耦合与相相耦合。

4. 阻波器

阻波器又称为加工设备，它对一次设备进行加工，使输电线路可以传输高频信号，并阻止高频信号向母线分流，使高频保护沿线路向对侧传送。运行的线路每相都需要装设阻波器。

（1）结构及分类。其发展经历了单频阻波器、单频展宽阻波器和宽带阻波器三个阶段，目前广泛使用的是宽带阻波器。

单频阻波器的基本电路实际是一个电容电感并联谐振回路。见图 Z12F2007Ⅱ–6。它按继电保护的工作频率进行调谐。调协元件由电容器组合而成。L 为强流线圈，它的电感量随阻波器的种类不同而不同。它能承受线路的最大工作电流，不致因发热或由于电动力作用而损坏。L_δ 是防护线圈，一般只有 10～20μH，用以在雷击作用下产生一个反电动势，使加到调谐电容器上的电压延时一个 Δt 时间，以达到保护调谐电容的目的。避雷器 F 也是用来在高压下保护调谐电容器的。R_P 是避雷器的限流电阻。调谐电容器 C、单频阻波器必须采用工作电压 $U_{0P} \geqslant 5000V$ 的云母电容器或玻璃电容器，带频及宽频阻波器的调谐电容的最低工作电压要求 $U_{0P} \geqslant 2000V$，工作电压过低容易在出口短路及过电压时击穿。单频阻波器的阻抗在谐振频率时阻值最大，当元件参数稍有变化时，容易发生偏调，严重时将会造成通道中断，引起保护误动作。对不是单一频率而有一个不大的频带的发信装置（4kHz），就需要将阻带展宽。展宽的办法在电容器回路串入一个不大的电阻，以降低 Q 值。

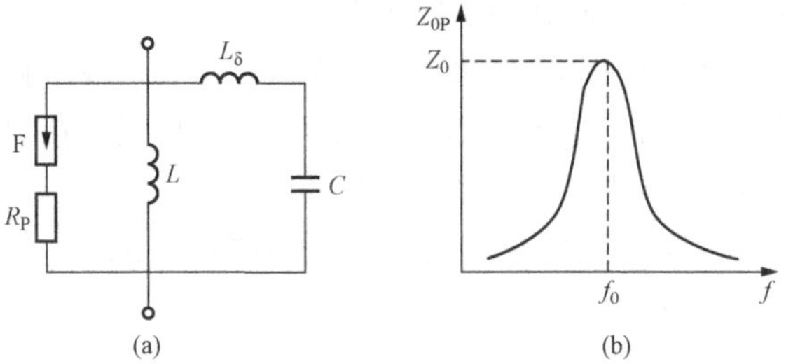

图 Z12F2007Ⅱ–6　单频阻波器的原理接线和阻抗特性

（a）接线图；（b）阻抗特性曲线

f_0 —谐振频率；Z_0 —谐振阻抗

宽带阻波器一般由电感形式的主线圈、调谐装置以及保护元件组成，见图 Z12F2007Ⅱ–7，串接在高压输电线中载波信号连接点与相邻的电力系统元件（如母线、变压器等）之间。跨接于主线圈的调谐装置，经适当调谐，可使阻波器在一个、多个载波频率点的载波频带内呈现较高的阻抗，而工频阻抗则可忽略不计。宽带阻波器广泛使用的原因只要是：工作频率更换时可不加调整；假如每条线路均挂阻波器，则线线之间的信号跨越衰耗可以按两只计算，每隔两条线路，第三个站就可以使用了。

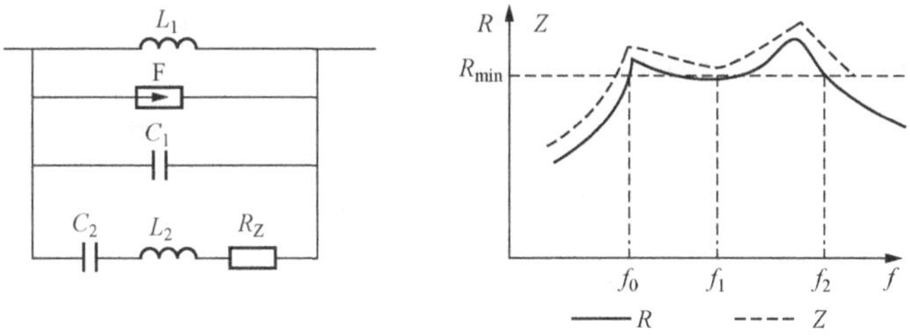

图 Z12F2007Ⅱ–7　宽带阻波器基本电路及其特性图

（2）阻波器的要求。继电保护高频通道对阻波器接入后的分流衰耗，在阻塞频带内一般要求不大于 2dB。为避免高频阻波阻抗与变电站电容形成串联谐振，要求阻波器在工作点的电阻 $R_{0P} \geqslant 800\Omega$，此分流衰耗为 1.945dB。阻波器的要求是：

1）必须保证工频电流流向变电站，所以要求阻波器对工频呈现的阻抗必须很小。

2）阻波器必须能够长期承受这条输电线的最大工作电流所引起的热效应和机械效应。

3）阻波器必须具有足够的承受过电压的能力，为此阻波器内要装设避雷器和防护线圈。

4）能短时承受这条输电线的最大短路时电流引起的热效应和机械效应。

（3）阻波器常见故障。高频通道的工作情况与气候、环境有关，但它们引起衰耗的变化一般不超过 3dB。当通道裕度突然降低 3dB 以上时，很可能是阻波器故障所引起。此时尽管通道裕度可能仍大于 10dB，当母线发生故障时衰耗剧增，致使保护不正确动作，所以必须及时查出故障阻波器并进行处理。

运行中常见的故障是电容器击穿。引起故障的原因如下：

1）电容器的工作电压太低。

2）阻波器中避雷器放电电压高于电容器两端的工作电压，当系统出现故障时，电容器处于无保护状态，因而首先击穿。

3）电容器直接和强流线圈并联，宽带阻波器强流线圈的电感量大，当线路出口短路时，电容器两端电压为强流线圈通过最大短路电流时产生的压降。当系统电压一定时，电容两端电压的大小取决于变电站母线短路容量。近年来系统容量增加很快，分析可知，对于 220kV 线路，当阻波器的电感为 L=1mH，且变电站母线短路容量考虑 10 000MVA 时，阻波器中电容器的工作电压至少要用 20 000V。考虑到与避雷器配合，制造厂家目前选 40kV 与 80kV 电压作为带频及宽频阻波器调谐元件的工作电压是合理的。

（4）阻波器运行中的检查方法。

1）拉线路开关方法。对于允许短时停电的线路，可用此法。当被拉侧对侧接收电压有明显提高时，被拉侧的阻波器就损坏了。

2）测量输入阻抗法。在通道的两侧轮流测量输入阻抗，并与原始值比较，此时输入阻抗变化大的一侧可能是损坏侧。

3）跨越衰耗测量法。测试分别在两侧的本线和相邻线的同一相高频装置上进行。阻波器损坏侧的跨越衰耗要比完全侧的跨越衰耗小许多。

5. 耦合电容器

与结合滤波器共同组成带通或高通滤波器，只允许此通带频率之内的高频信号通过。对于高频信号呈很小的阻抗和对工频电流呈很大的阻抗，应防止其侵入高频收发信机。

6. 结合滤波器

与耦合电容器组成带通或高通滤波器。结合滤波的变量器起阻抗匹配作用，减小高频信号的衰耗，同时使电力线载波机或高频收发信机与高压线路隔离。结合滤波器的接地刀闸在检修时起保安作用。

（1）对结合滤波器的要求：

1）其绝缘水平应和该线路的电压等级配合。

2）结合滤波器线路侧电感与耦合电容器一起应能承受工频过电压、大气过电压、操作过电压。

3）结合滤波器对工频呈现极大的衰耗，以防工频强电压进入高频装置。

4）结合滤波器对通带内的各个频率，工作衰耗应小于 1.3dB。

5）结合滤波器线路侧的输入阻抗与电力线的特性阻抗相匹配（400Ω），电缆侧的输入阻抗与高频电缆的特性阻抗匹配（75Ω）。

6）二次线圈及其对外壳应有良好的绝缘，其耐压强度不小于 5kV/min。

（2）反措。

1）根据反措要求，断开结合滤波器的一、二次线圈电气联结，一次和二次接地必须分别接地是为了避免一次接地引线上的高频电压直接引入高频电线。结合滤波器二次侧最佳接地为距耦合电容器接地点 3～5m 处接地，结合滤波器的二次接地线的截面积应大于 $10mm^2$。

2）结合滤波器线路侧线圈上的接地开关合上时，严禁收发信机发信，最好将收发信机出口的由高频电缆改接到负荷电阻上。

7. 高频电缆

高频电缆为同轴电缆，用来减少衰耗和干扰。虽然不长，但因发信机工作频率很高，高频信号在阻抗不匹配时的反射衰耗比较严重，早期的收发信机的输出阻抗为 100Ω，因而高频电缆的特性阻抗为 100Ω，结合滤波器的二次阻抗为 100Ω。近期的收发信机的输出阻抗为 75Ω，结合滤波器和高频电缆的特性阻抗为 75Ω。

在选择高频电缆长度时应考虑在现场放高频电缆时，要避开电缆长度接近（1/4 波长或 1/4 波长的整数倍）的情况，否则高频信号将被短路或开路，无法传送到对侧。

高频保护用的高频同轴电缆外皮应在两端分别接地，并紧靠高频同轴电缆敷设截面不小于 $100mm^2$ 两端接地的铜导线。

8. 专用高频保护收发信机与保护的接口

高频保护收发信机与继电保护设备的连接主要是三个逻辑，保护启动收发信机发信、停信以及收发信机收到高频信号闭锁保护跳闸出口。若采用单接点方式，即三副接点：启信接点、停信接点、收信输出接点，启信接点、停信接点由保护送出空接点给收发信机，收信输出接点由收发信机送出空接点给保护。若采用双接点方式，启信和停信共用一副接点，启信接点返回为停信。见图 Z12F2007Ⅱ-8。

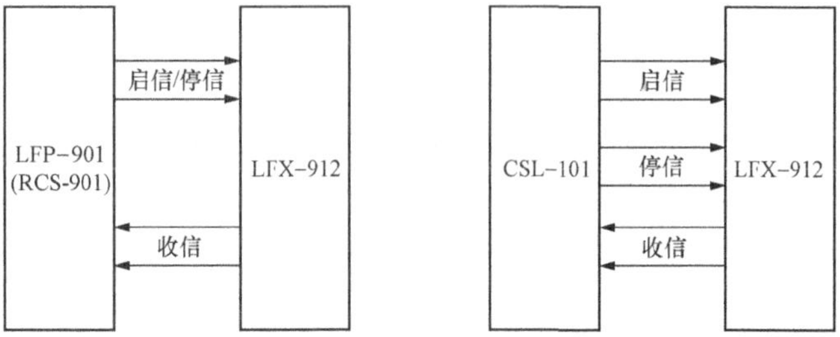

图 Z12F2007Ⅱ−8 高频保护与收发信机的接口示意图

9. 复用高频保护载波机与保护的接口

复用高频保护一般采用相—相通道，一条线路的两套主保护若都采用高频保护，则两套保护的信号通过分频滤波器 CF 来进行分频，不同频带的两套保护信号再采用 FDM 技术或数字插入技术复用到载波上，分别利用 A—B 相不同的频带。差分网络是让载波机的发信回路与收信回路分开，防止自发自收。

（1）保护使用的音频接口。保护信号是通过音频接口板插入载波机，经过载波机调制后，通过高频通道传输到对侧，目前载波机大部分是数字载波机，保护与载波机的音频接口也由传统的模拟式转换成数字式。以 ABB 公司的 ETL500 载波机为例，其保护与载波机的音频接口为 NSD550，在单回线路的双重化配置中，将使用到两个载波机和两个载波机的两块音频接口板。

图 Z12F2007Ⅱ−9 中，第一、二套主保护分别为两套主保护的允许命令接点输入，后备保护为断路器失灵保护、过电压保护、补偿电抗器保护远跳命令的接点输入或远方切机，4 个接点命令接入音频接口，经过编码处理后，再形成一路音频信号（音频信号带宽为 4kHz），经载波机调制到 30～400kHz 的某个波段传输到对侧。

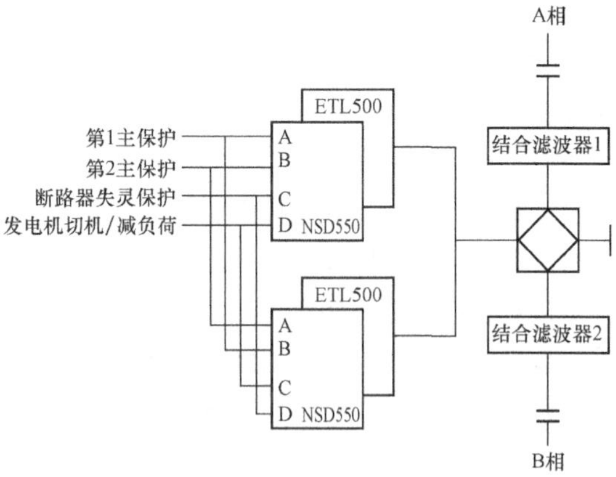

图 Z12F2007Ⅱ−9 单回线双重化配置

（2）快速通道与慢速通道。在 500kV 的复用高频保护的通道中，使用频带划分技术，不同信号使用不同带宽，带宽宽的通道能量大，可传输的波特率高，称为快速通道；反之，带宽窄，波特率低为慢速通道。例如，120Hz 带宽其比特率仅为 50bit/s，而带宽为 2600Hz，其比特率可达 1200bit/s。

500kV 线路高频保护通道中的快速通道用于传输允许信号，慢速通道传输直接跳闸信号。

（3）载波机的自动电平调节功能。线路正常运行时，载波机向通道发送导频信号，同时监视导频信号的质量，当导频信号变弱，说明载波通道质量变差，载波机的导频自动调节系统可适当提高发送功率。当线路内部发生故障，导频信号消失且跳频信号出现，即构成允许命令，各侧保护收到对侧的允许命令且本侧保护启动，开放跳闸出口。载波机在导频转发跳频命令时，功率提升 6dB。

四、高频通道调试设备工作原理介绍

高频通道测试需要准备的仪表及工器具有：选频电平表、高频振荡仪器、电压表、屏蔽同轴电缆、高频通道测试盒等。

（一）选频电平表

1. 工作原理

电平表实际就是电压表，单位是用电平表示的，与普通万用表不同的是它测试的是某个频率或频带范围内高频信号的幅度，因此，使用时要选定在被测试设备的工作频率下进行，测试线为高频电缆。0dBm 参考点为功率 1mW，标称阻抗 600Ω，因此，0dBm 对应的输入电压为 0.775V。在测试时，已知测试点的电压电平，则该点的电压值为$U=0.775\times10^{\frac{P_U}{20}}$，这种测量方法与被测点的阻抗无关，只要电压相等，电平值就相等。要知该点的功率电平，在使用下列公式转换

$$P_W = P_U + 10\lg\frac{600}{Z}$$

式中　P_W——功率电平；

　　P_U——电压电平。

2. 选频电平的使用

（1）电阻挡位的选择：使用电平表时，应注意其内阻，一般电平表的内阻有 150Ω、600Ω和高阻四挡。并联在四端口网络时使用高阻挡，替代四端口网络时，用等效电阻挡。例如，替代收发信机时，用 75Ω挡。

（2）选频电平在四端口网络的接入方法。

1）跨接法：跨接法将电平表放高阻挡，跨接在被测物两端，见图 Z12F2007Ⅱ-10。

2）终端测量法：被测物断开，用电平表代替被测量物，使电平表内阻等于被测

物的输入阻抗，图 Z12F2007Ⅱ-11。在高平通道的测量中，被测物的输入阻抗往往是未知数，而且一般不与电平表内阻匹配，故多不采用此法。但在通信设备的调试工作中，因载波机的各级输入阻抗一般为已知数且与标记内阻相符，因此可以采用。

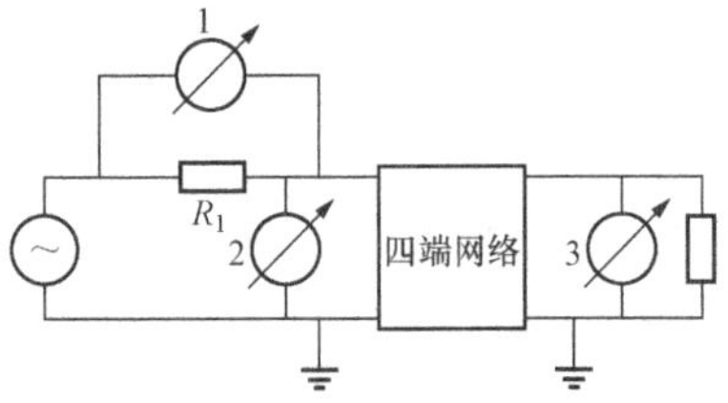

图 Z12F2007Ⅱ-10　电平表跨接法

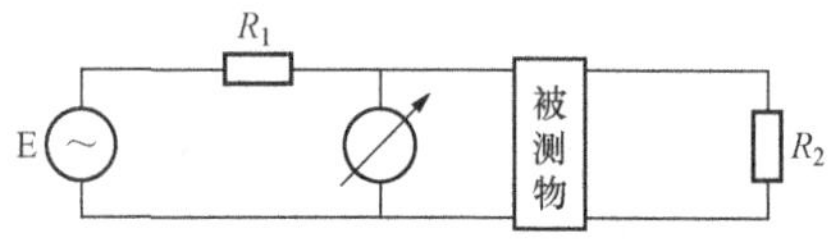

图 Z12F2007Ⅱ-11　电平表终端测量法

在以后的电平测量中，若无特殊说明，电平测量均指跨接法。

（3）接地方式。电平表在使用时应注意接地点，可分为不平衡法和平衡法，见图 Z12F2007Ⅱ-10，其中“2”“3”一般使用不平衡输入电平表测量；“1”使用平衡输入表记测量，因为被测量物体两端均不接地。需要接地测量的仪表，应将接地点直接接地网，不能几台仪器并起来接地，否则会因杂散电流的影响造成误差，特别是测量小信号时。

（4）选频电平表带宽的选择。电平表有宽频和选频两挡，一般进行元件测量时，用宽频挡比较方便，进行通道测量时，用宽频挡比较方便，当通道干扰信号比较多时，也可使用选频挡。

（二）高频振荡仪器

高频信号的发生器，设置频率，设置输出电平，设置输出阻抗。

（三）高频通道测试盒

高频通道检查通常要用到一些无感电阻和电容。包括：5Ω无感电阻、75Ω无感电阻、300Ω无感电阻、400Ω无感电阻、5000pF 电容。这些元件集成在高频通道测试盒供高频通道调试使用，见图 Z12F2007Ⅱ-12。

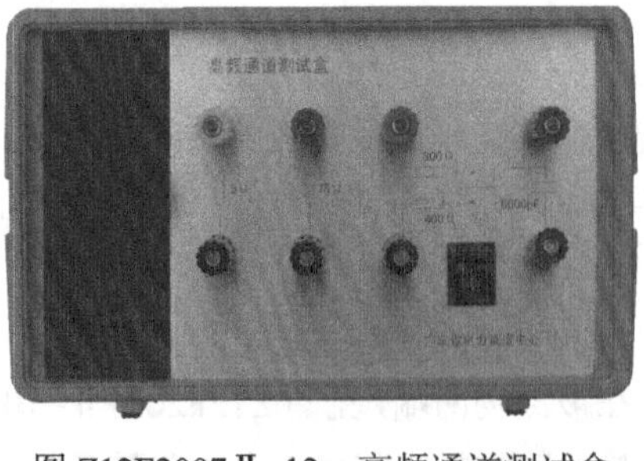
图 Z12F2007Ⅱ-12　高频通道测试盒

5Ω无感电阻主要是用于在回路中附加一小电阻，通过测量这个小电阻的电压进而求得回路中的高频电流。在测量衰耗的时候，将75Ω无感电阻用于模拟收发信机的输入输出阻抗或高频电缆的特性阻抗都是，300Ω无感电阻、400Ω无感电阻分别模拟输电线路的特性阻抗。5000pF 电容模拟母线对地等效电容（阻波器）。

【思考与练习】

1. 画出保护复用光纤通道两种方式的示意图，并简要说明接口设备的作用。
2. 画出复用高频通道的示意图，说明各设备的作用。
3. 简要说明闭锁式保护与收发信机配合的逻辑关系。

模块 8 保护通道调试的安全和技术措施（Z12F2008Ⅱ）

【模块描述】本模块包含保护通道调试的工作前准备和安全技术措施。通过要点介绍、图表举例，掌握各类保护通道现场调试时的危险点预控及安全技术措施。

【模块内容】保护通道调试的安全和技术措施包括高频通道调试的安全和技术措施、光纤通道调试的安全和技术措施。

一、高频通道调试的安全和技术措施

（一）高频通道调试前工作准备

（1）检修作业前 5 天做好检修摸底工作，并在检修作业前 3 天提交相关停役申请。摸底工作包括检查设备状况、反措计划的执行情况及设备的缺陷等。

（2）开工前 3 天，向有关部门上报本次工作的材料计划。

（3）根据本次校验的项目，组织作业人员学习作业指导书，使全体作业人员熟悉作业内容、进度要求、作业标准、安全注意事项。要求所有工作人员都明确本次校验工作的内容、进度要求、作业标准及安全注意事项。

（4）开工前一天，准备好作业所需仪器仪表、相关材料、工器具。要求仪器仪表、工器具应试验合格，满足本次作业的要求，材料应齐全。

仪器、仪表及工器具：组合工具 1 套，电缆盘（带漏电保安器，规格为 220V/10A）1 只，计算器 1 只，1000V、500V 绝缘电阻表各 1 只，微机型继电保护测试仪 2 套，钳形相位表 1 只，电烙铁 1 只，试验线 1 套，芯片起拔器 1 只，数字万用表 1 只，模拟断路器箱 2 只，选频电平表 1 只，高频信号振荡仪 1 只，高频衰耗仪 1 只，阻波器滤波器 1 只，自动测试仪 1 只，高频电缆测试线 1 套，高频通道测试盒 1 只。

备品备件：电源插件 1 块、管理板 1 块、通信板 1 块。

材料：绝缘胶布 1 卷，自粘胶带 1 卷，小毛巾 1 块，焊锡丝 1 卷，松香 1 盒，中性笔 1 支，口罩 3 只，手套 3 双，毛刷 2 把，防静电环 1 个，砂条 1 条，酒精 1 瓶，电子仪器清洁剂 1 瓶，1.5mm、2.5mm 单股塑铜线各 1 卷，微型吸尘器 1 台。

（5）图纸资料。技术说明书、相关图纸、定值清单、上次检验报告、调试规程等资料。

（6）最新整定单、相关图纸、上一次试验报告、本次需要改进的项目及相关技术

资料。要求图纸及资料应与现场实际情况一致。

主要的技术资料：线路保护图纸、线路成套保护装置技术说明书、线路成套保护装置使用说明书、线路成套保护装置校验规程。

（7）根据现场工作时间和工作内容填写工作票（第一种工作票应在开工前一天交值班员）。要求工作票填写正确，并按《国家电网公司电力安全工作规程》执行。

（二）安全技术措施

保护通道调试危险点分析及控制。

1. 人身触电

（1）误入带电间隔。控制措施：工作前应熟悉工作地点、带电部位；检查现场安全围栏、安全警示牌和接地线等安全措施。

（2）接（拆）低压电源。控制措施：必须使用装有漏电保护器的电源盘；螺丝刀等工具金属裸露部分除刀口外包上绝缘；接（拆）电源时至少有两人执行，一人操作，一人监护；必须在电源开关拉开的情况下进行；临时电源必须使用专用电源，禁止从运行设备上取得电源。

（3）保护调试及整组试验。控制措施：工作人员之间应相互配合，确保一、二次回路上无人工作。传动试验必须得到值班员许可并配合。

2. 机械伤害

机械伤害主要指坠落物打击。控制措施：工作人员进入工作现场必须戴安全帽。

3. 高空坠落

高空坠落主要指在线路上工作。控制措施：正确使用安全带，工作鞋应防滑；在线路上工作必须系安全带且有专人监护。

4. 防“三误”事故的安全技术措施

（1）现场工作前必须作好充分准备，内容包括：

1）了解工作地点一、二次设备运行情况，本工作与运行设备有无直接联系（如备自投、联切装置等）。

2）工作人员明确分工并熟悉图纸与检验规程等有关资料。

3）应具备与实际状况一致的图纸、上次检验记录、最新整定通知单、检验规程、合格的仪器仪表、备品备件、工具和连接导线。

4）工作前认真填写安全措施票，特别是针对复杂保护装置或有联跳回路的保护装置，如母线保护、变压器保护、断路器失灵保护等的现场校验工作，应由工作负责人认真填写，并经技术负责人严格审批。

5）工作开工后先执行安全措施票，由工作负责人负责做的每一项措施要在“执行”栏做标记；校验工作结束后，要持此票恢复所做的安全措施，以保证完全恢复。

6）不允许在未停用的保护装置上进行试验和其他测试工作；也不允许在保护未停用的情况下，用装置的试验按钮（除闭锁式纵联保护的启动发信按钮外）做试验。

7）只能用整组试验的方法，即由电流及电压端子通入与故障情况相符的模拟故障量，检查保护回路及整定值的正确性。不允许用卡继电器触点、短路触点等人为手段做保护装置的整组试验。

8）在校验继电保护及二次回路时，凡与其他运行设备二次回路相连的连接片和接线应有明显标记，并按安全措施票仔细地将有关回路断开或短路，做好记录。

9）在清扫运行中设备和二次回路时，应认真仔细，并使用绝缘工具（毛刷、吹风机等），特别注意防止振动，防止误碰。

10）严格执行风险分析卡和继电保护作业指导书。

（2）现场工作应按图纸进行，严禁凭记忆作为工作的依据。如发现图纸与实际接线不符时，应查线核对。需要改动时，必须履行以下程序：

1）先在原图上做好修改，经主管继电保护部门批准。

2）拆动接线前先要与原图核对，接线修改后要与新图核对，并及时修改底图，修改运行人员及有关各级继电保护人员的图纸。

3）改动回路后，严防寄生回路存在，没用的线应拆除。

4）在变动二次回路后，应进行相应的逻辑回路整组试验，确认回路极性及整定值完全正确。

（3）保护装置调试的定值，必须根据最新整定值通知单规定，先核对通知单与实际设备是否相符（包括保护装置型号、被保护设备名称、变比等）。定值整定完毕要认真核对，确保正确。

5. 直流回路、交流电流、电压回路、试验电源、与运行设备关联回路安全措施见220kV 线路保护安全措施

6. 其他危险点分析及控制

（1）阻波器调试工作。

1）在阻波器停电但不取下设备的条件下测试阻塞性能，容易发生保护调试人员触电。应将阻波器后面的隔离开关打开，接地刀闸合上，同时解开阻波器上端与线路的连接线，使阻波器上端悬空。拆线时应严格遵守有关在高压设备上作业的安全规定，高压线路停电并挂接地线。

2）阻波器落地后需垫木板等对地绝缘，工作中注意倾倒压伤。检查阻波器四个底脚都垫平，没有倾斜。注意做好固定工作，防止拆装调谐元件及避雷器时阻波器倾倒。

（2）耦合电容器调试。耦合电容器拆线时保护调试易发生作业人员触电。拆下接

在高压耦合电容器上的一次侧线圈，拆线时应严格遵守有关在高压设备上作业的安全规定，高压线路停电并挂接地线，并将结合滤波器一次侧的接地刀闸合上。

（3）结合滤波器调试。

1）检修时，二次侧接地刀闸合上。防止检修人员触电。

2）高频通道联合调试时，结合滤波器的接地刀闸没有分闸，严禁带接地刀闸发信。

（4）收发信机调试。

1）断开直流电源后才允许插、拔插件。带电源插拔插件，损坏插件。

2）调试过程中发现有问题时，不要轻易更换芯片及电子元件，应先查明原因，当证实确需更换芯片或电子元件时，则必须更换经筛选合格的芯片及电子元件，芯片插入的方向应正确，并保证接触可靠，在更换电子元件时，应注意更换后应保证不改变回路参数，如确需改变回路的参数，则应认真分析，保证改变回路参数后，不致影响装置的正常运行，并做好相关的记录，并向主管部门用书面形式汇报实际改变的情况。

3）试验人员接触、更换芯片时，应采用人体防静电接地措施，以确保不会因人体静电而损坏芯片。不采用防静电接地措施更换芯片，损坏芯片。

4）原则上在现场不能使用电烙铁，试验过程中如需进行焊接时，应采用带接地线的电烙铁或电烙铁断电后再焊接。防止不正确使用电烙铁，损坏插件。

5）试验过程中，应注意不要将插件插错位置。

6）因检验需要临时短接或断开的端子，应逐个记录，并在试验结束后及时恢复。防止更改端子不记录，收发信机动作不正确。

7）使用交流电源的电子仪器（如示波器、电平表等）进行电路参数测量时，仪器外壳应与保护屏（柜）在同一点接地。测试仪不接地，影响测试准确度。

（5）通道联调。单侧通道调试，收发信机置本机负载位置。防止单侧通道调试对侧保护误动。

二、光纤通道调试的安全和技术措施

调试前准备，二次安全措施同高频通道调试相关内容。其他危险点分析及控制如下：

（1）光纤通道置于自环状态。纵联差动保护单侧试验引起对侧误动。

（2）断开中央信号正电源；断开远动信号正电源；断开故障录波信号正电源；记录各切换把手位置。防止试验中误发信号。

【思考与练习】

1. 编写本单位典型光纤差动保护的安全措施。

2. 编写本单位高频通道的调试大纲。

模块9 保护通道的调试（Z12F2009Ⅱ）

【模块描述】本模块包含各类保护通道调试的主要内容。通过要点归纳、图解示意，掌握光纤通道调试、收发信机调试、高频通道调试的项目及各项目调试方法。

【模块内容】保护通道的调试包括光纤通道的调试、收发信机的调试、高频通道的调试。

一、光纤通道的调试

（一）通道维护的相关规定

根据微波、光纤电路传输继电保护信息通道运行管理办法的要求，保护在使用光纤通道时，通信、继电保护专业管理界面划分有以下规定：

（1）复用PCM基群64kbit/s及以上速率的数字接口（包括数字微波电路）传输通道，两种通道的公共部分由通信人员负责维护。

（2）公用光缆专用纤方式下，继电保护（传输）装置至最近的光纤分线盒ODF交接法兰盘间的尾纤由继电保护专业负责管理，其他设备和光缆由通信专业负责管理。通信人员在保护室或控制室内的光配架等设备上的操作维护，应在输完各项手续经批准同意后，在保护专业人员或电气值班人员监护下进行工作。

（3）复用数字传输通道方式下，以通信机房内的综合配线架MDF（音频配线架VDF/光配线架ODF）最外侧端子为专业分工管理界面，继电保护（传输）装置至通信MDF（VDF/ODF）出口端的传输线缆等设备由继电保护专业负责。

（二）点对点光纤通道调试

点对点光纤通道联调内容主要有：通道检查、装置带通道试验、带负荷试验。点对点的通道连接方式见图Z12F2009Ⅱ-1。

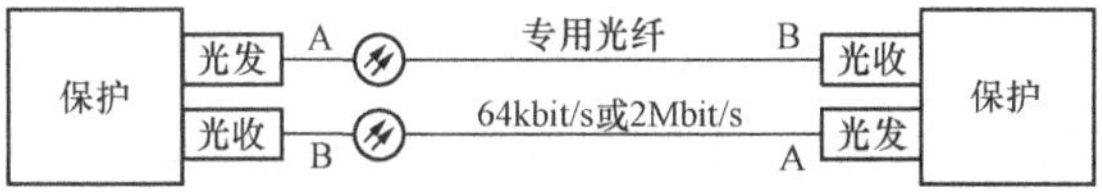

图Z12F2009Ⅱ-1　点对点的通道连接方式

输入整定值，检查定值项“专用光纤”控制字为“1”（“1”表示通道采用专用光纤方式，“0”表示通道采用PCM复用方式）。核对两侧定值项“主机方式”控制字，一侧置“1”，另一侧必须置“0”。然后，将保护接入通道，检查保护装置面板上的通道告警灯是否已熄灭，告警灯已熄灭两侧保护装置通信已正常，可以进行以下联调工作。

1. 通道检查

（1）用光功率计测量保护的发送电平和接收电平。

1）本侧（装置）发送电平测试：在装置后的 TX 端用尾纤接到光功率机，在光功率计波长选保护整定的波长（例如λ=1310nm），测得读数为本侧装置的发送功率，测量示意图见图 Z12F2009Ⅱ-2。检查保护装置的发信功率是否和光端机插件（背后在 CPU 板上）上的标称值一致，以 RCS-931A 为例，常规插件波长为 1310nm，装置发信功率为-16dBm±3dBm，超长距离（64kbit/s 时光纤距离≥80km，2Mbit/s 时光纤距离≥60km，订货时需特殊说明）波长为 1550nm，装置发信功率为-11dBm±3dBm。

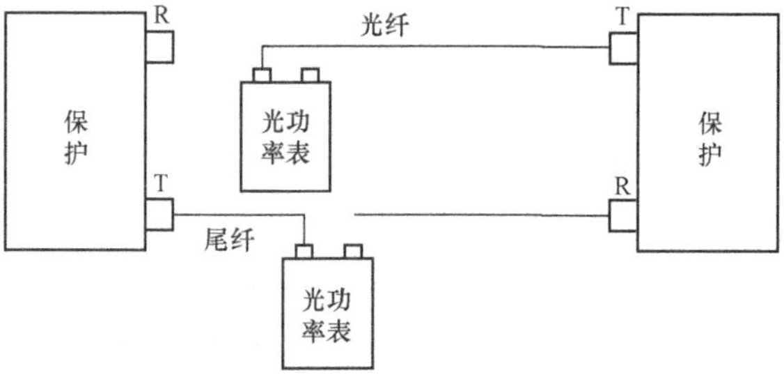

图 Z12F2009Ⅱ-2 点对点通道测试光功率

2）本侧接收电平测试：要求对方发信，拔出接在装置后 RX 端上的光纤直接接到光功率计上，并在光功率计中选定装置的波长λ，测得读数为通道接收到的电平。要求两种插件通信速率为 64kbit/s 的接收灵敏度达到要求。

例如：RCS-931，λ=1310nm 时，接收灵敏度为-45dBm，常规插件 2M 的接收灵敏度为-35dBm，超长距离插件 2M 的接收灵敏度为-40dBm。接收灵敏度为光接收器分辨“0”“1”的最低电平。

3）通道衰耗：收信裕度对侧发送电平减去本侧接受电平。保证收信功率裕度至少在 6dBm 以上，最好大于 10dBm。若线路比较长导致对侧收信裕度不足时，可以在对侧装置内通过跳线增加发信功率，同时检查光纤的衰耗是否与实际线路长度相符（尾纤的衰耗是很小的，光缆平均衰耗为 0.4dBm/km），见表 Z12F2009Ⅱ-1。

表 Z12F2009Ⅱ-1　　通 道 测 试

测 试 项 目	发送电平 P_1	接收电平 P_2	衰耗
单侧通道测试（本侧光配线架自环）			
总衰耗（发送端本侧）			
总衰耗（发送端对侧）			

以上数值记录备案，以供定期校验参考。当接受电平小于要求时，应检查 CPU 插件中的相关跳线，见表 Z12F2009Ⅱ-2。当采用专用光纤时，发送功率分四档，由跳线决定。

表 Z12F2009Ⅱ-2　　RCS-931 的发送功率

跳线选择（dBm）＼发送速率（kbit/s）	64	2048
JP301–OFF，JP302–OFF	–16	–16
JP301–ON，JP302–OFF	–9	–12
JP301–OFF，JP302–ON	–7	–9
JP301–ON，JP302–ON	–5	–8

（2）通道通信指标检查。分别用尾纤将两侧保护装置的光收、发自环，通过专用纤芯通信时，两侧装置的“专用光纤”控制字都整定为 1；“通道自环试验”控制字置 1。经一段时间的观察，两侧装置上均无通道告警信号后，在装置上检查通道误码率。进入“通道状态”菜单，“失步次数”“误码总数”“报文异常总数”“报文超时”应为某个固定值，若该值一直在递增，说明通道不正常，应重新检查通道连接或光端机收发功率。

恢复正常运行时的定值，将通道恢复到正常运行时的连接，投入差动压板，保护装置通道异常灯应不亮，无通道异常信号，通道状态中的各个状态计数器维持不变。

（3）检查通道告警。两侧分别拔出保护装置 T 端子的光纤和 R 端子光纤，检查相应接点应动作，两侧保护装置面板上的通道告警灯均亮，并分别反应在各自的中央信号中。

2. 装置带通道试验

接好光缆，把两侧保护装置的“通道自环试验”控制字置“0”，两侧装置运行灯亮，无任何异常信号。同时注意：“主机方式”控制字一侧置“1”，另一侧置“0”，两侧的差动保护投入压板均投入。

（1）两侧断路器均分位。两侧断路器均为分闸位置，对侧分别加入正常电压，加入单相电流大于差动高值，本侧不加电流、电压。在本侧装置“DSP 采样值”上读取的对侧电流幅值，检查差动电流幅值，误差应小于 5%I_n。同时可验证，对侧差动保护动作，本侧差动不动作。

（2）一侧断路器合位，另一侧断路器分位。一侧（M 侧）断路器合上，另一侧（N 侧）断路器分位，在 M 侧加入正常电压和单相电流大于差动高值。合格判据：M 侧差动保护动作，N 侧差动保护不动作。

一侧（M 侧）断路器合上，另一侧（N 侧）断路器分位，在 N 侧加入正常电压和单相电流大于差动高值。合格判据：两侧差动保护动作。

（3）两侧断路器均合位。一侧加入正常电压和大于差动高值的电流时，另一侧不加量。合格判据：加量侧差动保护单相跳闸，不加量侧三相跳闸。

一侧加入正常电压和大于差动高值的电流时，另一侧只加正常电压。合格判据：两侧差动保护不动作。

（4）模拟弱馈功能。两侧断路器合上，本侧通入分相电流，对侧加三相 34～40V 电压（以不出现 TV 断线为标准），两侧保护均出口。交换位置，做同样的试验。

（5）远跳试验。合上开关，本侧仅投入差动压板，对侧模拟远跳输入接点动作。

当装置设置“远跳受本侧控制”=0 时。开入量“收远跳”=1 时，同时跳闸灯亮，本侧开关跳闸，跳闸报告显示远跳动作。

当装置“远跳受本侧控制”=1 时，开入量“收远跳”=1 时，但不跳闸，必须加入故障启动量后才跳闸。

3. 带负荷试验

（1）交流电压的核相。测量端子排上交流电压应与已确认的 TV 小母线三相电压一致。

（2）交流电压和电流的数值检验。装置运行状态下，分别进入“保护状态”菜单的“DSP 采样”和“CPU 采样”子菜单。以实际负荷为基准，检验电压、电流互感器变比。“DSP 采样”中还需检查对侧电流数值并与对侧核对。

（3）检查交流电压和电流的相位。“保护状态”菜单的“相角显示”子菜单中检验本侧三相电流相位及对侧三相电流与本侧三相电流同名相之间的相位，本侧各相电流相序正确，互差 120°，而对侧与本侧同名相电流差近似 180°。

4. 差流检测

（1）记录两侧 TA 参数，见表 Z12F2009Ⅱ-3。

表 Z12F2009Ⅱ-3　　两 侧 TA 参 数

项　目	变　比	补偿系数 K_{ct}
本侧		
对侧		

K_{ct} 整定方法：① 一次电流额定值最大侧整定为 1；② 另一侧 K_{ct}=本侧一次电流额定值/对侧一次电流额定值。

（2）本侧加入 $0.2I_n$ 电流，在本侧装置上读电流，填入表 Z12F2009Ⅱ-4 中。

表 Z12F2009Ⅱ-4　　电流读数表（一）

相别	I_A	I_B	I_C	I_{AR}	I_{BR}	I_{CR}
幅值（A）						

（3）对侧加入 $0.2I_n$ 电流，在本侧装置上读电流，填入表 Z12F2009Ⅱ-5 中。

表 Z12F2009Ⅱ-5　　电流读数表（二）

相别	I_A	I_B	I_C	I_{AR}	I_{BR}	I_{CR}
幅值（A）						

负荷电流（额定电流 5A）$0.05I_n$ 时在装置上差流显示值应大于 $0.02I_n$。

保护用光纤通道验收结束，通道资料齐全后，将两侧装置光端机经光纤正确连接，控制字“主机方式”按照整定书整定，控制字“通道自环试验”改为 0，整定完毕后若通道正常，则两侧的“运行”灯应亮，“通道异常”灯应不亮。

5. 联动试验

所有保护压板投入，通道投入，按表 Z12F2009Ⅱ-6 故障项目测试。

表 Z12F2009Ⅱ-6　　联　动　试　验

故障类型	两侧保护动作情况	故障类型	两侧保护动作情况
A 相瞬时故障		相间瞬时故障	
B 相瞬时故障		本侧输入远跳令	
C 相永久故障		对侧输入远跳令	

6. ××保护专用光纤通道联调试验报告

结论：________________（合格，不合格）。

（三）复用光纤通道的调试

保护复用 PCM 方式的连接见图 Z12F2009Ⅱ-3，保护复用 SDH 方式的连接见图 Z12F2009Ⅱ-4。连接继电保护与通信数字传输电缆应采用屏蔽，通信和继电保护装置在同一接地网的屏蔽电缆应两端接地，不在同一接地网的应采用光传输方式。

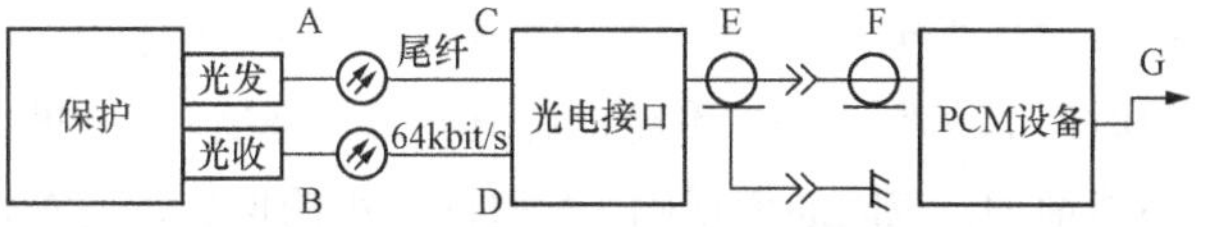

图 Z12F2009Ⅱ-3　复用 PCM 通道

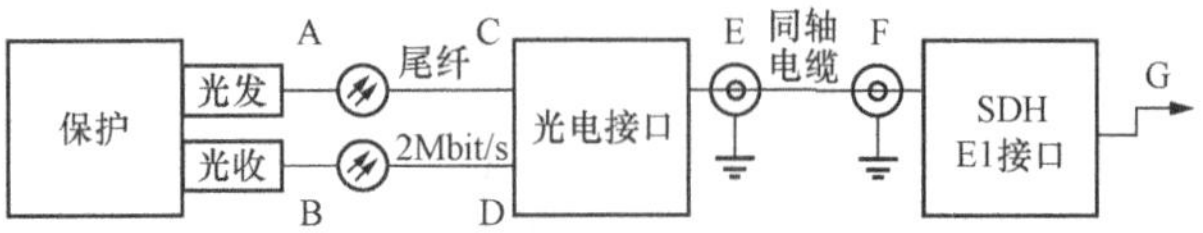

图 Z12F2009Ⅱ-4 复用 SDH 通道

通道检查方法如下。

（1）保护装置的发送功率、接收功率检查同点对点通道检查（一）的（1）和（2）相关内容。

（2）光衰耗检查。检查两侧保护装置的光发送口测量发送功率 P_1，P_1 与出厂时标签上的标称值一致。检查保护装置的光接收口测量接收功率 P_2，在光电转换器的光发送口测量发送功率 P_4，在光电转换器的光接收口测量接收功率，P_3 保护发送功率与光电转换器的接收功率差（P_1–P_3）即保护至光电转换器的光衰耗，光电转换器发送功率与保护接收功率差（P_4–P_2）即光电转换器至保护的光衰耗。

例如 RCS–931，其光电接口 MUX 的发信功率为 13dBm±2dBm，接收灵敏度为 30dBm，因为站内光缆的衰耗不超过 1～2dB，故 MUX 的收信功率应在 20dBm 以上，保护装置的收信功率应在 15dBm 以上。见图 Z12F2009Ⅱ–3 和图 Z12F2009Ⅱ–4。两个方向的光衰耗之差应小于 2～3dB，并记录备案，否则应查明原因。

（3）收信裕度的确认：保证收信功率裕度至少在 6dBm 以上，最好大于 10dBm。否则进行通道检查或更改发送功率跳线。

（4）自环检查。

1）本侧保护装置自环检查：分别用尾纤将两侧保护装置的光收、发自环，将“专用光纤”、“通道自环试验”控制字置“1”，经一段时间的观察，保护装置不能有通道异常告警信号，同时通道状态中的各个状态计数器均维持不变。

解开保护自环，恢复通道接线。

2）本侧光电接口自环检查：两侧在光电接口设备的电接口处使用电缆自环，将“专用光纤”、“通道自环试验”控制字置“1”，经一段时间的观察，保护不能报通道异常告警信号，同时通道状态中的各个状态计数器均不能增加。

3）远端复用通道自环检查：将通道恢复正常连接，在本侧将保护装置的“专用光纤”置“0”或“1”（64kbit/s 的置“0”，2M 的装置置“1”）、“通道自环试验”控制字置“1”，在对侧接口设备光电接口的电接口处将线解下对远端自环，相当于带上复用通道自环，经一段时间的观察，保护不能报通道异常告警信号，同时通道状态中的各个状态计数器均不能增加，或因通道误码，长时间有小的增加，完成后再测试另一侧。

如有误码仪，将对侧的光电接口用尾纤或在电口自环，利用误码仪测试复用通道的传输质量，要求误码率越低越好（要求短时间误码率至少在 10^{-6} 以上）。同时不能有 NO SIGNAL（无收信信号告警）、AIS（信号丢失重要告警）、PATTERN LOS（图案丢失告警）等其他告警，通道测试时间要求最好超过 24h。

恢复两侧接口装置电口的正常连接，将通道恢复到正常运行时的连接，将定值恢复到正常运行时的状态。

（5） 通道告警检查。投入差动压板，保护装置通道异常灯不亮，无通道异常信号。通道状态中的各个状态计数器维持不变（长时间后，可能会有小的增加）。

装置带通道试验、带负荷试验、差流、联动试验同点对点光纤通道调试。

（四）光纤通道故障排查方法

光纤通道故障的定位主要依靠的是自环试验。

1. 点对点通道

（1） 光纤通道常见故障。

1）整定单中“专用光纤”“通道自环试验”“主机方式”等控制字整定错误。

2）尾纤波长不对。

3）保护设备的尾纤在连接器中端面不平整、尾纤在连接器中有缝隙，尾纤断裂。

4）光配线错误。

5）OPGW 等光缆异常。

（2） 故障查找步骤。

1）退出保护出口压板，将整定单中“专用光纤”“通道自环试验”“主机方式”等控制字整定为“1”，将保护装置后的尾纤 AB 自环，通道异常灯灭，说明保护装置正常。对侧保护一样操作。

2）在通信机房，将保护送来的铠装小光缆的接线盒后的尾纤进行近端自环，观察保护装置的通道异常灯，若告警灯灭，说明通道异常在大通道上，由通信人员完成，若告警灯依然存在，进行通信机 ODF 远端自环，观察对侧保护装置的故障告警灯，而对侧也已经进行过两处近端自环且正常，那么，故障可能会在本侧的两个尾纤接线盒与铠装小光缆之间，更换成备用纤芯，通道应恢复正常。

2. 复用通道

复用通道可能故障点比较多：尾纤异常、连接器异常、小光缆异常、数据接口异常，MDF 综合配线架错误，2M 通路接口板异常，SDH 设备的光板异常等都会引起通道告警。故障查找步骤：

1）近端保护装置自环。退出保护出口压板，将整定单中“专用光纤”“通道自环试验”“主机方式”等控制字整定为“1”，将保护装置后的尾纤自环，通道异常灯灭，说明保护装置正常。对侧保护一样操作。进入下一步。

2）近端光电接口前尾纤自环。在通信机房，将保护送来的铠装小光缆的接线盒后的尾纤进行近端自环，观察保护装置的通道异常灯，若告警灯灭，说明通道异常在此光缆接线盒之后。进入下一步。

3）近端光电接口后电缆自环。对通信机房的保护专用的光/电接口出口处的电缆进行近端环回，也可在 MDF 上进行本地环回，保护通道异常告警灯灭，说明故障位于通信机房的光缆接线盒与 MDF 之间。若故障依然存在，进入下一步。

通信人员观察 PCM 的数据板和 2M 通道接口板的信号灯，并相应进行软件或硬环回，进行近端、远端环回。

二、收发信机的调试

高频通道的测试项目主要有收发信机的调试、高频通道加工设备调试、高频通道联合调试。本节以 LFX–912 收发信机为例，介绍高频收发信机的调试。

（一）通电前的检查

1. 外观及接线检查

二次接线的检查参照《电气装置安装工程盘、柜及二次回路结线施工及验收规范》（GB 50171—1992）中相关内容。装置内的检查内容如下：

（1）保护装置的硬件配置、标注及接线等应符合图纸要求。

（2）保护装置各插件上的元器件的外观质量、焊接质量应良好，所有芯片应插紧，型号正确，芯片放置位置正确。

（3）检查保护装置的背板接线有无断线、短路和焊接不良等现象，并检查背板上抗干扰元件的焊接、连线和元器件外观是否良好。

（4）核查逆变电源插件的额定工作电压。

（5）电子元件、印刷线路、焊点等导电部分与金属框架间距应大于 3mm。

（6）保护装置的各部件固定良好，无松动现象，装置外形应端正，无明显损坏及变形现象。

（7）各插件应插、拔灵活，各插件和插座之间定位良好，插入深度合适。

（8）保护装置的背板端子排连接应可靠，且标号应清晰正确。

（9）切换开关、按钮等应操作灵活、手感良好。

（10）各部件应清洁良好。

LFX–912 铭牌数据见表 Z12F2009Ⅱ–7。

表 Z12F2009Ⅱ–7　　LFX–912 铭牌数据

制造厂	工厂号	出厂日期	直流电压（V）	工作频率（kHz）

2. 硬件跳线的核查

根据整定要求，对硬件跳线进行设置和检查。

（1）“收信”插件。该插件中有如下跳线组：JP1、JP2、JP3、JP4、JUMP。其中JP3 为数字地与模拟地的短接线；JUMP（2×2）为放置跳线短路块的多余插座，与插件内无电气连接；JP1 为收信通路 6dB 衰耗投入跳线，JP4 为收信通路 10dB 衰耗投入跳线，JP2（2×4）为收信裕度 3dB 告警整定跳线，这两组跳线应在现场投运之前，通道联调时，按实际收信裕度来整定。并且要将跳线状态标注在该插件面板背后的不干胶标签上，以备日后装置定期校验之用。收信插件整定标签型式见表 Z12F2009Ⅱ–8。

表 Z12F2009Ⅱ–8　　收信插件整定标签型式

项目	投 6dB	投 10dB	收信裕度 3dB 告警整定（JP2）			
跳线	JP1	JP4	+9dB	+12dB	+15dB	+18dB
状态						

（2）发信插件。该插件中有跳线 JP1 及频率整定编码开关 S11、S21、S31，其中JP 为数字地与模拟地之间的短接线。JP1 为输出信号控制短接线，正常运行时一定要短接。频率整定开关 S11、S21、S31 为十进制数码指示的 BCD 编码开关。如进行频率的整定是将各位小开关中间的箭头旋转至小开关上相应的数码，并且该整定值一定要与装置背板标牌上的频率数值相一致。

（3）接口插件。该插件中只有一个跳线 JP，要注意的是在与 RCS–900 系列装置配合构成线路保护时，该跳线绝不能短接。只有与其他无通道试验功能的保护配合构成的线路保护时，该跳线才能短接。

（4）功率放大插件。该插件上的跳线座有 J1、JMP。其中 JMP 为存放跳线短路块的插座。J1 跳线为发信功率检测门槛整定用，正常时，该跳线可以不接；只有在线路投运时，若线路两高频信号差拍严重，并且在两侧同时发信时，致使“接口”插件上的“正常”灯闪灭（或同时有报警输出），则需将 J1 跳线短接，以消除报警现象。

（5）线路滤波插件。该插件中有许多跳线组，这些跳线组在装置出厂时，已按工作频率整定好，其跳线状态在该插件屏蔽板上的不干胶整定标签纸上标出。插件内的标签整定纸型式见表 Z12F2009Ⅱ–9。要注意的是该插件中跳线在出厂时已整定好，其标签纸、测试记录及插件中的跳线，三者应一致，用户在现场切勿自行改变调整。若用户需改变频率运行，请事先与生产厂家联系。

表 Z12F2009Ⅱ-9 滤波器跳线整定标签

线路滤波插件 整定频率： kHz												
跳线	1	2	3	4	5	6	7	8	9	10	11	12
J1												
J2												
J3												
J4												
K1												
K2												
K3												

外观及接线检查见表 Z12F2009Ⅱ-10，硬件跳线的核查见表 Z12F2009Ⅱ-11。

表 Z12F2009Ⅱ-10 外观及接线检查

项目序号	检查内容	检查结果
1	本保护在保护屏上相关端子排及装置背板接线检查清扫及螺栓压接检查情况	
2	各插件外观及接线检查、清扫情况	
3	本装置后背板内清扫及检查情况	
4		

表 Z12F2009Ⅱ-11 硬件跳线的核查

插件名称	检查内容	连接情况	检查内容	连接情况	检查内容	连接情况
收信	JP1		JP2		JP3	
	JP4		JUMP			
发信	JP1					
接口	JP					
功率放大	J1		JMP			
线路滤波	J1		J2		J3	
	J4		K1		K2	
	K3					

3. 绝缘电阻测试

测试前准备工作：将保护装置除电源插件外，全部拔出机箱；逆变电源开关置“接通”位置；在背板接线端子处将正负极输入端子短接。本项测定中所触动的回路及插件，在测试结束后需立即恢复。

（1）测直流电源的对地绝缘。本项测试与保护回路一起进行，在本装置的背板端子 T3、T5 处断开电源进线，投入收发信机逆变电源的开关，除电源插件外，将其余所有插件拔出，并将 T3 和 T5 短接在一起后用 1000V 的绝缘电阻表测直流电源输入回路对地绝缘电阻，用 500V 的数字式绝缘电阻表测试各输出接点及各输入回路对地的绝缘电阻，在新投产中要求绝缘电阻值均应大于 10MΩ；定期校验中绝缘电阻值应大于 1MΩ。

（2）介质强度检测。在保护装置背板接线处将所有直流回路、输出接点及输入回路的端子连接在一起，整个回路对地施加工频电压为 1000V、历时为 1min 的介质强度试验。

试验前必须做好安全措施。试验区域应加设安全围栏，并有专人监护。正式加压试验前，应将高压端放在绝缘物上进行空载试升压，确实证明试验回路接线正确，方可进行试验。

试验过程中应无击穿或闪络现象。试验结束后，复测整个二次回路的绝缘电阻应无显著变化。当现场试验设备有困难时，允许用 2500V 绝缘电阻表历时 1min 测试绝缘电阻的方法代替。该项测试一般只在投产时有条件测试，在检验和部分校验时不进行此项试验，见表 Z12F2009Ⅱ-12。

表 Z12F2009Ⅱ-12　　绝缘电阻测试

检查内容	标准	试验结果（MΩ）
强电直流回路对地的绝缘电阻值	要求绝缘电阻大于 10MΩ	
弱电直流回路对地的绝缘电阻值	要求绝缘电阻大于 10MΩ	

4. 逆变电源的检验

断开保护装置跳闸出口压板。试验用的直流电源应经专用双极闸刀，断开本装置的背板端子 T3、T5 处的电源进线，在 T3、T5 端子输入直流试验电源，其电压能在 80%～115%的额定范围内变动。

（1）检验逆变电源的自启动性能。直流电源缓慢上升时的自启动性能检验。合上保护装置逆变电源插件上的电源开关，试验直流电源由零缓慢升至 80%额定电压值，此时逆变电源插件面板上的电源“运行”指示灯应亮。

（2）逆变电源输出电压及稳定性检测。

1）空载状态下检测。保护装置将逆变电源插件用转接插件引出，将其余插件全部拔出，分别在直流电压为 80%、100%、115%的额定电压值时检测逆变电源的空载输出电压。用万用表测量逆变电源盘插件内相应24V、+12V、−12V、+5V对数字地相应测试点的输出电压值。

2）正常工作状态下检测：保护装置所有插件均插入，加直流额定电压，保护装置处于正常工作状态。用万用表测量逆变电源盘插件内相应24V、+12V、−12V、+5V对数字地相应测试点的输出电压值。

（3）测试逆变电源各级输出电压的波纹系数。用示波器测试各级输出电压的纹波系数

$$q_u=\frac{U_{mm}-U_v}{U_0}\times 100\%$$

式中 q_u——波纹系数；

U_{mm}——最大瞬时电压；

U_v——最小瞬时电压；

U_0——直流分量。

波纹系数测试要求应小于2%。见表Z12F2009Ⅱ−13。

表Z12F2009Ⅱ−13 检验满负荷时逆变电源的输出电压及波纹电压

标准电压（V）		24	−12	+12	+5
测试孔		T12～T31	DC（113～116）	DC（115～116）	DC（112～116）
输出直流电压	允许范围（V）	24±2	−12±1	+12±1	+5±0.2
	满负载时（V）				
纹波系数	允许范围（%）	<2	<2	<2	<2
	满负载时（mV）				

（4）直流电源拉合试验。直流电源在额定工作电压下运行，进行拉合直流工作电源（保护屏的直流输入端进行拉合），此时保护装置应不误动，不误发保护动作信号。见表Z12F2009Ⅱ−14。

表Z12F2009Ⅱ−14 直流电源拉合试验

检查项目	保护动作情况	合格判据
直流电源拉合		不误动作和误发信

记录：逆变电源自启动能力测试

该电源装置自启动电压为：________V。

（二）收发信机调试

1. 发信回路检验

将装置背板上的“本机”“负载”插孔用专用连接销短接，同时短接接背板上的T10、T12（启动发信）端子，用选频电平表高阻挡电平测试线及频率计测试线跨接在“线路滤波”插件面板上的“负荷”与“公共”测试孔上，检查发信输出电平及发信频率，其电平表读数应为+11dB±1dB（即输出为+40dBm/75Ω左右）（装置内部已通过20dB衰耗），频率表读数应为f_0±5Hz。见表Z12F2009Ⅱ-15。

表Z12F2009Ⅱ-15　　发信回路校验

内　容	发信频率（kHz）	发信电平（dB）
测量点	线滤（负荷—公共）	线滤（负荷—公共）
标称值	（f_0±5）	（+11±1）
实测值		

2. 收信回路检验

（1）测收信回路的分流衰耗。试验接线见图Z12F2009Ⅱ-5，图中的A、B两点分别为保护装置的T38（芯线）、T40（地线）（断开高频电缆），振荡器的输出电阻置于0Ω的位置，但如有75Ω的输出电阻时，则置于75Ω的位置，这样可不必再在振荡器输出端串入模拟内部输出阻抗的75Ω电阻。试验开始时，先将背板上的专用连接销拔出，将振荡器的输出频率固定在（f_0+14.0）kHz处，输出电平则调至图中电平表的读值，指示为0dB，然后将背板上的专用连接销将背板上的“本机”“通道”插孔短接，将收发信机接入测试回路中再读电平表的读值，该值不应小于-1.0dB。电平表指示的绝对值即为收发信机在（f_0+14.0）kHz频率下的分流衰耗。改变振荡器的输出频率，以同样的方法检查频率为（f_0-14.0）kHz时的分流衰耗值，该值也不应小于-1.0dB。

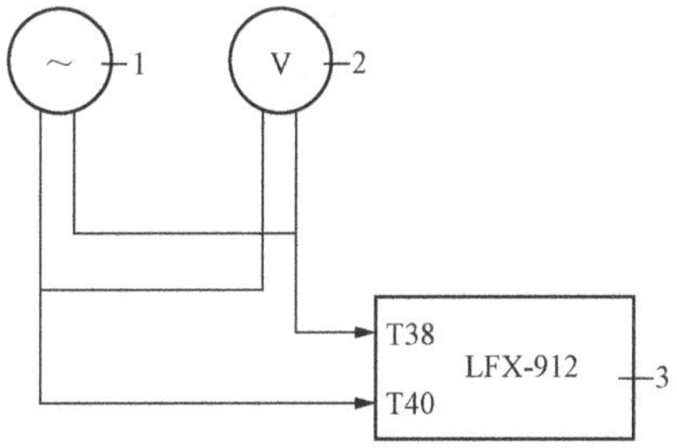

图Z12F2009Ⅱ-5　收信回路的分流衰耗测试接线示意图

1—高频振荡器，阻抗75Ω；2—电平表，阻抗75Ω；3—收发信机

（2）测回波衰耗值。测试接线见图Z12F2009Ⅱ-6，图中电阻R的阻值为75Ω。试验时先将背板上的专用连接销拔出，将振荡器输出频率调至f_0，输出电平调至电平表指示为0dB，输出固定不变，然后将背板上的专用连接销将背板上的“本机”“通道”插孔短接（将收发信机接入测试回路中），再读电平表指示值，该值应小于-10dB。

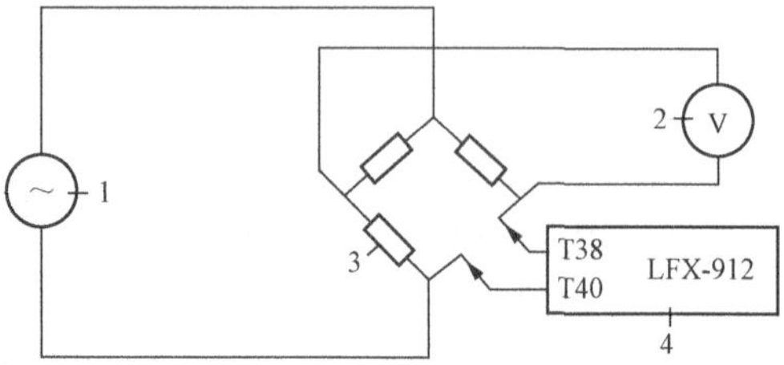

图 Z12F2009Ⅱ-6 回波衰耗测试接线示意图

1—高频振荡器；2—电平表；3—75Ω无感电阻；4—收发信机

若以上检验不符合要求，则用高频振荡器向发信输出滤波器的输入端送入可变频率的信号，在其输出端接入75Ω的无感电阻（标称的负荷电阻），以检查输出滤波器的调谐频率是否与发信机的标称工作频率是否相同，如滤波器失谐则要求生产厂家更换。

（3）检验收信回路工作的正确性。收信回路调整：将背板上的专用连接销将背板上的“本机”“通道”插孔短接，按图 Z12F2009Ⅱ-7 接线，将振荡器频率阻抗置 0Ω 挡，调整输出频率为 f_0，并调整振荡器的输出电平，使 T38、T40 处的电平为+4dBm（电平表直读为–5dB）。

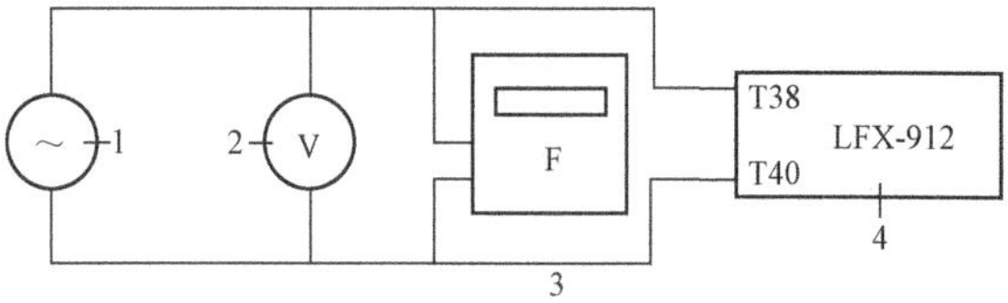

图 Z12F2009Ⅱ-7 收信回路试验接线示意图

1—高频振荡器，阻抗 75Ω；2—电平表，阻抗 75Ω；3—频率计；4—收发信机

1）收信灵敏启动电平整定。将收信插件用转接插件引出，并将收信插件上的 JP1、JP4 跳线断开，按图 Z12F2009Ⅱ-7 接线，加入 f_0 的高频信号，缓慢增大振荡器的输出电平值，使收信插件面板上的“收信启动”灯刚好点亮，并记下选频表读数，此时的选频表读数即为启动电平（也称灵敏启动电平）；然后再缓慢减小振荡器的输出电平使接收信号灯刚好灭，并记下此时的选频表读数，即为返回电平，启动电平应为（–5±0.5）dB，启动电平与返回电平之间的回差应小于 1dB，若启动电平的误差较大，可根据实际运行的需要，适当调节收信盘中的 W3 电位器。注意，保护必须处于停用状态。

2）收信裕度指示灯调整。按图 Z12F2009Ⅱ-7 接线，将振荡器输出电平调至+1dB，适当调整收信盘中的 W4 电位器，使收信裕度“6dB”指示灯刚好点亮；将振荡器输出电平调至+4dB，适当调整收信盘中的 W5 电位器，使收信裕度“9dB”

指示灯刚好点亮；将振荡器输出电平调至+7dB，适当调整收信盘中的 W6 电位器，使收信裕度“12dB”指示灯刚好点亮；将振荡器输出电平调至+10dB，适当调整收信盘中的 W7 电位器，使收信裕度“15dB”指示灯刚好点亮；将振荡器输出电平调至+13dB，适当调整收信盘中的 W8 电位器，使收信裕度“18dB”指示灯刚好点亮。

3）连上通道后收信回路调整。两侧的收发信机及通道调试（包括测试通道传输衰耗等项目）完毕，且具备交换信号的条件下，要求调度让对侧相应的高频保护改为信号状态。

a. 收信入口处电平测试：将电平表（高阻抗挡）测试线接于装置背板接线端子 T38、T40，远方启动对侧发信，用选频表高阻挡测试收、发信电平，并做好记录，填入表 Z12F2009Ⅱ–16、表 Z12F2009Ⅱ–17 所示。

b. 确定收信盘投入衰耗值。如实测通道口收信电平小于 13dB（电压电平），则收信插件内跳线 JP1 及 JP4 都不应投入，如收信电平为 13～20dB，则将收信插件内的跳线 JP1 投入（相当于投入 6dB 衰耗），如收信电平大于 20dB，则将收信插件内的跳线 JP4 投入（相当于投入 10dB 的衰耗）。

表 Z12F2009Ⅱ–16　　通道入口处电平测试

内　　容	通道入口处电平
测量点	T38～T40（75Ω）
发信时的测量值（dB）	
收信时的测量值（dB）	

表 Z12F2009Ⅱ–17　　收信插件内 TP3 点电平测试

内　　容	收信插件内 TP3 点电平
测量点	收信插件内 TP3～TP0
收信条件	接收对侧发信信号
实际测量值（dB）	
调整点	收信盘中 W1
要求值	T1±1dB

4）调整 3dB 告警回路。做好以上工作后，此时远方启动对侧发信，装置的收信插件上的收信裕度指示灯在发信时应全部点亮，在收信时除 18dB 收信裕度指示灯不亮外应全部点亮，如不满足要求，则应按以上步骤重新调整；如确已满足要求，则将收信插件跳线 JP2 的 3～7 短接（相当于收信裕度为 15dB），则 3dB 告警回路便整

定完毕，见表 Z12F2009Ⅱ–18。

表 Z12F2009Ⅱ–18　　收信衰耗及 3dB 跳线整定

内　容	收信衰耗跳线连接情况	3dB 告警跳线整定情况
实际情况		
连接含义		

5）远方启动功能检查。两侧做好交换信号的准备工作，让对侧合上直流电源并投入“远方启动”功能（如本装置的“远方启动”功能停用，则应合上与本装置配合的保护装置的电源），在全部校验或部分校验时应要求将对侧相关高频保护改为信号状态，本侧按发信按钮，本侧装置发信启动对方远方发信，观察功放盘上的表头、收信启动盘及接口盘的指示灯的情况，指示灯及表头指示应满足表 Z12F2009Ⅱ–19 的要求。

表 Z12F2009Ⅱ–19　　远方启动功能检查

本侧交换信号					
试验过程		0～0.2s	0.2～5s	5～10s	10～15s
接口盘	正常指示灯	—	灯亮	灯亮	灯亮
	起信指示灯	—	灯亮并保持	灯亮并保持	灯亮并保持
	收信指示灯	—	灯亮	灯亮	灯亮
收信盘	收信启动指示灯	—	灯亮	灯亮	灯亮
	收信裕度灯	—	除 18dB 指示灯不亮外其作全部点亮	全部点亮	全部点亮
对侧交换信号					
试验过程		0～0.2s	0.2～5s	5～10s	10～15s
接口盘	正常指示灯	—	灯亮	灯亮	灯亮
	起信指示灯	—	灯亮并保持	灯亮并保持	灯亮并保持
	收信指示灯	—	灯亮	灯亮	灯亮
收信盘	收信启动指示灯	—	灯亮	灯亮	灯亮
	收信裕度灯	—	全部点亮	全部点亮	除 18dB 指示灯不亮外其作全部点亮

3. 接口逻辑功能及信号检查

（1）正常指示灯。装置工作正常时，此灯亮，在下列异常情况下，此灯灭：频率合成回路异常；发信时，功率放大器不能满功率发信；接收对侧的收信电平低于所整定收信裕度的 3dB 以上。

（2）“起信”指示灯。正常运行时不亮，保护装置启动发信输入时，灯亮，并保持；同时启动中央信号的“装置动作”信号。此保护信号必须由“复归”按钮复归。

（3）“停信”指示灯。正常动作时不亮。保护装置送来“停止发信”信号，此灯亮并保持；同时启动中央信号的“装置动作”信号。此保持信号必须由“复归”按钮复归。在与 RCS–900 保护配合时，此信号不接入。

（4）“收信”指示灯。收信回路收到本侧或对侧高频信号时，此灯亮并保持；同时启动中央信号的“装置动作”。此保持信号必须由“复归”按钮复归。

（5）“3dB 告警”指示灯。在通道试验时，若收到对侧的信号低 3dB 以上，此灯亮。

（6）“收信启动”指示灯。收信回路收到本侧或对侧高频信号且高频信号输入电平大于实际灵敏启动电平时，此灯亮。

（7）“装置动作”信号。当保护装置有“启动发信”或“停止发信”输入或有“收信输出”时，接点闭合，送至中央信号。

（8）“装置异常”信号。当本装置直流电源消失、频率合成器异常、发信时不能满功率发信，接收对侧信号电平低于整定电平 3dB 以上，则装置发出“装置异常”中央信号。

4. 通道裕度（收信裕度）测试

在测试收信裕度时应检查断路器的状态，如断路器处于断开状态，则应考虑接入跳闸位置停信的影响，在通道试验项目结束后立即恢复，恢复后应立即检查停信回路工作的正确性。

两侧收发信机应处于信号位置，在高频电缆和收发信机之间串接一只 75Ω 的衰耗器，先将衰耗器置 0，按发信按钮，当对侧远方启动时，加入衰耗（衰耗值应逐渐增加），当 5s 后本侧刚好能启动发信时的衰耗值即为本侧的通道裕度，要求实测通道裕度为 12～15dB 范围内。如不符合要求，可调整收信盘内的 W2，见表 Z12F2009Ⅱ–20。

表 Z12F2009Ⅱ–20　　收信裕度测试

实测收信裕度（dB）	
收信裕度范围（dB）	12～15
调整点	收信盘内 W2

5. 校验 3dB 告警回路

测量完收信裕度后，才能校验 3dB 告警回路，在高频电缆和收发信机之间串接一只 75Ω 的衰耗器，两侧收发信机应处于信号状态，按本侧发信按钮，在收到对侧信号时，衰耗器加入 3～4dB，此时“+3dB 告警”灯应亮，小于 3dB 时“+3dB 告警”灯应可靠不亮。如不符合要求可适当调整“收信”盘内的 W7 电位器（对应于收信裕度为 15dB）。见表 Z12F2009Ⅱ–21。

表 Z12F2009Ⅱ–21　　3dB 告警回路校验

内　容		测量点	标称值（dB）	实测值（dB）
3dB 告警	动作	外线	3～4	
	返回	外线	—	

6. 收发信高频信号波形检查

将示波器测试线接于线路滤波盘面板“外线”—“公共”插孔（如为防止高频信号过大引起损坏示波器，可在示波器测试线上串入 20dB 的衰耗器），按本侧通道试验按钮交换信号，用示波器检查在交换高频信号过程中，高频信号应无间断及波形失真现象。

全部工作结束后，将所有临时拆开的接线头全部恢复，恢复后应认真检查是否正确，并对拆开过的回路做必要的试验，检查装置是否恢复正常，最后按装置的恢复按钮，将装置的所有动作信号全部复归，并检查将装置后背板上所有输出接点或电位是否处于正常工作状态。

记录：收发信波形检查。

在交换高频信号时用示波器观察高频信号是否为连续正弦波：＿＿＿＿＿＿＿＿。

（三）LFX–912 型远方保护信号传输装置全部校验遗留问题

遗留问题：＿＿＿＿＿＿＿＿＿＿＿＿＿＿＿＿＿＿＿＿＿＿＿。

（四）LFX–912 型远方保护信号传输装置全部校验结论

结论：＿＿＿＿＿＿＿＿＿＿＿＿＿＿＿＿＿＿＿＿＿＿＿。

三、高频通道的调试

高频通道调试包括高频电缆调试、结合滤波器调试、耦合电容器调试、阻波器调试、接地刀闸外部检查和高频通道整组调试。

（一）阻波器的调试

在停电但不取下设备的条件下进行阻塞性能的测试。将阻波器后面的隔离开关打开，接地刀闸合上，同时解开阻波器上端与线路的连接线，使阻波器上端悬空。拆线时应严格遵守有关在高压设备上作业的安全规定，高压线路停电并挂接地线。

1. 外部检查

检查阻波器主线圈和调谐元件之间的连线是否正确，接触应良好。

清除阻波器上的灰尘和污物，检查螺栓是否拧紧，各焊接点可靠。调谐元件是否严密，放电器固定是否牢靠，注意强流线圈部分要干净，保证接触良好。记录检查结果。

2. 绝缘检查

（1）绝缘电阻测试。用2500V绝缘电阻表测定绝缘电阻。将绝缘电阻表的接地端子接在调谐元件的外壳上，另一端依次接到不接外壳的端子上。在检查调谐元件时应将强流线圈断开，所测得的绝缘电阻应大于100MΩ。工频1000V交流耐压试验（或用2500V绝缘电阻表代）。摇测1min，代替耐压试验。绝缘电阻应无大的变化。记录数据至表Z12F2009Ⅱ–22中。

表Z12F2009Ⅱ–22 绝缘电阻测试

回路名称	绝缘电阻（MΩ）	要求值（MΩ）	测试条件
调谐元件对外壳		大于100	（1）用2500V绝缘电阻表。 （2）断开调谐元件与主线圈连线。 （3）绝缘电阻表接地端子接调谐元件的外壳上

（2）避雷器放电电压测试。带有串联间隙的金属氧化物避雷器，工频放电应试验5次；每次间隔不少于30s，5次放电电压平均值应不超过避雷器合格证的上下限值；第一次放电电压与后四次的试验结果相差较大，则该次数据无效，应补做一次。R_P为保护电阻，用来限制放电电流，可选用2～5kΩ的碳膜电阻。TV为适当变比的电压互感器（3000/100～6000/100）。电压表可用0.5级交流电压表或万用表或万用表，读数U乘上TV变比n就是放电器放电电压，即$U_P=nU$。接线图见图Z12F2009Ⅱ–8，结果填入表Z12F2009Ⅱ–23中。

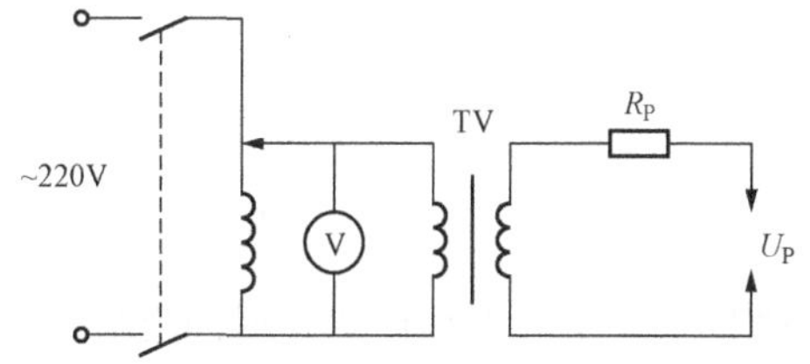

图Z12F2009Ⅱ–8 避雷器放电电压试验接线图

表 Z12F2009Ⅱ-23 避雷器放电电压试验 kV

铭牌值	
实测值	

3. 阻塞特性测试

阻波器阻塞性能测试包括阻塞电阻、阻塞电抗、分流衰耗测试。

（1） 在线测试应注意事项。

1）在线测试时，测试线尽可能地短，一般不应大于 15m，应采用单芯带屏蔽的电缆。

2）二根测试引线应尽量分开，避免测试线引起的误差。

3）测量时可不解开阻波器与线路的连接线，但应将阻波器与线路的连接点可靠接地。

4）测试时振荡器选平衡方式，选频电平表带宽选择 1.7kHz。

5）测试仪表外壳地必须与接地线可靠连接。

（2） 阻塞电阻及阻塞阻抗特性。其试验接线方式见图 Z12F2009Ⅱ-9，频率步长为 10kHz。

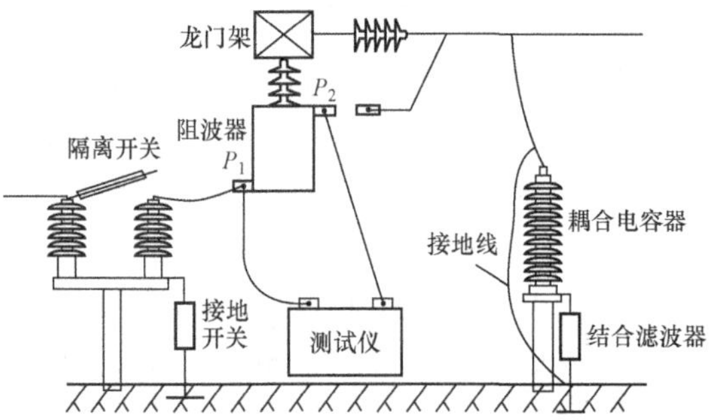

图 Z12F2009Ⅱ-9 阻波器阻塞特性测试接线图

计算公式为

$$Z_r = \left(10^{\frac{P_1 - P_2}{20}} - 1\right) R$$

根据铭牌要求：单频阻波器（Z 型）大于 800Ω时的阻塞频带应满足 $f \geqslant \pm 2$kHz（在 f_0 时）；宽频阻波器（R 型）不小于 570Ω。将结果填入表 Z12F2009Ⅱ-24 中。

表 Z12F2009Ⅱ-24　　阻波器的阻塞电阻及阻塞阻抗

f（kHz）						
U_1（ ）						
U_2（ ）						
U_3（ ）						
Z_e（Ω）						
R_e（Ω）						

注 1. 对于宽频阻波器 $R_e>800\Omega$。
2. 对宽频阻波器，每 20kHz 录取一组数据，在保护收发信机工作频率附近 20kHz 时，每 5kHz 录取一组数据；对单频阻波器，每 0.5kHz 录取一组数据。
3. 对单频阻波器应做第 3、4 项，对宽频阻波器不做 3、4 项。

（3）分流衰耗。分流损耗和以阻塞电阻为基础的分流损耗测量（形式及常规试验），建议采用图 Z12F2009Ⅱ-10 中电路测量分流损耗，并按下式计算：

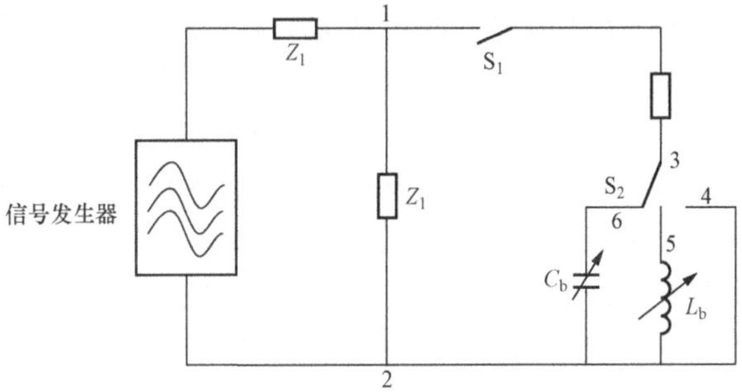

图 Z12F2009Ⅱ-10　阻波器分流损耗测量电路

分流损耗

$$A_t = 20\lg\left|\frac{U_1}{U_2}\right| = 20\lg\left|1+\frac{Z_1}{2Z_b}\right|$$

以阻塞电阻为基础的分流损耗

$$A_{tR} = 20\lg\left|\frac{U_1}{U_2}\right| = 20\lg\left|1+\frac{Z_1}{2R_b}\right|$$

式中 Z_1——线路特性阻抗的等效电阻；

Z_b——阻塞阻抗；

R_b——阻塞电阻；

U_1——开关 S_1 断开时，端子1、2之间的电压；

U_2——当开关 S_1 闭合，开关 S_2 闭合于3～4（测量 A_t）或3～5，3～6（测量 A_tR）时端子1、2之间的电压。

测量以阻塞电阻为基础的分流损耗时，应在3～5和3～6之间切换开关 S_2 的位置，并通过调整电容 C_b 或电感 L_b 补偿阻波器阻塞阻抗中的电抗分量。信号发生器应置于低内阻。

注意，如果以这种方式测量分流损耗，则可不测量阻塞阻抗和阻塞电阻，反之亦然。

在打开隔离开关的条件下，也可以用直接测量分流损耗的方法检查阻波器是否存在故障。测试时，可在机房通过高频电缆向高频通道发送出高频信号，也可在结合滤波器的电缆侧发送信号，用选频电平表测量耦合电容器顶端的电平值，阻波器后面的隔离开关打开和闭合两种状态下的电平之差，便是阻波器的分流损耗。

需要注意的是，阻波器的高频阻塞效果不仅取决于阻波器的线路，还与线路阻抗、结合滤波器线路侧的输出阻抗有关。其分流损耗的保证值和出厂试验值（例如2.6dB）是以一定线路输入阻抗及结合滤波器线路侧输出阻抗与线路阻抗完全匹配为条件，因结合滤波器为了达到最大工作带宽，其输出阻抗有一定的波动范围，此外输电线的实际阻抗也未必为此种线路阻抗的典型值（例如300Ω、400Ω）其波动范围也会使阻波器的分流损耗增大或减小。因此，在运行现场实际测得的分流损耗如果在一较小的程度上大于制造厂家分流损耗的保证值，尚不能作为阻波器是否失效的判据。当这种偏差足够大，比如明显超过表Z12F2009Ⅱ-25所列的分流损耗范围，或者分流损耗频响曲线严重变形时，则应分别测试阻波器阻塞阻抗和输电线的输入阻抗。正常范围见表Z12F2009Ⅱ-25。

表Z12F2009Ⅱ-25 阻波器分流损耗的正常范围

阻波器阻塞阻抗（Ω）	线路阻抗（Ω）	结合滤波器回波损耗（dB）（不带阻波器时）	阻波器分流损耗（dB）
800～2000（单频调谐）	400	20	0.9～2.1
		12	1.0～2.3
	300	20	0.7～1.6
		12	0.8～1.8
570～800（宽带调谐）	400	20	2.1～2.8
		12	2.3～3.1
	350	20	1.8～2.5
		12	2.0～2.8

续表

阻波器阻塞阻抗（Ω）	线路阻抗（Ω）	结合滤波器回波损耗（dB）（不带阻波器时）	阻波器分流损耗（dB）
570～800（宽带调谐）	300	20	1.6～2.2
		12	1.8～2.4
424～600（宽带调谐）	300	20	2.1～2.8
		12	2.3～3.1

部分检验时，可采用拉合线路两侧接地开关的方法对阻波器的阻塞性能进行判断。断开线路两侧的断路器及隔离开关，分别在线路侧接地刀闸合上与断开的情况下测试结合滤波器线路侧的收发信电平。在本侧高频通道其他结合加工设备正常的情况下，该电平值前后相差不大于 2.6dB 时可认为阻波器阻塞性能完好，不必对其进行细致的检验。

（二）结合滤波器试验

拆下接在高压耦合电容器上的一次侧线圈，拆线时应严格遵守有关在高压设备上作业的安全规定，高压线路停电并挂接地线，并将结合滤波器一次侧的接地刀闸合上。

1. 外部检查

检查结合滤波器中各元件是否完整，连接是否正确，螺栓是否拧紧，焊点有无假焊及脱焊现象，外壳内有无渗水及生锈现象，放电器固定是否牢固等。记录检查结果。

2. 绝缘电阻测试

用 1000V 绝缘电阻表测量对外壳绝缘电阻。测量之前先将电感线圈接地点拆开，把所有元件短接后对地（外壳）测绝缘电阻，要求不小于 100MΩ。电缆侧电容两端同样用 1000V 绝缘电阻表测绝缘电阻，同样要求大于 100MΩ。在绝缘电阻合格后，进行 1000V 交流 1min 耐压试验（或用 2500V 绝缘电阻表代替）。将结果填入表 Z12F2009Ⅱ-26 中。

表 Z12F2009Ⅱ-26　　结合滤波器的绝缘电阻测试

回路名称	绝缘电阻（MΩ）	要求值（MΩ）	测试条件
内部元件对外壳		大于100	（1）用 1000V 绝缘电阻表。 （2）断开电感线圈接地点。 （3）短接所有元件对地

3. 避雷器放电电压测试

可用 2500V 绝缘电阻表及能测量 2500V 直流的电压表测试或参照制造厂说明书进

行。放电时电压表指示值不再上升，要求直流放电电压在 1700～2100V（对于 Y5CB–1 氧化锌避雷器，工频放电电压为 1800～2200V），否则应进行调整或更换。将结果填入表 Z12F2009Ⅱ–27 中。

表 Z12F2009Ⅱ–27 结合滤波器的放电电压测试 kV

铭牌值	
实测值	

4. 结合滤波器的输入阻抗频率特性和衰耗特性试验

在结合滤波器的整个工作频带内进行测试，频率步长为 10kHz，要求 b_p 不大于 1.3dB。

（1）衰耗和阻抗特性测试。

1）使用普通选频电平表方式。见图 Z12F2009Ⅱ–11 和图 Z12F2009Ⅱ–12。

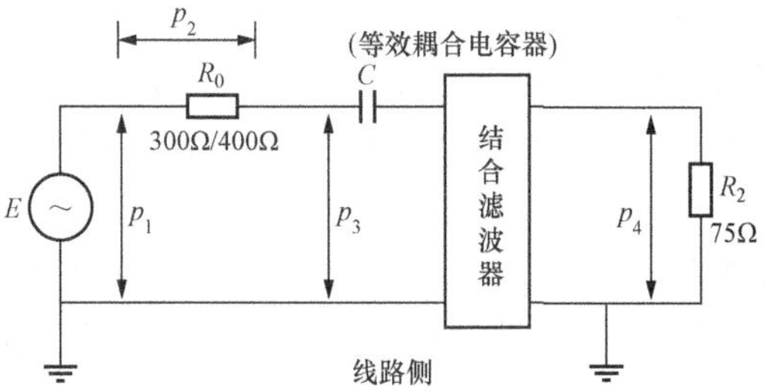

图 Z12F2009Ⅱ–11 结合滤波器线路侧工作衰耗及输入阻抗测试图

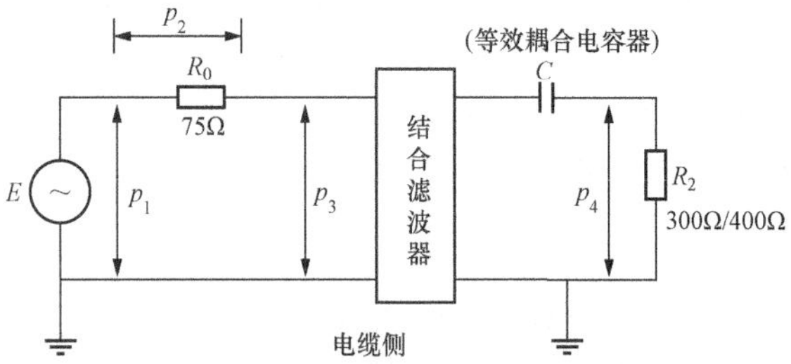

图 Z12F2009Ⅱ–12 结合滤波器电缆侧工作衰耗及输入阻抗测试图

a. E=10dB，输出阻抗置于 0Ω挡；f：工作频带内。

b. 电平表置于高阻挡，p_2 采用平衡挡测量；p_3、p_4、p_1 采用不平衡挡测量。

工作衰耗

$$b_p = p_1 - p_4 + \lg\frac{R_2}{4R_0}$$

要求：单频不大于 1.3dB；宽频不大于 2.0dB。

输入阻抗

$$Z_R = 10^{\frac{p3-p2}{20}} R_0$$

要求：单频误差不大于±20%，宽频误差不大于±25%。

2）使用自动测试仪。阻波器、结合滤波器自动测试仪的测试插座是四芯的（或四个插孔），分线路侧和电缆侧。将线路侧测试引线接至结合滤波器高压端和一次接地端子，将电缆侧测试引线接至结合滤波器的高频电缆接入端子和二次接地端子。根据自动测试仪提示完成工作衰耗的测试，将结果填入表 Z12F2009Ⅱ–28 和表 Z12F2009Ⅱ–29 中。

表 Z12F2009Ⅱ–28　线路侧输入阻抗频率特性和衰耗特性试验参数

f（kHz）								
U_1（　）								
U_2（　）								
U_3（　）								
U_4（　）								
Z_{in}（Ω）								
b_p（　）								

注　衰耗值 b_p 不大于 1.3dB。

表 Z12F2009Ⅱ–29　电缆侧输入阻抗频率特性和衰耗特性试验参数

f（kHz）								
U_1（　）								
U_2（　）								
U_3（　）								
U_4（　）								
Z_{in}（Ω）								
b_p（　）								

注　衰耗值 b_p 不大于 1.3dB。

（2）特性阻抗测试。特性阻抗 Z_C 可用图 Z12F2009Ⅱ–11 和图 Z12F2009Ⅱ–12 的接线形式进行测量，当末端 R_2 开路和短路时，分别测出工作频率 f_0 下的开路、短路时的输入阻抗 Z_∞ 和 Z_0。填入表 Z12F2009Ⅱ–30 和表 Z12F2009Ⅱ–31 中。

计算公式为

$$Z_C = \frac{\sqrt{\lg^{-1}(p_{3\omega} + p_{30} - p_{2\omega} - p_{20})}}{20} R_0$$

表 Z12F2009Ⅱ-30 线路侧特性阻抗测试

$P_{2\infty}$	$P_{1\infty}$	Z_{∞}	P_{20}	P_{10}	Z_0	Z_C

注 Z_C 与所用挡的最大误差不超过±20%。

表 Z12F2009Ⅱ-31 电缆侧特性阻抗测试

$P_{2\infty}$	$P_{1\infty}$	Z_{∞}	P_{20}	P_{10}	Z_0	Z_C

注 Z_C 与所用挡的最大误差不超过±20%。

试验在所用收发信机频率下进行即可。

5. 回波损耗特性 $b_{rt}=F(f)$ 测试

测试接线见图 Z12F2009Ⅱ-13，频率步长为 10kHz，要求结合滤波器在工作频带内的回波损耗大于 20dB。

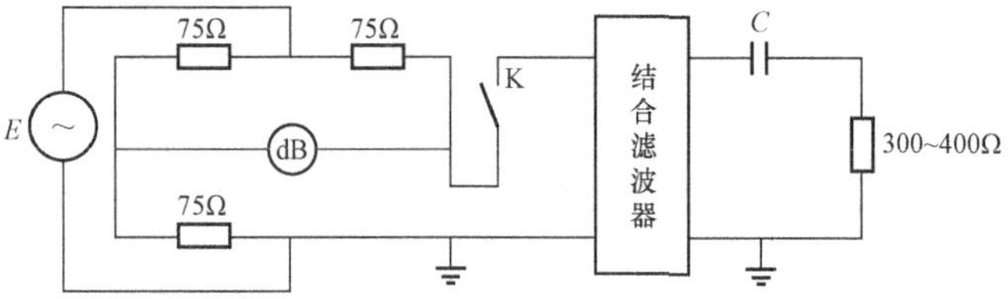

图 Z12F2009Ⅱ-13 结合滤波器的回波衰耗测试图

测量：

（1）E=10dB，输出阻抗置于 0Ω挡；f：工作频带内。

（2）K 断开时，电平值为 p_1；K 合上时，电平值为 p_2。

$$b_{rt} = p_1 - p_2$$

要求：单频不小于 20dB，宽频不小于 12dB。

（三）耦合电容器的调试

耦合电容器的调试应根据高压电容器的有关规定进行。

（1）绝缘，耐压试验。

（2）电容量。要求与标称值相差不大于±10%。

（3）介质损耗试验。要求 20℃时 $\tan\delta < 0.4\%$。

（四）高频电缆试验

1. 外部检查

检查高频电缆的状况是否良好，应检查铅包及铠装是否完好、电缆头是否完好、铜芯有无损伤等，各连接处是否牢固可靠、电缆标示牌是否清晰。记录检查结果。

2. 绝缘电阻测试

断开高频电缆与结合滤波器的连接端子，在保护屏的端子排处拆下电缆芯线。用1000V 绝缘电阻表测定高频电缆芯与屏蔽层之间的绝缘电阻，应大于 100MΩ。绝缘电阻合格后再进行 2000V、1min 的交流耐压试验。结果填入表 Z12F2009Ⅱ–32 中。

表 Z12F2009Ⅱ–32　　　　高频电缆绝缘电阻测试

回路名称	绝缘电阻（MΩ）	要求值（MΩ）	测试条件
电缆芯对屏蔽层		大于 100	（1）用 1000V 绝缘电阻表。 （2）断开与外部的连线

3. 特性阻抗测试

特性阻抗 Z_C 可用图 Z12F2009Ⅱ–14 接线形式进行试验，各测试点采用电平表高阻挡测量。振荡器输出阻抗置于 0Ω挡，p_2 必须使用电平表平衡挡测量，p_1、p_3 用电平表不平衡挡测量。R_1 取为 75Ω，当末端开路（K 断开）和短路（K 闭合）时，分别测出工作频率 f_0 下的开路、短路时的输入阻抗 Z_∞和 Z_0。结果填入表 Z12F2009Ⅱ–33 中。

$$Z_C=\sqrt{\frac{\lg^{-1}\left(p_{3\omega}+p_{30}-p_{2\omega}-p_{20}\right)}{20}}R_1$$

测试结果偏差应不大于标称阻抗的 10%。

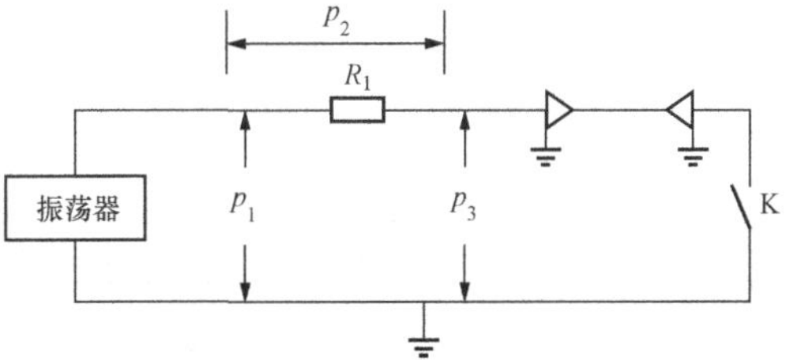

图 Z12F2009Ⅱ–14　高频电缆特性阻抗 Z_C

表 Z12F2009Ⅱ–33　　　　高频电缆特性阻抗测试

U_{1k}	U_{2k}	Z_k	U_{10}	U_{20}	Z_0	Z_C

注　Z_C 与标称阻抗的最大误差不超过±10%。

如果电缆长度接近λ/4或λ/4的整数倍时，就有可能出现衰耗很大的情况。

4. 输入阻抗及工作衰耗测试

试验接线见图Z12F2009Ⅱ–15，各测试点采用电平表高阻挡测量。振荡器输出置于0Ω挡。

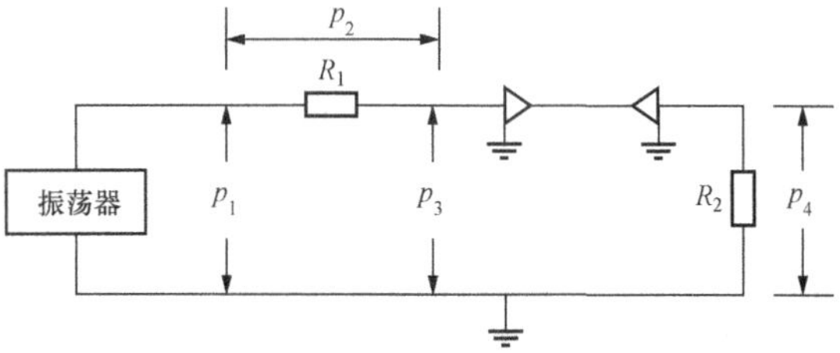

图Z12F2009Ⅱ–15 高频电缆输入阻抗测试图

测试p_2时应用电平表平衡挡测量，p_1、p_3、p_4用电子表不平衡挡测量。R_1和R_2取为75Ω。用下式计算工作频率f_0下的工作衰耗b_p：

电平表法

$$b_p = p_1 - p_4 - 6$$

上述计算公式均为R_1=R_2时得出。

用下式计算工作频率f_0下输入阻抗Z_{in}

$$Z_{in} = \lg^{-1}\left(\frac{p_3 - p_2}{20}\right)R_1$$

测试结果偏差应不大于标称阻抗的10%。结果应符合表Z12F2009Ⅱ–34的要求，填入表Z12F2009Ⅱ–35中。

表Z12F2009Ⅱ–34 典型高频电缆工作衰耗值 dB/km

工作频率（kHz） 电缆型号	50	100	150	200	300	400	500
SYV–75–9（PK–3）	1.56	1.82	2.35	2.60	2.95	3.47	4.34

表Z12F2009Ⅱ–35 高频电缆输入阻抗和工作衰耗值

f_0（kHz）	U_1	U_2	U_3	Z_{in}	b_p（dB/km）

注 输入阻抗的最大误差不超过±10%；工作衰耗值应小于0.3dB/km。

（五）接地开关

外部检查：检查是否有锈蚀，触头接触是否紧密，标示是否清晰，接地线是否牢固可靠。

（六）高频通道对调

1. 单侧通道的测试

（1） 工作衰耗 b_p 和输入阻抗 Z_{in}。试验接线见图 Z12F2009Ⅱ–16 所示，用来测定高频电缆加结合滤波器（包括耦合电容器）的工作衰耗和输入阻抗，测试得到的衰耗应为相同频率下高频电缆衰耗与结合滤波器衰耗之和。

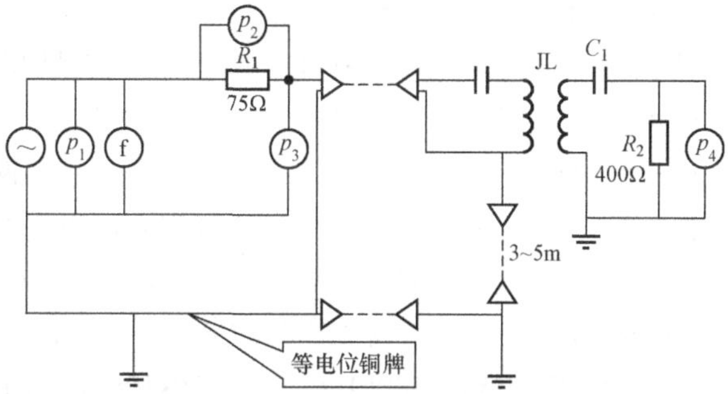

图 Z12F2009Ⅱ–16　单侧通道测试接线图

p_2 需用平衡式电压表测量，其他测试点用不平衡挡测量；JL 为结合滤波器；C_1 为耦合电容器；R_1 取 75Ω，R_2 取 400Ω（或与线路阻抗相应的阻值）。为给以后的统调试验及保护投运后查找通道可能出现的异常现象做准备，宜进一步录取 R_2 为不同的电阻值（0Ω、150Ω、200Ω、250Ω、300Ω、400Ω、450Ω、500Ω）时的输入阻抗值。

（2） 计算公式如下：

$$b_p = 20\lg\frac{U_1}{U_4} + 10\lg\frac{R_2}{4R_1}$$

用电压表法

$$Z_{in} = \frac{U_3}{U_2}R_1$$

$$b_p = p_1 - p_4 + 10\lg\frac{R_2}{4R_1}$$

用电平表法

$$Z_{in} = \lg^{-1}\left[\left(p_3 - p_2\right)/20\right]R_1$$

（3） 测量结果填入表 Z12F2009Ⅱ–36 中。

表 Z12F2009Ⅱ-36　　单侧通道衰耗测试记录表

工作频率	p_1（dB）	p_2（dB）	p_3（dB）	p_4（dB）	b_p（dB）	Z_{SR}（Ω）

衰耗在 3～4dB，应不大于高频电缆和结合滤波器的工作衰耗之和。输入阻抗应在75Ω左右为正常。

2. 高频通道总衰耗和输入阻抗的测试

（1）b_Σ和 Z_{in} 测试。该项试验须在线路两侧保护及收发信机均做完单侧通道试验的检验项目之后才能进行。高频通道联调测试应在两侧分别轮流进行。若试验时，被保护线路尚没有带电，则试验应在断开两侧断路器和闸刀以及线路两侧均接地（接地点在阻波器与断路器之间）的状态下进行检验，在线路带电时再复试。

试验时先在某一侧用高频振荡器 G 做信号源，然后再用保护收发信机作信号源，分别测试其工作衰耗和输入阻抗。试验接线见图 Z12F2009Ⅱ-17，R_1取 100Ω（或 75Ω），R_2取 100Ω（或 75Ω）。频率为 40～500kHz，每隔 20kHz 左右测一点。在工作频率f_0±1kHz、±2kHz、±4kHz、±14kHz 各测一次。为防止干扰信号侵入影响试验结果，测量应用选频表的选频挡进行。

1）G=10dB，输出阻抗置于 0Ω挡；f置f_0。

2）电平表置于高阻挡，p_1、p_3、p_4采用不平衡挡测量；p_2采用平衡挡测量。

计算公式如下

$$b_\Sigma = p_1 - p_4 - 20\lg 2 = p_1 - p_4 - 6$$

$$Z_{in} = 10^{\frac{1}{20}(p_3 - p_2)} R_0$$

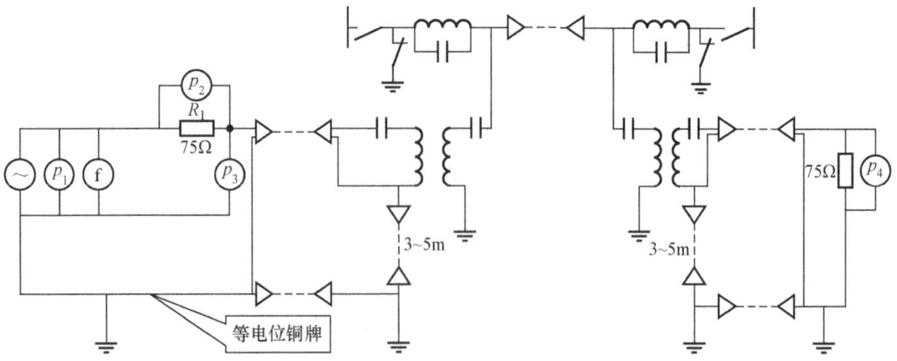

图 Z12F2009Ⅱ-17　高频通道总衰耗和输入阻抗测试接线图

在实际的检验中，往往遇到线路的输入阻抗并不等于线路的特性阻抗理论值（300Ω或 400Ω），而且两侧并不相等。所以该项检验是否合格的标准，是以收信电平值能否满足保护装置安全运行的条件来验证的，即要求两侧的收信电平均不小于16.0dBm，同时两侧分别测试所得的通道传输衰耗相 $b_{\Sigma}=\frac{1}{2}(p_2+p_3)-p_4$ 差不大于3.0dB。

根据所测结果可求得传输衰耗，其结果应与理论计算值 $b=k\sqrt{f_0}\times L+6.08$ 相近。220kV 线路为 6.51×10^{-3}，110kV 线路为 11.29×10^{-3}。

在整个测试过程中，先在中心频率点进行两侧应分对线路接地刀闸进行分合状态的测试，当各状态下的工作衰耗大于 2dB 时，必须检查其他频率点，分析是否存在谐振点，不存在谐振点则对阻波器进行检查测试。

（2）采用收发信机作通道传输衰耗。用收发信机做两侧通道衰耗试验接线见图 Z12F2009Ⅱ–18。

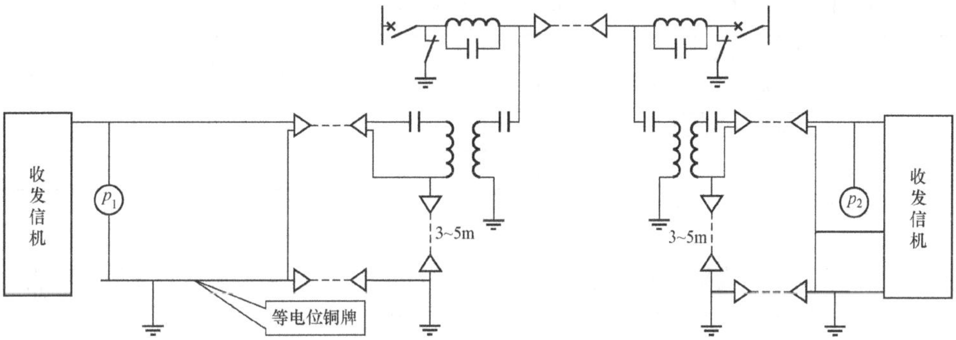

图 Z12F2009Ⅱ–18　用收发信机作两侧通道衰耗试验接线图

1）计算衰耗：两端分别发信，本侧减去对侧所收到的信号大小即为衰耗大小。但要注意，若收发信机有远方启动回路在进行本试验前应暂时退出此功能。

2）裕度测试：两端分别发信，在收信回路中串入衰耗器，逐渐增加，直到“收信”灯灭。一般要求裕度为 15～18dB。试验分两侧分别进行。

3）dB 告警测试：两侧分别进行通道裕度试验后，做 3dB 告警测试。本试验两侧分别轮流进行，试验时使传输衰耗值大于 3dB 时，收发信机触发盘中红灯应发亮告警。两侧交换通道信号的发停信时间应满足图 Z12F2009Ⅱ–19 的要求，若不满足应做调整。

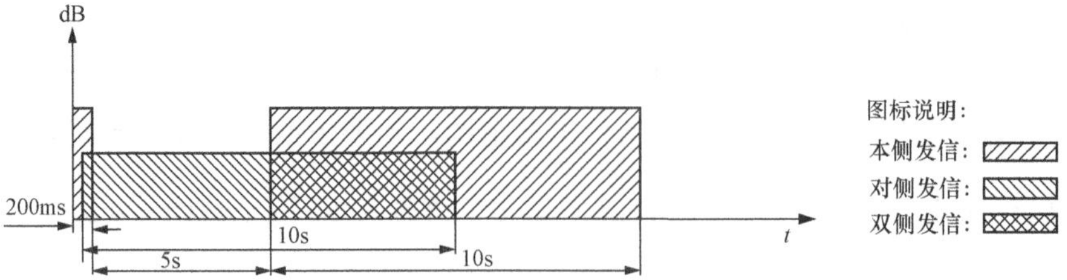

图 Z12F2009Ⅱ-19 通道交换示意图

3. 高频闭锁保护区内、区外故障模拟

本项试验可在两侧分别轮流进行。

（1）区外故障模拟。两侧均正常接入收发信机并投入远方启动回路，模拟故障时，由于收发信机仍正常交换信号，故障量被视为区外故障，保护不动作。试验时被保护线路的断路器应处于合闸状态。如处于断开状态需要暂时断开跳闸位置继电器停信回路。见表 Z12F2009Ⅱ-37。

表 Z12F2009Ⅱ-37 模拟区外故障试验

模拟故障类型	整组动作情况
正方向区外相间 AB 故障	
正方向区外单相接地 CN 故障	
反方向区外故障	

注 将对侧收发信机远方起信回路投入。

（2）区内故障模拟。需将对侧断路器处于分位，此时模拟故障，收发信机不能收到对侧的闭锁信号，保护出口跳闸。见表 Z12F2009Ⅱ-38。

4. 高频通道联合调试结论

高频通道联合调试结论 ____________（合格，不合格）。

表 Z12F2009Ⅱ-38 模拟区内故障试验

模拟故障类型	整组动作情况
正方向区内相间 AB 故障	
正方向区内单相接地 CN 故障	

注 将对侧收发信机远方起信回路退出。

（七）高频通道故障检查

1. 阻波器检查

如果以上四个项目全部检查正确（两侧），就可以怀疑线路上面的阻波器是否失谐，这时只能申请停电，然后采用两侧轮流跳断路器及拉合线路接地刀闸的方法来判断哪一侧的阻波器出故障。地刀在不同的位置时，收信电平的变化不应超过 2dB（分流衰耗），否则应安排阻波器吊检。

2. 复杂高频通道故障的检查方法

实际上，高频通道检查是没有捷径可言的。只有实实在在地测好每一点的数据，通过标准阻抗的测试数据与实际测试数据的比对，才能找到故障的元件。这一点，在有多个元件的特性阻抗偏移时尤为重要。对于这种情况，应逐点测试各种情况下，实际负载与模拟负载的收发信电平和输入阻抗，从而找到故障元件。

必须强调的是，阻抗和衰耗才是反映元件特性的参数。单凭借测到的电平，尤其是电压电平是不能确定问题根源的。

【思考与练习】

1. 以 RCS–931A 为例，比较复用光纤通道与专用光纤通道调试的不同之处。

2. 高频通道的预度是否越大越好？说明原因。

3. 本侧收发信机发信时，用选频电压电平表测试本侧的结合滤波器的下桩头的电平比上桩头电平高 3dB 左右，正常吗？说明原因。

第八章

变压器保护装置的调试与检修

模块 1　110kV 及以下变压器微机保护装置原理（Z12F3001Ⅰ）

【模块简介】本模块包含了 110kV 及以下变压器微机保护的配置及原理。通过要点归纳、原理讲解，掌握 110kV 及以下变压器微机保护的配置，变压器差动保护、复压过流保护、非电量保护等的工作原理。

【模块内容】110kV 及以下变压器微机保护装置原理包括变压器的故障、不正常运行及保护配置，变压器差动保护，复合电压闭锁的过流保护，零序（接地）保护，变压器非电量保护。

一、变压器的故障、不正常运行及保护配置

（一）变压器故障类型

变压器故障可分内部故障和外部故障。

变压器内部故障指的是箱壳内部发生的故障，有绕组的相间短路故障、单相绕组的匝间短路故障、单相绕组与铁芯间的接地短路故障，变压器绕组引线与外壳发生的单相接地短路。此外，还有绕组的断线故障。

变压器外部故障指的是箱壳外部引出线间的各种相间短路故障和引出线因绝缘套管闪络或破碎通过箱壳发生的单相接地短路。

（二）变压器不正常运行

变压器的不正常运行主要有过负荷、油箱漏油造成的油面降低、外部短路故障（接地故障和相间故障）引起的过电流。

对于中性点不直接接地运行的变压器，可能出现中性点电压过高的现象，运行中的变压器油温过高（包括有载调压部分）以及压力过高的现象。

对于大容量变压器，因铁芯额定工作磁密与饱和磁密比较接近，所以当电网电压过高或频率降低时，容易发生过励磁。

（三）110kV 及以下电压等级的变压器保护类型及配置

针对变压器各种故障，需要配置相应的保护。变压器保护的类型可分为主保护、

后备保护及不正常运行保护。

1. 主保护配置

（1） 差动保护：包含差动速断保护、比率制动的差动保护，躲过励磁涌流一般采用二次谐波制动原理及间断角原理。

（2） 本体保护：包含重瓦斯保护、有载调压瓦斯保护和压力保护等。

2. 后备保护及不正常运行保护配置

（1） 小电流接地系统变压器后备保护及不正常运行保护配置。

1）配置两段或三段式复合电压闭锁过流保护，如果变压器两侧及以上接有电源，则采用两段式或三段式复合电压闭锁过流保护。

2）过负荷保护。

3）冷却系统故障及变压器超温告警（或跳闸）。

4）轻瓦斯保护告警。

（2） 大电流接地系统变压器后备保护及不正常运行保护配置。对于高压侧中性点直接接地的变压器，除上述保护外应考虑设置接地保护，通常针对不同的接地方式配置不同的保护。

1）如果变压器中性点直接接地运行，对单相接地引起的变压器过电流，配置零序过电流保护。保护可由两段组成，每段可设两个时限，以较短时限动作于缩小故障影响范围，或动作于本侧断路器，以较长时限动作于断开变压器各侧断路器。

2）当低压侧有电源的变压器中性点可能接地运行或不接地运行时，对单相接地引起的变压器过电流以及对因失去接地中性点引起的变压器中性点电压升高，应根据变压器的绝缘结构配置后备保护。

对于全绝缘变压器，除配置零序过电流保护外，还应配置零序过电压保护，零序过电压保护经 0.3～0.5s 时限动作断开变压器各侧断路器。对于分级绝缘变压器，为限制变压器中性点不接地运行时可能出现的中性点过电压，在变压器中性点应装设放电间隙。此时应配置用于中性点直接接地和经放电间隙接地的两套零序过流保护，此外还需配置零序过电压保护。

二、变压器差动保护

（一）差动保护的基本原理

差动保护的基本原理源于基尔霍夫电流定律，把被保护区域看成是一个节点，如果流入保护区域电流等于流出的电流，则保护区域无故障或是外部故障。如果流入保护区域的电流不等于流出的电流，说明存在其他电流通路，保护区域内发生了故障，利用输入电流与输出电流的相量差作为动作量的保护就称为差动保护。由于变压器各侧电压不等，其差动保护是利用磁势平衡的原理来实现的，即变压器一次侧、二次侧磁势平衡。通过选择合理的TA、采用适当的TA接线和平衡系数，使得归算后二次电流的相量和$\sum\dot{I}=0$。把$\sum\dot{I}$称为差动电流，简称差流，用I_{cd}表示。在变压器正常运行或外部故障时，折算后流入变压器的电流等于流出变压器的电流。此时$I_{cd}=0$，差动保护不动作。需要注意的是差动电流公式中的电流是归算后的二次电流的相量和。

当变压器内部故障时，若负荷电流不计，则只有流进变压器的电流而没有流出变压器的电流，I_{cd}很大，当I_{cd}满足动作条件时，差动保护动作，切除变压器。

为使差动保护动作正确，应注意以下几点：

（1）YNd接线的变压器，正常运行及外部故障时，由于两侧电流之间存在相位差而产生差流。为保证纵差保护不误动，必须进行相位平衡。

（2）由于变压器各侧额定电流不等，选择各侧差动TA变比不等，还必须对各侧差动计算电流进行幅值平衡。

（3）YNd接线的变压器，YN侧区外发生不对称接地故障时，零序电流仅在变压器YN侧流通，YN侧差动TA零序二次电流即为差动电流，为保证差动保护不误动，差动电流计算值中应扣除相应的零序电流分量。

从理论上讲，正常运行时流入变压器的电流等于流出变压器的电流（折算值）。但由于变压器各侧额定电压不等，一次电流不同，各侧差动TA特性不同产生的误差；有载调压变比变化产生的误差以及变压器励磁电流产生的误差，这将使差动回路的不平衡电流增加，一般在整定计算时留有适当的裕度，以免差动保护误动。

（二）差动保护的相位平衡

在电力系统中，YNd接线的变压器高压侧绕组为YN形连接，低压侧绕组为d形连接，前者接大电流系统（中性点接地系统），后者接小电流系统（中性点不接地系统）。YNd接线的变压器在电力系统应用最为普遍，所以，以下主要分析YNd11接线变压器的相位平衡。

对于YNd11接线的变压器，低压侧（d侧）三相电流$\dot{I}_{a1}$、$\dot{I}_{b1}$、$\dot{I}_{c1}$分别超前高压侧（Y侧）三相电流$\dot{I}_{A1}$、$\dot{I}_{B1}$、$\dot{I}_{C1}$ 30°；若二次侧电流不进行相位校正，则在正常运行时就有较大的不平衡电流，假定两侧二次电流大小相等，则差流为0.52倍的二次电流。

变压器两侧电流的相位平衡可通过TA二次接线实现。即在Y侧TA二次接成d，d侧TA二次接成Y。接线和相量见图Z12F3001Ⅰ-1。由图可见，d侧一次电流在相位上超前Y侧一次电流30°，Y侧二次电流$\dot{I}_{A2}$、$\dot{I}_{B2}$、$\dot{I}_{C2}$在相位上超前一次电流$\dot{I}_{A1}$、$\dot{I}_{B1}$、$\dot{I}_{C1}$ 30°，d侧二次电流$\dot{I}_{A2}$、$\dot{I}_{B2}$、$\dot{I}_{C2}$与一次电流$\dot{I}_{a1}$、$\dot{I}_{b1}$、$\dot{I}_{c1}$相位一致，这样使得Y侧和d侧二次电流均超前于Y侧一次电流30°。由于二次电流在送入差动继电器前相位已经得到校正，因此亦称为外转角。需要注意的是Y侧的二次电流大小幅值增大了$\sqrt{3}$倍。

微机型变压器保护各侧的 TA 二次均接成 Y 形，利用软件进行相位校正，由于相位校正在装置内部进行，因此亦称为内转角。内转角的计算方法有两种，方法一是星形侧向三角形侧（Y→d）校正，即将 Y 侧三相二次电流逆时针转过 30°；方法二是三角侧向星形侧（d→Y）校正，即将 d 侧三相二次电流顺时针转过 30°。在进行差动保护调试时必须掌握其相位的校正方法。下面分别介绍其相位平衡方法。

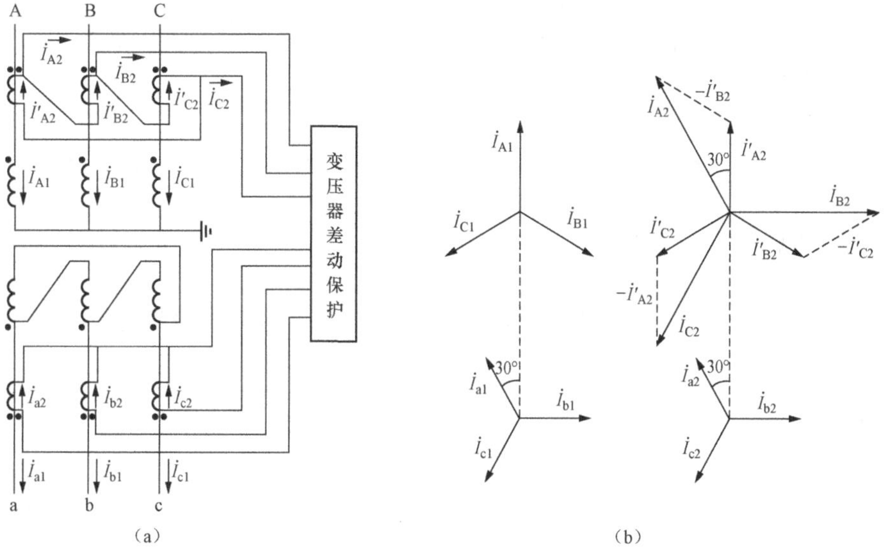

图 Z12F3001Ⅰ-1　YNd11 接线变压器外转角相位校正

（a）接线图；（b）相量图

由对称三相交流电路可知，对称交流电流两相电流相量差在相位上与对应相电流相位差 30°，大小为相电流的$\sqrt{3}$倍。所以要使相电流移相 30°，只要选择对应的两相电流差，并在大小上除以$\sqrt{3}$即可实现相位校正。

1. 星形侧向三角形侧（YN→d）相位校正（YN 侧内转角）

YNd11 接线变压器 YN 侧内转角原理接线图及相量图见图 Z12F3001Ⅰ-2。

以 d 侧二次电流为基准，YN 侧内转角相位校正算法如下：

YN 侧

$$\left.\begin{aligned}\dot{I}'_{A2}&=(\dot{I}_{A2}-\dot{I}_{B2})/\sqrt{3}\\\dot{I}'_{B2}&=(\dot{I}_{B2}-\dot{I}_{C2})/\sqrt{3}\\\dot{I}'_{C2}&=(\dot{I}_{C2}-\dot{I}_{A2})/\sqrt{3}\end{aligned}\right\}\qquad(\text{Z12F3001Ⅰ-1})$$

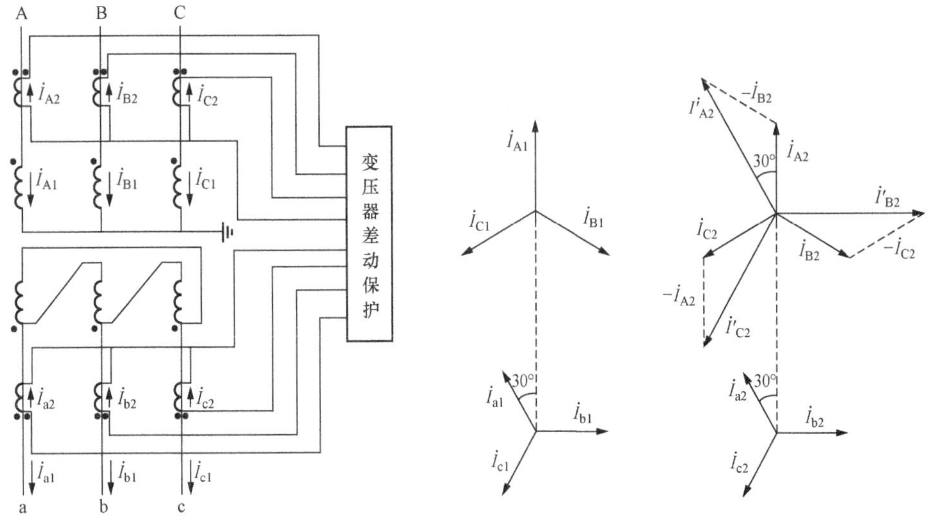

图 Z12F3001 Ⅰ-2 YNd11 接线变压器 YN 侧内转角接线图及相量图
（a）接线图；（b）相量图

d 侧

$$\left.\begin{aligned}\dot{I}'_{a2}&=\dot{I}_{a2}\\\dot{I}'_{b2}&=\dot{I}_{b2}\\\dot{I}'_{c2}&=\dot{I}_{c2}\end{aligned}\right\}\qquad\text{（Z12F3001 Ⅰ-2）}$$

式中 $\dot{I}_{A2}$、$\dot{I}_{B2}$、$\dot{I}_{C2}$——YN 侧 TA 二次电流；

$\dot{I}'_{A2}$、$\dot{I}'_{B2}$、$\dot{I}'_{C2}$——YN 侧校正后的各相电流；

$\dot{I}_{a2}$、$\dot{I}_{b2}$、$\dot{I}_{c2}$——d 侧 TA 二次电流；

$\dot{I}'_{a2}$、$\dot{I}'_{b2}$、$\dot{I}'_{c2}$——d 侧校正后的各相电流。

经过软件校正后，差动回路两侧电流之间的相位一致，见图 Z12F3001 Ⅰ-2。同理，对于三绕组变压器，若采用 YNynd11 接线方式，YN 及 yn 侧的相位校正方法都是相同的。

需要指出的是，YN 侧进行内转角与采用改变 TA 接线进行移相的方式是完全等效的。同 YN 侧外转角一样，采用两相电流差之后已经滤掉了 YN 侧不对称接地时的零序电流，d 侧出线（线电流）中也无零序电流，不会造成 YN 侧区外不对称接地故障时因零序电流引起的差动保护误动。

若是其他连接组别的变压器其相位校正的方法类似，只是选取不同相别电流的相量差而已。

2. 三角侧向星形侧（d→Y）相位校正（d 侧内转角）

原理接线见图 Z12F3001 Ⅰ–2（a）。d 侧内转角相量图见图 Z12F3001 Ⅰ–3。

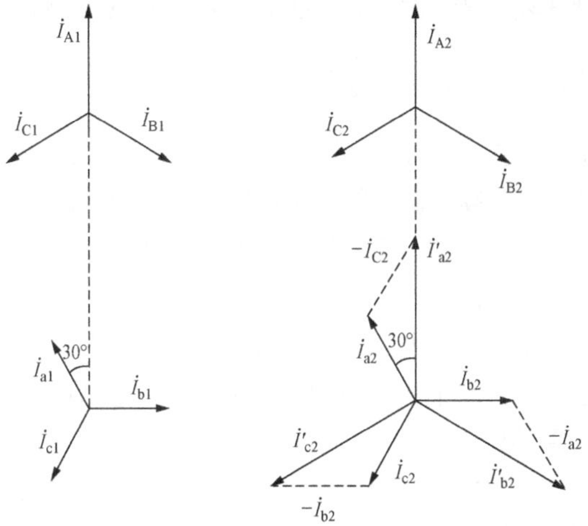

图 Z12F3001 Ⅰ–3　YNd11 接线变压器 d 侧内转角相位校正

以 Y 侧二次电流为基准，d 侧内转角相位校正算法如下：

d 侧

$$\left.\begin{aligned}\dot{I}'_{a2}&=(\dot{I}_{a2}-\dot{I}_{c2})/\sqrt{3}\\\dot{I}'_{b2}&=(\dot{I}_{b2}-\dot{I}_{a2})/\sqrt{3}\\\dot{I}'_{c2}&=(\dot{I}_{c2}-\dot{I}_{b2})/\sqrt{3}\end{aligned}\right\}\qquad\text{（Z12F3001 Ⅰ–3）}$$

YN 侧

$$\left.\begin{aligned}\dot{I}'_{A2}&=\dot{I}_{A2}-\dot{I}_{0}\\\dot{I}'_{B2}&=\dot{I}_{B2}-\dot{I}_{0}\\\dot{I}'_{C2}&=\dot{I}_{C2}-\dot{I}_{0}\end{aligned}\right\}\qquad\text{（Z12F3001 Ⅰ–4）}$$

式中　$\dot{I}_{a2}$、$\dot{I}_{b2}$、$\dot{I}_{c2}$——d 侧 TA 二次电流；

$\dot{I}'_{a2}$、$\dot{I}'_{b2}$、$\dot{I}'_{c2}$——d 侧校正后的各相电流；

$\dot{I}_{A2}$、$\dot{I}_{B2}$、$\dot{I}_{C2}$——YN 侧 TA 二次电流；

$\dot{I}'_{A2}$、$\dot{I}'_{B2}$、$\dot{I}'_{C2}$——YN 侧校正后的各相电流；

$\dot{I}_{0}$——星形侧零序二次电流。

经过软件校正后，差动回路两侧电流之间的相位一致。同理，对于三绕组变压器，若采用 YNynd11 接线方式，d 侧二次电流的软件算法都是相同的。

对于 YNd 接线的变压器，当 YN 侧线路上发生不对称接地故障（对纵差保护而言是区外故障）时，YN 侧二次有零序电流，而低压侧绕组为 d 连接，d 侧二次无零序电流。若不采取相应的措施，在变压器 YN 侧系统发生不对称接地故障时，可能使纵差保护动作而误切除变压器。所以式（Z12F3001Ⅰ–4）中 YN 侧必须减去零序电流。零序电流可采用自产零序电流，即 $\dot{I}_0=\frac{1}{3}(\dot{I}_{A2}+\dot{I}_{B2}+\dot{I}_{C2})$。

应当指出，对于其他接线为 YNd 的变压器，在其纵差保护装置中，应采取滤去高压侧零序电流的措施，以防高压侧系统中接地短路时差动保护误动。其他 YNd 或 Dyn 连接组别的变压器校正方法类似，只是在 d 侧选择相别不同的两个二次电流，同时 YN 或 yn 侧也必须去掉零序电流。

在 d 侧进行相位校正，可以构成励磁涌流判据的分相制动。在变压器空投于故障时，故障相涌流很小，故障相的电流表现为故障特征，非故障相的电流表现为励磁涌流特征。如果保护装置的励磁涌流闭锁判据采用分相制动，非故障相不会延误故障相差动保护的动作，当变压器空投于故障时快速跳开各侧断路器。

（三）差动保护的幅值校正

差动保护进行了相位校正后，由于变压器各侧一次电流不等，实际选用的 TA 变比不能完全满足各侧二次电流相等的要求，即在正常运行时，无法满足差流等于零的要求。微机型变压器保护装置采用在软件上进行幅值校正，即引入一个系数，将两个大小不等的电流折算成作用完全相同的电流，该系数称作平衡系数。将一侧电流作为基准，另一侧电流乘以该侧的平衡系数，以满足在正常运行和外部故障时差流等于零（实际为尽可能小）的要求。

根据变压器的容量，联结组别、各侧电压及各侧差动 TA 的变比，可以计算出差动两侧之间的平衡系数。

设变压器的额定容量为 S_N，连接组别为 YNd11，两侧的额定电压分别为 U_{1NY} 及 U_{1Nd}，两侧差动 TA 的变比分别为 n_{TAY} 及 n_{TAd}，计算差动元件两侧之间的平衡系数 K。

（1） 外转角（由差动 TA 接线方式移相）。变压器两侧差动 TA 额定二次电流 I_{2NY} 及 I_{2Nd} 分别为

$$I_{2NY}=\sqrt{3}\times\frac{S_N}{\sqrt{3}U_{1NY}n_{TAY}}=\frac{S_N}{U_{1NY}n_{TAY}},\quad I_{2Nd}=\frac{S_N}{\sqrt{3}U_{1Nd}n_{TAd}}$$

若以变压器低压侧（d 侧）为基准侧，使 $KI_{2NY}=I_{2Nd}$，则高压侧（Y 侧）平衡系数 K_h 为

$$K_h=\frac{I_{2Nd}}{I_{2NY}}=\frac{U_{1NY}n_{TAY}}{\sqrt{3}U_{1Nd}n_{TAd}} \qquad (Z12F3001Ⅰ–5)$$

（2） 内转角（由软件算法移相）。变压器差动两侧 TA 额定二次电流 I_{2NY} 及 I_{2Nd} 分别为

$$I_{2NY}=\frac{S_N}{\sqrt{3}U_{1NY}n_{TAY}},\quad I_{2Nd}=\frac{S_N}{\sqrt{3}U_{1Nd}n_{TAd}}$$

每相差动元件两侧的计算电流为：① 高压侧：两相电流差 $I'_{2NY}=I_{2NY}$；② 低压侧：$I'_{2Nd}=I_{2Nd}$。若以变压器低压侧（d 侧）为基准侧，要使 $KI'_{1NY}=I'_{1Nd}$，则高压侧（Y 侧）平衡系数 K_h 为

$$K_h=\frac{U_{1NY}n_{TAY}}{U_{1Nd}n_{TAd}} \tag{Z12F3001 Ⅰ–6}$$

若以变压器高压侧（Y 侧）为基准侧，要使 $KI'_{1Nd}=I'_{1NY}$，则高压侧（d 侧）平衡系数 K_l 为

$$K_l=\frac{U_{1Nd}n_{TAd}}{U_{1NY}n_{TAY}} \tag{Z12F3001 Ⅰ–7}$$

不同厂家的保护装置平衡系数计算方法有所差异，但基本的原理相同，一般需要选择一个基准侧，然后计算各侧的一次额定电流，根据实际变比计算二次电流，然后将各侧折算到基准侧，计算出相对于基准侧的平衡系数。微机型差动保护的平衡系数均由装置自动进行计算，并进行幅值校正。尽管如此，在差动保护装置调试时，还必须掌握其计算方法，才能正确检验和判断装置动作是否正确。

（四）变压器差动保护比率制动特性

1. 比率制动式差动保护概念的引入

若差动保护动作电流是固定值，就必须按躲过区外故障差动回路最大不平衡电流来整定，定值就高，图 Z12F3001 Ⅰ–4 中需大于 I_{cd2}，差动保护不能灵敏动作。反之若考虑区内故障差动保护能灵敏动作，就必须降低差动保护定值，见图 Z12F3001 Ⅰ–4 中 I_{cd1}，但此时区外故障时差动保护就可能误动。

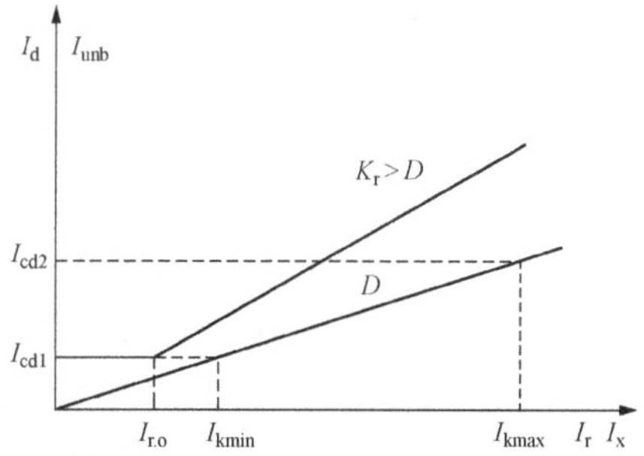

图 Z12F3001 Ⅰ–4 比率制动特性

所谓比率制动式差动保护，其动作电流是随外部短路电流按比率增大，既能保证外部短路不误动，又能保证内部故障有较高的灵敏度。

2. 和差式比率制动的差动保护原理

在图 Z12F3001 Ⅰ–5 中，如果以流入变压器的电流方向作为参考正方向，即流入

为正，流出为负。

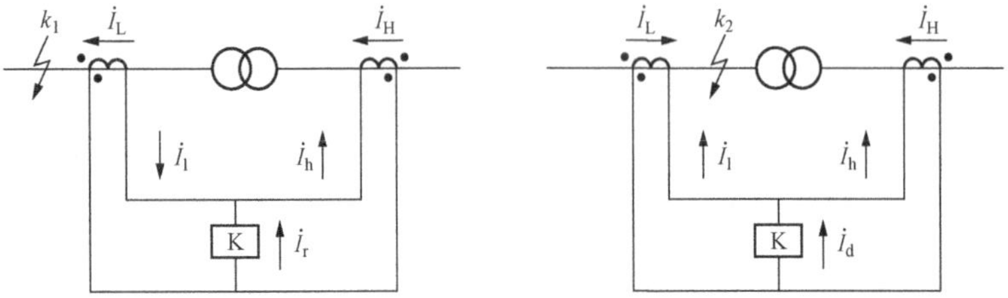

图 Z12F3001Ⅰ–5 和差式比率制动的差动保护原理

那么差动电流 I_d 为

$$I_d = \left|\dot{I}_h + \dot{I}_l\right| \quad (Z12F3001Ⅰ–8)$$

为了使区外故障时获得最大制动作用，区内故障时制动作用最小，则制动电流 I_r 为

$$I_r = \frac{\left|\dot{I}_h - \dot{I}_l\right|}{2} \quad (Z12F3001Ⅰ–9)$$

式中 $\dot{I}_h$、$\dot{I}_l$——高低压二次电流。

由式（Z12F3001Ⅰ–8）、式（Z12F3001Ⅰ–9）可见（不计差动回路中不平衡电流）：

区外故障（k_1 点）时，$\dot{I}_h = -\dot{I}_l$，$I_d = 0$ 最小，$I_r = I_h = I_l$ 最大，差动保护可靠不误动。

区内故障（k_2 点）时，$\dot{I}_h = \dot{I}_l$，$I_d = 2I_h = 2I_l$ 最大，$I_r = 0$ 最小，差动保护灵敏动作。

在微机型变压器保护装置中，差流的计算方法基本相同，而制动电流的计算方法有所不同，如采用高低压侧 TA 二次电流的最大值作为制动电流，即 $I_r = \max\{|\dot{I}_h|, |\dot{I}_l|\}$。

3. 比率制动特性

由于电流互感器特性存在差异（尤其电流互感器饱和时），以及有载调压使变压器变比发生变化等产生不平衡电流 I_{unb}，另外内部电流补偿计算存在一定误差，在正常运行时差动回路中仍有少量的不平衡电流。其值等于这两部分之和。区内故障时 I_d 最大，I_r 为最小，一般不为零，也就是区内故障时仍带有一定的制动量，即使这样差动保护的灵敏度仍然很高。

以差动电流 I_d 为纵轴，制动电流 I_r 为横轴，微机型差动保护的二折线比率制动特性曲线见图 Z12F3001Ⅰ–6，a、b 线表示差动保护动作值，也就是 a、b 线上方为动作区，下方为制动区。a、b 线的交点称为拐点，该点的制动电流称为拐点电流。c 线表示区内故障时的差动电流，d 线表示区外故障时的差动电流（不平衡电流 I_{unb}），由于正常运行时差动回路存在不平衡电流，为防止误动，所以差动保护的动作电流的整定值必须大于正常运行时的最大不平衡电流。I_{dst} 为差动元件最小动作电流，也称差动门槛值；I_{ro} 为拐点电流，即开始有制动作用时的最小制动电流。

由图 Z12F3001 Ⅰ-6 可见，差动元件的比率制动特性为

$$\left.\begin{array}{ll} I_d \geqslant I_{dst} & (I_r \leqslant I_{ro}) \\ I_d \geqslant I_{dst} + K(I_r - I_{ro}) & (I_r > I_{ro}) \end{array}\right\} \quad \text{(Z12F3001 Ⅰ-10)}$$

式中　K——比率制动系数。

4. 三折线比率制动特性

微机型差动保护广泛采用的三折线比率制动特性，见图 Z12F3001 Ⅰ-7。

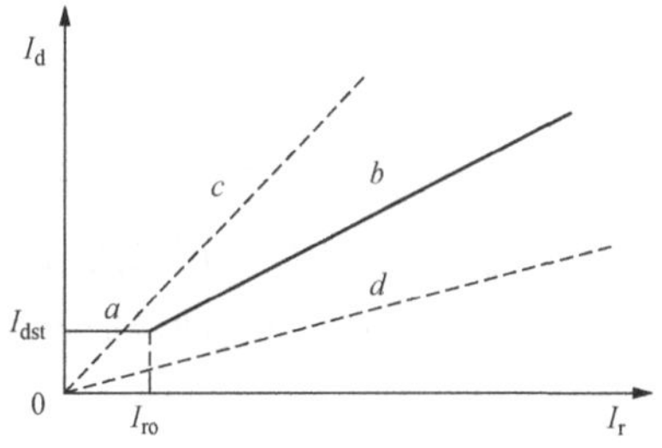

图 Z12F3001 Ⅰ-6　比率制动特性曲线

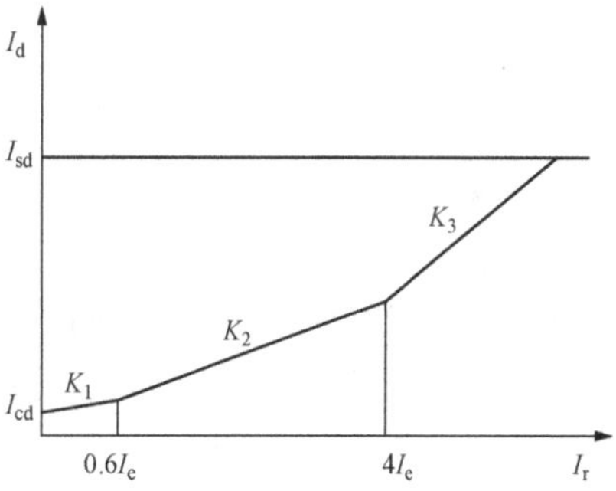

图 Z12F3001 Ⅰ-7　三折线比率制动特性

特性曲线有两个拐点，拐点电流为分别 I_{ro}、I_{r1}，其大小由保护装置软件设定。如 CSC-326G 保护装置中，I_{ro} 设定为 $0.6I_e$（二次额定电流），I_{r1} 设定为 $4I_e$。比率制动系数设定为 $K_1 = 0.2$，$K_2 = 0.5$，$K_3 = 0.7$。

在图 Z12F3001 Ⅰ-7 中，当装置计算得到差动电流 I_d 和制动电流 I_r 所对应的工作点位于三折线的上方（动作区），差动元件动作。

其动作方程为

$$\begin{cases} I_d > K_1 I_r + I_{cd} & (I_r \leqslant 0.6I_e) \\ I_d > K_2(I_r - 0.6I_e) + 0.12I_e + I_{cd} & (0.6I_e \leqslant I_r \leqslant 4I_e) \\ I_d > K_3(I_r - 4I_e) + K \times 3.4I_e + I_{cd} + 0.12I_e & (I_r > 4I_e) \\ I_r = \dfrac{1}{2}\sum\limits_{i=1}^{m}|I_i| & \\ I_d = \left|\sum\limits_{i=1}^{m} I_i\right| & \end{cases} \quad \text{(Z12F3001 Ⅰ-11)}$$

式中　$I_i,\cdots,I_m$——变压器各侧二次电流；

I_{cd}——稳态比率差动启动定值。

（五）励磁涌流闭锁元件

1. 励磁涌流及对保护的影响

正常运行时变压器的励磁电流很小，通常只有为（3%～6%）I_N（变压器额定电流）或更小，所以差动回路中的不平衡电流也很小。外部短路时，由于系统电压降低，励磁电流也不大，差动回路中不平衡电流也较小。但在变压器进行空载合闸或外部短路故障切除电压突然增加时，就会出现很大的励磁电流，这种暂态过程中的变压器励磁电流就称为励磁涌流。

励磁涌流对变压器本身没有多大的影响，但因励磁涌流仅在变压器一侧流通，进入差动回路形成了很大的不平衡电流，如不采取措施将会使差动保护误动。在微机差动保护装置中，通过涌流闭锁元件来防止误动，即当涌流判别元件识别出差动电流是励磁涌流所产生时，将差动保护闭锁。

2. 二次谐波制动

在变压器纵差保护中，对差电流进行励磁涌流特征的判别。在工程中得到应用的有二次谐波、波形对称原理和波形间断角比较三种原理，目前主要应用二次谐波、波形对称原理来判别励磁涌流。当判别是励磁涌流引起的差流时，将差动保护闭锁。下面主要讨论二次谐波制动原理。

二次谐波制动原理是利用差动元件中差电流的二次谐波分量作为制动量的。具有二次谐波制动的差动保护中，采用一个重要物理量，即二次谐波制动比$K_{2\omega}$来衡量二次谐波电流的制动能力。

二次谐波制动比$K_{2\omega}$是指，若在差动电流中含有基波分量电流$I_{1\omega}$和二次谐波分量电流$I_{2\omega}$，将二次谐波分量电流$I_{2\omega}$与基波分量电流$I_{1\omega}$的比值称为二次谐波制动比$K_{2\omega}$，即

$$K_{2\omega}=\frac{I_{2\omega}}{I_{1\omega}} \qquad \text{(Z12F3001 I}-12)$$

当二次谐波制动比$K_{2\omega}$大于整定值$K_{2\omega\cdot set}$时闭锁差动保护，反之，小于整定值$K_{2\omega\cdot set}$时开放差动保护，即满足式（Z12F3001Ⅰ-13）或式（Z12F3001Ⅰ-14）时，将差动保护闭锁。

$$K_{2\omega}>K_{2\omega set} \qquad \text{(Z12F3001 I}-13)$$

或

$$I_{2\omega}>K_{2\omega set}I_{1\omega} \qquad \text{(Z12F3001 I}-14)$$

式中 $K_{2\omega set}$——二次谐波制动比的整定值，通常取15%。

（六）差动速断元件

由于变压器纵差保护设置了涌流闭锁元件，采用二次谐波及波形对称原理判据，

若判断为励磁涌流引起的差流时，会将差动保护闭锁。一般情况下，比率制动的差动保护作为变压器的主保护已满足要求了。但当变压器内部发生严重短路故障时，由于短路电流很大，TA 严重饱和而使交流暂态传变严重恶化，TA 二次电流的波形将发生畸变，含有大量的高次谐波分量。若采用涌流判据来判断此时差流产生的原因，一是需要时间，使差动保护延缓动作而不能迅速切除故障。二是若涌流判别元件误判成差流是励磁涌流产生的，闭锁差动保护，将造成变压器严重损坏的后果。

为克服上述缺点，差动保护都配置了差动速断元件。差动速断没有制动量，差动速断元件只反应差流的有效值，不管差流的波形是否畸变及谐波分量的大小，只要差流的有效值超过整定值，将迅速动作，跳开变压器各侧断路器，把变压器从电网上切除。差动速断动作一般在半个周期内实现。而决定动作的测量过程在四分之一周期内完成，此时 TA 还未严重饱和，能实现快速正确切除故障。

差动速断动作判据
$$I_d > I_{sd} \quad (Z12F3001\,\text{I}-15)$$

式中　I_{sd}——差动速断电流整定值。

差动速断元件的整定值应按躲过变压器励磁涌流来确定，即
$$I_{sd} = KI_n \quad (Z12F3001\,\text{I}-16)$$

式中　K——系数，一般取 4～8；

I_n——变压器差动 TA 二次额定电流。

（七）差流越限告警

正常情况下，监视各相差流异常，延时 5s 发出告警信号。差流越限告警判据如下
$$I_{d\phi} > K_{yx} I_{cd} \quad (Z12F3001\,\text{I}-17)$$

式中　$I_{d\phi}$——各相差动电流；

K_{yx}——装置内部固定的系数（取 0.3）；

I_{cd}——差动保护启动电流定值。

（八）TA 断线闭锁元件

为确保差动保护的动作灵敏度，采用比率制动特性的差动元件的启动电流很小。当差动元件某侧 TA 二次的一相或两相断线时，差动电流就是断线相上的负荷电流，差动保护可能误动。所以在微机型变压器差动保护中，均设置有 TA 断线闭锁元件。

（1） TA 断线闭锁元件的原理。正常运行时，判断 TA 断线，是通过检查所有相别的电流中有一相或两相无流且存在差流，即判为 TA 断线。

在有电流突变时，判据如下：

1）发生突变后电流减小（发生短路故障时电流增大）。

2）本侧三相电流中有一相或两相无流，且另一侧三相电流无变化。

满足以上条件时判为 TA 二次回路断线。TA 二次断线后，发出告警信号，并可选择闭锁或不闭锁差动保护出口。

（2） TA 断线闭锁还采用差动保护是否启动来区别对待 TA 回路异常。如果启动元件未启动，当任一相差流大于 TA 报警定值，经长延时发出差流异常报警信号，此时不闭锁差动保护。如果启动元件已经启动，若出现任一侧任一相间电压有变化量、或任一侧出现负序分量、或任一侧任一相电流比启动前增加这三种情况，说明系统中有故障，开放差动保护。如果启动元件已经启动，但没出现以上三种情况，经延时发报警信号并根据需要闭锁差动保护。

（九）变压器差动保护逻辑框图

变压器的比率差动保护，由分相差动元件、涌流闭锁元件、差动速断元件及 TA 断线判别元件等构成。涌流闭锁方式可采用二次谐波比最大相（或门）闭锁方式，逻辑框图见图 Z12F3001Ⅰ–8。

图 Z12F3001Ⅰ–8 （或门）闭锁方式差动保护逻辑框图

涌流或门闭锁方式，是指在三相涌流闭锁元件中，只要有一相满足闭锁条件，就立即将三相差动元件全部闭锁。

由于变压器空投时，三相励磁涌流是不相同的，即各相励磁涌流的波形、幅值及二次谐波的含量是不相同的。变压器空载合闸时的录波表明，在某些条件下，三相涌流之中的某一相可能不满足闭锁条件。此时，若采用或门闭锁的纵差保护，空投变压器时不易误动。

三、复合电压闭锁的过流保护

为反映变压器外部相间故障引起的过电流，以及作为纵差保护和瓦斯保护的后备，应装设反映相间短路故障的后备保护。复合电压闭锁的过电流保护广泛应用于 110kV 的变压器保护。

（一）复合电压闭锁元件

复合电压闭锁元件是由正序低电压和负序过电压元件按“或”逻辑构成。在微机保护中，由接入装置的三个相电压（线电压）来获得低电压元件，并由算法获得自产负序电压元件。为提高保护的灵敏度，三相电压可以取自负荷侧。

系统发生不对称短路时，将出现较大的负序电压，负序过电压元件将动作，一方面开放过流保护，过电流元件动作后经设定的时限动作于跳闸；另一方面使低电压元件数据清零，低电压元件动作。如出现对称性三相短路，由于短路瞬间也会出现短时的负序电压，负序过电压元件、低电压元件动作。在特殊的对称性三相短路情况下，短路瞬间不出现负序电压或出现小于负序电压元件动作值，这时只能等电压降低到低电压元件的动作值，复合电压闭锁元件动作，开放过流保护。复合电压元件动作条件如下。

（1）任一个相间电压满足

$$\mathrm{Min}(U_{ab},U_{bc},U_{ca})<U_{\phi\phi set} \qquad (\mathrm{Z12F3001\,I\text{-}18})$$

式中　$U_{\phi\phi set}$——低电压（线电压）定值。

（2）负序电压U_2满足

$$U_2>U_{2set} \qquad (\mathrm{Z12F3001\,I\text{-}19})$$

式中　U_{2set}——负序电压定值。

满足以上任意一个条件，复合电压元件动作开放过流保护。

（二）过电流元件

由接入装置的三相电流来获得过电流元件，三相电流一般取自电源侧。过电流元件的动作条件为

$$I_{\phi}>I_{set} \qquad (\mathrm{Z12F3001\,I\text{-}20})$$

式中 I_{ϕ}——I_A、I_B、I_C 任一电流；

I_{set}——电流元件整定值。

（三）TV 断线和电压退出对复压闭锁（方向）过流保护的影响

有关方向元件内容将在模块 Z12F3004Ⅱ中介绍。以 CSC326 保护装置为例，TV 断线和电压退出对复压闭锁（方向）过流保护的影响。

保护装置控制字提供两种选择，控制字为 1 时表示"TV 断线后方向和复压不满足"，控制字为 0 时表示"TV 断线后方向和复压满足"。

（1）当方向元件所取侧发生 TV 断线时，如果控制字为 0，则认为是正方向；如果控制字为 1，则认为是反方向。

（2）当某侧 TV 断线时，则退出本侧保护的复压元件，复压闭锁过流保护仍然可以通过其他侧的复合电压来启动。因此某侧 TV 断线不会影响其他侧的复合电压来启动过流保护。

（3）装置还设有"电压投入"压板，当某侧 TV 检修时退出该压板，此时退出该侧的复压元件和方向元件，该侧复压闭锁（方向）过流保护变成复压闭锁过流保护（复压取自其他侧）。

（4）如果各侧电压压板都退出或者通过控制字不选取任一侧的复压，则复压条件自动满足，复压闭锁（方向）过流保护变为纯过流保护。

关于 TV 断线的判别可用以下两个判据：

（1）判定 TV 三相断线。启动元件未启动，正序电压 <30V，且任一相电流 >$0.04I_N$（断路器合位），延时 10s 报该侧母线 TV 异常。

（2）判定 TV 一相或两相断线。启动元件未启动，负序电压 >8V，延时 10s 报该侧母线 TV 异常。

（四）复合电压闭锁过电流保护动作逻辑框图

控制字为 0 时，复合电压闭锁过电流保护动作逻辑框图见图 Z12F3001Ⅰ-9。

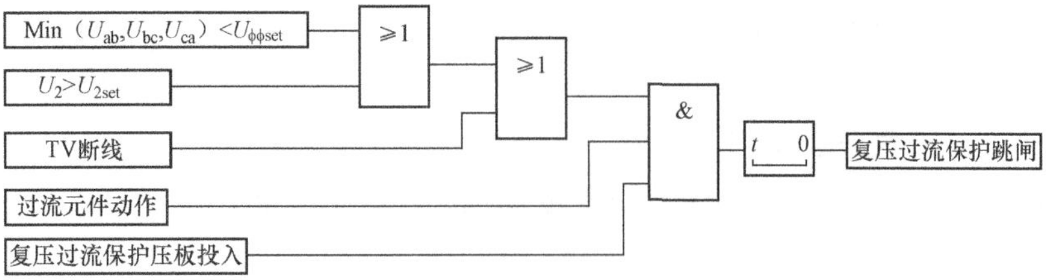

图 Z12F3001Ⅰ-9 复合电压闭锁过电流保护逻辑框图

由图 Z12F3001Ⅰ-9 可见，当复压过电流压板投入、过流元件动作、低电压或负序电压任一条件满足时，经整定时限 t 复压过流保护动作出口跳开设定的断路器。在控制字为 0 时表示“TV 断线后方向和复压满足”，只要复压过电流压板投入、过流元件动作、复压过流保护动作出口跳开设定的断路器。

四、零序（接地）保护

（一）零序电流保护

对于中性点直接接地的变压器，装设零序电流保护作为接地短路故障的后备保护。当双绕组变压器中性点接地开关合上时，变压器直接接地运行，零序电流可取自中性点回路的零序电流，接于中性点回路的电流互感器 TA 一次额定电流通常选为高压侧额定电流的1/4～1/3，见图 Z12F3001Ⅰ-10。零序保护由两段零序电流构成。Ⅰ段整定电流（动作电流）与相邻线路零序过电流保护Ⅰ（或Ⅱ）段或快速主保护配合。Ⅰ段保护设两个时限 t_1 和 t_2，时限 t_1 与相邻线路零序过流Ⅰ（或Ⅱ）段配合，取 $t_1 = 0.5 \sim 1\text{s}$，动作于母线解列或跳开分段断路器，以减少停电范围。取 $t_2 = t_1 + \Delta t$，跳开变压器高压侧断路器。第Ⅱ段与相邻元件零序电流保护后备段配合，Ⅱ段保护也设两个时限 t_4 和 t_5，时限 t_4 比相邻元件零序电流保护后备段最长动作时限大一个级差，动作于母线解列或跳开分段断路器，取 $t_5 = t_4 + \Delta t$，跳开变压器高压侧断路器。

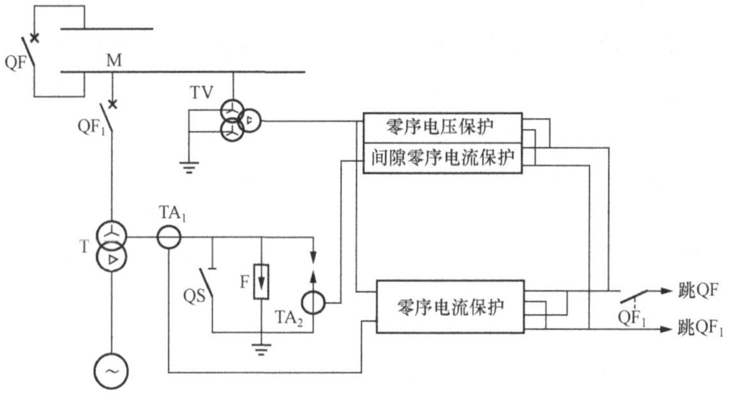

图 Z12F3001Ⅰ-10　中性点有放电间隙的分级绝缘变压器零序保护原理图

对于全绝缘变压器，除配置零序电流保护外，还应配置零序过电压保护，当电网单相接地失去中性点时，零序过电压保护经 0.3～0.5s 时限动作于断开变压器各侧断路器。

（二）间隙零序保护

对于分级绝缘变压器，装设间隙保护作为接地短路故障的后备保护。由于分级绝缘变压器中性点线圈的对地绝缘比较薄弱，为避免系统发生接地故障时，中性点电压升高造成中性点绝缘损坏，在变压器中性点安装一个放电间隙，放电间隙一段接变压器中性点，另一端接地。有球形、棒形、羊角形等多种形式。其放电电压一般整定较高，约等于变压器额定相电压。只有当系统发生接地故障时，中性点直接接地变压器全部跳闸后，而带电源的中性点不接地变压器仍留在故障电网中，电网零序电压升高到接近额定相电压，危及变压器绝缘的情况下，放电间隙放电，以降低对地电压，防止变压器中性点绝缘损坏，由于放电间隙不允许长时间通过放电电流，所以就需要通过间隙零序电流保护，将变压器从故障电网中切除。

间隙零序保护安装在放电间隙回路，当放电间隙放电流过零序电流时，保护迅速动作，将变压器从电网上断开，保护了变压器中性点绝缘的安全。当放电间隙击穿后，间隙中将流过电流 $3\dot{I}_0$，利用间隙电流 $3\dot{I}_0$ 和在接地故障时母线 TV 开口三角形绕组两端的零序电压 $3\dot{U}_0$ 构成间隙保护。

由于正常运行时，放电间隙回路无电流，所以零序电流动作值可设定较低，如 100A 或更小些。因为放电间隙在电网接地故障时不会轻易放电，如间隙零序电流元件持续动作，说明电网中确实出现了足以危害变压器绝缘的工频过电压。保护动作的时限也允许较短，一般为 0.5s 左右。可见，间隙零序电流保护是保护变压器绝缘不受工频过电压破坏的主保护。

变压器的零序电流保护与放电间隙零序电流保护具有完全不同的定值，前者动作电流大，时间也较长，而后者动作电流小，时间也较短。因此，如果只设一套保护元件，兼做两套保护使用，就需要随着中性点接地方式的改变，随时调整保护定值，否则就有可能由于定值不配合而造成电网接地故障时越级跳闸。为防止出现越级跳闸，采取装设两套独立保护，同时配置两套电流互感器，见图 Z12F3001 Ⅰ–10。当变压器中性点接地（QS 合上）运行时，投入零序电流保护，当变压器中性点不接地（QS 断开）运行时，投入间隙保护，作为变压器不接地运行时的零序保护。

五、变压器非电量保护

变压器非电量保护，主要有瓦斯保护、压力保护、温度保护、油位保护及冷却器全停保护。

（一）瓦斯保护

《继电保护和安全自动装置技术规程》规定，0.4MVA 及以上车间内油浸式变压器和 0.8MVA 及以上油浸式变压器，均应装设瓦斯保护。当油箱内故障产生轻微瓦斯或油面下降时，应瞬时动作于信号；当油箱内故障产生大量气体时，应瞬时动作跳开变压器各侧断路器。瓦斯保护能反应油箱内的轻微故障和严重故障，但不能反应引出线故障。重瓦斯的出口一般通过变压器保护装置的非电量保护出口，调试检验时应注意检验相关回路。

（1）轻瓦斯保护主要反应变压器油箱内油位降低。轻瓦斯继电器由开口杯、干簧触点等组成。正常运行时，继电器内充满油，开口杯浸在油内，处在上浮位置，当油面降低时，开口杯下沉，干簧触点闭合，发出轻瓦斯告警信号。

（2）重瓦斯保护反应变压器油箱内故障。重瓦斯继电器由挡板、弹簧及干簧触点等组成。当变压器油箱内发生严重故障时，伴随有电弧的故障电流使变压器油分解，产生大量气体（瓦斯），油箱内压力升高向外喷油，油流冲击挡板，使干簧触点闭合，作用于切除变压器。

应当指出，重瓦斯保护是变压器油箱内部故障的主保护，能反映变压器内部的各种故障。当变压器少量绕组发生匝间短路时，虽然故障点的短路电流很大，但在差动回路中产生的差流可能不大，差动保护可能拒动。此时靠重瓦斯保护切除故障。

（3）提高瓦斯保护可靠性的措施。气体继电器安装在变压器本体上面，室外放置，受外界自然环境影响大。运行实践表明，雨天气体继电器渗水，造成瓦斯保护多次误动。因此，为提高瓦斯保护动作正确率，气体继电器应做到密封性能好，不渗水漏气。另外，应加装防雨罩。

（二）压力保护

压力保护也是变压器油箱内部故障的主保护。其作用原理与重瓦斯保护基本相同，但它反映的是变压器油的压力。

压力继电器又称压力开关，由弹簧和触点组成，置于变压器本体油箱上部。

当变压器内部故障时，温度升高，油膨胀压力增高，弹簧动作带动继电器触点，使触点闭合，作用于切除变压器。

（三）温度及油位保护

温度保护包括油温和绕组温度保护，当变压器温度升高到预先设定的温度时，温度保护发出告警信号，并投入启动变压器的备用冷却器。

油位保护是反映油箱内油位异常的保护。运行时，因变压器漏油或其他原因使油位降低时动作，发出告警信号。

（四）冷控失电保护

为提高传输能力，对于大型变压器均配置有各种的冷却系统，如风冷、强迫油循环等。在运行中，若冷控失电，变压器的温度将迅速升高。若不即时处理，可能导致变压器绕组绝缘损坏。

根据《电力变压器运行规程》（DL/T 572—2010），强油循环风冷和强油循环水冷变压器，当冷却系统故障切除全部冷却器时，应立即发出告警信号，允许带额定负载运行 20min。如 20min 后顶层油温未达到 75℃，则允许上升到 75℃，但在这种状态下运行的最长时间不得超过 1h。

冷却器全停保护的逻辑框图见图 Z12F3001 Ⅰ–11。图中，K_1 为冷却器全停触点，冷却器全停后闭合；XB 为保护投入压板，当变压器带负荷运行时投入；K_2 为变压器温度触点。

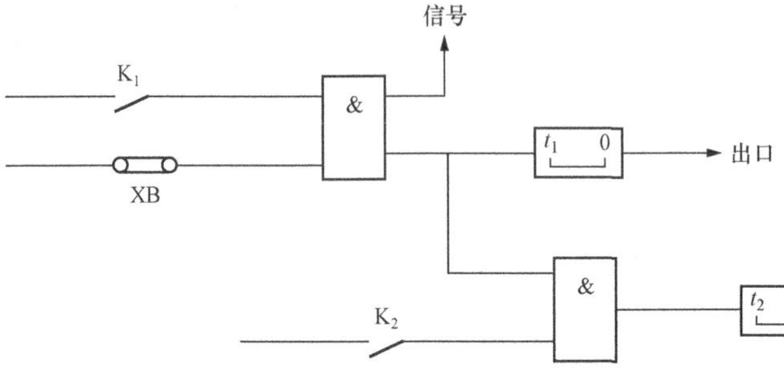

图 Z12F3001 Ⅰ-11　冷却器全停保护逻辑框图

变压器带负荷运行时，压板由运行人员投入。若冷却器全停，K_1 触点闭合，发出告警信号，同时启动 t_1 延时元件开始计时，经长延时 t_1 后动作出口，切除变压器。若冷却器全停之后，变压器温度升高，如超温，K_2 触点闭合，经短延时 t_2 去切除变压器。

在某些保护装置中，冷控失电保护中的投入压板 XB，用变压器各侧隔离开关的辅助触点串联起来代替。这种保护构成方式的缺点是：回路复杂、动作可靠性降低。其原因是：如某一对辅助触点接触不良时，该保护即被解除。

【思考与练习】

1. 写出 110kV 电压等级的变压器保护的配置。
2. 为什么要设置变压器差动速断保护？
3. 变压器非电量保护有哪些？

模块 2　110kV 及以下变压器保护装置调试的安全和技术措施（Z12F3002 Ⅰ）

【模块描述】本模块包含 110kV 及以下变压器保护装置调试的工作前准备和安全技术措施，通过要点归纳、图表举例，掌握 110kV 及以下变压器保护装置现场调试的危险点预控及安全技术措施。

【模块内容】110kV 及以下变压器保护装置调试的安全和技术措施包括 110kV 及以下变压器保护装置调试工作前的准备，安全技术措施。

一、110kV 及以下变压器保护装置调试工作前的准备

（1）检修作业前做好检修摸底工作，并在检修作业前 3 天提交相关停役申请。准备工作包括检查设备状况、反措计划的执行情况及设备的缺陷等。

（2）开工前 3 天，向有关部门上报本次工作的材料计划。

（3）根据本次校验的项目，组织作业人员学习作业指导书，使全体作业人员熟悉作业内容、进度要求、作业标准、安全注意事项。要求所有工作人员都明确本次校验工作的内容、进度要求、作业标准及安全注意事项。

（4）开工前一天，准备好作业所需仪器仪表、相关材料、工器具。要求仪器仪表、工器具应试验合格，满足本次作业的要求，材料应齐全。

仪器仪表主要有：绝缘电阻表、继电保护单相或三相测试仪、钳形相位表、V–A 特性测试仪、电流互感器变比测试仪等。

工器具主要有：个人工具箱、计算器、电烙铁等。

相关材料主要有：绝缘胶布、自粘胶带、电缆、导线、小毛巾、焊锡丝、松香、中性笔、口罩、手套、毛刷、逆变电源板等。

（5）最新整定单、相关图纸、上一次试验报告、本次需要改进的项目及相关技术资料。要求图纸及资料应与现场实际情况一致。

主要的技术资料有：主变保护图纸、变压器成套保护装置技术说明书、变压器成套保护装置使用说明书、变压器成套保护装置校验规程。

（6）根据现场工作时间和工作内容填写工作票（第一种工作票应在开工前一天交值班员）。要求工作票填写正确，并按《国家电网公司电力安全工作规程（变电部分）》执行。

二、安全技术措施

以下主要讨论 110kV 及以下变压器保护装置调试现场工作危险点及控制。

（一）人身触电

1. 误入带电间隔

控制措施：工作前应熟悉工作地点、带电部位。检查现场安全围栏、安全警示牌和接地线等安全措施。

2. 接（拆）低压电源

控制措施：必须使用装有漏电保护器的电源盘。螺丝刀等工具金属裸露部分除刀口外包上绝缘。接（拆）电源时至少有两人执行，一人操作，一人监护。必须在电源开关拉开的情况下进行。临时电源必须使用专用电源，禁止从运行设备上取得电源。

3. 保护调试及整组试验

控制措施：工作人员之间应相互配合，确保一、二次回路上无人工作。传动试验必须得到值班员许可并配合。

（二）机械伤害及高空坠落

机械伤害主要指坠落物打击。高空坠落主要指在主变压器上工作。

控制措施：工作人员进入工作现场必须戴安全帽。正确使用安全带，工作鞋应防滑。在主变上工作必须系安全带，上、下主变本体由专人监护。

（三）继电保护“三误”事故

“三误”是指误碰、误整定、误接线。防“三误”事故的安全技术措施如下：

（1）现场工作前必须作好充分准备，内容包括：

1）了解工作地点一、二次设备运行情况，本工作与运行设备有无直接联系（如备自投、联切装置等）。

2）工作人员明确分工并熟悉图纸与检验规程等有关资料。

3）应具备与实际状况一致的图纸、上次检验记录、最新整定通知单、检验规程、合格的仪器仪表、备品备件、工具和连接导线。

4）工作前认真填写安全措施票，特别是针对复杂保护装置或有联跳回路的保护装置，如母线保护、变压器保护、断路器失灵保护等的现场校验工作，应由工作负责人认真填写，并经技术负责人认真审批。

5）工作开工后先执行安全措施票，由工作负责人负责做的每一项措施要在“执行”栏做标记；校验工作结束后，要持此票恢复所做的安全措施。

6）不允许在未停用的保护装置上进行试验和其他测试工作，也不允许在保护未停用的情况下，用装置的试验按钮（除闭锁式纵联保护的启动发信按钮外）做试验。

7）只能用整组试验的方法，即由电流及电压端子通入与故障情况相符的模拟故障量，检查保护回路及整定值的正确性。不允许用卡继电器触点、短路触点等人为手段做保护装置的整组试验。

8）在校验继电保护及二次回路时，凡与其他运行设备二次回路相连的压板和接线应有明显标记，并按安全措施票仔细地将有关回路断开或短路，做好记录。

9）在清扫运行中设备和二次回路时，应认真仔细，并使用绝缘工具（毛刷、吹风机等），特别注意防止振动，防止误碰。

10）严格执行风险分析卡和继电保护作业指导书。

（2）现场工作应按图纸进行，严禁凭记忆作为工作的依据。如发现图纸与实际接线不符时，应查线核对。需要改动时，必须履行如下程序：

1）先在原图上做好修改，经主管继电保护部门批准。

2）拆动接线前先要与原图核对，接线修改后要与新图核对，并及时修改底图，修改运行人员及有关各级继电保护人员的图纸。

3）改动回路后，严防寄生回路存在，没用的线应拆除。

4）在变动二次回路后，应进行相应的逻辑回路整组试验，确认回路极性及整定值完全正确。

（3） 保护装置调试的定值，必须根据最新整定值通知单规定，先核对通知单与实际设备是否相符（包括保护装置型号、被保护设备名称、变压器连接组别、互感器接线、变比等）。定值整定完毕要认真核对，确保正确。

（四）主变保护联跳各设备

主变保护联跳各侧母联（分段）、旁路、闭锁备自投出口、跳小发电回路。

控制措施：检查并断开对应的出口压板，解开对应线头并逐个用绝缘布包扎。

（五）断路器失灵

可能启动母差、启动远跳，误跳运行断路器。

控制措施：检查失灵启动压板须断开并拆开失灵启动回路线头，用绝缘胶布对拆头实施绝缘包扎。

（六）保护屏顶电压小母线带电

这时易发生电压反送事故或引起人员触电。

控制措施：断开交流二次电压引入回路，并用绝缘胶布对所拆线头实施绝缘包扎。

（七）运行断路器误跳

二次通电时，电流可能误通入母差保护回路，误跳运行断路器。

控制措施：在端子箱将相应端子用绝缘胶布实施封闭。

（八）其他危险点及控制措施

（1） 保护室内使用无线通信设备，易造成其他正在运行的保护设备不正确动作。

控制措施：不在保护室内使用无线通信设备，尤其是对讲机。

（2） 带电插拔保护装置插件，易造成集成块损坏，而且频繁插拔插件，易造成插件插头松动。

控制措施：保护装置插件插拔前必须关闭电源并做好防静电措施。尽量减少插件插拔次数。

110kV 变压器保护装置检查调试安全措施票（举例仅供参考）见表 Z12F3002 Ⅰ–1。

表 Z12F3002 Ⅰ–1　110kV 变压器保护装置检查调试安全措施票

变压器保护装置型号：CSC–326GD（差动保护）、CSC–326GH（高后备保护）、CSC–326GL（低后备保护）、CSC–241F（非电量保护）	
（一）工作条件	
1. 一次设备运行情况	
2. 被试保护作用的断路器	
3. 被试保护屏上的运行设备	
4. 被试保护屏，端子箱与其他保护连线	

续表

（二）安全措施：（包括应打开及恢复的压板、直流线、交流线、信号线、联锁线和联锁开关，按工作顺序填写安全措施。已执行，在执行栏打“√”；已恢复，在恢复栏打“√”）	
1. 拉开控制、信号电源	
2. 记下屏后空气开关位置	
3. 记下当前定值区	

（三）压板操作记录

序号	压板名称及编号	原始位置（投或退）	恢复（打“√”）
1	1LP 差动投退压板		
2	2LP 差动保护检修状态（需投入）		
3	3LP 间隙零压保护（高后备）		
4	4LP 间隙零流保护（高后备）		
5	5LP 间隙并联保护（高后备）		
6	6LP 复压过流Ⅰ段保护（高后备）		
7	7LP 复压过流Ⅱ段保护（高后备）		
8	8LP 零序过流Ⅰ段保护（高后备）		
9	9LP 零序过流Ⅱ段保护（高后备）		
10	10LP 高后备保护检修状态（需投入）		
11	11LP 充电保护（低后备）		
12	12LP 复压过流Ⅰ段保护（低后备）		
13	13LP 复压过流Ⅱ段保护（低后备）		
14	14LP 低后备保护检修状态（需投入）		
15	15LP 本体重瓦斯跳闸允许		
16	16LP 调压重瓦斯跳闸允许		
17	17LP 差动保护跳高压侧断路器		
18	18LP 高后备保护跳高压侧断路器		
19	19LP 本体保护跳高压侧断路器		
20	24LP 差动保护跳低压侧断路器		
21	25LP 高压后备保护跳低压侧断路器		
22	26LP 低压后备保护跳低压侧断路器		
23	27LP 本体保护跳低压侧断路器		
24	31LP 10kV Ⅰ、Ⅱ段备自投跳低压侧断路器		
25	32LP 过流闭锁调压		

续表

（三）压板操作记录

序号	压板名称及编号	原始位置（投或退）	恢复（打“√”）
26	36LP 跳小电源 1/备用		
27	37LP 跳小电源 2/备用		
28	38LP 高压断路器遥控压板		
29	39LP 低压断路器遥控压板		

（四）拆线记录

项目	回路	序号	执行（打“√”）	回路编号及端子号	恢复（打“√”）
交流电流	差动回路	1		A411（1D–1）	
		2		B411（1D–2）	
		3		C411（1D–3）	
		4		N411（1D–6）	
		5		A471（1D–13）	
		6		B471（1D–14）	
		7		C471（1D–15）	
		8		N471（1D–18）	
	高后备	9		A421（1D–20）	
		10		B421（1D–21）	
		11		C421（1D–22）	
		12		N421（1D–25）	
	低后备（串备投电流判别）	13		A461（1D–37）	
		14		B461（1D–38）	
		15		C461（1D–39）	
		16		A462（1D–40）	
		17		N461（1D–42）	
	高压侧零序	18		N401（1D–26）	
		19		N402（1D–27）	
	高压侧测量	20		A441（1D–30）	
		21		B441（1D–31）	
		22		C441（1D–32）	
		23		N441（1D–35）	

续表

项目	回路	序号	执行（打“√”）	回路编号及端子号	恢复（打“√”）
交流电流	低压侧测量、计量回路	24		A452（1D–43）	
		25		B452（1D–44）	
		26		C452（1D–45）	
		27		N451（1D–48）	
交流电压	后备保护电压回路（高、低压侧合用一组 TV 电压）	28		A（2D–8）	
		29		B（2D–9）	
		30		C（2D–10）	
		31		N（2D–11）	
直流回路	高压侧控制回路	32		101（8D–4）	
		33		107（8D–36）	
		34		102（8D–32）	
		35		137（8D–39）	
		36		133（8D–24）	
	低压侧控制回路	37		201（9D–1）	
		38		207（9D–27）	
		39		237（9D–30）	
		40		202（9D–23）	
		41		233（9D–15）	
	非电量回路	42		01（3D–25）	
		43		03（3D–31）	
		44		05（3D–32）	
		45		07（3D–33）	
		46		09（3D–34）	
		47		11（3D–35）	
		48		13（3D–36）	
		49		15（3D–37）	
		50		17（3D–38）	

填票人： 执行人： 监护人： 审批人：

【思考与练习】

1. 110kV 变压器保护装置调试工作前主要准备哪些仪器、仪表及工具？

2. 调试工作主要有哪些危险点？如何控制？

模块3　110kV及以下变压器微机保护装置的调试（Z12F3003Ⅰ）

【模块描述】本模块包含 110kV 及以下变压器微机保护装置调试的主要内容。通过要点归纳、图表举例、分析说明，掌握 110kV 及以下变压器微机保护装置调试的作业程序、调试项目、各项目调试方法等内容。

【模块内容】110kV 及以下变压器微机保护装置的调试包括作业流程、校验项目、技术要求及校验报告。

一、作业流程

110kV 及以下变压器微机保护装置的校验作业流程见图 Z12F3003Ⅰ–1。

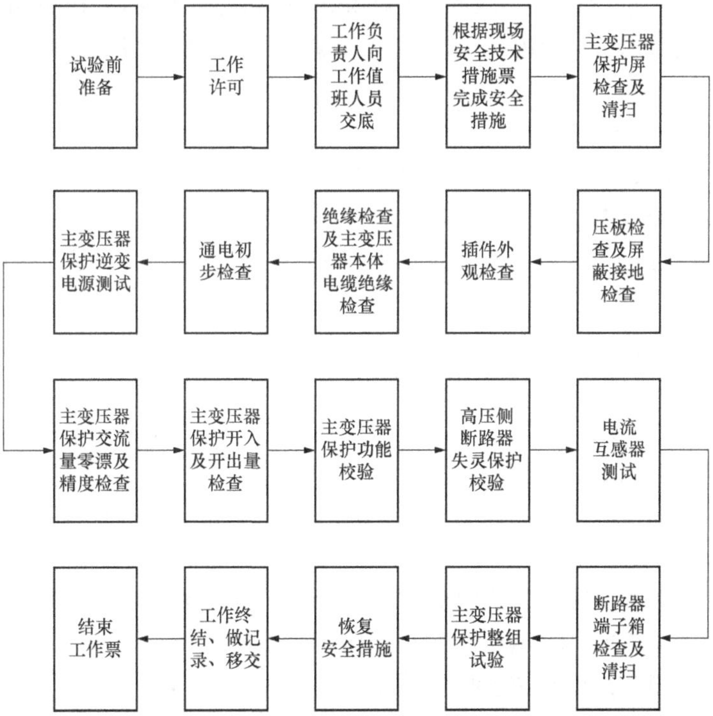

图 Z12F3003Ⅰ–1　110kV 及以下变压器微机保护装置的校验作业流程图

二、校验项目、技术要求及校验报告

（一）清扫、紧固及外部检查

（1）检查装置内、外部是否清洁无积尘、无异物。

（2）检查各插件插入后接触良好，切换开关、按钮、键盘等应操作灵活、手感良好。

（3）检查接线线头压接可靠，螺栓紧固，工作接地、电磁屏蔽接地可靠。

（二）绝缘电阻及工频耐压试验

首先确认装置接地端子与机壳电气连接可靠。试验部位如下：交流回路（包括交流电流回路和交流电压回路）、直流回路、强电回路、弱电回路及机壳。

1. 绝缘电阻测量

将各独立回路的相应端子短接起来，用开路电压为500V的测试仪器测定各独立回路之间的绝缘电阻，时间不小于5s，阻值应不小于100MΩ。

2. 工频耐压试验

将各独立回路的相应端子短接起来，弱电回路对地做1000V、1min耐压试验；强电回路之间、强电回路对地、强电回路对弱电回路均进行2000V、1min耐压试验，试验时应不出现绝缘击穿或闪络现象，以及泄漏电流明显增大或电压突然下降到零的现象。

（三）电源插件检查

以下内容以CSC–326G变压器微机保护装置为例。

1. 失电告警检查

电源插件通电后，端子X8–13与X8–14应不导通，失电后，端子X8–13与X8–14应导通。

2. 自启动性能

当外加试验直流电源由零缓慢调至80%额定值时，用万用表监视失电告警继电器触点应为从闭合到断开。然后，拉合一次直流电源，失电告警继电器应有同样反应。

3. 检查输出电压值及稳定性

在输入电压为U_N时，各级输出直流电压值应保持稳定并在允许误差范围内。

（四）通电检查

（1）大屏幕液晶屏对比度可以进入出厂设置/对比度菜单调整，也可以手动调节电路板上按钮“UP”或“DOWN”调整，调整目的是使字体清晰。

（2）操作键盘，每个按键都应接触良好。

（3）进入运行设置、时间设置菜单中，将装置时间设置为当前时间，掉电后重新上电，面板显示时间应与当前时间一致，否则应检查时钟及电池回路的正确性。

（4）整定定值并保存到 0 区，然后将定值区切换至 0 区，检查该区定值是否与整定值一致。

（5）执行装置测试/灯光测试功能，11 个面板指示灯由上到下逐一闪动红绿双色光。

（6）CSC–326GD 差动保护装置，不应出现“启动 CPU 通信异常”的告警信息。

（7）装置如果配有 DIO 插件，装置不应出现“DIO 通信异常”。

（8）核对软件版本、校验码，并详细记录。检查其与省、网公司统一版本是否一致，与最新定值通知单核对校验码及程序形成时间。

（五）交流模拟量通道采样精度及相序检查

（1）并联接入交流电压，串联接入各交流电流。

（2）操作键盘进入装置测试/精度测试菜单。

（3）加入电压（50V 或 100V）和额定交流电流，记录 MMI 显示的电压和电流值及相位角。显示值与外加量的幅值误差不超过±2.5%，相位误差不超过±3°。如果某一个量误差超限，表明该模拟量采集通道元器件精度不够或损坏，同时应检查交流量相位关系的正确性。

（六）开入、开出调试

（1）X5–8、X5–10 接 24V 电源地（端子 X8–12），装置上电，操作键盘进入装置测试/开入测试菜单，将 24V 电源正（端子 X8–11）依次接到 X5–1～X5–7、X5–9 端子，查看相应开入状态是否正确。若为 B 码对时 X5–9、X5–10 不作为检测内容。

（2）将端子 X8–10 接 DC220 负电源，X8–1～X8–9 分别接 DC220 正电源，查看开入量 DI1～DI9 是否正确。若为 B 码对时 X5–9、X5–10 不作为检测内容。

（3）DIO 插件开入调试。将端子 X4–22 接 DC220 负电源，端子 X4–15～X4–21 分别接 DC220 正电源，查看开入量 DI15～DI21 状态是否正确。

（4）开出检查。进入装置测试/开出测试菜单，将光标移动到要测试的“开出名称”上，按“SET”键执行开出，再次按“SET”键复归此相操作。按复归按钮复归信号。

需要注意的是：① 开出情况除了开关的出口触点外，还包括如闭锁自投、选跳开出等。② 开出检查时对同一段的不同时限，应区分各段的时间，可改时间定值使级差拉大，也可返回试验仪测量。③ 为检验屏内配线的正确性，开出应测量端子排处相应断路器的出口跳闸端子，而不只量到压板。④ 对操作回路在本屏的断路器，应测量操作回路端子排处的跳闸入口。⑤ 在保证②和③的情况下，各断路器可只跳一次即可。

（七）部分保护定值校验方法

1. 差动保护定值校验

（1）差动定值测试。依次在各侧的 A、B、C 相加入单相电流，电流大于（1.05×

差动定值/各侧平衡系数）差动保护动作；电流小于（0.95×差动定值/各侧平衡系数）差动保护不动作。

注意到相位补偿是在高压侧（Y）采用两相电流相量差（超前电流–滞后电流），当加入单相电流进行差动定值校验时，两相有相同的差流，都有可能动作。如在高压侧A相电流端子上加电流$I_A\angle 0°$，进入装置A相的电流为$K_hI_A\angle 0°$，在C相中有差流$K_hI_A\angle 180°$，大小相等，相位差180°。此时A相和C相差动都有可能动作。如果要正确测定A相差动定值，需要将C相差流平衡，可在低压侧C相电流端子上加电流$\frac{K_hI_A}{K_l}\angle 0°$。

（2）比率制动系数测试。比率制动系数测试方法如下：

1）固定高压侧电流，调节低压侧电流，直至差动动作，保护动作后退出试验电流。

2）在高压侧A相加电流，在低压侧A相、C相分别加入相位相反、幅值相同的电流，即高压侧A相加电流$I_A\angle 0°$，低压侧a相加电流$I_a=\frac{K_hI_A}{K_l}\angle 180°$、低压侧c相加电流$I_c=\frac{K_hI_A}{K_l}\angle 0°$，此时的差流为0；减小$I_a$，直到差动保护动作，退出试验电流。记录两侧动作电流。应用保护装置差动电流、制动电流和比率制动系数公式，计算比率制动系数。

注意：试验数据精度与测试仪所加电流的步长有密切关系，建议电流变化步长用0.001A。

另一种比率制动特性测试方法如下：

1）先确定制动电流的大小，计算出高压侧的实际所加（A相）电流。

2）算出该点的差流理论值，计算出此时低压侧所加理论（A相和C相）电流，使此时C相的差流为0。

3）在高压侧A相、低压侧C相加入所算理论，低压侧A相先加略大于所算的理论值。

4）减小低压侧A相电流至差动保护动作。

（3）差动速断动作值测试。依次在各侧的A、B、C相加入单相电流，电流大于（1.05×差速断定值/各侧平衡系数）差速断保护可靠动作；电流小于（0.95×差速断定值/各侧平衡系数）差动速断保护可靠不动作。但此时差动保护会动作，要使差动保护不动作，可加二次谐波电流大于整定值，将差动保护闭锁。由于差动速断电流定值较大，校验时保护装置差动速断动作出口后应及时退出试验电流。

（4）二次谐波制动系数的测试。依次在高压侧的A、B、C相加入基波电流（50Hz）

和二次谐波电流（100Hz）。要求：基波电流＞差动定值/高压侧平衡系数。

1）从电流回路加入基波电流，使差动保护可靠动作。

2）从电流回路加入基波电流，同时叠加二次谐波分量，从大于定值的谐波分量逐渐减小，当小于二次谐波制动系数定值时，差动保护动作。

注意：采用本相二次谐波制动方式时，应在本相中叠加二次谐波进行校验。

2. 复合电压闭锁过流保护定值校验

变压器复合电压闭锁过流保护反应相间故障。各侧复合电压闭锁元件采用并联逻辑。各侧都有一个“复合电压元件”压板，对应的开入为“复压闭锁投入”。该压板的投退对本侧无影响，当投上该压板，即本侧的复合电压可开放给另外两侧。

开放条件为：① 本侧有压，满足低电压或负序电压任一条件。② 本侧无压。

电流定值、复合电压定值测试，要求实测的动作值与整定值的误差在±2%以内。

（1）电流整定值检查：退出过流保护经方向闭锁，在高压侧加入单相电流，在 1.05 倍整定值时，可靠动作；在 0.95 倍整定值时，应可靠不动作。

（2）高压侧负序电压元件动作值检查：投入“高压侧复压压板”，退出中、低压侧复压压板，在高压侧加入三相健全电压，等待 10s 后 TV 断线返回，装置无告警信号发出，加入单相电流并大于整定值，监视动作触点，降低某相电压，在序分量窗口观察负序电压的大小，当保护动作时，记录此时的负序电压，即为负序电压元件的动作值。如测试仪无序分量窗口，动作时记录此时的电压值，计算出负序电压的大小。也有用测试仪直接加负序电压进行测试，但此时必须修改低电压定值且小于负序电压定值。

（3）高压侧低电压元件动作值检查：试验接线同上，此时应同时降低三相电压，并记录动作值。注意整定单中所给出的是线电压，而在测试仪上所加量为相电压，应进行换算。如低电压定值为 60V，相电压为 $60/\sqrt{3}=34.6\text{V}$ 。

3. 零序过流、间隙过流、过电压定值测试

（1）在高压侧零序回路加入单相电流，并监视动作触点。在 1.05 倍整定值时，可靠动作；在 0.95 倍整定值时，应可靠不动作。

（2）间隙过流保护：投入变压器高压侧间隙保护硬压板；在高压侧间隙电流回路上加试验电流，同时监视该套保护的跳闸触点，在 1.05 倍整定值时，可靠动作；在 0.95 倍整定值时，应可靠不动作。测量从模拟故障至断路器跳闸回路的保护整组动作时间（测试到各出口压板），模拟故障试验电流为 1.2 倍的动作值，以验证保护的跳闸矩阵和保护的动作时间。

（3）零序过压保护：投入变压器高压侧间隙保护硬压板，在高压侧外接零序电压回路上加试验电压，同时监视该套保护的跳闸触点。在 1.05 倍定值时，可靠动作；在

0.95 倍定值时，应可靠不动作。测量从模拟故障至断路器跳闸回路的保护整组动作时间(测试到各出口压板)，通入 1.2 倍整定电压，注入故障的时间略大于整定时间 100ms，以验证保护的跳闸矩阵和各段保护的动作时间。

（八）整组试验

按正常运行方式，投入保护，带断路器传动。

整组试验方法及要求：

（1） 全部检验时，调整保护及控制直流电压为额定电压的 80%，带断路器实际传动，检查保护和断路器动作正确。对没有满足运行和检验要求的直流试验电源的变电站或保护小室，可仅检查 80%额定电压下逆变电源的负载能力。

（2） 后备保护检验时，注意检查主变过负荷联切、闭锁调压、启动风冷的触点。

（3） 后备保护检验时，按实际运行方式检查母联断路器跳闸情况或测量压板、母联断路器自投动作及闭锁情况。

（4） 监测主变启动失灵触点动作情况是否带延时特性（返回时间不大于 50ms）。

（5） 第一次全部检验或改变跳闸方式后需做跳闸矩阵检查。

【思考与练习】

1. 如何正确测定变压器各相差动定值？
2. 简述二次谐波制动系数的测试方法。
3. 简述整组试验的内容及方法。

模块 4　220kV 变压器微机保护装置原理（Z12F3004Ⅱ）

【模块简介】本模块包含了 220kV 变压器微机保护的配置及原理。通过要点归纳、原理讲解，掌握 220kV 变压器微机保护的配置，变压器各类差动保护、复压闭锁过流保护等的工作原理。

【模块内容】220kV 变压器微机保护装置原理包括变压器的故障、不正常运行状态及保护配置，变压器差动保护，复合电压闭锁的过流（方向）保护，零序电流（方向）保护，变压器非全相运行保护，变压器失灵保护，变压器非电量保护。

一、变压器的故障、不正常运行状态及保护配置

（一）变压器故障类型

已在模块 Z12F3001Ⅰ介绍，可参阅。

（二）220kV 电压等级变压器保护的配置

针对变压器各种类型的故障及不正常运行状态，需要配置相应的保护。变压器保护的类型可分为主保护、后备保护及异常运行保护。

1. 主保护配置

（1）差动保护：包含差动速断保护、比率制动的差动保护，包括工频变化量比率差动、零序比率差动/分侧比率差动。

（2）非电量保护：包含本体气体保护、有载调压气体保护和压力释放保护。

2. 后备保护配置

（1）复合电压闭锁方向过流保护。

（2）零序方向过流保护。

（3）零序过压及间隙零序过流保护。

3. 异常运行保护配置

过负荷报警；启动冷却器；过载闭锁有载调压；零序电压报警；公共绕组零序电流报警；差流异常报警；零序差流异常报警；差动回路 TA 断线；TA 异常报警和 TV 异常报警；等等。

二、变压器差动保护

差动保护的基本原理、差动保护的相位平衡、幅值平衡等内容已在模块 Z12F3001Ⅰ介绍，可参阅。在此举例说明变压器各侧平衡系数的计算及影响比率制动特性的因素。

（一）变压器各侧平衡系数的计算

不同厂家的保护装置平衡系数计算方法有所差异，但基本的原理相同，一般需要选择一个基准侧，然后计算各侧的一次额定电流，根据实际变比计算二次电流，然后将各侧折算到基准侧，计算出相对于基准侧的平衡系数。微机型差动保护的平衡系数均由装置自动进行计算，并进行幅值校正。尽管如此，在差动保护装置调试时还是应该掌握其计算方法，才能正确检验和判断装置动作是否正确。以 PST-1200 和 RCS-978E 为例介绍各侧平衡系数的计算。计算结果见表 Z12F3004Ⅱ-1。

表 Z12F3004Ⅱ-1　　平衡系数的计算

项目名称	各侧平衡系数计算		
	高压侧（h）	中压侧（m）	低压侧（l）
额定容量 S_N（MVA）	150	150	150
额定电压 U_N（kV）	220	121	35
绕组连接方式	YN	y	d
TA 变比 n_{TA}	600/5=120	1600/5=320	3000/5=600
TA 接线方式	Y	Y	Y
TA 二次电流（A）	$\frac{S_e}{\sqrt{3}U_h n_h}=3.28$	$\frac{S_e}{\sqrt{3}U_m n_m}=2.237$	$\frac{S_e}{\sqrt{3}U_l n_l}=4.124$

续表

项目名称	各侧平衡系数计算		
	高压侧（h）	中压侧（m）	低压侧（l）
PST-1200平衡系数（高压侧为基准）	1	$K_m=\frac{3.28}{2.237}=1.466$	$K_l=\frac{3.28}{4.124}=0.795$
RCS-978E平衡系数（二次电流最小侧为基准）	$K_h=\frac{2.237}{3.28}\times1.843=1.257$	$K_b=\frac{4.124}{2.237}=1.843$ $K_m=K_b=1.843$	$K_l=\frac{2.237}{4.124}\times1.843=1$
PST-1200平衡后二次额定电流（A）	$I_{2Nh}=1\times3.28=3.28$	$I_{2Nm}=2.237\times1.466=3.279$	$I_{2Nl}=4.124\times0.795=3.278$
RCS-978E平衡后二次额定电流（A）	$I_{2Nh}=3.28\times1.257=4.123$	$I_{2Nm}=2.237\times1.843=4.123$	$I_{2Nl}=4.124\times1=4.124$

RCS系列的变压器保护装置各侧平衡系数计算公式为

$$K=\frac{I_{2N\min}}{I_{2N}}K_b \qquad \text{（Z12F3004Ⅱ-1）}$$

式中 I_{2N} ——变压器计算侧二次额定电流；

$I_{2N\min}$ ——变压器各侧二次额定电流值中最小值；

$K_b=\frac{I_{2N\max}}{I_{2N\min}}$ ——最大二次额定电流与最小二次额定电流的比值；

$I_{2N\max}$ ——变压器各侧二次额定电流值中最大值。若最大二次额定电流与最小二次额定电流的比值小于4，则取放大倍数最小的一侧的平衡系数为1，其他侧依次放大；若最大二次额定电流与最小二次额定电流的比值大于4，则取放大倍数最大的一侧的平衡系数为4，其他侧依次减小。

变压器各侧的平衡系数按式（Z12F3004Ⅱ-1）计算得到。

从表Z12F3004Ⅱ-1可以看出，经过幅值校正后所有各侧的二次电流均相同了。表中平衡系数的计算考虑了采用两相电流差进行相位校正时已除以$\sqrt{3}$。

（二）影响比率制动特性的因素

比率制动动作特性前已讲述，下面讨论影响比率制动动作特性的因素。

影响比率制动动作特性的因素有三个，即差动门槛值、拐点电流和比率制动系数。

（1）差动门槛值提高。由图Z12F3001Ⅰ-1（a）可见，差动门槛值由I_{dst}提高到I'_{dst}，使差动保护动作区域缩小，降低了保护的灵敏度，但使缓冲区域增加，躲区外故障不平衡电流的能力增加，保护误动可能性降低。反之，若降低差动门槛值，躲区外故障不平衡电流的能力降低，但增加了保护的灵敏度。

（2）拐点电流增加。由图 Z12F3004Ⅱ-1（b）可见，拐点电流由I_{r0}提高到I'_{r0}，使差动保护动作区域增加，使灵敏度增加，但使缓冲区域减少，躲区外故障不平衡电流的能力减弱，保护误动可能性增大。反之，若降低拐点电流，降低了保护的灵敏度，但躲区外故障不平衡电流的能力增加。

（3）比率制动系数 K 值增加。由图 Z12F3004Ⅱ-1（c）可见，第二段折线（b 线）的斜率由K提高到K'，使差动保护动作区域减少，降低了灵敏度，但使缓冲区域增加，躲区外故障不平衡电流的能力相应增加，保护误动可能性降低。反之，若降低K值，躲区外故障不平衡电流的能力降低，保护误动的可能性加大，但保护的灵敏度增加。

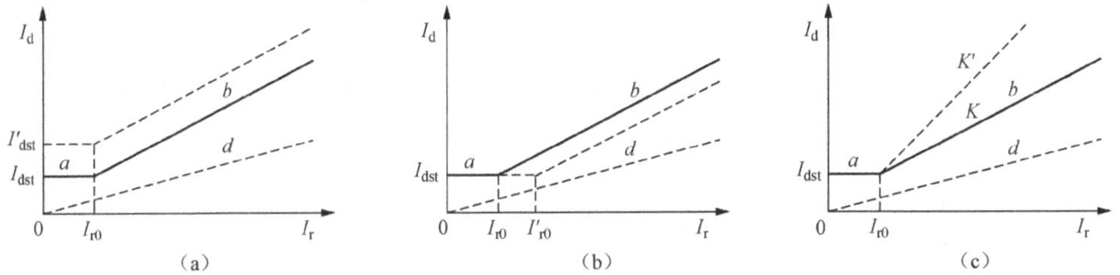

图 Z12F3004Ⅱ-1　比率制动特性的影响因素

（a）门槛值提高时；（b）拐点电流增加时；（c）K值增加时

（三）励磁涌流闭锁元件

1. 励磁涌流产生的原因

以单相变压器为例，说明其空投时励磁涌流产生的原因。

忽略变压器及合闸回路电阻的影响，电源电压的波形为正弦波。则空投瞬间变压器铁芯中的磁通与外加电压的关系为

$$W\frac{\mathrm{d}\Phi}{at}=U_m\sin(\omega t+\alpha) \qquad \text{(Z12F3004Ⅱ-2)}$$

式中　W ——变压器空投侧绕组的匝数；

Φ ——铁芯中的磁通；

U_m ——电源电压的幅值；

α ——合闸角；

$\omega=2\pi f$ ——角频率。

式（Z12F3004Ⅱ-2）为一微分方程，求解得

$$\Phi=-\frac{U_m}{W\omega}\cos(\omega t+\alpha)+C \qquad \text{(Z12F3004Ⅱ-3)}$$

式（Z12F3004Ⅱ-3）中，C为积分常数，由初始条件确定。在$t=0$时合闸，根据

磁链守恒定律，即合闸前后磁链不能突变。由于合闸前后变压器绕组匝数不变，即变压器空载合闸前后磁通不能突变。故可得到

$$C=\frac{U_m}{W\omega}\cos\alpha+\Phi_s \qquad (Z12F3004Ⅱ-4)$$

式中 Φ_s——合闸前铁芯中的剩磁通。

将式（Z12F3004Ⅱ-4）代入式（Z12F3004Ⅱ-3），并考虑到电源回路的电阻、变压器绕组的电阻和漏电感的影响，则磁通为

$$\begin{aligned}\Phi&=-\frac{U_m}{W\omega}\cos(\omega t+\alpha)+\left(\frac{U_m}{W\omega}\cos\alpha\right)e^{-\frac{t}{T}}+\Phi_s\\&=-\Phi_m\cos(\omega t+\alpha)+(\Phi_m\cos\alpha)e^{-\frac{t}{T}}+\Phi_s \qquad (Z12F3004Ⅱ-5)\\&=\Phi_{\sim}+\Phi_{-}+\Phi_s\end{aligned}$$

式中 $\Phi_m=\frac{U_m}{W\omega}$——磁通的幅值；

α——合闸角，即合闸时外施电压的初相角；

T——时间常数，与电源回路的电阻及变压器绕组的电阻和漏电感有关。

由式（Z12F3004Ⅱ-5）可以看出，在空投变压器的瞬间，铁芯中的磁通由：① 磁通的强制分量 $\Phi_{\sim}=\Phi_m\cos(\omega t+\alpha)$，也称交流分量或稳态分量。② 决定于合闸角的磁通自由分量 $\Phi_{-}=\Phi_m\cos\alpha$，也称直流分量或暂态分量。③ 剩磁 Φ_s 由三部分组成。如果在空投变压器合闸瞬间，电压瞬时值 u 为零，即 $t=0$ 时合闸，合闸角 $\alpha=0$。此时变压器铁芯中磁通强制分量为 $\Phi_{\sim}=-\Phi_m$，自由分量为 $\Phi_{-}=+\Phi_m$，如果剩磁通 Φ_s 与自由分量方向一致，在不计自由分量衰减的情况下，在合闸后经半周（0.01s），铁芯中的磁通可达到最大值（$2\Phi_m+\Phi_s$）。此时变压器铁芯中的磁通波形见图 Z12F3004Ⅱ-2。

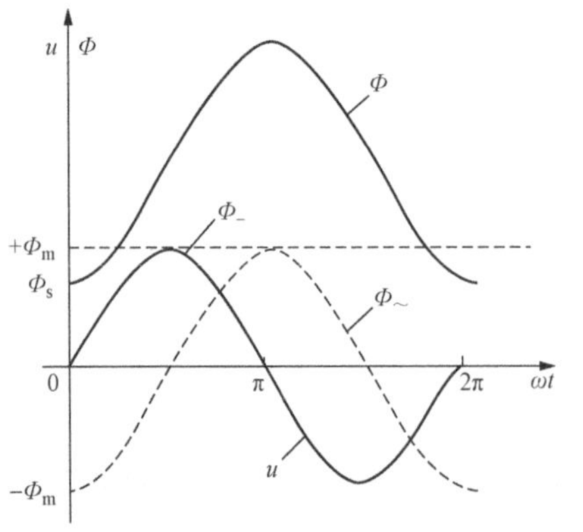

图 Z12F3004Ⅱ-2 空投变压器铁芯中磁通波形（t=0、α=0 且不计衰减时）

由于变压器的铁芯尺寸是按照额定电压设计的，对应的磁通 Φ_m 在铁芯基本磁化曲线饱和点附近，（$2\Phi_m+\Phi_s$）使变压器铁芯严重饱和，励磁电流激增，这就是产生励磁涌流的原因。

如果在空投变压器合闸瞬间，电压瞬时值 u 为最大值，即 $t=0$ 时合闸，合闸角 $\alpha=90°$。此时变压器铁芯中磁通强制分量为

$\varPhi_{\sim}=0$，自由分量为$\varPhi_{-}=0$，只有剩磁通$\varPhi_{s}$，变压器铁芯不会饱和，也不会产生励磁过电流。此时的励磁电流等于正常运行时的励磁电流。

一般情况下空投变压器，励磁涌流的大小在上述两种情况之间。对于三相变压器空载合闸，通常三相励磁涌流是不等的。图 Z12F3004Ⅱ-3 为某台三相变压器空投时三相励磁涌流的波形。

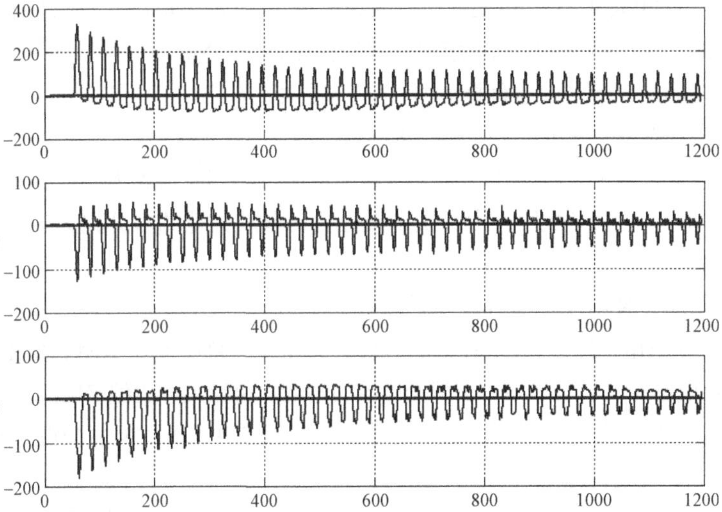

图 Z12F3004Ⅱ-3 三相变压器空投时三相励磁涌流的波形

2. 影响励磁涌流大小的因素

由式（Z12F3004Ⅱ-5）可见，空投变压器铁芯中的磁通的大小与$\varPhi_{m}$、α及$\varPhi_{s}$有关。而产生励磁涌流的大小与铁芯中磁通的大小有关。磁通越大，铁芯越饱和，励磁涌流就越大。因此，影响励磁涌流大小的因素主要有：

（1）电源电压大小。变压器空载合闸，铁芯中磁通强制分量$\varPhi_{\sim}$的幅值$\varPhi_{\sim m}=\dfrac{U_{m}}{W\omega}$，而自由分量$\varPhi_{-}$的幅值决定于合闸瞬间强制分量$\varPhi_{\sim}$大小及方向，根据磁链守恒定律，自由分量$\varPhi_{-}$总与强制分量大小$\varPhi_{\sim}$相等，方向相反。因此，电源电压越高，$\varPhi_{\sim m}$越大，励磁涌流越大。

（2）合闸角α。当合闸角$\alpha=0$时，磁通的自由分量$\varPhi_{m}\cos\alpha$最大，合闸后经半周与强制分量叠加，使铁芯严重饱和，励磁涌流很大；而当$\alpha=90^{\circ}$时，$\varPhi_{m}\cos\alpha$等于零，励磁涌流即为正常励磁电流。

（3）剩磁$\varPhi_{s}$。当剩磁$\varPhi_{s}$的方向与合闸后磁通的自由分量$\varPhi_{m}\cos\alpha$的方向相同时，变压器铁芯中的剩磁越大，励磁涌流就越大。若$\varPhi_{s}$与$\varPhi_{m}\cos\alpha$方向相反时，剩磁越大，励磁涌流就较小。

（4）励磁涌流的大小与变压器的结构、铁芯材料及设计的工作磁密有关。此外，变压器与电源之间的阻抗越大，励磁涌流越小。在末端变电站，空投变压器时的励磁涌流就较小。

3. 励磁涌流的特点

由图Z12F3004Ⅱ-3三相励磁涌流的波形可见，励磁涌流有以下几个特点：

（1）偏于时间轴一侧，即涌流中含有大量的直流分量。

（2）波形是间断的，且间断角很大，通常大于60°。

（3）在一个周期内正半波与负半波不对称。

（4）含有大量的二次谐波分量，若将涌流波形用傅里叶级数展开或用谐波分析仪进行测量分析，绝大多数涌流中二次谐波分量与基波分量的百分比大于15%，有的甚至达50%以上。

（5）在同一时刻三相涌流之和近似等于零。

（6）励磁涌流幅值大且是衰减的。衰减的速度与合闸回路电阻、变压器绕组中的等效电阻及电感有关。对于中、小型变压器的励磁涌流最大可达额定电流的10倍以上，且衰减较快；对于大型变压器一般不超过额定电流的4.5倍，但衰减慢，时间较长。

4. 躲励磁涌流的措施

在变压器纵差保护中，在工程中经常应用的判别差流是否具有励磁涌流特征的方法有二次谐波、波形对称原理和波形间断角比较三种原理，目前主要应用二次谐波、波形对称原理来判别励磁涌流。当判定是励磁涌流引起的差流时，将差动保护闭锁。

躲励磁涌流的措施主要有以下几种：

（1）二次谐波制动原理。二次谐波制动原理已在模块Z12F3001Ⅰ中讲述，下面讨论二次谐波制动方式。

根据二次谐波制动比所取二次谐波与基波电流的不同，二次谐波制动方式有以下几种。

1）二次谐波制动比最大相制动方式。二次谐波制动比最大相制动方式的表达式为

$$\max\left\{\frac{I_{da2}}{I_{da1}},\ \frac{I_{db2}}{I_{db1}},\ \frac{I_{dc2}}{I_{dc1}}\right\}>K_2 \qquad (Z12F3004Ⅱ-6)$$

式中 I_{da2}、I_{db2}、I_{dc2}和I_{da1}、I_{db1}、I_{dc1}——分别为三相差动电流中的二次谐波和基波。

可以看出，这种方式是取满足二次谐波制动比的最大值，对三相差动保护实现制动。由于在三相励磁涌流中，总有一相满足$\frac{I_{d\phi2}}{I_{d\phi1}}>K_2$，对励磁涌流的识别比较可靠。不足的是带有故障的变压器合闸时，尽管故障相二次谐波制动比较小，但非故障相的

二次谐波比对故障相也实现制动，导致纵差保护延迟动作，大型变压器因励磁涌流衰减慢，此缺点尤为明显。

2）基波差流 I_{d1} 最大相二次谐波制动方式。基波差流 I_{d1} 最大相二次谐波制动方式的表达式为

$$\frac{I_{d2}}{\max\{I_{da1}, I_{db1}, I_{dc1}\}} > K_2 \qquad (Z12F3004Ⅱ-7)$$

即用基波差流 I_{d1} 最大相差动电流中的二次谐波 I_{d2} 与基波 I_{d1} 的比值构成二次谐波制动。由于利用了三相差流中基波的大小对二次谐波制动比的影响，改善了基波差流 I_{d1} 最大相在变压器带故障合闸时差动保护动作延时的不足。但在变压器三相励磁涌流中，可能出现其他两相励磁涌流中二次谐波较低，并且基波电流最大相不能反映该相二次谐波制动比 $\frac{I_{d\phi2}}{I_{d\phi1}}$ 最大，因此有时不能正确识别励磁涌流，空投变压器易造成纵差保护误动。

3）综合相制动方式。综合相制动方式是采用三相差流中二次谐波的最大值与基波最大值之比构成二次谐波制动。其表达式为

$$\frac{\max\{I_{da2}, I_{db2}, I_{dc2}\}}{\max\{I_{da1}, I_{db1}, I_{dc1}\}} > K_2 \qquad (Z12F3004Ⅱ-8)$$

综合相制动方式在识别励磁涌流时，既考虑了三相差动电流中最大基波电流对二次谐波制动比的影响，又考虑了三相差动电流中最大二次谐波电流对二次谐波制动比的影响，因此可较好地识别励磁涌流；同时，当带有故障的变压器合闸时，能迅速切除。

综合相制动方式较好地结合了二次谐波制动比最大相制动方式和基波差流最大相二次谐波制动方式的优点，同时也弥补了两者的不足。

4）分相制动方式。分相制动方式是指本相二次谐波制动比对本相差动保护实现制动，取三相差流中二次谐波的最大值与该相基波之比构成制动。其表达式为

$$\frac{\max\{I_{da2}, I_{db2}, I_{dc2}\}}{I_{d\phi1}} > K_2 \qquad (Z12F3004Ⅱ-9)$$

分相制动方式由于取三相差流中二次谐波的最大值来计算制动比，所以识别励磁涌流性能较好，当带有故障变压器合闸时，故障相差流基波 $I_{d\phi1}$ 增大，二次谐波制动比减小，开放本相差动保护将故障切除。但应注意，当故障并不十分严重，$I_{d\phi1}$ 较小且非故障相差流中二次谐波含量较大时，故障相差动保护不开放，从而不能将带有故障的变压器从电网上切除。

（2）间断角识别原理。变压器内部故障时，故障电流波形无间断或间断角很小；而变压器空投时，励磁涌流的波形是间断的，具有很大的间断角。按间断角原理构成的纵差保护，就是根据差动电流波形间断角的大小来区分差动电流是由内部故障还是励磁涌流引起的。

图Z12F3004Ⅱ–4所示为短路电流和励磁涌流波形，由Z12F3004Ⅱ–4（a）可见，短路电流的波形是连续的，正、负半周波宽θ_{w}为180°，波形间断角θ_{j}为0°。由图Z12F3004Ⅱ–4(b)可见，对称性涌流波形出现不连续间断，在最严重情况下，波宽$\theta_{w\cdot max}$为120°，波形间断角$\theta_{j\cdot min}$为50°。由图Z12F3004Ⅱ–4（c）可见，非对称性涌流波形同样出现不连续间断，且波形偏向时间轴一侧，在最严重情况下，波宽$\theta_{w\cdot max}$为155.4°，波形间断角$\theta_{j\cdot min}$为80°。

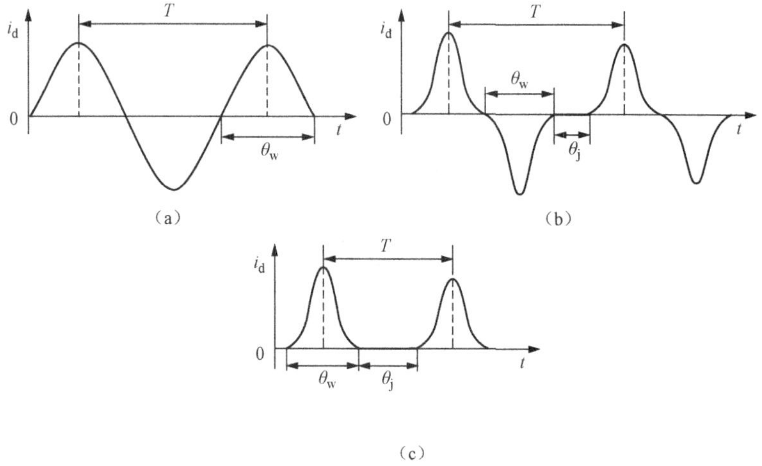

图Z12F3004Ⅱ–4 短路电流和励磁涌流波形
（a）短路电流波形；（b）对称性涌流波形；（c）非对称性涌流波形

显然，检测差动回路电流波形的θ_{w}和θ_{j}可判别出是短路电流还是励磁涌流。当差动元件的启动电流$I_{d\cdot set}$为定值时，整定的闭锁角$\theta_{j\cdot set}$越小，空投变压器时，差动元件越不容易误动。反之，闭锁角$\theta_{j\cdot set}$整定值越大，躲励磁涌流的能力越小。通常整定值取$\theta_{w\cdot set}=140°$、$\theta_{j\cdot set}=65°$，即$\theta_{j}>65°$、$\theta_{w}<140°$有一个条件满足时，判为励磁涌流，闭锁纵差保护；当$\theta_{j}\leqslant 65°$、$\theta_{w}\geqslant 140°$两个条件同时满足时，判为内部故障时的短路电流，开放纵差保护。

可见，根据以上两个励磁涌流判据，对于非对称性励磁涌流，能够可靠闭锁纵差保护。对于对称性励磁涌流，虽然$\theta_{j\cdot min}=50.8°<65°$，但$\theta_{w}=120°<140°$，同样能够可靠闭锁纵差保护。

（3）波形对称原理。在微机型变压器纵差保护中，采用波形对称算法，判断差流波形是否对称，将励磁涌流与故障电流区分开来。图 Z12F3004Ⅱ-5 所示为短路电流和励磁涌流波形。

图 Z12F3004Ⅱ-5 中，i_t 为某一时刻 t 的电流，$i_{(t+T/2)}$ 为某一时刻 t 起延时半个周期的电流。首先分析在波形对称与不对称情况下，i_t 与 $i_{(t+T/2)}$ 的大小关系。

由图 Z12F3004Ⅱ-5（a）可见，内部短路时波形对称。如果在某一时刻 t 的电流 $i_t > 0$，则经过半周（$T/2$）的电流 $i_{(t+T/2)} < 0$，计算 $|i_t - i_{(t+T/2)}|$ 数值较大，而 $|i_t + i_{(t+T/2)}|$ 较小。即：$|i_t - i_{(t+T/2)}| > |i_t + i_{(t+T/2)}|$。

由图 Z12F3004Ⅱ-5（b）可见，空载合闸时非对称性励磁涌流，如果在某一时刻 t 的电流 $i_t > 0$，则经过半周（$T/2$）的电流 $i_{(t+T/2)} > 0$，计算 $|i_t - i_{(t+T/2)}|$ 数值较小，而 $|i_t + i_{(t+T/2)}|$ 较大。即 $|i_t - i_{(t+T/2)}| < |i_t + i_{(t+T/2)}|$。

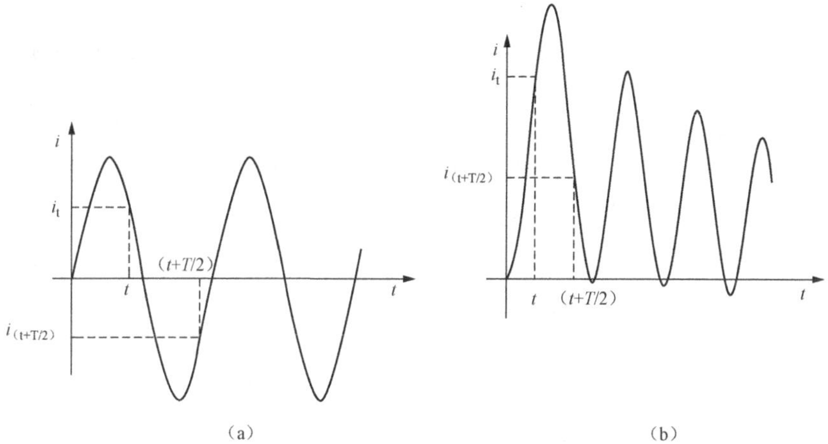

图 Z12F3004Ⅱ-5　短路电流和励磁涌流波形

（a）对称短路电流波形；（b）非对称性励磁涌流波形

由以上分析可得：若 $|i_t - i_{(t+T/2)}| < |i_t + i_{(t+T/2)}|$，判为励磁涌流，闭锁纵差保护。

反之可得动作判据为

$$K|i_t - i_{(t+T/2)}| > |i_t + i_{(t+T/2)}| \qquad (Z12F3004Ⅱ-10)$$

式中　K——设定常数，也称波形不对称系数，一般可取 $K = 0.5$。

通常用 i_t、$i_{(t+T/2)}$ 两个电流和、差的半周或全周积分值 S_+、S_- 作为动作判据，即

$$KS_- > S_+ \qquad (Z12F3004Ⅱ-11)$$

满足以上条件认为是波形对称的，是区内故障产生的差流，开放差动保护；不满足条件则认为是励磁涌流引起的差流，闭锁差动保护。

（四）过励磁闭锁元件

运行中的变压器，当电网电压升高或频率下降时，将引起励磁电流增加，即变压器过励磁。由于励磁电流增加，使变压器纵差保护中的不平衡电流增加，将导致纵差保护误动。

造成变压器过励磁的原因，由变压器运行原理可知，运行中的变压器，如不计漏阻抗上压降时，铁芯中的磁感应强度 B_m 与外加电压 U 的大小成正比，与电网频率 f 成反比。即

$$U = 4.44 fNB_m S \qquad (Z12F3004 Ⅱ-12)$$

式中 N——变压器一次绕组匝数；

S——铁芯截面。

由式（Z12F3001Ⅰ-12）可得，变压器铁芯中的磁感应强度 B_m 为

$$B_m = \frac{U}{4.44 fNS} = K(U/f) \qquad (Z12F3004 Ⅱ-13)$$

式中 K=1/4.44NS——变压器结构系数，对已经制造好的变压器为一常数。

由式（Z12F3004Ⅱ-13）可见，变压器铁芯中的磁感应强度 B_m 决定于 U/f。当电网电压升高或频率下降时，将引起磁感应强度 B_m 增加。

电力变压器一般铁芯采用冷轧硅钢片叠成，其饱和磁感应强度为1.9～2.0T。变压器额定运行时，铁芯中的额定磁感应强度 $B_N = (1.7 \sim 1.8)\text{T}$，两者已很接近。所以当电压与频率比值 U/f 增加时，工作磁感应强度 B 增加，铁芯中主磁通 Φ_m 增加。而主磁通 Φ_m 是由励磁电流 i_μ 产生的，由磁化曲线可知，励磁电流 i_μ 增大。特别是铁芯饱和后，将导致励磁电流急剧增加，这就是变压器过励磁的原因。

由于变压器过励磁时，励磁电流 i_μ 是非正弦波形，而呈尖顶波形，除基波分量外，还有高次谐波分量，虽然过励磁电流波形严重非正弦，但波形对称不含有非周期分量和偶次谐波分量，可见过励磁时的励磁电流与空载合闸时的励磁涌流有着本质的区别，因此励磁涌流的判据（二次谐波、波形对称原理）不能用来作为过励磁的判据。

由于过励磁时谐波分量主要以三次谐波电流 $i_{\mu3}$ 和五次谐波电流 $i_{\mu5}$ 为主。但因变压器内部短路故障TA饱和时同样会出现三次谐波，因此不宜用三次谐波电流 $i_{\mu3}$ 来判别过励磁，应采用五次谐波电流 $i_{\mu5}$ 来判别过励磁，以克服过励磁对纵差保护的影响。

通常采用五次谐波制动比 $K_{5\omega}$ 来衡量五次谐波电流的制动能力。所谓五次谐波制动比 $K_{5\omega}$，是指差动电流中的五次谐波分量 $I_{5\omega}$ 与基波分量 $I_{1\omega}$ 的比值，即

$$K_{5\omega}=\frac{I_{5\omega}}{I_{1\omega}} \quad \text{（Z12F3004Ⅱ-14）}$$

当五次谐波制动比 $K_{5\omega}$ 大于整定值 K_5 时闭锁差动保护，反之小于整定值 K_5 时开放差动保护，即满足式（Z12F3001Ⅰ-15）时，将差动保护闭锁。

或

$$\begin{cases}K_{5\omega}>K_5\\ I_{5\omega}>K_5I_{1\omega}\end{cases} \quad \text{（Z12F3004Ⅱ-15）}$$

与二次谐波制动比 K_2 相似，五次谐波制动比的定值 K_5 越大，差动保护躲变压器过励磁的能力越差；反之，五次谐波制动比 K_5 越小，差动保护躲变压器过励磁的能力越强。通常取五次谐波制动比 K_5 为0.3。

当过励磁倍数过高，不再闭锁差动保护。因为此时正比于 B_m^2（B_m 为磁感应强度）铁耗和正比于 I^2（I 为电流）铜耗及漏磁通在油箱壁及金属构架中产生涡流损耗大大增加。这些损耗转变成热量，使变压器温度迅速升高，造成变压器严重过热。此时开放差动保护，把变压器从电网上切除。

（五）差动速断元件

采用差动速断元件的理由和差动速断动作判据已在模块Z12F3001Ⅰ中介绍。差动速断保护可以快速切除内部严重故障，防止由于TA饱和引起的纵差保护延时动作。差动速断元件的整定值应按躲过变压器励磁涌流来确定，即

$$I_{sd}=KI_n \quad \text{（Z12F3004Ⅱ-16）}$$

式中　I_n ——变压器的额定电流（TA二次值）；

K ——系数，根据变压器容量和系统电抗大小来确定，变压器容量越大或系统电抗越大，K 值减小。通常容量在40～120MVA的变压器 K 值可取3.0～6.0；120MVA及以上容量的变压器 K 值可取2.0～5.0。

差动速断保护灵敏系数应按正常运行方式下保护安装处两相金属性短路计算，要求灵敏系数 $K_{sen}\geqslant 1.2$。

（六）差动保护的TA断线闭锁元件

为确保差动保护的动作灵敏度，采用比率制动特性的差动元件的启动电流很小。当差动元件某侧TA二次的一相或两相断线时，差动电流就是断线相上的负荷电流，差动保护可能误动。所以在微机型变压器差动保护中，均设置有TA断线闭锁元件。在变压器运行时，一旦出现差动TA二次回路断线，立即发出信号并根据需要将差动保护闭锁。

1. TA断线闭锁元件的原理

在变压器正常运行时，理想情况下，TA二次三相电流之和应等于零。即

$$3\dot{I}_0 = \dot{I}_a + \dot{I}_b + \dot{I}_c = 0$$

若TA二次回路中一相断线时，如C相断线，则

$$3\dot{I}_0 = \dot{I}_a + \dot{I}_b \neq 0$$

根据以上原理提出以下TA二次回路断线闭锁判据：

$$\begin{cases} \left|\dot{I}_a + \dot{I}_b + \dot{I}_c + 3\dot{I}_0\right| > \varepsilon_1 \\ \left|3\dot{I}_0\right| \leqslant \varepsilon_2 \end{cases} \quad \text{(Z12F3004Ⅱ-17)}$$

式中 ε_1、ε_2——门槛值，可根据不平衡差流的大小确定；

$3\dot{I}_0$——零序电流，TA二次值；

$\dot{I}_a$、$\dot{I}_b$、$\dot{I}_c$——分别为TA二次a、b、c三相电流。

满足式（Z12F3004Ⅱ-17）判为TA断线，发告警信号，同时根据需要将差动保护闭锁。显然当差动保护用的TA发生一相或两相断线时，都可以满足式（Z12F3004Ⅱ-17）。如果在变压器内部或外部发生短路故障时，不可能同时满足式（Z12F3004Ⅱ-17）中两个条件。

这种判别TA断线的方法的缺点是还需要引入另一个TA的$3\dot{I}_0$。

目前，在微机型保护装置中，也可以采用根据电流变化情况、变化趋势及电流值大小来判断TA断线。当测量出只有变压器一侧的电流发生了变化，且变化趋势是电流由大向小变化、而电流值小于额定电流时，被判为电流变化侧的TA断线。当变压器各侧电流均发生变化，且电流变化趋势是由小向大变化、而变化后电流的幅值又大于额定电流，则说明电流的变化是由故障引起的。

TA断线闭锁还有采用差动保护是否启动来区别对待TA回路异常，如果启动元件未启动，当任一相差流大于TA报警差流定值，经长延时发出差流异常报警信号，此时不闭锁差动保护。如果启动元件已经启动，若出现任一侧任一相间电压有变化量；或任一侧出现负序分量；或任一侧任一相电流比启动前增加三种情况，说明系统中有故障，开放差动保护。如果启动元件已经启动，但没出现以上三种情况，经延时发报警信号并根据需要闭锁差动保护。

2. 关于TA断线闭锁元件的说明

众所周知，运行中的TA二次回路不能开路。如果TA二次回路开路，将在开路点的两侧产生很高的电压，危及人身及二次设备的安全。另外，在开路点可能产生电弧，烧坏接线及端子，甚至引起火灾。

因此《继电保护和安全自动装置技术规程》（GB/T 14285—2006）规定在TA断线时允许差动保护跳闸，在TA断线时为保证人身及设备安全可不闭锁差动保护。即使设置TA断线闭锁差动保护，在TA回路异常信号出现时应及时处理，因为在轻负荷下

TA 断线差流较小，保护往往也未启动，差动保护不会动作，但在负荷增大或外部故障时将引起误动，所以务必重视 TA 回路异常信号的处理和检验。

运行实践表明，变压器的容量越大、TA 变比越大，TA 二次回路开路的危害越严重。因此，对于大容量的变压器，由于 TA 的变比很大，TA 断线闭锁元件只发报警信号而不闭锁差动保护。当差动保护 TA 二次开路时，差动保护动作切除变压器，以防止人身伤害及设备损坏的事故。

同时需要提醒的是，在检修中误将差动保护的 TA 二次回路短接或误碰，造成差动的 TA 二次回路分流，可能造成差动保护误动，需要做好相关的安全措施。

（七）TA 饱和识别元件

由于 TA 的容量、测量范围、负荷性质及价格等多种原因，变压器差动保护各侧（尤其是低压侧）的差动 TA 不易选择到合适的变比与特性，这样可能会造成在变压器发生区外短路时 TA 饱和及暂态特性不一致，引起差动保护误动。这种情况在低压侧短路时最易出现，因此比率制动的差动保护应设置 TA 饱和识别元件。

TA 饱和识别元件可利用二次电流中的二次和三次谐波分量来判别 TA 是否饱和，其表达式为

$$\begin{cases} I_{\phi 2} > K_{\phi 2} \cdot I_{\phi 1} \\ I_{\phi 3} > K_{\phi 3} \cdot I_{\phi 1} \end{cases} \tag{Z12F3004Ⅱ-18}$$

式中　$I_{\phi 2}$、$I_{\phi 3}$ ——TA 二次电流中的二、三次谐波分量；

$I_{\phi 1}$ ——TA 二次电流中的基波分量；

$K_{\phi 2}$、$K_{\phi 3}$ ——二、三次谐波系数。

运行中当某相出现差流，如满足式（Z12F3004Ⅱ-18）时，则认为该相差流是 TA 饱和引起的，闭锁差动保护。

（八）变压器差动保护逻辑框图

大型超高压变压器的纵差保护，由分相差动元件、涌流比闭锁元件、差动速断元件、过励磁闭锁元件及 TA 断线判别元件构成。涌流闭锁方式可采用二次谐波比最大相（或门）闭锁方式或采用分相闭锁。采用二次谐波比最大相（或门）闭锁式差动保护逻辑框图见图 Z12F3004Ⅱ-6。

涌流或门闭锁方式，是指在三相涌流闭锁元件中，只要有一相满足闭锁条件，立即将三相差动元件全部闭锁。而涌流分相闭锁方式，是指某相的涌流闭锁元件只对本相的差动元件有闭锁作用，而对其他相无闭锁作用。采用分相闭锁式的差动保护逻辑框图见图 Z12F3004Ⅱ-7。分相闭锁方式的优点是：如果空投变压器时发生内部故障，保护能迅速而可靠动作并切除变压器，而或门闭锁方式的差动保护，则有可能拒动或

延缓动作。

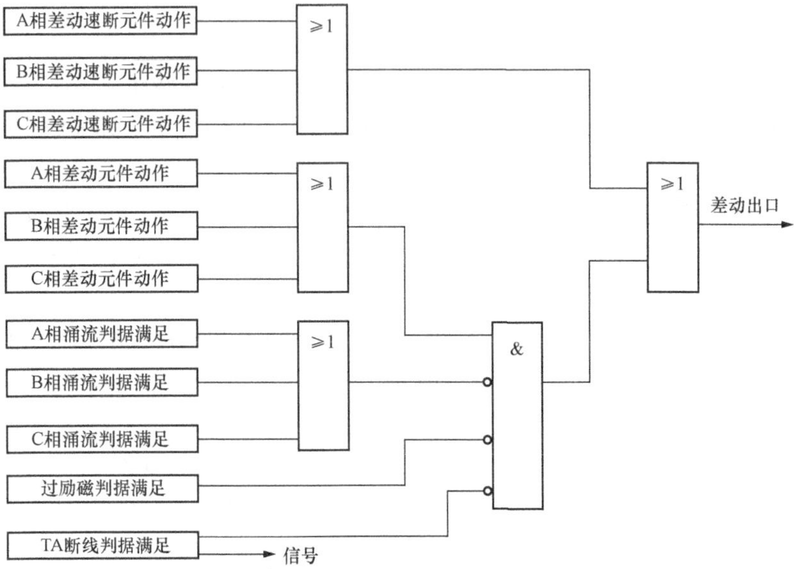

图 Z12F3004Ⅱ-6 或门闭锁式差动保护逻辑框图

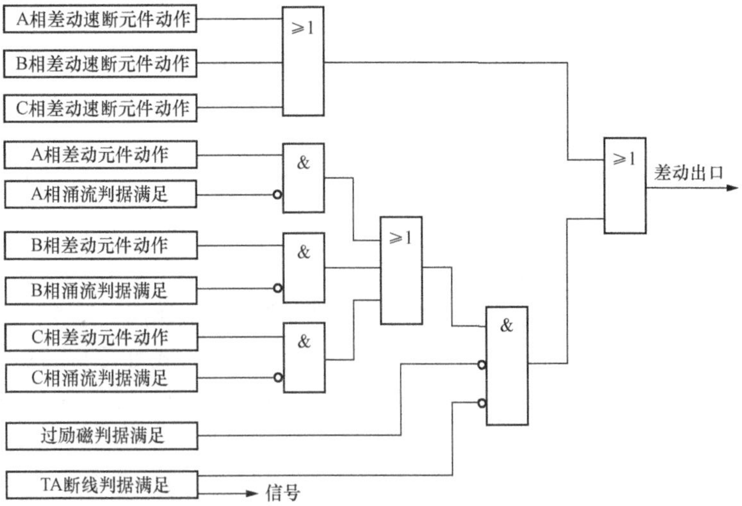

图 Z12F3004Ⅱ-7 分相闭锁式差动保护逻辑框图

由于变压器空投时，三相励磁涌流是不相同的，即各相励磁涌流的波形、幅值及二次谐波的含量是不相同的。变压器空载合闸时的录波表明，在某些条件下，三相涌流之中的某一相可能不满足闭锁条件。此时，若采用“或门”闭锁的纵差保护，空投变压器时不易误动；而采用“分相”闭锁方式的差动保护，空投变压器时容易误动。

变压器保护装置 PST–1200A 差动保护就是采用二次谐波“或门”闭锁，其逻辑框图见图 Z12F3004Ⅱ–8。由图可见，三相涌流判据（二次谐波系数），只要一相满足涌流判据，就闭锁差动保护。保护装置 PST–1200B 采用波形对称原理分相判别励磁涌流，如一相判断波形不对称，就将该相差动保护闭锁。

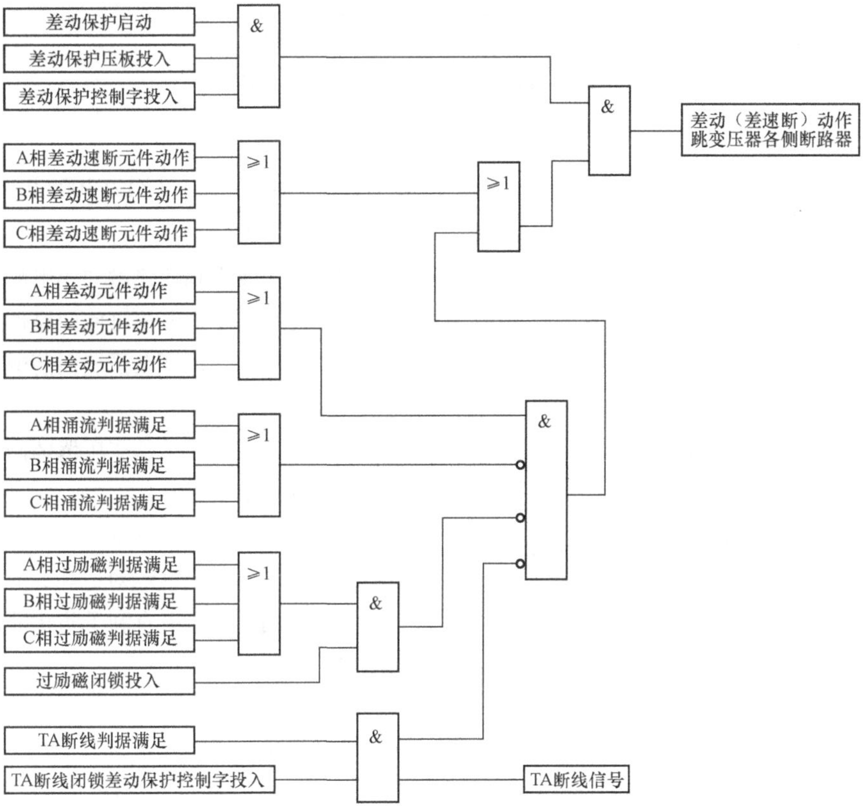

图 Z12F3004Ⅱ–8　PST–1200A 差动保护逻辑框图

三、其他差动保护

1. 工频变化量比率制动特性的差动保护

由于变压器的负荷电流是穿越性的，因此当发生内部短路故障时负荷电流总起制动作用。为提高灵敏度，特别是匝间短路故障时的灵敏度，应将负荷电流从制动电流中去除。因而可采用故障分量的比率制动特性，即工频变化量比率制动特性，见图 Z12F3004Ⅱ–9，其中 $\Delta I_{dst}=0.2I_n$ 称为固定门槛值，$K_1=0.6$、$K_2=0.75$ 为固定值，由软件设定。工频变化量比率制动特性可表示为

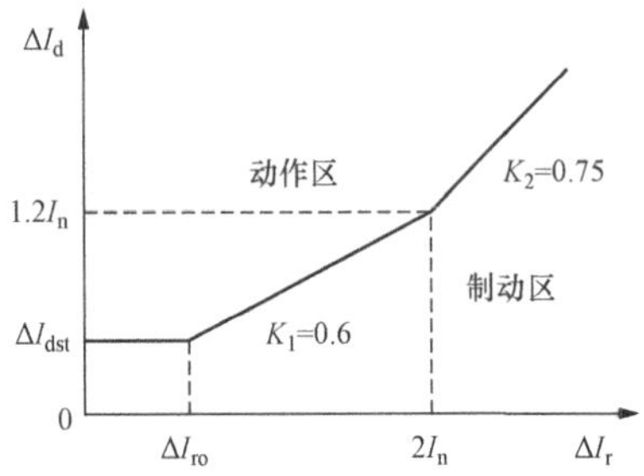

图 Z12F3004Ⅱ-9 工频变化量比率制动特性

$$\left.\begin{array}{ll}\Delta I_d > 1.25\Delta I_{dh} + 0.2I_n & \\ \Delta I_d > 0.6\Delta I_r & (\Delta I_r \leqslant 2I_n) \\ \Delta I_d > 0.75\Delta I_r - 0.3I_n & (\Delta I_r > 2I_n)\end{array}\right\} \quad (Z12F3004Ⅱ-19)$$

式中 ΔI_{dh}——浮动门槛，随着工频变化量动作电流的增加而自动提高，取 1.25 倍可使门槛值始终高于不平衡输出，保证在系统振荡或频率偏移时保护不误动；

$\Delta I_d = \left|\Delta\dot{I}_1 + \Delta\dot{I}_2 + \Delta\dot{I}_3 + \cdots + \Delta\dot{I}_m\right|$——工频变化量动作电流，是变压器各侧相电流故障分量的相量和；

$\Delta I_r = \max\left\{\left|\Delta\dot{I}_1\right| + \left|\Delta\dot{I}_2\right| + \left|\Delta\dot{I}_3\right| + \cdots + \left|\Delta\dot{I}_m\right|\right\}$——工频变化量制动电流，是变压器各侧相电流故障分量的标量和（绝对值和）的最大值，取最大相制动电流有利于防止非故障相误动。

工频变化量比率制动的差动保护按相判别，当满足上述条件时，工频变化量比率制动的差动保护动作，经过涌流判别元件、过励磁判别元件后出口。由于工频变化量比率制动系数可取较高数值，其本身的特性就决定了区外故障时，抗 TA 暂态和稳态饱和的能力较强。

2. 分侧差动保护

（1）构成原理及特点。分侧差动保护是将变压器 Y 侧绕组作为被保护对象，在每相 Y 绕组两端（自耦变压器用三端）设置电流互感器而实现分相的分侧差动保护。其原理接线见图 Z12F3004Ⅱ-10。显然分相差动保护要求每相绕组的中性点引出到箱体外，以便装设差动 TA。目前大容量的自耦变压器都是单相式的，高、中及公共绕组都是引出到箱体外，便于构成分相差动保护。

在图 Z12F3004Ⅱ-10 中，TA1、TA2 为分侧差动两侧 TA；KDA、KDB、KDC 为

差动元件。

该分侧差动保护所用的电流是同一支路中的电流，它们之间没有电磁耦合关系。因此这种保护的最大优点是不受变压器励磁电流、励磁涌流、带负荷调压及过励磁的影响。与变压器纵差保护相比，其构成简单，不需要涌流闭锁元件、差动速断元件及过励磁闭锁元件。

分侧差动保护的另一优点是由于带负荷调压在差动回路中不产生不平衡电流，且由于两端 TA 中流过同一电流，可取同型号及同变比的 TA，不平衡电流较小，因此动作电流可整定较低，所以对于 Y 侧的各种故障（除匝间短路外）比纵差保护灵敏度高。

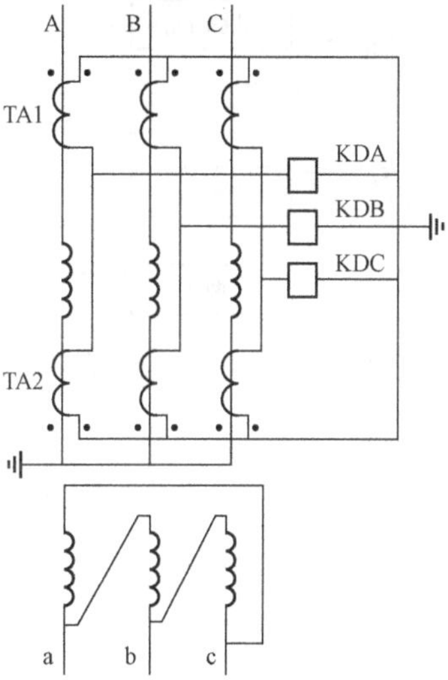

图 Z12F3004Ⅱ–10 分侧差动保护原理接线图

对于变压器发生匝间短路（不接地）故障时，无论发生在 Y 侧还是 d 侧，Y 侧电源都会提供短路电流。如果 Y 侧中性点接地，还会出现零序电流。但对于只差接变压器一侧同相绕组的分侧差动保护来说，上述短路电流或零序电流是一个穿越性电流，所以分侧差动保护不能保护匝间短路，这是它的一个缺点。但对发生匝间短路并接地的故障时，分侧差动保护仍有保护作用。

在三相自耦变压器上，分别在高压输出端、中压输出端及公共绕组侧设置 TA。可构成分相的分侧差动保护，作为 Y 侧（除匝间短路外）各种短路故障的保护。以一相（C 相）差动为例，其原理接线见图 Z12F3004Ⅱ–11。

（2）逻辑框图。以图 Z12F3004Ⅱ–10 所示的分侧差动保护为例，其逻辑框图见图 Z12F3004Ⅰ–12。图中，$\dot{I}_A$、$\dot{I}_B$、$\dot{I}_C$ 分别为变压器绕组首端侧差动 TA1 二次 A、B、C 三相电流；$\dot{I}_{AN}$、$\dot{I}_{BN}$、$\dot{I}_{CN}$ 分别为变压器绕组末端侧差动 TA2 二次 A、B、C 三相电流。

由图可见，三相分相差动元件中，只要有一相动作，便立即将变压器从电网上切除。

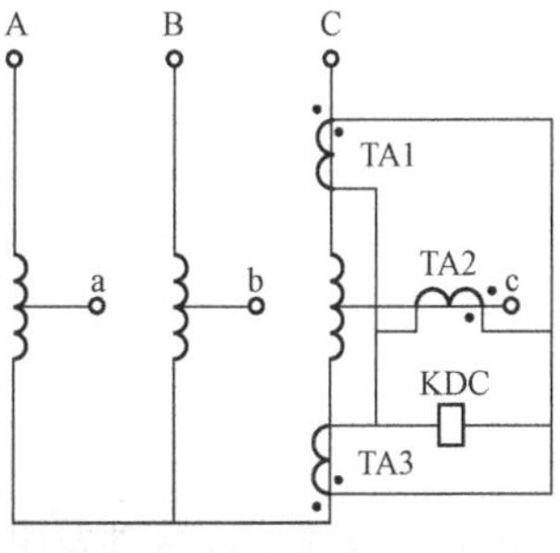

图 Z12F3004Ⅱ–11 三相自耦变压器分侧差动保护原理接线图（C 相）

（3）分侧差动元件的动作特性。变压器分侧差动元件的动作特性与纵差元件的动作特性相似。不同的是整定值。以差动电流 I_d 为纵轴，制动电流 I_r 为横轴，分侧差动保护的二折线比率制动特性曲线见图 Z12F3004Ⅱ–13。

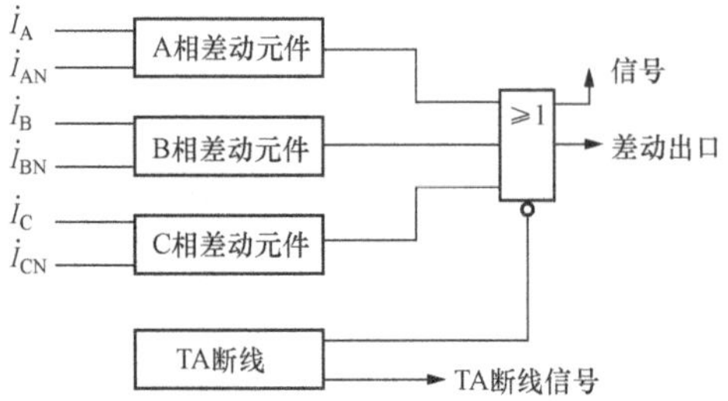

图 Z12F3004Ⅱ-12 变压器分侧差动保护逻辑框图

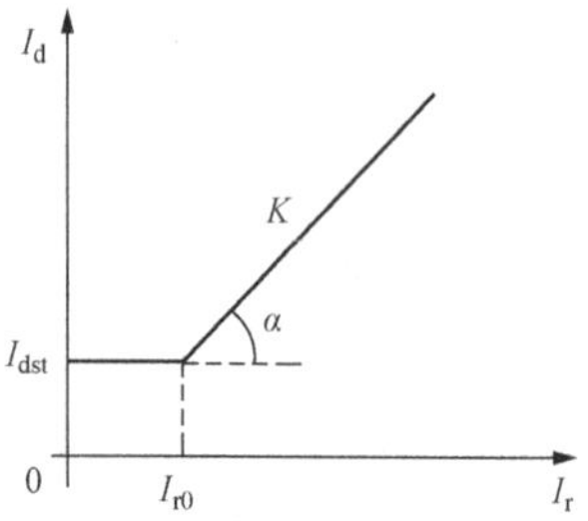

图 Z12F3004Ⅱ-13 分侧差动元件的动作特性

图中 I_{dst} 为差动元件最小动作电流，也称差动门槛值；I_{ro} 为拐点电流；K 为比率制动系数。

其动作方程为

$$\begin{cases} I_d \geqslant I_{dst} & (I_r \leqslant I_{r0}) \\ I_d \geqslant I_{dst} + K(I_r - I_{r0}) & (I_r > I_{r0}) \end{cases} \quad \text{（Z12F3004Ⅱ-20）}$$

式中 $I_d = \left|\dot{I}_\phi + \dot{I}_{\phi N}\right|$；$I_r = \left|\dot{I}_\phi - \dot{I}_{\phi N}\right|$ 或 $I_r = \max\left\{\left|\dot{I}_\phi\right|, \left|\dot{I}_{\phi N}\right|\right\}$；

$\dot{I}_\phi$——变压器绕组首端侧 TA 二次 a、b、c 相电流；

$I_{\phi N}$——变压器绕组末端侧 TA 二次 a、b、c 相电流。

3. 零序差动保护

（1）构成原理及特点。分侧差动保护是用变压器 Y 侧绕组两端（自耦变压器用三端）的相电流构成差动保护的。如果用 Y 侧绕组两端（自耦变压器用三端）的零序电流就构成了零序纵差保护。联结组别为 YNd11 的变压器，零序纵差保护接线见图 Z12F3004Ⅱ-14。

保护区外故障，如图 Z12F3004Ⅱ-14（a）中 k_1 点发生短路故障时，零序差动元件中的零序差动电流 $\dot{I}_{0d}$ 为 $\dot{I}_{0d} = \dot{I}_{01} + \dot{I}_{03} = 0$，于是零序差动元件 KDZ 不会动作。

事实上由于 TA1 与 TA3 变比不等，会存在不平衡零序差流，故应进行电流平衡调整，令电流平衡系数 K_{ph0} 为

$$K_{ph0} = \frac{n_{TA3}}{n_{TA1}} \quad \text{（Z12F3004Ⅱ-21）}$$

于是进入差动元件的电流 $\dot{I}_{0d}$ 为

$$\dot{I}_{0d} = \dot{I}_{01} + K_{ph0}\dot{I}_{03} = 0$$

可见，进行电流平衡后零序差动元件中的零序差动电流 $\dot{I}_{0d}$ 为零，在区外发生不对称接地故障时，零序差动元件 KDZ 不会动作。

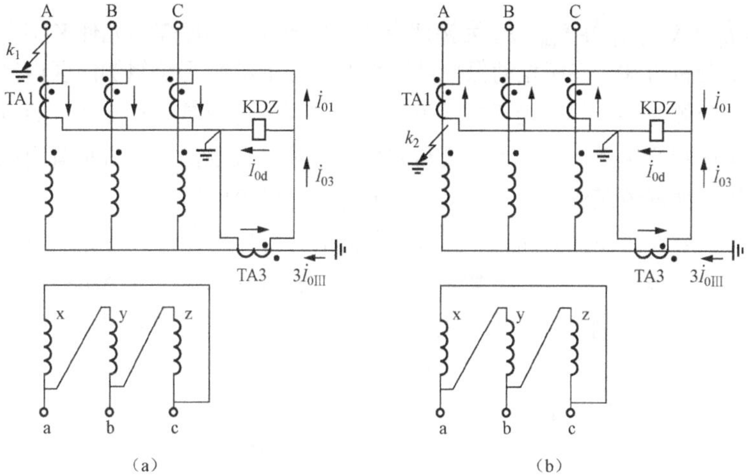

图 Z12F3004Ⅱ–14 YNd11 变压器零序纵差保护接线及工作原理

（a）区外 k_1 点接地；（b）区内 k_2 点接地

保护区内故障，图 Z12F3004Ⅱ–14（b）中 k_2 点发生短路故障时，零序差动元件中的零序差动电流 $\dot{I}_{0d}=\dot{I}_{01}+K_{ph0}\dot{I}_{03}$ 为接地点的零序电流，零序差动元件 KDZ 可靠动作。需要指出的是，中性点侧的零序电流，微机保护装置一般采用自产零序电流。

图 Z12F3004Ⅱ–15 为自耦变压器零序差动保护接线及原理图。高、中侧零序电流都由自产得到。公共绕组侧也采用自产零序电流，而不是采用接地中性线上 TA 的零序电流，这样可以避免该零序 TA 极性不易校验的问题。若中压侧、公共绕组侧的电流平衡系数为

$$K_{ph0\cdot2}=\frac{n_{TA2}}{n_{TA1}};\quad K_{ph0\cdot3}=\frac{n_{TA3}}{n_{TA1}} \tag{Z12F3004Ⅱ–22}$$

式中 n_{TA1}、n_{TA2}、n_{TA3}——TA1、TA2、TA3 的变比。

由此可得进入零序差动元件的电流 $\dot{I}_{0d}$ 为

$$\dot{I}_{0d}=\dot{I}_{01}+K_{ph0\cdot2}\dot{I}_{02}+K_{ph0\cdot3}\dot{I}_{03} \tag{Z12F3004Ⅱ–23}$$

当区外发生短路故障时，零序差动元件的电流 $\dot{I}_{0d}=0$，KDZ 不动作；当区内发生短路故障

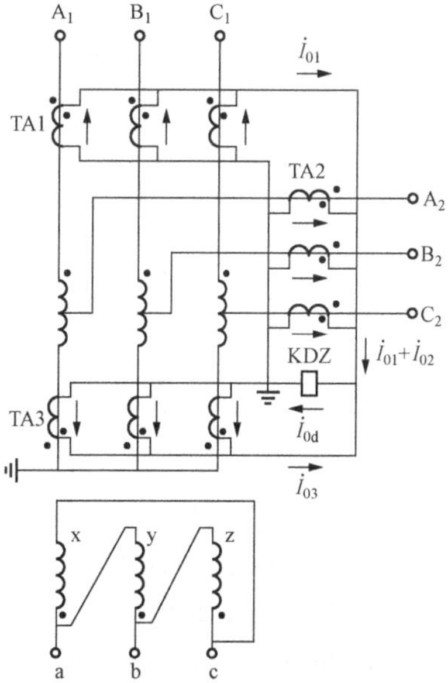

图 Z12F3004Ⅱ–15 自耦变压器零序差动保护接线及原理

时，$\dot{I}_{0d}=\dot{I}_{01}+K_{ph0\cdot2}\dot{I}_{02}+K_{ph0\cdot3}\dot{I}_{03}$ 为接地点的零序电流，零序差动元件 KDZ 可靠动作。

由以上分析可知，零序差动保护可用来保护变压器 Y 形绕组侧的区内接地短路故障。同样与分侧差动一样，由于零序差动保护所用的电流是同一支路中的电流，它们之间没有电磁耦合关系，因此不受变压器励磁电流、励磁涌流、带负荷调压及过励磁的影响，不需要涌流闭锁元件、差动速断元件及过励磁闭锁元件。

对于变压器发生匝间短路（不接地）故障时，零序差动保护不能起到保护作用。

零差保护主要应用在大容量超高压三绕组自耦变压器中。对 220～500kV 的变压器而言，大电流系统侧容易发生单相接地故障，所以变压器零差保护是变压器大电流系统侧内部接地故障的主保护。需要指出的是，为防止区外故障时零差保护误动，中性点零差 TA 的变比不宜过小，以防故障时该 TA 饱和，同时各侧零差 TA 最好取同型号及同变比的。

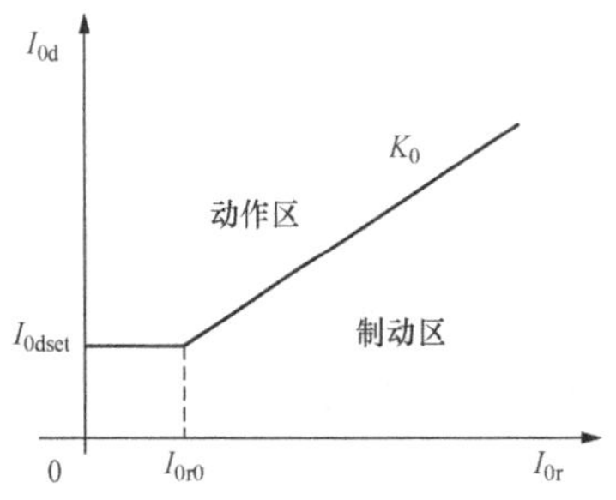

图 Z12F3004Ⅱ-16 零序差动比率制动特性

（2）零序差动元件的动作特性。图 Z12F3004Ⅱ-16 为零序差动比率制动特性，其中 I_{0d} 为零序差动电流；I_{0dset} 为零序差动元件的最小动作电流；I_{0r} 为零序差动元件的制动电流；I_{0r0} 为零序差动比率制动特性的拐点电流，当 $I_{0d}<0.5I_n$ 时，I_{0r0} 为 $0.5I_n$；当 $I_{0d}>0.5I_n$ 时，I_{0r0} 自动由 $0.5I_n$ 变为 I_n，I_n 为本侧二次电流的额定值；K_0 为比率制动系数，一般可取 0.5。当 $I_{0d}<0.5I_n$ 时，零序比率制动特性的表达式为

$$\begin{cases}I_{0d}>I_{0dset} & (I_{0r}<0.5I_n)\\ I_{0d}>I_{0dset}+K_0(I_{0r}-0.5I_n) & (I_{0r}\geqslant 0.5I_n)\end{cases}\qquad (Z12F3004Ⅱ-24)$$

当 $I_{0d}>0.5I_n$ 时，零序比率制动特性的表达式为

$$\begin{cases}I_{0d}>I_{0dset} & (I_{0r}<I_n)\\ I_{0d}>I_{0dset}+K_0(I_{0r}-I_n) & (I_{0r}\geqslant I_n)\end{cases}\qquad (Z12F3004Ⅱ-25)$$

式中，零序差动电流 $I_{0d}=\left|\dot{I}_{01}+\dot{I}_{02}+\dot{I}_{03}\right|$，制动电流 $I_{0r}=\max\left\{\left|\dot{I}_{01}\right|,\left|\dot{I}_{02}\right|,\left|\dot{I}_{03}\right|\right\}$。

需要注意的是，式中的 $\dot{I}_{02}$、$\dot{I}_{03}$ 是经平衡调整后流入零序差动元件的零序电流。

四、复合电压闭锁的过流（方向）保护

为反应变压器外部相间故障引起的过电流，以及纵差保护和气体保护的后备，应装设反映相间短路故障的后备保护。复合电压启动的方向过电流保护作为后备保护，广泛应用 220kV 及以上电压等级的变压器保护。

对于单侧电源的变压器，后备保护应装设在电源侧，作为纵差保护、气体保护及相邻元件保护的后备。对于多侧电源的变压器，各侧都应装设后备保护。当作为纵差保护、气体保护后备时，动作后跳开各侧断路器。此时装设在主电源侧的保护对变压器各侧的故障应均能满足灵敏度的要求。当作为各侧母线和线路的后备保护时，动作后跳开本侧断路器。此外当变压器某侧的断路器与电流互感器之间发生故障（死区故障）时，后备保护应能正确反应，起到后备保护作用。

复合电压闭锁元件、过电流元件及动作条件已在模块 Z12F3001 Ⅰ 中讲述，可参阅。

（一）功率方向判别元件

功率方向元件的电压、电流取自本侧的电压和电流。下面介绍功率方向元件的基本原理。

1. 90°接线的功率方向元件的基本原理

对于传统的相间短路功率方向继电器，采用的接线方式是 90°接线。同样微机保护中方向元件所接入的电压、电流也称为接线方式。为保证各种相间短路故障时方向元件能可靠灵敏动作，通常也采用 90°接线方式。微机保护中方向元件可由控制字（软压板）选择正方向或反方向动作。90°接线的功率方向元件接线方式见表 Z12F3004 Ⅱ-2。

表 Z12F3004 Ⅱ-2　　90°接线的功率方向元件接线方式

接线方式	接入方向元件电流 $\dot{I}_g$	接入方向元件电压 $\dot{U}_g$
A 相功率方向元件	$\dot{I}_A$	$\dot{U}_{BC}$
B 相功率方向元件	$\dot{I}_B$	$\dot{U}_{CA}$
C 相功率方向元件	$\dot{I}_C$	$\dot{U}_{AB}$

在图 Z12F3004 Ⅱ-17 中，先在水平方向作出 $\dot{U}_g$ 相量，超前 α 角度方向再作 $\dot{U}_g e^{j\alpha}$ 相量，垂直于 $\dot{U}_g e^{j\alpha}$ 相量的直线 ab 的阴影线侧为正方向短路时 $\dot{I}_g$ 的动作区，即 $\dot{I}_g$ 落在这一区域功率方向元件动作，当 $\dot{I}_g$ 与 $\dot{U}_g e^{j\alpha}$ 方向一致时，功率方向元件最灵敏。

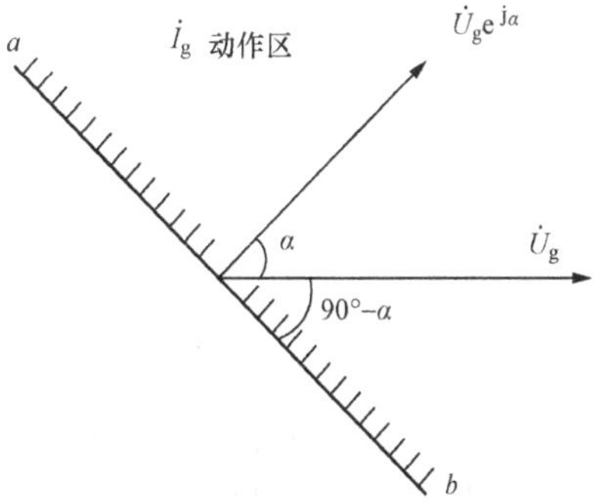

图 Z12F3004 Ⅱ-17　90° 接线功率方向元件的动作特性

正方向功率方向元件的动作方程为

$$-90^\circ < \arg\frac{\dot{I}_g}{\dot{U}_g e^{j\alpha}} < 90^\circ \text{（正方向元件）}$$

（Z12F3004 Ⅱ-26a）

通常称α为90°接线的功率方向元件的内角，一般为30°或45°。显然当$\dot{I}_g$超前$\dot{U}_g$的角度正好为α时，正方向元件动作最灵敏。如设$\dot{I}_g$滞后$\dot{U}_g$的角度$\alpha>0$，$\dot{I}_g$超前$\dot{U}_g$的角度$\alpha<0$。则最大灵敏角$\varphi_{sen}=-\alpha$。在$\dot{I}_g$超前$\dot{U}_g$的角度为30°或45°时，正方向元件动作最灵敏。

在分析短路后功率方向元件动作行为时，只要画出加在功率方向元件上的电压、电流的相量，就可确定电流的动作区域。若最大灵敏角为30°，在$\dot{U}_g$相量滞后60°（即90°−30°=60°）的方向上画出一条图 Z12F3004Ⅱ−17 中的 *ab* 直线，就是动作的边界线，*ab* 线靠$\dot{U}_g$一侧就是电流的动作区（阴影区）。即$\dot{I}_g$在滞后$\dot{U}_g$ 60°至$\dot{I}_g$超前$\dot{U}_g$ 120°区域内，正方向元件动作。

反方向功率方向元件实现反方向保护，动作区域与正方向元件相反。反方向功率方向元件的动作方程为

$$90^\circ<\arg\frac{\dot{I}_g}{\dot{U}_g e^{j\alpha}}<270^\circ \text{（反方向元件）} \quad \text{（Z12F3004Ⅱ−26b）}$$

如果内角α仍取30°或45°，反方向元件的最大灵敏角为150°或135°，即电流$\dot{I}_g$在滞后电压$\dot{U}_g$ 150°或135°时，反方向元件动作最灵敏。若最大灵敏角为150°，则$\dot{I}_g$滞后$\dot{U}_g$的角度φ_k在（$60^\circ<\varphi_k<240^\circ$）区域内反方向元件动作。

在保护装置中，由控制字来设定过流保护的方向。接入保护装置的 TA 极性，将正极性端设定在母线侧。当控制字设定为“1”时，表示方向指向系统（母线），最大灵敏角为150°或135°；当控制字设定为“0”时，表示方向指向变压器，最大灵敏角为30°或45°。

2. 以正序电压为极化量方向元件的基本原理

在微机型复合电压闭锁的方向过流保护中，方向元件采用以正序电压为极化量的方向元件，该方向元件用0°接线方式，同名相的正序电压与相电流作相位比较。用于保护正方向短路故障的方向元件，其最大灵敏角取45°。动作方程为

$$-90^\circ<\arg\frac{\dot{I}_\phi e^{j45^\circ}}{\dot{U}_{\phi1}}<90^\circ \text{（正方向元件）} \quad \text{（Z12F3004Ⅱ−27a）}$$

或

$$-135^\circ<\arg\frac{\dot{I}_\phi}{\dot{U}_{\phi1}}<45^\circ \text{（正方向元件）} \quad \text{（Z12F3004Ⅱ−27b）}$$

式中，ϕ分别为 A、B、C 相。当$\dot{U}_{\phi1}$超前于$\dot{I}_\phi$ 45°时，分子与分母同相，方向元件动作最灵敏，所以最大灵敏角为45°。

设系统内的正、负序阻抗角相等为75°，在不计负荷电流时，正方向 BC 两相金属性短路，相量图见图 Z12F3004Ⅱ−18（a）。图中$\dot{E}_A$、$\dot{E}_B$、$\dot{E}_C$为三相电动势。

直线 1 超前于相量 $\dot{U}_{B1}$ 45°（即 90°－45°＝45°），为 B 相方向元件电流的动作边界线，直线的下侧（向着 $\dot{U}_{B1}$ 的一侧）是电流的动作区（阴影区）。从图中可见，保护安装处的 $\dot{U}_{B1}$ 超前 $\dot{I}_B$ 45°，所以 B 相方向元件最灵敏。

直线 2 超前于相量 $\dot{U}_{C1}$ 45°（即 90°－45°＝45°），为 C 相方向元件电流的动作边界线，直线的左侧（向着 $\dot{U}_{C1}$ 的一侧）是电流的动作区（阴影区）。从图中可见保护安装处的 $\dot{U}_{C1}$ 超前 $\dot{I}_C$ 105°，尽管不在最大灵敏角的方向上，C 相方向元件也能动作。

如果是经电阻短路，$\dot{U}_{B1}$ 超前 $\dot{I}_B$ 的角度虽略有减少，虽然 $\dot{I}_B$ 不在最大灵敏角方向上，但 B 相方向元件仍能较灵敏动作。$\dot{U}_{C1}$ 超前 $\dot{I}_C$ 的角度也略有减少且靠近最大灵敏角方向，所以 C 相方向元件趋向于更灵敏动作。

正方向三相对称短路时，三个方向元件动作行为相同。以 A 相方向元件为例，其正方向三相金属性短路的相量图见图 Z12F3004Ⅱ－18（b）。超前于 $\dot{U}_{A1}$ 相量 45°（即 90°－45°＝45°）的直线 1 为 A 相方向元件的电流动作边界线，直线右上方（向着 $\dot{U}_{A1}$ 的一侧），是 A 相方向元件的电流动作区（阴影区）。从图中可见保护安装处的 $\dot{U}_{A1}$ 超前 $\dot{I}_A$ 75°，A 相方向元件虽不在最大灵敏角方向上，但也能较灵敏动作。

反方向短路时，在图 Z12F3004Ⅱ－18 中电流方向相反，短路电流落在不动作区，方向元件不会动作。

反方向的方向元件用于反方向的短路保护。其动作区是正方向元件的不动作区，动作方程为

$$90° < \arg\frac{\dot{I}_\phi e^{j45°}}{\dot{U}_{\phi 1}} < 270° \text{（反方向元件）} \qquad \text{(Z12F3004Ⅱ–28a)}$$

或

$$45° < \arg\frac{\dot{I}_\phi}{\dot{U}_{\phi 1}} < 225° \text{（反方向元件）} \qquad \text{(Z12F3004Ⅱ–28b)}$$

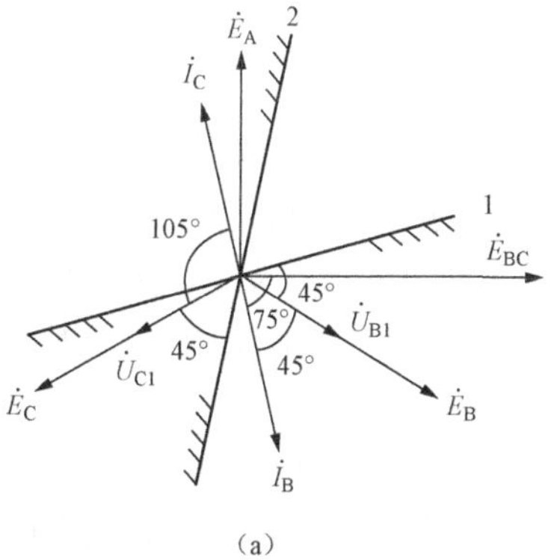

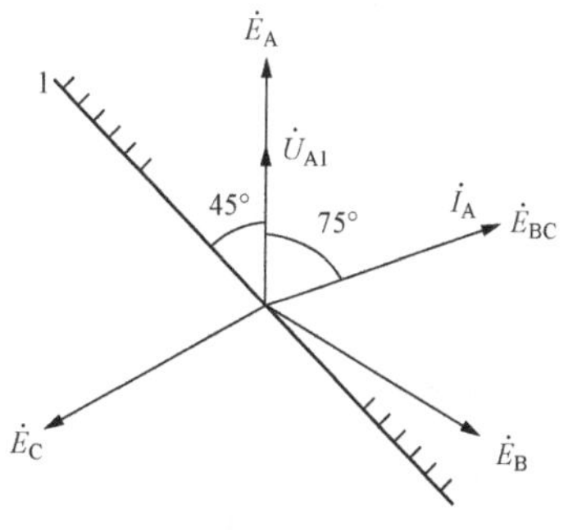

图 Z12F3004Ⅱ－18　相间短路故障时的相量关系

（a）正方向 BC 相间短路；（b）正方向三相短路

从式（Z12F3004Ⅱ–28b）可见，当$\dot{I}_{\phi}$超前$\dot{U}_{\phi 1}$ 135°时，反方向元件动作最灵敏。或者说当$\dot{U}_{\phi 1}$超前$\dot{I}_{\phi}$ 225°时反方向元件动作最灵敏，所以最大灵敏角为225°。

需要注意的是，在正、反向出口发生三相金属性短路故障时，由于$\dot{U}_{\phi 1}$为0，方向元件将无法进行相位比较，造成在正方向出口三相短路时可能拒动，出现死区；反方向出口三相短路时可能误动。因此对电压$\dot{U}_{\phi 1}$应具备“记忆”功能，从而保证功率方向元件能正确判断故障方向，消除功率方向元件死区。

在保护装置中，由控制字来设定过流保护的方向。接入保护装置的TA极性，将正极性端设定在母线侧。当控制字设定为“1”时，表示方向指向系统（母线），最大灵敏角为225°；当控制字设定为“0”时，表示方向指向变压器，最大灵敏角为45°。

（二）TV断线对复压闭锁过流（方向）保护的影响

由于功率方向元件、复合电压元件都要用到电压量，所以TV断线将对该保护产生影响。因此复压闭锁方向过流保护应采取如下措施：

低压侧固定不带方向，复合电压元件正常时取自本侧的复合电压。若判断出低压侧TV断线时，在发TV断线告警信号，同时将该复合电压元件退出，保护不经复压元件闭锁。

高、中、压侧正常时功率方向元件采用本侧的电压，复合电压元件由各侧复合电压“或”逻辑构成。若判断出高、中、压侧TV断线时，在发TV断线告警信号，同时该侧复压元件采用其他侧的复合电压，并将方向元件退出。

关于TV断线的判别可用以下两个判据：

（1）判定TV三相断线。启动元件未启动，正序电压小于30V，且任一相电流$>0.04I_N$（断路器合位），延时10s报该侧母线TV异常。

（2）判定TV一相或两相断线。启动元件未启动，负序电压大于8V，延时10s报该侧母线TV异常。

（三）变压器各侧复压闭锁过流（方向）保护的配置

在220kV电压等级的变压器后备保护中，高压侧配置复压闭锁方向过流保护。保护分为二段，第一段带方向（可设定），设两个时限。如果方向指向变压器，第一时限跳中压侧母联断路器，第二时限跳中压侧断路器；如果方向指向母线（或系统），第一时限跳高压侧母联断路器，第二时限跳高压侧断路器。第二段不带方向，延时跳开变压器各侧断路器。

中压侧配置复压闭锁方向过流保护，设三时限。第一、二时限带方向，方向可整定。如果方向指向变压器，第一时限跳高压侧母联断路器，第二时限跳高压侧断路器；如果方向指向母线（或系统），第一时限跳中压侧母联断路器，第二时限跳中压侧断路器。第三时限不带方向，延时跳开变压器各侧断路器。中压侧还配置了限时速断过流保护，延时跳开本侧断路器。

低压侧各分支上配置有过流保护，设二时限，第一时限跳开本侧分支分段断路器，第二时限跳开本侧分支断路器。低压侧各分支上还配置有复压过流保护，不带方向，设三时限，第一时限跳开本侧分支分段断路器，第二时限跳开本侧分支断路器，第三时限跳开变压器各侧断路器。

（四）复合电压方向过电流保护动作逻辑框图

图 Z12F3004Ⅱ-19 为复合电压过电流（方向）保护动作逻辑框图，图中只画出Ⅰ段，其他段类似，最后一段不设方向元件。U_2为保护安装侧母线上负序电压，U_{2set}为负序整定电压，$U_{\phi\phi\cdot min}$为母线上最低相间电压，KW1、KW2、KW3 保护安装侧 A、B、C 相的功率方向元件，I_A、I_B、I_C为保护安装侧变压器三相电流，I_{1set}为Ⅰ段电流定值，由图 Z12F3004Ⅱ-19 可以看出，负序电压U_2与相间低电压$U_{\phi\phi\cdot min}$构成“或”关系，各相的电流元件和该相的方向元件构成“与”的关系。

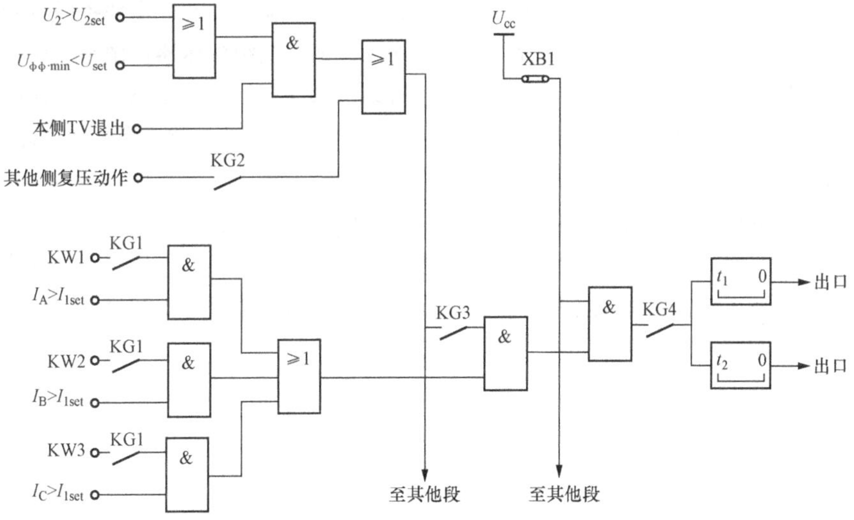

图 Z12F3004Ⅱ-19 复合电压过电流（方向）保护动作逻辑框图（Ⅰ段）

KG1 为控制字，KG1 设为“1”时方向元件投入，KG1 设为“0”时方向元件退出。

KG2 为其他侧复合电压的控制字，KG2 设为“1”时，其他侧复合电压闭锁该侧方向电流保护，KG2 设为“0”时，其他侧复合电压闭锁退出。引入其他侧复合电压的作用是提高复合电压元件的灵敏度。KG3 为复合电压的控制字，KG3 设为“1”时，复合电压起闭锁作用，KG3 设为“0”时，复合电压不起闭锁作用。KG4 为保护段投、退的控制字，KG4 设为“1”时，该段保护投入，KG4 设为“0”时，该段保护退出。

XB1 为保护段投、退压板。

可见，① 当 KG1 为“1”、KG3 为“1”时，为复合电压闭锁的方向过电流保护。② 当 KG1 为“0”、KG3 为“1”时，为复合电压闭锁的过电流保护。③ 当 KG1 为“1”、KG3 为“0”时，为方向过电流保护。④ 当 KG1 为“0”、KG3 为“0”时，为过电流保护。

五、零序电流（方向）保护

对于中性点直接接地电网中的变压器，应装设零序电流（方向）保护，作为变压器主保护的后备保护及相邻元件的（包括母线）接地故障的后备保护。

（一）零序方向元件

普通三绕组变压器高、中压侧同时接地运行时，任一侧发生接地故障时，在高、中压侧都会有零序电流流通，要使变压器两侧的零序电流保护配合，就需要零序方向元件。对于三绕组自耦变压器，高中、压侧除点的直接联系外，两侧共用一个接地，在任一侧发生接地故障时，高、中压侧都会有零序电流流通，同样需要零序方向元件使变压器两侧的零序电流保护配合。但是，对于普通三绕组变压器，由于低压绕组通常为三角形连接，在零序等值电路中相当于短路，如果变压器低压绕组的等值电抗等于零，则高压侧（中压侧）发生接地故障时，中压侧（高压侧）就没有零序电流流通，变压器两侧的零序电流保护就不存在配合问题，无需设零序方向元件。显然，只要三绕组变压器低压绕组的等值电抗不为零，就需要设零序方向元件。

因此，只有在低压绕组等值电抗不等于零且高、中压侧中性点均接地的三绕组变压器及自耦变压器的零序电流保护中，才设置零序方向元件。当然，YNd 接线的双绕组变压器的零序电流保护就不需要零序方向元件。

高、中压侧中性点均接地的三绕组变压器见图 Z12F3004Ⅱ–20。设高压侧系统 1 的零序等值电抗为 Z_{H0}，中压侧系统 2 的零序等值电抗为 Z_{M0}。

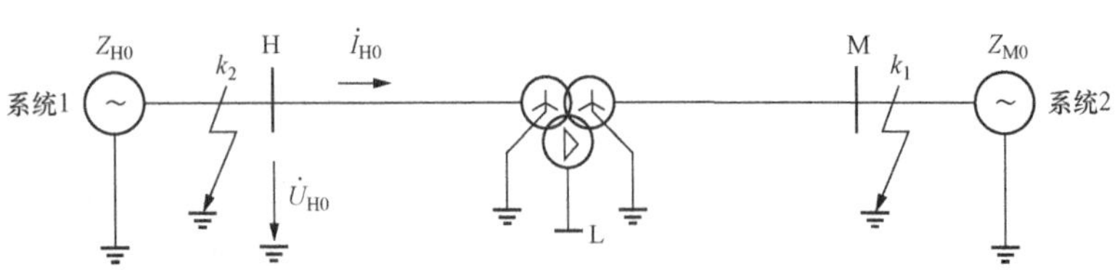

图 Z12F3004Ⅱ–20 高、中压侧中性点均接地的三绕组变压器及系统

下面讨论装设在变压器高压侧零序电流保护中零序方向元件的 $\dot{I}_{H0}$ 与 $\dot{U}_{H0}$ 的相位关系。其中 $\dot{I}_{H0}$ 的正方向从本侧母线（H）指向变压器，即 TA 的正极性在母线侧，$\dot{U}_{H0}$ 的正方向由母线（H）对地。

图 Z12F3004Ⅱ–21 所示为高、中压侧接地短路时的零序网络图。图 Z12F3004Ⅱ–21（a）为中压侧母线 M 处 k_1 点发生接地短路故障时的零序网络图，由图可见，$\dot{U}_{H0}$ 与 $\dot{I}_{H0}$ 的关系为

$$\dot{U}_{H0} = -\dot{I}_{H0}Z_{H0} \qquad (Z12F3004Ⅱ\text{–}29)$$

如果零序方向元件正方向（动作方向）指向变压器，此时就相当于在保护正方向上发生了接地故障，式（Z12F3004Ⅱ–29）表明了该零序方向元件的相位关系。应当指出，在变压器内部接地短路时，$\dot{U}_{H0}$ 与 $\dot{I}_{H0}$ 的相位关系相同。

正方向指向变压器时的零序方向元件的动作方程为

$$-90° < \arg\frac{3\dot{U}_0}{3\dot{I}_0 e^{j(\varphi_{M0}+180°)}} < 90°\text{（动作方向指向变压器）}$$

（Z12F3004Ⅱ–30）

如果零序阻抗角 φ_{M0} 为 75°，由式（Z12F3004Ⅱ–30）可得最大灵敏角为 255°，也就是 –105°。

图 Z12F3004Ⅱ–21（b）为高压侧母线 H 处 k_2 点发生接地短路故障时的零序网络图，如果 $\dot{I}_{H0}$ 的正方向仍是母线流向变压器，则由图可见 $\dot{U}_{H0}$ 与 $\dot{I}_{H0}$ 的关系为

$$\dot{U}_{H0} = \dot{I}_{H0}\left[Z_{T1} + \frac{(Z_{T2}+Z_{M0})Z_{T3}}{Z_{T2}+Z_{M0}+Z_{T3}}\right] \qquad (Z12F3004Ⅱ\text{–}31)$$

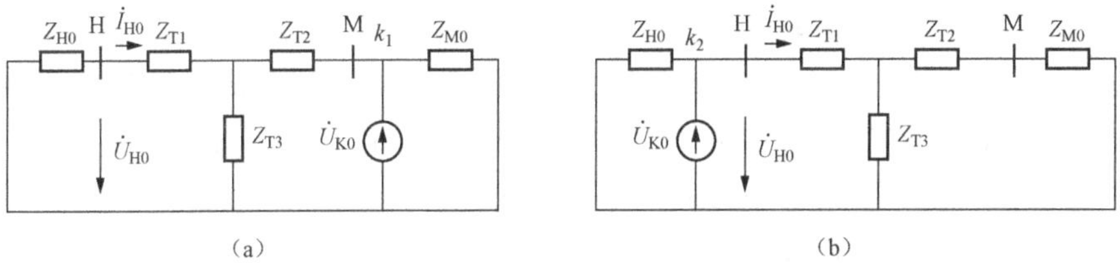

图 Z12F3004Ⅱ–21　高、中压侧接地短路时的零序网络图

（a）中压侧母线 M 处 k_1 点接地时；（b）高压侧母线 H 处 k_2 点接地时

如果零序方向元件正方向（动作方向）指向本侧系统，此时就相当于在保护正方向上发生了接地故障，式（Z12F3004Ⅱ–31）表明了该零序方向元件的相位关系。

正方向指向本侧系统（母线）时的零序方向元件的动作方程为

$$-90° < \arg\frac{3\dot{U}_0}{3\dot{I}_0 e^{j\varphi_{M0}}} < 90°\text{（动作方向指向本侧系统）}$$

（Z12F3004Ⅱ–32）

如果零序阻抗角 φ_{M0} 为 75°，由式（Z12F3004Ⅱ–32）可得最大灵敏角为 75°。

在微机型变压器保护装置中，是由控制字来设定零序方向元件的指向。当控制字为“1”时，方向指向系统（母线），最大灵敏角为 75°。当控制字为“0”时，方向指

向变压器，最大灵敏角为–105°。还需要注意的是，方向元件所用的零序电压为自产零序电压，若采用自产零序电流时，TA的正极性端在母线侧；若采用中性点零序电流时，TA的正极性端在变压器侧。

（二）变压器高、中压侧零序电流方向和零序电压保护的配置

330kV及以上电压等级变压器高压侧的零序方向保护为二段式，第一段带方向，方向固定指向系统（本侧母线），经延时跳开本侧断路器；第二段不带方向，经延时跳开变压器各侧断路器。高压侧有“零序过流Ⅰ段”“零序过流Ⅱ段”两个控制字选择投退，当控制字整定为“1”时相应保护投入，为“0”时相应保护退出。

中压侧的零序方向保护为二段式。第一段带方向，方向固定指向系统（本侧母线）。设有3个时限，第一时限跳开分段断路器，第二时限跳开母联断路器，第三时限跳开本侧断路器。第二段不带方向，经延时跳开变压器各侧断路器。中压侧有“零序过流Ⅰ段1时限”“零序过流Ⅰ段2时限”“零序过流Ⅰ段3时限”及“零序过流Ⅱ段”四个控制字选择投退，当控制字整定为“1”时相应保护投入，为“0”时相应保护退出。

220kV电压等级变压器高压侧的零序方向保护为二段式，第一段带方向，方向可整定，设有两个时限。如果方向指向变压器，第一时限跳开中压侧母联断路器，第二时限跳开中压侧断路器；如果方向指向系统（本侧母线），第一时限跳开高压侧母联断路器，第二时限跳开高压侧断路器。第二段不带方向，经延时跳开变压器各侧断路器。高压侧设有“零序过流Ⅰ段方向指向母线”控制字，当控制字整定为“1”时方向指向系统（母线），为“0”时方向指向变压器。高压侧还设有“零序过流Ⅰ段1时限”“零序过流Ⅰ段2时限”及“零序过流Ⅱ段”三个控制字选择投退，当控制字整定为“1”时相应保护投入，为“0”时相应保护退出。

中压侧的零序方向保护为二段式。第一段带方向，方向可整定，设有两个时限。如果方向指向变压器，第一时限跳开高压侧母联断路器，第二时限跳开高压侧断路器；如果方向指向系统（本侧母线），第一时限跳开中压侧母联断路器，第二时限跳开中压侧断路器。第二段不带方向，经延时跳开变压器各侧断路器。中压侧设有“零序过流Ⅰ段方向指向母线”控制字，当控制字整定为“1”时方向指向系统（母线），为“0”时方向指向变压器。中压侧还设有“零序过流Ⅰ段1时限”“零序过流Ⅰ段2时限”及“零序过流Ⅱ段”三个控制字选择投退，当控制字整定为“1”时相应保护投入，为“0”时相应保护退出。

（三）TV断线、本侧电压退出对零序电流方向保护的影响

TV断线将影响零序电流方向元件动作的正确性，因此当判断出TV断线后，在发告警信号的同时，本侧的零序电流方向保护退出零序方向元件，此时为零序电流保护。

在这种情况下发生反方向接地故障时保护动作是允许的。这样保护装置不需要再设置“TV 断线保护投退原则”控制字来选择零序方向元件的投退。

当本侧 TV 检修或旁路代路为切换 TV 时，为保证本侧零序电流方向元件动作的正确性，需将本侧的“电压投/退”置于退出位置，此时零序电流方向保护退出零序方向元件，成为零序电流保护。

（四）零序（接地）保护逻辑框图

变压器零序电流保护、零序电压保护及间隙零序电流保护已在模块 Z12F3001Ⅰ中讲述。

变压器零序（接地）保护是分侧装设的，应装设在变压器中性点接地一侧，所以对于 YNd 接线的双绕组变压器，装设在 YN 侧；对于 YNynd 接线的三绕组变压器，YN 及 yn 侧均应装设；对于自耦变压器，在高压侧和中压侧均应装设。

图 Z12F3004Ⅱ–22 所示为变压器零序（接地）保护逻辑框图，KAZ1、KAZ2 为Ⅰ段Ⅱ段零序电流元件，用于测量零序电流。KWZ 为零序方向元件，为避免 $3\dot{U}_0$、$3\dot{I}_0$ 引入时的极性错误，采用自产 $3\dot{U}_0$ 及自产 $3\dot{I}_0$ 作为零序方向元件的输入量。KVZ 为零序电压闭锁元件，采用 TV 开口三角形的零序电压作为输入量，由图 Z12F3004Ⅱ–22

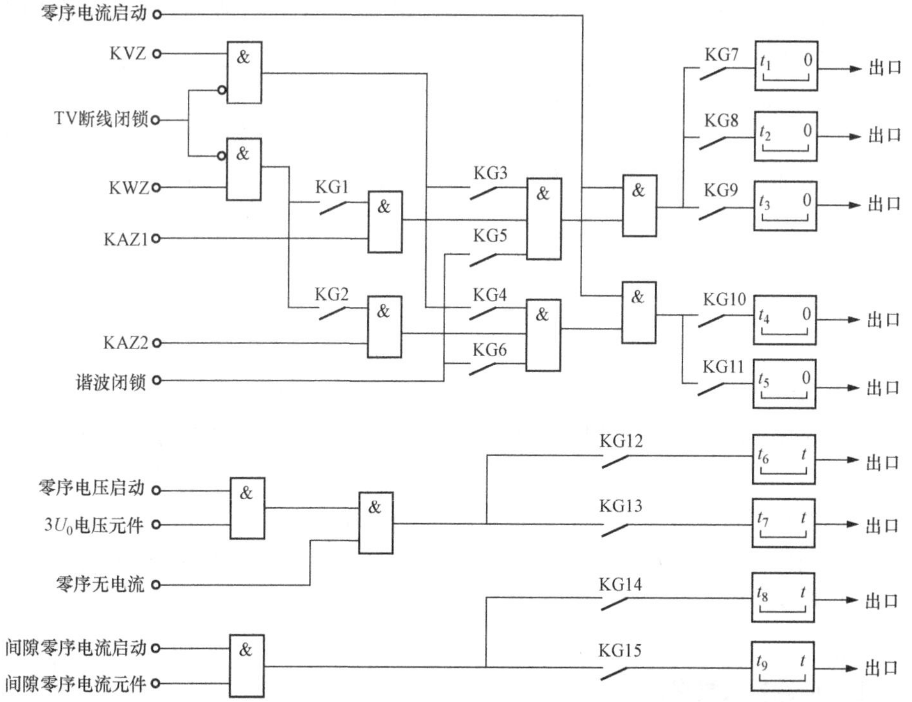

图 Z12F3004Ⅱ–22　变压器零序（接地）保护逻辑框图

可见，KAZ1、KAZ2、KWZ、KVZ 构成了变压器中性点接地运行时的零序电流方向保护。作为零序电流测量元件，输入的零序电流可通过控制字选择自产或外接的 $3\dot{I}_0$。

KG1、KG2 方向元件控制字，控制字为“1”时方向元件投入，为“0”时方向元件退出。KG3、KG4 为零序电流Ⅰ、Ⅱ段是否经零序电压闭锁控制字，KG5、KG6 为零序电流Ⅰ、Ⅱ段是否经谐波闭锁的控制字，KG7～KG11 为零序电流Ⅰ、Ⅱ段带动作时限的控制字。由图 Z12F3004Ⅱ-22 可见，通过控制字可构成零序电流保护，也可构成零序电流方向保护，并且各段可以获得不同的动作时限。

零序电流启动可采用变压器中性点回路的零序电流，启动值应躲过正常运行时的最大不平衡电流。零序电压闭锁元件（KVZ）的动作电压应躲过正常运行时开口三角的最大不平衡电压，一般取 3～5V。为防止变压器励磁涌流对零序电流保护的影响，采用谐波闭锁措施，利用励磁涌流中的二次谐波及其偶次谐波来实现制动闭锁，当谐波含量超过一定比例时，闭锁零序电流方向保护。

当变压器中性点不接地运行时，采用零序过电压元件（$3\dot{U}_0$）和间隙零序电流元件来构成变压器的零序保护。图 Z12F3004Ⅱ-22 中，KG12～KG15 为零序过电压、间隙零序电流带动作时限的控制字。考虑到变压器中性点的保护间隙击穿放电过程中，会出现间隙零序电流和零序过电压交替出现，带一定的时限 t 返回可保证间隙零序电流和零序电压保护的可靠性。

六、变压器的非全相运行保护

对于 220kV 及以上电压等级的断路器，大多数为分相操作的断路器。在运行中由于突然一相跳闸、误操作或机械方面的原因，断路器三相不能同时合闸，从而出现断路器的非全相运行。

非全相运行时，必然会出现负序和零序电流以及相应的负序电压和零序电压。当高压侧断路器非全相运行时，对于发电机变压器组，发电机要流过负序电流，靠发电机反时限负序电流来进行保护，对发电机起到保护作用，但动作时间相对较长；对于降压变压器或联络变压器只能借助变压器的后备保护来反映，同样动作时间较长。过长的保护动作时间，将导致变压器相应线路保护因负序、零序分量的出现而误动作，使故障范围扩大，危及系统稳定运行。因此，对于系统中大容量的电力变压器，当 220kV 及以上电压侧的断路器为分相操作时，应装设非全相运行保护。

非全相运行保护由断路器非全相判别回路和负序电流（或零序电流）启动，其逻辑框图见图 Z12F3004Ⅱ-23。图中 $QF1_A$、$QF1_B$、$QF1_C$ 为 A 相、B 相、C 相断路器的辅助触点。

七、断路器失灵保护

断路器失灵保护逻辑框图见图 Z12F3004Ⅱ-24。由图可见，失灵保护由“断路器

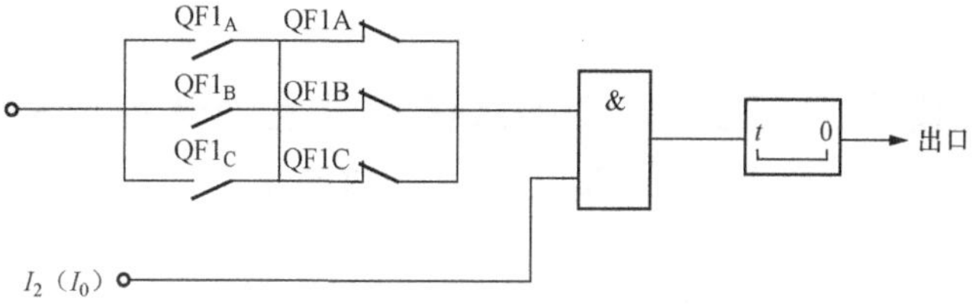

图 Z12F3004Ⅱ-23　非全相运行保护原理图

三相位置不对应”（不考虑断路器三相同时拒动。若断路器三相联动，则该判据不用）、“负序电流、零序电流或相电流动作”“变压器电气量保护动作”（如是线路断路器，则是线路保护动作），以上三个条件同时满足，启动失灵保护，经 t_1 延时解除母线差动保护分路出口的复合电压闭锁，以免变压器低压侧短路故障（或较长线路末端故障）时，高压侧母线上的复合电压灵敏度不足而造成失灵保护拒动，导致事故扩大；启动后经 t_2+t_3 后跳母联断路器，经 t_2+t_4 后跳失灵断路器母线上的其他断路器。

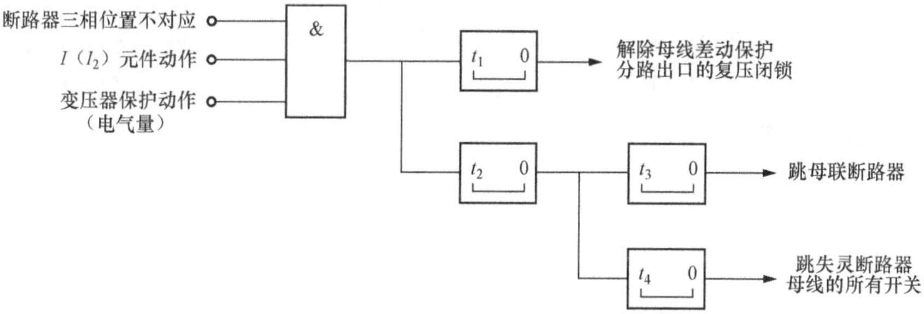

图 Z12F3004Ⅱ-24　断路器失灵保护逻辑框图

为使断路器失灵保护起到应有的作用，对于瓦斯保护等其他非电量保护与电气量保护出口跳闸回路必须分开，非电量保护和不能快速返回的电气量保护不能接入断路器失灵保护启动回路。此外断路器失灵保护的相电流判别元件的动作时间和返回时间均不应大于 20ms。

八、变压器非电量保护

已在模块 Z12F3001Ⅰ中介绍，可参阅。

【思考与练习】

1. 简述 220kV 电压等级的变压器保护类型及配置。
2. 差动保护的励磁涌流闭锁主要采用哪些方法？
3. 简述分侧差动的特点。

模块5 220kV变压器保护装置调试的安全和技术措施（Z12F3005Ⅱ）

【模块描述】本模块包含220kV变压器保护装置调试的工作前准备和安全技术措施，通过要点归纳、图表举例，掌握220kV变压器保护装置现场调试的危险点预控及安全技术措施。

【模块内容】220kV变压器保护装置调试的安全和技术措施，包括220kV变压器保护装置调试工作前的准备、安全技术措施。

一、220kV变压器保护装置调试工作前的准备

（1）检修作业前做好检修准备工作，并在检修作业前3天提交相关停役申请。摸底工作包括检查设备状况、反措计划的执行情况及设备的缺陷等。

（2）开工前3天，向有关部门上报本次工作的材料计划。

（3）根据本次调试的项目，组织作业人员学习作业指导书，使全体作业人员熟悉作业内容、进度要求、作业标准、安全注意事项。要求所有工作人员都明确本次校验工作的内容、进度要求、作业标准及安全注意事项。

（4）开工前一天，准备好作业所需仪器仪表、相关材料、工器具。要求仪器仪表、工器具应试验合格，满足本次作业的要求，材料应齐全。

仪器仪表主要有：绝缘电阻表、数字式万用表、继电保护单相试验装置、继电保护三相校验装置，钳形相位表、V–A特性测试仪、电流互感器变比测试仪等。

工器具主要有：个人工具箱、计算器、电烙铁等。

相关材料主要有：绝缘胶布、自粘胶带、电缆、导线、小毛巾、焊锡丝、松香、中性笔、口罩、手套、毛刷、逆变电源板等。

（5）最新整定单、相关图纸、上一次试验报告、本次需要改进的项目及相关技术资料。要求图纸及资料应与现场实际情况一致。

主要的技术资料有：主变保护图纸、变压器成套保护装置技术说明书、变压器成套保护装置使用说明书、变压器成套保护装置校验规程。

（6）根据现场工作时间和工作内容填写工作票（第一种工作票应在开工前一天交值班员）。工作票应填写正确，并按《国家电网公司电力安全工作规程（变电部分）》执行。

二、安全技术措施

以下主要讨论调试工作危险点及控制。

（一）人身触电

1. 误入带电间隔

控制措施：工作前应熟悉工作地点、带电部位。检查现场安全围栏、安全警示牌和接地线等安全措施。

2. 接（拆）低压电源

控制措施：必须使用装有漏电保护器的电源盘。螺丝刀等工具金属裸露部分除刀口外包上绝缘。接（拆）电源时至少有两人执行，一人操作，一人监护。必须在电源开关拉开的情况下进行。临时电源必须使用专用电源，禁止从运行设备上取得电源。

3. 保护调试及整组试验

控制措施：工作人员之间应相互配合，确保一、二次回路上无人工作。传动试验必须得到值班员许可并配合。

（二）机械伤害及高空坠落

机械伤害主要指坠落物打击，高空坠落主要指在主变上工作发生坠落。

控制措施：工作人员进入工作现场必须戴安全帽。正确使用安全带，工作鞋应防滑。在主变上工作必须系安全带，上、下主变本体由专人监护。

（三）继电保护“三误”事故

“三误”是指误碰、误整定、误接线。防“三误”事故的安全技术措施如下：

（1）现场工作前必须做好充分准备，内容包括：

1）了解工作地点一、二次设备运行情况，本工作与运行设备有无直接联系（如备自投、联切装置等）。

2）工作人员明确分工并熟悉图纸与检验规程等有关资料。

3）应具备与实际状况一致的图纸、上次检验记录、最新整定通知单、检验规程、合格的仪器仪表、备品备件、工具和连接导线。

4）工作前认真填写安全措施票，特别是针对复杂保护装置或有联跳回路的保护装置，如母线保护、变压器保护、断路器失灵保护等的现场校验工作，应由工作负责人认真填写，并经技术负责人严格审批。

5）工作开工后先执行安全措施票，由工作负责人负责做的每一项措施要在“执行”栏做标记；校验工作结束后，要持此票恢复所做的安全措施，并保证完全恢复。

6）不允许在未停用的保护装置上进行试验和其他测试工作，也不允许在保护未停用的情况下，用装置的试验按钮（除闭锁式纵联保护的启动发信按钮外）做试验。

7）只能用整组试验的方法，即由电流及电压端子通入与故障情况相符的模拟故障量，检查保护回路及整定值的正确性。不允许用卡继电器触点、短路触点等人为手段做保护装置的整组试验。

8）在校验继电保护及二次回路时，凡与其他运行设备二次回路相连的压板和接线应有明显标记，并按安全措施票仔细地将有关回路断开或短路，做好记录。

9）在清扫运行中设备和二次回路时，应认真仔细，并使用绝缘工具（毛刷、吹风机等），特别注意防止振动，防止误碰。

10）严格执行风险分析卡和继电保护作业指导书。

（2）现场工作应按图纸进行，严禁凭记忆作为工作的依据。如发现图纸与实际接线不符时，应查线核对。需要改动时，必须履行如下程序：

1）先在原图上作好修改，经主管继电保护部门批准。

2）拆动接线前先要与原图核对，接线修改后要与新图核对，并及时修改底图，修改运行人员及有关各级继电保护人员的图纸。

3）改动回路后，严防寄生回路存在，没用的线应拆除。

4）在变动二次回路后，应进行相应的逻辑回路整组试验，确认回路极性及整定值完全正确。

（3）保护装置调试的定值，必须根据最新整定值通知单规定，先核对通知单与实际设备是否相符（包括保护装置型号、被保护设备名称、变压器联结组别、互感器接线、变比等）。定值整定完毕要认真核对，确保正确。

（四）主变保护故障联跳各侧母联（分段）、旁路断路器

控制措施：主变保护检查并断开对应的出口压板，解开对应线头并逐个用绝缘布包扎。

（五）断路器失灵

可能启动母差、启动远跳，误跳运行断路器。

控制措施：检查失灵启动压板须断开并拆开失灵启动回路线头，用绝缘胶布对拆头实施绝缘包扎。

（六）保护屏顶电压小母线带电

此种情况下易发生电压反送事故或引起人员触电。

控制措施：断开交流二次电压引入回路。并用绝缘胶布对所拆线头实施绝缘包扎。

（七）运行断路器误跳

二次通电时，电流可能误通入母差保护回路，误跳运行断路器。

控制措施：在端子箱将相应端子用绝缘胶布实施封闭。

（八）其他危险点及控制措施

（1）保护室内使用无线通信设备，易造成其他正在运行的保护设备不正确动作。

控制措施：不在保护室内使用无线通信设备，尤其是对讲机。

（2）带电插拔保护装置插件，易造成集成块损坏，而且频繁插拔插件，易造成插

件插头松动。

控制措施：保护装置插件插拔前必须关闭电源并做好防静电措施，尽量减少插件插拔次数。

220kV 变压器保护装置检查调试安全措施票见表 Z12F3005Ⅱ-1。

表 Z12F3005Ⅱ-1　220kV 变压器保护装置检查调试安全措施票

现场工作安全技术措施			
工作内容：RCS-978E 保护全部校验（仅供参考）			
序号	所采取的安全技术措施	打“√”	
		执行	恢复
1	信号回路：控制屏：拉开 DK 信号电源隔离开关；拆开 1～4YBM、190、290、390、+SM		
2	电流回路： 2.1　第一主变保护屏拆开： 拆开 220kV 侧电流回路：A4111、B4111、C4111、N411； 拆开 110kV 侧电流回路：A4211、B4211、C4211、N4211； 拆开 10kV 侧电流回路：A4311、B4311、C4311、N4311； 拆开公共绕组电流回路：A4001、B4001、C4001、N4001。 2.2　第二主变保护屏拆开： 拆开 220kV 侧电流回路：A4121、B4121、C4121、N4121； 拆开 110kV 侧电流回路：A4221、B4221、C4221、N4221； 拆开 10kV 侧电流回路：A4321、B4321、C4321、N4321； 拆开公共绕组电流回路：A4002、B4002、C4002、N4002。 220kV、110kV 旁路断路器电流互感器不得拆开		
3	电压回路：以下各端子拆开后均包好 3.1　第一主变保护屏：拆开（220kV）：A630、B630、C630、L630、N600；A640、B640、C640、L640； 3.2　第二主变保护屏：拆开（110kV）：A630、B630、C630、L630；A640、B640、C640、L640、N600。 拆开（10kV）：A630、B630、C630、L630；A640、B640、C640、L640、N600		
4	直流回路： 4.1　联跳回路： 4.1.1　第一主变保护屏： 脱开 2501 断路器失灵启动 220kV 母差压板 8LP21。拆开 1（4D60）、025（4D148、4D147）并包好。 脱开失灵启动解除复压闭锁压板 8LP22。 检查跳 220kV 旁路 2520 断路器切换连片：1QP1、1QP2、1QP3、1QP4 应不在“跳旁路”位置，并在保护搭跳断路器时，派专人监护这些压板，防止压错连片。 脱开跳 220kV 母联 2510 断路器压板：1LP20；拆开 1CD7、1CD27 并包好。 脱开跳 110kV 母联 710 断路器压板：1LP22；拆开 1CD19、1CD39 并包好。 脱开跳 10kV 母联 310 断路器压板：1LP24；拆开 1CD15、1CD35 并包好。 脱开启动高压侧 2501 断路器失灵保护压板 1LP19		

续表

<table>
<tr><th rowspan="2">序号</th><th rowspan="2" colspan="10">所采取的安全技术措施</th><th colspan="2">打“√”</th></tr>
<tr><th>执行</th><th>恢复</th></tr>
<tr><td>4</td><td colspan="10">4.1.2 第二主变保护屏：
跳 110kV 旁路 760 断路器切换连片：2QP1、2QP2 应不在“跳旁路”位置，并在保护搭跳断路器时，派专人监护这些压板，防止压错连片。
跳 10kV 旁路 110 断路器切换连片：2QP3、2QP4 应不在“跳旁路”位置，并在保护搭跳断路器时，派专人监护这些压板，防止压错连片。
跳 220kV 母联 2510 断路器：2LP20 已脱开；拆开 1CD7、1CD27 并包好。
跳 110kV 母联 710 断路器：2LP22 已脱开；并拆开 1CD19、1CD39 并包好。
跳 10kV 母联 110 断路器：2LP24 已脱开；并拆开 1CD15、1CD35 并包好。
脱开启动高压侧 2501 断路器失灵保护压板 2LP19
4.2 控制回路：取下高压、中压、低压三侧断路器操作电源熔丝共 8 只</td><td></td><td></td></tr>
<tr><td>5</td><td colspan="10">压板原始状态：</td><td></td><td></td></tr>
<tr><td>6</td><td colspan="10">切换开关（包括空气开关）原始位置及补充安全措施：</td><td></td><td></td></tr>
<tr><td>7</td><td colspan="10">检查 220kV 母差保护屏 2 号主变启动失灵和跳 2 号主变压板应已停用</td><td></td><td></td></tr>
<tr><td>8</td><td colspan="10">检查 110kV 母差保护屏跳 2 号主变压板应已停用</td><td></td><td></td></tr>
<tr><td>执行日期</td><td></td><td>恢复日期</td><td></td><td>填票人</td><td></td><td>审核人</td><td></td><td>执行人</td><td></td><td>监护人</td><td></td></tr>
</table>

【思考与练习】

1. 220kV 变压器保护装置调试工作前主要准备哪些仪器、仪表及工具？
2. 调试工作主要有哪些危险点？如何控制？
3. 编写 220kV 变压器保护装置调试典型现场工作安全技术措施票。

模块 6 220kV 变压器微机保护装置的调试（Z12F3006Ⅱ）

【模块描述】 本模块包含 220kV 变压器微机保护装置调试的主要内容。通过要点归纳、图表举例、分析说明，掌握 220kV 变压器微机保护装置调试的作业程序、调试项目、各项目调试方法等内容。

【模块内容】 220kV 变压器微机保护装置的调试，包括作业流程、校验项目、技术要求及校验报告。

一、作业流程

220kV 变压器微机保护装置的调试作业流程见图 Z12F3006Ⅱ–1。

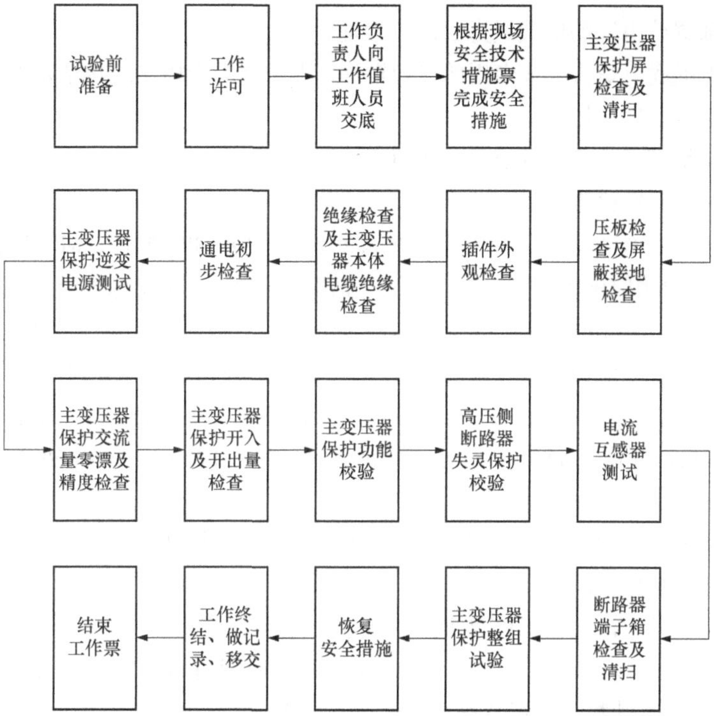

图 Z12F3006Ⅱ-1 主变压器保护校验作业流程图

二、校验项目、技术要求及校验报告

（1）对保护装置端子连接、插件焊接、插件与插座固定、切换开关、按钮等机械部分检查并清扫。要求连接可靠，接触良好，回路清洁。

1）保护屏后接线、插件外观检查。保护屏后接线、插件外观检查内容为：

a. 保护屏端子排、背板接线、断路器端子箱端子排清扫及螺丝、压板压接情况、电缆状况检查。

b. 各插件外观及焊点检查。

c. 检查键盘操作是否灵活、显示屏显示是否完好。

d. 各装置后背板内清扫及检查。

2）保护屏上压板检查。保护屏上压板检查内容为：

a. 压板外观检查。

b. 压板端子接线压接是否良好。

c. 压板端子接线是否符合反措要求。

3）屏蔽接地检查。屏蔽接地检查的内容为：

a. 保护引入、引出电缆是否为屏蔽电缆。

b. 全部屏蔽电缆的屏蔽层是否两端接地。

c. 保护屏底下是否构成专用的接地铜网，保护屏的专用接地端子是否经一定截面积铜线连接到此铜网上。

d. 各接地端子的连接处连接是否可靠。

（2） 回路绝缘检查。

1）直流回路绝缘检查。确认直流电源断开后，将CPU插件、MONI插件、开入插件拔出，对地用1000V绝缘电阻表全回路测试绝缘。要求绝缘大于10MΩ。

2）交流电压回路绝缘检查。将交流电压断开后，在端子排内部将电压回路短接，拔出A/D插件，对地用500V绝缘电阻表全回路测试绝缘。要求绝缘大于20MΩ。

3）交流电流回路绝缘检查。确认各间隔交流电流已短接退出后，在端子排内部将电流回路短接，拔出A/D插件，对地用500V绝缘电阻表全回路测试绝缘。要求绝缘大于20MΩ。

（3） 通入试验电源，检查保护基本信息（版本及校验码）并打印。版本满足网、省公司统一版本要求。

（4） 保护装置时钟及GPS对时，保护复归重启检查。

1）检查保护装置时钟及GPS对时，要求装置时间与GPS时间一致。

2）改变装置秒数，检查装置硬对时功能正常。

3）检查保护复归重启。要求功能检查正常。

（5） 装置直流电源检查。

1）快速拉合保护装置直流电源，装置启动正常。

2）缓慢外加直流电源至80%额定电压，要求装置启动正常。

3）逆变稳压电源检测。

（6） 交流回路校验。

1）在端子排内接电流回路及电压回路并与外回路断开后，检查保护装置零漂。

2）在电压输入回路输入三相正序电压，每相50V，检查保护装置内电压精度。误差要求小于3%。

3）输入三相正序额定电流，每相5A，检查保护装置内电流精度、相角误差要求小于3%。

（7） 开入量检查。

1）投退保护功能压板。检查差动保护、零序差动保护、Ⅰ侧过流保护、Ⅰ侧接地零序保护、Ⅱ侧过流保护、Ⅱ侧接地零序保护、Ⅲ侧后备保护、公共绕组后备保护等保护功能压板投入或退出，要求开入正确。

2）检查其他开入量状态。检查退Ⅰ侧电压、退Ⅱ侧电压、退Ⅲ侧电压等压板投入或退出，要求开入正确。

（8）开出量检查。

1）拉开装置直流电源，装置告直流断线，要求告警正确，输出触点正确。

2）模拟 TV、TA 异常及断线信号，装置告警，要求告警正确，输出触点正确。

3）模拟过负荷保护、Ⅲ侧零序报警、公共绕组报警、Ⅰ侧报警、Ⅱ侧报警、Ⅲ侧报警等信号，要求告警正确，输出触点正确。

（9）定值及定值区切换功能检查。

1）核对保护装置定值。现场定值与定值单一致。

2）检查保护装置定值区切换，切换功能正常。

3）检查各侧 TA 变比，要求与现场 TA 变比相符。

4）检查定值单上的变压器联结组别、额定容量及各侧电压参数。要求于实际的变压器联结组别、额定容量及各侧电压参数一致。

（10）保护功能校验。

要求保护功能正确，定值正确。以下内容以 RCS–978E 变压器微机保护装置为例，介绍装置调试方法。变压器、电流互感器参数见表 Z12F3006Ⅱ–1。

表 Z12F3006Ⅱ–1　　变压器、电流互感器参数

项　目	高压侧（Ⅰ侧）	中压侧（Ⅱ侧）	低压侧（Ⅲ侧）
变压器额定容量 S_N（MVA）	180MVA		
各侧额定电压 U_N（kV）	220	115	10.5
接线方式	YN	yn	d11
各侧 TA 变比 n_{TA}	1200A/5A	1250A/5A	3000A/5A
变压器各侧一次额定电流 I_N（A）	472	904	9897
变压器各侧二次额定电流 I_n（A）	1.96	3.61	16.5
各侧平衡系数 K_{ph}	4.0	2.177	0.476

1）差动保护校验。

a. 各侧差动电流整定值校验（整定值为 $0.65I_n$）。

以高压侧为例，差流定值为 $0.65I_n=0.65\times1.96=1.27$（A）。

高压侧若通入单相电流 $1.05\times0.65\times1.96\times3/2=2.0$（A），差动保护可靠动作；通入单相电流 $0.95\times0.65\times1.96\times3/2=1.8$（A），差动保护可靠不动作。

需要注意的是，在通入单相电流值计算时要乘以 3/2，以下以高压侧 A 相为例说明原因。

用继电保护测试仪给保护装置加单相电流 $\dot{I}_A$ 时，保护装置自产零序电流为 $\dot{I}_0 = 1/3\dot{I}_A$，进入保护装置用于差流计算的 A 相电流：$\dot{I}'_A = \dot{I}_A - \dot{I}_0 = \dot{I}_A - 1/3\dot{I}_A = 2/3\dot{I}_A$。为计算方便，假设差流整定值为 1.2A，当在测试仪上加电流 1.2A 时，保护装置得到的 A 相差流只有 2/3×1.2＝0.8（A），要使保护装置的差流为 1.2A，在测试仪上所加单相电流应该是 3/2×1.2＝1.8（A）。所以在通入单相电流进行差流定值校验时，在测试仪上所加单相电流应大于 3/2×差流定值时，差动保护动作。

高压侧若通入相间电流 1.05×0.65×1.96＝1.3（A），差动保护可靠动作。通入相间电流 0.95×0.65×1.96＝1.2（A），差动保护可靠不动作。

通入相间电流是指测试仪所加电流从 A 相首端进入，流出后进入 B 相末端，再由 B 相首端流回测试仪，简称“A 进 B 出”。加相间电流就避免了保护装置自产零序电流对定值校验的影响。其原因是 $3\dot{I}_0 = \dot{I}_A + \dot{I}_B + \dot{I}_C = \dot{I}_A + (-\dot{I}_A) + 0 = 0$。

需要注意的是，在加相间电流“A 进 B 出”进行定值校验时，由于此时 A 相和 B 相差流大小相等，A 相和 B 相的差动保护都有可能动作。

高压侧 B、C 相差动电流整定值校验方法与 A 相相同。

中压侧差动电流整定值校验与高压侧差动电流整定值校验方法相同。

低压侧通入单相电流 1.05×0.65×16.5×$\sqrt{3}$＝19.5（A）差动保护可靠动作，通入单相电流 0.95×0.65×16.5×$\sqrt{3}$＝17.6（A），差动保护可靠不动作。

需要注意的是，在通入单相电流值计算时为什么要乘以 $\sqrt{3}$，以低压侧 a 相为例说明原因。

由于相位补偿是在低压侧进行的，即

$$\dot{I}'_a = (\dot{I}_a - \dot{I}_c)/\sqrt{3} = \dot{I}_a/\sqrt{3}；\quad \dot{I}'_b = (\dot{I}_b - \dot{I}_a)/\sqrt{3} = -\dot{I}_a/\sqrt{3}；\quad \dot{I}'_c = (\dot{I}_c - \dot{I}_b)/\sqrt{3} = 0$$

由上式可见，在测试仪上加单相电流 $\dot{I}_a$ 进行试验时，进入保护装置用于差流计算的 a 相电流为 $\dot{I}_a/\sqrt{3}$。假设差流定值为 1A，当在测试仪上加 1A 电流时，保护装置得到的差流为 0.577A，所以在测试仪上所加的电流大于差动定值×$\sqrt{3}$ 时，差动保护动作。

由上式还可见，在测试仪上加单相电流 $\dot{I}_a$ 进行试验时，a 相和 b 相差流大小相等，任一相都有可能差动保护动作。

b. 比例制动的差动保护的动作特性测量（以高低压侧为例）：

a）先确定制动电流的大小，计算出高压侧的实际所加电流。

b）算出该点的差流理论值，计算出此时低压侧所加理论电流。

c）在高压侧、低压侧对应相加入所算理论值，且低压侧所加电流略大于所算的理论值。

d）减小低压侧相电流至差动保护动作。

e）记录两侧电流，根据厂家提供的制动电流、差动电流及比率制动系数计算公式，求取制动电流、差动电流、比率制动系数。

f）画出制动特性曲线，并与生产厂家提供的制动特性曲线比较，误差小于10%。

c. 二次谐波制动系数试验。打开测试仪上谐波窗口，在高压侧通入额定电流（大于差流定值），差动保护可靠动作。试验电流退出。按复归按钮复归。再加入二次谐波电流百分比高于整定值时，差动保护可靠制动。然后减少二次谐波电流百分比，当低于整定值时，开放差动保护，差动保护可靠动作。

由于二次谐波制动方式不同，如本相二次谐波制动（本相二次谐波电流制动本相差动保护）、三相二次谐波制动方式（本相及其他相二次谐波制动本相差动保护）。通常采用在本相加二次谐波电流进行校验。

d. 各侧差动速断电流定值校验。各侧差动速断电流定值校验方法与各侧差动电流定值校验相同。不同的是差动速断保护不受二次谐波制动。例如 RCS–978E，差动速断电流定值为$8I_n$，试验采用“A 进 B 出”接线方式。高压侧每相差动速断电流定值$8I_n=8\times1.96=15.68$(A)，加$1.05\times15.68=16.5$(A)差动速断保护可靠动作。加电流$0.95\times15.68=14.9$（A）差动速断可靠不动作。需要注意的是此时差动保护会动作，要查看保护动作信息。如要使差动保护不动作，应加二次谐波电流大于定值，将差动保护闭锁。

另外，由于差动速断保护电流定值较大，试验结束应及时退出测试仪所加试验电流，然后再记录动作电流。

2）高压侧后备保护。

a. 高压侧复压方向过流定值校验：分别校验相电流启动定值、负序电压定值、相间低电压定值、护动作信息确认。如要使差动保护不动作，应加二次谐波电流大于定值，将差动保护闭锁。

另外，由于差动速断保护电流定值较大，试验结束应及时退出测试仪所加试验电流，然后再记录动作电流。

验证方向动作区及灵敏角、过流Ⅱ段二时限。

检查系统参数中“Ⅰ侧后备保护投入”应置1；投入“Ⅰ侧相间后备保护”压板；注意定值中“经复压闭锁”“经方向闭锁”“方向指向”“TV断线保护投退”“过流保护经Ⅱ侧复压闭锁”“过流保护经Ⅲ侧复压闭锁”控制字的状态以及“220kV侧电压退出”压板状态。

若交流回路采用零度接线方式，当过流“方向指向控制字”设定指向变压器时，复压方向动作区为–45°～135°，灵敏角为45°；当过流“方向指向控制字”设定指向系统时，复压方向动作区相反，灵敏角为225°（或–135°）。复压方向元件的动作特性见图Z12F3006Ⅱ–2。

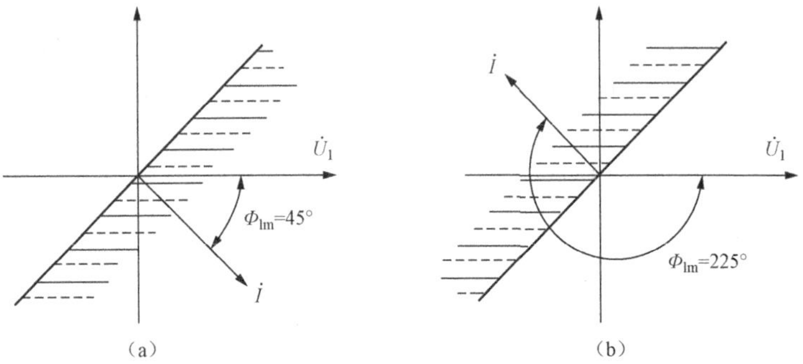

图Z12F3006Ⅱ–2 复压方向元件的动作特性
（a）方向指向变压器；（b）方向指向系统

若交流回路采用 90°接线方式，当过流“方向指向控制字”设定指向变压器时，复压方向动作区为–135°～45°，灵敏角为–45°；当过流“方向指向控制字”设定指向系统时，复压方向动作区相反，灵敏角为135°。

电流整定值校验。退出过流保护经方向闭锁，在高压侧加入单相电流，并监视该套保护的跳闸触点。在1.05倍整定值时，可靠动作；在0.95倍整定值时，应可靠不动作。

相间低电压定值校验。投入“高压侧复压压板”，退出中、低压侧复压压板，在高压侧加入三相健全电压，等待10s后TV断线返回，装置无告警信号发出，加入单相电流并大于整定值，监视动作触点。降低三相电压直到到保护动作，记录动作电压。

注意在测试仪上所加电压为相电压，而低电压定值为线电压。如低电压定值为60V，相电压为$60/\sqrt{3}=34.64\text{V}$，即当三个相电压都降至34.64V以下时，开放过流保护动作。

负序电压定值校验。投入“高压侧复压压板”，退出中、低压侧复压压板，在高压侧加入三相健全电压，等待10s后TV断线返回，装置无告警信号发出，加入单相电流并大于整定值，监视动作触点，降低某相电压使保护动作，记录此时的电压值，并计算出此时的负序电压的大小，即为负序电压元件的动作值；或打开测试仪序分量窗口，观察负序电压。降低一相电压直到保护动作，记录负序电压值。

注意降一相电压时，线电压不能低于低电压定值。如负序电压定值为6V，测试仪上三个相电压的额定值为57.74V，降一相电压（A相）至39.74V，由负序电压公式计算可得，此时负序电压为6V，如再减少A相电压，负序电压将大于6V，开放过流保护动作。

复压方向动作区、灵敏角校验。在高压侧加入三相健全电压，等待 10s 后 TV 断线返回，装置无告警信号发出，加入 A 相电流并大于整定值，监视动作触点。降低三相电压低于低电压定值，以 A 相电压为参考。设置 A 相电流的相位在不动作区，选择相角变量。改变 A 相电流的相位进入动作区域直到保护动作，记录动作的边界角度，做出两侧动作边界并计算灵敏角。

b. 高压侧零序方向过流定值校验。高压侧零序方向过流定值校验：分别校验自产零序电流启动定值、零序电压闭锁定值、零序功率方向动作区及灵敏角、零序过流Ⅱ段定值及时限。

检查系统参数中“Ⅰ侧后备保护投入”应置 1；投入“Ⅰ侧接地后备保护”压板；注意定值中、“经方向闭锁”“方向指向”“TV 断线保护投退”以及“220kV 侧电压退出”压板状态；保护采用自产零序电压、电流。

方向元件所采用的零序电流有自产零序电流和外接零序电流，若“零序方向判别用自产零序电流”控制字为“1”，方向元件所采用的零序电流为自产零序电流，若“零序方向判别用自产零序电流”控制字为“0”，方向元件所采用的零序电流为外接零序电流。

当“零序方向指向”控制字为“1”时，方向指向变压器，零序方向动作区为 $-195°\sim-15°$，灵敏角为 $-105°$。当“零序方向指向”控制字为“0”时，方向指向系统，零序方向动作区为 $-15°\sim165°$，灵敏角为 $75°$。

零序电流启动定值校验。零序方向过流Ⅰ、Ⅱ段，零序过流Ⅰ、Ⅱ段：退出零序过流保护经方向闭锁，在高压侧零序回路加入单相电流，并监视动作触点。在 1.05 倍整定值时，可靠动作；在 0.95 倍整定值时，应可靠不动作。

零序功率方向动作区及灵敏角校验。在高压侧加入三相健全电压，等待 10s 后 TV 断线返回，装置无告警信号发出，在高压侧零序电流回路加入 A 相电流并大于整定值，监视动作触点，降低 A 相电压，以 A 相电压为参考相。设置 A 相电流相角在不动作区，选择相角变量。改变 A 相电流相角进入动作区域直到保护动作。根据 U_A 和 U_0、I_A 和 I_0 的关系，就可得到 U_0 和 I_0 的关系，即零序过流保护的动作范围。做出两侧动作边界并记录动作的边界角度，计算灵敏角。

零序方向过流保护还需要校验“本侧电压退出”“TV 断线保护投退原则”“零序电压闭锁”“谐波闭锁”等逻辑功能。

3）变压器中压侧后备保护、低压侧后备保护定值校验与高压侧试验方法相同。

4）变压器不接地后备保护需要校验零序过电压定值、间隙零序过流定值，要求保护功能、动作值正确。

零序过压保护定值校验。投入变压器高压侧间隙保护硬压板，在高压侧外接零序电压回路上加试验电压，同时监视该套保护的跳闸触点。在 1.05 倍定值时，可靠动作；在 0.95 倍定值时，应可靠不动作。测量从模拟故障至断路器跳闸回路的保护整组动作时间（测试到各出口压板），通入 1.2 倍整定电压，注入故障的时间略大于整定时间 100ms。以验证保护的跳闸矩阵和各段保护的动作时间。

间隙过流保护定值校验。投入变压器高压侧间隙保护硬压板，在高压侧间隙电流回路上加试验电流，同时监视该套保护的跳闸触点，在 1.05 倍整定值时，可靠动作；在 0.95 倍整定值时，应可靠不动作。测量从模拟故障至断路器跳闸回路的保护整组动作时间（测试到各出口压板），模拟故障试验电流为 1.2 倍的动作值，以验证保护的跳闸矩阵和保护的动作时间。

5）变压器过负荷，应校验过负荷电流定值及时间；启动冷却器，应校验电流定值及时间；闭锁有载调压，应校验电流定值及时间。要求电流定值及时间与整定值相符。

6）各侧 TV 异常及断线报警。

a. 加正序电压小于 30V，且任一相通入电流大于 $0.04I_n$ 或断路器在合位状态。

b. 加负序电压大于 8V。

满足上述任一条件，同时保护启动元件未启动，延时 10s 报该 TV 异常，并发出报警信号。在电压恢复正常后延时 10s 返回，试验结果应满足要求。注意当某侧电压退出或某侧后备保护退出时，该侧 TV 异常及断线判别功能自动解除。

7）各侧 TA 异常报警。当负序电流（零序电流）大于 $0.06I_n$ 后延时 10s 报该侧 TA 异常，并发出报警信号。在电流恢复正常后延时 10s 返回，试验结果应满足要求。

8）差动保护差流异常报警。当变压器差动回路差流大于 TA 报警定值，延时 10s 报差动保护差流异常，但不闭锁差动保护。当差流消失延时 10s 后返回，试验结果应满足要求。

（11）断路器传动试验及带负荷测试。

1）断路器传动试验。在断路器传动试验前，查看端子排电缆连接可靠，确保无松动。投入保护压板及出口压板，加入相应的电流及电压，模拟各种故障，观察断路器动作情况。

a. 差动保护传动三侧断路器，防止误跳旁路断路器。

b. 高压侧保护、中压侧保护、低压侧保护传动三侧断路器，延时段跳母联的可用万用表电压挡监视保护触点的通断，防止误跳旁路及母联断路器。

2）变压器带负荷测试。

a. 各侧 TA、TV 极性核对。变压器带负荷后，可在保护装置主接线画面上显示各侧的功率及方向，结合变压器实际运行情况初步判断各侧 TA、TV 极性是否正确。通过管理板相角菜单中的“各侧电流相位夹角”“各侧电压相位夹角”“各侧电流与电压夹角”来进一步判断各侧电流、电压的极性和相序是否正确。

b. 差动保护带负荷测试。变压器带负荷后，可在保护装置主接线画面上显示变压器各相差流的大小。正常情况下各相差流应小于 $0.02I_n$。通过管理板相角菜单中的“各侧调整后电流相位夹角”显示差动各侧调整后的电流相位，正常情况下潮流送入端与送出端电流相位夹角应为 180°。若变压器所带负荷较小，无法通过相角来判断，则可通过保护板正常波形打印菜单，打印出差动各侧调整后电流波形，应用波形图并结合变压器实际运行情况来判断变压器差动保护电流平衡调整是否正确。若不正确则应检查装置中差动保护的各项整定值输入是否正确，各侧 TA 极性是否正确。

（12）三侧电压空气小开关、各直流空气小开关跳闸电流及时间测试。

应在（6～8）I_n 下快速跳闸。要防止直流电源短路、试验电源短路，短路电流过大会烧毁试验装置。

（13）TA 校验。

1）TA 伏安特性。每相加入 0.5A 至拐点以上约 6 点电流，记录相对应的电压值。画出伏安特性曲线。要求测出的电流、电压曲线符合要求。

2）用双臂电桥测量每相 TA 的电阻和回路电阻。根据回路情况，要求各相 TA 的电阻和回路电阻值基本平衡。

3）用 1000V 绝缘电阻表测每相 TA 及回路绝缘，要求绝缘大于 20MΩ。

（14）投运前定值与开入量状态的核查。

1）进入“定值”菜单，打印出按定值整定通知单整定的差动、高、中、低后备保护定值，定值报告应与定值整定通知单一致。

2）查看正常运行时压板显示状态，差动、高、中、低后备保护投入压板与实际运行状态一致。

3）当保护装置动作跳闸后，跳闸灯亮并自保持，此时应及时按屏上打印按钮，打印故障报告并记录装置动作信号。然后按屏上复归按钮进行复归。

4）当保护装置运行灯亮、报警灯亮发出报警信号，保护装置液晶屏上有异常报告时，应立即查找报警原因并分析处理。

5）当保护装置报警灯亮、运行灯灭时，表示保护装置自检出现问题，此时应解开保护屏上出口跳闸压板，更换相应插件。在排除故障后，重启保护装置，按管理板上复位按钮，确定装置恢复正常后，再投上出口跳闸压板。

【思考与练习】

1. 简述 220kV 变压器微机保护装置的调试作业流程。

2. 变压器带负荷测试核对哪些内容？

3. 变压器投运前需要核查哪些内容？

第九章

母线保护装置的调试与检修

模块 1　母线微机保护装置原理（Z12F4001Ⅱ）

【模块描述】本模块包含了母线保护的配置及原理，通过要点归纳、原理讲解，掌握母线差动保护、母线死区保护、失灵保护、过流保护、充电保护等母线保护装置的原理。

【模块内容】母线微机保护装置原理包括概述、母线差动保护、母联断路器的失灵保护、母联断路器的死区保护、母联过流保护、母联充电保护、断路器失灵保护。

一、概述

母线是汇集电能及分配电能的重要设备，是电力系统的重要组成部分之一，又称汇流排。虽然母线结构简单，且处于发电厂和变电站之内，发生故障的几率相对于其他电气设备较小，但由于母线绝缘子或断路器套管闪络、运行人员误操作等原因，还是可能发生故障。母线故障需断开母线上的所有连接元件，从而造成大面积停电，因此合理配置母线保护是非常重要的。

母线保护的配置一般包括母线差动保护、母联失灵保护、母线死区保护、母联过流保护、充电保护、断路器失灵保护等，另外还有异常告警配置如 TA 短线告警、TV 断线告警等。220kV 及以上母线应当配置两套独立的母线保护。

由于母线保护关联到母线上的所有出线元件，因此，在设计母线保护时，还应考虑与其他保护及自动装置的配合。

（1）当母线发生短路故障或母线上故障断路器失灵时，为使线路对侧的闭锁式高频保护迅速作用于跳闸，母线保护动作后应使本侧的收发信机停信。

（2）当发电厂或重要变电站母线上发生故障时，为防止线路断路器对故障母线进行重合，母线保护动作后应闭锁线路重合闸。

（3）在母线发生短路故障而某一断路器失灵或故障点在断路器与电流互感器之间时，为使失灵保护能可靠切除故障，在母线保护动作后，应立即去启动失灵保护。

（4）当母线保护区内发生故障时，为使线路对侧断路器能可靠跳闸，母线保护动作后，应短接线路纵差保护的电流回路，使其可靠动作，切除对侧断路器。

母线的接线方式种类很多，有单母线、单母线分段、双母线、双母线单分段、双母线双分段、3/2 断路器接线、角形接线等。应根据发电厂或变电站在电力系统中的地位、母线的工作电压以及连接元件的数量及其他条件，选择最适宜的接线方式。

二、母线差动保护

根据基尔霍夫第一定律，把母线元件看成一个节点，当母线正常运行或发生外部故障时，母线各连接元件的电流的相量和等于零。当母线上发生故障时，流进和流出的电流不再平衡，即出现差流，当差流大于一定值时保护动作。

因此微机型母差保护的差动电流定义为

$$\sum_{j=1}^{n}\dot{I}_j = 0 \qquad \text{(Z12F4001 II-1)}$$

式中　n——母线上连接的元件；

$\dot{I}_j$——母线所连第 j 条出线的电流。

保护动作条件为

$$\sum_{j=1}^{n}\dot{I}_j \geqslant I_{op} \qquad \text{(Z12F4001 II-2)}$$

式中　I_{op}——差动元件的动作电流。

母线差动保护由母线大差动和各段母线的小差动组成。母线大差动是指由母线上所有支路（除母联和分段）电流构成的差动元件，其作用是区分区内故障和区外故障。某段母线的小差动是指由该段母线上的各支路（含与该段母线相联的母联和分段）电流构成的差动元件，其作用是判断故障是否在该段母线之内，从而作为故障母线的选择元件。如果大差动元件和该段母线的小差动元件都动作，则将该段母线切除。

在差动元件中应注意 TA 极性的问题，一般各支路 TA 极性为其所在母线侧，母联 TA 极性可指向Ⅰ母或Ⅱ母。图 Z12F4001Ⅱ-1 中（b）图所示母联 TA 极性在Ⅰ母侧，此时可将母联看作Ⅰ母的一个支路，图 Z12F4001Ⅱ-1 中（a）图所示则相反。若 TA 极性与母线保护装置程序中默认的不符，可能导致母差保护误动或拒动。

母线差动保护由三个分相差动元件构成。为提高保护的动作可靠性，在保护中还设有启动元件、复合电压闭锁元件、TA 二次回路断线闭锁元件及 TA 饱和检测元件等。双母线或单母线分段一相母差保护的逻辑框图见图 Z12F4001Ⅱ-2。由图 Z12F4001Ⅱ-2 可以看出：当小差元件、大差元件及启动元件同时动作时，母差保护才动作；此时若复合电压元件也动作，则出口继电器才能去跳故障母线上各支路。如果 TA 饱和鉴定元件鉴定出差流越限是由于TA饱和造成时，立即将母差保护闭锁。

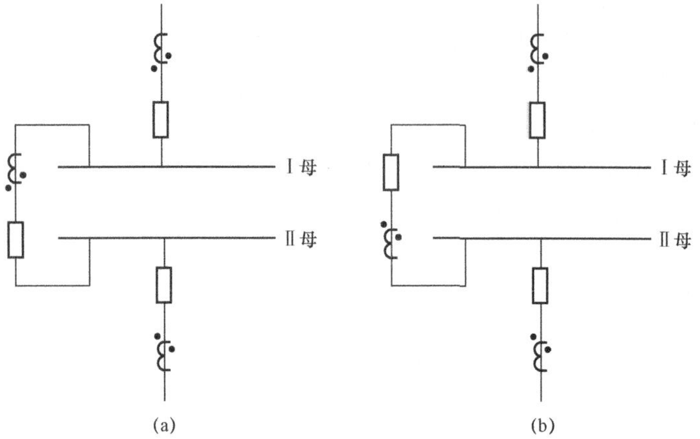

图 Z12F4001Ⅱ-1 TA 极性

（a）母联TA极性指向Ⅱ母；（b）母联TA极性指向Ⅰ母

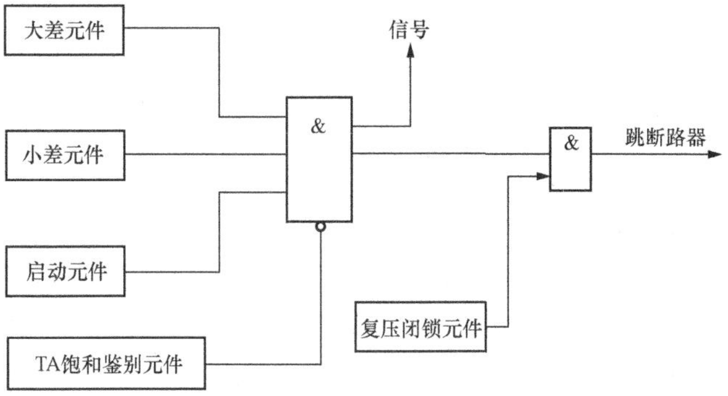

图 Z12F4001Ⅱ-2 双母线或单母线分段母差保护逻辑框图（以一相为例）

（一）启动元件

为提高母差保护的动作可靠性，设置有专用的启动元件，只有在启动元件启动之后，母差保护才能动作。通常采用的启动元件有：电压工频变化量元件、电流工频变化量元件及差流越限元件。

1. 电压工频变化量元件

当两条母线上任一相电压工频变化量大于门槛值时，电压工频变化量元件动作，启动母差保护。动作方程为

$$\Delta U \geqslant \Delta U_{\mathrm{T}} + 0.05U_{\mathrm{N}} \qquad (\text{Z12F4001Ⅱ-3})$$

式中 ΔU ——相电压工频变化量瞬时值；

U_N ——额定相电压（TV 二次值）；

ΔU_T ——浮动动作门槛值。

2. 电流工频变化量元件

当相电流工频变化量大于门槛值时，电流工频变化量元件动作，启动母差保护。动作方程为

$$\Delta I \geqslant KI_N \qquad (Z12F4001Ⅱ-4)$$

式中 ΔI ——相电流工频变化量瞬时值；

I_N ——标称额定电流；

K——小于 1 的常数。

3. 差流越限元件

当某一相大差元件测量差流大于某一值时，差流越限元件动作，启动母差保护。动作方程为

$$\left|\sum_{j=1}^{n} I_j\right| \geqslant I'_{opo} \qquad (Z12F4001Ⅱ-5)$$

式中 I'_{opo} ——差动电流启动门槛值；

$\left|\sum_{j=1}^{n} I_j\right| = I_d$ ——差动元件某相差动电流。

当上述各启动元件动作后，均将动作展宽 0.5s。

（二）差动元件

常见的差动元件有常规比率差动元件、工频变化量比率差动元件和复式比率差动元件。这些差动元件的差动电流的计算都相同，制动电流的计算有差异，因而在区外故障及区内故障时制动能力和动作灵敏度均有差异，但作用都是在区外故障时让动作电流随制动电流增大而增大，使之能躲过区外短路产生的不平衡电流，而在区内故障时则希望差动继电器有足够的灵敏度。

1. 常规比率差动元件

动作判据如下

$$\left|\sum_{j=1}^{m} I_j\right| > I_{cdzd} \qquad (Z12F4001Ⅱ-6)$$

$$\left|\sum_{j=1}^{m} I_j\right| > K\sum_{j=1}^{m}\left|I_j\right| \qquad (Z12F4001Ⅱ-7)$$

式中 K——比率制动系数；

I_j ——第 j 个连接元件的电流；

I_{cdzd} ——差动电流启动定值。

根据上述的动作方程，绘制出的动作特性曲线见图 Z12F4001Ⅱ-3。图中，I_d 为差动电流，$I_d=\left|\sum_{j=1}^{n}I_j\right|$；$I_z$ 为制动电流，$I_z=\sum_{j=1}^{n}\left|I_j\right|$；$\alpha_1$ 为整定的动作曲线与 I_z 轴的夹角，$\alpha_1=\arctan\dfrac{\left|\sum_{j=1}^{n}I_j\right|}{\sum_{j=1}^{n}\left|I_j\right|}$；$\alpha_2$ 为动作特性曲线的上限与 I_z 轴的夹角，即 $\left|\sum_{j=1}^{n}I_j\right|=\sum_{j=1}^{n}\left|I_j\right|$ 时动作特性曲线与 I_z 轴的夹角，显然，$\alpha_2=45°$，或 $\tan\alpha_2=1$。由图可以看出，母线小差元件的动作特性为具有比率制动的特性曲线。由于 $\left|\sum_{j=1}^{n}I_j\right|$ 不可能大于 $\sum_{j=1}^{n}\left|I_j\right|$，故差动元件不可能工作于 $\alpha_2=45°$ 曲线的上方。因此将 $\alpha_2=45°$ 曲线的上方称之无意义区。

2. 复式比率差动元件

动作判据

$$I_d > I_{dset} \quad (Z12F4001Ⅱ-8)$$

$$I_d > K_r(I_r - I_d) \quad (Z12F4001Ⅱ-9)$$

其中，I_d 为母线上各元件电流的相量和，即差电流；I_r 为母线上各元件电流的标量和，即电流的绝对值和电流；I_{dset} 为差电流门槛定值；K_r 为复式比率系数（制动系数）。

复式比率差动元件动作特性图见图 Z12F4001Ⅱ-4。

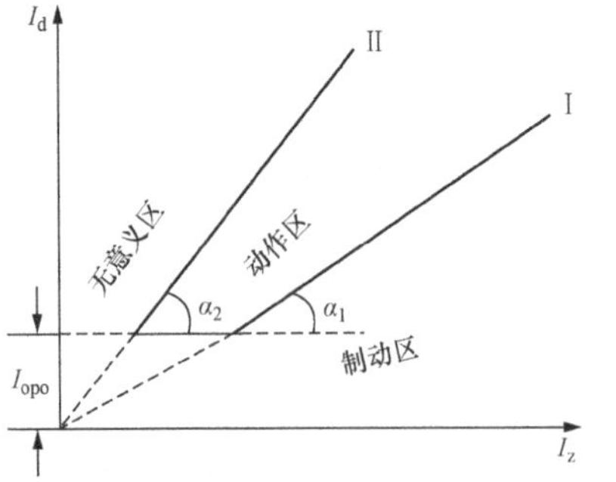

图 Z12F4001Ⅱ-3 差动元件的动作特性图

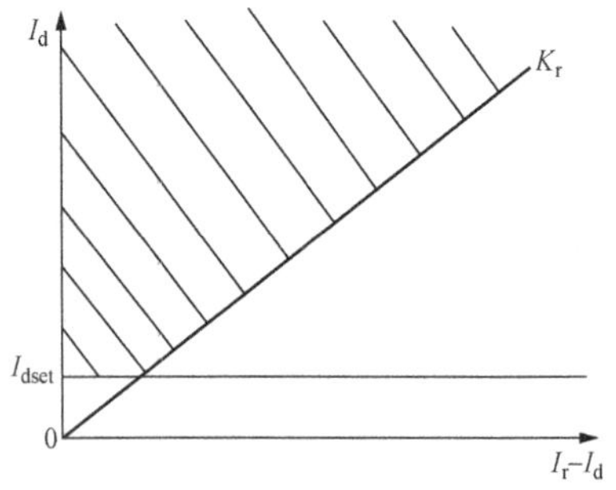

图 Z12F4001Ⅱ-4 复式比率差动元件动作特性图

若忽略 TA 误差和流出电流的影响，发生区外故障时，I_d=0，$0/I_r$ 为 0；发生区内故障时，$I_d=I_r$，$I_d/0$ 为∞。由此可见，复式比率差动继电器能非常明确地区分区内和区外故障，K_r 值的选取范围达到最大，即从 0 到∞。复式比率差动判据与常规的比率差动判据相比，由于在制动量的计算中引入了差电流，使其在母线区外故障时由于 K_r 值可选得大于 1 而有很强的制动特性，在母线区内故障时无制动，因此能更明确的区分区外故障和区内故障。

3. 比率制动系数的调整

当两条母线分列运行时（即母联断路器或分段断路器断开），若母线上发生故障，大差元件的动作灵敏度要降低。

图 Z12F4001Ⅱ-5 中，流入大差元件的电流为 $\dot{I}_1 \sim \dot{I}_4$ 四个电流；流入Ⅰ母小差元件的电流为 $\dot{I}_1$、$\dot{I}_2$ 及 $\dot{I}_0$ 三个电流；流入Ⅱ母小差元件的电流为 $\dot{I}_3$、$\dot{I}_4$、$\dot{I}_0$ 三个电流。当母联运行时Ⅰ母发生短路故障，Ⅰ母小差元件的差流为 $|\dot{I}_1|+|\dot{I}_2|+|\dot{I}_0|=|\dot{I}_3|+|\dot{I}_4|+|\dot{I}_1|+|\dot{I}_2|$；Ⅰ母小差元件的制动电流也为 $|\dot{I}_3|+|\dot{I}_4|+|\dot{I}_1|+|\dot{I}_2|$。两者之比为 1。大差元件的差流与制动电流与Ⅰ母小差相同，两者之比也为 1。当母联断开时Ⅰ母发生短路故障时，Ⅰ母小差元件的差流为 $|\dot{I}_1|+|\dot{I}_2|$，制动电流也为 $|\dot{I}_1|+|\dot{I}_2|$，两者之比为 1。而大差元件的制动电流仍为 $|\dot{I}_3|+|\dot{I}_4|+|\dot{I}_1|+|\dot{I}_2|$，但差流确只有 $|\dot{I}_1|+|\dot{I}_2|$。显然大差元件的动作灵敏度大大下降。为保证母差保护的动作灵敏度，当两条母线由并列运行转为分列运行时，母差保护装置会自动降低大差元件的比率制动系数。

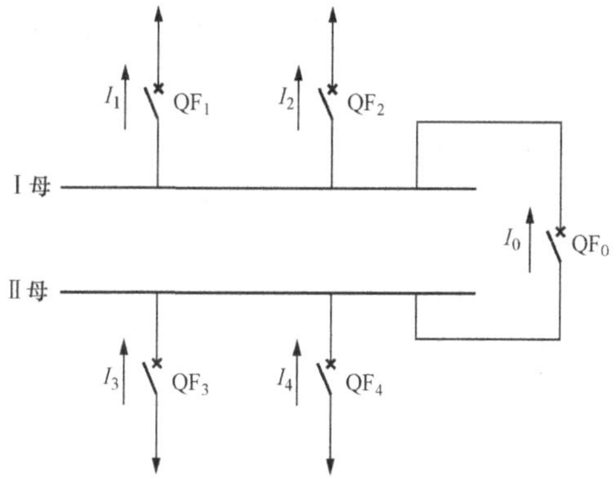

图 Z12F4001Ⅱ-5　母线接线示意图

$QF_1 \sim QF_4$—母线出线断路器；QF_0—母联断路器

4. TA 饱和鉴别元件

母线区外故障时，由于离故障点最近支路的电流互感器发生饱和，其电流不能线性传变到二次侧，最严重时其二次电流为零，使差动回路产生很大的差流造成保护误动；母线区内故障时，由于电流互感器的饱和，使差动回路的电流大大降低，可能造成母差保护的拒动。

在微机母差保护装置中，TA 饱和的鉴别方法主要是同步识别法，也有利用差流波形存在线性传变区的特点，还有通过谐波制动原理防止 TA 饱和差动元件误动的。

（1） 同步识别法。当母线区内发生故障时，各出线元件上的电流将发生很大的变化，与此同时在差动元件中出现差流，即工频电流的变化量与差动元件中的差流同时出现。当母差保护区外发生故障时，各出线元件上的电流立即发生变化，但由于故障后 3～5ms，TA 磁路才会饱和，因此，差动元件中的差流比工频电流变化量晚出现 3～5ms。在母差保护中，当工频电流变化量与差动元件中的差流同时出现时，认为是区内故障开放差动保护；而当工频电流变化量比差动元件中的差流出现早时，即认为差动元件中的差流是区外故障 TA 饱和产生的，立即将差动保护闭锁一定时间。这种鉴别区外故障 TA 饱和的方法称为同步识别法。

（2） 自适应阻抗加权抗饱和法。其基本原理同样是利用故障后 TA 即使饱和也不是短路后立即饱和的原理。在采用自适应阻抗加权抗饱和法的母差保护装置中，设置有工频变化量差动元件ΔBLCD、工频变化量阻抗元件ΔZ 及工频变化量电压元件ΔU。所谓的ΔZ 元件，是母线电压的变化量与差回路中电流变化量的比值。当区内发生故障时，ΔU、ΔBLCD 和ΔZ 是同时动作的，保护可以快速跳闸。区外发生故障时，一开始 TA 没有饱和，所以ΔU 元件先动作，ΔBLCD 和ΔZ 元件没有动作。等到 TA 饱和以后，ΔBLCD 和ΔZ 元件才可能动作。据此判断是区外短路，保护不动作。

（3） 基于采样值的重复多次判别法。若在对差流一个周期的连续 *R* 次采样值判别中，有 *S* 次及以上不满足差动元件的动作条件，认为是外部故障 TA 饱和，继续闭锁差动保护；若在连续 *R* 次采样值判别中有 *S* 次以上满足差动元件的动作条件时，判为发生区外故障转母线区内障，立即开放差动保护。该方法实际是基于 TA 一次故障电流过零点附近存在线性传变区原理构成的。

（4） 谐波制动原理。TA 饱和时差电流的波形将发生畸变，其中会有大量的谐波分量。用谐波制动可以防止区外故障 TA 饱和误动。但是，当区内故障 TA 饱和时，差流中同样会有谐波分量。因此，为防止区内故障或区外故障转区内故障 TA 饱和使差动保护拒动，必须引入其他辅助判据，以确定是区内故障还是区外故障。对于区外故障，当 TA 饱和后，在线性传变区是无差流的，而区内故障则无论是否在线性传变区都有差流。利用这一特点可以有效区别区内、区外故障。同时，利用谐波制动来防止区外故障时保护误动。在谐波制动原理中，为了正确测量谐波含量以及 TA 饱和后的线性传变区，往往需要一个采样周期的时间，所以其保护动作时间也较长。

5. 复合电压闭锁元件

母差保护动作后跳断路器的数量多，它的误动可能造成灾难性的后果。为防止保护出口继电器误动或其他原因跳断路器，通常采用复合电压闭锁元件。只有当母差保护差动元件及复合电压闭锁元件同时动作时，才能作用于去跳各路断路器。

（1）动作方程及逻辑框图。在大接地电流系统中，母差保护复合电压闭锁元件，由相低电压元件、负序电压及零序过电压元件组成。其动作方程为

$$\begin{cases} U_{\phi} \leqslant U_{op} \\ 3U_{0} \geqslant U_{0op} \\ U_{2} \geqslant U_{2op} \end{cases} \quad (Z12F4001Ⅱ-10)$$

式中 U_{ϕ} ——相电压（TV 二次值）；

$3U_{0}$ ——零序电压，在微机母差保护中，利用 TV 二次三相电压自产；

U_{2} ——负序相电压（二次值）；

U_{op} ——低电压元件动作整定值；

U_{0op} ——零序电压元件动作整定值；

U_{2op} ——负序电压元件动作整定值。

复合电压元件逻辑框图见图 Z12F4001Ⅱ–6。从图中可以看出，低电压元件、零序过电压元件及负序电压元件中只要有一个或一个以上的元件动作，就会立即开放母差保护跳各路开关的回路。

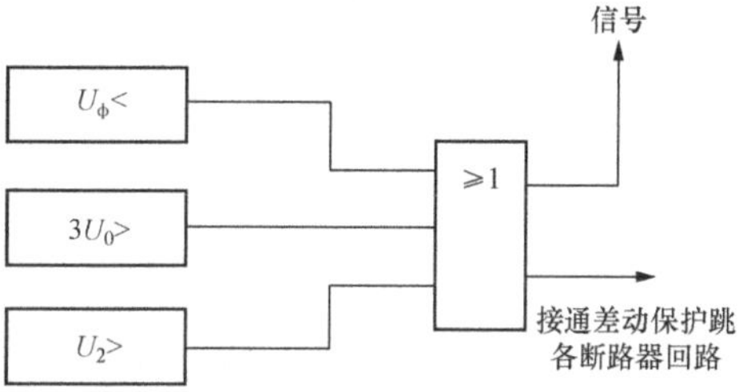

图 Z12F4001Ⅱ–6　复合电压元件逻辑框图

（2）闭锁方式。为防止差动元件出口继电器误动或人员误碰出口回路造成的误跳断路器，复合电压闭锁元件采用出口继电器触点的闭锁方式，即复合电压闭锁元件各对出口触点，分别串联在差动元件出口继电器的各出口触点回路中。跳母联或分段断路器的回路不串复合电压元件的输出触点。一般 220kV 母差保护用复合电压闭锁，500kV 母差不用复合电压闭锁。

6. TA 断线闭锁元件

高压母线出线上 TA 的变比通常为 600/1 或 1200/1，相差 2～4 倍；500kV 出线 TA 的变比将更小。TA 的变比越小，二次回路开路的危害越小，所以在母线保护装置中设置有 TA 断线闭锁元件，TA 断线时，立即将母差保护闭锁。

母差保护装置中的 TA 断线闭锁元件要求是：① 延时发出告警信号。当 TA 断线闭锁元件检测出 TA 断线之后，应经一定延时发出告警信号并将母差保护闭锁。② 分相闭锁。母差保护为分相差动，TA 断线闭锁元件也应分相设置，即 A 相 TA 断线就闭锁 A 相差动保护，以减少母线发生故障时差动保护拒动的几率。③ 母联、分段断路器 TA 断线，不锁母差保护。若断线闭锁元件检测到的是母联 TA 或分段 TA 断线，应

发 TA 断线信号而不闭锁母差保护，且自动切换到单母线运行方式，发生区内故障时不再进行故障母线的选择。

一般采用系统无故障时差流越限，作为二次回路 TA 断线的判据，即

$$I_d \geqslant I_{op} \qquad （Z12F4001Ⅱ-11）$$

式中 I_d ——差电流；

I_{op} ——TA 断线闭锁元件动作电流。

在某些装置中，也有采用零序电流作为 TA 断线判据。当任一支路中的零序电流大于定值时，判为差动 TA 断线。即

$$3I_0 > 0.25I_{\phi max} + 0.04I_e \qquad （Z12F4001Ⅱ-12）$$

式中 $3I_0$ ——零序电流；

$I_{\phi max}$ ——最大相电流；

I_e ——标称额定电流（5A 或 1A）。

7. TV 断线监视

对采用复合电压闭锁的母差保护，为防止由于 TV 二次回路断线造成对母线电压的误判断，设置有 TV 二次回路断线的监视元件。检测出 TV 二次断线后经延时发出告警信号，但不闭锁保护。TV 断线监视元件的 TV 断线判据如下：

（1）利用自产零序电压与 TV 开口三角形电压进行比较判别，即

$$\left|\dot{U}_a + \dot{U}_b + \dot{U}_c\right| - 3U_0/\sqrt{3} > U_{op} \qquad （Z12F4001Ⅱ-13）$$

$$\left|\dot{U}_a + \dot{U}_b + \dot{U}_c\right| - 3U_0\sqrt{3} > U_{op} \qquad （Z12F4001Ⅱ-14）$$

式中 $\dot{U}_a$、$\dot{U}_b$、$\dot{U}_c$ ——TV 二次三相电压；

$3U_0$ ——TV 开口三角形电压；

U_{op} ——TV 断线闭锁元件动作电压。

式（Z12F4001Ⅱ-13）适用于大电流系统，而式（Z12F4001Ⅱ-14）适用于小电流系统。

（2）利用负序电压判别，当 TV 二次负序电压大于某一值，即 $U_2 \geqslant 12\text{ V}$ 时判 TV 断线。

（3）利用三相电压幅值之和及 TA 二次有电流判别，即

$$\begin{cases} \left|\dot{U}_a\right| + \left|\dot{U}_b\right| + \left|\dot{U}_c\right| < U_e \\ I_{a(b,c)} \geqslant 0.04I_e \end{cases} \qquad （Z12F4001Ⅱ-15）$$

式中 $\dot{U}_a$、$\dot{U}_b$、$\dot{U}_c$ ——TV 二次三相电压；

U_e ——TV 二次额定电压；

$I_{a(b,c)}$ ——TA 二次三相电流；

I_e ——TA 二次标称额定电流（5A 或 1A）。

三、母联断路器的失灵保护

母线保护或其他有关保护动作跳母联断路器，但母联二次 TA 仍有电流，即判为母联断路器失灵，启动母联失灵保护。

母联失灵保护逻辑框图见图 Z12F4001Ⅱ-7。所谓母线保护动作，包括Ⅰ母、Ⅱ母差保护动作，充电保护动作，或母联过流保护动作。其他有关保护包括：发变组保护、线路保护或变压器保护。它们动作后去跳母联断路器的触点闭合。母联失灵保护动作后，经短延时（0.2～0.3s）去切除Ⅰ母及Ⅱ母。

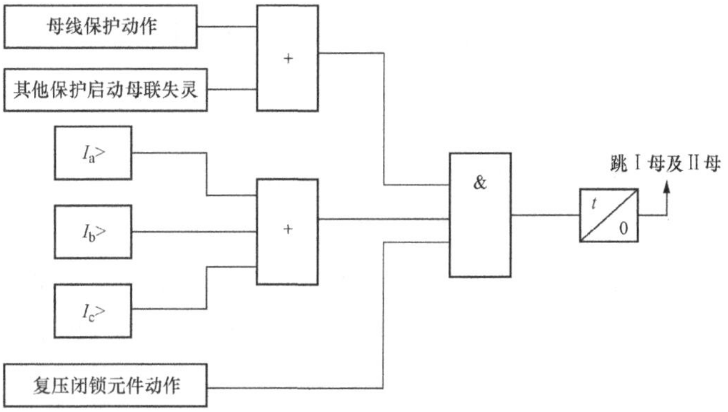

图 Z12F4001Ⅱ-7　母联失灵保护逻辑框图

I_a、I_b、I_c—母联 TA 二次三相电流

四、母联断路器的死区保护

当故障发生在母联断路器 QF0 与母联电流互感器之间时，大差元件动作，同时电流 $\dot{I}_1$、$\dot{I}_2$ 及 $\dot{I}_0$ 增大，但流向不变，故Ⅱ母小差元件的差流近似等于零，不动作；而电流 $\dot{I}_3$ 与 $\dot{I}_4$ 的大小及流向均发生了变化（由流出母线变成流入母线），Ⅰ母小差元件的差流很大，Ⅰ母小差动作。Ⅰ母差动保护动作，跳开断路器 QF0、QF1 及 QF2；而此时Ⅱ母小差元件依然不动作，无法跳开断路器 QF3 及 QF4。因此，故障无法切除。

由此可见，对于双母线或单母线分段的母差保护，当故障发生在母联断路器与母联 TA 之间或分段断路器与分段 TA 之间时，非故障母线的差动元件会误动，而故障母线的差动元件会拒动，即保护存在死区。

由图 Z12F4001Ⅱ-8 可以看出，当Ⅰ母或Ⅱ母差动保护动作后，母联断路器被跳开（即母联开关分位），但母联 TA 二次仍有电流，大差元件不返回，这时保护装置经过一个延时封母联 TA（即此时母联 TA 不计入小差元件的差流计算），从而使故障母线的差流不再平衡，差动保护跳Ⅱ母或Ⅰ母（即去跳另一母线）上连接的各个断路器。

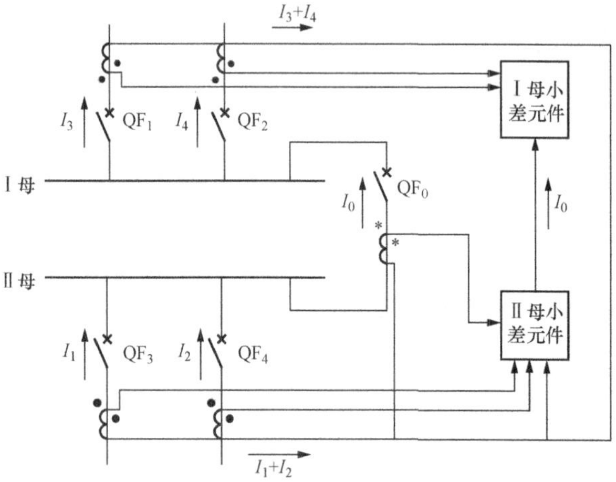

图 Z12F4001Ⅱ-8 死区故障原理接线图

QF_1～QF_4—出线断路器；QF_0—母联断路器

对于母线并列运行（联络断路器合位）发生死区故障而言，母联断路器触点一旦处于分位（可以通过断路器辅助触点或TWJ、HWJ触点读入），再考虑主触点与辅助触点之间的先后时序（50ms），即可封母联TA，这样可以提高切除死区故障的动作速度。由于母联断路器状态的正确读入对本保护的重要性，可将母联断路器的动合触点（HWJ）和动断触点（TWJ）同时引入装置，以便相互校验。对分相断路器，要求将三相动合触点并联，将三相动断触点串联。

五、母联过流保护

母联（分段）过流保护可以作为母线解列保护，也可以作为线路（变压器）的临时性保护。当母联代路投入运行时，若该线路发生故障，则由母联过流保护动作跳母联断路器。

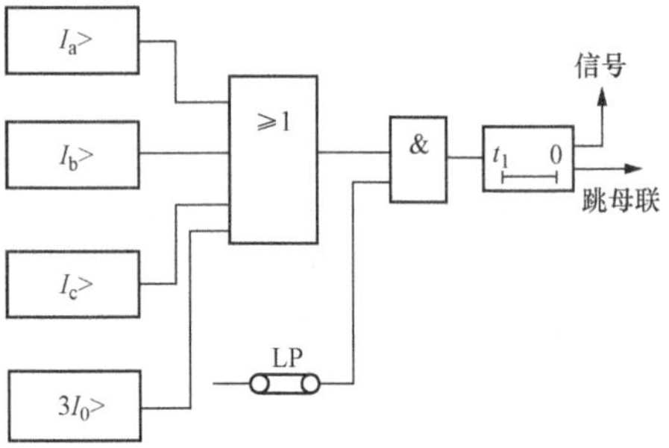

图 Z12F4001Ⅱ-9 母联过流保护逻辑框图

LP—母联过流保护投退压板（或控制字）

母联（分段）过流保护压板投入后，当母联任一相电流大于母联过流定值，或母联零序电流大于母联零序过流定值时，经可整延时跳开母联断路器，不经复合电压闭锁。

母联过流保护逻辑见图 Z12F4001Ⅱ-9。

六、母联充电保护

母线充电保护是临时性保护。分段母线其中一段母线停电检修后，可以通过母联（分段）断路器对检修母线充电以恢复双母线运行。此时投入母联（分段）充电保护，当检修母线有故障时，跳开母联（分段）断路器，切除故障。

母联（分段）充电保护的启动需同时满足四个条件：① 母联（分段）充电保护压板投入。② 其中一段母线已失压，且母联（分段）断路器已断开［前采样状态母联（分段）断路器曾断开］。③ 母联电流从无到有。④ 母联断路器分位。

当有流门槛值为 $0.04I_n$ 时，保护的逻辑框图见图 Z12F4001Ⅱ-10。

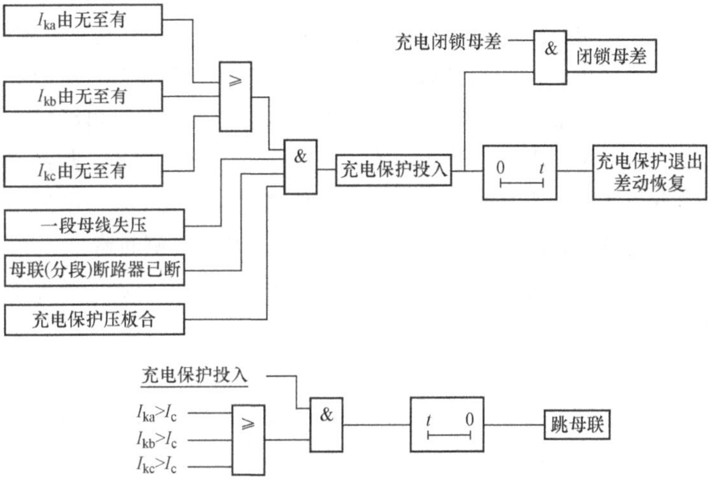

图 Z12F4001Ⅱ-10　充电保护逻辑框图

I_c—充电保护电流定值

充电保护一旦投入，自动展宽 200ms 后退出。充电保护投入后，当母联任一相电流大于充电电流定值时，经可整定延时跳开母联断路器，不经复合电压闭锁。

充电保护投入期间是否闭锁差动保护，可通过设置保护控制字相关项进行选择。充电保护投入闭锁母差主要是考虑到母联充电保护可以启动母联失灵保护，即使是被充母线有故障，母联断路器跳不开，也可以把整个母线上的元件切除。在母联断路器和 TA 之间发生故障的情况下，运行母线此时判区内故障，母差会动作，跳开运行母线上的所有元件，如果有母联充电保护闭锁母差保护的功能，则母联充电保护动作，跳开母联切除故障，避免扩大停电范围。由于存在母联辅助触点滞后打开的情况，在微机型差动保护中，母联断路器断开时，辅助触点自动将母联断路器差回路不计入差回路，当开始充电通过合闸按钮使母联断路器合上时，辅助触点有可能滞后打开，二次回路中因辅助触点滞后打开，母联 TA 二次电流未计入差回路，运行母线上面存在差流，就会引起母差保护误动，跳开非故障母线。

七、断路器失灵保护

当保护装置动作并发出了跳闸指令时，故障设备的断路器拒绝动作，称之为断路器失灵。发生断路器失灵故障的原因主要有：断路器跳闸线圈断线、断路器操动机构出现故障、空气断路器的气压降低或液压式断路器的液压降低、直流电源消失及控制回路故障等。其中发生最多的是气压或液压降低、直流电源消失及操作回路出现问题。

在 220～500kV 电力网中，以及 110kV 电力网的个别重要系统，应按规定设置断路器失灵保护。对断路器失灵保护的要求如下：① 动作可靠性高。断路器失灵保护与母差保护一样，其误动或拒动都将造成严重后果，因此，要求其动作可靠性高。② 动作选择性强。断路器失灵保护动作后，宜无延时再次跳开断路器。对于双母线或单母线分段接线，保护动作后以较短的时间断开母联或分段断路器，再经另一时间断开与失灵断路器接在同一母线上的其他断路器。③ 与其他保护的配合。断路器失灵保护动作后，应闭锁有关线路的重合闸。对于 3/2 断路器接线方式，当一串的中间断路器或边断路器失灵时，失灵保护则应启动远方跳闸装置，断开对侧断路器，并闭锁重合闸。对多角形接线方式的断路器，当断路器失灵时，灵敏保护也应启动远方跳闸装置，并闭锁重合闸。

断路器失灵保护应由故障设备的继电保护启动，手动跳断路器时不能启动失灵保护；在断路器失灵保护的启动回路中，除有故障设备的继电保护出口触点之外，还应有断路器失灵判别元件的出口触点（或动作条件）；失灵保护应有动作延时，且最短的动作延时应大于故障设备断路器的跳闸时间与保护继电器返回时间之和；正常工况下，失灵保护回路中任一对触点闭合，失灵保护不应被误启动或误跳断路器。断路器失灵的判据即为：① 保护动作（出口继电器触点闭合）。② 断路器仍在闭合状态。③ 断路器中还流有电流（负序电流或零序电流）。

断路器失灵保护一般由三部分构成：失灵启动及判别元件、运行方式识别元件及复压闭锁元件构成。双母线断路器失灵保护的逻辑框图见图 Z12F4001Ⅱ-11。

（一）失灵启动及判别元件

保护出口跳闸触点有两类。在超高压输电线路保护中，有分相跳闸触点和三相跳闸触点，而在变压器或发电机—变压器组保护中只有三跳触点。保护出口跳闸触点不同，失灵启动及判别元件的逻辑回路有差别。线路断路器失灵保护及变压器或发电机—变压器组断路器失灵保护的失灵启动及判别回路，分别见图 Z12F4001Ⅱ-12 及图 Z12F4001Ⅱ-13。

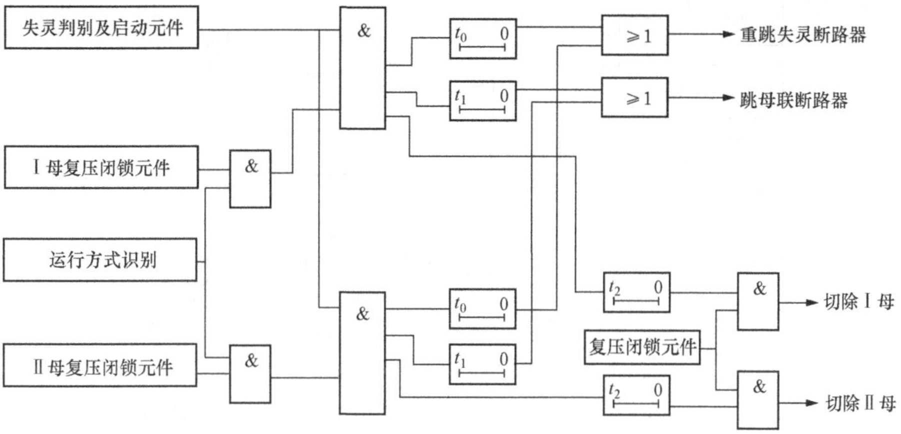

图 Z12F4001Ⅱ-11　双母线断路器失灵保护逻辑框图

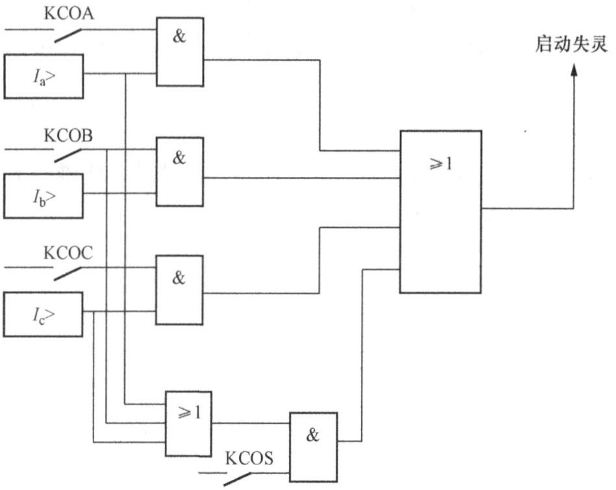

图 Z12F4001Ⅱ-12　线路断路器失灵保护启动回路

KCOA、KCOB、KCOC—线路保护分相跳闸出口继电器触点；KCOS—三跳出口继电器触点；

I_a>、I_b>、I_c>—分别为 a、b、c 相过电流

由图 Z12F4001Ⅱ-12 可以看出，线路保护任一相出口继电器动作或三相出口继电器动作，若流过某相断路器的电流仍然存在，则就判为断路器失灵，去启动失灵保护。在图 Z12F4001Ⅱ-13 中，继电保护出口继电器触点 KCOS 闭合，断路器仍在合位（合位继电器触点 KCC 闭合）且流过断路器的相电流或零序电流存在，则启动失灵，并经延时解除失灵保护的复合电压闭锁元件。

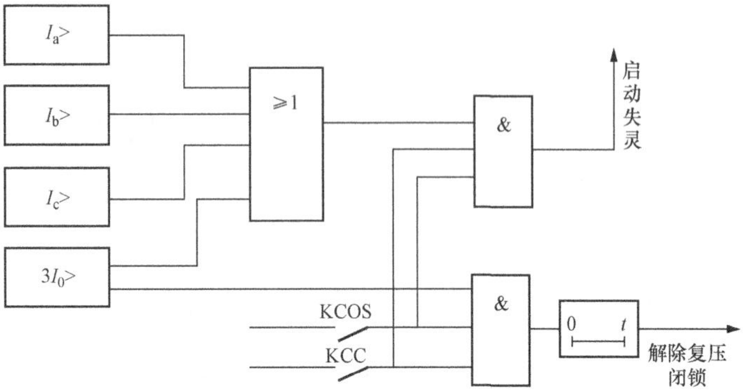

图 Z12F4001Ⅱ-13　变压器（发变组）断路器失灵启动回路

$3I_0$ >—零序过电流；KCC—断路器合闸位置继电器触点，断路器合闸时闭合

（二）运行方式识别元件

运行方式识别回路用于确定失灵断路器接在哪条母线上，从而决定出失灵保护去切除该条母线。断路器所接的母线由隔离开关位置决定。因此，用隔离开关辅助触点进行运行识别。

（三）复合电压闭锁元件

复合电压闭锁元件作用是防止失灵保护出口继电器误动或维护人员误碰出口继电器触点，而造成误跳断路器的措施。其动作判据有

$$\begin{aligned} U_{\phi} &\leqslant U_{op} \\ 3U_0 &\geqslant U_{0op} \\ U_2 &\geqslant U_{2op} \end{aligned} \qquad (Z12F4001Ⅱ-16)$$

式中　U_{ϕ} ——母线 TV 二次相电压；

$3U_0$ ——零序电压（二次值）；

U_2 ——负序电压（二次值）；

U_{op}、U_{0op}、U_{2op} ——分别为相电压元件、零序电压元件及负序电压元件的整定值。

复合电压闭锁方式中，对于双母线断路器失灵保护，复合电压闭锁元件应设置两套，分别接在各自母线 TV 二次，并分别作为各自母线失灵跳闸的闭锁元件。闭锁方式应采用触点闭锁，分别串接在各断路器的跳闸回路中；复合电压闭锁元件应有一定的延时返回时间。双母线接线的每条母线上均设置有一组 TV。正常运行时，其失灵保护的两套复合电压闭锁元件分别接在各自母线上的 TV 二次侧。但当一条母线上的 TV 检修时，两套复合电压闭锁元件将由同一个 TV 供电。设Ⅰ母上的 TV 检修，与Ⅰ母连接的系统内出现短路故障，Ⅰ母所连的某一出线的断路器失灵，此时失灵保护动作，

以短延时跳开母联。由于失灵保护的两套复合电压闭锁元件均由Ⅱ母 TV 供电，而在母联断路器跳开后Ⅱ母电压恢复正常，复合电压元件不会动作，失灵保护将无法将接在Ⅰ母上各元件的断路器跳开。为了确保失灵保护能可靠切除故障，复合电压闭锁元件有 1s 的延时返回时间是必要的。

（四）动作延时

根据对失灵保护的要求，其动作延时应有 2 个。以 0.2～0.3s 的延时跳母联断路器；以 0.5s 的延时切除接失灵断路器的母线上连接的其他元件。

【思考与练习】

1. 复式比率差动保护原理与常规比率差动保护原理相比有何优点？
2. 在微机母差保护装置中，TA 饱和的鉴别方法有哪些？
3. 断路器失灵保护的动作原因及保护时限是什么？

模块 2　母线保护装置调试的安全和技术措施（Z12F4002Ⅱ）

【模块描述】本模块包含母线微机保护装置调试的工作前准备和安全技术措施。通过要点归纳、图表举例，掌握母线保护装置现场调试的危险点预控及安全技术措施。

【模块内容】母线保护装置调试的安全和技术措施，包括母线保护装置调试工作前的准备、安全技术措施。

一、母线保护装置调试工作前的准备

调试人员在调试前要做的准备工作主要如下：

（1）依据计划检修工作前 10 天做好检修准备工作，并在检修工作前 7 天提交相关停役申请。摸底工作包括检查设备状况、反措计划的执行情况及设备存在的缺陷。

（2）根据本次校验的项目，组织作业人员学习作业指导书，使全体作业人员熟悉并明确作业内容、进度要求、作业标准、安全注意事项。

（3）开工前三天，准备好施工所需仪器仪表、工器具、最新整定单、相关材料、相关图纸、上一次试验报告、本次需要改进的项目及相关技术资料。仪器仪表、工器具应试验合格，满足本次施工的要求，材料应齐全，图纸及资料应符合现场实际情况。

（4）根据现场工作时间和工作内容落实工作票。工作票应填写正确，并按《国家电网公司电业安全工作规程（变电部分）》相关部分执行。

（5）仪器、仪表及工器具：组合工具、220V/380V/10A 电缆盘（带漏电保安器）、计算器、微机型继电保护测试仪（含显示功能）、V–A 特性测试仪、100V/400V 钳形

相位表、试验接线、数字万用表、模拟断路器操作箱等。

（6） 备品备件：电源插件1块、管理插件1块、单元插件1块。

（7） 材料：绝缘胶布、自粘胶带、中性笔、手套、毛刷、防静电环、独股塑铜线等。

（8） 图纸资料：设计院设计图纸、厂家屏柜图纸、出厂试验记录、装置厂家技术说明书、调度最新定值单，上次调试报告。

二、安全技术措施

安全技术措施是为了规范现场人员作业行为，防止在调试过程中发生人身、设备事故而制订的安全保障措施。在装置调试工作开始前，办理开工手续时，同时应填写继电保护安全措施票，并组织全体调试人员学习，在调试工作过程中严格遵守。安全技术措施的一项重要内容是危险点分析及采取的相应安全控制措施。

1. 人身触电的预防措施

（1） 执行继保安措票时注意：工作前应熟悉工作地点一、二次设备运行情况；应戴手套、使用绝缘工具；必须使用专用的短路片或短路线，并可靠接地，严禁用导线缠绕；严禁将TA二次侧开路，TV二次侧短路；严禁在TA与短路端子之间的回路上进行工作；严禁将TA二次回路的永久接地点断开。

（2） 对与运行设备相连的回路进行的具体准备见表Z12F4002Ⅱ-1。

（3） 接、拆低压电源时的安全措施：必须使用装有漏电保护器的电源盘；螺丝刀等工具金属裸露部分除刀口外包绝缘；接拆电源时至少有两人执行，必须在电源开关拉开的情况下进行；临时电源必须使用专用电源，禁止从运行设备上取得电源。

（4） 保护调试及整组试验时注意工作人员之间相互配合。

2. 继保“三误”的预防措施

（1） 现场工作前必须做好充分准备，内容包括：

1）了解工作地点一、二次设备运行情况，本工作与运行设备有无直接联系。

2）工作人员明确分工并熟悉图纸与检验规程等有关资料。

3）应具备与实际状况一致的图纸、上次检验记录、最新整定通知单、检验规程、合格的仪器仪表、备品备件、工具和连接导线。

4）工作前认真填写安全措施票，特别是针对母线保护的现场校验工作，应由工作负责人认真填写，并经技术负责人严格审批。

5）工作开工后先执行安全措施票，由工作负责人负责做的每一项措施要在“执行”栏做标记；校验工作结束后，要持此票恢复所做的安全措施，以保证完全恢复。

6）不允许在未停用的低频低压减载装置上进行试验和其他测试工作。

7）只能用整组试验的方法，即由电压端子通入与故障情况相符的模拟故障量，检查装置回路及整定值的正确性。不允许用卡继电器触点、短路触点等人为手段做母线保护装置的整组试验。

8）在校验母线保护装置及二次回路时，凡与其他运行设备二次回路相连的连接片和接线应有明显标记，并按安全措施票仔细地将有关回路断开或短路，做好记录。

9）在清扫运行中设备和二次回路时，应认真仔细，并使用绝缘工具（毛刷、吹风机等），特别注意防止振动，防止误碰。

10）严格执行风险分析卡和继电保护作业指导书。

（2） 现场工作应按图纸进行，严禁凭记忆作为工作的依据。如发现图纸与实际接线不符时，应查线核对。需要改动时，必须履行如下程序：

1）先在原图上做好修改，经主管继电保护部门批准。

2）拆动接线前先要与原图核对，接线修改后要与新图核对，并及时修改底图，修改运行人员及有关各级继电保护人员的图纸。

3）改动回路后，严防寄生回路存在，没用的线应拆除。

4）在变动二次回路后，应进行相应的逻辑回路整组试验，确认回路极性及整定值完全正确。

（3） 母线保护装置调试的定值，必须根据最新整定值通知单规定，先核对通知单与实际设备是否相符（包括装置型号、被保护设备名称、互感器接线、变比等）。定值整定完毕要认真核对，确保正确。

3. 装置损坏的预防措施

（1） 为防止带电插拔插件造成集成块损坏，在插拔插件前应确认装置电源已关闭。在插入插件时严禁插错插件的位置。

（2） 为防止插件插头松动应避免频繁插拔插件。

（3） 不得轻易更换芯片。试验人员接触、更换集成芯片时，应采用人体防静电接地措施，以确保不会因人体静电而损坏芯片。

4. 其他危险点及控制措施

（1） 保护室内使用无线通信设备，易造成其他正在运行的保护设备不正确动作。控制措施：不在保护室内使用无线通信设备，尤其是对讲机。

（2） 原则上现场不能使用电烙铁，试验过程中如需使用电烙铁进行焊接时，应采用带接地线的电烙铁或电烙铁断电后再焊接。

（3） 严禁交、直流电压回路短路或接地，严禁交流电流回路开路。

现场工作安全技术措施工作票见表 Z12F4002Ⅱ–1。

表 Z12F4002Ⅱ-1　　现场工作安全技术措施工作票

现场工作安全技术措施			
工作内容：220kV××变电站 220kV BP-2B 型母差保护效验			
序号	安全技术措施	打“√”	
		执行	恢复
1	检查现场工作安全技术措施和实际接线及图纸是否一致（如发现不一致应及时修改）		
2	检查在被检修的 220kV 母差保护屏上确挂有“在此工作”标示牌		
3	检查在被检修的 220kV 母差保护屏相邻运行设备上确挂有明显的运行标志		
4	检查 220kV 母差保护屏 QK 切至“母差停，失灵停”位置		
5	取下 BP-2B 母差屏上所有连接单元出口压板 母联 2620 断路器第一跳圈 LP11、第二跳圈 LP31，失灵启动压板 LP51 清钢 4670 断路器第一跳圈 LP12、第二跳圈 LP32，失灵启动压板 LP52 清关 4937 断路器第一跳圈 LP13、第二跳圈 LP33，失灵启动压板 LP53 清关 4938 断路器第一跳圈 LP14、第二跳圈 LP34，失灵启动压板 LP54 清朱 4677 断路器第一跳圈 LP15、第二跳圈 LP35，失灵启动压板 LP55 旁路 2620 断路器第一跳圈 LP16、第二跳圈 LP36，失灵启动压板 LP56 1 号 B 2601 断路器第一跳圈 LP17、第二跳圈 LP37，失灵启动压板 LP57 清淮 4676 断路器第一跳圈 LP18、第二跳圈 LP38，失灵启动压板 LP58 清淮 4675 断路器第一跳圈 LP19、第二跳圈 LP39，失灵启动压板 LP59 1 号 B 2601 断路器第一跳圈 LP21、第二跳圈 LP41，失灵启动压板 LP61 清朱 4678 断路器第一跳圈 LP22、第二跳圈 LP42，失灵启动压板 LP62		
6	取下母联过流保护投入压板 LP-79		
7	取下充电保护投入压板 LP-78		
8	取下“互联投入”压板 LP77		
9	取下双母线分列运行压板 LP-76		
10	断开屏后直流电源开关 1K、2K		
11	断开屏后交流电压空气开关 UK1、UK2		
12	所有连接单元电流回路短接，并退出母差保护（保护屏右侧）： 220kV 母联：短接电流端子 X12-1（A320）、X-12-2（B320）、X12-3（C320）、X12-4（N320）外侧，并断开电流端子压板 清钢 4670 断路器：短接电流端子 X12-7（A320）、X12-8（B320）、X12-9（C320）、X12-10（N320）外侧，断开电流端子压板 清关 4937 断路器：短接电流端子 X12-12（A320）、X12-14（B320）、X12-15（C320）、X12-16（N320）外侧，断开电流端子压板 清关 4938 断路器：短接电流端子 X12-19（A320）、X12-20（B320）、X12-21（C320）、X12-22（N320）外侧，断开电流端子压板 清朱 4677 断路器：短接电流端子 X12-25（A320）、X12-26（B320）、X12-27（C320）、X12-28（N320）外侧，断开电流端子压板 旁路 2620 断路器：短接电流端子 X12-31（A320）、X12-32（B320）、X12-33（C320）、X12-34（N320）外侧，断开电流端子压板 1 号主变 2601 断路器：短接电流端子 X12-37（A320）、X12-38（B320）、X12-39（C320）、X12-40（N320）外侧，断开电流端子压板 清淮 4676 断路器：短接电流端子 X12-43（A320）、X12-44（B320）、X12-45（C320）、X12-46（N320）外侧，断开电流端子压板		

续表

序号	安全技术措施	打“√”	
		执行	恢复
12	清淮 4675 断路器：短接电流端子 X12–49（A320）、X12–50（B320）、X12–51（C320）、X12–52（N320）外侧，断开电流端子压板 2 号主变 2602 断路器：短接电流端子 X12–55（A320）、X12–56（B320）、X12–57（C320）、X12–58（N320）外侧，断开电流端子压板 清朱 4678 断路器：短接电流端子 X12–61（A320）、X12–62（B320）、X12–63（C320）、X12–64（N320）外侧，断开电流端子压板		
13	严禁电流回路开路或失去接地点，防止引起人员伤亡及设备损坏		
14	电压回路（保护屏左侧）： 拆下 X14–1（A630）、X14–2（B630）、X14–3（C630）、X14–4（N600）、X–5（A640）、X–6（B640）、X–7（C640）、X–8（N600）端子内侧二次线，用绝缘胶布包裹。 在带电端子外侧和正面用绝缘胶布封好		
15	拆下母差联跳出口回路二次线，并用绝缘胶布包裹，以防止工作人员误碰二次跳闸线，引起运行断路器跳闸。（保护屏左侧）： 220kV 母联：跳闸Ⅰ：X4–1、X5–1，跳闸Ⅱ：X6–1、X7–1 端子内侧 清钢 4670 断路器：跳闸Ⅰ：X4–2、X5–2，跳闸Ⅱ：X6–2、X7–2 端子内侧 清关 4937 断路器：跳闸Ⅰ：X4–3、X5–3，跳闸Ⅱ：X6–3、X7–3 端子内侧 清关 4938 断路器：跳闸Ⅰ：X4–4、X5–4，跳闸Ⅱ：X6–4、X7–4 端子内侧 清朱 4677 断路器：跳闸Ⅰ：X4–5、X5–5，跳闸Ⅱ：X6–5、X7–5 端子内侧 旁路 2620 断路器：跳闸Ⅰ：X4–6、X5–6，跳闸Ⅱ：X6–6、X7–6 端子内侧 1 号主变 2601 断路器：跳闸Ⅰ：X4–7、X5–7，跳闸Ⅱ：X6–7、X7–7 端子内侧 清淮 4676 断路器：跳闸Ⅰ：X4–8、X5–8，跳闸Ⅱ：X6–8、X7–8 端子内侧 清淮 4675 断路器：跳闸Ⅰ：X4–9、X5–9，跳闸Ⅱ：X6–9、X7–9 端子内侧 2 号主变 2602 断路器：跳闸Ⅰ：X4–10、X5–10，跳闸Ⅱ：X6–11、X7–12 端子内侧 清朱 4678 断路器：跳闸Ⅰ：X4–13、X5–13，跳闸Ⅱ：X6–13、X7–13 端子内侧		
16	严禁交、直流电压回路短路或接地，严禁交流电流回路开路		
17	工作中应使用绝缘工具并戴手套，或站在绝缘垫上工作		
18	在保护室内严禁使用无线通信设备，工作人员关闭手机		

【思考与练习】

1. 母线保护进行检验时现场有哪些危险点？如何控制？
2. 根据个人工作实践，试提出还有哪些其他危险点和控制措施。

模块 3 母线保护装置调试（Z12F4003Ⅱ）

【模块描述】本模块包含母线微机保护装置调试的主要内容。通过要点归纳、图表举例、分析说明，掌握母线微机保护装置调试的作业程序、调试项目、各项目调试方法等内容。

【模块内容】母线保护装置调试包括作业流程、校验项目、技术要求及校验报告、带负荷试验。

一、作业流程

母线微机保护装置的调试作业流程见图 Z12F4003Ⅱ-1。

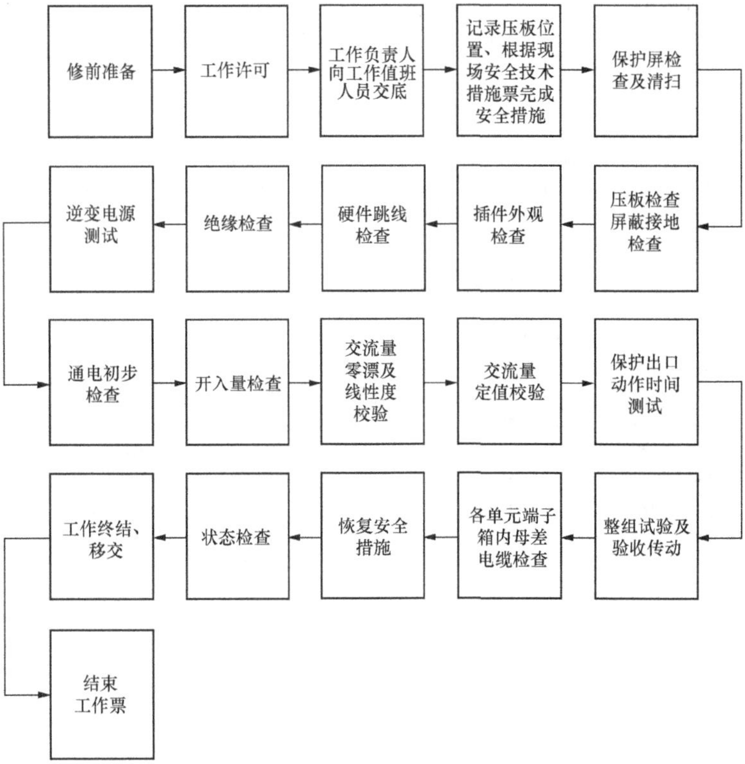

图 Z12F4003Ⅱ-1 母线微机保护校验作业流程图

二、校验项目、技术要求及校验报告

1. 外观检查

（1） 保护屏检查。

1）检查装置的型号和参数是否与订货一致，其直流电源的额定电压应与现场匹配。

2）保护装置的端子排连接应可靠，且标号应清晰正确。检查配线有无压接不紧、断线或短路现象。

3）检查插件是否松动，装置有无机械损伤，切换断路器、按钮、键盘等应操作灵活、手感良好。

注意：检查前应先断开交流电压断路器，后关闭直流电源断路器。取下保护出口压板、失灵启动压板，防止直流回路短路、接地。

（2） 压板检查。

1）跳闸压板的开口端应装在上方，接至断路器的跳闸线圈回路。

2）跳闸压板在落下过程中必须和相邻跳闸压板有足够的距离，以保证在操作跳闸压板时不会碰到相邻的跳闸压板。

3）检查并确证跳闸压板在拧紧螺栓后能可靠地接通回路，且不会接地。

4）穿过保护屏的跳闸压板导电杆必须有绝缘套，并距屏孔有明显距离。

（3） 屏蔽接地检查。

1）保护屏引入、引出电缆应用屏蔽电缆，电缆的屏蔽层在两端接地。

2）确认装置电流回路有且只有一点可靠接地。

2. 绝缘检查

（1） 分组回路绝缘电阻检测。

1）采用 1000V 绝缘电阻表分别测量交流电流回路、交流电压回路、直流回路各组回路之间及各组回路对地的绝缘电阻，绝缘电阻大 10MΩ。

2）在测量某一组回路对地绝缘电阻时，应将其他各组回路都短接接地。

注意：摇测前必须将断开交、直流电源；在端子箱短接母差电流回路。退出母差回路（新安装测试），拆除装置屏内、回路接地点，并通知有关人员暂时停止在回路上的一切工作。绝缘摇测结束后应立即放电、恢复接线。

（2） 出口触点之间绝缘。

1）测量前应使保护装置复合电压元件动作，各个连接单元的隔离开关触点闭合。

2）用 500V 绝缘电阻表检测每对出口触点之间的绝缘，要求其绝缘电阻应大于 10MΩ，报告见表 Z12F4003Ⅱ–1。

表 Z12F4003Ⅱ–1　　　　绝 缘 检 查 报 告

检查内容（新安装）	标　　准	试验结果
交流电流回路对地	要求大于 10MΩ	合格/不合格
交流电压回路对地	要求大于 10MΩ	合格/不合格
直流电压回路对地	要求大于 10MΩ	合格/不合格
交直流回路之间	要求大于 10MΩ	合格/不合格
出口继电器出口触点之间	要求大于 10MΩ（500V）	合格/不合格

注意：退出母差屏出口触点电缆芯线。并做好绝缘处理，防止误跳运行中断路器。

3. 逆变电源测试

（1） 逆变电源输出电压稳定性测试。直流电源调至 80%、100%、115%的额定电压值时，断开、合上逆变电源断路器，逆变电源指示灯应亮。每次上电后，装置软件应能开始正常运转，检查装置指示灯和界面显示装置是否有异常情况。报告见表 Z12F4003Ⅱ–2。

表 Z12F4003Ⅱ–2 逆变电源测试报告

逆变电源			检查结果
外加直流电压	80%U_e	检查保护运行状态、信号灯指示应正常	合格/不合格
	100%U_e	检查保护运行状态、信号灯指示应正常	合格/不合格
	115%U_e	检查保护运行状态、信号灯指示应正常	合格/不合格

（2） 直流电源拉合试验。拉合 3 次直流工作电源，保护装置应不误动和误发保护动作信号，报告见表 Z12F4003Ⅱ–3。

表 Z12F4003Ⅱ–3 直流电源拉合试验报告

检查内容	检查结果
外加 100%U_e，拉合直流电源 3 次检查装置是否有异常现象	合格/不合格

注 电源板在第二次全部定检时，可更换电源板，保证其工作的可靠性。

注意：电源应从专用试验电源接取，不得在运行设备上取电源。防止直流回路短路、接地及人员触电。

4. 上电检查

保护装置通电后，先进行全面自检。根据界面菜单，查看自检菜单中是否有自检异常信息，报告见表 Z12F4003Ⅱ–4。

表 Z12F4003Ⅱ–4 上电检查报告

检查项目	检查结果	备注
保护装置的通电自检	合格/不合格	
检验键盘	合格/不合格	
时钟的检查	合格/不合格	
打印机联机功能	合格/不合格	

（1） 检验保护装置液晶显示是否正常，键盘操作是否灵活正确。

（2）运行指示灯是否正常。

（3）检查装置时间是否正确无误。

（4）打印机联机检查，打印信息清晰、正确。

（5）核对软件版本号及程序校验码，应与整定单及原记录一致。

5. 整定定值

装置正常运行后，可设置相应的参数：母线编号，间隔单元的编号、TA 变比、类型，运行方式，波特率，通信地址，自动打印，时钟等。装置的固化参数、系统参数及使用参数整定正确，输入后打印正确。

通过断、合逆变电源断路器的方法检验整定值的失电保护功能，保护装置的整定值在直流电源失电后不应丢失或改变。

6. 交流量的调试

（1）交流电流量调试。

1）设置相位基准（以 L1 单元的 A 相电流的相位为基准）。

2）给第一个单元加三相正序交流电流：幅值为额定电流（5A/1A），频率为 50Hz。进入菜单查看显示的交流量并记录。

3）在其后的各单元的交流电流采样测试时，除在本单元加三相电流外，A 相电流与第一个单元的 A 相串接，以便校验各单元的相角。

4）各单元电流回路采样。

（2）交流电压量调试。

1）给Ⅰ母的电压端子加三相正序交流电压，幅值为额定相电压（57.74V），频率为 50Hz。进入菜单查看显示的交流量并记录。

2）同样地，校验Ⅱ母电压采样。

3）Ⅰ、Ⅱ母 TV 回路采样。

7. 开入开出量的调试

（1）开入量调试。

1）进入菜单，将所有单元的隔离开关位置由强制合改为自适应状态。用测试线将隔离开关辅助触点端子上各单元的隔离开关位置触点依次与开入回路公共端短接，在屏幕上查看一次接线图上显示的隔离开关位置是否正确。

2）用测试线将失灵启动触点上各单元的失灵启动触点依次与开入回路公共端短接，进入“查看一间隔单元”，检测各单元“失灵触点状态”是否由“断”变为“合”。

3）将“保护切换把手”（QB）切至“差动退，失灵投”位置，查看主界面是否正确显示“差动退出”“失灵投入”，同时“差动开放”信号灯灭，“失灵开放”信号灯亮；切至“差动投，失灵退”位置，查看主界面是否正确显示“差动投入”“失灵退出”，同时“差动开放”信号灯亮，“失灵开放”信号灯灭；切至“差动投，失灵投”位置，查看主界面是否正确显示“差动投入”“失灵投入”，同时“差动开放”信号灯亮，“失灵开放”信号灯亮。

4）检验信号复归是否正常。

5）分别投“充电保护”压板、“过流保护”压板，查看主界面是否正确显示“充电保护投入”“过流保护投入”。

6）投“分列运行”压板，在屏幕上查看一次接线图上母联断路器是否断开（由实心变为空心）。

7）投“强制互联”压板，查看“互联”告警灯是否亮。

8）用测试线将开入量回路端子上的母联断路器开触点、母联断路器闭触点分别与开入回路公共端短接，在屏幕上查看一次接线图上母联断路器是否正确显示为合位（实心）、分位（空心）。

（2） 开出量调试。

1）进入“参数—运行方式设置”菜单，将母联（L_1）和分段的隔离开关位置设为强制合；将 L_3、L_5、L_7、L_9 等奇数单元的Ⅰ母隔离开关位置设为强制合，Ⅱ母隔离开关位置设为自适应；将 L_2、L_4、L_6、L_8 等偶数单元的Ⅱ母隔离开关位置设为强制合，Ⅰ母隔离开关位置设为自适应。校验隔离开关位置显示是否正确。

2）用测试仪给 L_3 单元的任一相电流端子加两倍的额定电流，使Ⅰ母差动保护动作。这时测试仪保持故障量，依次分合各单元跳闸压板，用万用表分别检测各单元跳闸触点通断并记录。

3）进入“参数—运行方式设置”菜单，改变强制隔离开关的位置，将母联（L_1）和分段的隔离开关位置设为强制合；将 L_3、L_5、L_7、L_9 等奇数单元的Ⅱ母隔离开关位置设为强制合，Ⅰ母隔离开关位置设为自适应；将 L_2、L_4、L_6、L_8 等偶数单元的Ⅰ母隔离开关位置设为强制合，Ⅱ母隔离开关位置设为自适应。校验隔离开关位置显示是否正确。

4）用测试仪给 L_3 单元的任一相电流端子加两倍的额定电流，使Ⅱ母差动保护动作。这时测试仪保持故障量，依次分合各单元跳闸压板，用万用表分别检测各单元跳闸触点通断并记录。

5）检测屏上的保护动作信号灯是否正确，用万用表检测“母差动作”“TA 断线”对应的信号回路是否正确导通。

6）将屏后上方的直流电源空开（1K、2K）断开，用万用表检测“运行 KM 消失”“操作 KM 消失”“直流消失”对应的信号回路是否正确导通。只将操作电源空气开关（2K）断开，用万用表检测“操作 KM 消失”对应的信号回路是否正确导通。

8. 保护功能的调试

将母联（分段）的隔离开关强制合，两条母线并列运行。L_1、L_3、L_5、L_7、L_9、…，奇数单元强制合Ⅰ母，Ⅱ母自适应；L_2、L_4、L_6、L_8、L_{10}、…，偶数单元强制合Ⅱ母，Ⅰ母自适应。所有单元的 TA 变比都为基准变比。

（1）母线差动保护。

1）模拟母线区外故障：不加母线电压，母线复压闭锁开放。在 L_1 的 A 相、L_2 的 A 相、L_3 的 A 相加电流，电流幅值相等（大于差动门槛），如图 L_2、L_3 电流方向相反；母联电流方向与 L_2 反向，与 L_3 同向。进入“查看—间隔单元”菜单，查看大差电流和两段母线小差电流均为 0，差动保护不应动作，见图 Z12F4003Ⅱ-2。

2）模拟母线区内故障：验证差动动作门槛定值：不加母线电压，母线复压闭锁开放。在 L_2 的任一相加电流，幅值起始值小于门槛值，当电流大小增加到“差动保护”、“Ⅱ母差动动作”信号灯亮时，记录该值，并验证是否满足要求，见图 Z12F4003Ⅱ-3。

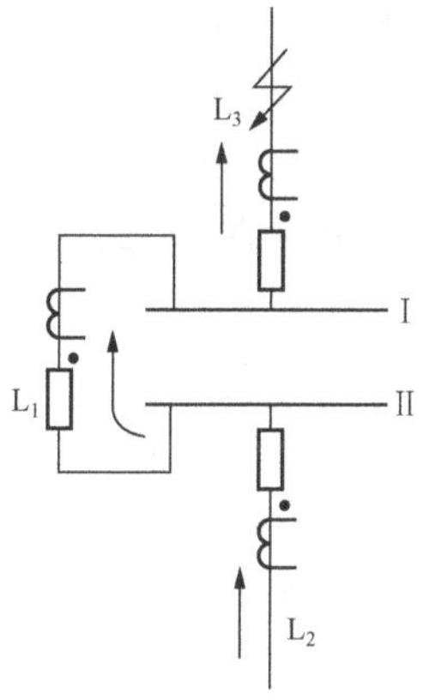

图 Z12F4003Ⅱ-2　区外故障模拟图

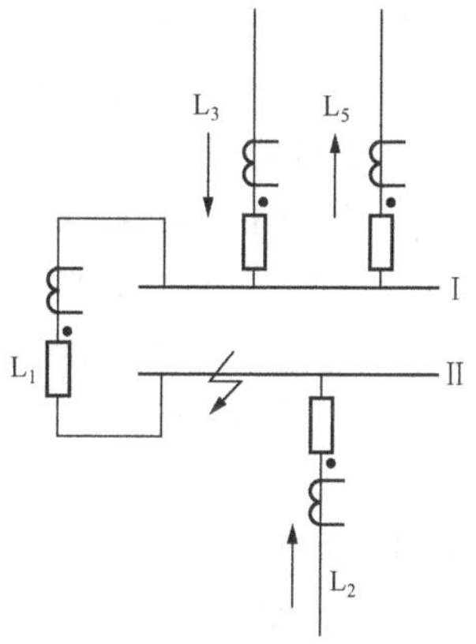

图 Z12F4003Ⅱ-3　Ⅱ母区内故障模拟图

注意：TA 断线定值为 0.3A，为避免 TA 断线闭锁差动保护，从加电流量到差动保护动作的时间应小于 9s，也可将 TA 断线定值临时改为大于差动门槛。实验中，不允许长时间加载两倍以上的额定电流。

母联断路器合位时，验证大差比率系数高值（K_h=2）。在 L_3 的 A 相、L_5 的 A 相加幅值相等，方向相反的电流。在 L_2 的 A 相加流进母线的电流，当电流大小从 0A 增加到“差动保护”“Ⅱ母差动动作”信号灯亮时，记录该值。计算公式

$$K=\frac{\text{差流}}{\text{制动电流}-\text{差动电流}}=\frac{I_2}{I_3+I_5}$$

母联断路器分位时，验证大差比率系数低值（K_l=0.5）。用测试线短接母联动断触

点与开入量公共端，母联断路器位置为分位。实验步骤同上。由于大差比率系数自动降为低值，L_2的动作电流也将变小，再取两个平衡点计算比率系数K_r。

验证小差比率系数（K=2）：在L_3的A相加流进母线的电流，在L_5的A相加流出母线的电流，两个电流幅值相等。L_3电流的幅值不变，当L_5的电流幅值增加到“差动保护”“Ⅰ母差动动作”信号灯亮时，记录该值，并计算、验证小差比率系数是否满足要求。进入“查看—录波记录”菜单，查看波形、动作报告并打印。

3）倒闸过程中母线区内故障。将L_3单元Ⅰ、Ⅱ母隔离开关位置都设为合位，即L_3单元隔离开关双跨，“互联”信号灯亮。在L_3的A相加幅值大于差动门槛定值的电流，此时Ⅰ母、Ⅱ母同时差动动作。进入“查看—录波记录”菜单，查看波形、动作报告并打印。

4）复合电压闭锁逻辑调试。低电压定值校验：在Ⅰ母的电压端子上加载额定电压，“Ⅰ母差动”信号灯灭，表明差动保护已被闭锁。在出线L_1电流回路加A相I_n电流（大于差动门槛），差动不动，经延时，报TA断线告警。在屏后端子排加L_1失灵启动开入量，失灵不动，经延时，报开入异常告警。复归告警信号，降低试验仪三相输出电压，至母差保护低电压动作定值，电流保持输出不变，母差装置“差动开放Ⅰ”“失灵开放Ⅰ”“差动动作Ⅰ”信号灯亮。在屏后端子排加L_1失灵启动开入量，Ⅰ母失灵保护动作。电压动作值和整定值的误差不大于5%。

负序电压定值校验：试验前将低电压定值改为0V，用试验仪在Ⅰ母电压回路加三相对称负序电压。由0V升至负序整定值，母差保护屏上“差动开放Ⅰ”“失灵开放Ⅰ”灯灭。动作值和整定值的误差不大于5%。

零序电压定值校验：试验前将低电压定值改为0V，负序电压定值改为大于零序电压定值。用试验仪在Ⅰ母电压回路加单相电压。由0V升至零序电压整定值，母差保护屏上“差动开放Ⅰ”“失灵开放Ⅰ”灯灭。动作值和整定值的误差不大于5%。

（2）母联（分段）失灵保护。将L_2、L_3的第一组跳闸触点接至测试仪的开入量，投上L_2、L_3的第一组跳闸压板。将测试仪的A相电流加在L_1的A相，测试仪的B相电流加在L_2的A相，测试仪的C相电流加在L_3的A相，方向均为流进母线。不加母线电压，满足失灵复压闭锁开放条件。三个单元所加电流幅值均同时大于母联失灵定值、差动门槛定值，此时Ⅱ母区内故障并差动动作，母联断路器仍为合位且电流大于母联失灵定值，母联失灵启动经母联失灵延时后，封母联TA，此时Ⅰ母差流大于定值并差动动作。检验Ⅰ母、Ⅱ母出口延时是否正确，验证母联失灵延时定值。进入“查看—录波记录”菜单，查看波形、动作报告并打印，见图Z12F4003Ⅱ-4。

（3）母联（分段）死区保护。分列运行时死区故障见图Z12F4003Ⅱ-5。

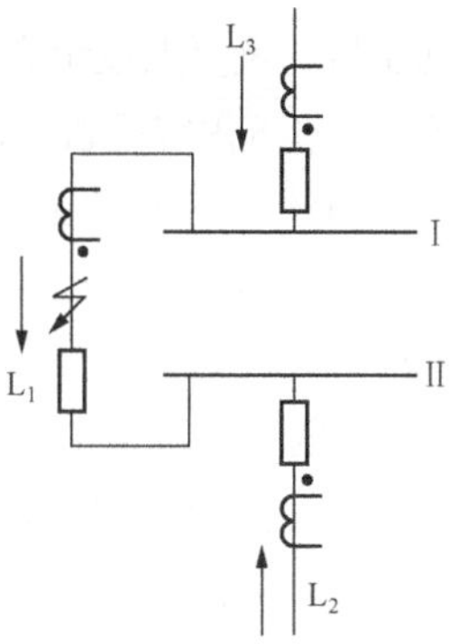

图 Z12F4003Ⅱ–4　Ⅱ母区内故障时母联失灵

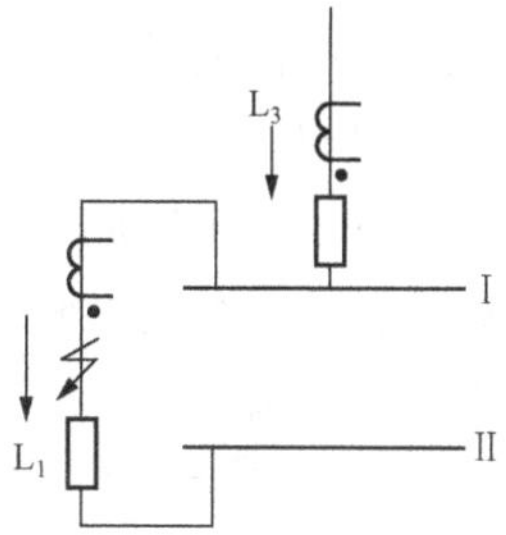

图 Z12F4003Ⅱ–5　分列运行时死区故障

1）母联断路器为合位。将 L_1、L_2、L_3 的第一组跳闸触点接至测试仪的开入量，投上 L_1、L_2、L_3 的第一组跳闸压板。将测试仪的 A 相电流加在 L_1 的 A 相，测试仪的 B 相电流加在 L_2 的 A 相，测试仪的 C 相电流加在 L_3 的 A 相。电流方向均为流进母线，电流幅值均大于差动门槛，模拟Ⅱ母区内故障。此时Ⅱ母差动动作，母联断路器跳闸触点闭合触发测试仪，使其闭合母联断路器位置动断触点，母联断路器位置由合变分。继续保持故障电流，经 50ms 母线死区保护动作，封母联 TA，Ⅰ母差动动作。检验Ⅰ母、Ⅱ母出口延时是否正确，验证母线死区延时。进入“查看—录波记录”菜单，查看波形、动作报告并打印。

2）母联断路器为分位。用测试线短接母联动断触点与开入量公共端，母联断路器位置为分位。将测试仪的 A 相电流加在 L_1 的 A 相，测试仪的 C 相电流加在 L_3 的 A 相。电流方向均为流进母线，电流幅值大于差动门槛，此时Ⅰ母差动动作。进入“查看—录波记录”菜单，查看波形、动作报告并打印。

（4）母联（分段）过流保护。投过流保护压板。不加母线电压。将测试仪的三相正序电流加在母联 L_1 的三相，增大电流幅值至“过流保护”动作信号灯亮，验证相电流过流定值。

将母联相电流过流定值抬高。将测试仪的 A 相电流加在母联 L_1 的 A 相，幅值增至母联零序过流定值，“过流保护”动作信号灯亮，验证零序电流定值。

注意：若母联 TA 变比不是最大变比，则所加电流需按基准变比折算。母联相电流过流只判母联 A、C 相电流，因此验证母联过流定值时应避免只使用 B 相电流。

（5）母联（分段）充电保护。投充电保护压板。用测试线短接母联动断触点与开入量公共端，母联断路器位置为分位。不加母线电压。将测试仪的 A 相电流加在母联 L_1 的 A 相，幅值大于充电保护定值，若母联 TA 变比不是最大变比，则所加电流需按基准变比折算，母线充电保护延时动作，“充电保护”动作信号灯亮。将 L_1 的第一组跳闸触点接至测试仪的开入量，投上 L_1 的第一组跳闸压板，重复上述步骤，检验母线充电保护延时是否正确。进入“查看—事件记录”菜单，检查内容是否正确。

注意：充电保护的启动需同时满足四个条件：① 充电保护压板投入。② 其中一段母线已失压，且母联（分段）断路器已断开。③ 母联电流从无到有。④ 母联电流大于充电保护定值。充电保护一旦投入自动展宽 200ms 后退出，因此一般根据 $1.05I_C$ 可靠动作、$0.95I_C$ 可靠不动作来验证充电保护定值。如果固定故障电流变化步长，使电流大小从 $0.95I_C$ 递增至 $1.05I_C$，则很可能因超过 200ms 展宽而使保护退出。

（6） 断路器失灵保护。不加母线电压，满足失灵复压闭锁开放条件；将 L_2（可任取除母联外的间隔）的“失灵启动”压板投入；用测试线将 L_2 的“失灵启动触点”与“开入回路公共端”短接；失灵保护动作，经短延时 t_1，跳母联；经长延时 t_2，跳 L_2 所在母线（Ⅱ母）上的所有支路；Ⅱ母“母线失灵动作”信号灯亮。

注意：若失灵判有流，则在失灵启动触点闭合后，还应使电流大于相应的失灵保护的电流定值。

（7） 电流回路断线。

1）非母联间隔电流回路断线。当差电流大于 TA 断线定值，母线保护装置会延时 9s 发出 TA 断线告警信号，同时闭锁母差保护，并在电流回路正常 0.9s 后自动恢复正常运行。非母联间隔电流回路断线逻辑框图见图 Z12F4003Ⅱ–6。

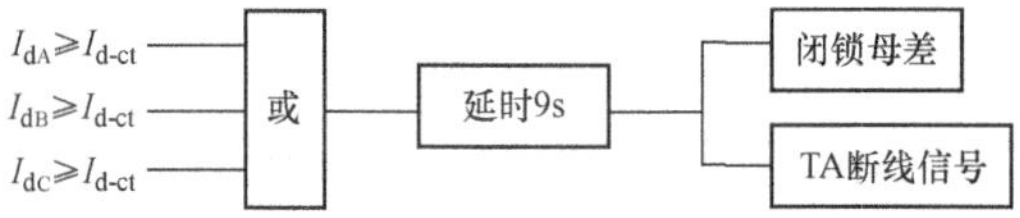

图 Z12F4003Ⅱ–6 非母联间隔电流回路逻辑框图

TA 断线闭锁差动逻辑的调试如下：将测试仪的三相电压在Ⅰ母、Ⅱ母的电压端子上加载额定电压，将测试仪的 A 相电流加在 L_2 的 A 相，幅值 1.0A（大于 TA 断线定值 0.3A，小于差动门槛定值 2.0A）。差动保护应不动作，经 9s 延时，“TA 断线告警”信号灯亮。保持电流不变，将测试仪的三相电压输出改为 0V，母线差动保护仍不动作。图 Z12F4003Ⅱ–6 中 I_{dA} 表示 A 相大差电流，I_{dB} 表示 B 相大差电流，I_{dC} 表示 C 相大差电流，I_{d-ct} 表示 TA 断线定值。

2）母联（分段）电流回路断线。母联电流回路断线并不会影响保护对区内、区外故障的判别，只是会失去对故障母线的选择性。因此，联络断路器电流回路断线不需闭锁差动保护，只需转入母线互联（单母方式）即可。母联（分段）电流回路正常后，需手动复归恢复正常运行。由于联络断路器的电流不计入大差，母联（分段）电流回路断线时上一判据并不会满足。而此时与该联络断路器相连的两段母线小差电流都会越限，且大小相等、方向相反。母联（分段）电流回路断线逻辑框图见图 Z12F4003Ⅱ-7。

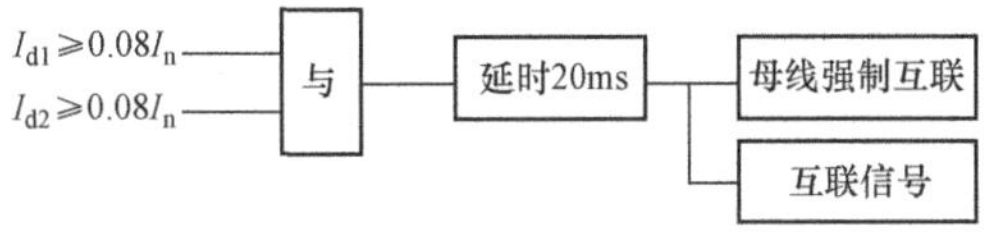

图 Z12F4003Ⅱ-7　母联（分段）电流回路断线逻辑框图

母联 TA 断线强制互联逻辑的调试：将测试仪的 A 相电流加在 L_1 的 A 相，幅值 0.5A（大于 $0.08I_n$），经延时“互联”信号灯亮，母线强制互联。

（8）电压回路断线。母线保护装置检测到某一段非空母线失去电压将延时 9s 发 TV 断线告警信号。

电压回路断线调试：将测试仪的三相电压在Ⅰ母、Ⅱ母的电压端子上加载额定电压；不加电流；测试仪的 A 相电压输出改为 0V，经 9s 延时，“TV 断线告警”信号灯亮。

9. 传动断路器试验

（1）模拟Ⅰ母动作，连接在Ⅰ母上所有单元断路器跳闸，母联断路器跳闸。Ⅱ母所有连接单元断路器不跳闸。保护信息动作正确。

（2）模拟Ⅱ母动作，连接在Ⅱ母上所有单元断路器跳闸，母联断路器跳闸。Ⅰ母所有连接单元断路器不跳闸。保护动作正确。

三、带负荷试验

（1）母线保护装置接入负荷后显示的大差电流、小差电流均为 0A。

（2）各个连接单元电流互感器没有开路现象，且 TA 变比设置正确。

【思考与练习】

1. 在做差动保护的实验时需考虑各个单元的变比，并与基准变比折算，这是为什么？

2. 母联失灵保护与断路器失灵保护的调试方法有何区别？

3. 母联充电保护调试有哪些注意要点？

第十章

其他保护装置的调试与检修

模块1　35kV及以下电容器微机保护测控装置原理（Z12F5001Ⅰ）

【模块描述】本模块包含了35kV及以下电容器保护的配置及原理。通过要点归纳、原理讲解，掌握35kV及以下电容器微机保护测控装置的过流保护、不平衡电压保护、低电压保护、过电压保护、测控等工作原理。

【模块内容】35kV及以下电容器微机保护测控装置原理，包括电容器的故障、不正常运行及保护配置，电容器保护工作原理。

一、电容器的故障、不正常运行及保护配置

（一）电容器的故障和不正常运行状态

电容器引线、电缆或电容器本体上发生的相间短路、单相接地等。电容器可能因运行电压过高受损或电容器失压后再次充电受损。部分电容器熔断器熔断退出运行造成三相电压不平衡，引起其他电容器单体运行电压过高导致损坏。

（二）电容器保护的配置

1. 保护配置

（1）相间过电流保护。

（2）电压保护：包括过压保护和欠压保护。

（3）不平衡保护：包括不平衡电流保护和不平衡电压保护，可根据一次设备接线情况进行选择。

2. 异常告警配置

（1）零序过电流保护。

（2）TV断线告警或闭锁保护。

微机保护装置提供了各种保护软件模块，可根据电容器一次设备接线进行配置，表Z12F5001Ⅰ–1是典型的数字式电容保护的配置，适用于35kV及以下电压等级的各种接线方式的电容器保护。

表 Z12F5001 Ⅰ-1　　35kV 及以下电容器保护配置

保护分类	保护类型	段数	每段时限数	备注
电容器保护	相间过电流保护	2 或 3	1	
	过压保护	1	1	
	欠压保护	1	1	
	不平衡保护	1	1	根据一次接线采用电流或电压保护
	零序过电流保护	1	1	
	TV 断线告警或闭锁保护	1	1	

二、电容器保护工作原理

1. 过电流保护

为保护电容器各部分发生的相间短路故障，可以设置 2、3 段反映相电流增大的过电流保护作为电容器相间短路故障的主保护。在执行过流判别时，各相、各段判别逻辑一致，各段可以设定不同时限。当任一相电流超过整定值达到整定时间时，保护动作。

2. 零序过电流元件

设置一段零序过电流保护，主要反映电容器各部分发生的单相接地故障。当所在系统采用中性点直接接地方式或经小电阻接地方式时，零序过电流保护可以作用于跳闸；当采用中性点不接地或经消弧线圈接地时，零序过电流保护动作告警，并可与零序电压配合实现接地选线。为避免各相电流互感器特性差异降低灵敏度，宜采用专用零序电流互感器。零序过电流元件的实现方式基本与过流元件相同，当零序电流超过整定值达到整定时间时，保护动作。

3. 反时限元件

相间过电流及零序电流均可带有反时限保护功能。反时限保护元件是动作时限与被保护线路中电流大小自然配合的保护元件，通过平移动作曲线，可以非常方便地实现全线的配合，常见的反时限特性解析式大约分为四类，即标准反时限、非常反时限、极端反时限、长时间反时限等，可以根据实际需要选择反时限特性。

典型反时限特性公式如下：

（1）一般反时限：

$$t=\frac{0.14t_{\mathrm{p}}}{(I/I_{\mathrm{p}})^{0.02}-1} \qquad \text{(Z12F5001 Ⅰ-1)}$$

（2）非常反时限：

$$t=\frac{80t_p}{(I/I_p)^{0.02}-1} \qquad (Z12F5001\ \text{I}-2)$$

（3）极端反时限：

$$t=\frac{13.5t_p}{(I/I_p)-1} \qquad (Z12F5001\ \text{I}-3)$$

（4）长时间反时限：

$$t=\frac{120t_p}{(I/I_p)-1} \qquad (Z12F5001\ \text{I}-4)$$

式中 t_p——时间系数，范围是0.05～1；

I_p——电流基准值；

I——故障电流；

t——跳闸时间。

4. 欠压保护

欠压保护主要是为了防止电容器因备自投或重合闸动作，失电后在短时间内再次带电时，由于残余电荷的存在对电容器造成冲击损坏，欠压保护延时应小于备自投或重合闸动作时间。为了防止TV断线时欠电压保护误动，设置有电流判据进行闭锁。欠压元件的一般动作条件：

（1）三个线电压均低于欠电压定值。

（2）三相电流均小于电流整定值。

（3）线电压从有压到欠压。

（4）断路器在合位。

5. 过电压保护

过电压保护主要是防止运行电压过高造成电容器损坏，根据需要可以选择动作告警还是跳闸。为避免系统接地造成保护误动，电压判据应采用线电压。过压元件的一般动作条件是：

（1）三个线电压中的任一个电压高于过压整定值。

（2）断路器在合位。

6. 不平衡保护

不平衡保护主要用来保护电容器内部故障，单只或部分电容器故障退出运行，电容器三相参数不平衡造成其余电容器过电压损坏。可以根据一次设备接线情况选择配置不平衡电压保护和不平衡电流保护，如采用单星形接线方式下，将各相放电线圈二次电压串接形成不平衡电压保护；采用双星形接线时，将两个星形中性点连接线电流接入形成不平衡电流保护。其动作条件如下：

（1）不平衡电压或电流大于不平衡整定值。

（2）断路器在合位。

7. TV 断线检测

TV 断线时装置报发 TV 断线信号、点亮告警灯，并自动退出过电压保护和欠电压保护。各保护装置在判别 TV 断线时逻辑有所差异，典型判据如下：

（1）三相电压均小于 8V，其中一相有电流，判为三相失压。

（2）三相电压和大于 8V，最小线电压小于 16V，判为两相 TV 断线。

（3）三相电压和大于 8V，最大线电压与最小线电压差大于 16V，判为单相的 TV 断线。

【思考与练习】

1. 不平衡保护的主要作用是什么？

2. 装置如何判别 TV 断线？

3. 设置过电压保护和欠电压保护的目的是什么？

模块 2 35kV 及以下电容器保护测控装置调试的安全和技术措施（Z12F5002 Ⅰ）

【模块描述】本模块包含 35kV 及以下电容器保护测控装置调试的工作前准备和安全技术措施。通过要点归纳、图表举例，掌握 35kV 及以下电容器保护测控装置现场调试的危险点预控及安全技术措施。

【模块内容】35kV 及以下电容器保护测控装置调试的安全和技术措施，包括 35kV 及以下电容器保护装置调试工作前的准备，安全技术措施。

一、35kV 及以下电容器保护装置调试工作前的准备

（1）检修作业前 3 天做好检修准备工作，并在检修作业前 2 天提交相关停役申请。准备工作包括检查设备状况、反措计划的执行情况及设备的缺陷等。

（2）开工前 2 天，向有关部门上报本次工作的材料计划。

（3）根据本次校验的项目，组织作业人员学习作业指导书，使全体作业人员熟悉作业内容、进度要求、作业标准、安全注意事项。要求所有工作人员都明确本次校验工作的内容、进度要求、作业标准及安全注意事项。

（4）明确工作人员分工，针对技术负责、仪器仪表管理、图纸资料管理、专责安全监护人员等进行指定和明确。

（5）梳理待检修设备存在的缺陷以及以往缺陷统计，配合检修进行消缺。

（6）开工前一天，准备好作业所需仪器仪表、相关材料、工器具。要求仪器仪表、工器具应试验合格，满足本次作业的要求，材料应齐全。

仪器仪表主要有：绝缘电阻表、继电保护三相校验装置，钳形相位表、V–A特性测试仪、电流互感器变比测试仪等。

工器具主要有：个人工具箱、计算器、电烙铁等。

相关材料主要有：绝缘胶布、自粘胶带、电缆、导线、小毛巾、焊锡丝、松香、中性笔、口罩、手套、毛刷、逆变电源板等相关备件，根据实际需要确定。

（7）最新整定单、相关图纸、上一次试验报告、本次需要改进的项目及相关技术资料。要求图纸及资料应与现场实际情况一致。

主要的技术资料有：35kV电容器保护图纸、35kV电容器保护装置技术说明书、35kV电容器保护装置使用说明书、35kV电容器保护装置校验规程。

（8）根据现场工作时间和工作内容填写工作票（第一种工作票应在开工前一天交值班员）工作票应填写正确，并按《国家电网公司电力安全工作规程（变电部分）》执行。

二、安全技术措施

（一）防止人身触电

1. 误入带电间隔

控制措施：工作前应熟悉工作地点、带电部位。检查现场安全围栏、安全警示牌和接地线等安全措施。

2. 接、拆低压电源

控制措施：必须使用装有漏电保护器的电源盘。螺丝刀等工具金属裸露部分除刀口外包绝缘。接拆电源时至少有两人执行，必须在电源开关拉开的情况下进行。临时电源必须使用专用电源，禁止从运行设备上取得电源。

3. 保护调试及整组试验

控制措施：工作人员之间应相互配合，确保一、二次回路上无人工作。传动试验必须得到值班员许可并配合。

（二）防止机械伤害

主要指坠落物打击。

控制措施：工作人员进入工作现场必须戴安全帽。

（三）防止高空坠落

主要指在断路器或电流互感器上工作。

控制措施：正确使用安全带，鞋子应防滑。必须系安全带，上下断路器或电流互感器本体由专人监护。

（四）防“三误”事故的安全技术措施

（1）现场工作前必须做好充分准备，内容包括：

1）了解工作地点一、二次设备运行情况，本工作与运行设备有无直接联系。

2）工作人员明确分工并熟悉图纸与检验规程等有关资料。

3）应具备与实际状况一致的图纸、上次检验记录、最新整定通知单、检验规程、合格的仪器仪表、备品备件、工具和连接导线。

4）工作前认真填写安全措施票，并经技术负责人认真审批。

5）工作开工后先执行安全措施票，由工作负责人负责做的每一项措施要在“执行”栏作标记；校验工作结束后，要持此票恢复所做的安全措施，以保证完全恢复。

6）不允许在未停用的保护装置上进行试验和其他测试工作，也不允许在保护未停用的情况下，用装置的试验按钮做试验。

7）只能用整组试验的方法，即由电流及电压端子通入与故障情况相符的模拟故障量，检查保护回路及整定值的正确性。不允许用卡继电器触点、短路触点等人为手段做保护装置的整组试验。

8）在校验继电保护及二次回路时，凡与其他运行设备二次回路相连的压板和接线应有明显标记，并按安全措施票仔细地将有关回路断开或短路，做好记录。

9）在清扫运行中设备和二次回路时，应认真仔细，并使用绝缘工具（毛刷、吹风机等），特别注意防止振动，防止误碰。

10）严格执行风险分析卡和继电保护作业指导书。

（2）现场工作应按图纸进行，严禁凭记忆作为工作的依据。如发现图纸与实际接线不符时，应查线核对。需要改动时，必须履行如下程序：

1）先在原图上做好修改，经主管继电保护部门批准。

2）拆动接线前先要与原图核对，接线修改后要与新图核对，并及时修改底图，修改运行人员及有关各级继电保护人员的图纸。

3）改动回路后，严防寄生回路存在，没用的线应拆除。

4）在变动二次回路后，应进行相应的逻辑回路整组试验，确认回路极性及整定值完全正确。

（3）保护装置调试的定值，必须根据最新整定值通知单规定，先核对通知单与实际设备是否相符（包括保护装置型号、被保护设备名称、互感器接线、变比等）。定值整定完毕要认真核对，确保正确。

（五）其他危险点及控制措施

保护室内使用无线通信设备，易造成其他正在运行的保护设备不正确动作。控制措施：不在保护室内使用无线通信设备，尤其是对讲机。

为防止一次设备试验影响二次设备，试验前应断开保护屏电流端子连接片，并对外侧端子进行绝缘处理。

电压小母线带电，易发生电压反送事故或引起人员触电。控制措施：断开交流二次电压引入回路，并用绝缘胶布对所拆线头实施绝缘包扎，带电的回路应尽量留在端子上防止误碰。

二次通电时，电流可能通入母差保护，可能误跳运行断路器。控制措施：在开关端子箱将相应端子用绝缘胶布实施封闭。

带电插拔插件，易造成集成块损坏。频繁插拔插件，易造成插件插头松动。控制措施：插件插拔前关闭电源。

需要对一次设备进行试验时，如开关传动、TA 极性试验等，应提前与一次设备检修人员进行沟通，避免发生人身伤害和设备损坏事故。

部分带电回路可能引起工作中的短路或接地，或导致运行设备受到影响，这些回路应该在试验前断开或进行可靠隔离。

典型的二次安全技术措施票见表 Z12F5002Ⅰ–1。

表 Z12F5002Ⅰ–1　　二次安全技术措施票

<table>
<tr><td colspan="3">被试设备及保护名称</td><td colspan="3">______变电站______线路_____型______保护</td></tr>
<tr><td>工作负责人</td><td></td><td>工作时间</td><td>年　月　日</td><td>签发人</td><td></td></tr>
<tr><td>工作内容</td><td colspan="5"></td></tr>
<tr><td>工作条件</td><td colspan="5">1.一次设备运行情况______________________
2. 被试保护作用的断路器______________________
3. 被试保护屏上的运行设备______________________
4. 被试保护屏、端子箱与其他保护连接线______________________</td></tr>
</table>

技术安全措施：包括应打开及恢复压板、直流线、交流线、信号线、联锁线和联锁开关等，按下列顺序做安全措施。已执行，在执行栏打“√”按相反的顺序恢复安全措施，以恢复的，在恢复栏打“√”

序号	执行	安全措施内容	恢复
1		检查本保护压板在退出位置，并做好记录	
2		检查本保护相关操作把手及开关位置，并做好记录	
3		电流回路：断开 A ________； 对应端子排端子号［D ________］	
4		电流回路：断开 B ________； 对应端子排端子号［D ________］	
5		电流回路：断开 C ________； 对应端子排端子号［D ________］	

续表

序号	执行	安全措施内容	恢复
6		电流回路：断开 N ________ ； 对应端子排端子号［D ________ ］	
7		母线电压回路：断开 A ________ ； 对应端子排端子号［D ________ ］	
8		母线电压回路：断开 B ________ ； 对应端子排端子号［D ________ ］	
9		母线电压回路：断开 C ________ ； 对应端子排端子号［D ________ ］	
10		母线电压回路：断开 N ________ ； 对应端子排端子号［D ________ ］	
11		不平衡电压回路：断开 L ________ ； 对应端子排端子号［D ________ ］	
12		不平衡电压回路：断开 N ________ ； 对应端子排端子号［D ________ ］	
13		电流回路接地点： 断开本保护用 TA 接地点端子号［ ________ ］	
14		通信接口： 断开至监控的通信口，如果有检修压板投检修压板	
15		通信接口： 断开至保护信息管理系统的通信口，如果有检修压板投检修压板	
16		用绝缘胶布将带电端子封闭	
17		补充措施：	
填票人		操作人 | | 监护人 | | 审核人	

【思考与练习】

1. 35kV 及以下电容器保护进行检验时现场有哪些危险点？如何控制？
2. 现场需要准备哪些主要设备和材料？

模块3 35kV及以下电容器微机保护装置的调试（Z12F5003Ⅰ）

【模块描述】本模块包含 35kV 及以下电容器微机保护测控装置调试的主要内容。通过要点归纳、图表举例、分析说明，掌握 35kV 及以下电容器微机保护测控装置调试的作业程序、调试项目、各项目调试方法等内容。

【模块内容】35kV 及以下电容器微机保护装置的调试，包括作业流程、校验项目、技术要求及校验报告。

一、作业流程

电容器微机保护装置的调试作业流程见图 Z12F5003 Ⅰ–1。

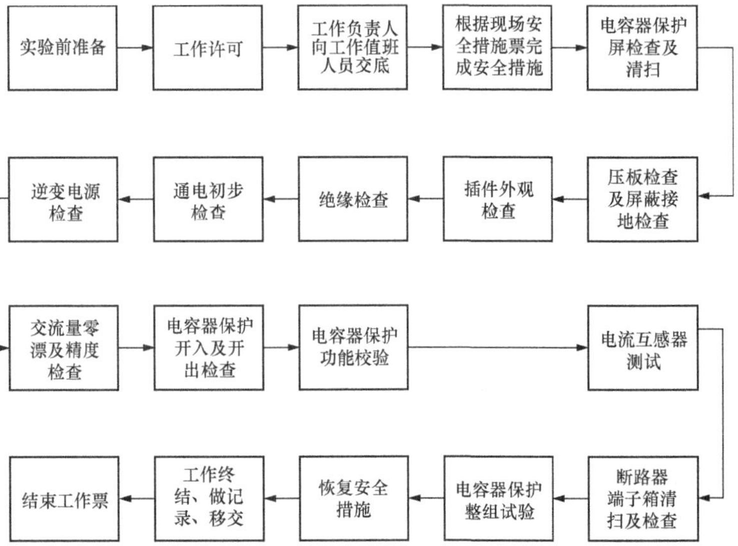

图 Z12F5003 Ⅰ–1 电容器微机保护校验作业流程图

二、校验项目、技术要求及校验报告

（一）清扫、紧固、外部检查

（1）检查装置内、外部是否清洁无积尘、无异物，清扫电路板的灰尘。

（2）检查各插件插入后接触良好，闭锁到位。

（3）切换开关、按钮、键盘等应操作灵活、手感良好。

（4）压板接线压接可靠性检查，螺栓紧固。

（5）检查保护装置的箱体或电磁屏蔽体与接地网可靠连接。

（二）逆变电源工况检查

（1）检查电源的自启动性能：拉合直流开关，逆变电源应可靠启动。

（2）进入装置菜单，记录逆变电源输出电压值。

（三）软件版本及 CRC 码检验

（1）进入装置菜单，记录装置型号、CPU 版本信息。

（2）进入装置菜单，记录管理版本信息。

注意事项：与最新定值通知单核对校验码及程序形成时间。

（四）交流量的调试

1. 零漂检验

进行本项目检验时要求保护装置不输入交流量。进入保护菜单，检查保护装置各CPU模拟量输入，进行三相电流和零序电流、三相电压和线路电压通道的零漂值检验；要求零漂值均在$0.01I_N$（或0.05V）以内。检验零漂时，要求在一段时间（3min）内零漂值稳定在规定范围内。

2. 模拟量幅值特性检验

用保护测试仪同时接入装置的三相电压和线路电压输入、三相电流和零序电流输入。调整输入交流电压和电流分别为额定值的120%、100%、50%、10%和2%，要求保护装置采样显示与外部表计误差应小于3%，在2%额定值时允许误差10%。

不同的CPU应分别进行上述试验。

在试验过程中，如果交流量的测量误差超过要求范围时，应首先检查试验接线、试验方法、外部测量表计等是否正确完好，试验电源有无波形畸变，不可急于调整或更换保护装置中的元器件。

部分检验时只要求进行额定值精度检验。

3. 模拟量相位特性检验

按上文2项规定的试验接线和加交流量方法，将交流电压和交流电流均加至额定值。检查各模拟量之间的相角，调节电流、电压相位，当同相别电压和电流相位分别为0°、45°、90°时装置显示值与表计测量值应不大于3°。

部分检验时只要求进行选定角度的检验。

（五）开入、出量调试

1. 开关量输入测试

进入保护菜单检查装置开入量状态，依次进行开入量的输入和断开，同时监视液晶屏幕上显示的开入量变位情况。要求检查时带全回路进行，尽量不用短接触点的方式，保护装置的压板、切换开关、按钮等直接操作进行检查，与其他保护接口的开入或与断路器机构相关的开入进行实际传动试验检查。

2. 输出触点和信号检查

配合整组传动进行试验，不单独试验。全部检验时要求直流电源电压为80%额定电压值下进行检验，部分检验时用全电压进行检验。

（六）逻辑功能测试

1. 过电流保护

加入保护电流，模拟相间故障，模拟故障电流为

$$I=mI_{\mathrm{set}\,n} \qquad (\text{Z12F5003 Ⅰ-1})$$

式中 $I_{set\,n}$——过流 n 段保护定值；

m——系数，其值分别为 0.95、1.05、1.2。

保护在 0.95 倍定值（m=0.95）时，应可靠不动作；在 1.05 倍定值时应可靠动作；在 1.2 倍定值时，测量过流保护的动作时间，时间误差应不大于 5%。

2. 零序过流保护

加入零序电流，模拟单相接地故障，模拟故障电流为

$$I=mI_{set0} \quad （Z12F5003Ⅰ-2）$$

式中 I_{set0}——零序过流保护定值；

m——系数，其值分别为 0.95、1.05、1.2。

保护在 0.95 倍定值（m=0.95）时，应可靠不动作；在 1.05 倍定值时应可靠动作；在 1.2 倍定值时，测量零序过流保护的动作时间，时间误差应不大于 5%。

3. 过电压保护

断路器在合位，加入三相对称电压，电压数值为

$$U=mU_{seth} \quad （Z12F5003Ⅰ-3）$$

式中 U_{seth}——过电压保护定值；

m——系数，其值分别为 0.95、1.05、1.2。

保护在 0.95 倍定值（m=0.95）时，应可靠不动作；在 1.05 倍定值时应可靠动作；在 1.2 倍定值时，测量过电压保护的动作时间，时间误差应不大于 5%。

4. 欠电压保护

断路器在合位，加入三相对称电压，电压数值为

$$U=mU_{set1} \quad （Z12F5003Ⅰ-4）$$

式中 U_{set1}——欠电压保护定值；

m——系数，其值分别为 0.95、1.05、1.2。

保护在 1.05 倍定值（m=1.05）时，应可靠不动作；在 0.95 倍定值时应可靠动作；在 0.7 倍定值时，测量欠电压保护的动作时间，时间误差应不大于 5%。

加入电流大于欠压闭锁电流，重新进行上述试验，欠压保护不应动作。

5. 不平衡电压保护

断路器在合位，加入不平衡电压，电压数值为

$$U=mU_{seth} \quad （Z12F5003Ⅰ-5）$$

式中 U_{seth}——不平衡电压保护定值；

m——系数，其值分别为 0.95、1.05、1.2。

保护在 0.95 倍定值（m=0.95）时，应可靠不动作；在 1.05 倍定值时应可靠动作；

在 1.2 倍定值时，测量不平衡电压保护的动作时间，时间误差应不大于 5%。

6. TA、TV 断线功能检查

（1）TA 断线告警功能检测（单相、两相断线）。

（2）TV 断线告警功能检测（单相、两相断线）。

（3）TV 断线告警闭锁电压保护。

闭锁逻辑功能在全部校验时进行，部分校验只做告警功能。

（七）整组试验

整组试验时，统一加模拟故障电流，断路器处于合闸位置。进行传动断路器试验之前，控制室和开关站均应有专人监视，并应具备良好的通信联络设备，以便观察断路器动作情况，监视中央信号装置的动作及声、光信号指示是否正确。如果发生异常情况时，应立即停止试验，在查明原因并改正后再继续进行。

1. 整组动作时间测量

本试验是测量从模拟故障至断路器跳闸的动作时间。要求测量断路器的跳闸时间并与保护的出口时间比较，其时间差即为断路器动作时间，一般应不大于 80ms。

2. 与中央信号、远动装置的配合联动试验

根据微机保护与中央信号、远动装置信息传送数量和方式的具体情况确定试验项目和方法。要求所有的硬接点信号都应进行整组传动，不得采用短接触点的方式。对于综合自动化站，还应检查保护动作报文的正确性。

（八）带负荷试验

在新安装检验时，为保证测试准确，要求负荷电流的二次电流值大于保护装置的精确工作电流（$0.06I_N$）时，应同时采用装置显示和钳形相位表测试进行相互校验，不得仅依靠外部钳形相位表测试数据进行判断。

1. 交流电压的相名核对

用万用表交流电压挡测量保护装置端子排上的交流相电压和相间电压，并校核本保护装置上的三相电压与已确认正确的 TV 小母线三相电压的相别。

2. 交流电压和电流的数值检验

进入保护菜单，检查模拟量幅值，并用钳形相位表测试回路电流电压幅值，以实际负荷为基准，检验电压、电流互感器变比是否正确。

3. 检验交流电压和电流的相位

进入保护菜单，检查模拟量相位关系，并用钳形相位表测试回路各相电流、电压的相位关系。在进行相位检验时，应分别检验三相电压的相位关系，并根据实际负荷情况，核对交流电压和交流电流之间的相位关系。

注意检查不平衡电压的组合情况，应分别测量各相电压幅值正确，组合后接近零。

若采用不平衡电流，应检查幅值接近零。特别注意检查完全为零值的不平衡量，防止回路断线。

（九）定值与开关量状态的核查

打印保护装置的定值、开关量状态及自检报告，其中定值报告应与定值整定通知单一致，开关量状态与实际运行状态一致，自检报告应无保护装置异常信息。

【思考与练习】

1. 35kV 及以下电容器保护上电前需要进行哪些检查？
2. 需要进行哪些保护装置逻辑功能试验？进行整组试验时，调试要点是什么？
3. 如何正确进行带负荷测试？
4. 如何拟定完善的、符合现场实际的调试记录，确保调试质量？

模块 4 35kV 及以下电抗器微机保护测控装置原理（Z12F5004Ⅰ）

【模块描述】本模块包含了35kV及以下电抗器保护的配置及原理。通过要点归纳、原理讲解，掌握35kV及以下电抗器微机保护测控装置的差动保护、反时限过流保护、非电量保护、测控等工作原理。

【模块内容】35kV 及以下电抗器微机保护测控装置原理，包括电抗器的故障、不正常运行状态及保护配置、电抗器保护的工作原理。

一、电抗器的故障、不正常运行状态及保护配置

（一）电抗器的故障类型

（1）电抗器故障可分内部故障和外部故障。电抗器内部故障指的是电抗器箱壳内部发生的故障，有绕组的相间短路故障、单相绕组的匝间短路故障、单相绕组与铁芯间的接地短路故障，电抗器绕组引线与外壳发生的单相接地短路。此外，还有绕组的断线故障。

电抗器外部故障指的是箱壳外部引出线间的各种相间短路故障，以及引出线因绝缘套管闪络或破碎通过箱壳发生的单相接地短路。

（2）电抗器的不正常运行状态。电抗器的不正常运行主要包括过负荷引起的对称过电流、运行中的电抗器油温过高以及压力过高等。

（二）电抗器保护的配置

针对电抗器各种故障和不正常运行状态，需要配置相应的保护。电抗器保护的类型可分为主保护、后备保护及异常运行保护。

1. 主保护配置

（1）差动保护：包含差动速断保护、比率制动的差动保护。

（2）非电量保护：包含本体气体保护、压力释放保护等。

2. 后备保护配置

（1）阶段式过电流保护或反时限过电流保护。

（2）零序过电流保护。

（3）过负荷保护。

（4）TV 断线告警或闭锁保护。

表 Z12F5004Ⅰ-1 是典型的数字式电抗器保护的配置，适用于 35kV 及以下电压等级的各种接线方式的电抗器保护。

表 Z12F5004Ⅰ-1　　35kV 及以下电抗器保护配置

保护分类	保护类型	段　数	每段时限数	备　注
差动保护	差动速断	1		
	二次谐波比率差动	1		
后备保护	定时限过电流保护	2 或 3	1	
	反时限过电流保护	1	1	
	零序过电流保护	1	1	
	过负荷保护	1	1	告警
非电量保护	气体保护			
	压力释放			

二、电抗器保护的工作原理

1. 差动保护

（1）差动保护的基本原理。差动保护的基本原理源于基尔霍夫电流定律，即将被保护区域看成一个节点，如果流入保护区域电流等于流出的电流，则保护区域无故障或是外部故障。如果流入保护区域的电流不等于流出的电流，说明存在其他电流通路，保护区域内发生了故障。由于电抗器采用各相首末端电流构成差动保护，各侧电压相同、TA 变比也相同，可以直接用于差动电流计算。电抗器首末端二次电流的相量和 $\sum\dot{I}$ 称为差动电流，简称差流，用 I_{cd} 表示。在电抗器正常运行或外部故障时，电抗器首末端二次电流相等。此时 $I_{cd}=0$，差动保护不动作。当电抗器内部故障时，则只有电抗器首端的电流而没有尾端的电流，I_{cd} 很大，当 I_{cd} 满足动作条件时，差动保护动作，切除电抗器。

电抗器差动保护是电抗器相间短路和匝间短路的主保护。

（2）比率差动保护。若差动保护动作电流是固定值，必须按躲过区外故障差动回路最大不平衡电流来整定，定值相应增高，此时如发生匝间或离开尾端较近的故障，保护就不能灵敏动作。反之，若考虑区内故障差动保护能灵敏动作，就必须降低差动保护定值，但此时区外故障时差动保护就会误动。

比率制动式差动保护的动作电流随外部短路电流按比率增大，既能保证外部短路不误动，又能保证内部故障有较高的灵敏度。

以下是常规比率差动原理，其动作方程为：

当$|I_T-I_N|/2 \leqslant I_e$时

$$|I_T+I_N|>I_{cdqd} \quad \text{（Z12F5004 Ⅰ-1）}$$

当$|I_T-I_N|/2>I_e$时

$$|I_T+I_N|-I_{cdqd}>K_{bl}\left(|I_T-I_N|/2-I_e\right) \quad \text{（Z12F5004 Ⅰ-2）}$$

式中 I_T——电抗器首端电流；

I_N——尾端电流；

K_{bl}——比率制动系数；

I_{cdqd}——差动电流启动定值。

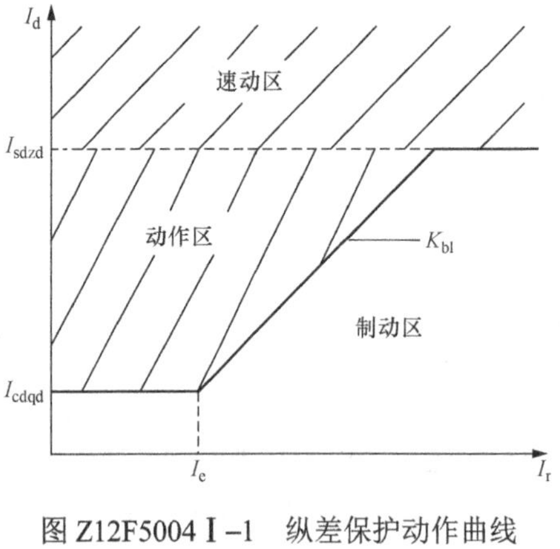

图 Z12F5004 Ⅰ-1 纵差保护动作曲线

比率差动保护能保证内部故障时有较高灵敏度，动作曲线见图 Z12F5004 Ⅰ-1。I_d 为差动电流$|I_T+I_N|$，I_r 为制动电流$|I_T-I_N|/2$。任一相比率差动保护动作即出口跳闸。

正常运行时，电抗器的励磁电流很小，通常只有为I_N（变压器额定电流）的 3%～6%或更小，所以差动回路中的不平衡电流也很小。外部短路时，由于系统电压降低，励磁电流也不大，差动回路中不平衡电流也较小。但是当电抗器投入或外部短路故障切除电压突然增加时，就会出现很大的电抗器励磁电流，这种暂态过程中的电抗器励磁电流就称为励磁涌流。

励磁涌流对电抗器本身没有多大的影响，但因励磁涌流仅在电抗器一侧流通，故进入差动回路形成了很大的不平衡电流，如不采取措施将会使差动保护误动。在微机差动保护装置中，通过鉴别涌流中含有大量二次谐波分量的特点来闭锁差动保护，可采用按相闭锁方式，每相差流的二次谐波含量大于谐波制动系数定植，则闭锁该相的比率差动保护。

(3) 差动速断保护。由于电抗器纵差保护设置了涌流闭锁元件，采用二次谐波原理判据，若判断为励磁涌流引起的差流时，将差动保护闭锁。一般情况下，比率制动的差动保护作为电抗器的主保护已满足要求了。但当电抗器内部发生严重短路故障时，由于短路电流很大，TA 严重饱和而使交流暂态传变严重恶化，TA 二次电流的波形将发生严重畸变，含有大量的高次谐波分量。若采用涌流判据来判断是需要时间的，这将造成电抗器发生内部严重故障时，差动保护延缓动作，不能迅速切除故障的不良后果。若涌流判别元件误判成励磁涌流，闭锁差动保护，将造成电抗器严重损坏的后果。

为克服上述缺点，微机差动保护都配置了差动速断元件。差动速断没有制动量，其元件只反应差流的有效值，不管差流的波形是否畸变及谐波分量的大小，只要差流的有效值超过整定值，它将迅速动作切除电抗器。差动速断动作一般在半个周期内实现，而决定动作的测量过程在四分之一周期内完成，此时 TA 还未严重饱和，能实现快速正确地切除故障。为避免误动，差动速断保护的整定值需要躲过外部短路时最大不平衡电流值和励磁涌流。

(4) TA 断线判别。TA 断线闭锁或报警功能，其动作原理如下：

延时 TA 断线报警在保护每个采样周期内进行。当任一相差流大于 $0.08I_n$ 的时间超过 10s 时发出 TA 断线报警信号，此时不闭锁比率差动保护。这也兼做保护装置交流采样回路的自检功能。

瞬时 TA 断线报警或闭锁功能在比率差动元件动作后进行判别。为防止瞬时 TA 断线的误闭锁，满足下述任一条件时，不进行瞬时 TA 断线判别：

1）启动前各侧最大相电流小于 $0.08I_n$。

2）启动后最大相电流大于过负荷保护定值 I_{gfh}。

3）启动后电流比启动前增加。

首端、尾端六路电流同时满足下列条件认为是 TA 断线：

1）一侧 TA 的一相或两相电流减小至差动保护启动。

2）其余各路电流不变。

可以选择瞬时 TA 断线发报警信号的同时是否闭锁比率差动保护。如果比率差动保护退出运行，则瞬时 TA 断线的报警和闭锁功能自动取消。

2. 定时限过流保护

设置 2～3 段反映相电流增大的过电流保护，用以保护电抗器各部分发生的相间短路故障。在执行过电流判别时，各相、各段判别逻辑一致，可以设定不同时限。当任一相电流超过整定值达到整定时间时，保护动作。

3. 反时限保护

相间过电流及正序过电流均可带有反时限保护功能，对于只装 A、C 相电流互感器的情况，必须进行特别整定方可正常运行。反时限保护元件是动作时限与被保护线路中电流大小自然配合的保护元件，通过平移动作曲线，可以非常方便地实现全线的配合。常见的反时限特性解析式一般分为四类，即标准反时限、非常反时限、极端反时限、长时间反时限，可以根据实际需要选择反时限特性。反时限特性公式如下。

（1）一般反时限：

$$t=\frac{0.14t_{p}}{(I/I_{p})^{0.02}-1} \qquad \text{（Z12F5004 I –3）}$$

（2）非常反时限：

$$t=\frac{80t_{p}}{(I/I_{p})^{0.02}-1} \qquad \text{（Z12F5004 I –4）}$$

（3）极端反时限：

$$t=\frac{13.5t_{p}}{(I/I_{p})-1} \qquad \text{（Z12F5004 I –5）}$$

（4）长时间反时限：

$$t=\frac{120t_{p}}{(I/I_{p})-1} \qquad \text{（Z12F5004 I –6）}$$

式中 t_p——时间系数，范围是 0.05～1；

I_p——电流基准值；

I——故障电流；

t——跳闸时间。

4. 过负荷保护

过负荷保护一般设置一段定时限段，可选择投报警或跳闸。

5. 接地保护

接地保护可以选择零序过电流保护和零序过压报警。

（1）零序过电流保护。当所在系统采用中性点直接接地方式或经小电阻接地方式时，零序过电流保护可以作用于跳闸。为避免由于各相电流互感器特性差异降低灵敏度，宜采用专用零序电流互感器。零序过电流元件的实现方式基本与过流元件相同，当零序电流超过整定值达到整定时间时，保护动作。

当采用零序过流动作告警时，可以将采集数据上送，由上位机比较同一母线上各单元采集的零序电流基波或五次谐波的幅值和方向，来实现选线功能。

（2）零序过压报警。零序过压报警用电压由装置内部对三相电压相量相加自产，一般采用动作告警，TV 断线时自动退出。

6. 非电量保护

考虑到电抗器内部轻微故障，如少量匝间短路或尾端附近相间或接地短路，差动保护和过电流保护可能无法灵敏动作，而气体继电器可以灵敏地反映这一变化。可以设置多路非电量保护，以反应油箱内气体流动或压力的增大，并可以选择动作告警或跳闸。

7. TV 断线检查

TV 断线判据如下：

（1）低电压判据：最大相间电压小于 30V，且任一相电流大于 $0.06I_n$。

（2）不对称电压判据：负序电压大于 8V。

满足以上任一条件，延时报 TV 断线，断线消失后延时返回。TV 断线期间，自动退出零序过压报警。

【思考与练习】

1. 差动保护的动作方程是什么？
2. 电抗器保护的 TA 断线如何判别？哪种情况下需要闭锁保护？

模块 5　35kV 及以下电抗器保护测控装置调试的安全和技术措施（Z12F5005Ⅰ）

【模块描述】本模块包含35kV及以下电抗器保护测控装置调试的工作前准备和安全技术措施。通过要点归纳、图表举例，掌握 35kV 及以下电抗器保护测控装置现场调试的危险点预控及安全技术措施。

【模块内容】35kV 及以下电抗器保护测控装置调试的安全和技术措施，包括 35kV 及以下电抗器保护装置调试工作前的准备、安全技术措施。

一、35kV 及以下电抗器保护装置调试工作前的准备

（1）检修作业前 3 天做好检修准备工作，并在检修作业前 2 天提交相关停役申请。准备工作包括检查设备状况、反措计划的执行情况及设备的缺陷等。

（2）开工前 2 天，向有关部门上报本次工作的材料计划。

（3）根据本次校验的项目，组织作业人员学习作业指导书，使全体作业人员熟悉作业内容、进度要求、作业标准、安全注意事项。要求所有工作人员都明确本次校验工作的内容、进度要求、作业标准及安全注意事项。

（4）明确工作人员分工，针对技术负责、仪器仪表管理、图纸资料管理、专责安全监护人员等进行工作指定和明确。

（5）梳理待检修设备存在的缺陷以及以往缺陷统计，配合检修进行消缺。

（6）开工前一天，准备好作业所需仪器仪表、相关材料、工器具。要求仪器仪表、工器具应试验合格，满足本次作业的要求，材料应齐全。

仪器仪表主要有：绝缘电阻表、继电保护三相校验装置、钳形相位表、V–A特性测试仪、电流互感器变比测试仪等。

工器具主要有：个人工具箱、计算器、电烙铁等。

相关材料主要有：绝缘胶布、自粘胶带、电缆、导线、小毛巾、焊锡丝、松香、中性笔、口罩、手套、毛刷、逆变电源板等相关备件，根据实际需要确定。

（7）最新整定单、相关图纸、上一次试验报告、本次需要改进的项目及相关技术资料。要求图纸及资料应与现场实际情况一致。

主要的技术资料有：35kV电抗器保护图纸、35kV电抗器保护装置技术说明书、35kV电抗器保护装置使用说明书、35kV电抗器保护装置校验规程。

（8）根据现场工作时间和工作内容填写工作票（第一种工作票应在开工前一天交值班员）。工作票应填写正确，并按《国家电网公司电力安全工作规程（变电部分）》执行。

二、安全技术措施

（一）防止人身触电

1. 误入带电间隔

控制措施：工作前应熟悉工作地点、带电部位。检查现场安全围栏、安全警示牌和接地线等安全措施。

2. 接、拆低压电源

控制措施：必须使用装有漏电保护器的电源盘。螺丝刀等工具金属裸露部分除刀口外包绝缘。接拆电源时至少有两人执行，必须在电源开关拉开的情况下进行。临时电源必须使用专用电源，禁止从运行设备上取得电源。

3. 保护调试及整组试验

控制措施：工作人员之间应相互配合，确保一、二次回路上无人工作。传动试验必须得到值班员许可并配合。

（二）防止机械伤害

主要指坠落物打击。

控制措施：工作人员进入工作现场必须戴安全帽。

（三）防止高空坠落

主要指在断路器或电流互感器上工作。

控制措施：正确使用安全带，鞋子应防滑。必须系安全带，上下断路器或电流互感器本体由专人监护。

（四）防“三误”事故的安全技术措施

（1）现场工作前必须作好充分准备，内容包括：

1）了解工作地点一、二次设备运行情况，本工作与运行设备有无直接联系。

2）工作人员明确分工并熟悉图纸与检验规程等有关资料。

3）应具备与实际状况一致的图纸、上次检验记录、最新整定通知单、检验规程、合格的仪器仪表、备品备件、工具和连接导线。

4）工作前认真填写安全措施票，并经技术负责人严格审批。

5）工作开工后先执行安全措施票，由工作负责人负责做的每一项措施，要在“执行”栏做标记；校验工作结束后，要持此票恢复所做的安全措施，以保证完全恢复。

6）不允许在未停用的保护装置上进行试验和其他测试工作，也不允许在保护未停用的情况下，用装置的试验按钮做试验。

7）只能用整组试验的方法，即由电流及电压端子通入与故障情况相符的模拟故障量，检查保护回路及整定值的正确性。不允许用卡继电器触点、短路触点等人为手段做保护装置的整组试验。

8）在校验继电保护及二次回路时，凡与其他运行设备二次回路相连的压板和接线应有明显标记，并按安全措施票仔细地将有关回路断开或短路，做好记录。

9）在清扫运行中设备和二次回路时，应认真仔细，并使用绝缘工具（毛刷、吹风机等），特别注意防止振动，防止误碰。

10）严格执行风险分析卡和继电保护作业指导书。

（2）现场工作应按图纸进行，严禁凭记忆作为工作的依据。如发现图纸与实际接线不符时，应查线核对。需要改动时，必须履行如下程序：

1）先在原图上做好修改，经主管继电保护部门批准。

2）拆动接线前先要与原图核对，接线修改后要与新图核对，并及时修改底图，修改运行人员及有关各级继电保护人员的图纸。

3）改动回路后，严防寄生回路存在，没用的线应拆除。

4）在变动二次回路后，应进行相应的逻辑回路整组试验，确认回路极性及整定值完全正确。

（3）保护装置调试的定值，必须根据最新整定值通知单规定，先核对通知单与实际设备是否相符（包括保护装置型号、被保护设备名称、联结组别、互感器接线、变比等）。定值整定完毕要认真核对，确保正确。

（五）其他危险点及控制措施

保护室内使用无线通信设备，易造成其他正在运行的保护设备不正确动作。控制措施：不在保护室内使用无线通信设备，尤其是对讲机。

为防止一次设备试验影响二次，试验前应断开保护屏电流端子连接片，并对外侧端子进行绝缘处理。

电压小母线带电，易发生电压反送事故或引起人员触电。控制措施：断开交流二次电压引入回路，并用绝缘胶布对所拆线头实施绝缘包扎，带电的回路应尽量留在端子上防止误碰。

二次通电时，电流可能通入母差保护，可能误跳运行断路器。控制措施：在断路器端子箱将相应端子用绝缘胶布实施封闭。

带电插拔插件，易造成集成块损坏。频繁插拔插件，易造成插件插头松动。控制措施：插件插拔前关闭电源。

需要对一次设备进行试验时，如断路器传动、TA极性试验等，应提前与一次设备检修人员进行沟通，避免发生人身伤害和设备损坏事故。

部分带电回路可能引起工作中的短路或接地，或导致运行设备受到影响，应该在试验前断开这些回路或进行可靠隔离。

典型的二次安全技术措施票见表Z12F5005Ⅰ-1。

表Z12F5005Ⅰ-1　　二次安全技术措施票

被试设备及保护名称			________变电站________线路______型________保护		
工作负责人		工作时间	年　月　日	签发人	
工作内容					
工作条件	1. 一次设备运行情况________ 2. 被试保护作用的断路器________ 3. 被试保护屏上的运行设备________ 4. 被试保护屏、端子箱与其他保护连接线________				

安全技术措施：包括应打开及恢复压板、直流线、交流线、信号线、联锁线和联锁开关等，按下列顺序做安全措施。已执行，在执行栏打“√”按相反的顺序恢复安全措施，以恢复的，在恢复栏打“√”

序号	执行	安全措施内容	恢复
1		检查本保护压板在退出位置，并做好记录	
2		检查本保护相关操作把手及开关位置，并做好记录	
3		电流回路：断开A ________； 对应端子排端子号［D ________］	

续表

序号	执行	安全措施内容					恢复
4		电流回路：断开 B ________； 对应端子排端子号［D ________］					
5		电流回路：断开 C ________； 对应端子排端子号［D ________］					
6		电流回路：断开 N ________； 对应端子排端子号［D ________］					
7		母线电压回路：断开 A ________； 对应端子排端子号［D ________］					
8		母线电压回路：断开 B ________； 对应端子排端子号［D ________］					
9		母线电压回路：断开 C ________； 对应端子排端子号［D ________］					
10		母线电压回路：断开 N ________； 对应端子排端子号［D ________］					
11		电流回路接地点： 断开本保护用 TA 接地点端子号［ ________ ］					
12		通信接口： 断开至监控的通信口，如果有检修压板投检修压板					
13		通信接口： 断开至保护信息管理系统的通信口，如果有检修压板投检修压板					
14		用绝缘胶布将带电端子封闭					
15		补充措施：					
填票人			操作人		监护人		审核人	

【思考与练习】

1. 35kV 及以下电抗器保护进行检验时现场有哪些危险点？如何控制？
2. 现场需要准备哪些主要设备和材料？

模块 6　35kV 及以下电抗器微机保护装置的调试（Z12F5006Ⅰ）

【模块描述】本模块包含 35kV 及以下电抗器微机保护测控装置调试的主要内容。通过要点归纳、图表举例、分析说明，掌握 35kV 及以下电抗器微机保护测控装置调试的作业程序、调试项目、各项目调试方法等内容。

【模块内容】35kV及以下电抗器微机保护装置的调试，包括作业流程、校验项目、技术要求及校验报告。

一、作业流程

电抗器微机保护装置的调试作业流程见图Z12F5006 I –1。

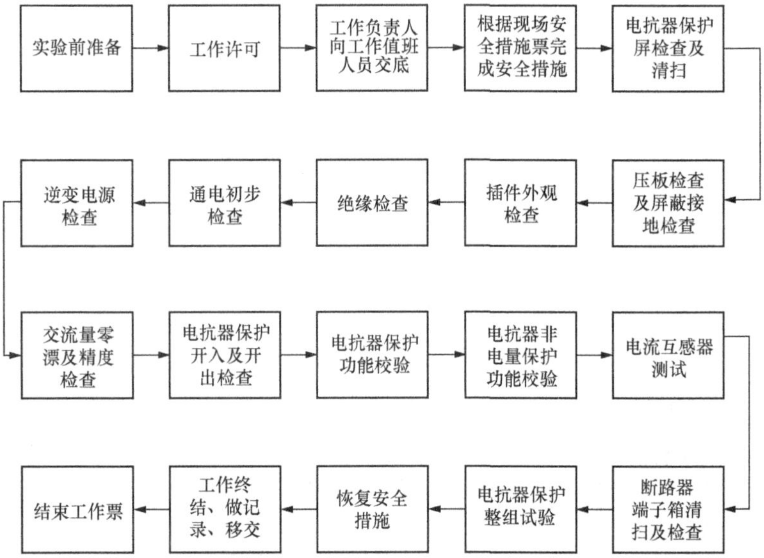

图Z12F5006 I –1 电抗器保护校验作业流程图

二、校验项目、技术要求及校验报告

（一）清扫、紧固、外部检查

（1）检查装置内、外部是否清洁无积尘、无异物，清扫电路板的灰尘。

（2）检查各插件插入后接触良好，闭锁到位。

（3）切换开关、按钮、键盘等应操作灵活、手感良好。

（4）压板接线压接可靠性检查，螺丝紧固。

（5）检查保护装置的箱体或电磁屏蔽体与接地网可靠连接。

（二）逆变电源工况检查

（1）检查电源的自启动性能：拉合直流开关，逆变电源应可靠启动。

（2）进入装置菜单，记录逆变电源输出电压值。

（三）软件版本及CRC码检验

（1）进入装置菜单，记录装置型号、CPU版本信息。

（2） 进入装置菜单，记录管理板版本信息。

注意事项：检查其与网局统一版本是否一致，与最新定值通知单核对校验码及程序形成时间。

（四）交流量的调试

1. 零漂检验

进行本项目检验时，要求保护装置不输入交流量。进入保护菜单，检查保护装置各 CPU 模拟量输入，进行三相电流和零序电流、三相电压和线路电压通道的零漂值检验；要求零漂值均在 $0.01I_N$（或 0.05V）以内。检验零漂时，要求在一段时间（3min）内零漂值稳定在规定范围内。

2. 模拟量幅值特性检验

用保护测试仪同时接入装置的三相电压和线路电压输入，三相电流和零序电流输入。调整输入交流电压和电流分别为额定值的 120%、100%、50%、10%和 2%，要求保护装置采样显示与外部表计误差应小于 3%。在 2%额定值时允许误差 10%。

不同的 CPU 应分别进行上述试验。

在试验过程中，如果交流量的测量误差超过要求范围时，应首先检查试验接线、试验方法、外部测量表计等是否正确完好，试验电源有无波形畸变，不可急于调整或更换保护装置中的元器件。

3. 模拟量相位特性检验

按上文 2 规定的试验接线和加交流量方法，将交流电压和交流电流均加至额定值。检查各模拟量之间的相角，调节电流、电压相位，当同相别电压和电流相位分别为 0°、45°、90°时，装置显示值与表计测量值应不大于 3°。

部分检验时只要求进行选定角度的检验。

部分检验时只要求进行额定值精度检验。

（五）开入、出量调试

1. 开关量输入测试

进入保护菜单检查装置开入量状态，依次进行开入量的输入和断开，同时监视液晶屏幕上显示的开入量变位情况。要求检查时带全回路进行，尽量不用短接触点的方式，保护装置的压板、切换开关、按钮等直接操作进行检查，与其他保护接口的开入或与断路器机构相关的开入进行实际传动试验检查。

2. 输出触点和信号检查

配合整组传动进行试验，不单独试验。全部检验时，要求直流电源电压为 80%额定电压值下进行检验，部分检验时用全电压进行检验。

（六）逻辑功能测试

1. 校验纵联差动保护

（1）差动速断保护。分别加入首末端两个开关电流，分别模拟单相故障，模拟故障电流为

$$I=mI_{setsd} \qquad (Z12F5006\,Ⅰ-1)$$

式中 I_{setsd}——差动速断电流定值；

m——系数，其值分别为 0.95、1.05、1.2。

保护在 0.95 倍定值（m=0.95）时，应可靠不动作；在 1.05 倍定值时应可靠动作；在 1.2 倍定值时，测量差动保护的动作时间，时间应在 15～30ms。

（2）比率差动保护。同极性串接加入首末端两个开关电流，分别模拟单相故障，模拟故障电流为

$$I=mI_{setcd}\times 0.5 \qquad (Z12F5006\,Ⅰ-2)$$

式中 I_{setcd}——比率差动电流定值；

m——系数，其值分别为 0.95、1.05、1.2。

测试要求同上。

（3）比率制动特性测试。

1）固定首端电流，调节末端电流，直至差动动作，保护动作后退掉电流。

2）在首端和末端任一同名相同时加入极性相反电流（注意负荷电流与差流的关系），并让此时的差流为 0；减小 I_{aL}，使差动保护动作，记录两侧动作电流。

2. 校验过电流保护

加入首端电流，模拟单相故障，模拟故障电流为

$$I=mI_{set\,n} \qquad (Z12F5006\,Ⅰ-3)$$

式中 $I_{set\,n}$——过流 n 段保护定值；

m——系数，其值分别为 0.95、1.05、1.2。

保护在 0.95 倍定值（m=0.95）时，应可靠不动作；在 1.05 倍定值时应可靠动作；在 1.2 倍定值时，测量过流保护的动作时间，时间误差应不大于 5%。

过负荷保护也可以用同样的方法进行校验。

3. 零序过流保护

加入首端电流，模拟单相接地故障，模拟故障电流为

$$I=mI_{set0} \qquad (Z12F5006\,Ⅰ-4)$$

式中 I_{set0}——零序过流保护定值；

m——系数，其值分别为 0.95、1.05、1.2。

保护在 0.95 倍定值（m=0.95）时，应可靠不动作；在 1.05 倍定值时应可靠动作；在 1.2 倍定值时，测量零序过流保护的动作时间，时间误差应不大于 5%。

4. TA 断线功能检查

（1）告警功能检测（单相、两相断线），加入三相平衡负荷电流，短接其中一相或两相，应有告警信号发出。

（2）闭锁纵差保护：在上述试验条件下，发出告警信号后，健全电流相加入大于差动保护整定值的故障电流，差动保护不应动作。

闭锁逻辑功能在全部校验时进行，部分校验只做告警功能。

（七）整组试验

整组试验时，统一加模拟故障电流，断路器处于合闸位置。进行传动断路器试验之前，控制室和开关站均应有专人监视，并应具备良好的通信联络设备，以便观察断路器动作情况，监视中央信号装置的动作及声、光信号指示是否正确。如果发生异常情况，应立即停止试验，在查明原因并改正后再继续进行。

1. 整组动作时间测量

本试验是测量从模拟故障至断路器跳闸的动作时间。要求测量断路器的跳闸时间并与保护的出口时间比较，其时间差即为断路器动作时间，一般应不大于 60ms。

2. 非电量保护

在电抗器本体模拟各相非电量继电器动作，测试面板指示灯正确和出口回路正确，并选择其中一种保护带断路器传动。

3. 与中央信号、远动装置的配合联动试验

根据微机保护与中央信号、远动装置信息传送数量和方式的具体情况确定试验项目和方法。要求所有的硬接点信号都应进行整组传动，不得采用短接触点的方式。对于综合自动化站，还应检查保护动作报文的正确性。

（八）带负荷试验

在新安装检验时，为保证测试准确，要求负荷电流的二次电流值大于保护装置的精确工作电流（$0.06I_N$）时，应同时采用装置显示和钳形相位表测试进行相互校验，不得仅依靠外部钳形相位表测试数据进行判断。

1. 交流电压的相名核对

用万用表交流电压挡测量保护装置端子排上的交流相电压和相间电压，并校核本保护装置上的三相电压和已确认正确的 TV 小母线三相电压的相别。

2. 交流电压和电流的数值检验

进入保护菜单，检查模拟量幅值，并用钳形相位表测试回路电流电压幅值，以实际负荷为基准，检验电压、电流互感器变比是否正确。

3. 检验交流电压和电流的相位

进入保护菜单，检查模拟量相位关系，并用钳形相位表测试回路各相电流、电压的相位关系。在进行相位检验时，应分别检验三相电压的相位关系，并根据实际负荷情况，核对交流电压和交流电流之间的相位关系。

（九）定值与开关量状态的核查

打印保护装置的定值、开关量状态及自检报告，其中定值报告应与定值整定通知单一致、开关量状态与实际运行状态一致；自检报告应无保护装置异常信息。

【思考与练习】

1. 35kV 及以下电抗器保护上电前需要进行哪些检查？
2. 需要进行哪些保护装置逻辑功能试验？进行整组试验时，调试要点是什么？
3. 如何正确进行带负荷测试？
4. 如何拟定完善的、符合现场实际的调试记录，确保调试质量？

模块 7 断路器微机保护装置原理（Z12F5007Ⅱ）

【模块描述】本模块包含断路器微机保护的配置及原理。通过要点归纳、原理讲解，掌握断路器微机保护的配置原则，断路器失灵保护、死区保护、三相不一致保护及重合闸的工作原理。

【模块内容】断路器微机保护装置原理，包括断路器保护配置、断路器保护工作原理。

一、断路器保护配置

1. 断路器运行中可能出现的异常和故障

系统发生故障，保护正确动作，但因各种原因断路器拒动，导致相邻元件保护动作切除故障，造成停电范围扩大和故障切除时间延长。

分相操作断路器或电气联动断路器出现三相位置不一致，在负荷电流作用下产生零序和负序电流，严重影响系统的正常运行。

断路器与 TA 之间发生故障造成延时切除。

手合断路器于故障时，因元件 TV 未正常投入造成元件主保护无法正常动作，导致故障延时切除。

2. 断路器保护的配置

针对上述问题，需要配置相关保护如失灵保护、三相不一致保护、死区保护、充电保护等。另外，在 3/2 接线方式下，主变压器和线路都同时连接于两个断路器，线路保护不配置重合闸功能，自动重合闸由断路器保护实现，在重合闸动作时需要考虑两台断路器重合闸之间的配合，即先重后重，在重合闸方式上可以选择综合重合闸、三相重合闸和单相重合闸。表 Z12F5007Ⅱ-1 是典型的断路器保护配置。

表 Z12F5007Ⅱ-1　　断路器保护配置

保护分类	保护类型	段数	每段时限数	备注
断路器保护	失灵保护	1	2	
	三相不一致保护	1	1	
	死区保护	1	1	
	充电保护	1 或 2	1	
	自动重合闸	1	1	
报警闭锁功能	TV 断线告警			
	TWJ 异常告警			
	同期电压告警			

二、断路器保护工作原理

1. 断路器失灵保护

当系统发生故障保护正确动作后，若断路器因各种原因拒动，必须由相邻断路器来切除故障，由于 220kV 及以上系统相邻元件后备保护灵敏度不够，即使相邻保护能够动作，其动作延时也不能满足系统稳定的需要。必须依靠本地设置断路器失灵保护，在较短延时内切除失灵断路器的相关元件以隔离故障。

通常判断断路器失灵的依据是保护已经向断路器发出了跳闸命令，但是断路器电流仍然大于正常运行电流，表明系统故障没有消除，此时即可启动失灵保护。在失灵保护动作切除相邻元件前，可以瞬时或以较短延时跟跳失灵断路器，若是因部分二次回路故障造成的断路器拒动，则可以迅速切除，防止进一步切除相邻元件。对于分相操作断路器，按相对应的线路保护跳闸触点和失灵过流都动作后启动失灵保护；对于可能接收三跳命令的断路器，应设置三跳启动失灵回路，即三跳命令下，任一相失灵电流动作即启动失灵保护。充电保护也可以启动失灵保护。

断路器失灵保护动作逻辑见图 Z12F5007Ⅱ-1，以某公司 RCS-921A 装置为例，下同。

2. 死区保护

某些接线方式下（如断路器在 TA 与线路之间），TA 与断路器之间发生故障时，虽然故障线路保护能快速动作，但在本断路器跳开后，故障并不能切除。此时需要失灵保护动作跳开有关断路器。考虑到这种站内故障的故障电流大，对系统影响较大，而失灵保护动作一般要经过较长的延时，所以设置了动作时间比失灵保护快的死区保护。

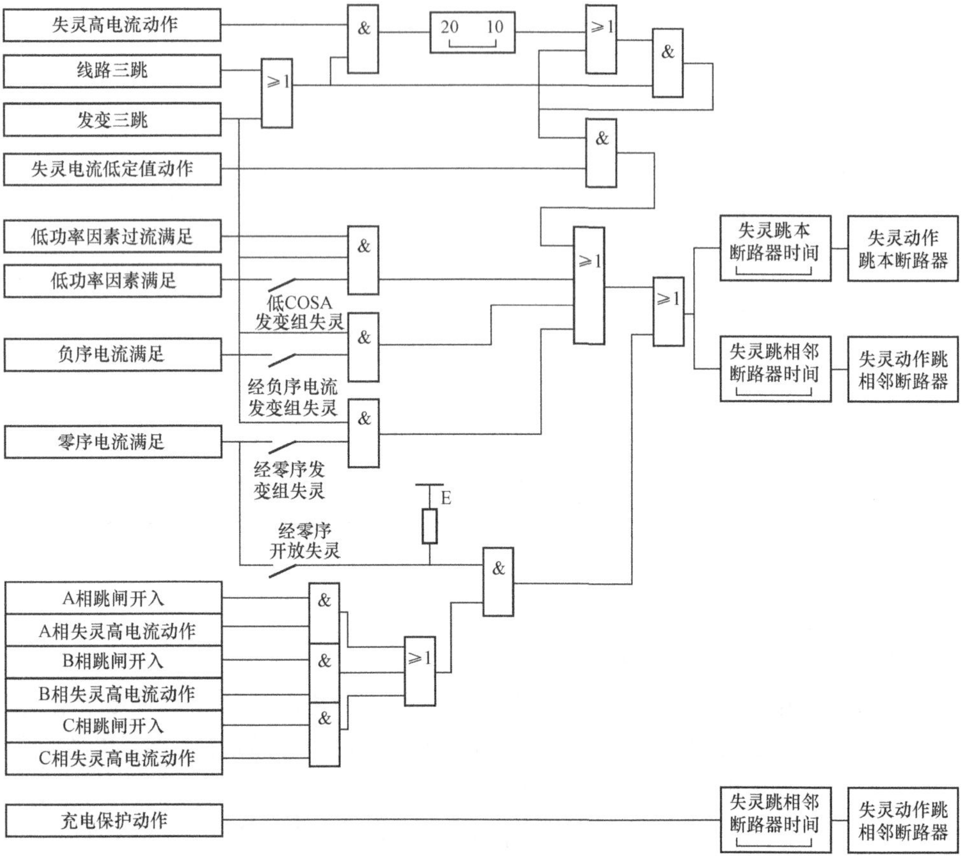

图 Z12F5007Ⅱ–1　断路器失灵保护逻辑框图

死区保护的动作逻辑为：当断路器保护收到三跳信号如线路三跳、发变三跳，或A、B、C三相跳闸同时动作，这时如果死区过流元件动作，对应断路器跳开，装置收到三相TWJ，则经整定的时间延时启动死区保护。出口回路与失灵保护一致，动作后跳相邻断路器。死区保护动作逻辑见图 Z12F5007Ⅱ–2。

3. 瞬时跟跳

断路器保护接收到其他保护的跳闸命令后，同时判断断路器电流，可以同步启动瞬时跟跳，以缩短可能的断路器失灵动作延时。瞬时跟跳可分为单相跟跳、两相跳闸联跳三相以及三相跟跳。跟跳保护动作逻辑见图 Z12F5007Ⅱ–3。

（1） 单相跟跳。当收到 A、B、C 单相跳闸信号时，而且该相电流元件动作，瞬时启动分相跳闸回路。

（2） 两相跳闸联跳三相。当收到而且仅收到二相跳闸信号且相应电流元件动作时，经短延时联切三相。

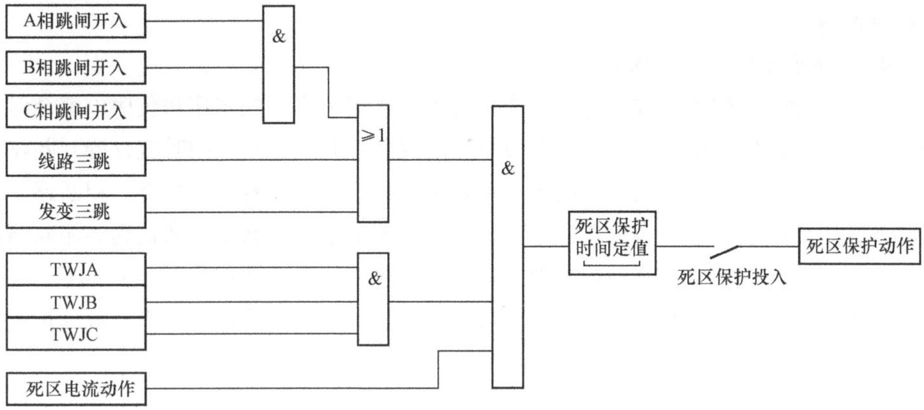

图 Z12F5007Ⅱ-2　断路器死区保护逻辑框图

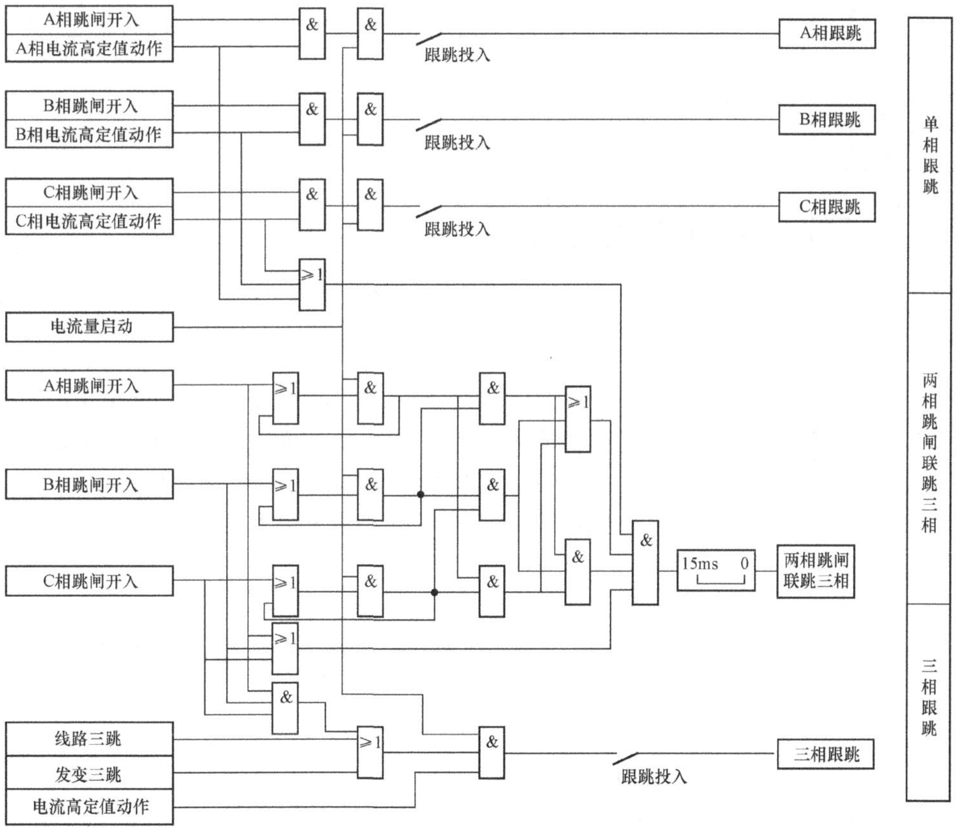

图 Z12F5007Ⅱ-3　跟跳保护逻辑框图

（3）三相跟跳。当收到三相跳闸信号时，而且任一相电流元件动作，瞬时启动三相跳闸回路。

4. 断路器三相不一致保护

断路器处于三相不一致状态时，在负荷电流作用下产生的零序和负序电流会对系统的正常运行产生严重影响，必须在较短时间内断开其余各相，同时应该躲开断路器正常单相重合闸动作，即动作时间大于单相重合闸时间。装置通过检查三相断路器位置和各相电流来判断断路器状态。当任一相TWJ动作且无电流时，即认为该相断路器在跳闸位置，当任一相在跳闸位置而三相不全在跳闸位置，则认为不一致。不一致可经零序电流或负序电流开放，经延时出口跳开本断路器。断路器三相不一致保护逻辑见图Z12F5007Ⅱ–4。

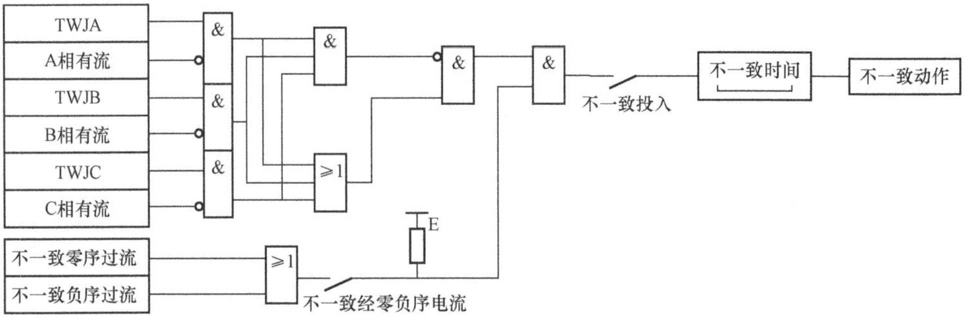

图Z12F5007Ⅱ–4 三相不一致保护逻辑框图

5. 充电保护

充电保护主要用于向设备充电时作为临时快速保护，充电前投入，充电正常后立即退出，正常运行时不得投入。该保护用1、2段电流和时间定值均可设置的带延时的过流保护实现。电流取自本断路器TA，与断路器失灵保护共用。充电保护动作后，启动失灵保护并闭锁重合闸。充电保护动作逻辑见图Z12F5007Ⅱ–5。

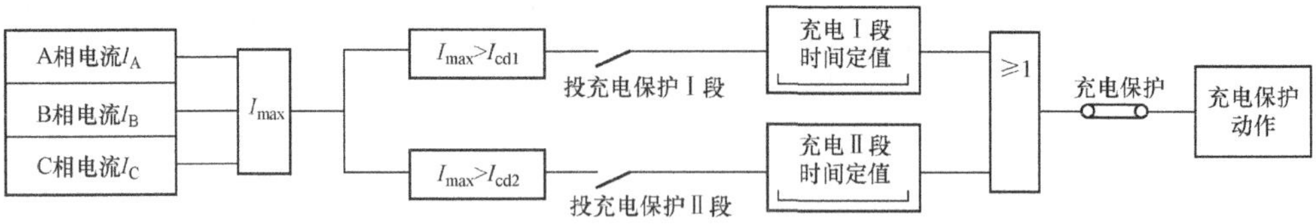

图Z12F5007Ⅱ–5 充电保护逻辑框图

I_{cd1}—充电Ⅰ段过流定值；I_{cd2}—充电Ⅱ段过流定值；

I_{max}—A、B、C三相电流中的最大相电流值

6. 自动重合闸

在 3/2 接线形式下，重合闸按照断路器配置，集成在断路器保护中，线路保护重合闸功能不启用。需要线路保护提供保护启动重合闸命令和闭锁重合闸命令，同时因线路对应两台断路器，需要两台断路器保护配合实现依次重合闸。

（1） 重合闸启动方式。一是由线路保护跳闸启动重合闸；二是由跳闸位置启动重合闸。跳闸位置启动重合分为跳闸位置启动单重与跳闸位置启动三重。

（2）“先合重合闸”与“后合重合闸”。在 3/2 接线方式下，线路保护不配置重合闸，重合闸按照断路器进行配置，对应每条线路有两个断路器。必须指定一个断路器作为先重断路器，重合成功后，后重断路器再重合。一旦先重断路器重合于故障，在加速跳开的同时闭锁后重断路器重合闸，避免二次重合。为避免先重断路器重合于故障对相邻设备的影响，一般边断路器设定为先重断路器，中断路器设定为后合断路器。两台断路器保护的重合顺序一般通过各自的“先合投入”压板状态决定，“先合投入”压板投入时设定该断路器先合闸。先合重合闸经较短延时（重合闸整定时间），发出一次合闸脉冲；当先合重合闸启动时发出“闭锁先合”信号；如果先合重合闸启动返回，并且未发出重合脉冲，则“闭锁先合”触点瞬时返回；如果先合重合闸已发出重合脉冲，则装置启动返回后该触点才返回。先合重合闸与后合重合闸配合使用时，先合重合闸的“闭锁先合”输出触点接至后合重合闸的“闭锁先合”输入触点。当“先合投入”压板退出时，设定该断路器为后合重合闸。后合重合闸经较长延时（重合闸整定时间+后合重合延时）发合闸脉冲。当先合重合闸因故检修或退出时，先合重合闸将不发出闭锁先合信号，此时后合重合闸将以重合闸整定时限动作，避免后合重合闸做出不必要的延时，以尽量保证系统的稳定性。

（3） 重合闸方式的选择。

1）单相重合闸方式：单相跳闸单合，多相跳闸不合。

2）三相重合闸方式：任何故障三跳三合。

3）综合重合闸方式：单相故障单跳单合，多相故障三跳三合。

重合闸方式可由外部开关量输入和内部控制字共同决定。当系统选择单相重合闸或综合重合闸方式时，在单相故障时开放单相重合闸。当仅单相跳开，即装置收到单相跳闸触点并当该触点返回时，或者当单相 TWJ 动作且满足 TWJ 启动单重条件时，启动单重时间。若线路三跳或三相 TWJ 动作，则不启动单重。当选择三重或综重方式时，可选用检线路无压重合闸、检同期重合闸，也可选用不检而直接重合闸方式。

线路电压相位及相别自适应：正常运行时，保护检测线路 A 相电压与同期电压的相角差，设为 ϕ，检同期时，检测线路 A 相电压与同期电压的相角差是否在（ϕ–定值）至（ϕ+定值）范围内，因此不管同期电压用的是哪一相电压还是哪一相间电压，保护都能够自动识别。

当用于发电厂侧时，重合闸为单重方式时也要判该线路是否有压，也即对侧先合上后本侧才合上。

（4）重合闸的充放电。为了避免多次重合，必须在“充电”准备完成后才能启动合闸回路。

1）重合闸放电条件为（或门条件）：

a. 重合闸启动前压力不足，经延时后“放电”。

b. 重合闸方式在退出位置时“放电”。

c. 单重方式下，如果三相跳闸位置均动作或收到三跳命令，或本保护装置三跳，则重合闸“放电”。

d. 收到外部闭锁重合闸信号时立即“放电”。

e. 合闸脉冲发出的同时“放电”。

f. 失灵保护、死区保护、不一致保护、充电保护动作时立即“放电”。

g. 收到外部发变三跳信号时立即“放电”。

h. 对于后合重合闸，当单重或三重时间已到，但后合重合延时未到，这之间如再收到线路保护的跳闸信号，立即放电不重合。这可以确保先合断路器合于故障时，后合断路器不再重合。

2）重合闸充电条件为（与门条件）：

a. 跳闸位置继电器 TWJ 不动作或线路有电流。

b. 保护未启动。

c. 不满足重合闸放电条件。

d. 重合闸充电完后充电灯亮。

（5）沟三接点。沟三接点设置的目的在于当重合闸条件不具备时，在任意故障下均三跳出口，避免出现三相不一致。沟三接点为动断接点，并接在断路器保护分相跳闸出口回路上，实际也并接在其他保护的分相出口回路上，若沟三接点闭合，即使其他保护发出分相跳闸命令，断路器都会三跳。沟三接点闭合的条件为（或门条件）：

1）当重合闸在未充好电状态。

2）重合闸为三重方式时。

3）重合闸装置故障或直流电源消失。

（6）沟通三跳。沟通三跳功能的作用和沟三接点类似，也是在重合闸条件不具备时，当线路有电流且装置收到任一跳闸触点时，发沟通三跳命令跳本断路器，只不过沟通三跳是直接发出三条命令，而沟三接点只是根据外部命令强制三跳。

7. 装置告警

（1）交流电压断线。三相电压相量和大于设定值，且保护未启动，延时发 TV 断线异常信号；TV 断线时，将与电压有关元件如低功率因素元件退出，装置的其他功能正常。三相线路电压恢复正常后，经延时，全部恢复正常运行。

当装置与电压有关功能未投入运行，如不投入低功率因数元件、重合闸或检同期无压条件退出等，不进行 TV 断线判别。

（2）跳闸位置异常告警。当线路有电流且 TWJ 动作，或三相 TWJ 不一致时，经延时报 TWJ 异常。

（3）同期电压断线。当重合闸投入且处于三重或综重方式，如果装置整定为重合闸检同期或检无压方式，断路器在合闸位置时输入的同期电压小于设定值经延时，报同期电压异常。如重合闸不投，或重合闸投入时重合方式为不检重合，则不进行同期电压断线判别。

【思考与练习】

1. 断路器保护如何通过设置实现先重和后重？
2. 断路器保护如何判别失灵？
3. 死区、失灵保护和充电保护的判据各是什么？

模块 8　断路器微机保护装置调试的安全和技术措施（Z12F5008Ⅱ）

【模块描述】本模块包含断路器微机保护装置调试的工作前准备和安全技术措施。通过要点归纳、图表举例，掌握断路器微机保护现场调试的危险点预控及安全技术措施。

【模块内容】断路器微机保护装置调试的安全和技术措施，包括断路器微机保护装置调试工作前的准备、安全技术措施。

一、断路器微机保护装置调试工作前的准备

（1）检修作业前 5 天做好检修准备工作，并在检修作业前 3 天提交相关停役申请。准备工作包括检查设备状况、反措计划的执行情况及设备的缺陷等。

（2）开工前 3 天，向有关部门上报本次工作的材料计划。

（3）根据本次校验的项目，组织作业人员学习作业指导书，使全体作业人员熟悉作业内容、进度要求、作业标准、安全注意事项。要求所有工作人员都明确本次校验工作的内容、进度要求、作业标准及安全注意事项。

（4）明确工作人员分工，针对技术负责、仪器仪表管理、图纸资料管理、专责安

全监护人员等进行工作指定和明确。

（5） 梳理待检修设备存在的缺陷以及以往缺陷统计，配合检修进行消缺。

（6） 开工前一天，准备好作业所需仪器仪表、相关材料、工器具。要求仪器仪表、工器具应试验合格，满足本次作业的要求，材料应齐全。

仪器仪表主要有：绝缘电阻表、继电保护单相试验装置、继电保护三相校验装置，钳形相位表、V–A 特性测试仪、电流互感器变比测试仪等。

工器具主要有：个人工具箱、计算器、电烙铁等。

相关材料主要有：绝缘胶布、自粘胶带、电缆、导线、小毛巾、焊锡丝、松香、中性笔、口罩、手套、毛刷、逆变电源板等相关备件，根据实际需要确定。

（7） 最新整定单、相关图纸、上一次试验报告、本次需要改进的项目及相关技术资料。要求图纸及资料应与现场实际情况一致。

主要的技术资料有：断路器保护图纸、断路器保护装置技术说明书、断路器保护装置使用说明书、断路器保护装置校验规程。

（8） 根据现场工作时间和工作内容填写工作票（第一种工作票应在开工前一天交值班员）。工作票应填写正确，并按《国家电网公司电力安全工作规程（变电部分）》执行。

二、安全技术措施

以 500kV 边断路器接入线路间隔为例，中断路器运行。

（一）防止人身触电

1. 误入带电间隔

控制措施：工作前应熟悉工作地点、带电部位。检查现场安全围栏、安全警示牌和接地线等安全措施。

2. 接、拆低压电源

控制措施：必须使用装有漏电保护器的电源盘。螺丝刀等工具金属裸露部分除刀口外包绝缘。接拆电源时至少有两人执行，必须在电源开关拉开的情况下进行。临时电源必须使用专用电源，禁止从运行设备上取得电源。

3. 保护调试及整组试验

控制措施：工作人员之间应相互配合，确保一、二次回路上无人工作。传动试验必须得到值班员许可并配合。

（二）防止机械伤害

主要指坠落物打击。

控制措施：工作人员进入工作现场必须戴安全帽。

（三）防止高空坠落

主要指在断路器或电流互感器上工作。

控制措施：正确使用安全带，鞋子应防滑。必须系安全带，上下断路器或电流互感器本体由专人监护。

（四）防“三误”事故的安全技术措施

（1）现场工作前必须作好充分准备，内容包括：

1）了解工作地点一、二次设备运行情况，本工作与运行设备有无直接联系。

2）工作人员明确分工并熟悉图纸与检验规程等有关资料。

3）应具备与实际状况一致的图纸、上次检验记录、最新整定通知单、检验规程、合格的仪器仪表、备品备件、工具和连接导线。

4）工作前认真填写安全措施票，必要时由工作负责人认真填写，并经技术负责人严格审批。

5）工作开工后先执行安全措施票，由工作负责人负责做的每一项措施，要在“执行”栏做标记；校验工作结束后，要持此票恢复所做的安全措施，以保证完全恢复。

6）不允许在未停用的保护装置上进行试验和其他测试工作，也不允许在保护未停用的情况下，用装置的试验按钮做试验。

7）只能用整组试验的方法，即由电流及电压端子通入与故障情况相符的模拟故障量，检查保护回路及整定值的正确性。不允许用卡继电器触点、短路触点等人为手段做保护装置的整组试验。

8）在校验继电保护及二次回路时，凡与其他运行设备二次回路相连的压板和接线应有明显标记，并按安全措施票仔细地将有关回路断开或短路，做好记录。

9）在清扫运行中设备和二次回路时，应认真仔细，并使用绝缘工具（毛刷、吹风机等），特别注意防止振动，防止误碰。

10）严格执行风险分析卡和继电保护作业指导书。

（2）现场工作应按图纸进行，严禁凭记忆作为工作的依据。如发现图纸与实际接线不符时，应查线核对。需要改动时，必须履行如下程序：

1）先在原图上做好修改，经主管继电保护部门批准。

2）拆动接线前先要与原图核对，接线修改后要与新图核对，并及时修改底图，修改运行人员及有关各级继电保护人员的图纸。

3）改动回路后，严防寄生回路存在，没用的线应拆除。

4）在变动二次回路后，应进行相应的逻辑回路整组试验，确认回路极性及整定值完全正确。

（3）保护装置调试的定值，必须根据最新整定值通知单规定，先核对通知单与实际设备是否相符（包括保护装置型号、被保护设备名称、变压器联结组别、互感器接线、变比等）。定值整定完毕要认真核对，确保正确。

（五）其他危险点及控制措施

保护室内使用无线通信设备，易造成其他正在运行的保护设备不正确动作。控制措施：不在保护室内使用无线通信设备，尤其是对讲机。

保护动作可能误跳相邻运行断路器、误启动母线失灵、误向线路对侧发送远跳命令。控制措施：检查相关运行回路，确保压板在断开状态并断开相关回路，用绝缘胶布对断开线头实施绝缘包扎。

为防止一次设备试验影响二次，试验前应断开保护屏电流端子连接片，并对外侧端子进行绝缘处理。

保护屏顶电压小母线带电，易发生电压反送事故或引起人员触电。控制措施：断开交流二次电压引入回路，并用绝缘胶布对所拆线头实施绝缘包扎，带电的回路应尽量留在端子上防止误碰。

二次通电时，电流可能通入母差保护，可能误跳运行断路器。控制措施：在端子箱将相应端子用绝缘胶布实施封闭。

带电插拔插件，易造成集成块损坏。频繁插拔插件，易造成插件插头松动。控制措施：插件插拔前关闭电源。

需要对一次设备进行试验时，如断路器传动、TA 极性试验等，应提前与一次设备检修人员进行沟通，避免发生人身伤害和设备损坏事故。

部分带电回路可能引起工作中的短路或接地，或导致运行设备受到影响，应该在试验前断开这些回路或进行可靠隔离。

典型的二次安全技术措施票见表 Z12F5008Ⅱ-1。

表 Z12F5008Ⅱ-1　　　　二次安全技术措施票

<table>
<tr><td colspan="3">被试设备及保护名称</td><td colspan="3">________变电站________线路______型________保护</td></tr>
<tr><td>工作负责人</td><td></td><td>工作时间</td><td>年　月　日</td><td>签发人</td><td></td></tr>
<tr><td>工作内容</td><td colspan="5"></td></tr>
<tr><td>工作条件</td><td colspan="5">1. 一次设备运行情况________________
2. 被试保护作用的断路器________________
3. 被试保护屏上的运行设备________________
4. 被试保护屏、端子箱与其他保护连接线________________</td></tr>
</table>

安全技术措施：包括应打开及恢复压板、直流线、交流线、信号线、联锁线和联锁开关等，按下列顺序做安全措施。已执行，在执行栏打“√”按相反的顺序恢复安全措施，以恢复的，在恢复栏打“√”

序号	执行	安全措施内容	恢　复
1		检查本保护压板在退出位置，并做好记录	

续表

序号	执行	安全措施内容	恢 复
2		检查本保护相关操作把手及开关位置，并做好记录	
3		联跳中断路器回路 1 正电：断开__________； 对应端子排端子号［D ________ ］	
4		联跳中断路器回路 1 负电：断开__________； 对应端子排端子号［D ________ ］	
5		联跳中断路器回路 2 正电：断开__________； 对应端子排端子号［D ________ ］	
6		联跳中断路器回路 2 负电：断开__________； 对应端子排端子号［D ________ ］	
7		启动 1 号母差保护正电： 断开__________； 对应端子排端子号［D ________ ］	
8		启动 1 号母差保护 1：断开__________； 对应端子排端子号［D ________ ］	
9		启动 1 号母差保护 2：断开__________； 对应端子排端子号［D ________ ］	
10		启动 2 号母差保护正电：断开__________； 对应端子排端子号［D ________ ］	
11		启动 2 号母差保护 1：断开__________； 对应端子排端子号［D ________ ］	
12		启动 2 号母差保护 2：断开__________； 对应端子排端子号［D ________ ］	
13		启动光纤远跳正电：断开__________； 对应端子排端子号［D ________ ］	
14		启动光纤远跳负电： 断开__________ ； 对应端子排端子号［D ________ ］	
15		启动载波远跳正电： 断开__________ ； 对应端子排端子号［D ________ ］	
16		启动载波远跳负电：断开__________； 对应端子排端子号［D ________ ］	
17		电流回路：断开 A ________ ； 对应端子排端子号［D ________ ］	
18		电流回路：断开 B ________ ； 对应端子排端子号［D ________ ］	
19		电流回路：断开 C ________ ； 对应端子排端子号［D ________ ］	
20		电流回路：断开 N ________ ； 对应端子排端子号［D ________ ］	
21		线路电压回路：断开 A ________ ； 对应端子排端子号［D ________］	

续表

序号	执行	安全措施内容					恢 复
22		线路电压回路：断开 B ________； 对应端子排端子号［D ________］					
23		线路电压回路：断开 C ________； 对应端子排端子号［D ________］					
24		线路电压回路：断开 N ________； 对应端子排端子号［D ________］					
25		母线电压回路：断开 A ________； 对应端子排端子号［D ________］					
26		母线电压回路：断开 N ________； 对应端子排端子号［D ________］					
27		电流回路接地点： 断开本保护用 TA 接地点端子号［ ________ ］					
28		通信接口： 断开至监控的通信口，如果有检修压板投检修压板					
29		通信接口： 断开至保护信息管理系统的通信口，如果有检修压板投检修压板					
30		用绝缘胶布将带电端子封闭					
31		补充措施：					
填票人			操作人		监护人		审核人	

【思考与练习】

1. 断路器保护进行检验时现场有哪些危险点？如何控制？
2. 现场需要准备哪些主要设备和材料？

模块 9 断路器微机保护装置的调试（Z12F5009Ⅱ）

【模块描述】本模块包含断路器微机保护装置调试的主要内容。通过要点归纳、图表举例、分析说明，掌握断路器微机保护装置调试的作业程序、调试项目、各项目调试方法等内容。

【模块内容】断路器微机保护装置的调试，包括作业流程、校验项目、技术要求及校验报告

一、作业流程

断路器微机保护装置的调试作业流程见图 Z12F5009Ⅱ-1。

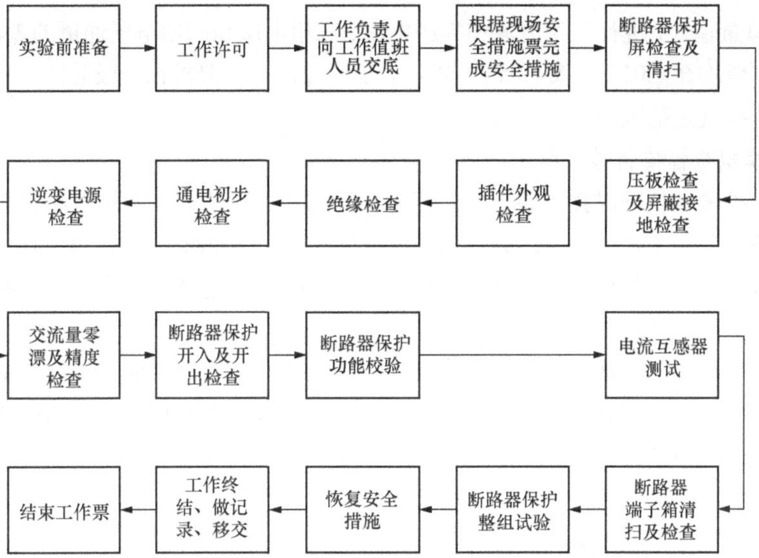

图 Z12F5009Ⅱ-1　断路器保护校验作业流程图

二、校验项目、技术要求及校验报告

（一）清扫、紧固、外部检查

（1）检查装置内、外部是否清洁无积尘、无异物；清扫电路板的灰尘。

（2）检查各插件插入后接触良好，闭锁到位。

（3）切换开关、按钮、键盘等应操作灵活、手感良好。

（4）压板接线压接可靠性检查，螺栓紧固。

（5）检查保护装置的箱体或电磁屏蔽体与接地网可靠连接。

（二）逆变电源工况检查

（1）检查电源的自启动性能：拉合直流开关，逆变电源应可靠启动。

（2）进入装置菜单，记录逆变电源输出电压值。

（三）软件版本及 CRC 码检验

（1）进入装置菜单，记录装置型号、CPU 版本信息。

（2）进入装置菜单，记录管理板版本信息。

注意事项：检查其与网省局统一版本是否一致，与最新定值通知单核对校验码及程序形成时间。

（四）交流量的调试

1. 零漂检验

进行本项目检验时要求保护装置不输入交流量。进入保护菜单，检查保护装置各

CPU 模拟量输入，进行三相电流和零序电流、三相电压和同期电压通道的零漂值检验；要求零漂值均在 $0.01I_N$（或 0.05V）以内。检验零漂时，要求在一段时间（3min）内零漂值稳定在规定范围内。

2. 模拟量幅值特性检验

用保护测试仪同时接入装置的三相电压和同期电压输入，三相电流和零序电流输入。调整输入交流电压和电流分别为额定值的 120%、100%、50%、10%和 2%，要求保护装置采样显示与外部表计误差应小于 3%。在 2%额定值时允许误差 10%。

不同的 CPU 应分别进行上述试验。

在试验过程中，如果交流量的测量误差超过要求范围时，应首先检查试验接线、试验方法、外部测量表计等是否正确完好，试验电源有无波形畸变，不可急于调整或更换保护装置中的元器件。

部分检验时只要求进行额定值精度检验。

3. 模拟量相位特性检验

按模拟量幅值特性检验规定的试验接线和加交流量方法，将交流电压和交流电流均加至额定值。检查各模拟量之间的相角，调节电流、电压相位，当同相别电压和电流相位分别为 0°、45°、90°时，装置显示值与表计测量值应不大于 3°。

部分检验时只要求进行选定角度的检验。

（五）开入、出量调试

1. 开关量输入测试

进入保护菜单检查装置开入量状态，依次进行开入量的输入和断开，同时监视液晶屏幕上显示的开入量变位情况。要求检查时带全回路进行，尽量不用短接触点的方式，保护装置的压板、切换开关、按钮等直接操作进行检查，与其他保护接口的开入或与断路器机构相关的开入进行实际传动试验检查。

2. 输出触点和信号检查

配合整组传动进行试验，不单独试验。全部检验时，要求直流电源电压为 80%额定电压值下进行检验，部分检验时用全电压进行检验。

（六）逻辑功能测试

1. 失灵启动检验

（1） 故障相启动失灵。分别模拟 A、B、C 相故障，故障电压及其与电流角度任意，同时短接同名相跳闸输入，模拟故障电流为

$$I = mI_{\text{sets1h}} \qquad (\text{Z12F5009 II}-1)$$

式中 I_{sets1h}——失灵启动电流定值；

m——系数，其值分别为 0.95、1.05、1.2。

保护在0.95倍定值（m=0.95）时，应可靠不动作；在1.05倍定值时应可靠动作；在1.2倍定值时，测量保护出口触点的动作时间，经“失灵跳本断路器时间”跳本断路器，再经“失灵动作时间”延时跳开相邻断路器，时间误差应不大于5%。

（2）线路三跳启动失灵。模拟任意故障，故障电压及其与电流角度任意，同时短接线路三跳输入，模拟故障电流为

$$I=mI_{sets1h} \tag{Z12F5009Ⅱ-2}$$

式中 I_{sets1h}——失灵启动电流定值；

m——系数，其值分别为0.95、1.05、1.2。

测试要求同上。

（3）发变三跳启动失灵。模拟单相故障，故障电压及其与电流角度任意，同时短接发变三跳输入，模拟故障电流为

$$I=3mI_{sets1} \tag{Z12F5009Ⅱ-3}$$

式中 I_{sets1}——失灵启动负序或零序电流定值；

m——系数，其值分别为0.95、1.05、1.2。

2. 不一致保护检验

任意模拟单相故障，故障电压及其与电流角度任意，模拟故障电流为

$$I=3mI_{setbyz} \tag{Z12F5009Ⅱ-4}$$

式中 I_{setbyz}——不一致电流定值；

m——系数，其值分别为0.95、1.05、1.2。

加入电流后立即短跳一相断路器，保护在0.95倍定值（m=0.95）时，应可靠不动作；在1.05倍定值时应可靠动作；在1.2倍定值时，测量保护出口触点的动作时间，时间误差应不大于5%。恢复正常后分别短跳其他两相重复进行上述试验。

3. 死区保护检验

投入死区保护投运压板。

断路器处于跳位，短接装置线路三跳或发变三跳开入，同时加入任意相故障电流，故障电流为

$$I=mI_{setsq} \tag{Z12F5009Ⅱ-5}$$

式中 I_{setsq}——死区电流定值；

m——系数，其值分别为0.95、1.05、1.2。

保护在0.95倍定值（m=0.95）时，应可靠不动作；在1.05倍定值时应可靠动作；在1.2倍定值时，测量保护出口接点的动作时间，时间误差应不大于5%。

4. 充电保护检验

投入充电保护投运压板。

断路器处于跳位，短接断路器手动合闸输入使断路器合闸，同时加入任意相故障电流，故障电流为

$$I=mI_{setcd} \quad (Z12F5009Ⅱ-6)$$

式中 I_{setcd}——充电电流定值；

m——系数，其值分别为0.95、1.05、1.2。

保护在0.95倍定值（m=0.95）时，应可靠不动作；在1.05倍定值时应可靠动作；在1.2倍定值时，测量保护出口触点的动作时间，时间误差应不大于5%。

（七）整组试验

整组试验时，统一加模拟故障电压和电流，本线路断路器处于合闸位置。进行传动断路器试验之前，控制室和开关站均应有专人监视，并应具备良好的通信联络设备，以便观察断路器和保护装置动作相别是否一致，监视中央信号装置的动作及声、光信号指示是否正确。如果发生异常情况，应立即停止试验，在查明原因并改正后再继续进行。装置的部分试验功能需要配合线路保护进行整组试验。传动断路器试验应在确保检验质量的前提下，尽可能减少断路器的动作次数。

由于断路器保护与线路保护回路联系紧密，在进行整组试验时，应和线路保护一起进行，以保证回路的完整性和正确性。

1. 跟跳保护及重合闸整组试验

将装置电流回路与线路保护电流回路串接，投入断路器保护出口压板，为测试跟跳出口动作行为，需要退出线路保护跳闸出口压板，但投入线路保护启动断路器失灵压板，分别模拟线路保护A、B、C相故障，电流大于装置跟跳电流定值，断路器保护通过跟跳保护分相出口并重合于故障。模拟相间故障三相跟跳，重合闸不应动作。测量从模拟故障至断路器跳闸的动作时间以及从模拟故障切除至断路器合闸回路动作的重合闸整组动作时间（A、B相和C相分别测量合后加速时间）。

上述试验要求测量断路器的跳闸时间并与保护的出口时间比较，其时间差再减去线路保护的固有动作时间，即为断路器动作时间，一般应不大于60ms。测量的重合闸整组动作时间与整定的重合闸时间误差不大于50ms（不包含试验装置断流时间）。

因断路器保护有两组跳闸出口，同时考虑到两套线路保护同时启动断路器失灵保护，在进行试验时可以用1号线路保护与断路器保护配合测试第一组跳闸出口，用2号线路保护与断路器保护配合测试第二组跳闸出口。

2. 不一致保护整组试验

该试验也可以和线路保护共同进行，试验条件和接线同上，投入线路保护启动失

灵压板和跳闸出口压板，投入断路器不一致保护，退出断路器保护的重合闸出口压板，待重合闸充电完成后，模拟单相瞬时性故障，线路保护动作单跳后重合闸不动作，测试不一致保护跳其他两相断路器时间。因断路器保护有两个三跳出口，应分别进行测试。

3. 失灵启动出口

将装置电流回路与线路保护电流回路串接，投入线路保护启动失灵压板，退出断路器和线路保护跳闸出口压板，分别测试装置联跳相邻断路器以及其他出口触点时间，并与整定时间比较，时间误差应不大于5%。

4. 先重、后重试验

（1）本侧断路器保护“先合投入”压板投入，相邻断路器该压板退出，投入线路保护跳闸出口、启动断路器失灵出口，两台断路器保护置单重方式，均投入重合闸出口，重合闸充电完成后，模拟线路保护A、B、C相瞬时故障，线路保护单跳，本断路器以整定时间重合闸，相邻断路器以整定时间加后重时间重合闸，时间误差应不大于5%。

（2）本侧断路器保护“先合投入”压板退出，相邻断路器该压板投入，其他条件同上，重合闸充电完成后，模拟线路保护A、B、C相瞬时故障，线路保护单跳，相邻断路器以整定时间重合闸，本断路器以整定时间加后重时间重合闸，时间误差应不大于5%。

（3）本侧断路器保护“先合投入”压板退出，相邻断路器处于跳位或“装置检修”压板投入，其他条件同上，重合闸充电完成后，模拟线路保护A、B、C相瞬时故障，线路保护单跳，相邻断路器不动作，本断路器以整定时间重合闸，时间误差应不大于5%。

5. 沟通三跳

断路器保护和线路保护电流回路串接，退出线路保护出口跳闸触点。断路器保护重合闸在未充好电状态或重合闸为三重方式，模拟线路保护单相瞬时故障，断路器保护出口三跳。

6. 沟三接点

断路器保护未充好电，退出断路器保护出口跳闸触点，模拟线路保护单跳出口，断路器三跳不重。

7. 与中央信号、远动装置的配合联动试验

根据微机保护与中央信号、远动装置信息传送数量和方式的具体情况，确定试验项目和方法。要求所有的硬触点信号都应进行整组传动，不得采用短接触点的方式。对于综合自动化站，还应检查保护动作报文的正确性。

（八）带负荷试验

在新安装检验时，为保证测试准确，要求负荷电流的二次电流值大于保护装置的精确工作电流（$0.06I_N$）时，应同时采用装置显示和钳形相位表测试进行相互校验，不得仅依靠外部钳形相位表测试数据进行判断。

（1）交流电压的相名核对。用万用表交流电压挡测量保护屏端子排上的交流相电压和相间电压，并校核本保护屏上的三相电压与已确认正确的 TV 小母线三相电压的相别。

（2）交流电压和电流的数值检验。进入保护菜单，检查模拟量幅值，并用钳形相位表测试回路电流电压幅值，以实际负荷为基准，检验电压、电流互感器变比是否正确。

（3）检验交流电压和电流的相位。进入保护菜单，检查模拟量相位关系，并用钳形相位表测试回路各相电流、电压的相位关系。在进行相位检验时，应分别检验三相电压的相位关系，并根据实际负荷情况，核对交流电压和交流电流之间的相位关系。

（九）定值与开关量状态的核查

打印保护装置的定值、开关量状态及自检报告，其中定值报告应与定值整定通知单一致、开关量状态与实际运行状态一致，自检报告应无保护装置异常信息。

【思考与练习】

1. 断路器保护上电前需要进行哪些检查？

2. 需要进行哪些保护装置逻辑功能试验？进行整组试验和与其他设备进行配合试验时，调试要点是什么？

3. 如何正确进行带负荷测试？

第十一章

安全自动装置的调试与检修

模块 1　电压并列、切换、操作装置调试及维护（Z12F6001 Ⅰ）

【模块描述】本模块包含电压并列、切换、操作装置的内容。通过原理讲解、典型举例，掌握电压并列、切换、操作装置的工作原理及调试维护内容。

【模块内容】电压并列、切换、操作装置调试及维护，包括电压并列、切换、操作装置原理，典型电压并列、切换装置，典型操作箱，装置的机箱结构与面板布置，电压并列、切换、操作装置调试。

一、电压并列、切换、操作装置原理

1. 电压并列装置原理

主接线采用双母线接线方式的变电站，当某段母线上的电压互感器检修或因故障退出运行，变电站母线运行方式保持不变时，为了使此段母线上元件的保护装置不失去电压，需要将两条母线上的电压互感器二次回路并列，即两条母线上的元件保护装置共用同一电压互感器。上述功能需要通过电压并列装置来完成，因此双母线接线方式的变电站均配置电压并列装置。

电压并列一般是通过手动或遥控实现的，电压并列装置主要由电压互感器隔离开关辅助触点重动继电器、母联（分段）断路器隔离开关辅助触点重动继电器和交流电压并列继电器等组成。需要电压并列时，合上电压并列开关，由母联（分段）断路器辅助触点与母联（分段）断路器隔离开关重动继电器触点串联后启动电压并列继电器，将两母线电压互感器二次并列。

2. 电压切换装置原理

电压切换装置主要用于双母线接线方式的变电站内继电保护装置电压回路切换。正常方式下，为了使继电保护装置接入的电压互感器二次电压和保护元件所在母线相一致，装置的电压回路随着元件连接母线倒闸操作同时进行切换。

电压切换有手动控制和自动控制两种方式，现阶段广泛采用自动控制方式。自动

切换是利用隔离开关辅助触点控制中间继电器进行，一般采用隔离开关的辅助触点去启动电压切换中间继电器，利用中间继电器的触点实现电压回路的自动切换。隔离开关的辅助触点采用单位置输入方式，切换继电器同时动作和TV失压时应发信号。

手动切换采用控制开关来选择设备选用哪组电压，优点是回路简单、连接可靠，但需要人为操作，而且一、二次操作不可能同步。

3. 操作箱原理

操作箱是继电保护及安全自动装置的辅助设备，是断路器的控制装置。继电保护动作后，保护动作触点通过操作箱实现对断路器的控制。操作箱内包含断路器跳、合闸回路，跳、合闸位置监视回路，压力监视回路，信号回路等。

（1）断路器合闸回路。操作箱内提供一组断路器合闸回路，合闸回路具有电流自保持功能，手动合闸命令经压力闭锁触点启动手合继电器，手合继电器触点与保护合闸触点一并经防跳继电器闭锁（可取消）接至断路器合闸线圈。

（2）断路器跳闸回路。操作箱内设有两组分相跳闸回路，每组跳闸回路设有跳闸回路电流自保持功能和防跳功能，回路中串有跳闸执行信号继电器线圈，分别接至两组断路器跳闸线圈。

（3）断路器跳、合闸位置监视回路。操作箱内设有断路器分相跳、合闸位置监视继电器TWJ和HWJ，分别接至断路器合闸和跳闸回路，提供触点用于指示断路器位置、控制回路断线等功能。

（4）信号回路。包括装置面板指示灯和提供的中央信号触点，面板指示灯分为运行灯及告警灯，运行包含电源监视、断路器位置、跳闸信号等。

二、典型电压并列、切换装置

典型的电压并列和切换装置回路原理图分别见图Z12F6001Ⅰ-1和图Z12F6001Ⅰ-2。

1. 电压并列装置

电压并列装置内包含远方遥控回路和就地手动并列回路。当只使用就地手动并列功能时，将就地功能对应的短接线连好，手动并列回路正电源接通后，J1A～J4A电压并列继电器动作，两段母线电压互感器二次电压回路通过并列继电器触点并列。如使用远方并列功能时，将就地功能对应的短接线断开，正电源回路保持接通状态，通过远方命令控制继电器JSA动作，由其触点控制并列继电器动作，使两段母线电压互感器二次电压回路并列。

2. 电压切换装置

电压切换装置内包含两组电压切换继电器，分别对应两段母线电压。图Z12F6001Ⅰ-2所示为以单位置电压切换装置为例的原理图。

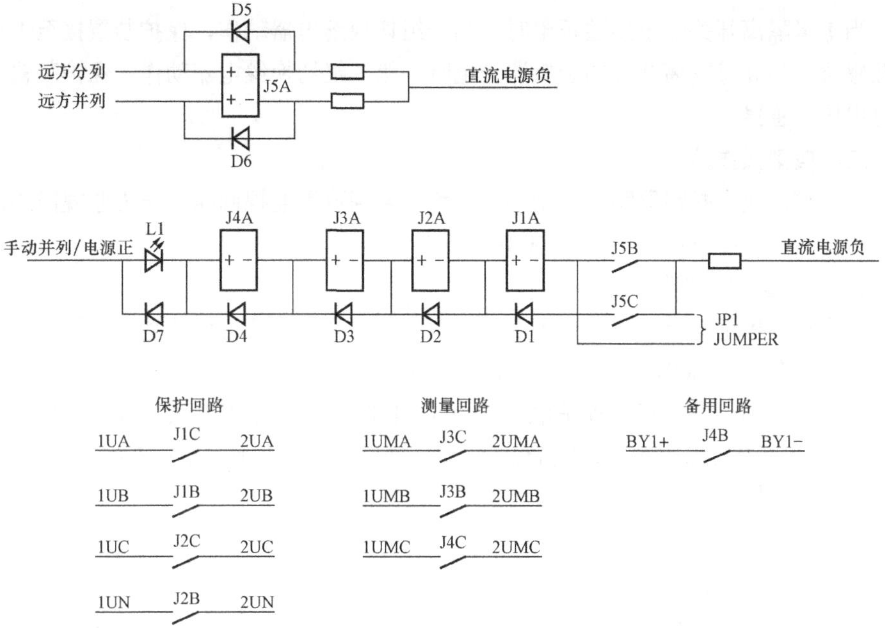

图 Z12F6001Ⅰ-1　电压并列原理

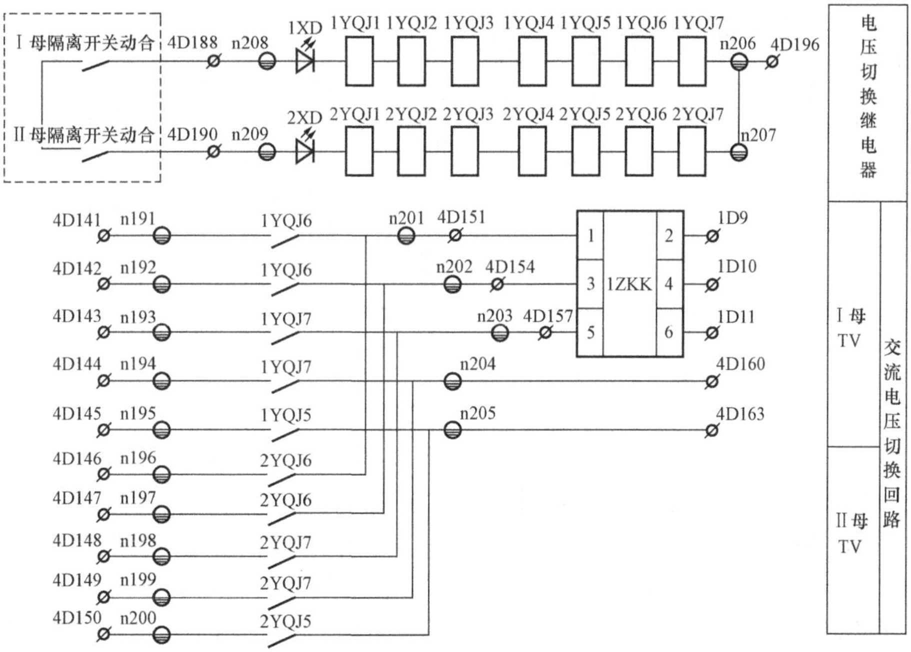

图 Z12F6001Ⅰ-2　电压切换原理

当Ⅰ母隔离开关端子接通正电时，第一组切换继电器动作，保护装置接至Ⅰ母电压互感器；当Ⅱ母隔离开关端子接通正电时，第二组切换继电器动作，保护装置接至Ⅱ母电压互感器。

三、典型操作箱

操作箱内包含断路器跳、合闸回路，跳、合闸位置监视回路，压力监视回路，信号回路等。操作箱原理见图Z12F6001Ⅰ–3。

1. 操作箱合闸回路

操作箱内提供一组断路器合闸回路，合闸回路具有电流自保持功能。操作箱合闸回路原理见图Z12F6001Ⅰ–3，以A相回路为例。

保护重合闸令发出后，保护触点（ZHJ）瞬时接通操作正电源，合闸保持继电器（SHJa）动作，经SHJa触点闭合自保持，保证断路器可靠合闸；手动合闸触点（1SHJ）闭合后，接通操作正电源，合闸回路导通，断路器合闸。

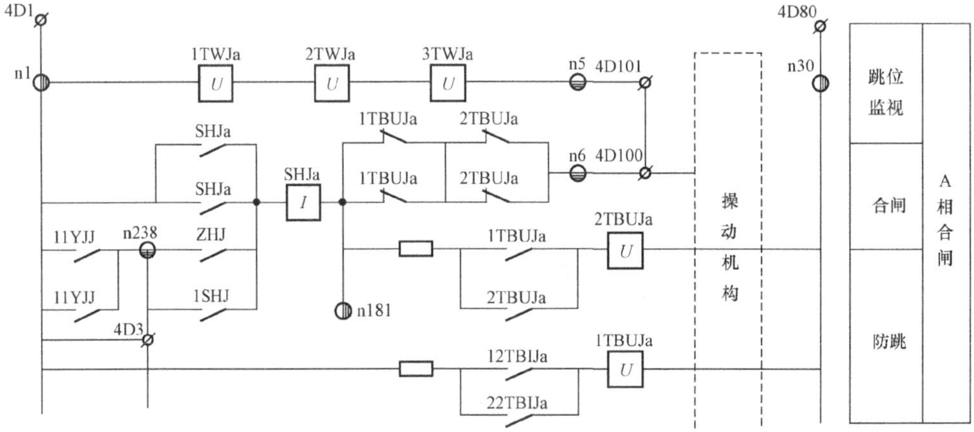

图Z12F6001Ⅰ–3 操作箱合闸回路原理图

2. 操作箱跳闸回路

操作箱内设有两组分相跳闸回路，每组跳闸回路设有跳闸回路电流自保持功能和防跳继电器，回路中串有跳闸执行信号继电器线圈，分别接至两组断路器跳闸线圈。操作箱跳闸回路原理见图Z12F6001Ⅰ–4，以A相回路为例。

保护跳闸令发出后，保护触点（TA）瞬时接通操作正电源，跳闸保持继电器（21TBJa）动作，经21TBJa触点闭合自保持，保证断路器可靠跳闸，同时防跳继电器（22TBIJa）动作。手动跳闸触点（STJa）闭合后，瞬时接通操作正电源，跳闸回路导通，断路器跳闸。

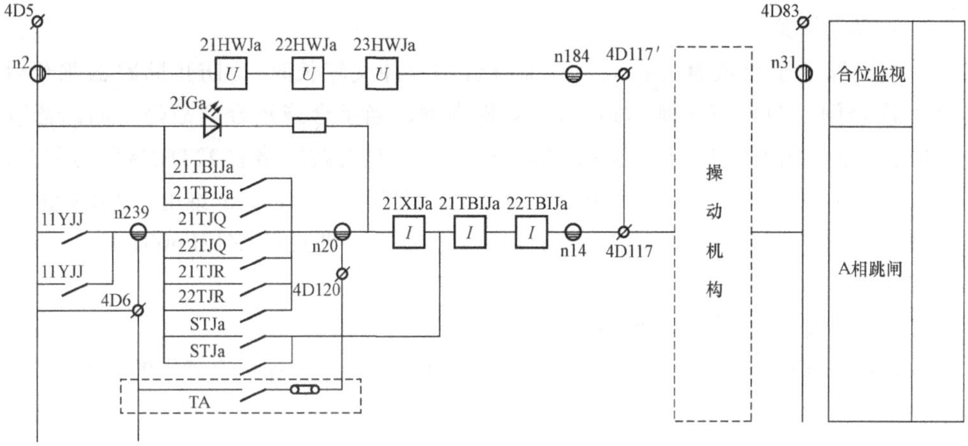

图 Z12F6001 Ⅰ–4　操作箱跳闸回路原理图

3. 断路器跳、合闸位置监视回路

操作箱内设有断路器分相跳、合闸位置监视继电器 TWJ 和 HWJ，分别接至断路器合闸和跳闸回路，提供触点用于指示断路器位置、发出控制回路断线信号等功能。其在跳合闸回路中的接线情况见图 Z12F6001 Ⅰ–3 和图 Z12F6001 Ⅰ–4。

4. 信号回路

信号回路包括装置面板指示灯和提供的中央信号触点，信号灯及信号触点通过跳合闸回路中的信号继电器辅助触点驱动，信号原理见图 Z12F6001 Ⅰ–5，跳闸信号以 A 相为例。

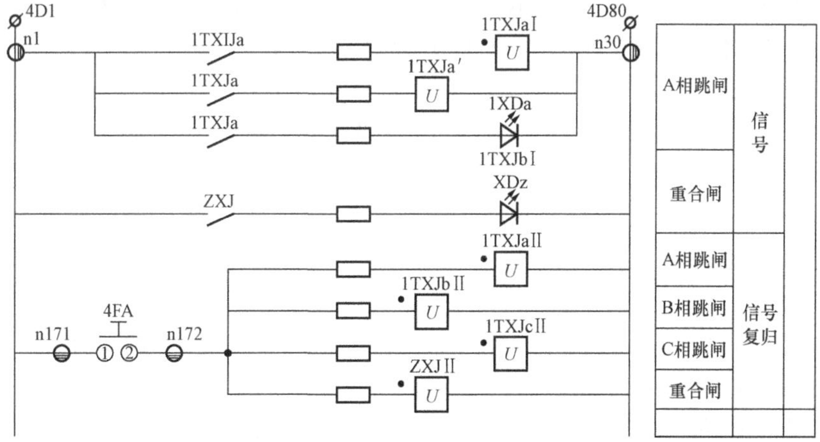

图 Z12F6001 Ⅰ–5　操作箱信号回路原理图

5. 防跳回路

当断路器手合或重合到故障上而且合闸脉冲又较长时，为防止断路器跳开后又多次合闸，故设有防跳回路。以A相为例，当手合或重合到故障上断路器跳闸时，跳闸回路的防跳继电器（22TBIJa）动作，使防跳回路的22TBIJa触点闭合，在合闸脉冲存在情况下启动继电器1TBUJa，于是串入合闸回路的继电器的动断触点1TBUJa断开，避免断路器多次跳合。防跳回路原理见图Z12F6001Ⅰ-3和图Z12F6001Ⅰ-4。

四、装置的机箱结构与面板布置

电压并列切换装置一般采用直插式结构，装置设有若干个完全独立的电压并列、切换插件，对各路电压进行并列和切换。

装置面板上一般包括汉字显示的信号指示灯，如Ⅰ母、Ⅱ母、并列等。

五、电压并列、切换、操作装置调试

现场工作程序一般分为以下几个步骤：工作前准备、办理工作票、填写安全措施票、装置调试、填写工作记录簿和办理工作结束手续。

（一）装置调试工作前的准备

调试人员在调试前要做四个方面的准备工作：准备仪器、仪表及工器具；准备好装置故障维修所需的备品备件；准备调试过程中所需的材料；准备被调试装置的图纸等资料。

1. 仪器、仪表及工器具

调试所需的仪器、仪表及工器具有组合工具、电缆盘（带漏电保安器）、计算器、绝缘电阻表、微机型继电保护测试仪、钳形相位表、试验接线、数字万用表、模拟断路器等，要求仪器、仪表经检验合格且在有效期范围内。

2. 备品备件

为了在检验过程中及时更换故障器件，调试前应准备充足的备品备件。电压并列、切换、操作装置调试所需的备品备件主要有电压并列插件、电压切换插件、操作继电器插件等，不同型号的装置可能会因为结构不同，备品备件也不一样，调试人员应根据装置的实际情况确定。

3. 材料

调试用材料主要有绝缘胶布、自粘胶带、小毛巾、中性笔、口罩、手套、毛刷、防静电环、独股塑铜线等。

4. 图纸资料

调试用的图纸资料主要有与现场装置一致的技术说明书、装置及二次回路相关图纸、上次装置检验报告、调试规程、作业指导书等资料。

（二）安全技术措施

安全技术措施是为了规范现场人员作业行为，防止在调试过程中发生人身、设备事故而制订的安全保障措施。在装置调试工作开始前，办理开工手续时，同时应填写继电保护安全措施票，并组织全体调试人员学习，在调试工作过程中严格遵守。安全技术措施的一项重要内容是危险点分析及所采取的相应安全控制措施。

1. 人身触电

（1）误入带电间隔。控制措施：工作前应熟悉工作地点、带电部位。检查现场安全围栏、安全警示牌和接地线等安全措施。

（2）接、拆低压电源。控制措施：必须使用装有漏电保护器的电源盘。螺丝刀等工具金属裸露部分除刀口外包绝缘。接拆电源时至少有两人执行，必须在电源开关拉开的情况下进行。临时电源必须使用专用电源，禁止从运行设备上取得电源。

2. 继电保护“三误”

防“三误”事故的安全技术措施如下：

（1）现场工作前必须做好充分准备，内容如下：

1）了解工作地点一、二次设备运行情况，本工作与运行设备有无直接联系（如备自投、联切装置等）。

2）工作人员明确分工并熟悉图纸与检验规程等有关资料。

3）应具备与实际状况一致的图纸、上次检验记录、最新整定通知单、检验规程、合格的仪器仪表、备品备件、工具和连接导线。

4）工作前认真填写安全措施票，特别是针对复杂保护装置或有联跳回路的保护装置的操作装置，如母线保护、变压器保护、断路器失灵保护等的现场校验工作，应由工作负责人认真填写，并经技术负责人严格审批。

5）工作开工后先执行安全措施票，由工作负责人负责做的每一项措施要在“执行”栏做标记；校验工作结束后，要持此票恢复所做的安全措施，以保证完全恢复。

6）不允许在未停用的装置上进行试验和其他测试工作。

7）只能用整组试验的方法，即由电压端子通入与实际情况相符的模拟量，检查装置回路的正确性。不允许用卡继电器触点、短路触点等人为手段做装置的整组试验。

8）在校验装置及二次回路时，凡与其他运行设备二次回路相连的连接片和接线应有明显标记，并按安全措施票仔细地将有关回路断开或短路，做好记录。

9）在清扫运行中设备和二次回路时，应认真仔细，并使用绝缘工具（毛刷、吹风机等），特别注意防止振动，防止误碰。

10）严格执行风险分析卡和继电保护作业指导书。

（2） 现场工作应按图纸进行，严禁凭记忆作为工作的依据。如发现图纸与实际接线不符时，应查线核对。需要改动时，必须履行以下程序：

1）先在原图上做好修改，经主管继电保护部门批准。

2）拆动接线前先要与原图核对，接线修改后要与新图核对，并及时修改底图，修改运行人员及有关各级继电保护人员的图纸。

3）改动回路后，严防寄生回路存在，没用的线应拆除。

4）在变动二次回路后，应进行相应的逻辑回路整组试验，确认回路极性完全正确。

3. 通信干扰

保护室内使用无线通信设备，易造成其他正在运行的保护设备不正确动作。

控制措施：不在保护室内使用无线通信设备，尤其是对讲机。

4. 反送电事故

装置屏顶电压小母线带电，易发生电压反送事故或引起人员触电。

控制措施：断开交流二次电压引入回路，并用绝缘胶布对所拆线头实施绝缘包扎。

5. 集成块和插头损坏

带电插拔插件，易造成集成块损坏。频繁插拔插件，易造成插件插头松动。

控制措施：插件插拔前关闭电源。

6. 误跳、合闸

断路器跳、合闸压板未断开，操作装置调试容易引起误跳、合闸。

控制措施：试验前检查跳、合闸压板须在断开状态，并拆开跳、合闸回路线头，用绝缘胶布对拆头实施绝缘包扎。

（三）装置调试步骤

电压并列、切换、操作装置的调试主要包含以下内容：外观及接线检查、绝缘电阻测试、逆变电源检查、装置上电检查、逻辑回路调试、传动断路器试验、带负荷试验和办理工作结束。

1. 装置外观及接线检查

装置整体做外观及接线检查，目的是检查装置在出厂运输以及现场安装过程中是否有损坏的地方，以及屏体接线是否与设计图纸相符、屏体安装布置是否满足技术协议要求等，以保证装置在通电前的完好性。具体检查内容如下：

（1） 检查装置型号、参数与设计图纸是否一致，装置外观应清洁良好，无明显损坏及变形现象。

（2） 检查屏柜及装置是否有螺栓松动，特别是电流回路的螺栓及连片，不允许有丝毫松动的情况。

（3） 对照说明书，检查装置插件中的跳线是否正确。

（4） 检查插件是否插紧。

（5） 装置的端子排连接应可靠，且标号应清晰正确。

（6） 切换开关、按钮等应操作灵活、手感良好。

（7） 装置外部接线和标注应符合图纸的要求。

2. 绝缘电阻测试

目的是检查备自投装置屏体内二次回路及装置的绝缘性能，试验前注意断开有关回路连线，防止高电压造成设备损坏。

（1） 试验前准备工作如下：

1） 装置所有插件在拔出状态。

2） 屏上各压板置“投入”位置。

3） 断开直流电源、交流电压等回路，并断开与其他装置的有关连线。

4） 在屏端子排内侧分别短接交流电压回路端子、直流电源回路端子、跳闸和合闸回路端子、开关量输入回路端子、远动接口回路端子及信号回路端子。

（2） 绝缘电阻检测。

1） 分组回路绝缘电阻检测。用 1000V 绝缘电阻表分别测量各组回路间及各组回路对地的绝缘电阻（对开关量输入回路端子使用 500V 绝缘电阻表），绝缘电阻值均应大于 10MΩ。

2） 整个二次回路的绝缘电阻检测。在屏端子排处将所有电流、电压及直流回路的端子连接在一起，并将电流回路的接地点拆开，用 1000V 绝缘电阻表测量整个回路对地的绝缘电阻，其绝缘电阻应大于 1.0MΩ。

3） 部分检验时仅检测交流回路对地绝缘电阻。

3. 装置上电检查

装置接通电源后，面板的指示灯应能正常显示，其中电压切换、电压并列装置应正确显示目前保护装置使用的电压互感器组别；操作装置应正确显示断路器位置等。

4. 装置逻辑回路调试

（1） 电压并列、切换装置调试。

1） 电压并列装置调试。电压并列装置逻辑回路调试见图 Z12F6001 Ⅰ–1。

若并列输入回路是保持回路，当手并端子接通正电时，图中所示的触点 J1C、J2C、J3C、J4C、J1B、J2B、J3B、J4B 闭合，用万用表测量相应输出端子应导通；当手并端子断开正电时，上述相应触点断开。

若并列输入回路不是保持回路，如采用远方并列，先把 JP1 短接线焊下来，手并/

正电源端子接通正电。当远方并列时，远方并列端子接通正电，触点J1C、J2C、J3C、J4C、J1B、J2B、J3B、J4B闭合，用万用表测量相应输出触点应导通；当远方分列时，远方分列触点接通正电，上述相应触点应断开。

2）电压切换装置调试。电压切换装置逻辑回路调试见图Z12F6001Ⅰ–2。

当Ⅰ母隔离开关端子接通正电时，1YQJ继电器励磁，用万用表测量1YQJ的相应触点应导通；

当Ⅱ母隔离开关端子接通正电时，2YQJ继电器励磁，用万用表测量2YQJ的相应触点应导通。

（2）操作装置调试。

1）合闸保持回路调试。操作装置合闸回路调试见图Z12F6001Ⅰ–3。

使保护动作触点或手合触点导通，接通操作正电源，合闸保持继电器（SHJ）动作，经HBJ触点闭合自保持，保证断路器可靠合闸。

2）跳闸保持回路调试。操作装置跳闸回路调试见图Z12F6001Ⅰ–4。

使保护跳闸触点或手跳触点导通，接通操作正电源，跳闸保持继电器（TBIJ）动作，经TBIJ触点闭合自保持，保证断路器可靠跳闸。

3）防跳回路调试。模拟重合到故障线路且合闸脉冲长时间存在情况下，检查断路器是否多次跳合，合闸回路的防跳继电器的动断触点TBUJ应断开。

4）跳合闸位置监视回路。当断路器在分位时，TWJ 继电器动作，其触点闭合；当断路器在合位时，HWJ继电器动作，其触点闭合。

5. 断路器传动试验

做操作箱和断路器连接传动试验，可用人工短接跳闸触点的方法。传动项目包含A、B、C分相跳闸、ABC三相跳闸、重合闸等，检验断路器是否正确动作，操作装置相关信号表示是否正确。做这项试验时，要注意跳、合闸回路电流的匹配，操作回路的防跳和断路器本体机构的防跳只能二取一。

本项试验也可用保护整组传动来进行，同时检验两组跳闸回路是否正确动作。

6. 带负荷试验

装置本体及断路器传动试验全部结束后，将装置的交流接线恢复正常，通入实际的系统电压和负荷电流，用万用表和相位表检测装置的电压、电流相序、相位和数值，确定接线的正确性。

7. 办理工作结束

装置调试结束后，复归所有动作信号，清除装置报告，确认时钟已校正和同步。整理、填写试验报告，填写继电保护现场记录簿，向运行人员交代，办理工作结束手续。

【思考与练习】

1. 电压并列装置的作用是什么？
2. 电压并列装置与电压切换装置有什么不同？
3. 防跳继电器的作用是什么？

模块 2　低频低压减载装置原理（Z12F6002 Ⅰ）

【模块描述】本模块包含了低频低压减载的配置及原理。通过要点归纳、原理讲解，了解低频低压的危害，掌握负荷特性、滑差闭锁、分级减载等的工作原理。

【模块内容】低频低压减载装置原理，包括低频低压的危害、低频低压减载装置的配置、低频低压减载装置的原理。

一、低频低压的危害

当电力系统因事故而出现严重的功率缺额时，其频率、电压会随之急剧下降。频率降低较大时，对系统运行极为不利，甚至会造成严重后果，主要表现在以下三个方面。

1. 对汽轮机的影响

运行经验表明，某些汽轮机长期在频率低于 49～49.5Hz 运行时，叶片容易产生裂纹，当频率低到 45Hz 附近时，个别级的叶片可能发生共振而引起断裂事故。

2. 发生频率崩溃现象

当频率下降到 47～48Hz 时，火电厂的厂用机械（如给水泵等）的出力将显著降低，使锅炉出力减少，致使功率缺额更为严重。于是系统频率进一步下降，这样恶性反馈将使发电厂运行受到破坏，从而造成所谓“频率崩溃”现象。

3. 发生电压崩溃现象

当频率降低时，励磁机、发电机等的转速相应降低，由于发电机的电势下降，使系统电压的水平下降。运行经验表明，当频率下降至 45～46Hz 时，系统电压水平受到严重影响，系统运行的稳定性遭到破坏，出现所谓的“电压崩溃”现象，电压崩溃会导致系统损失大量负荷，甚至大面积停电或使系统瓦解。

二、低频低压减载装置的配置

在电力系统发生故障或非正常运行状态下，如果处理不当或处理不及时，往往会引起电力系统的频率崩溃或电压崩溃，造成电力系统事故。

为了提高供电质量，保证重要用户供电的可靠性，当系统中出现有功功率缺额引起频率下降、无功缺额引起电压下降时，根据频率、电压下降的程度，自动断开一部分用户，阻止频率、电压下降，以使频率、电压迅速恢复到正常值，这种装置称为低频低压减载装置。

低频低压自动减载装置根据负载的重要程度分级，在不同低频、低压的情况下，分别切除不同等级的负荷，凡是重要性低的负荷首先切除，而后逐级上升，直到系统频率、电压恢复正常为止。低频低压减载装置一般配置的功能见表Z12F6002Ⅰ-1。

表Z12F6002Ⅰ-1 低频低压减载装置具有的功能

序号	功 能	效 果
1	低频减载功能	正常减载4轮（基本轮）
		正常减载2轮（特殊轮）
		加速减载2轮（加速轮）
2	低压减载功能	正常减载4轮（基本轮）
		正常减载2轮（特殊轮）
		加速减载2轮（加速轮）
3	过频跳闸功能	正常跳闸3轮（基本轮）
		正常跳闸1轮（特殊轮）
		加速跳闸2轮（加速轮）
4	过压跳闸功能	正常跳闸2轮（基本轮）
		正常跳闸1轮（特殊轮）
5	辅助告警功能	TV断线告警
		母线失压告警
		频率异常、频率测量超限告警
		滑差闭锁
		短路故障检测

三、低频低压减载装置的原理

1. 低频减载原理

低频减载一般配置六轮正常减载（Lfs1～Lfs6）和两轮加速减载（Lfsp1、Lfsp2），见图Z12F6002Ⅰ-1，两轮加速减载元件安装于低频第1轮元件Lfs1上，配置或整定退出Lfs1时，加速跳功能随之退出。正常减载Lfs1～Lfs4为基本轮，Lfs5、Lfs6为特殊轮。基本轮各轮之间、特殊轮各轮之间设有顺序和独立动作两种动作方式。

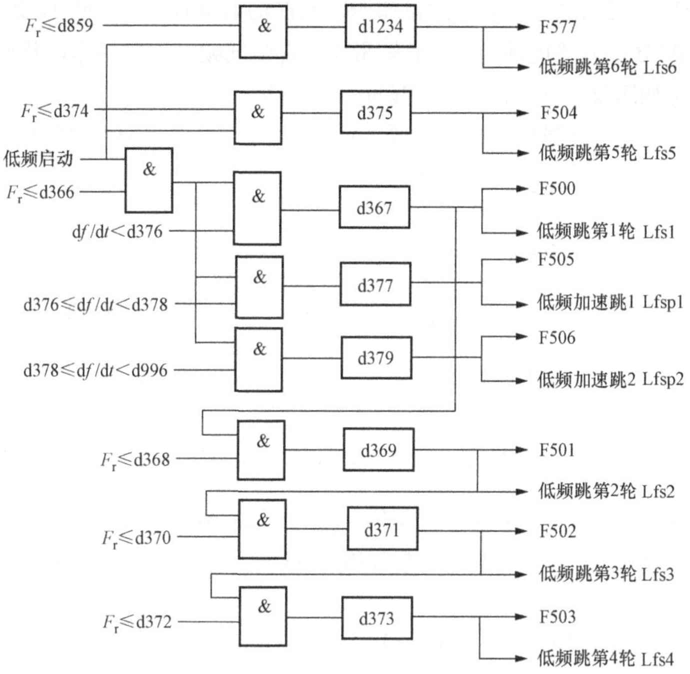

图 Z12F6002Ⅰ-1　低频切负荷逻辑原理图

根据厂站需要对 Lfs1～Lfs6、Lfsp1、Lfsp2 进行配置（投入/退出）和设定基本轮和特殊轮的动作方式。如：若低频减载基本轮 Lfs1～Lfs4 设定为顺序动作方式时，则四轮按 Lfs1→Lfs2→Lfs3→Lfs4 依次动作，当 Lfs*n* 退出（配置退出或软压板退出）时，Lfs（*n*–1）动作后，Lfs（*n*+1）开始计时，其他依次类推；若 Lfs1～Lfs4 设定为独立动作方式时，四轮启动计时、动作互相独立，各轮延时一到立即动作。

当 Lfs1 启动后，装置同时检查当前的 Lfsp1 和 Lfsp2 的动作状况，决定是正常减载（Lfs1）还是加速减载（Lfsp1/2）。低频加速跳 1 动作（F505）闭锁低频减载 Lfs1、Lfs2，直接启动 Lfs3；低频加速跳 2 动作（F506）闭锁低频减载 Lfs1～Lfs3，直接启动 Lfs4。加速跳闸动作区间见图 Z12F6002Ⅰ-2。

图 Z12F6002Ⅰ-2 中，D_1 为加速跳 1 元件的 d*f*/d*t* 定值；D_2 为加速跳 2 元件的 d*f*/d*t* 定值；D_3 为滑差闭锁 d*f*/d*t* 定值。当 d*f*/d*t* 进入“区间 1”时仅低频第 1 轮出口，进入“区间 2”仅加速跳 1 出口，进入“区间 3”仅加速跳 2 出口，进入“区间 4”滑差闭锁。

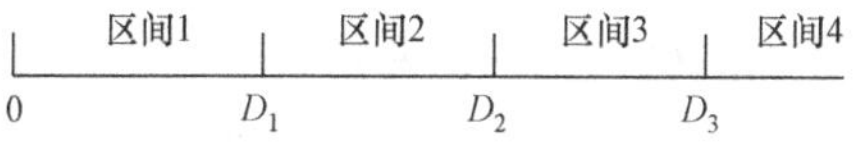

图 Z12F6002Ⅰ-2　加速跳闸动作区间示意

加速跳闸元件和频率滑差闭锁元件的配置（投入/退出）状态会改变图 Z12F6002Ⅰ-2 所示的加速跳闸区间。如：两轮加速跳元件均退出时，则区间 1、2、3 合并为一个区间，当 d*f*/d*t* 进入“区间 4”时滑差闭锁，否则低频第 1 轮动作，其他类似。过频加速跳、低压加速跳动作区间见图 Z12F6002Ⅰ-2。

以 ISA-331G 型低频低压减载装置为例，低频启动逻辑原理见图 Z12F6002Ⅰ-3。

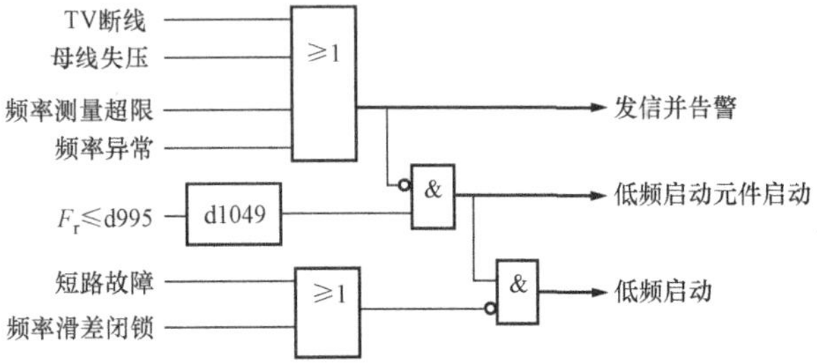

图 Z12F6002Ⅰ-3 低频减载启动逻辑原理图

图 Z12F6002Ⅰ-3 中，d995 指低频启动整定值，d1049 指低频启动延时，本模块其他部分中的 d×××含义与此类似，皆为 ISA-331G 装置软件程序对各项低频、低压定值的编号，不再一一说明。

低频启动原理主要由三个模块组成：

（1）装置无告警信号，即系统有压、运行正常，装置的电压、频率采样回路正常。

（2）装置检测到系统频率低于整定值。

（3）装置的闭锁元件不启动，即滑差闭锁、故障状态检测不动作。

当满足上述三个条件时，低频减载装置启动。

以 ISA-331G 型低频低压减载装置为例，低频减载的动作逻辑原理见图 Z12F6002Ⅰ-1，该图是以基本轮顺序动作、特殊轮独立动作的工作方式为例。

低频减载装置启动后，根据基本轮顺序动作和特殊轮的定值，按照各轮的配置（投入/退出）状态动作出口。图 Z12F6002Ⅰ-3 所示的原理是将基本轮 1～4 设定为顺序动作方式，四轮按 1→2→3→4 的顺序依次动作；特殊轮 5、6 设定为独立动作方式，两轮间相互独立，根据定值的设定进行动作；加速轮的投退受基本轮 1 轮的控制，基本轮 1 轮投入，加速轮投入，满足定值条件时动作。

2. 低压减载动作原理

低压减载共配置六轮正常减载（Lvs1～Lvs6）和两轮加速减载（Lvsp1、Lvsp2），见图 Z12F6002Ⅰ-4，两轮低压加速跳元件安装于低压第 1 轮元件 Lvs1 上，配置或整定退出 Lvs1 时，加速跳功能随之退出。低压减载各轮的动作方式全同低频减载。

当 Lvs1 启动后，装置同时检查当前的 Lvsp1 和 Lvsp2 的动作状况，决定是正常减

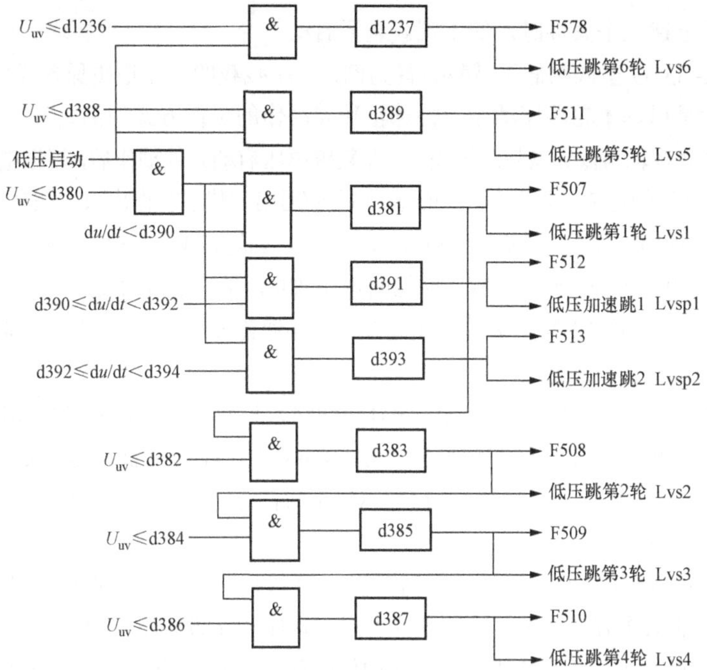

图 Z12F6002Ⅰ-4　低压切负荷逻辑原理图

载（Lvs1）还是加速减载（Lvsp1/2）。低压加速跳 1 动作（F512）闭锁低压减载 Lvs1 和 Lvs2，直接启动 Lvs3；低压加速跳 2 动作（F513）闭锁低压减载 Lvs1～Lvs3，直接启动 Lvs4，加速跳区间见图 Z12F6002Ⅰ-2。

以 ISA-331G 型低频低压减载装置为例，低压减载启动逻辑原理见图 Z12F6002Ⅰ-5。主要由三个模块组成：

（1）装置无告警信号，即系统有压、运行正常。

（2）装置检测到系统电压低于整定值。

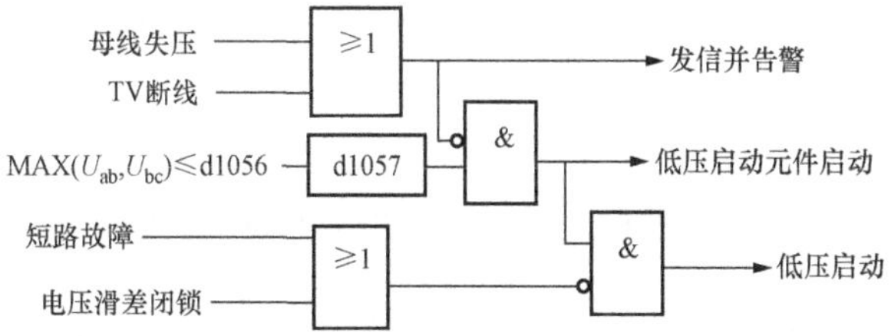

图 Z12F6002Ⅰ-5　低压减载启动逻辑原理图

（3）装置的闭锁元件不启动，即滑差闭锁、故障状态检测不动作。

当满足上述三个条件时，低压减载装置启动。

以ISA–331G型低频低压减载装置为例，低压减载的动作逻辑原理见图Z12F6002Ⅰ–4，该图是以基本轮顺序动作、特殊轮独立动作的工作方式为例。

低压减载逻辑与低频减载逻辑类似，在装置电压启动元件动作后，根据电压基本轮顺序动作和特殊轮的定值，按照各轮的配置（投入/退出）状态动作出口。图Z12F6002Ⅰ–4所示的原理是将基本轮1～4设定为顺序动作方式，四轮按1→2→3→4的顺序依次动作；特殊轮5、6设定为独立动作方式，两轮间相互独立，根据定值的设定进行动作；加速轮的投退受基本轮1轮的控制，基本轮1轮投入，加速轮投入，满足定值条件时动作。

3. 过频跳闸动作原理

过频跳闸共配置四轮正常跳闸（Gfs1～Gfs4）和两轮加速跳闸（Gfsp1、Gfsp2），两轮过频加速跳元件安装于过频第1轮元件Gfs1上，配置或整定退出Gfs1时，加速跳功能随之退出。Gfs1～Gfs3为基本轮，Gfs4为特殊轮，基本轮各轮之间设有顺序和独立动作两种动作方式。

根据厂站需要对Gfs1～Gfs4、Gfsp1、Gfsp2进行配置（投入/退出）和设定Gfs1～Gfs3基本轮的动作方式。如：若基本轮设定为顺序动作方式时，则各轮按Gfs1→Gfs2→Gfs3依次顺序动作，保持严格的先后动作顺序。当Gfs*n*退出（软压板或配置退出）时，Gfs（*n*–1）动作后，Gfs（*n*+1）开始计时；若基本轮设定为独立动作方式时，则Gfs1～Gfs3启动计时、动作互相独立。

以ISA–331G型低频低压减载装置为例，过频启动逻辑见图Z12F6002Ⅰ–6。过频跳闸的逻辑除切机轮数、过量与欠量继电器不同外，其他逻辑完全同低频切负荷的逻辑，见图Z12F6002Ⅰ–1。

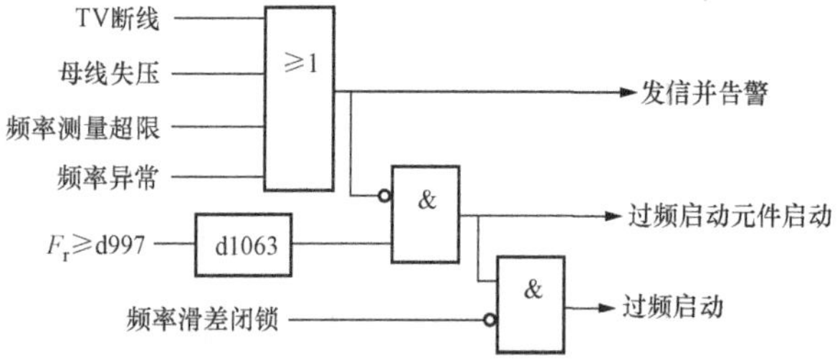

图Z12F6002Ⅰ–6 过频跳闸启动逻辑原理图

当Gfs1启动后，装置同时检查当前的Gfsp1和Gfsp2的动作状况，决定是正常跳闸（Gfs1）还是加速跳闸（Gfsp1/2）。过频加速跳1动作（F518）闭锁过频跳闸Gfs1和Gfs2，直接启动Gfs3；过频加速跳2动作（F519）闭锁过频跳闸Gfs1～Gfs3。过频加速跳闸区间见图Z12F6002Ⅰ–2。

4. 过压跳闸动作原理

过压跳闸共配置三轮（Gvs1～Gvs3）。

（1）Gvs1、Gvs2 为基本轮，设有顺序动作和独立动作两种工作方式。

（2）Gvs3 轮为特殊轮，过压启动后，Gvs3 立即启动计时。

（3）根据厂站需要对 Gvs1～Gvs3 进行配置（投入/退出）和设定过压轮的动作方式。基本轮设为顺序动作方式时，仅当 Gvs1 动作后，Gvs2 才开始计时；设为独立动作方式时，Gvs1、Gvs2 启动计时、动作互不影响。

以 ISA–331G 型低频低压减载装置为例，过压跳闸动作逻辑原理见图 Z12F6002 Ⅰ–7。

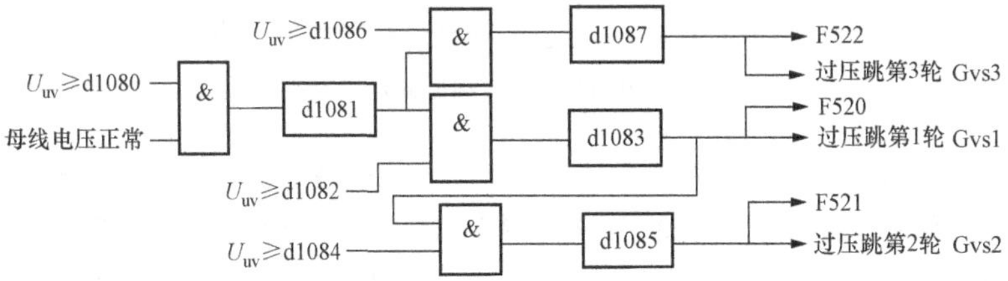

图 Z12F6002 Ⅰ–7 过压跳闸逻辑原理图

5. 辅助告警动作原理

低频低压减载装置具备各种告警功能，负责检查 TV 断线、母线失压、频率越限等电网或装置本身发生的异常现象，发告警信号并闭锁装置，以深圳南瑞 ISA–331G 型低频低压减载装置为例，说明各告警逻辑原理。

（1）TV 断线告警。TV 断线瞬时闭锁本母线的低频减载、低压减载、过频跳闸、过压跳闸、过载跳闸。Ⅰ母、Ⅱ母 TV 断线逻辑相同，见图 Z12F6002 Ⅰ–8。

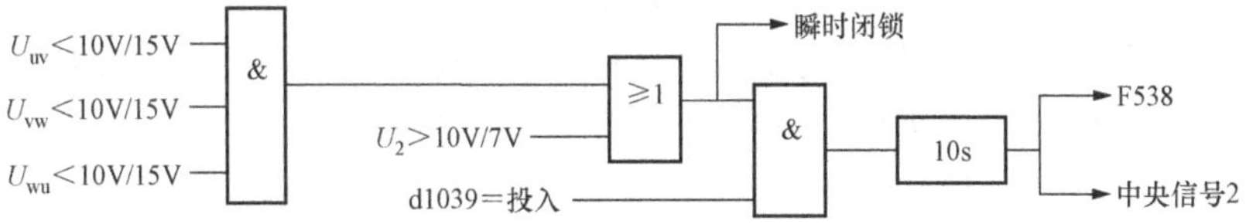

图 Z12F6002 Ⅰ–8 TV 断线告警原理图

（2）母线失压告警。Ⅰ母、Ⅱ母母线失压逻辑相同，见图 Z12F6002 Ⅰ–9。

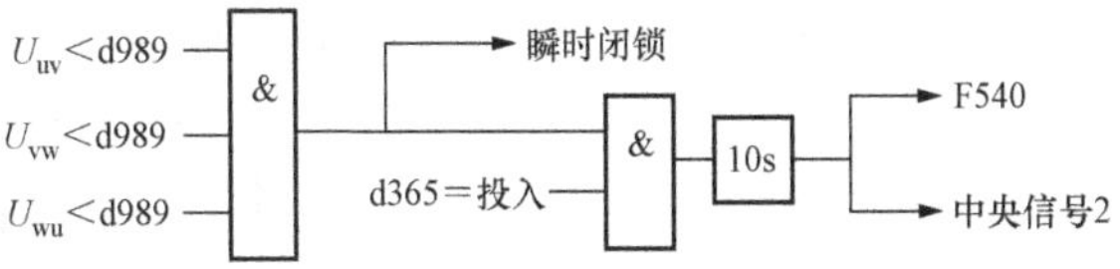

图 Z12F6002 Ⅰ–9 母线失压告警原理图

（3）频率异常、频率测量超限告警。Ⅰ母、Ⅱ母频率异常、频率超限告警逻辑相同，见图Z12F6002Ⅰ-10和图Z12F6002Ⅰ-11。

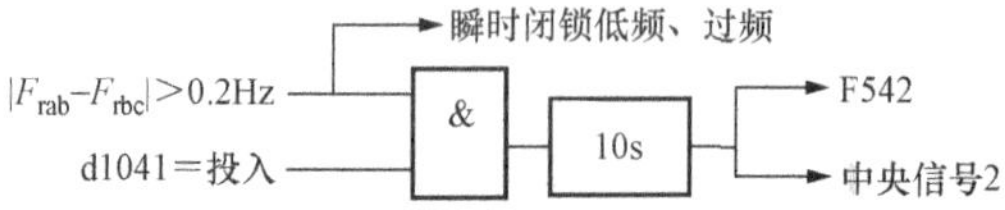

图Z12F6002I-10　频率异常告警原理图

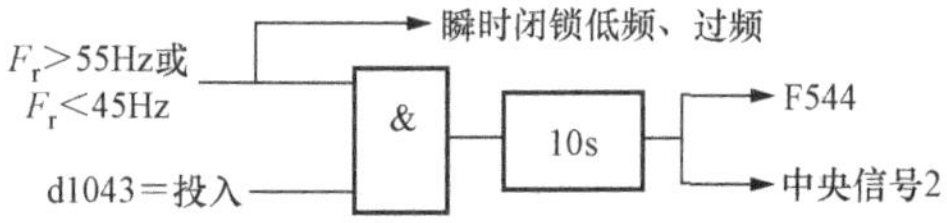

图Z12F6002I-11　频率测量超限告警原理图

（4）滑差闭锁告警。低频减载、过频跳闸、低压减载的滑差闭锁逻辑完全相同，以低频滑差闭锁为例，原理见图Z12F6002Ⅰ-12。无论滑差闭锁告警软压板投入或退出，滑差闭锁（d*f*/d*t*或d*u*/d*t*）值都必须整定，滑差闭锁后，仅当相应的启动元件返回后才解除闭锁。

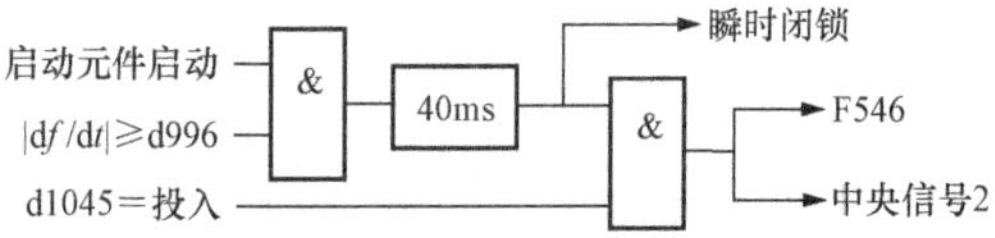

图Z12F6002Ⅰ-12　滑差闭锁告警原理图

（5）短路故障检测原理。系统发生短路故障时，母线电压迅速降低，当电压降低到母线有压定值（d993）以下时，立即闭锁低频减载、低压减载功能。当保护动作切除故障元件后，装置安装处的电压迅速回升，在等待故障切除时间（d395）内，若电压升到母线有压定值以上时，立即解除闭锁低频和低压减载；若电压一直未升到母线有压定值之上，装置将一直闭锁低频/低压减载功能，直到电压上升至低压减载的低压启动电压定值（d1056）以上才解除闭锁。短路故障检测原理逻辑见图Z12F6002Ⅰ-13。

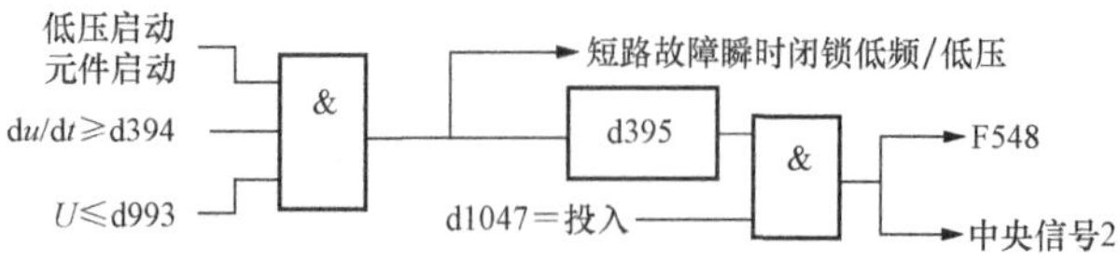

图Z12F6002Ⅰ-13　短路故障检测原理图

【思考与练习】

1. 试述低频低压的危害。
2. 什么是滑差闭锁？
3. 低频低压减载装置的轮次及相互关系是怎样的？
4. 低频低压减载装置的辅助告警功能一般包括哪些？

模块3 低频低压减载装置调试的安全和技术措施（Z12F6003Ⅰ）

【模块描述】本模块包含低频低压减载装置调试的工作前准备和安全技术措施。通过要点归纳、图表举例，掌握低频低压减载装置现场调试的危险点预控及安全技术措施。

【模块内容】低频低压减载装置调试的安全和技术措施包括调试前准备，与运行设备相连的回路进行具体的准备，安全技术措施，现场安全措施票举例。

一、调试前准备

调试人员在调试前要做四个方面的准备工作：准备仪器、仪表及工器具；准备好装置故障维修所需的备品备件；准备调试过程中所需的材料；准备被调试装置的图纸等资料。

1. 仪器、仪表及工器具

低频低压减载装置调试所需的仪器、仪表及工器具有电缆盘（剩余电流动作保护器）、计算器、绝缘电阻表、微机型继电保护测试仪、频率计、钳形相位表、试验接线、数字万用表、模拟断路器等，为保障试验结果的准确性，要求使用的仪器、仪表经检验合格且在有效期范围内。

2. 备品备件

为了在检验过程中及时更换故障器件，调试前应准备充足的备品备件，低频低压减载装置调试所需的备品备件主要有电源插件、CPU板、开出板、重动板，不同型号的装置可能会因为结构不同，备品备件也不一样，调试人员应根据装置的实际情况确定。

3. 材料

调试用材料主要有绝缘胶布、自粘胶带、小毛巾、中性笔、口罩、手套、毛刷、独股塑铜线等。

4. 图纸资料

调试用的图纸资料主要有与现场运行装置版本一致的技术说明书、装置及二次回路相关图纸、调度机构下发的定值通知单、上次装置检验报告、调试规程、作业指导书等资料。

二、与运行设备相连的回路进行具体的准备

低频低压减载装置的跳闸出口回路较多，应做好如下准备工作：

（1）注意查看图纸，明确低频低压减载装置的跳闸回路，特别是不经压板控制的直接跳闸连线。

（2）了解低频低压减载装置与运行继电保护装置间的回路，掌握在调试过程中需要断开的跳闸回路及断开点。

（3）可根据图纸，提前编写二次安全措施票，调试时将其与低频低压减载装置实际接线对照，查看有无接线错误。

三、安全技术措施

安全技术措施是为了规范现场人员作业行为，防止在调试过程中发生人身、设备事故而制定的安全保障措施。在装置调试工作开始前，办理开工手续时，同时应填写继电保护安全措施票，并组织全体调试人员学习，在调试工作过程中严格遵守。安全技术措施的一项重要内容是危险点分析及采取的相应安全控制措施。

1. 防止人身触电的安全控制措施

（1）工作前应熟悉工作地点、带电部位。检查现场安全围栏、安全警示牌和接地线等安全措施，误入带电间隔。

（2）接、拆低压电源时，必须使用装有剩余电流动作保护器的电源盘。螺丝刀等工具金属裸露部分除刀口外包绝缘。接拆电源时至少有两人执行，必须在电源开关拉开的情况下进行。临时电源必须使用专用电源，禁止从运行设备上取得电源。

（3）低频低压减载装置的调试及整组试验时，工作人员之间应相互配合，确保一、二次回路上无人工作。传动试验必须得到值班员许可并配合。

2. 防继电保护“三误”事故的安全技术措施

（1）现场工作前必须作好充分准备，内容包括：

1）了解工作地点一、二次设备运行情况，本工作与运行设备有无直接联系。

2）工作人员明确分工并熟悉图纸与检验规程等有关资料。

3）应具备与实际状况一致的图纸、上次检验记录、最新整定通知单、检验规程、合格的仪器仪表、备品备件、工具和连接导线。

4）工作前认真填写安全措施票，特别是针对复杂保护装置或有联跳回路的保护装置，如母线保护、变压器保护、断路器失灵保护等的现场校验工作，应由工作负责人认真填写，并经技术负责人严格审批。

5）工作开工后先执行安全措施票，由工作负责人负责做的每一项措施要在“执行”

栏做标记；校验工作结束后，要持此票恢复所做的安全措施，以保证完全恢复。

6）不允许在未停用的低频低压减载装置上进行试验和其他测试工作。

7）只能用整组试验的方法，即由电压电流端子通入与故障情况相符的模拟故障量，检查装置回路及整定值的正确性。不允许用卡继电器触点、短路触点等人为手段做低频低压减载装置的整组试验。

8）在校验低频低压减载装置及二次回路时，凡与其他运行设备二次回路相连的连接片和接线应有明显标记，并按安全措施票仔细地将有关回路断开或短路，做好记录。

9）在清扫运行中设备和二次回路时，应认真仔细，并使用绝缘工具（毛刷、吹风机等），特别注意防止振动，防止误碰。

10）严格执行风险分析卡和继电保护作业指导书。

（2）现场工作应按图纸进行，严禁凭记忆作为工作的依据。如发现图纸与实际接线不符时，应查线核对。需要改动时，必须履行如下程序：

1）先在原图上做好修改，经主管继电保护部门批准。

2）拆动接线前先要与原图核对，接线修改后要与新图核对，并及时修改底图，修改运行人员及有关各级继电保护人员的图纸。

3）改动回路后，严防寄生回路存在，没用的线应拆除。

4）在变动二次回路后，应进行相应的逻辑回路整组试验，确认回路极性及整定值完全正确。

（3）低频低压减载装置调试的定值，必须根据最新整定值通知单规定，先核对通知单与实际设备是否相符（包括装置型号、被保护设备名称、互感器接线、变比等）。定值整定完毕要认真核对，确保正确。

3. 通信干扰

为防止无线通信设备造成其他正在运行的保护设备不正确动作，不在保护室内使用无线通信设备，尤其是对讲机。

4. 电压反送事故

断开交流二次电压引入回路，并用绝缘胶布对所拆线头实施绝缘包扎，防止低频低压减载装置屏顶电压小母线带电，发生电压反送事故或引起人员触电。

5. 集成块和插头损坏

插件插拔前关闭电源，防止造成集成块损坏及插件插头松动。

6. 断路器误跳闸

试验前检查跳闸压板须在断开状态，并拆开跳闸回路线头，用绝缘胶布对拆头实施绝缘包扎。防止引起断路器误跳闸。

四、现场安全措施票举例

现场安全措施票举例见表 Z12F6003Ⅰ–1。

表 Z12F6003Ⅰ–1　　　　现场工作安全技术措施票

工作内容：RCS–994A 低频低压减载装置全部校验（仅供参考）				
序号	安全措施内容 （打开的线缆一律包好）	备注	打“√”	
			执行	恢复
1	断开 A631Ⅰ 1D1–1	Ⅰ母 A 相二次电压		
2	断开 B631Ⅰ 1D1–2	Ⅰ母 B 相二次电压		
3	断开 C631Ⅰ 1D1–3	Ⅰ母 C 相二次电压		
4	断开 A631Ⅱ 1D1–4	Ⅱ母 A 相二次电压		
5	断开 B631Ⅱ 1D1–5	Ⅱ母 B 相二次电压		
6	断开 C631Ⅱ 1D1–6	Ⅱ母 C 相二次电压		
7	断开 101–33 1D3–1、1D3–2	跳闸回路		
8	断开 J40–J41 1D3–3、1D3–4	保护重合闸放电线		
9	断开 101–33 1D3–5、1D3–6	线跳闸回路		
10	断开 J40–J41 1D3–7、1D3–8	保护重合闸放电线		
11	******	*****	***	***
12	断开远动及信号正电源			
13	记录空开位置			
14	记录压板位置			
15	断开各线路出口压板			
16				

执行日期		恢复日期		填票人		审核人		执行人		监护人	

【思考与练习】

1. 试分析低频低压减载装置调试工作的危险点及控制措施。

2. 低频低压减载装置调试需要哪些专用的仪表?

模块4　低频低压减载装置的调试（Z12F6004Ⅰ）

【模块描述】本模块包含低频低压减载装置调试的主要内容。通过要点归纳、图表举例、分析说明，掌握低频低压减载装置调试的作业程序、调试项目、各项目调试方法等内容。

【模块内容】低频低压减载装置的调试，包括作业流程、校验项目及技术要求。

现场调试工作程序一般分为以下几个步骤：工作前准备、办理工作票、填写安全措施票、装置调试、填写工作记录簿、办理工作结束手续。

一、作业流程

低频低压减载装置的调试作业流程见图Z12F6004Ⅰ-1。

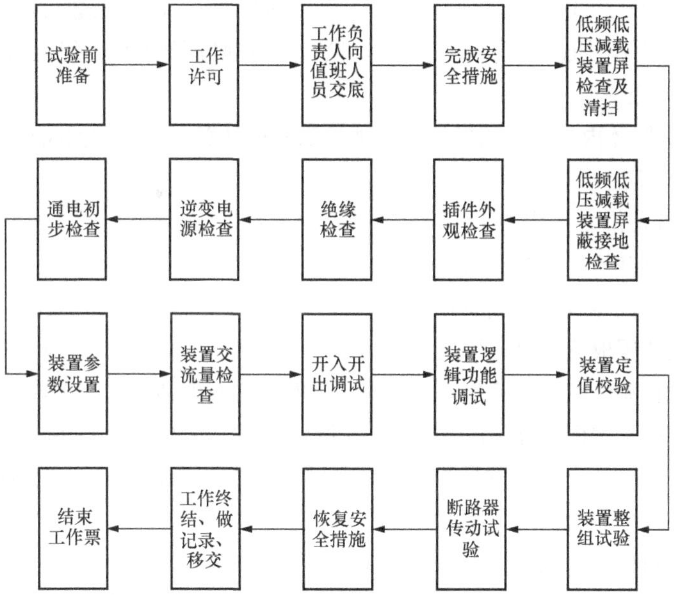

图Z12F6004Ⅰ-1　低频低压减载装置校验作业流程

二、校验项目及技术要求

1. 装置通电前检查

通电前对装置整体做外观检查，目的是检查装置在通电前的完整性，检查屏体、装置在运输过程中是否损坏；屏体接线是否与设计图纸相符；屏体安装布置是否满足技术协议要求等。具体检查内容如下：

（1）检查装置型号、参数与设计图纸是否一致，装置外观应清洁良好，无明显损坏及变形现象。

（2）检查屏柜及装置是否有螺栓松动，特别是电流回路的螺栓及连片，不允许有丝毫松动的情况。

（3）对照说明书，检查装置插件中的跳线是否正确。

（4）检查插件是否插紧。

（5）装置的端子排连接应可靠，且标号应清晰正确。

（6）切换开关、按钮、键盘等应操作灵活、手感良好，打印机连接正常。

（7）装置外部接线和标注应符合图纸的要求。

（8）压板外观检查，压板端子接线是否符合反措要求，压板端子接线压接是否良好。

（9）检查装置引入、引出电缆是否为屏蔽电缆，检查全部屏蔽电缆的屏蔽层是否两端接地。

（10）检查屏底部的下面是否构造一个专用的接地铜网格，装置屏的专用接地端子是否经一定截面铜线连接到此铜网格上，检查各接地端子的连接处连接是否可靠。

2. 绝缘电阻测试

检查装置屏体内二次回路的绝缘性能，试验前注意断开有关回路连线，防止高电压造成设备损坏。

（1）试验前准备工作如下：

1）装置所有插件在拔出状态。

2）将打印机与装置连线断开。

3）屏上各压板置“投入”位置。

4）断开直流电源、交流电压等回路，并断开与其他装置的有关连线。

5）在屏端子排内侧分别短接交流电压回路端子、交流电流回路端子、直流电源回路端子、跳闸回路端子、开关量输入回路端子、远动接口回路端子及信号回路端子。

（2）绝缘电阻检测。

1）分组回路绝缘电阻检测。采用1000V绝缘电阻表分别测量各组回路间及各组回路对地的绝缘电阻（直流及出口回路端子对地采用500V绝缘电阻表），绝缘电阻均应大于10MΩ。

2）整个二次回路的绝缘电阻检测。在屏端子排处将所有电流、电压及直流回路的端子连接在一起，并将电流回路的接地点拆开，用1000V绝缘电阻表测量整个回路对地的绝缘电阻，其绝缘电阻应大于1.0MΩ。

3）部分检验时仅检测交流回路对地绝缘电阻。

3. 逆变电源的检验

（1）试验前准备。断开装置跳闸出口压板。装置第一次上电时，试验用的直流电源应经专用双极闸刀，并从屏端子排上的端子接入。

（2）检验逆变电源的自启动性能。合上直流电源开关，试验直流电源由零缓慢升至 80%额定电压值，此时装置运行指示灯及液晶显示应亮。

（3）直流拉合试验。在拉合过程中，装置和监控后台上无保护动作信号。

4. 装置上电检查

（1）面板指示灯检查。“运行”指示灯应常亮，主界面上 CPU 间通信指示符号正常闪烁。

（2）装置软件版本核查。进入“查看”菜单下的“装置信息及软件版本”窗口，校对软件版本是否和要求的一致。

（3）检查装置的参数设置，若装置出厂缺省设置不符合现场要求，参考装置使用说明，进行相应的设置。

（4）调整装置日期与时钟。进入“修改时钟”菜单，手动调整时钟。

（5）准备定值。输入一套调试定值，并下传定值。

5. 参数设置

（1）装置编号。设置本装置的编号，用于与上位机通信识别。

（2）通信口参数设置。RS–485 网口一般使用 9600 波特率。若现场工作条件恶劣，可适当降低波特率。

（3）其他设置。

1）装置检修：可以设置装置处于检修状态（检修开入为 1）时是否还主动上送事件和 SOE 记录。当设置为“主动上送”时，装置端子中的“装置检修”开入失效，可用作其他遥信；当设置为“不主动上送”时，若“装置检修”开入有效，装置将不主动上送事件和 SOE 记录等信息。

2）GPS 校时：投退 GPS 校时功能。

6. 定值整定

定值整定方法：从主菜单进入“整定”菜单，选择定值套别，按翻页键选择需整定的定值组，选定定值组后按“确认”键进入单个定值正常显示状态，按“确认”键进入单个定值修改状态。

7. 装置调试

（1）交流量的调试。

1）交流插件 TV、TA 额定值的配置。按照工程设计，对交流插件 TA 额定值进行配置和确认，并做好记录。TA 额定值一般有两种选择，即 5A 和 1A。

2）交流模拟量的幅值和相位特性检验。装置交流量包括 U_{AB1}、U_{BC1}、U_{AB2}、U_{BC2}、I_{A1}、I_{C1}、I_{A2}、I_{C2}、I_{A3}、I_{C3}，分别为Ⅰ母、Ⅱ母线电压、线路1～3的相电流。应分相加入相应电压、电流，调整幅值调节系数，使电流、电压幅值显示值的误差不大于±2%，调节系数不得超过±20。分别对Ⅰ母、Ⅱ母的 U_A、U_B、U_C 同时施加35V交流电压，频率分别设置为46Hz、50Hz、53Hz，检查装置测量到的频率，其误差应不大于±0.02Hz。

交流量均有相位显示，相位误差不大于±2°，当交流量幅值、相位、频率精度超差并无法调节时，应检查交流插件上TV、TA、滤波回路各元件（电阻、电容）参数。

电流电压幅值、相位、频率的调试同保护交流量，但各电流、电压幅值显示值的误差应不大于±0.2%，相位误差应不大于±0.2°。

（2）开入、开出量调试。

1）开入量检查。所有开入量用外加直流检查，每次只允许外加到一个开入量，相应开入量显示有开入，其他开入量显示无开入（“0”表示该开入量无开入，“1”表示该开入量有开入）。检查整屏复归按钮—复归开入的完好性，若无整屏复归按钮，复归开入按空触点方式检查。

2）开出与信号回路检查。检查各出口继电器、信号继电器、信号复归和信号灯颜色、亮灭；检查各信号触点回路，对信号复归进行试验；通、断装置电源或按装置复位键检查装置异常等信号。

（3）逻辑功能测试。对现场投入的逻辑功能，逐一进行试验。试验时将试验装置输出的交流量直接施加到屏的交流端子上。下面以RCS-994A为例进行说明。

1）低频逻辑测试过程。

$f \leqslant 49.5\text{Hz}$，$t \geqslant 0.1\text{s}$ 低频启动

↓ $f \leqslant F_1$，$t \geqslant Tf_1$ 低频第一轮动作

若 $D_{f_1} \leqslant -\mathrm{d}f/\mathrm{d}t < D_{f_3}$，$t \geqslant T_{fa_2}$ 切第一轮，加速切第二轮

若 $D_{f_2} \leqslant -\mathrm{d}f/\mathrm{d}t < D_{f_3}$，$t \geqslant T_{fa_{23}}$ 切第一轮，加速切第二、三轮

↓ $f \leqslant F_2$，$t \geqslant T_{f_2}$ 低频第二轮动作

↓ $f \leqslant F_3$，$t \geqslant T_{f_3}$ 低频第三轮动作

↓ $f \leqslant F_4$，$t \geqslant T_{f_4}$ 低频第四轮动作

以上四轮基本轮按箭头顺序动作。两轮特殊轮的判别式为：

$f \leqslant 49.5\text{Hz}$，$t \geqslant 0.1\text{s}$ 低频启动

↓ $f \leqslant F_{s1}$，$t \geqslant T_{f_{s1}}$ 低频特殊第一轮动作

↓ $f \leqslant F_{s2}$，$t \geqslant T_{f_{s2}}$ 低频特殊第二轮动作

2）低压逻辑测试过程。

$U \leqslant U_1 + 0.03U_n$，$t \geqslant 0.1\text{s}$ 低压启动

↓ $U \leqslant U_1$，$t \geqslant T_{u_1}$ 低压第一轮动作

若 $D_{u_1} \leqslant -\mathrm{d}u/\mathrm{d}t < D_{u_3}$，$t \geqslant T_{u_{a2}}$ 切第一轮，加速切第二轮

若 $D_{u_2} \leqslant -\mathrm{d}u/\mathrm{d}t < D_{u_3}$，$t \geqslant T_{u_{a23}}$ 切第一轮，加速切第二、三轮

↓ $U \leqslant U_2$，$t \geqslant T_{u_2}$ 低压第二轮动作

↓ $U \leqslant U_3$，$t \geqslant T_{u_3}$ 低压第三轮动作

↓ $U \leqslant U_4$，$t \geqslant T_{u_4}$ 低压第四轮动作

以上四轮基本轮按箭头顺序动作。两轮特殊轮的判别式为：

$U \leqslant U_1 + 0.03U_n$，$t \geqslant 0.1\mathrm{s}$ 低压启动

↓ $U \leqslant U_{s1}$，$t \geqslant T_{u_{s1}}$ 低压特殊第一轮动作

↓ $U \leqslant U_{s2}$，$t \geqslant T_{u_{s2}}$ 低压特殊第二轮动作

注意：低压元件动作量是电压正序，做试验时一定要注意。

（4）定值检验。分别测试低频减载、低压减载、过频跳闸、过压跳闸等在 0.95 和 1.05 倍整定值下的装置动作情况，定值误差应满足要求。

（5）整组试验。从 TV 的二次侧施加电压量，通过调整电压的幅值和频率，使装置动作，校验其交流量接线、各轮动作出口接线、整定值和相关信号的正确性。新建变电站应带实际断路器进行传动试验，对应断路器应能正确跳开。

（6）装置异常及处理。装置运行时可通过面板上的信号灯、液晶及端子上的信号输出来反应运行情况。

1）上电后正常运行时“运行”灯应点亮。若未点亮，说明 CPU 板程序没有正常工作或面板上的灯及其回路可能有故障。

2）面板上其他指示灯异常。如果无“保护事件”或“告警”信息，表明相应信号继电器有异常。

3）“告警/”灯常亮。有以下几种可能：一是装置自检出错，界面上有错误信息提示，请查看并处理；二是装置处于调试状态，保护未投入，请确认调试完成，投入保护；三是装置处于整定状态，保护未投入，请确认整定完成，投入保护；四是线路过负荷动作条件满足，装置动作，界面上有“保护事件”或“告警”信息弹出。

4）芯片故障。如 RAM 故障等，会有相应的信息报出，需要联系厂家更换。

5）电池不足。更换 CPU 板上的电池。

6）定值自检出错。检查输入的定值或复位装置，若现象无法消失，表明相关硬件可能有问题，与厂家联系更换。

8. 结束工作

装置调试结束后，根据试验结果可给出试验结论，复归所有动作信号，清除装置报告，确认时钟已校正和同步，打印装置定值，与定值单核对无误。整理填写试验报

告，填写继电保护现场记录簿，向运行人员交代，办理工作结束手续。

【思考与练习】

1. 简述低频低压减载的调试步骤。

2. 装置面板上“告警”灯常亮，如何处理？

模块5 备自投装置原理（Z12F6005Ⅱ）

【模块描述】本模块包含了备自投的方式及原理。通过原理讲解、图解示意，掌握桥备投、进线备投、分段备投、主变备投、均衡负荷母联备投等的工作原理。

【模块内容】备自投装置原理包括备投功能、其他功能。

备用电源自动投入装置（简称备自投）是当电力系统故障或其他原因使工作电源被断开后，能迅速将备用电源自动投入工作，或将被停电的设备自动投入到其他正常工作的电源，使用户能迅速恢复供电的一种自动控制装置。备自投的方式与变电站主接线形式有关，一般归结为桥备投、进线备投、分段备投等几种类型。

一、备投功能

备自投装置在系统发生故障需要将备用电源投入时应正确动作，且只允许动作一次。为了满足这个要求，备自投装置设计了类似于线路自动重合闸的充电过程，只有在充电完成后才允许自投。同时，备自投装置还设计了放电过程，以闭锁备自投装置，防止其误动作，因此，备自投装置的基本动作逻辑见图 Z12F6005Ⅱ-1。

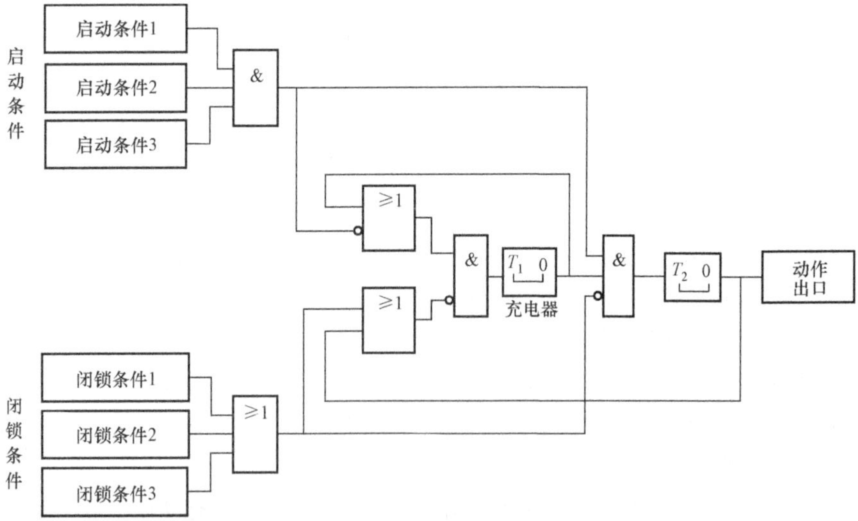

图 Z12F6005Ⅱ-1 备自投功能的基本动作逻辑框图

1. 桥备投原理

中小容量的发电厂和变电站高压侧一般采用内桥接线，一次接线如图 Z12F6005 Ⅱ–2 所示。正常方式为两条线路和两台变压器同时运行，桥断路器在断开状态。当线路发生故障或其他原因使得线路断路器 QF_1（QF_2）断开时，内桥断路器 QF_3 由备自投投入，将另一台主变负荷带出。

（1）备自投投入条件（充电）。Ⅰ母、Ⅱ母均三相有压；QF_1、QF_2 在合位，QF_3 在分位。充电逻辑如图 Z12F6005 Ⅱ–3 所示。

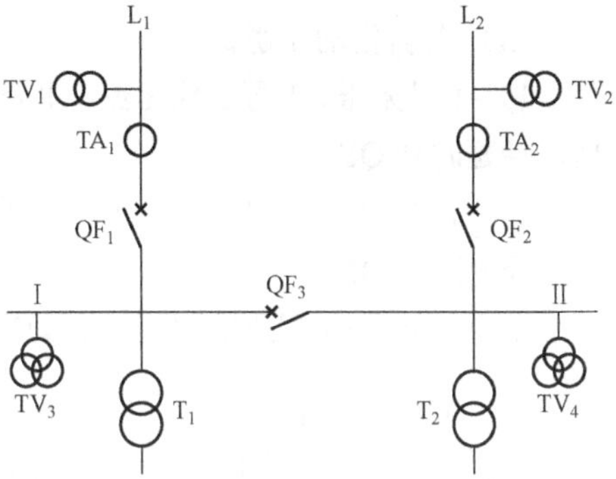

图 Z12F6005 Ⅱ–2 内桥接线

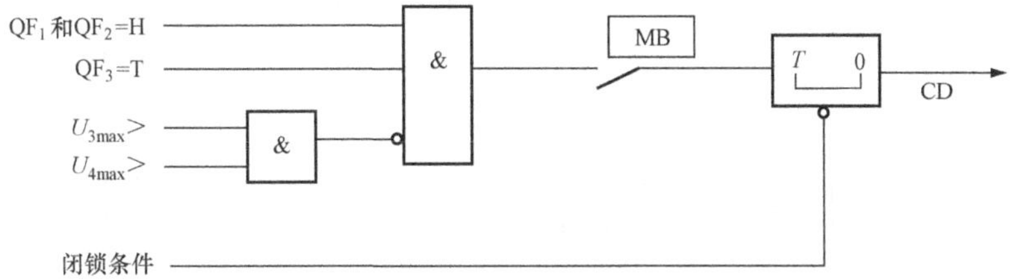

图 Z12F6005 Ⅱ–3 桥备投充电逻辑框图

其中，U_{3max}、U_{4max} 为Ⅰ母、Ⅱ母的有压定值，MB 为备投投入的控制字，T 为充电延时。

（2）备自投闭锁条件（放电）。QF_3 在合位经短延时；Ⅰ母、Ⅱ母不满足有压条件，延时 T；本装置没有跳闸出口时，手跳 QF_1 或 QF_2；有开入的外部闭锁信号；QF_1、QF_2、QF_3 的 TWJ 异常；QF_1 或 QF_2 开关拒跳等。备自投装置闭锁逻辑见图 Z12F6005 Ⅱ–4。

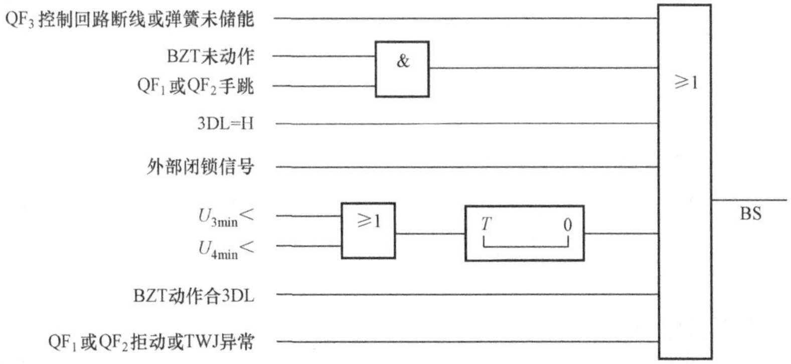

图 Z12F6005 Ⅱ–4 桥备自投闭锁逻辑框图

其中，U_{3min}、U_{4min} 为Ⅰ母、Ⅱ母的失压定值。

（3）备自投动作逻辑。

1）Ⅰ母无压、1号进线无流，Ⅱ母有压，则启动，经延时跳 QF_1，确认 QF_1 跳开后，经延时合 QF_3。

2）Ⅱ母无压、2号进线无流，Ⅰ母有压，则启动，经延时跳 QF_2，确认 QF_2 跳开后，经延时合 QF_3。

备自投装置动作逻辑见图 Z12F6005Ⅱ-5。

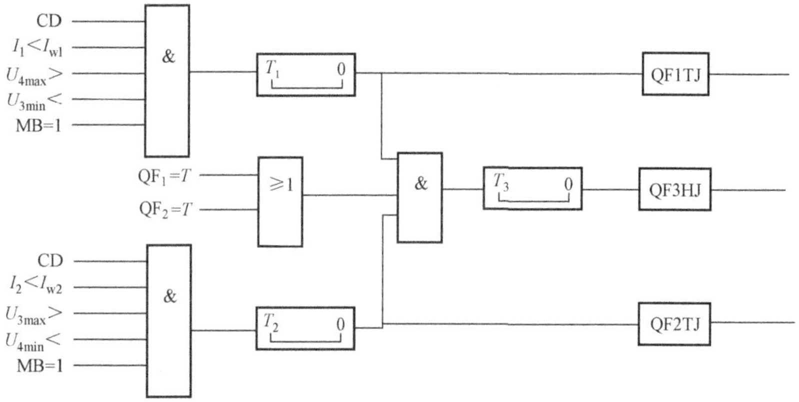

图 Z12F6005Ⅱ-5 桥备自投动作逻辑框图

其中，I_{w1}、I_{w2} 分别为线路的无流定值。T_1、T_2、T_3 分别为备自投动作再跳 QF_1（QF_2）断路器及合 QF_3 断路器的延时时间。

2. 进线备自投原理

变电站一次接线见图 Z12F6005Ⅱ-2。变电站有两条进线，正常方式1号进线运行，2号进线备用，即 QF_1、QF_3 在合位，QF_2 在分位。当1号进线电源因故障或其他原因被断开后，2号进线备用电源由备自投投入，将变电所负荷带出。

同理当2号进线运行，1号进线备用时亦然。下面以正常方式1号进线运行、2号进线备用为例说明进线备自投动作逻辑。

（1）备自投投入条件（充电）。Ⅰ母、Ⅱ母均三相有压；线路 L_1、L_2 均有压；QF_1、QF_3 在合位，QF_2 在分位；备投压板投入。备自投装置充电逻辑图可参照图 Z12F6005Ⅱ-3。

（2）备自投闭锁条件（放电）。QF_2 在合位；Ⅰ母、Ⅱ母不满足有压条件，线路 L_1、L_2 不满足有压条件；本装置没有跳闸出口时，手跳 QF_1；有开入的外部闭锁信号；

QF_1，QF_2，QF_3 的 TWJ 异常；备投保护动作出口。备自投装置闭锁逻辑图可参照图 Z12F6005Ⅱ–4。

（3）备自投动作逻辑。Ⅰ母、Ⅱ母均三相无压、1 号进线无流；2 号进线有压，则备自投启动，经延时跳 QF_1，确认 QF_1 跳开后，经延时合 QF_2。备自投装置动作逻辑见图 Z12F6005Ⅱ–6。

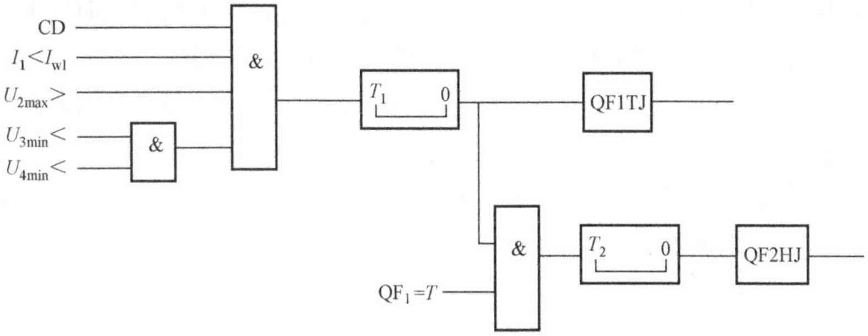

图 Z12F6005Ⅱ–6　进线备自投装置动作逻辑框图

3. 分段备自投原理

分段备自投的动作原理与桥备投基本相同，请参考桥备自投。

4. 主变压器备自投原理

主变压器备自投有两种方式，一种为冷备用方式，另一种为热备用方式。一次接线方式见图 Z12F6005Ⅱ–7。

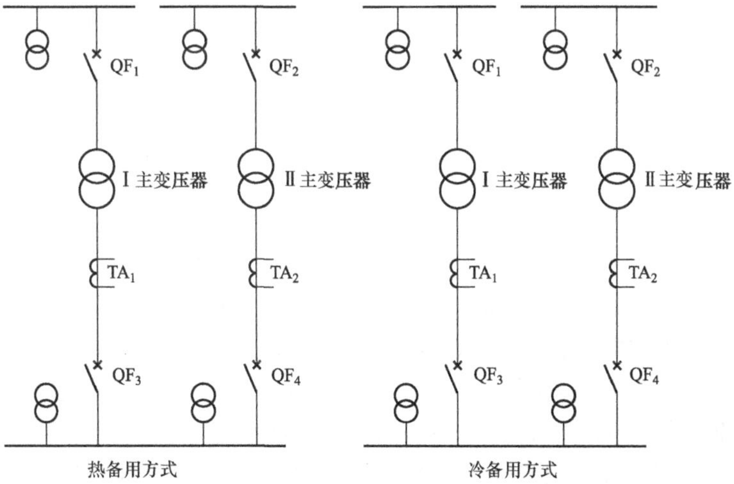

图 Z12F6005Ⅱ–7　变压器热备用、冷备用一次接线方式

（1）热备用：母线失电，相应主变低压侧断路器处于合位，在备用变压器高压侧有压情况下跳开工作变压器低压侧断路器，合备用变压器低压侧断路器；当工作变压器偷跳，合备用变压器低压侧断路器。为防止 TV 断线时备自投误动，取主变低压侧电流作为母线失压的闭锁判据。

（2）冷备用：逻辑同上面热备用的区别在于跳 QF_3 的同时跳 QF_1，还可通过外部增加继电器扩展接点跳电容器组，然后合 QF_2 再合 QF_4；跳 QF_4 的同时跳 QF_2，还可通过外部增加继电器扩展接点跳电容器组，然后合 QF_1 再合 QF_3。

以图 Z12F6005Ⅱ-7 中Ⅰ号主变压器运行，Ⅱ号主变压器热备用为例来说明备自投装置动作逻辑：

动作逻辑 1：QF_1 在跳闸位置，QF_3 在跳闸位置作为闭锁条件；Ⅰ主变压器低压侧电流小于 I_{dz1}，母线失压作为启动条件，以 T_1 延时跳开 QF_3。

动作逻辑 2：Ⅱ主变高压侧电压小于电压定值 U_{dz2} 作为闭锁条件；QF_3 在跳闸位置，母线失压作为启动条件，以 T_3 延时合 QF_4。

主变压器备自投动作逻辑见图 Z12F6005Ⅱ-8。

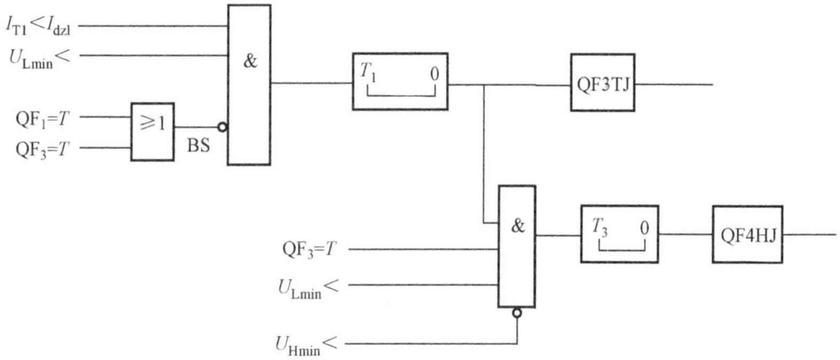

图 Z12F6005Ⅱ-8 主变压器备自投动作逻辑框图

5. 均衡负荷母联备自投原理

该类型备自投应用的一次接线形式见图 Z12F6005Ⅱ-9。由两套备自投装置配合完成所需功能。每套装置的接线图 Z12F6005Ⅱ-9 中不同的标识所示。

该类型备投逻辑较复杂，可以分解成以下部分：

（1）Ⅰ母备Ⅱ母：Ⅱ母线失电，Ⅰ母有压，跳 QF_2，合 QF_3（装置 1 完成）。

（2）Ⅱ母备Ⅰ母：Ⅰ母失压，Ⅱ母有压，跳 QF_1，确认 QF_1 跳开后合 QF_3；确认 QF_1 跳开及 QF_3 合上后，跳 QF_4，合 QF_6 均衡 2 号、3 号主变压器负荷。这样处理，Ⅲ母会短暂失压，但可防止 2 号、3 号主变压器的非同期合闸。为防止 TV 断线时备自投误动，取线路电流作为母线失压的闭锁判据（装置 1 完成）。

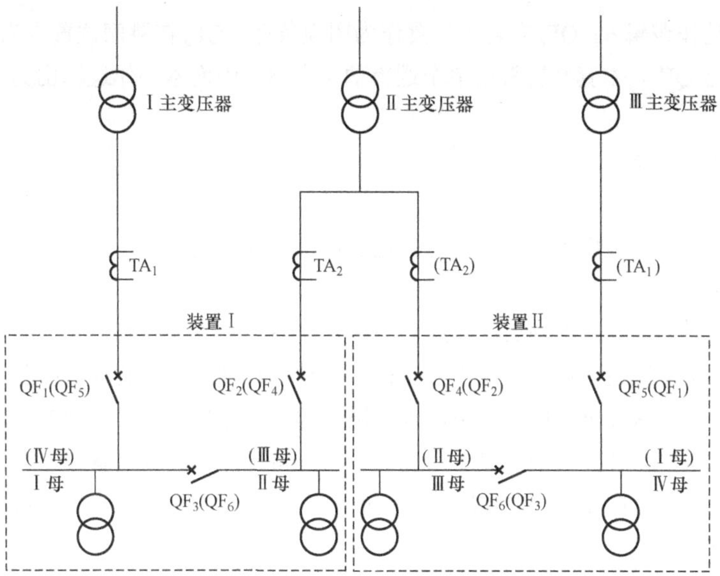

图 Z12F6005Ⅱ-9　均衡负荷母联备自投一次系统接线

（3）Ⅳ母备Ⅲ母：Ⅲ母线失电，Ⅳ母有压，跳 QF_4，合 QF_6（装置 2 完成）。

（4）Ⅲ母备Ⅳ母：Ⅳ母失压，Ⅳ母有压，跳 QF_5，确认 QF_5 跳开后合 QF_6；确认 QF_5 跳开及 QF_6 合上后，跳 QF_2，合 QF_3 均衡 1 号、2 号主变压器负荷。这样处理，Ⅱ母会短暂失压，但可防止 1 号、2 号主变压器的非同期合闸。为防止 TV 断线时备自投误动，取线路电流作为母线失压的闭锁判据（装置 2 完成）。

图 Z12F6005Ⅱ-9 中括号内的标注为另一台备自投的接线和相对位置。

以上过程可分解为下列动作逻辑：

（1）动作逻辑 1。QF_2 在跳闸位置作为闭锁条件；Ⅱ母失压，Ⅱ进线电流小于电流定值 I_{dz2} 作为启动条件；以 T_2 延时跳开 QF_2。

（2）动作逻辑 2。Ⅰ母电压小于 U_{dz2} 作为闭锁条件；Ⅱ母失压，QF_2 在跳闸位置作为启动条件；以 T_3 延时合 QF_3。

（3）动作逻辑 3。QF_1 在跳闸位置作为闭锁条件；Ⅰ母失压，Ⅰ进线电流小于电流定值 I_{dz1} 作为启动条件；以 T_1 延时跳开 QF_1。

（4）动作逻辑 4。Ⅱ母电压小于 U_{dz2} 作为闭锁条件；Ⅰ母失压，QF_1 在跳闸位置作为启动条件；以 T_3 延时合 QF_3。

（5）动作逻辑 5。QF_4 在跳闸位置、Ⅳ母电压小于 U_{dz3} 作为闭锁条件；QF_1 在跳闸位置，QF_3 在合闸位置作为启动条件；以 T_8 延时跳 QF_4。QF_4 拒跳则紧急联切负荷，出口动作。

（6）动作逻辑6。QF_6在合闸位置作为闭锁条件；QF_4在跳闸位置作为启动条件；以T_3延时合QF_6。本套装置采用单个逻辑动作方案，因而本动作逻辑由另一台配套的装置实现。

二、其他功能

1. 过负荷联切功能

为防止备用电源由于负载较大引起过负荷，造成大面积停电，备自投装置一般具有过负荷联切功能。

过负荷联切功能有两种实现方式，一种方式是在备用电源投入前先切除部分负荷，从而保证备用电源投入后不会发生过负荷，这种方式常用在负荷较重而备用电源相对较小的场合，为保证重要用户供电，人为确定切除部分负荷；另一种方式是备用电源投入后，由备自投装置自动检测备用电源的负荷情况，当检测到备用电源过负荷后，备自投装置动作，切除部分负荷线路。下面以图Z12F6005Ⅱ–2中桥备自投为例说明其动作逻辑。

当线路1跳闸，备自投动作后，线路2发生过载，则联切逻辑：

Ⅱ线电流（I_{L2}）大于电流定值I_{dz1}，经延时T_1，第一轮联切出口；

Ⅱ线电流（I_{L2}）大于电流定值I_{dz2}，经延时T_2，第二轮联切出口。

过负荷联切功能用联切压板投退。过负荷动作逻辑见图Z12F6005Ⅱ–10。

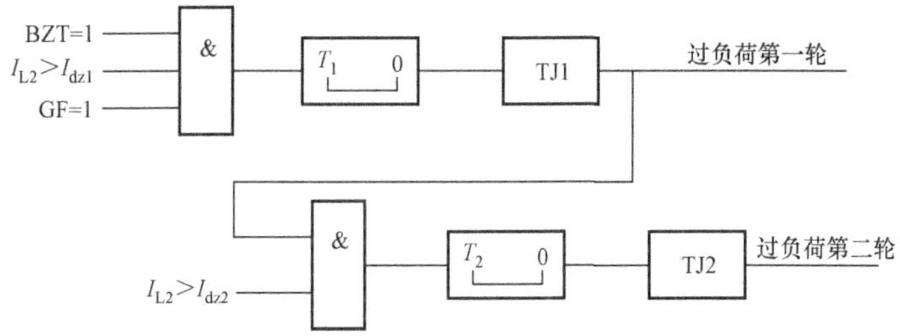

图Z12F6005Ⅱ–10 备自投过负荷联切逻辑框图

2. 合闸后加速保护

备自投装置一般配置了独立的合闸后加速保护，包括手合于故障加速跳、备投动作合闸于故障加速跳，电流判别条件可选择使用过流加速段（可经复压闭锁）或零序加速段，该保护开放时间一般为3s。动作逻辑见图Z12F6005Ⅱ–11。

3. 与相关保护的配合

设置备自投装置的目的是为了保证系统的可靠供电，但当系统发生严重故障时，如母线故障或断路器失灵（此时由母差保护或变压器后备保护动作跳开各间隔断路器，母线失压，备自投装置满足动作条件），由于负荷线路已经全部切除，备自投装置动作

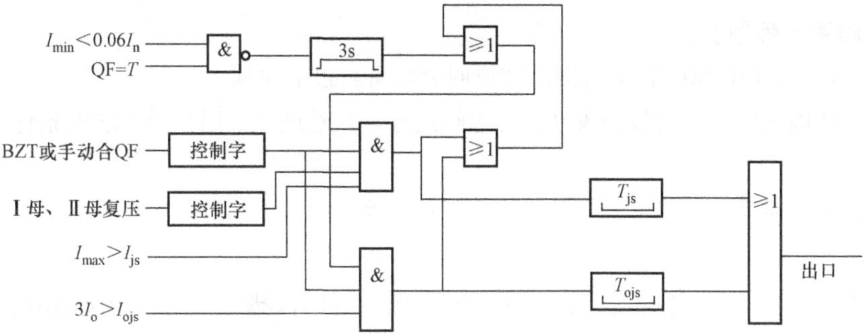

图 Z12F6005 II -11　备自投加速保护动作逻辑框图

已经没有必要，且备自投如果动作，可能由于故障未消失而造成系统再一次冲击，不利于系统的稳定，因此，按照系统实际运行情况的要求，备自投装置需要和相关保护进行配合，当这些保护动作后，对备自投装置进行闭锁，其基本方式就是给备自投装置一个外部闭锁开入信号，其逻辑见图 Z12F6005 II -4。

4. TV 断线闭锁

TV 断线分为母线断线、母线失压、进线失压，可分别通过控制字投退，判别逻辑见图 Z12F6005 II -12。

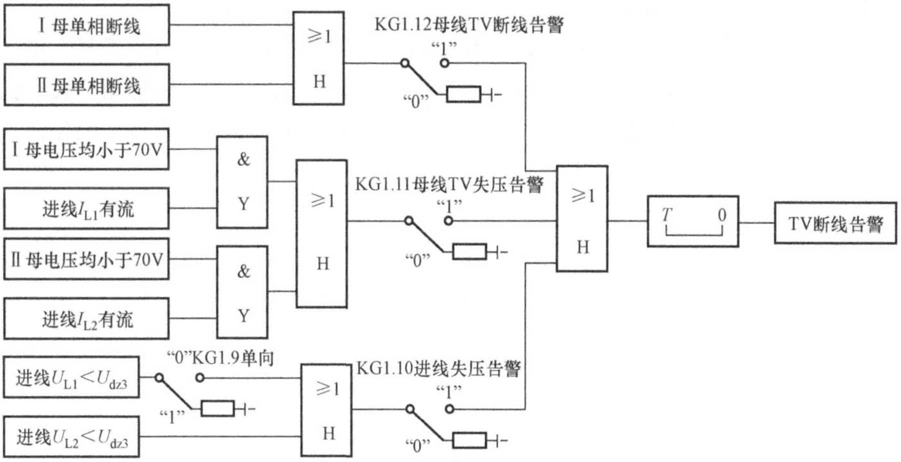

图 Z12F6005 II -12　备自投装置 TV 断线告警逻辑框图

其中，KG1 表示备自投装置定值中的控制字一，定值整定格式一般为二进制 16 位数码，即整定范围为 0000～FFFF。KG1.12 表示控制字一的第 12 位，其他类推，每一位可分别置“1”或置“0”，置“1”投入该位表示的功能，置“0”退出该位表示的功能。

【思考与练习】

1. 以图 Z12F6005Ⅱ-1 为例，试说明分段备自投的原理。

2. 试描述进线备自投装置（2 号进线运行，1 号进线备用）的充放电条件及动作过程。

3. 试描述系统接线方式与备自投方式的关系。

模块 6 备自投装置调试的安全和技术措施（Z12F6006Ⅱ）

【模块描述】本模块包含备自投装置调试的工作前准备和安全技术措施。通过要点归纳、图表举例，掌握备自投装置现场调试的危险点预控及安全技术措施。

【模块内容】备自投装置调试的安全和技术措施，包括调试前准备、与运行设备相连的回路进行具体的准备、安全技术措施等。

一、调试前准备

调试人员在调试前要做四个方面的准备工作：准备仪器、仪表及工器具；准备好装置故障维修所需的备品备件；准备调试过程中所需的材料；准备被调试装置的图纸等资料。

1. 仪器、仪表及工器具

备自投装置调试所需的仪器、仪表及工器具应包含以下几种：组合工具、电缆盘（带漏电保安器）、计算器、绝缘电阻表、微机型继电保护测试仪、钳形相位表、试验接线、数字万用表、模拟断路器等。为保障试验结果的准确性，要求使用的仪器、仪表经检验合格且在有效期范围内。

2. 备品备件

为了在检验过程中及时更换故障器件，调试前应准备充足的备品备件，一般数字型备自投装置应准备下列备品备件：电源插件，CPU 板，开入、开出板。不同型号的装置可能会因为硬件结构不同，备品备件也不一样，调试人员应根据装置的实际情况相应确定。

3. 材料

调试用材料主要有：绝缘胶布、自粘胶带、小毛巾、中性笔、口罩、手套、毛刷、防静电环、酒精、独股塑铜线等。

4. 图纸资料

调试用的图纸资料主要有：与现场运行装置版本一致的备自投装置技术说明书、装置及二次回路相关图纸、调度机构下发的定值通知单、上次装置检验报告、调试规程、作业指导书等资料。

二、与运行设备相连的回路进行具体的准备

备自投装置接线复杂，无固定模式，对于不同的变电站应区别对待，应做好如下准备工作：

（1）对照系统运行方式，了解备投装置运行方式。

（2）注意查看图纸，明确备自投装置的跳闸、合闸回路，特别是不经压板控制的直联跳、合闸连线。

（3）查看图纸，了解备自投装置与运行继电保护装置间的回路，掌握在调试过程中需要断开的开入、开出回路。

（4）可根据图纸，提前编写二次安全措施票，调试时将其与备自投实际接线对照，查看有无接线错误。

三、安全技术措施

安全技术措施是为了规范现场人员作业行为，防止在调试过程中发生人身、设备事故而制订的安全保障措施。在装置调试工作开始前，办理开工手续时，同时应填写继电保护安全措施票，并组织全体调试人员学习，在调试工作过程中严格遵守。安全技术措施的一项重要内容是危险点分析及采取的相应安全控制措施。

有关危险点分析及控制方法如下：

1. 人身触电

（1）误入带电间隔。控制措施：工作前应熟悉工作地点、带电部位。检查现场安全围栏、安全警示牌和接地线等安全措施。

（2）接、拆低压电源。控制措施：必须使用装有漏电保护器的电源盘。螺丝刀等工具金属裸露部分除刀口外包绝缘。接拆电源时至少有两人执行，必须在电源开关拉开的情况下进行。临时电源必须使用专用电源，禁止从运行设备上取得电源。

（3）备自投调试及整组试验。控制措施：工作人员之间应相互配合，确保一、二次回路上无人工作。传动试验必须得到值班员许可并配合。

2. 继电保护“三误”

防“三误”事故的安全技术措施如下：

（1）现场工作前必须做好充分准备，内容包括：

1）了解工作地点一、二次设备运行情况，本工作与运行设备有无直接联系（如母线保护、主变保护、联切装置等）。

2）工作人员明确分工并熟悉图纸与检验规程等有关资料。

3）应具备与实际状况一致的图纸、上次检验记录、最新整定通知单、检验规程、合格的仪器仪表、备品备件、工具和连接导线。

4）工作前认真填写安全措施票，应由工作负责人认真填写，并经技术负责人严格

审批。

5）工作开工后先执行安全措施票，由工作负责人负责做的每一项措施要在“执行”栏做标记；校验工作结束后，要持此票恢复所做的安全措施，以保证完全恢复。

6）不允许在未停用的备自投装置上进行试验和其他测试工作。

7）只能用整组试验的方法，即由电流端子和电压端子通入与故障情况相符的模拟故障量，检查装置回路及整定值的正确性。不允许用卡继电器触点、短路触点等人为手段做备自投装置的整组试验。

8）在校验备自投装置及二次回路时，凡与其他运行设备二次回路相连的连接片和接线应有明显标记，并按安全措施票仔细地将有关回路断开或短路，做好记录。

9）在清扫运行中设备和二次回路时，应认真仔细，并使用绝缘工具（毛刷、吹风机等），特别注意防止振动，防止误碰。

10）严格执行风险分析卡和继电保护作业指导书。

（2）现场工作应按图纸进行，严禁凭记忆作为工作的依据。如发现图纸与实际接线不符时，应查线核对。需要改动时，必须履行如下程序：

1）先在原图上做好修改，经主管继电保护部门批准。

2）拆动接线前先要与原图核对，接线修改后要与新图核对，并及时修改底图，修改运行人员及有关各级继电保护人员的图纸。

3）改动回路后，严防寄生回路存在，没用的线应拆除。

4）在变动二次回路后，应进行相应的逻辑回路整组试验，确认回路极性及整定值完全正确。

（3）备自投装置调试的定值，必须根据最新整定值通知单规定，先核对通知单与实际设备是否相符（包括装置型号、被保护设备名称、互感器接线、变比等）。定值整定完毕要认真核对，确保正确。

3. 通信干扰

保护室内使用无线通信设备，易造成其他正在运行的保护设备不正确动作。

控制措施：不在保护室内使用无线通信设备，尤其是对讲机。

4. 反送电事故

备自投装置屏顶电压小母线带电，易发生电压反送事故或引起人员触电。

控制措施：断开交流二次电压引入回路。并用绝缘胶布对所拆线头实施绝缘包扎。

5. 误跳运行断路器

二次通电时，电流可能通入其他保护回路，可能误跳运行断路器。

控制措施：注意看图，如回路中有至其他保护的串、并联电流回路，亦必须断开相应串、并联回路。

6. 集成块和插头损坏

带电插拔插件，易造成集成块损坏。频繁插拔插件，易造成插件插头松动。

控制措施：插件插拔前关闭电源。

7. 误跳、合闸

断路器跳、合闸压板未断开，容易引起误跳、合闸。

控制措施：试验前检查跳、合闸压板须在断开状态，并拆开跳、合闸回路线头，用绝缘胶布对拆头实施绝缘包扎。

四、现场安全措施票举例

现场安全措施票举例见表 Z12F6006Ⅱ–1。

表 Z12F6006Ⅱ–1　　现场工作实际二次安全措施票

工作内容：CSC–246 备自投装置全部检验				
序号	安全措施内容（打开的线缆一律包好）	备　注	打“√”	
			执行	恢复
1	短路：1 号主变压器 A4122 与 1 号主变压器 N4121（即 1D1–1 与 1D1–2）并打开 A4122 与 N4121 所接端子排上的电流连接片，使外部电流回路与备自投隔离	A4122 为 1 号主变压器电流（来），N4121 为 1 号主变压器电流（回）		
2	短路：2 号主变压器 A4122 与 2 号主变压器 N4121（即 1D1–1 与 1D1–2）并打开 A4122 与 N4121 所接端子排上的电流连接片，使外部电流回路与备自投隔离	A4122 为 2 号主变压器电流（来），N4121 为 2 号主变压器电流（回）		
3	断开　A631Ⅰ　1D1–6	Ⅰ母线 A 相二次电压		
4	断开　B631Ⅰ　1D1–7	Ⅰ母线 B 相二次电压		
5	断开　C631Ⅰ　1D1–8	Ⅰ母线 C 相二次电压		
6	断开　A631Ⅱ　1D1–9	Ⅱ母线 A 相二次电压		
7	断开　B631Ⅱ　1D1–10	Ⅱ母线 B 相二次电压		
8	断开　C631Ⅱ　1D1–11	Ⅱ母线 C 相二次电压		
9	断开　1 号主变压器 301　1D2–1	1 号主变压器断路器跳闸正电源		
10	断开　1 号主变压器 333R　1D3–1	1 号主变压器断路器跳闸线		

续表

工作内容：CSC-246 备自投装置全部检验				
序号	安全措施内容 （打开的线缆一律包好）	备　注	打“√”	
			执行	恢复
11	断开　2 号主变压器 301　1D2-2	2 号主变压器断路器跳闸正电源		
12	断开　1 号主变压器 333R　1D3-2	2 号主变压器断路器跳闸线		
13	断开　母联 101　1D2-3	母联保护跳闸正电源		
14	断开　母联 33　1D3-3	母联保护跳闸线		
15	断开　玉德甲 101　1D2-4	玉德甲保护跳闸正电源		
16	断开　玉德甲 33　1D3-4	玉德甲保护跳闸线		
17	断开　玉德甲 Y103　1D3-5	玉德甲保护合闸线		
18	断开　玉德乙 101　1D2-6	玉德乙保护跳闸正电源		
19	断开　玉德乙 33　1D3-6	玉德乙保护跳闸线		
20	断开　玉德乙 Y103　1D3-7	玉德乙保护合闸线		
21	断开　1 号电容器 101　1D2-16	电容器保护跳闸正电源		
22	断开　1 号电容器 133R　1D3-16	电容器保护跳闸线		
23	断开　玉德甲 J40　2D1-9	玉德甲重合闸放电线		
24	断开　玉德甲 J41　2D1-10	玉德甲重合闸放电线		
25	断开　玉德乙 J40　2D1-11	玉德乙重合闸放电线		
26	断开　玉德乙 J41　2D1-12	玉德乙重合闸放电线		
27	压板状态			
28	断开出口压板			
29	空开位置			
30	当前定值区			
31	断开远动、信号正电源			

执行日期		恢复日期		填票人		审核人		执行人		监护人	

【思考与练习】

1. 备自投装置调试工作的危险点有哪些？应如何预防？

2. 根据个人工作实际，你还能提出哪些其他危险点和控制措施？

模块 7　备自投装置的调试（Z12F6007Ⅱ）

【模块描述】本模块包含备自投装置调试的主要内容。通过要点归纳、图表举例、分析说明，掌握备自投装置调试的作业程序、调试项目、各项目调试方法等内容。

【模块内容】备自投装置的调试，包括工作流程图、检验项目及技术要求。

现场工作程序一般分为以下几个步骤：工作前准备、办理工作票、填写安全措施票、装置调试、填写工作记录簿、办理工作结束手续。

一、工作流程图

备自投装置的调试作业流程见图 Z12F6007Ⅱ-1。

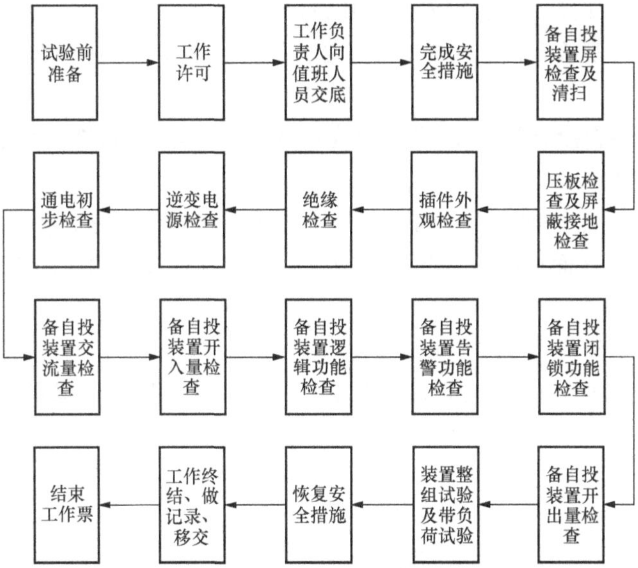

图 Z12F6007Ⅱ-1　备自投装置校验作业流程图

备自投装置的调试主要包含以下方面内容：外观及接线检查、绝缘电阻测试、逆变电源的检验、通电初步检验、定值整定、开关量输入回路检验、模数变换系统检验、定值检验、输出触点和信号检查、整组试验、传动断路器试验、定值与开关量状态的核查等。

二、检验项目及技术要求

1. 装置通电前检查

通电前对装置整体做外观检查，目的是检查装置在出厂运输以及现场安装过程中是否有损坏的地方，以及屏体接线是否与设计图纸相符、屏体安装布置是否满足技术协议要求等，以保证装置在通电前的完好性。具体检查内容如下：

（1）检查装置型号、参数与设计图纸是否一致，装置外观应清洁良好，无明显损坏及变形现象。

（2）检查屏柜及装置是否有螺栓松动，特别是电流回路的螺栓及连片，不允许有丝毫松动的情况。

（3）对照说明书，检查装置插件中的跳线是否正确。

（4）检查插件是否插紧。

（5）装置的端子排连接应可靠，且标号应清晰正确。

（6）切换开关、按钮、键盘等应操作灵活、手感良好，打印机连接正常。

（7）装置外部接线和标注应符合图纸的要求。

（8）压板外观检查，压板端子接线是否符合反措要求，压板端子接线压接是否良好。

（9）检查备自投装置引入、引出电缆是否为屏蔽电缆，检查全部屏蔽电缆的屏蔽层是否两端接地。

（10）检查屏底部的下面是否构造一个专用的接地铜网格，装置屏的专用接地端子是否经一定截面铜线连接到此铜网格上，检查各接地端子的连接处连接是否可靠。

2. 绝缘电阻测试

绝缘电阻测试的目的是检查备自投装置屏体内二次回路及装置的绝缘性能，试验前注意断开有关回路连线，防止高电压造成设备损坏。

（1）试验前准备工作如下：

1）装置所有插件在拔出状态。

2）将打印机与备自投装置断开。

3）屏上各压板置“投入”位置。

4）断开直流电源、交流电压等回路，并断开与其他装置的有关连线。

5）在屏端子排内侧分别短接交流电压回路端子、交流电流回路端子、直流电源回路端子、跳闸和合闸回路端子、开关量输入回路端子、远动接口回路端子及信号回路端子。

（2）绝缘电阻检测。

1）分组回路绝缘电阻检测。用 1000V 绝缘电阻表分别测量各组回路间及各组回路对地的绝缘电阻（对开关量输入回路端子使用 500V 绝缘电阻表），绝缘电阻值均应大于 10MΩ。

2）整个二次回路的绝缘电阻检测。在屏端子排处将所有电流、电压及直流回路的端子连接在一起，并将电流回路的接地点拆开，用 1000V 绝缘电阻表测量整个回路对地的绝缘电阻，其绝缘电阻应大于 1.0MΩ。

3）部分检验时仅检测交流回路对地绝缘电阻。

3. 逆变电源的检验

检查逆变电源插件工作是否正常、逆变电源特性是否满足设计要求，检查内容有电压输出值量测和输入电源变化时的输出电压特性，检查装置在直流电源变化时是否误动作或误信号表示。

（1）试验前准备。断开装置跳、合闸出口压板。装置第一次上电时，试验用的直流电源应经专用双极闸刀，并从屏端子排上的端子接入。

（2）检验逆变电源的自启动性能。合上直流电源开关，试验直流电源由零缓慢升至 80%额定电压值，此时装置运行指示灯及液晶显示应亮。

（3）直流拉合试验。在拉合过程中，装置和监控后台上无装置动作信号。

4. 装置上电检查

做装置通电后的初步检查和设置，主要内容如下。

（1）面板指示灯检查。“运行”指示灯应常亮，否则，说明装置有问题，应查找故障点，处理后再进行下面调试。具体指示灯情况应参见各装置说明书。

（2）装置软件版本核查。软件版本应与省公司要求的版本号一致，否则要求生产厂家进行更换。

（3）检查装置精度。手动调整菜单的值是否与交流插件贴纸上的值一致。

（4）调整装置日期与时钟。

（5）检查装置通信地址、规约设置是否与后台监控设置相匹配。

5. 装置调试

（1）交流模拟量校验。用试验仪器从装置的屏端子上分别通入额定的电压、电流量，在装置相应的子菜单下、液晶显示屏显示的采样值或通过打印机输出的交流量打印值应与实际加入量数值相等，其误差应小于±5%。

（2）开关量输入试验。用短路线在屏端子上分别进行各开入接点的模拟导通和断开，在装置相应的子菜单下，液晶显示屏显示的开入量状态应有相应改变，做此项试验应注意接通和断开的时间应超过装置软件设置的延时。

（3）逻辑功能试验。检查软件逻辑功能和输出回路是否正常。具体步骤如下：

1）进行装置逻辑功能实验前，将对应元件的控制字、软压板、硬压板设置正确，装置整组试验后，检查装置记录的跳闸报告、SOE 事件记录是否正确，对于有通信条件的试验现场，可检查后台监控软件记录的事件是否正确。

2）校验有压定值、无压定值及动作时间，校验动作元件动作是否正确。

3）设置整定定值，设定备自投装置的“自投方式”。

4）根据备自投方式，按照备自投装置的投入条件设置相应的开关量、模拟量，确认没有外部闭锁自投开入，经备自投充电延时，面板显示充电标志充满。

5）根据备自投方式，按照备自投装置的动作逻辑，做相应的模拟试验，备自投装置应正确动作，面板显示相应动作跳闸、合闸等命令。

（4）运行异常报警试验。进行运行异常报警试验前，将对应元件的控制字、软压板设置正确，试验项完毕后，检查装置记录的跳闸报告、SOE 事件记录是否正确，对于有通信条件的试验现场，可检查后台监控软件记录的事件是否正确。

1）频率异常报警。加母线电压，频率小于装置整定频率定值，经延时报警，报警灯亮，液晶界面显示母线电压低频报警。

2）TV 断线报警。自投方式控制字投入，进线有流，母线正序电压小于整定值，经延时报警灯亮，液晶界面显示母线 TV 断线报警。

线路电压检查控制字投入，线路电压小于有压定值，经延时报警灯亮，液晶界面显示线路 TV 断线报警。

3）TWJ 异常报警。分段电流大于无流定值，分段断路器 TWJ 开入为“1”；进线电流大于无流定值，相应 TWJ 开入为“1”。经延时报警灯亮，液晶界面显示 TWJ 异常报警。

（5）装置闭触试验。

1）定值出错。进入装置“保护定值”菜单，任意修改一个定值为不合理值后按“确认”键，运行灯熄灭，闭锁接点闭合。

2）电源故障。装置电源发生故障时，闭锁触点闭合。

（6）输出触点检查。

1）断开装置的出口跳合闸回路，结合装置逻辑功能试验，检查进线及分段断路器的跳闸触点、合闸触点。

2）分别进行三组遥控跳合闸操作，对应触点应由断开变为闭合。

3）关闭装置电源，装置闭锁触点闭合；装置处于正常运行状态，闭锁触点断开。

4）发生报警时，装置报警触点应闭合，报警事件返回，该触点断开。

5）装置动作跳闸时，装置跳闸信号触点应闭合，信号复归时断开。

6）装置动作合闸时，装置合闸信号触点应闭合，信号复归时断开。

6. 整组试验

从装置电压、电流的二次端子侧施加电压量，通过端子排加入相关开关量，通过调整电压电流及开关量，使装置动作，校验其交流量接线、各出口接线、整定值和相关信号的正确性。新建变电站应带实际断路器进行传动试验，对应断路器应能正确跳开。

7. 带负荷试验

装置调试项目完成后，恢复装置屏体上的所有接线为正常运行状态，待装置通入正常运行时的母线电压和线路负荷后，做带负荷试验。读取各相电流、电压，核对相位，确定接线的正确性。

8. 结束工作

装置调试结束后，复归所有动作信号，清除装置报告，确认时钟已校正和同步，打印装置定值，与定值单核对无误。整理填写试验报告，填写继电保护现场记录簿，向运行人员交代，办理工作结束手续。

【思考与练习】

1. 典型备自投装置的调试项目有哪些？写出调试工作流程图。
2. 如何做开关量输入试验？试验时应注意什么？

模块 8　故障录波装置原理（Z12F6008Ⅱ）

【模块描述】本模块介绍了故障录波装置。通过原理讲解、图例分析，掌握故障录波装置的工作原理及故障录波装置的录波记录方式。

【模块内容】故障录波装置原理，包括故障录波装置基本原理、故障录波装置的启动方式、故障录波装置的记录方式、故障录波装置波形记录及分析

一、故障录波装置基本原理

故障录波装置是在电力系统发生大扰动时，自动记录重要电力设备的电参量以及继电保护及安全自动装置的动作触点变化过程，提供故障录波数据分析功能的自动装置。故障录波装置一般由录波单元和录波管理机组成，结构见图 Z12F6008Ⅱ-1。其中录波单元完成电压、电流、通道信号等模拟量和开关量的数据采集、转换、处理及存储；录波管理机为用户提供录波器设置、录波文件后台存储、波形分析、打印、数据远传等功能。故障录波单元功能相对独立，除录波单元配置和波形分析外，不依赖录波管理机，可以单独工作。故障录波装置一般采用嵌入式结构及操作系统，以保证运行的稳定性和录波的可靠性。

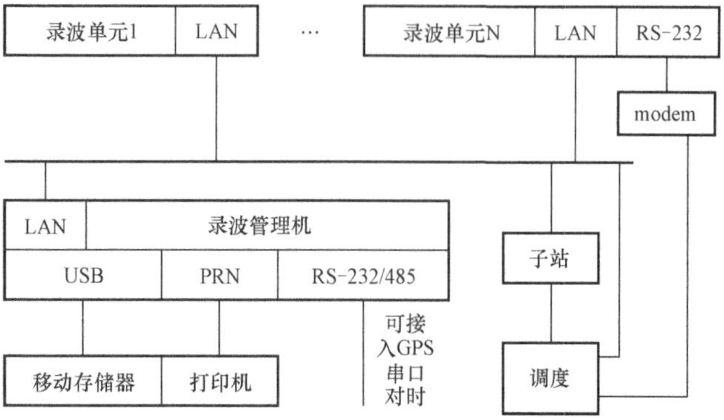

图 Z12F6008Ⅱ-1　故障录波装置结构

故障录波装置按功能一般分为线路故障录波器、主变故障录波器和发电机–变压器组故障录波器三种类型，在主要发电厂、220kV及以上变电站和110kV重要变电站装设线路故障录波器和主变故障录波器，单机容量为200MW及以上的发电机–变压器组装设专用发电机–变压器组故障录波器。

1. 模拟量采集原理

拟量采集利用模拟变换器将需要记录的信号转换为适于录波单元处理的电平信号，同时，实现输入信号与录波器之间在电气上的隔离。模拟信号变换器的数量和类型，根据输入信号的类型确定。交流模拟量及直流模拟量的采集系统硬件结构原理如图 Z12F6008Ⅱ-2 及图 Z12F6008Ⅱ-3 所示。

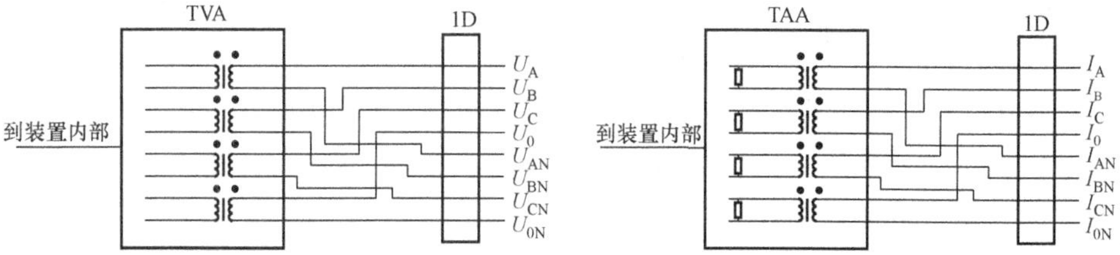

图 Z12F6008Ⅱ-2　录波器交流模拟量采集系统结构原理

2. 开关量采集原理

开关量一般采用光耦隔离元件实现电气隔离，利用大规模FPGA技术将开关量输入信号传送到录波单元。

故障录波器装置目前一般配置128路开关量，如现场应用开关量不够时，可以增加开关量插件进行扩充，开关量路数的配置与模拟量路数无关，单独配置。

开关量采集系统逻辑原理见图 Z12F6008Ⅱ-4。

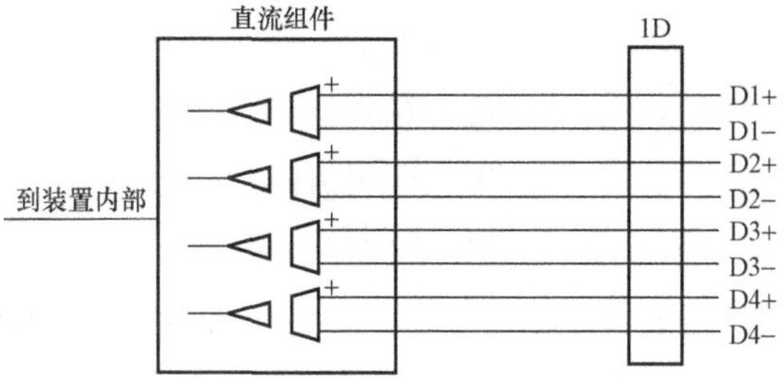

图 Z12F6008Ⅱ-3 录波器直流模拟量采集系统结构原理

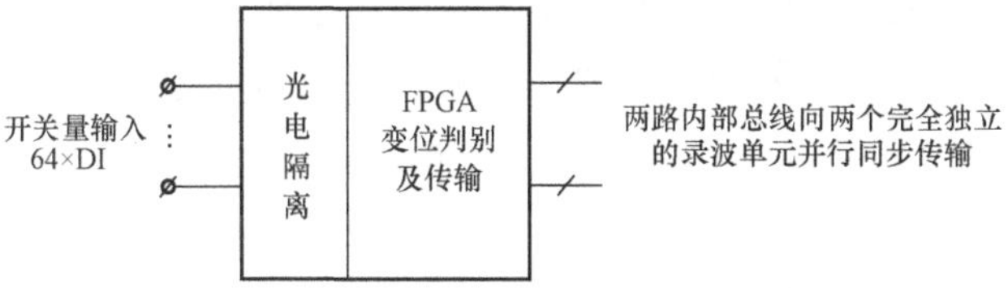

图 Z12F6008Ⅱ-4 开关量采集系统逻辑原理

3. 数据的存储

新型故障录波装置的录波单元一般具有同步双存储能力，录波单元中的 DSP 板上配置 FLASH 存储器，采用循环覆盖方式可以保存最近 512 次故障录波；录波单元配置大容量存储器，可以保存不少于 20 000 次故障录波；录波单元与 DSP 板采用并行同步存储，而不是传统的先保存在 DSP 板上，然后在从 DSP 板通过并口或其他方式上传到录波单元。

录波管理机平时可以退出运行，并且不会影响录波单元的正常工作，当需要操作录波单元时（如设置定值、修改线路参数等），或需要对录波数据分析打印时，再启用录波管理机。录波单元存储数据的原理见图 Z12F6008Ⅱ-5。

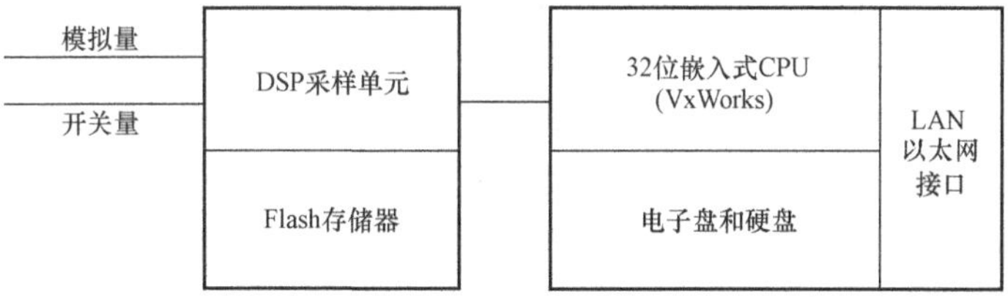

图 Z12F6008Ⅱ-5 录波单元存储数据原理

二、故障录波装置的启动方式

故障录波装置常用启动方式有如下几种：

（1） 电压、电流突变量、越限。

$$\begin{cases} U_{\phi} > U_{SET} \\ I_{\phi} > I_{SET} \\ \Delta U_{\phi} > \Delta U_{SET} \\ \Delta I_{\phi} > \Delta I_{SET} \end{cases} \tag{Z12F6008Ⅱ-1}$$

式中 U_{SET} ——相电压越限启动定值，高越限定值一般整定为 110%U_N（二次额定电压），低越限定值一般整定为 90% U_N；

I_{SET} ——相电流越限启动定值，一般整定为 110% I_N（二次额定电流）；

ΔU_{SET} ——相电压突变量启动定值，一般整定为 5%U_N；

ΔI_{SET} ——相电流突变量启动定值，一般整定为 10% I_N；

U_{ϕ} ——TV 二次值，可为 a、b、c 三相任意相；

I_{ϕ} ——TA 二次值，可为 a、b、c 三相任意相；

ΔU_{ϕ} ——TV 二次值，可为 a、b、c 三相任意相；

ΔI_{ϕ} ——TA 二次值，可为 a、b、c 三相任意相。

（2） 工频频率越限、变化率。

$$\begin{cases} f > f_{max} \\ f < f_{min} \\ \Delta f > \Delta f_{set} \end{cases} \tag{Z12F6008Ⅱ-2}$$

式中 f_{max} ——频率高越限启动定值，一般整定为 50.5Hz；

f_{min} ——频率低越限启动定值，一般整定为 49.5Hz；

Δf_{set} ——频率突变量启动定值，一般整定为 0.1Hz；

f——系统频率测量值；

Δf ——系统频率变化率。

（3） 谐波量。包括三次谐波、五次谐波和七次谐波等。

（4） 直流量越限、突变量。判别公式类似于电流突变量、越限启动。

（5） 序分量启动。包括零序分量启动、负序分量启动。

（6） 开关量变位。

（7） 手动等。

三、故障录波装置的记录方式

故障录波装置启动后，数据采用分段记录方式，按顺序分 A、B、C、D、E 五个时段，其中：

（1） A 时段：系统大扰动开始前的状态数据，输出原始记录波形及有效值，记录时间不小于 0.04s。

（2）B 时段：系统大扰动后初期的状态数据，可直接输出原始记录波形，可观察到五次谐波，同时也可输出每一周波的工频有效值及直流分量值，记录时间不小于 0.1s。

（3）C 时段：系统大扰动后的中期状态数据，输出连续的工频有效值，记录时间不小于 1.0s。

（4）D 时段：系统动态过程数据，每 0.1s 输出一个工频有效值，记录时间不小于 20s。

（5）E 时段：系统长过程的动态数据，每 1s 输出一个工频有效值，记录时间不小于 10min。

220kV 系统线路发生单相故障后的电压故障录波图见图 Z12F6008Ⅱ–6。

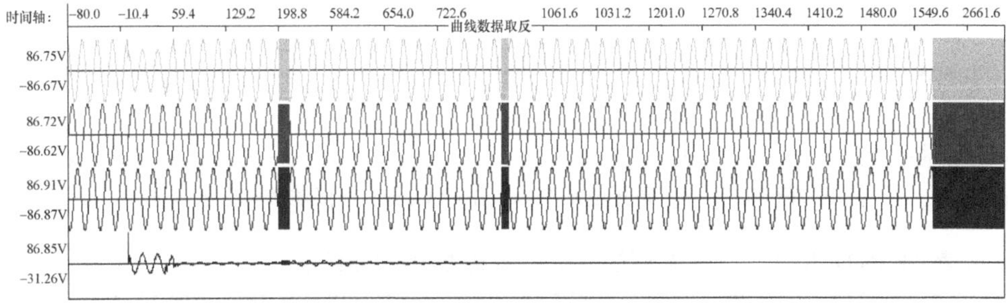

图 Z12F6008Ⅱ–6　220kV 系统线路发生单相故障后电压故障录波图

图 Z12F6008Ⅱ–6 中，A 段记录时间为 0.08s，B 段时间为 0.2s，C 时段记录过程中由于系统有波动，重新进入了 A、B 时段，本次暂态录波记录总时间为 3s，未包括 D、E 段。

四、故障录波装置波形记录及分析

故障录波装置记录波形是将录波装置采集到的电参量和开关量等用波形的形式通过打印机输出或通过后台分析软件处理后显示出来，供技术人员分析使用。

录波波形的数据分析一般通过故障录波器管理机上的软件进行。下面以某变电站实际发生的单相接地故障为例，说明数据分析的基本情况。

故障录波器分析软件调取的故障波形见图 Z12F6008Ⅱ–7。

利用故障录波器管理机上的后台分析软件对图 Z12F6008Ⅱ–7 所示的故障录波数据进行故障分析，其分析结果见表 Z12F6008Ⅱ–1。通过分析报告，可较清楚地了解故障线路、故障类型、故障点、开关动作情况等信息。

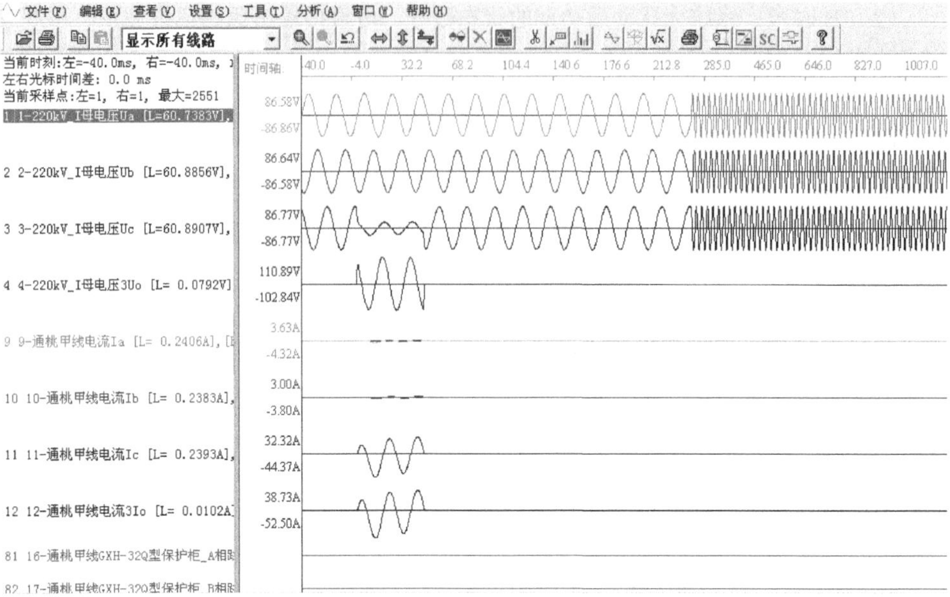

图 Z12F6008Ⅱ-7 某变电站实际发生的 C 相单相接地故障录波波形

表 Z12F6008Ⅱ-1 故障录波器对故障数据的故障分析结果

故障分析简表

电站名称：某 220kV 变电站 1461 号录波器

故障线路：甲线

相对时间 0ms 对应的绝对时刻：2009 年 06 月 22 日 15 时 06 分 24 秒 365.800ms

第 0001 段：（采样点号：从 1 点～1400 点）

故障开始点：201 点

故障开始时间：0.0ms

故障相别：C N

故障结束点：447 点

断路器跳闸时间：49.2ms

故障距离：10.359km

二次侧电抗：0.345 82Ω

故障前一周波的母线电压有效值：

A 相：（一次值=133.711kV）；（二次值=60.778V）

B 相：（一次值=134.225kV）；（二次值=61.011V）

C 相：（一次值=134.383kV）；（二次值=61.083V）

N：（一次值=1.536kV）；（二次值=0.698V）

续表

故障前一周波的故障电流有效值：
A 相：（一次值=0.058kA）；（二次值=0.240A）
B 相：（一次值=0.057kA）；（二次值=0.238A）
C 相：（一次值=0.051kA）；（二次值=0.210A）
N：（一次值=0.012kA）；（二次值=0.050A）
故障时的母线电压有效值：
A 相：（一次值=135.077kV）；（二次值=61.399V）
B 相：（一次值=131.032kV）；（二次值=59.560V）
C 相：（一次值=54.098kV）；（二次值=24.590V）
N：（一次值=82.960kV）；（二次值=37.709V）
故障时的故障电流有效值：
A 相：（一次值=0.574kA）；（二次值=2.391A）
B 相：（一次值=0.465kA）；（二次值=1.937A）
C 相：（一次值=5.660kA）；（二次值=23.585A）
N：（一次值=6.690kA）；（二次值=27.874A）
故障后一周波的母线电压有效值：
A 相：（一次值=133.277kV）；（二次值=60.580V）
B 相：（一次值=130.448kV）；（二次值=59.294V）
C 相：（一次值=40.948kV）；（二次值=18.613V）
N：（一次值=94.660kV）；（二次值=43.027V）
故障后一周波的故障电流有效值：
A 相：（一次值=0.603kA）；（二次值=2.511A）
B 相：（一次值=0.502kA）；（二次值=2.090A）
C 相：（一次值=5.809kA）；（二次值=24.206A）
N：（一次值=6.895kA）；（二次值=28.730A）

第 0002 段：（采样点号：从 1401 点～2400 点），本段无故障
第 0003 段：（采样点号：从 2401 点～2551 点），本段采样率=50Hz，小于 600Hz，不作分析!
开关量变位清单：
第 083 通道：18−甲线 GXH—32Q 型保护柜_C 相跳闸：
第 001 次变位：相对时间=17.2ms，采样点=286
第 001 次复位：相对时间=79.6ms，采样点=598
第 088 通道：23−甲线 GXH—32F 型保护柜_C 相跳闸：
第 001 次变位：相对时间=19.4ms，采样点=297
第 001 次复位：相对时间=77.4ms，采样点=587
第 091 通道：26−甲线 GXH—32F 型保护柜_重合闸：
第 001 次变位：相对时间=1090.0ms，采样点=2250
第 001 次复位：相对时间=1148.0ms，采样点=2308

续表

第 094 通道：29–甲线 GXH—32F 型保护柜_C 相出口：
第 001 次变位：相对时间=27.2ms，采样点=336
第 095 通道：30–甲线 GXH—32F 型保护柜_重合闸出口：
第 001 次变位：相对时间=1094.0ms，采样点=2254
第 001 次复位：相对时间=1151.0ms，采样点=2311

可以利用后台软件对图 Z12F6008Ⅱ–7 所示的故障录波数据进行进一步分析，如进行谐波含量分析、故障过程中故障线路的电压、电流相量分析等，以相量分析为例，见图 Z12F6008Ⅱ–8。由图可以方便地了解故障电压、故障电流的相量关系，是一种良好的故障分析手段。

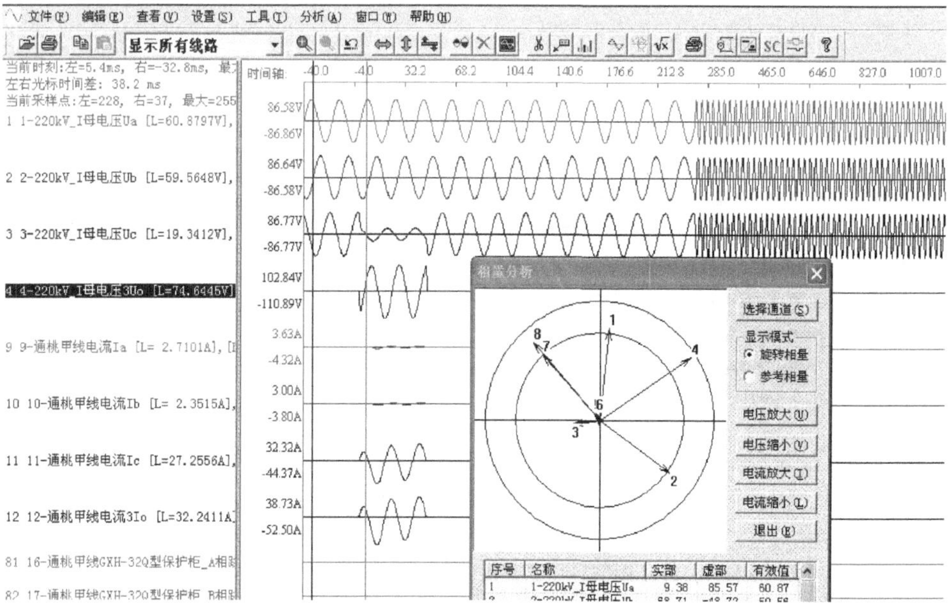

图 Z12F6008Ⅱ–8 故障录波器的相量分析功能

【思考与练习】

1. 故障录波装置的启动方式有几种？
2. 故障录波装置录波数据分几段？记录时间分别是多少？

模块9 故障录波装置调试的安全和技术措施（Z12F6009Ⅱ）

【模块描述】本模块包含故障录波装置调试的工作前准备和安全技术措施。通过要点归纳、图表举例，掌握故障录波装置现场调试的危险点预控及安全技术措施。

【模块内容】故障录波装置调试的安全和技术措施，包括调试前工作准备、与运行设备相连的回路进行具体的准备、安全技术措施、二次安全措施票举例。

一、调试前工作准备

调试人员在调试前要做四个方面的准备工作：准备仪器、仪表及工器具；准备好装置故障维修所需的备品备件；准备调试过程中所需的材料；准备被调试装置的图纸等资料。

1. 仪器、仪表及工器具

故障录波装置调试所需的仪器、仪表及工器具应包含以下几种：组合工具、电缆盘（带剩余电流动作保护器）、计算器、绝缘电阻表、微机型继电保护测试仪、钳形相位表、试验接线、数字万用表等，使用的仪器、仪表经检验合格且在有效期范围内。

2. 备品备件

为了在检验过程中及时更换故障器件，调试前应准备充足的备品备件，故障录波器调试所需的备品备件主要有：电源插件、DSP板、CPU板，不同型号的装置可能会因为结构不同，备品备件也不一样，调试人员应根据装置的实际情况确定。

3. 材料

调试用材料主要有：绝缘胶布、自粘胶带、小毛巾、中性笔、口罩、手套、毛刷、防静电环等。

4. 图纸资料

调试用的图纸资料主要有：与现场运行装置版本一致的装置技术说明书、装置及二次回路相关图纸、调度机构下发的定值通知单、上次装置检验报告、调试规程、作业指导书等资料。

二、与运行设备相连的回路进行具体的准备

故障录波器装置与运行设备的连线较多，应做好如下准备工作：

（1）注意查看图纸，明确故障录波器与各电压互感器、各间隔电流互感器的连接情况。

（2）对于直接连接互感器的连线，应做好断开电压互感器、封电流互感器的准备，如绝缘胶布、短接线或短接片等。

（3）对于并联或串联在运行设备后的二次回路连线，应确定断开点。

（4）根据图纸，明确故障录波器开入触点与其他运行设备的连线。

（5）可根据图纸，提前编写二次安全措施票，调试时将其与故障录波器实际接线对照，查看有无接线错误。

三、安全技术措施

安全技术措施是为了规范现场人员作业行为，防止在调试过程中发生人身、设备事故而制订的安全保障措施。在装置调试工作开始前，办理开工手续时，同时应填写继电保护安全措施票，并组织全体调试人员学习，在调试工作过程中严格遵守。安全技术措施的一项重要内容是危险点分析及采取的相应安全控制措施。

1. 人身触电

（1）误入带电间隔。控制措施：工作前应熟悉工作地点、带电部位。检查现场安全围栏、安全警示牌和接地线等安全措施。

（2）接、拆低压电源。控制措施：必须使用装有漏电保护器的电源盘。螺丝刀等工具金属裸露部分除刀口外包绝缘。接拆电源时至少有两人执行，必须在电源开关拉开的情况下进行。临时电源必须使用专用电源，禁止从运行设备上取得电源。

（3）电流互感器二次开路。控制措施：工作人员之间应对照图纸，确认电流二次回路现场接线与图纸一致，并在将电流回路封死，经第二人检查无误后方可断开。

2. 继电保护“三误”

防“三误”事故的安全技术措施如下：

（1）现场工作前必须做好充分准备，内容包括：

1）了解工作地点一、二次设备运行情况，本工作与运行设备有无直接联系。

2）工作人员明确分工并熟悉图纸与检验规程等有关资料。

3）应具备与实际状况一致的图纸、上次检验记录、最新整定通知单、检验规程、合格的仪器仪表、备品备件、工具和连接导线。

4）工作前认真填写安全措施票。

5）工作开工后先执行安全措施票，由工作负责人负责做的每一项措施要在“执行”栏做标记；校验工作结束后，要持此票恢复所做的安全措施，以保证完全恢复。

6）不允许在未停用的故障录波装置上进行试验和其他测试工作。

7）只能用整组试验的方法，即由电压电流端子通入与故障情况相符的模拟故障量，检查装置回路及整定值的正确性。不允许用卡继电器触点、短路触点等人为手段做故障录波装置的整组试验。

8）在校验故障录波装置及二次回路时，凡与其他运行设备二次回路相连的连接片和接线应有明显标记，并按安全措施票仔细地将有关回路断开或短路，做好记录。

9）在清扫运行中设备和二次回路时，应认真仔细，并使用绝缘工具（毛刷、吹风机等），特别注意防止振动，防止误碰。

10）严格执行风险分析卡和继电保护作业指导书。

（2）现场工作应按图纸进行，严禁凭记忆作为工作的依据。如发现图纸与实际接线不符时，应查线核对。需要改动时，必须履行如下程序：

1）先在原图上做好修改，经主管继电保护部门批准。

2）拆动接线前先要与原图核对，接线修改后要与新图核对，并及时修改底图，修改运行人员及有关各级继电保护人员的图纸。

3）改动回路后，严防寄生回路存在，没用的线应拆除。

4）在变动二次回路后，应进行相应的试验，确认回路极性及整定值完全正确。

（3）故障录波装置调试的定值，必须根据最新整定值通知单规定，先核对通知单与实际设备是否相符（包括装置型号、互感器接线、变比等）。定值整定完毕要认真核对，确保正确。

3. 通信干扰

保护室内使用无线通信设备，易造成其他正在运行的保护设备不正确动作。

控制措施：不在保护室内使用无线通信设备，尤其是对讲机。

4. 反送电事故

录波器屏顶电压小母线带电，易发生电压反送事故或引起人员触电。

控制措施：断开交流二次电压引入回路，并用绝缘胶布对所拆线头实施绝缘包扎。

5. 误跳运行断路器

二次通电时，电流可能通入其他保护装置，可能误跳运行断路器。

控制措施：注意看图，如回路中有至其他保护的串联电流回路，必须有明显的断开点。

6. 集成块和插头损坏

带电插拔插件，易造成集成块损坏。频繁插拔插件，易造成插件插头松动。

控制措施：插件插拔前关闭电源。

7. 后台管理机感染病毒

故障录波器后台管理机感染病毒，造成机器不能正常工作。

控制措施：① 管理机应安装防病毒软件，定期升级；② 避免使用文件拷贝方式，使用的U盘等需经杀毒处理；③ 采用嵌入式操作系统。

四、二次安全措施票举例

二次安全措施票举例见表Z12F6009Ⅱ-1。

表 Z12F6009Ⅱ-1　　　　现场工作安全技术措施票

<table>
<tr><td colspan="9">工作内容：WGL-9000+ 故障录波器全部校验（仅供参考）</td></tr>
<tr><td rowspan="2">序号</td><td colspan="4" rowspan="2">安全措施内容
（打开的线缆一律包好）</td><td colspan="2" rowspan="2">备　注</td><td colspan="2">打“√”</td></tr>
<tr><td>执行</td><td>恢复</td></tr>
<tr><td>1</td><td colspan="4">断开　A631Ⅰ　1D–1</td><td colspan="2">Ⅰ母 A 相二次电压</td><td></td><td></td></tr>
<tr><td>2</td><td colspan="4">断开　B631Ⅰ　1D–2</td><td colspan="2">Ⅰ母 B 相二次电压</td><td></td><td></td></tr>
<tr><td>3</td><td colspan="4">断开　C631Ⅰ　1D–3</td><td colspan="2">Ⅰ母 C 相二次电压</td><td></td><td></td></tr>
<tr><td>4</td><td colspan="4">断开　L630Ⅰ　1D–4</td><td colspan="2">Ⅰ母二次开口电压 L</td><td></td><td></td></tr>
<tr><td>5</td><td colspan="4">断开　N600　1D–5</td><td colspan="2">Ⅰ母中性点接地</td><td></td><td></td></tr>
<tr><td>6</td><td colspan="4">断开　A631Ⅱ　1D–9</td><td colspan="2">Ⅱ母 A 相二次电压</td><td></td><td></td></tr>
<tr><td>7</td><td colspan="4">断开　B631Ⅱ　1D–10</td><td colspan="2">Ⅱ母 B 相二次电压</td><td></td><td></td></tr>
<tr><td>8</td><td colspan="4">断开　C631Ⅱ　1D–11</td><td colspan="2">Ⅱ母 C 相二次电压</td><td></td><td></td></tr>
<tr><td>9</td><td colspan="4">断开　L630Ⅱ　1D–12</td><td colspan="2">Ⅱ母二次开口电压 L</td><td></td><td></td></tr>
<tr><td>10</td><td colspan="4">断开　N600　1D–13</td><td colspan="2">Ⅱ母中性点接地</td><td></td><td></td></tr>
<tr><td>11</td><td colspan="4">短路：甲线 A4051、B4051、C4051、N4051（即短路 1D–17、1D–18、1D–19、1D–24）并打开 A4051、B4051、C4051、N4051 所接端子排上的电流连接片，使外部电流回路与录波器隔离</td><td colspan="2">电流回路封死</td><td></td><td></td></tr>
<tr><td>12</td><td colspan="4">短路：乙线 A4051、B4051、C4051、N4051（即短路 1D–25、1D–26、1D–27、1D–32）并打开 A4051、B4051、C4051、N4051 所接端子排上的电流连接片，使外部电流回路与录波器隔离</td><td colspan="2">电流回路封死</td><td></td><td></td></tr>
<tr><td>13</td><td colspan="4">短路：甲线 A4051、B4051、C4051、N4051（即短路 1D–33、1D–34、1D–35、1D–40）并打开 A4051、B4051、C4051、N4051 所接端子排上的电流连接片，使外部电流回路与录波器隔离</td><td colspan="2">电流回路封死</td><td></td><td></td></tr>
<tr><td>14</td><td colspan="4">断开信号正电源：＋SM</td><td colspan="2"></td><td></td><td></td></tr>
<tr><td>15</td><td colspan="4">记录空开位置</td><td colspan="2"></td><td></td><td></td></tr>
<tr><td>16</td><td colspan="4">******</td><td colspan="2">*****</td><td>***</td><td>***</td></tr>
<tr><td>执行日期</td><td></td><td>恢复日期</td><td></td><td>填票人</td><td></td><td>审核人</td><td></td><td>执行人</td></tr>
<tr><td></td><td></td><td></td><td></td><td></td><td></td><td></td><td>监护人</td><td></td></tr>
</table>

【思考与练习】

1. 故障录波装置调试工作的危险点有哪些？如何预防？

2. 故障录波装置与其他保护装置调试工作的危险点有何不同？

模块 10　故障录波装置的调试（Z12F6010Ⅱ）

【模块描述】本模块包含故障录波装置调试的主要内容。通过要点归纳、图表举例、分析说明，掌握故障录波装置调试的作业程序、调试项目、各项目调试方法等内容。

【模块内容】故障录波装置的调试包括作业流程、校验项目及技术要求。

现场工作程序一般分为以下几个步骤：工作前准备、办理工作票、填写安全措施票、装置调试、填写工作记录簿、办理工作结束手续。

一、作业流程

故障录波器的调试作业流程见图 Z12F6010Ⅱ-1。

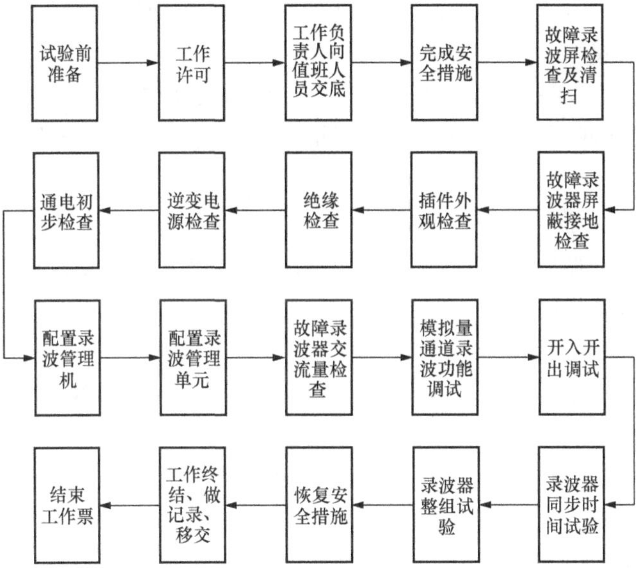

图 Z12F6010Ⅱ-1　故障录波器校验作业流程

二、校验项目及技术要求

故障录波装置的调试主要包含以下内容：外观及接线检查，绝缘电阻测试，逆变电源的检验，通电初步检验，定值整定，交流量的调试，录波功能调试，开入、出量调试，整组实验，录波器通信与组网检验。下面以 ZH-3 型录波器为例进行描述。

1. 装置通电前检查

通电前对装置整体做外观检查，目的是检查装置在出厂运输以及现场安装过程中是否有损坏的地方，以及屏体接线是否与设计图纸相符、屏体安装布置是否满足技术协议要求等，以保证装置在通电前的完好性。具体检查内容如下：

（1）检查装置型号、参数与设计图纸是否一致，装置外观应清洁良好，无明显损坏及变形现象。

（2）检查屏柜及装置是否有螺栓松动，特别是电流回路的螺栓及连片，不允许有丝毫松动的情况。

（3）对照说明书，检查装置插件中的跳线是否正确。

（4）检查插件是否插紧。

（5）装置的端子排连接应可靠，且标号应清晰正确。

（6）按钮、键盘等应操作灵活、手感良好，打印机连接正常。

（7）装置外部接线和标注应符合图纸的要求。

（8）检查故障录波器装置引入、引出电缆是否为屏蔽电缆，检查全部屏蔽电缆的屏蔽层是否两端接地。

（9）检查屏底部的下面是否构造一个专用的接地铜网格，装置屏的专用接地端子是否经一定截面铜线连接到此铜网格上，检查各接地端子的连接处连接是否可靠。

2. 绝缘电阻试验

检查故障录波器屏体内二次回路的绝缘性能，试验前注意断开有关回路连线，防止高电压造成设备损坏。

（1）试验前准备工作。

1）在端子排处断开直流电源、交流电流、电压回路外部连线，以及录波装置与其他装置的有关连线，断开打印机与装置的连接。

2）在录波装置端子排内侧分别短接交流电压回路端子、交流电流回路端子、直流电源回路端子、开关量输入回路端子、远动接口回路端子及信号回路端子。

（2）绝缘电阻检测。

1）交流回路对地、交流回路之间、交流回路与直流回路之间用1000V绝缘电阻表测量，施加时间不小于5s，绝缘电阻不小于10MΩ。

2）直流回路对地用1000V绝缘电阻表测量，施加时间不小于5s，绝缘电阻不小于10MΩ。

3）电源回路对地、电源回路之间用1000V绝缘电阻表测量，施加时间不小于5s，绝缘电阻不小于10MΩ。

试验后应将各回路对地放电。

3. 装置上电检查

检查装置上电后的运行状态是否正常，试验人员主要观察面板指示灯、液晶显示、打印机状态等。

装置电源接通后，检查装置各信号指示灯是否正常。正常时“运行”“电源”灯应该亮，“录波”“故障”灯熄灭，软件运行界面应正常，无异常告警，打印装置应正确连接，时钟应正常显示。

4. 配置录波管理机

打开录波管理机软件界面，设置录波单元的基本参数、运行环境参数和用户权限，见图 Z12F6010Ⅱ-2。

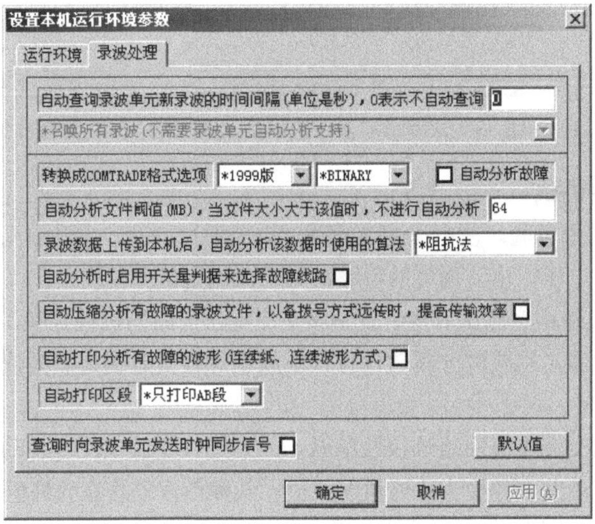

图 Z12F6010Ⅱ-2 录波单元的基本参数

5. 配置录波管理单元

打开录波单元管理菜单，设置录波单元有关参数和输入定值。

（1）参数设置。内容包括录波装置参数、一次设备参数、模拟量通道、开关量通道、运行参数等，见图 Z12F6010Ⅱ-3。

（2）调整装置日期与时钟，设定正确的时钟后，录波管理机先修改本机时钟，再向录波单元发送对时命令，将录波单元时钟与录波管理机时钟同步。

（3）输入定值。按照省调下发的定值单进行整定。

（4）装置软件版本核查。软件版本应与省公司要求版本一致，否则要求生产厂家进行更换。

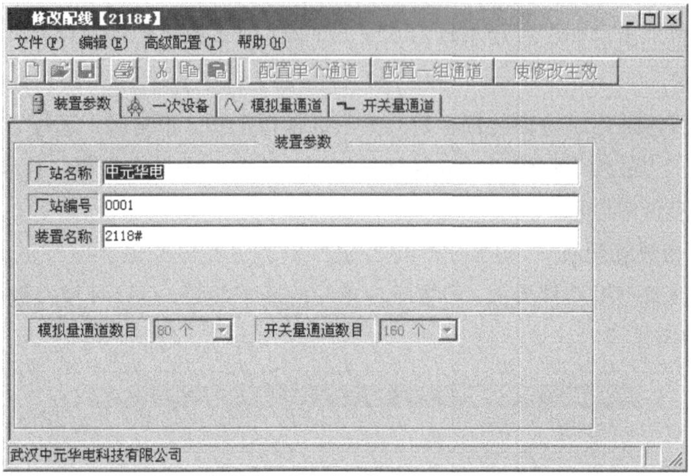

图 Z12F6010Ⅱ-3 故障录波器一次设备、模拟量、开关量等参数设置

6. 交流量的调试

（1）静态波形试验。使电压通道短路，电流通道开路，手动启动录波，打开波形文件，观察各个电压、电流通道的零漂，均应在规定值范围内。

（2）交流通道精度测试。将装置各相交流电压回路同极性并联，分别加入测试电压，手动启动录波，用录波分析软件打开录波文件检查各通道有效值。其数值误差均在允许值范围内。

将装置各相交流电流回路顺极性串联，分别通入测试电流，手动启动录波，用录波分析软件打开录波文件检查各通道有效值。其数值误差均在允许值范围内。

（3）相位一致性检查。在进行（1）和（2）项检查的同时，由显示或打印的波形中可观测各路电压、电流极性是否一致，若某路极性接反，应予以纠正；在输入电压和电流同相位时，所有回路的相位角的误差不能超过允许值。

连续三次录波，如有效值误差及角度误差均满足要求，则精度测试通过。此三次录波文件要求存档。

（4）谐波可观测性检查。任选一相交流电压回路，分别通入 20% 或不同比例的 2 次、3 次、5 次、7 次谐波，装置应可靠不启动；手动启动录波后，应能明显地观测到相应的谐波波形。

（5）直流通道精度测试。将量程相同的直流电压通道同极性并联，将量程相同的直流电流通道顺极性串联，并分别接入测试仪的直流电压和直流电流输出端。

根据其量程，设定若干个测试点，测量值与输入值的误差应满足要求。

7. 模拟量通道录波功能调试

设定被测试模拟量通道的启动定值，而清除所有其他定值。对过量启动的，用测试仪按定值的105%通入相应模拟量，每项定值做三次启动实验，三次均启动为合格；再按定值的95%通入模拟量，做三次启动实验，三次均不启动为合格。欠量启动的，所加动作量与过量启动相反。

8. 开入、开出调试

（1）开入信号调试。设定定值为所有开关量通道启动。依次短接或断开开关量，装置应启动录波。打开波形查看开关量变位情况，将此测试项目的波形文件存档。

（2）开出信号调试。装置异常告警。用万用表测量此告警输出触点，在下列情况下该节点动作：装置失电、故障灯亮、电源异常、装置自身异常时。

9. 整组试验

（1）模拟故障录波。将录波器启动定值全部投入，并输入相应的线路参数，交流电压交流电流端子接入保护测试仪相应的输出。打开打印机的电源，确保打印机与装置正常连接，有打印纸并安装正确。测试仪可以采用整组实验方法模拟线路故障，故障线路的参数必须与录波器设置得一致。故障类型为单相接地、两相短路、两相接地短路、三相短路，每种故障类型设定测试仪距离或阻抗值为线路总长的5%、50%、100%。每次故障模拟，装置应能够可靠启动，并能正确判别故障类型，能自动进行正确的故障测距。

（2）波形分析及故障报告。装置录波后，管理机应当可以自动从录波器上召唤本次录波，从管理机软件下部的“故障文件”页面可以看到此次录波，以及故障线路、故障相别、故障距离。通过该数据上可以查看故障报告，打开波形，并检查波形是否正常。

装置录波后，应该可以自动打印故障报告和故障波形图。检查报告和波形的内容是否正确。故障报告内容应包含以下内容或部分内容：故障线路名、故障绝对时间、故障相别、故障类型、故障距离、保护动作时间、断路器动作时间、故障前一周波电流电压有效值、故障第一周波电流电压有效值、故障第一周波电流电压峰值、断路器重合时间、再次故障时间、再次跳闸相别、再次保护动作时间、再次跳闸时间。

只有以上操作都正常，且故障线路正确、故障相别相同，测距结果误差小于2%才算合格。

10. 录波器时间同步试验

在做时间同步试验前，首先必须保证GPS装置工作正常（网络对时不需要GPS，不考虑）。一般要求GPS必须与卫星正常同步，GPS天线的接收头安装在建筑物的屋顶，四周开阔，附近没有高大建筑物遮挡天空。

在管理机上修改装置时间为不正确的时间。但必须注意：IRIG–B 对时只能校正月、日、时、分、秒及秒以下的时间，所以修改时必须保证年份正确。分脉冲（PPM）对时只能校正秒及秒以下的时间，所以修改时必须保证年、月、日、时、分正确。秒脉冲（PPS）对时只能校正秒以下的时间，所以修改时必须保证年、月、日、时、分、秒正确。或者与串口对时、网络对时同时使用，由串口对时、网络对时校正大时间。大部分串口对时协议都可以校正完整的时间，但串口对时可能有若干毫秒的误差。试验时，建议保持年、月、日正确。网络对时可以校正完整的时间，但同样可能存在毫秒级的误差。等待 3～10min，检查录波器的时间是否与 GPS 一致，如果一致则合格，否则不合格。

11. 装置异常及处理

以下是典型故障录波器的几种常见异常及处理方法。

（1）频繁启动录波。打开录波管理机主程序，仔细查看每个录波数据提示的启动信息。根据启动信息的提示，适当地调整对应的定值的大小。

（2）不能启动录波。打开录波数据查看是否有采样信号波形，如没有波形或波形不正常，请检查外部接线是否正确，使用万用表测量端子排输入端是否正常，在排除外部问题后，如果故障不能消失，则可能是接入插件或变送器故障。

（3）液晶屏幕无显示。检查电源是否接入，使用万用表测试电源电压是否正确、电源开关是否合上。

（4）录波单元异常处理。录波单元死机，检查电源系统是否正常。

1）通信故障灯亮，表示与 DSP 通信故障。请首先确认 DSP 插件与 CPU 插件之间的通信线是否松动。

2）硬盘故障灯亮，表示硬盘故障。

（5）管理机与录波单元通信异常。如果录波单元指示正常，但管理机无法正常与录波单元通信，则：

1）检查网络插件上的网线是否连接可靠，其中连接录波单元和录波管理机的网口，都应该是绿色指示灯亮，否则可能是网线故障或网络插件故障。

2）检查“录波管理机”和“录波单元”的 IP 地址、子网掩码设置是否正确。

12. 填写试验报告

最后，向运行人员交代测试结果，调试结论填写在记录本上。

【思考与练习】

1. 简述典型故障录波装置的调试步骤。

2. 故障录波装置频繁启动如何处理？

模块 11 故障信息系统调试及维护（Z12F6011Ⅱ）

【模块描述】本模块介绍了故障信息系统。通过原理讲解、要点归纳、图例示意，熟悉故障信息系统的工作原理，掌握系统调试流程及方法。

【模块内容】故障信息系统调试及维护，包括故障信息系统原理、故障信息系统调试的安全和技术措施、故障信息系统的调试。

一、故障信息系统原理

（一）故障信息系统的基本原理及配置原则

故障信息系统是利用网络通信技术，将变电站内二次装置（继电保护、故障录波器等）与调度端设备连接起来，实现变电站内二次装置的实时、非实时运行和故障信息采集、转发、数据分析等功能；实现本地和远方调度中心在电网故障时的装置运行状态监视和故障信息采集和记录，并具备保护设备管理及故障计算、整定计算、故障测距、录波数据分析等故障综合分析处理功能的系统。通过此系统，为继电保护、调度等专业人员快速分析、判断保护动作行为、处理电网事故提供技术支持，实现继电保护装置运行、管理的自动化和智能化。《继电保护和安全自动装置技术规程》（GB/T 14285—2006）中规定：为使调度端能全面、准确、实时地了解系统事故过程中继电保护装置的动作行为，应逐步建立继电保护及故障信息管理系统。《国家电网公司二次系统典型设计》明确故障信息系统配置原则为 500kV 变电站、220kV 变电站配置一套故障信息管理系统。

（二）典型的故障信息系统

故障信息系统一般由主站系统、子站系统、通信网络三部分组成。

1. 主站系统

主站系统设置在网、省公司或地区调度端，是故障信息系统中数据查询、检索、存储、备份等数据处理的核心及主子站数据的传输任务的控制单元。主站系统包括数据服务器、通信服务器、保护工作站、调度工作站及相关的接口设备等。主站系统结构见图 Z12F6011Ⅱ-1。

主站系统一般应实现如下功能：

（1）与不同电压等级的不同厂家的子站系统通信。主站系统能够与不同厂家、不同型号的子站系统进行通信，宜采用遵循《继电保护故障信息处理系统技术规范》（Q/GDW 273—2009）规定的主–子站系统通信方式，条件具备时支持具备统一模型的、不依赖于特定通信协议的标准的无缝通信体系。

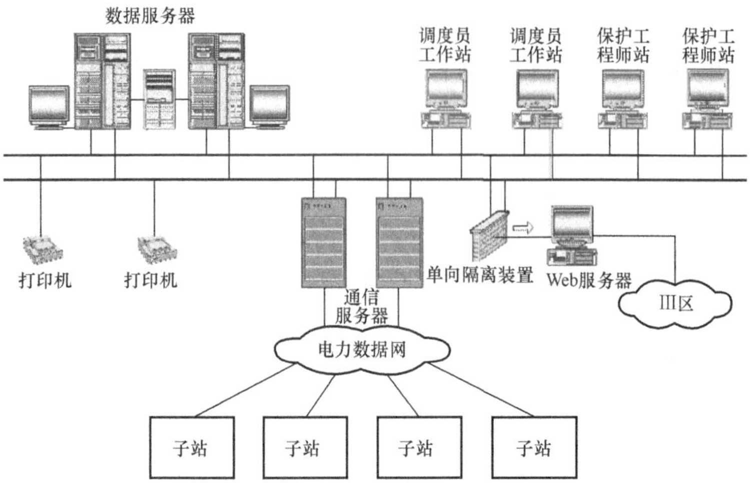

图 Z12F6011Ⅱ-1 故障信息系统主站系统结构

（2）图形界面和建模。主站系统能显示电网带有保护配置的一次接线图，并根据需要显示地理接线图、通信状态图，图元外观符合相关国家标准或得到用户认可。能在图形界面上方便地查看一、二次设备的属性，特别是保护和录波器要求能查看其能提供的所有有用的准实时和历史数据，能召唤装置内的信息，能提供方便的图模一体化的绘图建模工具，能支持图形描述文件的导入导出。

（3）数据库管理与维护。应采用技术成熟的商用数据库管理系统。数据库管理系统应支持并发访问、分布冗余，并保证数据一致性、完整性和有效性。提供图形化的数据库管理和维护工具，可进行数据库结构维护、数据备份、数据导入导出、数据库存取管理等工作。可查看存储空间状况、数据存储状态等，存储空间报警阈值等参数可设定。

（4）监视连接子站的通信情况。主站系统能够实时监视主站系统与其连接的各个子站系统的通信情况，能使用图形化界面直观地显示。当主站系统与子站系统通信出现异常时，能以告警形式反映，并在图形界面上清晰地标出出现异常的子站系统位置和异常内容；能定期生成所有接入子站系统通信状态报告。

（5）主站系统运行环境监测。运行环境监测主要包括资源监视、进程监视、网络监视和工具软件。

1）资源监视：包括 CPU 的使用率、内存容量、系统占用内存的容量、磁盘空间等，并有提示和告警功能。

2）进程监视：包括系统应用程序的运行状态、进程退出告警、特定进程的自动巡检、核心进程的全程自动监视和管理。

3）网络监视：包括实时监测主站系统网络节点的启动和退出，并给出提示告警信息。

4）工具软件：包括系统配置、网络流量监视、报文监视与记录工具。

（6）主站系统通过与子站系统通信能够完成包括召唤、控制、初始化配置等功能。此外主站系统还能实现故障信息归档与查询、波形分析、双端测距、继电器特性分析、Web发布及与其他系统通信等功能。

（7）事件告警。主站系统收到来自子站的事件信息，支持分层、分类、分级告警。用户能够按装置和事件类型设置是否告警及告警方式。告警方式包括图形闪烁、推事故画面、语音报警、音响报警、入历史事件库、入实时告警窗等多种处理手段。提供故障简报告警。

1）分层告警。当电网发生故障时，在地理图上反映发生故障的厂站/线路，厂站图标/线路闪烁告警。进入厂站接线图后，接线图上发生故障的元件和保护图标闪烁告警。

2）分类告警。可以根据保护信息类型显示告警。保护信息类型一般可分为保护告警、保护动作、保护自检、故障简报、故障波形等。

3）分级告警。可以根据子站对于保护信息分级后的优先等级告警。

（8）定值及运行状态管理。召唤保护装置的当前定值区定值、指定定值区定值（装置支持）、分CPU召唤定值（装置支持）；可召唤定值区号、软压板、硬压板、保护测量量等。

定值核对：系统可以设定巡检周期，定期自动召唤装置当前运行的定值，与数据库中存储的定值基准进行核对并反馈核对结果。

（9）统计分析。实现运行情况统计、异常情况统计、故障情况统计以及其他数据统计功能；支持多种查询方式访问统计结果；以报表形式显示统计分析结果。

（10）故障测距计算。主站系统能够利用接收到的故障录波器录波数据，自动或手动完成单端和双端测距计算。

（11）故障信息自动归档。主站系统能够对接收到的信息按同一次故障进行准实时的自动归档，形成事故报告并将结果存档。归档内容包括故障时间、故障元件、故障类型、保护动作事件报告和录波报告、重合情况及故障录波器录波报告等。事故报告内容包括故障时间、故障元件、故障类型、保护动作情况、重合情况及故障距离等。可以按时间、故障元件查询已归档的汇总结果、事故报告。

（12）检修状态信息的处理。对标志有检修状态的信息，主站系统能按用户要求进行处理。

（13）通过Web方式向MIS网发布故障信息。主站系统能够通过单向逻辑隔离措施向 MIS 网发布故障信息，信息以 Web 方式浏览，即实现安全Ⅱ区到安全Ⅲ区的单向数据发布。

（14）保护工程师与调度员工作站的功能。保护工程师站安装有主站系统客户端软件，是主站系统的人机界面，能够实现所有主站系统功能，并能完成主站系统的配置、备份和其他维护工作。

调度员工作站安装有精简的主站系统客户端软件，可以订阅和监视调度员关心的信息，帮助调度员对电网故障快速反应。

（15）远程子站系统维护。主站系统能够远程登录子站系统，对子站系统进行维护，能够完成数据查询、数据备份、数据导入、参数设置一系列操作。

（16）高级应用（可选）。主站系统除了接收来自子站的信息之外，还应合理应用所收到的信息，实现以下高级应用功能：

1）波形分析：能够对从子站接收到的 COMTRADE 格式录波文件进行波形分析，能以多种颜色显示各个通道的波形、名称、有效值、瞬时值、开关量状态，能对单个或全部通道的波形进行放大缩小操作，能对波形进行标注，能局部或全部打印波形，能自定义显示的通道个数，能显示双游标，能正确显示变频分段录波文件，能进行向量和谐波分析。

2）测距：能够利用从子站接收到的 COMTRADE 格式录波文件进行单、双端测距，金属性故障单端测距误差应在 3%以内。

3）继电器特性分析：能够利用主站系统数据库内的特征值绘制出继电器特性图形，并利用从子站接收到的 COMTRADE 格式录波文件，在继电器特性图形上绘制出故障的阻抗变化轨迹，变化速度可调节，对进入动作区域的阻抗点，能以醒目的颜色标示。能够自定义继电器特性图形模板，能够对已有的模板进行增加和删除操作。

（17）强制召唤。主站系统能够要求子站即刻上传指定装置的信息。强制召唤的内容包括保护动作事件、保护定值、保护和录波器的录波数据。

（18）权限认证。主站系统拥有完整且严格的权限认证体系。用户可以根据实际分工的需要自定义用户和用户组名称及其权限。主站系统的所有登录、查询、召唤、配置、初始化和控制功能都要求有相应的权限才能进行。

（19）远程控制（可选）。根据用户实际需求主站系统能够支持远程控制功能。远程控制命令要求操作员拥有相关权限，并经过监护人确认才能下发，必须通过选择和返校过程才能执行，执行结果回送主站系统。每个步骤主站系统和子站系统都必须留有详细日志记录，以备后查。

远程控制功能通常包括以下几种：

1）定值区切换：主站系统能够通过必要的校验、返校步骤，完成对子站中的指定装置的定值区切换操作，使其工作的当前定值区实时改变。

2）定值修改：主站系统能够通过必要的选择、返校步骤，完成远方对指定装置的定值修改操作，使其保存的定值实时改变，应支持批量的定值返校和批量的定值修改操作。

3）软压板投退：主站系统能够通过必要的选择、返校步骤，完成远方对指定装置的软压板投退操作，使其软压板状态实时改变。应支持批量的软压板返校和批量的软压板投退操作。

2. 子站系统

故障信息系统的子站设置在变电站内，是故障信息系统中的信息收集及处理单元。子站系统包括子站主机以及连接网络型设备需要的逻辑隔离措施和连接串口型设备需要的串口服务器。子站系统结构见图 Z12F6011Ⅱ–2。

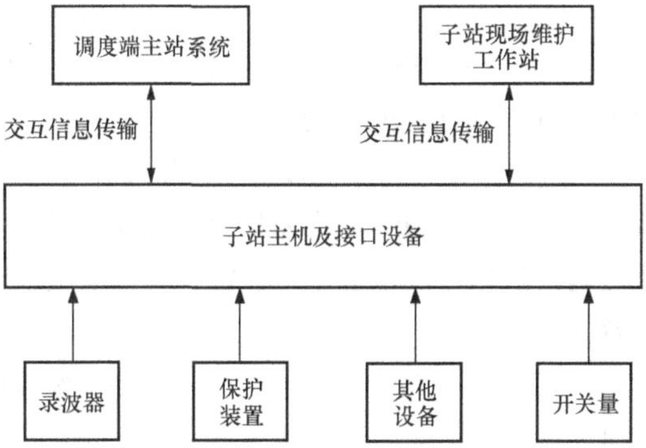

图 Z12F6011Ⅱ–2 故障信息系统子站系统结构

子站系统一般实现如下功能：

（1）监视子站系统所连接的装置的运行工况及装置与子站系统的通信状态，监视与主站系统的通信状态。

（2）完整地接收并保存子站系统所连接的装置在电网发生故障时的动作信息，包括保护装置动作后产生的事件信息和故障录波报告。

（3）可响应主站系统召唤，将子站系统的配置信息传送到主站系统。能够根据主站系统的信息调用命令上送子站系统详细信息，也可根据主站的命令访问连接到子站系统上的各个装置。

（4）可对保护装置和故障录波器的动作信息进行智能化处理，包括信息过滤、信息分类及存储。

（5）可以向变电站内当地监控系统传送保护装置动作信息，宜采用 IEC

60870–5–103 规约。在总线型网络轮询方式下，子站系统应采取一定的手段保证保护事件的及时收取，并在最短时间送到监控系统，以满足监控系统的实时性要求。

（6）遵循《继电保护故障信息处理系统技术规范》（Q/GDW 273—2009）规定的主–子站系统通信规范，向主站传送信息，并保证传送的信息内容与对应的接入设备内信息内容一致。

（7）子站维护工作站应能以图形化方式显示子站系统信息，并提供友好的人机交互界面。

3. 通信网络

（1）子站系统应能支持同时向不少于四个主站系统传送信息。向主站系统传输网络优先采用电力数据网通道，不宜采用网络拨号方式。在无电力数据网的厂站使用 2M 专线方式。

（2）子站系统与串口型设备的通信。可通过子站主机自身提供的串口或经串口服务器扩展的串口以 RS–232 或 RS–485 方式与保护装置或故障录波器相连。

由于采用 RS–485 总线形式通信的规约一般都是轮询方式工作，为保证通信质量和实时性，每个 RS–485 通信口接入的设备数量不宜超过 8 个。

（3）子站系统与故障录波器的通信。若故障录波器接入子站系统，不单独组网，则子站系统与故障录波器通过以太网或者串口连接，推荐采用以太网。多台录波器单独组网，不与保护装置共网。

（4）子站系统与监控系统的通信。当子站系统从监控系统获取保护信息时，子站系统与监控系统之间可通过以太网或串口连接，优先采用以太网连接。

（5）子站系统与子站维护工作站的通信。子站主机与维护工作站通过以太网直接连接。维护工作站仅与子站系统连接，不与站内外其他设备有通信连接。

二、故障信息系统调试的安全和技术措施

（一）调试前准备

调试人员在调试前要做四个方面的准备工作：准备仪器、仪表及工器具；准备好装置故障维修所需的备品备件；准备调试过程中所需的材料；准备被调试装置的图纸等资料。

1. 仪器、仪表及工器具

调试所需的仪器、仪表及工器具应包含以下几种：组合工具、电缆盘（带漏电保安器）、计算器、绝缘电阻表、微机型继电保护测试仪、钳形相位表、试验接线、数字万用表、模拟断路器等。为保障试验结果的准确性，要求使用的仪器、仪表经检验合格且在有效期范围内。

2. 备品备件

为了在检验过程中及时更换故障器件，调试前应准备充足的备品备件，一般故障

信息系统装置应准备下列备品备件：电源插件、CPU、通信板。不同型号的装置可能会因为硬件结构不同，备品备件也不一样，调试人员应根据装置的实际情况相应确定。

3. 材料

调试用材料主要有：绝缘胶布、自粘胶带、小毛巾、中性笔、口罩、手套、毛刷、防静电环、独股塑铜线等。

4. 图纸资料

调试用的图纸资料主要有：与现场运行装置版本一致的故障信息系统子站技术说明书、装置及二次回路相关图纸、上次装置检验报告、调试规程、作业指导书等资料。

（二）对与运行设备相连的回路进行具体的准备

故障信息系统仅通过通信线缆与运行设备相连接，调试前应注意查看图纸，了解子站系统与保护装置、故障录波器装置间通信线连接方式，当子站系统具备修改保护定值或投退软压板功能时，应明确通信线缆断开点，准备好绝缘胶布等材料。

根据图纸，提前编写二次安全措施票，调试时将其与子站系统实际接线对照，查看有无接线错误。

（三）安全技术措施

安全技术措施是为了规范现场人员作业行为，防止在调试过程中发生人身、设备事故而制订的安全保障措施。在装置调试工作开始前，办理开工手续时，同时应填写继电保护安全措施票，并组织全体调试人员学习，在调试工作过程中严格遵守。安全技术措施的一项重要内容是危险点分析及采取的相应安全控制措施。

有关危险点分析及控制方法如下：

1. 人身触电

（1）误入带电间隔。控制措施：工作前应熟悉工作地点、带电部位。检查现场安全围栏、安全警示牌和接地线等安全措施。

（2）接、拆低压电源。控制措施：必须使用装有漏电保护器的电源盘。螺丝刀等工具金属裸露部分除刀口外包绝缘。接拆电源时至少有两人执行，必须在电源开关拉开的情况下进行。临时电源必须使用专用电源，禁止从运行设备上取得电源。

2. 继电保护“三误”事故

防继电保护“三误”事故的安全技术措施如下。

（1）现场工作前必须做好充分准备，内容包括：

1）了解工作地点一、二次设备运行情况，本工作与运行设备有无直接联系。

2）工作人员明确分工并熟悉图纸与检验规程等有关资料。

3）应具备与实际状况一致的图纸、上次检验记录、检验规程、合格的仪器仪表、备品备件、工具和连接导线。

4）工作前认真填写安全措施票。

5）工作开工后先执行安全措施票，由工作负责人负责做的每一项措施要在“执行”栏做标记；校验工作结束后，要持此票恢复所做的安全措施，以保证完全恢复。

6）不允许在未停用的故障信息系统装置上进行试验和其他测试工作。

7）严格执行风险分析卡和继电保护作业指导书。

（2）现场工作应按图纸进行，严禁凭记忆作为工作的依据。如发现图纸与实际接线不符时，应查线核对。需要改动时，必须履行如下程序：

1）先在原图上做好修改，经主管继电保护部门批准。

2）拆动接线前先要与原图核对，接线修改后要与新图核对，并及时修改底图，修改运行人员及有关各级继电保护人员的图纸。

3）改动回路后，严防寄生回路存在，没用的线应拆除。

（3）故障信息系统装置调试的参数，必须根据最新参数通知单规定，先核对通知单与实际设备是否相符（包括装置型号、保护设备名称、保护通信地址、通信规约等）。参数修改完毕要认真核对，确保正确。

3. 通信干扰

保护室内使用无线通信设备，易造成其他正在运行的保护设备不正确动作。

控制措施：不在保护室内使用无线通信设备，尤其是对讲机。

4. 集成块和插头损坏

带电插拔插件，易造成集成块损坏。频繁插拔插件，易造成插件插头松动。

控制措施：插件插拔前关闭电源。

5. 计算机感染病毒

计算机感染病毒，造成机器不能正常工作。

控制措施：① 管理机应安装防病毒软件，定期升级；② 避免使用文件拷贝方式，使用的U盘等需经杀毒处理；③ 采用嵌入式操作系统。

三、故障信息系统的调试

本节主要介绍故障信息系统子站的调试，主站的调试步骤与子站基本相同。

故障信息系统的调试主要包含以下内容：外观及接线检查、逆变电源的检验、通电初步检验、站内信息核对、保护装置信息调用检验、故障录波器信息调用检验、GPS对时检验、与自动化接口检验、与主站通道检验。

下面以国内典型故障信息系统为例，讲解调试过程。

（一）系统调试

1. 外观及接线检查

检查子站屏柜外观完好无损；检查设备铭牌、型号与设计图纸是否一致；检查实际接线是否与设计图纸相一致，接线端子上接线应无松动现象；屏内设备应清洁无灰尘；检查屏内接地线应牢固接地。

2. 逆变电源检验

当站内交流和直流同时供电时，屏内工控机风扇为开启状态。当切断任意一路电源时，屏内工控机风扇正常工作。

3. 通电检验

（1）检验屏内装置工作状态。工控机风扇为开启状态，显示器屏幕显示正常，各转换装置电源灯显示为亮。

（2）检验通信连接。检验与主站通信是否正常，进入 Windows 操作系统 DOS 环境，输入“ping ××.××.××.××（主站 IP）－t”，如果有报文返回，表示与主站通信正常。

（3）检验系统软件。操作系统、数据库软件、系统软件版本符合技术协议要求。已安装操作系统补丁和数据库补丁。已安装防病毒软件，病毒库更新时间显示为近期。

（4）检验系统软件。在操作系统右下方任务栏中显示通信服务器，数据采集器和 GPS 对时程序已启动。

4. 站内信息核对

（1）一次主接线图核对。打开“拓扑绘图”软件，主界面上显示变电站一次接线图，核对一次主接线图的正确性。变电站一次主接线图示例见图 Z12F6011Ⅱ-3。

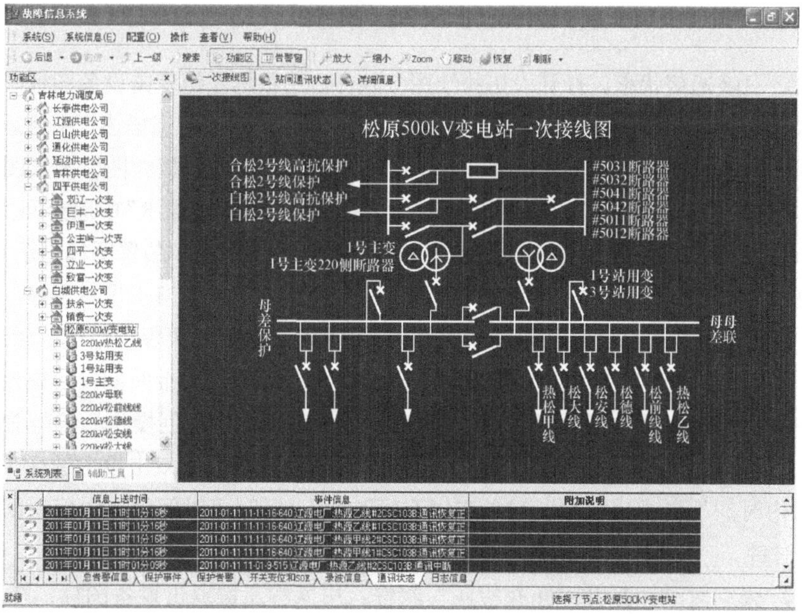

图 Z12F6011Ⅱ-3　变电站一次主接线图示例

（2）接入设备核对。打开“拓扑绘图”软件，在变电站一次接线图上标注有接入设备运行名称及设备型号，核对设备运行名称和设备型号的正确性。

5. 保护装置信息调用调试

通过故障信息系统调用保护装置信息，显示情况见图 Z12F6011Ⅱ–4。

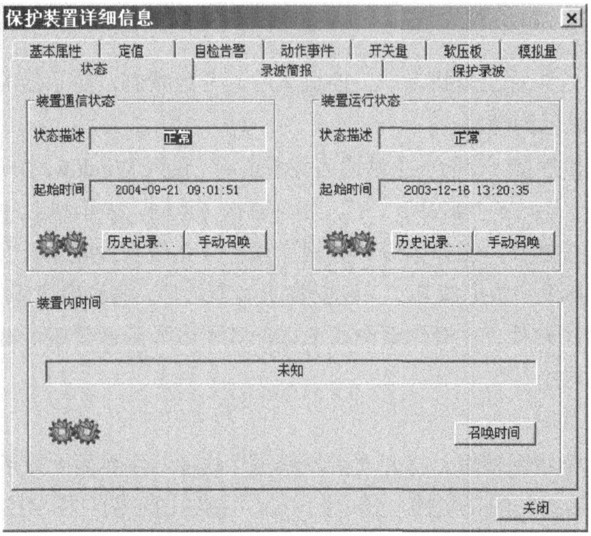

图 Z12F6011Ⅱ–4　保护装置信息调用图

（1）召唤通信状态。打开“拓扑绘图”软件，用鼠标左键双击设备图标，在“状态|装置通信状态”页中用鼠标左键单击“手动召唤”按钮。“状态描述”中应返回“正常”，同时“起始时间”中应返回操作系统当前时间，“一次主接线图”装置图标显示为绿色。在保护装置侧断开通信线，重新召唤通信状态，“状态描述”中应返回“断开”，同时“起始时间”中应返回操作系统当前时间，“一次主接线图”装置图标显示为红色。

（2）召唤运行状态。打开“拓扑绘图”软件，用鼠标左键双击设备图标，在“状态|装置运行状态”页中用鼠标左键单击“手动召唤”按钮。如果保护是运行状态，“状态描述”中返回“正常”，同时“起始时间”中返回操作系统当前时间；如果保护是调试状态，“状态描述”中返回“调试”，同时“起始时间”中返回操作系统当前时间。

（3）召唤内部时钟。打开“拓扑绘图”软件，用鼠标左键双击设备图标，在“状态|装置内时间”页中用鼠标左键单击“召唤时间”按钮。“时间栏”中应返回保护装置当前时钟。

（4）强制对时。打开“拓扑绘图”软件，用鼠标左键双击设备图标，在“状态|装置内时间”页中用鼠标左键单击“强制对时”按钮。系统应返回“强制对时”成功

或失败的结果。

（5）召唤定值区号。打开“拓扑绘图”软件，用鼠标左键双击设备图标，在“定值”页中用鼠标左键单击“召唤定值区号”按钮。“当前定值区号”中应返回保护装置当前的定值区号，确认显示的定值区号与保护装置当前定值区号是否一致。

（6）召唤定值。打开“拓扑绘图”软件，用鼠标左键双击设备图标，在“定值”页中，选择“定值区号”，并用鼠标左键单击“召唤定值”按钮。“定值栏”中应返回选定定值区号的各项定值。将显示的定值与保护装置中的定值进行逐项核对。

（7）召唤开关量。打开“拓扑绘图”软件，用鼠标左键双击设备图标，在“开关量”页中用鼠标左键单击“召唤开关量”按钮，“开关量栏”中应返回保护装置当前各项开关量值。将显示的开关量值与保护装置开关量进行逐项核对。

（8）召唤模拟量。打开“拓扑绘图”软件，用鼠标左键双击设备图标，在“模拟量”页中用鼠标左键单击“召唤开关量”按钮，“模拟量栏”中应返回保护装置当前各项模拟量值。将显示的模拟量值与保护装置模拟量进行逐项核对。

（9）生成录波简报。打开“拓扑绘图”软件，用鼠标左键双击设备图标，在“录波简报”页中可根据时间选择相应的录波简报。

（10）保护录波自动上送。打开“拓扑绘图”软件，用鼠标左键双击设备图标，在“保护录波”页中可根据时间选择相应的录波文件。

（11）告警信息自动上送。打开“拓扑绘图”软件，在保护装置侧模拟告警事件，主界面自动弹出告警事件窗口，核对告警信息和保护一致。

（12）动作事件自动上送。打开“拓扑绘图”软件，在保护装置侧模拟动作事件，主界面自动弹出动作事件窗口，核对动作信息和保护一致。

6. 故障录波器信息调用调试

若故障录波器接入故障信息系统，故障录波器信息调用情况见图 Z12F6011Ⅱ-5。

（1）保存录波文件。打开“拓扑绘图”软件，用鼠标左键双击设备图标，在“录波文件”页中可根据时间选择相应的录波文件。

（2）生成故障录波简报。打开“拓扑绘图”软件，用鼠标左键双击设备图标，在“录波简报”页中可根据时间选择相应的录波简报。

7. GPS 对时检验

将子站系统时间设置为任意时间，经过 60s 后，子站系统时间变更为 GPS 当前时间。

8. 与变电站当地监控接口检验

（1）上送保护子站与保护装置通信状态。在保护装置侧断开与保护子站通信线，变电站当地监控系统相应状态量应为“开”。重新接上通信线，状态量应变为“合”。

图 Z12F6011Ⅱ–5 故障录波器信息调用

（2）上送保护子站与主站通信状态。断开保护子站与主站通信线，变电站当地监控系统相应状态量应为“开”。重新接上通信线，状态量应变为“合”。

（3）上送保护子站与 GPS 通信状态。断开 GPS 侧与保护子站通信线，站内自动化系统相应状态量应为“开”。重新接上通信线，状态量应变为“合”。

（4）上送保护子站与故障录波器通信状态。断开故障录波器侧与保护子站通信线，变电站当地监控系统相应状态量应为“开”。重新接上通信线，状态量应变为“合”。

（5）上送保护装置动作信息。在保护装置侧模拟动作事件，变电站当地监控系统相应状态量应为“开”。动作返回后，状态量应变为“合”。

（6）实现信号复归。在保护装置侧模拟告警事件，在变电站当地监控系统界面上发送“信号复归”命令，保护装置应完成复归。

（7）实现组别切换。在变电站当地监控系统界面上选择需要定值区号，并发送“组别切换”命令，保护装置当前定值区应变更为选定的定值区号。

9. 与主站通道调试

（1）核对线路参数。在主站工作站打开“故障参数”软件，在“线路参数配置”页核对各项线路参数。线路参数配置情况见图 Z12F6011Ⅱ–6。

（2）保护装置信息调用。在主站工作站打开“拓扑绘图”软件，站内每种型号的保护装置各选择一台进行检验，调试方法见本节“5. 保护装置信息调用调试”。

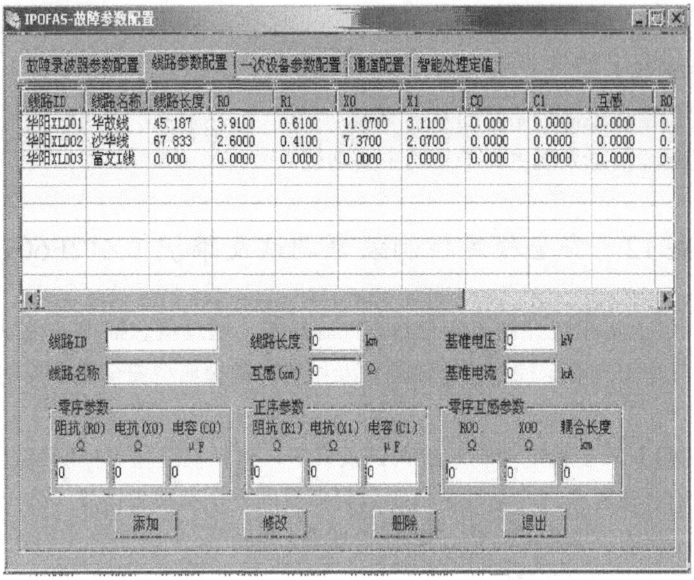

图 Z12F6011Ⅱ-6 线路参数配置

(3) 故障录波器信息调用。在主站工作站打开“拓扑绘图”软件，选择站内任一台故障录波器进行检验，调试方法见本节“6. 故障录波器信息调用调试”。

（二）装置异常及处理

(1) 若故障信息系统子站与站内保护装置、录波器通信不通，应检查子站与各保护装置、故障录波去的通信线缆、光纤通道等连接是否正确、可靠，在通道确认正确的情况下，检查子站与保护装置、录波器地址参数的对应关系是否配置正确。

(2) 若故障信息系统主站、子站通信不通，应检查主站、子站间通信线缆、光纤通道等连接是否正确、可靠，在通道确认正确的情况下，检查主站、子站地址参数的对应关系是否配置正确。

(3) 若故障信息系统主站、子站召唤信息不正确、不完整，应检查配置的传输规约等参数是否正确，若无问题，应对程序进行检查。

(4) 若故障信息系统子站装置与变电站当地监控系统通信不通或上送信息不正确，应检查通道的完好性及上送信息与监控系统中监控点的对应关系。

(5) 若装置直流电源消失，应检查保护柜直流开关是否跳开，接入是否正确。

（三）结束工作

在装置调试过程中填写好试验报告，装置调试结束后，所有拆接线恢复原状，复归所有信号，清除装置报告，确认时钟已校正和同步，做好工作交代记录，办理工作结束手续。

【思考与练习】

1. 试述典型故障信息系统的基本原理。

2. 简述故障信息系统主、子站的主要功能。

模块12 安全稳定控制装置调试及维护（Z12F6012Ⅱ）

【模块描述】本模块介绍了安全稳定控制装置。通过概念描述、原理讲解、要点归纳，熟悉典型安全稳定控制装置的原理及结构，掌握典型安全稳定控制装置调试内容及方法。

【模块内容】安全稳定控制装置调试及维护，包括安全稳定控制装置概述、典型安全稳定控制装置原理、安全稳定控制装置调试的安全和技术措施、安全稳定控制装置调试。

一、安全稳定控制装置概述

安全稳定控制装置作为电力系统安全稳定的第二道防线，是在电力系统发生扰动或负荷较大变化的情况下用以保证系统同步稳定，防止稳定破坏事故而采取切机或切负荷等紧急控制措施的安全自动装置。电网稳定控制装置具有以下功能：

（1）电力系统遭受大干扰时，防止暂态稳定破坏。

（2）电力系统有小扰动或慢负荷增长时，防止线路过负荷、静态或动态稳定破坏。

安全稳定控制装置有集中式和分散式两种。前者是装设一个中央控制装置，将系统有关网络参数和运行参数的信息送到该中央装置进行分析计算，求出控制量，再利用通道分送到各厂、站去执行。后者是在各厂、站分散装设控制装置，利用本地信息进行分析判断和控制。

在安全稳定控制装置中，往往采用离线计算方式，针对系统不同的扰动类型或过负荷程度预先设定相应的控制措施，即控制策略。当稳控装置根据采集的电力系统运行参数，计算后满足相应措施的触发条件，执行相应的控制措施。控制策略可分为以下三种：

（1）电力系统发生严重故障后，为防止系统出现暂态稳定破坏，稳控装置自动执行的切除部分发电机组措施。

（2）电力系统发生小扰动等异常行为后，系统出现过载等静态稳定问题时，稳控装置自动执行切或减发电机组出力或切负荷等措施。

（3）电力系统发生严重故障后，系统出现失步振荡时，稳控装置自动执行的解列联络线措施。

当安全稳定控制装置执行的控制策略为切除发电机组的命令时，根据系统不同要求所采取的不同切机形式称为切机方式。切机方式可分为以下三种：

（1）固定切机方式，或称人工设定切机方式。即由人工确定稳定控制策略与发电机组（负荷）的对应关系，并保持不变。

（2）按优先级切机方式。安全稳定控制装置通过计算发电机组出力，按照各发电机组出力大小进行排序，并确定最大值或最小值优先级最高。一般情况下，所有稳定控制策略对应于优先级最高的发电机组。

（3）随机切机方式。安全稳定控制装置在执行稳定控制策略时，通过计算确定需要切除量值的大小，并与各发电机组出力进行比较，选出与需切量最接近的发电机组。一般情况下，所有稳定控制策略对应于安全稳定控制装置计算选出的发电机组。

目前国内电力系统中运行的安全稳定控制装置种类较多，不同装置是按照系统的不同特点和要求而设计的。本模块以国内典型安全稳定控制装置为例，讲述安全稳定控制装置的原理及调试。

二、典型安全稳定控制装置原理

（一）装置基本原理

安全稳定控制装置包含测量、判断、控制及远方通信功能，既可构成区域电网的安全稳定控制系统，也可作为单个厂站的安全稳定控制装置。根据电力系统对安全稳定自动装置的不同功能需要，装置可以实现暂态稳定紧急控制，即故障联切机组或负荷、电阻制动、电容或电抗器投退、解列、HVDC 功率紧急调制等。装置的主要功能如下：

（1）监测系统有关的线路、主变压器、机组、断路器、通道等运行状态，把本站的信息发送至其他有关厂站或调度中心；接收其他有关厂站的运行信息或调度中心的信息，进行综合智能判断，自动识别电网当前的运行方式；对机组、负荷按预定的逻辑进行排序，以便系统故障时进行最合理的切机、切负荷控制。

（2）判断本厂站出线、主变、机组、母线的故障类型，如单相瞬时、单相永久、两相短路、三相短路、无故障跳闸、母线故障、保护误动、断路器失灵等。

（3）当系统发生故障时，根据本站判断出的故障类型和远方故障信息、事故前电网的运行方式及被控制的断面潮流，搜索控制策略表，确定对应的控制措施及控制量，进行切机、切负荷、解列、直流功率调制、快减机组出力等控制措施。当系统发生如低频、低压、设备过载等与系统运行方式无关的稳定事故时，根据设定的控制逻辑采取控制措施。

（4）通过光纤、微波或载波通道，实现与就地监控系统、调度系统、其他厂站安全稳定控制装置交换运行信息、控制命令、远程操作，如修改定值、控制策略表、强置运行方式、召唤系统运行状态等。

（5）进行事件记录与故障数据录波。

（6）具有回路自检、异常报警、自动显示、打印等功能。

（7）预留与就地监控系统、工程师站、调度系统或在线刷新策略表系统的接口。

（二）装置结构

安全稳定控制装置一般采用主–从机构。功能简单的厂站，也可以由主机单独构成。主机经通信线连接到通信复接器，经通信复接器后再经通信线和从机连接。采用主–从机结构的单站控制系统既可集中布置，也可分散布置。装置结构示意见图 Z12F6012Ⅱ–1。

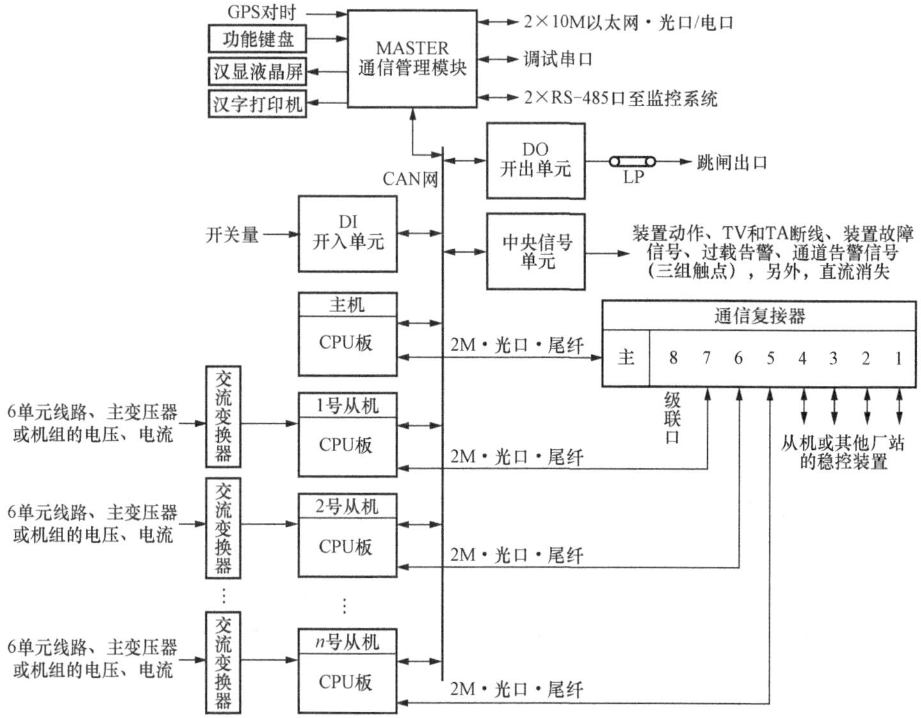

图 Z12F6012Ⅱ–1 安全稳定控制装置系统结构

（三）主机结构与功能

1. 主机结构

安全稳定控制装置主机采用标准机箱，装置内部主要由策略机、管理板、开入板、出口板、信号板、通信板和电源等插件组成。装置内部插件可根据需要灵活配置。主机面板包括汉字显示液晶、信号指示灯、键盘和信号复归按钮等。

2. 主机功能

策略机是安全稳定控制装置主机的核心插件，通过通信线与通信复接器连接，实现主机与从机、其他厂站安全稳定控制装置间的数据交换功能。主机的主要功能如下：

（1）与从机通信，获取本站的运行状态量，向从机下发控制命令。

（2）与远方安全稳定控制装置通信，获取远方厂站的运行状态量或控制命令，向远方厂站安全稳定控制装置发送本站运行状态量或控制命令。

（3）综合本站及远方安全稳定控制装置发来的系统运行信息，如线路开关位置信号、系统故障情况、机组投停、系统异常等，自动识别电网运行方式，如特殊方式、正常方式、检修方式、应急方式、后备方式等，对相关机组、负荷进行排序或发出相应控制命令。

（4）当系统发生故障时，判断系统的故障组合，确定潮流断面情况，通过搜索策略表，发出决策与控制命令。

（5）与就地监控系统、工程师站、调度系统通信。

（6）装置动作后的故障录波，事件记录等。

安全稳定控制装置主机原理见图 Z12F6012Ⅱ–2。

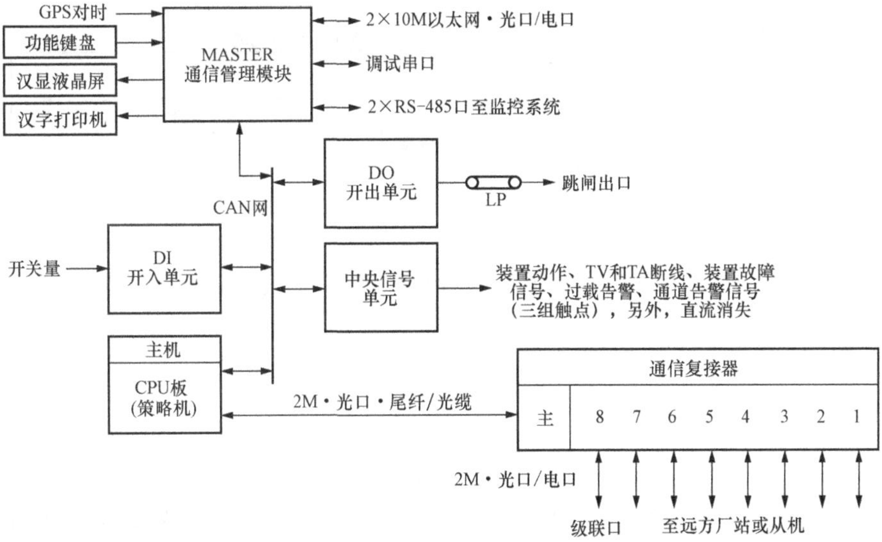

图 Z12F6012Ⅱ–2 安全稳定控制装置主机原理

（四）从机结构及功能

从机结构和主机结构基本相同，主要由交流变换器、CPU 板、开入板、出口板、通信板和电源等组成。从机主要功能如下：

（1）采集模拟量，计算电气量电压、电流、有功功率、无功功率、系统频率、相位角、阻抗等。

（2）监测接入装置的线路、主变压器、机组或母线的运行状态，如线路的运行或停运、断面潮流大小、机组投退、主变压器负荷等。

（3）判断接入装置的线路、主变压器、机组或母线的故障类型，如线路单瞬故障、单永故障、相间故障、无故障跳闸、母线故障、断路器失灵等。

（4）与主机通信，上送本机各检测元件的运行状态或故障状态，接收主机下发控制命令。

（5）执行主机控制命令，出口跳闸。

（6）兼有频率、电压、过载等控制功能。

安全稳定控制装置从机原理见图Z12F6012Ⅱ–3。

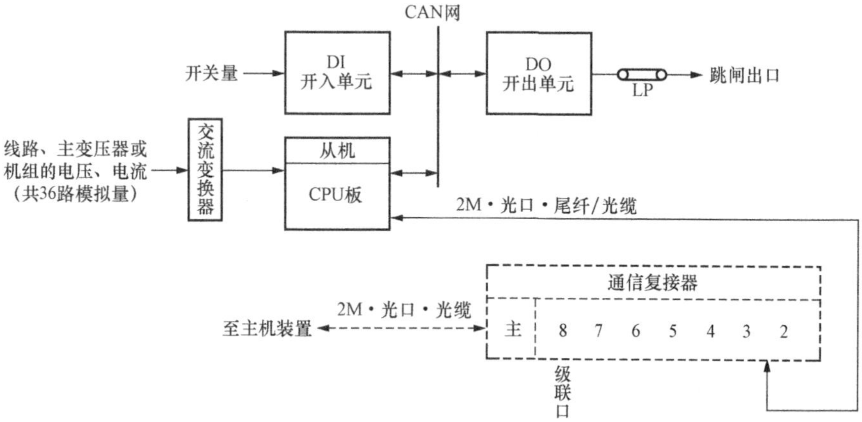

图Z12F6012Ⅱ–3 安全稳定控制装置从机原理

（五）安全稳定控制系统

根据电网安全稳定的要求，可按分层分区的结构设计安全稳定控制系统，将多套安全稳定控制装置，经通道互联构成区域电网安全稳定控制系统。一个区域安全稳定控制系统一般由一个或多个主站系统构成一级控制层，多个子站系统构成二级控制层，任意一个执行站系统构成三级控制层。区域电网安全稳定控制系统结构见图Z12F6012Ⅱ–4。

对于分层分区设置的区域安全稳定控制系统，子站装置一般集成了部分分析判断功能和跳闸出口功能，即就地判别跳闸功能。子站通过收集本站的电网运行信息，根据策略表功能，进行跳闸出口，将本站稳定问题就地化解决，减轻了主站装置的负担，同时，由于不需要通过通信网络与主站进行数据交互，一方面提高了本站稳控装置执行动作的快速性，另一方面减少了通道故障对装置的影响，提高了装置运行的可靠性。

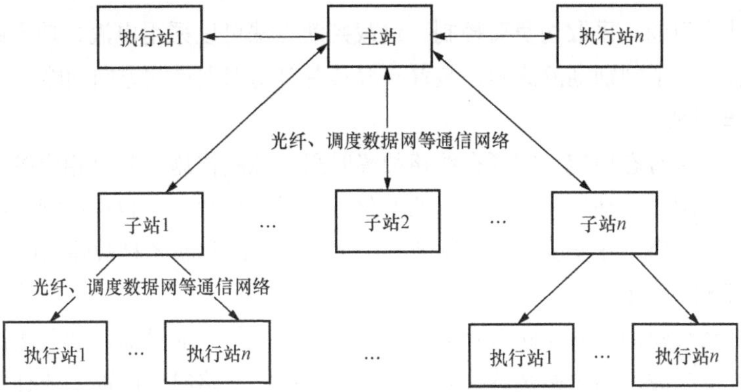

图 Z12F6012Ⅱ–4　区域电网安全稳定控制系统结构

而对于区域电网的稳定问题，如电网中某一厂站发生故障需要切除其他厂站的机组或负荷或需要解列某条联络线时，需要稳控系统的主站收取各子站的信息，经综合判别，按照策略表策略向某个子站或执行站发送控制命令，由执行站完成切机切负荷或切联络线功能。

因此，按照主站、子站、执行站布置的区域稳控系统即体现了分层结构特点，使整个系统结构简洁、信息流清晰、运行可靠；同时也体现了功能分区的特点，本地问题由子站就地解决，区域稳定问题由整个系统解决，提高了整个系统的运行可靠性。

（六）软件功能

1. 模拟量计算

对输入的电压、电流量进行计算，得出电压、电流有效值，以及有功功率、无功功率等。

2. 线路、主变及机组的投停状态判别

通过判断每个支路的有功功率值 P 是否大于设定功率定值，TV 或采用断路器 HWJ 等位置信号判别线路、主变压器、机组的投/停运行状态。

3. 启动判别

为了保证在电网安全稳定运行受到影响的情况下装置能可靠启动进入策略搜索状态，而在系统正常运行状态下又不会频繁启动，装置通常采用电流突变量、功率突变量、功率过载等启动判据，这些启动判据为“或”逻辑关系，其中任一判据满足都可使装置进入启动状态。

4. 过载判别

过载控制主要解决线路或主变压器过载问题。用于电源侧时，主要解决机组出力过大、电量送出线路或主变压器过载问题，采取切除机组控制；用于负荷侧时，主要解决负荷过重问题，采取切负荷控制。过载判断方法可以采用电流、功率或二者结合的判别方法，为了判别潮流流向，装置一般具备自动识别过载方向功能。

5. 故障判别

为保证系统暂态稳定，需要在线路故障时采取控制措施。安全稳定控制装置可根据外部保护跳闸触点辅以元件电气量的变化，判断各种故障；也可以利用继电保护现有的距离保护原理，在安全稳定控制装置中设置独立的判断各种故障功能。

6. 断面潮流计算

通过将系统断面的各支路有功功率叠加，从而获得断面潮流。断面潮流计算一般在主站装置中完成，当子站装置接入了系统断面所有支路时，断面潮流计算可在子站中完成。

7. 策略判别

稳控装置启动后，进入策略功能判别，根据检测元件的过载或故障状态，结合断面潮流等情况，执行相应的策略表，发就地跳闸命令或通过通信网络发送远跳命令，按照预先设定的切机、切负荷顺序执行出口动作。

8. 自检功能

包括装置的硬件自检功能、TV断线判别功能、TA断线判别功能等，稳控装置的自检功能与微机继电保护装置基本相同。

9. 其他功能

根据系统功能需要，可配置频率、电压等相关控制功能。

（七）操作界面

为了便于运行监视，装置通过液晶循环显示各元件一次电压、电流、功率及系统频率，已投入的压板，当前运行方式等实时运行信息。

装置的命令菜单多为树形结构多级菜单。装置正常运行时，按“确认”键进入主菜单。在任何菜单界面下，连续按“返回”键可回到主菜单。在主菜单界面按通过移动光标选择操作项，按“确认”键进入下一级菜单。

三、安全稳定控制装置调试的安全和技术措施

（一）调试前准备

调试人员在调试前要做好以下四个方面的准备工作。

1. 仪器、仪表及工器具

调试所需的仪器、仪表及工器具有组合工具、电缆盘（带漏电保安器）、计算器、绝缘电阻表、微机型继电保护测试仪、光功率计、钳形相位表、试验接线、数字万用表、模拟断路器等，为保障试验结果的准确性，要求使用的仪器、仪表经检验合格且在有效期范围内。

2. 备品备件

为了在检验过程中及时更换故障器件，调试前应准备充足的备品备件，安全稳定控制装置调试所需的备品备件主要有电源插件、交流插件、CPU 板、管理板、开入开出板、通信板，不同型号的装置可能会因为结构不同，备品备件也不一样，调试人员应根据装置的实际情况确定。

3. 材料

调试用材料主要有绝缘胶布、自粘胶带、小毛巾、中性笔、口罩、手套、毛刷独股塑铜线等。

4. 图纸资料

调试用的图纸资料主要有与现场运行装置版本一致的装置技术说明书、装置及二次回路相关图纸、调度机构下发的定值通知单、上次装置检验报告、调试规程、作业指导书等资料。

（二）与运行设备相连的回路进行具体的准备

稳定控制装置的接线复杂，无固定模式，对于不同的区域安全稳定控制系统应区别对待，应做好如下准备工作：

（1）对照系统运行方式及稳定控制装置定值，了解区域安全稳定控制系统的运行方式。

（2）注意查看图纸，明确稳定控制装置的跳闸回路，特别是不经压板控制的直联跳闸连线，掌握在调试过程中需要断开跳闸回路的断开点。

（3）注意查看图纸，了解稳定控制装置与运行继电保护装置及断路器间的回路，掌握在调试过程中需要断开的开入回路及断开点。

（4）注意查看图纸，明确稳定控制装置与其他厂站稳定控制装置间的通信方式，掌握在调试过程中需要断开的通信线及断开点。

（5）可根据图纸，提前编写二次安全措施票，调试时将其与稳定控制装置实际接线对照，查看有无接线错误。

（三）安全技术措施

安全技术措施是为了规范现场人员作业行为，防止在调试过程中发生人身、设备事故而制订的安全保障措施。在装置调试工作开始前，办理开工手续时，同时应填写继电保护安全措施票，并组织全体调试人员学习，在调试工作过程中严格遵守。安全技术措施的一项重要内容是危险点分析及采取的相应安全控制措施。

1. 防人身触电的安全技术措施

（1）工作前应熟悉工作地点、带电部位。检查现场安全围栏、安全警示牌和接地线等安全措施，防止误入带电间隔。

（2）接、拆低压电源时，必须使用装有剩余电流动作保护器的电源盘。螺丝刀等工具金属裸露部分除刀口外包绝缘。接拆电源时至少有两人执行，必须在电源开关拉开的情况下进行。临时电源必须使用专用电源，禁止从运行设备上取得电源。

（3）进行稳控系统调试及整组试验时，不同厂站工作人员之间应相互配合，确保一、二次回路上无人工作。传动试验必须得到值班员许可并配合。

（4）防止电流互感器二次开路，工作人员之间应对照图纸，确认电流二次回路现场接线与图纸一致，并在将电流回路封死，经第二人检查无误后方可断开。

2. 防继电保护“三误”事故的安全技术措施

（1）现场工作前必须作好充分准备，内容包括：

1）了解工作地点一、二次设备运行情况，本工作与运行设备有无直接联系（如备自投、联切装置等）。

2）工作人员明确分工并熟悉图纸与检验规程等有关资料。

3）应具备与实际状况一致的图纸、上次检验记录、最新整定通知单、检验规程、合格的仪器仪表、备品备件、工具和连接导线。

4）工作前认真填写安全措施票，应由工作负责人认真填写，并经技术负责人严格审批。

工作开工后先执行安全措施票，由工作负责人负责做的每一项措施要在“执行”栏做标记；校验工作结束后，要持此票恢复所做的安全措施，以保证完全恢复。

5）不允许在未停用的安全稳定控制装置上进行试验和其他测试工作。

6）只能用整组试验的方法，即由电流端子和电压端子通入与故障情况相符的模拟故障量，检查装置回路及整定值的正确性。不允许用卡继电器触点、短路触点等人为手段作安全稳定控制装置的整组试验。

7）在校验安全稳定控制装置及二次回路时，凡与其他运行设备二次回路相连的连接片和接线应有明显标记，并按安全措施票仔细地将有关回路断开或短路，做好记录。

8）在清扫运行中设备和二次回路时，应认真仔细，并使用绝缘工具（毛刷、吹风机等），特别注意防止振动，防止误碰。

9）严格执行风险分析卡和继电保护作业指导书。

（2）现场工作应按图纸进行，严禁凭记忆作为工作的依据。如发现图纸与实际接线不符时，应查线核对。需要改动时，必须履行如下程序：

1）先在原图上做好修改，经主管继电保护部门批准。

2）拆动接线前先要与原图核对，接线修改后要与新图核对，并及时修改底图，修改运行人员及有关各级继电保护人员的图纸。

3）改动回路后，严防寄生回路存在，没用的线应拆除。

4）在变动二次回路后，应进行相应的逻辑回路整组试验，确认回路极性及整定值完全正确。

（3）安全稳定控制装置调试的定值，必须根据最新整定值通知单规定，先核对通知单与实际设备是否相符（包括装置型号、被保护设备名称、互感器接线、变比等）。定值整定完毕要认真核对，确保正确。

3. 通信干扰

不在保护室内使用无线通信设备，尤其是对讲机，防止造成其他正在运行的保护设备不正确动作。

4. 电压反送事故

稳控装置屏顶电压小母线带电，易发生电压反送事故或引起人员触电。断开交流二次电压引入回路，并用绝缘胶布对所拆线头实施绝缘包扎。

5. 误跳运行断路器

注意看图，如回路中有至其他保护的串联电流回路，也必须断开相应串联回路。防止二次通电时，电流可能通入其他保护回路，可能误跳运行断路器。

6. 集成块和插头损坏

插件插拔前关闭电源。防止带电插拔插件，造成集成块损坏，频繁插拔插件，造成插件插头松动。

7. 误跳闸

断路器跳闸压板未断开，容易引起误跳闸。

控制措施：试验前检查跳闸压板须在断开状态，并拆开跳闸回路线头，用绝缘胶布对拆头实施绝缘包扎。

8. 稳控装置误动

单体调试时，退出通道压板，将通信通道置于自环状态。防止单体调试没有断开通道压板和通道，误发命令造成其他厂站稳控装置误动。

四、安全稳定控制装置调试

安全稳定控制装置的调试主要包括装置的单体调试和稳控系统的联调。装置的单体调试内容与其他继电保护或安全自动装置类似，通过调试确定装置硬件完好，功能齐全，能够可靠投运运行。稳控系统的联调需要多个厂站间进行配合，测试主站、子站、执行站间的通信情况，相互发送的信息流情况，功能执行情况等，从而确定整个稳控系统能够满足电网的需要。下面以 CSS-100BE 型稳控装置为例进行说明。

（一）外观及接线检查

通电前对装置整体做外观检查，目的是检查装置在通电前的完整性，检查屏体、装置在运输过程中是否损坏；屏体接线是否与设计图纸相符；屏体安装布置是否满足技术协议要求等。具体检查项目如下：

（1）检查装置型号、参数与设计图纸是否一致，装置外观应清洁良好，无明显损坏及变形现象。

（2）检查屏柜及装置是否有螺栓松动，特别是电流回路的螺栓及连片，不允许有丝毫松动的情况。

（3）对照说明书，检查装置插件中的跳线是否正确。

（4）检查插件是否插紧。

（5）装置的端子排连接应可靠，且标号应清晰正确。

（6）切换开关、按钮、键盘等应操作灵活、手感良好，打印机连接正常。

（7）装置外部接线和标注应符合图纸的要求。

（8）压板外观检查，压板端子接线是否符合反措要求，压板端子接线压接是否良好。

（9）检查装置引入、引出电缆是否为屏蔽电缆，检查全部屏蔽电缆的屏蔽层是否两端接地。

（10）检查屏底部的下面是否构造一个专用的接地铜网格，装置屏的专用接地端子是否经一定截面铜线连接到此铜网格上，检查各接地端子的连接处连接是否可靠。

（二）绝缘电阻测试

绝缘电阻测试的目的是检查安全稳定控制装置屏体内二次回路及装置的绝缘性能，试验前注意断开有关回路连线，防止高电压造成设备损坏。

1. 试验前准备工作

（1）装置所有插件在拔出状态。

（2）将打印机与稳定控制装置断开。

（3）屏上各压板置“投入”位置。

（4）断开直流电源、交流电压等回路，并断开与其他装置的有关连线。

（5）在屏端子排内侧分别短接交流电压回路端子、交流电流回路端子、直流电源回路端子、跳闸回路端子、开关量输入回路端子、远动接口回路端子及信号回路端子。

2. 绝缘电阻检测

（1）分组回路绝缘电阻检测。采用1000V绝缘电阻表分别测量各组回路间及各组回路对地的绝缘电阻（对开关量输入回路端子采用500V绝缘电阻表），绝缘电阻均应大于10MΩ。

（2）整个二次回路的绝缘电阻检测。在屏端子排处将所有电流、电压及直流回路的端子连接在一起，并将电流回路的接地点拆开，用1000V绝缘电阻表测量整个回路对地的绝缘电阻，其绝缘电阻应大于 1.0MΩ。

（3） 部分检验时仅检测交流回路对地绝缘电阻。

（三）逆变电源的检验

检查逆变电源插件工作是否正常，逆变电源特性是否满足设计要求，检查内容有电压输出值量测，输入电源变化时的输出电压特性，其次检查装置在直流电源变化时是否误动作或误信号表示。

1. 试验前准备

断开装置跳闸出口压板。装置第一次上电时，试验用的直流电源应经专用双极闸刀，并从屏端子排上的端子接入。

2. 检验逆变电源的自启动性能

合上直流电源开关，试验直流电源由零缓慢升至 80%额定电压值，此时装置运行指示灯及液晶显示应亮。

3. 直流拉合试验

在拉合过程中，装置和监控后台上无装置动作信号。

（四）装置上电检查

做装置通电后的初步检查和设置，主要内容如下：

（1） 装置整机通电检查，装置通电后，应无告警、无动作出口，能够正常显示界面。

（2） 装置软件版本核查。

（3） 调整装置日期与时钟，通过菜单操作，设置装置时钟，应显示正确，关闭电源一段时间，重新上电，时钟应能正常运行，并走时准确。

（4） 装置通信地址、规约设置是否与后台相匹配。

（五）装置调试

1. 交流模拟量校验

此项试验要求对主机、从机分别进行，若有某个从机不存在，在菜单操作过程中设置所选从机 CPU 未投入或不存在。

一般装置在出厂前已将零漂、刻度调整好，在现场只需查看。若不满足要求需进行调整，为了避免装置频繁启动影响模拟量检查，可将装置有关功能压板退出或提高启动定值。

（1） 零漂检查及调整。

1）零漂检查：在“查看零漂”菜单下，查看各路电流通道、电压通道零漂显示，应在要求范围内。

2）零漂调整：在“调整零漂”菜单下进行零漂调整。

（2）刻度检查及调整。

1）刻度检查：外加额定电压57.7V、额定电流5A或1A，分别在相关菜单下，查看电压、电流显示同实际加入电压、电流是否满足误差要求。

2）刻度调整：加电压50V、额定电流5A或1A，分别在“调整刻度”菜单，选择需要调整的通道，设置调整基准值为额定电流5A或1A与50V，然后确认执行。若操作失败，装置将显示模拟通道异常及出错通道号，请检查调整基准值与实际加入的模拟量误差是否超过20%。

（3）模拟量精度及线性度检查测试。刻度和零漂调整好以后，用0.5级以上测试仪检测装置测量线性误差，要求在TA二次额定电流为5A时，通入电流分别为5A、2A、1A；在TA二次额定电流为1A时，通入电流分别为2A、1A、0.2A；通入电压分别为60V、30V、5V；在“查看刻度”中查看，要求电压通道、电流通道误差值小于要求值。

（4）模拟量极性检查。改变接入装置的线路、主变或发电机元件的电压、电流之间的相位，通过液晶显示或在菜单中查看显示的一次电压、电流、功率及频率是否正确。

2. 开入量检查

依次模拟每个开入触点闭合，查看当前的开入量状态是否同实际开入量状态一致，检查开入量回路是否正常。

3. 开出传动试验

开出传动试验测试出口继电器动作情况，确定出口回路是否正常。具体的开出传动对应出口触点情况见设计图纸或说明书。

4. 定值输入

进入装置“定值设定”菜单，输入权限密码，选择定值区号，进行定值整定。如果每一项定值设有上下限范围，当定值整定超过范围时，将不能整定。

5. 策略功能试验

由于每一个区域安全稳定控制系统的策略都不相同，因此，装置策略功能试验需根据具体稳控系统设计进行。

（1）检验稳定控制装置各逻辑判别元件动作的正确性，包括启动元件、过载判别元件、故障判别元件、方向判别元件、潮流计算元件等。

（2）根据策略表定值，检验稳定控制装置动作条件完全满足时稳控装置的每个策略都能正确动作。

（3）对每一个策略，检验动作条件不完全满足或就地判据等防误动措施不满足时，稳控装置不会误动。

6. 联调试验

投入区域安全稳定控制系统各稳控装置的通道，根据区域安全稳定控制系统的设计情况，在一个厂站内对稳定控制装置进行试验，如开关量变位、模拟系统故障、元件潮流变化等，检验其他不应接收到信息的厂站稳控装置可靠收不到信息，检验应收到信息的厂站稳定控制装置能够收到信息且接收到的信息正确。

7. 装置的整组试验

从装置电压、电流的二次端子测施加电压量，通过端子排加入相关开关量。通过调整电压电流及开关量，使装置动作，校验其交流量接线、各出口接线、整定值和相关信号的正确性，校验装置动作的整组时间，主、备系统配合情况及站间通信状况等。

8. 带负荷试验

装置调试项目完成后，恢复装置屏体上的所有接线为正常运行状态，待装置通入正常运行时的母线电压和线路负荷后，做带负荷试验。读取各相电流、电压，核对相位，确定接线的正确性。

9. 结束工作

装置调试结束后，复归所有动作信号，清除装置报告，确认时钟已校正，所有拆开的线缆已恢复，打印装置定值，与定值单核对无误。整理填写试验报告，填写继电保护现场记录簿，向运行人员交代，办理工作结束手续。

【思考与练习】

1. 安全稳定控制系统一般采用什么结构？
2. 安全稳定控制装置的切机方式有哪几种？
3. 简述安全稳定控制装置的判线路故障的两种方式。

第十二章

继电保护设备的异常及故障处理

模块 1　继电保护事故的预防（Z12F7001Ⅲ）

【模块描述】本模块包含继电保护事故预防的相关内容。通过知识要点归纳总结、典型案例分析，掌握继电保护常见事故类型，防止人员直接过失造成继电保护事故的方法及现场工作中应注意的一些问题等内容。

【模块内容】继电保护事故的预防包括继电保护事故的类型、继电保护事故的预防、现场工作需要引起注意的几个问题，加强继电保护专业管理，继电保护技改工作“三措”的编写。

一、继电保护事故的类型

发生继电保护事故的原因是多方面的，当继电保护设备或二次设备出现问题时，有时很难判断故障的根源，但只有找出事故的根源，才能有针对性地加以消除。继电保护事故的分类对现场的事故分析处理是非常必要的，但是分类的标准不易掌握，人们理解和运用标准的水平也有差异。通过多年的运行、检修经验，对事故案例的归类和总结，将现场的事故归纳为以下几种。

（一）定值的问题

1. 整定计算的错误

继电保护设备更新较快，由于设备厂家提供的技术资料不全，在设备特性尚未被人们掌握透彻的情况下，继电保护的定值不容易计算准确。由于电力系统的参数或元器件的参数的标称值与实际值有差别，有时两者的差别比较大，则以标称值算出的定值较不准确。

2. 人为整定的错误

人为的误整定同整定计算方面的错误基本类同，有看错数值、看错位置、一次和二次定值没有转换、互感器变比看错、临时定值校验后不恢复等现象。总结其原因，主要是工作不仔细、检查手段不全面、整定后核对不仔细、遗漏整定项等，才会造成发生事故。

（1）参数设置错误，例如：RXIDK4 短线保护中的参数设置，其控制外部闭锁功能是否有效的 BinInput1 未设置成有效状态。

（2）定值整定错误，例如：电流值、阻抗值等输入时变大或变小，时间值输入变长或变短。

（3）互感器变比设置错误，例如：主变差动、母线差动保护变比设置错误。

（4）临时定值校验后不恢复，例如：保护电流整定值较大，而校验仪电流无法达到，校验人员只能将保护定值改小后进行试验，校验工作结束后忘记改回保护定值。

（二）装置元器件的损坏

在现在微机保护中的元器件损坏会使 CPU 自动关机或频繁重启，迫使保护退出，有时甚至会使得保护动作出口，引发事故。

（1）保护装置 A/D 模数转换插件损坏，零漂变大，造成误动。

（2）保护装置保护插件与管理插件同时故障，引起误出口。

（3）保护装置内部硬件损坏，造成采样异常，产生差流，保护误动作。

（4）保护装置 CPU 插件中的 RAM 芯片故障，引起 CPU 上的启动继电器和出口继电器同时动作，导致保护装置出口跳闸。

（5）保护装置 CPU 插件异常，例如：220kV 某线路发生 A 相接地故障，线路两侧保护正确动作切除故障。同时，JN 站 220kV 母差保护误动，切除Ⅰ母上所有元件。检查发现事故前 CPU 插件工作情况异常，母线保护动作后保护装置打印不出差动故障报告，事故过后母线保护发出自检错误信号。分析母线保护装置此次动作之前已处于不稳定工作状态，当一次系统中出现故障时，复合电压闭锁元件动作，母线保护误动出口。

（6）保护装置功能存在缺陷，例如：500kV 某变电站 500kV Ⅰ母、Ⅱ母失灵（兼母差）保护误动，跳闸原因为：CSC-150 保护功能上存在缺陷，当直流接地时 CSC-150 保护失灵开入光耦动作，导致失灵保护误动出口。

（7）保护装置操作继电器箱或门芯片损坏，例如：500kV 某变电站 BGⅡ线 282 断路器跳闸，造成 220kV GPD 站全停。跳闸原因：由于保护操作继电器箱的“非全相逻辑插件”（3 号插件）中的或门 H1 芯片损坏引起。

（三）保护装置程序有问题

微机保护中的 CPU 程序损坏或出错也会使 CPU 频繁启动，使得保护功能退出，甚至会使保护误动作，引发事故。

（1）保护装置发生死机，引起保护拒动。

（2）保护装置通信模块的 CPU 程序错误，引发保护与监控的通信时通时断，引起保护异常。

（3）保护装置 CPU 程序版本太低，引起保护频繁启动。

（4）保护装置 CPU 保护软件故障，致使故障检测逻辑判断失误，导致保护误动。

（5）保护装置整定模式与内部逻辑判断出错，例如：某地区雷雨大风天气。330kV 系统 SJⅠ线发生 C 相瞬时性接地故障，同时 CJB 变 1 号、2 号主变压器 CST-141B 微机差动保护动作。跳闸原因：根据某公司提供的 CST-141B 及 CST-143B 装置技术说明书要求，主变压器保护整定由三卷四侧模式调整为三卷三侧模式。改造后的 CST-141B 主变压器差动保护装置不能适应三卷三侧模式，出现了整定模式与内部逻辑判断不一致问题，致使 CST-141B 主变压器差动保护装置误动作。

（四）自然因素引起的故障

恶劣天气中，雷击、大风、大雨、大雪、冰冻等也可能造成保护误动作，断路器跳闸。严重时可能引起线路断线、电塔倒塌等事故。

（五）接线错误

新建的发电厂、变电站或是更新改造的项目中，接线错误的现象相当普遍，由此留下的隐患随时都可能暴露出来。

（1）电流互感器接线错误，极性接反，相位接错导致保护误动跳闸。

（2）二次接线端子排装配错误，跳闸正电源和跳闸出口线、辅助触点线两个端子间没有隔离，引起保护误动。

（3）厂家接线工艺的质量较差，例如：2005 年 4 月 14 日，220kV 某变电所 2 号主变压器 B 套保护零序Ⅱ段动作，主变压器断路器跳闸，故障发生后组织技术人员对相关设备进行了试验和分析，结果是各项试验均正常，当检查电流回路时将保护装置 AC1 板拔出检查时，未发现明显接地，但发现有一根细小金属丝，经检查内部无其他异常。通过查看故障录波器和现场检查情况，判断没有外部故障，分析认为，本次跳闸原因可能是因为机箱内小金属丝引起 B 相电流回路间隙性接地引起。

（4）辅助变流器一次侧短接，对其二次回路相当于 TA 饱和，其二次回路全部为直流负载电阻，而不是很大的励磁电抗，因此使中阻抗母差中流入差动回路的电流因分流而减少，导致区内故障保护拒动。

（六）抗干扰性能差

在电力系统运行中，诸如操作干扰、冲击负荷干扰、变压器励磁涌流干扰、直流回路接地干扰、系统或设备故障干扰等非常普遍，尤其是工作现场使用电焊机，电焊电流窜入电流回路引起跳闸的现象时有发生，为解决这些问题必须采取行之有效的方法。

（1）外部干扰信号引发事故，例如：某发电厂主变压器温度信号触点采入保护屏后经光耦隔离直接送到出口元件，由于外部存在的操作干扰信号，两次使保护误动跳闸停机。

（2）电焊机干扰引发事故，现场电焊机的干扰问题不容忽视，在运行设备周围进行氩弧焊焊接时，高频信号会感应到保护电缆上，使保护动作跳闸。

（七）振动引起的故障

某些一次设备运行时振动较大或电力设备运行场地施工引起振动，可能会引起保护动作，错误跳闸。而施工时某些设备上的螺栓没有旋紧，有松动现象，设备长期振动很容易引起螺栓的脱落引起故障。这种故障主要集中在电流互感器二次回路和出口回路上。

（1）振动导致 TA 断线，例如：某站 1 号主变压器低压侧，1 号低抗运行时长期振动，造成本体二次接线箱内差动保护用电流二次回路（B411 与 C411）之间的短接线螺栓压接点处断线，1 号低抗差动保护动作出口。

（2）振动导致出口继电器误动，例如：2004 年 3 月 31 日，某站 1 号联变 5022、5023、2021 断路器跳闸，35kV 低抗断路器跳闸，1 号联变失电。现场检查发现中央信号发出“冷却器全停”信号，但 1 号联变跳闸前没有出现站用交流系统异常情况，交流消失冷却器全停跳闸要经过 30min 的延时，因此现场重点检查了冷却器全停回路，未发现异常，又逐一检查了 1 号联变保护屏中各套保护的信号继电器，信号继电器动作均正常。当时，控制室因扩建正在进行墙体改造，加装室外走廊，施工时振动很大。经过分析认定：1 号联变跳闸原因为控制室扩建，墙体改造施工时巨大的振动而导致出口继电器误动，其触点抖动闭合，直接导致联变出口跳闸。

（八）误碰与误操作引起事故

继电保护工作人员以及运行管理人员担负着生产、基建、更改、反措等一系列的工作，支撑着庞大的电力系统，工作任务艰巨而繁重。在工作中由于工作人员素养、责任心等种种原因，常常会出现一些误碰、误操作的违章行为，后果非常严重。

1. 误操作问题

（1）旁路断路器代主变压器断路器时，差动保护电流互感器二次回路切换短接错误，差动保护启用压板又没有退，引发事故。

（2）带负荷试验操作错误，例如：某年 10 月 12 日下午，220kV 某变电站 110kV Ⅱ段电压互感器更换后，保护班进行 2 号主变压器带负荷测 110kV 侧零序方向保护、复合电压方向向量工作。由于 2 号主变压器 110kV 侧零序过流保护未停用，且它与零序方向保护接于电流互感器同一绕组，保护班在测零序方向向量，短接电流二次回路时，由于当时主变压器负荷电流较大（二次电流达到 2.72A），而零序过流保护定值为 1.5A，造成 110kV 侧零序过流保护动作跳开三侧断路器。

2. 误碰问题

（1）电流二次回路连片断裂，例如：继保人员在处理主变压器保护过负荷继电器告警缺陷时，由于过负荷回路所在电流互感器二次回路后级尚接有 220kV 侧零序过流保护，所以在试验前将该电流互感器进过负荷保护电流回路短接，并将其进过负荷回路的试验连接片断开。试验时从保护屏上的 220kV 过负荷继电器背板加入试验电流。由于保护屏上 220kV 侧过负荷回路的 B 相电流端子中间连接片爆裂，连接片中间固定螺栓卡在里面，目测已断开，但实际连接片内层没有脱开，造成上下端子间未完全隔离。当做过负荷试验通入电流时，试验电流通过连接片内层导通而引入，造成 220kV 侧零序过流保护动作。

（2）联跳回路未断开，在做试验时，未断开旁路、母联、失灵二次回路而误跳断路器。

（3）误投跳闸出口压板引发事故。

（4）导线线头碰壳，未将解开的线头进行包扎，导致线头碰壳，引起电流二次回路两点接地，引起误跳。

（5）焊接电流窜入电流二次回路，例如：某 500kV 变电站在扩建 NL 线施工中，施工人员在 NL 线 5033 断路器 TA 的 C 相接线盒处进行电焊工作，不慎将焊接工具触及 C 相电流互感器接线盒内的母差保护所用的 3K1 接线柱，使焊接电流窜入母差保护回路引起 500kV Ⅱ母差动保护误动跳闸出口。

（九）工作电源的问题

保护及二次设备的工作电源对其工作的可靠性以及正确性有着直接影响。目前直流系统故障造成保护误动和拒动时有发生，而某些变电所直流电源的配置比较混乱，直流空开的上下级配置也不符合规范，也时常会引起故障。

（1）直流电源消失引起保护拒动。

（2）母线电压互感器直流控制电源消失引起保护误动，例如：2006 年 3 月 1 日，500kV 某站因 220kV Ⅲ段、Ⅳ段母线电压互感器控制直流消失，造成 3 号主变压器 220kV 侧后备距离保护动作，经现场查勘，发现 220kV Ⅲ段、Ⅳ段母线电压互感器直流控制回路熔断器系螺旋式 RL1–15（6A），因运行时间较长，已氧化，引起接触不良，使 220kV Ⅲ段、Ⅳ段母线电压互感器二次电压各次级同时失去。3 号主变压器 220kV 侧距离保护为 REL511（1.2 版本）装置，保护动作闭锁原理存在设计性缺陷，当母线电压互感器二次电压均失去时，该装置无法实现距离保护的可靠闭锁，以致跳闸。

（3）直流电源短路接地，引起保护误动和拒动。

（4）直流绝缘监察系统性能恶化，例如：2006 年 6 月 14 日，220kV CS 线 215 断路器 LFP–901 保护高频主保护突变量方向、零序方向元件动作，CS 线 215 断路器跳闸。从保护的动作报告及故录器的波形上看，CS 线 215 断路器的第一组跳闸回路中 TJR 继电器发出 10ms 的跳闸脉冲，造成 215 断路器跳闸。经查发现该站直流系统配套的（WZJD–5A 型微机直流系统接地检测仪）性能恶化，绝缘监察系统中用于检测直流回路绝缘正常与否的平衡电桥电阻老化，引起电桥不平衡，造成直流母线正、负极对地电压偏离，最严重时，直流母线正极对地电压+56V，负极对地电压–163V。又因 215 断路器操作回路 TJR 继电器的前端直流失地，相当于直流母线负对地的不平衡电压直接作用于 TJR 继电器，造成 215 断路器跳闸。

（5） 直流熔丝或直流空开的配置问题。现场的直流系统的熔丝是按照从负荷到电源一级比一级熔断电流大的原则设置的，以便保证直流电路上短路或过载时熔丝的选择性。但是有些 5A、6A、10A 熔丝的底座没有区别，型号非常混乱，其后果是回路上过流时造成熔丝越级熔断。

（6） 查找直流接地误拉直流开关会引发事故。

（十）TV、TA 及其二次回路的问题

运行中，TV、TA 及其二次回路上的故障并不少见，主要问题是 TV 失压、TV 短路、TA 开路、TA 短路接地错误与 TA 严重饱和等，由于电压、电流二次回路上的故障而导致的严重后果是保护误动或拒动等。

1. TV 及其二次回路的问题

（1） 线路 TV 空气小开关机械部分缺陷导致接触不良造成断路器跳闸。例如：2006 年 9 月 14 日 7 时 58 分，P 庄线 5051、5052 断路器从热备用改为运行对线路充电。8 时 50 分 R 庄站第二套苏北安控系统告警闭锁“功率总加异常”“P 庄Ⅰ线低电压异常”的告警信号发出。9 时 30 分 P 庄 5205 线路第二套分相电流差动保护（REL561）“合闸于故障”（SOTF–TRIP）保护功能动作，P 庄线 5051、5052 断路器跳闸，重合闸被闭锁。检查发现 5205 线路第二套分相电流差动保护跳闸的直接原因是 TV 失压。在申请停用了与第二套分相电流差动保护共用电压回路的第二套安控装置后，对 TV 端子箱内的电压二次回路空气开关进行检查。多次分合后，发现该空气开关出现了接触不良的现象。

（2） 电压切换接点接触不良，造成距离保护动作出口。例如：2007 年 4 月 29 日，某站 3 号主变压器 220kV 距离后备保护（1987 年投运的集成型保护）失压动作造成误跳。经过检查发现操作屏的 CK 接触不良，在事发当时该开关 A、B 相电压切换的触点先后发生接触不良，导致距离保护 A、B 相失压，从而引发距离保护出口。

2. TA 及其二次回路的问题

保护用电流互感器 TA 的问题很多，如 TA 饱和造成 10%的误差特性曲线不满足要求、二次接线错误等造成保护误动。

（十一）其他二次回路的问题

其他二次回路故障主要集中在断路器的辅助触点回路、弹簧储能电机的行程触点、防跳回路、连片接触不好、导线没有接到位等。

（1）开断路器关辅助节点接触不良，例如：2006 年 7 月 16 时 19 分，某站 L 圃Ⅰ线 141 线路保护 LFP-941A 零序Ⅰ段、Ⅱ段、Ⅳ段，距离Ⅰ段、Ⅱ段、Ⅲ段动作，141 断路器未跳闸，1 号主变压器中压侧零序过流 t_{011}、t_{021}、过流 t_{11} 动作，中压侧 15A 断路器跳闸，110kV Ⅰ段母线失压；16 时 19 分 L 圃Ⅱ线 142 线路保护装置 EEPROM 故障，2 号主变压器中压侧过流Ⅰ段 t_{11}、零序过流Ⅰ段 t_{011}、t_{012} 动作，中压侧 15B 断路器跳闸，110kV Ⅱ段母线失压。检查 141 断路器发现该断路器的辅助触点为插拔式接插头，分闸回路触点松动，存在接触不良现象，经紧固处理后正常。分析认为断路器未跳闸的原因系由于分闸回路触点接触不良导致无法跳闸，越级 1 号主变压器 15A 断路器跳闸。

（2）储能辅助开关接触不良，例如：2006 年 4 月 9 日，220kV 某Ⅰ回线路因鸟巢放电，271 断路器零序Ⅰ段、距离Ⅰ段动作，B 相跳闸，重合不成功，造成三跳，该断路器为瑞士“双 S”公司产品，经查断路器不能重合原因为：271 断路器合闸回路储能辅助开关 S2 接触不良，造成合闸回路偏大，断路器不能重合。

（3）辅助开关部分触点非正常变位，例如：2007 年 2 月 27 日 10 时 30 分，220kV 某变警铃响，T 桔 2355 断路器控制屏“油压总闭锁”“控制回路断线 CSC-122A 装置故障”GP 亮。当班值班员到现场检查，发现断路器机构箱内各接触器动作频繁，片刻后正常。11 时 11 分，T 桔 2355 断路器控制屏“油压总闭锁”“控制回路断线”“CSC-122A 装置故障”GP 亮。值班员再次到现场检查，发现电机电源开关跳开，但合不上，随后 T 桔 2355 断路器三相跳闸；控制室警铃响，T 桔 2355 断路器三相绿灯闪光，T 桔 2355 断路器控制屏“SF_6、N_2 泄漏及总闭锁”“三相不一致动作”“油压总闭锁”“控制回路断线”“CSC-122A 装置故障”GP 亮。断路器跳闸后，报告显示低气压告警频繁（11 时 08 分～1 时 11 分发讯 6 次）。三相不一致出口继电器 K61、K63 动作保持。经组织有关专业人员多次进行现场调查试验，认为故障原因系断路器辅助开关部分触点非正常变位所致。

（十二）保护性能的问题

保护的性能问题包括两个方面的内容，一是性能方面的问题，即装置的功能存在的缺陷；二是特性方面的问题，即装置的特性存在缺陷。

（1）保护电压回路存在缺陷。例如：2007 年 5 月 24 日，500kV 某开关站 500kV D 三Ⅰ线 5031、5032 断路器过电压保护动作跳闸。经查线路无故障，确认线路第一套过电压保护电压回路存在缺陷。

（2）保护误判。例如：2006 年 4 月 9 日，某地区 220kV H 线发生 B 相接地故障，线路两侧保护正确动作切除故障并重合成功。故障时 TK 变 220kV 母差保护由于 A 相采样通道故障导致母差保护误判为母线故障，保护误跳。

（十三）设计的问题

随着微机保护的大量应用，有些保护装置的保护原理设计不符合现场需求，成为引起事故的一个重要因素。

（1）220kV 母差保护装置在设计上存在寄生回路。例如：2007 年 6 月 22 日，220kV 某变电所失压，4 座馈供 110kV 变电站失电。经查 2341 线 C 相在 16 时 13 分 50 秒遭雷击跳闸后约 75ms，C 相断路器断口击穿，故障电流重现，母差失灵保护动作，跳开 220kV 正母连接的所有断路器。相关保护动作记录显示，在母差失灵保护动作、跳开 220kV 正母连接的所有断路器后约 120ms，2341 线 C 相又遭雷击（此时 C 相断路器断口已被击穿），故障电流再起，正母电压再次恢复，而此时 220kV 母联断路器跳闸后发生了自动合闸（原因系 220kV 母差保护装置在设计上存在寄生回路所致），导致 220kV 变电站全站失电。

（2）失灵保护设计有问题。例如：2007 年 7 月 31 日，500kV 某站 220kV Ⅲ/Ⅳ段母联 29M 断路器、Ⅰ/Ⅲ段母分 280 断路器失灵保护（REB–103 型）动作跳闸，经查发现，失灵保护（REB–103）设计有问题，采用保护节点 + 电流判据 + 延时逻辑，保护动作输入节点采用光耦，且开入节点延时 8ms 后记忆保持，光耦的动作功率实测为 0.1～0.2W 较低，不符合要求，造成保护误动。

二、继电保护事故的预防

继电保护事故预防原则：安全第一、预防为主。继电保护工作要立足于全过程管理理念，在选型配置、设计、施工、验收、运行、技改反措各环节，认真执行继电保护技术规程、标准化设计规范、标准化作业指导书、验收规范、检验规程、运行管理规程、现场工作保安规定、反事故措施等，安全、技术、管理措施。

1. 防止误碰运行设备

要完善继电保护屏上各设备单元的名称编号。应在保护装置的正背面、端子排、压板、电源开关、各种切换开关等处都应按规定设置设备的名称编号。如一块屏上有两个或两个以上回路的保护设备时，在屏上应有明显的划分标志线条。跳闸压板间应有足够的间隔距离，间隔过近的跳闸压板应设法加以绝缘套罩，以防止在投切压板时误碰跳闸。对连跳其他设备的引出压板、端子、电缆引线等宜做出明显特殊标志。凡一经触动就有可能跳闸的继电器，在其盖子及底板上均应有明显的警告标志。线路接地试验跳闸按钮，应装盖防护罩，防护罩上应有警告标志。定期需要测试的端子上应做好标示以防止误碰其他端子。在投入保护装置及备用电源自动重合闸前，应测量跳闸压板端子有无直流正电源，检查出口中间不在动作状态，或检查启动继电器不在动作状态。

在现场工作，必须严格遵守继电保护现场工作保安规定。工作前应做好完整的安全技术措施和组织措施，包括工作部分与带电设备的隔离，二次接线拆接的具体地点、工作程序、主要试验接线等，连同有关图纸交参与工作的人员讨论和消化，然后到现场执行。在设备带电的二次回路内进行工作时，工作负责人必须事先写好书面的工作计划及继电保护二次工作安全措施票，现场工作时要有专人监护，不得随意更改工作步骤或试验方法。在工作前应查对运行操作人员所做的安全措施是否符合要求。运行人员应在工作的继电保护屏的正、背面设置“在此工作”的标志。如进行工作的继电保护屏上仍有运行设备，则应将运行的装置、端子排、压板等用红布等覆盖，以与检修设备分开。相邻的运行继电保护屏前后应有“运行中”的明显标志（如红布、遮栏等）。在继电保护屏上工作时，特别在一块屏上有几个回路及装置较紧凑的情况下工作时，对邻近的继电保护端子排等要有明显的隔离措施，如加临时绝缘套、罩或其他防护措施，以防使用螺丝刀、钳子、扳手等不慎误碰跳闸。在检验继电保护及二次回路时，凡与其他运行设备二次回路相连的连接片和接线应有明显标记，并按安全措施票仔细地将有关回路断开或短路，并做好相应的记录。安全措施票应记录工作前各联片和空气开关的状态。在一次设备运行而停用部分保护的工作时，应同时断开所有跳闸回路（包括联跳回路）及启动其他保护的连接片，应特别注意断开不经连接片的跳、合闸线圈及与运行设备安全有关的连线，拆下的裸线头应采取措施防止碰擦。不允许在运行的继电保护屏上钻孔。尽量避免在运行的继电保护屏附近进行钻孔或进行任何有振动的工作，如要进行，则必须采取妥善措施，以防止运行的继电保护误动作。在继电保护屏间的过道上搬运或安放试验设备时，要注意与运行设备保持一定距离，防止误碰造成继电保护误动。在清扫运行中的设备和二次回路时，应认真仔细，并使用绝缘工具（毛刷、吹风设备等），特别注意防止振动、防止误碰。

2. 防止继电保护的误接线

施工前要组织施工人员学习原理接线图、展开图和端子接线图，如系改建工程，还应学习原有图纸，并与现场接线核对。现场工作应按图纸进行，严禁凭记忆作为工作的依据。工作前应核对图纸与现场是否一致，如发现图纸与实际接线不符时，应查线核对，如有问题，应查明原因，并按正确接线修改更正，然后记录修改理由和日期。修改二次回路接线时，事先必须经过审核，拆动接线前先要与原图纸核对，接线修改后要与新图纸核对，并及时修改底图，修改运行人员及有关各级继电保护人员用的图纸。修改后的图纸应及时报送所直接管辖调度的继电保护机构。保护装置二次线变动或改进时，严防寄生回路存在，没用的线应拆除。在变动直流二次回路后，应进行相应的传动试验。必要时还应模拟各种故障进行整组试验。调换继电保护部件，调换高压断路器、断路器辅助接点、电流电压互感器等，或由于试验要求要临时拆接二次回路线头，虽不变更接线，工作时也应随带图纸，并与现场接线核对无误。拆线前相应端子要做好记录，接线后还要核对是否相符，接拆线要在专人监护下进行。恢复接线中若有疑问，则必须进行带负荷检验，以确定接线无误。新设备投入运行时，应拔去正负极保险器，拉开和合上各个断路器，并模拟闭锁（如气压闭锁等）回路运行等，以检查是否有寄生回路存在。带方向性的保护和差动保护新投入运行时，或变动一次设备、改动交流二次回路后，均应用负荷电流和工作电压来检验其电流、电压回路的正确性，并用拉合直流电源来检查接线中有无异常。继电保护屏上接线，应有清晰的端子编号，端子编号必须与设计图纸相符。必须采取各种措施消除寄生回路；信号回路必须严格与保护回路分开；应以每一断路器为单位（包括操作回路、保护及自动装置），使用独立的保险器，保证在保险回路断开的情况下其回路中无串电现象。作用于几个断路器的保护装置（如母差、变压器差动等），其直流电源应从独立的保险取得，操作各断路器的直流电源则应分别取自各断路器自身的直流电源，不允许以一断路器的直流电源作为公用的直流电源，以防止误动作或拒绝动作。禁止使用一对接点或一个压板操作两个以上的断路器或连接两个不同的回路。

在进行试验接线前，应了解试验电源的容量和接线方式。配备适当的熔丝，特别要防止总电源熔丝越级熔断。试验用隔离开关必须带罩，禁止从运行设备上直接取得试验电源。在进行试验接线工作完毕后，必须经第二人检查，方可通电。在电流互感器二次回路进行短路接线时，应用短路片或导线压接短路。运行中的电流互感器短路后，仍应有可靠的接地点，对短路后失去接地点的接线应有临时接地线，但在一个回路中禁止有两个接地点。对交流二次电压回路通电时，必须可靠断开至电压互感器二次侧的回路，防止反充电。保护装置进行整组试验时，不宜采用将继电器触点短接的办法进行。传动或整组试验后不得再在二次回路上进行任何工作，否则应做相应的试验。

3. 防止继电保护的误整定

新装继电保护和自动装置的整定值，基建施工单位必须及时提供整定计算所需资料（包括设备参数、保护配置、互感器变比、定值清单等），并负责资料的准确性。或由于系统的要求需要变更继电保护和自动装置整定值时，负责整定的人应根据有关资料进行计算，并另由专业人员核算审核。新整定和更改整定都要出具经批准的整定书。在进行整定计算时，应注意核对各保护之间的灵敏度。根据有关部门提供的设备参数和运行方式资料，编制继电保护及安全自动装置整定方案。继电保护整定方案编制后要组织有关部门进行讨论、审查。审查的主要内容是继电保护装置的灵敏度和可能引起的后果、对地区系统配合等。定期编制系统继电保护整定方案，遇到一次接线，最大最小运行方式负荷潮流有巨大变化时，对于整定方案要进行全面复核。根据电网运行方式的变化，每年进行一次整定方案的校核或补充。对于随运行方式变化而需要更改保护整定值者，要编入继电保护现场运行规程，各个整定值位置要有明显标志，并向运行值班人员详细交底。

保护装置调试的定值，必须根据最新整定值通知单规定，先核对通知单与实际设备是否相符（包括互感器的接线、变比，保护软件版本、校验码）及有无审核人签字。根据电话通知整定时，应在正式的运行记录上做相应记录，并核对无误，在收到整定通知单后，将试验报告与通知单逐条核对。如有疑问，必须向整定单位询问。不论永久性或临时性变更继电保护和自动装置的整定值，都要作为系统操作的一部分，要有调度令或得到值班调度员的许可，执行后要有书面记录。调度中心和变电站控制室要有现行的整定书，继电保护人员和运行值班人员每年进行一次整定值的全面核对。过期的整定单须及时回收工妥善处理。保护装置运行和维护单位，要互通情况，如设备参数有变动（如电流互感器、电压互感器的变化等）必须事先通知整定计算单位。

4. 防止继电保护的误校验

要严格执行《继电保护和电网安全自动装置检验规程》（DL/T 955—2006）和《继电保护和安全自动装置技术规程》（GB/T 14285—2006）。各单位必须使用统一的继电保护试验规程、统一的试验方法和质量要求，不能因人而异各搞一套。对各种保护装置，应有一套包括检验条例所规定的全部检验项目的试验记录表格，格式要简明扼要、清晰易查。

继电保护试验用仪表必须定期校核，确保符合标准，极性表在使用前应证明它的极性指示是正确的，在继电保护试验中应记明本次试验所用仪表名称及编号。仪表工作人员在若在仪表和继电保护公用回路工作，应在继电保护工作人员做好防止继电保护误动的措施后才能进行仪表工作。由于试验要求需切除直流电源时，最好能同时切除正、负电源，如没有这种装置则应先断开正电源，后断负电源；恢复时先给上负电源，后给正电源。防止通过寄生回路引起事故。

试验应逐项进行，试验一项要立即记录在试验记录表格内。工作结束应收集试验记录，检查测试数据完整正确后，方可离开现场。应及时写好试验报告，并有人审查。通过整组传动试验对保护装置的各个元件动作情况进行检查，整组模拟试验（包括传动断路器）必须根据原理图模拟保证装置时的实际情况，要根据试验规程、运行规程、整定要求和有关图纸等编制整组试验方案。对同时具有交流电压、交流电流回路的继电器进行带负荷检查时，应防止电流电压回路的混接，造成电压回路短路。加强对主变压器非电量继电器、500kV 断路器操机屏继电器、断路器内三相不一致保护继电器的机械部分检查与调整，提高继电器机械部分工艺调试质量，克服只重视电气试验，忽视机械部分的调整的倾向。所有交流继电器的最后定值试验必须在保护屏的端子排上通电进行。开始试验时，应先做原定值试验，如发现与上次试验结果相差较大或与预期结果不符等任何细小疑问时，应慎重对待，查找原因，在未得出正确结论前，不得草率处理。保护整组试验结果，应符合控制字的要求。使用远方可投退软压板的，应定期检查软压板状态。

5. 防止继电保护配置引发事故

（1）继电保护配置问题。两套保护装置的交流电压、交流电流应分别取自电压互感器和电流互感器互相独立的绕组，其保护范围应交叉重叠，避免死区；两套保护装置的直流电源应取自不同蓄电池组供电的直流母线段；两套保护装置的跳闸回路应分别作用于断路器的两个跳闸线圈；两套保护装置与其他保护、设备配合的回路应遵循相互独立的原则；两套保护装置之间不应有电气联系；线路纵联保护的通道（含光纤、微波、载波等通道及加工设备和供电电源等）、远方跳闸及就地判别装置应遵循相互独立的原则按双重化配置；220kV 及以上电压等级变压器（含发电厂的启动变）、高抗等主设备的微机保护应按双重化配置（非电量保护除外），在满足保护双重化配置原则的基础上，还应做到：两套完整、独立的、能反映被保护设备的各种故障及异常状态，并能作用于跳闸或给出信号的主、后备保护；两套完整的电气量保护的跳闸回路宜各自作用于断路器的两个跳闸线圈，非电量保护的跳闸回路宜同时作用于断路器的两个跳闸线圈。

（2）直流熔丝的配置问题。为防止因直流熔断器不正常熔断而扩大事故，配置保护装置电源的直流熔断器或自动开关应满足以下要求：在新建和技改工程中，严禁质量不合格的熔断器和自动开关，已投入运行的熔断器和自动开关应定期检验；采用近后备原则进行双重化配置的保护装置，每套装置应由不同的电源供电，并分别设有专用的自动开关；由一套装置控制多组断路器（例如母线保护、变压器差动保护、发电机差动保护、各种双断路器接线方式的线路保护等），保护装置与每一断路器的操作回路应分别由专用的自动开关供电。有两组跳闸线圈的断路器，其每一跳闸回路应分别由专用的自动开关供电；直流总输出回路、直流分路均装设熔断器时，直流熔断器应分级配置，逐级配合；直流总输出回路装设熔断器，直流分路装设自动开关时，必须保证熔断器与小空气开关有选择性地配合；直流总输出回路、直流分路均装设自动开关时，必须确保上、下级自动开关有选择性地配合；直流回路配置自动开关的额定工作电流应按最大动态负荷电流（即保护三相同时动作、跳闸和收发信机在满功率发信的状态下）的 2.0 倍选用。

（3）保护用电流互感器问题。用于保护的电流互感器应满足《保护用电流互感器暂态特性技术要求》（GB 16847—1997）的要求，优先选用误差限制系数和饱和电压较高的电流互感器。连接于 220kV 电网的保护各支路的电流互感器应全部选用 D 级、5P 级电流互感器。连接于 500kV 电网各支路的电流互感器，宜选用 TPY 级电流互感器；应将保护各侧的电流信息引入故障录波器，并分析二次回路时间常数相差的数值，以及在切除外部短路故障后，二次电流衰减速度的差别。在使用电流互感器时应对其全部的交流二次负载进行校验计算和误差分析。不合格的电流互感器应及时更换，避免造成保护误动和电流互感器饱和而拒动。

三、现场工作需要引起注意的几个问题

1. 逆变稳压电源问题

微机保护逆变电源的工作原理是，将输入的 220V 或 110V 直流电源经开关电路变成方波交流，再经逆变器变成需要的+5V、±12V、+24V 等电压。其在现场容易发生的故障有以下几种情形。

（1） 纹波系数过高。变电站的直流供电系统正常供电时大都运行于“浮充”方式下。纹波系数是输出中的交流电压与直流电压的比值。由于交流成分属于高频范畴，高频幅值过高会影响设备的寿命，甚至造成逻辑错误或导致保护拒动，因此要求直流装置有较高的精度。

（2） 输出功率不足或稳定性差。电源输出功率不足会造成输出电压下降。若电压下降过大，则会导致比较电路基准值的变化、充电电路时间变短等一系列问题，从而影响到微机保护的逻辑配合，甚至导致逻辑功能判断失误。尤其是在事故发生时，有出口继电器、信号继电器、重动继电器等相继动作，这就要求电源输出有足够的容量。如果在现场发生事故时，出现微机保护无法给出后台信号或是重合闸无法实现等现象，则应考虑电源的输出功率是否因元件老化而下降。

（3） 应加强对逆变电源的现场管理，按规程要求对逆变电源进行定期检验。应重视微机型保护装置开关电源的维护工作，宜在 4～6 年后予以更换。

（4） 对微机型的继电保护及安全自动装置，在上电时，应避免带负载操作直流熔丝导致装置开关电源损坏。

（5） 微机保护的集成度很高，一套装置由几块插件组成，若在不停直流电源的情况下拔各种插件，可能会造成装置损坏或事故。因此现场应加强监督，必须做到一人操作一人监护，严禁带电插拔插件。

2. 保护光耦开入量问题

为防止直流接地可能导致保护误动等问题，光耦开入量的动作电压应控制在额定直流电源电压的 55%～70%范围以内。

（1） 所有涉及断路器失灵、母差及非电量等保护跳闸回路，以及没有时间配合要求的开入量，宜采用动作电压在额定直流电源电压的 55%～70%范围以内的直流中间继电器。为提高保护的安全性，非电量等跳闸回路在开入设计时，不得因装置单一元件损坏而引起保护装置不正确动作。

（2） 遵守保护装置 24V 开入电源不出保护室的原则，以免引进干扰。

（3） 重视二次回路的维护和检修工作，在使用微机型保护的厂、站还应特别注意电磁兼容和防止寄生回路方面的特殊要求。

3. 工作时的抗干扰问题

微机保护的抗干扰性能较差，对讲机和其他无线通信设备在保护屏附近使用都会导致一些逻辑元件误动作。现场曾发生过在进行氩弧焊接时，电焊机的高频信号感应到保护电缆上使微机保护误跳闸的事故。因此要严格执行有关反事故技术措施，尽可能避免操作干扰、冲击负荷干扰、直流回路接地干扰等问题的发生。

4. 保护性能问题

保护性能问题主要包括两方面，即装置的功能和特性缺陷。有些保护装置在投入直流电源时出现误动；高频闭锁保护存在频拍现象时会误动；有些微机保护的动态特性偏离静态特性很远也会导致动作结果的错误。

5. 清扫和绝缘问题

（1） 对保护插件中清扫时要防止静电损坏芯片，同时由于机箱内静电积尘较多，所以一定要加强清扫，有条件时建议用小型吸尘器进行清扫。对端子排螺栓复紧，由于现在使用凤凰端子较多，特别是断路器控制箱内震动很大，时间久了会有松动，由于端子螺栓松动误跳断路器时有发生。

（2） 微机保护装置的集成度高，布线密度大。在长期运行过程中，由于静电作用使插件的接线焊点周围聚集大量静电尘埃，在外界条件允许时会在两焊点之间形成导电通道，从而引起装置故障或者事故的发生。

（3） 由于是双重化保护，所以保护用的直流回路有两个，控制用的直流回路也有两个，主变压器保护用的分路直流还要多，要分别对直流回路做绝缘试验，直流回路不能共用，特别是针对跳闸回路要加强绝缘试验，现在跳闸回路也有两个，要分别进行试验。保护检验时对跳闸长电缆拆线后进行绝缘试验，主要是户外电缆头由于剥电缆时刀片把电缆绝缘层破坏了，时间久了绝缘就会下降，严重时会误跳断路器。

6. 软件版本问题

（1） 应按《微机继电保护装置运行管理规程》（DL/T 587—2007）的要求对微机保护进行管理，凡涉及投入运行的微机型继电保护装置的软件（含保护的结构、配置文件）到保护原理和功能方面的修改、升级工作必须通过调度、运行主管部门的批准和动模试验认证。在修改、升级软件前，应对原有软件（含保护的结构、配置文件）

进行备份。安装新版本软件（含保护的结构、配置文件）的继电保护装置，应在运行现场通过全面的整组试验方可投入运行。

（2）严禁通过远传通道对 220kV 及以上电压等级在线运行的继电保护及装置进行整定值、配置和结构文件进行修改。相关运行和检修部门应对软件修改、更新、升级以及升级后验证的全过程和投运前的检验工作进行记录备案。

（3）当继电保护装置的网络和信息系统需要与非生产信息系统联网时，应采取有效的物理隔离措施，必须有针对性的、系统的防病毒措施。

7. 高频收发信机问题

在 220kV 线路保护运行中，收发信机存在的问题仍然是造成纵联保护不正确动作的主要因素，主要问题是元器件损坏、抗干扰性能差等。目前各制造厂生产的收发信机基本上都出过问题，因此，一定要重视收发信机的生产质量。应注意校核继电保护通信设备（光纤、微波、载波）传输信号的可靠性和冗余度，防止因通信设备的问题而引起保护不正确动作。另外，高频保护的收发信机工作不正常，也是高频保护不正确动作的原因之一，如收发信机元件损坏、收发信机启动发信信号产生缺口、高频通道受强干扰误发信、收发信机故障、收发信机内连线错误、忘投收发信机电源、收发信机不能起到闭锁作用、区外故障时误动等。

8. 校验装置的接线问题

由于现场用微机校验装置较多，它的特点是功能齐全、精度较高，有的可以达到 0.2 级，重量轻，校验方法容易掌握，但是校验微机保护使对校验装置接地不重视，这容易损坏保护中的芯片，同时由于安全措施没有做全，电压回路没有全部与外部断开（电压切换继电器是自保持的），不用万用表测量确无电压后就接上校验装置，当校验装置通电后，输出交流电压时母线二次电压会反充至校验装置内部，损坏校验装置。

9. 断路器内部继电器校验问题

由于继电保护设备的划分以断路器端子箱为界，所以对断路器内部继电器不管是直流还是交流都不会去校验，一次检修班也不会去管，也就是一个盲区，由于断路器传动振动很大，断路器内部三相不一致保护的时间继电器就会移位，造成断路器误动，这方面还需要加强重视。

10. 电压互感器二次回路中放电间隙器校验问题

公用电压互感器的二次绕组的二次回路只允许在控制室内有一点接地，为保证接地可靠，各电压互感器的中性线不得接有可能断开的开关或熔断器等。已在控制室一点接地的电压互感器二次线圈，宜在断路器场地将二次线圈中性点经放电间隙或氧化锌阀片接地，其击穿电压峰值应大于 $30I_{max}$V（I_{max}——电网接地故障时通过变电站的可能最大接地电流有效值，单位为 kA）。

变电站电压互感器二次回路中零线在电压互感器端子箱内有放电间隙器，有很多单位从变电站投运后就不再去问讯，一般是等到出了问题才去处理。检验比较简单，只需用万用表测量一下是否已击穿，同时用绝缘电阻表测量一下击穿电压是否符合要求，防止电压互感器两点接地造成事故。

11. 光纤接口问题

在光纤保护校验时，光纤接口一定要用酒精清洗，由于保护运行一段时间后受环境的影响，接口内有可能接灰尘，使的通道受到影响，同时要检查尾纤不能弯曲和损伤。

四、加强继电保护专业管理

1. 抓好继电保护的验收工作

继电保护调试完毕，严格自检、专业验收，然后提交验收单由公司组织检修、运行、生产等多个部门进行保护整组检验、断路器合跳试验，合格并确认拆动的接线、元件、标志、压板已恢复正常，现场文明卫生清洁干净之后，在验收单上签字。保护定值或二次回路变更时，进行整定值或保护回路与有关注意事项的核对，并在更改簿上记录保护装置变动的内容、时间、更改负责人，运行负责人或班长签名。保护主设备的改造还要进行设备带负荷试验，如：电流互感器和电压互感器的更换，就应做设备带负荷试验合格后，方可投运。

2. 严格继电保护装置及其二次回路的巡检

巡视检查设备是及时发现隐患，避免事故的重要途径，对继电保护巡视检查的内容有：保护压板、自动装置均按调度要求投入；切换开关、压板位置正确；各回路接线正常，无松脱、发热现象及焦臭味存在；熔断器接触良好；继电器触点完好，带电的触点无大的抖动及烧损，线圈及附加电阻无过热；电流、电压互感器回路分别无开路、短路；指示灯、运行监视灯指示正常；表计参数符合要求；光字牌、警铃、事故音响情况完好；微机保护打印机动作后，还应检查报告的时间及参数。

在雨季节来临之时，应切实做好继电保护室外端子箱、断路器机构箱的防雨、防潮、防霉工作，防止雨水渗漏造成端子间击穿短路，防止由于继电保护装置至断路器端子箱的二次回路电缆绝缘破坏而导致断路器无故障跳闸事故的发生。对户外的气体继电器、压力释放阀触点可采取加装防水罩的措施。

3. 加强现场工作安全措施票

一般说来，目前保护现场试验的安全措施比较简单，对要隔离的间隔、要拆除的二次线、要解除的压板等要求不详，这就可能造成在试验中出现误跳事故，在检验完毕后忘投压板等，影响到保护的正确动作率的提高，为此要针对具体保护装置，可以向现场操作票那样，预先制订比较完整的安全措施，以提高保护正确动作率。继电保护现场工作前，在值班员所做的安全措施以外，另外要根据继电保护的特点做好补充安全措施，以防止误跳、误合、误启动、误短路接地、误发信运行中的设备，先要填写好现场二次工作安全措施票，根据票中的内容一项一项地分别执行，同时必须有监护人。如果要临时拆除二次回路的线头和投退压板时，要确定位置，在有人监护的情况下进行，拆除的线头要用绝缘布包好，会误跳运行中设备的压板也要做好防止误跳的措施。

4. 加强继电保护的基础数据管理工作

应用网络技术建立健全完整、实用的继电保护管理基础数据库，例如：保护的类型和型号、生产厂家和日期、保护投运时间和校验周期、保护的调试大纲和校验方法、保护的校验记录和缺陷处理，以及图纸和说明书资料等。实现对继电保护的信息化管理，是一项重要的工作。这有助于大家了解目前保护的配置情况、保护历年来的运行情况等。还可为保护的选型提供基础数据，方便单位部门了解保护技改、反措执行情况等。尝试开展微机保护装置的可靠性统计，从而从计划检修过渡到状态检修。

5. 加强保护备品备件的储备

根据主网、主设备保护的运行情况和装置可靠性统计，有针对性地储备部分保护装置的备品备件是很有必要的。各个市公司可以合理利用有限的资金集中购买，避免各个基层单位购买重复的备品备件，及时向各县局及基层单位提供备品备件，保证主网、主设备的故障保护能够尽快得到修复、及时投运，保证电网的安全运行。

6. 加强保护试验设备的规范与管理

（1）加强继电保护试验仪器、仪表的管理工作，做好微机型继电保护试验装置及继电保护校验等设备的专用计算机管理与防病毒工作，防止因试验仪器、仪表存在问题而造成继电保护误整定、误试验的问题。

（2）对专用试验仪器、仪表的检验应符合相关计量法规和技术标准的要求。每1～2年应对微机型继电保护试验装置进行一次全面检测，确保试验装置的准确度及各项功能满足继电保护试验需要。

（3）现在继电保护三相试验台基本上都是微型机试验台，这种试验台的使用提高了保护校验工作的效率，降低了保护校验工作人员的劳动强度。但是在微机型保护试验台的应用中，应注意两个问题：一是这些试验台的电流和（或）电压输出为自产模式，与外部电源无关，在现场使用时间过长后，就有可能出现输出不稳定、波形畸变等问题，影响校验精度，所以必须注意加强试验台的定检工作，制订一套检定办法。二是这些试验台在校验保护时大都不接外接表，仅以计算机显示的数据为准，而其负载的大小往往会对其校验时精度降低，因此在校验保护时一定要了解保护装置的输入阻抗值，决定是否用外接表。同时，目前市面上的微型机试验台各式各样，性能和质量各有千秋，在购买时一定要注意选择和比较。

7. 搞好保护动作分析

保护动作跳闸后，严禁随即将掉牌信号复归，而应检查动作情况并判明原因，做好记录。恢复送电前，才可将所有掉牌信号全部复归，并尽快恢复电气设备运行。事后做好保护动作分析记录及运行分析记录，内容包括岗位分析、专业分析及评价、结论等。凡属不正确动作的保护装置，及时组织现场检查和分析处理，找出原因，提出防范措施，避免重复性事故的发生。

8. 加强技术改造工作

（1）针对直流系统中直流电压脉动系数大，多次发生微机保护等工作不正常的现象，可将原硅整流装置改造为整流输出交流分量小、可靠性高的集成电路硅整流充电装置。针对雨季及潮湿天气经常发生直流失电现象，首先将其户外端子箱中的易老化端子排更换为新的端子，并有加热和通风，提高二次绝缘水平。其次，整改二次回路，使其每个单元的控制、保护、信号、合闸回路要分开。在断路器室加装熔断器分路开关箱，便于直流失电的查找与处理，也避免直流失电时引起的保护误动作。

（2）对缺陷多、超期服役且功能不满足电网要求的 110kV 和 220kV 线路保护、主变压器保护应根据要求更换成微机保护。220kV 母线保护也更换成可自动切换的微机母差保护，加速保护动作时间，从而快速切除故障，达到提高系统稳定的作用。

（3）技术改造中，对保护进行重新选型、配置时，首先考虑的是满足可靠性、选择性、灵敏性及快速性，其次考虑运行维护、调试方便，且便于统一管理。优选经运行考验且可靠的保护，对于个别新保护可少量试运行，在取得经验后再推广运用。

（4）对现场二次回路老化，保护压板及继电器的接线标号头、电缆标示牌模糊不清及部分信号掉牌无标示现象，应重新标示，做到美观、准确、清楚。清除基建或改造中遗留遗弃的电缆寄生二次线，整理并绘制出符合实际的二次图纸供使用，杜绝回路错误或寄生回路引起的保护误动作。

（5）对保护装置中不能保证自启动的逆变电源，要进行更换，对保护装置中运行时间较长的逆变电源，也要定期进行更换。

9. 重视继电保护反措工作

认真贯彻落实《国家电网公司十八项电网重大反事故措施》对继电保护专业的重点要求，不断提高主网保护的健康水平和预防事故的能力。

加强对主网继电保护装置及其二次回路的检验管理，确保主网保护不漏检，并且记录齐全，数据满足规程要求。此外，在继电保护检验、验收中要重视对继电保护二次回路、继电保护通道的检查，不断提高继电保护运行水平。

充分发挥专业管理职能和继电保护技术监督的职能，积极主动做好对电厂侧涉网继电保护的管理工作，监督和帮助发电单位做好电厂侧继电保护专业管理和反措落实、机组保护定值计算与管理以及设备选型等工作，确保主网安全稳定运行。

10. 培养复合人才，提高人员素质

要提高装置管理水平，离不开人，人员素质低、责任心差，装置管理水平就上不去，所以必须加强继保工作人员的技术培训工作。人员的培养不仅要抓技术培训，而且要抓敬业精神的培养。同时随着综合自动化系统的出现和应用，还要培养一批既懂保护又懂计算机监控的复合型人才。在技术培训上，要充分利用自己人才的优势，要积极发挥个人主观能动性、学习上的钻研性和刻苦性，有计划有步骤地进行自我培训，适应继电保护的发展。

五、继电保护技改工作“三措”的编写

在继电保护技改工作中，应注意到由于继电保护装置接线复杂，拆除及接入容易出问题，造成危害，许多线头带有电压，是造成危害的主要因素。必须解决此类事故隐患，保证更换工作顺利。由于拆屏、箱及重新安装屏箱时，双母线回路、3/2 断路器等主接线保护屏存在启动母线保护失灵，跳相邻断路器、远方直跳的接线，启动故障录波器、远动信号等，二次电压的短路、二次电流的开路等存在十分大的危险性。为保证人员及设备的安全，在施工工作前应制订好“组织措施、技术措施、安全措施”，简称“三措”。报请上级主管部门批准，并组织施工人员认真学习，弄懂弄通，在施工中严格执行。编写“三措”要写明更换保护的目的、内容及安全措施、停电时间、施工步骤和要求等，对于施工中的步骤和要求要写得比较详细（电缆的名称及编号、拆线及接入线的数量和标号等），以便施工人员掌握。

【思考与练习】

1. 继电保护事故的种类有哪些？
2. 继电保护装置的定值应如何管理？
3. 如何防止继电保护人员责任事故？

模块2 继电保护事故处理的基本原则（Z12F7002Ⅲ）

【模块描述】本模块包含继电保护事故处理的相关内容。通过知识要点的归纳总结，掌握继电保护事故处理的基本思路与方法及提高继电保护人员事故处理的途径。

【模块内容】继电保护事故处理的基本原则，包括继电保护事故处理的基本思路、继电保护事故处理的基本方法、提高继电保护事故处理水平的途径。

一、继电保护事故处理的基本思路

1. 正确利用故障信息判断故障

（1）利用保护、监控信息判明故障点。要充分利用光字信号及监控信号来判断故障原因，它是简单事故查找的参考依据；有些故障仅凭经验是难以解决的，要充分利用保护装置灯光显示信号、微机保护事件记录来判断故障原因，它是事故分析的可靠依据；而有些继电保护事故发生后，按照现场的信号指示和各种信息无法找到故障原因，一、二次设备检查也没有发现故障点，可以利用保护生产厂家调取保护装置内部逻辑动作行为的各种信息进行软件分析，以判明保护动作的正确性，查出故障点。

（2）利用故障录波装置信息判明故障点。有些继电保护事故发生后，按照现场的信号指示无法找到故障原因，要充分利用故障录波和时间记录、故障录波图形来判断故障原因，根据有用信息做出正确判断是解决问题的关键。

（3）利用一次信息判明故障点。在无法分清一次系统故障还是继电保护等二次设备误动作的前提下，最简单的办法是一次、二次方面同时展开工作。对一次设备进行一些观察、检查、检测工作，可以很快得出结论，同时开展一次设备的工作可以在短的时间内给继电保护工作人员提供极为有价值的参考信息。若通过一、二次系统的全面检查发现一次系统故障使继电保护正确动作，则不存在继电保护事故处理的问题；若判断故障出在继电保护上，应尽量维持原状，做好记录，做出故障处理计划后再开展工作，以避免原始状况的破坏给事故处理带来不必要的麻烦。

2. 运用逆序思维法查找故障

如果利用微机保护事件记录和故障录波不能在短时间内找到事故发生的根源时，应注意从事故发生的结果出发，逆向思维，一级一级往前查找，直到找到根源为止。这种逐级逆序思维检查的方法常用在保护出现误动现象时。

3. 运用顺序思维法查找故障

按直流回路、一次设备的性能、电流和电压回路、二次切换回路、闭锁回路、跳闸回路、逆变电源性能测试、外部检查、绝缘检测、定值复核、开关量检查、保护功能检查、整组传动试验等顺序进行。顺序检查法常常用于继电保护出现拒动或者保护逻辑出现错误的事故处理中。

二、继电保护事故处理的基本方法

电力生产过程中，由于受不可抗拒的外力破坏，设备存在缺陷，继电保护误动，工作人员误操作、误处理等原因，常常会发生设备事故或故障。而处理电气设备事故或故障是一件很复杂的工作，它要求工作人员具有良好的技术素质和一定的检修技能，并熟悉电气事故处理规程，系统运行方式和设备性能、结构、工作原理、运行参数等技术法规和专业知识。为了能够正确判断和及时处理电力生产过程中发生的各种电气设备事故或故障，一方面应开展经常性的岗位技术培训活动，定期开展反事故演习和值班时做好各种运行方式下的事故预想，另一方面应掌握处理电气设备事故或故障的一般方法。后者在处理电气设备事故或故障时往往能够收到事半功倍的效果。

1. 一般程序法

（1）设备发生事故时，立即清楚、准确地向值班调度员、上级主管领导和相关部门汇报。

（2）做好故障设备的安全隔离措施，通知检修人员处理。

（3）进行善后处理工作，包括事故现象及处理过程的详细记录、断路器故障跳闸及继电保护动作情况的记录等。

2. 感官检查法

感官检查法就是利用人的感官（眼看、耳听、手摸、鼻闻）检查电气设备故障，常采取顺藤摸瓜的检查方式找到故障原因及所在部位，是最简单、最常用的一种方式。如检查 2 号主变压器冷却器操作柜时，嗅到焦臭味，估计是某接触器出了故障，用手触摸接触器线圈，发现其发热严重，并且线圈外表有烧焦痕迹，于是判断出该接触器线圈烧损。

3. 分割法（拉路试验法）

分割法是把电气相连的有关部分进行切割分区，逐步将有故障的部位与正常地部位分离开，准确查出具体故障点的方法，是运行人员查找电气设备故障常用的一种方法。如分割法常用来查找 35kV 电压系统、10kV 电压系统单相接地故障和直流系统一点接地故障等。通常采用逐条拉开馈线的“拉路法”，拉到某条馈线时接地故障信号消失，则接地点就在该条馈线内。再分割该条馈线就可以查找出具体的故障点。

4. 回路分析法

回路分析法是根据电气设备的工作原理、控制原理和控制回路，结合感官，初步诊断设备的故障性质，分析设备故障原因，确定设备故障范围的方法。分析时先从主电路入手，再依次分析各个控制回路及其辅助回路。

5. 仪器、仪表测量法

仪器测量法是利用仪器设备对某些电气量进行实时测量，常用的测量仪器有选频表、示波器、光功率计等。如高频通道两侧检测时，使用示波器检测两侧的高频信号就显得非常地直观和方便。

仪表测量法是利用仪表器材对电气设备进行检查，根据仪表测量某些电参数的大小并与正常的数值比较后，确定故障原因及部位的方法。检查人员常使用的测量仪表有万用表和绝缘电阻表。万用表常用来测量交、直流电压，交、直流电流和电阻。如用万用表交流电压挡测量电源、回路电压、继电器和线圈的电压，若发现所测电压与额定电压不相符合（超过 10%），则是故障可疑处。绝缘电阻表常用来测量二次回路、继电器绝缘电阻，当低于标准值则说明绝缘受潮、局部有缺陷、绝缘击穿，如二次电缆接地、二次电缆线间和端子绝缘降低等。

6. 再现故障法

再现故障法就是接通电源，操作控制开关或按钮，让故障现象再次出现，以找出故障点所在部位，如二次回路故障时等。

7. 断电复位法

自动装置本身是由各种电子元件组成的整体，加之装置长时间带电运行，常引起元器件工作不稳定，容易受到电气干扰、热稳定等因素的影响而发生各种偶发性故障，如微机保护装置死机、自检程序出错等。

8. 整组试验法

运用整组试验方法的主要目的是检查继电保护装置的逻辑功能是否正常，动作时间是否正常。整组试验的方法可以用很短的时间再现其故障并判明问题的根源。在进行整组试验时输入适量的模拟量、开关量使保护装置动作，如果动作关系出现异常，再结合上述逆序检查法去寻找故障点。

三、提高继电保护事故处理水平的途径

掌握继电保护事故处理的基本思路，是提高继电保护事故处理水平的重要条件，同时还必须掌握必要的理论知识，运用正确的工作方法。

1. 理论和实践相结合

理论知识在事故分析中很重要，由于电网的迅速发展，微机保护的应用率已经达到 90%以上，数字化变电所也开始运用。作为一个继电保护人员，学好电路、电子技术、微机知识、计算机知识及通信知识就成为当务之急；同时必须全面了解保护的基本原理与性能，并且熟悉厂方保护程序原理、熟悉二次回路原理图等。理论知识扎实了，在事故分析时才能迅速、准确地判断故障，缩小事故原因查找的范围；再加上实践经验，理论结合实际来分析问题，将问题分析得更细致，更容易分析出事故的原因，继电保护人员应努力提高自身的理论知识水平和实践能力。

2. 熟悉相关规程和技术资料

要顺利地进行继电保护故障分析与处理，继电保护人员必须熟悉有关的规程和技术资料：继电保护技术规程、校验规程、反事故措施、保护产品说明书、调试大纲、出厂调试记录、定值通知单、投运试验记录、电路方框图、电路原理图、标准电压值、电流值、波形以及相关的参数等。如果继电保护人员不熟悉规程和技术参数，继电保护故障分析与处理就无从下手，得不到正确的结果。

3. 运用正确的思维和检查方法

一般继电保护事故往往经过简单的检查就能够被查出，如果经过一些常规的检查仍未发现故障元件，说明该故障较为隐蔽，应当引起充分的重视。此时可采用逆向检查法，即从故障现象的暴露点入手去分析原因，由故障原因判别故障范围。如果仍不能确定故障原因，就采用顺序检查法，对装置进行全面的检查。

4. 熟练掌握必要的故障查找和处理技巧

在继电保护的事故处理中，工作经验是非常宝贵的，它能帮助工作人员快速消除重复发生的故障，但技能尤为重要。

（1）电阻测量法：利用万用表测量电路电阻和元件阻值确定所判断故障的部位及故障的元件，一般采用在路电阻测量法，即不焊开电路的元件直接在印刷板上测量，然后判断其好坏的一种方法。

（2）电流测量法：利用万用表测量晶体管或集成电路的工作电流、稳压电路的负载电流，可确定该电路工作状态是否正常、元件是否完好。

（3）电压测量法：对所有可能出现故障的电路的各参考点进行电压测量，将测量结果与已知的数值或经验值相比较，通过逻辑判断确定故障的部位及损坏的元件。

（4）替代法：该方法是指用规格相同、功能相同、性能良好的插件或元件替代被怀疑而不便测量的插件或元件。

（5）对比法：该方法是将故障装置的各种参数或以前的检验报告和正确的插件进行比较，差别较大的部位就是故障点。

（6）模拟检查法：该方法是指在良好的装置上根据原理图（一般由厂家配合）对其部位进行脱焊、开路或改变相应元件参数，观察装置有无相同的故障现象出现，若有相同的故障现象出现，则故障部位或损坏的元件被确认。

总至故障查找和处理的方法很多，归纳出来有以下三种：

（1）假设法。假设的方法是在没有明确事故原因时，可能提出几个有可能引起事故的原因，多方面来分析问题。

（2）排除法。结合实际情况，在假设的几种可能引起事故的原因里将有可能的留下，剩下的去掉，缩小事故查找的范围。

（3）论证法。通过技术手段来证明前面假设的几种可能是否能行得通。每次发生的事故都会有它的道理，都能用理论知识加以证明，证明以上的假设是正确的。

保护及自动装置的事故处理除了技能的因素之外，培养高度的责任心是十分重要的，工作人员只要有良好的技能、认真的态度和一丝不苟的精神，就能够快速排除一切故障。

5. 微机保护事故处理的特点

微机保护在现场的事故处理比较简单。目前检修人员在现场对微机保护装置的事故处理能够进行的工作是更换插件或更换芯片。微机保护常出现故障及处理方法如下：

（1）逆变电源不正常。检查 5V、15V、24V 电源是否正确，确认损坏后更换。

（2）显示功能不正常。检查判别推动显示器的芯片是否损坏，确认损坏后更换。

（3）显示器无法显示。检查接插口是否接触良好，确认无法恢复后更换。

（4）保护自检告警。检查插件和芯片是否接触良好，确认无法恢复后更换。

（5）输入输出信号数值不正确。检查测量通道元器件是否损坏，确认损坏后更换。

（6）温度特性不能满足。当环境温度升高，保护性能就会变坏，应采取限温措施。

【思考与练习】

1. 继电保护事故处理的基本思路是什么？
2. 继电保护事故处理的基本方法有哪些？

模块 3　简单事故案例分析（Z12F7003Ⅲ）

【模块描述】本模块包含电网继电保护简单事故案例的介绍和事故分析。通过要点归纳、典型案例分析，掌握通过各类记录与信息利用直观法、电位法、导通法、通电法进行简单事故案例分析。

【模块内容】简单事故案例分析，包括继电保护简单事故案例的介绍和事故分析。

继电保护简单事故是指由于电力系统、二次回路、保护装置等原因而发生的单一性故障，简单故障案例分析，是提供部分具有代表意义的典型简单故障，通过利用故障录波装置信息、保护装置信息、调度信息、综合自动化信息等作为分析判断依据，采用理论推导、逻辑验证、设备校验等具体方法进行案例分析，得出具有指导性的防范措施。

一、220kV 变电站变压器保护越级跳闸分析

1. 事故过程

2004 年 8 月 21 日 14:55，220kV S 西变电站的 110kV S 坛线路因导线对芭蕉树叶放电发生 A 相经大过渡电阻接地故障，S 坛线 103 断路器零序电流保护Ⅲ段动作跳闸，同时 1 号主变 110kV 侧中性点零序过流Ⅱ段动作跳闸，造成变电站 110kV 母线失压的一般电网事故。

2. 事故调查及原因分析

S 西变电站 110kV S 坛线 103 断路器零序电流保护整定值Ⅱ段为 1080A（一次值，后同），1s；Ⅲ段为 264A，2s；1 号主变压器 110kV 侧中性点零序过流Ⅱ段定值为 344A，

2s。由于 110kV S 坛线路发生 A 相经大过渡电阻接地故障，短路电流缓慢增加，在故障开始较长一段时间 103 断路器零序电流保护Ⅱ段因短路电流达不到整定动作值而未动作，由线路零序过流Ⅲ段动作跳闸。而同时 1 号主变压器 110kV 侧中性点零序过流Ⅱ段电流已达到动作值，且动作时间与 S 坛线 103 断路器零序Ⅲ段动作时间整定相同，均为 2s，故两段保护同时出口跳闸，1 号主变压器 110kV 侧中性点零序过流Ⅱ段保护定值整定计算错误是造成本次事故的直接原因。

保护定值整定计算错误的原因，是继电保护整定计算人员在对 1 号主变压器 110kV 侧中性点零序过流保护定值计算，选取与线路保护配合的分支系数时，错误把流过主变压器零序等值电路△绕组漏电抗支路的零序电流作为主变压器 110kV 侧中性点的零序电流，即零序分支系数误为 $K_{fz0}=I_3/I_1=538.8/1867=0.29$，见图 Z12F7003Ⅲ-1。正确的分支系数应为 $K_{fz0}=I_2/I_1=1867/1867=1$。从而定值错误整定为 $I_{dz}=1.1\times0.29\times1080=344A$，造成认为主变压器中性点零序过流Ⅱ段保护灵敏度及动作时间可以与 S 坛线零序Ⅱ段保护相配合的假象。但实际上由于分支系数计算错误，主变压器中性点零序过流Ⅱ段保护灵敏度不能与 S 坛线零序Ⅱ段保护相配合、动作时间不能与 S 坛线零序Ⅲ段保护相配合，最终造成 S 坛线发生经大过渡电阻接地故障时主变压器 110kV 侧中性点零序过流Ⅱ段保护越级跳闸事故。

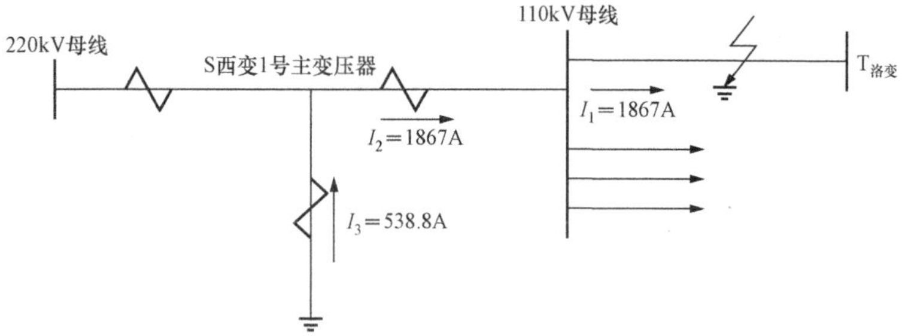

图 Z12F7003Ⅲ-1 一次零序电流图

3. 防范措施

加强继电保护整定计算人员的责任心，对整定值要进行认真审核。

二、110kV LJ 变电站 2 号主变压器后备保护拒动分析

1. 事故简述

（1）故障前 LJ 变电站运行方式。LJ 变电站 110kV 侧由 JCJ 变电站通过金老线送电，35kV 侧三条出线分别与水泥厂、冶炼厂、甲电厂连接，10kV 侧向用户供电，见图 Z12F7003Ⅲ-2。

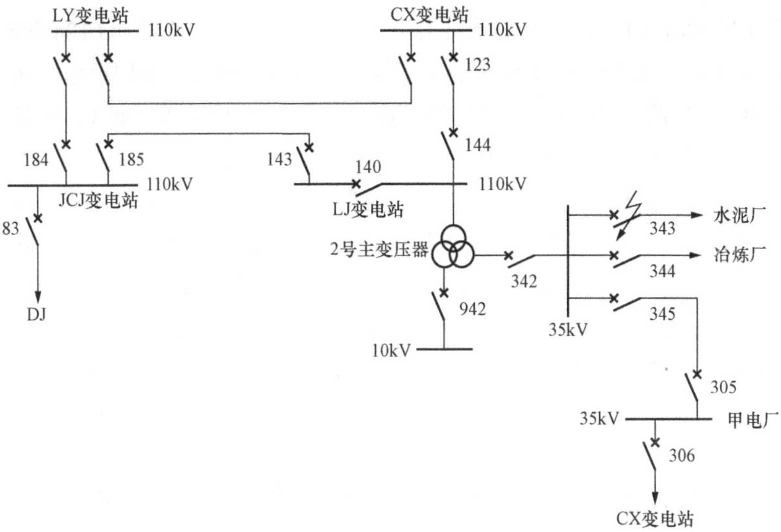

图 Z12F7003Ⅲ-2 一次系统图

（2）故障时保护动作情况。2004 年 9 月 2 日 8:46:49，LJ 变电站 35kV 343 断路器发生 A、C 相接地故障，故障电流 900A，达到 JCJ 变电站 184、185 断路器过流Ⅰ段保护动作值，因继电保护定值误整定，由 JCJ 变电站 110kV LJ 线 184 断路器、JL 线 185 断路器“TV 断线过流Ⅰ段保护”越级动作 1.4s 跳开 184 断路器，1.8s 跳开 185 断路器。同时甲电厂 35kV 出线 305 断路器距离保护Ⅲ段动作 1.5s 跳 305 断路器，将故障切除。

JCJ 变电站 110kV LJ 线 184 断路器、JL 线 185 断路器跳闸后，185 断路器无压重合闸动作，重合后因故障尚未消失，经 1.8s 后 185 断路器“TV 断线过流Ⅰ段保护”再次越级动作将故障切除，同时 LJ 变电站 2 号主变压器高压侧复压过流Ⅰ段动作，经 1.8s 延时跳开 942 断路器。184 断路器在 185 断路器跳开后同期重合成功，110kV LJ 线恢复运行。

JCJ 变电站 185 断路器第二次跳开后，LJ 变电站 110kV 备自投装置动作，跳开 143 断路器、合上 144 断路器。因故障仍存在，且已发展为三相短路，LJ 变电站 2 号主变压器中压侧复压闭锁方向过流保护因方向元件电压取自 35kV TV 方向元件无法动作而拒动，高压侧复压闭锁方向过流保护因复压元件电压仅取自 110kV TV 复压元件灵敏度不足而拒动，CX 变电站 CL 线 123 断路器后备保护因灵敏度不足而拒动。因故障一直无法切除，最后发展为变压器内部故障，故障持续约 2min 后变压器重瓦斯保护动作，跳开主变 140、144、342 断路器，才最终将故障彻底切除。

2. 事故调查分析

（1）JCJ 变电站 184、185 断路器“TV 断线过流Ⅰ段保护”应通过控制字整定仅在TV发生断线时才投入，但因误整定在正常时就投入，且动作时间（184断路器1.4s，185断路器1.8s）比LJ2号主变压器中压侧复压闭锁方向过流保护动作时间（2.5s跳342断路器，2.9s跳三侧）和高压侧复压闭锁方向过流保护动作时间（2.5s跳342断路器，3.3s跳三侧）短，以致发生越级跳闸。

（2）LJ变电站备自投动作合上144断路器后，对主变压器再次冲击，高压侧故障电流达到1300A，故障发展为三相故障，2号主变压器中压侧复压闭锁方向过流保护方向元件取本侧电压，方向元件因电压死区无法动作判别方向，故中压侧后备保护拒动。高压侧复压闭锁方向过流保护因复压元件电压仅取自本侧TV，复压元件灵敏度不足（LJ变电站110kV母线故障残压折算到二次线电压为75V，低电压整定值为70V）而拒动。CX变电站CL线123断路器后备保护因整定不合理，灵敏度不足而拒动。

3. 暴露问题

（1）继电保护整定计算人员业务水平不高、安全意识不强，对整定计算规程理解不透、执行不严，以致发生因误整定引起的JCJ变电站184和185断路器保护越级跳闸、CX变电站123断路器保护拒动、LJ变电站2号主变压器后备保护拒动事故。

（2）LJ变电站2号主变压器在正常运行时“中压侧复合电压并联启动”、“低压侧复合电压并联启动”压板未投入。由于高压侧后备保护低电压定值对35kV和10kV母线故障没有灵敏度，不投入这两个保护压板，在35kV和10kV母线三相故障时高压侧复压过流保护将不能动作，复电过流保护的电压元件应同时取高、中、低压三侧电压。

（3）LJ变电站2号主变压器中、低压侧后备保护方向元件电压均取自本侧，故障时因电压灵敏度不足而使得保护拒动。

（4）LJ变电站2号主变压器三侧相间后备保护均经方向元件闭锁，不合理，应考虑有一段不经方向元件闭锁，以做总后备；无电源侧的后备保护也宜不经方向元件闭锁，以提高动作可靠性。

（5）在事故调查中同时发现，LJ变电站2号主变压器高压侧后备保护用的TA变比接错，应为300/5，而现场实际为600/5；正常运行时2号主变压器保护“中压侧复压Ⅲ段跳144”“低压侧复压Ⅲ段跳144”压板未投入；保护屏上多个压板标签与实际功能不符。

4. 防范措施

（1）加强对继电保护设计、整定、施工、试验等人员的技术培训和安全培训，提高业务素质水平和安全意识水平。

（2）对主变压器后备保护的方向元件接线应确保各侧故障时的灵敏度，对不合理的进行改进，以提高保护装置动作可靠性。

（3）制订或修订现场运行规程，规范继电保护压板标识和投退规定。

（4）认真开展继电保护整定计算工作，认真继电保护定值进行校核，防止发生继电保护误整定事故。

三、220kV WP 线纵联保护拒动分析

1. 事故简述

2004 年 7 月 3 日 13:05，WP 线因雷雨天气发生 B 相收雷击单相接地故障，线路正确动作跳开 B 相断路器，并重合成功。

（1）P 城变电站。主Ⅰ保护 RCS–901D：接地距离Ⅰ段出口。主Ⅱ保护 RCS–902DK：纵联距离出口，纵联零序出口，接地距离Ⅰ段出口。

（2）W 城变电站。主Ⅰ保护 RCS–901D：工频变化量距离出口、接地距离Ⅰ段出口。主Ⅱ保护 RCS–902DK：纵联距离出口、纵联零序出口、工频变化量距离出口、接地距离Ⅰ段出口。后备保护 RCS–902D：突变量阻抗出口、接地距离Ⅰ段出口。

2. 保护动作分析

从保护跳闸报告看出，两侧主Ⅰ允许式保护 RCS–901D 故障时均没有收到对侧的允许信号导致无法出口。从 ABB 载波机的通信记录可看到，ABB 载波机在故障前后共有 14 次解除闭锁现象，每次 200ms。在解除闭锁过程中，A、B 命令均无法发送。故障时载波机通信记录如下：

P 城站侧

2004–07–03	13:05:15.579	命令 B 发信	开始
2004–07–03	13:05:15.577	命令 A 发信	结束
2004–07–03	13:05:15.554	解除闭锁	结束
2004–07–03	13:05:15.405	命令 B 发信	结束
2004–07–03	13:05:15.404	命令 A 发信	开始
2004–07–03	13:05:15.353	解除闭锁	开始
2004–07–03	13:05:15.339	命令 B 收信	结束
2004–07–03	13:05:15.316	命令 B 收信	开始

W 城站侧

2004–07–03	13:04:09.010	命令 B 收信	结束
2004–07–03	13:04:08.028	命令 A 收信	结束
2004–07–03	13:04:08.027	命令 B 收信	开始
2004–07–03	13:04:08.008	命令 A 收信	开始
2004–07–03	13:04:07.999	解除闭锁	结束
2004–07–03	13:04:07.997	命令 B 发信	开始
2004–07–03	13:04:07.995	命令 A 发信	结束
2004–07–03	13:04:07.842	命令 B 发信	结束

2004-07-03	13:04:07.841	命令 A 发信	开始
2004-07-03	13:04:07.799	解除闭锁	开始

从通信记录可看出，在故障前约 50ms，又发生发解除闭锁信号的情况，造成两侧允许信号无法发送（150ms 左右），导致两侧主Ⅰ保护主保护均无法动作。

3. 防范措施

某电网 500kV 线路纵联保护普遍采用复用允许式+复用闭锁式的配置，本次故障中，主ⅡRCS-902DK 复用闭锁式保护未受通道阻塞的影响，正确动作。但是复用闭锁式保护也存在通道传输时间过长或载波机固有发信能力造成误动的可能，因此对于双载波通道传输的保护，在具备光纤通道的情况下，应改为 1 套载波+1 套光纤传输的方式。

四、测控装置故障造成 220kV 马月线 223 断路器跳闸分析

1. 事故简述

（1）事故前运行方式。220kV 马月线 223 断路器、1 号主变压器 22A 断路器接 220kV Ⅰ段运行，水月Ⅰ线 229 断路器接 220kVⅡ段运行，220kV 母联 22K 断路器运行。

（2）事故经过。2006 年 7 月 12 日 10:32，220kV 马月线 223 断路器跳闸，保护未发任何信号，运行人员到保护小室和断路器场地进行巡视检查均未发现异常情况，10:45 时汇报上级，于 10:48 恢复 220kV 马月线 223 断路器运行。因 220kV 系统环网运行未造成少送电。

2. 事故调查分析

11:00 继电保护人员到现场检查保护设备、测控设备、断路器设备运行情况，13:00 打开 220kV 马月线 223 断路器测控装置面板，闻到焦味，随后向调度申请退出测控装置进行检查，发现 220kV 马月线 223 断路器测控装置内部开出板 S_3 继电器（跳闸出口）的印刷电路有烧焦痕迹，用手触摸印刷电路板温度较高，判断为测控装置内部开出板在运行过程中温度过高，造成 S_3 继电器损坏。同时对外回路进行检查，发现 S_4 继电器（跳闸出口）背板接线端子 6、8 处因多股铜导线压接工艺不良造成金属丝短路。

3. 暴露问题

经综合分析确认本次 220kV 马月线 223 断路器跳闸的原因是测控装置在运行过程中温度过高，使得装置内部开出板 S_3 继电器损坏造成接点接通，且测控装置 S_4 继电器接点在背板接线端子 6、8 原已短接，造成跳闸回路连通，直接将断路器跳闸。事后继电保护班利用备用开出板更换已损坏的插件，并对其他背板端子进行全面检查，未发现其他异常情况，测控装置已正常运行。

4. 防范措施

已将 S_4 继电器接点在背板接线端子 6、8 处铜导线重新压接；立即更换 220kV 马月线 223 断路器测控装置开出板，并投入运行。

五、二次回路引发断路器拒动事故分析

2005 年 7 月 15 日，某 500kV 变电站发生一起 3/2 接线串中间断路器拒动事故，造成断路器失灵保护动作，发出远跳命令切除正在运行的 500kV 线路。

1. 事故简述

16:52，因一场罕见的龙卷风袭击，某变电站 500kV 5304 线路发生 A 相接地故障，线路双高频及接地距离 I 段保护动作跳开 5043 和 5042 断路器 A 相，5043 断路器先重合于故障线路，后加速保护动作启动跳 5043 和 5042 断路器，5043 断路器三相跳开、5042 断路器拒动。1174ms 后 5304 线路又发生 C 相故障，断路器 5042 失灵保护动作跳开 5041 断路器，并向运行在该断路器串的 5302 线路对侧发远跳信号，切除了正在运行的 5302 线路。

2. 事故调查分析

经检查，5042 断路器机构内非全相中间继电器线圈 A2 上的负电源线头松动（5042 断路器机构内的非全相功能不用，但仅拆除了其时间继电器接点两端的连线）。

当第一次故障断路器 A 相跳开后，断路器的 B、C 相常开辅助接点与 A 相动断辅助触点闭合，启动了保护屏上压力闭锁跳合闸重动继电器 2ZJ，2ZJ 动作断开了断路器跳合闸回路，造成第二次故障时断路器拒动。

3. 暴露问题

（1）检修人员没有严格执行《继电保护及安全自动装置现场工作保安规定》中关于二次回路改造的有关规定，没用的回路未拆除干净，造成寄生回路，从而对运行的二次回路产生影响，直接导致此次事故的发生。

（2）制造厂对断路器机构内二次回路的设计不够规范、合理，将不同回路中的中间继电器的线圈负电源端互相跨接并联，为寄生回路的存在埋下了隐患。

（3）由于分合时产生的振动，断路器机构二次回路接线非常容易发生松动，但维护工作不到位。

4. 防范措施

（1）对于断路器和保护中均有的回路（如非全相和防跳回路等）只保留一套，另一套回路应拆除干净，杜绝寄生回路存在。

（2）制造厂应将断路器机构内各回路的中间继电器线圈的负电源端分别引到端子排上，由同一组直流电源供电，不可在内部随意跨接取电源。

（3）拆除保护操作箱内的压力闭锁重动继电器 2ZJ 的启动回路并短接其触点，仅用断路器机构内的压力闭锁继电器来闭锁跳合闸回路，以简化二次回路，提高可靠性。

（4）举一反三，吸取事故教训，对类似的断路器二次回路进行针对性检查，采取相应的防范措施。

（5）加强设备检修管理工作，明确各专业检修人员的分工，大力推行现场检修工

作作业指导书的执行，促进检修工作标准化。

六、光耦端子接线松动引起两次保护拒动分析

1. 事故简述

2003 年 8 月 3 日 19:25，220kV 鲁 M 二线 B 相接地故障，M 窝侧 LFP901A 保护正确动作，LFP902A 拒动。

2. 事故调查分析

提取保护打印报告后，检查发现保护装置开入压板多次发生投退变位，且在故障时保护压板（高频、零序、距离）处于退出状态，现场无投退压板操作，进一步检查保护屏发现光耦（+24V）1D47 端子螺栓松动，1D47 至保护投入压板公共端的导线松动，保护处于实际退出状态。另一起类似情况发生在 2003 年 4 月 25 日 15:16，500kV L 梧Ⅱ线 C 相接地故障，L 宾侧 LFP901A 保护正确动作，LFP902A 保护拒动，经查原因也是光耦正电端子螺栓松动，导线松动，导致保护退出。改动前的原理图及端子排图见图 Z12F7003Ⅲ–3 和图 Z12F7003Ⅲ–4。

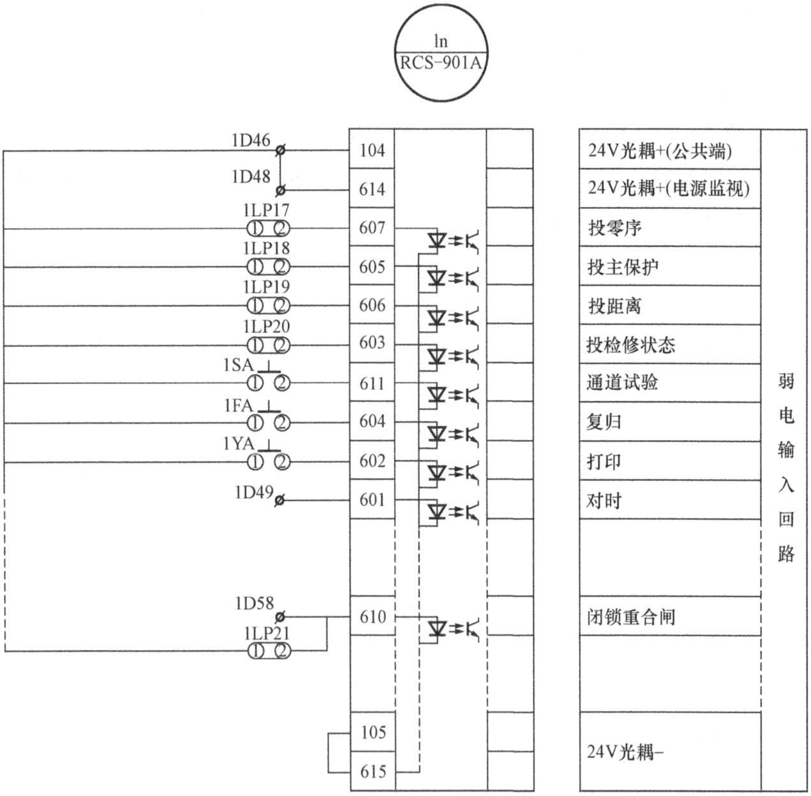

图 Z12F7003Ⅲ–3 改动前的原理图

3. 防范措施

（1）以 RCS–901A 为例说明，如端子排公共端不够可以增加端子。原 24V 光耦正电源监视端 1n614 与 24V 光耦正公共端 1n104 同接至端子排 1D46，1D46～1D48 连接片如果发生松动，开入可能失电而不会报警。现将电源监视端 1n614 改接至端子排公共端末尾 1D48，这样 1D46、1D47 连接片松动造成失电时将会报警。

（2）原保护投退等开入压板公共端在压板上连接后，从最后一个压板接至端子排开入公共端 1D47，为防止压板或连线松动造成保护投退压板整体失电，拟从第一个压板增加连线至端子排开入公共端 1D46 以加强可靠性。改动后的端子排图和压板图见图 Z12F7003Ⅲ–5 和图 Z12F7003Ⅲ–6。

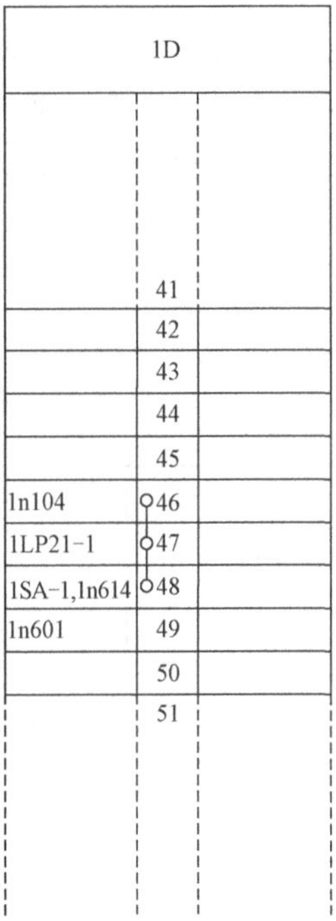

图 Z12F7003Ⅲ–4　改动前的端子排图

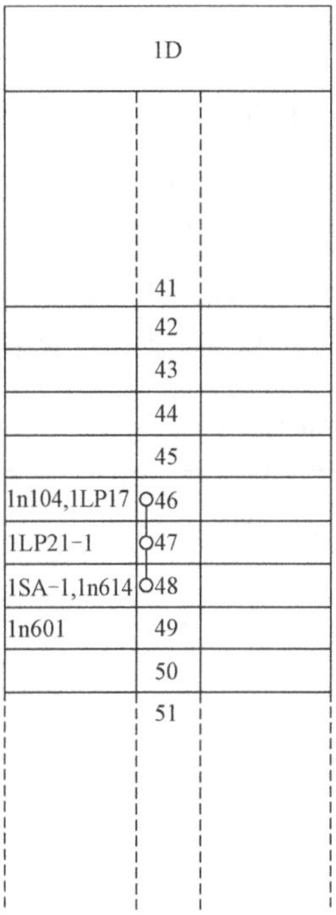

图 Z12F7003Ⅲ–5　改动后的端子排图

正电源在屏后连接 1LP17/18/19/20/21。

（3）运行维护人员应做好保护装置的巡视工作，留意保护投退变位信号，加强设备定检及维护，二次工作中解开的电缆芯线应做好标识，恢复时应拧紧端子，端子不宜压接多根芯线，防止导线松动。

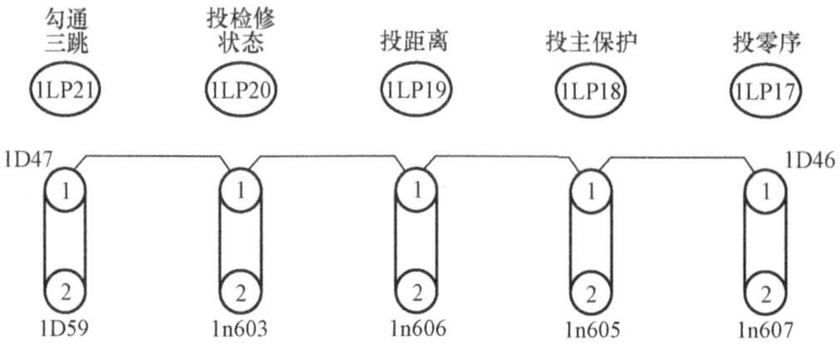

图 Z12F7003Ⅲ-6 改动后的压板图

七、220kV 线路保护重合闸不成功原因分析

1. 事故简述

2004 年 7 月 3 日 10:07，220kV G 竹变电站 220kV 东 G 线故障，2738 断路器保护动作，两套高频保护、距离保护Ⅰ段动作，出口跳 C 相单相断路器，重合闸保护无动作，重合不成功，三相不一致保护出口跳闸，跳三相。检查继电保护动作情况为：东 G 线 A 屏保护高闭零序出口动作、距离Ⅰ段出口动作、C 相跳闸；东 G 线 B 屏保护高闭距离出口动作、距离Ⅰ段出口动作、C 相跳闸，重合闸无动作，三相不一致保护出口跳三相。保护基本配置情况见表 Z12F7003Ⅲ-1。

表 Z12F7003Ⅲ-1　　保护基本配置情况

序号	保护分类	保护型号	投产日期	制造厂
1	主保护	WXH-11x/A	1994.7.1	某公司
		CSL-101A	2001.7.1	某公司
2	后备保护	WXH-11x/A	1994.7.1	某公司
		CSL-101A	2001.7.1	某公司

2. 事故调查分析

两套高频保护零序、距离出口动作，两套距离保护Ⅰ段出口动作，单相跳闸应启动重合闸，因重合闸未动作，三相不一致保护延时出口跳 A、B 两相断路器。

东 G 线采用的重合闸装置为 CSL-101，此类型装置的重合闸开入信号不要求来自跳闸固定继电器，而要求来自保护跳闸重动继电器，即要求跳闸成功后立即返回。重合闸在这些触点闭合时启动，触点返回后开始计时。这一设计与原来的 11 型保护由固定继电器触点启动重合有很大区别。

现场试验发现 WXH-11X/A 型保护去启动重合闸的触点用的是固定继电器输出触点，无法开始重合闸计时，只能等 WXH-11X/A 型保护动作后整组复归，跳闸固定继电器返回时，重合闸才能计时启动重合，时间要等到保护动作后 5～6s，而三相不一致保护在 1.5s 后已出口，因此重合闸不能正确动作。

3. 防范措施

重合闸回路设计和校核把关不严，出现设计错误，同时现场安装调试验收把关不严，造成此次重合闸不正确动作。为避免此类错误再次发生，各单位应加强设计和施工阶段的规范管理，设计、安装、调试及验收各阶段责任人切实认真把关。

八、220kV 变电所全所失电事故分析

1. 事故简述

2007 年 6 月 22 日 16:13，某电网一座 220kV 变电站州门 2341 线由于雷击发生 C 相故障，两侧保护正确动作跳开 C 相断路器。75ms 后，C 相断路器断口击穿，故障电流重现，220kV 正母失灵保护动作，跳开母联和正母上所有断路器。140ms 后，母联断路器发生自动合闸，合于州门 2341 线 C 相故障点上，220kV 副母差动动作，跳开副母上所有断路器，造成 220kV 变电站全停。

2. 事故调查分析

现场检查发现，母联电流切换回路原理接线存在缺陷，由于母差保护正电源与母联合闸回路之间存在寄生回路，母差保护动作后，正电源通过手合回路串到了母联断路器合闸回路，同时造成母联合闸回路中间继电器和母联电流双位置切换继电器接点竞争，导致 220kV 母联断路器自动合闸。详细分析见图 Z12F7003Ⅲ-7。

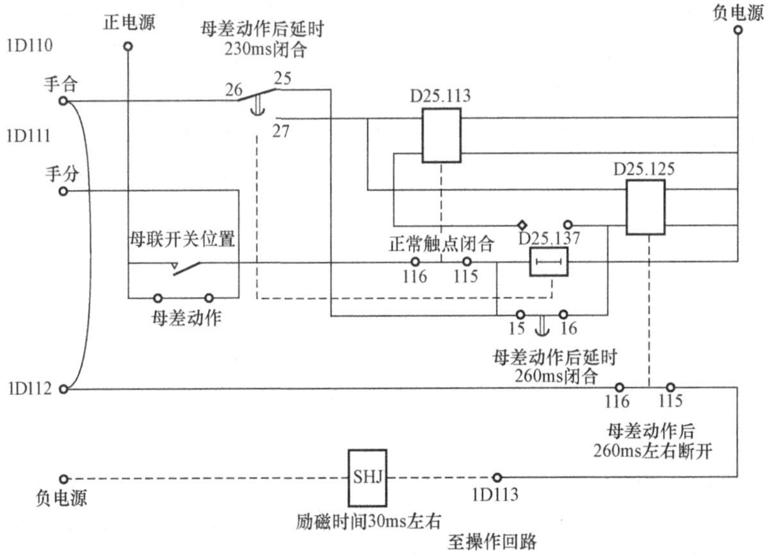

图 Z12F7003Ⅲ-7 母联合闸寄生回路示意图

图 Z12F7003Ⅲ-7 中，母差动作或母联断路器分闸后，母差（失灵）动作触点或母联断路器辅触点导通，经 230ms 延时后，时间继电器 D25.137:26–25 触点闭合，此时 1D110 端子（该端子与 1D112 合闸回路短接）带上正电源。由于 D25.125（母联电流双位置切换继电器）继电器动作时间约为 30ms（母差动作后 230ms+30ms），在该 30ms 时间内 D25.125:116–115 触点仍为闭合状态，存在合闸回路中间继电器（SHJ）和 D25.125 继电器触点竞争，造成断路器合闸。

3. 防范措施

该母线保护于 1997 年投运，系某公司生产的 RADSS 中阻抗母差保护装置。2000 年后，某公司对其母联电流切换回路原理接线已进行了改进，消除了寄生回路，但未将改进措施发布。要求各使用单位对该公司 2000 年以前的产品进行检查和整改。

九、500kV 线路纵联保护误动分析

1. 事故简述

2005 年 1 月 27 日 0:59:49.613，500kV QB 甲线发生区外 B 相接地故障，50ms 后故障被切除；2731ms 后再次发生区外 B 相接地故障，2785ms QB 甲线 QJ 侧（正方向侧）主Ⅱ保护 CSL–101A（载波机复用闭锁式，软件版本:V3.35F）高频负序误动出口，单跳 B 相，重合成功。CSL–101 保护动作报告显示，第一次故障后 8ms 高频保护启动，2785ms 高频负序出口。

2. 事故调查分析

CSL–101 高频保护用于复用闭锁式时的动作时间约为 36ms，CSL–101 保护判正方向时间一般约为 18ms，需继续判 18ms 内无对侧闭锁信号后才能出口跳闸。QB 甲线在第一次故障时，反方向侧保护判出反方向的速度较快，时间为 11～13ms。第一次故障录波图显示正方向侧收到对侧闭锁信号的时间约为故障后 33ms，所以闭锁住了正方向高频保护的动作，但此时距离正方向侧 CSL–101 高频保护动作时间 36ms 也仅差 3ms。

第一次故障后保护在没有整组复归前，又发生第二次故障，此时保护进入了振荡闭锁逻辑。V3.35F 版本的高频负序保护不经阻抗闭锁，负序正方向元件动作则报高频负序停信，继续等待 20ms 内无对侧闭锁信号后则跳闸出口。厂家技术人员提供的试验分析显示，在保护进入振荡闭锁模块后，由于程序计算问题，负序正方向元件动作可能较负序反方向元件慢，负序正方向元件最快动作时间为 25ms，而反方向元件动作时间可能最长要 29ms（未包括继电器触点动作时间）。现场通道测试结果表明通道传输时间最长为 18ms 左右。第二次故障时曲江侧保护收到闭锁命令的时间为故障后 54ms，因通道传输时间过长，以及保护进入振荡闭锁逻辑后负序正方向元件与负序反方向元件时间配合存在问题，使反方向负序方向元件发信较正方向出口时间慢，无法闭锁正方向保护的出口，最后造成曲江侧主Ⅱ保护 CSL-101 高频负序方向出口跳闸。

3. 防范措施

（1）已与生产厂家讨论商定修改 CSL-101 保护装置的复用载波高频闭锁式保护软件，通道确认时间由现有的 20ms 增加到 25ms。

（2）负序正方向元件未经阻抗把关的应更改为经阻抗把关的软件版本。

（3）在振荡闭锁逻辑中，增加正方向元件计算确认时间，确保反方向元件比正方向元件动作时间快。

（4）某电网 500kV 纵联保护采用 1 套闭锁式纵联保护+1 套允许式纵联保护的配置原则。复用载波机实现闭锁式纵联保护的主要目的是解决通道为允许式时，线路发生高频信号耦合相或相间故障时，高频允许信号被故障点阻断无法传至对侧，导致纵联保护接收不到对侧的允许信号而造成纵联保护拒动的问题。

（5）考虑到复用闭锁式纵联保护的出发点及载波机发信时间的限制，CSL-101 保护用于载波机复用闭锁式时由反方向元件动作发信，正方向元件动作停信，正方向元件停信后 25ms（反措修改）收不到闭锁信号即出口。因此相对于复用允许式保护，闭锁式纵联保护对载波通道传输时间有更严格的要求。各有关单位应在复用载波通道定期检验及新投产验收检验时测试载波通道传输时间，当用于复用闭锁式保护时，载波通道的传输时间应经过严格测试。

十、500kV 双回线事故分析

1. 事故简述

2004 年 3 月 31 日 15:38:26，500kV M 昆Ⅱ回线发生 C 相永久性故障，重合后转为 BC 相接地故障。500kV M 昆双回跳闸，M 湾电厂带 M 昆Ⅰ回空线与系统解列，一次系统图见图 Z12F7003Ⅲ-8。

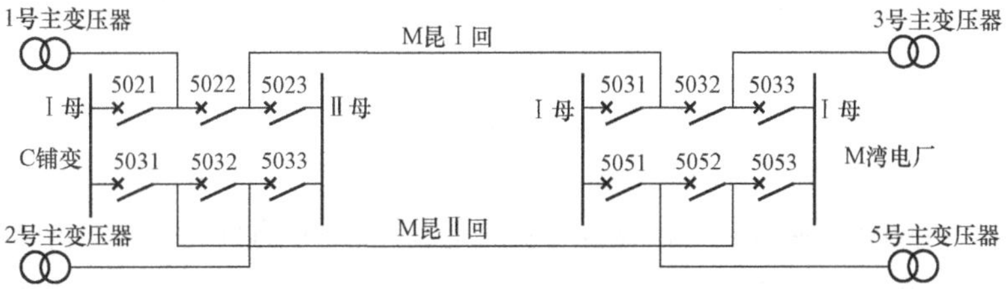

图 Z12F7003Ⅲ-8　一次系统图

（1）事故前运行方式。M 湾电厂 500kV 侧 3 号、4 号、6 号发电机带负荷 620MW，经 500kV M 昆双回线与系统并网，M 湾电厂 220kV 部分总停。系统总负荷为 3890MW，500kV 罗马线外送 343MW，漫厂 AGC 投入调联络线。

（2）事故现象。3 月 31 日 15:40，500kV 罗马线由送出 343MW 转为送入 241MW；M 昆Ⅰ回线 C 铺侧 5022、5023 断路器跳闸；M 昆Ⅱ回两侧断路器（M 湾：5052、5053 断路器；C 铺：5031、5032 断路器）跳闸。M 湾电厂带 M 昆Ⅰ回空线与系统解列，甩负荷 620MW。

2. 事故调查分析

3 月 31 日 15:38:26.628，500kV M 昆Ⅱ回线发生 C 相永久性故障，重合后转为 BC 相接地故障。保护动作情况如下。

（1）500kV M 昆Ⅱ回线。

1）M 湾侧：GE 公司 TLS1B 高频距离保护动作跳 C 相，CKF–1、CKJ–1 保护动作跳 C 相，重合闸动作不成功，TLS1B、CKJ–1 保护后加速三跳。

2）C 铺侧：GE 公司 TLS1B 高频距离保护动作跳 C 相，CKF–1、CKJ–1 保护动作跳 C 相，重合闸动作不成功，TLS1B、CKJ–1 保护后加速三跳。

（2）500kV M 昆Ⅰ回线。C 铺侧：CKF–1 保护出口三跳 5022、5023 断路器。

根据两侧故障录波图和保护动作情况，500kV M 昆Ⅱ回线两侧保护动作正确，而 M 昆Ⅰ回 C 铺侧 CKF–1 保护出口误动三跳。

通过现场试验和对 M 湾侧 CKF–1 保护装置有关功能试验结果进行验证分析以及载波通道的检查测试后，得出 M 昆Ⅱ回故障过程中，M 昆Ⅰ回线 C 铺侧 CKF–1 保护在当时故障和收信条件下的动作行为是符合保护逻辑的，误出口跳闸是由于收到被载波音频接口收信回路展宽 160ms 的允许信号。

（3）M 昆Ⅰ回 C 铺侧 CKF–1 保护误动分析如下。M 昆Ⅱ回 C 相跳闸期间，M 昆Ⅰ回为负荷电流，当 M 昆Ⅱ回 C 铺侧先重合于故障时（约在 974ms），M 昆Ⅰ回 C 铺侧保护判断为反向故障。M 昆Ⅱ回 M 湾侧也重合于故障时（约在 1010ms），M 昆Ⅰ回发生功率倒向，M 昆Ⅰ回 C 铺侧保护此时判为正向故障，正方向△F+元件动作（正方向元件动作保持时间：约突变量动作时间 15～25ms+展宽 70ms），由于此时保护仍然处于反方向元件动作后的闭锁保持时间（约突变量动作时间 15ms+展宽 85ms）中，正方向元件被反方向元件保持闭锁，到 1050ms 时 M 昆Ⅱ回两侧断路器经保护后加速跳开，M 昆Ⅱ回故障切除 M 昆Ⅰ回恢复为负荷电流，此时反方向元件展宽仍闭锁正方向元件。直到约在 1075ms 时反方向元件保持返回，开放闭锁，正方向元件发允许信号，M 湾侧保护在功率倒向后（约 1010ms）即判正方向停止发信，因 C 铺侧载波机音频接口收信回路展宽设置为 160ms，C 铺侧保护仍收到本侧载波机展宽的允许信号，保护在判正方向（约在 1010ms）约 90ms 后（1100ms）功率倒向出口延时（约 20ms）结束，保护发跳闸令。

3. 防范措施

事故调查中发现M昆双回线载波机相关保护接口回路有约160ms的收信展宽，在发生类似上述功率倒向事故时将可能出现保护误动，对系统安全稳定危害很大。目前允许式保护躲功率倒向普遍采取保护判功率倒向后延时发信延时出口的逻辑或保护启动后一段时间未收信则延时出口的逻辑；如载波机接口收信展宽时间过长，在功率倒向过程中仍会造成非故障线路保护误动，载波机线路纵联主保护通道的收信展宽应予取消。

十一、斗南5265线，斗南5266线故障跳闸分析

1. 事故简述

（1）事故经过。2004年7月30日14:52，500kV WN变电站斗南5265线B相接地故障，斗南线5033断路器、斗南线/东武线5032断路器B相跳闸，5033、5032断路器相继重合成功。故障电流36.27kA，故障测距+RD33显示：14.6%，+RD34显示：15.1%，650故障录波器显示8.71km。同时斗南5266线ALPS高频距离保护动作，斗南线5043断路器、斗南线/政武线5042断路器B相跳闸，5043、5042断路器相继重合成功，ALPS保护显示故障测距：142km（线路全长为51km）。

（2）故障现象。

1）监控后台SCADA显示：斗南5265线：+RD33保护动作、+RD34保护动作、+RG32重合闸动作、+RG33重合闸动作。

2）斗南5266线：ALPS保护B相跳闸、ALPS装置动作、ALPS保护动作发信2、ALPS保护动作收信2、LFP–901D装置1P收信、5042重合闸动作、5043重合闸动作。

所有故障录波器启动，所有220kV线路收发信机启动。

（3）保护装置动作行为。

1）斗南5265线两套高频距离均动作MMI显示：B相接地故障，距离Ⅰ段、高频距离动作，故障测距第一套显示14.6%，第二套显示15.1%。

2）5033断路器保护显示：重合闸动作。5032断路器保护显示：重合闸动作。

3）5266线ALPS高频距离保护动作，MMI显示：B相接地故障，高频距离动作。

4）LFP–901D方向高频保护未动作。

5）5043断路器保护显示：重合闸动作。5042断路器保护显示：重合闸动作。

现场一次设备检查正常，当时天气为雷雨天，无其他异常情况。

通过调取现场故障录波信息，分析得出结论：此次故障斗南5265线保护动作正常。但是斗南5266线保护动作不正常，WN变斗南5266线只有ALPS高频距离动作，而LFP–901D保护未动作。对侧DS变斗南5266线两套保护均未动作。

2. 事故调查分析

通过调取 ALPS 保护动作录波分析，见图 Z12F7003Ⅲ–9。

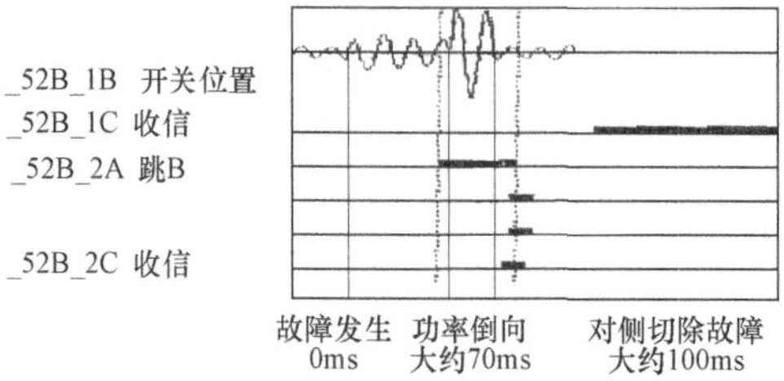

图 Z12F7003Ⅲ–9 保护动作录波图

5265 线路发生故障后大约 70ms，5265 线武南侧断路器切除故障，此时出现功率导向，在故障发生后大约 100ms，5265 线斗山侧断路器切除故障，在整个故障发生大约 115ms 时，本侧 ALPS 保护开始发信。通过检查验证，ALPS 保护功率倒向闭锁时间为 30ms。通过以上数据分析，可以排除 ALPS 保护功率倒向闭锁未能闭锁保护动作的可能性。

从图 Z12F7003Ⅲ–9 可以发现，在本侧开始发信时，收信也继续存在，在这种状况下，必然造成保护认为存在区内故障而动作。收信放大图见图 Z12F7003Ⅲ–10。

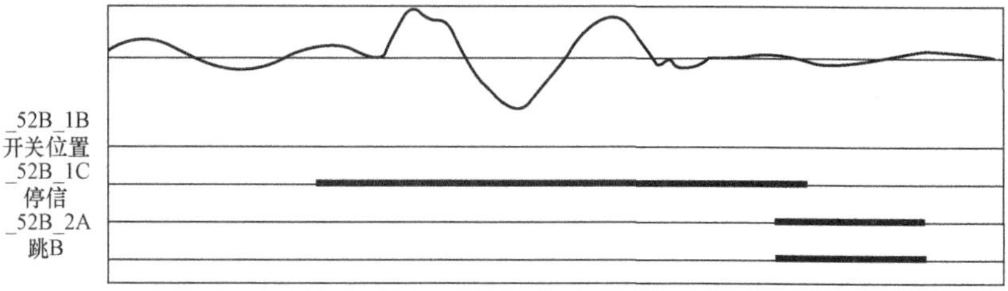

图 Z12F7003Ⅲ–10 收信放大图

针对收信放大图可以清楚地看到，在故障发生后大约 66ms，武南侧收到对侧的跳闸允许信号，在故障发生后大约 110ms 后，WN 侧收信出现 1ms 的停顿后又继续收到大约 8 个 ms 的信。检查 DS 侧发信长度大约 24ms，通道展宽 20ms，那么收信 44ms 是正常的，而 1ms 的停顿后又继续收到的大约 8ms 的信息由来是武南侧 2566 断路器跳闸的一个很重要的原因。

通过检查 ALPS 保护的收信回路（见图 Z12F7003Ⅲ–11），可以发现在 ALPS 保护的收信元件 CC1 上，为了增加故障录波等功能，并接了一个重动继电器 ZJ，在收信机收信接点返回时，在重动继电器 ZJ 中储存的电磁场形成反向电势，使得 CC1 反向动作大约 7.5ms。检测 CC1 的动作电压，在+37V 或 37V 的状况下都能动作，从而证明了在故障发生时收信回路出现大约 8ms 拖尾现象的由来。经询问上级网调，此种回路方式在该地区 6 回 500kV 线路的 ALPS 保护上采用。

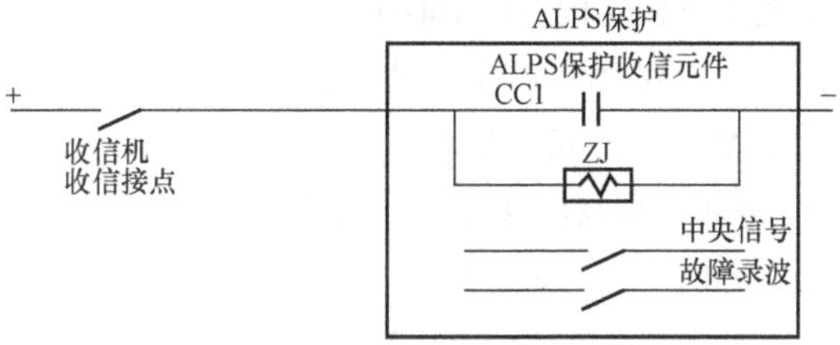

图 Z12F7003Ⅲ-11　收信回路图

3. 防范措施

5266 线 ALPS 保护收信回路处理措施：

（1）更改收信展宽时间由原来的 20ms 为 5ms。

（2）拆除重动继电器 ZJ。

【思考与练习】

1. 什么是继电保护简单事故？

2. 继电保护简单事故分析的方法有哪些？

模块 4　复杂事故案例分析（Z12F7004Ⅲ）

【模块描述】本模块包含电网继电保护复杂事故案例的介绍和事故分析。通过要点归纳、典型案例分析，掌握通过各类记录与信息利用仪器仪表或故障分析法对复杂事故进行分析。

【模块内容】复杂事故案例分析包括继电保护复杂事故案例的介绍和事故分析。

继电保护复杂事故，无非是简单事故的综合或复故障引起的连环反应，还有简单故障情况下的保护装置、二次回路、接口等多系统存在隐患，设计、整定、试验、施工等多方面原因而造成的多个不正确动作情况。应针对具体实际，制订有针对性的分析策略，一般应综合应用各类信息，采用理论分析、回路分析、客观记录（故障录波）为依据，进行合理推断并设计可行的试验验证方案，进行综合分析得出结论。以下用实际事例分析来讲解具体分析的应用。

一、35kV 建材线、西新线跳闸情况分析

2007 年 1 月 6 日 8:28，西郊变电站 35kV 建材线 317 断路器、35kV 西新线 314 断路器、新闸变电站 35kV 西新线 315 断路器、三井变电站 35kV 建材线先后发生重合闸

及故障跳闸，现将其跳闸情况、处理过程、对设备检查情况进行汇总，并对其中的发生的异常情况进行了分析，制订相关的防范措施。

1. 跳闸前运行方式（见图 Z12F7004Ⅲ-1）

（1）西郊变电站运行方式：35kV 建材线 317 断路器副母热备用；35kV 西新线 315 断路器副母运行中；35kV 正、副母联络运行。

（2）三井变电站：35kV 建材线 316 断路器为副母运行。

（3）新闸变电站：35kV 西新线 314 断路器为热备用。

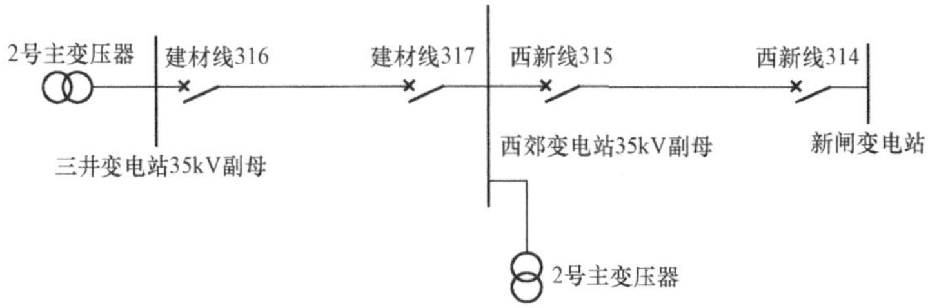

图 Z12F7004Ⅲ-1　跳闸前正常运行方式

2. 跳闸情况及处理经过

（1）8:00，西郊变电站 35kV 建材线 317 断路器重合闸动作，断路器合上，并通知人员到现场进行检查。

（2）8:50:05，三井变电站 35kV 副母、西郊变电站 35kV 正、副母及新闸变电站 35kV 母线检测到单相接地信号。

（3）8:50:10，三井变电站建材线 316 断路器，西郊变电站建材线断路器跳闸，重合成功（重合闸动作时间 1s）；同时西郊变电站西新线 315 断路器跳闸，重合不成（检无压重合闸动作时间 1.5s）；新闸变电站西新线 314 断路器重合闸动作（检无压重合闸动作时间 1.5s），断路器合上后跳闸。经检查以上断路器均由电流速断保护动作跳闸，其中除三井变电站为微机保护外，其他均为电磁型保护。

（4）运行人员检查变电站内无异常后，9:12 调度发令西郊变电站拉开建材线 317 断路器，11:20 将新闸变电站西新线 315 断路器转冷备用，11:40 调度发令西郊变电站合上西新线 315 断路器，11:45 调度发令西新线试送成功。其间线路工区对 35kV 建材线、西新线进行了巡线，未发现故障点。

（5）由于热备用中的西郊变电站 35kV 建材线 317 断路器重合闸动作、新闸变电站西新线 314 断路器重合闸动作情况异常，11:46 变检工区安排人员到西郊变电站 317 断路器及保护装置、二次回路进行了相应的检查。

3. 检查分析

（1）经现场检查，断路器及操作机构正常。

（2）经对 open2000 监控系统检查，系统未发出远方合闸及跳闸命令，上述断路器的分合闸与监控系统无关。

（3）经核对 open2000 监控系统事件记录，其时间顺序符合现场断路器及保护的动作情况。

（4）经对西郊变电站建材线 317 断路器保护装置检查，发现重合闸继电器中，重合闸时间继电器触点 SJ（见图 Z12F7004Ⅲ-2 中红圈内触点 SJ）存在接触不良情况，该触点接触不良即会造成断路器热备用方式下的重合闸动作，其原理如下。

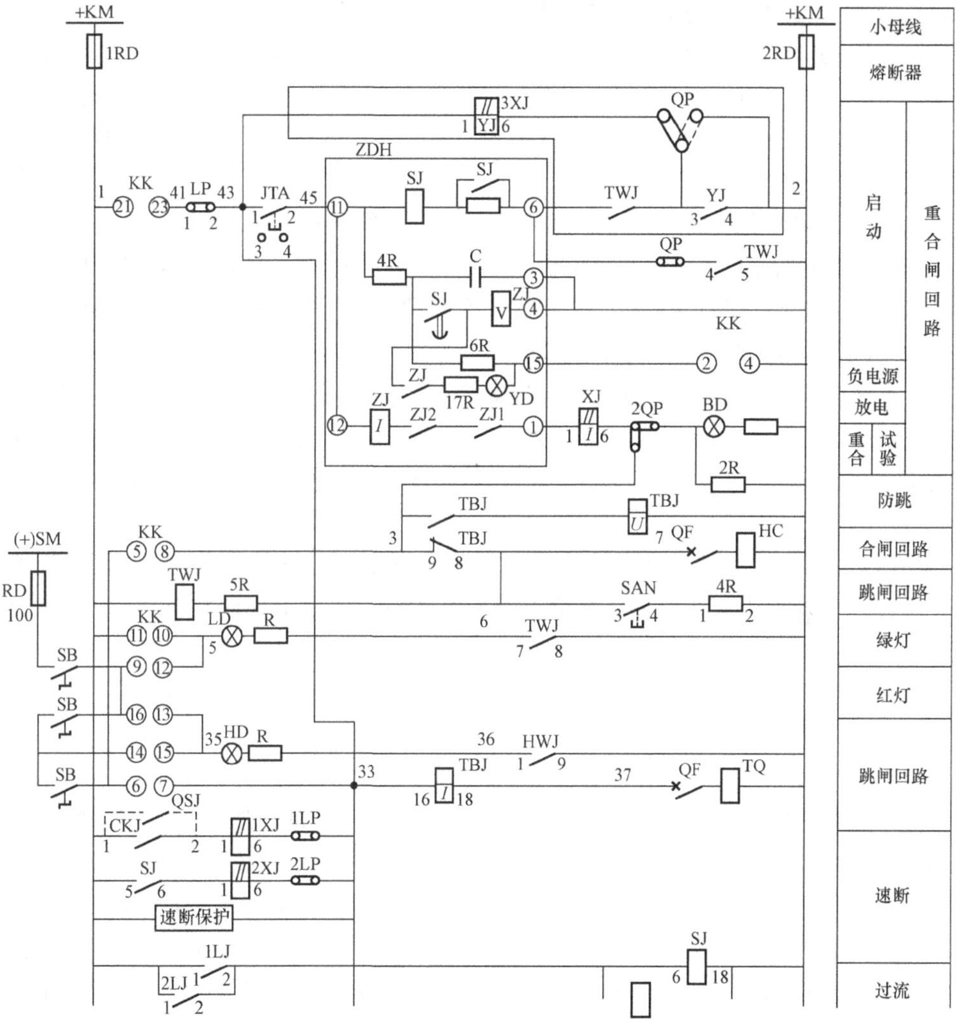

图 Z12F7004Ⅲ-2 局部控制回路原理图

西郊变电站建材线 317 断路器目前为电磁型保护，重合闸是由继电器中的电容器充放电来实现的。对于常规变电站，在断路器热备用时处于分闸状态，其控制开关 KK 在合后位置，KK 的 21、23 触点分开，重合闸无正电源，KK 的 2、4 触点处于接通位置，重合闸不可能动作。该变电站通过无人值班改造，增加了远近控开关，原 KK 开关置按《无人值班变电站运行导则》要求放在合后位置，该位置 KK 的 21、23 触点接通，重合闸有正电源，KK 的 2、4 触点处于分开位置，重合闸可以充电，由于断路器遥控操作由合闸位置变分闸位置时，远动装置在分闸同时由另一对并联于 KK 的 2、4 触点的 TJ 对重合闸继电器中的电容器 C 进行瞬时放电，所以当 TWJ 动作启动重合闸后，即使 SJ 动作，重合闸动作继电器 ZJ 也不会动作，当断路器在分闸位置而 KK 在合后位置时，重合闸一直处于启动状态，并靠 SJ 触点接通电容器 C 来保证其无法充电，使重合闸不会动作。当 SJ 触点接触不良时，电容器 C 就会进行充电，充电后如 SJ 又接通，则会发生重合闸动作情况。

（5）新闸变电站西新线 314 断路器的重合闸动作原因与西郊变电站建材线 317 断路器的情况有所不同，原因是该断路器使用无压鉴定重合闸，当西新线故障西郊变电站西新线 315 断路器跳闸之后，线路失压，使线路电压鉴定继电器 YJ 触点接通而启动重合闸，其原理如下。

新闸变电站重合闸的接线原理与西郊变电站相同，在断路器热备用时，由于控制开关 KK 放在合后位置，KK 的 21、23 触点接通，重合闸有正电源，KK 的 2、4 触点处于分开位置，电容器 C 可以充电，由于线路有压，即使 TWJ 接通，但 YJ 处于分开状态，重合闸不会启动，当西郊变电站西新线 315 断路器跳闸后，线路失电，新闸变电站西新线 314 断路器 YJ 继电器动作接通，重合闸启动，经整定时间合上 314 断路器。

（6）根据以上对重合闸的检查与分析，可以将本次故障的整个动作过程描述如下。

8:28 西郊变电站建材线 317 断路器由于重合闸中时间继电器 SJ 触点接触不良造成合闸，三井变电站与西郊变电站通过 35kV 建材线合环，由于合环电流不大，两侧断路器不会跳闸；8:50:05 三井变电站 35kV 副母及西郊变电站 35kV 副母线发现有单相接地（极有可能是西新线发生单相接地），5s 后发展为相间故障，三井变电站建材线 316 断路器、西郊变电站建材线 317 断路器、西郊变电站西新线 315 断路器均为速断保护动作，三台断路器瞬时跳闸，此时新闸变电站西新线 314 断路器重合闸开始启动，经 1.5s 后合闸，西郊变电站西新线 315 断路器也经 1.5s 同时重合，两侧断路器因重合于故障线路而再次跳闸。三井变电站建材线 316 断路器、西郊变电站建材线 317 断路器经 1s 后重合成功，对于合于故障后 35kV 建材线未再次跳闸，经分析为 35kV 西新线重合后增加了新闸变电站侧供给故障电流 I_3（见图 Z12F7004Ⅲ-3），该故障电流会对 I

分流，使两个电源供给的故障电流 I_1 及 I_2 下降，经调度中心计算，分流后 35kV 建材线三相短路电流 I_1 较分流前下降了约 400A，下降幅度为 16.5%，35kV 建材线两侧的速断保护处于动作的临界状态。

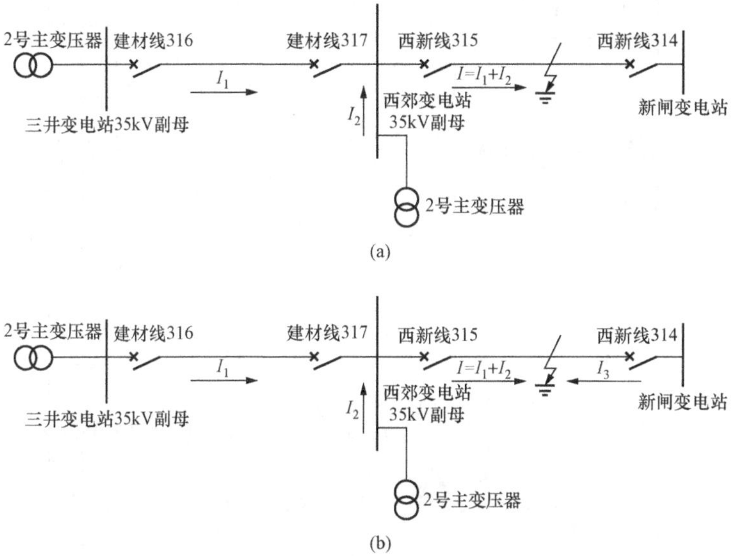

图 Z12F7004Ⅲ-3　重合前后故障电流情况

（a）重合前；（b）重合后

（7）从调取三井变电站 35kV 建材线 316 断路器保护录波报告（见图 Z12F7004Ⅲ-4）可以看出，当时系统确实存在故障，先是发生 B 相接地，继而发生 C 相接地，发展为两相接地故障，约 130ms 故障切除。

4. 相应对策

对于断路器热备用状态下的重合闸误合情况，其根本原因是在无人值班变电站电磁型保护的控制开关 KK 无法按断路器状态进行自动切换引起的，如果在控制回路中采用了双位置继电器代替 KK 的部分功能，可以在远方操作时对重合闸的相关回路进行自动切换，不存在上述的重合闸误合问题，其解决的根本办法是进行综合自动化改造。

二、110kV 新赛线高频通道衰耗过大问题的分析

1. 问题简述

110kV 新赛线自 2002 年投运以来，由于通道干扰严重，情况复杂，通道衰耗过大，常年发 3dB 告警，高频保护不能正常投入使用。虽经多次检查分析，但一直未查明原因，高频保护也一直没有能够正常投入使用，成为某 110kV 电网的一大缺陷。

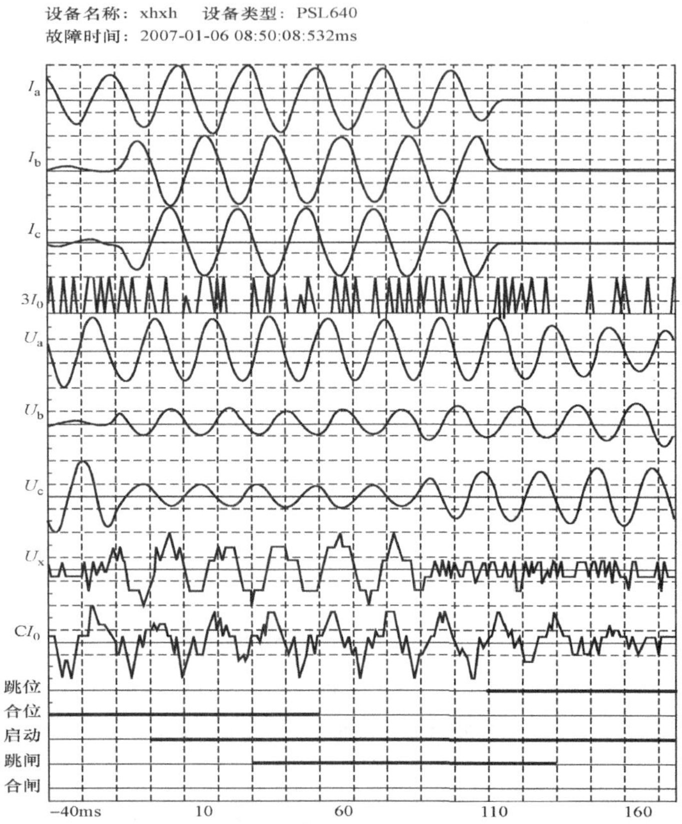

图 Z12F7004Ⅲ-4 三井变电站 35kV 建材线微机保护故障录波

2. 新赛线高频通道的概述

（1）新赛线高频通道系统结构。高压电力线路的主要功能是传输工频电流，同时它也兼做传输高频信号的通道，这就必须使工频电流和高频电流分开。电力线路载波通道的构成，主要包括电力线、高频阻波器、耦合电容器、连接滤波器、高频电缆和高频收发信机等。110kV 新赛线全长 7.734km，高频通道使用频率为 138kHz。

（2）新赛线高频保护存在的问题。新赛线使用高频闭锁方向保护和高频闭锁零序距离保护，高频通道衰耗过大，常年发 3dB 告警，高频保护不能正常投入使用。

3. 新赛线通道衰耗过大原因分析

（1）新赛线高频通道故障现象。新赛线高频通道两侧故障现象均为保护装置一直发 3dB 通道告警、通道异常，高频保护不能正常投运。对该高频通道进行交换通道信号试验，对侧额定发信 31dB，本侧收信+8dB，而《继电保护装置检验规程》要求高频保护两侧收发信机的收信电平均不小于 16dB，否则高频保护不允许投入运行。

（2）高频通道上电气设备的试验。针对该高频通道上的电气设备单独进行试验。由图 Z12F7004Ⅲ-5 可以看出，在通道频率在 138kHz 的时候高频阻波器的阻抗在 1000Ω 以上，可以正常工作。由图 Z12F7004Ⅲ-6 可以看出，结合滤波器的回波衰耗和工作衰耗在 138kHz 的时候都不是很大，也可以正常工作。由表 Z12F7004Ⅲ-1 可以得出耦合电容器的各项实验都为正常，也可以投入使用。同时对高频电缆、保护间隙、接地断路器都进行了检查，这些设备状态都为良好，可以投入运行。

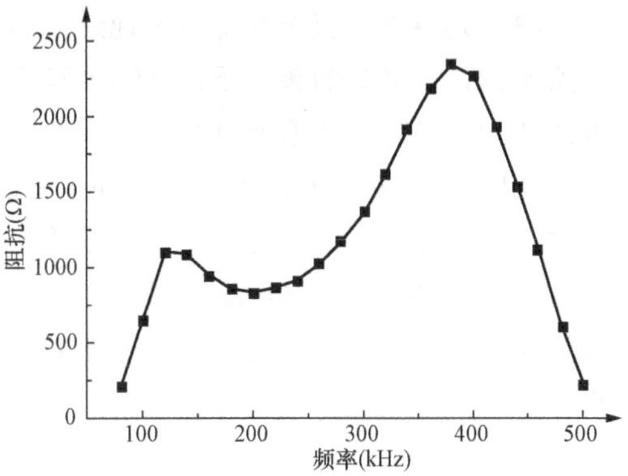

图 Z12F7004Ⅲ-5　高频阻波器频率阻抗测试图

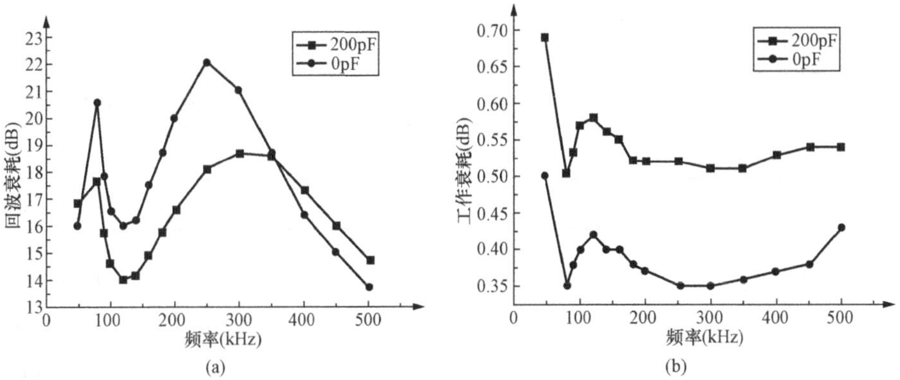

图 Z12F7004Ⅲ-6　结合滤波器测试图

（a）回波衰耗；（b）工作衰耗

表 Z12F7004Ⅲ-1　　耦合电容器试验记录表

工频试验电压	有效值（1min，kV）	DC.420
低压端子对地工频试验电压	有效值（1min，kV）	10
电容测试	测试电压（kV）	63.5
	电容值（μF）	0.009 89
介质衰耗角正切值 tanδ 的测试	测试电压（kV）	63.5
	tanδ（%）	0.090
局部放电试验	局部放电强度	6
测试环境条件	温　度	20
	湿　度	74

（3）地返波干扰分析。由于地返波和相间波的传输途径不同，其传输速度也会有所不同，在很高的频率下，传输至对端后就会造成较大的相位差，如果相位差接近或达到 180°，地返波就会对相间波起抵消作用（一般来说，大于 120° 就开始削弱相间波），此时通道的终端衰耗 a 端最大，严重时可以使收信机不能正常工作，称之为地返波干扰。根据电力设计院新赛线的设计说明书可得：新赛线全长 7.734km，使用 LGJ–300/25 导线，土壤电阻率实测为 30Ω/m、设计为 50Ω/m。地返波及相间波的衰耗值通过经验公式和线路、土壤等参数可以计算得出表 Z12F7004Ⅲ–2。

表 Z12F7004Ⅲ–2 电阻率 30Ω/m 在各种频率下的地返波参数表

土壤电阻率	参数名称	单位	50kHz	100kHz	150kHz	200kHz	250kHz	300kHz	470kHz
30Ω/m	K_{zD}	$\times10^{-5}$	9.5	8.0	7.0	6.3	5.8	5.5	4.0
	Δ_D	$\times10^{-4}$	18.0	14.0	12.0	10.7	9.0	8.3	5.6
	V_D	km/s	272 204	279 937	282 803	284 666	287 102	288 105	301 115
	Δ_Φ	km	6.12	8.6	10.9	12.9	13.5	14.9	22.8
	L	$\times10^{-5}$	29.4	20.9	16.5	13.6	13.3	12	7.90

新赛线两侧收发信机使用的频率为 138kHz，此时的相位差由表 Z12F7004Ⅲ–2 查得，150kHz 每千米相差为 10.9，经线性化后计算出线路地返波与相间波的相位差为 10.1×7.734=78.1°<120°。因此，如果高频通道的工作频率使用 138kHz，地返波干扰比较微弱，可以不计。另外，120/7.734=15.5，查表 Z12F7004Ⅲ–2 可以得出高频通道的工作频率如果使用 300kHz 以下，通道上的地返波干扰并不是很严重。

（4）高频通道衰耗过大原因分析。由于高频通道上的电气设备都为正常设备，而高频通道在 138kHz 的频率下地反波干扰很微弱，可以断定该高频通道在 138kHz 的频率下，通道上的电器设备与新赛线路及系统产生了谐振，引起了通道衰耗的增加。由于新赛线一端为赛德电厂，有两台发电运行机组，赛德电厂的另外一条进线悬接于 110kV 三新线之间，系统结构比较复杂，很难对新赛线高频通道进行系统建模。因此，决定通过扫频实验的方式对该通道进行检查和分析，以查找出高频通道的系统频率谐振点及非谐振点。

4. 新赛线两侧扫频试验

（1）扫频实验方法。赛德电厂的一次系统图见图 Z12F7004Ⅲ–7。赛德电厂有三种运行方式：

方式一：断路器711、712合，断路器700、171、172分；

方式二：断路器711、712、700合，断路器171、172分；

方式三：断路器711、712、171、172合，断路器700分。

针对这三种运行方式，分别对新赛线高频通道的两侧进行扫频实验（一侧采用HF5040电平振荡器发送信号12dB，另外一侧采用选频电平表检测信号）。

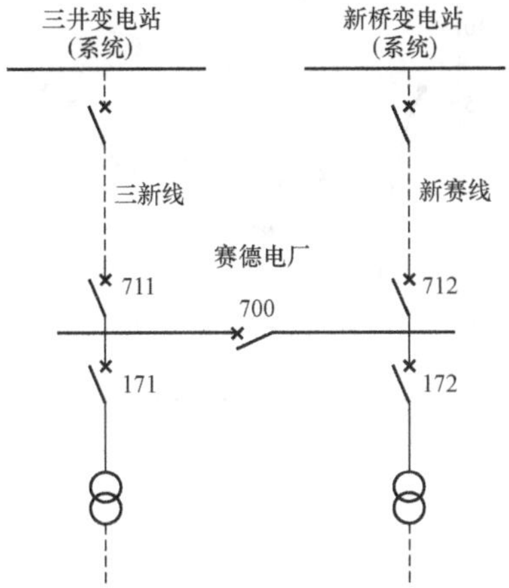

图 Z12F7004Ⅲ-7 赛德电厂一次系统图

（2）新赛线两侧扫频试验结果及分析。新赛线高频通道的两侧进行扫频实验，其结果见图Z12F7004Ⅲ-8。

从图Z12F7004Ⅲ-8可以看出，频率点在138kHz附近时，正好是新赛线高频通道的频率谐振点。高频通道的工作频率如果使用在138kHz，三种不同的运行方式下高频通道上衰耗都过大。

5. 整改方案

把扫频实验得出的数据绘制到同一张图中，见图Z12F7004Ⅲ-9。对图中的各个频率点进行对比。

由图Z12F7004Ⅲ-8可以看出，频率110kHz、190kHz、260kHz、370kHz四个点，在三种不同的运行方式下，该高频通道都为低衰耗。但频率点在110～138kHz之间通道两侧的收信电平是陡降的，频率点190～138kHz之间通道两侧的收信电平也是陡降的，如果高频通道的频率点选择110kHz与190kHz，通道上的系统参数只要稍微变化，高频通道的衰耗可能就会变得很大。而频率点260kHz与360kHz附近，高频通道的收信电平比较稳定，受系统参数变化的影响较小。考虑如果工作频率使用360kHz附近地返波干扰比较大，因此，该高频通道的工作频率可在260±10kHz等频率点选取。经上级主管部门同意，最后确定新赛线高频通道的频率更改为268kHz。通过更换新赛线两侧收发信机的频率为268kHz之后，对新赛线通道两侧的收发信电平进行了测试，此时新赛线为停电检修状态。测试结果见表Z12F7004Ⅲ-3，从表中可以看出高频通道两侧收发信机的收信电平均大于16dBm，新赛线的高频保护投入了运行，经过较长时间的运行，高频保护没有再发3dB告警信号。

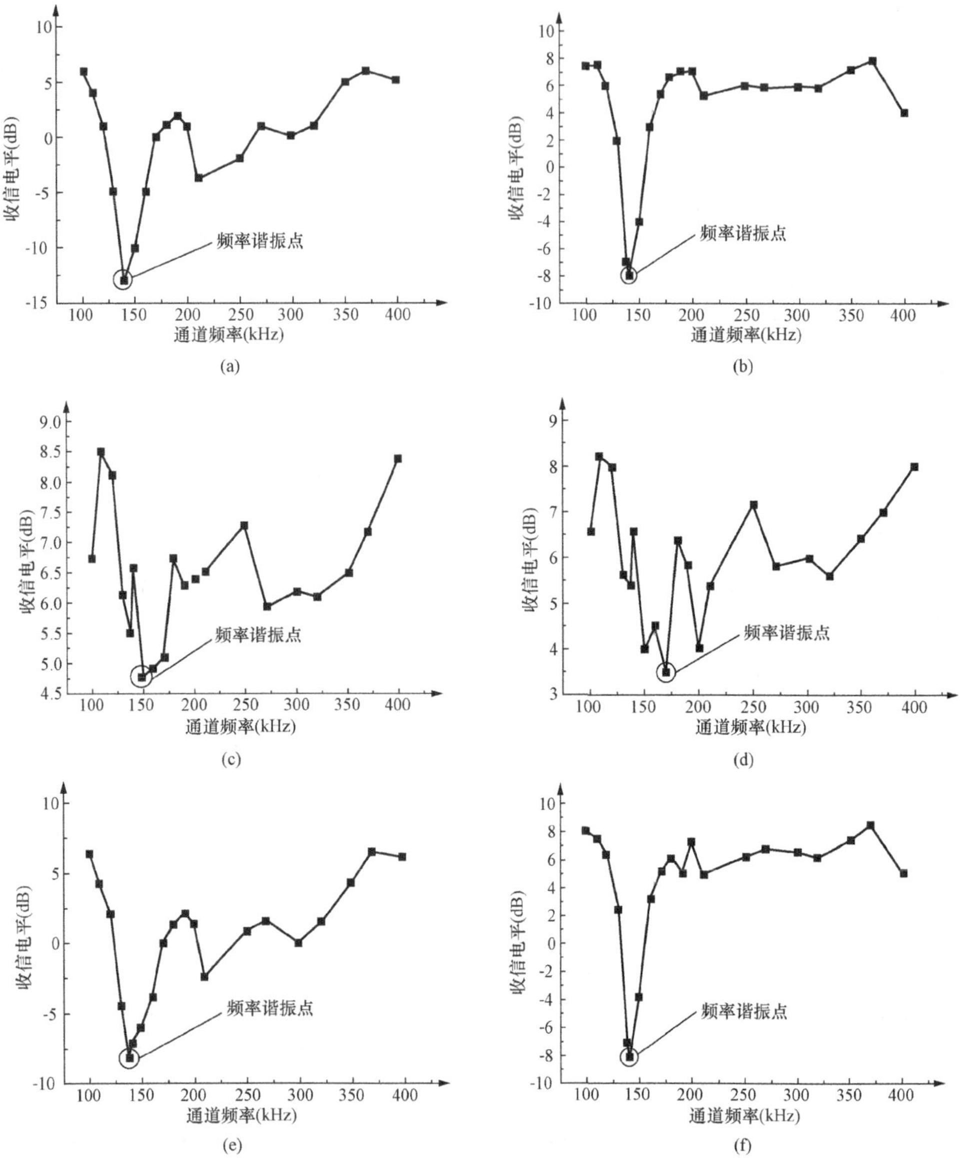

图 Z12F7004Ⅲ-8 新赛线两侧扫频实验

（a）方式一，新桥变电站发赛德电厂收；（b）方式一，赛德电厂发新桥变电站收；
（c）方式二，新桥变电站发赛德电厂收；（d）方式二，赛德电厂发新桥变电站收；
（e）方式三，新桥变电站发赛德电厂收；（f）方式三，赛德电厂发新桥变电站收

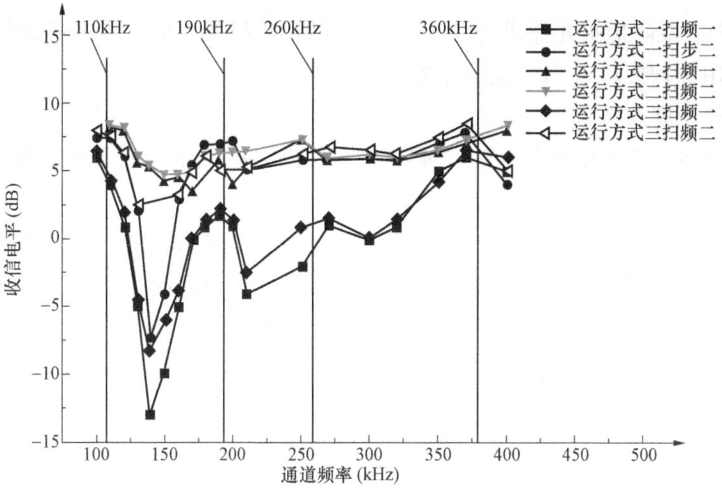

图 Z12F7004Ⅲ-9　频率对比图

表 Z12F7004Ⅲ-3　新赛线两侧收、发信电平测试表　dB

赛德电厂侧发	31	新桥变电站侧收	22
新桥变电站侧发	31	赛德电厂侧收	21.5

三、YT 220kV 线路纵联保护误动分析

1. YT 线保护复用载波通道使用情况

（1）结合相序：A、B 相，相—相耦合。

（2）复用保护载波设备：ETI21 型载波机；两套并列运行。

（3）复用保护接口装置：NSD41 分别复用 A、B 命令。

（4）YL 变电站端：1 号载波机（收发频率为 216～220/232～236kHz）复用保护接口 NSD41 的 A 命令传送 902 高频距离保护；2 号载波机（收发频率为 216～220/232～236kHz）复用保护接口 NSD41 的 A 命令传送南瑞 901 高频方向保护；1 号、2 号载波机的 B 命令传送安全稳定装置远方直接跳闸命令。

2. 故障描述

2004 年 4 月 10 日 18:01:55，LB 变电站施工人员带电合 5501 接地断路器，造成 B 相对地产生电弧短路，使 5502 和 5503 断路器跳闸。同时 YT 线 01 号复用保护载波通道 TB 变电站端收到 A 命令信号，向 TB 变电站 TY 线 902 高频距离保护发出允许跳闸命令，TB 变电站 TY 线 902 装置高频保护动作，TB 变电站 205 断路器跳闸，重合闸动作，一次合闸成功。

2004 年 4 月 10 日 18:01:55，YL 变电站（反方向侧）220kV YT 线 902 高频距离

保护因电网有故障保护元件启动，但没有向 YT 线 01 号载波机发出跳闸命令启动信号，NSD41 复用保护接口 A 命令发送计数器无计数。

3. 检查步骤及结果

（1）现场检查 YL 变电站侧 220kV YT 线 LFP–902 保护运行记录，有无发 A 命令记录。

检查结果：通过查看保护装置运行记录，220kV YT 线 LFP–902 保护装置在 4 月 10 日 18:01:14:00 时，因电网有故障保护元件启动，但没有向 YT 线 01 号载波机发出跳闸命令 A 启动信号。A 命令发送计数器没有计数。

（2）在 YL 变电站模拟线路故障，检查 YT 线两侧高频保护收发命令传送是否正确，跳闸计数器动作是否正常。

检查结果：4 月 11 日 18:38:44，在 YL 变电站端模拟线路故障，YT 线 902 保护装置正确启动，向 YT 线 01 号载波机发出跳闸命令 A 启动信号，同时 A 命令发信计数器动作，有记录。

TB 变电站端 01 号载波机收到跳闸命令 A，向 YT 线 902 保护装置发出跳闸命令启动信号，保护装置正确启动发出跳闸命令。

TB 变电站端 01 号载波机没有接 A 命令收信跳闸计数器，以故障录波记录为准。没有接 A 命令收信跳闸计数器的原因是 01 号载波机 NSD41 保护接口附加收信接点接到故障录波屏，没有接点接收信跳闸计数器。

模拟线路故障结果：YT 线两侧高频保护收发命令传送正常，保护装置动作正确。

（3）现场检查 YT 线两侧载波复用保护接口接线是否正确，有无松动现象。

检查结果：接线正确，无松动现象。

（4）检查 YL 变电站、TB 变电站两端结合滤波器至主控室是否按继电保护反事故措施要求敷设接地铜排。

检查结果：满足要求。

（5）YT 线两侧复用保护载波机通过 NSD41 试验按钮检查收发命令是否正常。

检查结果：A、B、A+B 命令收发正常。

（6）检测 YT 线两侧复用保护载波机、NSD41 复用保护接口装置收发电平。

检查结果：收发电平满足技术指标要求，与原始记录相比无太大变化，在允许误差范围内。复用保护载波机 ETI21、复用保护接口装置 NSD41 工作正常。

（7）根据载波机传送保护命令的工作原理，必须满足两个条件才能向保护送出跳闸命令。检查载波机传送保护命令的两个判据。

收到保护跳闸命令信号：A 命令为 1300Hz；B 命令为 1700Hz；A+B 命令为 1500Hz。

同时中断载波机导频信号（正常情况下载波机常送导频信号）。

检查结果：在没有发送保护命令的情况下，载波机导频信号中断，载波机不会送出保护跳闸命令信号。

在不中断载波机导频信号的情况下，给载波机送电平为+10dB（正常值为+9dB），频率为1300Hz单频信号，载波机不会送出A命令跳闸信号。

给载波机送电平为+10dB（正常值为+9dB）频率为1300Hz单频信号，中断载波机导频信号，载波机发出A命令跳闸信号。

载波机存在传送保护命令的两个判据。

（8）YT线复用保护通道传输时间测量，检查保护收发命令是否正确，跳闸计数器动作是否正常。

检测结果：保护命令的传输时间为：12.3ms<14ms。

发信跳闸计数器动作正常，有记录；收信跳闸计数故障录波有记录。

从载波机保护控制电缆接口发信端子到对端载波机保护控制电缆接口收信端子，保护命令发送、接收工作正常。

（9）220kV YT线两侧高频保护传动试验。检查结果：正常。

4. 故障分析

从以上检查结果来看，两次的检查结果说明了220kV YT线高频保护装置、复用载波设备、高频通道、保护命令传输回路工作是正常的，不存在误动、拒动和误发保护命令不计数的情况。

故障的起因主要是LB变电站施工人员带电合5501接地断路器，造成B相对地产生电弧短路，使TB变电站220kV YT线902保护装置保护元件启动，判出是正方向。

从系统继电保护原理来分析，TB变电站的YT线902保护装置判出是正方向这一过程是正确的，但为什么同时会收到一个来自复用保护载波通道的A跳闸命令，造成TB变电站的YT线902保护装置误动？检查记录，YL变电站220kV YT线LFP–902保护并没有向TB变发送A命令跳闸信号。

分析认为主要有以下几个方面的可能性：

（1）YL变电站220kV YT线LFP–902保护向TB变电站发出A命令跳闸信号，保护装置没有留下记录，载波机A命令发信计数器不计数。检查试验结果是否定的。

（2）由于复用载波机传送保护命令的两个判据不存在，有干扰信号就会造成误发保护跳闸命令信号。根据检查试验结果这种可能性不存在。

（3）由于复用载波机传送保护命令传输时间展宽，由14ms展宽到300ms，在系统发生事故时，如果能满足在接地瞬间断路器没有跳闸时，故障点对于 YL 变电站来说是正方向，向 TB 变电站发出跳闸命令信号。对于 TB 变电站来说是反方向，保护装置收 YL 变电站发来的跳闸命令信号后，由于判别是反方向保护装置不发出跳闸命令。故障点一侧断路器先跳开，功率导向重新分布，此时对于 TB 变电站来说判别是正方向，又由于 YL 变电站发出的跳闸命令信号仍存在，造成保护装置误动。根据检查试验结果不存在这种可能性。

（4）由于载波机复用保护 NSD41 接口 FL 继电器模块工作不正常，A 命令收信继电器触点抖动，造成载波机向保护装置误发 A 命令信号。

载波机复用保护接口装置 NSD41 的 A 命令接收输出继电器，带有一个辅助继电器，受到 A 命令后两个继电器同时动作，主继电器触点接保护装置，启动保护收信回路；辅助继电器触点接 A 命令收信计数器或接到保护故障录波屏。两个继电器触点同时抖动的几率很小，何况是发生在 LB 变电站 B 相对地产生电弧短路的一瞬间。检查试验结果是否定的。

（5）线路干扰，干扰源来自 LB 变电站 B 相对地产生电弧，从时间上看是吻合的。由于电弧产生的白噪声频率分布很广，几乎涵盖了所有的频率，据国际大电网会议介绍在电力线载波通信工作频带内 40～500kHz 频带内干扰信号功率可达 25dB，功率随着频率的升高而降低。在干扰频率当中包含有 TB 变电站 1 号载波机收信导频频率 232.631kHz 和 A 命令信号频率 234.7kHz（经调制后的频率）。干扰信号和载波机常送导频相位、频率相同，两信号叠加在一起，造成载波机收信放大器过载，载波机收信导频信号降低，但不会消失，载波机不会向保护发出 A 命令信号。否则并列运行的载波机以及相邻线路的载波机尽管频率不同但概率是相同的，同样会向保护装置发出 A 命令信号，这种可能性不存在。如果干扰信号和载波机常送导频频率相同、相位相反、幅度基本相同时，两信号互相抵消，使载波机收信导频信号消失，由于 A 命令干扰信号频率存在，就会使载波机向保护装置发出 A 命令信号。并列运行的载波机以及相邻线路的载波机由于不满足干扰信号和载波机常送导频频率相同、相位相反、幅度基本相同的条件，载波机就不会向保护装置发出 A 命令信号。由于现场条件有限，未能模拟出与载波机导频相位相反的干扰信号进行试验。

5. 防范措施

载波通道易受干扰是其固有缺陷，在具备光通信条件的厂站，应积极推广使用不易受到电磁干扰的光纤通道。检查中还发现 TB 变电站 220kV YT 线 902 保护装置的收信继电器工作电压为 48V。载波机房距主控室约有 60m 距离，弱电回路易受电磁干扰，建议收信继电器工作电压改为直流 110V 或 220V。

四、500kV 母线保护无故障跳闸分析

1. 事故简要经过

2006 年 6 月 12 日 22:21:24（变电站 GPS 时间），变电站 500kV 1 号、2 号母线 CSC–150 型微机母线保护中的失灵直跳功能出口（另一套母线保护为 RCS–915E 型，也含失灵保护，未动作），跳开 1 号母线的 5011、5042、5061、5071 断路器及 2 号母线的 5013、5043、5063、5073 断路器，5013、5043 断路器的 RCS–921A 型断路器保护三相跟跳，500kV Ⅰ母、Ⅱ母停电。

上述跳闸造成 500kV 侯百线和百清Ⅰ、Ⅱ线停运，500kV 廉百Ⅰ线通过 5012 断路器单带 3 号主变压器运行。跳闸后的 500kV 系统接线见图 Z12F7004Ⅲ–10。

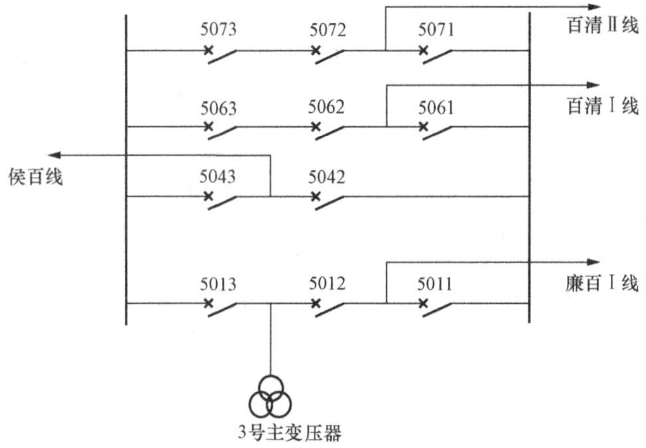

图 Z12F7004Ⅲ–10　500kV 系统接线图

2. 事故分析

调查人员到达现场后，通过查询故障录波数据、调度自动化系统记录等，确认其时变电站的 500kV 1 号、2 号母线并未发生故障，CSC–150 型母线保护失灵直跳功能的出口属误动。

（1）实北站 500kV 1 号、2 号母线的保护配置。

500kV 1 号母线：保护Ⅰ为 RCS–915E；保护Ⅱ为 CSC–150。

500kV 2 号母线：保护Ⅰ为 RCS–915E；保护Ⅱ为 CSC–150。

（2）CSC–150 保护报文分析。CSC–150 保护的报文显示，造成 500kV 1 号、2 号母线同时掉闸的保护是 CSC–150 型母线保护中的失灵直跳功能。

变电站使用了 CSC–150 型母线保护的两部分功能：一是母差功能，二是失灵直跳功能。失灵保护的动作逻辑在各断路器的断路器保护中完成，母线保护中的失灵直跳功能实际上只是为失灵保护提供出口回路，与母差功能的动作逻辑无关。即当 500kV

线路故障，且相应边断路器失灵时，由该边断路器的断路器失灵保护直接跳开本串的中断路器，同时通过两套母线保护中的失灵直跳功能向连接母线的所有边断路器发出跳闸令。各断路器保护与母线保护的逻辑配合示意见图 Z12F7004Ⅲ-11。

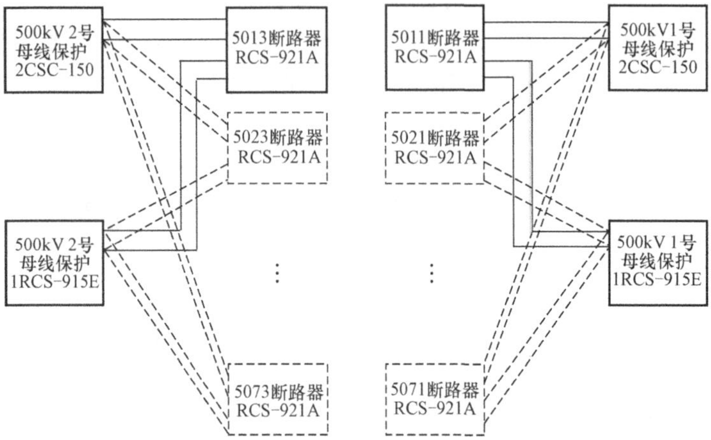

图 Z12F7004Ⅲ-11 断路器保护与母线保护的逻辑配合示意图

断路器失灵保护启动母线保护的失灵直跳功能是在失灵保护动作后，输出两个开入量至母线保护来实现的，两个开入量在母线保护内部构成“与”门。正常运行时，母线保护装置的两个开入量均不会收到来自断路器失灵保护的跳闸命令，在断位。当断路器失灵保护动作发出跳闸命令时，母线保护装置的两个开入量同时闭合，经一个小的抗干扰延时 10ms，向本母线的所有边断路器发出跳闸命令。

为提高安全性，CSC-150 型母线保护的两个失灵功能开入量采用了不同的回路设计：一路开入量经 220V 光耦直接接入装置，另一路开入量经 220V/24V 两级光耦转换后接入装置，两个开入量经逻辑“与”后，再延时 10ms 出口跳闸。

本次事故中，所有边断路器的断路器失灵保护并未发出跳闸命令（5013、5043 断路器的断路器保护发出的跟跳命令是由这两个断路器跳闸引起的。其他边断路器由于电流较小而未发出跟跳命令），但 CSC-150 母线保护内部记录的数据却表明，两个失灵直跳功能开入量均确有输入，即虽然断路器失灵保护并未动作，但母线保护中的失灵功能却收到了出口命令。而只要该开入量存在，CSC-150 母线保护的失灵直跳功能出口则属必然。CSC-150 母线保护记录的跳闸时刻的内部数据显示：220V/24V 光耦开入量的动作时宽超过 140ms，220V 直通光耦开入量的动作时宽为 10.0ms。由于 CSC-150 记录两个失灵跳闸开入量的时刻是从失灵跳闸出口后 2.5ms 开始显示变位，故两个开入量的实际时宽应分别为：

220V/24V 光耦开入量：超过 152.5ms（保护装置的记录时长有限，不能确认何时返回）。

220V 直通光耦开入量：22.5ms。

500kV 1 号、2 号母线的两套 CSC–150 型母线保护中失灵功能的动作行为完全相同，因而造成两条母线同时跳闸。双重化配置的另外两套母线保护（RCS–915E 型）未见异常。

（3）跳闸原因分析。考虑到两套 CSC–150 型母线保护中失灵跳闸功能的动作行为完全相同，初步猜测保护动作的原因应源于母线保护中的两个失灵跳闸开入量或直流公用回路。为此，开展了以下调查工作：

1）经过现场检查、试验，首先排除了误接线、误整定的可能。

2）测试 CSC–150 型母线保护的失灵功能开入量光耦的动作电压，符合反事故措施要求（55%～70%U_e），不致因光耦动作电压过低受干扰而误出口。

实测数据如下：

a. 220V/24V 光耦开入量：131V（60%U_e）；

b. 220V 直通光耦开入量：143V（65%U_e）。

试验至此，已基本排除了装置本身因明显缺陷导致误动的可能。调查重点转移到直流回路。在讨论何种直流系统异常可能导致误出口时，有人提出直流一点接地一般不会造成保护误动，但应确认一下 CSC–150 型母线保护失灵功能开入量正端的对地电位，如其为负 110V，当不会因直流一点接地造成误动；如为悬浮电位，则有可能。

3）测量 CSC–150 型母线保护，正常运行时失灵功能开入量正端的对地电位。CSC–150 型保护（两套装置数据基本相同）：

a. 220V/24V 光耦开入量正端对地电压：0.0V；

b. 220V 直通光耦开入量正端对地电压：–20.0V。

分析认为，在这种情况下，若直流系统发生正端接地，光耦开入量负极性端瞬间对地电位将变为–220V。此时光耦 11（见图 Z12F7004Ⅲ–12）正极性端的对地电位为 0V，光耦 12 正极性端的对地电位为–20V，则光耦 11 两端电压差为 220V，光耦 12 两端电压差为 200V，光耦 11、12 两端电压差在直流正端接地的初始时刻是满足其动作条件（131V 和 143V）的。其后的电压差是一个指数衰减过程，衰减的快慢与回路中的分布电容有关。光耦开入量正端引入线的分布电容越大，则加在光耦开入量两端的电压差衰减时间就越长，越容易超过母线保护内为躲干扰而设置的开入量防抖延时，从而造成总出口回路误出口。

经查，该开入量的正端引入线为多根长电缆，变电站 500kV 系统的继电保护、故障录波、测控单元等二次设备屏（柜）体分别布置在三个保护小室中。其中 500kV 母线保护布置在第二保护小室，各串断路器的断路器失灵保护屏分别布置在三个保护小室中。断路器保护与母线保护之间的连接电缆沿1—2、3—2小室间电缆沟敷设，距离较长，约100m，电缆芯线对地（电缆屏蔽层）存在较大的分布电容和较大的对地电容。因此在发生直流正接地的情况下，光耦11、12导通的可能性是存在的。

若光耦开入量正端对地电压为–110V（正常情况），则发生直流正端接地的瞬间，在光耦两端产生的电压差只能达到110V（额定直流电压的50%），不会造成光耦开入量的导通。且随着电压差的指数衰减，光耦开入量更不会动作。分析认为，如果光耦开入量的正端对地电压与其负端电位相同（–110V），与控制回路中的中间继电器类似，只要其动作电压符合反措要求（55%～70%U_e），直流系统发生一点接地是不会造成保护误动的。

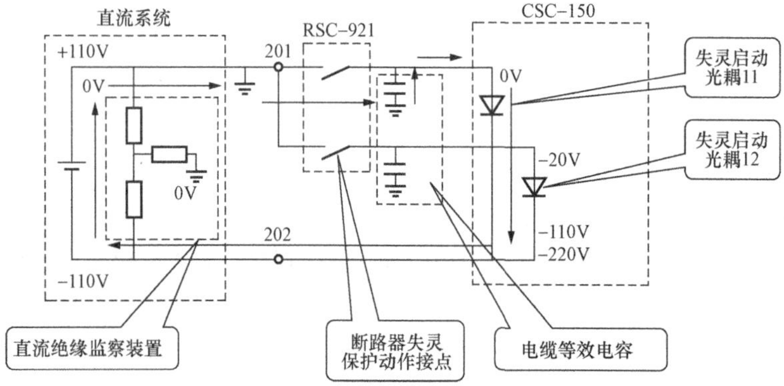

图Z12F7004Ⅲ–12 失灵启动光耦动作直流回路图

4）现场模拟直流正端接地试验。为验证上述分析，并顾及试验的安全性，在将变电站直流负荷大部分倒至第一组直流，并将无法倒至第一组直流的第二组直流所带部分保护停运后，现场模拟了第二组直流电源正极接地。试验中，CSC–150型保护的220V/24V光耦开入量出现了36～38ms宽的开入变位；另一开入量（220V直通光耦）未出现变位。因“与”门条件不满足，CSC–150型保护的失灵跳闸功能未出口。

虽然现场模拟试验未能再现事故现象，但已定性地证明了3）中的分析是正确的。

分析现场模拟直流接地试验未造成CSC–150型保护动作的原因是，模拟试验时第二组直流所带负荷已大部分倒出，改变了电容电流的分配，仅使得动作值相对灵敏的220V/24V光耦开入量变位。

5）调查是否有直流接地。事实上，调查人员一到现场即曾询问跳闸时刻是否伴有直流接地，但得到的答复是未见报警。若果真如此，事故原因还不能算是真正查出。

第一，跳闸前后进行中的220kV非全相保护传动是否有可能造成直流接地？

此时，调查工作的重点回到跳闸时未投运，且其时正在进行的220kV百车Ⅰ线221断路器的非全相保护调试工作。虽然该保护放置在断路器机构箱内，而500kV保护在独立的保护小室，二者不在同一物理空间内，但因共用一个站内直流系统，其调试工作是否可能与跳闸有关？

经现场察看和了解非全相保护传动过程，疑为在传动过程中，调试人员将由不同熔断器供电的第二组直流电源的正极点接至第一组直流的合闸线圈的正极性端，形成第二组直流正极与第一组直流负极经合闸线圈相连，等同于第二组直流正极、第一组直流负极接地，见图Z12F7004Ⅲ-13。分析如下。

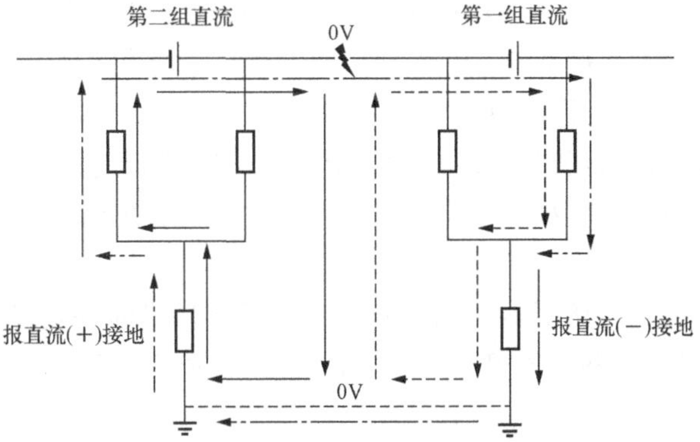

图 Z12F7004Ⅲ-13　直流回路联系图

当第二组直流正极接地时，将会沿着图中实线箭头所示方向产生电流，直流绝缘监察装置报第二组正极接地；当第一组直流负极端接地时，将会沿着图中虚线箭头所示方向产生电流，直流绝缘监察装置报第一组负极接地。

照此推理，当第二组直流正极与第一组直流负极端连通时，两组直流短接后将形成一个端电压为440V的电池组，中点（正负极连通处）对地电压为零。在回路中将会沿着图中点画线箭头方向产生电流，致使第二组直流检测装置报正极接地、第一组直流检测装置报负极接地。

若如此，监控系统应有记录。仔细查找监控系统的信息发现，在12日22:21:24（故障发生时刻）前确无直流接地记录；但在22:21:28，查到监控系统有一条记录："2号直流屏母线直流接地异常"，5s后复归。

监控系统记录的直流接地时刻与事故发生时刻有约4s的时差，而且还发生在跳闸后，与上述分析不相吻合；似乎应先直流接地，后跳闸。但显然这是一条值得重视的信息。那么，直流接地信号上报到监控系统时是否可能有延时呢？

调取13日晚模拟第二组直流接地试验期间的监控信息，显示：

2006/06/13 21:41:29.340　500kV Ⅰ母 CSC-150 保护失灵启动开入 11 动作。

2006/06/13 21:41:32.956　2 号直流屏母线直流接地异常。

数据表明，从监控报“失灵开入量变位”到报“直流接地”确有 3.6s 的时间差，且也是先报“失灵开入量变位”后报“直流接地”。这说明，监控系统记录的直流接地信号与实际发生的时刻确实存在 3～4s 的延时。这也解释了为什么此前一直说未见直流接地，因为一直是在跳闸时刻前的信息中查找直流接地信号，当然找不到。而跳闸后，监控系统接收的信息很多，直流接地信号被淹没在其中了。

但根据上述分析，若第二组直流正极与第一组直流的负极连通，直流绝缘监察装置不仅应报“2 号直流屏母线直流接地异常”，还应报出“1 号直流屏母线直流接地异常”。进一步反复查找监控系统的事件记录，未发现“1 号直流屏母线直流接地异常”。而在事故前一天（6 月 11 日）监控系统曾记录到四次“1 号直流屏母线直流接地异常”，说明第一组直流绝缘监察装置及其与监控系统的数据通信都是正常的（因 CSC-150 微机型母线保护装置的直流取自第二组直流，故前述第一组直流接地不会造成其失灵直跳功能误出口）。

虽然经分析由不同熔断器供电的两组直流混接形成的等效直流接地可以导致 CSC-150 装置的失灵直跳功能误出口，但监控系统记录的信号与上述分析结果不完全相符。

第一，除两组直流混接可以引发 CSC-150 型保护的失灵保护直跳功能误出口外，第二组直流的正极直接一点接地，同样可以引发误出口。

第二，据了解，6 月 12 日晚 22 时左右，与 221 断路器非全相保护传动同时进行的，还有 220kV“录波器接入 221 间隔非全相保护动作开入量”的接线工作，同样存在误碰导致的直流接地的可能。

第三，事故当晚，雷雨大风，空气湿度很大，也有可能导致直流回路的某一点瞬间对地绝缘降低，造成直流一点接地。

综合上述分析与模拟试验，12 日 22:21:28 监控系统记录的“2 号直流屏母线直流接地异常”，虽然不能确认其产生的确切原因，但可以肯定，其与 22:21:24 的跳闸具有因果关系。正是由于第二组直流系统的异常，引发了 CSC-150 装置失灵直跳功能的开入回路导通，出口跳闸，跳开了变电站两条 500kV 母线上的全部断路器。

3. 结论

至此，变电站 500kV 系统，一个半接线的两组母线同时跳闸的原因已基本查找、分析清楚：CSC-150 型母线保护中的失灵直跳功能因光耦开入回路设计缺陷，在第二组直流正极一点接地或等效接地时误出口（但这一误出口与母差保护和失灵保护的动作逻辑无关）。

虽然CSC–150型母线保护失灵直跳功能光耦开入量的动作电压满足反措要求，但回路的反向截止作用导致光耦开入的正端对地电位不再是–110V。这一装置本身固有的设计缺陷是导致两条500kV母线断路器同时全部跳闸的潜在原因，第二组直流系统正极接地或等效接地是诱发因素。

4. 整改措施

退出变电站500kV 1号、2号母线CSC–150型母线保护的失灵跳闸功能，仅投入其母差保护功能，保证500kV 1号、2号母线的双母差保护运行。待与上级部门、生产厂家协商确定的整改技术措施落实后，再投入其失灵跳闸功能。

（1）组织检修部门迅速对所有500kV变电站的500kV母线保护进行核查，并在所有继电保护中“有光耦开入直接跳闸，且引入线为长电缆”的微机型保护进行核查。根据核查结果，制订并落实整改计划。

（2）联系各有关保护设备制造厂，摸清其设备底数，制订整改技术措施，防止其他保护制造商的同类产品再发生类似误动。

（3）检修部门在继电保护现场工作中要特别注意：虽然继电保护装置分散布置在不同的物理空间，但变电站或电厂的升压站通常都是共用一个站用直流系统。在投运过程中、扩建施工中以及运行设备的检修中，要特别注意做好安全措施。停运或未投的保护设备，只是出口回路断开了，直流部分仍与运行设备的直流连接在一起，直流接地、由不同熔断器供电的直流混接等直流回路的异常，可能会导致继电保护装置或其总出口回路误动，甚至造成多台断路器同时跳闸，进而引发电网事故。

【思考与练习】

1. 什么是继电保护复杂事故？

2. 继电保护复杂事故分析的方法有哪些？

第三部分

厂站自动化设备的安装、调试及维护

第十三章

厂站自动化设备的安装

模块1　远动及数据通信设备的安装（Z12G1001Ⅰ）

【模块描述】本模块介绍了远动及数据通信设备的分类、用途和安装工作程序。通过安装流程介绍，掌握远动及通信设备安装调试前的准备工作及相关安全和技术措施。

【模块内容】远动及数据通信设备安装的目的就是在站端和调度中心之间建立起数据传输的桥梁，从而实现调度中心和远方厂站之间的远动功能。

一、远动及数据通信设备介绍

电力系统远动及数据通信设备通常指的是厂站内的自动化设备、调度中心的前置机（数据接收装置）及传输通道。传统的远动数据传输是把装置采集的遥测、遥信等数字信号转换成模拟信号后，再经由传输通道传送至调度中心。随着设备的发展和技术的进步，光纤和以太网通道的出现，使得数字信号的直接传送成为可能，同时数据的传输速度也有了较大提高。

远动及数据通信设备一般包括测控装置、远动主机、通信接口设备和传输通道。测控装置负责完成电厂、变电站内遥测、遥信等各种测量数据的采集，然后通过专门的传输通道发送给调度中心，调度中心也有相应的前置系统来接收厂站内发送的数据。同时，远动自动化设备还负责规约的转换和解释，只有配置了相同规约的调度中心和厂站，才能进行正常的通信。早期使用的RTU只能提供串行接口，所以传输通道也使用传统的微波、载波、光端、扩频等音频传输设备，调度和厂站内通信使用的是串口通信。而随着技术的不断发展，如今使用的自动化设备除了能提供常规的串口外，还能提供多路以太网接口，并且传输通道也演变为光纤、交换机、路由器、防火墙等数字网络设备。传输通道也由模拟通道逐步过渡为数字通道，同时由于传输介质的发展，数据的传输速度也发生较大变化。传统的模拟通道，通信速率最高只有1200Baud，而现在的网络传输速率可达到10Mbit/s、100Mbit/s甚至1000Mbit/s。由于网络技术的迅猛发展，电力系统远动及数据通信已经大量使用网络数据通道通信，传统的模拟通道通信方式将逐渐成为历史。

远动及数据通信设备的作用就是完成调度和厂站内数据的双向传送，实现调度中心对远方厂站电网设备的实时监视和控制。可见，远动数据通信设备的可靠性是数据传输的基本要求。因此，数据传输的速度和传输质量也越来越引起人们的重视。目前，变电站和电厂与调度中心的通信传输已经开始广泛使用传输速度更快和纠错能力更好的光纤调度数据网系统。

二、设备安装的安全和技术措施

1. 安装环境要求

自动化及数据通信设备大部分都安装在室内，在厂站内都会设计专门的机房来布置自动化和通信设备。为了保证设备的稳定、可靠运行，对设备的安装环境有较高的要求。通常设备在自身运行过程中会产生发热现象，为保证设备运行的正常散热，所以机房环境的温度要相对低一些。在机房中应配备专用工业空调，温度应当保持在25℃左右。同时，房间内的湿度也要控制在适宜范围 40%～50%，如果房间内过于干燥，就会容易产生静电，对处于弱电环境下运行的设备不利。除了温度、湿度要求外，室内的防火、防水、防鼠、防盗的措施也应齐全。设备机房的抗震措施应符合并达到高于本地区抗震烈度 1 度的要求。

2. 安全和技术措施

从设备运行的安全技术角度考虑，远动设备的不间断运行可以确保调度中心在任何时候都能正确实时地监视站内发生的所有事件。因此，远动及数据通信设备必须保证其运行的可靠性。为确保在意外停电的情况下，远动及数据通信设备仍能正常运行，机房的供配电系统必须设计有独立的电源系统。远动设备本身是一种弱电系统，受到强电磁场的干扰有可能会增加模拟通道运行的误码率，所以在正常运行情况下远动设备应远离高压运行设备，避免受到强电磁场的干扰。在雷雨天气里，一旦设备遭到雷击，各个部件都有可能出现损坏，因此机房及通道必须增加相应的防雷措施。同时，机房应有统一的接地网，设备运行时所有设备屏柜要可靠接地，以防止超过一定容限的静电对设备造成的损坏。

三、设备安装过程

1. 设备调试前的外观检查

按照变电站常规的施工方式，远动设备通常是组装到屏柜内后再发送到现场的。远动设备生产厂家在生产时一般根据用户的要求进行组屏和安装，把相关设备都提前组装到屏柜内完成初步的调试后再运送到现场。在设备进行安装前，要根据厂家提供的设备清单，核对现场的设备是否齐全，同时根据设计的图纸确定厂家提供的设备型号与实际要求是否一致。

远动通信设备通常在屏柜内安装组成，屏柜内安装有远动主机设备和附带安装的模拟通道 Modem 设备，网络数字通道使用的路由器、交换机设备等。由于机柜都有标准的尺寸大小，所以安装在机柜内的设备也必须满足标准的尺寸要求。

一个典型的自动化设备屏应当包括一套远动主机设备，按照其重要性的不同要求，或配置为主备双机系统，或配置为单机系统。另外还应包括用于模/数转换的 Modem 设备，用于网络通信的路由器、交换机等。如果是安全等级要求很高的网络通信系统，还会配置防火墙或物理隔离装置进行安全隔离。因此，在现场检查设备清单时，应根据设计提供的图纸进行检查，确定设备屏内安装的设备是否完整。同时注意，设计有路由器和交换机的屏柜，还应当附带一条专门用于配置路由器参数和划分交换机 Vlan 的专用调试线。

如果设备的部件齐全，没有遗漏，则开始检查设备外观有无损坏。首先检查屏柜的外观是否有损坏，屏柜油漆是否有脱落，是否附带柜门钥匙等；其次检查机柜内设备安装的位置是否合理，两台设备之间是否留有足够的散热距离，屏内配线的布局是否合理与整齐。固定装置的螺栓在运输过程中是否有松动或脱落现象，设备之间的连接线、工作电源线、端子配线等是否完整，接地线是否已经可靠连接到屏柜的接地铜排。另外，机柜内的路由器、交换机等设备通常是外购设备，并且在工厂调试时一起安装在机柜内。因此，应检查路由器和交换机的工作电源是否合理。

2. 设备间的电缆连接

远动设备安装过程中，首先必须完成各种设备之间的电缆连接，从而保证数据汇集后再向远方传送。远动主机是传送给调度中心数据的远程终端，其中负责数据转发的设备部分必须可以接收站内所有设备采集的数据，因此远动主机负责收集数据的设备与站内其他设备的连接要有专门的数据网络，通常称之为站控层网络。目前常用的远动主机设备基本上都可以通过站控层以太网从站内其他装置处得到遥信、遥测等测量信息，同时也可以把调度下发的控制命令通过以太网转发给其他装置。站内其他分散的数据采集装置、智能设备之间的通信也大量使用串口和现场总线方式。对于站控层网络的通信，如果距离较短则直接使用 8 芯以太网双绞线连接至同一台交换机；如果设备距离较远，则需要使用光纤通信方式接入交换机。在距离较远但又不方便敷设光纤，或者考虑到费用因素时，也可以使用双绞线连接，但中间必须增加中继交换机进行信号放大。在选择双绞线时应当选择专业厂家生产的高质量双绞线，双绞线内应包含抗干扰的屏蔽层。同时在制作双绞线的 RJ–45 插头时，也应当采用标准的线序进行压制，这样可以达到最好的抗干扰效果，以保证通信质量。

在完成变电站远动数据网络的连接后，便可以进行远动主机与通信设备电缆的连接。传统的模拟通道使用微波、载波、光端、扩频等设备传输，一般用四线 E/M 通路中的收发通路。对于常用的模拟通道连接，自动化设备先提供一个 232 或 422 方式通信的串行接口，串口发出的数字信号经过 Modem 转换为音频信号后，再通过 4 芯屏蔽电缆接入通信配线柜，经通信处理后向远方调度中心发送。

如果使用光纤调度数据网与调度中心通信，则远动主机必须提供至少一个标准的 RJ–45 以太网接口，该以太网接口应当 10M/100M 速度自适应。如果远动主机是双机冗余配置，则两个远动主机装置应各提供一个 RJ–45 以太网接口，如两个以太网接口需要连接同一个调度数据网的话，必须通过一个交换机进行数据传输。假如一个厂站同时与多个调度系统使用网络（IEC104 规约）通信，就必须对各个调度系统的数据之间就需要进行必要的隔离，一般是在交换机上划分多个虚拟的 Vlan 网，划分后的不同虚拟网之间的数据无法传输。远动主机的以太网口可以和多个调度的数据网口划分在一起进行数据交换。从交换机出来的以太网线需要经过路由器正式进入调度光纤数据网，所以交换机和路由器之间也必须要有可靠的双绞线连接，路由器中的配置必须按照实际的要求进行设置才能使数据顺利通过，从路由器出口处再用一条双绞线连接至通道终端柜的指定接线口。有关交换机和路由器的配置记录应在设备的安装调试记录中进行说明。

另外，为了方便日后的维护和故障检查，每条通信电缆的起始和终止位置都应该带有明确的标示牌，标明电缆的走向。如果是通过电缆沟进行远距离连接的数据线，为保护电缆不被损坏，还应当增加必要的保护措施，如穿防火的 PVC 管等。

3. 设备的安装和调试

设备的安装，一般是指把设备固定在指定的位置，连接好设备的工作电源线和各种通信连接线，使其能够正常地工作。而远动通信设备的安装除以上工作外，还要完成设备本身的功能调试及站端自动化设备与调度中心的前置机之间的调试工作。在完成远动设备的电缆连接后，就可进行设备的安装调试工作。在确保设备电源正确的前提下，将所有设备上电开机试运行，检查设备能否正常工作、装置指示灯或者液晶面板显示是否正常、设备的散热风扇是否运转正常、有无接线错误导致装置不能正常运行等。如果所有设备都能正常运行，就可以进行自动化设备与远方调度中心的信号调试工作。在调试过程中，还要注意站端远动设备的规约与调度中心使用的规约应一致，且规约中要求的站址及各种规约信息参数都满足双方通信的要求。

在模拟通道使用前，必须对 Modem 板进行正确的设置，使其波特率和特征频率等与调度设置的一致，正负逻辑要统一，配置的 Modem 可以通过跳线的方式进行设置。另外，信号传输的电平应符合通信设备的设置要求，过高或者过低的传输电平将造成传输信号过负荷或者失真。

调度数据网的连接关键在于远动主机、路由器和交换机的配置。目前采用的调度数据网通信方式是使用国际标准的 IEC 104 规约通信，规约要求厂站内的远动主机要和调度中心的前置机建立一种可靠的 TCP 方式的“服务器–客户端”连接。因此，厂站内的远动主机必须根据调度中心的要求定义指定的 IP 地址，然后通过路由器的路由功能实现和远方调度中心的连接，从而建立起规约要求的 TCP 连接。对于要与多个调度数据网进行通信的厂站，远动主机则按照每个调度分配指定的 IP 地址进行连接，一般每个调度分配指定的 IP 地址是不一样的。不同的调度数据网之间还必须形成可靠的隔离，而交换机的 Vlan 功能可以满足这一要求。

支持 Vlan 划分功能的交换机，可以通过交换机的 Console 口进行 Vlan 虚拟网的划分。在交换机关机状态下，将计算机的串口与专用调试线的九针插头相连，把专用调试线的 RJ–45 插头与 Console 口相连。在计算机的超级终端里选择一个串口连接，将串口通信波特率设置为默认的 9600 波特率，数据位 8 位，无校验，这时交换机上电开机。在交换机启动的过程中，通过计算机的超级终端就可以轻松地进行参数修改和虚拟网划分。通常在交换机的设备清单里会提供装置的说明书，根据说明书中的命令介绍可以很容易地把交换机的多个以太网口任意组合成多个虚拟的小网，每个小网之间互相不能访问，从而实现各个调度数据网之间的数据隔离。经过划分 Vlan 的交换机，其各个虚拟网之间不能互访，在使用时必须注意网口的正确使用。

从交换机流出的数据还必须通过路由器才能到达指定的调度数据网，因此路由器中必须配置正确的路由表才能提供远动主机和调度中心前置机这两个不同网段的网络节点的连接通道。配置路由的方法与划分交换机虚拟网的方法类似，也是通过设备附带的专用调试线连接到路由器的 Console 口后，通过命令的方式进行设定的。值得注意的是，为了防止路由器中的设置被任意修改，在进入设置命令方式时会判断使用者的权限，只有具有超级管理员权限的用户才可以修改路由器中的路由配置。另外，在调度数据网所有设置工作全部完成后，厂站内路由器的维护也可以由调度中心通过远方登录后进行，但正常情况下设置好的网络模式在运行后一般不会进行更改。

需要说明的是，通常路由器的配置都是成对出现的，即厂站内远动主机使用的 IP 地址和调度中心前置机使用的 IP 地址不属于同一个网段，彼此的连接都需要通过各自的路由器设置的第三方网段来建立路由映射关系。一旦厂站内和调度中心两侧的路由器设置都完成后，就可以通过远方 ping 命令来测试整个通道是否畅通了。如果在任意一侧都可以顺畅地 ping 到对方，那么 RTU 就可以和远方的调度中心建立可靠的 TCP 连接，从而实现规约应用数据的相互交换。

【思考与练习】

1. 远动数据通信设备安装的目的是什么？
2. 在使用模拟通道时，对 Modem 板进行设置的内容有哪些？

模块2 通信及网络接口设备的安装（Z12G1002Ⅰ）

【**模块描述**】本模块包含站内通信通信方式的选择及通信网络的安装。

【**模块内容**】科技的进步加速了变电站二次设备的智能化和小型化，这一变化使设备的分散、就地安装从一种想法变成了一种趋势。而让这些散布在变电站内各个角落的设备如一个整体般的协同工作，就要依靠通信功能。通信在变电站综合自动化系统中的作用就如神经系统对我们每个个体一样。通信网络的安装调试是变电站综合自动化系统调试和检修的一个重要环节，不可掉以轻心。

目前，国内变电站的站内设备通信一般分为三大类：串口通信方式、现场总线方式和网络（一般为以太网）方式。

串口通信可能是现在国内变电站用得最多的一种站内设备间的通信方式，目前共有三种形式：全双工的RS–232和RS–422、半双工的RS–485。

现场总线主要有LON网和CAN网，近年来这种通信方式逐渐被流行的网络方式所替代。

网络通信方式因其通信速率高、数据流量大，是现在最被追捧的通信方式，按照其通信介质又可将其分为双绞线电口以太网和光纤以太网。

一、准备工作

俗话说，磨刀不误砍柴工，事先的准备和计划能往往达到事半功倍的效果。在进行调试和检修前，要做好准备工作。

1. 材料

通信连接用的线缆和接头。

2. 工具

常用工具主要有：万用表、螺丝刀、剥线钳、电烙铁。

调试和检修串口通信所需工具：DB–9孔式接头、波士转换器、有串口的计算机、压线钳（制作冷压头）。

调试和检修现场总线通信所需工具：压线钳（制作冷压头）。

调试和检修网络通信所需工具：网络钳、网络检测仪。

3. 测试软件

串口监视软件。

4. 危险点和注意事项

5. 防止误控制和错误数据上传

在变电站中，各种设备的各种数据都是要依靠通信来上传的，同时各种控制命令和运行参数也是依靠通信来下达到设备。在调试和检修时，不可避免地产生一些错误数据，要事先对可能出现错误的数据进行冻结，防止错误信息影响到各种智能专家系统。装置参数和地址的设置错误，会造成控制命令被错误装置执行，在工作前要对这部分设备采取预防措施。

6. 防止设备损坏

通信接口属于弱电设备，耐压值一般都不高。变电站内常用的一些电压，如±110V直流，100V、57.7V、220V 交流，对通信接口都是危险的。要避免通信线接触到其他带电的二次线。另外，通信线不同芯间的短路也会损坏接口。

7. 防止静电

对于集成电路来说，静电是最大的杀手。而变电站又是一个电磁环境很复杂的地方，人体也很容易带上静电。工作前，应该通过触摸一些接地的金属，释放掉身上的电荷。

二、通信网络安装

1. 通信线路连接

根据通信方式，按照要求正确连接通信线。

2. 通信参数设置

接好通信线后，设备在物理上连成了一个整体，但它们还不能进行正常通信，还有一些通信参数需要设置。这些参数保证了设备能在同一通信环境中协调、正常工作，并不对环境中的其他设备产生干扰。

通信参数的设置方式有：跳线、拨码开关、设备面板输入和下装配置文件等很多种。设备生产厂家一般会采用上述的一种或多种综合，也有的厂家会将通信参数固化在设备里，这样就省去了参数设置这一步，方便了调试，但设备的灵活性和适应性就下降了。具体设置方法请参看设备说明书。这里仅仅叙述一下各个参数的含义和作用。通信参数根据通信方式的不同是不一样的。

（1） 设置通信方式。首先要设置设备的通信方式。现在的智能设备一般都有几种通信方式供选择，一般来说，设备制造商都会根据合同要求同时提供串口、现场总线和网络这三种常见的通信方式（或其两种的任意组合），只要在布线时正确选择接口或接口端子就可以了，一般无须进行额外设置。但串口通信方式包括了 RS232、RS485 和 RS422 三种类型，需要根据现场通信要求，按照设备说明书进行设置。

设置完通信方式后，下一步就是根据通信方式设置其相关参数。若参数设置有错，更正后重新检查通信状态。对于通过配置软件或者液晶面板的人机界面设置参数的设备，由于参数是存储在 Flash 之类的存储器中，在今后运行中要留意其通信状态，以防因为设备硬件故障造成参数丢失或变化。

（2） 串口通信参数设置。

1）地址。设备在通信系统中的标识，用来将自身和其他设备在通信报文中区分开的标志。

它就像我们现实生活中的门牌号。你的房子必须有一个门牌号，不然邮递员就不能给你递送信件；而且这个门牌号必须是唯一的，这样才不会有错误投递。所以，设备地址在同一个通信网中必须是唯一的（有些系统因为其他因素考虑还要求地址要连续）。

这里的同一通信网是针对接受处理程序而言的，即通信网上的通信数据在通过OSI的7层结构后，被同一个程序所处理，就可以认为是同一通信网。一般来说，不同通信方式的设备被看作在不同的通信网中，即使是相同的通信方式，如果没有物理连接，也可以看成是在不同的通信网。在不同的通信网中的设备可以有相同的地址。

2）比特率。单位时间内传输的二进制代码位数（bit），单位 bps（bit/s），每秒比特数。很多设备制造商常常会把“波特率”和“比特率”混为一谈。实际上，波特率即调制速率，单位时间内载波参数变化的次数，用于模拟通道，单位 Bps（Baud/s）。串口是数字通道，要用比特率来描述，比特率相同的设备才能进行通信。

3）奇偶校验。线路噪声可能会改变传输中的数据位。奇偶校验就是将“奇偶校验位”添加到数据包中，使数据包中“1”的个数为奇数或偶数；接收方将接收到的“1”的个数累加，并根据总和是否符合奇偶校验位来决定接受还是拒绝数据包。

奇偶校验常用的设置有偶校验（设置校验位，使1的数目为偶数）、奇校验（设置校验位，使1的数目为奇数）、无校验（不发送奇偶校验位）。另外还有两个不常用的设置，即标记（校验位始终为1）、空（校验位始终为0）。

4）起始位、停止位和数据位。在异步通信中，起始位用来告诉接收方要开始发送字节数据了，停止位告诉接收方已经发送了一个字节。

数据位是字节中位的个数，现在绝大多数都是用8位来表示一个字符，少数老系统仍使用7位字符。

一般常用的通信参数的是1位起始位、8位数据位和1位停止位。

除了地址以外，一些设备将剩余参数已部分或全部固化，调试时要参看设备说明书。

（3）现场总线通信参数设置。

1）地址。作用和意义同串口通信。

2）通信速率。即CAN网或LON网通信比特率，一般情况下设备制造商在出厂时都将此参数固化。因此，使用现场总线通信的设备一般都为同一厂家制造。

（4）网络通信参数设置。

1）IP地址（网址）。网络通信中的IP地址作用相当于上面两种通信方式的地址，只是更为复杂一点。

IP地址有4个字节32位构成，此外，还要设置4个字节32位的子网掩码，用来表明32位IP地址中哪些位表示网络地址、哪些位表示主机地址。

另外，在复杂的网络中，如果有路由器存在，还要设置路由器地址。

2）端口号。这里是指逻辑意义上的端口号，即 TCP/IP 和 UDP/IP 协议中规定端口，范围从 0 到 65 535。一般的网络通信规约都将端口号规定了，如 104 规约的端口号就是 2404。如设备需要设置端口号，请参照设备说明书和通信规约规定设置。

3. 设备上电

在正确连接通信线和设置通信参数后，就可以给设备上电进行调试了。在上电前，要用万用表检查设备的电源线，确保电压在正常范围内，极性没出现差错。如果设备的通信参数是通过下装文件或面板输入设置的，此项检查要放在“通信参数设置”前进行。

上电，待设备进入正常工作后，检查设备的通信状态。智能设备的人机交互界面系统一般会用发光二极管来表示当前的通信状态，或者有液晶屏显示通信状态，更复杂的人机界面上甚至可以看到通信报文等更全面的信息。

4. 功能检验

设备的通信状态正常后，就可以进行最后一步功能检验了，逐一验证和通信相关的所有功能是否满足设备的技术要求。我们前面所有的工作就是为了这个目标。

在变电站综合自动化系统中，这些功能可以归纳两类：一类是上行数据，即遥测、遥信（断路器、隔离开关位置和保护事件信号等）、遥脉（电量）；另一类是下行数据，即控制和整定命令，包括遥控、遥调、定值整定等。

检验这些功能包括两个方面：

一是准确性。上送的遥测和遥脉与电网实际量的误差应该在设备的技术指标范围内，遥信量正确反应一次设备的实际状态。下发控制命令后，设备完全按照命令动作，设备运行参数和命令整定值一致。

二是及时性。上送的数据应该随着电网实际量的变化而变化，延时应该在合同规定范围内；对下发命令的响应时间也应该在规定的范围内。

当所有功能都符合这两点要求时，通信的调试就圆满结束了。

最后，如果单个设备调试时，功能均能满足上面两点要求，接入通信系统后，不能满足技术要求，原因常常会出在通信程序的编制上，应请相关制造商共同来解决。

5. 调试报告

变电站综合自动化系统中，最复杂也最花时间的却又是效果最差的就是通信的调试。通信线上的噪声是和信号同质的东西，设备很难区分出来，而噪声又受电磁环境影响很大。变电站电磁环境极复杂，噪声变化大，通信故障成因多样。

调试结束后，必要时填写调试报告。调试报告的格式，各地各行业的企业有各自的企业管理文化和管理要求，这里就不做讨论，只强调一点。调试报告应该详细记录这个调试过程中的每个细节，对遇到的问题要准确描述现象，详尽记录解决过程和所用的方法。调试报告不仅是一份管理文档，也是一份技术文献，是对某一种故障的总结，凝结了他人的智慧。交流和学习这种文献，是企业和个人提升自身实力的捷径。

【思考与练习】

1. 站内通信方式分为哪几类？

2. 站内通信和网络线路连接前的准备工作有哪些？

模块3 后台计算机系统软件安装（Z12G1003Ⅰ）

【模块描述】本模块介绍了后台计算机操作系统软件和应用软件的准备工作和安装。通过案例介绍、界面图形示意，熟悉后台计算机操作系统软件和应用软件安装的操作步骤和注意事项。

【模块内容】后台计算机软件系统是操作及管理人员的人机对话联系（MMI）系统。通过人机系统能够完成如画面和报表的编辑、数据库的管理与维护、图形画面的调看、各种遥控遥调命令的发送等工作。

后台计算机软件系统的安装包括操作系统及补丁和数据库系统及补丁的安装，在安装过程中接受所有默认安装选项。在操作系统和数据库软件安装完成后，还要进行后台监控软件的安装。

下面以实例介绍后台计算机软件系统安装准备工作、安装过程和安装注意事项。

某后台计算机系统软件安装配置实例：

1. 安装前的准备工作

（1）系统要求。

操作系统安装盘：Windows XP+SP2。

商用数据库安装盘：Microsoft SQL Server+SP2。

监控后台应用软件安装：最新版本的后台监控软件安装包。

管理员密码（区分大小写）：通常情况下Administrator的密码设置为空。

产品密钥（即产品标识号）：产品密钥是条形码编号，位于计算机机盖外侧的标签上。当重新安装操作系统时，则需要使用产品密钥。

（2）分区要求。对于单硬盘配置，各分区容量所占比例及文件格式为：

C盘：10%的总硬盘容量，FAT32格式。

D盘：80%的总硬盘容量，NTFS格式。

E盘：10%的总硬盘容量，NTFS格式。

（3）安装目录说明：操作系统均安装在C盘目录下。计算机的所有驱动程序文件根据设备类型建立各自文件夹，统一保存在E：\backup\drivers目录下。若有特殊安装要求，则需在此目录下新建一个“readme”文本文档来详细说明安装时的注意事项。后台监控软件及相关辅助工具软件均安装在D盘目录下。

2. 安装过程

（1）在后台监控软件安装包中，双击“Setup.exe”可执行程序。系统弹出安装工具界面（见图Z12G1003Ⅰ–1）。安装程序将首先对系统进行例行检查，然后启动“安装向导”指导后面的安装工作。

（2）安装向导——欢迎界面（见图Z12G1003Ⅰ–2）：单击“下一步”。

（3）安装向导——许可证协议界面（见图Z12G1003Ⅰ–3）：选择“是”，接受所有条款。

（4）安装向导——系统信息界面（见图Z12G1003Ⅰ–4）：列出了操作系统的相关信息，单击“下一步”。

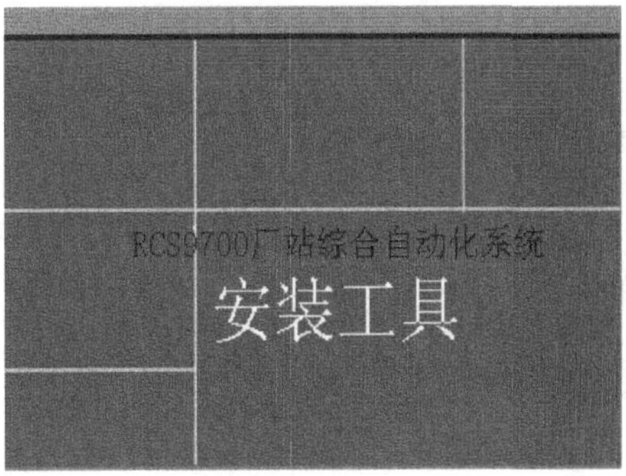

图Z12G1003Ⅰ–1　后台监控软件安装过程一

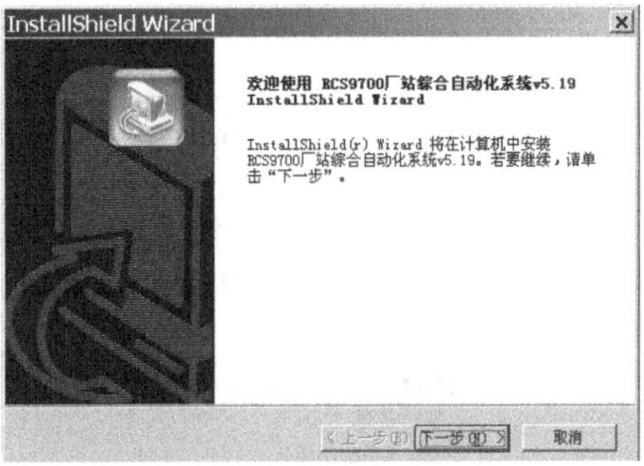

图Z12G1003Ⅰ–2　后台监控软件安装过程二

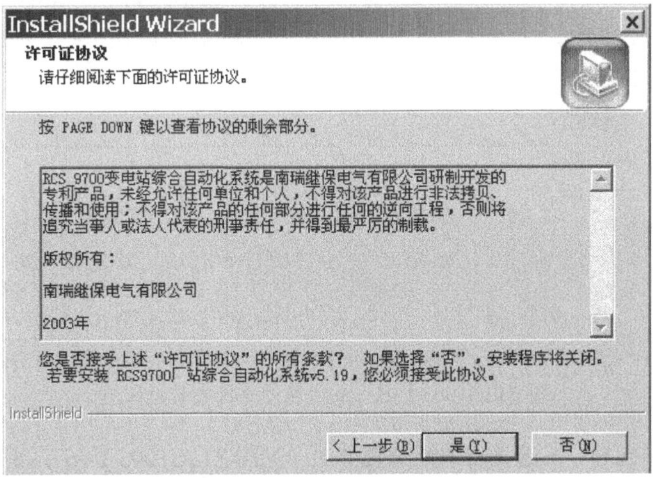

图Z12G1003Ⅰ–3　后台监控软件安装过程三

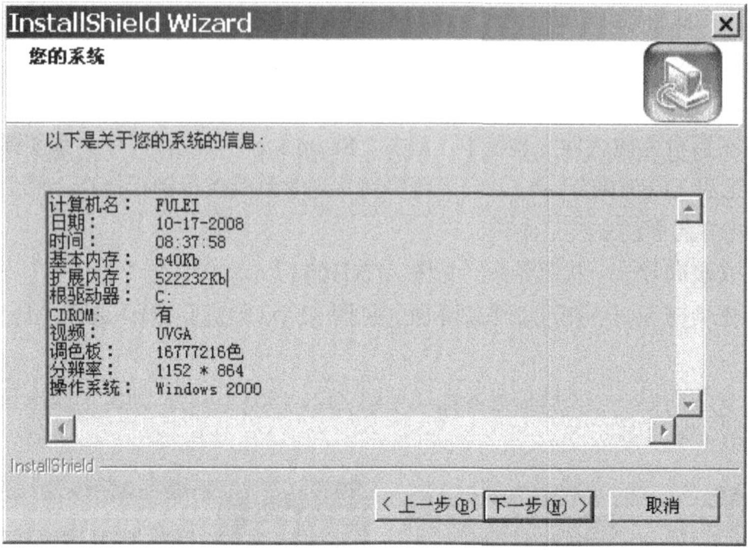

图 Z12G1003 Ⅰ–4 后台监控软件安装过程四

（5）安装向导——客户信息界面（见图 Z12G1003 Ⅰ–5）：输入“用户名”“公司名称”和“序列号”（序列号为任意字符），单击“下一步”。

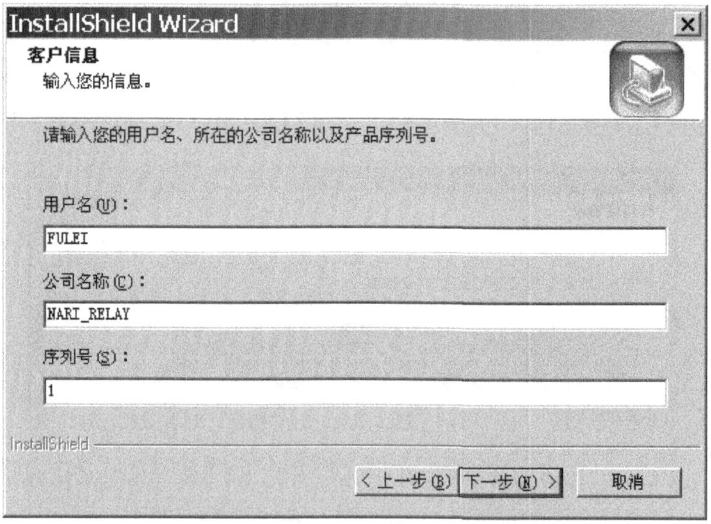

图 Z12G1003 Ⅰ–5 后台监控软件安装过程五

（6）安装向导——选择目的地位置界面（见图 Z12G1003 Ⅰ–6）：系统缺省安装路径是“C：\RCS–9700”，确定安装路径后，单击“下一步”。

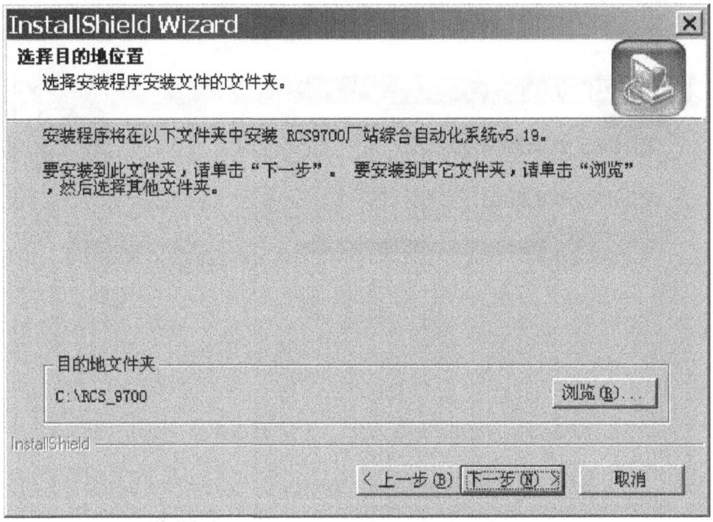

图 Z12G1003 Ⅰ-6 后台监控软件安装过程六

(7) 如果要将后台监控系统安装到其他目录下，单击“浏览”按钮，弹出“选择文件夹”窗口（见图 Z12G1003 Ⅰ-7），指定安装路径，确认后单击“确定”按钮，系统的安装路径变为用户所选的路径，如果指定的安装路径不存在，将提示创建此路径。

(8) 安装向导——安装类型界面（见图 Z12G1003 Ⅰ-8）：根据后台监控系统所采用的历史数据库类型来选择对应的安装类型，包括“MySQL 版安装程序”“SQL Server 版安装程序”和“文件版安装程序”。选择安装类型后，单击“下一步”。

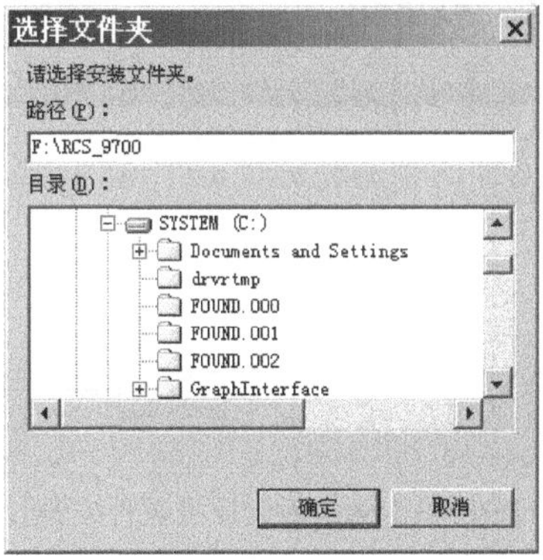

图 Z12G1003 Ⅰ-7 后台监控软件安装过程七

(9) 安装向导——选择程序文件夹界面（见图 Z12G1003 Ⅰ-9）：确定程序文件夹后，单击“下一步”。

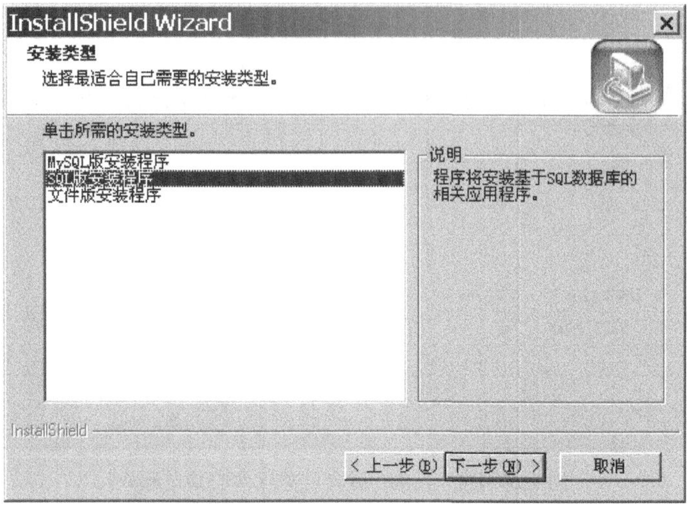

图 Z12G1003 Ⅰ-8 后台监控软件安装过程八

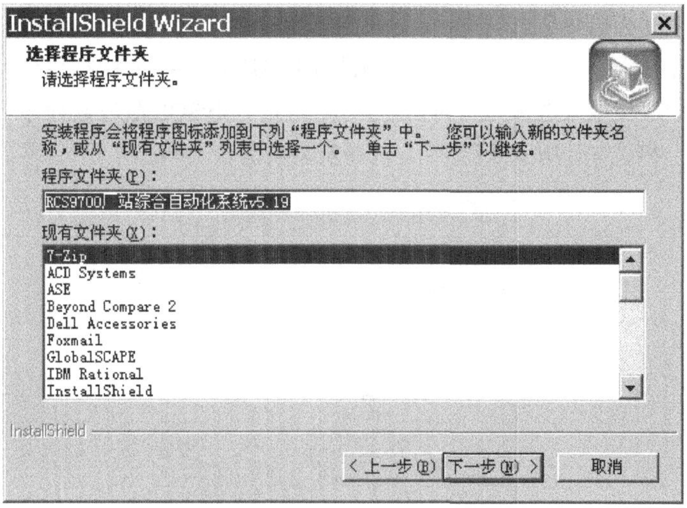

图 Z12G1003 Ⅰ-9 后台监控软件安装过程九

（10）安装向导——检查安装信息界面（见图 Z12G1003 Ⅰ-10）：列出安装信息列表，提交用户确认，单击“下一步”。

（11）安装向导——安装状态界面（见图 Z12G1003 Ⅰ-11）：安装过程开始拷贝系统文件到指定的路径，并通过进度条显示安装进度。

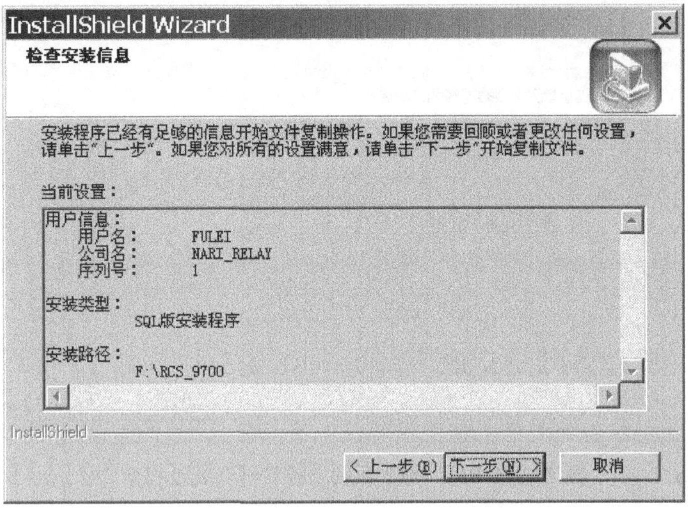

图 Z12G1003 Ⅰ-10　后台监控软件安装过程十

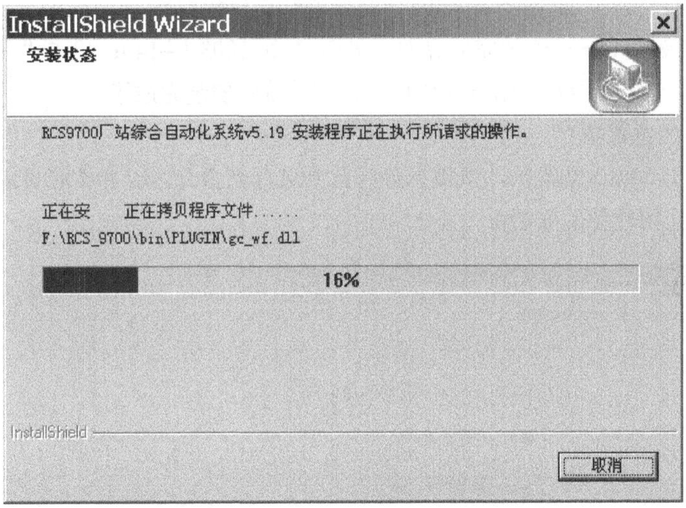

图 Z12G1003 Ⅰ-11　后台监控软件安装过程十一

（12）安装向导——数据库安装（见图 Z12G1003 Ⅰ-12）：后台监控系统组件安装完毕后，进入数据库安装阶段，指定历史数据库的主服务器和备用服务器。若系统中只配置了一台数据库服务器，则“备数据源计算机名”和“主数据源计算机名”一致。单击“下一步”。

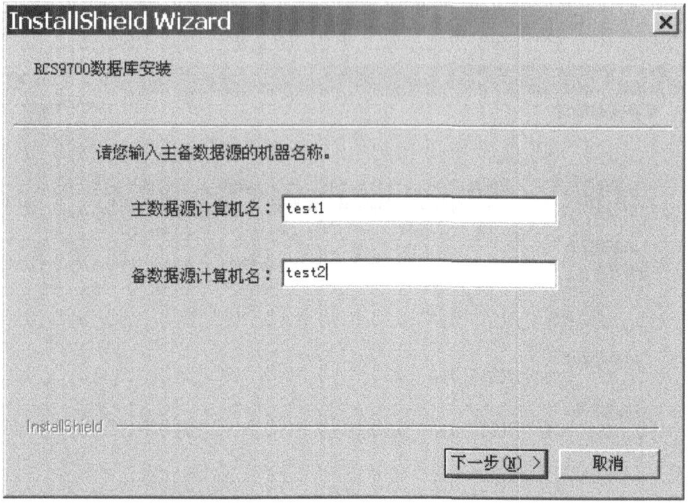

图 Z12G1003 Ⅰ–12　后台监控软件安装过程十二

（13）选择是否自动安装 RCS–9700 数据库（见图 Z12G1003 Ⅰ–13），推荐选择“是的，现在自动安装”，单击“下一步”，开始安装历史数据库。

（14）安装向导——安装完成界面（见图 Z12G1003 Ⅰ–14）：单击“完成”按钮，重启计算机，RCS–9700 厂站自动化后台监控系统就安装完成了。

3. 安装注意事项

为了便于系统日常维护，请根据分区原则进行硬盘分区，并按照目录说明进行系统软件和各应用软件的安装。

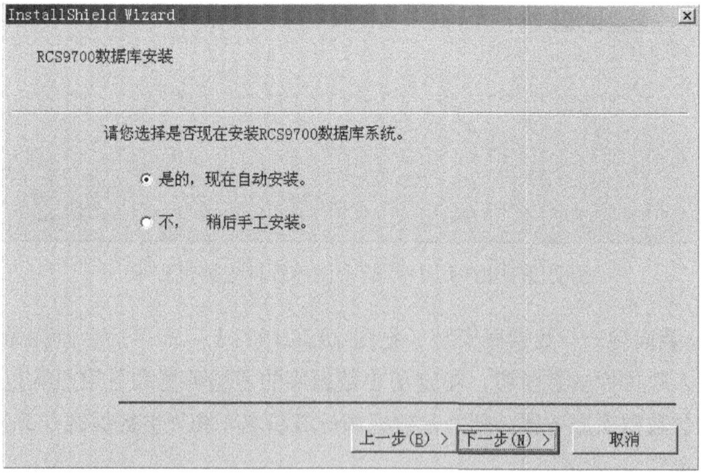

图 Z12G1003 Ⅰ–13　后台监控软件安装过程十三

图 Z12G1003 Ⅰ–14　后台监控软件安装过程十四

【思考与练习】

1. 后台计算机软件系统的配置主要内容有哪些？
2. 后台计算机软件系统有哪些用途？

模块 4　后台计算机硬件设备的安装（Z12G1004 Ⅰ）

【模块描述】本模块介绍了后台计算机硬件设备的安装。通过安装过程、方法介绍，掌握计算机的设备搬运要点、外观检查注意事项、线缆连接方法的操作步骤和注意事项。

【模块内容】后台监控系统硬件设备主要包括后台计算机、打印机、音响及麦克等。

一、后台计算机硬件设备的搬运

如果需要搬运机器，首先要保护好全部硬件设备器件，搬运要点如下：

（1）保存所有的当前文件。

（2）从驱动器中取出所有的盘片，将其放入盘套，然后放于安全的地方。

（3）关掉电源，拔下电源线。

（4）拆开计算机系统的各个独立部分：

1）从主机背板上拆下显示器电缆；

2）从主机背板上拔出键盘、鼠标电缆；

3）拆下安装在主机箱外的其他设备，如音响、打印机等。

（5）将机器重新包装于原始的包装箱中。

（6）在搬运计算机时必须小心搬运，不可滚转、抛掷、掉落，并保持干燥。

二、后台计算机的硬件组成及外观检查

后台监控计算机通常由主机、显示器、键盘、鼠标和其他外部设备组成。下面介绍后台计算机的外观检查事项。

1. 检查外包装

（1）外包装应完整。

（2）计算机相关配件、操作系统安装盘、产品说明书等应完备齐全。

2. 测试检查

（1）设备外部检查。

1）设备外观应无碰、擦、划、裂等伤痕。

2）液晶显示屏应无划伤。

3）周边及计算机设备内外应无变形、变色、异味等现象。

4）加电后，设备各部件、元器件及其他设备应无变形、变色、异味、温度异常等现象。

（2）检查计算机内部连接。

1）电源开关应能正常通断，且声音清晰，无松动、接触不良等现象。

2）其他各按钮、开关通断应正常。

（3）检查加电后的现象。

1）按下电源开关或复位按钮后，各指示灯应正常闪亮。

2）电源、CPU的风扇应运转正常，不应有只动作一下即停止的现象。

3）风扇、驱动器等的电机应正常运转，声音不能过大。

三、后台计算机硬件设备的安装

1. 显示器和主机的连接方法

（1）首先找到显示器和主机连接的位置，标准的显示器插头和接口的颜色均为蓝色。

（2）仔细检查显示器插头指针和显示器接口插孔，其连接位置应一一对应。

（3）将显示器与主机接口用连接线连接。

（4）把插头两端的螺栓拧紧固定。

2. 键盘与主机的连接方法

（1）在主机上找到连接键盘的接口位置。正确区分两个并列的圆形多孔接口，其中紫色的为键盘接口。若配置的是USB接口键盘，则直接插入主机的USB接口即可。

（2）检查键盘连接线指针和接口插孔，其连接位置要一一对应。标准键盘插头和

主机接口的颜色均为紫色。

（3）在进行键盘插头和主机上的连接口对接时，必须小心操作，防止将指针插弯或插断。

3. 鼠标和主机的连接方法

（1）在主机上找到连接鼠标的接口位置。正确区分两个并列的圆形多孔接口，其中浅绿色的为鼠标接口。若配置的是USB接口鼠标，则直接插入主机的USB接口即可。

（2）检查鼠标连接线指针和接口插孔，其连接位置一一对应。标准鼠标插头和主机接口的颜色均为浅绿色。

（3）在进行鼠标插头和主机上的连接口对接时必须小心操作，防止将指针插弯或插断。

4. 其他外部设备与主机的连接

（1）音箱和麦克风与主机的连接方法。首先在主机上确认音箱和麦克风的位置。音箱接口为圆形单针浅绿色接口，麦克风接口为圆形单针红色接口。然后将音箱和麦克风的插头插入对应的接口。

（2）打印机和主机的连接方法。

1）将计算机主机上的LPT端口与打印机信号输出端口用打印机连接线连接，确保连接可靠。

2）接通打印机的电源，然后开启打印机。

3）确认打印机驱动程序安装正确。

4）打印测试页面，检查打印机是否安装正确。

不同型号的打印机在软件安装过程中略有不同，安装前请仔细阅读打印机的使用说明书。

5. 后台计算机硬件设备的线缆连接

在连接后台计算机和远动设备之前，必须了解所需电缆的型号类型，并确保所有设备安放到位，所用的电缆线安放到位，并准备带屏蔽层的水晶头、冷压头、压线钳、剥线钳、扎线带、螺丝刀和斜口钳等工具。

变电站计算机监控系统一般采用分层分布式模块化思想设计。它分为两层：站控层和间隔层，站控层和间隔层之间通过通信网络相连。

站控层设备一般由主机（主备冗余配置）、操作员工作站（可按需配置）、远动工作站、智能接口管理设备组成，全面提供变电站设备的状态监视、控制、信息记录等功能。站控层设备一般通过以太网进行连接。

智能接口管理设备主要用于与变电站或电厂内第三方的智能装置（如保护装置、

直流屏、电能表等）进行通信，以达到信息共享及运行监视的目的。智能接口管理设备与站内其他智能装置的通信接口实现方式有：通过通信控制器的集中接入和通过终端服务器就地接入。

间隔层设备主要是测控装置，用于采集变电站或电厂现场一次设备的各种电气量和状态量，同时站控层设备通过间隔层设备实现对一次设备的遥控。各间隔相互独立，一般通过通信网相连。

以太网网络线的连接，有两种国际标准连接方式，EIA/TIA 568A 和 EIA/TIA 568B，二者并没有本质的区别，只是颜色的区别，用户需注意的是在连接时必须保证：1，2 线对是一个绕对；3，6 线对是一个绕对；4，5 线对是一个绕对；7，8 线对是一个绕对。

网络线缆的连接方法如下：

（1） 直通线缆。水晶头两端都是遵循 568A 或 568B 标准，双绞线的每组绕线是一一对应的。颜色相同的为一组绕线，适用场合：

1）交换机（或集线器）UPLINK 口—交换机（或集线器）普通端口；

2）交换机（或集线器）普通端口—计算机（终端）网卡。

（2） 交叉线缆。水晶头一端遵循 568A，而另一端遵循 568B 标准，即两个水晶头的连接是交叉连接，A 水晶头的 1，2 对应 B 水晶头的 3，6；A 水晶头的 3，6 对应 B 水晶头的 1，2；颜色相同的为一组绕线。适用场合：

1）交换机（或集线器）普通端口—交换机（或集线器）普通端口；

2）计算机（或集线器）网卡—计算机（或集线器）网卡。

工程上常用的是直通线缆。

CAN 通信采用“挂葫芦”的接线方式，采用屏蔽线依次将各装置的 CAN 接口挂接入通信网络中。CAN 通信采用双网双备用方式，即一路 CAN 作为主网通信，另一路 CAN 作为备用网，当主网发生故障时，自动调整到备用网工作。

后台计算机和远动设备的连接线缆应牢固可靠；电缆芯线和所配导线的端部均应标明各分路线路名称；字迹清晰且不易脱色；配线整齐、清晰、美观；导线绝缘良好，无损伤。

四、后台计算机的硬件安装注意事项

（1） 为避免在网络电缆连接时造成计算机短路，拔出电缆时请先断开与计算机背面网络适配器的连接，然后再断开与网络插孔的连接。将网络电缆重新连接至计算机时，请先将电缆插入网络插孔，然后再插入网络适配器。

（2） 切勿将任何异物塞入计算机的开口处。如果塞入物体，可能会导致内部部件短路而引起火灾或电击。

（3） 切勿将食物或液体溅入计算机。

（4） 在已卸下任何护盖（包括主机盖、挡板、填充挡板、前面板插件等）的情况下，请勿操作计算机。

（5） 为避免损坏主机板，请在关闭计算机后等待 5s，然后再从主机板上卸下组件或从计算机上断开设备的连接。

【思考与练习】

1. 后台计算机的硬件组成及外观检查有哪些内容？

2. 后台计算机硬件设备安装有哪些注意事项？

第十四章

测控装置的调试与检修

模块1　遥信采集功能的调试与检修（Z12G2001Ⅱ）

【模块描述】本模块包含测控装置遥信信息采集的原理、调试工作流程及注意事项。通过原理讲解、调试流程和实例介绍，掌握调试前的准备工作、相关安全和技术措施、装置的调试项目及其操作步骤、方法和要求。

【模块内容】测控装置遥信信息通常由电力设备的辅助接点提供，辅助接点的开合直接反映出该设备的工作状态。提供给远动装置的辅助接点大多为无源接点，即空节点，这种接点无论是在“分”状态还是“合”状态下，接点两端均无电位差。断路器和隔离开关提供的就是这一类辅助接点。另一类辅助接点则是有源接点，有源接点在“开”状态时两端有一个直流电压，是由系统蓄电池提供的110V或220V直流电压。

一、测控装置遥信信息采集原理

遥信信息用来传送断路器、隔离开关的位置状态；传送继电保护、自动装置的动作状态；系统中设备的运行状态信号（如厂站端事故总信号，发电机组开、停状态信号及远动终端，通道设备的运行和故障信号）。

这些位置状态、动作状态和运行状态都只取两种状态值。如开关位置只取“分”或“合”，设备状态只取“运行”或“停止”。因此，一个遥信对象正好可以对应与计算机中二进制码的一位，“0”状态与“1”状态。

1. 遥信信息及其来源

（1）断路器状态信息的采集。断路器的合闸、分闸位置状态决定着电力线路的接通和断开，断路器状态是电网调度自动化的重要遥信信息。断路器的位置信号通过其辅助触点DL引出，DL触点是在断路器的操动机构中与断路器的传动轴联动的，所以，DL触点位置与断路器位置一一对应。

（2）继电保护动作状态的采集。采集继电保护动作的状态信息，就是采集继电器的触点状态信息，并记录动作时间，对调度员处理故障及事后的事故分析有很重要的意义。

（3）事故总信号的采集。发电厂或变电站任一断路器发生事故跳闸，就将启动事故总信号。事故总信号用以区别正常操作与事故跳闸，对调度员监视系统运行十分重要。

（4）其他信号的采集。当变电站采用无人值班的方式运行后，还要增加大门开关状态等遥信信息。

2. 遥信采集电路

由上述分析可见，断路器位置状态、继电保护动作信号及事故总信号，最终都可以转化为辅助触点或信号继电器触点的位置信号，因此只要将触点位置采集进测控装置就完成了遥信信息的采集。

当合闸线圈通电时，断路器闭合，辅助触点断开；当跳闸线圈通电时，断路器断开，辅助触点闭合。辅助触点为常闭触点，若直接提供给远动装置，则是一无源触点。通常情况下，二次系统都要给远动提供相应的空触点，但有时无空触点提供给远动使用时，则需在保护回路中提取有源触点。

不论无源还是有源触点，由于它们来自强电系统，直接进入远动装置将会干扰甚至损害远动设备，因此必须加入信号隔离措施。通常采用继电器和光电耦合器作为遥信信息的隔离器件，采用继电器隔离，当断路器断开时，其辅助触点闭合使继电器 K 动作，其动合触点 K 闭合，输出的遥信信息 YX 为低点平“0”状态。反之，当断路器闭合时，其辅助触点 QF 断开，使继电器 K 释放，产生高电平“1”状态的遥信信息 YX。同样，采用光耦合器也有相似的过程。当断路器断开时，辅助触点闭合使发光二极管发光，光敏三极管导通，集电极输出低电平“0”状态。当断路器闭合时，辅助触点断开使发光二极管中无电流通过，光敏三极管截止，集电极输出高电平“1”状态。

当遥信信号源连通（短路）时，输出 YX 为高电平；当遥信信号源悬空或带有直流电压时，YX 为低电平。

目前在遥信对象状态的采集方面也有采用双触点遥信的处理方法。双触点遥信就是一个遥信量由两个状态信号表示，一个来自开关的合闸接点，另一个来自开关的跳闸接点。因此双触点遥信采用二进制代码的两位来表示。“10”和“01”为有效代码，分别表示合闸与跳闸；“11”和“00”为无效代码。这种处理方法可以提高遥信信号源的可靠性和准确性。

3. 遥信输入的几种形式

（1）采用定时扫查方式的遥信输入。如在某微机保护装置中，采用定时扫查的方式读入 128 个遥信状态信息，其遥信输入电路由三个部分组成：

1）遥信信息采集电路；

2）多路选择开关；

3）并行接口电路。

多路选择开关的作用是实现多路输入切换输出功能，如74 150，它是16选1数据选择器，实现多路输入切换输出功能，71 450有16个数字量输入端，1个数字量输出端DO，有4个地址选择输入端（A，B，C，D）。当4位地址输入后，与地址相对应的输入数据反相后输出端DO输出。由于模型机采集128个遥信状态，而每个74 150只能输入16个遥信，所以，共使用8个74 150输入128个遥信，8255A用作遥信输入量与CPU的接口。

在扫查开始时，8个74 150分别将各自的DI0送入8255A的A口，CPU可读取8个遥信信息，选择地址1，又可输入8个遥信信息。128个遥信全部输入一遍，即实现对遥信码的一次扫查。

通信定时扫查工作在实时时钟中断服务程序中进行，每5ms执行一次。每当发现有遥信变位，就更新遥信数据区，按规定插入传送遥信信息。同时，记录遥信变位时间，以便完成事件顺序记录信息的发送。

（2）中断触发扫查方式的遥信输入。采用定时扫查方式输入遥信信息，扫查频率高，占CPU时间长。电力系统正常运行，很少发生遥信变位，在此期间，CPU每次读到相同的遥信状态。采用中断式输入遥信时，每当检查到遥信变位，才向CPU发中断请求。CPU响应中断，有的放矢地读入新的遥信状态。

二、测控装置遥信信息采集功能调试工作流程及注意事项

对于运行中测控装置的遥信信息采集功能调试一般应完成以下几个步骤：

（1）做好工作前的准备工作，包括图纸资料、仪器、仪表及工器具的准备。

（2）做好设备调试的安全和技术措施。

（3）开工前按照要求通知调度和监控相关工作人员，或把相应可能影响到的数据进行闭锁处理，防止误信息造成对电网运行的影响。

（4）核对图纸，确认遥信信息表中的遥信点与设备端子的对应位置。

（5）遥信变位测试，核对遥信动作及SOE情况，记录动作时间。

（6）如发生错误动作，应检查遥信信息表中的遥信点与设备端子的对应位置是否正确。

（7）如发生拒动，则需要进一步检查测控装置本身或现场遥信采集电源是否正常。

（8）完成单个测控装置遥信信息采集功能调试后，可同时在多个测控装置同时发送成批遥信，从而测试系统的数据处理能力。

（9）装置调试结论进行记录整理。

三、测控装置遥信信息采集功能调试的安全和技术措施

1. 工作票

工作票中，应该含有测控装置、相关二次回路、通信电缆、监控中心的具体工作信息。

2. 安全和技术措施

应该做好防止触及其他间隔或小室设备、防止产生误数据、防止进行误操作等的安全措施。

3. 危险点分析及控制

检查现场开关量采集信号电源是 DC 110V 还是 DC 220V，测控装置所配开关量采集模件是否一致。如检查正常，打开开关量采集信号电源。

在计算机监控系统和测控装置上检查开关量信号状态是否正确、SOE 事件是否正确。测控装置菜单中可显示本装置所有开入状态。

（1） 主要的危险点：

1）带电拔插通信板件。

2）通信调试或维护产生误数据。

3）通信调试或维护导致其他数据不刷新。

4）参数调试或维护导致影响其他的通信参数。

5）通信电缆接触到强电。

6）信号实验走错到遥控端子。

7）通信设备维护影响到其他共用此设备的通信。

（2） 主要控制手段：

1）避免带电拔插通信板件。

2）避免直接接触板件管脚，导致静电或电容器放电引起的板件损坏。

3）调试前，把相应可能影响到的数据进行闭锁处理。

4）依据图纸在正确的端子上进行相应的实验。

5）设备断电前检查是否有相关的共用设备。

四、测控装置遥信信息采集功能调试检修

下面以实际案例介绍某测控装置设备遥信信息采集功能调试检修的准备工作、装置的调试项目及其操作步骤、方法和要求。

1. 仪器、仪表及工器具的准备

笔记本电脑（Windows XP 或 Windows 2000 操作系统，串口及以太网接口）；

RS–232 串口线及以太网直通网络线；

组态软件；

GPS 对时装置；

数字万用表。

2. 通电前检查

（1） 设计图纸检查。

平面图：检查装置中设备（开关、装置、温度变送器等）型号及其位置是否一一与图纸相对应。

电源端子图：装置背视端子图、检查端子是否需要连接、顺序的排列及其数量。

（2） 外观检查。检查装置在运输和安装后是否完好，模件安装是否紧固。

（3） 通电前电源检查：

检查电源是否存在短路现象；

检查机柜是否可靠接地；

检查测控装置工作电源是否过电压或欠电压。正常要求输入电压范围 AC 176～264V 或 DC 85～242V。

3. 通电检查

一切检查正常后，打开装置电源，等待 30 多秒，检查装置是否运行正常。

装置运行正常时，面板上“VCC”指示灯亮；“控制使能，合，分”指示灯灭；“装置运行”灯亮，“远方/当地”“连锁/解锁”指示灯状态与它们的把手位置一致；“网卡 1 通信故障，网卡 2 通信故障，模件故障，装置配置错，装置电源故障”指示灯灭，但在测试装置前由于网卡没接通，通常“网卡 1 通信故障，网卡 2 通信故障”灯是亮的。LCD 上会显示主菜单（显示实时数据、显示记录、显示装置状态字、显示配置表、用户自定义画面及时钟）。

4. 装置调试

（1） 遥信变位测试。依次测试每个开入信号，当接入信号时，相应开入数据值为“1”；撤掉信号时，值变为“0”。测试结果记入遥信变位测试记录表（见表 Z12G2001 Ⅱ-1）。

表 Z12G2001Ⅱ-1　　遥信变位测试记录表

序号	遥信名称	监控后台报警信息	遥信正确性	SOE 情况	遥信动作反应时间
1					
2					
3					
4					
5					

（2）雪崩试验：任选几个测控装置，同时发送成批遥信。测试结果记入雪崩试验测试记录表（见表 Z12G2001Ⅱ-2）。

表 Z12G2001Ⅱ-2　　雪崩试验测试记录表

序号	遥信总个数	测控装置	后台报警个数	正确性
1				
2				
3				

验收意见：

结论：　通过□　　不通过□

【思考与练习】

1. 遥信信息及其来源有哪些？
2. 测控装置进行遥信采集功能调试与检修的流程是什么？

模块 2　遥测信息采集功能的调试与检修（Z12G2002Ⅱ）

【模块描述】本模块介绍了常用的交/直流遥测信息采集的模式、装置遥测外回路的接法、调试项目及注意事项。通过原理讲解、调试流程和实例介绍，掌握调试前的准备工作及相关安全和技术措施、遥测信息的调试项目及其操作方法。

【模块内容】测控装置遥测信息采集是变电站监控系统信息采集很重要的一部分。

一、测控装置遥测采集的原理

1. 遥测信息采集实现过程

遥测量可通过装置内的高隔离（AC 2000V）、高精度（0.2 级）TA/TV 将强交流电信号（5A/100V）不失真地转变为内部弱电信号。经简单的抗混迭处理后进入 A/D 芯片进行模数变换。TA/TV 输出的直流电压信号和直流电流信号，都能反映被测量的大小。

2. 遥测输入电路

（1）输入保护和滤波电路。输入保护和滤波电路由 RC 低通网络构成，它可以用来滤除输入直流信号中的纹波和其他干扰。电阻也起到一定的防护作用，当采集装置发生故障时，不致造成变送器输出短路而影响其他装置工作。

（2）电子开关。在遥测输入回路中，采用多路模拟电子开关。

（3）缓冲放大器。因采样芯片的输入阻抗较低，当输入电压为双极性且范围 -5～+5V 时，其输入阻抗为 5kΩ左右。由于输入滤波回路和模拟电子开关均有一定的电阻，若将模拟电子开关输出直接接到采样芯片，则因变送器内阻、传输线的内阻、滤波回路及模拟电子开关的电阻上所产生降压而影响遥测转化精度。为此，在模拟电子开关与采样芯片之间接入一个缓冲放大器。缓冲放大器采用运算放大器构成的电压跟随器，它具有极高的输入阻抗和极小的输出阻抗。由于输出阻抗极高，几乎不从信号源（变送器输出端）吸收电流，因而在变送器内阻、模拟电子开关电阻等上降压可以忽略不计。因此，缓冲放大器将提高遥测转换精度。

（4） 电平变换电路。电平变换电路将 COMS 电平转变为驱动电路采用的 TTL 电平。

（5） 模数转化器及其接口电路。采样芯片工作在双极性信号输入状态时，其输入信号范围是－5～+5V，且为 12 位数字输出。当输入为+5V 时输出满码（即 0FFFH）；当输入为+0V 时输出为 800H；当输入为－0V 时输出为 7FFH；输入为－5V 时输出为 000H。

二、测控装置遥测采集功能调试工作流程及注意事项

1. 断开遥测二次回路

（1） 断开遥测电压回路。

1）操作步骤：从电压引入端断开电缆连接或断开电压保险，将电缆头用绝缘胶布裹好，并做好记号。

2）注意事项：

a. 防止电压回路短路或接地。

b. 防止错断电缆。

（2） 断开遥测电流回路。

1）操作步骤：从电流引入端封好回路后，断开电流连接片。

2）注意事项：防止电流回路开路。

2. 标准源架设

（1） 标准源自身接线连接。

1）操作步骤：

a. 电源连接在专用插座上。

b. 电压按相序连接。

c. 电流按相序及极性连接，并注意电流的进出方向。

2）注意事项：

a. 防止人身触电。

b. 防止交流电源回路短路或接地。

（2） 标准源与 RTU 装置连接。

1）操作步骤：

a. 电压连接于电压端子的内侧。

b. 电流连接于电流端子的内侧。

c. 连接并检查无误后，打开标准源电源，按说明书要求预热标准源，并进行标准源自校，准备检测。

2）注意事项：

a. 防止标准源电压回路短路或接地。

b. 防止标准源电流回路开路。

3. 遥测数据记录

RTU 遥测数据显示及标准源数据记录（VX、VI）。

（1）操作步骤：在该站的人机对话界面选择“现场监视”查看实时信息，显示实时数据一次值，查看并记录数据。

（2）注意事项：

1）防止误记、漏记遥测数据。

2）标准源数据与 RTU 的数据应同时记录。

4. 遥测精度计算

利用维护软件读数与标准源读数计算遥测准确度 E（即装置误差），要求在±0.5%内。准确度按下式计算

$$E=\frac{V_X-V_I}{A_P}\times 100\% \qquad (Z12G2002\,Ⅱ-1)$$

式中 V_X——软件显示值；

V_I——标准表显示值；

A_p——基准值。

三、测控装置遥测采集功能调试的安全和技术措施

1. 工作票

工作票中，应该含有测控装置、二次回路、通信电缆、监控中心的具体工作信息。

2. 安全和技术措施

应该做好防止触及其他间隔或小室设备、防止产生误数据、防止进行误操作等的安全措施。

3. 危险点分析及控制

在对电流互感器、电压互感器二次回路进行接线时，应严格按照设计的要求进行接线，注意其接线方式，要注意相关反措要求的执行，严禁电流回路开路、电压回路短路。在施工时必须按照图纸进行施工，严格执行有关规程、技术规范、反措要求。

（1） 主要的危险点：

1）带电拔插通信板件。

2）通信调试或维护产生误数据。

3）通信调试或维护导致其他数据不刷新。

4）参数调试或维护导致影响其他的通信参数。

5）通信电缆接触到强电。

6）信号实验走错到遥控端子。

7）通信设备维护影响到其他共用此设备的通信。

（2）主要控制手段：

1）避免带电拔插通信板件。

2）避免直接接触板件管脚，导致静电或电容器放电引起的板件损坏。

3）调试前，把相应可能影响到的数据进行闭锁处理。

4）依据图纸在正确的端子上进行相应的实验。

5）设备断电前检查是否有相关共用设备。

四、某测控装置遥测采集回路说明

（一）直流遥测采集

NSD500V-AIM 模件用于采集站内的直流模拟信号，例如，主变压器温度、室温、直流母线电压等经过变送器后输出的 0～5V 或 0～20mA（或 4～20mA）的信号。NSD500V－AIM模件上E_1～E_8中的某一跳线柱跳上，表示该通道采集的是0～20mA电流信号，断开表示该通道采集的是0～5V电压信号。

NSD500V-AIM 模件采用 CAN 网与 NSD500V-CPU 模件通信，在板地址拨码用以确定模件在CAN网络上的地址，拨码开关拨到"ON"表示"1"，"OFF"表示"0"。NSD500V-AIM模件可任意安装在机箱槽位上，其地址取决于在机箱上的位置。第一个IO槽位地址为"1"，依次递增。

NSD500V-AIM 模件通过采用继电器隔离等抗干扰措施，以提高采集信号的可靠性。

图 Z12G2002Ⅱ-1 是 NSD 500V-AIM 接线示意图。

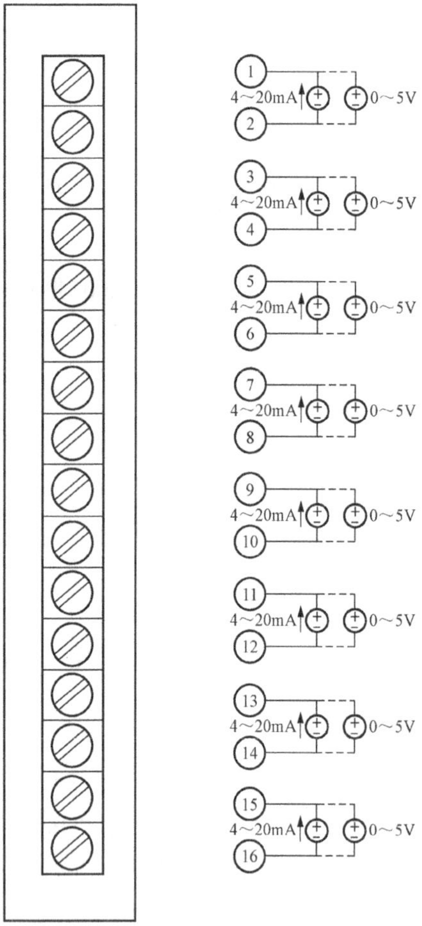

图 Z12G2002Ⅱ－1 NSD500V－AIM 接线示意图

（二）交流采集回路

NSD500V-DLM 模件用于采集站内一条线路的交流信号，以及断路器的控制（可自动检同期、无压）、电动刀闸或其他对象的控制，如变压器分接开关、风机组及保护装置远方复归等。

NSD500V-DLM 模件通过采用变压器隔离、光电隔离等抗干扰措施，以提高采集信号及输出控制的可靠性。

图 Z12G2002Ⅱ-2 是 NSD500V-DLM 接线示意图。

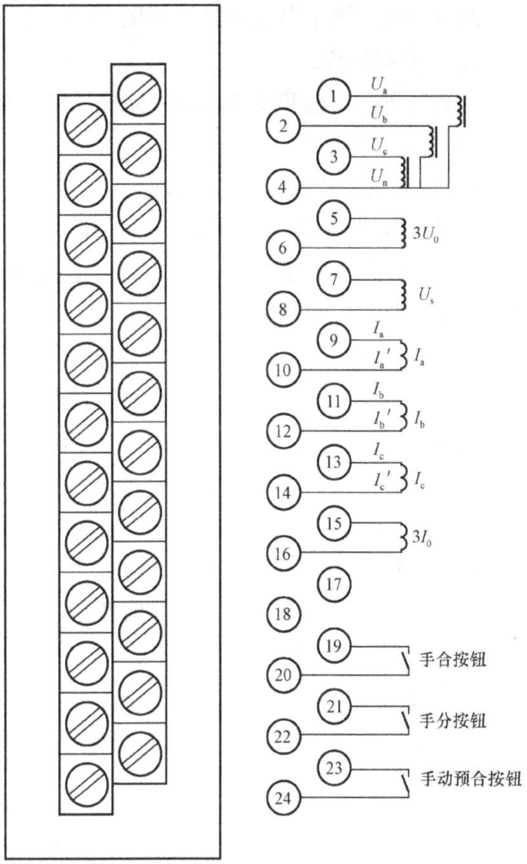

图 Z12G2002Ⅱ-2 NSD500V-DLM 接线示意图

五、测控装置遥测采集功能调试检修

下面用实例介绍某测控装置设备遥测采集功能调试检修的准备工作、装置的调试项目及其操作步骤、方法和要求。

1. 仪器、仪表及工器具的准备

笔记本电脑（Windows XP 或 Windows 2000 操作系统，串口及以太网接口）

RS-232 串口线及以太网直通网络线

组态软件

三相电力标准（功率）源

GPS 对时装置

数字万用表

2. 通电前检查

（1） 设计图纸检查。

1）平面图：检查装置中设备（开关、装置、温度变送器等）型号及其位置是否一一与图纸相对应。

2）电源端子图：装置背视端子图，检查端子是否需要连接、顺序的排列及其数量。

（2） 外观检查。

检查装置在运输和安装后是否完好、模件安装是否紧固。

（3） 通电前电源检查。

1）检查电源是否存在短路现象。

2）检查机柜是否可靠接地。

3）检查测控装置工作电源是否过电压或欠电压。正常要求输入电压范围 AC 176～264V 或 DC 85～242V。

3. 通电检查

一切检查正常后，打开装置电源，等待 30s 后，检查装置是否运行正常。

装置运行正常时，面板上“VCC”指示灯亮；“控制使能，合，分”指示灯灭；“装置运行”灯亮，“远方/当地”“连锁/解锁”指示灯状态与它们的把手位置一致；“网卡 1 通信故障，网卡 2 通信故障，模件故障，装置配置错，装置电源故障”指示灯灭，但在测试装置前由于网卡没接通，通常“网卡 1 通信故障，网卡 2 通信故障”灯是亮的。LCD 上会显示主菜单（显示实时数据、显示记录、显示装置状态字、显示配置表、用户自定义画面及时钟）。

4. 装置调试

测试系统主要功能及性能指标。测试结果记入表 Z12G2002Ⅱ–1。

表 Z12G2002Ⅱ–1　　实时数据 YC 量测试记录表　测控装置

（U=57.74V，I=1A，ϕ=30°）

序号	遥测名称	理论值	测量值	精　度	数据到画面响应时间（s）	正确性
1	AB 相电压					
2	BC 相电压					
3	CA 相电压					
4	A 相电流					
5	B 相电流					
6	C 相电流					
7	有功功率					
8	无功功率					

验收意见：

结论：　通过□　　　不通过□

备注：

【思考与练习】

1. 遥测采集实现过程的原理是什么？

2. 遥测输入电路由哪几部分组成？各自的作用是什么？

3. 测控装置进行遥测采集功能调试检修的流程是什么？

模块 3　遥控功能联合调试（Z12G2003Ⅱ）

【模块描述】本模块介绍了遥控功能的原理、遥控外回路接线、调试项目及注意事项。通过调试流程介绍，掌握调试前的准备工作及相关安全和技术措施、遥控功能的调试项目及其操作方法。

【模块内容】遥控是电网的重要控制手段，遥控命令执行结果直接改变系统的拓扑结构，改变电源或负荷的连接状态。

一、测控装置遥控功能的基本原理

为保证遥控输出的可靠性，每一对象的遥控均由三个继电器完成，并增加了一闭锁控制电路，由控制电路来控制遥控的输出。对象操作严格按照选择、返校、执行三步骤，实现出口继电器校验。此外，测控装置还具有硬件自检闭锁功能，以防止硬件损坏导致误出口。

二、遥控功能联合调试的安全和技术措施

1. 工作票

工作票中，应该含有测控装置、相关二次回路、通信电缆、监控中心的具体工作信息。传动工作中应填写遥控传动记录，内容包括时间、地点、操作人、监护人、开关名称、动作情况等内容。

2. 安全和技术措施

应该做好防止触及其他间隔或小室设备、防止产生误数据、防止进行误操作等的安全措施。

3. 危险点分析及控制

（1）检查遥控点号设置是否正确，分站采集的开关量是否正确，可以采用查看测控装置菜单、原始报文的方式进行核对。核对所有测控装置的遥控点号是否按照上级下达的内容设置、是否有重复的点号、备用装置遥控点号默认值是否合适。

（2）执行遥控操作测控装置的远方/就地把手（或压板）应在“远方”位置，其他装置应在“就地”位置。

（3）主要的危险点：

1）带电拔插通信板件。

2）通信调试或维护产生误数据。

3）通信调试或维护导致其他数据不刷新。

4）参数调试或维护导致影响其他的通信参数。

5）通信电缆接触到强电。

6）信号实验走错到遥控端子。

7）通信设备维护影响到其他共用此设备的通信。

（4） 主要控制手段：

1）避免带电拔插通信板件。

2）避免直接接触板件管脚，导致静电或电容器放电引起的板件损坏。

3）调试前，把相应可能影响到的数据进行闭锁处理。

4）依据图纸在正确的端子上进行相应的实验。

5）如果装置有遥控回路，做好闭锁措施，防止误操作。

6）通信设备断电前检查是否有相关的共用设备。

三、遥控功能的联合调试方法

（一）手控操作

1. 遥控联调时先执行手控操作的作用

由于遥控联调牵涉的环节比较多，使用逐步调试的方法将联调拆分成容易实现的几个简单步骤，有利于提高联调工作效率。在遥控联调时先执行手控操作，保证测控装置以及遥控回路没有问题，之后就可以专心检查变电站当地后台、调度后台方面的影响遥控联调的环节有无问题。

2. 准备工作

（1） 将测控装置的远方/就地把手（或压板）打在“就地”位置。

（2） 确认本次遥控操作对应的遥控压板是否已经处于“退出”位置。

（3） 如本测控装置具有联锁组态功能且本次遥控操作需要验证联锁组态功能的正确性，请将“解除闭锁”压板打在“退出”位置，并仔细检查联锁逻辑文本中的联锁逻辑规则图是否正确，确认本步遥控操作是否符合联锁逻辑所要求的条件。

如果本测控装置不具备联锁组态功能，或本次遥控操作不希望使用联锁组态功能，直接将“解除闭锁”压板打在“投入”位置。

（4） 断路器检同期合闸的情况下，请检查测控装置的同期条件是否满足，并检查测控装置的同期设置是否正确。

3. 手控操作的方法

在测控装置液晶菜单中，选择“手控操作”进入手控操作菜单第一步，显示菜单如下：

手控操作： 第一步：对象选择 遥控 1 遥控 2 遥控 3 遥控 4 遥控 5 遥控 6 遥控 7 遥控 8

选择一个遥控对象后，按“确定”按钮进入第二步，显示菜单如下：

手控操作： 第二步：操作选择 分闸操作 合闸操作 取消

将光标移到相应位置，按“确定”按钮。选择操作成功后进入第三步，显示菜单如下：

可选择下发执行命令或者取消本次操作，移动光标选择相应命令，按“确定”按钮执行。

手控操作： 第三步：执行确认 执行 取消

（二）在监控后台执行遥控操作

（1）保证在测控装置上执行手控操作正常。

（2）将测控装置的远方/就地把手（或压板）打在“远方”位置。

（3）检查变电站当地后台数据库、画面有关本次遥控操作的相关内容正确。

（4）如果是在已经有部分已投运设备的变电站做遥控联调工作，在客观条件允许并得到相关管理部门许可的情况下，做好安全措施，办理允许本测控装置在变电站当地后台遥控的工作票。

（5）在变电站当地后台执行遥控操作，操作人、监护人不能是同一人，操作人必须是具有操作权限的变电站当值运行人员，监护人必须是具有监护权限的变电站当值运行人员。

（三）调度中心远方执行遥控操作

调度中心远方执行遥控操作与在监控后台执行遥控操作的方法类似。但在传动时应与调度中心取得密切联系，分别将被控制开关执行由“分”到“合”和“分”到“合”到“分”操作。传动工作中应填写遥控传动记录。

传动工作中如发现遥控功能失效，可先检查通道情况，然后通过远动主机检查报文接收和发送情况，验证报文内容是否正确。

四、某测控装置遥控回路的接线

RCS–9705C 遥控板上的遥控回路接线见图 Z12G2003Ⅱ–1。图中的 RCS–9705C 安装在屏内 1n 位置的，因此其对应的端子排编号为 1YK 的。1YK1、…、1YK52 为端子排编号。

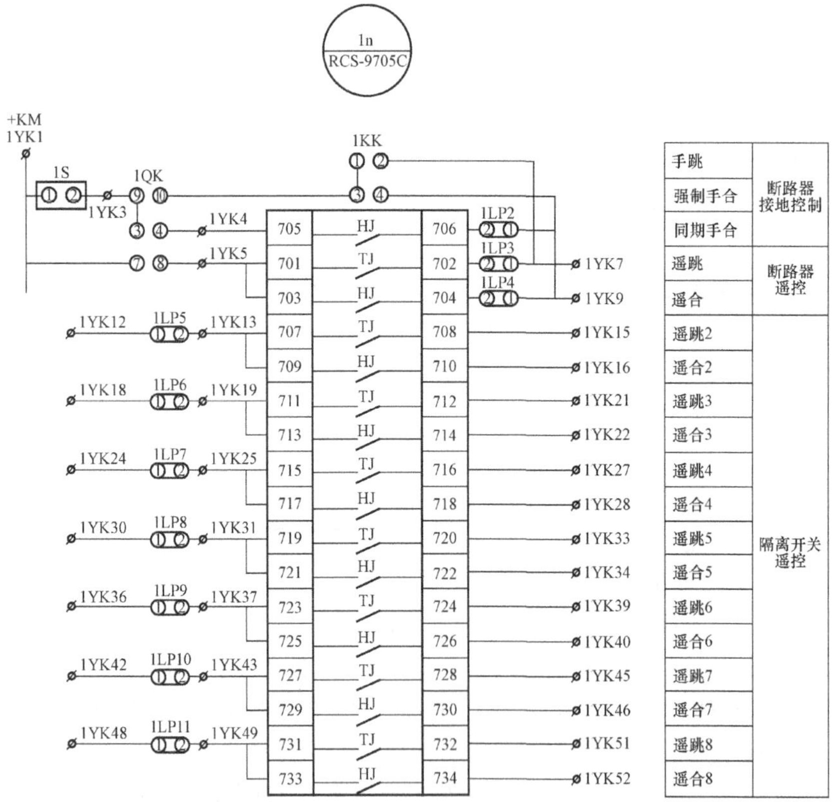

图 Z12G2003Ⅱ–1　RCS–9705C 遥控板上的遥控回路接线图

由于第一路遥控在现场常用于控制断路器，故第一路遥控回路比较特殊，具体表现为：

（1）第一路遥控合、分遥控分别有独立的遥控压板。

当遥跳压板 1LP3 投入时第一路遥控才能遥控分闸，如果 1LP3 压板退出，则第一路遥控分闸将不能出口。

当遥合压板 1LP4 投入时第一路遥控才能遥控合闸，如果 1LP4 压板退出，则第一路遥控合闸将不能出口。

而第二路到第八路遥控分别均只有 1 个遥控压板，以第二路遥控为例，其对应的遥控压板为 1LP5，这个遥控压板投入时第二路遥控才能合闸、分闸，退出时第二路遥控将既不能合闸又不能分闸。

（2）第一路操作需要考虑到测控屏上的电气锁 1S、1KK 操作把手和 1QK 操作把手。

1KK 操作把手含义见图 Z12G2003Ⅱ-2。

1QK 操作把手含义见图 Z12G2003Ⅱ-3。

运行方式＼接点		3~4 7~8 11~12	1~2 5~6 9~10
合闸	↗	×	—
就地	↑	—	—
跳闸	↖	—	×

图 Z12G2003Ⅱ-2 1KK 操作把手含义图

运行方式＼接点		1~2 3~4	5~6 7~8	9~10 11~12
同期手合	↗	×	—	—
远控	↑	—	×	—
强制手动	↖	—	—	×

图 Z12G2003Ⅱ-3 1QK 操作把手含义图

进行第一路手跳操作时，需要操作把手 1KK 打到“跳闸”位置才能成功。

第一路操作成功的条件见表 Z12G2003Ⅱ-1。

表 Z12G2003Ⅱ-1　　第一路操作成功的条件

操作名	能成功操作的条件序号	能成功操作的条件内容
遥合	1	1QK 打到“远控”位置
	2	第一路遥控的遥合压板 1LP4 在合位
遥跳	1	1QK 打到“远控”位置
	2	第一路遥控的遥跳压板 1LP3 在合位
同期手合	1	使用计算机钥匙打开第一路操作的测控屏上的电气锁 1S，或直接短接 1S，使之导通
	2	1QK 打到“同期手合”位置
	3	第一路操作的同期手合压板 1LP2 投上

续表

操作名	能成功操作的条件序号	能成功操作的条件内容
强制手合	1	使用计算机钥匙打开第一路操作的测控屏上的就地五防锁 1S，或直接短接 1S，使之导通
	2	1QK 打到“强制手动”位置
	3	操作把手 1KK 打到“合闸”位置
手跳	1	使用计算机钥匙打开第一路操作的测控屏上的就地五防锁 1S，或直接短接 1S，使之导通
	2	1QK 打到“强制手动”位置
	3	操作把手 1KK 打到“跳闸”位置

五、遥控功能的检测及报告查询

1. 遥控功能的检测

遥控调试时，可使用万用表的欧姆挡来检测遥控节点的闭合情况。如果执行控制命令时，电阻突然降为0Ω左右，表明正在遥控的该路遥控结点已经闭合，遥控成功。如果电阻没有变化，则表明测控装置没有向外输出遥控信号。

2. 报告查询

操作报告记录装置操作的情况，屏幕显示如下：

遥控 3
日期：2008 年 10 月 21 日
时间：13h28min11s
毫秒：775
状态：9998　合执行
序号：6

按“↑”或“←”按钮可选择“上一个”记录，按“↓”或“→”按钮可选择“下一个”记录，若要查看最新的一条记录，请按“确认”按钮。装置可记录的操作记录数目共 256 条，采用循环式指针记录方式，只记录最新的 256 条信息。

【思考与练习】

1. 遥控功能联合调试时，遥控联调时执行手控操作的作用是什么？
2. 遥控功能联合调试时，在监控后台执行遥控操作的作用是什么？

模块 4　测控装置与站内时间同步（Z12G2004Ⅱ）

【模块描述】本模块介绍了测控装置的对时类型、对时精度检测、调试项目及注意事项。通过调试流程介绍，掌握调试前的准备工作及相关安全和技术措施、对时功能的调试项目及其操作方法。

【模块内容】在变电站中，重要的状态量变化均需带上时标信息，因此必须建立统一的时钟。

一、GPS 授时的几种方式

1. 1PPS 脉冲信号

系统的同步脉冲信号通常以空接点方式输出，每秒钟发一次的脉冲称为 1PPS（1Pulse per Second）脉冲信号。

2. 1PPM 脉冲信号

每分钟发一次的脉冲称为 1PPM（1Pulse per Minute）脉冲信号。

3. 1PPH 脉冲信号

每小时发一次的脉冲称为 1PPH（1Pulse per Hour）脉冲信号。

4. IRIG–B（DC）时间码

IRIG–B 时间码为美国靶场仪器组（Inter Range Instrumentation Group，IRIG）提出国际通用时间格式码，并分成 A、B、C、D、E、G、H 几种，电力系统的时间同步对时中最为常用的是 IRIG–B，传输介质可用双绞线和同轴电缆。

IRIG–B（DC）时间码要求每秒 1 帧，包含 100 个码元，每个码元 10ms。脉冲宽度编码，2ms 宽度表示二进制 0、分隔标志或未编码位，5ms 宽度表示二进制 1，8ms 宽度表示整 100ms 基准标志。

IRIG–B（DC）时间码帧结构包括起始标志、秒（个位）、分隔标志、秒（十位）、基准标志、分（个位）、分隔标志、分（十位）、基准标志、时（个位）、分隔标志、时（十位）、基准标志、自当年元旦开始的天（个位）、分隔标志、天（十位）、基准标志、天（百位）（前面各数均为 BCD 码）、7 个控制码（在特殊使用场合定义）、自当天 0 时整开始的秒数（为纯二进制整数）、结束标志。

根据 IEEE Std 1344—1995 规定，在 IRIG–B 时间码 P50～P58 位应含有年份信息。

5. IRIG–B（AC）时间码

IRIG–B（AC）时间码是用 IRIG–B（DC）时间码对 1kHz 正弦波进行幅度调制形成的时间码信号，幅值大的对应高电平，幅值小的对应低电平，调制比 2:1～6:1 连续可调，典型调制比 3:1。

IRIG–B（AC）时间码帧和 IRIG–B（DC）时间码帧结构相同，这两种时间码只是传送形式不同，而码的帧结构是相同的。

6. 串口时间报文

对时装置可通过 RS–232、RS–485 或光纤扩展插件向外发送对时报文，对时报文采用统一的波特率和信息格式，说明如下：

波特率：9600bit/s。

数据格式：每字节中一位起始位，八位数据位，一位停止位，无校验。

信息格式：每秒发送一次，采用 Motorola 二进制格式，长度为 154 字节，每个字节均为 16 进制数值。

RCS–9785C/D 对时装置报文内容见表 Z12G2004Ⅱ–1。

表 Z12G2004Ⅱ–1　　RCS–9785C/D 对时装置报文内容

字节序号	符　号	含　义	字节序号	符　号	含　义
0	@	报文开始标志（40H）	9	m	分
1	@	报文开始标志（40H）	10	s	秒
2	H	报文开始标志（48H）	11～55	...	保留
3	a	报文开始标志（61H）	56	t	跟踪上的卫星数目
4	m	月	57～150	...	保留
5	d	日	151	C	校验字节
6	y	年高字节	152	〈CR〉	报文结束标志（0DH）
7	y	年低字节	153	〈LF〉	报文结束标志（0AH）
8	h	时			

其中，跟踪上的卫星数目 t 是指本装置的内置 GPS 模块跟踪上的卫星数目，假如装置切换至外部对时源，那么它将根据接收到的外部 IRIG–B 时间码判断外部对时源的 GPS 信号是否有效，如果有效则 t 置为 1，如果无效则 t 置为 0；校验字节 C 是从报文的第 2 号字节（即“H”）开始，到第 150 号字节（即校验字节 C 的前一字节）逐字节异或的结果。

7. 网络时间报文

根据国际标准的 NTP 网络对时协议，通过 RJ–45 接口和客户端软件向厂、站的计算机网络授时。

二、测控装置对时几种方式

1. 软对时（报文对时）

报文对时是指对时源以网络对时方式，通过测控装置的网线传输对时报文的对时方式。

2. 硬对时

（1）RS–485 串口差分对时。

（2）IRIG–B 对时。

三、案例

某变电站时间同步系统的应用。

变电站时间同步系统由 GPS 主时钟 RCS–9785C/D 和 GPS 扩展装置 RCS–9785E 构成。系统配备两台带 GPS 对时功能的 RCS–9785C 装置，一“主”一“从”，分别安装在两个小室，其他小室和主控室配备 RCS–9785E 对时扩展装置，RCS–9785E 接收来自两台 RCS–9785C 的 IRIG–B 时间码并选择输出。RCS–9785E 是单纯的对时信号扩展装置，它不带 GPS 模块，只需接收外部对时源的 IRIG–B 时间码，通过解码和转换处理后可同步扩展输出 IRIG–B、1PPS、1PPM、1PPH 和对时报文信息。

RCS–9785C 的 GPS 插件不仅可以接收 GPS 天线的信号，而且通过光纤输入接口可以接收来自另一台时钟源的 IRIG–B 时间码。正常运行时，如果两台装置的 GPS 模块都能跟踪到卫星，则两台装置都根据自己的 GPS 信号输出对时信息，它们均为高精度高准确度的时间信息；如果其中一台的 GPS 信号失步，则自动切换至外部时钟源，即采用另一台装置的 IRIG–B 时间码作为时间基准；如果两台装置的 GPS 信号都失步，则首先将由“主”装置根据内部时钟输出对时信息，“从”装置以“主”装置的时钟信号为时间基准，假如“主”装置的内部时钟故障，则都以“从”装置的内部时钟为时间基准。

图 Z12G2004Ⅱ–1 中的两台 RCS–9785C 也可以用一台 RCS–9785D 来代替，见图 Z12G2004Ⅱ–2。

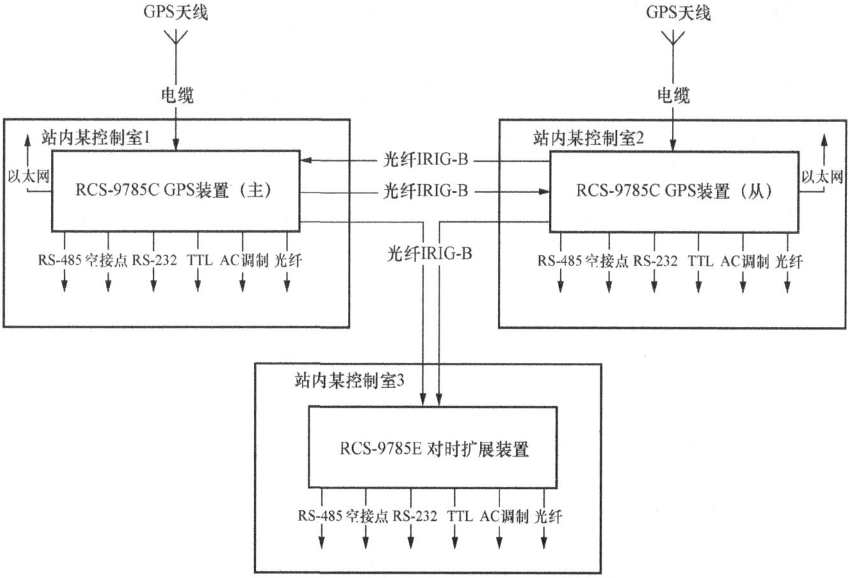

图 Z12G2004Ⅱ–1　时间同步系统的应用组成方案一

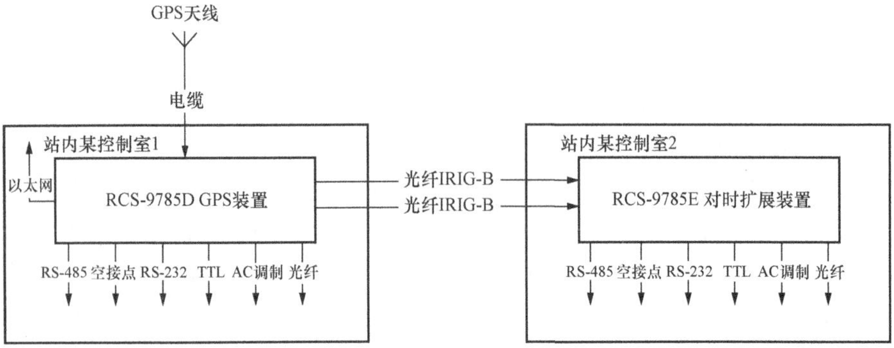

图 Z12G2004Ⅱ-2 时间同步系统的应用组成方案二

RCS-9785D 装置具有两个 GPS 插件，在内部也是一“主”一“从”的关系，由 CPU 插件对其进行选择切换，如果两个插件的 GPS 模块都能跟踪到卫星，则 CPU 选择“主”GPS 插件输出对时信息；如果其中一个插件的 GPS 模块失步，则 CPU 选择另一个 GPS 插件输出对时信息；如果两个 GPS 模块都失步，则 CPU 先判断有无有效的外部时钟源，如果有则取外部 IRIG-B 时间码为时间基准，否则优先选择“主”GPS 插件根据内部时钟输出对时信息。

RCS-9785E 对时扩展装置的两路 IRIG-B 输入信号互为备用，在同等条件下优先选择第一路 IRIG-B 输入信号为基准时钟源。

四、时钟同步功能调试和检修的安全和技术措施

1. 工作票

工作票中，应该含有时间同步装置、相关测控装置、通信电缆、监控中心的具体工作信息。

2. 安全和技术措施

应该做好防止触及其他间隔或小室设备、防止带电操作、防止产生误数据、防止进行误操作等的安全措施。

3. 危险点分析及控制

（1） 主要的危险点：

1）带电拔插通信板件。

2）通信调试或维护产生误数据。

3）通信调试或维护导致其他数据不刷新。

4）参数调试或维护导致影响其他的通信参数。

5）通信电缆接触到强电。

6）信号实验走错到遥控端子。

7）通信设备维护影响到其他共用此设备的通信。

（2）主要控制手段：

1）避免带电拔插通信板件。

2）避免直接接触板件管脚，导致静电或电容器放电引起的板件损坏。

3）调试前，把相应可能影响到的数据进行闭锁处理。

4）依据图纸在正确的端子上进行相应的实验。

5）设备断电前检查是否有相关的共用设备。

五、测控装置对时精度检测方法

使用GPS主时钟和测控装置配合使用就可以准确、快捷地检测测控装置的对时精度。

（1）先清除测控装置中所有SOE历史记录。

（2）GPS主时钟输出信号通过电缆引出，接在测控装置上。此时，测控装置每到整分钟时都将收到对时信号。

（3）在测控装置的“SOE报告”中观察各条SOE记录的时间。

六、测控装置GPS失步的告警模式

当GPS对时失步超过90s，测控装置将产生“GPS失步”告警信号，在测控装置通信正常，置检修压板未投的情况下，变电站监控后台将接收到装置上送的“GPS失步”告警信号。

【思考与练习】

1. 测控装置对时精度检测方法有哪些？

2. GPS授时有几种方式？特点分别是什么？

模块5　施工安全措施及技术措施（Z12G2005Ⅱ）

【模块描述】本模块介绍了测控装置屏内接线的注意事项及各种安全与技术措施，包含各种模拟量数字量的输入、输出的接线安全措施及技术措施。通过要点介绍，了解测控装置在整个施工过程中需要注意的相关安全和技术措施。

【模块内容】变电站（发电厂）电气系统中二次设备包括继电保护装置、自动控制装置、测量仪表、计量仪表、信号装置及绝缘监察装置等设备。这些设备所组成的电路统称为二次电路或二次回路。二次回路的电压等级一般为100V、110V和220V（弱电控制除外）等。虽然二次回路电压属于低压范围，但二次设备与一次设备即高压设备的距离较近，而且一次设备与二次设备有着密切的电磁耦合关系。这样，一方面在二次回路工作的人员有触碰高压设备的危险，另一方面由于绝缘不良或电流互感器二次开路可能使工作人员触及高压而发生事故。为此，必须采取预防措施。下面介绍一下在二次回路工作前、工作过程中及对主要设备所采取的安全组织措施和有关安全的注意事项。

一、在二次回路工作前的准备工作

（1）工作前应填写工作票。

1）必须填写第一种工作票的工作范围：在二次回路上的工作，需要将高压设备全部停电或部分停电的，或虽不需要停电，但需要采取安全措施的工作。① 移开或越过高压室遮拦进行继电器和仪表的检查、试验时，需将高压设备停电的工作；② 进行二次回路工作的人员与导电部分的距离小于表 Z12G2005Ⅱ–1 规定的安全距离，但大于表 Z12G2005Ⅱ–2 规定的安全距离，虽然不需要将高压设备停电，但必须设置遮拦等安全措施的工作；③ 检查高压电动机和启动装置的继电保护装置和仪表，需要将高压设备停电工作。

表 Z12G2005Ⅱ–1　临近或交叉其他电力线工作的安全距离

电压等级（kV）	安全距离（m）	电压等级（kV）	安全距离（m）
10 级以下	1.0	154～220	4.00
35（20～44）	2.5	330	5.00
60～110	3.0	500	6.00

表 Z12G2005Ⅱ–2　在带电线路杆塔上工作与带电导线最小安全距离

电压等级（kV）	安全距离（m）	电压等级（kV）	安全距离（m）
10 级以下	1.0	154	2.00
20～35	1.00	220	3.00
44	1.20	330	4.00
60～110	1.50	500	5.00

2）必须填写第二种工作票的工作范围：工作本身不需要停电或没有偶然触及导电部分的危险，并许可在带电设备的外壳上工作的，应填写第二种工作票。① 串联在一次回路中的电流继电器，虽本身有高电压，但有特殊传动装置，可以不停电在运行中改变整定值的工作；② 装在开关室过道上或控制室配电屏上的继电器和保护装置，可以不断开保护的高压设备（不停电）进行校验等工作。

（2）执行上述第一种或第二种工作票的工作至少要有两人进行。

（3）工作之前要做好准备，了解工作地点的一次及二次设备的运行情况和上次检验记录。核查图纸是否和实际情况相符。

（4）进入现场开始工作前，应查对已采取的安全措施是否符合要求，运行设备和检修设备是否明显分开，还要对照设备的位置、名称、严防走错位置。

（5）在全部停电或部分带电的屏（配电屏、保护屏、控制屏）上工作时，应将检修设备与运行设备用明显的标志隔开。通常在屏后挂上红布帘，这样，可防止错拆、错装继电器，防止误操作控制开关。在屏前悬挂“在此工作”的标志牌。作业中严防误动、误碰运行中的设备。

（6）在保护屏上进行钻孔等振动较大的工作时，应采取防止运行中的设备掉闸的措施。因为，剧烈的振动可能造成继电器抖动，使其接点误动而发生误跳闸。如果不能采取措施，必须得到值班调度员或值班负责人的同意，将保护暂停。

（7）在继电保护屏间的通道上搬运或放置试验设备时，要与运行设备保持一定的距离，防止误碰运行设备，造成保护误动作。清扫运行设备和二次回路时，要防止振动，防止误碰。

（8）继电保护装置做传动试验或一次通电时，应通知值班员和有关人员，并派人到现场监视、方可进行。继电保护的校验工作有时需要对断路器机械联动部分做分、合闸传动试验，有时也需要利用其他电源对电流互感器进行校验工作。上述两种情况均应事先通知值班人员，告知设备的安全措施是否变动及注意事项；并通知其他检修、试验的工作负责人，要求在传动试验或一次通电试验的设备上撤离工作人员，并保持一定的安全距离。继电保护工作负责人还要派人员到现场进行检查，并在试验时间内进行现场监护，防止有人由于接触被试设备，而发生机械伤人或触电事故。

（9）工作前应检查所有的电流互感器和电压互感器的二次绕组应有永久性的且可靠的保护接地。

二、在二次回路工作中应遵守的规则

（1）调试检修人员在现场工作过程中，凡遇到异常情况（如直流系统接地或断路器跳闸等），不论与本身工作是否有关，都应立即停止工作，保持现状，待查明原因，确定与本工作无关后方可继续工作；若异常情况是由于本身工作引起的，应保护现场立即通知值班人员，以便及时处理。

（2）二次回路通电或耐压试验前，应通知值班员和有关人员，检查回路上确无人工作后方可加压，并派人到现场看守。

（3）电压互感器的二次回路通电试验时，为防止由二次侧向一次侧反充电，除将电压互感器的二次侧隔离开关拉开外，还要拉开电压互感器的一次侧隔离开关，取下一次侧保险器。

（4）检验继电保护和仪表的工作人员，不准对运行中的设备、信号系统、保护压板进行操作，以防止误发信号和误跳闸。在取得值班人员许可并在检修工作屏两侧开关把手上采取防止误操作的措施（挂标志牌、设遮拦等）后，可拉、合检修的断路器。

（5）试验用的隔离开关必须带罩，以防止弧光短路灼伤工作人员。禁止从运行设备上直接取试验电源，以防止试验线路有故障时，使运行设备的电源消失。试验线路的各级保险器的熔丝要配合得当，上一级熔丝的熔断时间应等于或大于下一级熔丝的熔断时间的3倍，以防止越级熔断。

（6）保护装置二次回路变动时，严防寄生回路存在，对没有用的线应拆除，拆下的线应该接上的不要忘记，且应接牢；临时在继电器接点间所垫的纸片上不要忘记取出。

三、在带电的电流互感器二次回路上工作时，应采取的安全措施

（1）严禁电流互感器二次侧开路。

1）必须使用短路片或短路线将电流互感器的二次做可靠的短路后，方可工作。

2）严禁用导线缠绕的方法或用鱼夹线进行短路。

（2）严禁在电流互感器与短路端子之间的回路上进行任何工作，因为这样易发生二次开路。

（3）工作应认真谨慎，不得将回路永久接地点断开，以防止电流互感器一次侧与二次侧的绝缘损坏（漏电或击穿）时，造成二次侧有较高的电压而危及人身安全。

（4）工作中，必须有专人监护。使用绝缘工具，并站在绝缘垫上。这样，即使在二次侧开路情况下，由于使用的是绝缘工具以及工作人员脚下有绝缘垫，会大大降低触电的可能性和危险性。

四、在带电的电压互感器二次回路上工作时，应采取的安全措施

（1）严格防止短路或接地。因为电压互感器的二次电流大小由二次回路的阻抗决定。如果电压互感器的二次回路发生相间或对地短路，则二次阻抗大大降低，使二次电流猛增，熔断器中的熔件就会熔断，使二次电压消失。二次电压没有了，欠电压继电器就会误动，进而造成保护装置的误动。同时，电压表、电能表的指示和计量都不正确。为了防止在工作中一旦发生短路使电压消失致使保护误动作，在工作时应使用绝缘工具、戴手套。必要时，工作前停用有关的保护装置。

（2）接临时负载时，必须装有专用刀闸和可熔熔丝。可熔熔丝的熔丝选择必须与电压互感器的熔丝有合理的配合。

五、测控装置调试、检修常用的安全措施

测控装置在变电站中虽然是二次设备，在调试或者检修过程中，还是有很多危险点。我们必须深入了解各个危险点，做出相对应的施工安全措施及技术措施，达到安全施工的目的。

1. 调试、检修遥信、遥测、遥控装置工作时安全措施

（1）检修遥测回路，电流回路不许开路、电压回路不许短路。工作时，必须有专

人监护，使用绝缘工具，并站在绝缘垫上。

（2）检修遥信回路时，二次接线正确且牢靠，高压带电部位保持安全距离（10kV，0.7m；35kV，1m）。

（3）检修遥控回路时，应断开控制回路压板，防止断路器误动。

（4）防低电压触电。

（5）更换变送器时，在断开二次回路时，还要将其工作电源断开，以免短路造成设备损坏。

（6）二次设备插拔板子时，应先将电源断开，以免烧坏电路板。

2. 其他安全技术措施

（1）工作现场人员应戴好安全帽。

（2）设专人监护，其他人不许触及设备。

（3）工作前应做好准备，了解工作地点，工作范围，一次、二次设备运行情况，安全措施，图纸是否齐备并符合实际，检查仪表、仪器等是否完好。

（4）现场工作开始前，检查已做好的安全措施是否符合实际要求。

（5）低压带电作业应设专人监护，使用有绝缘柄的工具。工作时必须穿长袖衣服工作，并站在干燥的绝缘物上进行，严禁使用锉刀、金属尺和带有金属物的毛刷、毛掸等工具。

（6）远动回路变动或改进时，应先修改原图纸，正确无误后方可进行回路改造。

六、测控装置调试、检修注意事项及技术措施

由于不同生产厂家不同型号的测控装置具有差异性，因此在制订测控装置的安全技术措施时应结合装置特点进行，下面针对某型号测控装置，进行安全技术措施的介绍。

案例：

（一）测控装置接入电源时的注意事项，安全及技术措施

（1）采用直流电源输入时，一定要注意直流电源的正负极不能接反。

（2）RCS–9700 系列测控装置 220V 直流电源和 220V 交流电源可以混用，但直流 110V 和 220V 直流电源不能混用。

（3）如果接入的是直流电源，测控装置上电之前，请拉掉该测控装置的直流电源空气开关。用万用表检测输入电源，确保其电压值在上表允许的偏差范围之内后，再合上该控装置的直流电源空气开关。

（二）测控装置交流模拟量输入接入的注意事项，安全及技术措施

1. 交流电流模拟量输入

（1）注意区分两表法和三表法两种接线方法。

（2）不允许出现电流回路开路的情况。

2. 交流电压模拟量输入

不允许出现电压回路短路的情况。

（三）测控装置直流模拟量输入接入的注意事项，安全及技术措施

（1）注意直流板上可接入8路直流模拟量输入，每路设置2个跳线，共计16个跳线。由于每路跳线含义相同，所以不一一列出每路跳线含义，而是用JPA*n*、JPB*n*来表示这些跳线，*n*表示是第几路直流模拟量输入，*n*可从1到8。各跳线的含义见表Z12G2005Ⅱ-3。

表Z12G2005Ⅱ-3　　跳线的含义

直流输入量的类型	JPA*n*	JPB*n*
0～250V	OFF	2～3
0～10V	OFF	1～2
0～20mA	ON	1～2

（2）接入电压型直流模拟量时，注意输入电压最大允许值是220V。

（3）接入电流型直流模拟量时，注意电流极性不要接错。

（四）测控装置数字量输入的接入注意事项，安全及技术措施

（1）测试测控装置的数字量输入时需要将一台装置的光耦公共负全部短接起来。图Z12G2005Ⅱ-1为RCS-9705C的YX1和YX2两块遥信板，接入数字量输入时，需要将510、520、530、610、620、630这几个端子连接起来。

YX2

601	开入39	开入40	602
603	开入41	开入42	604
605	开入43	开入44	606
607	开入45	开入46	608
609	电源监视4	光耦公共4–	610
611	开入47	开入48	612
613	开入49	开入50	614
615	开入51	开入52	616
617	开入53	开入54	618
619	电源监视5	光耦公共5–	620
621	开入55	开入56	622
623	开入57	开入58	624
625	开入59	开入60	626
627	开入61	开入62	628
629	电源监视6	光耦公共6–	630

YX1

501	开入15	开入16	502
503	开入17	开入18	504
505	开入19	开入20	506
507	开入21	开入22	508
509	电源监视1	光耦公共1–	510
511	开入23	开入24	512
513	开入25	开入26	514
515	开入27	开入28	516
517	开入29	开入30	518
519	电源监视2	光耦公共2–	520
521	开入31	开入32	522
523	开入33	开入34	524
525	开入35	开入36	526
527	开入37	开入38	528
529	电源监视3	光耦公共3–	530

图Z12G2005Ⅱ-1　RCS-9705C的遥信板

（2）图 Z12G2005Ⅱ–1 中，需要将 YX1 板上的“电源监视”端子接到直流正电源，这样才能保证遥信电源监测成功。当电源监视这几个端子不接遥信光耦正电源，则装置会产生“遥信失电”告警。实际上，509、519、529、609、619、629 这几个端子在装置内部已经短接。

（3）测控装置某些开入端子已经有特殊定义（见表 Z12G2005Ⅱ–4），不能再作为可任意定义的自由开入。

表 Z12G2005Ⅱ–4　　测控装置开入端子定义

开入名称	含义		备注
开入 1	置检修压板	为“1”时：装置处于置检修态。除上送此压板变位状态外，其他通信被禁止	所有 10 种型号的测控装置的开入 1 均定义为“置检修压板”
		为“0”时：装置退出置检修态。装置通信恢复	
开入 2	解除闭锁压板	为“1”时：屏蔽装置联锁功能	除 RCS–9706 之外其余 9 种型号装置的开入 2 均定义为“解除闭锁压板”
		为“0”时：恢复装置联锁功能	
开入 3	远方/就地压板	为“1”时：装置处于远方状态。此时只能进行变电站监控后台或调度后台的遥控操作	除 RCS–9706 之外其余 9 种型号装置的开入 3 均定义为“远方/就地压板”
		为“0”时：装置处于就地状态。此时只能进行就地手动操作	
开入 4	手合同期 1	为“1”时：当开入 3 处于就地状态，手合同期 1 开入为“1”时，执行“手合同期 1”就地操作	除 RCS–9702、RCS–9706、RCS–9710 之外其余 7 种型号装置的开入 4 均定义为“手合同期 1”
		为“0”时：“手合同期 1”功能暂时退出	
开入 5	手合同期 2	为“1”时：当开入 3 处于就地状态，手合同期 2 开入为“1”时，执行“手合同期 2”就地操作	只有 RCS–9704 和 RCS–9709 两种装置的开入 5 定义为“手合同期 2”
		为“0”时：“手合同期 2”功能暂时退出	

（4）RCS–9700 系列测控装置的遥信电源板可以选用 220V 或 110V 标准直流遥信电源输入，对于以直流 48V 或 24V 接入的遥信，则需要采用特殊光耦的遥信板，对于 220V 交流电压接入的遥信则需要做特殊软件处理。

（5）遥信输入是带时限的，即某一位状态变位后，在一定的时限内该状态不应再变位，如果变位，则该变化将不被确认，这是防止遥信抖动的有效措施。为正确利用此项功能，每一位遥信输入都对应了一个时限，通常设为 20ms 左右，如果其遥信输入的抖动时间较长，可以相应设置较长的时限。装置初始化的默认值为 20ms。表 Z12G2005Ⅱ–5 对测控装置液晶面板菜单中的“参数设置”的“遥信参数”中的关于防抖时限的内容设置加以说明。

表 Z12G2005Ⅱ-5　　测控装置防抖时限设置

序号	定值名称	定值	范围（s）
1	遥信 1 防抖时限	Yxt1	0～10
2	遥信 2 防抖时限	Yxt2	0～10
3	遥信 3 防抖时限	Yxt3	0～10
4	遥信 4 防抖时限	Yxt4	0～10
5	遥信 5 防抖时限	Yxt5	0～10
6	遥信 6 防抖时限	Yxt6	0～10
7	遥信 7 防抖时限	Yxt7	0～10
8	遥信 8 防抖时限	Yxt8	0～10
9	遥信 9 防抖时限	Yxt9	0～10
10	遥信 10 防抖时限	Yxt10	0～10
…			

（五）测控装置数字量输出的接入注意事项，安全及技术措施

（1）每组跳闸分合公共端的接线问题。RCS-9700 系列 C 型测控装置的每组跳合公共端各自独立分开。

（2）跳合输出接点串在 220V 操作回路中，作为断路器或隔离开关、接地刀闸的跳合线圈的启动接点。

（3）遥控跳闸、合闸和动作保持时间，接地刀闸分、合、停动作保持时间，分接头升、降、停的动作保持时间通常为 120ms，但对于某些操作回路无保持继电器的开关，可能要求延长，对此增加了遥控保持时间设置功能。表 Z12G2005Ⅱ-6 对测控装置液晶面板菜单中的“参数设置”的“监控参数”中的关于遥控接点跳、合闸保持时间的内容设置加以说明。

表 Z12G2005Ⅱ-6　　测控装置监控参数设置

序号	定值名称	定值	整定范围（s）
1	遥控接点跳闸保持时间 1	Ytt1	0～10
2	遥控接点合闸保持时间 1	Yht1	0～10
3	遥控接点跳闸保持时间 2	Ytt2	0～10
4	遥控接点合闸保持时间 2	Yht2	0～10
5	遥控接点跳闸保持时间 3	Ytt3	0～10
6	遥控接点合闸保持时间 3	Yht3	0～10

续表

序号	定 值 名 称	定 值	整定范围（s）
7	遥控接点跳闸保持时间 4	Ytt4	0~10
8	遥控接点合闸保持时间 4	Yht4	0~10
9	遥控接点跳闸保持时间 5	Ytt5	0~10
10	遥控接点合闸保持时间 5	Yht5	0~10
…			

【思考与练习】

1. 在二次回路工作前，准备工作有哪些？
2. 在二次回路工作中应遵守的安全技术规则是什么？
3. 测控装置调试、检修常用的安全措施有哪些？
4. 根据你日常使用的测控装置，制定此测控装置的安全技术措施。

模块 6　三遥功能正确性验证及分析（Z12G2006Ⅱ）

【模块描述】本模块介绍了遥测、遥信、遥控功能的检测及功能分析，包含“三遥”功能的具体测试与分析。通过要点介绍和分析，掌握测控装置基本“三遥”功能的错误分析及解决方法。

【模块内容】电力系统由若干个发电厂、变电站、输配电线路组成。为了保证电力系统安全、可靠、经济地运行，调度中心必须及时地掌握系统的运行情况，监视系统的运行参数，对系统中的断路器进行操作，对系统的有功功率、无功功率进行调节。因此，各厂、站端远动终端设备需要向调度端发送各断路器位置、运行情况等各种信息，接收调度端发来的命令，对各断路器和主变压器进行相应的操作或有关参数的调整。所有这些功能的实现，都必须依靠远动终端设备的基本功能，即遥测、遥信和遥控。所以，遥测精度是否符合要求，遥信动作是否准确、响应时间能否满足要求，遥控功能是否可靠，所有这些功能要求是检验厂、站端远动终端设备工作是否正常的根本指标。

发展调度自动化系统，首先要保障实现远动系统的基本功能，只有厂、站端远动终端设备工作稳定可靠，才能在此基础上逐步发展和完善调度自动化系统的功能。在变电站无人值班工作开展以来，对远动终端设备的功能指标及设备的稳定性提出了更高的要求。

一、遥测功能的检测及分析

1. 技术指标

根据《电力系统调度自动化设计技术规程》（DL/T 5003—2005）中对远动终端遥测精度技术指标为0.2级。《地区电网调度自动化设计技术规程》（DL/T 5002—2005）中规定交流采样精度宜为0.2级，变送器的精度宜为0.2～0.5级。

2. 检验装置的要求

（1）交流采样远动终端测量单元的检验采用虚负荷法，其检验装置应为可以模拟输出单、三相交流电压、电流、功率（相位、频率）的标准功率源或高稳定度功率源配以数字多功能表，检验装置的基本误差限应不超过表Z12G2006Ⅱ-1的规定，其实验标准差（以测量上限的百分数表示）应不超过表Z12G2006Ⅱ-2的规定。

表Z12G2006Ⅱ-1 检验装置的基本误差限

被检测量单元的准确度等级	0.1	0.2	0.5
现场检验装置的准确度等级指数	0.03	0.05	0.1
现场检验装置的基本误差限（%）	±0.03	±0.05	±0.1
现场校验仪或数字多功能表的等级	0.03	0.05	0.1

表Z12G2006Ⅱ-2 检验装置允许的实验标准差

检验装置的类别	检验装置的等级指数		
	0.03	0.05	0.1
	允许的试验标准差 S（%）		
校验电流、电压、频率、功率因数的检验装置	0.006	0.01	0.02
校验有功（无功）交流采样遥测单元的装置 $\cos\varphi$（$\sin\varphi$）=1和0.5（感性）	0.006	0.01	0.02

（2）测量单元的现场比对测试采用实负荷法，选用在15～30℃范围内保证其准确度指标或温度系数优于0.002%/℃（以20℃或23℃为基准）的可以测量交流电压、电流、功率（相位、频率）的现场校验仪（或数字多功能表）为标准，其基本误差限应不超过表Z12G2006Ⅱ-1的规定。

（3）现场校验仪和试验端子之间的连接导线应有良好的绝缘，中间不允许有接头，防止工作中松脱；并应有明显的极性和相别标志，防止电压互感器二次短路，电流互感器二次开路，以确保人身和设备安全。

3. 实负荷法现场检验

实负荷现场检验法，就是将现场校验仪（或多功能标准表）的电流回路与被检交流采样远动终端测量单元的电流回路串联，电压回路与被检交流采样远动终端测量单元的电压回路并联，在电网实际电压、电流、功率因数和频率下，将标准表的测量值与被检测量单元的测量值进行比较，计算出被检测量单元在实际运行点的误差。

（1）检验内容。运行点电压、电流、有功功率、无功功率、频率的误差。有特殊要求的还需进行功率因数的误差测量。

（2）检验方法。将现场校验仪（或多功能标准表）接入被测回路，读取实际运行点时的电压、电流、功率、频率、功率因数等值，与被检测量单元显示值进行比较，计算这一点的误差。考虑到电网的波动，可读取 2、3 次的值进行平均，误差限应在±1.0%以内。

（3）误差计算方法。

$$\gamma=(A_x-A_oK_iK_u)/A_F\times100\%$$

式中　A_x——被测量显示值；

A_o——标准表显示值；

K_i——电流互感器变比；

K_u——电压互感器变比；

A_F——被测参数的整定值。

4. 检测及分析

（1）根据检测结果，分析现场装置测量精度。

（2）与调度主站进行数据核对，分析转换系数是否正确，测点对应是否正确。

（3）根据运行情况，分析“死区”设定是否满足要求。

5. 检测结果记录

实负荷/虚负荷检验记录格式分别见表 Z12G2006Ⅱ-3 和表 Z12G2006Ⅱ-4。

表 Z12G2006Ⅱ-3　　实负荷检验记录格式

遥测量	标准表值（二次值）	标准表换算值（一次值）	测量单元显示值	平均引用误差（%）

表 Z12G2006Ⅱ-4　　　　　虚负荷检验记录格式

检验项目	被测量输入值	功率因数	标准表示值	测量单元显示值	引用误差（%）

二、遥信功能的检测及分析

电力系统发生事故后，运行人员从遥信动作中能及时了解断路器和继电保护的状态改变情况。为了分析系统事故，不仅需要知道断路器和保护的状态，还应掌握其动作的先后顺序及确切的时间。在RTU处理遥信变位时，把发生的事件（断路器或保护动作就是一种事件）按先后顺序将有关的内容记录下来，并附加相应的精确时间（可精确到毫秒）标识，然后通过特定信息帧传送到主站，这就是事件顺序记录。因此，对于遥信功能指标分析，要分析事件顺序记录分辨率和遥信变位传送时间两个指标。

1. 技术指标

根据《电力系统调度自动化设计技术规程》（DL/T 5003—2005）和《地区电网调度自动化设计技术规程》（DL/T 5002—2005）中的规定，远动终端设备遥信变化传送时间不大于3s，事件顺序记录分辨率不大于2ms，事件顺序记录站间分辨率应小于10ms。

2. 遥信动作功能的检测方法

（1）将脉冲信号模拟器的两路输出信号至测控装置的任意两路遥信输入端，对两路脉冲信号设置一定的时间延迟，如2ms、5ms、10ms。

（2）启动脉冲模拟器工作，这时在显示屏上显示出遥信名称、状态及动作时间。

（3）重复上述试验不少于5次。

3. 检测及分析

（1）根据测试结果，可以分析站内事件顺序记录分辨率和遥信动作情况，其中开关动作应正确，站内分辨率应满足事件顺序记录站内分辨率的要求。结合遥信记录时间与事件顺序记录时间，可分析遥信变化传送时间范围值。

（2）与调度主站进行数据核对，分析测点对应是否正确。

三、遥控功能的检测及分析

（1）遥控功能的检测方法主要就是采用实际传动的办法。传动时应与主站系统取得联系，分别将被控制开关执行由“分”到“合”和“合”到“分”操作，遥控、遥调命令传送时间不大于4s。

（2）传动工作中应填写遥控传动记录，内容包括时间、地点、操作人、监护人、断路器名称、动作情况等内容。

（3） 传动工作中如发现遥控功能失效，可先检查通道情况。站端可采用当地后台执行遥控进行实验。如排除通道原因，可对站端设备进行检查。

（4） 遥控失败原因：

1）遥控点号设置不正确。可以采用查看原始报文的方式进行核对。

2）主站下发报文不正确。如果分站采集的开关位置不正确，也会造成遥控操作失败。

3）远方调度遥控操作时，相应测控装置的远方/就地把手（或压板）未在“远方”位置。

4）确认相应测控装置的“置检修状态”压板不在“投入”位置，当“置检修状态”压板在“投入”位置时，该装置不能接收变电站当地后台、调度后台的遥控命令，但测控装置手控操作仍能成功。

5）测控装置通信不正常也会导致遥控失败。

6）遥控操作对应的遥控压板如果处于“退出”位置，将导致遥控信号不能出口，遥控失败。

7）测控装置本身发生故障时也会导致遥控失败。

8）如果是执行断路器遥控，有的断路器遥控需要检同期，在做断路器检同期合闸的情况下，如果测控装置的同期条件不满足，或测控装置的同期设置不正确都有可能导致遥控合闸失败。

9）如本测控装置具有联锁组态功能且“解除闭锁”压板在“退出”位置，如果不满足联锁组态中联锁逻辑规则图的闭锁条件，则遥控也将失败。

【思考与练习】

1. 怎样对装置遥测精度进行实负荷法现场检验？
2. 遥信动作功能的检测方法是什么？
3. 遥控失败原因有哪些？

第十五章

后台监控系统的调试与检修

模块 1　后台监控系统启动及关闭（Z12G3001Ⅰ）

【模块描述】本模块介绍了后台监控系统的启动、关闭方法、调试项目及注意事项。通过工作流程介绍、界面图形示意，掌握调试前的准备工作及相关安全和技术措施、后台监控系统启动及关闭功能的调试项目及其操作方法。

【模块内容】后台监控系统启动及关闭包括监控系统的启动、关闭方法、调试项目及注意事项。

一、启动后台监控系统前的准备工作

1. 检查后台计算机各硬件设备的连接情况

（1） 设备间的连接线是否正确，是否存在错接或漏接情况。

（2） 检查连接插座、插头的连接针是否存在变形、缺失或短路的现象。

（3） 检查各硬件外观是否完整。

2. 登录用户名和口令

后台监控系统登录时需要选择用户并输入正确的口令，确定不同操作权限下的用户名及口令。

二、启动后台监控系统的方法及注意事项

1. 按主机和显示器电源按钮，打开后台机器

2. 启动监控系统

（1） 确认 Windows 系统以 Administrator 用户登录，启动正常。

（2） 确认系统桌面右下角任务栏中数据库服务器启动正常，显示为“正在运行”。

（3） 确认系统防火墙处于关闭状态。

（4） 双击桌面上监控系统运行图标，启动监控系统。

3. 查看监控系统启动正确

（1） 确认监控系统启动过程中，数据库能正常启动，无报错。

（2） “操作界面”画面和简报窗口弹出同时，告警发音。

（3）登录监控系统，进行各功能操作。

三、关闭后台监控系统的步骤方法

1. 关闭后台监控系统

（1）注销、关机、重新启动与正常的Windows操作系统相同。

（2）切换工作模式，有些监控系统可以运行在标准的Windows操作系统上，也可以运行在受限的 Windows 操作系统上，当在受限的 Windows 操作系统上运行时，Windows 上的所有功能将不能使用，使用者只能使用监控系统，有效地提高了监控系统稳定性、可靠性。

（3）关闭监控系统该命令只有当监控系统运行在标准的 Windows 操作系统上时有效。

2. 关闭后台机操作系统

监控系统完全关闭后，关闭后台计算机。

3. 关闭设备电源

四、案例

1. 启动监控系统

运行人员可通过以下几种方法启动变电站后台监控系统：

（1）在 Windows 运行桌面中找到某厂站综合自动化系统“VX.XX”快捷图标，用鼠标双击后，即可启动整个后台监控系统。

（2）在 Windows 系统的“开始”菜单中，选择“程序”→“某厂站综合自动化系统VX.XX”→“某在线运行”菜单项，即可启动后台监控系统。

2. 查看系统运行情况

（1）从后台监控系统的“开始”菜单中选择“进程管理”子菜单（见图 Z12G3001Ⅰ-1），系统将弹出用户权限校验对话框，选择用户名并输入正确的口令。

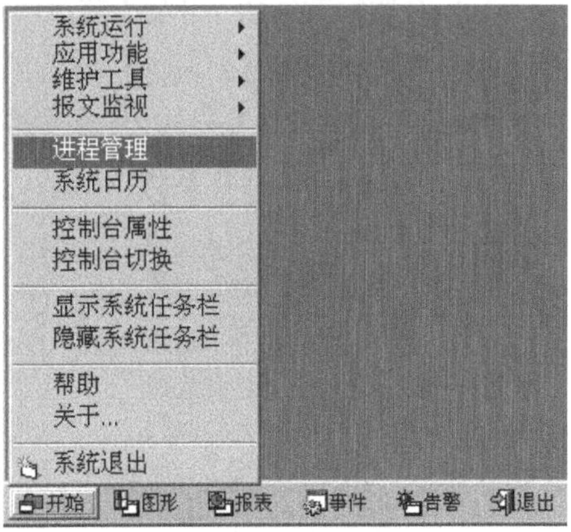

图 Z12G3001Ⅰ-1 开始菜单

（2）系统弹出“监控系统进程监控”管理界面（见图 Z12G3001Ⅰ-2）。从进程列表中可查看系统关键进程的运行状态，从而判断后台监控系统的运行是否正常。其中“数据库服务器”“RCS 控制台”“后台网络”“实时告警系统”和“SCADA 模块”是系统的核心进程。

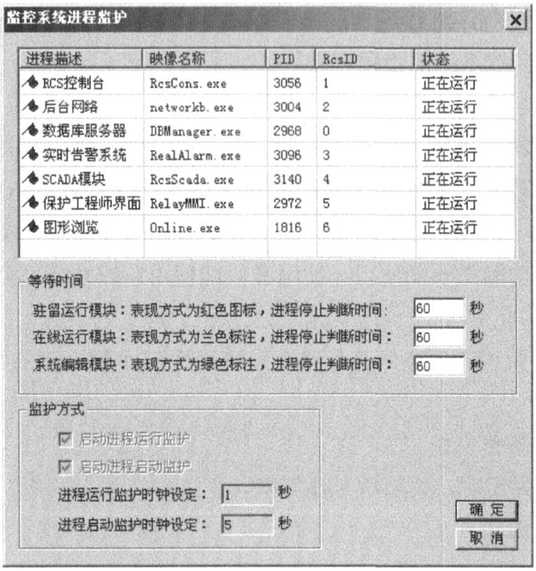

图 Z12G3001Ⅰ–2 监控系统进程监控管理界面

3. 关闭后台监控系统

从后台监控系统的“开始”菜单中选择“退出系统”，或在系统控制台工具栏中选择“退出”按钮。

（见图 Z12G3001Ⅰ–3），系统将弹出用户校验对话框，选择用户名并输入正确的密码后，可关闭后台监控系统。

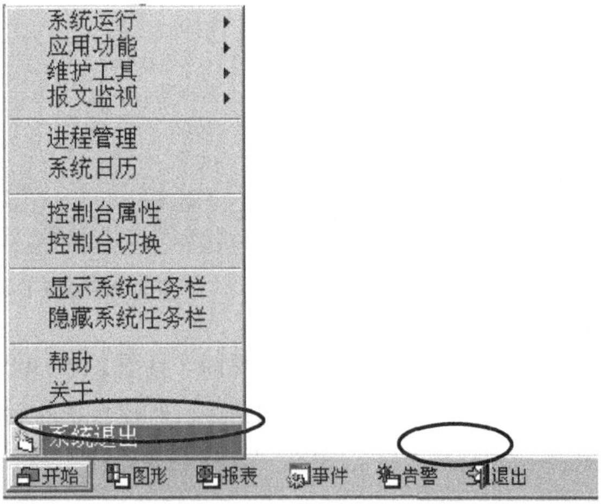

图 Z12G3001Ⅰ–3 退出菜单

【思考与练习】

1. 启动后台监控系统有哪些步骤？

2. 在后台监控系统中切换工作方式有什么作用？

模块 2　读懂后台监控遥信量、遥测量及通信状态（Z12G3002Ⅰ）

【模块描述】本模块介绍了后台监控系统中遥信量、遥测量及通信状态的显示方式，以及数据和参数的查询方法。通过方法介绍、界面图形示意，掌握正确读取后台监控系统中遥信量、遥测量及装置通信状态的方法。

【模块内容】读懂后台监控遥信量、遥测量及通信状态包括后台监控系统中遥信量、遥测量及通信状态的显示方式，以及数据和参数的查询方法。

一、查看后台监控遥信量、遥测量及通信状态前的准备工作

1. 确认监控系统与装置通信正常

（1）确认所有装置正常启动。

（2）确认装置和后台之间的连接设备运行正常，包括交换机通电、通信正常及所有网线连接正确并通信正常。

（3）确认后台计算机地址和所有装置地址配置正确，所有装置地址能够 ping 通。

2. 准备装置配屏图纸

（1）准备装置白图。

（2）准备一次主接线图。

（3）准备各侧间隔详细分图。

3. 准备后台信息表

（1）准备所有遥信表、遥测表、遥控表。

（2）准备其余详细信息表。

二、数据的显示方式

1. 后台监控系统中遥信量的显示方式

（1）一次接线图/间隔图。在一次接线图或间隔图中，遥信量的状态可通过图符的各种显示状态来表示。

1）断路器/隔离开关位置示例图（见图 Z12G3002Ⅰ-1）。

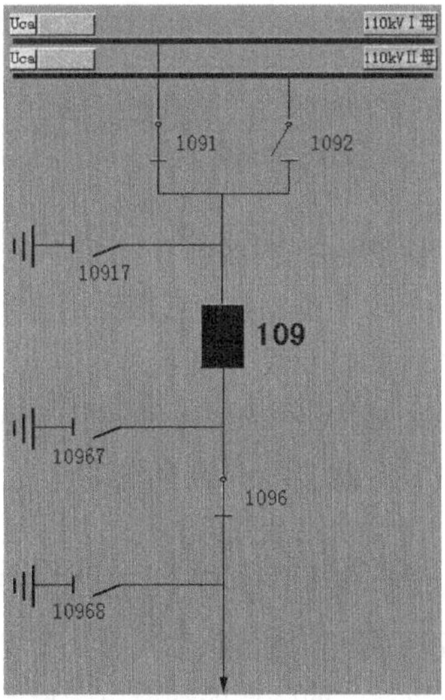

图 Z12G3002Ⅰ-1　断路器/隔离开关位置示例图

2）保护压板投入/退出状态显示图（见图 Z12G3002 Ⅰ–2）。

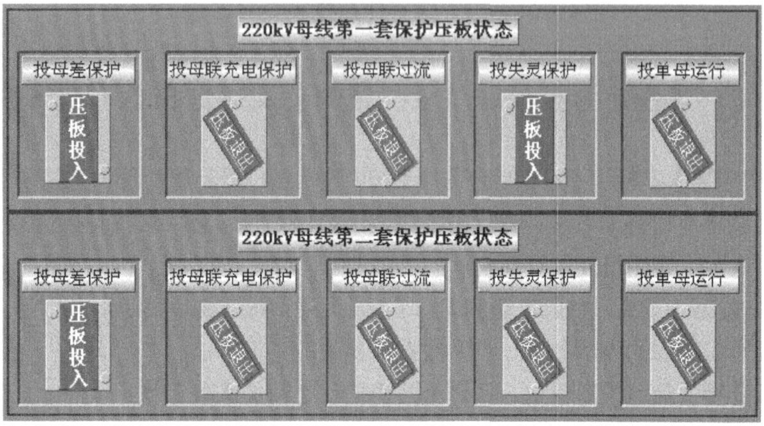

图 Z12G3002 Ⅰ–2　保护压板投入/退出状态显示图

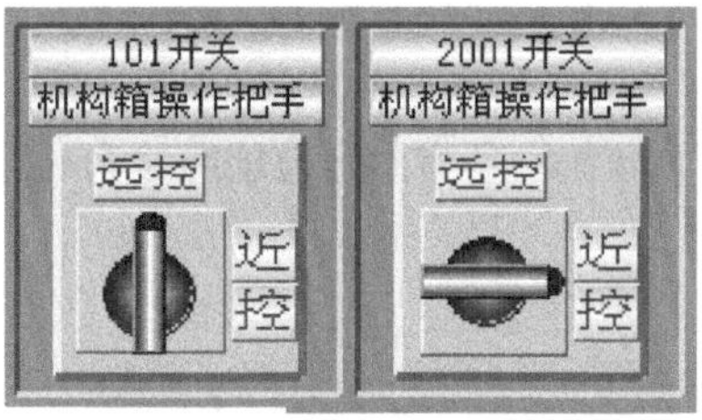

图 Z12G3002 Ⅰ–3　操作把手远方/就地状态显示图

3）操作把手远方/就地状态显示图（见图 Z12G3002 Ⅰ–3）。

（2）遥信量一览表，用以显示一组遥信量信号的状态，遥信量的状态一般用图符的不同颜色来代表。

（3）实时告警。当遥信量状态发生变化时，在实时告警框中将出现相关的告警事件，提醒运行人员注意。告警信息可通过分层、分类、分级方式进行检索。每一条告警记录包含“告警等级”“时间”“操作人”“站名称”“点名称”和“事件”等信息。

2. 后台监控系统中遥测量的显示方式

（1）实时曲线/历史曲线。在一张曲线图中可同时显示多条曲线。

（2）遥测量一览表。遥测一览表用以显示一组遥测量的值。

（3）一次接线图/间隔图。

3. 通信状态的显示方式

目前自动化监控系统一般均采用双网冗余配置，用“A/B 网”来标识这两个网络。后台监控系统的通信状态包含了变电站内所有接入后台监控系统装置的通信状态。这些设备包括：间隔层的智能电子设备、站控层的监控主机和远动通信管理机。间隔层的智能电子设备，如测控装置、保护装置、低压保护测控四合一装置、电能表、直流屏等设备的通信状态可在通信状态一览表中查看，在线运行时，运行人员通过此通信状态一览表就可以判断出厂站内所有装置的通信状态。系统实时判断后台监控主机和远动通信管理机的通信状态，当发生通信异常时，如通信中断或恢复，将在实时告警框中显示相关的告警事件，提醒运行人员注意。

三、数据及参数的查询方式

（1）遥信量的查询。在运行画面上用鼠标双击某个遥信量图元，系统将弹出该图元对应的属性对话框，可以在对话框中查询所需要的数据状态。

（2）设备的查询。在运行画面上用鼠标双击某个断路器/隔离开关设备图元，系统将弹出该设备图元对应的属性对话框。

（3）在运行画面上用鼠标双击某个遥测量图元，系统将弹出该图元对应的属性对话框。

【思考与练习】

1. 后台监控系统的遥测量可以通过哪些方式显示？

2. 在监控系统中如何显示通信状态？

模块 3 后台监控系统的图形生成（Z12G3003Ⅱ）

【模块描述】本模块介绍了后台监控系统中画面编辑工具的启动和使用方法。通过方法讲解、案例介绍、界面图形示意，掌握各种图形的绘制方法。

【模块内容】后台监控系统的图形生成包括后台监控系统中画面编辑工具的启动和使用方法。

一、后台监控系统画面编辑器的作用

画面编辑器是生成监控系统画面的重要工具，主要负责主接线图、各间隔分图的制作，由画面编辑器生成的画面都可以在实时运行中打开并浏览，地理图、接线图、列表是查看数据、进行操作的主要界面，棒图、曲线则主要用于打印。

图形编辑制图的同时，还会建立图形的连接关系，最后会建立设备的连接关系，即拓扑连接关系，依次来实现图形的动态着色，同时为系统的一些高级应用如 VQC、五防等所用。图形编辑提供了自动断线、合并、连接线跟随等功能来保证图形连接关系的正确。

图形都必须定义属性，包括图类型、图大小、所属变电站等。图大小的单位是像素，对应显示器的分辨率。因此，在制作图形的时候需要统一计算机的分辨率，以保证图形在每个计算机上的显示是一致的，建议一个图形的大小是当前屏幕的大小，不要出现滚动条。

二、后台监控系统的图形生成的准备工作

（1）收集现场一次主接线图。

（2）收集各侧详细分图及数据。

（3）收集其他相关技术参数。

三、画面编辑器的启动、使用方法及注意事项

（一）启动后台监控系统的制图软件

单击操作系统的“开始”菜单，选择“画面编辑”进入图形编辑界面，在进入画面编辑器之前，系统弹出密码验证框，要求用户输入用户名和密码，如无权限或不匹配，系统拒绝登录。若通过验证，将显示画面编辑器的主界面。

（二）利用图形、图元编辑工具绘制各类图形

1. 工具栏

操作图形编辑主要提供多种工具栏，工具栏是由一组功能相近的工具组成。画面编辑器中有包含以下几类工具栏：基本工具栏、常用图形编辑工具栏、缩放工具栏、拓扑工具栏、网格工具栏、线形处理工具栏、画面窗口工具栏、画线条工具、画拓扑连接点工具、画形状工具和画图表工具等。工具条中的某些工具对应有菜单项，如基本工具栏、常用图形编辑工具栏，选取菜单项也可以完成相同功能，但使用工具栏可加快操作速度。工具条可以在编辑器主窗口四条边的任意位置放置，或变成浮动的，停留在屏幕的任意位置。工具栏的具体作用及使用方法根据监控系统不同也有所差别，具体操作方法就不过多介绍。

2. 属性设置

在属性工具条中可以对图元的一些基本属性进行设置，不同类型的图元有不同的属性对话框，在图元上面双击鼠标左键即可弹出属性对话框。

（1）画面属性窗。画面属性窗用来设置画面编辑窗口的属性参数。鼠标左键双击当前画面即可弹出当前画面的属性窗，该窗口首先列出当前画面的一些属性，用户可以根据自己的需要，修改当前画面窗口的一些基本属性。

（2）外观设置属性。主要设置线宽、线色、线性、文字、填充色及透明度等。

（3）位置大小及标签设置属性。主要设置高度、宽度、角度及标签。

（4）测点数据源选择属性。主要设置检索方式、厂站名称、装置名（间隔名）、测点类型、测点名及当前点。

（5）设备数据源选择属性。主要设置设备所在厂站及间隔。

（6）敏感点设置属性。敏感点图元代表的动作有弹出画面、播放音乐、执行程序、遥控遥调告警确认及全站复归。

（7）挡位设置属性。设置挡位测点及最大挡位值。

3. 连接关系

设备图元都有自己的端子定义的，在图形制作中，要保证设备图元之间及设备图元和电力连接线或者线路之间端子可靠的连接。两个实际的设备之间，必须通过电力连接线来连接。在图形编辑中，提供了断开/合并连接线、连接线跟随、坐标自动修正等功能来保证在制图中端子的可靠连接。断开/合并连接线的作用是当把一个双端设备如断路器、隔离开关，放在一个电力连接线上时，电力连接线会自动断开；当移走或删除该设备，两个电力连接线会自动合并为一个。另外，如果连接线的一端也放在另一个连接线上，则后者也会自动断开。

（三）案例

1. 四遥列表分图自动生成

以遥信列表生成为例介绍。首先，使用标题文本编辑框设置遥信报表的显示标题，通过“标题字体”按钮来设置该标题显示的字体。厂站列表自动列出了当前所有的厂站，检索方式列出当前检索所采用的方式，主要有三种方式，即所有测点、按方式检索、按间隔检索。选中一种检索方式后，下面将对应列出该方式下的装置或间隔列表，通过该列表选择一个装置或间隔，对应测点列表将显示出来。然后，从测点列表中选择需要的测点，并放到右边列表框内。其次，在下面大小设置部分设置好遥信的列数、宽度值，在画面编辑器组件选择工具内指定一个组件，该组件图符自动加入图符右边对应方框内，因为是遥信列表自动生成，所以我们取遥信组件图符进行设置。最后，单击“创建”按钮就在画面上生成一个厂站遥信表（见图Z12G3003Ⅱ–1）。

序号	遥信名称	值	序号	遥信名称	值	序号	遥信名称	值
0	装置1_失灵投入	●	2	装置1_Ⅰ母电压闭锁开放	●	4	装置1_外部母联失灵长期起动	●
1	装置1_母差投入	●	3	装置1_Ⅱ母电压闭锁开放	●	5	装置1_外部闭锁母差长期起动	●

图 Z12G3003Ⅱ–1　厂站遥信表

2. 光字牌分图自动生成

前面过程与遥信列表自动生成基本相同，增加了对光字牌本身的布局、字体、颜色及闪烁效果的设置，由于这些设置比较简单，所以不做过多介绍。

3. 间隔复制

将一个已有的间隔图形复制到目的间隔中去。复制间隔首先要保证当前被复制间隔与目的间隔同属于一个类型，这样才能保证间隔正常复制。具体步骤：点选“间隔复制…”菜单项弹出如下对话框（见图 Z12G3003Ⅱ–2）。

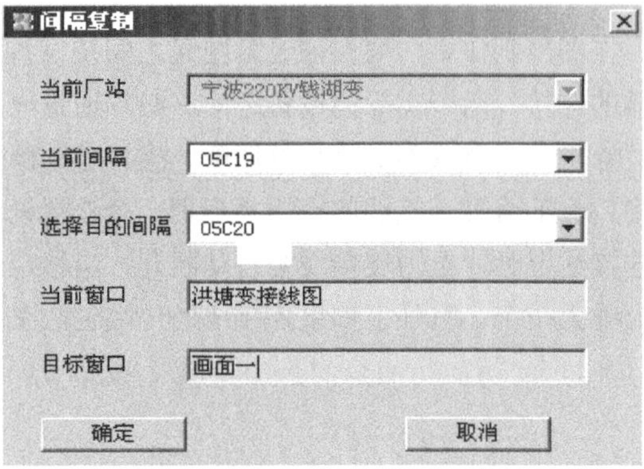

图 Z12G3003Ⅱ－2 间隔复制

第一步：选择需要复制的当前间隔，如图 Z12G3003Ⅱ-2 中的“05C19”，然后选择好目的间隔，如图Z12G3003Ⅱ-2中的“05C20”，这样就将同样类型的间隔关联到“05C20”上面。

第二步：指定“目标窗口”，即图 Z12G3003Ⅱ-2 中的“画面一”。当前窗口由系统默认生成，无需改动，所以一般设置为只读状态。如果用户对系统默认指定的窗口不满意，也可以改变目标窗口名称。

第三步：单击“确定”按钮即可。系统将自动生成一个新的画面，名称为“目标窗口名”。

（四）图形生成与保存

1. 图形生成

弹出一个新的编辑窗口。可创建两种类型的图形文件，一种为普通的图形文件，后缀为.pic；另一种为给硬件装置上的液晶屏显示用的图形，后缀为.dlp，这两种图形可相互转换。根据输入的厂站相关信息自动生成接线图。

2. 图形保存

保存分为网络保存、本地保存及另存，网络保存即将编辑好的图形以网络图形数据文件的格式在网络中存储，本地保存是将编辑好的图形以.pic 的文件后缀存储在本地计算机上，另存是将当前编辑的文件以其他文件名保存，选择保存类型可以保存为普通图形文件或硬件装置液晶图形文件。

（五）退出

关闭当前编辑的文件，如在关闭前未存盘，则提出警告，然后退出图形编辑。

（六）画面编辑注意事项

画面编辑是指利用各种图元按各种形式进行组合，并对图元进行属性设置的一个过程。养成良好的工作习惯对快速、稳定、美观地制图是非常重要的，需要注意如下几点：

（1）先建库后做图，特别避免出现在多个计算机上同时作图和建库或修改库。

（2）在一个计算机上作图，始终保持此计算机上的图形是最新的，由它向其他计算机同步。

（3）在图形制作工程中，对设备图元有增加、删除、修改操作时，在系统退出前，要做数据备份，即把实时库数据保存到商业库，否则增加、删除、修改的设备及其信息会丢失。

（4）对典型间隔而言，先制作好一个间隔，特别是属性设置完毕后，使用复制会极大地加快制图速度，而且能保证图形制作的正确性。

（5）图形要注意整体布局，突出重点设备如变压器，给人感觉要饱满，避免头重脚轻。

【思考与练习】

1. 后台监控系统画面编辑器的作用是什么？
2. 画面编辑器的注意事项有哪些？

模块 4 后台监控系统数据库修改（Z12G3004Ⅱ）

【模块描述】本模块介绍了后台监控系统数据库结构、数据库编辑工具使用方法。通过方法讲解、案例介绍、界面图形示意，掌握后台监控系统数据库修改的方法。

【模块内容】后台监控系统数据库修改介绍了后台监控系统数据库结构、数据库编辑工具使用方法。

一、后台监控系统的数据库修改的准备工作

（1）收集现场一次主接线图。

（2）收集相关信息表。

（3）收集其他相关技术参数。

二、数据库结构

数据库维护工具采用了层次加关系的数据组织模式。层次体现在后台监控系统在线运行时系统对数据库的读写访问上，由厂站、装置、测点所形成的两到三层的数据库访问层次，同时层次也体现在系统数据库的定义上，系统数据库的定义分为厂站定义、装置/设备定义和测点定义三级进行，厂站、装置和测点都有一系列属性。数据库维护工具有厂站、装置、线路、变压器、断路器/隔离开关、容抗器、发电机/电动机、母线、电压互感器、电流互感器、避雷器、其他设备、遥信、遥测、遥控、脉冲、挡位等多种主要的数据结构。

三、数据库编辑工具使用方法

1. 启动后台监控系统数据库编辑软件

在 Windows 操作系统的“开始”菜单→“程序”→“厂站综合自动化系统”→“系统维护”→“数据库编辑”来启动数据库编辑软件。

2. 数据库的建立与修改

（1） 建立逻辑节点定义表。

（2） 建立设备组表。

（3） 建立设备组表里各设备组数据库。依次建立包括遥信表、遥测表、电能表、挡位表、设备表等详细数据库。

3. 数据库的保存与加载

（1） 单击“保存”按钮，保存已修改的组态表。

（2） 主接线图各设备与数据库进行关联。

四、案例

以某型号厂站监控系统为例具体介绍数据库编辑修改方法。

（一）厂站数据定义及修改

1. 增加厂站

在系统列表中的“监控”页面中，选中“系统”根节点，然后单击工具栏上的按钮，即可在“系统”下增加一个新的厂站（见图 Z12G3004Ⅱ-1）。新增加的厂站下默认包含“装置”“间隔”和“旁路代换”三个节点，在“装置”节点下默认包含“非固定装置”和“合成信息”两个装置。若配置了一体五防系统，则在“装置”节点下还默认包含“一体五防”装置。

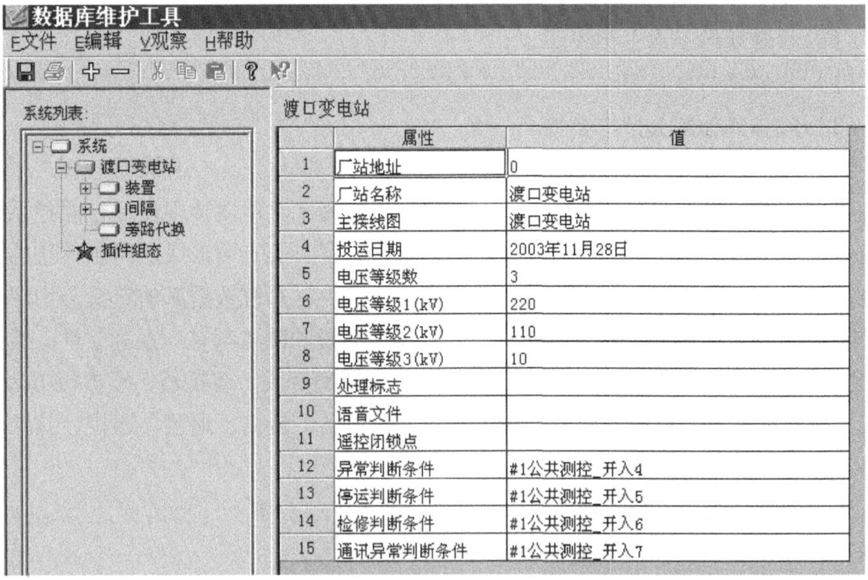

图 Z12G3004Ⅱ-1 厂站配置

新建厂站后的数据库界面如下：操作窗口左边为树形列表，操作窗口右边为厂站属性定义窗口。

2. 厂站的配置

厂站配置是指配置厂站地址、厂站名称、主接线图、投运时间、电压等级数、语音文件、遥控闭锁点、异常停运检修的判断条件，其中厂站地址必须设置为 0，厂站名称不超过 30 个汉字。删除厂站只需要在“系统列表”中选择要被删除的厂站，然后单击 按钮。系统弹出删除确认对话框“删除厂站××？”选择“是”，删除该厂站，选择“否”，取消此次删除操作。

（二）装置及相关测点数据定义及修改

遥信、遥测、遥控、脉冲和挡位信息的配置是按照每一个装置进行的，对每一台装置而言，确定了装置型号，也就确定了该装置的测点信息列表，而且该测点信息列表只可修改属性定义，不可增加或删除测点。

1. 增加装置

在“系统列表”的“监控”页面中，选中需要添加装置的厂站，用鼠标左键单击“装置”条目，然后单击工具栏上的 按钮，即可在“装置”下增加一个新装置。非固定装置和合成信息是增加厂站时由系统自动添加的，不可删除。

2. 装置的配置

鼠标左键单击某一个需要编辑的装置，出现装置配置操作界面（见图 Z12G3004Ⅱ–2），在右边的装置属性配置界面中用户可以方便地进行装置的属性配置。

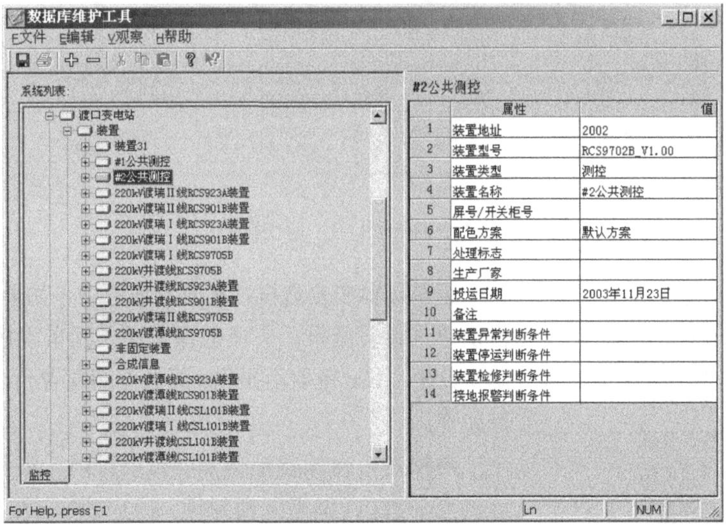

图 Z12G3004Ⅱ–2 装置配置

其中装置地址输入范围为 0～65 279，系统自动判断是否有重复，如果有重复则不接受用户的更改，全站必须唯一。装置型号可从下拉列表中选择，如“LFP921v1.00”“RCS9611Bv1.00”等，装置型号的更改将直接导致对应测点数据的更改。其他几项可以根据实际情况进行更改。

3. 遥信的配置

展开“装置”节点，双击某一个装置，展开该装置的测点信息，包含“遥信”“遥测”“遥控”“脉冲”和“挡位”。鼠标左键单击“遥信”，出现遥信配置操作界面（见图 Z12G3004Ⅱ-3），在右边的遥信配置界面中用户可以方便地对遥信量进行配置。或者从“间隔”→“电压等级”→“××间隔”→“××设备”，展开该设备下的遥信、遥测、遥控、脉冲和挡位，鼠标左键单击“遥信”，也会显示遥信属性设置界面。

其中，单击允许标记区域，将弹出允许标记对话框（见图 Z12G3004Ⅱ-4）。

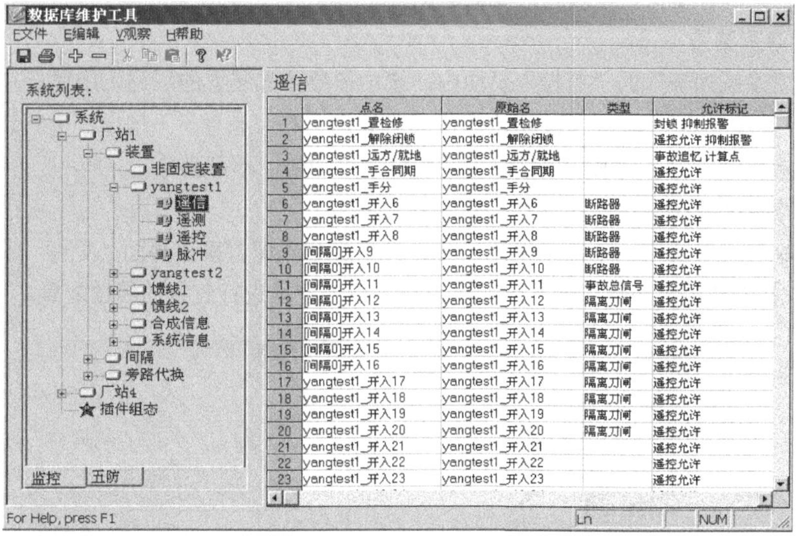

图 Z12G3004Ⅱ-3 遥信配置

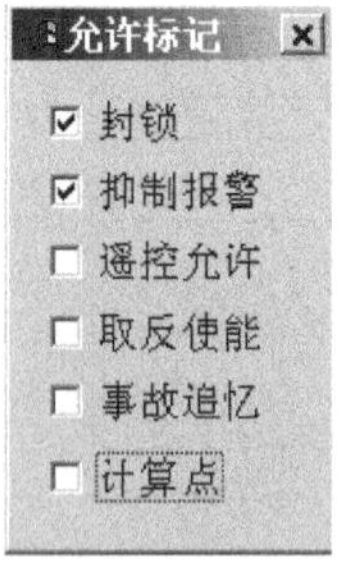

图 Z12G3004Ⅱ-4 允许标记

用鼠标单击复选框，✔表示被选中，如果取消复选，再次单击该复选框。完成选择后键入回车或按 ☒ 按钮确认，键入 Esc 键取消操作。遥信点的缺省允许标记为遥控允许。

封锁是否封锁该遥信点。如果封锁，则系统不处理该测点的数据，如果取消封锁，系统处理该测点的数据。

抑制报警是否允许该遥信点产生报警。如果不抑制，当遥信变位时，产生报警信息，画面上的该测点所对应的图标将闪烁，如果抑制告警，当遥信变位时，不产生相关报警。

遥控允许是否能对该遥信点进行遥控操作。

取反使能对遥信状态进行取反。当遥信点的原始值为“0”时，工程值为“1”；当遥信点的原始值为“1”时，工程值为“0”。

事故追忆是否对该遥信点进行事故追忆。如果允许，当进行事故追忆时，将该遥信点记入事故追忆数据库。

计算点指该遥信点是否为计算点。

相关遥控是指择遥信点对应的遥控点。遥控操作时，系统通过其对应遥信点的变位情况来判断遥控操作是否成功。因此，遥控点必须与某个遥信点对应。

计算公式为允许标记中计算点为选中状态时，该遥信点才可以进行计算。单击遥信点计算公式的区域，弹出遥信点计算图（见图 Z12G3004Ⅱ-5）。

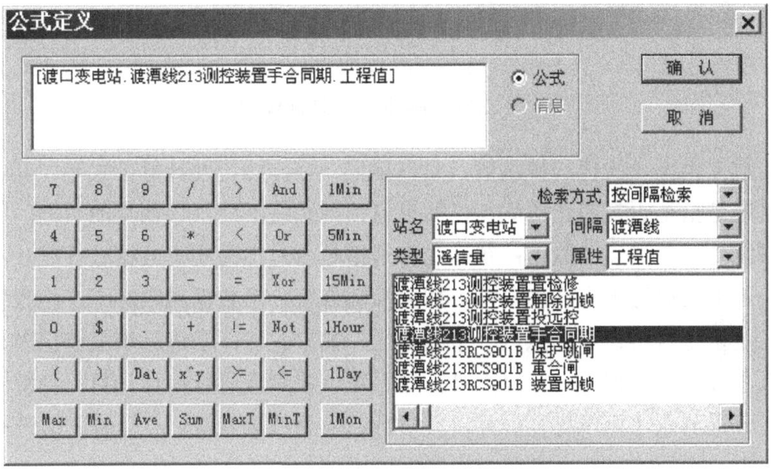

图 Z12G3004Ⅱ-5　遥信点计算图

遥信测点的计算公式定义只在“合成信息”的“遥信”中才有效。

4. 遥测相关配置

在“系统列表”中，选择某个装置下的“遥测”组，数据库维护工具的右侧将显示遥测属性设置界面。一般遥测需要配置电压、电流、有功、无功及频率等，可以根据系统参数进行配置（见图 Z12G3004Ⅱ-6）。

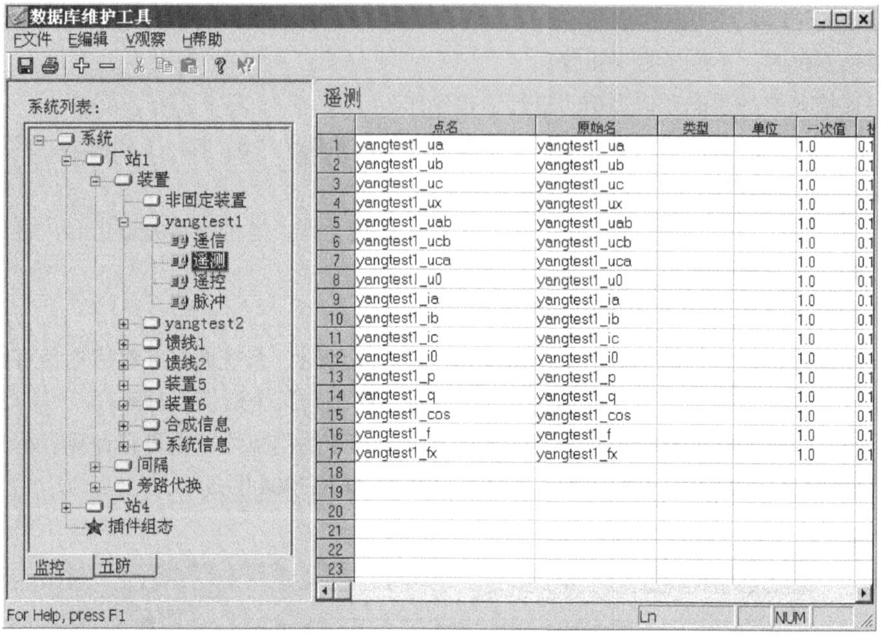

图 Z12G3004Ⅱ-6 遥测配置

遥测数据包括一次值、校正值、允许标记、存储标记及计算公式等。其中，允许标记的封锁是指是否封锁该遥测点，如果封锁则系统不处理该测点的数据，如果取消封锁，系统处理该测点的数据；统计允许是指是否对该遥测点数据进行统计；抑制报警是指是否抑制该遥测点产生报警，如果抑制告警，当数据越限时不产生报警信息；事故追忆是指是否对该遥测点进行事故追忆，如果允许，当进行事故追忆时，将该遥测点记入事故追忆数据库；计算点是指是否对该遥测点进行统计计算，计算点为选中状态时，该遥测点才可以进行计算，仅对合成信息装置有效。存储标记为选择该遥测点存储类型，不同的遥测点存储类型都不尽相同。

5. 遥控相关配置

在“系统列表”中，选择某个装置下的“遥控”组，数据库维护工具的右侧将显示遥控属性设置界面。可以在此界面上对遥控相关参数进行设置（见图 Z12G3004Ⅱ-7）。

遥控设置包括遥控点名、调度编号、允许标记、遥控类型相关遥信及挡位等。其中，遥控类型是选择此类遥控是调压、调挡、普通遥控还是顺控遥控，相关遥信在“遥信”测点的“相关遥控”属性处定义，此处仅用于查看，不允许用户修改，遥控操作前，通过该遥信点状态判断可以进行的遥控动作是分闸还是合闸，在执行遥控操作后，系统通过对应遥信点的变位情况来判断遥控操作是否成功。

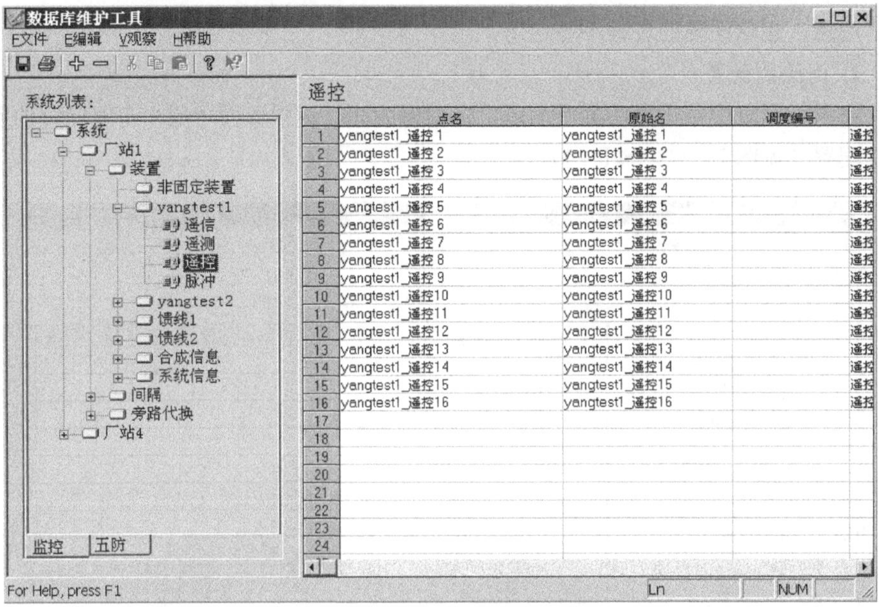

图 Z12G3004Ⅱ-7 遥控配置

（三）间隔及一次设备数据定义及修改

一次设备目前提供 10 种类型：线路、变压器、断路器/隔离开关、容抗器、发电机/电动机、母线、电压互感器、电流互感器、避雷器和其他设备。系统按照电压等级将它们组织起来。把若干个同类型或不同类型的一次设备合在一起就构成一个间隔。

1. 间隔的增加和删除

图 Z12G3004Ⅱ-8 增加电压等级

（1）增加。在左侧系统列表中的“监控”页面，鼠标左键单击树形列表的“间隔”，然后单击工具栏中的 ✚ 按钮，弹出“电压等级”选择对话框（见图 Z12G3004Ⅱ-8）。

在下拉列表框中选择所需添加间隔的电压等级，用户可选择的电压等级包括：10/35/66/110/220/ 330/500kV。单击“确认”按钮完成操作，在“间隔”下增加一个新的电压等级节点，单击“取消”按钮取消本次操作。选中该电压等级，单击工具栏中的 ✚ 按钮，即可在该电压等级下增加一个新的间隔。

（2）删除。从树形列表中选择需被删除的间隔点击，然后单击工具栏中的 ━ 按钮。系统弹出删除确认对话框“删除间隔××？”，选择“是”，删除该间隔，选择“否”，取消此次删除操作。

注意：删除间隔的过程不可逆。

2. 间隔的配置

在树形列表中单击选中某个间隔，在右侧的间隔配置界面中用户可对间隔的属性进行配置（见图 Z12G3004Ⅱ–9）。

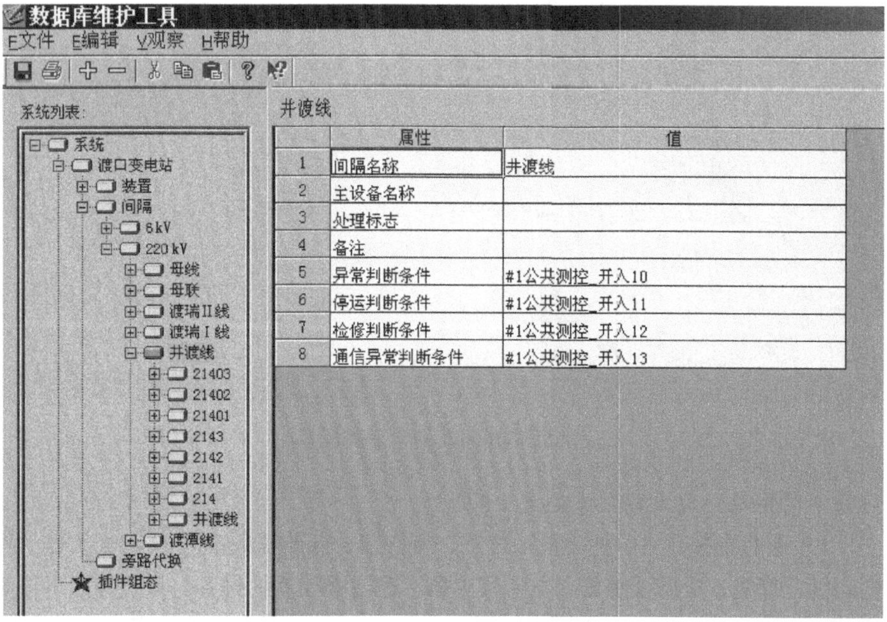

图 Z12G3004Ⅱ–9 间隔配置

3. 一次设备的增加和删除

（1）增加。双击树形列表的“间隔”，展开间隔，选中要增加设备的间隔，单击工具栏中的+按钮，弹出“增加间隔设备”对话框（见图 Z12G3004Ⅱ–10）。用户可从“设备类型”下拉列表中选择所要增加设备的设备类型，单击“确认”按钮完成操作；单击“取消”按钮取消操作。系统自动在树形列表的间隔下增加一个新的设备。

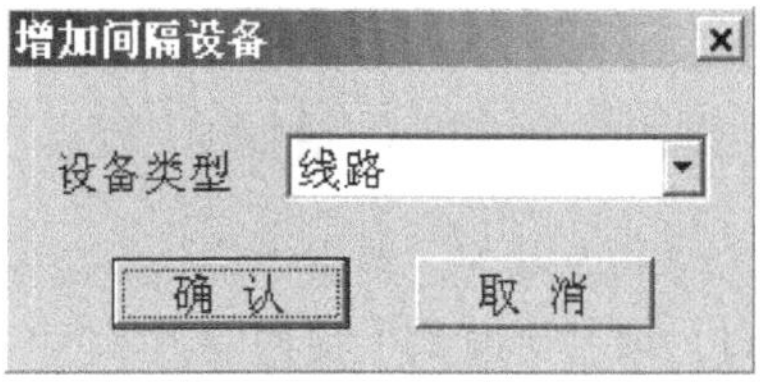

图 Z12G3004Ⅱ-10 增加设备

（2）删除。在间隔下的设备列表中选中所要删除的设备名，单击工具栏中的−按钮。系统弹出删除确认对话框“删除××××？”，选择“是”，则从间隔中删除该设备，选择“否”，取消此次删除操作。删除间隔中设备的过程不可逆。

4. 一次设备关联测点

在树形列表中选择某个需要关联测点的一次设备，然后单击工具栏上的 ✚ 按钮，弹出“测点列表”选择对话框（见图 Z12G3004Ⅱ–11）。

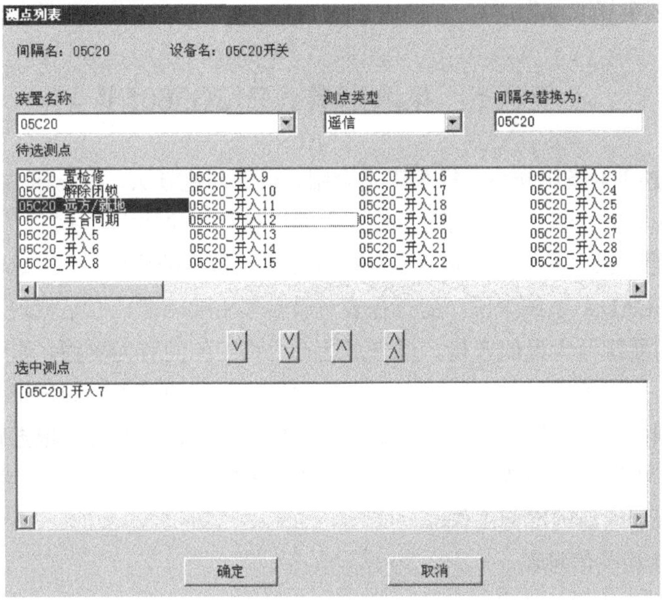

图 Z12G3004Ⅱ–11　测点关联

在“装置名称”下拉列表中列出了厂站下所有二次装置的名称。在“测点类型”下拉列表中列出了装置的测点类型，包括“遥测”“遥调”“遥信”“遥控”“脉冲”和“挡位”。选择装置和测点类型后，在“待选测点”列表框中显示装置下某类型测点中未与该一次设备关联的且未与其他一次设备关联的测点名，在“选中测点”列表框中显示与该一次设备关联的测点名。

在“待选测点”列表框中选择需要被关联的测点（可多选），单击“∨”按钮，则将选中的测点转移到“选中测点”列表框中；或者单击“︾”按钮，则将“待选测点”列表框中所有的测点转移到“选中测点”列表框中。

在“选中测点”列表框中选择需要被解除关联关系的测点（可多选），单击“∧”按钮，则将选中的测点转移到“待选测点”列表框中；或者用单击“︽”按钮，则将“选中测点”列表框中所有的测点专用到“待选测点”列表框中。

单击“取消”按钮，取消本次操作。单击“确定”按钮，完成关联操作，系统自动在该一次设备下生成关联测点列表，单击“遥测”“遥信”“遥控”“脉冲”或“挡位”

可查看该一次设备的关联测点信息。

【思考与练习】

1. 简述数据库的结构。

2. 如何编辑修改数据库？

模块5 报表制作（Z12G3005Ⅱ）

【模块描述】本模块介绍了报表工具介绍、报表创建方法、报表相关数据定义；通过方法讲解、案例介绍、界面图形示意，掌握报表制作的基本方法。

【模块内容】报表是变电站运行监视和存储运行数据的重要手段。这有两方面的含义：一是就SCADA系统来说，运行报表记录是其主要功能；二是就现场来说，现场日常工作中需要统计大量的表格，报表是运行人员工作的有力支撑。报表的重要性是不言而喻的，报表编辑工具可以用来制作各种不同类型的报表，如日报表、月报表、年报表等。制作的报表以文件的形式保存在数据库中，在浏览时，根据设置的报表时间，从数据库中取得各种数据，以一定的格式显示出来。

一、报表创建前的准备工作

（1）收集相关信息表。

（2）收集其他相关技术参数。

（3）收集变电站的报表格式。

二、后台监控系统报表制作方法

1. 启动后台监控系统报表管理软件

2. 报表的制作与编辑

（1）新建一个报表，设置报表类型，修改报表名称。

（2）从本机中打开报表文件。

（3）显示报表时间及刷新时限，输入报表所需显示的数据类型。

（4）设置报表显示区域、打印区域及显示比例。

（5）数据检索选择，根据提供的表名、厂站、设备组类型、设备组、设备、记录名、域名等按对象组织的下拉列表框，选择出所需要的测点。

（6）设置报表外观，包括字体、边框及填充模式。

（7）保存已经做好的报表，并退出报表编辑界面。

三、案例

以某型号监控系统为例介绍报表制作方法。

1. 启动报表管理软件

在 Windows 操作系统的“开始”菜单→“程序”→“某厂站综合自动化系统”→“系统维护”→“报表编辑”。

2. 自动生成报表方法

（1）在报表列表窗口中选择某个厂站，单击工具栏上的 ，将弹出报表自动生成向导（见图 Z12G3005Ⅱ-1）。从报表子类型下拉列表中选择报表的子类型（日报表、月报表或年报表）、输入报表名称、报表标题，选择报表中测点的类型（遥测或电度），选择表格方向，“横向”表示测点在 *X* 轴方向，时间在 *Y* 轴方向，“纵向”则与之相反。在“时间范围”中，设置测点的起始时间、结束时间和步长。若是月报表和年报表，需要设定时刻，即报表取每天此时刻测点的值。按“下一步”进步报表自动生成第二步。

（2）选择测点及统计量，可以按“保护设备”或“间隔”检索相关测点。单击“生成”按钮，自动生成所需报表（见图 Z12G3005Ⅱ-2）。

3. 手动生成报表方法

（1）在报表列表窗口中选择某个厂站，单击工具栏上的 ，系统弹出“报表属性”对话框（见图 Z12G3005Ⅱ-3）。

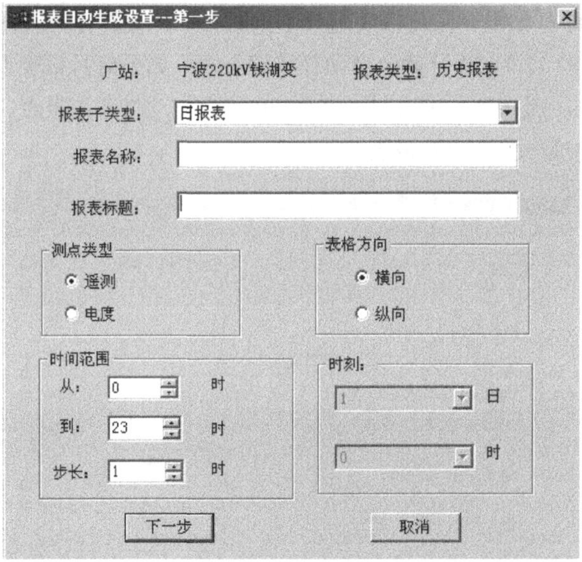

图 Z12G3005Ⅱ-1 日报表基本配置

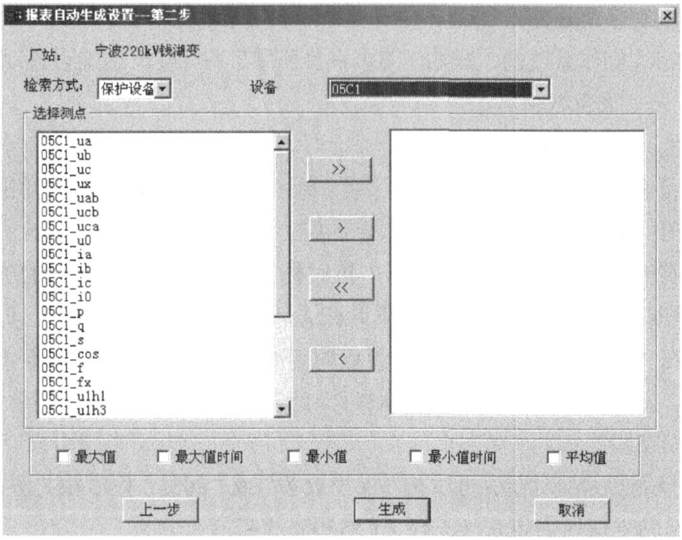

图 Z12G3005Ⅱ-2 日报表测点关联

（2）选择报表类型，输入报表名称、报表表体的大小（行数、列数）、报表是否定时打印等，报表的定时打印只对日报表、月报表和年报表有效，对特殊、实时报表不能设置定时打印。如果一张日报表选择了定时打印，设置定时打印的时间为 12 时 30 分，那么每天的 12 时 30 分就会自动打印该报表。如果对月报表设置的打印时间为 16 日 12 时 30 分，那么每月 16 日的 12 时 30 分会自动打印该报表。设置完成后单击“确定”按钮将生成一张空白的报表。

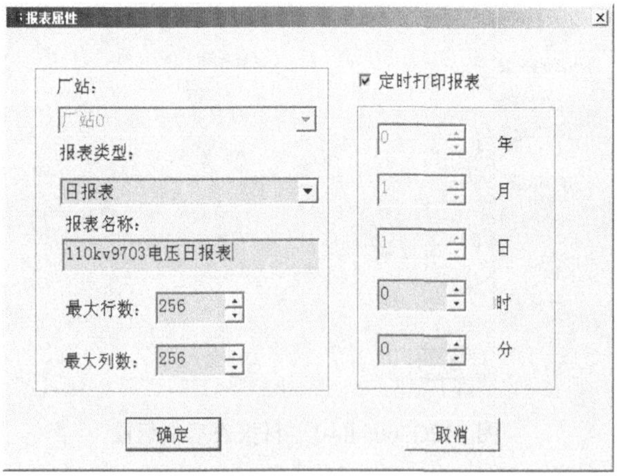

图 Z12G3005Ⅱ-3 报表属性

（3）空白报表生成后，选择所需要的测点类型及名称，在指定测点时，依次选择检索方式、选择保护装置或间隔、测点类型、测点（见图 Z12G3005Ⅱ–4）。

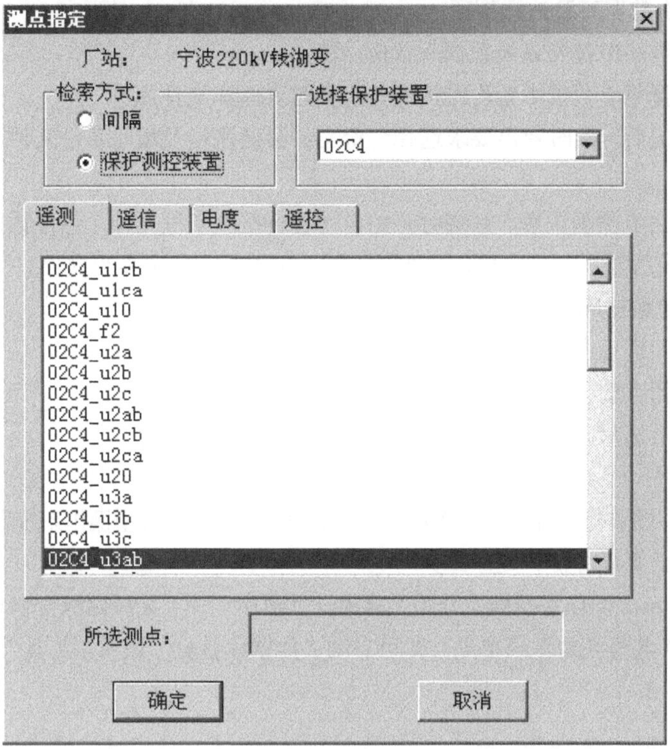

图 Z12G3005Ⅱ–4 测点关联

4. 保存已生成的报表，并退出报表编辑系统

【思考与练习】

1. 在监控系统内各种报表有哪些作用？
2. 报表制作有哪些步骤？

模块 6 备份和恢复数据库（Z12G3006Ⅱ）

【模块描述】本模块介绍了数据库备份和还原方案介绍、相关工具使用及操作过程中的注意事项。通过要点介绍、案例分析、界面图形示意，熟悉数据库备份和恢复方案制订以及操作过程。

【模块内容】一个工程完工后，需要对整个工程文件进行备份，包括数据库、图形等所有后台系统数据，可以在系统更改后出错或出现不正常运行状态后对系统数据库进行恢复。

一、备份数据库及注意事项

（1）在程序中打开系统数据库备份功能。

（2）选择菜单数据库备份维护中备份实时表库和文件库。

（3）点击后，此时弹出要求选择备份文件存储路径及填写备份文件名的窗口，并输入存储路径。

（4）以上步骤确认后，系统会开始自动备份整个工程文件，包含数据库、图形等所有后台系统数据。备份完后，会在指定的备份路径中生成备份文件。

二、恢复数据库及注意事项

（1）请保证后台系统已经退出，然后在程序中选择数据库恢复。

（2）选择存放备份文件的路径及备份文件。

（3）以上选项确认完后，系统将自动恢复整个工程文件。

三、案例

不同类型的监控系统备份与恢复操作各不相同，主要以典型操作系统为例进行介绍。

1. 启动数据库备份、还原工具

在 Windows 操作系统的“开始”菜单→“程序”→“某厂站综合自动化系统”下选择“数据库备份还原”菜单项，即可启动“数据库备份（还原）工具”。操作界面见图 Z12G3006Ⅱ-1。

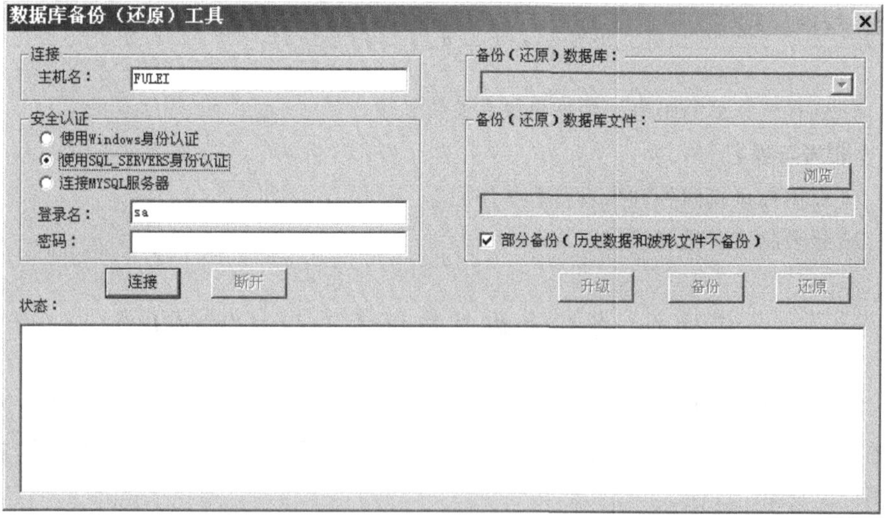

图 Z12G3006Ⅱ-1 数据库备份一

在“主机名”中默认显示的是本节点的计算机名。对于 SQL Server 数据库安全认证方式可选择“使用 Windows 身份认证”或“使用 SQL_SERVERS 身份认证”；对于 MySQL 数据库需选择“连接 Mysql 服务器”。在“使用 SQL_SERVERS 身份认证”时，需要输入登录名和密码，根据数据库安装过程中配置的选项，登录名为“sa”，密码为空。在设置了连接主机和安全认证方式后，单击“连接”按钮，将连接到指定计算机上的 SQL Server 数据库。连接成功后的显示状态见图 Z12G3006Ⅱ–2。若不能正常连接，系统将给出相关的连接出错提示。

在“备份（还原）数据库”下拉列表中列出了 SQL Server 中所有的数据库，用户可从中选择需要进行备份、还原或升级操作的数据库（见图 Z12G3006Ⅱ–2）。

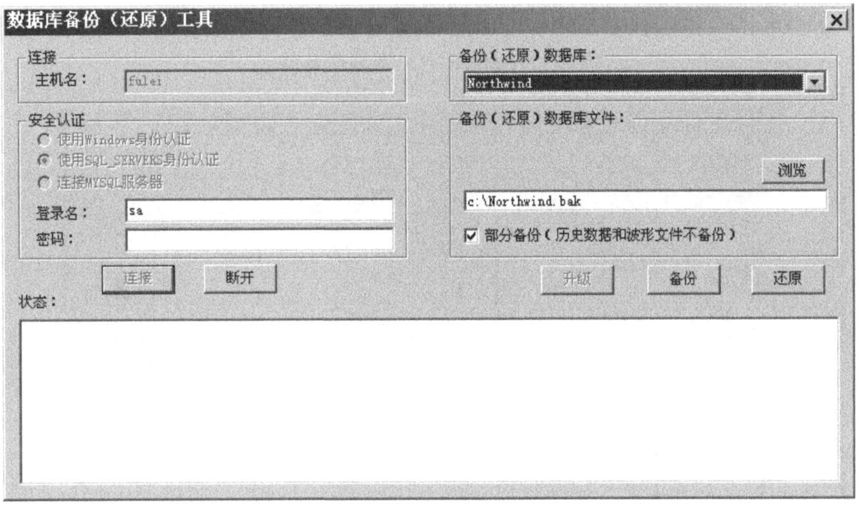

图 Z12G3006Ⅱ–2　数据库备份二

2. 备份操作

在“备份（还原）数据库”下拉列表中选择需要备份的数据库，在“备份（还原）数据库文件”中设置备份数据库文件存放的路径，选择是否“部分备份”（即不备份历史数据和波形文件），设置完成后，单击“备份”按钮开始数据库的备份操作。在界面下方的“状态”栏中将显示整个备份操作的过程（见图 Z12G3006Ⅱ–3）。

3. 还原操作

在“备份（还原）数据库”下拉列表中选择需要还原的数据库，在“备份（还原）数据库文件”中选择需要被还原的数据库文件，单击“还原”按钮，系统弹出“还原数据库文件设置”对话框，选择数据文件和日志文件存放的路径，单击“确认”按钮后，开始指定数据库的还原操作（见图 Z12G3006Ⅱ–4）。

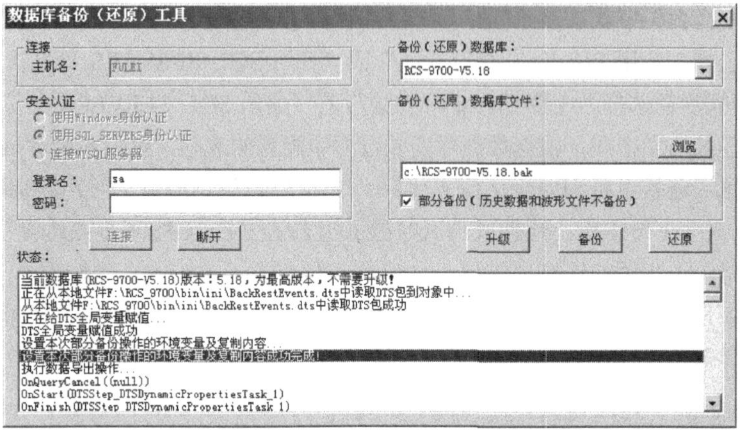

图 Z12G3006Ⅱ-3　数据库备份三

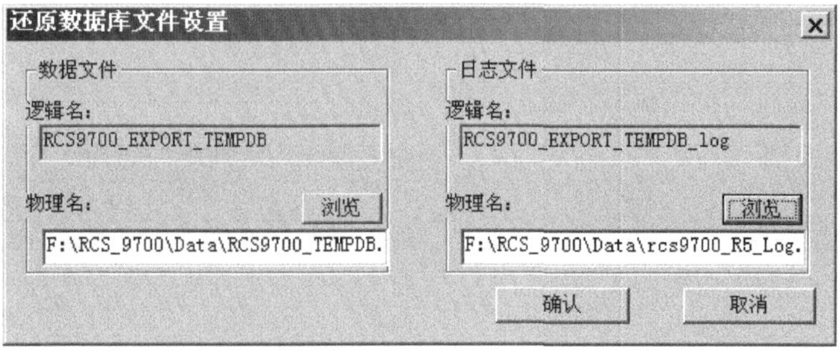

图 Z12G3006Ⅱ-4　数据库还原一

在界面下方的“状态”栏中将显示整个还原操作的过程（见图 Z12G3006Ⅱ-5）。

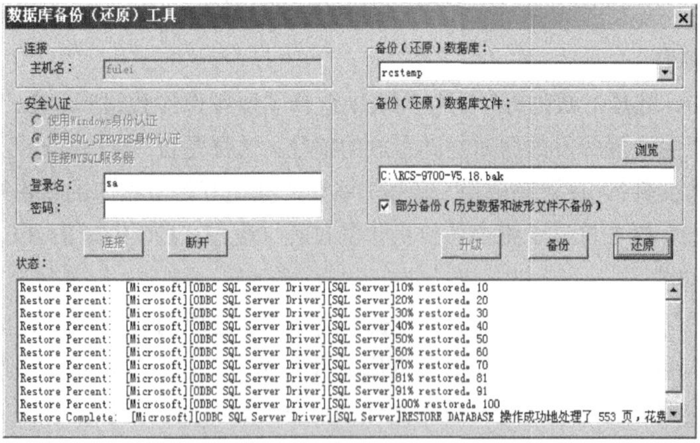

图 Z12G3006Ⅱ-5　数据库还原二

4. 升级操作

在“备份（还原）数据库”下拉列表中选择某系统数据库，若该数据库的版本低于目前最新的数据库版本，在“状态”栏中显示相关的提示信息。单击“升级”按钮，弹出“数据库升级设置”对话框，用户可从中选择升级用脚本所在的目录，在列表中列出该目录下所有相关的数据库升级脚本文件（见图 Z12G3006Ⅱ-6）。

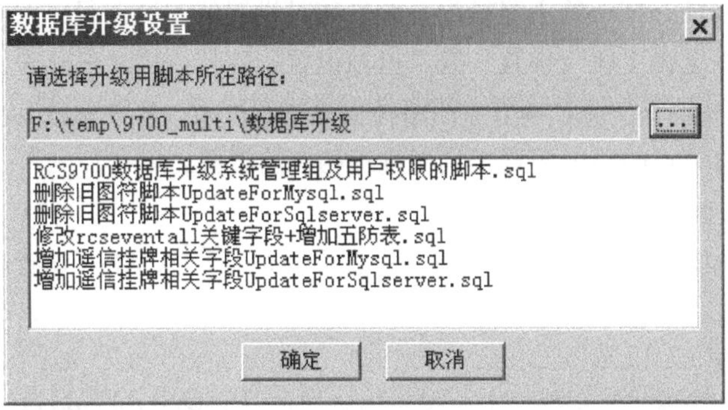

图 Z12G3006Ⅱ-6 数据库升级

单击“确定”按钮，系统弹出升级确认对话框“升级前请先备份数据库！确定要升级吗？”。单击“是”，开始数据库升级操作，单击“否”，取消本次操作。

【思考与练习】

1. 备份及还原数据库有哪些步骤？
2. 备份数据库有哪些注意事项？

模块 7 进行系统参数及系统数据库配置（Z12G3007Ⅱ）

【模块描述】本模块介绍了后台监控系统配置工具介绍、系统参数设置方法和注意事项、系统数据库配置方法。通过方法介绍、界面图形示意，了解各系统参数的含义和系统数据库的配置方法。

【模块内容】系统配置工具是变电站自动化后台系统在线运行的基础。系统配置工具提供了友好的用户界面，用于对后台监控系统进行基本的设置。配置工具可对本机路径、SCADA、遥控、节点及时间等功能进行设置。

一、系统参数配置方法

（一）启动系统配置工具

选择 Windows 操作系统的“开始”菜单→“程序”→“厂站综合自动化系统”→

“系统维护”→“系统配置”。在使用该工具对系统参数进行设置后，后台监控系统必须退出，重新启动，设置的系统参数才能生效。

（二）系统参数设置

1. 本机路径设置

单击“本机路径设置”Tab页，进入设置界面，该界面用以设置系统在本机上存放运行信息的路径。默认的主路径为系统安装时设置的安装路径。对于各运行信息存放的路径，可以选择“统一设置”或“单独设置”建议采用“统一设置”方式来设置路径。“本机路径设置”仅对本节点的路径信息进行配置，若要修改其他节点的路径信息，需要在各自节点的系统配置工具中进行相应的设置。

2. SCADA设置

单击“SCADA设置”Tab页，进入设置界面，可对SCADA运行时的一些功能选项进行设置。

3. 遥控设置

单击“遥控设置”Tab页，进入遥控设置界面（见图Z12G3007Ⅱ-1）。

其中遥控选择、执行及校验超时主要是设置命令超时判断的时间值，遥控监护人、调度编号及五防校验主要是遥控时所需要进行校验的种类，打√即选中。

4. 时间设置

单击“时间设置”Tab页，进入时间设置界面（见图Z12G3007Ⅱ-2），可对系统运行时的时间参数进行设置。

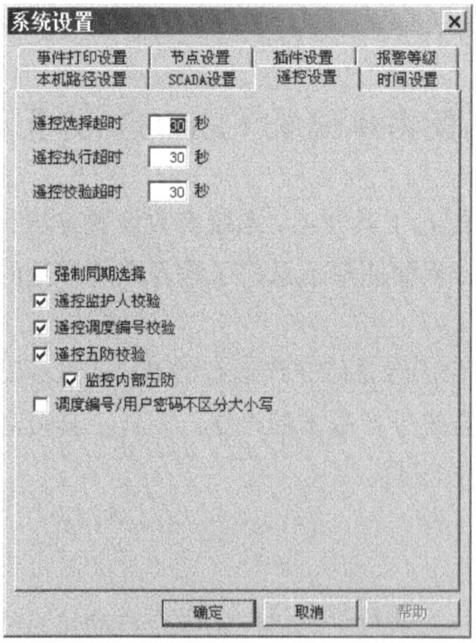

图Z12G3007Ⅱ-1 遥控设置界面

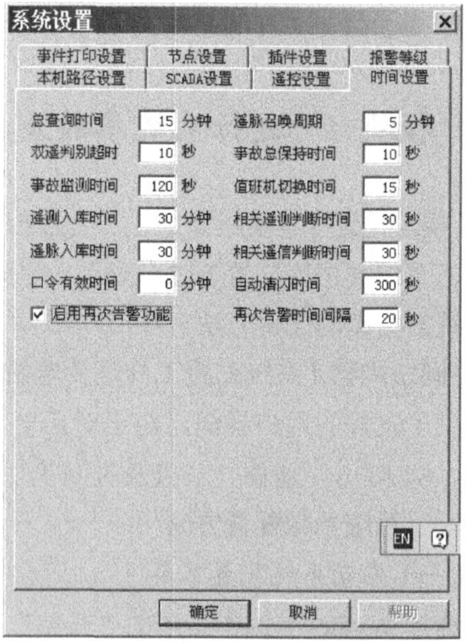

图Z12G3007Ⅱ-2 时间设置界面

5. 节点设置

单击“节点设置”Tab 页，进入节点设置界面（见图 Z12G3007Ⅱ-3）。

（1）节点增加和删除。单击“增加节点”按钮，即可在“节点列表”中增加一个节点，从“节点列表”中选择要被删除的节点，然后单击“删除节点”按钮。系统弹出删除确认对话框“确信删除该节点吗？”，选择“是”，删除该节点，选择“否”，取消此次删除操作。

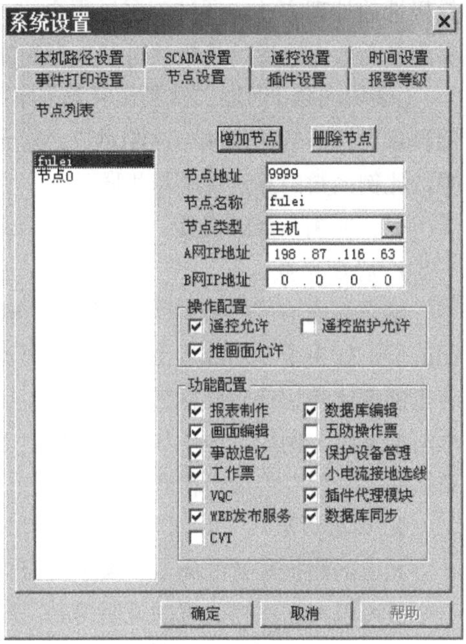

图 Z12G3007Ⅱ-3　节点设置界面

（2）节点配置。主要是配置节点地址、名称、类型及 A/B 网网址。其中节点地址当于站内的装置地址，必须全站唯一；节点名称为本机的计算机名称在 30 个汉字以内；A/B 网网址为本机的 IP 地址；节点类型有“主机”“备机”“操作员站”“维护工程师站”“保护工程师站”和“Web 服务器”，可以根据具体情况进行选择。

（3）节点配置注意事项。删除节点的过程不可逆，主机和备机在升值班机时是竞争关系，两者的区别是，若同时存在两个值班机，定义为“备机”的节点自动降为备用机，备机不进行功能设置，其功能配置（除数据库同步）完全等同于主机。

二、进行数据库配置

当监控系统通过初次装机后，数据库已经按照安装步骤装入系统，通常在监控应用系统正常运行时，是不需要对数据库再进行配置，因为安装数据库时已经按照监控系统的要求进行了配置。当然，在监控系统运行中，如果发现数据库运行不正常的话，需要手动对数据库进行一次配置，配置过程中监控系统差别比较大，这里不多做介绍。

【思考与练习】

1. 如何启动系统配置工具？
2. 节点配置有哪些注意事项？

模块 8　遥测系数及遥信极性的处理（Z12G3008Ⅱ）

【模块描述】本模块介绍了电压、电流、电度等遥测量系数的计算方法，以及遥信量极性的处理方法。通过配置过程介绍，掌握根据现场运行配置情况对监控系统中的遥测量系数以及遥信量极性进行处理的能力。

【模块内容】通过二次测量装置采集上送的遥测量属于二次测量值，经过监控系统遥测量比例系数转换成一次测量值。对于不同型号、不同生产厂家不同时期的测量装置，比例系数的算法也不尽相同。

一、遥测系数的设置

1. 标度系数

就是遥测信号的放大系数，如果是电流就是 TA 变比的值，如果是电压就是 TV 变比的值，如果是有功或者无功，就是电流和电压的标度系数的积值，其他量则为 1。这里的变比是比值是同样带单位比的，比出来的一次侧的单位就是后面单位属性里要填写的单位。例如，电压如果一次用“千伏”的电压等级去做计算，那么单位属性就要填写“千伏”为最后得到的单位。

2. 参比因子

相应的测控装置的码值转换系数，这个根据现场的逻辑装置不同会有不同的设定，这个值可以根据测控装置的说明得到，一般不同的生产厂家会发布具体的转换码值。

3. 系统遥测系数的计算填写方法

（1）遥测值的计算公式：

遥测值=原码/参比因子×标度系数+基值

（2）各类遥测系数的填写方法：

首先某公司的测控装置的满码值为 2047，其中码值有一个 1.2 的系数，也就是说当装置上传的码值为 2047 时，表示一次工程值已经达到了理论工程值的 1.2 倍，如 220kV 母线线电压 U_{ab} 为正常值 220kV 的时候，装置实际上传的码值应该为 2047/1.2=1705.83，这样的做法是为了防止工程值超出理论值时引起测控装置码值溢出。

标度系数=一次值，参比因子=满码值/系数

实例：电流一次值为 5A，电压一次值为 100V。

电流的标度系数：5

电流的参比因子：2047/1.2=1705.833

电流的基值：0

电压的标度系数：100

电压的参比因子：2047/1.2=1705.833

电压的基值：0

一般在遥测数据库电压及电流系数为 TA、TV 变比，有功及无功系数为 TA 变

比×TV 变比，会根据监控系统型号不同有些许差别。

二、遥信极性的处理方法

在现场实际调试中，有时会发现有些个别遥信实际送到测控装置的极性是反的，也就是说，也许需要的遥信是动合节点，但是送到装置的遥信却是动断节点。在这种情况下，我们并不需要去改变机构内的端子接线，因为在监控系统后台可以进行取反处理。在系统组态软件的遥信表中，每个遥信的选项中都有个是否需要取反的选项，只需将其勾上，对这个遥信的取反即可生效。

【思考与练习】

1. 如果后台遥信位置显示与实际位置相反，应如何处理？
2. 什么是标度系数？

模块 9　电压无功控制（Z12G3009Ⅱ）

【模块描述】本模块介绍了电压无功控制功能介绍、配置界面、电压无功控制工具的使用方法。通过公式介绍、案例分析、界面图形示意，掌握电压无功相关设置和定值整定方法。

【模块内容】电压的稳定对于保证国民经济的生产、延长生产设备的使用寿命有着重要的意义，而尽量减少无功在线路上的流动，降低网损、经济供电又是每一供电部门的目标。老式变电站通常是人为调节电压无功，这一方面增加了值班员的负担，另一方面人为去判断、操作，很难保证调节的合理性。目前已有各种电压无功控制装置，通过连接到该装置的各种信号接线，能自动控制一个变电站的电压与无功变化。这种方式在一定程度上可以满足变电站的运行需求。其缺点在于调节原理与方式简单，难以适应具有复杂主接线方式的变电站，能处理的信号少，需要人为处理的异常情况多，且硬件设备成本高。随着变电站自动化的发展，监控系统综合能力的提高，系统的采样精度与信号响应速度均有很大的改善，采集量也有很大的增加。因此，在当地监控系统中，用软件模块来实现变电站的电压与无功的自动调节。

一、VQC 调节作用

电网除了要负担用电负荷的有功功率 P，还要负担负荷的无功功率 Q，有功功率 P、无功功率 Q 和视在功率 S 三者之间存在下述关系，即

$$S=\sqrt{P^2+Q^2} \qquad (Z12G3009Ⅱ-1)$$

$$\cos\varphi=\frac{P}{S} \qquad (Z12G3009Ⅱ-2)$$

被视为电网的功率因数，其物理意义是线路的视在功率 S 供给有功功率的消耗所占的百分数。提高功率因数的意义如下。

1. 改善设备的利用率

因为功率因数还可以表示成下列形式

$$\cos\varphi = \frac{P}{S} = \frac{P}{\sqrt{3}UI} \qquad \text{（Z12G3009Ⅱ-3）}$$

式中 U——线电压，kV；

I——线电流，A。

可见，在一定的电压电流的情况下，提高功率因数，其输出的有功功率越大。因此，改变功率因数是充分发挥设备潜力，提高设备利用率的有效方法。

2. 减少电压损失

因为电力网中的电压损失可以借助下式求出

$$\Delta U = \frac{PR + QX}{U} \qquad \text{（Z12G3009Ⅱ-4）}$$

可以看出影响电压降的因素一共有 4 个：线路的有功 P、线路的无功 Q、电阻 R 和电抗 X，如果采用电抗为 X_c 的电容来补偿，则电压损失为

$$\Delta U = \frac{PR + Q(X - X_c)}{U} \qquad \text{（Z12G3009Ⅱ-5）}$$

故采用补偿电容提高功率因数后电压损失减小，改善了电压质量。

3. 减少线路损失

当线路通过电流 I 时，其有功损耗

$$\Delta P = 3\frac{P^2 R}{U^2}\left(\frac{1}{\cos^2\varphi}\right)\times 10^{-3} \qquad \text{（Z12G3009Ⅱ-6）}$$

可见线路的有功损失与功率因数的平方成反比，功率因数越大，有功损耗越少。

4. 提高电网的输送能力

视在功率与有功功率关系如下

$$P = S\cos\varphi \qquad \text{（Z12G3009Ⅱ-7）}$$

可见在传送一定有功功率的情况下，功率因数越高所需要的视在功率越少。

二、VQC 设计对监控系统的要求

1. 全面的数据采集

监控系统必须能够采集到更多的遥测量、断路器/隔离开关信号及各类保护信号，提供对分接头开关的遥调和电容器开关的遥控功能。完善的信号采集是 VQC 正确运行

的基础。事实上，很多厂家生产的电压无功控制装置都是通过自身的二次回路接线来完成基本的信号采集与控制，只是其信号容量及处理能力有限。

2. 适应无人值班站

在无人值班站的监控系统中，远方（调度端）应能够通过监控系统控制当地后台的 VQC 运行。当地 VQC 必要的运行状况同时能够反映到远方。

3. 采样精度及信号响应速度

当地监控系统采集信号的响应速度与遥控的可靠性在很大程度上都影响着后台 VQC 的稳定运行，同时 VQC 调节对遥测量的采样精度要求很高。

4. 遥控、遥调的自动返校执行

通常的监控系统在遥控执行时都采用先选择再执行的方法，这是为了适应人工操作而设计的，VQC 的调节操作不需人工干预，监控系统应能够实现遥控返校的自动执行。

5. 数据再处理能力

监控系统应能对采集到的遥信（YX）信号进行“与”“或”“取反”处理，遥测量（YC）的总加处理等。对于有复杂主接线的变电站，通过对数据的再处理，可以用简单的信号表现出不同的接线运行方式。

三、案例

以某型号监控系统为例进行系统配置及操作。

1. 实时库组态

在实时库组态中添加站、间隔、点，生成四遥数据。VQC 系统所需要的高中压侧 *P*/*Q* 以流入主变为正方向，如果工程现场的 *PQ* 方向设定与此相反，则需要设置相关虚测点，通过公式刷新此测点值。

2. 绘制主接线图

（1）断路器/隔离开关所配置的遥信点属性务必是〈断路器/隔离开关〉类型，否则会造成图形不能及时进行拓扑着色。

（2）主变压器的有功、无功、母线电压等遥测量的变化死区都设置成 0。

（3）设置图形中主变压器属性。

（4）设置图形中电容器属性，请务必设置额定容量 Mvar。

（5）设置图形中母线属性，右下角的电压号设置点应与上方的显示点一致。

3. 检查设备库

（1）确保主变压器、容抗器在设备库中的顺序与实际对应，1 号主变压器应该在第一个，2 号主变压器应该在第二个，依次类推；电容/电抗类似。如果 2 号主变压器投运，1 号主变压器为远期计划，则 1 号主变压器必须存在设备库中，否则报文信息会有错位。

（2）设备库中的所有双绕组变压器、三绕组变压器、电容器、电抗器、母线设备必须配置相关电力属性，否则需要把无用的冗余设备删除。启动→开始→应用模块→数据库管理→设备管理→选择设备清单→厂站→××变电站→站内一般设备。在右侧列表中鼠标左键点击上方的“设备类型”列名，从表格中找到设备类型为双绕组变压器、三绕组变压器、电容器、电抗器、母线的记录，如果发现无用的设备（远期规划的除外），选中，点击右键菜单删除，确保这五类设备的个数与预期的设备个数一致。

4. 生成拓扑连接

在图形编辑画面上右键选择“形成拓扑连接”。

5. 初始化 VQC 定值

新启动控制台，运行“VQCexe -e [kV]”，如果对 VQCexe 的参数不熟悉，可以运行 VQCexe -h 查看帮助。例如：主变压器高压侧电压等级为 110kV，则输入 VQCexe -e 110 回车，完成初始化操作。此命令执行完毕后，可以在组态工具中看到 VQC 间隔已经自动生成，同时间隔内有一些描述 VQC 状态信息的虚点。VQC 间隔必须通过此方式自动生成，手动创建无效。

6. VQC 间隔匹配

通过实时库组态工具，在 VQC 间隔中添加 VQC 模板数据，匹配相关的遥测、遥信、遥控点。

7. 设置 VQC 定值

从用户手中拿到 VQC 定值清单，根据《工程定值清单》中的说明，通过 VQC 整定界面对其参数进行设置。

闭锁表中闭锁条件字段的编写格式：和公式中的条件部分格式一致，如果 ID32=2 的遥信为 1 时闭锁，则直接在〈闭锁条件〉字段中写入“@D2”即可，如果为 0 时闭锁，则需要取反，直接写入“!@D2”。

8. 绘制九区图

有几个变压器就需要画几个九区图，九区图右下角放置一个遥测点，对应 *n* 号主变压器启动时间。把用户需要显示的信息配置在九区图旁边，一般有 VQC 总投入、总复归；主变压器对应显示启动时间、动作后时间、日动作次数、总动作次数、闭锁信息、解锁按钮、投退遥控按钮，见图 Z12G3009Ⅱ-1。

电容器对应显示动作后时间、日动作次数、总动作次数、闭锁信息、解锁按钮、投退遥控按钮（见图 Z12G3009Ⅱ-2）。

9. 软硬压板

VQC 同时支持软压板投退和硬压板投退，硬压板可以通过是否配置来选择是否启用，但软压板是始终启用的。软压板和硬压板同时起作用时，二者为串联关系，同时投入才算投入，否则功能退出。

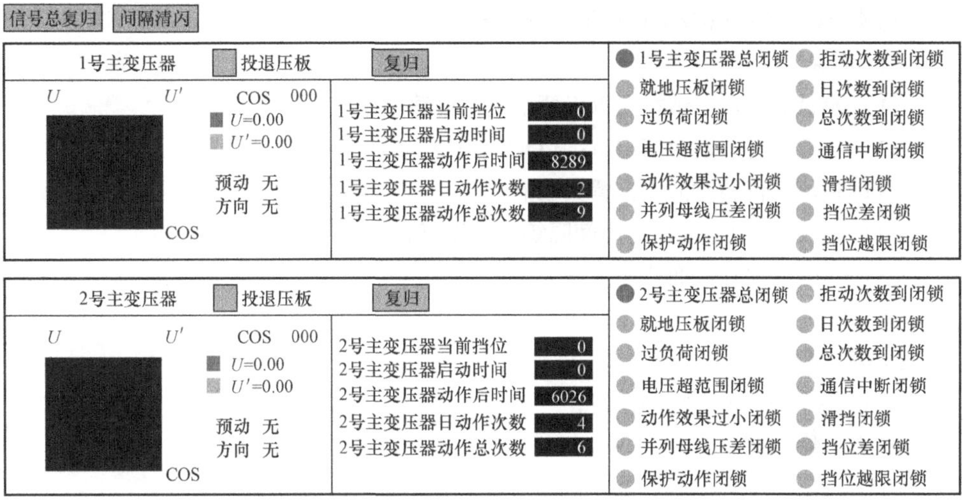

图 Z12G3009Ⅱ-1　主变压器画面

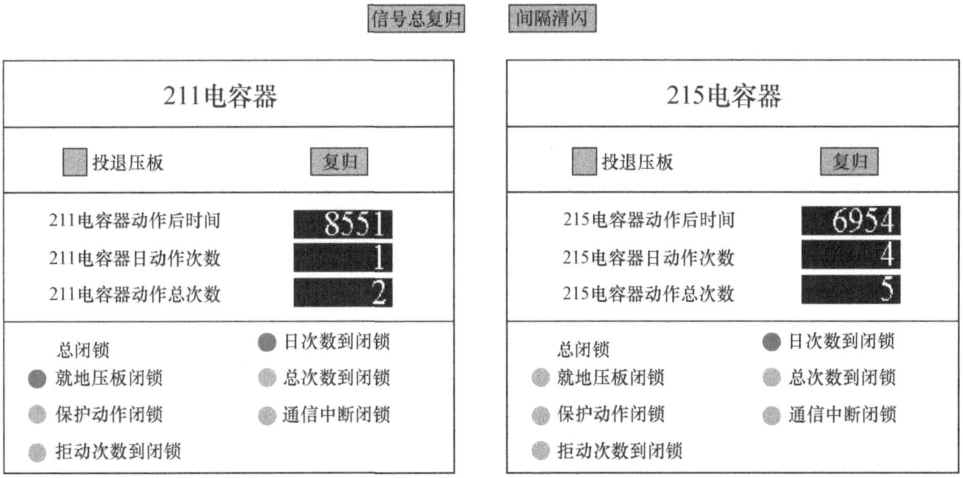

图 Z12G3009Ⅱ-2　电容器画面

启用硬压板功能查看系统是否引入相关开入信号，所有开入点信息都配置在“开入虚间隔”中。如果有相关开入信号，查看 VQC 设置界面中的闭锁列表，在各个设备的硬压板闭锁项目中加入相关开入虚点作为闭锁条件。

停用硬压板投退功能：在各个设备的硬压板闭锁项目中删除开入虚点信息，或把是否启用此闭锁项目设置为否。

10. 功能验证测试

功能验证可参照 wizcon 版的验证数据。

11. 测试后工作

（1）测试完毕后，请按照以下要求进行自动启动程序配置。

（2）需要配置的后台应用有：VQC、拓扑、历史。

（3）把所有试验时的人工置数取消。

（4）把 VQC 设备动作时间间隔等定值恢复。

（5）实时库保存入商业库。

（6）工程备份。

【思考与练习】

1. 电压无功调节有哪些作用？

2. 九区图如何绘制？

第十六章

站内通信及网络设备的调试与检修

模块 1　站内通信线路的调试与检修（Z12G4001 Ⅰ）

【模块描述】本模块介绍了站内通信及网络设备线路连接的工作程序及相关安全注意事项。通过工艺流程介绍、图形示意，掌握正确连接站内通信及网络设备的技术。

【模块内容】站内通信线路的调试与检修包括站内通信及网络设备线路连接的工作程序及相关安全注意事项。

一、站内常见设备的通信

（一）通信方式分类

站内常用通信方式可分为以下几类：

1. 串口通信方式

（1）EIA–RS–232 接口标准。EIA–RS–232 接口标准是早期串行通信接口标准，是美国电子工业协会（EIA）于 1973 年制订的数据传输标准接口。EIA–RS–232 接口标准接口简单，广泛应用于变电站综合自动化系统内部的通信，主要缺点是易受干扰，故传输距离短、速率低，最大传输距离为 15m。在距离 15m 时，最大传输速率为 20 000bit/s。

（2）EIA–RS–422/485 接口标准。EIA–RS–422 对 EIA–RS–232 的电路进行改进，采用了平衡差分的电气接口，EIA–RS–422 加强了抗干扰能力，使传输速率和距离比 EIA–RS–232 有很大的提高。EIA–RS–422 在全双工通信时，需要 4 根传输线，不方便，为了减少传输线，又保留平衡差分的特点，由 EIA–RS–422 标准变形为 EIA–RS–485。EIA–RS–422 用 4 根传输线，工作于全双工，EIA–RS–485 只有 2 根传输线，工作于半双工，它们的传输距离可到 1200m，传输速度 100Kbit/s。

2. World FIP 通信方式

World FIP 使用曼彻斯特码传输，是一种令牌网。World FIP 使用信息生产者和消费者的概念，同通常意义上的输出量、输入量略有区别。每个生产者或消费者变量都有一个地址，任何时候生产者只能有 1 个，而消费者可以是 1 个或多个。

World FIP 的设计思想是按一定的时序，为每个信息生产者分配一个固定的时段，通过总线仲裁器逐个呼叫每个生产者，如果该生产者已经上网，应在规定时间内应答。

网络仲裁器是整个网络通信的主宰者。网络仲裁器轮番呼叫每一个生产者变量，整个网线上总是有信号的。如果若干时间间隔内（如几十毫秒）没有监听到网上的信号，则可以诊断为网络故障。在一个网络中可以有一个或多个网络仲裁器。在任意给定时刻，只有一个在起作用，其他处于热备用状态、监听网络状态。在变电站中，当地后台机为网络仲裁器，循环向各装置问信息。

World FIP 网络拓扑结构为总线型，在一般变电站中，World FIP 网络拓扑结构图见图 Z12G4001Ⅰ–1。

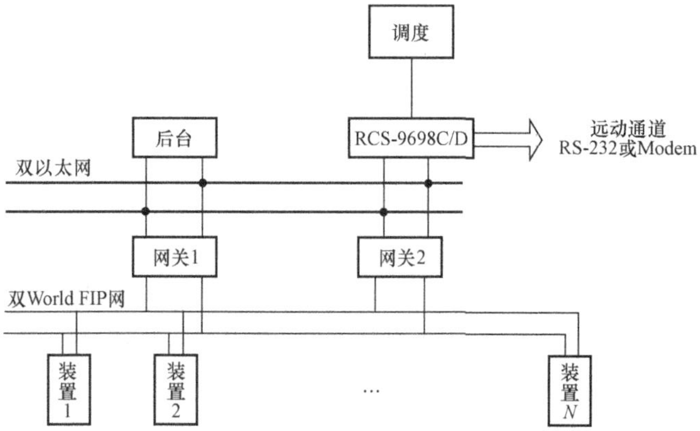

图 Z12G4001Ⅰ–1　World FIP 网络拓扑结构图

3. 以太网通信方式

以太网（Ethernet）的名称是由加利福尼亚 Xerox 公司的 PARC 研究中心的 Bob Metcalfe 于 1973 年 5 月首次提出的。在以太网网络中重要的通信设备就是“网卡”，网卡上面装有处理器和存储器（包括 RAM 和 ROM）。网卡和局域网之间的通信通过双绞线或光纤以串行传输方式进行，而网卡和计算机之间的通信则是通过计算机主板的 I/O 总线以并行方式进行传输。网络通信采用 TCP/IP 协议，每一个通信单元均要有唯一的 IP 地址。

以太网网络拓扑结构见图 Z12G4001Ⅰ–2。

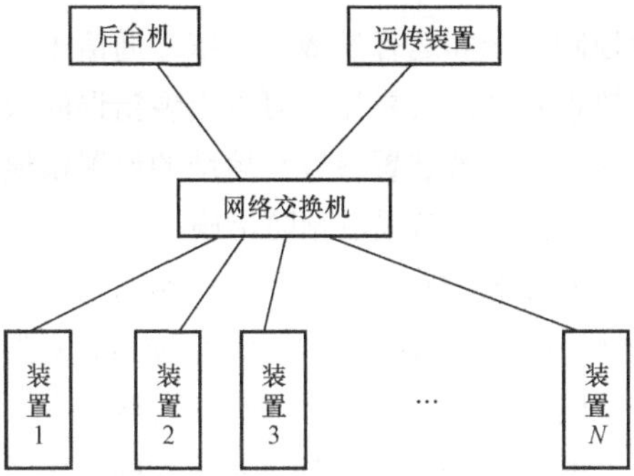

图 Z12G4001 Ⅰ-2　以太网网络拓扑结构图

（二）通信方式比较（见表 Z12G4001 Ⅰ-1）

表 Z12G4001 Ⅰ-1　　通信方式比较

特　性	以　太　网	World FIP	EIA-RS-232	EIA-RS-485 或 422 方式
数据编码	曼彻斯特	曼彻斯特	不归零	
通信方式	全双工/半双工	半双工	半双工	
拓扑关系	网络型	总线型	总线型	
传输介质	8 芯屏蔽双绞线 光纤	2 芯屏蔽双绞线	4 芯屏蔽双绞线	
速率	10Mbit/s 或 100Mbit/s	2.5Mbit/s	1200～9600bit/s	
最大传输距离	双绞线：100m 多模光纤：2km	500m	15m	1200m
特点	传输速度快，可扩展性好； 可靠性高，1 个节点的故障不会影响其他节点的通信；以太网交换机可以级联，具有良好的灵活性和扩展能力	数据可以在恶劣的工业现场高速长距离传输，具有良好的抗电磁干扰性能，适合变电站电磁干扰强的工业环境	接口简单，但 1 个接口只能接入 1 台设备，并且传输距离较短	接口简单，1 个接口可以接入多台设备；可采用标准传输规约

从目前的发展来看，以太网具有的速度优势是其他总线所无法比拟的，变电站自动化系统的网络结构发展趋势是以以太网为主、其他多种网络结构形式为辅的网络结构形式。

二、危险点预控及安全注意事项

1. 危险点分析

（1）防止误控制和错误数据上传。在变电站中，各种设备的各种数据都是要依靠通信来上传，同时各种控制命令和运行参数也是依靠通信来下达。在调试和检修时，不可避免地会产生一些错误数据，要事先对可能出现错误的数据进行冻结，防止错误信息影响到各种智能专家系统。若装置参数和地址的设置错误，控制命令便会被错误装置执行，在工作前要对这部分设备采取预防措施。

（2）防止设备损坏。通信接口属于弱电设备，耐压值一般都不高。变电站内常用的一些电压，如±110V 直流，100V、57.7V、220V 交流，对通信接口都是危险的。要避免通信线接触到其他带电的二次线。另外，通信线不同芯间的短路也会损坏接口。

（3）防止静电。对于集成电路来说，静电是最大的杀手。变电站又是一个电磁环境很复杂的地方，人体也很容易带上静电。工作前，应该通过触摸一些接地的金属，释放掉身上的电荷。

2. 安全注意事项

（1）检修前办理好相应工作票，保证工作地点、工作时间和工作组人员正确。

（2）检修人员身体任何部位不要直接接触通信线金属部分，操作前检修人员将手接触可靠接地，保证身上静电完全释放。

三、站内通信和网络线路连接前的准备

1. 检修技术资料的准备

检修串口通信方式时需要准备串口监视软件。

2. 工具、机具、材料、备品备件、试验仪器和仪表的准备

常用工具主要有：万用表、螺丝刀、剥线钳、电烙铁。

调试和检修串口通信所需工具：DB–9 孔式接头、波士转换器、有串口的计算机、压线钳（制作冷压头）。

调试和检修现场总线通信所需工具：压线钳（制作冷压头）。

调试和检修网络通信所需工具：网络钳、网络检测仪。

四、通信线路调试检修的操作步骤及工艺要求

（一）串口通信数据收发调试

1. 操作步骤

首先，进行串口调试线的连接。

（1）RS–232 通信方式。直接使用串口调试线，将笔记本的串口和通信装置的 232 端子连接起来，连接方式为：

笔记本串口的 Rx 接 232 串口的 Tx；

笔记本串口的 Tx 接 232 串口的 Rx；

笔记本串口的 GND 接 232 串口的 GND。

（2）RS–485 通信方式。需用波士头，将笔记本的串口和波士头的 232 一侧连接

起来（波士头的 232 一侧一般做成串口接头），将波士头的 485 一侧和通信装置的 485 端子连接起来，连接方式为：

波士头的 485 一侧 A 接 485 串口的 A；

波士头的 485 一侧 B 接 485 串口的 B；

波士头的 485 一侧 GND 接 485 串口的 GND。

正确设置串口通信参数，使用串口报文监视软件截取串口通信报文，对截取的串口报文进行分析，判断串口通信是否正常。

2. 工艺要求

（1）串口线剥出防护层后形成的断面需要使用绝缘胶布包裹好。

（2）串口线的屏蔽线需要保留，末端接上冷压头，并使用工具压紧，可靠地接在所接装置的信号地上，这个处理能改善通信质量。

（3）串口线的两根线芯的末端需要接上冷压头，并使用工具压紧。

（4）串口线一律在压线槽内走线。

（二）World FIP 现场总线终端匹配电阻检查

1. 操作步骤

（1）找到 World FIP 现场总线终端匹配电阻，一般站内 World FIP 现场总线是分 A、B 网的，所以一般一对 World FIP 现场总线的两端有 4 个 150Ω匹配电阻。

（2）使用万用表的欧姆挡并接在终端匹配电阻两端，测量其正常通信时的电阻，为 70～80Ω说明电阻正常（因为 World FIP 网络两端均有 1 只 150Ω电阻，两端的电阻是并联的，并联后的结果就是 75Ω左右）。如果阻值偏差较大，则需要办理允许 World FIP 单网停止运行几分钟的工作票，将某一只终端匹配电阻从回路中断开取出，单独测量其电阻值是否为 150Ω左右。如果偏差较大，将会对通信造成不良影响，需要更换为准备好的 150Ω匹配电阻。

2. 工艺要求

（1）World FIP 现场总线终端匹配电阻的末端需要接上冷压头，并使用工具压紧。

（2）World FIP 现场总线终端匹配电阻外套上打印好标识字符的套管，起保护电阻的作用。

（三）以太网网通信线路检修

1. 操作步骤

（1）将以太网线测试仪的两个模块分别接在需要检测的网线的两侧，打开以太网线测试仪的电源，观察其两个模块上的指示灯闪烁情况：

对于平行直连网线，以太网线测试仪两个模块上的 8 个绿色指示灯逐个亮起的时刻、次序要完全同步。

对于交叉级联网线：

以太网线测试仪的一个模块上的1号绿灯亮起时，另一个模块的3号绿灯需同时亮起。

以太网线测试仪的一个模块上的2号绿灯亮起时，另一个模块的6号绿灯需同时亮起。

（2）如果按上述步骤检查发现绿色指示灯亮起的时刻、次序错误，说明线序有问题。如果使用测线仪的过程中出现任何一个灯为红色或黄色的，都证明存在断路或者接触不良现象。这两种情况均需要重新制作以太网线。制作方法为：

先抽出一小段线，然后把外皮剥除一段（长度为1.2～1.3cm）。据排线标准将双绞线反向缠绕开，用斜口钳把参差不齐的线头剪齐，嵌入水晶头，并用压线钳用力夹紧，另一头也按标准接好，最后使用以太网线测试仪测试网络线是否接通，也可以直接用到网络上进行测试，观察是否已接通。

将水晶头有塑料弹片一面朝下，另外一面朝向检修人员，8根线芯从左向右的接入次序为：

1）标准568B方式（适用于平行直连以太网线的两侧、交叉级联以太网线的一侧）：橙白，橙，绿白，蓝，蓝白，绿，褐白，褐。

2）标准568A方式（适用于交叉级联以太网线的另一侧）：绿白，绿，橙白，蓝，蓝白，橙，褐白，褐。

将8根线芯牢固接入水晶头后，使用网线钳压紧水晶头即可。

以太网接口分为MDI（Media Dependent Interface）和MDIX（Media Dependent Interface with Crossover）两种。一般设备的以太网接口为MDI，以太网交换机的接口为MDIX。连接MDI和MDIX接口采用平行网线，连接相同类型的接口采用交叉网线。

部分以太网交换机如RCS-9882提供一个UpLink口，为MDI接口，因此可以用平行网线级联另一台交换机的普通端口。

如果设备的接口支持MDI/MDIX自动识别，则可以任意选择一种线序的网线进行连接。

2. 工艺要求

（1）以太网线的屏蔽线需要保留1cm左右，卷曲缠绕在以太网线的外部，与金属外壳保持紧密接触。

（2）根据接口类型选择合适线序的网线。

（3）以太网线一律在压线槽内走线。

五、检修质量标准

（1）检修后通信恢复正常，且能稳定运行。

（2）检修后通信线布局合理、整齐、美观。通信线一律在压线槽内走线，在压线槽内保持走线整齐，压线槽盖严、屏柜门关紧。

（3）填写调试检修报告。

【思考与练习】

1. 站内通信和网络线路连接前的准备工作有哪些？

2. 站内通信和网络线路检修的质量标准是什么？

模块2　装置通信参数设定（Z12G4002Ⅱ）

【模块描述】本模块介绍了装置通信参数设定的工作程序及相关安全注意事项。通过工艺流程介绍、实例说明，掌握装置通信参数设定前的准备工作和作业中的危险点预控及装置通信参数设置的方法。

【模块内容】变电站综合自动化系统是综合利用计算机控制、通信等现代科学技术对变电站内设备进行监控的系统，它的目的就是保证电网安全、稳定、经济地运行。目前，对电网的监测和控制主要是通过变电站内的二次设备来实现的，利用通信技术来传输各装置监测数据和下达控制命令，是当今变电站综合自动化系统的主流方式。

在变电站运行的综合自动化系统内，所有的二次装置一般都要组成一个或多个通信网。装置的通信参数就是为了保证在同一通信网中的装置能够相互正常通信，不发生干扰和冲突，保证整个网络的数据交换。

一、装置通信方式的基本类型

目前，比较常见的智能设备通信方式分为三大类：串口通信方式、现场总线方式和网络（一般为以太网）方式。

串口通信是每个变电站都可能用到的通信方式，也是历史最悠久的一种通信方式，有三种形式：全双工的 RS–232 和 RS–422，半双工的 RS–485。具体选用哪种形式，可根据三种串口类型特点（见表 Z12G4002Ⅱ–1）结合现场实际确定。

表 Z12G4002Ⅱ–1　　RS–232、RS–485 和 RS–422 三种串口类型特点

串口类型	传输距离	工作方式	连接装置数	备注
RS–232	50ft（15.25m）	全双工	1	
RS–485	4000ft（1220m）	半双工	32	
RS–422	4000ft（1220m）	全双工	32	RS–422 和 RS–485 的电路原理上基本是相同的，RS–422 可以看成两个 RS–485 接口，一个负责接收，另一个负责发送

现场总线主要有 LON 网和 CAN 网，近年来这种通信方式逐渐被流行的网络方式所替代。采用现场总线通信方式的设备一般都为同一生产厂家的设备，能兼容其他厂家的总线通信的装置较少。

网络通信方式通信速率高、数据流量大，已成为主流通信方式。网络方式要求有 Hub（集线器）、Switch（交换器）甚至是路由器这些网络设备。

变电站内的智能设备种类和数量很多，国内主流生产厂家的保护和测控主流产品一般可以提供多种通信方式，有些公司生产的装置一般只提供单一的通信接口。国外公司的智能设备是按照合同约定提供通信接口的，一般也就一种。所以确定装置的通信方式并不复杂。

二、危险点预控及安全注意事项

（一）危险点分析

（1）引起进行参数设置的装置通信中断。

（2）装置参数设置冲突，导致其他装置通信中断。

（3）错误选择装置，导致错误修改装置的参数，引起本次操作范围以外的装置通信中断。

（二）安全注意事项

（1）检修前办理好相应工作票，保证工作地点、工作时间和工作组人员正确。

（2）检修人员身体任何部位不要直接接触通信线金属部分，操作前检修人员将手接触可靠接地，保证身上静电完全释放。

三、装置通信参数调试前的准备

1. 设备调试资料的准备

装置通信参数调试时需要准备相关图纸资料，包括网络结构图、设备说明书等。

2. 仪器、仪表及工器具的准备

（1）笔记本电脑（Windows XP 或 Windows 2000 操作系统，串口及以太网接口）；

（2）RS–232 串口线及以太网直通网络线；

（3）组态软件。

四、设置通信方式和参数

通常，通信方式不用设置，装置上不同通信方式的接口位置不同。但同一串口的三种通信方式（RS–232、RS–422、RS–485）往往会共用一个接口位置，所以需要进行设置。

装置上不同通信接口往往默认不同的通信规约，要根据装置情况选择合适的通信规约。

1. 串口通信参数设定

（1）地址。地址是设备在通信系统中的标识，用来将自身和其他设备区分开，在同一个通信系统中应该是唯一的。在通信中，地址冲突是个比较常见的问题。站内所有智能装置统一编址是最完美的解决方法，可以保证在变电站范围内所有装置的地址都是唯一的。地址，实际上是用来标识数据的来源和去向。只要通信数据在通过 OSI 的 7 层结构到达应用层后不是被同一个程序模块所处理，相同的地址是通常不会造成数据处理的错误（这个和程序的数据结构有关）。一般来说，不同通信方式采用不同程序模块来处理。相同的通信方式但不用同一接口接入，程序也会用不同的任务来处理，也不会造成数据处理的错误。所以，对于站内不得不设置成相同地址的装置，可以考虑用不同方式通信，或者用同一方式不同接口通信。

（2）比特率。单位时间内传输的二进制代码位数（bit），单位为 bit/s，每秒比特数。比特率相同的设备才能进行正常通信。

（3）奇偶校验。线路噪声可能会改变传输中的数据位。奇偶校验就是将“奇偶校验位”添加到数据包中，使数据包中“1”的个数为奇数或偶数；接收方将接收到的“1”的个数累加，并根据总和是否符合奇偶校验位来决定接受还是拒绝数据包。奇偶校验常用的设置有偶校验（设置校验位，使 1 的数目为偶数）、奇校验（设置校验位，使 1 的数目为奇数）、无校验（不发送奇偶校验位）。另外还有两个不常用的设置，即标记（校验位始终为 1）、空（校验位始终为 0）。奇偶校验常用的设置见表 Z12G4002Ⅱ–2。

表 Z12G4002Ⅱ–2　　奇偶校验常用的设置

类型	说明	备注	类型	说明	备注
偶校验	设置校验位，使 1 的数目为偶数		标记	校验位始终为 1	不常用
奇校验	设置校验位，使 1 的数目为奇数		空	校验位始终为 0	不常用
无校验	不发送奇偶校验位				

（4）起始位、停止位和数据位（见表 Z12G4002Ⅱ–3）。

表 Z12G4002Ⅱ–3　　起始位、停止位和数据位含义

起始位	告诉接收方要开始发送字节了
停止位	告诉接收方已经发送了一个字节
数据位	字中位的个数，现在绝大多数用 8 位来表示一个字符，少数旧系统有 7 位字符

（5）设定方法。各种装置设定参数的方法不尽相同。跳线器和拨码开关是早就被广泛使用的两种方法，可靠性高，但参数值的选择余地小。随着计算机存储技术的发展，通过友好的人机界面输入参数值，或利用配置软件直接配置参数并将其转换成文件传输到装置中，已经成为一种新的便捷设置方法。由于参数值存储在电子硬盘中，修改很方便，但硬件故障会造成其丢失。

2. 现场总线通信参数设定

（1）地址。作用和意义同串口通信，必须要设定。

（2）通信速率。即CAN网或LON网通信比特率。国内的现场总线绝大多数参数出厂时都已经固化。

3. 网络通信参数设定

（1）IP地址（网址）。网络通信中的IP地址作用相当于上面两种通信方式的地址，只是更为复杂一点。IP地址由4个字节32位构成，此外，还要设置4个字节32位的子网掩码，用来表明32位IP地址中哪些位表示网络地址、哪些位表示机器地址。另外，在复杂的网络中，如果需要路由，还要设置网关地址。

（2）端口号。这里是指逻辑意义上的端口号，即TCP/IP和UDP/IP协议中规定端口，范围0～65 535。一般的网络通信规约都将端口号规定了，如104规约的端口号就是2404。

五、案例

下面介绍某装置通信参数常见设置项目。

（一）串口通信装置通信参数常见设置项目

以某变电站现场1号电抗器保护RCS-9647（地址是21）为例进行说明。

序号	名　称	说明	现场推荐用值
1	装置地址	装置地址最好取 1～240内的整数	21（视现场情况）
2	规约	0：103规约 1：LFP规约	0（新变电站很少 有LFP规约）
3	串口A波特率	0～4800；1～9600； 2～19 200；3～38 400	1
4	串口B波特率		1

（二）World FIP通信参数常见设置项目

以某变电站现场2号进线保护RCS-9612B （地址是38）为例进行说明。

序号	名称	说　明	现场推荐用值
1	总线地址	总线地址最好取 1～63 内的整数	38（视现场情况）
2	装置地址	装置地址最好取 1～32 000 内的整数	38（视现场情况）
3	规约	0：103 规约 1：LFP 规约	0（目前变电站很少用 LFP 规约）

（三）以太网通信参数常见设置项目

以某变电站现场 RCS–9705C （地址是 208）为例进行说明。

序号	名称	取　值　范　围	现场推荐用值
1	装置地址	0～65 535	208（视现场情况）
2	IP1 地址 3 位	1～254	198
3	IP1 地址 2 位	1～254	120
4	IP2 地址 3 位	1～254	198
5	IP2 地址 2 位	1～254	121
6	掩码地址 3 位	0～255	255
7	掩码地址 2 位	0～255	255
8	掩码地址 1 位	0～255	0
9	掩码地址 0 位	0～255	0

装置地址到 IP 地址的转换关系为，装置地址=IP 地址 1 位×256+IP 地址 0 位。例如，装置地址为 345，则对应的 IP 地址为 198.120.1.89。

IP 地址 0 位为 255 的一般用作子网广播地址，设置装置地址时必须避开，否则可能导致通信故障。

六、参数设定质量标准

在装置通信参数设置过程中，“装置地址”需要和监控后台数据库组态中的装置地址设置保持一致。

通信参数设置完成后，需保证该装置与站控层的监控后台、保护信息子站或远动通信管理机通信正常。

【思考与练习】

1. 装置通信参数设定的质量标准是什么？
2. 装置通信参数设定有哪些危险点？
3. 装置通信参数调试前的准备有哪些？

模块3 网关设备的调试与检修（Z12G4003Ⅱ）

【模块描述】本模块介绍了网关设备的调试与检修工作程序及相关安全注意事项。通过工艺流程及方法介绍，掌握网关设备调试检修前的准备工作和作业中的危险点预控及网关设备调试检修的工艺标准和质量要求。

【模块内容】网关设备的调试与检修包括网关设备的调试与检修工作程序及相关安全注意事项。

网关又称网间连接器、协议转换器。网关在传输层上以实现网络互联，是最复杂的网络互联设备，仅用于两个高层协议不同的网络互联。网关的结构也和路由器类似，不同的是互联层。网关既可以用于广域网互联，也可以用于局域网互联。网关是一种充当转换重任的计算机系统或设备。在使用不同的通信协议、数据格式或语言，甚至体系结构完全不同的两种系统之间，网关是一个翻译器。与只是简单地传达信息的网桥不同，网关对收到的信息要重新打包，以适应目的系统的需求。同时，网关也可以提供过滤和安全功能。大多数网关运行在OSI 7层协议的顶层——应用层。

网关不能完全归为一种网络硬件。用概括性的术语来讲，它们应该是能够连接不同网络的软件和硬件的结合产品。特别地，它们可以使用不同的格式、通信协议或结构连接起两个系统。网关实际上通过重新封装信息以使它们能被另一个系统读取。为了完成这项任务，网关必须能运行在OSI模型的几个层上。网关必须同时应用通信，建立和管理会话，传输已经编码的数据，并解析逻辑和物理地址数据。

网关可以设在服务器、微机或大型机上。由于网关具有强大的功能并且大多数时候都和应用有关，它们比路由器的价格要贵一些。另外，由于网关的传输更复杂，它们传输数据的速度要比网桥或路由器低一些。

网关实质上是一个网络通向其他网络的IP地址。例如，有网络A和网络B，网络A的IP地址范围为“192.168.1.1～192. 168.1.254”，子网掩码为255.255.255.0；网络B的IP地址范围为“192.168.2.1～192.168.2.254”，子网掩码为255.255.255.0。在没有路由器的情况下，两个网络之间是不能进行TCP/IP通信的，即使是两个网络连接在同一台交换机（或集线器）上，TCP/IP协议也会根据子网掩码（255.255.255.0）判定两个网络中的主机处在不同的网络里。而要实现这两个网络之间的通信，则必须通过网关。如果网络A中的主机发现数据包的目的主机不在本地网络中，就把数据包转发给它自己的网关，再由网关转发给网络B的网关，网络B的网关再转发给网络B的某个主机，网络连接示意图见图Z12G4003Ⅱ-1。网络B向网络A转发数据包的过程也是如此。

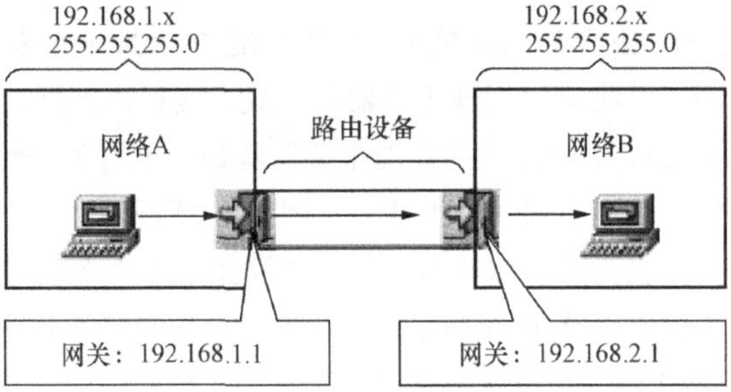

图 Z12G4003Ⅱ-1　网络连接示意图

所以，只有设置好网关的 IP 地址，TCP/IP 协议才能实现不同网络之间的相互通信。那么这个 IP 地址是哪台机器的 IP 地址呢？网关的 IP 地址是具有路由功能的设备的 IP 地址，具有路由功能的设备有路由器、启用了路由协议的服务器（实质上相当于一台路由器）、代理服务器（也相当于一台路由器）。

一、网关设备的发展现状和分类

（一）网关设备发展现状

在早期的因特网中，术语网关即指路由器。路由器是网络中超越本地网络的标记，它用于计算路由并把分组数据转发到源始网络之外，因此，它被认为是通向因特网的大门。随着技术的不断发展，路由器不再神奇，公共的基于 IP 的广域网的出现和成熟促进了路由器的成长。现在路由功能也能由主机和交换集线器来行使，网关不再是神秘的概念。现在，路由器变成了多功能的网络设备，它能将局域网分割成若干网段，互联私有广域网中相关的局域网并将各广域网互联而形成了因特网，这样路由器就失去了原有的网关概念。然而术语网关仍然沿用了下来，它不断地应用到多种不同的功能中。

由于网关是实现互联、互通和应用互操作的设施，通常又多是用来连接专用系统，所以市场上从未有过出售网关的广告或公司。因此，在这种意义上，网关是一种概念、一种功能的抽象。网关的范围很宽，在 TCP/IP 网络中，网关有时指的就是路由器，而在 MHS 系统中，为实现 CCITTX.400 和 SMTPL 简单邮件运输协议间的互操作，也有网关的概念。SMTP 是 TCP/IP 环境中使用的电子邮件，其标准为 RFC-822，而符合国际标准的 CCITTX.400 发展较晚，但受到以欧洲为先锋的世界范围的支持。为将两种系统互联，TCP/IP 标准制订团体专门定义了 X.400 和 RFC-822 之间的变换标准 RFC-987（适用于 1984 年 X.400），以及 RFC-1148（适用于 1988 年 X.400）。实现上述变换标准的设施也称之为网关。

现行的 IPv4 的 IP 地址是 32 位的，根据头几位再划分为 A、B、C 三类地址。由于 Internet 的迅猛发展，IP 资源日渐枯竭，可供分配的 IP 地址越来越少，在 IPv6 还远未能全面升级的情况下，唯有以代理服务器的方式，实行内部网地址跟公网地址进行转化而实现接入 Internet。中介作用的代理服务器就是一个网关，也就是这个网关带给现阶段的多媒体通信系统许多问题。在 IP 资源匮乏的情况下，唯有以网关甚至多层网关的方式接入宽带网，因为多媒体通信系统的协议如 H.323 等要进行业务的双方必须有一方有公网的 IP 地址，但是现在的宽带很少有几个用户能符合这个要求。Microsoft 的 NetMeeting 等多媒体通信系统就是处于这种状态，跨网关成为十分麻烦的难题。

在和 Novell NetWare 网络交互操作的上下文中，网关在 Windows 网络中使用的服务器信息块（SMB）协议及 NetWare 网络使用的 NetWare 核心协议（NCP）之间起着桥梁的作用。网关也被称为 IP 路由器。

（二）网关设备分类

按照不同的分类标准，网关也有很多种。TCP/IP 协议里的网关是最常用的，在这里我们所讲的“网关”均指 TCP/IP 协议下的网关。

目前，主要有三种网关：协议网关、应用网关和安全网关。

1. 协议网关

协议网关通常在使用不同协议的网络区域间做协议转换。这一转换过程可以发生在 OSI 参考模型的第 2 层、第 3 层或 2、3 层之间。但是有两种协议网关不提供转换的功能：安全网关和管道网关。由于两个互联网络区域的逻辑差异，安全网关是两个技术上相似的网络区域间的必要中介，如私有广域网和公有的因特网。

2. 应用网关

应用网关是在使用不同数据格式间翻译数据的系统。典型的应用网关接收一种格式的输入，将之翻译，然后以新的格式发送。输入和输出接口可以是分立的，也可以使用同一网络连接。

一种应用可以有多种应用网关。如 E-mail 可以以多种格式实现，提供 E-mail 的服务器可能需要与各种格式的邮件服务器交互，实现此功能唯一的方法是支持多个网关接口。

应用网关也可以用于将局域网客户机与外部数据源相连，这种网关为本地主机提供了与远程交互式应用的连接。将应用的逻辑和执行代码置于局域网中客户端避免了低带宽、高延迟的广域网的缺点，这就使得客户端的响应时间更短。应用网关将请求发送给相应的计算机，获取数据，如果需要就把数据格式转换成客户机所要求的格式。

3. 安全网关

安全网关是各种技术有趣的融合，具有重要且独特的保护作用，其范围从协议级过滤到十分复杂的应用级。防火墙主要有三种：分组过滤、电路网关和应用网关。这三种防火墙中只有一种是过滤器，其余都是网关。这三种机制通常结合使用。过滤器是映射机制，可区分合法的数据和欺骗包。每种方法都有各自的能力和限制，要根据安全的需要仔细评价。

二、危险点预控及安全注意事项

1. 危险点分析

（1）防止错误配置造成网络传输异常。在工作前要对网络设备采取预防措施，备份配置参数。

（2）防止设备损坏。通信设备接口属于弱电设备，耐压值一般都不高。要避免通信线接触到其他带电线路，避免通信线不同芯间的短路。

（3）防止静电。工作前，应该通过触摸一些接地的金属，释放掉身上的电荷。

2. 安全注意事项

（1）检修前办理好相应工作票，保证工作地点、工作时间和工作组人员正确。

（2）检修人员身体任何部位不要直接接触通信线金属部分，操作前检修人员将手接触可靠接地，保证身上静电完全释放。

三、网关设备调试前的准备

（1）设备调试资料的准备。网关设备调试时需要准备相关图纸资料，包括网络结构图，设备说明书等。

（2）工具、机具、材料、备品备件、试验仪器和仪表的准备。常用工具主要有：万用表、螺丝刀、剥线钳、电烙铁。调试和检修网络通信所需工具：网络钳、网络检测仪。

四、网关设备调试流程和注意事项

1. 明确网络结构

网关大多使用与多个网络或者子网共存、互联的情况，所以首先要明确网关所在网络的共存及互联的方式。

（1）异构型局域网，如互联专用交换网 PBX 与遵循 IEEE 802 标准的局域网。

（2）局域网与广域网的互联。

（3）广域网与广域网的互联。

（4）局域网与主机的互联（当主机的操作系统与网络操作系统不兼容时，可以通过网关连接）。

在网络规划的过程中，绘制一幅准确的网络图是不可缺少的。准确的网络文档对于日后的升级和分析问题是不可或缺的帮助。好的网络图应包含连接不同网段的各种网络设备的信息，如路由器、网桥、网关的位置、IP 地址，并用相应的网络地址标注各网段。若网络很小，只有一个网段，可同时画出其他关键网络设备（如服务器），包括网络地址。

2. 确定网络地址分配

在网络规划中，IP 地址方案的设计至关重要，好的 IP 地址方案不仅可以减少网络负荷，还能为以后的网络扩展打下良好的基础。

IP 地址用于在网络上标识唯一一台机器。根据 RFC 791 的定义，IP 地址由 32 位二进制数组成（四个字节），表示为用圆点分成每组 3 位的 12 位十进制数字（×××.×××.×××.×××），每个 3 位数代表 8 位二进制数（1 个字节）。由于 1 个字节所能表示的最大数为 255，因此 IP 地址中每个字节可含有 0～255 的值。但 0 和 255 有特殊含义，255 代表广播地址，IP 地址中 0 用于指定网络地址号（若 0 在地址末端）或节点地址（若 0 在地址开始）。例如，192.168.32.0 指网络 192.168.32.0，而 0.0.0.62 指网络上节点地址为 62 的计算机。

根据 IP 地址中表示网络地址字节数的不同将 IP 地址划分为三类，即 A 类、B 类、C 类。A 类用于超大型网络（百万节点），B 类用于中等规模的网络（上千节点），C 类用于小网络（最多 254 个节点）。A 类地址用第一个字节代表网络地址，后三个字代表节点地址。B 类地址用前两个字节代表网络地址，后两个字节表示节点地址。C 类地址则用前三个字节表示网络地址，第四个字节表示节点地址。

网络设备根据 IP 地址的第一个字节来确定网络类型。A 类网络第一个字节的第一个二进制位为 0，B 类网络第一个字节的前两个二进制位为 10，C 类网络第一个字节的前三位二进制位为 110。换成十进制可见 A 类网络地址从 1～127，B 类网络地址从 128～191，C 类网络地址从 192～223。224～239 间的数有时称为 D 类，239 以上的网络号保留。

子网掩码用于找出 IP 地址中网络及节点地址部分。子网掩码长 32 位，其中 1 表示网络部分，0 表示节点地址部分。如一个节点 IP 地址为 192.168.202.195，子网掩码 255.255.255.0，表示其网络地址为 192.168.202，节点地址为 195。

有时为了方便网络管理，需要将网络划分为若干个网段。为此，必须打破传统的 8 位界限，从节点地址空间中“抢来”几位作为网络地址。具体说来，建立子网掩码需要以下两步：确定运行 IP 的网段数、确定子网掩码。

首先，确定运行 IP 的网段数。例如，网络上有 5 个网段，但只让 3 个网段上的用户访问，则只有这三个网段需要配置 IP。在确定了 IP 网段数后，再确定从节点地址空间中截取几位才能为每个网段创建一个子网络号。方法是计算这些位数的组合值。例如，取 2 位，有 4 种组合（00、01、10、11），取 3 位有 8 种组合（000、001、010、011、100、101、110、111）。需要注意的是，在这些组中须除去全 0 和全 1 的组合。因为在 IP 协议中规定了全 0 和全 1 的组合代表了网络地址和广播地址，所以如果我们需要将 C 类网络（192.168.123.0）划分为 4 个网段，需要截取节点地址的前 3 位作为网络地址，与之对应的子网掩码就是 255.255.255.224（11111111.11111111.11111111.11100000）。

可见，采用以上子网络方案，每个子网络有 30 个节点地址。通过从节点地址空间中截取几位作为网络地址的方法，可将网络划分为若干网段，方便了网络管理。

如果不计划连到 Internet 上，则可用 RFC–1918 中定义的非 Internet 连接的网络地址，称为“专用 Internet 地址分配”。RFC–1918 规定了不想连入 Internet 的 IP 地址分配指导原则。由 Internet 地址授权机构（IANA）控制 IP 地址分配方案中，留出了三类网络号，给不连到 Internet 上的专用网用，分别用于 A、B 和 C 类 IP 网，具体如下：10.0.0.0～10.255.255.255，172.16.0.0～172.31.255.255，192.168.0.0～192.168.255.255。

IANA 保证这些网络号不会分配给连到 Internet 上的任何网络，因此任何人都可以自由地选择这些网络地址作为自己的网络地址。

3. 确定接线方式

网线由一定距离长的双绞线与 RJ–45 头组成。双绞线由 8 根不同颜色的线分成 4 对绞合在一起，成对扭绞的作用是尽可能减少电磁辐射与外部电磁干扰的影响，双绞线可按其是否外加金属网丝套的屏蔽层而区分为屏蔽双绞线（STP）和非屏蔽双绞线（UTP）。在 EIA/TIA–568A 标准中，将双绞线按电气特性区分有：三类线、四类线、五类线。网络中最常用的是三类线和五类线，目前已有六类以上线。第三类双绞线在 LAN 中常用作为 10Mbit/s 以太网的数据与话音传输，符合 IEEE 802.3 10Base–T 的标准。第五类双绞线目前占有最大的 LAN 市场，最高速率可达 100Mbit/s，符合 IEEE 802.3 100Base–T 的标准。做好的网线要将 RJ–45 水晶头接入网卡或 Hub 等网络设备的 RJ–45 插座内。相应，RJ–45 插头座也区分为三类或五类电气特性。RJ–45 水晶头由金属片和塑料构成，特别需要注意的是引脚序号，当金属片面对我们的时候从左至右引脚序号是 1～8，这序号做网络联线时非常重要，不能弄错。

EIA/TIA 的布线标准中规定了两种双绞线的标准线序 568A 与 568B。

568B：橙白——1，橙——2，绿白——3，蓝——4，蓝白——5，绿——6，棕白——7，棕——8；

568A：绿白——1，绿——2，橙白——3，蓝——4，蓝白——5，橙——6，棕白——7，棕——8。

在整个网络布线中应用一种布线方式，但两端都有 RJ–45 头的网络联线无论是采用端接方式 A，还是端接方式 B，在网络中都是通用的。双绞线的顺序与 RJ–45 头的引脚序号一一对应。

100BASE–T4RJ–45 对双绞线的规定如下：

1、2用于发送，3、6用于接收，4、5，7、8是双向线。

1、2线必须是双绞，3、6双绞，4、5双绞，7、8双绞。

下面介绍几种应用环境下双绞线的制作方法。

MDI表示此口是级连口，而MDI-X时表示此口是普通口。PC等网络设备连接到Hub时，用的网线为直通线，双绞线的两头连线要一一对应，此时，Hub为MDI-X口，PC为MDI口。10Mbit/s网线只要双绞线两端一一对应即可，不必考虑不同颜色的线的排序，而如果使用100Mbit/s速率相连的话，则必须严格按照EIA/TIA 568A或568B布线标准制作。在进行间Hub级连时，应把级连口控制开关放在MDI（Uplink）上，同时用直通线相连。如果Hub没有专用级连口，或者无法使用级连口，必须使用MDI-X口级连，这时，我们可用交叉线来达到目的，这里的交叉线，即是在做网线时，用一端RJ-45头的1脚接到另一端RJ-45头的3脚，再用一端RJ-45头的2脚接到另一端RJ-45头的6脚。可按如下色谱制作：

B端：橙白，橙，绿白，蓝，蓝白，绿，棕白，棕；

A端：绿白，绿，橙白，蓝，蓝白，橙，棕白，棕。

同时，我们也应该知道，级连Hub间的网线长度不应超过100m，Hub的级连不应超过4级。因交叉线较少用到，故应做特别标记，以免日后误作直通线用，造成线路故障。另外交叉网线也可用在两台微机直连。

4. 网络连接及检查

首先检查各个网络设备的运行指示灯是否正常，特别是网络接线两端的连接指示灯是否正常，然后使用ping命令测试网络中两台计算机之间的连接。

在PC机上或Windows为平台的服务器上，ping命令的格式如下：

```
ping [ -n number ] [ -t ] [ -l number ] ip-address
```

n——ping报文的个数，缺省值为5；

t——持续地ping直到人为地中断，Ctrl+Break暂时中止ping命令并查看当前的统计结果，而Ctrl+C则中断命令的执行。

l——设置ping报文所携带的数据部分的字节数，设置范围0～65 500。

如：向主机10.15.50.1发出2个数据部分大小为3000Bytes的ping报文

```
C:\> ping -l 3000 -n 2 10.15.50.1
Pinging 10.15.50.1with 3000bytes of data
Reply from 10.15.50.1:bytes=3000time=321ms TTL=123
Reply from 10.15.50.1:bytes=3000time=297ms TTL=123
Ping statistics for 10.15.50.1:
Packets:Sent=2,Received=2,Lost=0 (0% loss),
```

```
Approximate round trip times in milli-seconds:
Minimum=297ms,Maximum= 321ms,Average= 309ms
```

可以看到来自另一台计算机的几个答复，如：Reply from×.×.×.×：bytes =32time<1ms TTL=128。如果没有看到这些答复，或者看到“Request timed out”，说明两台计算机之间的连接可能有问题。如果 ping 命令成功执行，那么就确定了两台计算机之间可以连接。

【思考与练习】

1. 什么是网关？它的工作原理是什么？
2. 在 TCP/IP 协议下的网关分为哪几种？

模块 4　路由器系统参数配置（Z12G4004Ⅱ）

【模块描述】本模块介绍了路由器系统参数配置工作程序及相关安全注意事项。通过原理讲解、配置实例介绍，掌握路由器系统参数配置前的准备工作和作业中的危险点预控及路由器系统参数配置。

【模块内容】路由器系统参数配置包括路由器系统参数配置工作程序及相关安全注意事项。

路由器是工作在 IP 协议网路层实现子网之间转发数据的设备。在网络层，主机用 IP 地址寻址，IP 地址实行全网统一管理。IP 地址通过子网掩码而分成两部分：Net ID 和 Host ID。同一子网内部使用相同的 Net ID，而 Host ID 各不相同。子网内部的主机通信，由链路协议直接进行；子网之间的主机通信要通过路由器来完成。路由器是多个子网的成员，在它的内部有一张表示 Net ID 与下一跳端口的对应关系的路由表。通信起点主机发出 IP 包被路由器接收后，路由器查路由表，确定下一跳输出端口，发给下一台路由器，这台路由器又转发给另外一台路由器，用这样一跳接着一跳的方式，直到通信终点另一台主机收到这个 IP 包。IP 协议的网络层是无连接的，路由器中没有表示连接状态的信息。路由器在网络层也没有重发机制和拥塞控制。IP 协议重发机制和拥塞控制由传输层 TCP 来处理，按端到端的方式运行。传输层拥塞控制通过 TCP 慢启动实现。

一、路由器体系结构

路由器内部可以划分为控制平面和数据通道。路由器的控制平面，运行在通用 CPU 系统中，一直没什么变化。在高可用性设计中，可以采用双主控进行主从式备份来保证控制平面的可靠性。路由器的数据通道，为适应不同的线路速度、不同的系统容量，采用了不同的实现技术。简单而言，可分为软件转发路由器和硬件转发路由器。软件转发路由器使用 CPU 软件技术实现数据转发，根据使用 CPU 的数目，进一步区分为单 CPU 的集中式和多 CPU 的分布式。硬件转发路由器使用网络处理器硬件技术实现数据转发，根据使用网路处理器的数目及网路处理器在设备中的位置，进一步细分为单网络处理器的集中式、多网络处理器的负荷分担并行式和中心交换分布式。

二、危险点预控及安全注意事项

1. 危险点分析

要保证路由器设备良好地工作，要注意以下几个方面的问题。

（1）电源方面。请务必确认电源是否接地，防止烧坏路由器设备。在拆装和移动路由器设备之前必须先断开电源线，这样防止移动过程造成内部部件的损坏。在放置路由器设备时电源插座尽量不要离路由器设备过远，否则当出现问题时切断路由器设备电源会非常不方便。

（2）防静电要求。超过一定容限的静电会对电路乃至整机产生严重的破坏作用。因此，应确保设备良好的接地以防止静电的破坏。人体的静电也会导致设备内部元器件和印刷电路损坏，所以触摸电路板或扩展模块时，请拿电路板或扩展模块的边缘，不要用手直接接触元器件和印刷电路，以防因人体的静电而导致元器件和印刷电路的损坏。如果有条件最好能够佩戴防静电手腕。

（3）通风良好。为了冷却内部电路务必确保空气流通，在路由器设备的两侧和后面至少保留 100mm 的空间。不要让空气的入口和出口被阻塞，并且不要将重物放置在路由器设备上。

（4）接地良好。因为设备的单板都是接到设备的结构上，设备安装和工作时请务必使用一条低阻抗的接地导线通过设备接地柱将设备的外壳接地，与大地相连以保证安全。

（5）环境良好。路由器设备放置的地方应该保持一定的温度与湿度，所以设备环境应配备空调等设备。良好的环境可以让路由器设备寿命更长、性能更稳定。

2. 安全注意事项

（1）检修前办理好相应工作票，保证工作地点、工作时间和工作组人员正确。

（2）检修人员身体任何部位不要直接接触通信线金属部分，操作前检修人员将手接触可靠接地，保证身上静电完全释放。

三、路由器配置介绍

下面以 Cisco 路由器为例，介绍路由器的配置基础。

（一）基本设置方式

一般来说，可以用五种方式来设置路由器：

（1）Console 口接终端或运行终端仿真软件的微机。

（2）AUX 口接 Modem，通过电话线与远方的终端或运行终端仿真软件的微机相连。

（3）通过以太网上的 TFTP 服务器。

（4）通过以太网上的 TELNET 程序。

（5）通过以太网上的 SNMP 网管工作站。

但路由器的第一次设置必须通过第一种方式进行，此时终端的硬件设置如下：

波特率：9600；数据位：8；停止位：1；奇偶校验：无。

（二）命令状态

1. router>

路由器处于用户命令状态，这时用户可以看路由器的连接状态，访问其他网络和主机，但不能看到和更改路由器的设置内容。

2. router#

在 router>提示符下键入 enable，路由器进入特权命令状态 router#，这时不但可以执行所有的用户命令，还可以看到和更改路由器的设置内容。

3. router（config）#

在 router#提示符下键入 configure terminal，出现提示符 router（config）#，此时路由器处于全局设置状态，这时可以设置路由器的全局参数。

4. router（config–if）#;　router（config–line）#;　router（config–router）#;　…

路由器处于局部设置状态，这时可以设置路由器某个局部的参数。

5. >

路由器处于 REBOOT 状态，在开机后 60s 内按 Ctrl+Break 可进入此状态，这时路由器不能完成正常的功能，只能进行软件升级和手工引导。

（三）设置对话过程

利用设置对话过程可以避免手工输入命令的烦琐，但它还不能完全代替手工设置，一些特殊的设置还必须通过手工输入的方式完成。

进入设置对话过程后，路由器首先会显示一些提示信息：

```
——System Configuration Dialog——
At any point you may enter a question mark '?' for help.
Use ctrl+c to abort configuration dialog at any prompt.
Default settings are in square brackets '[]'.
```

这是告诉你在设置对话过程中的任何地方都可以键入“？”得到系统的帮助，按 Ctrl+C 可以退出设置过程，缺省设置将显示在‘[]’中。然后路由器会问是否进入设置对话：

```
Would you like to enter the initial configuration dialog? [yes]:
```

如果按 y 或回车，路由器就会进入设置对话过程。首先你可以看到各端口当前的状况：

```
First, would you like to see the current interface summary? [yes]:
Any interface listed with OK? value "NO" does not have a valid configuration
```

（四）常用命令

1. 帮助

在 IOS 操作中，无论任何状态和位置，都可以键入“？”得到系统的帮助。

2. 改变命令状态

任　务	命　令
进入特权命令状态	enable
退出特权命令状态	disable
进入设置对话状态	setup
进入全局设置状态	config terminal
退出全局设置状态	end
进入端口设置状态	interface type slot/number
进入子端口设置状态	interface type number.subinterface [point–to–point	multipoint]
进入线路设置状态	line type slot/number
进入路由设置状态	router protocol
退出局部设置状态	exit

3. 显示命令

任　务	命　令
查看版本及引导信息	show version
查看运行设置	show running–config
查看开机设置	show startup–config
显示端口信息	show interface type slot/number
显示路由信息	show ip router

4. 网络命令

任　务	命　令
登录远程主机	telnet hostname|IP address
网络侦测	ping hostname|IP address
路由跟踪	trace hostname|IP address

5. 基本设置命令

任　务	命　令
全局设置	config terminal
设置访问用户及密码	username password
设置特权密码	enable secret password
设置路由器名	hostname name
设置静态路由	ip route destination subnet–mask next–hop
启动 IP 路由	ip routing
启动 IPX 路由	ipx routing
端口设置	interface type slot/number
设置 IP 地址	ip address address subnet–mask
设置 IPX 网络	ipx network
激活端口	no shutdown
物理线路设置	line type number
启动登录进程	login [local|tacacs server]
设置登录密码	password

（五）配置 IP 寻址

接口设置：interface type slot/number

为接口设置 IP 地址：ip address ip–address　mask

以 Cisco2610 为例，配置以太网口：

```
Cisco2610(config)#interface FastEthernet0/0
Cisco2610(config-if)#ip address 100.100.100.254 255.255.255.0
Cisco2610(config-if)#no shutdown
```

配置 serial 口：

```
Cisco2610(config)#interface serial0/0
Cisco2610(config)#ip address ×.×.×.× 255.255.255.0
Cisco2610(config)#no shutdown(激活端口)
Cisco2610#copy run start (备份配置文档到硬盘)
```

（六）配置静态路由

通过配置静态路由，用户可以人为地指定对某一网络访问时所要经过的路径，在网络结构比较简单，且一般到达某一网络所经过的路径唯一的情况下采用静态路由。

配置案例如下：

Cisco2610(config)#interface FastEthernet0/0

Cisco2610(config)#description link_neiwang

Cisco2610(config)#ip address 10.10.10.1 255.255.255.0（连接内部交换机地址）

Cisco2610(config)#ip route 0.0.0.0 0.0.0.0 192.168.0.1（缺省网关指向中心路由器接口地址）

Cisco2610(config)#exit

Cisco2610(config)#write（保存）

四、路由协议设置

（一）RIP 协议

RIP（Routing information Protocol）是应用较早、使用较普遍的内部网关协议（Interior Gateway Protocol，IGP），适用于小型同类网络，是典型的距离向量（distance–vector）协议。

RIP 通过广播 UDP 报文来交换路由信息，每 30s 发送一次路由信息更新。RIP 提供跳跃计数（hopcount）作为尺度来衡量路由距离，跳跃计数是一个包到达目标所必须经过的路由器的数目。如果到相同目标有两个不等速或不同带宽的路由器，但跳跃计数相同，则 RIP 认为两个路由是等距离的。RIP 最多支持的跳数为 15，即在源和目的网间所要经过的最多路由器的数目为 15，跳数 16 表示不可达。

1. 有关命令

任　务	命　令
指定使用 RIP 协议	router rip
指定 RIP 版本	version {1|2}
指定与该路由器相连的网络	network

注　Cisco 的 RIP 版本 2 支持验证、密钥管理、路由汇总、无类域间路由（CIDR）和变长子网掩码（VLSMs）。

2. 举例

```
router rip
version 2
network 192.200.10.0
network 192.20.10.0
```

相关调试命令：

```
show ip protocol
show ip route
```

（二）IGRP 协议

IGRP （Interior Gateway Routing Protocol）是一种动态距离向量路由协议，它由 Cisco 公司 20 世纪 80 年代中期设计。使用组合用户配置尺度，包括延迟、带宽、可靠性和负载。

缺省情况下，IGRP 每 90s 发送一次路由更新广播，在 3 个更新周期内（即 270s），没有从路由中的第一个路由器接收到更新，则宣布路由不可访问。在 7 个更新周期即 630s 后，Cisco IOS 软件从路由表中清除路由。有关命令如下：

任　务	命　令
指定使用 IGRP 协议	router igrp autonomous–system
指定与该路由器相连的网络	network
指定与该路由器相邻的节点地址	neighbor ip–address

注　autonomous–system 可以随意建立，并非实际意义上的 autonomous–system，但运行 IGRP 的路由器要想交换路由更新信息其 autonomous–system 需相同。

（三）OSPF 协议

OSPF（Open Shortest Path First）是一个内部网关协议（Interior Gateway Protocol，IGP），用于在单一自治系统（Autonomous System，AS）内决策路由。与 RIP 相对，OSPF 是链路状态路由协议，而 RIP 是距离向量路由协议。

链路是路由器接口的另一种说法，因此 OSPF 也称为接口状态路由协议。OSPF 通过路由器之间通告网络接口的状态来建立链路状态数据库，生成最短路径树，每个 OSPF 路由器使用这些最短路径构造路由表。有关命令如下：

任　务	命　令
指定使用 OSPF 协议	router ospf process–id[1]
指定与该路由器相连的网络	network address wildcard–mask area area–id[2]
指定与该路由器相邻的节点地址	neighbor ip–address

注　1. OSPF 路由进程 process–id 必须指定范围在 1～65 535，多个 OSPF 进程可以在同一个路由器上配置，但最好不这样做。多个 OSPF 进程需要多个 OSPF 数据库的副本，必须运行多个最短路径算法的副本。Process–id 只在路由器内部起作用，不同路由器的 Process–id 可以不同。

2. Wildcard–mask 是子网掩码的反码，网络区域 ID area–id 在 0～4 294 967 295 内的十进制数，也可以是带有 IP 地址格式的×.×.×.×。当网络区域 ID 为 0 或 0.0.0.0 时为主干域。不同网络区域的路由器通过主干域学习路由信息。

（四）重新分配路由

在实际工作中，我们会遇到使用多个 IP 路由协议的网络。为了使整个网络正常地工作，必须在多个路由协议之间进行成功的路由再分配。相关命令如下：

任　务	命　令
重新分配直连的路由	redistribute connected
重新分配静态路由	redistribute static
重新分配 ospf 路由	redistribute ospf process–id metric metric–value
重新分配 rip 路由	redistribute rip metric metric–value

（五）IPX 协议设置

IPX 协议与 IP 协议是两种不同的网络层协议，它们的路由协议也不一样，IPX 的路由协议不像 IP 的路由协议那样丰富，所以设置起来比较简单。但 IPX 协议在以太网上运行时必须指定封装形式。有关命令如下：

启动 IPX 路由	ipx routing
设置 IPX 网络及以太网封装形式	ipx network [encapsulation encapsulation–type]
指定路由协议，默认为 RIP	ipx router {eigrp autonomous–system–number | nlsp [tag] | rip}

注　network 范围是 1～FFFFFFFD。

五、服务质量及访问控制

（一）协议优先级设置

1. 有关命令

任　务	命　令
设置优先级表项目	priority–list list–number protocol protocol {high | medium | normal | low} queue–keyword keyword–value
使用指定的优先级表	priority–group list–number

2. 举例

```
Router1:
priority-list 1protocol ip high tcp telnet
priority-list 1protocol ip low tcp ftp
priority-list 1default normal
```

```
interface serial 0
priority-group 1
```

(二)队列定制

1. 有关命令

任　务	命　令
设置队列表中包含协议	queue–list list–number protocol protocol–name queue–number queue–keyword keyword–value
设置队列表中队列的大小	queue–list list–number queue queue–number byte–count byte–count–number
使用指定的队列表	custom–queue–list list

2. 举例

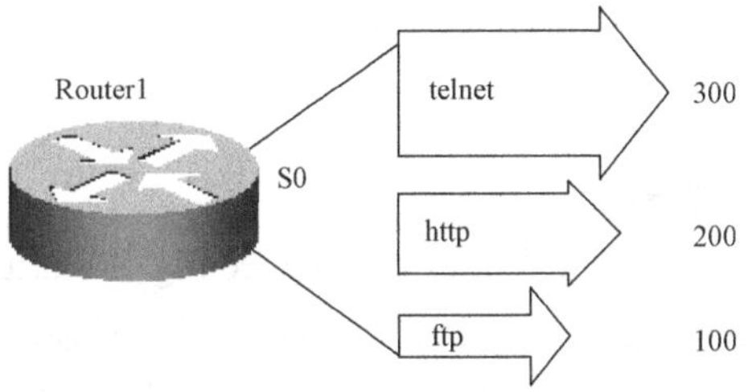


```
Router1:
queue-list 1protocol ip 0tcp telnet
queue-list 1protocol ip 1tcp www
queue-list 1protocol ip 2tcp ftp
queue-list 1queue 0byte-count 300
queue-list 1queue 1byte-count 200
queue-list 1queue 2byte-count 100
interface serial 0
custom-queue-list 1
```

(三)访问控制

1. 有关命令

任　务	命　令
设置访问表项目	access–list list {permit | deny} address mask
设置队列表中队列的大小	queue–list list–number queue queue–number byte–count byte–count–number
使用指定的访问表	ip access–group list {in | out}

2. 举例

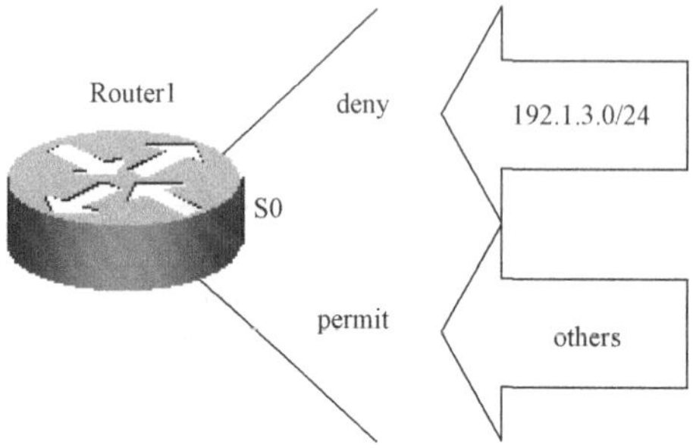


```
Router1:
access-list 1deny 192.1.3.0 0.0.0.255
access-list 1permit any
interface serial 0
ip access-group 1in
```

六、路由器配置注意事项

（1）路由器配置之前一定要先备份 running-config 和 startup-config 文件（在特权模式下使用命令 copy run tftp 和 copy start tftp 即可，当然必须已经开启了 tftp 服务器），路由器配置最容易出现问题的地方就是这两个文件。另外，不要动 ios 镜像文件，一旦它出现问题，路由器恢复起来要大费周折。

（2）要小心使用命令 w（write），它会把可能有错的配置信息导入到路由器的启动芯片里，这样如果配置错误，那么就无法采用重启这种简单的方法恢复正确的配置。对于运行中的路由器，有影响的配置文件只有 running-config 文件，startup-config 是不起任何作用的，只要配置命令完成，它会立刻起作用，如果配置错误，不要试图用 write 来实现刷新当前配置。

（3）Cisco 路由器口令恢复。当 Cisco 路由器的口令被错误修改或忘记时，可以按以下步骤进行操作：

1）开机时按 Ctrl+Break，进入 ROM 监控状态；

2）按 o 命令读取配置寄存器的原始值：

> o　一般值为 0x2102

3）做如下设置，使忽略 NVRAM 引导：

```
>o/r0x**4*
rommon 1 >confreg 0x**4*        Cisco2600、1600 系列命令
```

一般正常值为 0x2102。

4）重新启动路由器：

```
>I
rommon 2 >reset
```

5）在“Setup”模式，对所有问题回答 No；

6）进入特权模式：

```
Router>enable
```

7）下载 NVRAM：

```
Router>configure memory
```

8）恢复原始配置寄存器值并激活所有端口：

```
"hostname"#configure terminal
"hostname"(config)#config-register 0x"value"
"hostname"(config)#interface xx
"hostname"(config)#no shutdown
```

9）查询并记录丢失的口令：

```
"hostname"#show configuration (show startup-config)
```

10）修改口令：

```
"hostname"#configure terminal
"hostname"(config)line console 0
"hostname"(config-line)#login
"hostname"(config-line)#password xxxxxxxxx
"hostname"(config-line)#<ctrl+z>
"hostname"(config-line)#write memory(copy running-config startup-config)
```

【思考与练习】

1. 路由器基本工作原理是什么？
2. 路由器配置操作注意事项有哪些？
3. 路由器基本设置方式有哪些？

模块 5　交换机的调试与检修（Z12G4005Ⅱ）

【模块描述】本模块介绍了交换机调试检修的工作程序及相关安全注意事项。通过原理讲解、配置实例介绍，掌握交换机调试检修前的准备工作和作业中的危险点预控及掌握交换机调试检修的基本方法。

【模块内容】交换机的调试与检修包括交换机调试检修工作程序及相关安全注意事项。

在计算机网络系统中，交换概念的提出是相对于共享工作模式的。交换机拥有一条带宽很高的背部总线和内部交换矩阵。交换机的所有端口都挂接在这条背部总线上。控制电路收到数据包以后，处理端口会查找内存中的 MAC 地址（网卡的硬件地址）对照表以确定目的 MAC 的 NIC（网卡）挂接在哪个端口上，通过内部交换矩阵直接将数据包迅速传送到目的节点，而不是所有节点，目的 MAC 若不存在才广播到所有的端口。我们可以明显地看出，这种方式一方面效率高，不会浪费网络资源（只是对目的地址发送数据），一般来说不易产生网络堵塞；另一个方面数据传输安全，因为它不是对所有节点都同时发送，发送数据时其他节点很难侦听到所发送的信息。这也是交换机为什么会很快取代集线器的重要原因之一。

交换机还有一个重要特点，就是它不像集线器一样，每个端口共享带宽，它的每一端口都是独享交换机的一部分总带宽，这样在速率上对于每个端口来说有了根本的保障。另外，使用交换机也可以把网络“分段”，通过对照地址表，交换机只允许必要的网络流量通过交换机，这就是后面将要介绍的虚拟局域网（Virtual Local Area Network，VLAN）。通过交换机的过滤和转发，可以有效地隔离广播风暴，减少误包和错包的出现，避免共享冲突。这样交换机就可以在同一时刻进行多个节点对之间的数据传输，每一节点都可视为独立的网段，连接在其上的网络设备独自享有固定的一部分带宽，无须同其他设备竞争使用。如当节点 A 向节点 D 发送数据时，节点 B 可同时向节点 C 发送数据，而且这两个传输都享有带宽，都有着自己的虚拟连接。

交换机的主要功能包括物理编址、网络拓扑结构、错误校验、帧序列及流量控制。目前一些高档交换机还具备了一些新的功能，如对 VLAN 的支持、对链路汇聚的支持，甚至有的还具有路由和防火墙的功能。

交换机除了能够连接同种类型的网络之外，还可以在不同类型的网络（如以太网和快速以太网）之间起到互联作用。如今许多交换机都能够提供支持快速以太网或 FDDI 等的高速连接端口，用于连接网络中的其他交换机或者为带宽占用量大的关键服务器提供附加带宽。

一般来说，交换机的每个端口都用来连接一个独立的网段，但是有时为了提供更快的接入速度，我们可以把一些重要的网络计算机直接连接到交换机的端口上。这样，网络的关键服务器和重要用户就拥有更快的接入速度，支持更大的信息流量。

总之，交换机是一种基于 MAC 地址识别，能完成封装转发数据包功能的网络设备。交换机对于因第一次发送到目的地址不成功的数据包会再次对所有节点同时发送，企图找到这个目的 MAC 地址，找到后就会把这个地址重新加入自己的 MAC 地址列表中，这样下次再发送到这个节点时就不会发错。交换机的这种功能就称为“MAC地址学习”功能。

一、交换机的调试

1. 交换机的安装

将交换机放到机柜中，确保交换机四周有足够的空间用于空气流通。关闭设备电源，并将设备接地，防止静电。拔下设备接口上的所有网络电缆。取出接口卡或模块，安装时应手持模块的边缘，不要用手接触模块上的元器件或电路板，以免因人体静电导致元器件损坏。交换机插槽的两边有滑轨，将拇指放在接口模块的螺钉下方，对准滑轨的位置，将接口模块沿滑轨插入插槽直至接触到交换机内的连接插座，然后稍稍用力将接口模块按下，使模块的连接器与交换机的连接插座连接牢固。重新打开设备电源，察看接口卡或模块的指示灯是否正常，如果正常就可连接其他网络线缆。将电源线拿出来插在交换机后面的电源接口，找一个接地线绑在交换机后面的接地口上，保证交换机正常接地。

2. 交换机的规划（见表 Z12G4005Ⅱ-1）

表 Z12G4005Ⅱ-1　　交换机 VLAN 的规划

VLAN 号	VLAN 名	端　口　号
2	Prod	Switch 1　2～21
3	Fina	Switch 2　2～16
4	Huma	Switch 3　2～9
5	Info	Switch 3　10～21

之所以把交换机的 VLAN 号从 2 号开始，是因为交换机有一个默认的 VLAN，就是 1 号 VLAN，它包括所有连在该交换机上的用户。

3. 交换机的基本配置（以 Cisco1900 交换机为例）

和路由器一样，Cisco 交换机的 Console 端口的缺省设置如下：

端口速率：9600bit/s

数据位：8

奇偶校验：无

停止位：1

流控：无

把 PC 机超级终端程序中串行端口的属性设置成与上述参数一致后，便可以开始配置。在 PC 机启动正常，PC 机与交换机使用 Console 电缆连接起来，并且已经进入超级终端程序的情况下。接通交换机电源。由于交换机没有电源开关，接通电源即直接插上电源插头。

第一段：交换机的启动

```
Catalyst 1900Management Console
Copyright (c)Cisco Systems,Inc. 1993-1999
All rights reserved.
Emter[rose Edotopm Software
Ethernet Address:00-04-DD-4E-9C-80
PCA Number:73-3122-04
PCA Serial Number:FAB0503D0B4
Model Number:WS-C1912-EN
System Serial Number:FAB0503W0FA
Power Supply S/N PHI044207FR
PCB Serial Number:FAB0503D0B4,73-3122-04
1user(s)now active on Management Console.
User Interface Menu
[M] Menus
[K] Command Line
[1] IP Configuration
[P] Console Password
Enter Selection:
```

第二段：进行交换机基本配置

```
Enter Selection:K
CLI session with the switch is open.
To end the CLI session,enter [Exit].
>?
Exec commands:
enable Turn on privileged commands
exit Exit from the EXEC
help Description of the interactive help system
ping Send echo messages
session Tunnel to module
show Show running system information
terminal Set terminal line parameters
```

```
>enable
#
#conft
Enter configuration commands,one per line. End with CNTL/Z
(config)#?
Configure commands:
address-violation Set address violation action
back-pressure Enable back pressure
banner Define a login banner
bridge-group Configure port grouping using bridge groups
cdp Global CDP configuration subcommands
cgroup Enable CGMP
cluster Cluster configuration commands
ecc Enable enhanced congestion control
enable Modify enable password parameters
end Exit from configure mode
exit Exit from configure mode
help Description of the interactive help system
hostname Set the system's network name
interface Select an interface to configure
ip Global IP configureation subcommands
line Configure a terminal line
login Configure options for logging in
mac-address-table Configure the mac address table
monitor-port Set port monitoring
--More—
mlilticast-store-and-forward Enables multicast store and forward
network-port Set the network port
no Negate a cominand or set its defaults
port-channel Configure Fast EtherChannel
rip Routing information protocol configuration
service Configuration Command
sump-server Modify SNMP parameters
```

```
spantree Spanning subsystem
spantree-template Set bridge template parameter
storm-control Configure broadcast storm contfolpirameters
switching-mode Set the switching mode
tacacs-server Modify TACACS query parameters
tftp Configure TFTP
uplink-fast Enable Uplink fast
vlan VLAN configuration
vlan-membership VLAN membership server configuration
vtp Global VTP configuration commands
(config)#SiostBiame SW1912
SW1912(config)#enabSe password ?
level Set exec level password
SW1912(config)#enable password level 1pass1
SW1912(config)#enabSe password level 15pass15
SW1912(config)#enable secret Cisco
SW1912#disable
SW1912>
SW1912>en
Enter password:***** （ 键入 cisco ）
SW1912#conf t
Enter configuration commands,one per line. End with CNTL/Z
SW1912(config)#ip address 192.168.1.1255.255.255.0
SW1912(config)#ip default-gateway 192.168.1.254
SW1912(config)#ip domain-name ?
WORD Domain name
SW1912(config)#ip domain-name cisco.com
SW1912(config)#ip name-server 200.1.1.1
SW1912(config)#end
SW1912#sh version
Cisco Catalyst 1900/2820Enterprise Edition Software
Version V9.00,05written from 192.168.000.005
Copyright (c)Cisco Systems,Inc. 1993-1999
```

```
SW1912uptime is 0day(s)00hour(s)12minute(s)44secibd(s)
cisco Catalyst 1900(486sxl)processor with 2048K/1024K bytes of memory
Hardware board revision is 5
Upgrade Status:No upgrade currently in progress.
Config File Status:No configuration upload/download is in progress
15Fixed Ethernet/IEEE802.3interface(s)
Base Ethernet Address:00-04-DD-4E-9C-80
SW1912#show ip
IP Address:192.168.1.1
Subnet Mask:255.255.255.0
Default Gateway:192.168.1.254
Management VLAN1:1
Domain name:cisco.com
Name server1:200.1.1.1
HTTP server:Enabled
HTTP port:80
RIP:Enabled
SW1912#show running-config
Building configuration...
Current configuration:
!
tftp accept
tftp server "192.168.0.5"
tftp filename "cat1900EN.9.00.05.bin"
!
hostname "SW1912"
!
ip address 192.168.1.1255.255.255.0
ip default-gateway 192.168.1.254
ip domain-name "cisco.com"
ip name-server 200.1.1.1
!
enable secret 5 $1$FMFQ$mlNHW7EzaJpG9uhKPWBvf/
```

```
enable password level 1 "PASS 1"
enable password level 15 "PASS 15"
!
interface Ethernet 0/1
!
interface Ethernet 0/2
!
interface Ethernet 0/3
!
interface Ethernet 0/4
!
interface Ethernet 0/5
!
interface Ethernet 0/6
!
interface Ethernet 0/7
!
interface Ethernet 0/8
!
interface Ethernet 0/9
interface Ethernet 0/10
!
interface Ethernet 0/11
!
interface Ethernet 0/12
!
interface Ethernet 0/25
!
interface FastEthernet 0/26
!
interface FastEthernet 0/27
!
line console
```

```
end
SW1912#show int e0/1
Ethernet 0/1is Suspended-no-linkbeat
802.1dSTP State:Forwarding Forward Transitions:1
Port monitoring:Disabled
Unknown unicast flooding:Enabled
Unregistered multicast flooding:Enabled
Description:
Duplex setting:Half duplex
Back pressure:Disabled
Receive Statistics Transmit Statistics
Total good frames 0Total frames 0
Total octets 0Total octets 0
Broadcast/multicast frames 0Broadcast/multicast frames 0
Broadcast/multicast octets 0Broadcast/multicast octets 0
Good frames forwarded 0Deferrals 0
Frames filtered 0Single collisions 0
Runt frames 0Multiple collisions 0
No buffer discards 0Excessive collisions 0
Queue full discards 0
Errors:Errors:
```

第三段：重新启动交换机查看配置保持情况

```
SW1912#reload
This command resets the switch. All configured system parameters and
static addresses will be retained. All dynamic addresses will be
removed.
Reset system,[Y]es or [N]o? Yes
Catalyst 1900Management Console
Copyright (c)Cisco Systems,Inc. 1993-1999
All rights reserved.
Enterprise Edition Software
Ethernet Address:00-04-DD-4E-9C-80
PCA Number:73-3122-04
```

```
PCA Serial Number:FAB0503D0B4
Model Number:WS-C 1912-A
System Serial Number:FAB0503W0FA
Power Supply S/N:PH1044207FR
PCB Serial Number:FAB0503DOB4,73-3122-04
----------------------
1user(s)now active on Management Console.
User Interface Menu
[M]Menus
[K]Command Line
Enter Selection:K
Enter password:*****
CLI session with the switch is open.
To end the CLI session,enter [Exit].
SW1912>enable
Enter password:***** (键入cisco )
SW1912#show running-config
```

…（与第二段中配置清单相同，此处省略）

（1）第一段是 1912 交换机加电后出现的显示内容，依次列出了版权信息、软件版本信息（企业版）、以太网地址（00–04–DD–4E–9C–80）及各种序列号。

在以上信息之后，列出的“1user（s）now active on Management Console”信息表明当前正有 1 个用户使用管理控制台，此用户即超级终端程序。最后列出了用户接口菜单，有 4 项可供选择，分别是菜单式（M）、命令行（K）、IP 配置（1）和控制台口令（P）。

（2）第二段中选择命令行方式，进入用户命令模式。键入问号，可以看到此模式下的可用命令，它们都是非常简单的命令。

（3）键入 enable 命令，进入特权执行模式。

（4）键入 conft 命令，进入配置模式。问号显示了在全局配置模式下可以发出的全部指令。

（5）hostname SW1912 命令给交换机命名为 SW1912，命令立即生效，可以看到提示符已经变为“SW1912（config）#”。

（6）enable password（使能口令）是分等级的，从 1 到 15 共 15 个等级，其中等级 1 是最低等级，等级 15 是最高等级，即特权命令等级。

本例中分别设置了 level 1 和 level 15 的使能口令 pass1 和 pass15。

（7）在 1912 交换机的配置中，还可以设置 enable secret（使能密码）。使能密码与使能口令的不同之处在于，使能口令在配置清单中是明码显示的，而使能密码在配置清单中是密码显示的。当交换机上设置了使能密码后，level 15 的使能口令便不再生效，在进入特权命令模式时，应输入使能密码。

（8）ip address 命令设置当前交换机的 IP 地址为 192.168.1.1，这是用于交换机管理的 IP 地址。

（9）ip default–gateway 命令设置当前交换机的缺省网关。应注意的是，这个网关是为交换机本身设置的，与它所连接的其他网络设备无关。换言之，此交换机所连接的所有 PC 机、服务器等设备都应在其操作系统中设置网关，交换机上的网关设置只对其自身有效。

（10）ipdomain–name 命令设置了交换机所在域的域名，本例中设置的域名为 cisco.com。

（11）ipname–server 命令用来设置交换机所使用的域名服务器地址，此地址也是为交换机本身所使用的，所有与交换机相连的主机还应该设置自身的域名服务器地址。

（12）show version 命令列出了交换机的版本、存储器和端口等信息。本例中，主要信息包括：① 软件版本：Cisco Catalyst 1900/2820 企业版；② 版本号：V9.00.05；③ 开机时间：0h 12min 44s；④ 处理器：Catalyst 1900（486sxl）；⑤ 内存：2048KB/1024KB，共 3MB 内存；⑥ 端口信息：15 个固定配置以太网端口；⑦ 基本以太网地址：00.04.DD.4E.9C.80。

（13）show ip 命令列出了交换机有关 IP 协议的配置信息，可以看到前面相关命令的设置是否已生效。

（14）show running.con 的命令列出了交换机的配置清单，它是检查配置时最常用的命令。

除了刚刚设置的项目被显示出来外，清单还显示了端口信息，其中 interface Ethernet 是 10M 以太网端口，interface FastEthernet 是 100M 快速以太网端口。编号 0/m 中的 0 是模块号，1912 交换机只有 1 个模块，其编号是 0。编号 0/m 中的 m 的取值是 1～22、25、26 和 27。1～12 是 10M 以太网端口编号；25 是 AUI 端口（在机箱后面板上方 26 和 27 是 100M 快速以太网端口的编号，即前面板上标号为 A 和 B 的 2 个端口。从配置清单可以看出，对于所有接口没有进行任何配置。它们所使用的是缺省配置。show interface 命令可以列出接口（端口）的具体配置和统计信息。清单中列出了 E0/1 端口的有关信息，在接收和发送数据帧的统计中均为 0，这是因为此端口没有连接任何设备。

（15）第 3 段开始时使用 reload 命令重新启动交换机，提示行表明配置参数和静态 MAC 地址将被保留，而动态 MAC 地址将被清除。

（16）重新启动后，交换机启动界面有所变化。在用户接口菜单项中只有菜单和命令行两种方式可供选择，这是因为 IP 参数和口令等已被设置。

（17）进入特权模式后，使用 show running–config 命令列出的配置清单与重新启动交换机之前完全一样，说明配置已经被完整地保存进 NVRAM 了。

4. VLAN 的划分（以 Cisco 交换机为例）

VLAN 即虚拟局域网，是一种通过将局域网内的设备逻辑地而不是物理地划分成一个个网段从而实现虚拟工作组的新兴技术。IEEE 于 1999 年颁布了用以标准化 VLAN 实现方案的 802.1Q 协议标准草案。

VLAN 技术允许网络管理者将一个物理的 LAN 逻辑地划分成不同的广播域(或称虚拟 LAN，即 VLAN)，每一个 VLAN 都包含一组有着相同需求的计算机工作站，与物理上形成的 LAN 有着相同的属性。但由于它是逻辑地而不是物理地划分，所以同一个 VLAN 内的各个工作站无须被放置在同一个物理空间里，即这些工作站不一定属于同一个物理 LAN 网段。一个 VLAN 内部的广播和单播流量都不会转发到其他 VLAN 中，从而有助于控制流量、减少设备投资、简化网络管理、提高网络的安全性。

VLAN 是为解决以太网的广播问题和安全性而提出的一种协议，它在以太网帧的基础上增加了 VLAN 头，用 VLAN ID 把用户划分为更小的工作组，限制不同工作组间的用户二层互访，每个工作组就是一个虚拟局域网。虚拟局域网的好处是可以限制广播范围，并能够形成虚拟工作组，动态管理网络。

（1）基于端口划分 VLAN。这种划分 VLAN 的方法是根据以太网交换机的端口来划分，如 Quidway S3526 的 1～4 端口为 VLAN 10，5～17 为 VLAN 20，18～24 为 VLAN 30，当然，这些属于同一 VLAN 的端口可以不连续，如何配置由管理员决定，如果有多个交换机，例如，可以指定交换机 1 的 1～6 端口和交换机 2 的 1～4 端口为同一 VLAN，即同一 VLAN 可以跨越数个以太网交换机，根据端口划分是目前定义 VLAN 的最广泛的方法，IEEE 802.1Q 规定了依据以太网交换机的端口来划分 VLAN 的国际标准。

这种划分的方法的优点是定义 VLAN 成员时非常简单，只要将所有的端口都指定义一下就可以了。它的缺点是如果 VLAN A 的用户离开了原来的端口，到了一个新的交换机的某个端口，那么就必须重新定义。

（2）基于 MAC 地址划分 VLAN。这种划分 VLAN 的方法是根据每个主机的 MAC 地址来划分，即对每个 MAC 地址的主机都配置它属于哪个组。这种划分 VLAN 的方法的最大优点就是当用户物理位置移动时，即从一个交换机换到其他的交换机时，VLAN 不用重新配置，所以，可以认为这种根据 MAC 地址的划分方法是基于用户的

VLAN，这种方法的缺点是初始化时，所有的用户都必须进行配置，如果有几百个甚至上千个用户的话，配置是非常累的。而且这种划分的方法也导致了交换机执行效率的降低，因为在每一个交换机的端口都可能存在很多个 VLAN 组的成员，这样就无法限制广播包了。另外，对于使用笔记本电脑的用户来说，他们的网卡可能经常更换，这样，VLAN 就必须不停地配置。

（3）基于网络层划分 VLAN。这种划分 VLAN 的方法是根据每个主机的网络层地址或协议类型（如果支持多协议）划分的，虽然这种划分方法是根据网络地址，如 IP 地址，但它不是路由，与网络层的路由毫无关系。它虽然查看每个数据包的 IP 地址，但由于不是路由，所以，没有 RIP、OSPF 等路由协议，而是根据生成树算法进行桥交换。

这种方法的优点是用户的物理位置改变了，不需要重新配置所属的 VLAN，而且可以根据协议类型来划分 VLAN，这对网络管理者来说很重要。还有，这种方法不需要附加的帧标签来识别 VLAN，这样可以减少网络的通信量。

这种方法的缺点是效率低，因为检查每一个数据包的网络层地址是需要消耗处理时间的（相对于前面两种方法），一般的交换机芯片都可以自动检查网络上数据包的以太网帧头，但要让芯片能检查 IP 帧头，需要更高的技术，同时也更费时。当然，这与各个生产厂家的实现方法有关。

（4）根据 IP 组播划分 VLAN。IP 组播实际上也是一种 VLAN 的定义，即认为一个组播组就是一个 VLAN，这种划分的方法将 VLAN 扩大到了广域网，因此这种方法具有更大的灵活性，而且也很容易通过路由器进行扩展，当然这种方法不适合局域网，主要是效率不高。

鉴于当前业界 VLAN 发展的趋势，考虑到各种 VLAN 划分方式的优缺点，为了最大限度地满足用户在具体使用过程中需求，减轻用户在 VLAN 的具体使用和维护中的工作量，Quidway S 系列交换机采用根据端口来划分 VLAN 的方法。

（5）配置实例（以 1900 交换机为例）：

第一步：设置好超级终端，连接上 1900 交换机，通过超级终端配置交换机的 VLAN，连接成功后出现如下所示的主配置界面（交换机在此之前已完成了基本信息的配置）：

```
1user(s)now active on Management Console.
User Interface Menu
[M] Menus
[K] Command Line
[I] IP Configuration
Enter Selection:
```

第二步：单击 K 按键，选择主界面菜单中[K] Command Line 选项，进入如下命令行配置界面：

```
CLI session with the switch is open.
To end the CLI session,enter [Exit].
>
```

此时进入了交换机的普通用户模式，就像路由器一样，这种模式只能查看现在的配置，不能更改配置，并且能够使用的命令很有限。所以必须进入特权模式。

第三步：在上一步>提示符下输入进入特权模式命令 enable，进入特权模式，命令格式为>enable，此时就进入了交换机配置的特权模式提示符：

```
#config t
Enter configuration commands,one per line.End with CNTL/Z
(config)#
```

第四步：为了安全和方便起见，分别给这 3 个 Catalyst 1900 交换机起个名字，并且设置特权模式的登录密码。下面仅以 Switch1 为例进行介绍。配置代码如下：

```
(config)#hostname Switch1
Switch1(config)# enable password level 15XXXXXX
Switch1(config)#
```

注：特权模式密码必须是 4～8 位字符，要注意这里所输入的密码是以明文形式直接显示的，要注意保密。交换机用 level 级别的大小来决定密码的权限。level 1 是进入命令行界面的密码，也就是说，设置了 level 1 的密码后，你下次连上交换机，并输入 K 后，就会让你输入密码，这个密码就是 level 1 设置的密码。而 level 15 是你输入了 enable 命令后让你输入的特权模式密码。

第五步：设置 VLAN 名称。因 4 个 VLAN 分属于不同的交换机，VLAN 命名的命令为 VLAN“VLAN 号”name“VLAN 名称”，在 Switch1、Switch2、Switch3、交换机上配置 2、3、4、5 号 VLAN 的代码为：

```
Switch1 (config)#vlan 2name Prod
Switch2 (config)#vlan 3name Fina
Switch3 (config)#vlan 4name Huma
Switch3 (config)#vlan 5name Info
```

注：以上配置是按表 2 规则进行的。

第六步：上一步对各交换机配置了 VLAN 组，现在要把这些 VLAN 对应于表 2 所规定的交换机端口号。对应端口号的命令是 vlan-membership static/dynamic“vlan 号”。在这个命令中 static（静态）和 dynamic（动态）分配方式两者必须选择一个，不过通常都是选择 static（静态）方式。VLAN 端口号应用配置如下：

1）名为 Switch1 的交换机的 VLAN 端口号配置如下：

```
Switch1(config)#int e0/2
Switch1(config-if)#vlan-membership static 2
Switch1(config-if)#int e0/3
Switch1(config-if)#vlan-membership static 2
Switch1(config-if)#int e0/4
Switch1(config-if)#vlan-membership static 2
......
Switch1(config-if)#int e0/20
Switch(config-if)#vlan-membership static 3
Switch1(config-if)#int e0/21
Switch1(config-if)#vlan-membership static 3
Switch1(config-if)#
```

注：int 是 interface 命令缩写，是接口的意思。e0/3 是 ethernet 0/2 的缩写，代表交换机的 0 号模块 2 号端口。

2）名为 Switch2 的交换机的 VLAN 端口号配置如下：

```
Switch2(config)#int e0/2
Switch2(config-if)#vlan-membership static 3
Switch2(config-if)#int e0/3
Switch2(config-if)#vlan-membership static 3
Switch2(config-if)#int e0/4
Switch2(config-if)#vlan-membership static 3
......
Switch2(config-if)#int e0/15
Switch2(config-if)#vlan-membership static 3
Switch2(config-if)#int e0/16
Switch2(config-if)#vlan-membership static 3
Switch2(config-if)#
```

3）名为 Switch3 的交换机的 VLAN 端口号配置如下（它包括两个 VLAN 组的配置），先看 VLAN4（Huma）的配置代码：

```
Switch3(config)#int e0/2
Switch3(config-if)#vlan-membership static 4
Switch3(config-if)#int e0/3
```

```
Switch3(config-if)#vlan-membership static 4
Switch3(config-if)#int e0/4
Switch3(config-if)#vlan-membership static 4
……
Switch3(config-if)#int e0/8
Switch3(config-if)#vlan-membership static 4
Switch3(config-if)#int e0/9
Switch3(config-if)#vlan-membership static 4
Switch3(config-if)#
```

下面是VLAN5（Info）的配置代码：

```
Switch3(config)#int e0/10
Switch3(config-if)#vlan-membership static 5
Switch3(config-if)#int e0/11
Switch3(config-if)#vlan-membership static 5
Switch3(config-if)#int e0/12
Switch3(config-if)#vlan-membership static 5
……
Switch3(config-if)#int e0/20
Switch3(config-if)#vlan-membership static 5
Switch3(config-if)#int e0/21
Switch3(config-if)#vlan-membership static 5
Switch3(config-if)#
```

我们已经按表Z12G4005Ⅱ-1要求把VLAN都定义到了相应交换机的端口上了。为了验证配置，可以在特权模式使用show VLAN命令显示出刚才所做的配置，检查一下是否正确。

以上是就Cisco Catalyst 1900交换机的VLAN配置进行介绍了，其他交换机的VLAN配置方法基本类似，参照有关交换机说明书即可。

二、危险点预控及安全注意事项

（一）危险点分析

要保证交换设备良好的工作，要注意以下几个方面的问题。

（1）电源方面。请务必确认电源是否接地，防止烧坏交换机设备。在拆装和移动交换机之前必须先断开电源线，这样可防止移动过程造成内部部件的损坏。在放置交换机时电源插座尽量不要离交换机过远，否则当出现问题时切断交换机电源会非常不方便。

（2）防静电要求。超过一定容限的静电会对电路乃至整机产生严重的破坏作用。因此，应确保设备良好的接地以防止静电的破坏。人体的静电也会导致设备内部元器件和印刷电路损坏，所以触摸电路板或扩展模块时，请拿电路板或扩展模块的边缘，不要用手直接接触元器件和印刷电路，以防因人体的静电而导致元器件和印刷电路的损坏。如果有条件最好能够佩戴防静电手腕。

（3）通风良好。为了冷却内部电路务必确保空气流通，在交换机的两侧和后面至少保留 100mm 的空间。不要让空气的入口和出口被阻塞，并且不要将重物放置在交换机上。

（4）接地良好。因为设备的单板都是接到设备的结构上，设备安装和工作时请务必使用一条低阻抗的接地导线通过设备接地柱将设备的外壳接地，与大地相连以保证安全。

（5）环境良好。交换机放置的地方应该保持一定的温度与湿度，所以说空调等设备是必须的。良好的环境可以让交换机寿命更长，性能更稳定。

（二）交换机配置注意事项

（1）配置完后，最后断电重启一次再检查所作配置有无变化；千万小心使用软件重启命令，它默认的选项是恢复出厂设置。

（2）Cisco 交换机口令恢复（以 1900 交换机为例）。

1）连接交换机的 Console 口到终端或 PC 仿真终端。用无 Modem 的直连线连接 PC 的串行口到交换机的 Console 口。

2）先按住交换机面板上的 mode 键，然后打开电源。

3）初始化 flash：

```
>flash_init
```

4）更名含有 password 的配置文件：>rename flash：config.text flash：config.old。

5）启动交换机：

```
>boot
```

6）进入特权模式：

```
>enable
```

7）此时开机已忽略 password：

```
#rename flash:config.old flash:config.text
```

8）copy 配置文件到当前系统中：

```
#copy flash:config.text system:running-config
```

9）修改口令：

```
#configure terminal
#enable secret
```

10）保存配置：

```
#write
```

【思考与练习】

1. 交换机的主要功能有哪些？
2. 交换机的安装要注意哪些问题？

模块6 规约转换器接口的调试与检修（Z12G4006Ⅱ）

【模块描述】本模块介绍了规约转换器介绍、智能接口单元设备分类、通信参数种类及设置等。包含规约转换器原理、技术参数、通信参数及相关内容。通过要点讲解，掌握规约转换器调试前的准备工作、调试、检修。

【模块内容】在变电站综合自动化系统中，许多智能设备往往是由多个厂家生产的，它们之间的接口形式、数据传输方式差距很大。要实现各测控装置和许多智能设备之间的数据交换，就必须通过一种硬件设备和接口，实现数据通信规约的转换。如果各种智能设备之间不能进行数据通信，大量的运行数据和调控命令就没有办法上传下达，电网的实时监控就无法完成。

一、规约转换器介绍

规约转换器就是一种能够通过不同接口形式的设备，实现与变电站内各种智能设备以不同通信规约进行通信，并根据信息的特征进行处理，形成新的标准信息，上送至相应的信息系统。

由于信息的采集和传送是根据优先级进行划分的，这要求规约转换器具有实时、分时的特性，同时也要求规约转换器具有接口多样性的特性。

二、智能接口单元设备分类

目前，变电站综合自动化系统中各间隔层智能设备是依靠有线进行通信的，智能接口单元设备主要有电能表、电能采集器、直流屏、交流屏、UPS、温湿度测量仪等设备，这些设备都是通过规约转换器进行数据交换并传送给调度中心。智能接口单元功能表见表Z12G4006Ⅱ-1。

表Z12G4006Ⅱ-1 智能接口单元功能表

序号	智能设备类型	功　能
1	电能表	计量一次设备电度量，兼做分时电量处理，上传变电站后台和调度
2	电能采集器	接入多块电能表，形成统一电量数据库和上传接口，上传变电站后台和调度
3	直流屏	为变电站内提供直流电源，并通过给蓄电池充电，在站内失去外部电源时提供应急直流电源。其主要运行状态参数可上传变电站后台和调度

续表

序号	智能设备类型	功　能
4	交流屏	为变电站内提供交流电源。其主要运行状态参数可上传变电站后台和调度
5	UPS	为变电站内的重要电气设备提供不间断电源。其主要运行状态参数可上传变电站后台和调度
6	温湿度测量仪	测量变电站内室温、环境湿度并上传变电站后台和调度

由于变电站综合自动化系统智能接口单元设备往往由不同厂家提供，通信方式和通信规约不尽相同，在进行规约转换器接口的调试与检修前，需要明确各智能接口设备的通信方式和通信规约，通过规约转换器转换数据格式，只有这样才能实现信息的相互交流。

三、智能接口单元设备通信方式介绍

目前，国内比较常见的智能设备通信方式分为三大类：串口通信方式、现场总线方式和网络（一般为以太网）方式。串口通信是现在国内每个变电站都用到的通信方式，也是历史最悠久的一种通信方式，有三种形式：全双工的 RS–232 和 RS–422，半双工的 RS–485。现场总线主要有 LON 网和 CAN 网，近年来这种通信方式逐渐被流行的网络方式所替代。网络通信方式具有通信可靠、通信速率高、数据流量大等特点，已成为主流通信方式。

通信方式的选择，首先要看设备支持什么样的通信方式。国内主流厂家如南瑞、南自这几家大公司的保护和测控方面的主导产品可以提供多种方式，其他公司的设备一般都只提供单一的通信接口；而国外公司的智能设备是按照合同约定提供通信接口的，一般只提供一种。

如果设备支持多种通信方式，那就要根据各种通信方式的特点和现场对通信的要求确定其中一种。各种通信方式的简单特点简述如下。

（一）网络通信

网络通信速率高，数据吞吐量大，而且借助互联网的普及，其技术标准被广泛采用。但网络通信除了要求设备本身提供网络接口外，还必须要有辅助设备如集线器（Hub）或交换机（Switch），如果网络结构复杂的话，可能还需要有路由器。

（二）现场总线通信

现场总线，常见的有 CAN 网和 LON 网，其通信速率和流量仅次于网络通信且接线简单，而且抗干扰能力甚至强于网络。但现场总线方式的兼容性差，一是支持这种方式的设备少；二是不同厂家间相同通信方式的设备一般是不能互联的。因此，现场总线方式一般只是局限于同一厂家的设备。

（三）串口通信

串口通信方式有 RS–232、RS–485 和 RS–422 三种形式，具体选用哪种形式，可根据现场实际情况确定。确定串口通信方式，应尽可能选用全双工方式的，半双工方式要求设备不断地进行收发切换，会给调试和检修增加故障点。

自动化系统各测控装置和许多智能设备之间选择不同的通信方式就意味着采用不同的通信拓扑结构，对布线方式、接线工艺及电缆的规格都有不同的要求。

规约转换器常见通信技术参数包括如下内容。

1. 通信接口种类

RS–232 接口

RS–422/RS–485/RS–232

CanBus 接口

10M/100M 双绞线以太网接口

10M/100M 光纤以太网接口

串口接口 RS–232/422/485，300 000～57 600 000bit/s

CanBus 接口 10K～1Mbit/s

Ethernet 接口 10M/100Mbit/s

2. 通信协议

IEC61850

IEC60870 5 101，102，103，104

DNP3.0

Sc1801

u4F

Modbus

SpaBus

M Link+

CDT

四、规约转换器的调试

1. 仪器、仪表及工具的准备

准备的仪器、仪表及工具有电脑、万用表、螺丝刀、斜口钳、通信电缆（网线、维护线等）、通信转换头（如 485/232 转换器等）和 Hub（用于观察 TCP 或点对点网络报文用）等。

2. 相关软件准备

需要准备的软件有维护软件、参数配置软件、串口数据监视软件、网络数据监视软件等。

3. 通电前检查

通电前的检查应包括以下几项内容：

（1）电源线的接入是否正确；

（2）电源的电压值是否合格；

（3）是否有短路或开路的回路；

（4）接地是否良好；

（5）端子等外观是否完整；

（6）电源插件是否正确。

4. 上电检查

上电后，应该检查以下几项内容：

（1）电源指示灯是否正常；

（2）规约转换器运行是否正常；

（3）规约转换器面板指示是否正常；

（4）维护接口是否正常；

（5）内部参数检查；

（6）自检信息查看是否正常。

5. 通信参数设置

规约转换器的本机参数主要包括：网络IP地址和掩码、地址类参数、工作方式参数等。

规约转换器的通信参数主要包括：通信串口的波特率、校验方式、数据位、停止位等；各板件的通信介质选择（如485/422/232等）；各板件的通信规约类型、参数和网络路由等内容。

6. 通信功能调试

首先，应该在通信两侧正确设置通信参数，并且正确地连接通信电缆。其次，查看通信报文，握手、传递数据等过程是否符合通信规约，内容是否正确。然后进行相应的通信实验，主要有：数据正确性实验、变化数据实验、控制类数据实验、突发大数据量传送实验、通信异常恢复实验、通信中断实验和通信拷机类实验。

7. 试验报告

试验报告应该涵盖：通信两侧的设备信息、通信电缆的连接、通信设备的信息、试验的目的、试验的基本要求、试验的数据项、试验的对象、试验的结果、试验的结论、试验的时间和试验人。

五、规约转换器的检修

（1）接线检查包括：接线是否有接地、接线中是否有短路回路、接线是否有开路、接地线是否可靠连接、通信屏蔽线是否可靠连接、屏蔽线是否单点接地、通信电缆是否有断线、接线端子是否有松动、接线头是否有氧化、电缆外皮是否破损等。

（2）指示灯检查包括：电源指示灯是否正常、运行指示灯是否正常、串口收发指示灯是否正常、网卡连接指示灯是否正常、网卡收发指示灯是否正常、网卡冲突检测指示灯是否不闪、是否有异常的指示灯常亮或闪烁。

（3）通信检查包括：通信参数是否正确、通信板件是否正常、通信电缆是否可靠连接、通信设备（如交换机）是否正常、是否有通信报文交互等。

（4）数据报文检查包括：数据报文过程是否正常、数据报文是否完整、数据报文中的数据是否正常、数据报文中的数据是否刷新、数据报文中有无陷入死循环的报文过程、数据报文中有无停顿、数据报文中有无某个设备不上送数据或不查询某个设备的数据、数据报文中有无误码、数据报文中有无不可识别类型的报文、数据报文中有无跳变的异常数据。

（5）检修报告：检修报告应该涵盖通信两侧的设备信息、通信电缆的检查、通信设备的检查、检修的对象、检修的原因、检修的数据项、问题的分析、检修的处理过程、检修的处理结果、检修的结论、检修的时间和检修人。

【思考与练习】

1. 国内变电站内比较常见的智能设备通信方式可分为哪几类？
2. 规约转换器的作用是什么？

模块7 智能设备的规约分析及选用（Z12G4007Ⅱ）

【模块描述】本模块介绍了智能设备规约简介、分析及选用、入网方式等，含智能设备规约选择的条件、实现功能。通过要点介绍，掌握智能设备通信规约优缺点及使用范围。

【模块内容】变电站各种智能设备通过不同的通信规约将变电站内智能设备采集的信息，送至变电站综合自动化系统和当地后台，并转送至调度中心，让变电站值班人员、调度值班人员能准确掌握变电站智能设备的遥信、遥测、遥脉等信息。因此，智能设备在通信过程中选择规约时，应统筹考虑，选择在多个现场长期运行过的、数据能长期稳定传输抗干扰能力强的规约。

一、智能设备规约介绍

1. 规约类型

规约类型一般可以分为两大类：问答式和循环式。

问答式：通过一问一答或发送/确认的方式来完成一次通信过程。标准的规约一般采用客户/服务器模式，由客户端向服务器端发起通信握手，握手成功后，通过客户端查询的方式交互数据。根据通信双方是否都可以充当客户端又分为平衡式（可以）和非平衡式（不可以）两种。

循环式：拥有数据的一端主动循环上送数据信息给通信对侧。

规约按照接口模式，也可以分为串口规约和网络口规约。

2. 规约结构

规约的结构一般由报文头、信息体、结束码组成。

报文头：主要由同步字符、报文长度、地址、报文类型等组成。其中，同步字符用于定位报文的起始并起到防止误码干扰的作用；报文长度用于界定报文内容（信息体）；地址用于标识发出报文的源设备及该报文的目的设备；报文类型用于标识该报文的数据类型或结构类型。

信息体：主要由信息类别、信息个数、信息索引、信息、附加信息组成。其中，信息类别用于标识信息的类别；信息个数用于标识信息体内所含单个信息的个数；信息索引用于标识单个信息的顺序索引号；信息是按规约的定义表达出来的约定的数据；附加信息一般为时标、状态码等，用于说明特定的信息内容。

结束码：一般由校验码和结束符组成。其中，校验码一般有和校验、CRC 校验等，用于接收方对整个报文进行正确性校验用；结束符用于标识报文的结束。

3. 规约报文分析实例

（1）IEC 103 规约报文分析。IEC 103 规约类型为问答式。报文结构分析如下（十六进制）：

S：10 5A 36 90 16

R：68 0E 0E 68 28 36 01 81 09 36F2BE 01 06 4F 11 10 00 46 16

其中，S 代表查询，R 代表应答。

S 报文中：

10 5A 36 为报文头；10 为同步字符；5A 为报文类型，表示查询一级数据；36 为查询的目的地址。

90 16 为结束码；90 为和校验码（5AH+36H=90H）；16 为结束符。

R 报文中：

68 0E 0E 68 28 36 为报文头。68 为同步字符；0E 0E 为报文长度和长度的重复，报文长度 0E（14）指从报文类型至信息体之间的字节数；表示报文的应接收字节数为 14+4+2=20；68 为同步字符的重复；28 为报文类型，表示数据报文并有一级数据；36 为地址，表示报文由地址为 36H 的源设备发出。

01 81 09 36F2BE 01 06 4F 11 10 00 为信息体；01 为信息类别，表示带时标的信息

类别；81 表示含有一个该类信息；09 为原因，表示报文由总查询引发；36 为设备源地址；F2BE 表示信息的索引号；01 为双点信息，表示状态为分；06 4F 11 10 为时标；00 为附加信息。

46 16 为结束码；46 为和校验码（十六进制下 28 36 01 81 09 36F2BE 01 06 4F 11 10 00 的和为 346，取单个字节 46）；16 为结束符。

（2）CDT 规约报文分析。CDT 规约类型为循环式。报文结构分析如下（十六进制）：

S：EB 90EB 90EB 90 71F4 01 01 02 28F0 40 00 04 06 2B

其中，S 代表发送。

EB 90EB 90EB 90 71F4 01 01 02 28 为报文头；EB 90EB 90EB 90 为同步字符；71 为控制字；F4 表示报文类别为遥信；01 表示信息体为一个；01 02 表示源站址为 01，目的站址为 02；28 为 71F4 01 01 02 的单字节 CRC 校验码。

F0 40 00 04 06 2B 为信息体；F0 表示遥信的起始功能码为 F0，按协议即第一组遥信；40 00 04 06 表示具体的遥信信息；2B 为 F0 40 00 04 06 的单字节 CRC 校验码。

4. 智能设备入网方式

变电站里的第三方智能电子设备均需通过规约转换器才能接入站控层网络，将信息上送给变电站监控后台及远动通信管理机。

（1）串口的智能电子设备需通过串口扩展板接入。

（2）网口的智能电子设备需通过 CPU 板的网络口接入。

二、智能设备规约选用

1. 常见的智能设备规约标准

常见的智能设备规约标准有以下几种：

（1）IEC 103：问答式规约。

（2）IEC 102：问答式规约。

（3）IEC 101：问答式规约。

（4）IEC 104：问答式规约。

（5）DL 645：问答式规约。

（6）MODBUS：问答式规约。

（7）CDT：循环式规约。

（8）其他厂家自定义规约。

2. 规约选用的原则

规约的选择有几种原则：

（1）按通信介质选择。一般不采用现场总线方式与智能设备进行通信，除非通信双方都是同一个厂家。

对于采用 RS–232 串口方式的通信，可以选择问答式、循环式类型的通信规约。一般只适用于点对点的通信模式。

对于采用 RS–422 串口方式的通信，可以选择问答式、循环式类型的通信规约。如果采用一对多的通信模式，则须选用问答式规约。

对于采用 RS–485 串口方式的通信，只能选择问答式类型的规约。

对于采用网络方式的通信，如果采用 UDP 广播协议或组播协议，一般采用问答式规约。

对于采用网络方式的通信，如果采用 UDP/IP 或 TCP 协议，可采用问答式、循环式规约。

（2） 按通信模式选择。

点对点的通信模式，可以选择问答式、循环式规约。

一对多的通信模式，在没有冲撞检测功能的通信介质上，必须选择问答式规约。

（3） 按通信质量选择。

通信质量较好的情况下，可以选择问答式或循环式规约。

通信质量较差的情况下，应该选择问答式规约。

（4） 按数据要求选择。

如果数据的完整性要求比较高，应该尽量选择问答式规约。

如果数据的实时性要求比较高，可考虑选择循环式规约。

（5） 按设备类型选择。

IEC 103 规约一般适用于变电站内保护装置、普通智能设备通信，应用范围较大。

IEC 102 规约一般适用于电能采集器设备的通信。

IEC 101 规约一般适用于调度端与站端的通信，通信模式为串行口。

IEC 104 规约一般适用于调度端与站端的通信，通信模式为网络模式，对网络的要求较高，实时性也较高。

DL 645 规约一般适用于和电能表或电能采集器通信。

MODBUS 规约一般适用于和普通智能设备通信，应用范围较大。

CDT 规约一般适用于和普通智能设备通信，应用范围较大，数据容易丢失。

厂家自定义规约应该尽量避免，兼容性较差。

【思考与练习】

1. 规约选用的原则是什么？

2. 列举常见的智能设备信息传输规约，并简述它们各自的特点。

第十七章

数据处理及远传数据处理装置的调试与检修

模块 1　配置数据处理装置的系统参数（Z12G5001Ⅱ）

【模块描述】本模块介绍了数据处理装置的参数及其配置方法。通过配置示例介绍、界面图形示意，掌握数据处理装置系统参数的配置方法。

【模块内容】数据处理装置一般用于与变电站内测控保护装置，以及各智能设备通信。然后将数据传送给远传数据处理装置和当地后台，并将远传数据处理装置和当地后台的控制命令处理后转送给站内装置。远传数据处理装置与调度及集控系统通信，转发信号及接收命令，在 110kV 及以下电压等级变电站，数据处理装置及远传数据处理装置可能功能合并，由同一装置完成，在 220kV 及以上电压等级变电站中，这两种装置一般分开，变电站内设置单独的远传处理装置，数据处理装置的系统参数起着标识装置名称、小室号等作用。

各设备厂家设计的数据处理装置内部结构差异比较大，因此，系统参数的设置内容也不一样，本文只给出比较通用的设置内容，具体参数设置内容及方法请参阅各装置说明书。

一、配置系统参数

组态软件作为远动通信装置的一个管理和维护工具，用于远动机进行配置。实现通信组态、规约选择、参数设置，以满足工程的要求。通过组态软件还可对装置进行维护、监视其内部信息。组态软件的功能主要包括：

（1）生成和维护所连装置名表、装置采集和提供的信息总表。

（2）生成和维护送往调度的转发信息表、并对规约需要的参数进行设置。

（3）进行信息合成（遥测、遥信、步位置信息计算转换）。

（4）程序文件的下装、配置文件的上装和下装。

（5）调试信息监视。

（6）串口原始数据观察。

二、组态工具配置系统参数示例

组态软件中需要将 GPS 对时方式设置为“GPS(卫星对时) 内置(摩托罗拉数据”（见图 Z12G5001Ⅱ–1）。

三、启用系统参数的注意事项

对于改造站及总控设备已经运行的站，在配置完系统参数后要仔细检查，先修改备机，然后升级为主机，在确认运行正常，并和各主站核对四遥数据正确无误后再修改主机，并测试主机功能是否正常。

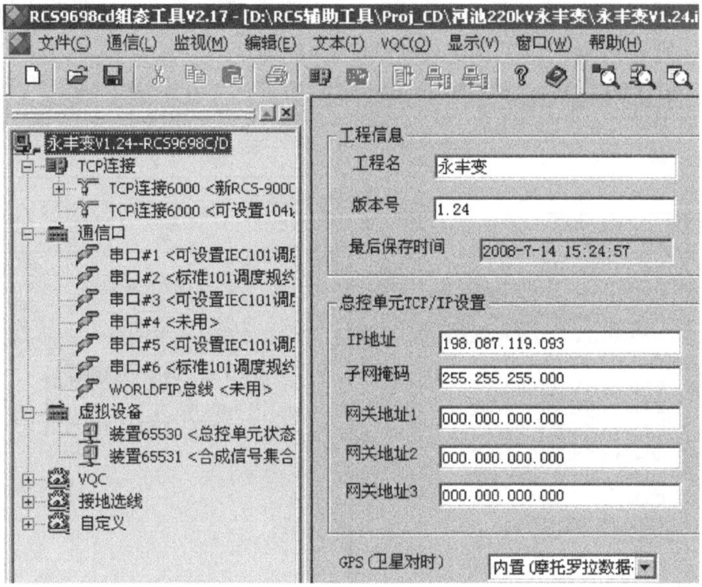

图 Z12G5001Ⅱ–1　组态软件画面

【思考与练习】

1. 数据处理装置的作用有哪些？
2. 组态软件有哪些功能？

模块 2　数据处理及通信装置组态软件功能设置（Z12G5002Ⅱ）

【模块描述】本模块介绍了数据处理及通信装置组态软件的功能、操作界面和使用方法。通过设置方法介绍、配置流程讲解、界面图形示意，掌握根据现场运行情况及正确使用组态软件进行配置。

【模块内容】组态软件按照现场情况对数据处理及通信装置进行实例化配置，不同的厂家界面相差比较大，但都具有通信口设置、通信协议设置、转发数据库设置。

一、数据处理及通信装置通信参数的配置

1. 基本配置情况

（1）网络口配置：主要配置规约类型、网络口功能及网络口名称。

（2）串口配置：主要配置串口功能、类型及规约。

（3）地址分配：主要分配各个网口的IP地址及子网掩码。

2. 配置过程

（1）“TCP连接”通信参数的设置。“规约类型”可从下拉菜单中选择，“TCP连接端口号”则直接输入（见图Z12G5002Ⅱ–1）。

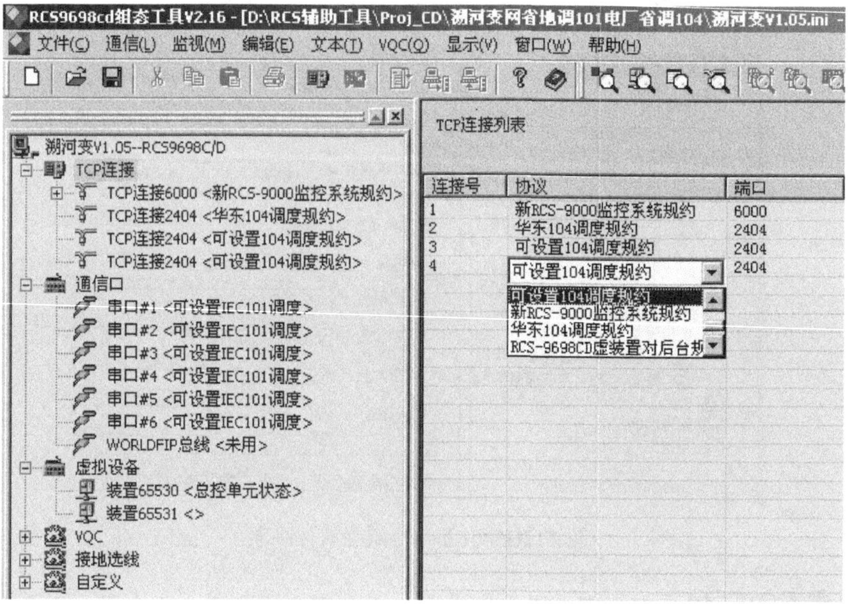

图Z12G5002Ⅱ–1 TCP通信参数设置

（2）“通信口”参数列表的设置。“通信口参数列表”中的“通信口”“装置数目”两列无需设置，其余参数均可从对应的下拉菜单中选择（见图Z12G5002Ⅱ–2）。

二、数据库组态

（1）点击安装目录，如“D：\RCS辅助工具\Bin”下的“ New9698x_cd ”图标，在弹出的界面中点击“ ”来创建新组态。

（2）在“欢迎使用”界面中点击“下一步”按钮。

（3）在“属性页一”界面中输入“工程名称”和“工程目录名”，点击“下一步”按钮。

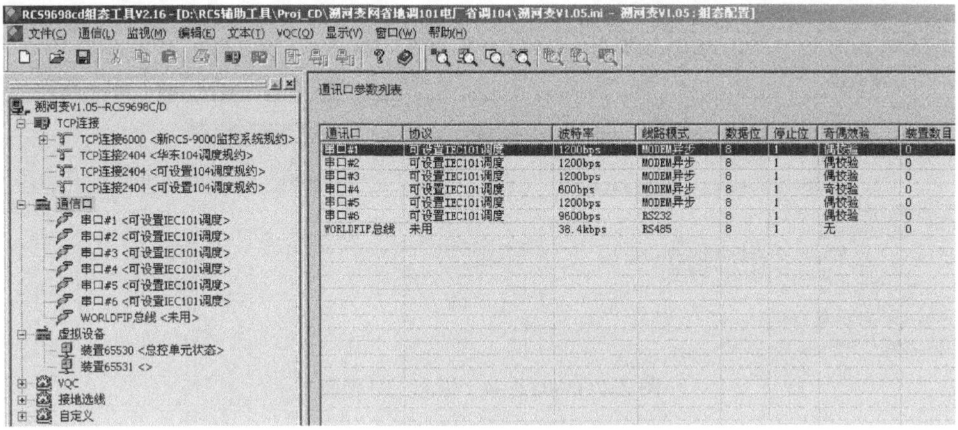

图 Z12G5002Ⅱ–2　通信口参数设置画面

（4）在“结束使用”界面中点击“完成”按钮。

（5）系统弹出提示对话框，点击“确定”按钮即可。

（6）此时将弹出组态工具界面（见图 Z12G5002Ⅱ–3）。

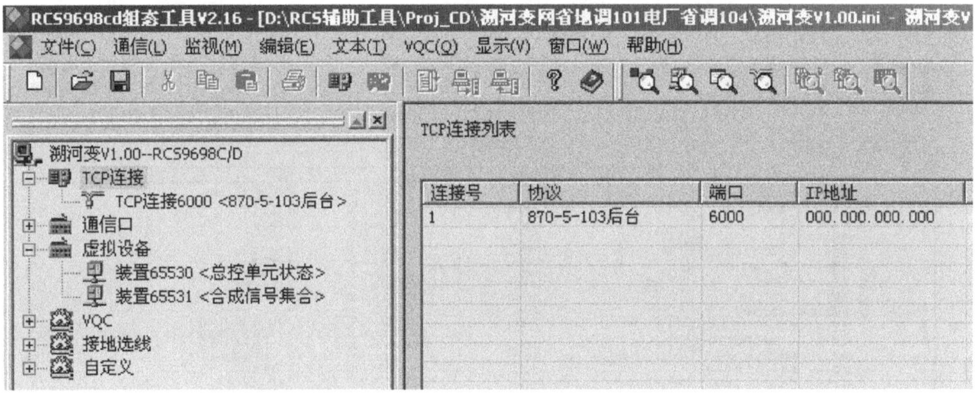

图 Z12G5002Ⅱ–3　组态工具画面一

（7）点击“870-5-103后台”，

在下拉菜单“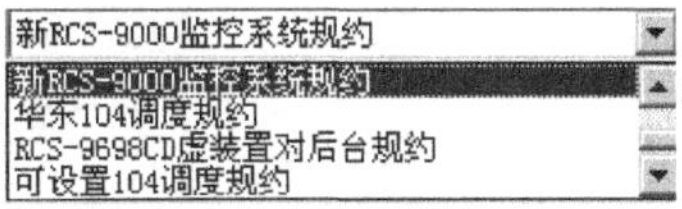
”中选择“新RCS-9000监控系统规约”。

“端口”无需修改，默认为“6000”，“IP 地址”属性没有实际的意义，无需设置。

（8）选中左侧树形列表中“TCP连接6000 <新RCS-9000监控系统规约>”，在右侧编辑区中，单击鼠标右键，从弹出菜单中选择“添加”（见图 Z12G5002Ⅱ–4）。

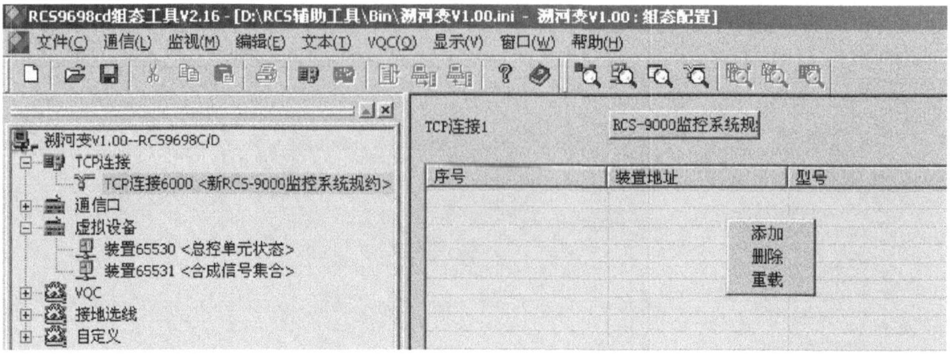

图 Z12G5002Ⅱ–4　组态工具画面二

（9）在右侧编辑区中将看到系统自动添加的一行记录。根据现场实际运行情况，选择站内的装置型号。“装置地址”和“描述”需要手动输入，“型号”可从下拉菜单中选择。

序号	装置地址	型号	描述
1	1	RCS902Cv1.00	

（10）500kV变电站配置完所有站内装置后的示例界面（见图 Z12G5002Ⅱ–5）。

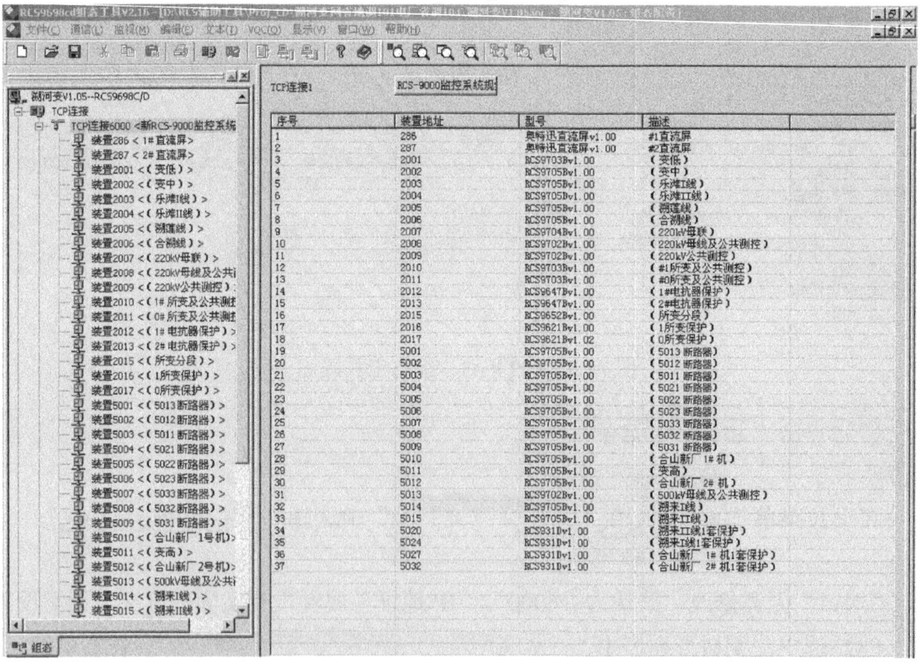

图 Z12G5002Ⅱ–5　500kV 配置实例

在左侧树形列表中选中某个装置，如单击“装置2004〈(乐滩Ⅱ线)〉”，在右侧编辑区中显示该装置的具体配置信息，可通过“遥测”“遥信”“遥脉”“遥控”“遥调”“步位置”等Tab页面查看。

三、数据转发表配置

1. 添加网络通道

（1）创建一个TCP连接，作为转发给调度的1个网络通道。在右侧编辑区域空白处点击鼠标右键，从弹出拉菜单中选择“添加”，系统自动化增加一条新的记录“870–5–103后台”（见图Z12G5002Ⅱ–6）。

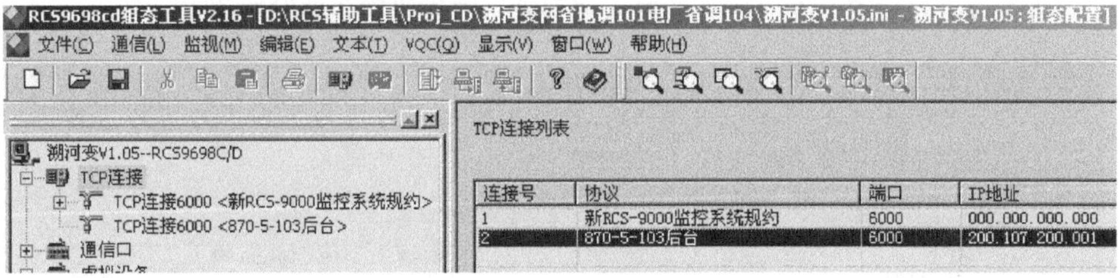

图Z12G5002Ⅱ–6 数据转发图一

根据和主站商量后的结果进行各项设置，本例中设置如下：

“协议”设置为“华东104调度规约”(可从下拉菜单中选取)；“端口”设置为“2404”；“IP地址”设置为“222.222.223.079”；配置完成的界面见图Z12G5002Ⅱ–7。

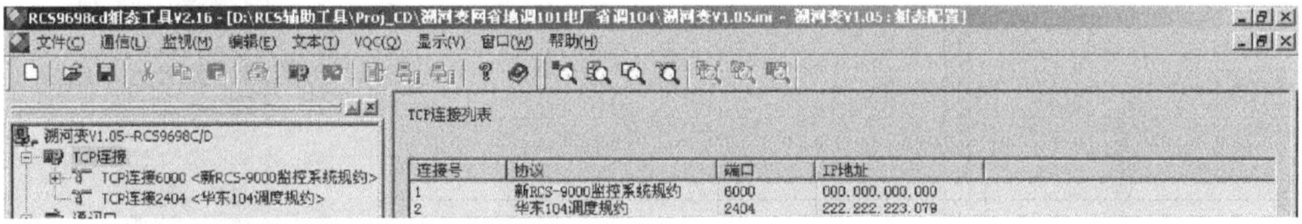

图Z12G5002Ⅱ–7 数据转发图二

（2）选择需要转发的点。在树形列表中选中“TCP连接2404〈华东104调度规约〉”，在右侧编辑区中显示该规约对应的转发信息列表，分为“遥测”“遥信”“遥脉”“遥控”“遥调”和“挡位”（见图Z12G5002Ⅱ–8）。

将鼠标移到最右侧，点击右边框 ，向左拉动，弹出界面（见图Z12G5002Ⅱ–9）。

在“所有装置六遥列表”中列出了变电站内所有装置的测点信息。在这里作为选取转发点的候选点来源。

在“TCP连接2华东104调度规约”列表中选择“遥信”类Tab页面，“所有装置六遥列表”界面中也将自动切换至“遥信”类Tab页面，便于用户选择。

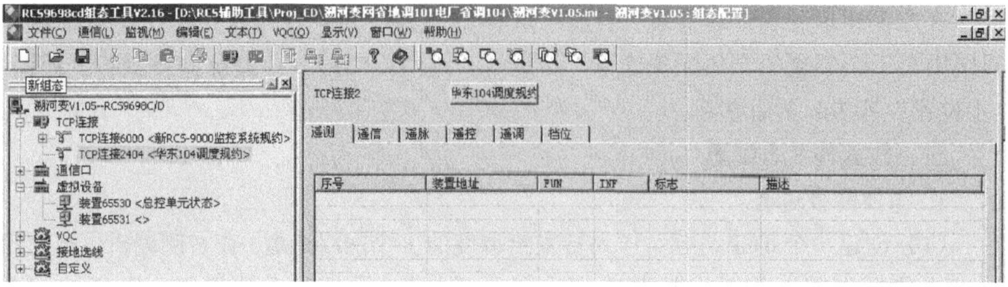

图 Z12G5002Ⅱ-8　数据转发图三

根据调度转发表，在“所有装置六遥列表”中查找需要转发的测点。

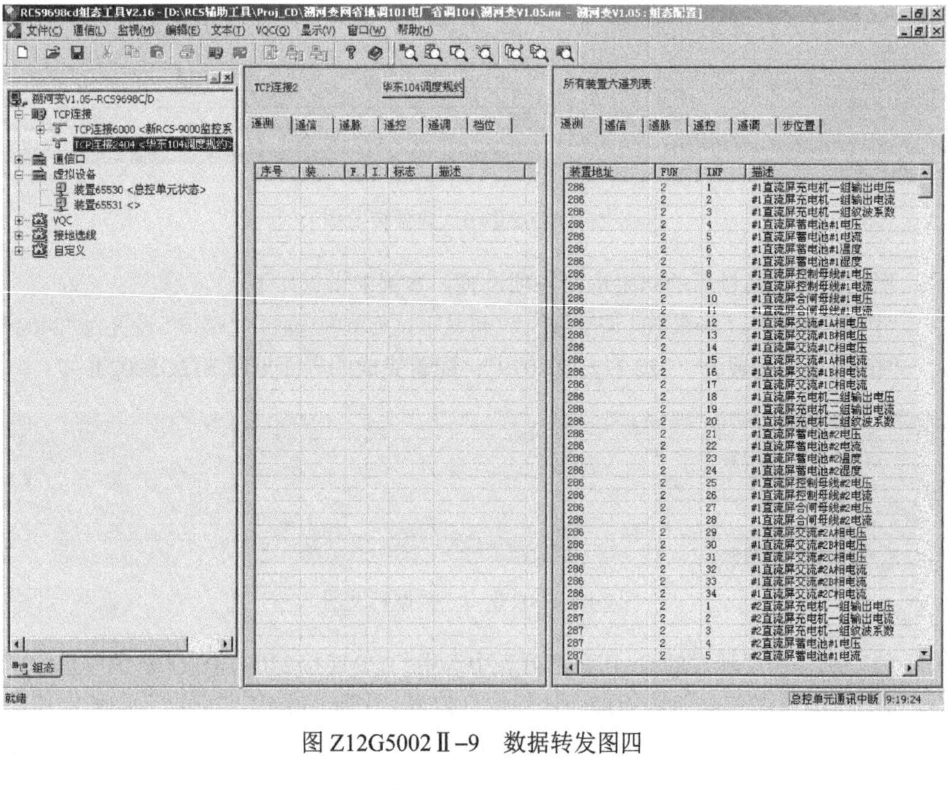

图 Z12G5002Ⅱ-9　数据转发图四

不同装置的遥测条目是按照“装置地址”从小到大依次排列，装置内的遥测量的排列顺序是按照 FUN（功能码）从小到大依次排列，装置内的同一个 FUN（功能码）下的遥测量的排列顺序是按照 INF（信息字）从小到大依次排列。

可以按住“Shift”键单击选中第 *m* 行，再单击选中第 *n* 行，这样就能实现选择第 *m* 行到第 *n* 行（含第 *m* 行和第 *n* 行）的功能。被选中的那些行将变成黑色。

若要选中不连续的第 *p*、*q*、*r* 行，可以按住“Ctrl”键分别点击鼠标单击第 *p*、*q*、*r* 行，见图 Z12G5002Ⅱ-10。

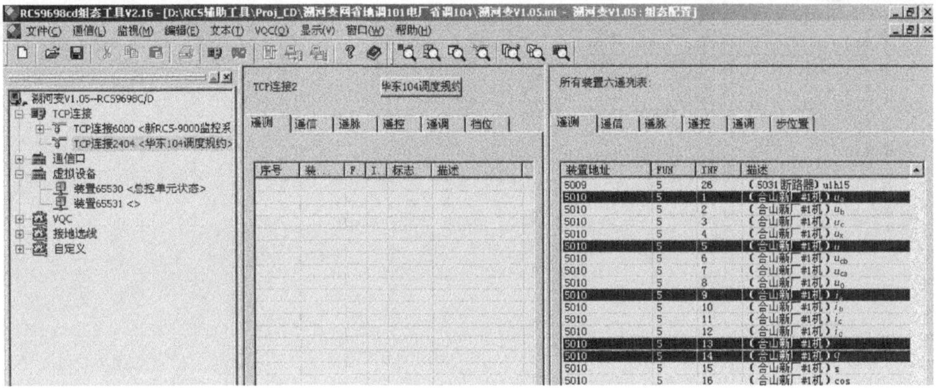

图 Z12G5002Ⅱ-10　数据转发图五

（3）将上一步选中的测点添加到转发表中。右键单击上一步选黑的任何一行，从弹出菜单中选择“<<添加到引用表”（见图 Z12G5002Ⅱ-11）。

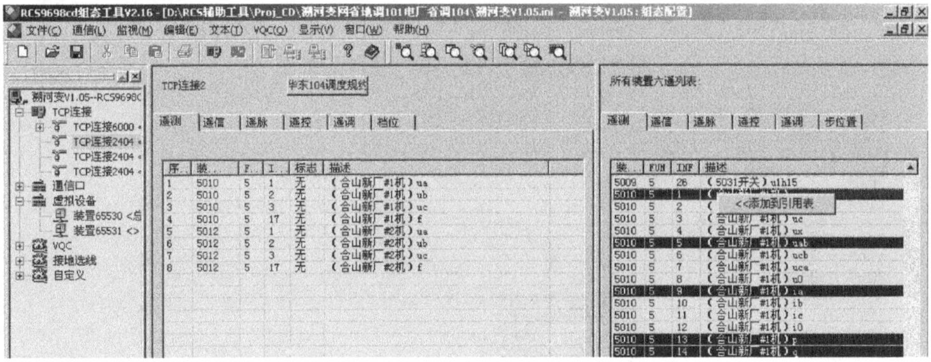

图 Z12G5002Ⅱ-11　数据转发图六

系统弹出确认操作对话框“你确定增加选项吗？”，单击“是”即可将选中的测点添加到 TCP 连接表中。

2. 添加串口通道

（1）创建一个串口连接，作为转发给调度的 1 个串口通道（见图 Z12G5002Ⅱ-12）。

在左侧树形列表中选中“通信口”节点，右侧的编辑区中显示对应的“通信口参数列表”，除了“通信口”“装置数目”属性无需设置外，其余参数均可从下拉菜单中选择，见图 Z12G5002Ⅱ-13。

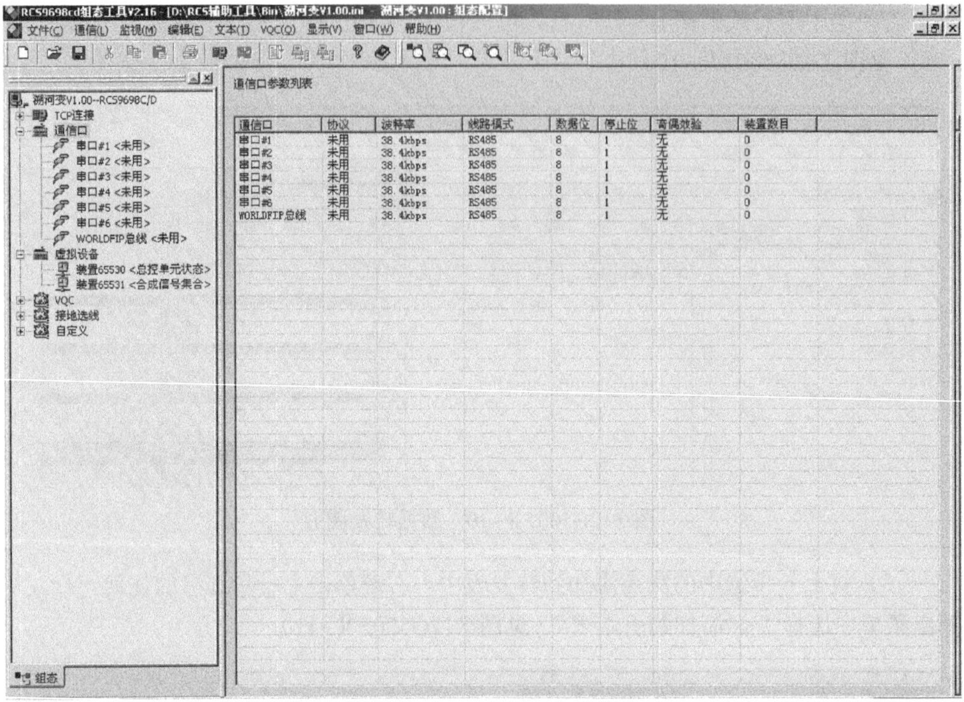

图 Z12G5002Ⅱ–12 串口通道配置图

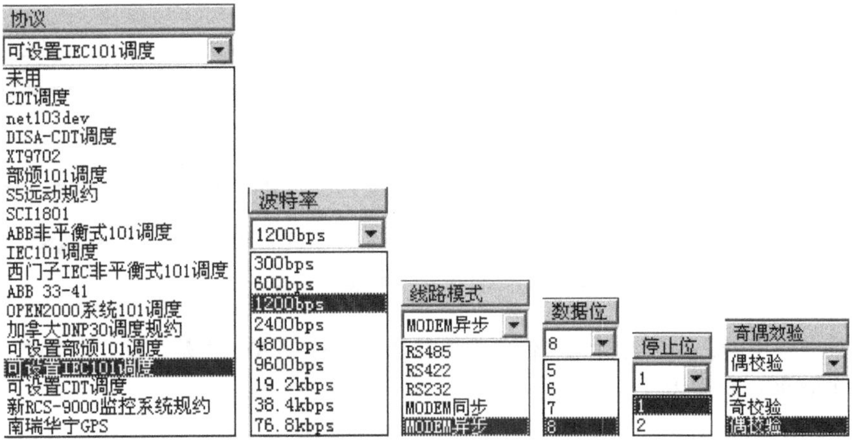

图 Z12G5002Ⅱ–13 通信口配置

（2）选择需要转发的点。在左侧树形列表中选中“串口#1〈可设置 IEC101 调度〉”，在右侧编辑区中显示该规约对应的转发信息列表，分为“遥测”“遥信”“遥脉”“遥控”“遥调”和“步位置”（见图 Z12G5002Ⅱ–14）。

将鼠标移到最右侧，点击右边框，向左拉动，弹出如下界面（见图 Z12G5002 Ⅱ–15）。

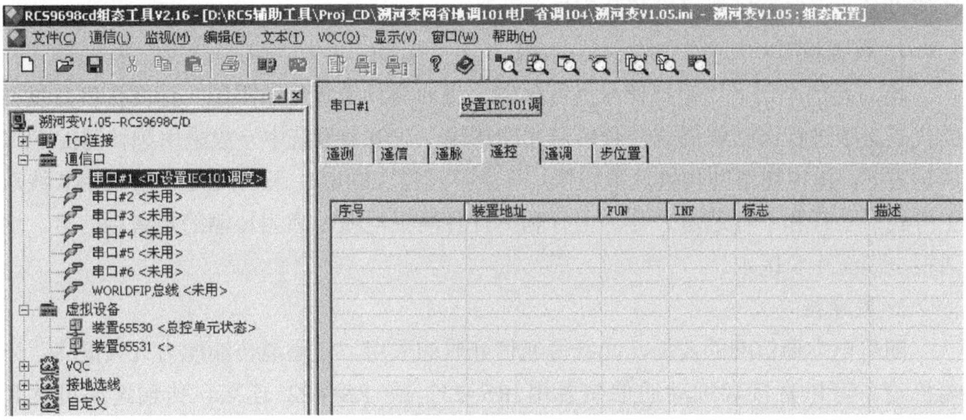

图 Z12G5002 Ⅱ–14 转发点选择图一

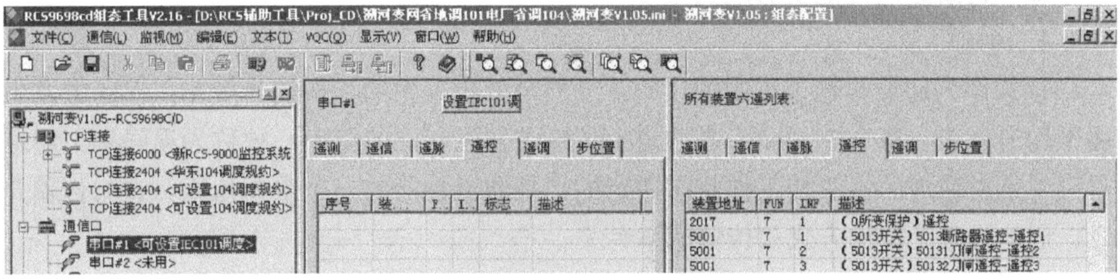

图 Z12G5002 Ⅱ–15 转发点选择图二

转发点的选择方法参见下面模块的介绍，本处不再赘述。

【思考与练习】

1. 如何配置通信参数？
2. 如何配置数据转发表？

模块 3 常规通道的调试与检修（Z12G5003 Ⅰ）

【模块描述】本模块介绍了远传数据处理装置通道调试检修的工作程序及相关安全注意事项。通过工艺流程介绍、试验案例讲解，掌握常规通道调试检修前的准备工作和作业中的危险点预控、掌握通道调试检修的基本方法。

【模块内容】常规通道的调试与检修包括了远传数据处理装置通道调试检修的工作程序及相关安全注意事项。

一、电力通信网常规通道介绍

电力通信网中常规通道是指远动设备采用串行方式和通信设备相连，远动设备与通信设备的接口有模拟接口和数字接口两种。

1. 模拟接口

电力通信早期采用模拟信号进行传输，受通道频带宽度的限制，计算机串口发出的代码必须进行调制解调成音频信号才能传输，在电力系统中一般采用频移键控 FSK 调制方式，模拟通道的传输速率较低，一般不超过 1200Bd。模拟通道一般采用 4 线双工方式，上行和下行通道分开，上行和下行各两根电缆，因为传输的是音频信号，这两根电缆无正负区别。

2. 数字接口

随着电力通信网的发展，光纤等通信介质的采用，使通道传输能力大大提高，光端机设备可以直接和远动通信装置用 RS-232 或 RS-422 连接，传输速率可达到 9600Bd。

二、常规通道性能及影响因素

1. 通道性能

误码率为通道传输过程中的误码，一般是随机发生的。按统计规律，误码的发生属于均匀分布。每个位（bit）在通道上传输时发生误码的概率，被称为误码率。通道误码率是由通道的性质和工作状态决定的，是通道性能的一个重要指标。它与传输介质、通信设备、传输方式和传输速率有关。

2. 影响因素

当外界的干扰和由于通信系统内部各个组成部分的质量问题引起的信号畸变达到一定程度时，就会产生差错。电话线、电力线载波、微波通信方式易受外界干扰，有一定误码率。光纤方式一般不易受到干扰，误码率很低，传输速率高时抗干扰能力也弱。

三、远传数据处理装置通道调试检修的工作程序

（1）确定远传数据通道的类型为数字通道或是模拟通道。

（2）检查远传数据处理装置的配置是否与通道配置相匹配。

（3）将远传数据处理装置与通道正确连线。

（4）根据远传数据通道的参数配置装置。

（5）观察远传数据处理装置运行正常。

四、远传数据处理装置通道调试检修的工作相关安全注意事项

（1）保证远传数据处理装置机箱可靠接地。

（2）保证远传数据通道安装避雷器。

五、调试及测试常规通道的方法

1. 模拟通道调试

模拟通道一般以 Modem 调制解调器作为远动专业和通信专业的接口，在 Modem 线路侧以内，包括 Modem 属于远动专业，Modem 线路侧以外属于通信专业。

（1）Modem 参数设置。中心频率、频偏、发送电平、接收电平、四线/二线选择、波特率等，具体设置不同型号装置不一样，请参考装置说明书。

（2）检查 Modem 上指示灯。Modem 一般都有指示灯，用来指示工作状态、数据收发状态、下行通道状态等，在调试和检测通道时注意观察这些指示灯可以给工作带来很多方便。

（3）检测信号质量。检测信号质量有多种工具，专业性工具功能强，具有分析功能，但价格昂贵，其实用一些简单工具也能进行一定的检测，如听筒、万用表、示波器等。

2. 主站系统自环测试

对于 IEC 101、DNP 等问答式协议，主站作为通信发起端，首先向子站发送查询报文，子站收到报文后再给予应答，为了测试通道，可在子站端将收发短接，主站端检查返回的报文是否与发送的报文一致。

六、子站系统自环测试

对于 CDT 等协议，子站作为通信发起端，不断向主站发送数据报文，为了测试通道，可在主站端将收发短接，由子站端检查返回的报文是否与发送的报文一致。

七、案例

使用某厂家组态工具的报文监视功能进行收发报文监视的试验。

（1）在变电站端远动机装置背板的串口端子上自环，在变电站端使用远动组态工具的报文监视界面进行收发报文监视的试验。

在变电站端远动机装置背板的串口端子上将该串口通道的“收”“发”两端原来接有的 32 芯蓝线拆下来并用绝缘胶布包好，防止误接触。将该串口通道的“收”“发”两个端子可靠短接，注意，不要接触“地”或其余端子，最好使用冷压头接在短接线末端，既安全又美观。如果在报文监视窗口里面看到的收发报文完全一致，说明自身软硬件没有问题，请做下一个自环试验。如果在报文监视窗口里面看到只有发出去的报文，而没有收到的报文，或收到的报文和发出去的报文不一致，说明远动机自身软硬件设置有问题，请检查做试验用的组态设置、串口板跳线设置，如检查软硬件确实无误，在客观条件允许并得到相关管理部门许可的情况下，做好安全措施，办理相应工作票，之后更换远动机的这块通道板，再观察报文监视窗口中报文收发是否正常。

（2）在变电站端远动机屏柜的端子排的防雷器内侧自环，在变电站端使用远动组态工具的报文监视界面进行收发报文监视的试验。

在变电站端远动机屏柜的端子排的防雷器内侧，将从远动机屏内该串口引出的“收”“发”两根32芯蓝线从防雷器内侧的端子排上拆下，将这两根32芯蓝线可靠短接，注意，不要接触“地”或其余端子。最好使用冷压头接在这两根线的末端，既安全又美观。如果在报文监视窗口里面看到的收发报文完全一致，说明远动机自身软硬件以及从远动机到屏柜端子排上的防雷器内侧的这一段32芯蓝线均没有问题，请做下一个自环试验。如果在报文监视窗口里面看到只有发出去的报文，而没有收到的报文，或收到的报文和发出去的报文不一致，而上面的自环试验“1”却成功通过了，说明从远动机到屏柜端子排上的防雷器内侧的这一段32芯蓝线有问题，请使用两根新的短接线代替原来的从远动机到屏柜端子排上的防雷器内侧的这一段32芯蓝线的“收”“发”两根线，再观察报文监视窗口中报文收发是否正常。

（3）在变电站端远动机屏柜的端子排的防雷器外侧自环，在变电站端使用远动组态工具的报文监视界面进行收发报文监视的试验。

在变电站端远动机屏柜的端子排的防雷器外侧，将对应于远动机屏内该串口的“收”“发”两个端子原有的两根外部通道接线拆除，将防雷器外侧的这两个端子使用短接线可靠短接，注意，不要接触“地”或其余端子。最好使用冷压头接在短接线末端，既安全又美观。如果在报文监视窗口里面看到的收发报文完全一致，说明远动机自身软硬件、从远动机到屏柜端子排上的防雷器内侧的这一段32芯蓝线、防雷器均没有问题，请做下一个自环试验。如果在报文监视窗口里面看到只有发出去的报文，而没有收到的报文，或收到的报文和发出去的报文不一致，而上面的自环试验“1”和“2”却成功通过了，说明远动机所在屏柜的端子排上的防雷器有问题，请将防雷器两端的两对“收”“发”线平行转接到另外一个备用的防雷器上（如果现场已经没有备用防雷器而客观条件又不允许暂时接到别的已经在用的防雷器上，只能使用一个新的防雷器更换老的防雷器），再观察报文监视窗口中报文收发是否正常，如果确实因此收发报文恢复正常，请更换防雷器。

【思考与练习】

1. 一般测试常规通道有哪些方法？
2. 远传数据处理装置通道调试检修的工作程序有哪些？

模块4 与调度主站通信参数设置（Z12G5004Ⅱ）

【模块描述】本模块介绍了远传数据处理装置与调度主站通信时需设置的参数、参数配置的方法。通过设置方法介绍、案例说明、界面图形示意，掌握通信参数的配置方法。

【模块内容】变电站数据远传装置与调度主站通信需要事先进行充分准备。对于新接入变电站，必须约定好通道、协议、信息表等参数，对于扩容站，除约定好扩充信息表外并要注意新加信号对原系统的影响。

一、不同型号装置通信参数设置的差异

各设备厂家设计的数据处理装置各不相同，通信参数的设置方法也不一样，本文只给出比较通用的设置内容，具体参数设置内容及方法请参阅装置说明书。

二、通信参数设置

1. 协议

常用协议主要有 IEC 104、IEC 101、CDT、DISA、XT 9702、DNP 等，下面分别就 IEC 104 和 IEC 101 两种国际标准协议进行介绍。

IEC 104 协议是一种基于以太网方式与调度系统通信的协议，由 IEC TC57 委员会制订，是国际上各厂家都应当支持的通信协议，具有实时性高、容量大、在变电站和调度具备网络通道的情况下，推荐使用此协议。Nsc 总控单元提供 6 组 IEC 104 通信，能同时与 6 级调度通过 IEC 104 协议进行通信，每组调度可提供主备前置机功能。Nsc 总控 IEC 104 规约参数可灵活组态，可满足国内大部分主站系统的要求。

IEC 101 规约是一种应用于串口通信的问答式远动规约，也是由 IEC TC57 委员会制订，是国际上各厂家都应当支持的通信协议，在变电站和调度有串口通道的情况下，推荐使用此协议。Nsc 总控单元提供 8 路 IEC 101 通信。

2. 转发表

目前提供 4 张数据转发表，每张数据转发表又包括状态量（YX）转发表、模拟量（YC）转发表、电度量（YM）转发表，每种转发表都有的域，包括转发序号、节点索引、遥信号（遥测号、遥脉号），状态量转发表有存在 COS、存在 SoE、存在时标、存在长时标、双位遥信、副遥信索引、副遥信点号。模拟量转发表有系数值、基数值、最大值、最小值、变化阈值。

3. 通信口通信参数

（1）串口通信参数：

1）波特率：600、1200、2400、4800、9600 可选。

2）校验方式：无、奇、偶方式。

3）同异步方式：同步、异步方式。

4）传输方式：RS–232、RS–422、RS–485。

（2）网络通信参数：

IP 地址、IP 掩码、IP 网关都根据设计而定，装置应灵活支持。

三、案例

下面以某220kV变电站为例进行说明。

1. 网络通道的通信参数设置

（1）装置液晶菜单设置。可以设置的网络参数有“IP地址”“子网掩码”“网关1”“网关2”“网关3”。在正常显示状态下按“▲”按钮可以进入操作菜单，将光标移到“网络设置”菜单项，按“确认”按钮进入。“网络设置”菜单项用于设置远动通信装置网络参数，按“▲”“▼”键移动光标，可以切换编辑项目。由于改动网络设置可能会影响远动通信装置的网络连接，所以在调试完成后，不要轻易改动此项参数，以免造成系统无法正常运行。要使更改生效，按确定键然后按复位键，让远动通信装置重新启动。

（2）组态软件中的设置。在组态工具左侧树形列表中选中“TCP连接2404〈可设置104调度规约〉”，在右侧的编辑界面中单击“可设置104调度规约”按钮弹出规约参数配置对话框，见图Z12G5004Ⅱ–1。

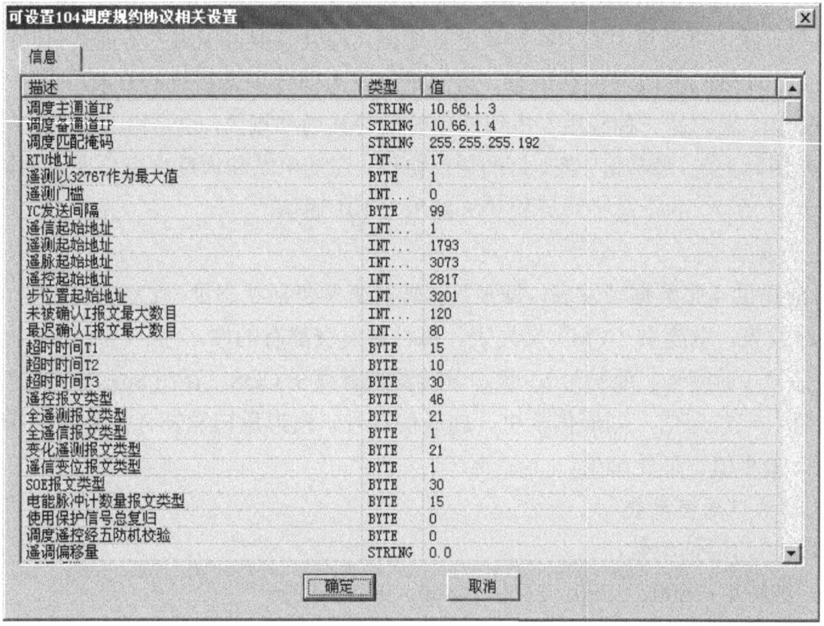
可设置104调度规约协议相关设置

信息

描述	类型	值
调度主通道IP	STRING	10.66.1.3
调度备通道IP	STRING	10.66.1.4
调度匹配掩码	STRING	255.255.255.192
RTU地址	INT...	17
遥测以32767作为最大值	BYTE	1
遥测门槛	INT...	0
YC发送间隔	BYTE	99
遥信起始地址	INT...	1
遥测起始地址	INT...	1793
遥脉起始地址	INT...	3073
遥控起始地址	INT...	2817
步位置起始地址	INT...	3201
未被确认I报文最大数目	INT...	120
最迟确认I报文最大数目	INT...	80
超时时间T1	BYTE	15
超时时间T2	BYTE	10
超时时间T3	BYTE	30
遥控报文类型	BYTE	46
全遥测报文类型	BYTE	21
全遥信报文类型	BYTE	1
变化遥测报文类型	BYTE	21
遥信变位报文类型	BYTE	1
SOE报文类型	BYTE	30
电能脉冲计数量报文类型	BYTE	15
使用保护信号总复归	BYTE	0
调度遥控经五防机校验	BYTE	0
遥调偏移量	STRING	0.0

确定　取消

图Z12G5004Ⅱ–1　调度通信协议设置表

根据现场运行配置，输入“调度主通道IP”和“调度备用通道IP”。一般情况下“调度主通道IP”为调度前置主机的IP地址，“调度备用通道IP”为调度前置备机的IP地址。

2. 串口通道的通信参数设置

（1）组态软件中的设置。组态配置见图 Z12G5004Ⅱ–2。

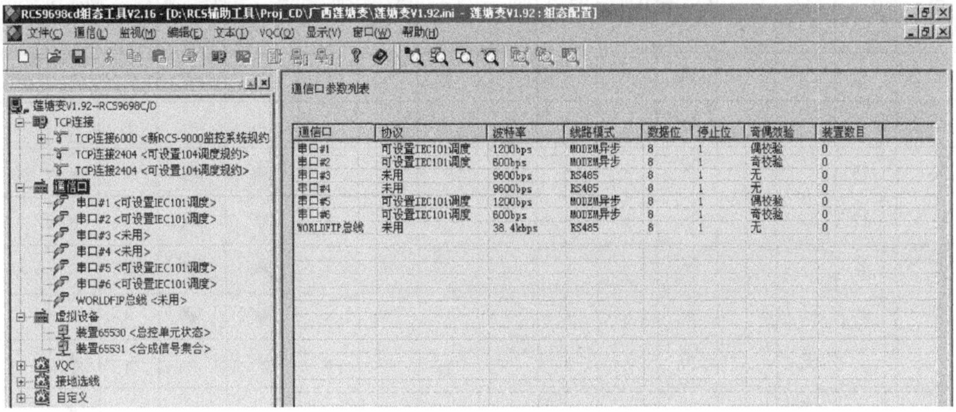

图 Z12G5004Ⅱ–2　组态配置

其中“协议”“波特率”“线路模式”“数据位”“停止位”“奇偶校验”这六项均需根据现场运行配置进行设置。

（2）硬件跳线设置。图 Z12G5004Ⅱ–3 为通道板跳线示意图，一块通道板上有两路通道，因此有两组跳线。

图 Z12G5004Ⅱ–3　通道板跳线示意图

一块通道板上有两个通道，每个通道有 12 个跳线。通过跳线可以决定“波特率”“奇偶校验”“中心频率”“频偏”几项设置。每个跳线可以有左、中、右 3 根针，可以选择将黑色小跳线跳在“左、中”两根针上，或“中、右”两根针上。跳线说明表见表 Z12G5004Ⅱ–1，电平说明表见表 Z12G5004Ⅱ–2，波特率说明表见表 Z12G5004Ⅱ–3，参数设置表见表 Z12G5004Ⅱ–4。

表 Z12G5004Ⅱ–1　　跳线说明表

在跳线说明中出现的图标	实际跳线的位置
▲	左、中
▼	中、右
×	不要求，随便怎么跳线都行

表 Z12G5004Ⅱ-2　　　　电 平 说 明 表

接收电平（dBm）	输出电平（dBm）	RXD输入反相	TXD输出反相	RLever	BTL0	BTL1	DFreq	CFreq0	CFreq1	CFreq2	TLerver0	TLever1	Append	/RXD	/TXD
≥-20				▲	×	×	×	×	×	×	×	×	×	×	×
<-20				▼	×	×	×	×	×	×	×	×	×	×	×
	-18			×	×	×	×	×	×	×	▲	▲	×	×	×
	-12			×	×	×	×	×	×	×	▼	▲	×	×	×
	-6			×	×	×	×	×	×	×	▲	▼	×	×	×
	0			×	×	×	×	×	×	×	▼	▼	×	×	×
		是		×	×	×	×	×	×	×	×	×	×	▲	×
		否		×	×	×	×	×	×	×	×	×	×	▼	×
			是	×	×	×	×	×	×	×	×	×	×	×	▲
			否	×	×	×	×	×	×	×	×	×	×	×	▼

表 Z12G5004Ⅱ-3　　　　波 特 率 说 明 表

信息速率（bit/s）	频率偏移（Hz）	中心频率（Hz）	RLever	BTL0	BTL1	DFreq	CFreq0	CFreq1	CFreq2	TLerver0	TLever1	Append	/RXD	/TXD
300			×	▲	▲	×	×	×	×	×	×	▼	×	×
600			×	▼	▲	×	×	×	×	×	×	▼	×	×
1200			×	▲	▼	×	×	×	×	×	×	▼	×	×
			×	×	▲	▲	×	×	×	×	×	▼	×	×
			×	×	▼	▲	×	×	×	×	×	▼	×	×
	150		×	×	▲	▼	×	×	×	×	×	▼	×	×
	300		×	×	▼	▼	×	×	×	×	×	▼	×	×
		1500	×	×	×	×	▲	▲	▲	×	×	▼	×	×
		1700	×	×	×	×	▼	▲	▲	×	×	▼	×	×
		2880	×	×	×	×	▲	▼	▲	×	×	▼	×	×
		3000	×	×	×	×	▼	▼	▲	×	×	▼	×	×
		1200	×	×	×	×	▲	▲	▼	×	×	▼	×	×
		1350	×	×	×	×	▼	▲	▼	×	×	▼	×	×

表 Z12G5004Ⅱ-4 参数设置表

项 目	含 义
波特率	1200bit/s
中心频率	1700Hz
频偏	±400Hz
接收电平	≥-20dB（即接收电平较高）
输出电平	0dB（即输出电平是 4 种输出电平的选择方案中最高的）
输入同相	不做取反
输出同相	不做取反

【思考与练习】

1. 与调度主站通信参数应如何设置？
2. 串口通信参数如何设置？

模块 5 正确地配置远传数据（Z12G5005Ⅱ）

【模块描述】本模块介绍了远传数据的配置内容、配置时的注意事项及检验远传数据配置的正确性的方法。通过配置流程介绍、界面图形示意，掌握配置远传数据的方法。

【模块内容】随着计算机技术、网络通信技术的飞速发展，变电站自动化系统得到越来越广泛的应用，无人值守站越来越多，监控工作一般在主站完成，因此正确地配置远传数据显得尤为重要。配置远传数据可以从以下几个方面来进行。

一、准备工作

1. 危险点分析

智能化的调度需要正确的远传数据做基础，若远传数据配置不正确，则会导致调度收不到信号或者收到误信号，更严重的是若遥控号配置不正确会导致误操作等。在配置远传数据时，主要注意以下几点。

（1）转发表不能弄错：各级调度对应的转发表一定要弄清楚，避免诸如把市调的转发表用到中调等这类的错误。

（2）不能下错参数：若已配置好远传数据，下载参数时一定不能下错，同时要注意最后实际配置的正确的参数的下载。

（3）必须使用配套的参数组态软件：远动设备程序时常升级，相配套的参数组态软件也可能会升级。若用不配套的软件生成的参数下载到远动设备中，有可能会导致远动设备运行不正常，极端情况可能会导致死机，所以配置参数前一定要核对程序与软件是否配套。

2. 远动转发表

远动转发表包括遥信转发表、遥测转发表、遥脉转发表、遥控转发表等，正确收集要上传给各级调度的转发数据，并交给各级主站确认。

3. 远传处理装置组态软件

查看远动设备程序支持的组态软件，准备好配套的组态软件。还要设置好相关的登录密码，以防其他人员误改配置导致参数配置不正确。

二、配置工作

1. 配置遥信转发表

遥信转发表包括上送调度的遥信序号、对应当地的遥信序号、是否上送 cos、是否上送 soe 等。以下是某组态软件中的遥信转发表设置框架：

（1）“转发序号”“节点索引”及“遥信号”（见图 Z12G5005Ⅱ–1）。

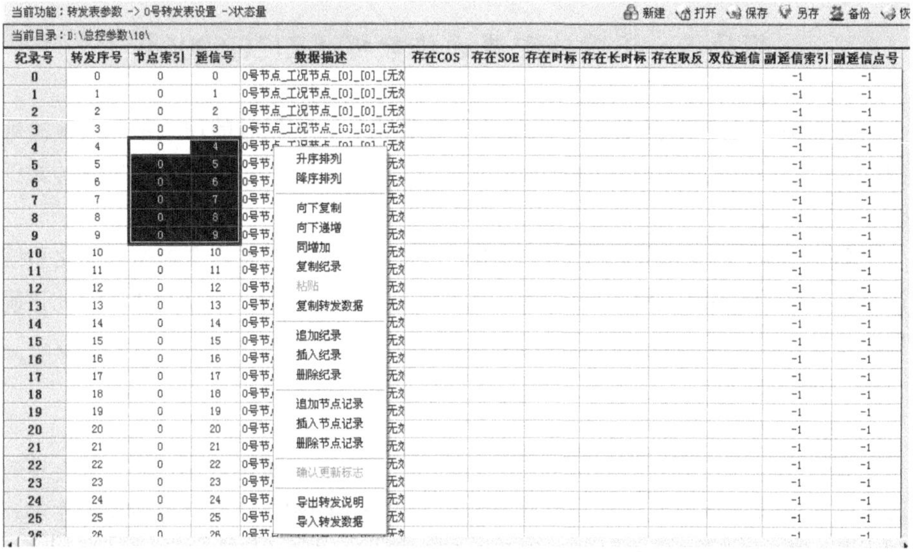

图 Z12G5005Ⅱ–1　遥信转发表

转发调度程序在发送状态量时将节点遥信按转发序号排列顺序发送。转发序号为转发顺序号，节点索引为转发遥信的节点索引号，遥信号为转发遥信所在节点内的序号。

（2）“数据描述”。该转发遥信的名称描述。

（3）“存在 COS”“存在 SoE”“存在时标”“存在长时标”“存在取反”“双位遥

信”“副遥信索引”及“副遥信点号”。

2. 配置遥测转发表

按照给定的遥测转发表配置各级遥测转发数据及相关的遥测系数等。

（1）“转发序号”“节点索引”及“遥测号”（见图 Z12G5005Ⅱ-2）。

图 Z12G5005Ⅱ-2　遥测转发表

转发调度程序在发送遥测量时将节点遥测按转发序号排列顺序发送。“转发序号”为转发顺序号，“节点索引”为转发遥测的节点索引号，“遥测号”为转发遥测所在节点内的序号。

（2）“数据描述”。该转发遥测的名称描述。

（3）“系数值”“基数值”“最大值”“最小值”及“变化阈值”该转发遥测附带的转发属性。

3. 配置遥脉转发表

按照给定的遥脉转发表配置各级遥脉转发数据（见图 Z12G5005Ⅱ-3）。

转发调度程序在发送遥脉量时将节点遥脉按转发序号排列顺序发送。“转发序号”为转发顺序号，“节点索引”为转发遥脉的节点索引号，“遥脉号”为转发遥脉所在节点内的序号。

4. 配置遥控转发表

按照给定的遥控转发表配置各级遥控转发数据，注意当地遥控号和调度遥控号的对应关系，千万不能填错，若填错会导致误分合断路器事故。

图 Z12G5005Ⅱ–3 遥脉转发表

三、核对远传数据的正确性

核对远传数据，以确保发送给各级调度数据的正确性，以免引起遥信遥测遥脉数据不对、遥控误动等问题。可以从以下几个方面来进行。

1. 利用组态软件自身的纠错机制，查看明显的错误配置

一般组态软件有简单的纠错机制，如同一数据点（节点数据）转发到一个以上的调度数据点时会报告错误等，这样可先排除掉因笔误导致的一些问题。

2. 查看不同调度的转发表是否选配错

一般情况下变电站会有几级调度主站，各个主站所需要的信号一般不一样，配置完参数后可查看有没有把这级调度转发表配到另外的调度去，这类错误问题常会出现。

3. 与主站核对信号

要核对远传数据的正确性，最可靠的办法就是实验。逐一信号与主站核对，包括遥信变位、遥测数据、遥脉数据等，遥控的每个对象都要验证，包括返校与执行和撤销，这样才可确保远传数据的正确性。

【思考与练习】

1. 校核数据是否配置正确应该从哪几个方面考虑？

2. 配置遥信转发表有哪些步骤？

模块 6　分析远动规约数据报文（Z12G5006Ⅱ）

【**模块描述**】本模块介绍了远动通信规约的分类、循环/问答式远动规约的特点、数据报文分析方法。通过典型数据报文格式介绍、内容分析，掌握分析理解远动通信规约数据报文的方法。

【**模块内容**】远动通信规约是随着现代通信技术和计算机网络技术的发展而发展的。根据数据交换方式的不同，可大体分为循环式和问答式两种类型。

在我国的电力系统调度自动化系统中，早期大多采用的是串行口连接的星形模式计算机网络拓扑结构，相应产生了 CDT 规约，这是循环式规约的一种。采用异步通信方式，偶校验，数据结构采用 11 位，即 1 位起始位（下降沿有效）、8 位数据位、1 位校验位、1 位停止位（上升沿有效）；采用轮流通信，有错误则重发的数据流控制方式。

主要优点：这种传输模式不需主站干预，传输信息时只需使用单向信道，当传输过程中某些数据出现差错时，由于是循环传送，因而可以用下一个循环中的数据来补救。

主要缺点：循环传输模式的传送延时与一个循环中传送远动信息的数量有关，传送的数量越多，传送的延时就越长，这种传输模式不论情况如何，即使用户数据毫无变化，也照样循环不停地向主站发送数据，因此在正常情况下，信道的有效利用率不高，且下行困难，奇/偶校验检错能力差（偶数位同时出错时认为正确）。

由于 CDT 规约使用效果不理想，作为改进，出现了 Polling 规约，为问答式规约。采用轮询，有错误则重发，数据分优先级，优先级高则多问的数据流控制方式。

主要优点：主站可以要求被控站发送某一远动信息，也可以要求发送某些类型的信息等，工作方式灵活。

主要缺点：由于传送信息的主动权在主站，因而被控子站的紧急信息难以及时发给主站，故上行不够及时，轮流问答的时间较长。现在我们主要对两种常见规约进行详细介绍。

一、循环式规约

1. 典型规约

CDT 规约是典型的循环规约，在早期的调度系统中应用较多，适用于点对点的远动通道结构及以循环字节同步方式传送远动设备与系统，也适用于调度所间以循环式远动规约转发实时信息的系统。

2. 交换过程

本规约采用可变帧长度、多种帧类别循环传送、变位遥信优先传送，重要遥测量更新循环时间较短，区分循环量、随机量和插入量采用不同形式传送信息，以满足电网调度安全监控系统对远动信息的实时性和可靠性的要求。可上送的信息为遥信、遥测、事件顺序记录（SOE）、电能脉冲记数值、遥控命令、设定命令、升降命令、对时、广播命令、复归命令、子站工作状态。信息按其不同的重要性确定优先级和循环时间，以实现国家标准《地区电网数据采集与监控系统通用技术条件》和《远动终端通用技术条件》所规定的要求和指标。

（1）上行（子站至主站）信息的优先级排列顺序和传送时间要求如下：

对时的子站时钟返回信息插入传送；变位遥信、工作状态变化信息插入传送，要求在1s内送到主站，遥控、升降命令的返送校核信息插入传送，重要遥测安排在A帧传送，循环时间不大于3s；次要遥测安排在B帧传送，循环时间一般不大于6s；一般遥测安排在C帧传送，循环时间一般不大于20s；遥信状态信息，包含子站工作状态信息，安排在D_1帧定时传送，电能脉冲计数值安排在D_2帧定时传送；事件顺序记录安排在E帧，以帧插入方式传送。

（2）下行（主站至子站）命令的优先级排列如下：

召唤子站时钟，设置子站时钟校正值，设置子站时钟，遥控选择、执行、撤销命令，升降选择、执行、撤销命令，设定命令，广播命令，复归命令。D帧传送的遥信状态、电能脉冲计数值是慢变化量，以几分钟至几十分钟循环传送。E帧传送的事件顺序记录是随机量，同一个事件顺序记录应分别在三个E帧内重复传送，变位遥信和遥控、升降命令的返校信息以信息字为单位优先插入传送，连送三遍。对时的时钟信息字也优先插入传送，并附传送等待时间，但只送一遍。

3. 具体报文

以遥测报文为例：

EB 90 EB 90 EB 90　　71 61 10 01 00 F7

00 00 00 00 00 FF　　01 00 00 00 00 9D

02 00 00 00 00 3B　　03 00 00 00 00 59

04 00 00 00 00 70　　05 00 00 00 00 12

06 00 00 00 00 B4　　07 00 00 00 00 D6

08 00 00 00 00 E6　　09 00 00 00 00 84

0A 00 00 00 00 22　　0B 00 00 00 00 40

0C 00 00 00 00 69　　0D 00 00 00 00 0B

0E 00 00 00 00 AD　　0F 00 00 00 00 CF

三组0xEB 0x90是同步字节，0x71是控制字节，0x61是帧类别码，0x10代表后面有16个信息字，16个信息字的首字节是功能码，每个信息字可带2个遥测量，每个遥测量 2 个字节。

二、问答式规约

1. 典型规约

20 世纪 90 年代以来，国际电工委员会第 57 技术委员会，为适应电力系统（包括 EMS、SCADA 和配电自动化系统）及其他公用事业的需要，制订了一系列传输规约：

IEC 60870–5–1：1990 远动设备与系统　第 5 部分　传输规约　第 1 篇传输帧格式

IEC 60870–5–2：1992 远动设备与系统　第 5 部分　传输规约　第 2 篇链路传输规则

IEC 60870–5–3：1992 远动设备与系统　第 5 部分　传输规约　第 3 篇应用数据的一般结构

IEC 60870–5–4：1992 远动设备与系统　第 5 部分　传输规约　第 4 篇应用信息元素定义和编码

IEC 60870–5–5：1995 远动设备与系统　第 5 部分　传输规约　第 5 篇基本应用功能

近年来，我国制订了一系列配套标准，分别是：

DL/T 634—1997 基本远动任务配套标准（neq IEC 60870–5–101：1995）；

DL/T 719—2000 电力系统电能累计量传输配套标准（idt IEC 60870–5–102：1996）；

DL/T 667—1999 继电保护设备信息接口配套标准（idt IEC 60870–5–103：1997）；

IEC 60870–5–104—2000　远动设备与系统　第 5 部分　传输规约　第 104 篇采用标准传输协议子集的 IEC 60870–5–101 网络访问。

IEC 60870–5 系列标准涵盖了各种网络配置（点对点、多个点对点、多点共线、多点环形、多点星形）、各种传输模式（平衡式、非平衡式），网络的主从传输模式和网络的平衡传输模式、电力系统所需要的应用功能和应用信息是一个完整的集，同 IEC 61334、配套标准 IEC 60870–5–101、IEC 60870–5–104、IEC 60870–5–102 一起，既可以用于变电站和控制中心之间交换信息，也可以用于变电站和配电控制中心之间交换信息、各类配电远方终端和变电站控制端之间交换信息。可以适应电力自动化系统中各种调制方式、各种网络配置和各种传输模式的需要。

2. 交换过程

IEC 60870–5 规约是基于三层参考模型“增强性能体系结构”（由 IEC 60870–5–3 节 4 所规定）。物理层采用 ITU–T 建议，在所要求的介质上提供了二进制对称无记忆传输，以保证所定义链路层的组编码方法高的数据完整性。

链路层采用明确的链路规约控制信息（LPCI），此链路控制信息可将一些应用服务数据单元（ASDUs）当作链路用户数据，链路层采用帧格式的选集能保证所需的数据完整性、效率，以及方便传输。非平衡传输规则为启动站仅包括一个启动链路层，从动站仅包括一个从动链路层。多个从动站可以和一个启动站相连接。在启动站和特定从动站之间的兼容通信仅仅和这两个站有关。从多个从动站请求数据的询问过程是启动站当地内部功能。在多于一个从动站的情况下，启动站必须记住每个从动站当前状态。平衡传输的链路层有两个独立的逻辑过程。一个逻辑过程代表A站为启动站、B站为从动站。一个逻辑过程代表B站为启动站、A站为从动站。每一个站均为综合站。这样在每一个站存在两个独立的过程，在逻辑启动方向和逻辑从动方向去控制链路层。应用层包含一系列“应用功能”，它包含在源和目的之间传送的应用服务数据单元中。本配套标准的应用层未采用明确的应用规约控制信息（APCI），它隐含在应用服务数据单元的数据单元标识符以及所采用的链路服务类型中。应用服务数据单元由数据单元标识符和一个或多个信息对象所组成。数据单元标识符在所有应用服务数据单元中具有相同的结构，一个应用服务数据单元中的信息对象常有相同的结构和类型，它们由类型标识域所定义。

数据单元标识符的结构如下：

一个8位位组	类型标识
一个8位位组	可变结构限定词
一个或者2个8位位组	传送原因
一个或者2个8位位组	应用服务数据单元公共地址

类型标识不是公共地址，也不是信息对象地址。

应用服务数据单元公共地址的八位位组数目是由系统参数所决定，可以是一个或两个八位位组，公共地址是站地址，它可以去寻址整个站或者仅仅站的特定部分。无应用服务数据单元的数据域长度，每一帧仅有一个应用服务数据单元，应用服务数据单元的长度是由帧长（即为链路规约长度域）减去一个固定的整数，此固定整数是一个系统参数（无链路地址时系统参数为1、有一个八位位组链路地址时系统参数为2、有两个八位位组链路地址时系统参数为3）。时标（如果出现的话）属于单个信息对象。信息对象由一个信息对象标识符（如果出现的话）、一组信息元素和一个信息对象时标（如果出现的话）所组成。信息对象标识符仅由信息对象地址组成，在大多数情况下，在一个特定系统中，应用服务数据单元公共地址连同信息对象地址一起可以区分全部信息元素集，在每一个系统中这两个地址结合在一起将是明确的。一组信息元素集可以是单个信息元素、一组综合元素或者一串顺序元素。

3. 具体报文

（1）初始化报文。主站链路层向子站链路层发送“请求链路状态”，若子站链路层工作，则向主站以“链路状态”响应，若子站不回答，主站则多次向子站链路层发送“请求链路状态”。

主站链路层为了和子站链路层的帧计数位状态保持一致，向子站链路层发送“复位远方链路”。子站链路层收到此链路规约数据单元后，则将帧计数位（FCB）置零，并以主站链路层发送的链路规约数据单元的镜像作为确认，此时，两端的帧计数位状态一致，主站就可进行总召唤。

R：10 49 26 6f 16

T：10 ab 26 d1 16

R：10 40 26 66 16

T：10 a0 26 c6 16

（2）总召。向子站进行总召唤功能是在初始化以后进行，或定时进行总召唤，以刷新主站的数据库，主站的应用功能向主站的链路层发送总召唤的请求原语，子站链路层接收后向子站应用功能发送总召唤的指示原语，子站链路层向链路发送总召唤命令的镜像确认。然后子站的应用功能就连续地以总召唤的信息内容依次组成被召唤的信息的请求原语，向子站链路层传送，子站链路层向链路发送响应帧。传送的内容包括子站的遥信、遥测、步位置信息、BCD 码（水位）、子站远动终端状态等，并将它们分组。其各组的安排分别是第 1 组～第 8 组为遥信信息；第 9 组～第 12 组为遥测；第 13 组为步位置信息；第 14 组为 BCD 码；第 15 组为子站远动终端。

遥信量前 4 组的信息体起始地址如下：第 1 组为 1 H；第 2 组为 81 H；第 3 组为 101 H；第 4 组为 181H。以上每组的遥信个数均不超过 128 个。

遥测量共分 4 组，其各组信息体的地址如下：第 9 组为 701H～780H；第 10 组为 781H～800H；第 11 组为 801H～880 H；第 12 组为 881H～900H。

R：68 09 09 68 53 26 64 01 06 26 00 00 14 1e 16//总召唤

T：68 09 09 68 80 26 64 01 07 26 00 00 14 4c 16//总召唤确认

以下是数据：

T：　68 48 48 68 88 26 01 c0 14 26 01 00 00 00 00 00 00 00 00
00 00 00 00 00 00 00 00 00 00 00 00 00 00 00 00 00 00 00 00
00 00 00 00 00 00 00 00 00 00 00 00 00 00 00 00 00 00 00 00
00 00 00 00 00 00 00 00 00 00 00 00 00 00 00 00 00 00 00 00
aa 16//遥信

T：68 88 88 68 88 26 15 c0 14 26 01 07 00 00 00 00 00 00 00
00 00 00 00 00 00 00 00 00 00 00 00 00 00 00 00 00 00 00 00
00 00 00 00 00 00 00 00 00 00 00 00 00 00 00 00 00 00 00 00

00 00 00 00 00 00 00 00 00 00 00 00 00 00 00 00 00 00 00
00 00 00 00 00 00 00 00 00 00 00 00 00 00 00 00 00 00 00
00 00 00 00 00 00 00 00 00 00 00 00 00 00 00 00 00 00 00
00 00 00 00 00 00 00 00 00 00 00 00 00 00 00 00 00 00 00
00 00 00 00 00 00 00
c5 16//遥测

T：68 09 09 68 88 26 64 01 0a 26 00 00 14 57 16//总召结束。

（3）时钟同步。由于子站的时钟必须与主站时钟同步，以便为带时标的事件或信息体提供正确的时标。因此，无论是初始化以后或是定时再同步，时钟同步均由主站启动，由主站的应用功能向链路层传送时钟同步命令的服务原语，链路层向链路发送时钟同步链路规约数据单元。子站链路层收到后，立即向子站应用功能发送时钟同步命令的指示原语。子站应用功能将接收的链路规约数据单元内的时间值写入子站的时钟，然后子站向链路层发送时间报文的请示原语，子站链路层通过链路向主站发送时钟同步的确认帧。

这样，时间同步发送帧和确认帧使子站与主站实现时间同步，同时，使子站当地实现日历钟，使打印和事件顺序（SOE）有日期。

R：68 0f 0f 68 73 26 67 01 06 26 00 00 05 25 28 11 74 f3 02 f9 16

T：68 0f 0f 68 80 26 67 01 07 26 00 00 05 25 28 11 74 f3 02 07 16

（4）召唤一级用户数据。主站是否执行询问一级用户数据，还要根据上一响应帧中ACD是否为1，如果ACD=1，主站立即向该站召唤一级用户数据，其中ACD为子站→主站中控制域的D_5位，即要求访问位。

一级用户数据是指变位遥信、由读数命令所寻址的信息体的数据、子站初始化结束、子站状态变化。

R：10 7a 26 a0 16

T：68 09 09 68 88 26 01 01 03 26 87 00 01 61 16

（5）召唤二级用户数据。二级用户数据是指超过门限值的遥测、子站改变下装参数，水位超过门限值、变压器分接头变化、事件顺序记录数据和带时标的其他量。

主站询问子站的二级用户数据是其经常的询问过程。如果子站有二级数据，则向主站传送如下六种测量和状态变化帧：

1）遥测数据变化帧；

2）不带品质描述的遥测数据变化响应帧；

3）带时标的遥测数据变化响应帧；

4）变压器分接头变化响应帧；

5）BCD码响应帧；

6）事件顺序记录。

在2级用户数据中，越过门限的遥测值的优先级最高，优先传送。

（6）遥控。101 规约的遥控是采用返送校核方式，即其遥控命令是采用选择和执行命令的过程。

当进行遥控时，由主站应用功能向主站链路层发送选择命令的请求原语。主站链路层向链路发送双位选择命令。子站链路层收到命令后，向子站应用功能发送选择命令的指示原语，子站应用功能将命令中选择的对象和性质送到相应的硬件，经过校核，形成由主站发来命令的镜像报文，向子站链路层发送选择响应原语，子站链路层向链路发送双位选择命令的确认帧。主站链路层收到确认帧后，向主站的应用功能发送选择信息的确认原语。主站应用功能经过检查确认帧的命令对象和性质正确无误后向链路层发送执行命令帧。子站链路层接收以后向子站的应用功能发送执行命令的指示原语，应用功能就执行控制命令并向链路层发送执行命令的响应原语，子站链路层就向链路发送执行命令的确认帧。

【思考与练习】

1. 常用远动通信规约有哪几种？

2. 101 规约遥控的过程有哪些？

第十八章

GPS设备的调试与检修

模块1　GPS基本构成及工作原理（Z12G6001Ⅱ）

【模块描述】本模块介绍了变电站时间同步系统的组成、GPS时钟装置的构成和工作原理，包含时间同步系统、主时钟、时钟扩展装置。通过理论介绍、框图讲解，掌握GPS的基本构成和工作原理。

【模块内容】GPS是美国国防部自1973年开始研制的第二代卫星导航系统，于1994年正式投入使用。该系统包括24颗卫星，这些卫星飞行在离地面20 200km高的6条圆心轨道上，每12h绕地球运行一周。它们与地面测控站、用户设备仪器构成了整个GPS。该系统全球覆盖、全天候实时向用户提供与国际标准时间UTC高度同步的时间，以及经度、纬度等信息。

GPS的定位原理和过程可以简述如下：在一个立体直角坐标系中，任何一个点的位置都可以通过三个坐标数据X、Y、Z得到确定。也就是说，只要能得到X、Y、Z三个坐标数据，就可以确知任何一点在空间中的位置。如果能测得某一点与其他三点A、B、C的距离，并确知A、B、C三点的坐标，就可以建立一个三元方程组，解出该未知点的坐标数据，从而得到该点的确切位置。GPS就是根据这一原理，在太空中建立了一个由24颗卫星所组成的卫星网络，通过对卫星轨道分布的合理化设计，用户在地球上任何一个位置都可以观测到至少三颗卫星，只要测得与它们的距离，就可以精确解算出自身的位置和时间，其时间精确度可达纳秒级。

目前，我国电网已初步建成以超高压输电、大机组和自动化为主要特征的现代化大电网。它的运行实行分层控制，设备的运行往往要靠数百公里外的调度员指挥；电网运行瞬息万变，发生事故后更要及时处理，这些都需要统一的时间基准。为保证电网安全、经济运行，各种以计算机技术和通信技术为基础的自动化装置广泛应用，如调度自动化系统、故障录波器、微机继电保护装置、事件顺序记录装置、变电站计算机监控系统、火电厂机组自动控制系统、雷电定位系统等。这些装置的正常工作和作用的发挥，离不开统一的全网时间基准。有了统一精确的时间，既可实现全厂（站）

各系统在GPS时间基准下的运行监控，也可以通过各断路器动作、调整的先后顺序及准确时间来分析事故的原因及过程。统一精确的时间是保证电力系统安全运行、提高运行水平的一个重要措施。

现在相当一部分变电站的故障录波装置、自动化及线路微机保护装置、计算机监控系统都有自己的GPS时间同步系统，它们之间相互独立。每个孤立的时钟信号源节点都各自接收GPS卫星提供的UTC信号，并进行处理后向被授时装置输出。不同的信号源节点对UTC信号的处理水平并不一样，所提供UTC信号准确性也不一致，孤立节点间无法相互校正，从而导致时间同步精度的降低。这样的时间同步网在时间统一性方面容易产生差错。若各系统实施统一GPS时钟同步方案，就可实现全厂（站）各系统在统一GPS时间基准下的运行监控和事故后的故障分析，大大提高了电厂（站）系统的安全稳定性。因此采用GPS时钟同步系统比采用传统的GPS同步设备有着明显的优势，也是技术发展的必然趋势。

一、时间同步系统的组成

时间同步系统（Time Synchronism System）安装在调度中心（调度所）、发电厂和变电站内，它主要由以下几个部分组成：

（1）主时钟。

（2）时间信号传输通道。

（3）时间信号用户设备接口。

其中主时钟由以下三个主要部分组成：

（1）时间信号接收（输入）单元，接收外部时间基准信号。重要应用场合（如调度中心、500kV变电站和发电厂）。

（2）时间保持单元。

（3）时间信号输出（扩展）单元。

时间同步系统一般在一个调度中心（调度所）、发电厂或变电站只建立一个。出于安全考虑，也可以在单独的建筑物里建立一个，如在500kV变电站的一个保护设备室里。

二、时间同步系统各组成部分的技术要求

1. 时间信号接收（输入）单元

（1）功能。时间信号接收（输入）单元通过接收以无线手段传递的时间信号或输入以有线手段传递的时间信号，获得1PPS和包含北京时间的时刻和日期信息的时间报文，1PPS的前沿与UTC秒的时刻偏差≤1s，该1PPS和时间报文作为主时钟的外部时间基准。

（2）无线时间信号接收单元。接收GPS（全球定位系统）卫星或我国卫星、短波广播和电视等无线手段传递的时间信号，获得满足规定要求的时间信息。

（3）GPS 卫星信号接收单元。接收 GPS 卫星发送的定时、定位信号。

（4）有线时间信号输入单元。通过导线或光纤接收其他主时钟发送的时间信号。一般在主时钟内时间信号接收单元冗余配置时采用，其时间信息作为主时钟的后备外部时间基准。

2. 时间保持单元

（1）功能。主时钟内部的时钟，当接收到外部时间基准信号时，被外部时间基准信号同步；当接收不到外部时间基准信号时，保持一定的走时准确度，使主时钟输出的时间同步信号仍能保证一定的准确度。

（2）准确度。时间保持单元的时钟准确度应优于 7×10^{-8}。

（3）内部时钟的振荡源。内部时钟的振荡源可以根据时钟精度的要求，选用普通石英晶振、有温度补偿的石英晶振或原子频标。

3. 时间信号输出（扩展）单元

（1）功能。当主时钟接收到外部时间基准信号时，按照外部时间基准信号输出时间同步信号；当接收不到外部时间基准信号时，按照内部时钟保持单元的时钟输出时间同步信号。当外部时间基准信号接收恢复时，自动切换到正常状态工作，切换时间应小于 0.5s。切换时主时钟输出的时间同步信号不得出错：时间报文不得有错码，脉冲码不得多发或少发。

（2）扩展。一般主时钟应输出足够数量的不同类型时间同步信号，数量不够时可以增加扩充单元以满足不同使用场合的需要。

（3）输出时间信号。输出的时间信号类型应符合现场使用要求。时间信号的电接口在电气上均应相互隔离。

三、时间同步系统的组网方式

各电压等级变电站，采取不同的组网方式，其标准同步钟本体配置原则为：

（1）110kV 变电站：配置一台标准同步钟本体，在主控室独立组屏，标准同步钟本体应预留一路接口接收通信网络传送的对时信号。

（2）220kV 变电站及以上：配置两台标准同步钟本体，互为备用，在主控室组成一面屏通过时间扩展装置向全站统一对时。两台标准同步钟本体，以冗余热备模式工作，完成 GPS 卫星信号的接收、处理，以及向时间扩展设备提供标准同步时间信号（RS–422 电平方式 IRIG–B）。每台主时钟同时具有接收另一台主时钟的 IRIG–B 时间信息功能，达到两台主时钟之间能够互为备用。

主时钟与时间扩展设备之间采用光纤连接，以 IRIG–B 来传送 GPS 时间信息。信号扩展装置的时间基准信号输入包括两路 IRIG–B 输入。当信号扩展装置只接一路

IRIG–B 输入时，该路输入可以是 IRIG–B 输入 1，也可以是 IRIG–B 输入 2。信号扩展装置接入两路 IRIG–B 时码输入时，以 IRIG–B 输入 1 作为该扩展装置的外部时间基准，IRIG–B（DC）输入 2 作为后备。扩展时钟向故障录波装置、继电保护装置、计算机监控装置等提供对时信号接口。同时网络时间服务器还可提供 1～3 个 NTP 网络接口，以满足 MIS 及 SIS 等系统的网络对时需要。

四、时间同步系统工作原理

时间同步系统主要安装在调度中心（调度所）、发电厂和变电站内，它利用各种方式获得精准的时钟源信号，形成主时钟，然后将时间信号通过相关的传输通道发送到周边各种设备，由时间信号用户设备接口接受信号，从而使系统中各设备能够统一精准校时，即供电力系统及一切需要标准时间尺度的各种自动化装置使用，以满足电力系统时间同步要求。

结合 500kV 变电站时钟同步系统，概述一下时间同步系统工作原理。全站集中式 GPS 时钟同步系统结构图见图 Z12G6001Ⅱ–1。

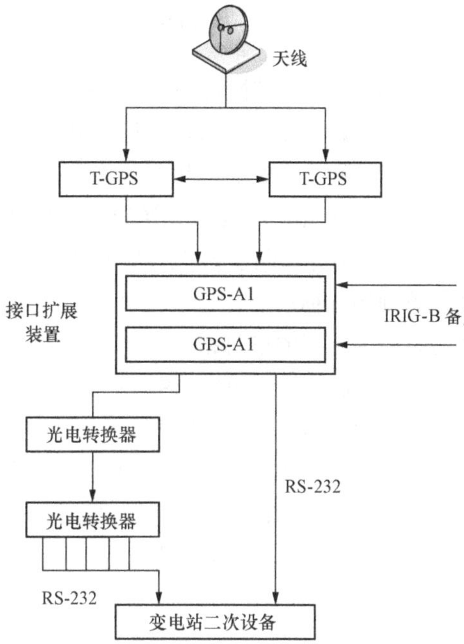

图 Z12G6001Ⅱ–1　全站集中式 GPS 时钟同步系统结构图

各保护小室的二次设备通过光纤从控制室 GPS 时间同步系统屏取 RS–232 信号，距离主时钟 GPS 较近的设备则通过屏蔽线取多路 RS–232 信号、多路脉冲信号。

T–GPS 电力系统同步时钟内置全球定位系统（GPS）信号接收模块，它负责给行波采集装置提供精确秒同步脉冲信号（1PPS）及全球统一时间信息。T–GPS 电力系统同步时钟由 GPS 接收机、中心处理单元、外围接口电路等组成，同步时钟原理框图见图 Z12G6001Ⅱ–2。

GPS 接收机采用美国 Garmin 公司生产的 GPS20 接收机，GPS20 接收 GPS 卫星的粗码（A 码）并与本地钟（GPS 接收机时钟）校正同步，输出绝对误差不超过 1s 的秒同步脉冲信号和国际标准时间信息。中心处理单元由 80C196 单片机构成，它把 GPS20 接收到的国际标准时间信息转换成当地标准时间。

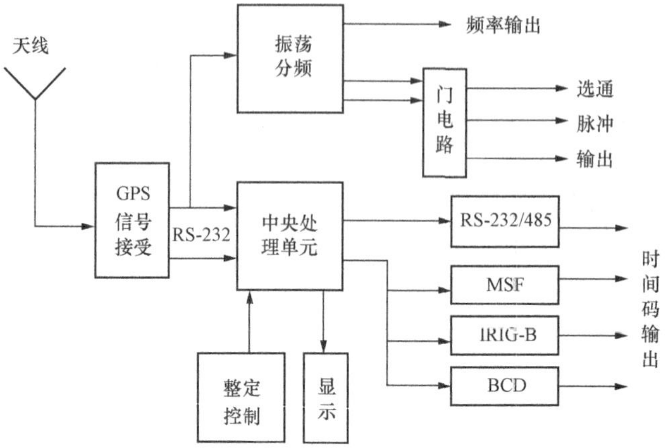

图 Z12G6001Ⅱ–2　T–GPS 同步时钟原理框图

T–GPS 同步时钟有两种信号输出方式，一是硬件电路的同步脉冲输出，即每隔一定的时间间隔输出一个精确的同步脉冲；二是软硬件结合的串行时间信息输出，即通过同步时钟和自动装置的串行口以数据流的方式交换时间信息。其中，脉冲同步方式又可分为 TTL 电平输出、无源空接点输出和继电器输出，它们都能提供秒、分、时同步脉冲；在串行口同步方式中 T–GPS 同步时钟以串行数据流方式输出时间信息，各自动装置则通过标准串行口接收每秒一次的串行时间信息来获得时间同步。串行时间信息可以分为不同的信息格式，如 ASCII 码、IRIG–B 码等。按照串行接口标准的不同 ASCII 码又有 RS–232C、RS–423、RS–422、RS–485 等不同码制，IRIG–B 码有 TTL 直流电平码、1kHz 正弦调制码等。

主时钟完成 GPS 卫星信号的接收、处理，及向信号扩展装置提供标准同步时间信号（RS–422 电平方式 IRIG–B），同时提供 TTL 电平测试口、RS–232 串行口、空接点脉冲接口、IRIG–B 接口；同时具有接收 IRIG–B 时间功能和内部守时功能。扩展装置提供多路脉冲输出、多路 B 码输出、多路串口输出。

信号扩展装置的时间基准信号输入包括两路 IRIG–B（RS–422）输入。当信号扩展装置只接一路 IRIG–B（RS–422）输入时，该路输入可以是 IRIG–B 输入 1，也可以是 IRIG–B 输入 2。信号扩展装置接入两路 IRIG–B（RS–422）时码输入时，以 IRIG–B（RS–422）输入 1 作为该扩展装置的外部时间基准，IRIG–B（DC）输入 2 作为后备。

【思考与练习】

1. GPS 系统如何完成对时过程？
2. GPS 时钟同步系统对于电力系统有什么重要性？
3. 时间同步系统的组成有哪些？

4. 变电站时间同步系统的结构是什么？

模块2 GPS时间同步准确度测试方法（Z12G6002Ⅱ）

【模块描述】本模块介绍了电力系统各种类型装置、系统的时间同步准确度要求，包含GPS设备提供的各种对时信号准确度的测试方法。通过列表数据、系统图形分析，掌握GPS设备对时是否准确的判断方法。

【模块内容】GPS时间同步准确度测试方法包括了电力系统各种类型装置、系统的时间同步准确度要求，包含GPS设备提供的各种对时信号准确度的测试方法。

一、不同设备对时间同步准确度要求

常用的各种装置（系统）的时间同步准确度要求规定见表Z12G6002Ⅱ-1。

表Z12G6002Ⅱ-1　常用的各种装置（系统）的时间同步准确度要求规定

装置（系统）名称	时间同步准确度	时间同步信号类型
线路行波故障测距装置	1μs	1PPS及时间报文
雷电定位系统	1μs	1PPS及时间报文
功角测量系统	40μs	1PPS及时间报文
故障录波器	1ms	IRIG-B或1PPM及时间报文
事件顺序记录装置	1ms	IRIG-B或1PPM及时间报文
微机保护装置	10ms	IRIG-B或1PPM及时间报文
RTU	1ms	IRIG-B或1PPM及时间报文
各级调度自动化系统	1ms	IRIG-B或1PPM及时间报文
变电站、换流站监控系统	1ms	IRIG-B或1PPM及时间报文
火电厂机组控制系统	1ms	IRIG-B或1PPM及时间报文
水电厂计算机监控系统	1ms	IRIG-B或1PPM及时间报文
配电网自动化系统	10ms	IRIG-B或1PPM及时间报文
电能量计费系统	≤0.5s	时间报文
电力市场交易系统	≤0.5s	时间报文
电网频率按秒考核系统	≤0.5s	时间报文
自动记录仪表	≤0.5s	时间报文
各级MIS系统	≤0.5s	时间报文
负荷监控系统	≤0.5s	时间报文
调度录音电话	≤0.5s	时间报文
各类挂钟	≤0.5s	时间报文

二、时间同步系统的现场测试

时间同步系统建立后要在现场进行测试，包括主时钟技术指标的测试和用户设备接收时间同步信号后，能达到的时间同步准确度的测试。

三、测试仪器

在现场测试中使用的测试仪器有：带 GPS 的标准时钟（有事件记录功能）、时间间隔计数器、电平转换装置和脉冲延时装置等。

也可以用将这些仪器功能组合在一起的一台现场综合测试仪代替。

四、主时钟技术指标的测试

主时钟的主要技术指标是它输出的 1PPS（TTL 电平信号）脉冲前沿相对于 UTC 秒的时间准确度，可按图 Z12G6002Ⅱ–1 接线进行测试。

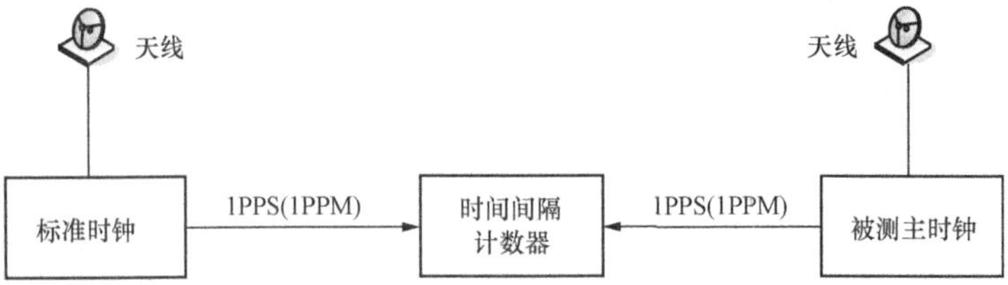

图 Z12G6002Ⅱ–1　时钟测试系统一

如主时钟只有 1PPM（TTL 电平信号）输出，则测量它相对于 UTC 分的时间准确度，也按图 Z12G6002Ⅱ–2 接线进行测试。

如主时钟没有 1PPS 或 1PPM（TTL 电平信号）输出，则用测量 1PPS 或 1PPM（空接点信号）输出相对于 UTC 时间秒或分的时间准确度代替，对 1PPS 或 1PPM 空接点信号经电平转换后接到测试仪器，见图 Z12G6002Ⅱ–2。

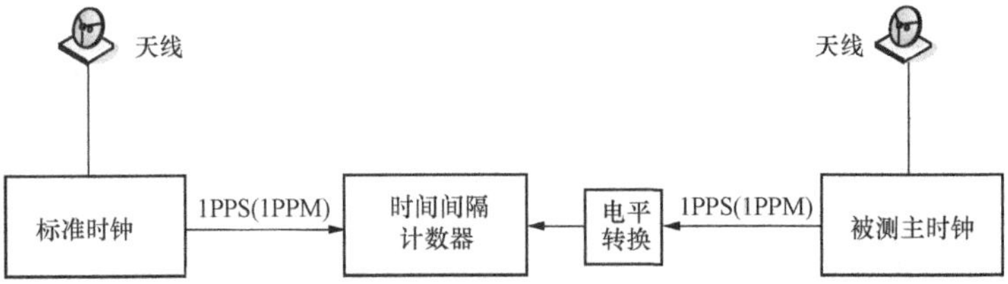

图 Z12G6002Ⅱ–2　时钟测试系统二

五、有事件记录功能的装置的时间同步准确度测量

有事件记录功能的装置，如故障录波器、RTU 等，都能记录空接点型开关量的闭合时刻，并显示或打印出来。可按图 Z12G6002Ⅱ–3 所示，将一个给定时刻的开关量信号送到被测装置去，将该给定时刻与被测装置记录的该开关量闭合时刻比较，可判

断被测装置的时间同步准确度。

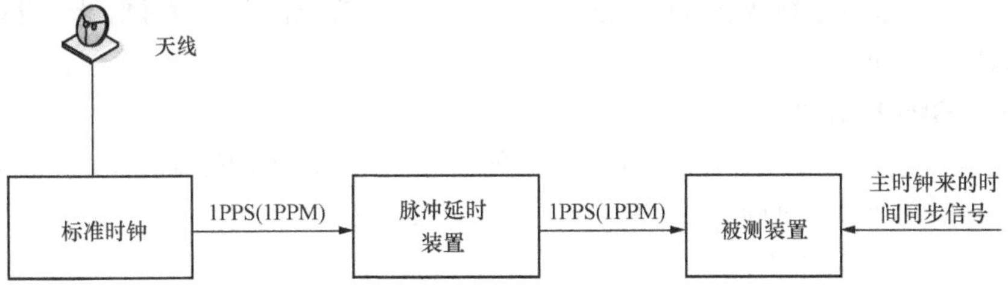

图 Z12G6002Ⅱ-3　时钟测试系统三

六、微机保护装置的时间同步准确度测试

按图 Z12G6002Ⅱ-4 将保护试验信号加到被测保护装置，使保护装置动作，保护装置的跳闸出口接点接到具有事件记录（停钟）功能的标准时钟，将标准时钟记录的保护装置跳闸出口接点闭合时刻与保护装置事故报告中的跳闸时刻比较，可以判断被测微机保护装置的时间同步准确度。

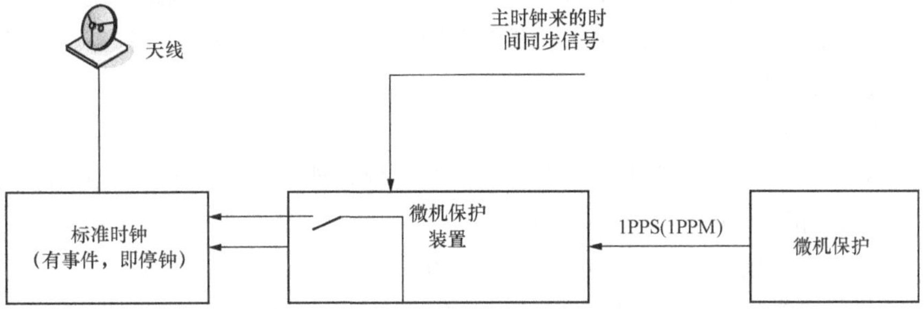

图 Z12G6002Ⅱ-4　时钟测试系统四

【思考与练习】

1. 画出主时钟测试原理框图。
2. 试举出三种系统的准确度指标。

模块 3　GPS 授时的几种方式及设备运行状态（Z12G6003Ⅱ）

【模块描述】本模块介绍了变电站 GPS 系统常见的各种对时方式、设备运行状态查询方法，包含 GPS 设备提供的各种对时信号、设备相关的液晶显示界面。通过对时要点讲解、实例介绍，掌握 GPS 设备的各种授时方式及正确判断设备的运行状态。

【模块内容】GPS授时的几种方式及设备运行状包括了变电站GPS系统常见的各种对时方式、设备运行状态查询方法，包含GPS设备提供的各种对时信号、设备相关的液晶显示界面。

一、GPS授时的方式

目前，国内的同步时间主要以GPS时间信号作为主时钟的外部时间基准信号。现在各时钟厂家大多提供硬对时、软对时、编码对时及NTP网络对时方式。

1. 硬对时（脉冲节点）

主要有秒脉冲信号（1PPS，即每秒1个脉冲）和分脉冲信号（1PPM，即每分1个脉冲）。秒脉冲是利用GPS所输出的1PPS方式进行时间同步校准，获得与UTC同步的时间准确度较高，上升沿的时间准确度不大于1s。分脉冲是利用GPS所输出的1PPM方式进行时间同步校准，获得与UTC同步的时间准确度较高，上升沿的时间准确度不大于3s，这是国内外保护常用的对时方式。另外通过差分芯片将1PPS转换成差分电平输出，以总线的形式与多个装置同时对时，同时增加了对时距离，由1PPS几十米的距离提高到差分信号1km左右。

用途：对国产故障录波器、微机保护、雷电定位系统、行波测距系统对时。故障录波装置分别由不同的厂家生产，保护装置国内以南自股份、南瑞、许继、阿继及四方公司的产品为主。

2. 软对时（串口报文）

串口校时的时间报文包括年、月、日、时、分、秒，也可包含用户指定的其他特殊内容，例如接收GPS卫星数、告警信号等，报文信息格式为ASCII码或BCD码或十六进制码。如果选择合适的传输波特率，其精确度可以达到毫秒级。串口校时往往受距离限制，RS–232口传输距离为30m，RS–422口传输距离为150m，加长后会造成时间延时。

用途：对电能量计费系统、输煤PLC、除灰PLC、化水PLC、脱硫PLC、自动化装置、控制室时钟对时。

3. 编码对时

编码时间信号有多种，国内常用的有IRIG（Inter–range Instrumentation Group）和DCF77（Deutsche，long wave signal，Frankfurt，77.5kHz）两种。IRIG串行时间码共有6种格式，即A，B，D，E，G，H。其中B码应用最为广泛，有调制和非调制两种。调制IRIG–B输出的帧格式是每秒输出1帧，每帧有100个代码，包含了秒段、分段、小时段、日期段等信号。非调制IRIG–B信号是一种标准的TTL电平，用在传输距离不大的场合。

为了提高对时精度，一般采用硬对时和软对时相结合的方式，即装置通过串口获取年、月、日、时、分、秒等信息，同时，通过脉冲信号精确到毫秒、微秒，对于有编码对时口（例如 IRIG–B）的装置优先采用编码对时。

用途：给某些进口保护或故障录波器对时。如 GE 公司的保护、ABB 公司的保护、HATHAWAY 的故障录波器、ALSTOM 公司的保护、惠安公司的自动化装置、莱姆公司的 BEN5000 故障录波器、SEL 公司的保护、西门子设备等。

4. NTP 网络对时

NTP（Network Time Protocol）是用来使计算机时间同步化的一种协议，它可以使计算机对其服务器或时钟源（如石英钟、GPS 等）做同步化，提供高精准度的时间校正（LAN 上与标准间差小于 1ms，WAN 上几十毫秒），且可采用加密确认的方式来防止恶毒的协议攻击。主要给电厂的 MIS 系统、SIS 厂级监控信息系统、工程师站及需要网络对时的系统进行对时。

NTP 协议简介：NTP 是由美国德拉瓦大学的 David L.Mills 教授于 1985 年提出，除了可以估算封包在网络上的往返延迟外，还可独立地估算计算机时钟偏差，从而实现在网络上的高精准度计算机校时，它是设计用来在 Internet 上使不同的机器能维持相同时间的一种通信协定。时间服务器（time server）是利用 NTP 的一种服务器，通过它可以使网络中的机器维持时间同步。在大多数的地方，NTP 可以提供 1～10ms 的可信赖性的同步时间源和网络工作路径。NTP 网络对时是一种更为先进、更为可靠的时间同步方式，并且距离不受任何限制。

比较而言，串口报文的对时精度较低（误差在 10ms 以上），目前一般应用在变电站自动化系统的后台监控系统。而脉冲对时编码信息量较少，一般需与串口报文配合使用。IRIG–B 时间编码是一种比较优秀的时间编码格式，能提供较高的对时精度且包含了全部的时间信息。

二、GPS 授时的信号类型

1. 1PPS 脉冲信号

准时沿：上升沿，上升时间≤50ns。

上升沿的时间准确度≤1s。

脉冲宽度：20～200ms。

主时钟至少有一路标准 TTL 电平 1PPS 输出，表征主时钟的准确度。

2. 1PPM 脉冲信号

准时沿：上升沿，上升时间≤150ns。

上升沿的时间准确度≤3s。

脉冲宽度：20～200ms。

3. 1PPH脉冲信号

准时沿：上升沿，上升时间≤1s。

上升沿的时间准确度≤3s。

脉冲宽度：20～200ms。

4. IRIG–B（DC）时码

每秒1帧，包含100个码元，每个码元10ms。

脉冲宽度编码，2ms宽度表示二进制0、分隔标志或未编码位。

5ms宽度表示二进制1。

8ms宽度表示整100ms基准标志。

秒准时沿：连续两个8ms宽度基准标志脉冲的第二个脉冲的前沿。

帧结构：起始标志、秒（个位）、分隔标志、秒（十位）、基准标志、分（个位）、分隔标志、分（十位）、基准标志、时（个位）、分隔标志、时（十位）、基准标志、自当年元旦开始的天（个位）、分隔标志、天（十位）、基准标志、天（百位）（前面各数均为BCD码）、7个控制码（在特殊使用场合定义）、自当天0时整开始的秒数（为纯二进制整数）、结束标志。

5. IRIG–B（AC）时码

用IRIG–B（DC）码对1kHz正弦波进行幅度调制形成的时码信号，幅值大的对应高电平，幅值小的对应低电平，典型调制比为3:1。

三、时间报文

1. 报文内容

时间报文应该包含下列内容：

时间：时、分、秒。

日期：年、月、日。

报文起始、结束标志及其他信息传输必需的标志，也可包含用户指定的其他特殊内容，如时间基准标志、GPS卫星锁定状态、接收GPS卫星数、告警信号等。

报文信息格式：ASCII码或BCD码或十六进制码。

数据位：7位或8位；起始位：1位；校验位：偶校验、奇校验或无校验；停止位：1位或2位。

2. 信息传输速率

300bit/s、600bit/s、1200bit/s、2400bit/s、4800bit/s、9600bit/s、19 200bit/s可选。

3. 报文发送时间

每秒输出、每分输出或根据请求输出1次（帧），或用户指定的方式输出。

四、时间同步信号电接口

主时钟有多路时间信号输出时，不管信号接口的类型，各路输出在电气上均应相互隔离。

1. 静态空接点（光隔离）输出

允许外接电压：250V。

2. TTL 电平输出

负载：50Ω；驱动：HCMOS。

3. 串行数据通信接口 RS–232

电气特性符合 GB/T 6107—2000（CCITT 建议 V.28）。

连接器　9 针　D 型小型公插座，针的编号和定义见表 Z12G6003Ⅱ–1。

表 Z12G6003Ⅱ–1　　针的编号和定义

针的编号	RS–232 信号	RS–422/485 信号
1	空	数据接收 RXD–
2	数据接收 RXD	数据接收 RXD+
3	数据发送 TXD	数据发送 TXD–
4	空	数据发送 TXD+
5	信号地 GND	信号地 GND
6～9	空	空

4. 串行数据通信接口 RS–422

电气特性符合 GB 11014—90（CCITT 建议 V.11）。

连接器　9 针　D 型小型公插座，针的编号和定义见表 Z12G6003Ⅱ–1。

5. 串行数据通信接口 RS–485

电气特性符合 EIA/485（CCITT 建议 V.28）。

连接器　9 针　D 型小型公插座，针的编号和定义见表 Z12G6003Ⅱ–1。

6. 20mA 电流环接口

传输有效信号时环路电流保持 20mA，电气特性尚无标准。

7. AC 调制信号接口

载波频率：1kHz；

信号幅值（峰—峰值）：高：≥10.0V、低：符合 3:1 调制比要求；

输出阻抗：600Ω　隔离输出。

8. 各种时间同步信号采用的电接口

为保证时间同步信号传输的质量，应按表 Z12G6003Ⅱ–2 采用不同信号接口。

表 Z12G6003Ⅱ-2　　信号接口类型

信号电接类型 同步信号类型	静态空接点	TTL	RS-232	RS-422	RS-485	20mA 电流环	AC
1PPS	√	√					
1PPM	√	√				√	
1PPH	√	√				√	
时间报文			√	√	√	√	
IRIG-B（DC）		√	√	√	√		
IRIG-B（AC）							√

五、时间同步信号传输介质

时间信号传输通道应保证主时钟发出的时间信号传输到用户设备时能满足用户设备对时间信号质量的要求，一般可在下列几种通道中选用。

1. 同轴电缆

用于高质量地传输 TTL 电平信号，如 1PPS、1PPM、1PPH 和 IRIG-B（DC）码 TTL 电平信号等，传输距离≤10m。

2. 有屏蔽控制电缆

用于在保护室内传输 RS-232 接口信号、传输距离≤15m。

用于在保护室内传输 RS-422、RS-485、20mA 电流环接口信号、传输距离≤150m。

3. 音频通信电缆

用于传输 IRIG-B（AC）信号，传输距离≤1000m。

4. 光纤

用于远距离传输各种时间信号，传输距离取决于光纤的类型。

六、判别 GPS 授时设备是否工作正常

以某品牌天文时钟为例，介绍天文时钟的面板状态，见图 Z12G6003Ⅱ-1。

1. 工作状态指示

（1）天线配带 30m 馈线置于开阔地点，GPS 标准时间同步钟接通电源后，收到卫星后前面板 1PPS 灯每秒闪烁一下，此时收星数量显示在 3～9。

捕获时间：20s～2min。

（2）外部时间基准信号锁定（接收外部时间基准信号正常）。当外部时间基准信号输入冗余配置时应指示当前起作用的一个。

（3）面板 LCD 是否有年月日，时分秒显示，显示时间是否正确。

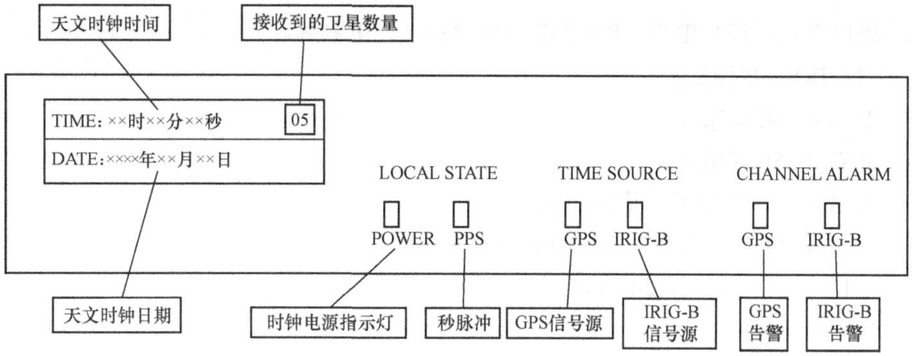

图 Z12G6003Ⅱ-1 GPS 天文时钟面板实例

外部事件产生的时刻记录：测量精度 1μs，格式为××年××月××日，××时××分××秒。

2. 告警

（1）GPS 装置电源中断，告警接点是否动作。

（2）外部同步时间 GPS 信号消失，告警接点是否动作。

3. 电源

交流供电：220V±20%（50Hz±1Hz），功耗：＜15W；

直流供电：85～264V，功耗：＜15W。

4. 技术指标

（1）1PPS 输出。

极性：正脉冲。　　脉宽：约 80ms。

阻抗：50Ω。　　前沿：20ns。

精度：1μs。

接口方式：TTL 电平，RS–232，RS–485，光电隔离。

（2）1PPM 输出。

极性：正脉冲。　　脉宽：约 1s。

阻抗：50Ω。　　前沿：20ns。

精度：1μs。

接口方式：TTL 电平，RS–232，RS–485，光电隔离。

（3）1PPH 输出。

极性：正脉冲。　　脉宽：约 1s。

阻抗：50Ω。　　前沿：20ns。

精度：1μs。

接口方式：TTL 电平，RS–232，RS–485，光电隔离。

（4）IRIG–B 输出。

IRIG–B/DC≤2μs。

IRIG–B/AC≤30μs。

IRIG–B/AC 调幅可调整性 3～12V。

IRIG–B/AC3：1 调幅正确性 VPPd=VPPg/3。

守时时钟稳定度≤4.2μs/min。

5. 测试方法

（1）GPS 主机的测试（用数字万用表）。

1PPS 输出电压–4～+4V 变化。

1PPM 整分时有一正电压变化。

RS–232 串口：2 脚输出，5 脚信号地，输出电压±12V 之间变化。

RS–485 串口：2 脚为信号“+”，4 脚为信号“–”，电压–4～+4V 变化。

天线输入口输出电压约 4.8V。

（2）GPS 天线的测试（用数字万用表）。

接收频率 1.575 42GHz。

正常时用万用表的二极管挡测量其显示值为 0.7～1.2。

天线的安装要求：以天线蘑菇头为中心最小在 120° 范围。

（3）GPS 扩展部分的测试（用数字万用表）。

脉冲扩展的测试：24V 有源的脉冲扩展输出电压为 20V 左右。

220V 有源脉冲扩展输出电压为 220V 左右。

串口扩展的测试：RS–232 串口输出电压±12V 之间变化，RS–485 串口输出电压约–4～+4V 之间变化。

IRGI–B 码扩展的测试：输入指示灯和前面板指示灯均连续闪烁，每秒含 100 个脉冲输出，电压约–2～+1V 变化。

（4）光纤产品的测试方法。光纤发送装置的输入必须为差分信号，光纤发送和接收一一对应，光纤接收装置的输出为差分信号。

（5）网络口的测试方法。ping IP 地址，看黄色指示灯为常亮，网络连通。

【思考与练习】

1. GPS 授时的方式有哪几种？
2. GPS 授时的信号类型有哪几种？
3. 如何判别 GPS 授时设备是否工作正常？

第十九章

厂站自动化设备的异常处理

模块 1　测控装置异常处理（Z12G7001Ⅲ）

【模块描述】本模块介绍了测控装置常见的四遥信息异常及简单的原因分析。通过要点分析、案例介绍、界面图形示意，掌握测控装置四遥信息异常的基本处理方法

【模块内容】测控装置异常处理包括常见的遥信、遥测、遥控异常处理。

一、测控装置遥测信息的异常及处理

测控装置遥测信息异常主要是指测控装置显示的电压、电流、有功功率、无功功率、功率因数、温度等遥测数据的异常。

1. 电压异常的处理

（1）电压外部回路问题的处理。判断电压异常是否属于外部回路的问题，可以将电压的外部接线解开，用万用表直接测量即可。

（2）内部回路问题的处理（包含端子排）。检查装置内部回路的问题的时候，首先要了解电压回路的流程，从端子排到空气开关，再到装置背板。

1）端子排的检查：查看端子排内外部接线是否正确，是否有松动，是否压到电缆表皮，有没有接触不良情况。

2）空气开关：现在的电压回路设计和早期的略有不同，每一路电压进入屏柜后并不是直接接入测控装置，而是经过一个空气开关，然后再引入测控装置。空气开关断开的时候，装置上的电压是采集不到的。

3）线路的检查：空气开关把内部线路分成了两段。一段是从端子排到空气开关的上端，另一段是空气开关的下端到测控装置的背板。断开电压的外部回路，将这两段内部线路分别用万用表测量一下通断，判断是否线路上有问题。

（3）遥测模件问题的处理。当电压采集不正确时，做好安全措施（将电压空气开关断开，电流在端子排短接），更换遥测模件。因每个模件都有不同的地址，所以更换模件时，需将设置地址的拨码开关，与旧板上的地址设置一致。

（4）CPU 模件问题的处理。遥测模件采集到的数据最终送到 CPU 模件进行处理，

测控装置上遥测异常也可能是因为 CPU 模件的问题导致。如果电压回路和遥测模件没有问题可更换 CPU 模件。

2. 电流异常的处理

（1）外部回路问题的处理。判断电流异常是否属于外部回路的问题时，可以用钳表直接测量即可。

（2）内部回路问题的处理（包含端子排）。检查装置内部回路的问题的时候，首先要了解电流回路的流程，从端子排直接到装置背板。

1）端子排的检查：查看端子排内外部接线是否正确，是否有松动，是否压到电缆表皮，有没有接触不良情况。

2）线路的检查：在端子排把 TA 外部回路短接，从端子排到装置背部端子用万用表测量一下通断，判断是否线路上有问题。

（3）遥测模件问题的处理。遥测模件问题的处理同电压异常的处理。

（4）CPU 模件问题的处理。CPU 模件问题的处理同电压异常的处理。

3. 有功、无功、功率因数异常的处理

在监控系统中，有功、无功、功率因数的采样是根据电压、电流采样计算出来的，所以不存在接线的问题。如果电压和电流采样不正确，首先处理电压、电流采样问题。如果电压电流采样正确，而有功、无功、功率因数异常，则有以下几种情况。

（1）电压、电流相序问题。电压、电流相序的异常，单从电压、电流数值上无法判断，当有功、无功、功率因数显示出异常状况时，需要检查外部接线是否有相序错误的情况。

（2）CPU 模件计算问题。装置内的有功、无功、功率因数计算由 CPU 模件处理，如果接线没有问题，最有可能的就是 CPU 模件故障，可以更换 CPU 模件。

4. 频率的处理

频率是在采集电压的同时采集的，如果电压不正常，频率则显示出异常，所以处理频率异常问题和处理电压异常一样。如果电压没有问题，可以更换 CPU 模件。

5. 直流量异常的处理

根据直流采样的过程分析，直流量异常情况分以下几点：

（1）外部回路问题的处理。如果输入是 0～5V 电压，可以解开外部端子排，用万用表测量电压；如果输入是 0～20mA 电流，可以用钳表直接测量。

（2）内部回路问题的处理（包含端子排）。检查装置内部回路的问题的时候，首先要了解直流采样的流程，从端子排直接到装置背板。

端子排的检查：查看端子排内外部接线是否正确，是否有松动，是否压到电缆表皮，有没有接触不良情况。

线路的检查：断开直流采样的外部回路，从端子排到装置背部端子用万用表测量一下通断，判断是否线路上有问题。

（3）温度变送器问题的处理。直流采样采集的是主变压器的油温值，在实际现场中，很多主变压器的油温都是用电阻值上送的，到了测控装置后，经过温度变送器转换成 0～5V。这时需要测量电阻值的大小，如果电阻值的大小与实际温度的对照关系不一致，则需检查温度电阻回路，否则，更换温度变送器。常见温度和温度电阻的对照关系见表 Z12G7001Ⅲ-1。

表 Z12G7001Ⅲ-1　　常见温度和温度电阻的对照关系

温度（℃）	Cu50（Ω）	Pt100（Ω）	温度（℃）	Cu50（Ω）	Pt100（Ω）
0	50.0	100.0	60	62.84	123.24
10	52.14	103.9	70	65.98	127.07
20	54.28	107.79	80	67.12	130.89
30	56.42	111.67	90	69.26	134.7
40	58.56	115.54	100	71.4	138.5
50	60.70	119.40			

（4）直流采样模件问题的处理。当直流 0～5V 电压或 0～20mA 电流回路、温度电阻回路、温度变送器没有问题时，可以更换直流采样模件。

6. 组态软件设置引起的遥测异常及处理

测控装置组态内有遥测系数可设置，如果系数不对会影响到遥测的数值，为此，当遥测问题经过以上方法仍未得到解决的时候，可以查看遥测参数来确定问题。

当修改并下装遥测参数时，须注意：下装过程中装置不能断电。将装置脱离交换机，直接用笔记本连接下装，防止误把参数下装到运行的其他设备中。

下面以实例介绍设置遥测参数处理遥测异常的方法。

7. 案例

某公司测控装置的组态软件设置遥测参数实例。

（1）打开组态软件，见图 Z12G7001Ⅲ-1。

（2）点击操作装置，设置装置 IP 地址，申请原来 CPU 模件的参数（见图 Z12G7001Ⅲ-2）。

（3）点击配置→模块配置，打开模块配置，见图 Z12G7001Ⅲ-3。

（4）点击遥测插件的参数设置，见图 Z12G7001Ⅲ-4，检查遥测系数是否如图设置正确。

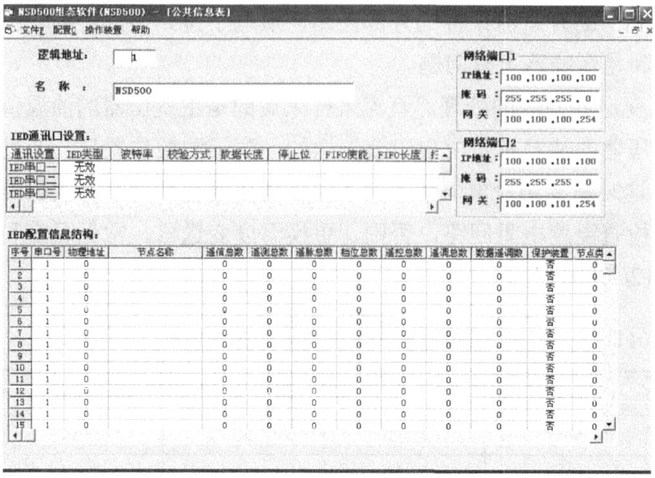

图 Z12G7001Ⅲ-1 组态软件

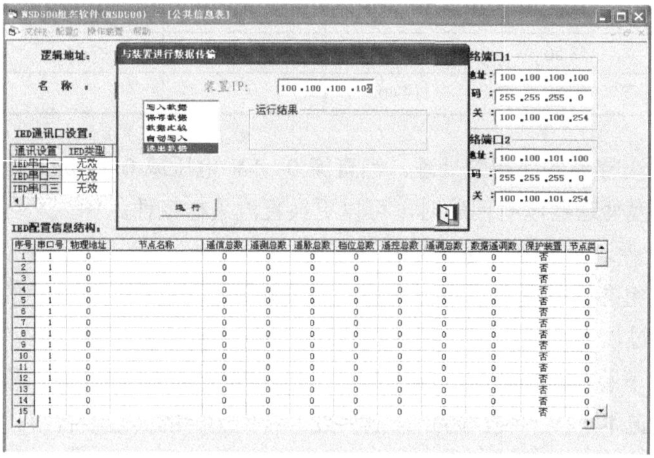

图 Z12G7001Ⅲ-2 组态软件申请参数界面

图 Z12G7001Ⅲ-3 测控装置模块配置

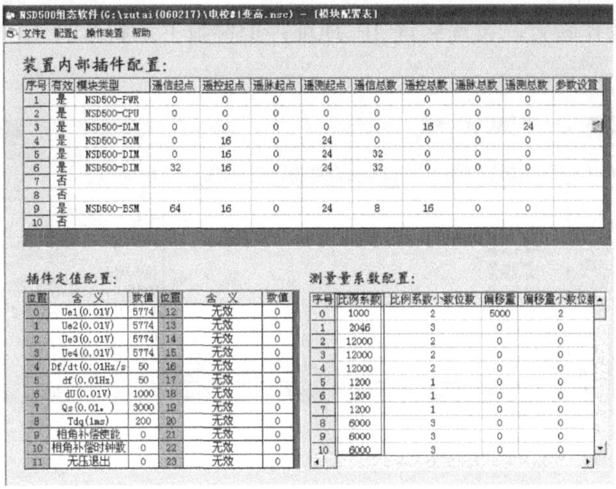

图 Z12G7001Ⅲ-4　测控装置模块配置遥测参数配置

遥测系数设置如下：

频率：系数 10，偏移 50。

功率因数：系数 2.046。

电压：系数 120。

电流：系数 6（5A 的 TA），1.2（1A 的 TA）。

有功无功：系数 1247。

如有不正确的遥测系数需要修改、保存并下装到装置中。

（5）点击文件→保存，将文件保存成*.nsc 文件，见图 Z12G7001Ⅲ-5。

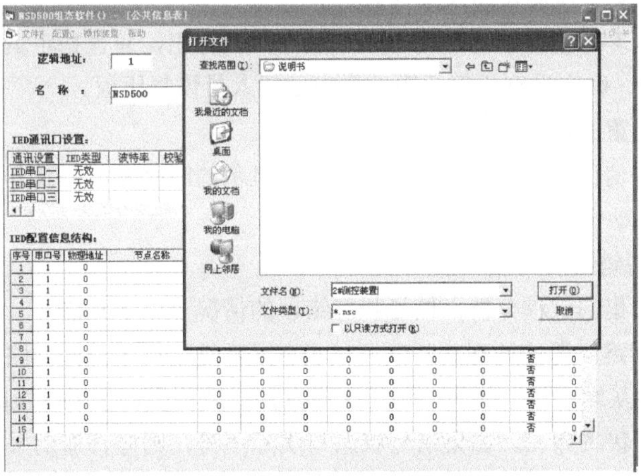

图 Z12G7001Ⅲ-5　保存参数界面

（6）点击操作装置，设置装置 IP 地址，把参数下装到新的 CPU 模件中，见图 Z12G7001Ⅲ-6。

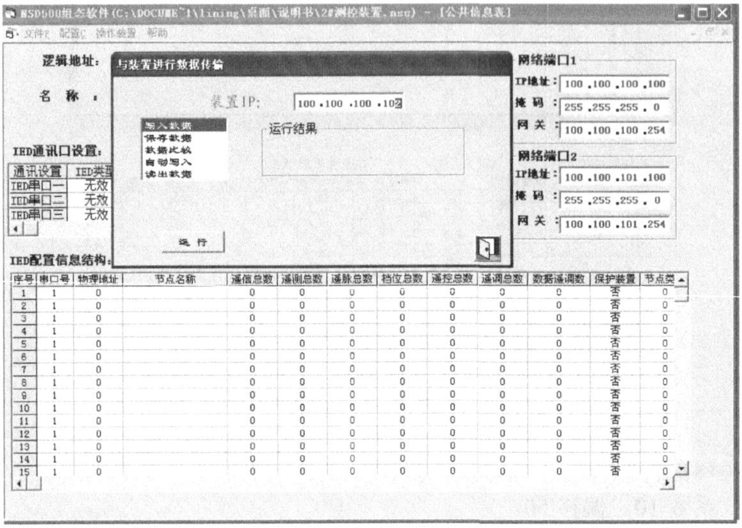

图 Z12G7001Ⅲ-6　下装参数界面

（7）断电重启测控装置。

8. 注意事项（安全措施）

（1）防止 TA 二次侧开路。短接电流回路时，应用短接线或短接片，短接应妥善可靠，严禁用导线缠绕。

（2）防止 TV 二次侧短路及接地。

（3）更换 CPU 模件前，应将本装置遥控压板退出，装置稳定运行一段时间之后（推荐是 10min），确定没有任何问题后再由运行人员恢复压板。

二、测控装置遥信信息的异常及处理

测控装置遥信信息异常主要是指测控装置显示的断路器、隔离开关等遥信状态异常及信号异常抖动等。

1. 信号状态错误的处理

根据信号采集的过程分析，信号状态错误的情况分以下几点：

（1）外部回路问题的处理。判断信号状态异常是否属于外部回路的问题，可以将遥信的外部接线从端子排上解开，用万用表直接对地测量，带正电压的信号状态为 1，带负电压的信号状态为 0。如果信号状态与实际不符，则检查遥信采集回路，含断路器、隔离开关辅助接点或信号继电器接点是否正常。

（2）内部回路问题的处理（包含端子排）。

1）端子排的检查：查看端子排内外部接线是否正确，是否有松动，是否压到电缆表皮，有没有接触不良情况。

2）空气断路器：每个装置的遥信电源是独立的，遥信公共端经过空气断路器后方才进入测控装置。遥信空气断路器断开的时候，装置上的遥信均为 0，是采集不到信号的。

3）线路的检查：断开遥信信号的外部回路，用万用表测量一下遥信内部回路的通断，判断是否线路上有问题。

（3）遥信模件问题的处理。当遥信模件故障时，需要断开装置电源，更换遥信模件。因每个模件都有不同的地址，所以更换模件时，需将设置地址的拨码开关与旧板上的地址设置成一致。

（4）遥信电源问题的处理。遥信电源如果没有了会导致装置上所有遥信均为 0 状态，此时应更换遥信电源。

2. 信号异常抖动的处理

由于变电站现场环境比较复杂，遥信信号有可能出现瞬间抖动的现象，如果不加以去除，会造成系统的误遥信。测控装置一般都使用软件设置防抖时间来去除抖动信号。

下面以实例介绍设置防抖时间处理信号异常抖动的方法。

3. 案例

某公司测控装置的组态软件设置遥信防抖时间参数实例。

（1）打开组态软件，见图 Z12G7001Ⅲ-7。

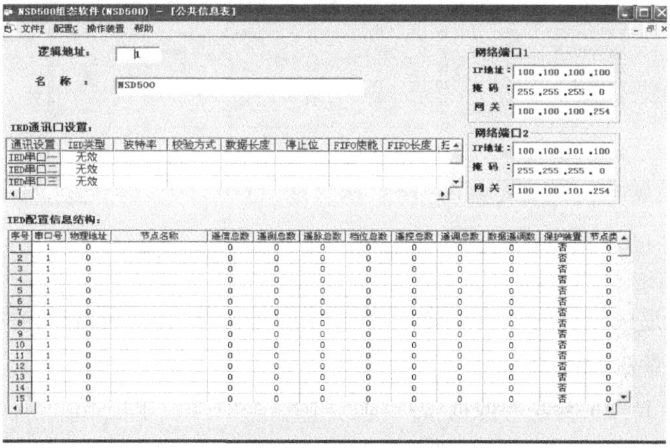

图 Z12G7001Ⅲ-7　组态软件

（2）点击操作装置，设置装置 IP 地址，申请原来 CPU 模件的参数（见图 Z12G7001Ⅲ-8）。

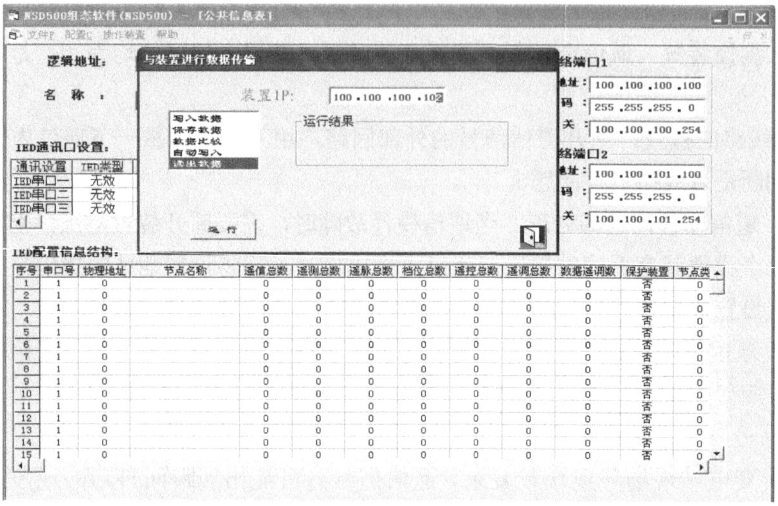

图 Z12G7001Ⅲ-8 组态软件申请参数界面

（3）点击配置→模块配置，打开模块配置，见图 Z12G7001Ⅲ-9。

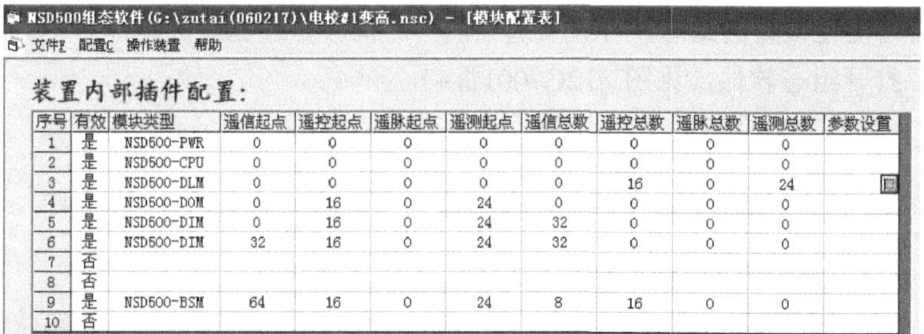

图 Z12G7001Ⅲ-9 测控装置模块配置

（4）点击遥信模件的参数设置，见图 Z12G7001Ⅲ-10，设置遥信防抖参数。

遥信防抖参数设置如下：

滤波时间 1～23 分别对应前 23 个遥信的去抖时间，单位 ms。从 24～32 一共 9 个遥信共用 1 个遥信防抖参数，即滤波时间 24。

（5）点击文件→保存，将文件保存成*.nsc 文件，见图 Z12G7001Ⅲ-11。

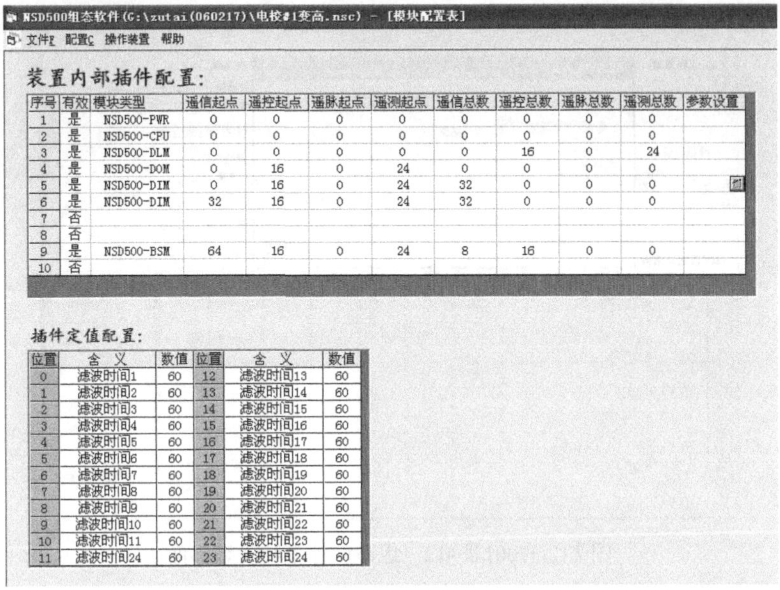

图 Z12G7001Ⅲ-10　测控装置模块配置遥信参数配置

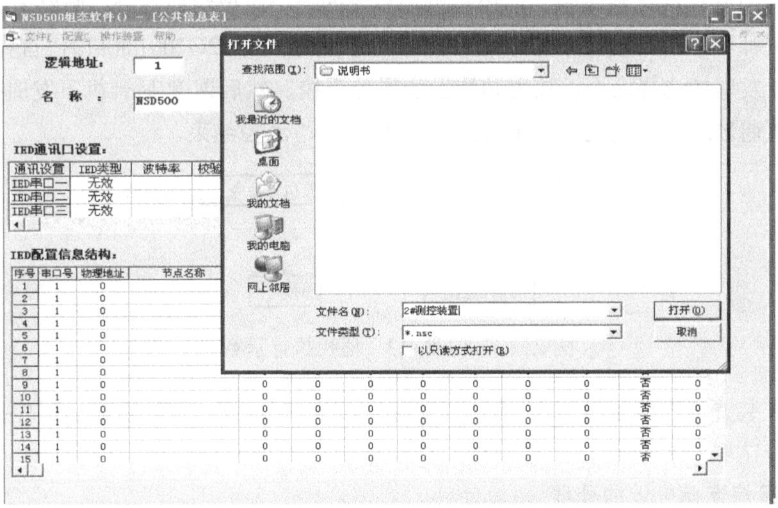

图 Z12G7001Ⅲ-11　组态软件保存参数界面

（6）点击操作装置，设置装置 IP 地址，把参数下装到新的 CPU 模件中，见图 Z12G7001Ⅲ-12。

（7）断电重启测控装置。

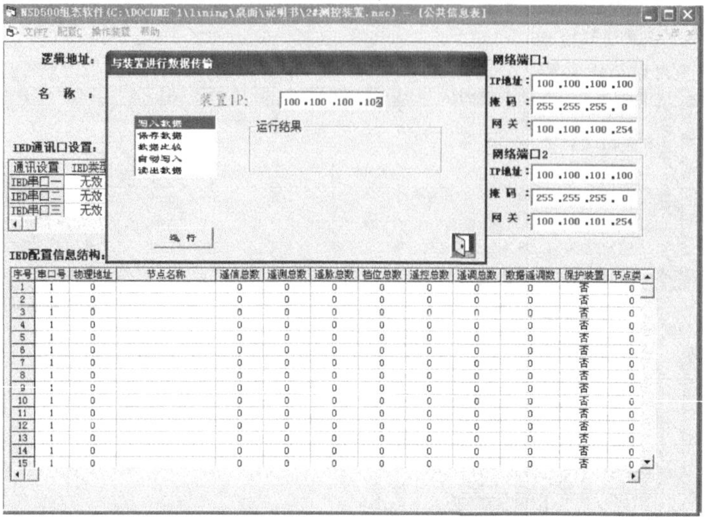

图 Z12G7001Ⅲ-12 组态软件下装参数界面

三、测控装置遥控信息的异常及处理

在变电站自动化系统中，遥控是监控系统的一个重要组成部分，断路器、隔离开关、档位都可以成为遥控对象。遥控执行示意图见图 Z12G7001Ⅲ-13，首先是调度/后台机下发遥控选择命令，接着装置上送遥控返校，然后调度/后台机下发遥控执行，最后装置通过遥信，把遥控结果送到调度/后台机，遥控结束。

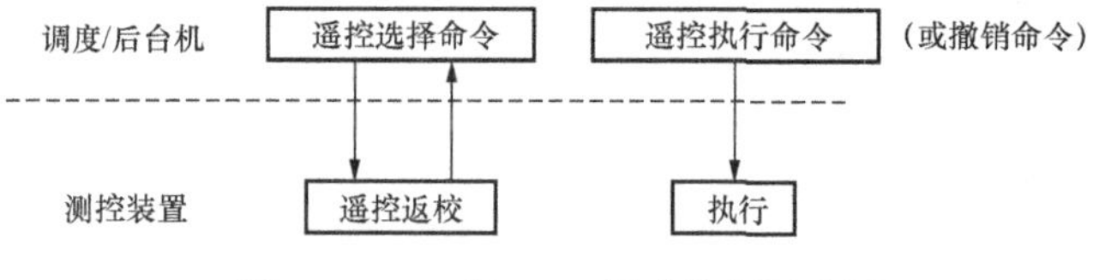

图 Z12G7001Ⅲ-13 遥控执行示意图

测控装置遥控信息异常主要是指测控装置对遥控选择、遥控返校、遥控执行等命令的处理异常。

1. 遥控选择失败的处理

遥控选择是遥控过程的第一步，是由调度/后台机往测控装置发“选择”报文，如果报文下发到装置后，装置无任何反应，说明遥控选择失败了，通常有以下几种可能。

（1）总控/后台与测控装置通信中断。

1）当通信方式是 RS-485 或现场总线时，检查通信线缆是否有接触不好或开路现象，若有则更换通信线缆或将其接触可靠。若线缆没有问题，则检查总控/后台和测控装置通信参数是否正确，若正确问题就在总控/后台与测控装置的通信插件，需更换。

2）当通信方式是网络时，将交换机上连接通信中断装置的网线接到另一个指示灯正常的网口。如果通信恢复了，则是交换机端口问题，否则就是装置网卡出了故障。

（2）测控装置处于就地位置。测控装置面板上有一“远方/就地”切换开关，用于控制方式的选择。“远方/就地”切换打到“远方”时可进行调度遥控、站级后台遥控；打到“就地”时只可在监控单元就地操作。当“远方/就地”切换打到“就地”时，会出现遥控选择失败的现象，将其打到“远方”即可。

（3）CPU 模件故障。关闭装置电源，更换 CPU 模件。

2. 遥控返校失败的处理

一个正常的遥控过程中，在遥控选择成功后，是测控装置遥控返校。总体来说遥控返校失败的原因有以下几种情况。

（1）遥控模件故障。遥控模件故障会导致 CPU 不能检测遥控继电器的状态，从而发生遥控返校失败。可关闭装置电源，更换遥控模件。

（2）装置“五防”逻辑闭锁。测控装置内部可以设置“五防”规则，用于间隔层的“五防”闭锁。当操作条件不满足设置的“五防”规则时，遥控返校会失败，从而不能继续遥控操作。测控装置面板上一般有“联锁/解锁”切换开关，用于控制方式的选择。“联锁/解锁”切换打到“联锁”位置进行逻辑闭锁检查；打到“解锁”则不进行逻辑闭锁检查。逻辑闭锁规则在组态软件内设置。

（3）操作间隔时间的闭锁。每个测控装置的第一路遥控通常用于断路器的控制输出，为了避免断路器短时间内被连续操作分合，测控装置设置了操作间隔时间闭锁，时间一般为 30s。当断路器被遥控操作分/合后，30s 内，禁止再次分/合，防止断路器被连续操作。这 30s 内，遥控返校状态为失败，从而不能继续遥控操作。

3. 遥控执行失败的处理

（1）遥控执行继电器无输出。可关闭装置电源，更换遥控模件。

（2）遥控执行继电器动作但端子排无输出。检查遥控回路接线是否正确，其中遥控公共端至端子排中间串入一个接点——遥控出口压板，除了检查接线是否通畅外，还需要检查对应压板是否合上。

（3）遥控端子排有输出但无遥信信号返回。可以将该遥信的外部接线从端子排上解开，用万用表直接对地测量，带正电压的信号状态为 1，带负电压的信号状态为 0。如果信号状态与实际不符，则需变电二次工作人员检查遥信采集回路，含断路器、隔离开关辅助接点或信号继电器接点是否正常。如果信号状态与实际相符，则查看端子排内外部接线是否正确，是否有松动，是否压到电缆表皮，有没有接触不良情况。

下面以实例介绍测控装置遥控失败异常现象的处理方法。

4. 案例

某公司测控装置在变电站后台执行某1路遥控时发现遥控失败的处理实例。

（1）在测控装置上执行“手控操作”，发现还是操作失败。

（2）在测控屏以外的外回路进行操作，发现操作成功，证明一次设备没有问题。

（3）检查测控屏遥控压板时，发现压板上的出厂标签被现场施工单位的调试人员使用新标签覆盖了，将新标签拆除，发现新标签和该遥控压板的实际用途相比，正好错位了1路，新标签标为“遥控2”的，其实是“遥控3”的遥控压板。因此实际上在进行第二路遥控时，调试人员投上的“遥控2”的压板，实际上是“遥控3”压板，真正的“遥控 2”压板并未投上，因此导致了遥控失败。更换正确的标签，投入该路压板后，遥控执行成功。

5. 注意事项（安全措施）

工作前应将本装置遥控出口压板退出，工作结束后再由运行人员恢复压板。

四、测控装置对时异常处理

在变电站综合自动化系统中，时间的准确性是十分重要的，无论是保护事件还是事件顺序记录SOE，上送信息过程中如果附带了时标，就很容易区分事件发生的先后关系，从而帮助分析事故原因。最初，对时方式大多采用软件对时方式，然而在使用过程中发现系统时间会因通信过程而造成时间偏差，特别通信线路发生故障时，更加不能保证时间合格。随着综自厂家生产的系统逐步完善，就有了硬件对时方式，逐步实现站内智能设备的精确时间同步。

1. 对时方式的分类及简介

（1）广播报文对时。GPS通过通信报文将时间发送至总控通信单元，总控通信单元通过现场总线或串行总线，以对时广播报文的形式将时间信号发送给各个保护装置、测控装置和第三方智能设备，实现软件对时，一般系统每分钟发一次对时报文。优点是省去了专用硬件设备，不需要单独敷设电缆，降低了成本。缺点是对时总线经过多个环节，对时存在一定的延时，可能造成不同装置的时间会相差1s以上。

（2）脉冲对时。GPS装置通过脉冲扩展板将同步脉冲扩展、放大、隔离后输出，通过通信电缆与保护装置、测控装置和第三方智能设备连接，脉冲对时方式分有源和无源两种，常用空接点方式输入，一般脉冲信号有：1PPS（秒脉冲）、1PPM（分脉冲）。优点是秒脉冲信号每秒钟发一个同步脉冲，装置接收到秒脉冲后，装置时钟清毫秒，在下一个秒脉冲到来之前，装置按内部时钟，保持一定的走时准确度；分脉冲在整分时发一个同步脉冲，装置时钟清秒，脉冲对时能保证秒和毫秒的准确度。缺点是需要敷设大量的对时电缆，且不能保证装置时间信息年、月、日、时、分信息的准确性。

（3）IRIG–B码对时。全变电站可以采用单一的GPS系统，GPS可以通过对时光缆给各个装置下发 B 码对时信号。优点是 IRIG–B 码每秒发送一帧时间报文，其时间信息包含秒、分、小时、日期，并在整分或整秒时发出脉冲信号，装置收到脉冲信号和时间报文后，即可进行时间同步；采用 B 码对时，可以简化对时回路设计，提高对时的可靠性和准确性。缺点是需在智能装置上选用专用的 B 码解析芯片，需要敷设大量的对时电缆。

2. 测控装置的对时异常及处理

测控装置对时异常主要是指测控装置处理广播报文对时、脉冲对时、IRIG–B 码对时的异常。

（1）广播报文对时失败的处理。

测控装置的广播报文对时方式，主要是利用通信规约中约定的报文对时格式进行对时。测控装置如果通信正常的时候，收到对时报文后，依据通信规约自行处理，修正自己的时间，达到对时的目的。如果通信不正常，则广播报文对时就会失败。

当通信方式是 RS–485 或现场总线时，检查通信线缆是否有接触不好或开路现象，若有，则更换通信线缆或将其接触可靠。若线缆没有问题，则检查测控装置通信参数是否正确，若正确问题就在测控装置的通信插件，需更换。

当通信方式是网络时，将交换机上连接测控装置的网线接到另一个指示灯正常的网口。如果通信恢复了，则是交换机端口问题，否则就是装置网卡出了故障。

（2）脉冲对时失败的处理。

1）对时方式的选择。脉冲对时常用的有两种模式：分脉冲和秒脉冲。测控装置接受的是分脉冲对时，在接入对时脉冲时注意不能错接成秒脉冲。同样，秒脉冲对时不能错接成分脉冲。

2）对时节点是有源还是无源。无论是分脉冲对时还是秒脉冲对时，均可采取空节点方式或有源接点方式，有源接点电压必须与各厂家协商配合，确定选择 24VDC 还是 220VDC，这样才能保证对时的准确。

3）对时节点的电缆不能接错。一个测控装置可以支持多种对时方式，每种对时方式的节点各不相同，接线时需注意不能错接。另外有源对时的+、–端也不能接反。

4）测控装置对时方式的选择必须正确。测控装置由于支持多种对时方式，在装置内部有一个位码开关进行选择是 5～24V 有源对时方式，还是 RS–485 对时方式。

（3）IRIG–B 码对时失败的处理

1）对时节点的电缆不能接错。IRIG–B 码对时接线有+、–之分，不能接错。

2）测控装置对时方式的选择必须正确。测控装置内部有一个位码开关进行选择是 IRIG–B 码对时方式。

下面以实例介绍测控装置对时异常的处理方法。

3. 案例

某变电站所有测控装置的时间快了 24h 后的处理实例。

（1）观察该变电站的某厂家的 GPS 时钟源自身也快了 24h，说明问题出在时钟源上。

（2）联系 GPS 厂家后，最终确定是因为 2008 年是闰年，这个厂家的 GPS 时钟源的程序未做此处理，在 2008 年 2 月 29 日把日期处理为 2008 年 3 月 1 日，导致时钟快了 24h。该厂家升级 GPS 对时程序后问题解决。

五、装置系统功能及通信接口异常及处理

测控装置是以变电站内一条线路或一台主变为监控对象的智能监控设备。它既采集本间隔的实时信号，又可与本间隔内的其他智能设备（如保护装置）通信，同时通过双以太网接口直接上网与站级计算机系统相连，构成面向对象的分布式变电站计算机监控系统。

测控装置统功能及通信接口异常主要是指测控装置装置运行、通信、I/O 模件、装置配置等功能的异常。

1. 异常现象

无论是内部的系统功能异常还是外部的以太网通信接口异常，在测控装置的面板上均有告警灯显示。

装置运行：装置正常运行的时候，灯亮。

网卡 1 通信故障：A 网故障的时候，灯亮。

网卡 2 通信故障：B 网故障的时候，灯亮。

I/O 模件故障：装置内部 I/O 模件故障的时候，灯亮。

装置配置错误：装置参数配置错误的时候，灯亮。

装置电源故障：装置电源故障的时候，灯亮。

2. 故障处理

（1）网卡 1/2 通信故障。

1）检查网线是否松动、接错。

2）检查装置 IP 地址是否设置错误。

3）更换 CPU 模块。

（2）I/O 模件故障。

首先检查模件地址没有设置错误，如果地址正确，需要更换相应的 I/O 模件。

（3）装置配置错。

检查装置 I/O 模件配置是否有错误。如有错误，根据现场实际 I/O 模件进行重新配置。

（4）装置电源故障。

用万用表测量电源各组输出电压，如果某组电压异常，则需要更换装置电源模件。

下面以实例介绍测控装置系统功能及通信接口异常的处理方法。

3. 案例

某公司测控装置网卡 1 通信故障的处理实例。

（1）检查测控装置网卡 1 的网线连接是否可靠。轻轻插拔网卡 1 的网线以及网卡 1 的网线对应的交换机上的网线，看是否由网线接触不良引起的，但故障依旧存在。

（2）确认系统参数设置是否正确。在测控装置液晶菜单“参数设置”的“监控参数”一栏中检查表 Z12G7001Ⅲ-2 所列的参数设置是否正确：

表 Z12G7001Ⅲ-2 参 数 设 置

参数	设置的内容
装置地址	和后台设置的此装置地址需要保持一致。范围是 0～65 534
IP1 子网高位地址	198
IP1 子网低位地址	120
IP2 子网高位地址	198
IP2 子网低位地址	121
掩码地址 3 位	255
掩码地址 2 位	255
掩码地址 1 位	0
掩码地址 0 位	0

发现 IP1 子网低位地址为 130，将其改为 120 并保存后，重启测控装置，“运行”灯亮，“网卡 1 通信故障”灯灭，此时再检查本测控装置通信已经恢复正常。

【思考与练习】

1. 处理测控装置遥测信息异常的注意事项有哪些？
2. 测控装置遥测信息主要有哪些异常情况？
3. 测控装置遥信信息主要有哪些异常情况？
4. 处理测控装置遥控信息异常的注意事项有哪些？
5. 简述测控装置遥控选择失败的常见原因及处理原则。
6. 简述测控装置的对时的类别及其特点。

模块2 后台监控系统异常处理（Z12G7002Ⅲ）

【模块描述】本模块介绍了后台监控系统常见参数异常及简单的原因分析。通过异常分析、处理方法及实例介绍，掌握监控系统常见的参数异常现象及处理方法。

【模块内容】后台监控系统异常处理，包括后台监控系统系统参数、遥信、遥测、遥控异常处理。

一、后台监控系统系统参数异常处理

1. 常见后台监控系统参数异常现象

在调试和维护过程中，常遇到的一些问题是同监控系统的参数配置有关的，故遇到问题可以直接先看看相应选项是否已正确配置。

（1）系统为双网配置，但监视只有A网正常。

（2）遥控操作被禁用。

（3）遥控操作方式为单人，无监护人界面。

（4）遥控操作无“五防校验”。

（5）经后台系统计算的数据不正确等。

2. 后台监控系统参数异常原因分析及处理

（1）系统为双网配置，但监视只有A网正常的原因分析：现在后台监控系统基本上都是双网配置，正常双网通信正常，如出现A/B网络异常，可先检查网线是否完好，是否可靠接触，如正常，检查数据库配置是否正确、完整，在后台系统组态界面的系统设置/节点表里，有所有后台机相关设置，包括IP地址等。IP地址设置要正确，一般调试初期就会设置好，相应机器都有一个“是否双网”的设置，此相应设置，否则只有A网是正常的，B网为异常状态。通过后台的系统网络界面也能看到相应网络状态。如以上都没问题，就要考虑计算机硬件了，查看网卡是否被禁用了。

（2）遥控操作被禁用的原因分析：在系统组态界面的系统设置/节点表里有“遥控允许”设置，如要遥控允许没有被设置，那么该后台机的遥控操作会被禁止。

（3）遥控操作方式为单人、无监护人界面的原因分析：在系统组态界面的系统设置/遥控设置里有“遥控监护人校验”设置，如要遥控监护人校验没有被设置，那么该后台机的遥控操作方式为单人、无监护人界面。

（4）遥控操作无“五防校验”的原因分析：在系统组态界面的系统设置/遥控设置里有“五防校验”设置，如要“五防校验”没有被设置，那么该后台机的遥控操作将无需进行“五防校验”。

（5）经后台系统计算的数据不正确的原因分析：后台通过综合量计算实现将收到

的数据进行转化，像变压器挡位，有时收到的是BCD码等，要将之转换为挡位就需要综合量计算，但有时存在结果不正确，这时可检查：

1）系统组态界面的系统设置/节点表，有“有综合量计算”设置，如果此相不设置，则后台不进行处理。

2）计算公式表中综合量计算公式的计算周期被设置为“事件触发”，请正确选择计算周期。

3）系统类/综合量计算表中相应记录的“是否禁止计算”的被设置，请取消此设置。

4）计算的结果为非法值，如挡位的计算结果为 0 或遥测的计算结果不在有效范围内，检查公式，输入输出数据等。

下面以实例介绍后台监控在实际遥控操作过程中没有弹出监护人权限验证界面的处理方法——某公司后台监控系统参数设置解决遥控操作过程中没有弹出监护人权限验证界面的处理实例。

（1）在监控后台微机上开始菜单中启动“系统配置”工具。

（2）在“遥控设置”页面中查看“遥控监护人校验”是否被选中，见图 Z12G7002Ⅲ-1。

选中后保存并重启计算机。运行正常后在遥控操作过程中就会弹出监护人权限验证界面。

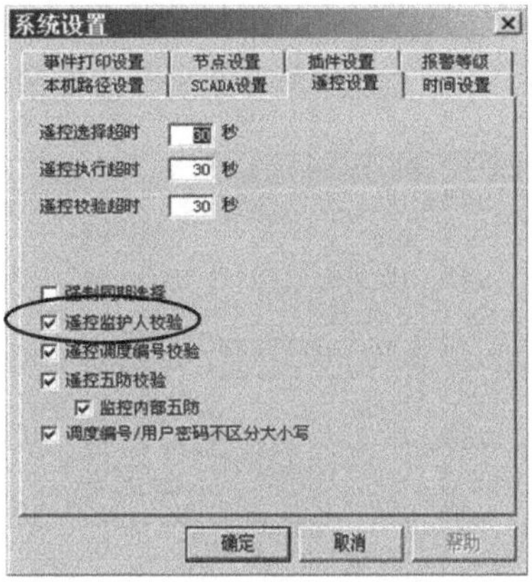

图 Z12G7002Ⅲ-1　后台监控系统参数设置

二、后台监控系统遥信数据异常处理

1. 常见遥信数据异常现象

在调试、运行时常遇到的异常现象包括：

（1）遥信数据不刷新。

（2）遥信值和实际值相反。

（3）遥信错位。

（4）遥信名称错误。

2. 遥信数据异常原因分析及处理

（1）遥信数据不刷新可分三种情况分别分析：

1）如果一个测控装置的所有遥信都不刷新，可查看后台与此装置通信是否正常，如通信中断，解决通信中断问题；如通信正常，可查看此装置是否有遥信电源。

2）如果只是单个或部分遥信不刷新，可查看后台有没有人工置数，如设置人工置数，那么遥信不会实时刷新，解除人工置数即可；如未人工置数，可检查采集遥信的相应装置的遥信节点状态是否正确，相应节点可通过遥信信息表，相关设备回路图纸查到，节点状态可看装置采集的状态，也可通过万用表量节点确定。

3）装置检修压板在投入状态时，该装置的遥信信号被封锁。

（2）遥信值和实际值相反。遥信采集一般使用常开接点，当某一采集接点使用动断接点时，会出现遥信值和实际值相反的现象，可将该遥信参数中的取反项选中，或将采集接点改为常开接点使遥信状态与实际一致。

（3）遥信错位有两种情况，首先检查测控装置上的遥信电缆是否接错端子，错过接错将其改正；其次，是遥信库定义错位，改正后保存。

（4）遥信名称错误可先确定遥信状态与实际一致，之后可以在遥信定义表里进行遥信名称修改，保存，并进行系统重要参数确认。

下面以实例介绍后台监控系统某个遥信不刷新的处理方法。

3. 案例

某公司后台监控系统的遥信人工置数参数设置实例。

在画面中用鼠标双击该遥信点对应的图符，将弹出“遥信操作”对话框，见图Z12G7002Ⅲ-2。检查“处理标志”中的“人工置数”标志位是否处于选中状态。若测点处于“人工置数”状态时，该遥信点将一直保持人工置数的设定值，而不会根据现场的状态进行刷新。取消该测点“人工置数”状态后，该遥信刷新正常。

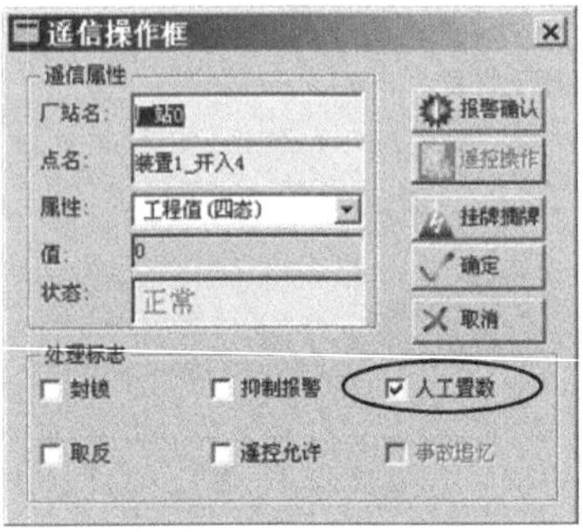

图Z12G7002Ⅲ-2 后台监控系统遥信人工置数参数设置

三、后台监控系统遥测异常处理

1. 常见遥测数据异常现象

在调试、运行时常遇到的异常现象包括：

（1）遥测数据不刷新。

（2）遥测数据错误。

2. 遥测数据异常原因分析及处理

（1）遥测数据不刷新可分两种情况分别分析，首先如果一个测控装置的所有遥测都不刷新，可查看后台与此装置通信是否正常，如通信中断，解决通信中断问题；其次，如果只是单个或部分遥测不刷新，可查看后台有没有人工置数，如设置人工置数，那么遥测不会实时刷新，解除人工置数即可，在后台实时数据检索界面可查看到装置上送的遥测是否刷新。

（2）遥测数据错误可以首先查看装置上送的遥测是否正确，在后台实时数据检索界面的节点遥测可以查到装置上送的码值，如码值正确，那么就查看后台设置的系数是否正确。如果数据是后台综合量计算得来的，那就查看相应公式的处理是否正确。

下面以实例介绍后台监控系统某个遥测数据错误的处理方法。

3. 案例

某公司后台监控系统由于某有功功率遥测系数不对造成遥测数据错误的处理实例。

（1）在监控后台微机上开始菜单中启动“数据库编辑”工具。

（2）在“数据库维护工具”画面左边树状菜单中找到遥测出错的那个装置，选中“遥测”，见图 Z12G7002Ⅲ-3。

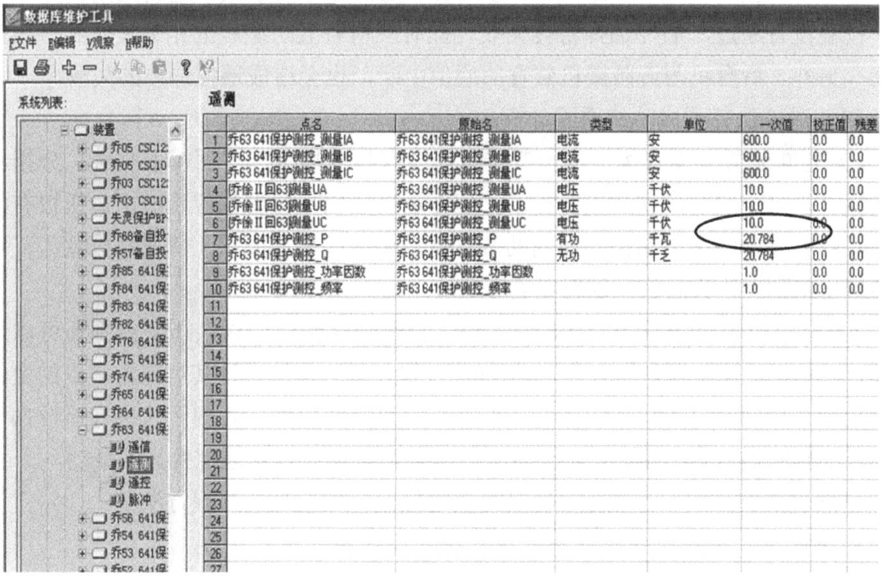

图 Z12G7002Ⅲ-3 后台监控系统遥测系数设置

在画面右边遥测列表中，有该装置电流、电压、功率等遥测列表，由于“乔 63 641 保护测控_P”的“一次值”数据为“2.0784”，造成其遥测值比实际值缩小 10 倍。将“2.0784”改为“20.784”，并保存，重启计算机。计算机启动运行正常后，该遥测值正常。

四、后台监控系统遥控功能异常处理

1. 常见遥控功能异常现象

在调试、运行时常遇到的异常现象包括：

（1）遥控选择不成功。

（2）遥控执行不成功。

2. 遥控功能异常原因分析及处理

（1）遥控选择不成功的原因分析：

1）装置有逻辑闭锁，在不满足条件时，禁止遥控，检查逻辑，使之正确，并满足条件。

2）装置面板有远方/就地切换按钮，在“就地”位置时，远方不能进行遥控，请打到“远方”位置。

3）后台与装置的通信中断，遥控指令不能发送到装置造成遥控选择不成功，通信中断的处理请参见“站内通信及网络设备的线路连接的异常处理”。

4）后台遥控操作一般要与五防微机装置通信进行防误闭锁逻辑判断，如果“五防”校验没有通过，遥控选择将会失败，此时应检查五防微机的相关设置和参数是否正确。另外，后台机与五防微机装置的通信中断，也会造成遥控选择的失败。

（2）遥控执行不成功的原因分析：

1）判断装置有没有执行，一般装置都会有相应指示，在面板上有合、分指示，如未执行，可查通信，如装置执行了，但无遥信返回，可看相应遥控出口压板有没有投入，或者设备实际已动作，而辅助节点状态未送上来。如以上情况都排除了，可查看装置出口到一次设备控制回路是否正常。

2）遥控相关遥信即遥控点判断遥信。在遥控操作前，以该遥信点判断可以进行的遥控动作（是控分还是控合）；在执行遥控操作后，系统通过其对应遥信点的变位情况来判断遥控操作是否成功。所有遥控点必须定义该属性，否则无法执行遥控操作。遥控点的判断遥信定义错误，将造成遥控操作后，系统提示遥控执行不成功。

下面以实例介绍后台监控系统某开关遥控执行不成功的处理方法。

3. 案例

某公司后台监控系统的某断路器遥控相关遥信点设置错误，导致系统提示遥控执行不成功的处理实例。

（1）在监控后台微机上开始菜单中启动“数据库编辑”工具。

（2）在“数据库维护工具”画面左边树状菜单中找到遥控不成功的那个装置，选中“遥控”，见图Z12G7002Ⅲ-4。

在画面右边遥控列表中，查看“相关遥信”是否与遥控点对应，例如，点名“乔83 641保护测控_断路器遥控”的相关遥信应为“乔83 641保护测控_乔83断路器位置”，若不是，则改正并保存，重启计算机。计算机启动运行正常后，做乔83断路器遥控操作，后台监控系统提示遥控成功。

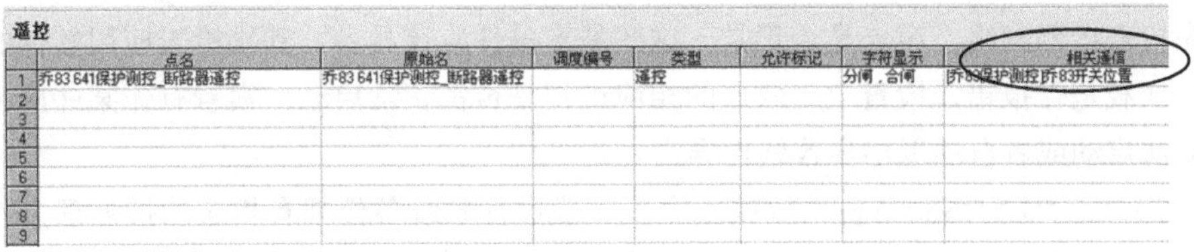

遥控

	点名	原始名	调度编号	类型	允许标记	字符显示	相关遥信
1	乔83 641保护测控_断路器遥控	乔83 641保护测控_断路器遥控		遥控		分闸，合闸	乔83保护测控 乔83开关位置
2							
3							
4							
5							
6							
7							
8							
9							

图 Z12G7002Ⅲ-4　后台监控系统遥控相关遥信设置

五、后台监控系统备份及恢复异常处理

1. 后台监控系统恢复及备份异常的危害

后台监控系统恢复及备份异常表现为后台监控系统无法正常启动、后台监控系统应用故障及后台监控备份失败或不全，后台监控系统故障后无法恢复，影响了运行人员的正常监视、控制等功能的应用，从而导致监控系统不能正常运行；后台监控系统在没有备份的情况下，故障后系统难以正常恢复运行。

2. 后台监控系统恢复及备份异常的主要原因

（1）后台监控系统无法正常启动。后台监控系统中的操作系统无法正常启动，主要是计算机硬件问题或工作电源异常。

（2）后台监控系统应用故障。

（3）后台监控系统备份失败或不全。后台监控系统备份失败或不全，一般原因是后台监控系统备份软件无法正常导出数据库或者备份软件批处理出现故障。

3. 后台监控系统恢复及备份异常的现象

后台监控系统恢复及备份异常的现象主要表现为应用软件无法正常运行，运行人员无法通过后台监控系统正常监视控制以及后台监控系统数据备份故障或不全。

4. 后台监控系统恢复及备份异常的处理

（1）处理原则。

1）后台监控系统一般为主备机运行模式，尽量保证一台机正常运行时再对另一台进行故障恢复。

2）判断后台监控系统异常的原因是软件问题还是硬件问题，视具体情况处理。

（2）处理方法、步骤。

1）后台监控系统无法正常启动。首先检查工作电源是否正常，其次检查计算机硬件是否故障。针对计算机故障的提示，检查计算机相应硬件状况，计算机硬件故障开机一般会有不同的声音报警，观察是内存条、网卡、主板数据线等是否松动，若是硬盘故障，需对操作系统进行重装。

2）后台监控系统应用故障。若计算机操作系统能够正常启动，则表现为应用软件问题。这需要根据不同产品类型的后台监控系统采取相应的处理方式。基本方法是：

首先检查机器网络、声卡是否正常，这些基本条件应该具备；其次检查应用软件的数据库加载是否报错，检查应用软件的相应进程是否都正常启动，察看有无某些应用程序无法启动或者自动退出导致软件异常。

3）后台监控系统备份失败或不全。一般进行系统备份都有相应的批处理文件自动执行数据备份，若出现备份失败或不全的话，需要检查批处理文件是否被破坏，检查数据库本身有无异常。

5. 案例

某后台监控系统恢复数据库失败的案例。

（1）进行恢复数据库时，要先退出后台监控系统，因为在线运行恢复会将工程数据直接写入商业库，系统未退出时会冲掉刚才恢复的工程数据，所以应退出后台监控系统再进行恢复。

（2）可通过观测 SQL 执行过程，确定错误信息，常见错误信息报“LState=28 000，NativeError= ［Microsoft］［ODBC SQL Server］用户‘sa’登录失败”，这是因为在安装 SQL Server 时未按要求安装，未与信任的 SQL Server 连接相关联。解决办法是打开 SQL 的企业管理器，展开 SQL Server 组，选定本地计算机，点击右键选择“属性”，在“安全性”选项卡里将“身份验证”选为“SQL Server 和 Windows”，“审核级别”选为“无”，“服务账户”选为“系统账户”，按“确定”后选择“空密码”，这些修改完成后进行操作并观测执行过程。

（3）如使用 SQLDBManager.exe 恢复数据库时无法弹出相应的操作菜单或在数据源可用的情况下报“SQL Server 登录连接失败”，这是因为 SQLDBManager.exe 不在相应工程的 bin 文件夹下，将它剪切至 bin 文件夹下即可。

六、后台监控系统系统数据库异常处理

1. 后台监控系统数据库异常的危害

后台监控系统数据库发生异常后，会造成数据库无法加载、用户无法登录等现象，从而影响了后台监控系统数据与报表的正确性，将导致运行人员无法使用后台监控系统和发生错误判断的后果。

2. 后台监控系统数据库异常的主要原因

（1）SQL Server 名称或 IP 地址拼写有误。

（2）服务器端网络配置有误。

（3）客户端网络配置有误。

（4）SQL Server 使用了“仅 Windows”的身份验证方式，用户无法使用 SQL Server 的登录账户（如 sa）进行连接。

（5）当用户在 Internet 上运行企业管理器来注册另外一台同样在 Internet 上的服务

器，而且是慢速连接时。

3. 后台监控系统数据库异常的现象

（1）SQL Server 不存在或访问被拒绝。

（2）无法连接到服务器，用户登录失败。

（3）提示连接超时。

4. 后台监控系统数据库异常的处理

（1）处理原则。

1）通过后台监控系统数据库的配置工具进行处理。

2）不影响后台监控系统的其他配置。

（2）处理方法、步骤。

1）SQL Server 不存在或访问被拒绝：

首先检查网络物理连接：ping〈服务器 IP 地址/服务器名称〉。

如果 ping〈服务器 IP 地址〉不成功，说明物理连接有问题，这时候要检查硬件设备，如网卡、HUB、路由器等，还有一种可能是由于客户端和服务器之间安装有防火墙软件造成的。

如果 ping〈服务器 IP 地址〉成功而 ping〈服务器名称〉失败，则说明名字解析有问题，这时候要检查 DNS 服务是否正常。有时候客户端和服务器不在同一个局域网里面，这时候很可能无法直接使用服务器名称来标识该服务器，这时候我们可以使用 HOSTS 文件来进行名字解析。具体的方法是使用记事本打开 HOSTS 文件（一般情况下位于 C：/WINNT/system32/drivers/etc 目录下）添加一条 IP 地址与服务器名称的对应记录，例如，172.168.10.24 myserver。

其次使用 telnet 命令检查 SQL Server 服务器工作状态：telnet〈服务器 IP 地址〉1433。如果命令执行成功，可以看到屏幕一闪之后光标在左上角不停闪动，这说明 SQL Server 服务器工作正常，并且正在监听 1433 端口的 TCP/IP 连接；如果命令返回“无法打开连接”的错误信息，则说明服务器端没有启动 SQL Server 服务，也可能服务器端未启用 TCP/IP 协议，或者服务器端没有在 SQL Server 默认的端口 1433 上监听。

在服务器上检查服务器端的网络配置，检查是否启用了命名管道，是否启用了 TCP/IP 协议等。可以利用 SQL Server 自带的服务器网络使用工具来进行检查。具体的方法是选择操作系统的“开始”菜单→“程序”→“Microsoft SQL Server”→“服务器网络服务工具”，可启动“SQL Server 网络实用工具”，在“常规”页面中可以看到服务器启用了哪些协议。一般而言，我们需要启用命名管道以及 TCP/IP 协议，见图 Z12G7002Ⅲ-5。

选中“TCP/IP 协议”，单击“属性（P）…”按钮，检查 SQL Server 服务默认端口的设置，见图 Z12G7002Ⅲ-6。

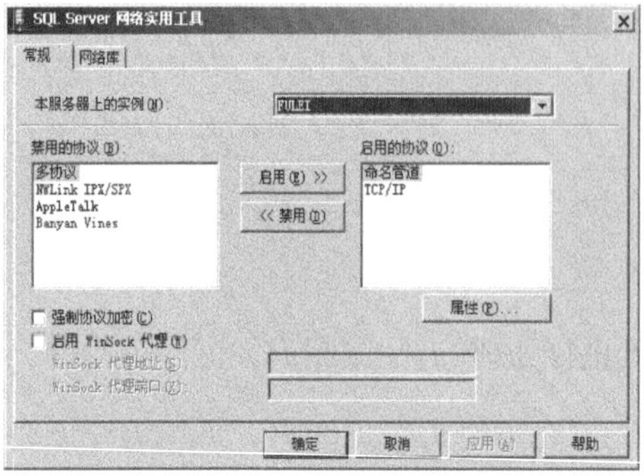

图 Z12G7002Ⅲ-5　SQL Server 网络实用工具

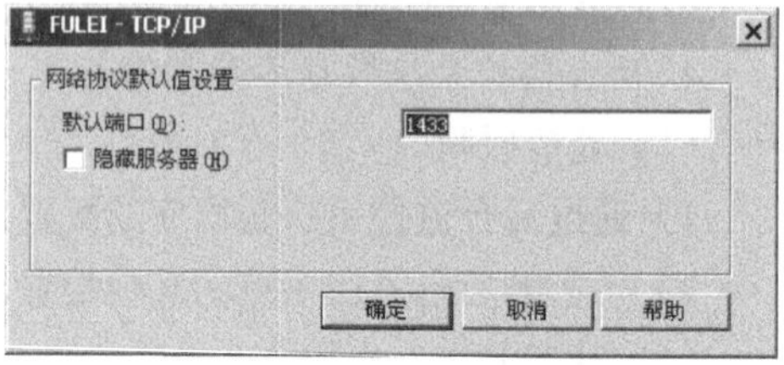

图 Z12G7002Ⅲ-6　TCP/IP 协议默认端口设置

一般而言，使用 SQL Server 默认的 1433 端口。如果选中“隐藏服务器”，则意味着客户端无法通过枚举服务器来看到这台服务器，起到了保护的作用，但不影响连接。

在客户端检查客户端的网络配置，同样可以利用 SQL Server 自带的客户端网络使用工具来进行检查，所不同的是这次是在客户端来运行这个工具。具体的方法是选择操作系统的“开始”菜单→“程序”→“Microsoft SQL Server”→“客户端网络服务工具”，可启动“SQL Server 客户端网络实用工具”，见图 Z12G7002Ⅲ-7。

在“常规”页面中，可以看到客户端启用了哪些协议。一般而言，同样需要启用命名管道（Named Pipes）以及 TCP/IP 协议。选中“TCP/IP 协议”，单击“属性（P）…”按钮，可以检查客户端默认连接端口的设置，该端口必须与服务器一致，见图 Z12G7002Ⅲ-8。

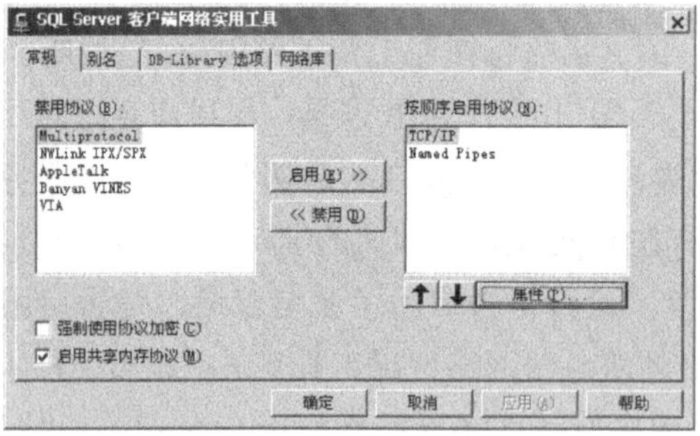

图 Z12G7002Ⅲ-7　SQL Server 客户端网络实用工具

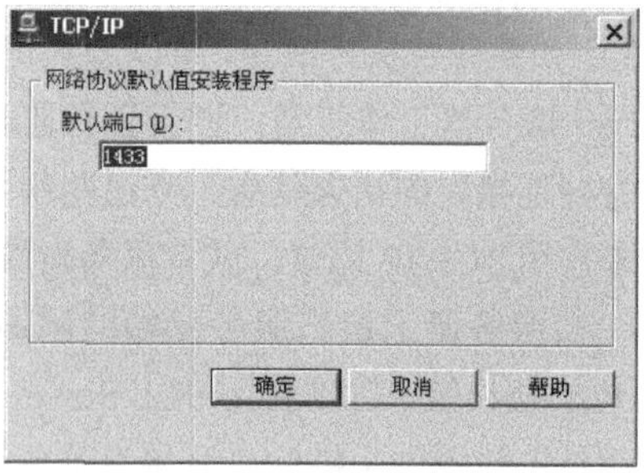

图 Z12G7002Ⅲ-8　TCP/IP 协议默认端口设置

2）无法连接到服务器，用户登录失败：

a. 选择操作系统的“开始”菜单→“程序”→“Microsoft SQL Server”→“企业

管理器”，可启动 SQL Server 企业管理器。展开“SQL Server 组”，鼠标右键点击 SQL Server 服务器的名称，选择“属性”菜单，见图 Z12G7002Ⅲ-9。

b. 进入“安全性”选项卡，在“身份验证”下，选择“SQL Server 和 Windows”，重新启动 SQL Server，见图 Z12G7002Ⅲ-10。

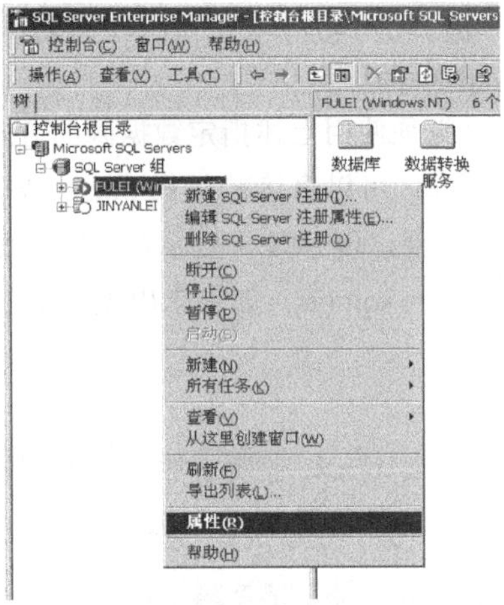

图 Z12G7002Ⅲ-9　SQL Server 企业管理器

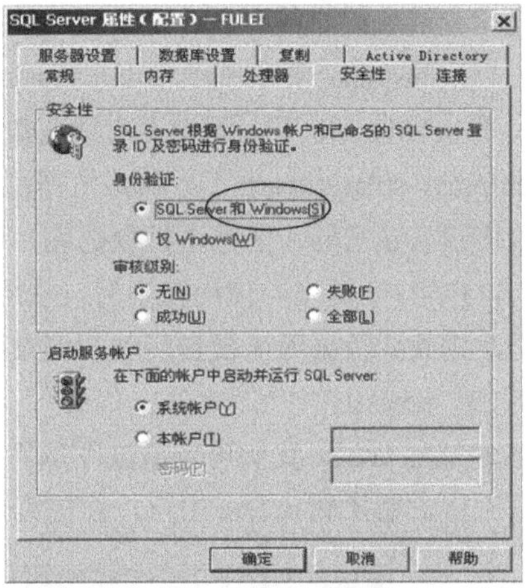

图 Z12G7002Ⅲ-10　SQL Server 属性配置

3）提示连接超时：

a. 启动 SQL Server 企业管理器，在“工具”菜单中选择“选项”菜单项，见图 Z12G7002Ⅲ-11。

b. 在“高级”选项卡中。将“连接设置”下的“登录超时（秒）”输入框中输入一个比较大的数字（例如 20），见图 Z12G7002Ⅲ-12。

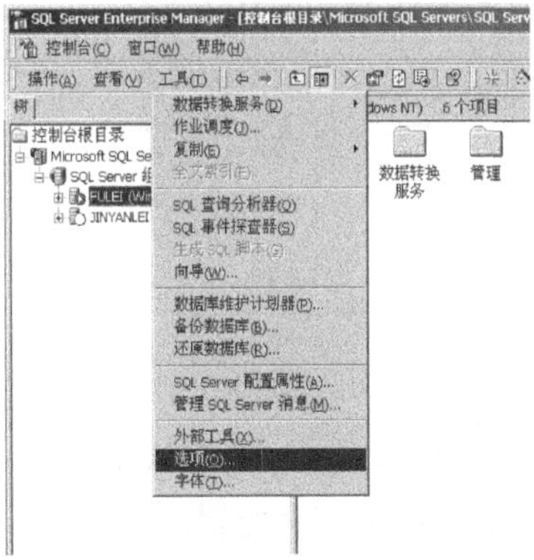

图 Z12G7002Ⅲ-11　SQL Server 企业管理器

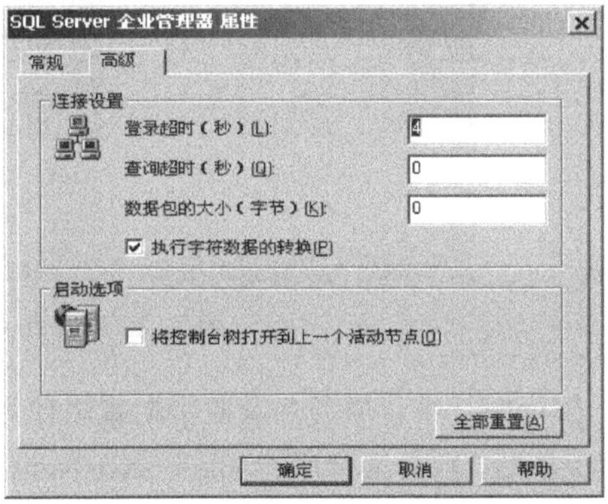

图 Z12G7002Ⅲ-12　SQL Server 企业管理器属性

5. 案例

（1）sqlplus。

sqlplus 是 sql 终端工具，由此可以简单到复杂的 SQL 操作，可由此测试数据库的可用性，或维护数据库相关记录，进行表的删除、维护操作等。sqlplus 使用时，可以预先指定所连接的用户名、密码以及数据库名，例如所需连接数据库名为 scada1、所用用户为 history，则命令为 sqlplus history/history@ scada1。

在 solaris x86 下，因为没有默认数据源，所以必须使用上述指定数据源的方式运行 sqlplus。solaris sparc 下，默认数据源为本机数据库，可以直接敲入 sqlplus，依提示输入用户名及密码，登录本机数据库。连接成功后，会出现 SQL > 提示符，输入 SQL 语句，以 ‘;’ 结尾。使用完毕后，使用 quit 命令退出 sqlplus。如果未出现 SQL > 提示符，则表明数据库未被自启动，请重新安装。

（2）netasst。

通过 netasst，我们可以通过图形界面的形式，进行 oracle 监听、服务名的配置、测试工作，切换到 oracle 用户，在控制台上输入 netasst，见图 Z12G7002Ⅲ-13。

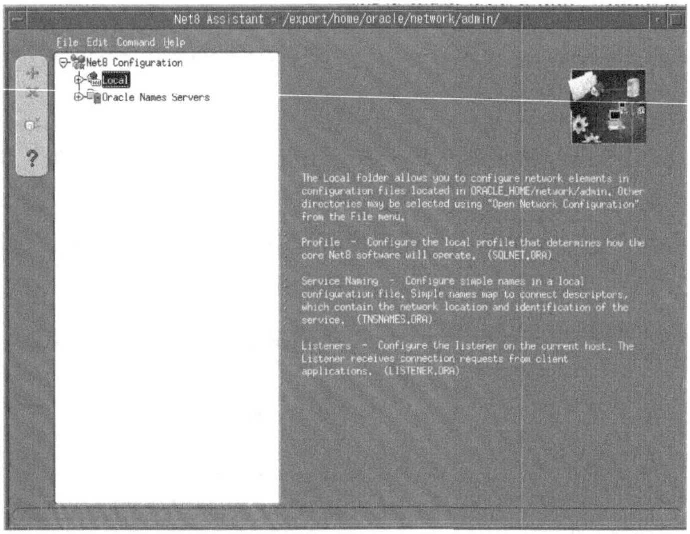

图 Z12G7002Ⅲ-13 Net8 向导

在 netasst 下，服务名及监听配置路径见图 Z12G7002Ⅲ-14、图 Z12G7002Ⅲ-15。配置完毕后，点击菜单项的 File→Save Network Configuration 保存配置。对于服务名配置，还需要点击菜单项的 Command→Test Services，测试数据库是否可用。如果网线不通或所测试的数据库不可用，则测试时间较长。

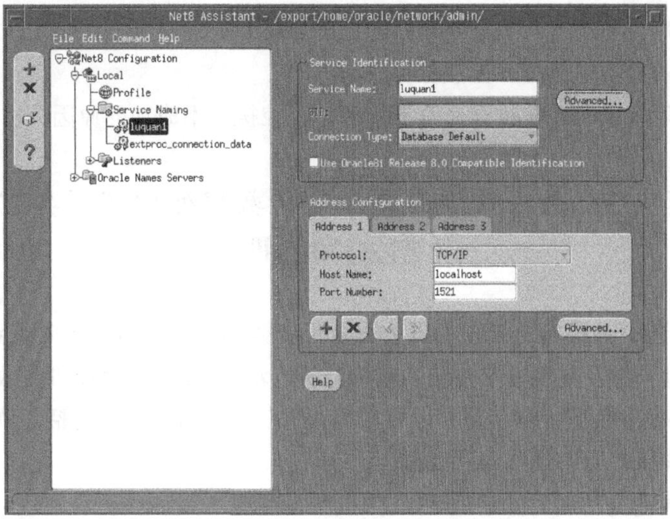

图 Z12G7002Ⅲ-14 配置服务/测试侦听

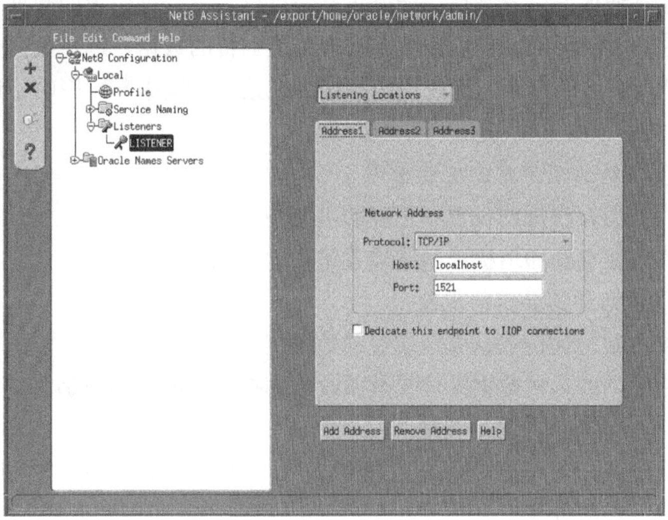

图 Z12G7002Ⅲ-15 配置侦听

需要明确的是，监听配置时主备服务器必须配置，它是主备机作为数据库服务器、实时监听客户端连接的配置，而对于服务名则是每个客户端连接数据库的配置，所以每个需要访问数据库的节点都需要配置服务名。

【思考与练习】

1. 简述后台系统遥信数据不刷新的原因分析及处理原则。

2. 简述后台系统遥测数据不刷新的原因分析及处理原则。

3. 后台监控系统数据库无法保存怎么办?

4. 简述后台系统遥控执行命令下发后，遥控执行不成功的原因分析及处理原则。

模块 3 数据处理装置和远传数据处理装置异常处理（Z12G7003Ⅲ）

【模块描述】本模块介绍了数据处理及远传数据选择的常见异常现象及简单的原因分析。通过异常及处理方法介绍、案例分析，掌握出现异常情况时的处理方法。

【模块内容】数据处理装置和远传数据处理装置异常处理，包括了调度主站通信、远远传数据选择、通信规约异常处理。

一、与调度主站通信异常处理

1. 与调度主站通信异常的危害

与调度主站通信发生异常后，调度主站与远传数据处理装置的数据交换无法正常进行，调度主站不能正确接收远传数据处理装置上传的数据，远传数据处理装置也不能正确解析调度主站的命令，造成误码率增大或数据传输中断，影响了运行人员的监视与操作。

2. 与调度主站通信异常的主要原因

（1）软件方面存在规约设置不正确的可能性。

（2）硬件方面存在通道板或网络设置错误的问题。

3. 与调度主站通信异常的现象

（1）调度主站与远传数据处理装置的数据交换不畅。

（2）调度主站或远传数据处理装置接收不到报文或解码不正确。

4. 与调度主站通信异常的处理

坚持分项检查、逐项排除及调度主站与远传数据处理装置通信参数匹配的原则。

（1）配置异常的处理。

1）规约的一致性。主站和子站两侧的规约要一致，如 CDT 规约、DISA 规约与 XT9702 规约的区分、IEC 870–101 规约与华北 101 规约的区分等。

2）规约参数的一致性。规约选定后，还需注意参数的一致性，例如，站址、信息体地址等。以 IEC 870–101 和 IEC 104 规约为例，站址（ASDU 地址和 IEC 870–101 的链路地址）、地址的字节数、传送原因的字节数、信息体地址的字节数和起始地址等内容的一致性。

（2）通道异常的处理。

1）串口方式。在串口方式下，要注意串口参数和调制解调器参数配置的一致性。首先要检查通信接线是否正确，两侧收发是否需要交换；其次要检查串口的通信方式以及串口的波特率、数据位、起始位、停止位、校验位是否一致，调制解调器的波特率、中心频率、频偏和工作模式等内容是否一致。如两侧串口匹配较差，可适当降低波特率。

2）网络方式。若使用网络通道，首先需检查网络通信线接头是否符合制作标准，网络线是否完好，网络交换机工作是否正常；其次还要检查网络通道的好坏，并正确配置路由器，合理分配通信用 IP、子网掩码以及正确配置网关地址。

（3）利用示波器辅助检查。利用示波器所做的任何测量，都是归结为对电压的测量。示波器可以测量各种波形的电压幅度，既可以测量直流电压和正弦电压，又可以测量脉冲或非正弦电压的幅度。更有用的是它可以测量一个脉冲电压波形各部分的电压幅值，如上冲量或顶部下降量等，这是其他任何电压测量仪器都不能比拟的。

用示波器能观察各种不同电信号幅度随时间变化的波形曲线，在这个基础上示波器可以应用于测量电压、时间、频率和相位差等参数。下面介绍用示波器观察电信号波形的使用步骤：

1）选择 Y 轴耦合方式。根据被测信号频率的高低，将 Y 轴输入耦合方式选择“AC–地–DC”开关置于 AC 或 DC。

2）选择 Y 轴灵敏度。根据被测信号的大约峰–峰值（如果采用衰减探头，应除以衰减倍数；在耦合方式取 DC 挡时，还要考虑叠加的直流电压值），将 Y 轴灵敏度选择 V/div 开关（或 Y 轴衰减开关）置于适当挡级。实际使用中如不需读测电压值，则可适当调节 Y 轴灵敏度微调（或 Y 轴增益）旋钮，使屏幕上显现所需要高度的波形。

3）选择触发（或同步）信号来源与极性。通常将触发（或同步）信号极性开关置于“+”或“–”挡。

4）选择扫描速度。根据被测信号周期（或频率）的大约值，将 X 轴扫描速度 t/div（或扫描范围）开关置于适当挡级。实际使用中如不需读测时间值，则可适当调节扫速 t/div 微调（或扫描微调）旋钮，使屏幕上显示测试所需周期数的波形。如果需要观察的是信号的边沿部分，则扫速 t/div 开关应置于最快扫速挡。

5）输入被测信号。被测信号由探头衰减后（或由同轴电缆不衰减直接输入，但此时的输入阻抗降低、输入电容增大），通过 Y 轴输入端输入示波器。

6）示波器的测量方法主要有直接测量法和比较测量法两种。

a. 直接测量法，就是直接从屏幕上量出被测电压波形的高度，然后换算成电压值。定量测试电压时，一般把 Y 轴灵敏度开关的微调旋钮转至“校准”位置上，这样就可以从“V/div”的指示值和被测信号占取的纵轴坐标值直接计算被测电压值。所以，直接测量法又称为标尺法。

交流电压的测量。将 Y 轴输入耦合开关置于“AC”位置，显示出输入波形的交流成分，若交流信号的频率很低时，则应将 Y 轴输入耦合开关置于“DC”位置。将被测波形移至示波管屏幕的中心位置，用“V/div”开关将被测波形控制在屏幕有效工作面积的范围内，按坐标刻度片的分度读取整个波形所占 Y 轴方向的度数 H，则被测电压的峰–峰值 VP–P 可等于“V/div”开关指示值与 H 的乘积。如果使用探头测量时，应把探头的衰减量计算在内，即把上述计算数值乘 10。例如，示波器的 Y 轴灵敏度开关“V/div”位于 0.2 挡级，被测波形占 Y 轴的坐标幅度 H 为 5div，则此信号电压的峰–峰值为 1V。如是经探头测量，仍指示上述数值，则被测信号电压的峰–峰值就为 10V。

直流电压的测量。将 Y 轴输入耦合开关置于“地”位置，触发方式开关置“自动”位置，使屏幕显示一水平扫描线，此扫描线便为零电平线。将 Y 轴输入耦合开关置“DC”位置，加入被测电压，此时，扫描线在 Y 轴方向产生跳变位移 H，被测电压即为“V/div”开关指示值与 H 的乘积。

直接测量法简单易行，但误差较大。产生误差的因素有读数误差、视差和示波器的系统误差（衰减器、偏转系统、示波管边缘效应）等。

b. 比较测量法，就是用一已知的标准电压波形与被测电压波形进行比较求得被测电压值。将被测电压 V_x 输入示波器的 Y 轴通道，调节 Y 轴灵敏度选择开关“V/div”及其微调旋钮，使荧光屏显示出便于测量的高度 H_x 并做好记录，且“V/div”开关及微调旋钮位置保持不变。去掉被测电压，把一个已知的可调标准电压 V_s 输入 Y 轴，调节标准电压的输出幅度，使它显示与被测电压相同的幅度。此时，标准电压的输出幅度等于被测电压的幅度。

比较法测量电压可避免垂直系统引起和误差，因而提高了测量精度。

5. 案例

与调度主站通信异常的原因比较复杂，需要具体问题具体分析。本模块主要介绍一下问题处理思路及常见的一些异常分析举例。

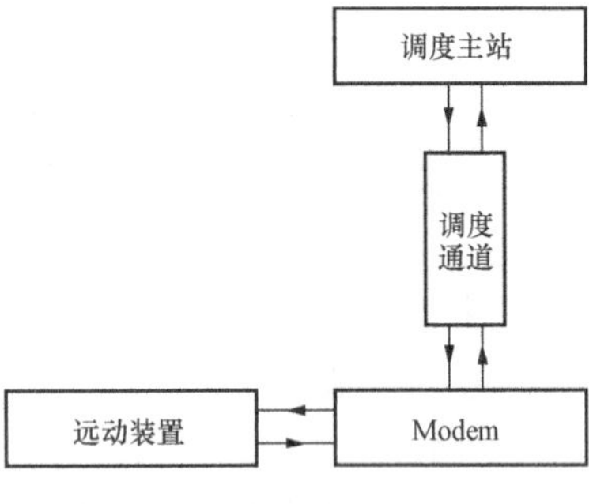

图 Z12G7003Ⅲ–1　典型的远动通信连接模式

图 Z12G7003Ⅲ–1 中，远动装置通过 RS–232 串口与 Modem 进行数据传输，Modem 通过四线模拟接口或者数字接口与调度通道进行数据传输。当发生通信异常时，根据上图所述的通信流程，逐项排查分析问题。

（1）检查远动装置是否运行正常，规约进程是否运行正常。

（2）观察 Modem 指示灯，大体判断 Modem 与远动装置收发数据是否正常。

（3）检查远动装置与 Modem 之间的连线是否正常。

（4）用调试设备（一般为带串口的笔记本电脑）分别测试远动装置串口、Modem 的串口数据收发是否正常。

（5）观察 Modem 指示灯，大体判断 Modem 与调度通道收发数据是否正常。

（6）检查调度通道与 Modem 之间的连线是否正常。

（7）如果是模拟通道，检查 Modem 的收发电平是否正常，通常应该在 0.4～1V。

（8）对于传输连续信号的模拟通道，可以用电话听筒听取数据音。当通道无数据只传输 Modem 中心频率时，只能听到一个单音；若有数据发送，可听出来有断断续续的两个频率的声音。

（9）如果是数字通道，需要用调试设备（一般为带串口的笔记本电脑）分别测试 Modem 通道、调度通道的数据收发是否正常。

（10）通道自环测试，该测试需要分短帧、长帧测试，有些通道故障时，短帧测试正常，当帧长达到一定长度后，误码率会逐渐升高。

正常情况下运行设备突然出现通信异常，应该不会是通信参数错误，但有时会因为某种原因导致波特率、校验、链路地址等参数错误，这种现象通常是由于调度主站的调试原因造成的。

以上所述项目没有严格的先后关系，需要根据不同现象进行不同的项目检查。例如，第 4 项判断出 MODEM 与调度通道数据收发异常，则可进行第 10 项通道自环测试，若判断出通道问题，则无需再做其他检查。

二、远传数据选择异常处理

1. 远传数据选择异常的危害

远传数据选择异常时，不会引起远动装置本身的异常，但会引起调度主站接收不到厂站的部分遥信、遥测、遥脉信号或引起调度主站遥控部分遥控点失败。

2. 远传数据选择异常的主要原因

远传数据选择异常的主要原因是远传配置不正确。

（1）遥测数据异常。

1）CDT 规约。遥测用两个字节表示，数据位 11 位，第 12 位是符号位，用二进制的补码表示负数，数值的范围–2048～2047。

2）101 规约。规一化被测值，也是使用两个字节表示，最高位是符号位，用二进制的补码表示负数，数值的范围是–32768～32767。

如此，即可参照相应的规约格式，来换算实际报文值，查看是否符合实际值。

（2）遥信数据异常

1）CDT 规约。用一个字节的 8 位分别代表 8 个遥信，“0”代表信号分，“1”代表信号合。

2）101 规约。可分成单点遥信（SIQ）和双点遥信（DIQ），用不同的 ASDU 表示。如 SIQ=CP8 {SPI，RES，BL，SB，NT，IV}，SPI=单点信息 =BS1［1］<0..1>（<0>=开、<1>=合）；DIQ=CP8{DPI，RES，BL，SB，NT，IV}，DPI=双点信息 =UI2［1..2］<0..3>（<0>=不确定或中间状态、<1>=确定状态开、<2>=确定状态合、<3>=不确定或中间状态）。

如此，即可参照相应的规约格式，来换算实际报文值，查看是否符合实际状态。

（3）遥脉数据异常。遥脉用 4 个字节表示，数据位 32 位，用二进制表示。

（4）遥控过程异常。一般远动规约的遥控都是经历选择→返校→执行这个过程，此过程中任一环节有误，都会导致遥控不成功。

3. 远传数据选择异常的现象

（1）远传报文异常。

（2）数据内容异常。

4. 远传数据选择异常的处理

（1）处理原则。

1）调度主站与远动装置的信息点表匹配的原则。

2）检查调度主站与远动装置通信规约的一致性与互操作性。

（2）处理方法、步骤。

1）根据和调度主站约定的转发点表，仔细检查转发调度的转发点表。

2）检查远动装置配置文本。

有时即使反复检查转发点表无误，调度主站依然收不到变电站发来的一部分遥信、遥测、遥脉信号，或调度遥控一部分遥控点总是失败，出现这种情况有可能是远动装置配置文本内容不对。例如在做变电站二期扩建 2 号主变压器时，已确认 2 号主变压器保护的转发点表无误，但其中的几个软报文测点调度主站仍然收不到。最终查出原因是因为一期已经向调度主站转发了 1 号主变压器保护的测点，1 号主变压器保护的程序版本较老，而 2 号主变压器保护程序版本较新，新增了部分软报文测点，且有些软报文测点的 Fun（功能码）和 Inf（信息字）改变了，修改数据库的人员一般根据软报文测点名来选点，这就造成了选出来的点和修改数据库的人员的想法不一致的后果。

5. 案例

（1）远动主站接收不到调度主站的下行报文。

1）检查配置文件有没有问题。

2）将通道自环，检查远动主站能否正常接收自环报文。

3）用模拟主站（如 CDT 模拟主站），进行模拟下行报文测试。

一个可能的原因是由于串口的通信方式不对。一般情况下，串口工作于全双工方式，但有些现场是工作在半双工方式，那么在配置串口时应将 Modem 列配置成半双工方式。

（2）远动装置执行远方遥控不成功。首先确认远动通道是否正常，有无误码；然后分析接收到调度主站预遥控命令的规约格式是否正确。确认无误后，分析转发到系统网络上的规约报文是否正确（包括遥控的目标地址、遥控功能码、对象号等）。如果报文也是正确的，就观察被遥控设备的通信状态是否正常、配置文件是否正确，以及在通信正常的条件下是否有正确的返校报文。返校报文上送后，分析上送给调度主站的返校报文是否正确。接下来，分析接收调度主站的遥控报文、转发的报文、设备的遥控返校报文、上送给调度主站的返校报文等。在按照以上遥控过程进行正确性更正后，就可以保证整个遥控过程的正常执行了。

（3）调度主站接收不到上行信息。首先要检查 Moxa 卡是否将数据送到了 Modem，这一般可以从 Modem 的发送指示灯中得到简单快速的判断，也可以用笔记本电脑中的串口收发工具来检测。如确定是 Moxa 卡没有送出，屏幕上显示有送出的报文，调度主站却收不到。此时，首先应检查 Moxa 的设置（如地址、中断号、速率 Normal/High 等）。

其次应检查 Modem 是否成功发出信息，检查 Modem 主要是核实波特率、中心频率和频偏、发送电平、发送相位（TD 是否反相）等。一种简单的方法是用听筒来听一下上行通道的声音，可以从中发现是否基本正常。自环也是一种比较简单而有效的方法，可以直接在 Modem 上将输入与输出自环，也可以在调度主站自环，然后在远动装置上检查接收数据，当然这种方式只适合于主动上送方式的远动规约，如 CDT 等。还有一种方法是准备一个测试用的 Modem 和笔记本电脑，利用串口收发工具来检测，其接线方式可以在远动屏柜上与远动 Modem 采用背靠背的接线方式，也可以在调度主站对远动上行信息做检测。

（4）调度端遥控成功率不高。与通道质量有关，这可以从调度端上行信息接收中的误码率情况来判断，误码率比较高，可以采用降低波特率或提高通道质量的手段。也有可能是波特率和中心频率与频偏的配合上的原因。如果排除了上述原因，则需要检查下行信息的具体发送编码情况，与调度主站沟通双方规约配合上是否有不一致之处。

三、通信规约报文异常处理

1. 通信规约报文异常的危害

通信规约报文异常表现为循环式规约报文异常和问答式规约报文异常两种情况，

通信规约报文异常后，监控系统或调度主站无法正确接收厂站信息，将造成监控系统失效的后果。

2. 通信规约报文异常的主要原因

通信规约报文异常的主要原因是通信规约的配置不一致或互操作性不协调。

3. 通信规约报文异常的现象

通信规约报文异常的现象是通信异常、数据展示不一致或遥控功能执行失败。

4. 通信规约报文异常的处理

（1）处理原则。检查调度主站与远动装置通信规约配置与互操作的一致性。

（2）处理方法、步骤。

1）循环式报文异常处理。循环式规约中，以 CDT 规约最为常见。

CDT 规约采用可变帧长度、多种帧类别循环传送、变位信号优先传送等方式，重要遥测量更新循环时间较短，且区分循环量、随机量和插入量采用不同形式传送信息，满足调度主站对远动信息的实时性和可靠性的要求。

CDT 规约可上送的信息为遥信、遥测、事件顺序记录（SOE）、电能脉冲记数值、遥控命令、设定命令、升降命令、对时、广播命令、复归命令、子站工作状态，信息按其不同的重要性确定优先级和循环时间。

CDT 规约上行（子站至主站）信息的优先级排列顺序和传送时间要求是：对时的子站时钟返回信息插入传送；变位遥信、工作状态变化信息插入传送，要求在 1s 内送到主站；遥控、升降命令的返送校核信息插入传送；重要遥测安排在 A 帧传送，循环时间不大于 3s；次要遥测安排在 B 帧传送，循环时间一般不大于 6s；一般遥测安排在 C 帧传送，循环时间一般不大于 20s；遥信状态信息，包含子站工作状态信息，安排在 D_1 帧定时传送；电能脉冲计数值由 D_2 帧定时传送；事件顺序记录由 E 帧以帧插入方式传送。

下行（主站至子站）命令的优先级排列是，召唤子站时钟，设置子站时钟校正值，设置子站时钟；遥控选择、执行、撤销命令，升降选择、执行、撤销命令，设定命令；广播命令；复归命令。D 帧传送的遥信状态、电能脉冲计数值是慢变化量，以几分钟至几十分钟循环传送。E 帧传送的事件顺序记录是随机量，同一个事件顺序记录应分别在三个 E 帧内重复传送，变位遥信和遥控、升降命令的返校信息、以信息字为单位优先插入传送，连送三遍。对时的时钟信息字也优先插入传送，并附传送等待时间，但只送一遍。

以上原则是双方都应同时遵循的准则，任一方的改动都可能影响某一功能的完成。如遥测上送的循环时间过长，则影响主站遥测的刷新速度；遥控没有完全按照选择、返校、执行的过程来实现，或交换过程间隔太长，都会导致遥控无法实现。

2）问答式报文异常。

a. 报文交换过程异常。一般规约都以固定的格式和特定的报文交换过程来完成相对应的功能，否则远动通信功能将无法实现。以 IEC 870–5 规约集为例：

101 规约中建立链接时要召唤链路状态，在得到肯定应答后，主站链路层为了和子站链路层的帧计数位状态保持一致，还要向子站链路层发送“复位远方链路”。子站链路层收到此链路规约数据单元后，则将帧计数位（FCB）置零，并以主站链路层发送的链路规约数据单元的镜像作为确认，此时两端的帧计数位状态一致，并且随后主站发出的 FCB 有效的第一帧的 FCB 必须为 1。若此过程无法顺利完成，则主站将无法继续查询数据。R：10 49 26 6f 16→T：10 ab 26 d1 16→R：10 40 26 66 16→T：10 a0 26 c6 16。

104 规约中在双方建立 TCP 链接后，主站需发送 U 格式的链路启动帧，而子站须以 U 格式的链路确认启动帧应答，否则主站将无法进行数据召唤，子站也无法主动上送变化数据。R：68 04 07 00 00 00→T：68 04 0B 00 00 00。

b. 报文格式异常。若报文格式与规约不符，特别是关键字节不标准时，报文交换可能也将无法完成。以 IEC 870–5 规约集的时钟同步、遥控命令和品质描述解释如下。

时钟同步。101、103 和 104 规约都提供了相应的时钟同步功能，在该功能规约测试中，某些厂家没有严格执行规约中的应用层应答，而是采用报文镜像的方式应答，这与标准规定的“应答报文的时标应是控制站发送对时命令时对应的被控站当地时间”不符。另外，部分厂家的软件设计还缺少对校时命令时间的合理性检查。例如在接收到无效时间（如 13 月、32 日、61 分）的时钟校时命令时，不应该修改当地时钟。这样的试验意在模拟现场普遍存在的干扰环境（如电磁干扰）对通信线路的编码造成的影响，以考验装置的容错能力。如果厂家在产品研发时没有注意这个细节，那么如果在现场发生了此类情况，则会造成一系列不利于通信正确性的问题，如事件和报警的时标不具备合理性和有效性等。

对不可控点的遥控。这种情况在控制站与被控站的信息点表配置不匹配时可能会出现，那么被控站（装置）应该能对所控点的类型和状态进行判断，如果在装置上未配置该信息点或该地址不属于控制点，则应向控制站做相应的符合规定的应答，如 101 规约中规定可采用传输原因 COT=47（未知的信息对象地址）或 COT=7（P/N 位 =1，否定确认）。在测试中，某些厂家或者不应答，或者一律做肯定确认却不做任何实际处理，都是不恰当的。这样做的后果是让监控系统或调度主站误以为传输通道出现问题而重发命令，或者误认为现场装置出了故障，最后造成不必要的麻烦。

执行遥控命令时又发生另一遥控命令。这种情况的出现跟控制站的软件设计有关，跟操作员的操作习惯也有关系。一方面控制站由于可设置多任务同时执行，允许操作员同时进行同一装置多个点的遥控；另一方面由于通道（如以太网）的延迟或者被控站（装置）的命令处理较慢，操作员可能在发出某点控制命令后，再次点击发送该点控制命令。以上情况均可能造成短期内装置收到两个或更多的遥控命令，在 101 规约里对其处理方式做出了严格规定，在对前一次的命令做出认可之前，间隔单元又收到控制站的命令报文，装置应对新的控制命令进行否定认可。而测试中，部分厂家不是做出了与标准相反的处理（对旧的命令做否定认可），就是干脆不对新的命令做任何应答。这样既违背了标准的规定，同时由于应答过程不完整，还会存在一些互操作的麻烦。

品质描述的使用。IEC 60870–5 系列规约的显著特点之一就是使用了品质描述，但品质描述常常造成沟通和互联的障碍。品质描述主要包括无效（IV）、NT（当前值）、OV（溢出）、SB（替代）、BL（闭锁）等，通常用于遥测、遥信、遥脉等信息对象的品质信息。例如，101 规约中装置调试期间产生的信息可以采用 SB=1（替代）描述；装置长时间刷新不成功的信息可用 NT=1（非当前值）描述；装置在信息源不正常状态时可将对应的信息对象值设置为 IV=1（无效）等。

在互操作测试中，有的控制站对被控站上送的信息的品质描述不加判断，造成数据分类和处理的缺陷；有的被控站在调试状态或故障时，没有在相关遥测、遥信和事件等信息中用品质描述，造成现场状态不能如实反映到控制站，影响了系统监控的实时性和准确性。

同样，在时标中的 IV（无效）位也没有得到很多厂家的重视。由于事件信息、控制信息（104 规约）、时钟同步命令中都带有时标，因此该位的处理也是至关重要的。101 规约中明确定义了“如果时钟在特定时间周期内没有进行同步，IV 位设置为 1)”，103 中也规定“继电保护设备最后一次同步后超过 23h 未再同步”，应“在时间信息元素的第三个八位位组的无效位（IV）位置 1”。

数据内容异常。当远传数据和实际运行数据不一致时，首先检查数据转发表和转换系数是否正确，再检查数据报文是否符合规约要求，如正确则须检查具体的报文中的数据字节。

5. 案例

（1）某 220kV 变电站曾经发生在扩建时，一期工程的所有信号调度主站均可以正常接收，但扩建部分的任何遥信和遥测信号却无法接受，而变电站的报文监视界面中收发均处于正常状态。

转发的两个串口通道分别是模拟通道和数字通道，由于仅对模拟通道做了扩建部分的点表，对数字通道未做，而调度主站一直在数字通道值班的情况下监视遥测、遥信报文，所以未监视到。

对于这类问题，最好的处理方法还是培养良好习惯，扩建时直接将两路通道的点表同步添加，避免类似问题再次发生。

（2）某调度主站在进行某220kV变电站的遥控试验时，发现在101通道值班时，遥控没有问题，但在104通道值班时遥控失败。调度主站已下发正确的遥控选择命令，发现变电站远动装置未回报文，因此调度主站不能继续向变电站发送遥控执行命令。

下面显示的就是在变电站侧捕捉到的调度主站104通道次下发的遥控选择报文：

68 0e 08 00 a8 02 2d 01 06 01 01 00 08 0b 00 81（2d表达了报文类型，十六进制2d=十进制45，这是单点遥控类型。在转发调度主站的遥信转发表的规约设置中看到“遥控报文类型为46”，46是双点遥控类型，与调度主站设置的单点遥控类型不一致。

调度主站设置的104通道遥控类型是单点遥控（遥控类型是45），101通道遥控类型是双点遥控（遥控类型是 46），变电站则采用双点遥控（遥控类型是 46），这就是101通道值班时遥控没有问题、但在104通道值班时遥控失败的原因。双方统一将104通道遥控类型变更为46，即使用双点遥控，此后问题得到了解决。

【思考与练习】

1. 远传数据处理装置与调度主站进行通信有哪几种常规方式？
2. 远传数据处理装置与调度主站通信的模拟通道与数字通道有何区别？
3. 远传数据处理装置与调度主站常用的IEC 870–104规约相比IEC 870–101规约有什么优点？
4. 常用的部颁CDT和IEC 870–101规约通信的遥测满码值是多少？
5. 远动装置能发送正确报文给调度主站，但调度主站收不到报文，试分析原因可能出在哪些方面？
6. 调度主站对厂站进行远方遥控一般需要经过哪几个步骤？
7. 调度通信采用的循环式规约和问答式规约在数据交换方式有何区别？
8. 循环式规约和问答式规约通信中断后现象有什么不同？
9. 调度进行遥控操作失败，如何针对报文进行分析原因？

模块4 通信及网络设备的异常处理（Z12G7004Ⅲ）

【模块描述】本模块介绍了站内通信及网络设备的常见异常及简单的原因分析。通过要点分析、实例介绍，掌握站内串口通信、现场总线、以太网、路由器、交换机等设备异常的表现及处理方法。

【模块内容】通信及网络设备的异常处理包括了通信线路、网关设备、路由器、交换机设备的异常处理。

一、站内通信及网络设备的线路异常处理

站内通信及网络设备的线路连接异常主要表现为数据停止刷新、数据刷新缓慢、通信中断等异常现象。

1. 数据不刷新的异常及处理

数据不刷新常反映在后台监控系统或调度主站系统出现由某装置采集的数据长时间没有刷新。该异常的处理分以下两步进行。

第一步：如果装置有遥控功能，应先进行遥控预置试验。因为变电站的遥控采用的是“选择—返校—执行（撤销）”方式，涉及通信的接收和发送两个环节。如果遥控返校成功，则故障点不在通信上，而在装置的硬件（数据采集部分），在排除 TV、TA 二次回路正常的情况下，更换采集插件。

第二步：如果遥控不成功，或者装置没有遥控功能，则要根据它的通信方式具体分析查找原因。

（1）串口通信设备通信异常及处理。在串口通信网中，有一个装置充当主设备，下面称为总控，其余设备为从设备，称为装置。现场总线通信方式也是一样。

1）RS–232 是点对点通信方式，总控只能和一个装置通信。

检查总控上的接收指示灯，若不闪烁则通信中断，参看本文“通信中断异常及处理”。

若接收灯闪烁正常，在总控上查看接收到的装置通信报文。没有看到通信报文，问题一般是总控和装置的通信参数设置不一致。

总控有报文显示，对照通信规约检查报文格式。报文格式和规约一致，则是软件问题。不一致，则检查装置发出的报文。总控接收和装置发出的报文不一致，一般是通信线路的问题，否则就是装置的软件或设置问题。

2）RS–485 和 RS–422 是一点对多点通信方式，这时要先把通信网解开，将设备逐个接入通信网，每接入一个都要检查一下已经接入装置的数据，找出“害群之马”。再将问题装置先逐一和总控通信，如果均数据刷新正常，说明是总控本身驱动能力问题或总控与众装置通信接口之间阻抗或电平匹配问题，是硬件原因。

（2）现场总线通信设备通信异常及处理与串口通信中的 RS–485 和 RS–422 方式类似处理。

（3）网络通信设备通信异常及处理。检查交换机或集线器上相应网口上的指示灯是否点亮，如果是光纤以太网，则检查光纤的收发灯，不亮，参看“通信中断异常及处理”。

指示灯正常，则将一台计算机接入网络，将 IP 地址设为与装置同网段，ping 装置。ping 不通，问题在网络通信参数设定上。

ping 通，检查网线的水晶头内双绞线的线序。线序错误会造成通信串扰。

ping 通且线序正确，一般是软件问题。

2. 数据刷新缓慢异常及处理

数据刷新缓慢常反映在后台监控系统或调度主站系统，出现由某装置采集的数据变化明显滞后于实际的变化，不能反映电网的实时运行状态。

这种故障一般和干扰及设备老化有关。先查看通信报文，若通信报文十分连贯，问题应该是总控或装置的程序上。如果通信报文是断续，而且根据通信规约分析，这种中断已经超出了规约允许的正常范围，则检查通信线缆，如果发现通信线缆的绝缘层或屏蔽层有老化、破损的情况，在条件许可下，要更换新的通信线。另外，对于接在端子上的五类线，要注意检查接入处有没有被端子压伤。

确定接线完全正确后，再检查设备是否已经可靠接地。如果接地良好，基本可以确定是总控或装置硬件设备老化导致的，则更换相应硬件。更换通信板件不能解决问题时，电源也可以考虑更换。

如果是软件问题或者原因不明，或按上述方法仍不能消除故障，应该要求相应厂家技术人员前来协助处理。

3. 通信中断异常及处理

通信中断常反映在后台监控系统或调度主站系统出现某装置退出运行，或装置上的通信指示灯处在异常状态。

出现通信中断后，首先要检查通信线是否出现问题。确保通信线都是按照要求连接后，再具体分析查找原因。

（1）串口通信设备通信中断异常及处理。

1）RS–232 串口通信中断异常及处理。用万用表分别测量总控和装置的 RS–232 接口地线与收、发线间的电压，正常工作电压在直流±（5～15）V。如果电压不在正常范围，地线不动，解开接收线，到对侧设备上测量地线和此设备发送线间的电压是否在正常范围。不在正常范围，一般是对侧设备的发送有问题，否则就是自身设备的接收口有问题。对于问答式规约，用上述方法，先检查主动查询发送方（一般是总控）的发送电平，如正常，然后再检查被动应答发送方（一般是装置）的发送电平。这样一般能查出故障所在处。

2）RS–485 和 RS–422 串口通信中断异常及处理。检查所有设备，若是部分装置通信中断，则只要检查处理这些装置的通信问题。可采用检查接线和通信参数配置（总控和装置）、更换与通信有关的硬件等步骤来检查处理。

若都是通信中断状态，首先就要怀疑是总控的问题。

先检查总控的通信参数配置，若无问题，进行下面的检查。

将装置逐一单独和总控通信，若所有装置仍是通信中断，就能明确总控的通信模块有问题了。否则，说明问题出在装置上。

将通信正常的装置重新接到总控上，如果没有出现通信中断，则就是余下这些装置的硬件问题了。

如果通信中断又出现了，从网络末端逐一解下装置，直到通信正常。这时将最后一个解下的装置剔除，该装置一定有问题。

剩余装置重新接入。

若通信仍中断，重复上一步，直到通信恢复。

这样就找出了全部有硬件问题的装置。

（2）现场总线设备通信中断异常及处理。现场总线通信与串口通信中的 RS–485 和 RS–422 方式类似，参看“RS–485 和 RS–422”条目。

（3）网络设备通信中断异常及处理。

将交换机上连接通信中断装置的网线接到另一个指示灯正常的网口。如果通信恢复了，则是交换机端口问题，否则，是装置网卡出了故障。

下面以实例介绍现场总线通信中断的处理方法。

4. 案例

某变电站 35kV 线路保护测控装置 A 网通信全部中断现象的处理实例。

该站 35kV 小室的 World FIP 总线上接了十余台线路保护测控装置，运行中发现，这些保护装置的 A 网通信同时中断，而 B 网通信正常。

经检查，是由于该 World FIP 总线上末端的那台保护测控装置的 A 网的终端匹配电阻的一端松动，导致这条总线的 A 网的电阻过大，从而引起该总线上面所接所有保护测控装置通信中断，将松动的匹配电阻重新可靠连接后问题解决。

二、网关设备的异常处理

网关又称网间连接器、协议转换器。网关在传输层上以实现网络互连，是最复杂的网络互联设备，仅用于两个高层协议不同的网络互联。网关的结构也和路由器类似，不同的是互联层。网关既可以用于广域网互联，也可以用于局域网互联。网关是一种充当转换重任的计算机系统或设备。在使用不同的通信协议、数据格式或语言，甚至体系结构完全不同的两种系统之间，网关是一个翻译器。与只是简单地传达信息的网桥不同，网关对收到的信息要重新打包，以适应目的系统的需求。同时，网关也可以提供过滤和安全功能。大多数网关运行在 OSI 7 层协议的顶层——应用层。

网关不能完全归为一种网络硬件。用概括性的术语来讲，它们应该是能够连接不同网络的软件和硬件的结合产品。特别地，它们可以使用不同的格式、通信协议或结构连接起两个系统。网关实际上通过重新封装信息以使它们能被另一个系统读取。为了完成这项任务，网关必须能运行在 OSI 模型的几个层上。网关必须同时应用通信、建立和管理会话、传输已经编码的数据，并解析逻辑和物理地址数据。

网关可以设在服务器、微机或大型机上。由于网关具有强大的功能并且大多数时候都和应用有关，它们比路由器的价格要贵一些。另外，由于网关的传输更复杂，它们传输数据的速度要比网桥或路由器低一些。正是由于网关较慢，它们有造成网络堵塞的可能。然而，在某些场合，只有网关才能胜任工作。

1. 网关设备的异常及处理

网关大多使用于多个网络或者子网共存、互联的情况，所以首先要明确网关所在网络的共存及互联的方式，再确定包含连接不同网段的各种网络设备的信息，如路由器、网桥的位置、IP 地址，并用相应的网络地址标注各网段。注意级连 Hub 间的网线长度不应超过 100m，Hub 的级连不应超过 4 级。交叉线应做特别标记，确定没有误作直通线用，造成线路故障。

（1）物理连接故障及处理。

物理连接故障一般是：网关设备上电后，网关设备的网口和交换机对应的端口指示灯不亮。出现这种情况应在网关设备与交换机上电的情况下，检查网关设备与交换机之间的双绞线有没有松动，然后对比来确定网关和交换机的 RJ–45 口或双绞线的质量好坏，并做相应处理。现在设备一般接在交换设备下面，而交换机均有自动跳线功能，因此不必考虑网线类型，如直接连在电脑或者 Hub 上就要注意网线类型。

（2）设备物理故障及处理。

通过以上步骤的检查，确定没有问题，这时应注意网关设备是否存在物理故障。这时可以通过观测设备的供电、各指示灯情况来初步估计设备物理上是否有问题，并寻求技术支持。如是物理故障则只能返回公司，进行物理维修。

（3）本地网络连通故障及处理。

使用 ping 命令测试网络中两台计算机之间的连接。

在 PC 机上或 Windwos 为平台的服务器上，ping 命令的格式如下：

```
ping[-n number][-t][-l number]ip-address
```

n　ping 报文的个数，缺省值为 5；

t　持续地 ping 直到人为地中断，Ctrl+Break 暂时中止 ping 命令并查看当前的统计结果，而 Ctrl+C 则中断命令的执行。

l　设置 ping 报文所携带的数据部分的字节数，设置范围从 0 至 65 500。

例：向主机 10.15.50.1 发出 2 个数据部分大小为 3000Bytes 的 ping 报文。

```
C:\>ping-l 3000-n 2 10.15.50.1
pinging 10.15.50.1 with 3000 bytes of data
```

```
Reply from 10.15.50.1:bytes=3000 time=321ms TTL=123
Reply from 10.15.50.1:bytes=3000 time=297ms TTL=123
ping statistics for 10.15.50.1:
Packets:Sent=2,Received=2,Lost=0(0%loss),
Approximate round trip times in milli-seconds:
Minimum=297ms,Maximum=321ms,Average=309ms
```

ping其他计算机IP，在命令提示处，键入ping×.×.×.×（其中×.×.×.×是另一台计算机的IP地址），然后按Enter键。应该可以看到来自另一台计算机的几个答复，例如，Reply from×.×.×.×：bytes=32 time＜1ms TTL=128。

如果没有看到这些答复，或看到“Request timed out”，说明本地计算机可能有问题，或者有可能设备的网络通信不畅，或网络中禁止该项服务（但这种情况是比较少见的）。如果ping命令成功执行，那么就确定了计算机可以正确连接。

（4）网关参数设置错误及处理。可以通过网关设备提供的查询软件检查是否配置了相关参数。

1）检查网关参数中的数据是否和当前网关设备的MAC一致。

2）检查开放的端口、协议、IP地址。

注：在设置过程中，如果提示操作错误，这时要注意设置的参数是否正确，也有可能是被系统锁定（对新设备很少出现这种情况）。

下面以实例介绍网关设备的异常处理方法。

2. 案例

某公司网关所连设备通信中断的处理实例。

某变电站在进行扩建时，发生World FIP总线末端接入一台新的保护测控装置，导致现场一台原有运行中的保护测控装置时通时断，这台新加的装置通信也时通时断的问题。关闭新加装置的电源后发现通信正常。检查后发现，新加装置的“装置地址”虽然和原有装置的“装置地址”不冲突，但是“总线地址”和运行中的某台装置的“总线地址”相同。而在同一条World FIP总线上不允许有“总线地址”重复的装置存在。

将新保护测控装置的“总线地址”改为唯一的“总线地址”后，系统通信恢复正常。

三、路由器设备的异常处理

路由器设备的异常一般可以分为硬件故障和软件故障两大类。

1. 路由器硬件故障

硬件故障主要指路由器电源、背板、模块、端口等部件的故障，可以分为以下几类。

（1）电源故障。由于外部供电不稳定，电源线路老化，或雷击等原因导致电源损坏或风扇停止，从而不能正常工作。由于电源而导致机内其他部件损坏的事情也经常发生。

如果面板上的 POWER 指示灯是绿色的，就表示是正常的；如果该指示灯灭了，则说明路由器没有正常供电。这类问题很容易发现，也很容易解决，同时也是最容易预防的。

针对这类故障，首先应该做好外部电源的供应工作，一般通过引入独立的电力线来提供独立的电源，并添加稳压器来避免瞬间高压或低压现象。如果条件允许，可以添加 UPS（不间断电源）来保证路由器的正常供电，有的 UPS 提供稳压功能，而有的没有，选择时要注意。在机房内设置专业的避雷措施，来避免雷电对路由器的伤害。现在有很多做避雷工程的专业公司，实施网络布线时可以考虑。

（2）端口故障。这是最常见的硬件故障，无论是光纤端口还是双绞线的 RJ–45 端口，在插拔接头时一定要小心。如果不小心把光纤插头弄脏，可能导致光纤端口污染而不能正常通信。很多人喜欢带电插拔接头，理论上讲是可以的，但是这样也无意中增加了端口的故障发生率。在搬运时不小心，也可能导致端口物理损坏。如果购买的水晶头尺寸偏大，插入路由器时，也容易破坏端口。此外，如果接在端口上的双绞线有一段暴露在室外，万一这根电缆被雷电击中，就会导致所连路由器端口被击坏，或者造成更加不可预料的损伤。

一般情况下，端口故障是某一个或者几个端口损坏。所以，在排除了端口所连计算机的故障后，可以通过更换所连端口，来判断其是否损坏。遇到此类故障，可以在电源关闭后，用酒精棉球清洗端口。如果端口确实被损坏，就只能更换端口了。

（3）模块故障。路由器由很多模块组成，如堆叠模块、管理模块（也叫控制模块）、扩展模块等。这些模块发生故障的概率很小，不过一旦出现问题，就会遭受巨大的经济损失。如果插拔模块时不小心，或者搬运路由器时受到碰撞，或者电源不稳定等情况，都可能导致此类故障的发生。

当然上面提到的这 3 个模块都有外部接口，比较容易辨认，有的还可以通过模块上的指示灯来辨别故障。例如，堆叠模块上有一个扁平的梯形端口，有些路由器上是一个类似于 USB 的接口。管理模块上有一个 CONSOLE 口，用于和网管计算机建立连接，方便管理。如果扩展模块是光纤连接的话，会有一对光纤接口。

在排除此类故障时，首先确保路由器及模块的电源正常供应，然后检查各个模块是否插在正确的位置上，最后检查连接模块的线缆是否正常。在连接管理模块时，还要考虑它是否采用规定的连接速率、是否有奇偶校验、是否有数据流控制等因素。连接扩展模块时，需要检查通信模式是否匹配，例如，使用全双工模式还是半双工模式。

当然如果确认模块有故障，解决的方法只有一个，那就是应当立即联系供应商给予更换。

（4）背板故障。路由器的各个模块都是接插在背板上的。如果环境潮湿，电路板受潮短路，或者元器件因高温、雷击等因素而受损都会造成电路板不能正常工作。如散热性能不好或环境温度太高导致机内温度升高，致使元器件烧坏。

在外部电源正常供电的情况下，如果路由器的各个内部模块都不能正常工作，那就可能是背板坏了，遇到这种情况即使是电器维修工程师恐怕也无计可施，唯一的办法就是更换背板了。

（5）线缆故障。这类故障从理论上讲，不属于路由器本身的故障，但在实际使用中，电缆故障经常导致路由器系统或端口不能正常工作，所以这里也把这类故障归入路由器硬件故障，如接头接插不紧、线缆制作时顺序排列错误或者不规范、线缆连接时应该用交叉线却使用了直连线、光缆中的两根光纤交错连接、错误的线路连接导致网络环路等。

从上面的几种硬件故障来看，机房环境不佳极易导致各种硬件故障，所以在建设机房时，必须先做好防雷接地及供电电源、室内温度、室内湿度、防电磁干扰、防静电等环境的建设，为网络设备的正常工作提供良好的环境。

2. 路由器的软件故障

路由器的软件故障是指系统及其配置上的故障，可以分为以下几类。

（1）系统错误。路由器系统是硬件和软件的结合体。在路由器内部有一个可刷新的只读存储器，它保存的是这台路由器所必需的软件系统。这类错误也和我们常见的Windows、Linux一样，由于当时设计的原因，存在一些漏洞，在条件合适时会导致路由器满载、丢包、错包等情况的发生，所以路由器系统提供了诸如Web、TFTP等方式来下载并更新系统。当然在升级系统时，也有可能发生错误。

对于此类问题，我们需要养成经常浏览设备厂商网站的习惯，如果有新的系统推出或者新的补丁，应及时更新。

（2）配置不当。由于初学者对路由器不熟悉，或者由于各种路由器配置不一样，管理员往往在配置路由器时会出现配置错误，如线路两端路由器的参数不匹配或参数错误等。如果不能确保自己的配置有问题，请先恢复出厂默认配置，然后再一步一步地配置。最好在配置之前，先阅读说明书，这也是要养成的习惯之一。每台路由器都有详细的安装手册、用户手册，深入到每类模块都有详细的讲解。由于很多路由器的手册是用英文编写的，所以英文不好的用户可以向供应商的工程师咨询后再做具体配置。

（3）密码丢失。这可能是每位管理员都曾经经历过的。一旦忘记密码，都可以通过一定的操作步骤来恢复或者重置系统密码。有些比较简单，如在路由器上按下一个按钮就可以了，而有些则需要通过一定的操作步骤才能解决。

此类情况一般在人为遗忘或者路由器发生故障后导致数据丢失，才会发生。

（4）外部因素。由于病毒或者黑客攻击等情况的存在，有可能造成频繁掉线等问题。如果是这种情况，用户需要查看所有连接的计算机是否都感染了病毒或者木马，使用正版的杀毒软件或木马专杀工具，扫描清除掉计算机内的病毒或者木马。

总的来说软件故障应该比硬件故障较难查找，解决问题时，可能不需要花费过多的金钱，但需要较多的时间。最好在平时的工作中养成记录日志的习惯。每当发生故障时，及时做好故障现象记录、故障分析过程、故障解决方案、故障归类总结等工作，以积累自己的经验。有时在进行配置时，由于种种原因，当时没有对网络产生影响或者没有发现问题，但也许几天以后问题就会逐渐显现出来。如果有日志记录，就可以联想到是否前几天的配置有错误。由于很多时候都会忽略这一点，以为在其他方面出现问题，当走了许多弯路之后，才找到问题所在。所以说，记录日志及维护信息是非常必要的。

3. 路由器的故障诊断命令及相关处理方法

（1）show 命令。如果路由器的多个接口同时丢失报文，则可能由于路由器内存不足或 CPU 过载。常用命令如下：

show memory：检查内存利用率；

show process：检查 CPU 利用率；

show memory free：检查内存被划分成多少碎片的情况；

show stack：跟踪路由器的堆栈，提供路由器临时重启的原因；

show ip interface brief：由该命令可获取接口的错误检测信息。

（2）Debug 命令。调试命令可以获取路由器交换的报文和帧的细节。

（3）ping 命令。最常用的故障诊断与排除命令，它由一组 ICMP 回应请求报文组成，如果网络正常运行将返回一组回应应答报文。ICMP 消息以 IP 数据包传输，因此接收到 ICMP 回应应答消息能够表明第三层以下的连接都工作正常。

（4）trace 命令。提供路由器到目的地址的信息。

四、交换机的异常处理

交换机的异常一般可以分为硬件故障和软件故障两大类。

1. 交换机硬件故障

交换机硬件故障主要指交换机电源、端口、模块、背板等部件的故障，可以分为以下几类。

（1）电源故障。由于外部供电不稳定，或者电源线路老化，或者雷击等导致电源损坏或者风扇停止，从而不能正常工作。由于电源缘故而导致机内其他部件损坏的事情也经常发生。

如果面板上的 POWER 指示灯是绿色的，就表示是正常的；如果该指示灯灭了，则说明交换机没有正常供电。这类问题很容易发现，也很容易解决，同时也最容易预防。

针对这类故障，首先应该做好外部电源的供应工作，一般通过引入独立的电力线来提供独立的电源，并添加稳压器来避免瞬间高压或低压现象。如果条件允许，可以添加 UPS（不间断电源）来保证交换机的正常供电，有的 UPS 提供稳压功能，而有的没有，选择时要注意。在机房内设置专业的避雷措施，来避免雷电对交换机的伤害。现在有很多做避雷工程的专业公司，实施网络布线时可以考虑。

（2）端口故障。这是最常见的硬件故障，无论是光纤端口还是双绞线的 RJ–45 端口，在插拔接头时一定要小心。如果不小心把光纤插头弄脏，可能导致光纤端口污染而不能正常通信。经常看到很多人喜欢带电插拔接头，理论上讲是可以的，但是这样也无意中增加了端口的故障发生率。在搬运时不小心，也可能导致端口物理损坏。如果购买的水晶头尺寸偏大，插入交换机时，也容易破坏端口。此外，如果接在端口上的双绞线有一段暴露在室外，万一这根电缆被雷电击中，就会导致所连交换机端口被击坏，或者造成更加不可预料的损伤。

一般情况下，端口故障是某一个或者几个端口损坏。所以，在排除了端口所连计算机的故障后，可以通过更换所连端口，来判断其是否损坏。遇到此类故障，可以在电源关闭后，用酒精棉球清洗端口。如果端口确实被损坏，那就只能更换端口了。

（3）模块故障。交换机是由很多模块组成，例如，堆叠模块、管理模块（也叫控制模块）、扩展模块等。这些模块发生故障的概率很小，不过一旦出现问题，就会遭受巨大的经济损失。如果插拔模块时不小心，或者搬运交换机时受到碰撞，或者电源不稳定等情况，都可能导致此类故障的发生。

当然上面提到的这 3 个模块都有外部接口，比较容易辨认，有的还可以通过模块上的指示灯来辨别故障。例如，堆叠模块上有一个扁平的梯形端口，或者有的交换机上有一个类似于 USB 的接口。管理模块上有一个 CONSOLE 口，用于和网管计算机建立连接，方便管理。如果扩展模块是光纤连接的话，会有一对光纤接口。

在排除此类故障时，首先确保交换机及模块的电源正常供应，然后检查各个模块是否插在正确的位置上，最后检查连接模块的线缆是否正常。在连接管理模块时，还要考虑它是否采用规定的连接速率、是否有奇偶校验、是否有数据流控制等因素。连接扩展模块时，需要检查通信模式是否匹配，例如，使用全双工模式还是半双工模式。如果确认模块有故障，就应当立即联系供应商给予更换。

（4）背板故障。交换机的各个模块都是接插在背板上的。如果环境潮湿、电路板受潮短路，或者元器件因高温、雷击等因素而受损都会造成电路板不能正常工作。例如，散热性能不好或环境温度太高导致机内温度升高，致使元器件烧坏。

在外部电源正常供电的情况下，如果交换机的各个内部模块都不能正常工作，那就可能是背板坏了，遇到这种情况即使是电器维修工程师，恐怕也无计可施，唯一的办法就是更换背板。

（5）线缆故障。这类故障从理论上讲，不属于交换机本身的故障，但在实际使用中，电缆故障经常导致交换机系统或端口不能正常工作，所以这里也把这类故障归入交换机硬件故障，如接头接插不紧、线缆制作时顺序排列错误或者不规范、线缆连接时应该用交叉线却使用了直连线、光缆中的收发光纤未交叉连接、错误的线路连接导致网络环路等。

从上面的几种硬件故障来看，机房环境不佳极易导致各种硬件故障，所以在建设机房时，必须先做好防雷接地及供电电源、室内温度、室内湿度、防电磁干扰、防静电等环境的建设，为网络设备的正常工作提供良好的环境。

2. 交换机的软件故障

交换机的软件故障是指系统及其配置上的故障，可以分为以下几类。

（1）系统错误。交换机系统是硬件和软件的结合体。在交换机内部有一个可刷新的只读存储器，它保存的是这台交换机所必需的软件系统。这类错误也和常见的Windows、Linux 一样，由于当时设计的原因，存在一些漏洞，在条件合适时，会导致交换机满载、丢包、错包等情况的发生。所以交换机系统提供了诸如 Web、TFTP 等方式来下载并更新系统。当然在升级系统时，也有可能发生错误。

对于此类问题，需要养成经常浏览设备厂商网站的习惯，如果有新的系统推出或者新的补丁，请及时更新。

（2）配置不当。由于初学者对交换机不熟悉，或者由于各种交换机配置不一样，管理员往往在配置交换机时会出现配置错误，例如，VLAN 划分不正确导致网络不通、端口被错误地关闭、交换机和网卡的模式配置不匹配等原因。这类故障有时很难发现，需要一定的经验积累。如果不能确保用户的配置有问题，请先恢复出厂默认配置，然后再一步一步地配置。最好在配置之前先阅读说明书，这也是网络管理员所要养成的习惯之一。每台交换机都有详细的安装手册、用户手册，深入到每类模块都有详细的讲解。由于很多交换机的手册是用英文编写的，所以英文不好的用户可以向供应商的工程师咨询后再做具体配置。

（3）密码丢失。这可能是每位管理员都曾经经历过的。一旦忘记密码，都可以通过一定的操作步骤来恢复或者重置系统密码。有些比较简单，如在交换机上按下一个按钮就可以了，而有些则需要通过一定的操作步骤才能解决。

此类情况一般在人为遗忘或者交换机发生故障后导致数据丢失，才会发生。

（4）外部因素。由于病毒或者黑客攻击等情况的存在，某台主机有可能向所连接的端口发送大量不符合封装规则的数据包，造成交换机处理器过分繁忙，致使数据包来不及转发，进而导致缓冲区溢出产生丢包现象。还有一种情况就是广播风暴，它不仅会占用大量的网络带宽，而且还将占用大量的CPU处理时间。网络如果长时间被大量广播数据包所占用，正常的点对通信就无法正常进行，网络速度就会变慢或者瘫痪。

一块网卡或者一个端口发生故障，都有可能引发广播风暴。由于交换机只能分割冲突域，但不能分割广播域（在没有划分VLAN的情况下），所以当广播包的数量占到通信总量的30%时，网络的传输效率就会明显下降。

总的来说软件故障应该比硬件故障较难查找，解决问题时，可能不需要花费过多的金钱，而需要较多的时间。最好在平时的工作中养成记录日志的习惯。每当发生故障时，及时做好故障现象记录、故障分析过程、故障解决方案、故障归类总结等工作，以积累自己的经验。例如，有时在进行配置时，由于种种原因，当时没有对网络产生影响或者没有发现问题，但也许几天以后问题就会逐渐显现出来。如果有日志记录，就可以联想到是否前几天的配置有错误。由于很多时候都会忽略这一点，以为是在其他方面出现问题，当走了许多弯路之后，才找到问题所在。所以说，记录日志及维护信息是非常必要的。

3. 交换机故障的一般排障步骤

交换机的故障多种多样，不同的故障有不同的表现形式。故障分析时要通过各种现象灵活运用排除方法（如排除法、对比法、替换法），找出故障所在，并及时排除。

（1）排除法。当面对故障现象并分析问题时，无意中就已经学会使用排除法来确定发生故障的方向了。这种方法是指依据所观察到的故障现象，尽可能全面地列举出所有可能发生的故障，然后逐个分析、排除。在排除时要遵循由简到繁的原则，提高效率。使用这种方法可以应付各种各样的故障，但维护人员需要有较强的逻辑思维，对交换机知识有全面深入的了解。

（2）对比法。所谓对比法，就是利用现有的、相同型号的且能够正常运行的交换机作为参考对象，同故障交换机进行对比，从而找出故障点。这种方法简单有效，尤其是系统配置上的故障，只要简单地对比一下就能找出配置的不同点，但是有时要找一台型号相同、配置相同的交换机也不是一件容易的事。

（3）替换法。这是最常用的方法，也是在维修电脑中使用频率较高的方法。替换法是指使用正常的交换机部件来替换可能有故障的部件，从而找出故障点的方法。它主要用于硬件故障的诊断，但需要注意的是，替换的部件必须是相同品牌、相同型号的同类交换机才行。

当然为了使排障工作有章可循，可以在故障分析时，按照以下的原则来分析：

1）由远到近。由于交换机的一般故障（如端口故障）都是通过所连接计算机而发现的，所以经常从客户端开始检查。可以沿着客户端计算机→端口模块→水平线缆→跳线→交换机这样一条路线，逐个检查，先排除远端故障的可能。

2）由外而内。如果交换机存在故障，可以先从外部的各种指示灯上辨别，然后根据故障指示，再来检查内部的相应部件是否存在问题。如 POWER LED 为绿灯表示电源供应正常，熄灭表示没有电源供应；LINK LED 为黄色表示现在该连接工作在 10Mbit/s，绿色表示为 100Mbit/s，熄灭表示没有连接，闪烁表示端口被管理员手动关闭；RDP LED 表示冗余电源；MGMT LED 表示管理员模块。无论能否从外面的现象诊断出故障所在，都必须登录交换机以确定具体的故障所在，并进行相应的排障措施。

3）由软到硬。在检查时，应先从系统配置或系统软件上着手进行排查。如果软件上不能解决问题，那就是硬件有问题了。例如，某端口不好用，那可以先检查用户所连接的端口是否不在相应的 vlan 中，或者该端口是否被其他的管理员关闭，或者配置上的其他原因。如果排除了系统和配置上的各种可能，那就可以怀疑到真正的问题所在——硬件故障上。

4）先易后难。在遇到故障分析较复杂时，必须先从简单操作或配置来着手排除。这样可以加快故障排除的速度，提高效率。

4. 常见交换机问题及处理方法

（1）故障现象：将某工作站连接到交换机上后，无法 ping 通其他电脑，看桌面上“本地连接”图标显示网络不通。或者是在某个端口上连接的时间超过了 10s，超过了交换机端口的正常反应时间。

原因及解决方法：采用重新启动交换机的方法，一般能解决这种端口无响应的问题。但端口故障者则需要更换接入端口。

（2）故障现象：将某工作站连接到交换机上的几个端口后，无法 ping 通局域网内其他电脑，但桌面上“本地连接”图标仍然显示网络连通。

原因及解决方法：先检查这些被 ping 的计算机是否安装有防火墙。三层交换机可以设置 VLAN（虚拟局域网），不同 VLAN 内的工作站在没有设置路由的情况下无法 ping 通，因此要修改 VLAN 的设置，使它们在一个 VLAN 中，或设置路由使 VLAN 之间可以通信。

（3）故障现象：某交换机连接的所有计算机都不能正常与网内其他计算机通信。

原因及解决方法：这是典型的交换机死机现象，可以通过重新启动交换机的方法解决。如果重新启动后，故障依旧，则检查一下那台交换机连接的所有计算机，看逐个断开连接的每台计算机的情况，慢慢定位到某个故障计算机，会发现多半是某台计算机上的网卡故障导致的。

（4）故障现象：有网管功能的交换机的某个端口变得非常缓慢，最后导致整台交换机或整个堆叠都慢下来。通过控制台检查交换机的状态，发现交换机的缓冲池增长得非常快，达到了 90%或更多。

原因及解决方法：首先应该使用其他计算机更换这个端口上的原来的连接，看是否由这个端口连接的那台计算机的网络故障导致，也可以重新设置出错的端口并重新启动交换机。个别时候，可能是这个端口损坏了。

下面以实例介绍交换机异常现象的处理方法。

5. 案例

某公司交换机上所接的一台测控装置通信中断的处理实例。

检查了这测控装置的面板上的参数设置，以及网线质量和连接牢固可靠度，均未发现问题。将交换机上该网线拔下换在另一个网口上后，通信恢复正常。说明交换机上对应的网口损坏。

【思考与练习】

1. 简述交换机故障的一般排障步骤。
2. 简述网关设备的物理连接异常及处理方式。
3. 简述路由器端口故障原因及处理方法。
4. 简述由于站内通信及网络设备的线路连接异常导致数据刷新缓慢的异常现象及处理方式。

模块 5　GPS 设备异常处理（Z12G7005Ⅲ）

【模块描述】本模块介绍了自动化监控系统常见的对时异常及简单的原因分析。通过要点分析、实例介绍，掌握对时异常的基本处理方法。

【模块内容】GPS 设备异常处理包括了 GPS 设备对时、授时异常处理。

一、GPS 设备对时异常处理

1. GPS 设备对时异常的危害

GPS 设备对时异常后，会造成全站的统一时钟丢失，影响了保护及故障录波、自动化系统和电能量采集装置等数据的正确采集。

2. GPS 装置与对时异常的主要原因

（1）GPS 设备对时的类型及传输方式。

1）对时类型。变电站中需要接收时钟信号的设备，包括保护装置、故障录波、相量测量装置、测控装置、电能量采集装置、计算机监控系统等电子设备，这些设备具备以下对时类型。

脉冲信号对时：

1PPS——每秒钟发一次脉冲，200ms 的脉冲宽度；

1PPM——每分钟发一次脉冲，200ms 的脉冲宽度；

1PPH——每小时发一次脉冲，200ms 的脉冲宽度。

脉冲信号对时分为有源及无源两种，有源是指 GPS 供电、无源是指外部供电。

脉冲信号对时主要用于国内保护装置、自动化装置等的对时。

a. 串行口对时：

装置通过串行口读取同步时钟每秒一次串行输出的时钟进行对时，串行口又分为 RS–232 接口和 RS–422 接口。

串行口对时主要用于计算机监控系统、控制室时钟等的对时。

b. IRIG–B 对时：

IRIG–B 为 IRIG 委员会的 B 标准，是专为时钟传输制订的时钟码，每秒输出一帧按秒、分、小时、日期的顺序排列的时钟信息。IRIG–B 信号有直流偏置（TTL）电平、1kHz 正弦调制信号、RS–422 电平、RS–232 电平四种形式。

IRIG–B 对时主要用于国外保护装置、自动化装置等的对时，目前国内保护装置、自动化装置等的对时也采用了该种对时类型。

按照对时类型的不同，可根据需要选用对时设备的对时类型，将站内的所有具备对时功能的装置进行对时，达到统一时钟的目的。

2）时钟信号传输方式。双绞线或同轴电缆传送。对于传输距离不超过 1200m 的时钟同步，可以采用 IRIG–B 时钟格式，通过双绞线或同轴电缆直接传输。

a. 光纤传送。需时钟同步的设备距离较远时，为避免电磁干扰，应尽可能选用光纤传输。采用的时钟格式也是 IRIG–B，一般需要专用的时钟信号光收发设备。

b. TCP/IP 方式传送。对于计算机设备，只要连接在局域网上，都可以采用 NTP 或 SNTP 协议，通过 TCP/IP 的方式同步到主时钟。

（2）GPS 设备对时异常的主要原因。

1）对时双方的对时类型不一致，双方没有统一的对时标准。GPS 输出的是哪种对时类型，被对时设备一定要对应哪种类型。

2）物理接口不对应，两侧没有统一的接口方式。

3）电压及电流不匹配，电流输出功率不够。

3. GPS 设备对时异常的现象

（1）GPS 装置输出板烧坏。

（2）GPS装置输出板驱动能力不够，被对时设备没有接收到时钟信号。

（3）GPS装置与被对时设备连接电缆断路，接收不到信号。

（4）保护装置及测控装置输入板烧坏。

4. GPS设备对时异常的处理

（1）处理原则。

1）GPS设备对时异常时应重点考虑GPS装置与被对时设备的时钟类型和传输方式等影响因素。

2）GPS设备对时异常的处理尽量避免对被对时设备的影响。

（2）处理方法、步骤。

1）关闭GPS装置的电源。

2）检查GPS装置的连线是否正确，恢复正确连线。

3）GPS装置上电，检查GPS装置输出的类型与被对时设备接收的类型是否相同，通过测试装置进行测试。如果不对，查看两装置的说明书，通过跳线及拨码开关来实现。

4）检查GPS装置的驱动能力、输出电流，检查被对时设备的输入电阻，连接以后测量电压。注意一方有源时，一方一定是无源，不可以双方都有源或双方都无源。

5）当使用RS–232接口时，需使用屏蔽电缆。如果与主时钟距离较远，信号电缆超过30m，建议使用RS–422接口。

6）GPS装置与被对时设备采用串口通信时，检查串口接线的正确性。RS–232串口输出电压±12V之间变化，RS–485串口输出电压在–4～+4V变化。

以YA2000 GPS时钟同步装置为例，DB9输出RS–232信号2脚为信号输出，5脚为信号地，用万用表（直流挡）测量，在8V左右；DB9输出RS–485信号，2脚为信号“+”输出，4脚为信号“–”输出，用万用表量在2V左右。检查GPS装置与被对时设备的连接，当DB9接DB9时，2脚接2脚，5脚接5脚；DB9接DB25时，DB9的2脚接DB25的3脚，DB9的5脚接DB25的7脚。

7）GPS装置输入工作电压一般在85～265V范围，交直流均可。但脉冲扩展箱220V有源输出时，输入工作电压只能为直流220V，不能加交流220V，否则导致输出电路一直有电压加在回路上。

8）有源脉冲输出时，220V有源输出电压为220V，24V有源输出电压为20V左右（该值仅是测量GPS装置本身的输出值，未计后续连接设备）。

5. 案例

（1）GPS装置液晶面板在两个不同的时钟之间切换显示。网络上存在不同的对时源。对保护装置来说，它需要接入到监控网络和故障信息子站网络，容易出现两个不同的对时源。尤其是采用 IEC 870–103 规约与监控系统进行通信，因为 IEC 870–103 规约的初始化过程有对时这一部分。

（2）B 码对时的情况下，GPS 装置液晶面板上出现对时失败的信息。一是可能跳线设置错误；二是可能 GPS 装置的 B 码输出时钟质量为无效；三是可能 GPS 输出信号有毛刺。对于原因二，可以采用软件设置时钟质量位来确认；对于原因三，可采用示波器或 B 码解码工具来检查。原因二和原因三属于 GPS 装置输出或者是 B 码回路上存在问题。

（3）B 码对时的情况下，有时会出现时钟突变又回复正常的问题。

这可能是 GPS 装置失星，时钟输出不正确。

二、GPS 授时设备工作异常处理

1. GPS 授时设备工作异常的危害

GPS 授时设备故障异常后，GPS 时钟同步装置只能依据自身的晶振守时，随着时间的延长不可避免地出现时钟精度误差，从而造成 GPS 装置与站内时钟系统异常。

2. GPS 授时设备工作异常的主要原因

（1）由于 GPS 授时设备天线安装的原因，造成接收的卫星数量不够。

（2）因为雷击原因，造成 GPS 授时设备内部连接的问题或天线接收板损坏。

（3）GPS 授时设备天线损坏及天线驱动能力不够。

3. GPS 授时设备工作异常的现象

（1）开启 GPS 装置电源后，液晶屏显示主板正常而接收机处于待机状态。

（2）不同的 GPS 时钟装置，天线放置在同一位置时，某些 GPS 时钟有信号输出，而某些 GPS 时钟无输出。这是因为有的 GPS 时钟只有当同时接收到三颗以上的授时卫星信号时，设备才启动授时。

（3）在电源输入正确的情况下，若通电后液晶屏无任何显示，可能是电源故障；若通电后液晶屏慢慢灭，可能是主板故障；若各输出接口信号均正确，液晶屏出现遗漏笔画，可能是液晶屏松动；若各输出接口信号均正确，1PPS 指示灯不闪，可能是指示灯漏焊或灯故障。

（4）当 GPS 装置面板液晶屏显示丢星告警状态，授时精度达不到要求。可根据装置输出分析丢星的时刻。此时应检查天线，只有当显示为卫星星数的时候，精度才达到要求。

4. GPS 授时设备工作异常的处理

（1）处理原则。

1）GPS 授时设备工作异常时应重点考虑 GPS 天线及与装置的连接等因素。

2）GPS 授时设备工作异常的处理尽量避免对 GPS 装置的影响。

（2）处理方法、步骤。

1）GPS 天线为高频有源放大天线，其接收频率 1.575 42GHz，一般的低频仪器是检测不出其性能的。用万用表的二极管挡位测量时，各连接接头一定要接触紧密可靠，否则衰耗太大接收机无法接收到卫星信号，授时设备无法启动（对于 50m 以上带放大器的天线，放大器的 IN 端与蘑菇头线缆的一端应可靠相连。放大器值为 0.7～1.2 时，只能定性说明天线正常）。

2）天线的问题来自于架设和连接上，应保证高频传输的 OUT 端与主机连接的线缆可靠相连。

3）由于卫星的临空状态影响天线的接收，所以天线的架设应尽可能对天空开阔，具体方式以天线蘑菇头为中心最小在 120° 范围内。

5. 案例

RCS–9785C/D 对时装置液晶面板举例见图 Z12G7005Ⅲ–1。

液晶面板的“当前时钟源”为“GPS”时，表示 RCS–9785C/D 对时装置通过自身的 GPS 对时天线接收卫星信号并依此校准本装置时钟，此时“GPS 卫星数”的含义是“内置 GPS 接收模块当前跟踪到的卫星数目”。当“GPS 卫星数”为 0 时，说明 RCS–9785C/D 对时装置未跟踪到任何一颗卫星。此时 RCS–9785C/D 对时装置以自身的时钟为基准，并不能保证完全精确，此时应检查 GPS 对时天线接头处是否已经可靠拧紧，尝试变换 GPS 对时天线的摆放位置和角度，尽量使对时天线末端处在不受遮挡的开阔朝阳处，如仍不能解决，应更换 GPS 对时天线。

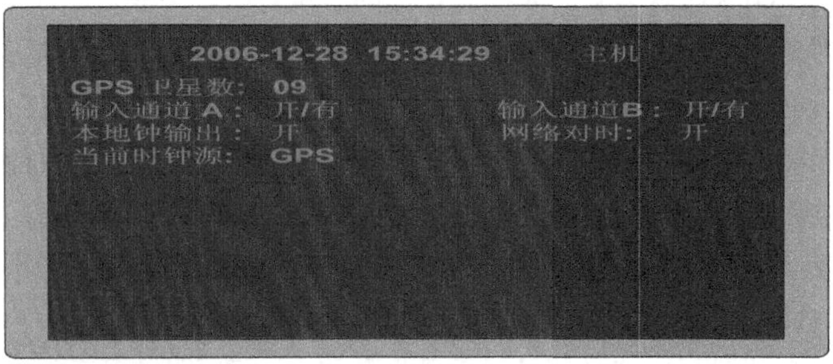

图 Z12G7005Ⅲ–1 RCS–9785C/D 对时装置液晶面板

【思考与练习】

1. GPS 授时设备工作异常的主要原因有哪些？
2. 如何对 GPS 授时设备异常进行处理？
3. GPS 设备对时的类型有哪几种？
4. 时钟同步装置与被对时设备连接时物理上要注意哪些方面？

模块6　事故的调查及分析（Z12G7006Ⅲ）

【模块描述】本模块介绍了事故调查分析的规定和基本方法，包含测控装置运行日志、监控后台系统事故报告、SOE事件、遥控操作记录、实时告警等。通过背景概述、要点介绍，掌握获取分析事故原因的信息的方法和报告分析结果的基本要求。

【模块内容】在早期的电力生产管理中，由于电网自动化设备未被广泛地用于实时监控电力系统的运行，电网自动化设备错误或故障引起的事故极少发生，极少见到专门针对电网自动化设备的事故分析和研究成果。近些年来，国内外多次发生电网重大事故后，电力生产的管理者才逐步重视自动化设备可能对电力生产产生的严重影响，促使对自动化设备或系统给电力安全生产造成的影响进行分析研究。

对许多电网重大事故的分析表明了自动化设备的作用，例如，北美大停电事故中，如果自动化系统当时能够正常运行，电网管理机构极有可能对初发的事故进行迅速处理和控制，防止事故扩大造成的严重后果。

随着电力系统生产管理和技术装备的发展，自动化系统越来越广泛地在电力生产中发挥作用，继电保护和安全自动装置、厂站自动化系统是电力生产中直接控制和监视电网运行的设备，其动作行为的结果直接对电网运行状态产生影响。

从设备的组成和运行形式等方面来看，厂站自动化设备与继电保护和安全自动装置相似，在电力生产实践中形成的针对继电保护、安全自动装置在发生事故后的分析、调查及防范措施的制订等方面的思路、规则和方法也适用于厂站自动化设备。

一、事故调查分析的规定和要求

1. 厂站自动化设备事故调查和分析的依据

针对厂站端自动化设备事故和异常进行调查和分析的依据主要有：电力生产事故调查暂行规定，电业安全生产规程，自动化设备技术资料，相关的电路、电子、计算机技术知识，相应的现场管理规程规定等。

2. 电力生产事故的定义

根据《电力生产事故调查暂行规定》，电力企业的事故主要有：人身事故、电网停电事故、电网非正常解列造成减供负荷的事故、220kV及以上电压母线全停事故、电能质量降低事故、电力生产设备/设施损坏超过规定数额的事故、火灾事故等。

对于电力生产企业来说，事故经常是伴随着对人身的危害、对电力用户停电、对设备造成严重损失等。电力企业确认事故的主要依据就是对人身的伤害程度、对外停电的影响、对设备的损坏等。

3. 电力系统事故调查的规定

电力生产中发生事故后，安全监察部门或专业主管部门会根据事故的情况立即组织进行事故调查和处理，一般来说，确定事故性质等工作一般是由安全监察部门来操作的，专业技术人员应从技术和专业管理出发，配合安全监察部门查找事故的原因，运用专业技术知识，对发生的现象、过程以及人员的表现等方面进行分析、提出建议、落实整改等。

另外，当发生设备等原因引起的事故后，应对现场设备的运行状态及相关记录信息进行全面的收集，保存现场资料，以便进一步分析原因和实施有效的整改措施。现场资料保存后，应根据生产实际要求，迅速进行设备的恢复，切换故障元件，恢复运行。

《电力生产事故调查暂行规定》规定，发生重大事故，应立即按规定向上级管理部门报告，并组织对事故进行调查和分析，查明原因，提出措施，并迅速处理，减少或消除事故的影响，同时，还应该提出预防措施，防止同类事故重复发生。

《电力生产事故调查暂行规定》还规定了事故调查原则和程序，在现场处理中，首先是进行抢救伤员和应急处理，并严格保护事故现场。未经调查和记录的事故现场，不得任意变动，应当立即对事故现场和损坏的设备进行照相、录像、绘制草图，详细记录现场状况，组织收集事故经过、现场情况（包括现场记录资料和设备内部记录信息等）、财产损失等原始材料。

4. 与厂站自动化设备相关的事故及可能对电网运行产生的影响

厂站自动化设备主要的功能是对电力系统及电气设备进行测量、监视、控制等，因此，与之相关的事故也主要是人身伤害事故（自动化设备在安装、调试、检修和运行中，由于设备误动作、故障损坏等对在设备上工作的人员和设备周围的人员造成伤害，引起的人身伤害事故）、设备损坏事故（设备在安装、调试、检修和运行中，发生故障，引起设备损坏，电气设备因自动化系统失去监视和控制出错等原因，引起电气设备的损坏事故）、监控失效引起的电网事故或延误电网紧急状态的处理、设备误动作事故、人员误操作事故等。

5. 自动化人员在事故调查中的作用

在发生事故时，如果自动化设备正常运行，将比较详细、准确地记录事故发生的前后电力系统的运行情况，如遥测曲线记录电压、电压和功率等测量值的变化情况，变位记录和SOE等记录下的状态量变位动作情况，操作记录保留下的遥控使用记录等，这些记录是分析事故的重要信息。另外，自动化设备本身在事故前后的运行状态记录是设备分析的重要资料，自动化人员应注意收集和分析。

当发生电力生产事故后，自动化人员应在得到事故调查组同意后，配合收集翔实、可靠的记录资料，解读自动化设备的动作行为，为分析事故提供可靠的依据。同时，还应对自动化设备在事故前后的运行情况进行认真分析，提出改进的意见或建议。

如果事故时自动化设备未能正常运行，自动化人员在得到事故调查组同意后，首先应检查自动化设备，尽可能全面地收集设备中的运行记录信息，在对事故前后自动化设备运行状况做出准确的分析基础上为事故调查提供可信的资料，并且，还应该对自动化设备在事故时未能正常运行及引起异常的原因进行深入分析，并针对运行管理、技术等方面提出改进的意见或建议。

此外，发生自动化设备异常或故障，人员在自动化设备上错误操作等造成的电力生产事故或影响安全生产的情况，自动化人员应配合管理部门进行调查分析，为明确原因、完善管理提供切实可行的意见和措施。

二、从自动化系统提取资料分析事故或故障

在工业生产中，发生事故后应迅速进行应急处理，并开展深入细致的调查分析，查明原因，提出并落实防范措施，改进安全生产状况。

事故调查的实质是运用可以证实的依据，推理发生的事故的过程，找出引起事故原因（基本因素和诱发因素），确定责任对象，落实整改措施。因此，事故分析的主要方法是全面收集发生的现象、记录数据和行为痕迹，应用技术和理论知识，推理事件发生、演化和发展的过程，揭示原因，并从原因、过程等方面提出防范措施。

工业生产事故分析常用的方法为故障树分析方法、类型和影响分析、变更分析等，主要适用于存在大量干扰因素的复杂事件的调查和分析，与厂站自动化设备或系统相关的事故一般对象和影响范围都比较容易确定，多数可以直接通过现场调查获得证据，主要需注意防止人为因素干扰分析结果，做到真实地反映情况。例现场检查取证的主要方法和分析内容如下。

到达厂站现场后，应在保持设备现状的条件下检查厂站自动化的各类装置，记录有无被人工操作进行过切换、重启，有无断电，记录面板显示状态，推理发生事故或异常时的运行系统工况。

下面以某系列变电站自动化系统例，说明现场检查过程。

（1）数据处理及通信单元检查。通过面板显示查看运行状态。主要内容是：通过面板显示检查装置当前是否运行正常，若有异常，则先检查确认发生了什么样的异常情况；若无异常，则通过装置面板检查、记录系统配置、历史数据和当前运行状态。注意在记录历史数据、运行状态、系统配置前，不得关闭装置电源或重启动装置。检查重点有：

1）装置面板各指示灯状态。

2）装置电源及其供电电源的当前状态。

3）装置各模块的自检结果，自检结果显示的模块标有“。”的为正常，标有“？”的自检异常。

4）装置的网络连接状态。

5）记录程序版本，程序版本应与要求一致。

6）记录远动配置，通信配置、规约版本、规约数据点位配置，应与主站对应配置一一对应。

7）装置时间，应满足时间同步要求。

8）记录历史数据，特别是发生事件先后几分钟的遥信变位、SOE 和遥控记录，注意：如果装置上时间与当前实际时间不一致时，应根据时间差折算出发生事件时间点。

（2）数据及处理及通令单元面板操作。面板显示菜单：① 遥测显示；② 遥信显示；③ 串口报文；④ 系统调试；⑤ 系统配置；⑥ 时钟显示；⑦ 历史数据。

1）“遥测显示”，查看相关遥测实时数据，与现场比较应正确一致。

2）“遥信显示”，查看相关遥信实时数据，与现场比较应正确一致。

3）“系统调试”，可测试遥控或遥测。

4）“系统配置”，查看各项设置，如装置地址、通信参数、遥控参数等。

5）“历史数据”，可查阅事件记录（SOE）、遥控记录。

（3）相关测控装置检查。通过测控屏上切换开关、压板、指示灯和测控装置面板等，检查测控设备基本运行状态，记录远方/就地、分/合，投/解闭锁开关位置，遥控投入/退出压板或电源供电状况，检查通信连接状况和运行事件，遥测遥信数据等。检查重点有：

通过装置面板检查记录，主要内容包括：

1）记录测控屏上切换开关、压板、指示灯状态，如与正常状态不符合，须查明原因。

2）查看装置当前通信状态，事件记录（包括遥控记录、通信中断、自检告警等记录），对应发生事故的时间和现象寻找相关资料。

3）查看装置采集的测量值、状态值，对照运行实际提取分析依据。

4）查看当前装置上各输出部件状态（如遥控输出结点、闭锁输出结点等），对照实际运行提取资料。

（4）测控装置面板显示菜单。① 显示实时数据；② 显示记录；③ 显示装置状态字；④ 显示配置表；⑤ 用户自定义画面。

其中“显示实时数据”有：① 显示开入状态；② 显示开出状态；③ 显示模拟量；④ 显示虚拟开入；⑤ SoE 记录；⑥ 模件实时数据；⑦ 模件精度校正；⑧ 精度记录。

“显示记录”可显示操作记录。

“显示装置状态字”可显示装置内部已装入的模块自检结果和装置电源自检结果（标有“。”的为正常，标有“？”的自检异常）。

（5）操作员站查询。操作员站是变电站中最具有记录功能的设备之一，在提取事故或异常分析资料时，主要是利用其记录功能，提取发生事件时的全方位的记录信息，主要有：

1）遥信变位（包括 SoE）和动作记录（保护动作及保护设备信息、站内或远方的操作记录、闭锁开闭的记录）。

2）测量值的曲线（主要是相关测量值的变化，站内交流、直流电源也应注意）。

3）通过对 SoE 事件、遥控操作记录、实时告警、测量值曲线等相关事故信息的调阅，掌握分析事故原因的能力。

操作员站一般都提供较全面的记录和查询功能，如可查询变位和 SoE 状态、查曲线等，操作方法、数据记录查询见图 Z12G7006Ⅲ-1，遥信变位和 SoE 记录查询见图 Z12G7006Ⅲ-2。

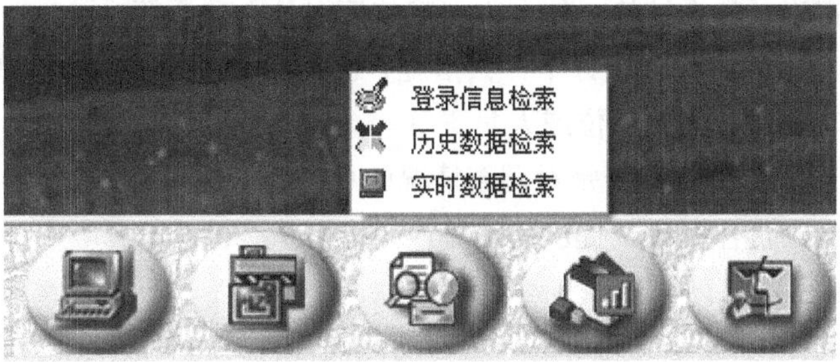

图 Z12G7006Ⅲ-1 数据记录查询

自2010年02月21日00时00分00秒 至2010年02月21日23时59分59秒

保存 打印 打印预览 确认单条 确认选中 确认全部 记录筛选 第一页 上一页 下一页 最后一页 刷新

序号	发生时间▼	类别	对象名称	事项名称
1	2010-02-21 11:17:03::515	遥信变位	110kV进线1011进线开关位置	分闸
2	2010-02-21 11:16:54::781	遥信变位	110kV进线1011进线开关位置	合闸
3	2010-02-21 11:16:35::171	遥信变位	110kV进线1011进线开关位置	分闸
4	2010-02-21 11:16:25::128	SOE	110kV进线1011进线开关位置	分闸
5	2010-02-21 11:16:25::126	SOE	110kV进线1011进线开关位置	合闸(2)
6	2010-02-21 11:16:16::408	SOE	110kV进线1011进线开关位置	分闸(2)
7	2010-02-21 11:16:16::406	SOE	110kV进线1011进线开关位置	合闸
8	2010-02-21 11:15:56::760	SOE	110kV进线1011进线开关位置	分闸
9	2010-02-21 11:15:56::759	SOE	110kV进线1011进线开关位置	合闸(2)

图 Z12G7006Ⅲ-2 遥信变位和 SoE 记录查询

在事故或异常调查中，检查数据处理及通信单元、相关测控装置的目的是收集与发生的事件有关联的记录数据，为查明原因和分析事件发生、发展的过程提供可信的证据。

三、事故（或故障、异常）的分析报告

分析报告对事故（故障或异常）清楚、准确地描述，说明在什么时间、什么地方，发生了什么事件，特别是要明确指出什么设备或什么人是造成事故发生的主要对象，并且要说明事故造成什么影响，同时，还需说明已经采取了什么处理，最后，应该针对发生的事故，提出防范同类事件重复发生的主要措施。

报告要求简洁、明确，用词力求准确，对不明情况和不明现象应特别说明。主要包括现场描述、调查过程和分析、调查结论、防范措施等内容：

（1）准确、清楚的文字描述什么时间、什么地点，发生了什么事件，造成了什么影响（或后果），已经查明是什么设备或人的什么情况（或行为）导致了事件的发生，还有什么尚未查明，还将以什么方法进一步查找。

（2）叙述事故（故障或异常）发生后，什么机构组织了调查、什么单位或人参加了调查、进行了什么样的工作、阅读了什么材料、检查了什么记录或资料、做了什么测试和分析、提出了什么结论、什么人或单位应对什么负责等。

（3）根据调查的结论，制订了什么措施、已经完成了什么整改措施、还须进一步做什么、什么时间做、什么单位或人负责等。

（4）事故或异常调查报告是对调查情况的总结和汇报，必须立足客观证据，叙述准确，推理得当，责任明确，提出的措施应考虑可执行性。

【思考与练习】

1. 发生哪些情况被定义为事故？与自动化设备有关的事故主要有哪些方面？
2. 从变电站自动化系统主要查阅和提取什么记录信息用于分析事故？